成熟探区油气勘探

侯连华　杨　春　王京红　杨　帆　卫延召　罗　霞
曹　锋　贺正军　张丽君　齐雪峰　刘　晓　崔化娟　著

地质出版社
·北　京·

内 容 简 介

中国陆上大多数含油气盆地历经多年勘探，已处于油气勘探的中后期，但新增探明油气储量仍占同期的80%以上，还有很大的勘探潜力。规模油气勘探阶段由于勘探思路、理论、认识、资料与方法技术存在一定的盲区，造成油气层或勘探领域的漏失。制约成熟探区油气勘探发现和储量增长的关键难题很多，但就某一成熟探区的某一领域或某一区带来说，关键难题只有一个或为数不多的几个，有针对性地解决这些关键难题就能解放油气层和储量。本书在系统总结中国含油气盆地成熟探区勘探经验和成果的基础上，从成熟探区精细勘探的概念、存在难题与对策、思路与潜力、理论与认识，不同类型有效储层与油气藏形成机制、控制因素与分布规律，油气层评价与预测、提高油气产能、区带与圈闭有效性评价方法技术等方面，系统阐述了成熟探区精细勘探思路、理论、认识与方法技术，并以准噶尔盆地西北缘成熟探区为例，剖析了勘探思路、理论、认识与方法技术的适用性和成效。

本书可供油气田一线科研人员和油气研究院所从事油气勘探开发的相关人员学习参考，也可作为高等院校石油地质与勘探专业的教材和参考书目。

图书在版编目（CIP）数据

成熟探区油气勘探／侯连华等著．—北京：地质出版社，2016.4

ISBN 978－7－116－08265－6

Ⅰ.①成…　Ⅱ.①侯…　Ⅲ.①油气勘探　Ⅳ.①P618.130.8

中国版本图书馆 CIP 数据核字（2016）第 066852 号

Chengshu Tanqu Youqi Kantan

责任编辑：孙亚芸　杨　艺
责任校对：关风云
出版发行：地质出版社
社址邮编：北京海淀区学院路 31 号，100083
咨询电话：(010)66554528（邮购部）；(010)66554633(编辑室)
网　　址：http://www.gph.com.cn
传　　真：(010)66554686
印　　刷：北京地大天成印务有限公司
开　　本：787mm×1092mm 1/16
印　　张：31.75
字　　数：760 千字
版　　次：2016 年 4 月北京第 1 版
印　　次：2016 年 4 月北京第 1 次印刷
定　　价：138.00 元
书　　号：ISBN 978－7－116－08265－6

前　　言

近年来，全球新增油气储量的70%以上来源于成熟探区，这正是各油气公司重视成熟探区油气精细勘探的主要原因之一。中国主要含油气盆地历经近60年的大规模勘探，多数已处于油气勘探的中后期，与国外中新生代海相含油气盆地相比，中国陆相含油气盆地油气地质与成藏条件更复杂，由于勘探历程较长、资料品质不一等因素，成熟探区漏失了部分油气层或领域，勘探潜力很大，仍是新增油气储量的主体。

经过长时间的油气勘探和研究，成熟探区油气地质条件和分布规律已基本清楚，但由于不同成熟探区油气地质条件、勘探历程、资料品质等存在较大差异，制约成熟探区油气精细勘探发现和储量增长的关键难题和对策也不同，关键难题的有效解决才能实现勘探突破和和储产量增长。

油气勘探中，传统的思路、理论、认识与方法技术，可以指导新区油气发现；但成熟探区只有采用新的思路、理论、认识与方法技术才能发现油气，这也是本书诞生的关键原因之所在。提出成熟探区内已探明油气区附近及“四新”领域两个勘探方向，制约某一成熟探区油气发现和储量增长的关键难题只有一个或为数不多的几个，把握并找准关键难题的适合对策是成功的关键，而不应面面俱到。同时提出，相同勘探程度的成熟探区，油气地质条件及成藏控制因素越复杂、油气藏类型越多样，勘探潜力越大。

本书作者开展成熟探区油气精细勘探十多年，主持和参加了不同类型成熟探区油气精细勘探与研究工作，成果先后获省部级科技进步一、二等奖4项。基于成熟探区油气精细勘探实践、研究和前人成果，通过成熟探区油气精细勘探共性和差异性的系统剖析，提出成熟探区精细勘探中针对勘探思路、理论认识、方法技术和资料4个盲区的解决方法，逐渐形成了成熟探区精细勘探思路、理论、认识和方法技术，希望进一步推动成熟探区油气精细勘探深入和储量增长，并对从事成熟探区油气精细勘探者有所帮助和借鉴，共同提高成熟探区油气精细勘探水平。

本书共分为7章：第一章从油气勘探历程、成熟探区油气精细勘探概念、研究与勘探现状、难题与对策、方法技术、勘探潜力与方向进行了概要叙述；第二章从油气勘探理论发展历程入手，阐述了成熟探区油气精细勘探的互补共生有序聚集理论体系；第三章通过成熟探区勘探启示和领域分析，提出成熟探区油气精细勘探的新思路，油气资源潜力及序列评价方法；第四章阐述了不同类型有效储层的形成机制、控制因素和分布规律；第五章阐述了不同类型油气藏的油气成藏机理、富集高产控制因素与分布规律；第六章系统阐述了不同类型有效储层识别与评价方法、油气层评价与预测技术、提高油气产能方法技术、有利区带与圈闭有效性评价技术、成熟探区油气精细勘探思路与关键技术；第七章以准噶尔盆地西北缘为例，从油气地质条件及勘探历程、关键难题及对策、勘探思路、理论、认识、方法技术、应用与实效等方面，进行了系统剖析。

全书由侯连华、杨春、王京红、杨帆等撰写，由侯连华、杨春统稿。卫延召、罗霞、曹锋、贺正军、张丽君、齐雪峰、刘晓、崔化娟、陶士振、李伯华、赵忠英、刘磊、赵霞、王瑞菊、张云绵、吴丰成、李富恒、万怡平、吴卫安、周学先、张黎、方向、唐志奇、庞正炼、林森虎、卢山、袁庆东、方杰、许大丰、冯有良、彭红雨、朱耀龙、赵一民、程炎、王波、吴小州、韩文学、毛治国、张越迁、刘振宇、刘巍、李震华、黄立良、王斌、杨梦云、李林、杨迪生、欧阳敏、常秋生、秦志军、孔玉华、贾希玉、梁浩、任忠跃、王志勇、江涛、舒红、李欣、高晓辉、王淑芳、王岚、吴松涛等参加了本书相关研究、实验、资料整理及图件绘制等工作。

本书从着手撰写到成稿历时约6年，尽管本书针对成熟探区油气精细勘探思路、理论、认识与方法技术进行了系统阐述，但由于不同类型成熟探区的复杂性，本书还不能把成熟探区油气精细勘探理论、认识和方法技术实现完全和彻底覆盖。

在开展研究和本书编写过程中，得到了赵文智、贾承造、邹才能、杜金虎、匡立春、高瑞祺、刘明高、邵雨、薛新克、杨海军、姚泾利、江涛、梁浩、黄薇、杨光、刘克奇、黄文华、孙宝宗等院士和专家的帮助和指导，并提供了宝贵思路、资料和成果。作者带领的团队在与新疆油田西北缘精细勘探项目组一起工作过程中，本书内容得到了进一步丰富和完善。同时，本书引用了大庆、长庆、西南、新疆、塔里木、吐哈、华北、大港、吉林、胜利等油田的部分科研成果，在此一并表示诚挚的谢忱！

由于时间和水平所限，本书难免有不足或不妥之处，敬请各位读者批评指正。

目　　录

第一章 绪 论

随着油气勘探的不断深入，特别是成熟探区精细勘探目标日益复杂化和隐蔽化，勘探难度越来越大，要卓有成效地发现油气存在许多障碍。1952 年，美国著名石油地质学家华莱士 . E. 普拉特（Wallace E. Pratt）在 *Toward a Philosophy of Oil-finding* 一文中提出"油气田首先存在于地质家的脑海里"。油气勘探家通常以老的观念、理论和方法技术在新的地区发现了油气田，也在老的地区以新的观念、理论和方法技术来发现油气田，但是很少是在老的地区以老的观念、理论和方法技术找到大量油气。过去世界油气专家曾多次预测再也找不到油气了，然而事实上并不是没有油气，而是没有新观念、新理论、新方法技术的有效叠合。正确的勘探观念、理论、思路和合适的技术是油气田发现的前提条件。

当前，中国油气行业发展面临着 6 个方面的挑战。第一，油气需求量巨大、快速增长对中国资源保障能力提出了挑战。石油需求增长过快，1990 ~ 2009 年中国石油需求量年均增长 6.6%，而国内石油产量年均增速只有 1.7%；利用效率低，单位 GDP 油耗为 0.82t。第二，高油价对中国高耗能粗放式的发展模式和产业结构提出了挑战。高油价增加了利用国外资源的代价，加大了国内通胀压力，对高耗能产业结构提出了挑战。第三，高对外依存度对中国石油供应安全提出了挑战。中国石油对外依存度已超 60%，2030 年可能达到 70%，资源国对资源和资源利益的保护日益加强，虽然中国石油进口量日益加大，但缺乏足够的话语权和影响力，利用海外资源的政治、外交、军事和经济代价提高。第四，需求快速增长对中国天然气工业安全有效发展提出了挑战。持续保持接替率大于 1、储采比大于 20，难度大，中国管道干线、支线、配套储气设施建设仍然滞后，安全平稳供气压力巨大，煤层气发展面临资源、技术、矿权等问题。第五，油气行业快速发展对中国油气行业的管理水平提出了挑战。目前，我国尚缺乏统一的油气管理机构，监管体系不健全。第六，低油价对国内油气勘探开发带来了新的挑战。虽然低油价形势下，中国拓宽了原油进口渠道、降低了原油进口成本，但国内油气勘探开发综合成本较高，低油价降低了国内油气公司的利润空间，压缩了勘探开发投资，将会影响国内油气产量的持续稳定增长。

要保障国家能源安全，就需要国内有稳定的油气供应保障。国内外油气勘探证实，油气勘探中后期，新增储量主要来源于成熟探区精细勘探。中国陆相地层地质条件与成藏控制因素复杂，油气藏类型多，油气分布具有互补性和有序性，这些也决定了中国陆相成熟探区勘探潜力更大。因此，有必要总结成熟探区精细勘探思路、做法、认识和方法技术，为成熟探区精细勘探提供借鉴，以保障成熟探区新增探明储量的快速持续增长。

第一节 油气勘探历程

一、油气勘探发展阶段

人类有意识地钻探石油可追溯到近一个半世纪以前。从找油的理论和手段来看，近代世界油气勘探经历了几个十分明显的阶段。

19 世纪 50 年代，勘探的依据是油气苗，人们相信油气苗是地下油气藏的直接显示，因此，井位主要选择在接近油气苗和先期钻探成功井的附近。当时，人们还没有自觉地利用地质学的原理勘探油气。

1920 ~ 1930 年，第一次石油技术革命。石油地质勘探变化最显著的标志是由地面地质勘探转入地下地质勘探，由仅仅根据油气苗和露头确定井位，发展到在背斜构造理论指导下寻找油气，由所谓的“前地质时期”进入“背斜理论时期”。1926 年，首次利用重力勘探发现了美国得克萨斯州的一些盐丘油田，随后地震勘探方法在圈定构造油气藏方面开始显示成效。1929 年，开始采用地震反射波法，取代了之前的折射法，使广大地表被覆盖的平原和盆地区，都能开展油气勘探。从此以后，地震勘探发展成为油气勘探工作中应用最广泛和必不可少的一种方法，目前已成为最有效的油气勘探技术之一。

第二次世界大战以后发生了第二次石油技术革命，特别是 20 世纪 60 ~ 70 年代。这个时期是所谓“石油文明”由美国迅速扩展到其他主要工业国的时期，也是后者完成能源结构以煤为主要能源转移到以石油为主要能源的过渡时期。在此期间，石油地质学的新理论、新方法层出不穷。从全球构造出发，发展了板块构造理论，被称为地学上的一次革命，这一理论在石油勘探中得到广泛应用。有机地球化学研究可对沉积盆地的成油条件、油源及生油量进行定量评价，指出有利油气勘探地区。在勘探技术上，由于大量采用数字地震仪、多道多次覆盖技术，配以大容量高速电子计算机进行数据处理，使油气勘探技术达到新的水平，在勘探程度高的老探区也不断扩大了储量。

随着油气勘探实践认识的深入，人们逐渐发现，并不是所有油气藏都与背斜有关。美国石油地质学家莱复生于 1966 年首次提出了“隐蔽油气藏”一词。隐蔽油气藏是指构造油气藏以外的非构造油气藏，如地层油气藏、岩性油气藏等。隐蔽油气藏的提出和发现，为油气的勘探开发提供了更广阔的前景。依据国外一些成熟探区的资料，复杂、隐蔽型石油储量约占总石油储量的 30% ~40%，勘探程度越高，隐蔽油藏储量所占比例越大。

20 世纪 80 年代至 21 世纪初，第三次石油科技革命向纵深发展，以信息技术为主要特征。石油科技的新概念、新理论、新工艺、新方法层出不穷，如高分辨率地震、三维地震、四维地震、地震处理解释一体化、三维可视化、层析成像、核磁测井等。

2008 年以来，以美国页岩气革命为主的第四次石油科技革命，将油气勘探从常规油气时代推向非常规油气时代，以水平井、大型压裂和工厂化作业等技术为代表，将以前油气勘探的禁区变为重要勘探领域。连续型油气聚集理论、烃源岩有机质热演化成孔和滞留烃等理论支撑了油气勘探发现和储产量的大规模增长。

目前，油气勘探进入了常规油气与非常规油气并举时代，但成熟探区的油气储产量增长所占比例不断增多，成熟探区已成为油气勘探发现和储量增长的重要领域。所谓成熟探区，是指已有规模探明油气储量并实现了工业化开发的富油气凹陷或区带。成熟探区一般勘探历史较长，具有勘探程度高、认识程度高、资源探明率较高等特点，因而油气勘探发现新储量，特别是规模储量的难度较大。但成熟探区一般都是位于含油气盆地内评价为最有利的成藏区，也是勘探重点区，如何在成熟探区寻找新突破、新发现？首先是要解放思想，坚定成熟探区突破发现的信心，敢于挑战过去、挑战自我、超越前人；其次是转变思路，创新思维模式，寻找新层系、新类型、新领域和新目标，实现尚未认知资源向储量、产量的转化；第三是坚持“重新认识”的工作方法，成熟探区尽管具有“三高”特点，但仍有理论、认识、资料与方法技术盲区，坚持重新认识，就能重构新的成藏模式，发现新的勘探目标，寻找新的突破口，发现新的油气藏和储量；第四是突破方法技术的瓶颈，解决制约油气勘探发展的关键方法技术难题，这是实现成熟探区勘探突破的重要途径，随着油气勘探研究方法和技术的进步，将推动油气勘探和储量增长迈向新台阶。近年来，中国立足成熟探区“四新”领域，不断创新和完善油气地质理论，研发和引进油气勘探新方法技术，提升对油气藏的再认识，对老资料进行重新处理和再认识，成熟探区的油气勘探取得了令人瞩目的重要成果，为油气增储上产做出了重要贡献。

二、解放思想，创新勘探思路，成熟探区获突破

辽河探区兴隆台深层古潜山油气勘探是一个在成熟探区坚持解放勘探思想、创新勘探思路、提升成藏认识，获得勘探突破和储量增长的典型案例。兴隆台古潜山地处渤海湾盆地辽河西部凹陷中部，古潜山勘探长达40多年之久，历经了“三上两下”的艰辛探索历程。20世纪70年代，基于古潜山风化壳的含油认识，开始了兴隆台古潜山勘探，兴213井于2195m钻遇中生界，获日产油110t、天然气$80\times10^4m^3$的高产油气流；此后的兴229井于太古宇见到良好油气显示，拉开了古潜山勘探的序幕。通过26口井的钻探，认为古潜山具有双层结构，岩性十分复杂，油气富集程度差。受古潜山成藏认识影响，1978年兴隆台地区暂缓古潜山油气勘探，并将油气勘探重点转移到上覆古近系，发现了亿吨级规模的大油气田，古潜山油气勘探处于停滞状态。1995年以后，辽河油田面临资源接替不足的困境，勘探人员再次将勘探目标聚焦到古潜山深层，受大民屯和西部凹陷低位古潜山勘探成功经验的启发，2000～2005年积极转变油气勘探思路，重构低位内幕古潜山成藏模式，按照从“古潜山风化壳找油”转变为“古潜山内幕找油”的勘探新思路，重新勘探兴隆台古潜山，相继实施了陈古1、马古1、兴古7、马古3等一批探井，于太古宇获油气发现；逐步获得了两方面重要新认识：一是太古宇只要在供油窗口之上并存在油气输导体系，就可以成藏；二是古潜山低部位4000m以下仍可获工业油流，兴隆台古潜山具有整体含油的特点，只要裂缝发育就可以富集高产。按照新认识，确定了“在供油窗口之上，钻探太古宇古潜山”的部署原则，2005年兴古7井于古潜山内幕试油3层均获高产工业油气流，从而发现了亿吨级古潜山油藏。2008年，针对兴隆台古潜山部署探井12口、评价井24口，发现了“南（马古）、中（兴古）、北（陈古）”3个局部古潜山油藏，新建原油产能超过$130\times10^4t/a$，并将保持$100\times10^4t/a$产能10年以上。目前，古潜山内幕已经成为辽河油田及渤海湾盆地未来勘探增储的重要接替领域之一。

通过解放思想、重新认识和采用新方法技术，油气勘探获得重要进展的成熟探区还包括鄂尔多斯盆地大面积岩性油气藏、准噶尔盆地石炭系火山岩油气藏、准噶尔盆地西北

缘等。

鄂尔多斯盆地从1907年延长油矿开始，油气勘探历史超过百年。长期以来，受储层致密认识影响和技术限制，石油年产量一直徘徊在$100 \times 10^4 \sim 140 \times 10^4$t之间。20世纪90年代以来，长庆油田提出了重新认识鄂尔多斯盆地、重新认识长庆低渗透、重新认识自己的“三个重新认识”的油气勘探新思路，打开了在鄂尔多斯盆地寻找大油气田和增储上产的思路。2011年发现了石油地质储量超过4×10^8t级的西峰油田，之后又相继发现了姬塬、陇东、华庆等石油地质储量超过10×10^8t级的规模储量区，形成超千万吨的原油生产能力。天然气勘探通过重新构建致密砂岩大气区的成藏模式，坚持勘探开发、上产增储一体化，目前，仅苏里格气区的天然气地质储量规模已经超过$4 \times 10^{12} m^3$。

准噶尔盆地石炭系天然气勘探始于20世纪90年代，由于火山岩储层“岩－电”关系复杂及气藏类型不清，勘探一直未有规模储量发现。2005年借鉴松辽盆地火山岩气藏勘探的成功经验，通过老井复查和综合分析，建立了火山岩岩－电关系图版，构建了构造、岩性－地层两种天然气成藏模式，仅用3年就探明了准噶尔盆地第一个储量规模超千亿立方米的克拉美丽大气田。

准噶尔盆地西北缘油气勘探发现始于1955年，经过近50年的油气勘探，截止到2000年共探明石油地质储量12.7×10^8t，2001～2003年共探明石油地质储量6605×10^4t，平均年新增石油地质储量1651×10^4t，勘探发现逐渐减少。很多勘探家认为西北缘油气勘探基本结束，可能再没有大的油气发现。2004年开始对该地区开展研究发现，西北缘油气地质条件优越，油气藏类型多样，成藏控因复杂，但仍有很多剩余出油气井点说不清楚、且不能扩展，前期勘探中漏失油气层较多。因此，提出围绕剩余油气井点开展精细勘探的思路，2005年新增探明石油储量6781×10^4t，证明了西北缘成熟探区仍有很大的勘探潜力。同时，该地区多层系含油，断裂带上、下盘均能富集油气，因此，提出了针对新目标、新层系、新区块、新领域的勘探部署思路，在玛湖斜坡带取得了重大发现，从而实现了准噶尔盆地西北缘成熟探区超过10年的新增石油地质储量的持续稳定增长，2005～2015年累计新增探明石油地质储量10.63×10^8t。

上述成熟探区勘探实例表明，成熟探区尽管是所属含油气盆地中最早发现油气、勘探程度最高的地区，但“四新”领域仍有勘探较大潜力。油气勘探永远是一个实践、认识、再实践、再认识、否定之否定的过程，实现成熟探区油气勘探持续发展的关键在于树立信心，要在不断否定中重新创新思路，重新认识地下目标，重新认识技术的适用性，并不断获得油气勘探突破和储量增长。思路、认识、理论和技术创新是成熟探区实现突破发现的必由之路。

成熟探区是油气储量增长的最大领域，同时也是技术攻关难度最大的领域。2002年，中美成熟探区新增可采储量所占比例相差28%，说明中国在成熟探区精细勘探方面潜力大、方法技术方面差距较大。中国成熟探区油气地质条件更复杂，经过了50多年的油气勘探，大部分成熟探区已处于高成熟勘探阶段，现有的油气勘探思路、理论、认识和方法技术不能满足中国成熟探区精细勘探的需要，油气发现缓慢。中国成熟探区剩余资源占全国油气总资源量的25%以上，快速高效发现并将其转化为经济可采储量，对确保国家能源供给有重要战略意义。近年来，成熟探区精细勘探得到重视和加强，但没有形成配套的方法与技术。根据中国成熟探区勘探实践，针对中国陆相“富油气凹陷”和“富油气区带”成熟探区精细勘探实际情况，本书提出了新的勘探思路，形成了支撑成熟探区油气勘探和储量增长的认识、方法和技术，解决了中国成熟探区精细勘探中的关键问题，大幅度提高了中国成熟探区的油气发现速率和探井成功率。

第二节　成熟探区精细勘探概念

成熟探区的概念国内外有所差别，国外是指某区域发现并提交油气探明储量后，一定区域范围内的勘探开发区；国内是指勘探成熟区，按国际通行标准，预探井密度为0.1～0.5口/平方千米。这里的成熟探区是一个定性概念，是指勘探开发历史较长，进一步勘探难度较大的地区。成熟探区增储上产有一定难度，但丰富的资料数据、多年来的研究成果和实践经验及新理论、新技术的开发应用又为成熟探区“挖潜”提供了宝贵契机。

地下油气资源的隐蔽性决定了对其分布规律的认识不可能一次完成，油气勘探是不断实践和多次深化认识的过程。在理论和方法技术上的创新及规律性的认识都具有阶段性和片面性，有的认识只是对大量勘探实践的局部总结。经验和规律性认识是勘探不断取得进步的阶梯，但同时，它也可能束缚油气勘探的创新和发现。因此，成熟探区勘探要勇于创新和探索未知新领域，才能不断取得油气勘探突破和新发现。

国内外油气勘探经验也表明，要在成熟探区取得突破，必须有新理论的指导，以及新认识和新方法技术的支持。在中国大规模开展成熟探区精细勘探之前，2000年，中国只有58%的新增油气探明可采储量来自成熟探区，与美国比相差28%，说明中国对成熟探区勘探重视程度、深化勘探认识、方法技术创新和应用等方面存在较大差距。

成熟探区勘探通过对现有各种资料进行重新分析和评价，获得地质认识上的突破，对客观地质条件和成藏规律的认识程度是勘探部署的基石。油气田发现是正确地质认识与适宜勘探技术的交集（张义杰等，2007），通过技术进步提高复杂油气层的发现和单井产量，通过多学科综合研究解决勘探中的重大难题，实现油气勘探突破和储量增长。

第三节　成熟探区精细勘探现状

从全球陆上大油气田发现来看，20世纪60～70年代是油气发现的高峰期（图1－1），近年来仍有大发现，但主要以中、小规模油气田为主。随着油气勘探领域的逐渐减少，油气发现和储量增长逐渐由新勘探区转向成熟探区。陆相与海相相比，油气地质条件更加复杂，但成熟探区勘探潜力更大。

中国含油气盆地类型多样、油气分布规律复杂：古生界为小克拉通海相沉积，热演化程度高，经历了多次后期改造；中新生界以陆相沉积为主，喜马拉雅期构造运动强烈，东、西部油气地质条件差异显著；多期、多类型盆地叠合，油气多期成藏与调整，含油气层系多，勘探发现历史长，储量增长具有多峰式特点。同时，中国油气资源较为丰富，勘探程度相对较高，但成熟探区仍然是油气储量增长的主体。目前，岩性地层、前陆、碳酸盐岩等是储量增长重点领域，随着物探、钻井技术的进步，探索的新领域正在向深层、非常规油气、海洋深水区等发展。从中国油气储量增长趋势来看（图1－2），从2000年加强成

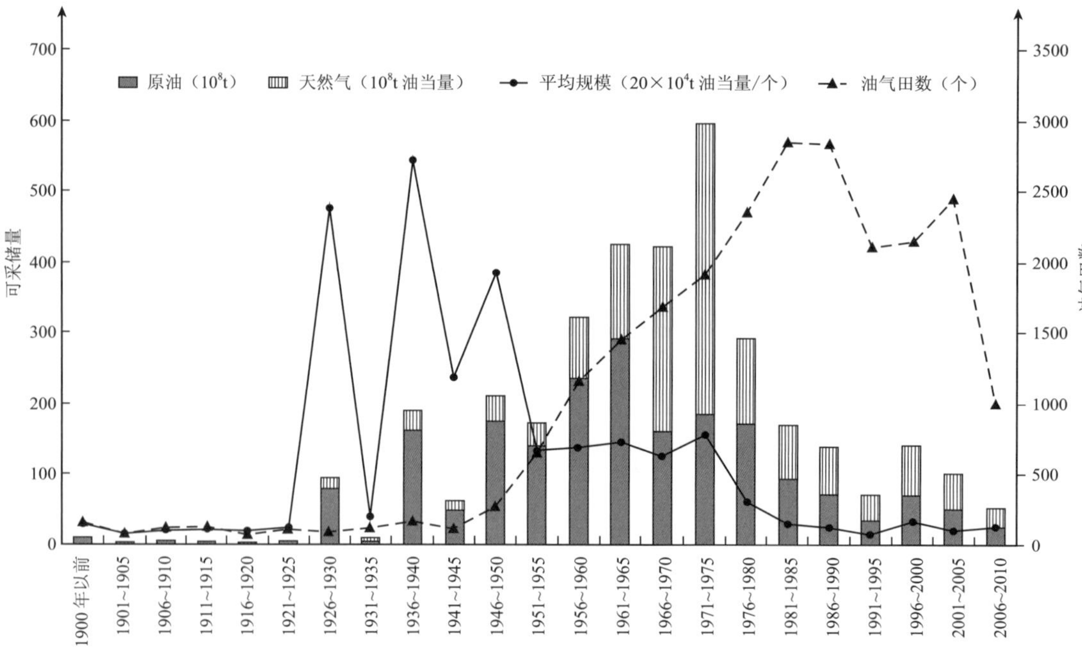

图1－1　全球历年发现油气田储量、数量分布

熟探区精细勘探以来，来自成熟探区新增的油气储量不断增长，推动中国年新增油气储量不断迈上新台阶。

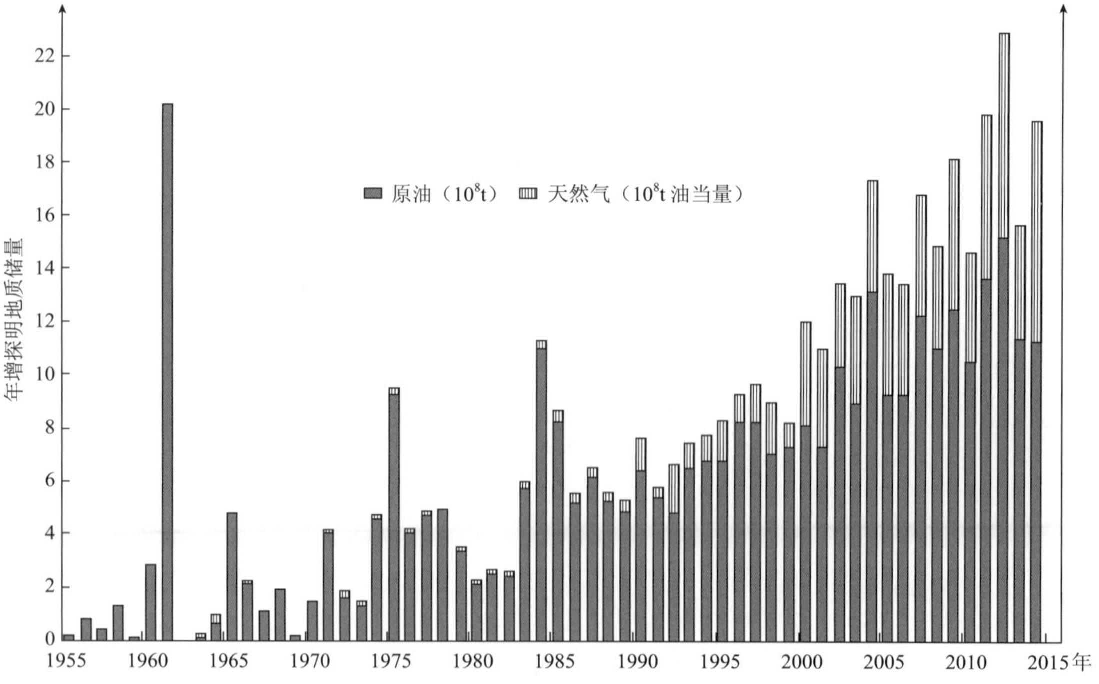

图1－2　中国年增探明油气地质储量分布

中国油气勘探战略从以东部盆地勘探为主，到勘探重点转向以西部盆地勘探为主，再到稳定东部、发展西部的西部盆地新区勘探，到目前的东西盆地、成熟探区和新探区并举

勘探阶段，逐渐认识到成熟探区的勘探潜力。在成熟探区精细勘探中逐渐形成了一套思路、理论和方法技术，推广应用后加快了成熟探区油气发现和探明速度。中国来源于成熟探区的探明可采油气储量所占当年探明可采储量的比例不断提高，2007 年来源于成熟探区的探明可采储量占当年探明可采储量的比例上升到 82.3%，与大规模开展成熟探区精细勘探之前相比，成熟探区新增可采储量占当年新增探明可采储量的比例提高了 20%，为成熟探区储量增长做出了重要贡献，取得了很好的勘探成效。如准噶尔盆地西北缘精细勘探后的油气探明储量增长速度是其未开展精细勘探之前油气探明储量增长速度的 4 倍以上。

成熟探区油气勘探开发可以利用以前投资完成的基础设施，减少勘探和开发投入。近年来，中国成熟探区精细勘探开发成本、投资回收期分别是边远区或海上油气田的 1/4、1/8。1980 年，美国成熟探区精细勘探开发成本是边远区或海上油气田的 60%，投资回收期是边远区或海上油气田的 1/5（Emil and David，1994）。这充分表明成熟探区精细勘探开发是获得较好经济效益并能近期赢利的最佳途径，美国许多公司将 60% 左右的投资用于老油气田精细勘探。与美国相比，中国油气储量增长高峰预计与美国相差近 30 年，成熟探区精细勘探刚得到重视，成熟探区新增油气储量将迎来一个新高峰。近年来，成熟探区精细勘探效益及储量增长也说明了这一点。

从世界范围看，近 15 年石油可采储量增长了约 220×10^8t，其中一半以上来自成熟探区。美国自 1950 年以来，新增石油可采储量的 86% 来自成熟探区（Emil and David，1994）。1978～1991 年美国成熟探区原油储量增加了 $35\times10^8\mathrm{m}^3$，天然气储量增长了 $37000\times10^8\mathrm{m}^3$，占美国同期新增探明油气储量的 90%，而成熟探区剩余资源量占整个剩余资源量 60% 以上，成熟探区在今后相当长时间内仍是美国探明储量增长和油气生产的主要领域（Emil and David，1994；Kerr and Jirik，1990）。可见成熟探区是油气储量增长的最大领域，这一点在中国成熟探区勘探中也逐步被证实（李丕龙等，2003；王俊玲和郑和荣，2003；郑和荣等，2003；郭元岭等，2007）。

中国成熟探区精细勘探的主要对象包括以前及目前主要勘探层系的挖潜和成熟探区内新区、新层系、新领域和新目标的勘探，这一点已经被勘探所证实（张善文，2004；李丕龙等，2003；龚再升等，1997；侯连华等，2003a；薛新克和侯连华，2007）。近年来，通过精细勘探在准噶尔、渤海湾、松辽、四川、鄂尔多斯、柴达木等盆地的成熟探区新增探明可采油气储量超过数亿吨。如准噶尔盆地西北缘通过深化地质认识、重建油气藏模式和老井复查，新增探明石油地质储量超过 10.6×10^8t；辽河探区兴隆台、大民屯古潜山通过油水界面和成藏模式的重新认识，发现了低位古潜山，新增石油地质储量超过 2×10^8t；渤海湾冀东南堡油田通过重新采集三维地震和层序划分，新增探明石油地质储量超过 5×10^8t，展现出成熟探区很好的精细勘探前景。

随着认识程度的不断提高，勘探层系不断扩大，剩余可采储量将不断增加（谷团等，2007），会远远超过目前的剩余可采储量规模，特别是构造、岩性地层及成藏条件复杂的富油气区带，以及叠合盆地中下组合、前陆盆地的掩覆带和推覆体内部、湖盆中心非常规油气等区域。如松辽盆地下组合断陷盆地火山岩、四川盆地二叠系礁滩体、塔里木盆地前陆冲断带等区域的天然气勘探取得突破后，已探明可采天然气储量超过万亿立方米，且规模不断扩大，勘探潜力很大。成熟探区精细勘探在重视以往主要目的层系勘探的同时，应不断探索未知新领域、新层系和新目标，不断推广和应用精细勘探思路、理论认识和方法技术，预计将产生更大的效益。

工程技术是成熟探区油气勘探与发现的关键之一。目前已形成了较为完善的物探、测井、钻井配套工程技术，未来将大力发展深层、非常规领域的配套技术，重点加强水平井、压裂改造技术的研发与推广应用。随着油气勘探难度的加大，未来工程技术将发挥更为重要的作用。

第四节　成熟探区精细勘探难题与对策

成熟探区经过多年勘探，易发现油气藏已基本探明，尚未发现或未探明的油气藏可能存在制约勘探突破的关键问题没有解决。

一、制约成熟探区精细勘探的关键问题

通过对中国不同类型含油气盆地的成熟探区勘探阶段和特点的分析，认为主要存在以下几个制约成熟探区精细勘探的关键科学技术问题：精细勘探领域和区带选择是否正确？现有油气成藏模式和主控因素是否正确？成熟探区有无漏失油气层？漏失油气层规模有多大？怎样提高油气层识别和评价符合率？如何提高油气层产能？如何预测成熟探区内新区、新层系的油气分布规律？下一步勘探主攻区在哪里？这些问题的解决将使中国成熟探区油气勘探取得新突破。

二、成熟探区精细勘探的思路和对策

油气勘探历程证明：每一次地质认识的深化、石油地质理论的突破和方法技术的进步都会带来勘探的巨大进展。已有认识和规律对成熟探区勘探思路存在约束，认识的突破是成熟探区勘探获得大突破的源泉，因此，应注重地质问题的再评价，辩证地看待前人的认识，多学科综合研究，寻求符合地下地质情况的最接近认识，通过方法技术创新保障成熟探区勘探突破和发现。

成熟探区中的富油气凹陷有利区带是勘探优先区域，地质认识和成藏控因正确认识是成熟探区勘探突破的关键。成熟探区经过较长时间勘探，形成了固定的油气藏类型、成藏模式和油气分布规律认识，这些模式和规律在一定阶段内对勘探具有积极的指导意义。通过对固有认识重点、相互矛盾数据的再评价，修正、完善和创新模式，可使地质认识发生飞跃，从而开创成熟探区油气勘探的新局面。

1. 成熟探区内的主力勘探层系

以富油凹陷“满凹含油”理论为指导，用对富油气凹陷的富油气区带的新认识指导优选有利区，从老井复查和剩余油气井点重新评价入手，开发新方法技术来有效识别漏失油气层、预测油气产能和油气藏规模，开发和采用新技术来有效保护和识别油气层、提高油气产能，实现成熟探区勘探新突破，是成熟探区精细勘探的主要思路。主要对策如下：

1）早期勘探技术存在盲区，丢失了相当多标志不清、识别难度大、常规方法不易发现的油气层，开发新方法技术，通过老井重新复查和评价，解放和发现油气层，实现成熟

探区主力层系的勘探突破。

2）受勘探程度和认识限制，大规模勘探时主要围绕主力油气层进行，忽视了主力层系以外部分深层和浅层的勘探，因此，成熟探区深、浅层是成熟探区精细勘探的主要目标之一。

3）构造主体部位勘探程度较高，以往勘探中主要是以寻找构造为主的油气藏类型，而在主体构造翼部、凹陷两端，勘探程度相对较低，大多数漏失的油气层存在于岩性、地层和复杂圈闭中，大部分处于过去勘探技术的盲区内，需开发新方法技术进行描述和识别。

4）受储层岩性认识限制（张义杰和董大忠，2007），大规模勘探时主要以碎屑岩为主，而在成熟探区勘探阶段，不仅继续寻找碎屑岩，而且认识到具备成藏条件的各种岩性都能成藏，从而扩大了勘探目标；对于物性普遍较差的地区，寻找有利储层是关键（赵贤正等，2007）。

5）对于成藏模式、成藏控因和油气分布规律复杂的区域，以往认识上的偏差限制了油气发现进程，通过重新建立新模式、剖析油气成藏控因，进一步指导油气勘探和发现。

6）受当时油气层保护、油气层识别、试油工艺等技术条件限制，存在地质认识的误区，导致了一些油气层未被发现，通过开发和采用合适的油气层识别方法，改进钻采工艺和试油试采技术，可发现油气藏，甚至会突破一个领域。

2. 富油气凹陷或区带内的新区块、新层系、新领域和新目标

采用油气地质新理论做指导，重构油气成藏模式，从制约油气勘探和发现的关键问题入手，寻找勘探突破与发现对策。主要对策如下：

1）以复合含油气系统为指导，从有效烃源岩发育层位入手，纵向上划分含油层系；从有效烃源岩平面分布入手，确定平面上含油气边界范围，从而圈定勘探区。分不同的油气系统进行综合评价并成图，优选有利区，确定优先勘探区和方向。

2）成熟探区制约油气勘探和发现的关键参数主要包括烃源岩有效供烃范围及供烃量、有效储层发育层位及范围、有效输导体系及分布、有效盖层及遮挡条件、圈闭及油气藏类型、成藏控制因素等。对于成熟探区很多关键参数已基本清楚，重点从不清楚的关键参数入手开展深入研究，寻找勘探突破与油气发现。

3）“四新”勘探目标包括已发现油气层/藏附近的区块、未钻探的深层或超深层、前期勘探漏失的浅层、前期勘探忽视的油气类型和油气藏类型等。只要在油气供烃门限和油气保存门限之上、含油气范围之内，就可能聚集油气并成藏，勘探和发现油气的可能性很大。

4）指导前期油气勘探理论和认识未涉及的领域，利用新的油气地质理论和认识作指导，寻求油气勘探突破与发现。如湖盆中心砂体分布新理论指导鄂尔多斯盆地满盆富砂油气的勘探与发现，致密油气、页岩油气新认识指导鄂尔多斯盆地长7致密油、四川盆地寒武系与志留系页岩气的发现，盐构造理论指导塔里木库车山前深层天然气的发现等。

5）寻找前期油气勘探中主力层系岩性之外的其他岩性储层的油气藏。成熟探区油气并非在一种岩性储层中富集，只要具备油气聚集条件和有效储层，油气就可以聚集成藏。如松辽盆地前期勘探以碎屑岩为主，深层火山岩属单独油气系统的重大勘探领域，已被勘探所证实。从油气综合评价入手，优选不同岩性储层的勘探对象，能获得勘探突破和发现。

6）含油气盆地中油气分布具有互补性和有序聚集特征。在复式油气聚集区，构造、断块、岩性地层油气藏储量具有较好的互补性，在某一区或层系内，构造或断块油气藏为主，在另一区或层系内，岩性地层油气藏就会较发育。盆地边缘或构造发育区一般以构造、断块或地层油气藏为主，盆地斜坡带以岩性地层油气藏为主，盆地中心以致密油气或页岩油气为主。按油气分布的互补性和有序聚集规律进行勘探部署，可以不断发现新区、新层系和新领域。

7）新方法技术将给成熟探区油气勘探带来生机和希望，油气勘探在很大程度上依赖于方法技术的进步，成熟探区勘探对新方法技术的依赖程度更大。地震采集、处理和解释新方法技术对目标准确刻画提供了手段，有利于提高目标评价精度；测井和录井新方法技术提高了油气层识别精度；水平井钻井与大型压裂新技术可大幅度提高单井产能，解放了传统技术无法有效经济开采的油气层。

8）成熟探区的富油气凹陷有利区带是成熟探区精细勘探的重点；前期勘探的重点层系是寻找漏失油气层的重点，主力层系的上、下层系是寻找新油气层的重点；前期勘探未认识到的层系和领域是寻找新油气层的潜力和前景区。更新地质认识、重建成藏模式、正确剖析成藏控因、整体评价是成熟探区精细勘探成功的基础。制约成熟探区勘探关键技术难题的解决与新方法技术的应用是精细勘探成功的保障。成熟探区勘探潜力大、效益好，是今后一段时间内勘探和储量增长的重点区域。

3. 成熟探区研究与勘探部署原则

成熟探区都处于含油气盆地的富油气凹陷或区带，经过前期勘探开发已发现大量油气储量，但同时成熟探区剩余油气资源也十分丰富，具有很大的勘探潜力。近年来，全球范围内新增油气储量的70%以上来源于成熟探区，这正是全球范围内对成熟探区精细勘探十分重视的主要原因。成熟探区的石油地质条件和油气分布规律基本清楚，但不同成熟探区由于油气地质条件、勘探历程等各不相同，制约成熟探区精细勘探发现和储量增长的关键因素也不同，抓住关键因素才能实现油气发现和储产量增长。

不同油气勘探阶段的指导理论和采用的方法技术差别很大，随着理论、认识、方法技术和开发工艺的进步，成熟探区精细勘探不断有新发现和储产量增长。从成熟探区勘探历程、勘探指导理论和认识、采用的方法技术和工艺入手，剖析前期指导油气勘探的理论、认识、方法技术和资料的盲区，抓住关键问题，实现勘探发现突破和储产量增长。

成熟探区精细勘探研究和部署，并不是从其石油地质条件基础研究入手开展系统的研究后再进行勘探部署，而是抓住和解决制约研究区勘探发现和储量增长的关键问题，才能成就成熟探区的勘探发现。针对不同成熟探区的油气地质条件、勘探历程、主要勘探期采用的指导理论和方法技术，发现前期勘探中理论和方法技术与其油气地质条件不相匹配的方面，开展针对性的研究和勘探部署。对于成熟探区主勘探期采用的指导理论无法覆盖该区所有油气类型时，采用新的理论和认识指导油气发现是关键，如非常规油气；对于复杂油气地质条件的成熟探区，油气成藏控制因素和油气藏类型的再认识是关键，对油气成藏关键因素和油气藏类型的研究是重点；对于成熟探区的油气储层敏感性较强，且前期钻完井过程中油气层保护不好的，改进油气层保护的钻完井技术是关键；对于识别难度较大的复杂油气藏，地震资料采集处理或老资料重新处理后，油气层识别和油气检测是关键；对于如低阻油气层等测井评价难度较大的成熟探区，采用新的测井采集系列和评价方法技术是关键；对于低孔渗储层、措施前自然产能较低的油气层，合适的增储措施技术是关键；对于主勘探期勘探技术无法识别和评价的油气层，克服原有方法技术盲区，采用新方法技术，是油气发现的关键。因此，剖析和破解制约成熟探区精细勘探中存在的关键难题，是实现成熟探区精细勘探和油气发现的关键。针对成熟探区可能存在一个或几个制约油气勘探发现的关键难题，首先抓住关键难题，并逐个解决，实现成熟探区油气储产量的不断增长。

第五节 成熟探区精细勘探方法技术

方法技术创新和进步是发现和提高成熟探区油气勘探成功率的有效手段。中国成熟探区规模勘探阶段，由于方法技术的限制，造成一些勘探领域的盲区，漏失了一些常规方法技术不易发现的油气层，同时由于造成漏失油气层的方法技术盲区不同，因而成熟探区是方法技术攻关难度最大、面临难题最多的领域。随着方法技术的进步，这些勘探盲区逐步显现，成为现实勘探领域，发展适用的主导技术是勘探突破的必备手段，成熟探区油气勘探过程中已开发了多种适用方法技术。成熟探区油气勘探的关键技术主要包括沉积与地层研究技术、油气层识别方法技术、油气藏规模描述预测技术、油气层保护和提高产能技术等。

1. 沉积与地层研究技术

（1）复杂地层对比与储层分布预测技术

随着含油气盆地油气勘探进展和勘探程度的提高，勘探对象变得越来越复杂，复杂地层分布成为制约成熟探区油气勘探的关键问题之一。在复杂地层划分对比方面，通过沉积学、层序地层学和构造力学理论的有机结合，针对复杂断块、不整合地层超覆与削截、陆相薄互层砂体、火山岩、碳酸盐岩等复杂地层/岩性，采用岩心与测录井综合划分与标定、井震交互分析，建立等时地层格架，在此基础上进一步开展地层划分与对比。在等时地层格架内，采用岩心标定测井，通过测井确定不同等时格架内的储层纵向分布，测井标定地震建立储层波阻特征和关系，利用测井约束下的地震属性和反演等方法，预测储层分布，为成熟探区复杂地层勘探部署提供可靠依据。

（2）基于层控的地震沉积相分析技术

在等时地层格架内，采用基于层控的地震沉积相分析技术，在很大程度上减少了穿时问题，并使沉积相分析和成图变得更简单。现代沉积和古代露头结合剖析地质体几何形态，恢复沉积环境和演化史，将沉积地貌和沉积模型相结合，分析地震响应的横向变化特征和地质界面地震属性，利用地震属性和反演识别岩性，根据砂体和储层变化规律，综合划分沉积体系和沉积相。

2. 油气层识别方法技术

油气层识别方法技术主要解决复杂油气层的识别难题，用于老油气井油气层复查和新钻井油气层解释，提高油气层的识别率。

（1）恢复原始地层信息的录井油气层识别方法

录井是获取油气层信息第一手资料的有效手段，但录井资料录取过程中受到的影响因素很多，以往利用录井资料识别油气层时没有恢复原始地层信息，没有形成统一的评价标准，对油气层的识别率较低，因此，录井资料只能作为油气层定性的识别辅助手段。通过研究提出了恢复原始地层信息的录井油气层识别方法，得到了油气层识别的统一定量资料和标准，利用该方法对老井复查新发现了许多油气层，同时提高了新井油气层的识别符合率。

A. 气测录井油气层识别方法

针对不同钻头尺寸、型号、钻速等参数，通过破碎机理地层含油气量模型获得破碎岩石中进入井筒的油气量，通过钻井液与地层压力关系、储层物性等参数，利用渗滤机理含油气量模型获得通过渗滤进入井筒的油气量，二者之和便是进入井筒中的理论油气总量；通过包含钻速、排量、钻头直径、钻井液性质等参数的气测校正模型得到气测标准化真实值，利用气测组分 C_1—C_5 与流体性质关系模型获得进入井筒的实际总油气量。通过进入井筒的理论与实际油气总量关系模型，得到被评价储层的油气饱和度，该方法大大提高了气测资料对油气层的识别精度，特别是提高了气层和轻质油层的识别精度。

B. 地球化学录井油层识别方法

地球化学录井是有效识别和评价油层的有效手段，但因岩心、井壁取心、岩屑等样品来源不同，以及取样时间、分析手段和过程、分析仪器精度、储层中流体性质等因素影响，造成了地球化学分析识别和评价油层的精度较低，且没有统一标准。在影响因素校正基础上，建立了不同样品来源、地球化学峰值参数与流体性质关系模型，得到了反映地层真实含油性的参数，再通过储层物性得到储层含油饱和度，实现对油层的识别和评价。该方法使地球化学评价油层标准化，大大提高了油层的识别精度，特别是提高了中质和重质（稠）油层的识别精度（Ofstad et al.，2000；侯连华等，2002，2003b）。

（2）油气层识别的测井方法

A. 低阻油气层识别方法

低阻油气层是以往成熟探区勘探过程中漏失较多的一类。研究过程中通过低电阻率油气层成因机理分析，建立了针对不同成因机理的油气层识别方法，如分散黏土含量较高储层的阳离子交换量模型、高地层水矿化度的地层水电阻率求取模型、黄铁矿含量较高储层的电阻率校正模型、高束缚水饱和度储层的束缚水饱和度求取模型等方法，提高了低电阻油气层的识别精度，对多个油田的老井复查发现了大量低电阻率油气层。

B. 复杂油气层识别方法

复杂储层主要是指岩性、储集空间复杂的储层。针对火山岩、变质岩等复杂岩性储层，开发了通过岩心、元素测井（ECS）、常规测井的岩性联合识别方法，提高了岩性识别精度，为寻找有利的岩性储层提供了条件。针对复杂储集空间储层，建立了利用露头、岩心、成像测井、核磁测井标定常规测井资料的裂缝、流动孔隙、束缚孔隙求取方法（侯连华等，2002），使复杂储集空间评价精度得到提高。

3. 油气藏规模描述预测技术

地震资料是确定油气藏空间分布规模的有效手段。以前地震预测油气藏空间分布规模的精度不高的主要原因是地震资料品质差，预测方法不完善。在成熟探区通过重新采集地震资料，详细刻画砂体展布，预测油气藏规模是手段之一，在多个成熟探区油气勘探中收到了很好的效果。同时在成熟探区油气勘探过程中利用叠前反演、油气检测、全三维有效圈闭描述等方法技术，使油气藏规模预测精度得到了提高，该方法技术的应用能够发现复杂油气藏已探明区之外的油气藏/层，扩大了油气藏规模。

（1）三维构造精细解释技术

通过目标处理、子波分析、合成记录标定、全三维精细解释、相干体分析和变速成图等多项技术的综合运用，能够解决复杂地质条件下的构造样式分析、精细构造解释和圈闭评价等难题，最大程度地提高对地下构造形态认识的准确性和精度。

（2）地震反演与储层预测技术

通过叠前反演、宽带井约束反演、模型法反演和高精度测井约束反演等系列技术，可针对地下的地质条件选择适用性更合适的软件和方法，提高研究精度。如高精度测井约束反演技术可针对成熟探区进行小层砂体的横向对比和追踪，实现小层砂体纵横向展布的精细刻画。

（3）烃类检测技术

AVO 是经典的烃类检测技术，但 AVO 技术对成熟探区的复杂油气藏适用性并不好，针对不同类型的复杂油气藏，可采用分频能量对比、时差分析法、波形分析法、吸收衰减、振幅频率比、泊松比反演、反射系数频散及中心频率随入射角变化、弹性阻抗系数和 PGT 流体饱和度预测等技术，提高油气层的烃类检测精度。

4. 油气层保护和提高产能技术

（1）储层改造技术

A. 合适压裂规模技术

对于致密储层，压裂是提高油气井产量的有效措施，但压裂规模应控制在一定的范围之内，并非规模越大越好。以前勘探过程中，由于压裂设备对压裂规模的限制，压裂规模一般不大，压裂后油气井产量提高不大，随着压裂技术和设备性能的提高，压裂规模不断扩大，但产量却出现了随着压裂规模呈现出拟正态分布的特点。近年来，逐渐认识到压裂超过合适规模后会对储层造成损伤，导致产量下降，因此，确定合适的压裂规模是提高产能的有效措施。

B. 致密储层裸眼压裂技术

针对火山岩、变质岩等致密、裂缝发育储层油井裸眼段长、滤失量大的特点，压裂施工工艺采取裸眼井段下部填砂、上部座裸眼封隔器、调控施工井段、油管大排量注入（6.0～8.0m^3/min）、环空背压等配套措施，实现了致密裂缝性储层的裸眼压裂技术，使压裂后的油井自喷期长，初期产量高，产量递减慢。该技术对火山岩、变质岩等致密裂缝性储层的改造效果良好，压裂后油井平均增产 8 倍以上。

对火山岩、变质岩等致密裂缝性储层采用压裂技术提高产能的同时，可采用酸化方法改善储层物性，提高油井产能，但常规酸化液对该类储层改造效果较差，硝酸粉末（$HCl + HF + HNO_3$）等酸化液（侯连华等，2003a）的应用取得了很好的效果。如在欧利坨子油田欧 52 井火山岩应用硝酸粉末酸化压裂技术后，岩石溶蚀率提高了 10%～20%，原油产量由常规压裂的 6.96t/d 增加到 84.4t/d。

C. 多级注入酸压闭合酸化技术

对于裂缝不发育、孔隙虽发育但被酸溶蚀物充填或半充填、孔隙连通性差的渗透率低储层，常规一次压裂方法往往不能获得好的效果，油层产量提高不多。为了解决这类复杂储层改造见效差的难题，可采用胶凝酸体系的前置液—胶凝酸—前置液—胶凝酸—闭合酸—顶替液的多级注入酸压闭合酸化技术，使储层压裂规模逐步扩大，储层物性逐级改善。如准噶尔盆地准东北三台石炭系油藏发现于1985年，但产量很低，限制了该油田的开发，北32井常规试油为干层，常规压裂后试油两层，产量分别为1.996t/d、1.027t/d。2005年对该区块进行重新评价，钻探北403、北404两口井，采用胶凝酸体系多级注入酸压闭合酸化技术获得成功，北403井酸压后日产油15t；北404井进一步优化设计，加大施工规模，配酸量由北403井的$9.5m^3/m$提高到$13.0m^3/m$，施工后，5mm油嘴日产油91.6t。

D. 低渗水敏储层压裂液配伍技术

针对低渗水敏储层，采用了近（欠）平衡水基泥浆钻井、合适压裂液体系的压裂技术，使这类储层原油产量大幅度提高。低渗储层采用近（欠）平衡水基泥浆钻井使钻井过程中对储层的污染控制在较小范围内，同时降低了成本，压裂采用混合原油、模拟地层水配置的特级胍胶及表面活性剂压裂液体系及配套压裂工艺，使对被改造储层的污染降到最小，提高了原油产量。如准噶尔盆地西北缘乌夏地区二叠系百口泉组，水敏指数在0.6以上，渗透率小于$5\times10^{-3}\mu m^2$，采用上述技术后，原油产能提高了6倍以上，将采用传统改造技术不能获得工业油流的储层，改造成了工业油流井。

（2）薄油层水平井技术

对于油层厚度<5m的薄油层，在物性较差或原油黏度较大时，单层开采一般产量达不到工业油流标准，无法进行工业开采。对这类油层可采用一口水平井穿多个油层目标技术，提高原油产能，使常规直井不能动用的薄油层达到工业开采产能。如准噶尔盆地西北缘九区侏罗系稠油层，原油黏度20℃时超过55000mPa·s，直井热采油层厚度下限为5m。如99436井油层厚4.8m，直井热采日产油0.8t，采用水平井热采技术开发后，平均单井产量上升为16t/d，实现了薄油层储量的有效动用开发。

（3）复杂井筒压力体系的近（欠）平衡钻井技术

成熟探区在以往勘探过程中对油层保护重视程度不够，使得一些敏感性复杂储层中的油气层没有及时被发现，或被发现后由于油气层保护不好油气产能没有达到工业油流标准而被放弃。在成熟探区以注水开发油层之下地层勘探过程中，油气层保护显得更重要，成熟探区已开发层系由于注水使得局部地层压力大大高于原始地层压力，以前对已开发油田之下油气层的勘探，主要是增加钻井液密度以防止井喷，造成了已开发油层之下储层的严重污染，从而影响了油气层的发现。中国已开发油田87%采用注水开采，因此，成熟探区注水开发层系之下地层的勘探油气层保护显然是大范围的。近年来，对成熟探区已注水开发油层之下的油气层勘探，主要采用了增加技术套管方法，即在钻过注水开发的高压层之后、钻开目的层之前下一套技术套管，然后采用近（欠）平衡钻进，有效保护了勘探目的层，提高了勘探成功率。

该技术在辽河凹陷大民屯及兴隆台古潜山、火山岩，准噶尔盆地西北缘上盘石炭系等成熟探区勘探中应用，有效地保护了油气层，加快了油气发现。兴隆台古潜山马古1井3816m钻遇古潜山后，下技术套管，采用$1.01g/cm^3$钻井液欠平衡揭开古潜山234.9m，有效地保护了古潜山油层并及时发现了马古1井古潜山油藏，新增石油地质储量超过亿吨。

第六节　成熟探区精细勘探潜力与方向

一、富油气凹陷有利区带是勘探优先区域

早在20世纪50～60年代，伴随着中国东部油气勘探实践，提出了生油凹陷控制油气分布的认识，即“源控论”（胡朝元，1982），这一理论对指导油气田发现发挥了重要作用。随着勘探程度的提高及地质认识的深入，油气地质工作者认识到油气资源在不同凹陷中的分布是不均衡的，于是又产生了“富生烃凹陷”（龚再升等，1997）、“富油气凹陷”（袁选俊和谯汉生，2002；牛嘉玉等，2004）概念，并指出了资源空间分布的不均衡性，对指导重点勘探靶区选择有重要指导意义（赵文智等，2003）。

富油气凹陷“满凹含油”理论的提出，使勘探跳出正向二级构造带的局限，实现了满凹找油气，勘探范围有了大规模拓展，丰富和发展了以往“定凹选带”的勘探理念（袁选俊和谯汉生，2002），油气藏类型主要以岩性－地层型为主，油气分布呈现满凹含油趋势。

富油气凹陷“满凹含油”特征，不是指富油气凹陷到处都有油气，而是突出强调勘探和找油气范围的拓展，特别是构造及成藏条件复杂的有利区带，呈现出不同层系、不同区域均有可能分布油气藏，发育多种油气藏类型。成熟探区精细勘探中首先应确定富油气凹陷中的有利区带。

中国富油气凹陷的成熟探区油气丰富、资源量大，虽然经过了多年的勘探，但剩余资源量大。富油气凹陷的有利区带内存在以往勘探过程中漏失的油气层以及尚未认识到的新油气层，这正是成熟探区精细勘探的物质基础，因此，成熟探区精细勘探重点应立足于富油气坳陷中的有利区带。

二、成熟探区富油凹陷有利区带勘探潜力

中国第三轮油气资源评价结果显示，石油地质资源量为895×10^8t，可采资源量为255×10^8t；天然气地质资源量为$44\times10^{12}m^3$，可采资源量为$28\times10^{12}m^3$（郭元岭等，2005）。截至2007年底，探明石油地质储量为270×10^8t，探明率为31%，刚进入勘探中期；探明天然气地质储量为$5.9\times10^{12}m^3$，探明率为13.5%，处于勘探早期，勘探潜力很大。特别是2000年以来，年均新增石油地质储量9.8×10^8t，年均新增天然气地质储量$4851\times10^8m^3$，其中成熟探区新增油气储量所占比例逐年提高。

第三轮油气资源评价结果和近期油气发现的重点盆地油气资源评价结果相结合，可研究陆上成熟探区的勘探潜力。2007年底，中国陆上28个主要含油气盆地成熟探区累计探明石油地质储量为191×10^8t，剩余石油地质资源量为286×10^8t，探明率为40%；累计探明天然气地质储量为$4.2\times10^{12}m^3$，剩余天然气地质资源量为$21\times10^{12}m^3$，探明率为16.7%。按国际成熟盆地最终探明率70%计算，中国陆上主要盆地还可探明石油地质储量为143×10^8t，天然气地质储量为$16\times10^{12}m^3$（汪民，2007）。

1. 区域勘探潜力

剩余石油资源主要分布在中国东、西部地区。东部剩余石油地质资源量约为139×

10^8t，占总剩余资源量的48%；西部剩余石油资源量约为108×10^8t，占总剩余资源量的38%；中部剩余石油资源相对较少，仅占总剩余资源量的14%。

中国中、西部地区天然气剩余资源比较富集。西部剩余天然气地质资源量约为9.5×$10^{12}m^3$，占总剩余资源量的45%；中部剩余天然气地质资源量约为7.2×$10^{12}m^3$，占总剩余资源量的34%。

2. 大型含油气盆地勘探潜力

从剩余油气地质资源盆地分布看，石油剩余地质资源集中分布于松辽、塔里木、渤海湾、鄂尔多斯以及准噶尔五大含油气盆地，资源量均在30×10^8t以上。五大含油气盆地剩余石油地质资源总量达211×10^8t，约占总剩余石油地质资源量的74%。天然气剩余地质资源集中分布于塔里木、四川、鄂尔多斯、柴达木、松辽和准噶尔六大盆地，约为17×$10^{12}m^3$，占总剩余资源量的81%。

3. 重点盆地主要区带勘探潜力

从近年来勘探成果和油气资源评价结果优选出重点盆地的主要勘探领域和区带。

（1）*石油勘探重点区带*

松辽、塔里木、渤海湾、鄂尔多斯以及准噶尔五大主要含油气盆地剩余石油资源区块分布相对集中，剩余石油资源主要分布于松辽盆地的古龙－长岭凹陷，渤海湾盆地的辽河西部凹陷、辽河东部凹陷、大民屯凹陷、冀中坳陷的饶阳凹陷、黄骅坳陷的歧口凹陷、济阳坳陷，鄂尔多斯盆地的靖安和陇东地区，准噶尔盆地的玛湖－昌吉坳陷、腹部中浅层，以及塔里木盆地的环满加尔地区等十大富油区带中。这十大富油区带的资源丰度一般在10×10^4～20×$10^4t/km^2$之间，最高可达68×$10^4t/km^2$，拥有剩余石油地质资源量190×10^8t，占五大盆地剩余石油地质资源量的66%。上述五大盆地的有利区带是中国陆上未来石油勘探发现新储量的重点盆地及区带。

（2）*天然气勘探重点区带*

塔里木、四川、鄂尔多斯、柴达木、松辽和准噶尔盆地六大盆地剩余天然气资源的富集程度相对较高。塔里木盆地的库车坳陷、西南坳陷、中央隆起，四川盆地的川中、川东和川西地区，鄂尔多斯盆地的陕北斜坡、苏里格庙，柴达木盆地的东部坳陷，松辽盆地的深层中央隆起带，准噶尔盆地的陆东－五彩湾等十大富气区块，剩余天然气地质资源量均在1.0×$10^{12}m^3$以上，十大区块共有剩余天然气地质资源量15×$10^{12}m^3$，占六大盆地剩余天然气地质资源量的91%。上述六大盆地是未来成熟探区天然气勘探的主体。

中国成熟探区精细勘探的主要对象包括以前及目前主要勘探层系的挖潜和成熟探区内新区、新层系的勘探，这一点已经被勘探实践所证实。近年来，通过成熟探区精细勘探在准噶尔盆地、渤海湾盆地的辽河坳陷与济阳坳陷、松辽盆地、四川盆地、鄂尔多斯盆地、柴达木盆地等新增探明可采油气储量超过数亿吨。如准噶尔盆地西北缘通过深化地质认识，重建油气藏模式，老井复查和新区拓展，新增探明地质储量超过10×10^8t；辽河探区兴隆台、大民屯古潜山通过油水界面和成藏模式的重新认识，发现了低位古潜山，新增储量超过2×10^8t；渤海湾冀东南堡油田通过重新采集三维地震和层序划分，新增探明地质储量超过5×10^8t，展现出成熟探区很好的精细勘探前景。

随着认识程度的不断提高，勘探层系不断扩大，剩余可采储量将不断增加，会远远超过目前的剩余可采储量规模，特别是油气成藏条件复杂的富油气区带，以及叠合盆地中下组合、前陆盆地的掩覆带、推覆体内部和非常规油气等区域。如松辽盆地下组合断陷盆地火山岩、四川盆地二叠系礁滩体和震旦－寒武系、塔里木盆地前陆冲断带等区域的天然气勘探取得突破后，已探明可采天然气储量超过数万亿立方米，且规模不断扩大，勘探潜力很大。成熟探区精细勘探在重视以往主要目的层系勘探的同时，要不断探索未知新领域、新层系。不断推广和应用精细勘探思路和方法技术，预计将产生更大效益。

三、深层勘探领域

从中国陆上深层油气地质条件来看，碳酸盐岩、碎屑岩及火山岩具备有利油气勘探前景。

1. 深层碳酸盐岩勘探领域及潜力

基于研究认识与勘探成果，立足重点盆地重点层系，按照大面积含油思想，应加强四川盆地震旦系—寒武系—石炭系白云岩富气区、塔中奥陶系礁滩与岩溶发育区、川北礁滩体发育区和塔北南缘奥陶系岩溶发育区四大现实领域的研究和勘探。这四大现实领域总面积约 $10\times10^4km^2$，石油资源量为 $13\times10^8\sim20\times10^8t$、天然气资源量为 $1.8\times10^{12}\sim2.5\times10^{12}m^3$，勘探潜力大。

针对塔里木、四川、渤海湾三大盆地超深层碳酸盐岩，应加强塔里木麦盖提斜坡奥陶系岩溶发育区、塔里木塔中－塔北下奥陶统白云岩、塔里木环满加尔凹陷寒武系台缘带、川西二叠系白云岩区、四川雷口坡组风化壳区、四川震旦系—下古生界、渤海湾盆地古潜山七大接替领域的研究、评价和探索。这七大勘探领域有利勘探总面积约 $10\times10^4km^2$，油气资源量达 $35\times10^8\sim40\times10^8t$ 油当量。如塔里木古城台缘带东西迁移 20km，发育 4 期向盆地迁移的礁滩复合体，第一期礁滩复合体厚 0～200m，宽 7～9km；第二期礁滩复合体厚 0～170m，宽 5～6km；第三期礁滩复合体厚 0～250m，宽 2～7km；第四期礁滩复合体厚 0～200m，宽 3～7km。累计叠置厚度约 600m，有利面积为 $1400km^2$，资源量为 $4200\times10^8m^3$。近期部署的风险探井古城 6 井于奥陶系获得重大突破，经轻度酸洗，产气 $26.4\times10^4m^3/d$。

2. 深层碎屑岩勘探领域及潜力

立足重点盆地重点层系的三大现实领域和五大接替领域勘探。库车、四川须家河组和准噶尔腹部岩性油气藏 3 个现实领域，有利面积为 $9\times10^4\sim10\times10^4km^2$，石油资源量为 8×10^8t，天然气资源量为 $4.5\times10^{12}\sim5.2\times10^{12}m^3$。塔里木盆地海相砂岩、准噶尔盆地致密砂岩气、塔西南、吐哈盆地台北凹陷致密气、渤海湾歧口凹陷致密气 5 个接替勘探领域，勘探总面积约 $32\times10^4km^2$，石油资源量为 $25.5\times10^8\sim35\times10^8t$，天然气资源量为 $5.5\times10^{12}\sim9\times10^{12}m^3$。

如库车东部侏罗系超深层，发育侏罗系和三叠系两套煤系烃源岩，侏罗系烃源岩厚 490m，TOC 范围为 0.28%～16.35%；三叠系烃源岩厚 376m，TOC 范围为 0.45%～24.43%；侏罗系储层厚 350m。有利勘探面积为 $3290km^2$，潜在石油资源量为 5200×10^4t，天然气资源量为 $1.1\times10^{12}m^3$。

3. 深层火山岩勘探领域及潜力

中国石油已在火山岩中探明石油地质储量为 6.21×10^8t，天然气地质储量为 $6501.8\times10^8m^3$。中国陆上含油气盆地内，超深层火山岩面积为 $16\times10^4km^2$，资源量约 15×10^8t 油当量，勘探潜力较大。立足重点在新疆北部石炭系和松辽盆地两个现实勘探领域开展研究和勘探，探索四川和塔里木盆地接替勘探领域。

主要参考文献

陈新，卢华复，浦世照，等. 2006. 准噶尔盆地西北缘断裂体系分形特征与油气藏分布. 石油与天然气地质，27 (4)：517～521.

龚再升，陈斯忠，郭水生，等. 1997. 中国近海大油气田. 北京：石油工业出版社：110～120.

谷团，张晓玲，陈淑凤，等. 2007. 成熟探区"非主力层系"再认识——辽河盆地黄金带油田挖潜的启示. 中国石油勘探，24：13～18.

郭元岭，蒋有录，赵乐强，等. 2005. 济阳坳陷预探井失利地质原因分析. 石油学报，26 (6)：52～56.

郭元岭，蒋有录，赵乐强，等. 2007. 成熟探区油气勘探资源接替战略方法研究. 石油学报，28 (1)：20～26.

侯连华，林承焰，王京红，等. 2002. 原油密度、黏度的地化热解评价方法. 石油勘探与开发，29 (2)：72～76.

侯连华，林承焰，王京红，等. 2003a. 含油层早期产能预测方法. 石油大学学报（自然科学版），27 (1)：11～13.

侯连华，吴锡令，林承焰，等. 2003b. 礁灰岩储层渗透率确定方法. 石油学报，24 (5)：67～70.

胡朝元. 1982. 生油区控制油气田分布——中国东部陆相盆地进行区域勘探的有效理论（源控论）. 石油学报，3 (2)：9～13.

贾承造，赵政璋，赵文智，等. 2005. 陆上主要含油气盆地油气资源与勘探潜力. 石油学报，26（增刊）：1～11.

解国军，金之钧，肖焕钦，等. 2003. 成熟探区未发现油藏规模预测. 石油勘探与开发，30 (3)：16～18.

李丕龙，张善文，宋国奇，等. 2003. 济阳成熟探区非构造油气藏深化勘探. 石油学报，24 (5)：10～15.

廖前进，于学敏，何咏梅，等. 2005. 统计法在中—高成熟探区资源评价中的适用性研究. 石油学报，26（增刊）：102～105.

孟卫工. 2005. 富油气坳陷深化勘探做法和体会. 中国石油勘探，(4)：10～15.

孟卫工，李晓光，刘宝鸿. 2007. 辽河坳陷变质岩古潜山内幕油藏形成主控因素分析. 石油与天然气地质，28 (5)：584～589.

牛嘉玉，王玉满，谯汉生. 2004. 中国东部老油区深层油气勘探潜力分析. 中国石油勘探，9 (1)：33～40.

汪民. 2007. 我国石油地质资源量达895亿吨. 石油工程建设，(2)：68.

王俊玲，郑和荣. 2003. 中国东部成熟探区剩余油气资源潜力及重点勘探领域. 石油与天然气地质，24 (3)：296～300.

王震亮，朱玉双，耿鹏，等. 2002. 准噶尔盆地西北缘现今水动力分布特点. 石油与天然气地质，23 (4)：348～352.

薛新克，侯连华. 2007. 乌尔禾油田克拉玛依组储层敏感性差异及工艺措施优选. 石油天然气学报，29 (3)：67～70.

袁选俊，谯汉生. 2002. 渤海湾盆地富油气凹陷隐蔽油气藏勘探. 石油与天然气地质，23 (2)：130～133.

翟光明，何文渊. 2002. 渤海湾盆地资源潜力和进一步勘探方向的探讨. 石油学报，23 (1)：15～18.

张抗. 2003. 对中国石油可采资源量的讨论. 石油与天然气地质，24 (1)：7～11.

张善文. 2004. "跳出框框"是老油区找油的关键. 石油勘探与开发，31 (1)：12～14.

张义杰，董大忠. 2007. 油气田发现是正确地质认识与适宜勘探技术的交集——以准噶尔盆地陆梁隆起西部油气勘探为例. 石油与天然气地质，28 (5)：564～569.

赵文智，窦立荣. 2001. 中国陆上剩余油气资源潜力及其分布和勘探对策. 石油勘探与开发，28 (1)：1～5.

赵文智，邹才能，汪泽成，等. 2003. 富油气凹陷"满凹含油"论——内涵与意义. 海相油气地质，8 (3)：130～142.

赵贤正，卢学军，王权. 2007. 华北油田地层－岩性油藏勘探发现与启示. 石油与天然气地质，28 (5)：597～604.

郑和荣，胡宗全，张忠民，等．2003. 中国石化东部探区潜山油气藏勘探前景．石油与天然气地质，24（4）：313～321.

周玉琦．2007. 油气勘探的辩证思维和方法——从事油气勘探活动的心得体会．石油与天然气地质，28（5）：545～551.

邹才能，侯连华，匡立春，等．2007. 准噶尔盆地西缘二叠—三叠系扇控成岩储集相成因机理．地质科学，42（3）：587～601.

Emil D A, David H R. 1994. The enigma of oil and gas field growth. AAPG Bull, 78 (3): 321～332.

Kerr D R, Jirik L A. 1990. Fluvial architecture and reservoir compartmentalization in the Oligocene middle Frio Formation, South Texas. Gulf coast association of geological societies transactions, 40: 373～380.

Ofstad K, Kittilsen E J, Alexander - Marrack P. 2000. Improving the exploration process by learning from the past. Norwegian Petroleum Society Special Publications. 57～63.

第二章　成熟探区精细勘探理论基础

近一个世纪以来，中国油气地质家和勘探家长期的地质研究与勘探实践，在石油地质科学领域逐步形成了“陆相生油理论”、“源控论”、“复式油气聚集理论”、“环洼聚油论”、“叠合盆地成藏理论”、“前陆盆地油气地质理论”、“岩性地层油气藏理论”和“非常规油气地质理论”等一系列的油气地质勘探理论，不仅丰富了石油地质学，而且有效地指导了中国的油气勘探工作，为中国石油工业的发展做出了重要贡献。

21 世纪以来，随着油气勘探和发现的快速推进，油气地质勘探理论不断完善和发展，在富油气凹陷油气互补共生有序聚集、油气有序聚集区、大型地层油气藏、大面积岩性油气藏、连续型油气藏、叠合盆地油气成藏等方面取得了重要进展，推动油气新区、新领域拓展的同时，支撑了成熟探区精细勘探和油气发现，逐渐形成了支撑成熟探区精细勘探油气发现和储量增长的理论基础。

第一节　油气勘探理论发展历程

全球油气工业已经历了 150 年，主要历经构造油气藏、岩性地层油气藏和非常规连续型油气聚集三大发展阶段或领域，实现了两次重大理论技术创新和跨越。第一次是从构造油气藏向岩性地层油气藏的创新和跨越，找油气的指导思想是从寻找易于识别的构造圈闭，向较难识别的岩性地层圈闭过渡，核心是找圈闭；第二次是从岩性地层油气藏向非常规油气的创新和跨越，找油气的指导思想是从寻找岩性地层圈闭，向无明显圈闭界线的油气储集体过渡，核心是找油气有利储集体，目前正处于这一阶段的跨越过程中。

一、世界石油地质学发展过程

人类认识和利用油气的历史由来已久，但现代油气勘探开发一般以 1859 年美国成功钻探的世界上第一口工业油井作为标志。在近代石油工业发展的 150 年间，随着油气勘探开发实践的不断深入和积累，石油地质学也从早期的逐渐形成，发展到现在的日臻完善。

19 世纪中叶，加拿大的亨特（T. S. Hunt，1861）、俄国的阿比特（Г. В. Авих，1863）、美国的怀特（I. G. White，1885）、奥地利的霍弗（Hofer，1888）等先后提出了石油储集的“背斜说”，成为近代石油地质学的基础，一直被地质学家所遵循。1916 年 D. Hager 在美国出版了世界上第一部石油地质专著《实用石油地质》。

20 世纪 30 年代，在美国东得克萨斯州发现了巨型地层油藏之后，地质学家们认识到不能简单地仅靠“背斜理论”寻找油气，要发现更多的新油气田，必须广泛地应用地层学、沉积学等新方法与新理论。1934 年 McCollough 正式提出了“圈闭学说”，成为常规油气成藏的理论基础。此后的油气勘探开发实践过程中，对沉积盆地的形成与演化、油气的生成和运移、油气藏的形成与演化等不断地进行研究与总结，形成了一系列指导油气勘探开发的理论与学说，奠定了现代石油地质学发展的基础。1956 年美国学者莱复生（A. I. Levorson）的《石油地质学》的问世，实现了石油地质学理论的系统化、科学化，推动了世界油气工业快速发展。

20 世纪 60 年代以来，随着计算机技术、地球物理勘探技术、实验测试分析技术的重大突破以及地质学和大地构造学等相关学科的进步，石油地质学得到了快速发展。早期的油气生成、背斜理论、圈闭理论等进一步完善与成熟，新的油气成因机理、成藏与富集等理论不断获得重大进展。20 世纪 60 ~ 70 年代，是世界油气勘探发现的高峰期，也是石油地质理论的快速发展阶段。在被誉为地球科学革命的板块构造理论的推动下，含油气盆地类型与成因机制、油区岩相古地理、干酪根成烃理论、碳酸盐岩油气成藏、油气二次运移等油气形成与富集理论快速形成和发展。

20 世纪 70 ~ 80 年代，隐蔽油藏概念的提出（M. T. Halbouty，1972）、地震地层学（P. R. Vail，1977）、层序地层学（B. Haq，P. R. Vail，H. W. Posamentier，1987）的创立，使油气勘探领域进一步拓展，石油地质理论进一步丰富和完善。进入 20 世纪 90 年代，沉积盆地数值模拟（I. Lerche 1990；S. Cloetingh，W. Sesir，F. Horvathetal，1993）与含油气系统（Magoon and Dow，1991，1994）成为当时石油地质学领域发展的前沿，再现了含油气盆地形成与演化的动力学全过程，以及与之相伴的油气生成、排出、运聚和成藏过程，并包含各要素成藏过程的时空配置关系和动态演化，石油地质学从静态的单因素定性描述，发展到动态的整体化、定量化表征。近 20 年来，随着世界非常规油气资源勘探开发进程的加快，非常规油气聚集理论取得了突破性认识。Schmoker 等（1995）提出了“连续型油气聚集”的概念，成为非常规石油地质的里程碑。Selley（1998）的《石油地质基础》（*Elements of Petroleum Geology*）、B. E. Law 与 J. B. Curtis（2002）的《非常规石油系统》（*Unconventional Petroleum Systems*）等，将非常规油气地质理论研究推向了更为深入、广泛的高度，形成了非常规石油地质理论框架体系。

纵观油气工业发展历程，将会经历以常规油气为主、常规与非常规油气并存、以非常规油气为主三大发展阶段，而三大阶段的发展总是伴随着理论技术的发展而发展。自 1859 年世界上第一口工业油井钻探成功以来，全球油气工业经历了约 60 年的理论技术探索发展阶段，油气产量增长缓慢，直到 1920 年油气当量产量才突破 1.0×10^8t（图 2 - 1）。20 世纪 20 ~ 50 年代，石油地质由找油苗露头转入地下，圈闭与油气成藏理论逐步形成，地震反射波法开始应用，旋转钻井技术快速发展，发现了一批构造油气藏，全球油气当量产量由 1.1×10^8t 上升至 1955 年的 10.5×10^8t。20 世纪 60 ~ 90 年代，板块构造理论、生油理论、层序地层学、成藏动力学等理论不断发展，数字地震、三维地震逐步应用，喷射钻井、自动化钻井技术不断进步，发现了一批构造、岩性地层型大油气田（傅诚德，2010a，2010b，2010c），全球油气产量快速增长，1995 年达到 51.9×10^8t 油当量，其中石油产量突破 30×10^8t，天然气产量突破 $2\times10^{12}m^3$ 大关。20 世纪 90 年代中期以来，含油气系统、数值模拟、油藏精细表征等技术大量应用，水平井、多分支井、大位移井等技术得到发展，地震分辨率不断提高，非常规油气开发利用取得突破性进展，全球油气当量产量进一步上升，至 2013 年超过 70×10^8t，石油产量为 38.68×10^8t，天然气产量为 33905 ×

$10^8 m^3$。目前基本实现了从常规油气向常规与非常规油气并重的重大跨越，连续型油气聚集理论、水平井分段压裂技术、平台式“工厂化”开采、纳米与信息等技术的交叉应用，使油气工业正在发生一场新的科技革命，不断突破储层物性下限，不断突破油气成藏深度下限，不断突破开采成本极限，推动页岩油气、致密油气等非常规油气成为重大接替领域。从常规向非常规油气跨越的石油科技革命，主要形成了两大地质理论和四大核心技术体系，即常规油气圈闭成藏理论、非常规油气连续型聚集理论，常规油气钻井技术、常规油气地震预测技术、非常规油气水平井体积压裂技术、提高采收率技术，推动石油工业不断向前发展。理论和技术的不断进步推动着油气勘探发现和储产量增长不断迈向新台阶，同时为成熟探区精细勘探提供了理论和技术保障。

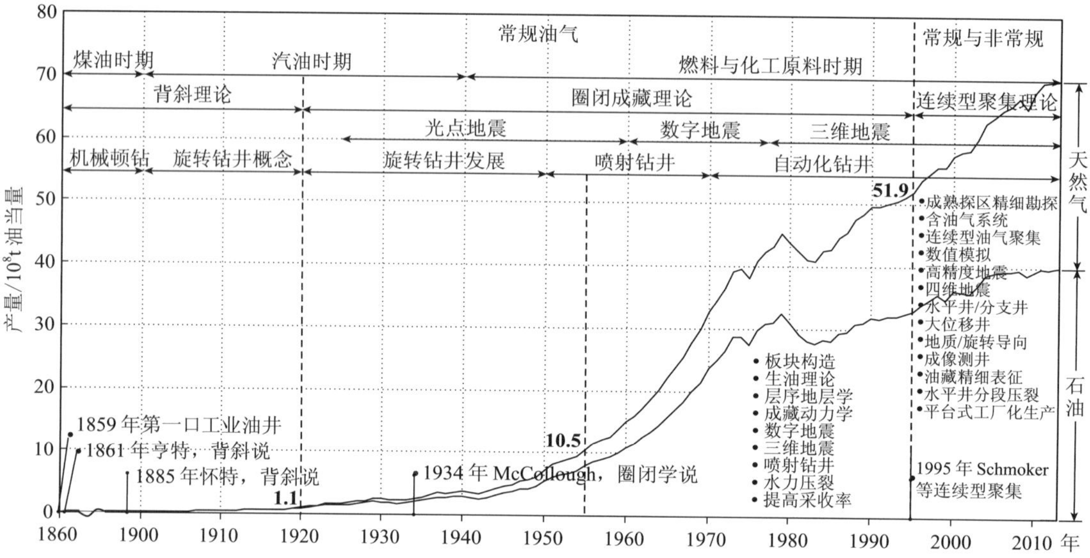

图 2－1　全球油气工业及理论技术发展历程

1. 背斜油气藏理论

1848 年，美国人威廉·劳根（William Logan）发现油苗沿背斜分布，并将背斜概念引入石油勘探。1861 年，加拿大地质调查局的亨特（T. S. Hunt）初步提出背斜理论，对烃源岩、背斜构造、裂缝及遮挡条件等 4 个油气聚集条件进行了论述。1885 年，美国人怀特（I. C. White）在《科学》杂志上发表的“天然气地质”（*The Geology of Natural Gas*），第一次系统地阐述了背斜油气藏理论。1888 年，怀特成功地将该理论应用于井位部署，从此背斜油气藏理论引起了勘探家们的高度重视。美国、墨西哥等美洲国家开始推广应用背斜油气藏理论找油，并在油气勘探实践活动中获得成功。

背斜油气藏理论认为：石油和天然气聚集于背斜构造中，石油、天然气和地层水按其密度分异，石油、天然气密度低，占据背斜的顶部；地层水密度高，位于背斜底部。背斜褶皱的顶部被认为是勘探油气的最佳对象。19 世纪 80 年代，在美国加利福尼亚州、墨西哥等地区的油气勘探中，首次利用油田地质技术绘制了构造等高线图，确定了背斜褶皱的顶部位置，发现了一批油田。直到 20 世纪 50 年代背斜油气藏理论都是油气勘探的主要找油理论。在背斜油气藏理论指导下发现了一大批大型、特大型油气田，推动了世界石油工业的发展。

2. 圈闭油气藏理论

圈闭理论孕育于20世纪初期，形成于20世纪20~50年代。随着油气勘探实践的不断深入，发现油气聚集场所除背斜构造外，还包括盐丘、古潜山等其他构造类型。1901年于墨西哥湾首次发现了盐丘油藏，1907年在罗马尼亚发现了底辟构造油藏，1909年在美国辛辛那提隆起寒武系白云岩中发现了世界上第一个古潜山油藏。F. G. Clapp（1910，1917，1929）提出了油气聚集的构造分类，包括背斜、向斜、穹窿、不整合及断层等类型。B. R. 利莱（1928）指出油气田存在不同的成因类型。McCollough（1934）正式提出了“圈闭学说”，认为圈闭需具备3个条件，即储集层、盖层和遮挡条件，具有统一的油、气、水界面，储量严格按圈闭面积、闭合度、孔隙度等计算。威尔逊（1934）将油气藏分为闭合油气藏和开放油气藏两大类，其分类涵盖了构造、岩性地层及复合油气藏类型。A. I. Levorsen（1956）在其所著的《石油地质学》中建立了较为完善的圈闭分类体系，将圈闭划分为构造、地层和复合圈闭，其中地层圈闭包括原生地层圈闭和次生地层圈闭两类。1920~1950年期间，石油地质学的主要进展体现在圈闭学说的提出和发展。自圈闭学说提出后，人们认识到只要具备储层、盖层和遮挡条件，就有可能形成油气的聚集，背斜仅仅是最常见、最简单的一种圈闭。1930年在美国发现的东得克萨斯油田为世界上第一个岩性地层圈闭大油田，以后又发现了一批非背斜大油气田。岩性、地层及复合成因的圈闭也是油气聚集的有利场所，圈闭油气成藏理论是常规油气地质理论的核心。

3. 油气有机成因理论

关于油气成因的争论由来已久，一直存在。总体可归纳为无机成因和有机成因两种主要学说。无机成因论最早源于俄国著名化学家Д. И. 门捷列夫1876年提出的“碳化物说”，其后B. Д. 索科洛夫（1889）提出了“宇宙说”，R. Robinson（1963，1966）提出了“费－托地质合成说”，耶兰斯基（1966，1971）提出了“蛇纹石化生油说”，切卡留克（1971）提出了“高温生成说”，T. Gold（1993）提出了“地幔脱气说”等。地质理论和实验研究表明，地球内部不同圈层无机成因的天然气广泛存在，但石油的无机成因说存在较大争议，需要进一步研究和证实。

沉积盆地油气有机成因学说的建立经历了一个漫长过程，20世纪60年代以后才逐渐占据主导地位。早在18世纪中叶，俄国著名科学家罗蒙诺索夫就曾提出石油是由泥炭在高温作用下形成，生成后再向地层裂隙和岩石孔隙中运移和聚集。这是最早的油气有机成因说。1905年，德国学者波托尼（Boadni）发表了石油腐泥说的专论。苏联石油地质学家古勃金1908年对高加索油区、1919~1920年对第二巴库油区的研究，形成了苏联学者有关石油有机成因的理论体系。1860年，以美国罗格斯（W. B. Rogers）为代表的地质学家首次提出了石油海相生成、背斜储油的观点。1885年，美国地质调查局总地质师威尔特等人通过大量的勘探实践，总结了石油有机生成、储集层的孔隙度和渗透率影响着石油的储集性能，以及背斜构造储油等一整套石油地质理论。1915年，威尔特又提出定碳比理论，认为通过定碳比测得的岩石变质程度，可以判断一个地区的含油气远景。20世纪20年代初期，维尔纳茨系统研究了有机质的地质作用，论述了石油有机成因的主要依据。Treibs（1933）首次证实卟啉化合物广泛存在于不同时代、不同成因的石油及沥青中，为石油有机成因理论找到了重要依据。沉积盆地中富有机质油气有机成因学说，奠定了世界油气勘探的重要基础。

4. 干酪根热降解生烃理论

20世纪60年代，随着有机地球化学的发展和现代分析测试技术的进步，地球化学家们对油气有机成因的认识取得重要进展，形成了干酪根热降解生油说。Bray et al.（1961）发现现代沉积物和生物体中正烷烃碳数分布具奇偶优势，正脂肪酸碳数分布具偶奇优势，而古老沉积岩和石油中不具此优势，这一发现开启了有机质成岩演化机理及与石油形成关系的研究。Phillippi et al.（1965）提出沉积有机质大量转化成烃类，需要一定的埋藏深度和温度；Vassoevich（1969）提出石油生成存在主要阶段和主要相态；Pusey（1973）提出了“地温窗”和“液体窗”的概念；20世纪20年代初，Tissot et al. 以巴黎盆地下托尔阶页岩为研究对象，揭示了干酪根转化成油的机理，形成了干酪根热降解生烃理论。Connan（1974）、Tissot and Welte（1978）深入研究了油气生成与温度和时间的关系，建立了石油生成模型，定量确定烃源岩生烃潜力。

以蒂索（B. P. Tissot）为代表的干酪根热降解生烃理论认为原始有机质沉积以后，首先经过复杂的生物化学作用和聚合缩合作用形成干酪根，干酪根在达到一定的埋藏深度后，在温度的作用下发生热降解作用逐渐生成石油。将沉积物中的有机质分成两部分，可溶于有机溶剂的部分称为沥青，不溶于有机溶剂的有机质残余物即为干酪根。有机质向石油转化是干酪根热降解过程，也就是H∶C原子比逐渐降低的过程。石油生成于一定的温度范围（称为“液态石油窗”）。在干酪根热降解生烃理论指导下，从有机地球化学和光学测定总结出了一套反映有机质热成熟度的参数，如 T_{max}、R_o、TTI 等，这些参数可直接应用于判识干酪根类型、成熟度及生烃潜力等。有机质成烃理论与分析测试技术的发展为定量评价烃源岩、计算生烃量奠定了理论基础。

油气生成与油气运移密不可分，干酪根热降解生烃学说对油气初次运移的相态提出了挑战，如 G. I. Adamans（1903）、M. J. Munn（1909）、J. V. Lewis（1924）、L. F. Athy（1930）、M. G. Cheney（1940）、W. G. Meinschein（1959）及 C. O. McAuliffe（1966）提出的水溶相学说受到了质疑。油气初次运移成为石油地质学风靡一时的研究热点，如 L. C. Price（1983）对气溶相的可能性进行的论证，K. Magara（1978）对泥岩压实和初次运移动力的研究，Barker（1972）对水热增压的研究，Power（1967）和 Burst（1969）对黏土矿物脱水的研究，Leythaeuer et al.（1982）对烃类扩散的研究，Dickey（1975）对石油初次运移相态的研究等。大量学者对油气初次运移的相关研究，基本明确了油气初次运移的相态、动力及通道等关键科学问题。

5. 含油气系统理论

随着油气工业的发展，油气勘探难度越来越大，仅靠背斜油气藏、圈闭和干酪根生油等理论已不能满足油气勘探实践的需要，石油地质学家开始关注油气从烃源岩到储集层再到圈闭的成藏全过程。含油气系统理论立足于沉积盆地整体，在静态地质要素分析基础上，详细刻画油气生成、运移、聚集、成藏的整个动态过程，深刻理解油气藏形成机理及分布规律。立足沉积盆地，研究油气动态成藏全过程是石油地质学的一次重大发展。这一时期的板块学说、含油气盆地构造学、沉积储层学、层序地层学等相关学科的重大进展，以及干酪根热降解生烃理论与油气运移的创新性理论，促进了含油气系统研究的快速发展。

含油气系统早期是基于苏联地质学家的“含油气区”的认识，他们认为含油气区是成因上有联系、大区域构造单元相伴随的油气聚集区域。布罗德和耶列门科指出含油气区是地壳中漫长的地质历史时期的一个统一的沉积坳陷，坳陷的特点是有沥青生成作用和区域性油气聚集条件。Perrodon 在其所著的《石油地球动力学》中，明确提出“没有盆地就没有石油”。Weeks 认为盆地分类是评价未发现油气资源的基础。油气动态成藏过程由 W. G. Dow 等（1972）首次在“石油系统”（oil system）的概念中提出，随后 A. Perredon（1980）、F. F. Meissner（1984）、G. F. Ulmishek（1986）、L. B. Magoon（1987）、G. Demaison 等（1991）、A. Perredon（1992）、H. D. Klemme（1994）等学者拓展了其内涵与研究领域。J. M. Hunt（1990）又提出了流体封存箱成藏理论，将生、储、盖等油气藏形成的静态要素与温度、压力等动态条件结合起来，全面揭示了油气生成、运移、聚集和成藏的动态过程。1994 年 L. B. Magoon 和 W. G. Dow 将“含油气系统”（petroleum system）概念进一步丰富和完善，强调油气“从源岩到圈闭”，通过地质作用过程将各成藏要素连接为一个有机的整体，简单含油气系统可用埋藏史图、剖面图、平面图、含油气系统事件图和油气聚集统计表“四图一表”来描述和评价。

含油气系统的研究以过程恢复为主线，以关键时刻的成藏要素与成藏作用组合关系为重点，综合、系统、动态地研究油气输导体系、运移路径、成藏动力及成藏期次，详细刻画油气成藏的整个过程，实现石油地质研究从传统的静态地质要素分析，转变为面向动态地质过程的各个要素综合分析，详细刻画油气藏的形成机理及分布规律。

6. 非常规油气聚集理论

非常规油气的研究始于 20 世纪 30 年代，为 W. B. Wilson（1934）油气藏分类中的开放性油气藏，虽然当时认为该类油气藏没有勘探价值，但已预测到非常规油气藏的存在。20 世纪 80 年代以来，随着世界油气地质理论的发展与勘探技术的进步，非常规油气资源，如盆地中心气（B. E. Law，2002）、煤层气（W. B. Ayers Jr.，2002）、页岩气（Nielson，1990）、致密砂岩气（J. A. Masters，1979）、页岩油（H. W. Parker，1970）等逐渐成为全球油气储量、产量增长的重点领域和研究热点，非常规油气地质研究也取得了长足进展，涵盖了非常规油气资源的内涵、种类、地质特征、资源评价方法和开发技术等各个方面。

美国联邦地质调查局（USGS）的 Schmoker 和 Gautier 等（1995）针对含油气盆地中致密砂岩、煤层、页岩等非常规储层中，油气大面积聚集分布、圈闭与盖层界限不清、缺乏明确油、气、水界面的特点，提出了“连续型油气聚集”的概念，在非常规石油地质理论发展中具有里程碑意义，是非常规石油地质理论科学发展的重要标志和理论内核。基于这一概念，USGS 对致密砂岩气、页岩气、盆地中心气、煤层气、浅层微生物气及天然气水合物等非常规天然气资源进行了评价（Schmoker，1999，2002；Klett and Charpentier，2003；Klett and Schmoker，2004；Crovelli，2004；Cook，2004；Schmoker，2005；Pollastro，2007）。B. E. Law 等（2002）提出了非常规油气系统的概念，指出非常规油气系统与构造圈闭无关，基本上不受重力分异的影响，区域上存在大规模普遍含油气区带，并对煤层气、深盆气及天然气水合物等非常规天然气资源做了分析。2007 年石油工程师学会（SPE）、石油评价工程师学会（SPEE）、美国石油地质师协会（AAPG）、世界石油大会（WPC）在《油气资源管理系统》中定义了非常规油气资源相关概念，认为连续型矿产

（continuous-type deposit）和非常规资源（unconventional resources）基本等同，都定义为大面积连续分布、受水动力影响很小的油气聚集，包括盆地中心气、页岩气、天然气水合物、天然沥青及油页岩等，同时强调了其技术难度及经济可行性。

Harris（2012）基于渗透率和流体黏度，将非常规油气资源定义为：通过技术改变岩石渗透率或流体黏度，使得油气的渗透率与黏度比值变化，从而获得工业产能的油气资源。针对非常规储层微观孔喉特征，美国学者 Reed 和 Loucks（2007）利用场发射扫描电镜实验观测分析表征了美国得克萨斯州沃斯堡盆地 Barnett 页岩储层的有机质孔隙特征，其后多位学者针对非常规储层微观孔喉系统进行了研究（Desbois et al.，2004；Curtis et al.，2010；Milner et al.，2010；Schieber，2010；Slatt and O'Neal，2011）。研究表明，不同的孔隙结构决定了非常规储层的性质差异，孔隙类型、尺寸与排列影响油气的原地赋存与聚集（Ambrose et al.，2010），也影响页岩的封盖能力（Dewhurst et al.，2002；Schieber，2010）。孔隙成因与分布的差异性，将对储层的渗透率和物性产生影响（McCreesh，1999；Passey et al.，2010）。非常规油气聚集理论正引起越来越多的石油地质学家的关注，已经成为目前石油地质学研究的前沿。

二、中国石油地质学发展过程

中国石油地质学发展起步较晚，直到20世纪20年代以后，中国石油地质理论才系统产生。20世纪20～30年代，中国地质学家针对甘肃、陕西、贵州、四川等地区露头进行石油地质调查，发现了酒泉盆地老君庙油田和陕西北部延长油田，打破了“非海相沉积不能生油”的禁锢。中国地质学家提出石油也能够来自淡水沉积物（潘钟祥，1941）、陆相地层可以形成具有经济价值的油田（黄汲清等，1943）、陆相生油多期多层含油（翁文波等，1948）等认识，明确了中国陆相沉积生油特征，为中国的石油地质学发展奠定了基础。

20世纪50～70年代，是中国石油工业快速发展与陆相石油地质学理论形成的重要阶段。该阶段先后发现了克拉玛依、大庆、胜利、北大港、曙光、任丘等大型油田，使中国石油年产量从1949年的12×10^4t快速上升到1978年的1.04×10^8t。该阶段中国广大石油地质学家通过对陆相生油层的形成、陆相烃源岩和石油地球化学指标、陆相油气藏的形成与分布规律等的总结，提出了陆相生油理论、陆相湖盆沉积体系、陆相盆地油气成藏与主控因素、陆相湖盆生油中心控制油气藏形成与分布等一系列认识，创立了陆相沉积盆地油气生成、聚集的“源控论”、复式油气聚集带（区）论，逐步形成了中国陆相石油地质理论体系。

1. 陆相生油理论

20世纪30年代之前，世界上已发现的油气田皆形成于特定大地构造单元的海相环境中，对陆相盆地能否形成大规模油气聚集普遍持否定态度，这也是美孚石油公司顾问富勒（1916）、斯坦福大学地质系教授希洛埃（1927）、德士古石油公司经理罗杰斯（1932）等专家得出中国“贫油论”的主要依据。中国老一辈地质学家以扎实的地质理论，结合多年勘探经验，指出“美孚的失败，并不能证明中国没有油田可办”（李四光，1928）。谢家荣、潘钟祥、黄汲清、孙健初等地质学家坚持实践第一，先后到陕北高原、河西走廊、四川盆地及天山南北进行油气地质调查，分别于1937年和1939年在陆相盆地中找到了新疆独山子油田和甘肃玉门老君庙油田，正式开启了中国陆相找油和研究的序幕。

1941 年，潘钟祥在 *AAPG Bulletin* 发表题为“中国陕北和四川白垩系陆相生油”的论文，指出陕北的石油产自陆相三叠系及侏罗系，四川产天然气的自流井也是陆相地层，第一次在国际上系统阐述了“中国陆相生油”的观点，明确提出石油不仅来自海相地层，也能够来自淡水沉积物。1943 年，黄汲清等在《新疆油田地质调查报告》中也提出：“陆相地层可以形成具有经济价值的油田”。1948 年，翁文波等提出“陆相生油，多期、多层含油的认识”。

1949 ~ 1960 年，是中国陆相生油理论初步形成阶段。1957 年，谢家荣指出大陆沉积中有机物可能主要是由陆生植物分异而来，陆相地层才是最可能的生油层。1959 年，侯德封在探索西北地区油田形成地质条件时指出潮湿与干燥气候的时代转变，有利于生油层的形成。中国科学院兰州地质研究所则提出了“内陆潮湿坳陷”说，强调了古气候条件对陆相生油的重要性。田在艺等在详细分析总结准噶尔、鄂尔多斯、四川等盆地油气田形成的地质条件时，强调了长期坳陷的作用。石油科学研究院在翁文波院长的主持下，先后刊出了 3 辑《石油勘探研究报告集》（1960 ~ 1964），强调了“深水坳陷”的作用，指出长期的深坳陷有利于生油层的形成，盆地深坳陷的特征和分布对油气分布起着主要控制作用。至此，初步形成了中国陆相生油理论的基本轮廓。

1960 年以来，是中国陆相生油理论深化发展阶段。该阶段对陆相生油层的形成和陆相生油的基本条件做出了深入系统的研究，总结出了潮湿与干燥气候的时代转变、长期的深坳有利于生油层的形成，内陆地区潮湿强烈拗陷的盆地、淡水—半咸水迅速堆积的巨厚湖泊相沉积、有机质丰富、还原环境是陆相生油的基本条件（田在艺，1960；胡朝元，1982；黄第藩等，1982，1984；胡见义等，1991；程克明等，1995）。由于陆相地层沉积相变化快，油气不能进行长距离运移，因而生油坳陷范围就是油气田的主要分布区（高瑞祺和蔡希源，1997）。系统建立了陆相烃源岩和石油地球化学系列指标和参数（黄第藩等，1982，1984；程克明等，1995），使陆相生油理论从定性的地质推断发展为半定量—定量的科学分析。诸如有机质丰度、组分和类型、成熟度数值和参数的确定等，为烃源岩评价、生油量的定量评价、资源评价和石油演化提供了科学依据，为勘探目的层的确定提供了方法；确定了陆相烃源岩和油气中生物标志化合物、排油气门限及相关参数（黄第藩等，1982，1984；李廷栋等，1990；庞雄奇等，1997；王铁冠，2002；何生等，2010），建立了超压抑制有机质热演化的多参数识别标志，揭示了不同成熟度指标对超压的差异响应（郝芳等；2006），为油气源对比、石油运移途径及动力的确定提供了科学信息（李明诚，1987；李思田，1995）。20 世纪 80 年代，还对未熟—低熟油的形成条件、有机地球化学特征以及分布规律进行了探讨，建立了未熟—低熟油理论，突破了干酪根热降解成烃学说的局限性。

近年来，中国新一代地球化学家进一步对陆相生油理论进行了完善与发展，提出了陆相烃源岩和油气中生物标志化合物及相关参数指标，标志着陆相生油理论的研究从宏观跨入分子地球化学新阶段；干酪根和油气、组分单体与系列碳同位素组成研究和数值的测定，为岩 - 油 - 气源直接对比提供了途径；石油组分特别是饱和烃组分的确定、各种参数的标定等，为石油和烃源岩属性的研究提供了科学标尺。提出了陆相油气生成是地质历史发展、湖泊演化和生物化学进化的必然结果的基本结论，系统总结了成油湖泊的类型、演化和成油期，建立了陆相有机质成烃演化模式、成烃母质类型等陆相有机质类型划分标准、生烃潜力评价标准等指标，指出优质油源区是大中型油田形成的物质基础。

2. 源控论

源控论起源于20世纪50~60年代，是对松辽盆地生油区控制的油气田分布规律的总结（胡朝元等，1962）。松辽盆地大庆油田油气运移距离较短，油气自烃源岩生成后，就近聚集在生油有利区或邻近地带，这一分布规律的认识被简称为“源控论”（邱中建和龚再升，1999）。源控论是指油气田的形成与分布密切受烃源岩控制，源控论的提出是基于陆相沉积的岩性岩相演变频繁与展布范围有限，油气田往往发育在生油坳陷的中心及周边，主力生油中心控制了大中型油气田的分布而提出的。

源控论强调勘探要找有利的生油凹陷和地区，勘探思路主要为“定凹选带”，亦即在一个盆地的勘探初期，要尽快利用各种手段查明生油中心，发现和确定生油区，并在其中或邻近地区选择有利圈闭进行钻探。

源控论在渤海湾盆地初期油气勘探过程中发挥了重要作用，同时勘探实践又进一步深化了源控论的内涵。渤海湾盆地勘探早期，源控论的找油思想已深入到在该地区工作的石油地质家脑海中，勘探部署贯彻了源控论的基本思想。包括渤海湾盆地在内的华北地区勘探初期，基于勘探古生界油气藏的认识，部署钻探的华1—华6井均告失利。1960年在山东惠民凹陷沙河街构造上钻探的华7井，发现了近千米厚的古近纪暗色地层，明确了古近系是渤海湾盆地的主力生油层和主要勘探目的层，认识到古近纪生油凹陷是“油源之本”，区域勘探首先要确定生油凹陷，在此基础上确定突破区带和目标，随后在各坳陷进行的油气勘探均取得了重大突破。1961年、1962年济阳坳陷东营构造的华8井、营2井，1963年黄骅坳陷羊三木构造的黄3井，1965年辽河坳陷太平庄构造的辽2井，1975年冀中坳陷任丘构造的任4井、临清坳陷文留构造的濮参1井等，都相继获得了工业性油流或高产油流，证实了渤海湾盆地多坳（凹）含油的构造格局，打开了渤海湾盆地油气勘探的新局面。

因此，源控论是指主力生油气中心控制油气田的分布，勘探研究是寻找主力烃源岩中心和层系，“定凹选带定层”寻找生油气范围内的有利目标，尽快发现和控制大中型油气田。

3. 富油气凹陷含油论

富油气凹陷是在中国东部裂谷断陷盆地不断实践，以及源控论、复式油气聚集带理论基础上，总结中国油气田分布规律时，发现大油气田主要形成于资源丰度高的少数富油气凹陷中（丁贵明等，1996），不同资源丰度凹陷与不同的油气田规模、资源探明率、最大油田发现时间等有着密切的内在联系而提出的。

中国海洋石油勘探实践也表明，沉积凹陷存在“富凹”与“贫凹”的区别，提出了“富生油凹陷”的概念（龚再升，1997）。1997~2001年，通过对渤海湾盆地富油气凹陷的系统解剖（谯汉生等，2002），提出了富油气凹陷的概念与划分标准，指出富油气凹陷理论的实质是在烃源岩发育、资源丰度高、油气富集的凹陷中，树立“满凹含油”的思想；以凹陷为整体寻找多种类型油气藏，包括正向和负向构造带中的油气藏，特别是各种砂砾岩体、火成岩、古潜山和地层等岩性地层油气藏。通过主要陆相盆地的进一步总结与勘探实践，明确了富油气凹陷“满凹含油”的形成条件（赵文智等，2003，2004）：①烃源岩生烃总量大，可保证各类砂体聚油气成藏；②有效烃源岩面积大，为各类砂体与烃源岩提供最大接触机会，有利于油气运聚成藏；③湖盆振荡变化使砂、泥岩频繁间互，为各类岩性地层圈闭形成创造了条件。“甜点”则位于斜坡背景上发育的主砂体、裂缝、鼻状隆起背景参与成藏的各类目标中。富油气凹陷“满凹含油”观点，使油气勘探跳出了传统二级构造带的束缚，实现了沉积凹陷整体勘探。富油凹陷油气分布具有互补性的特征（杜金虎等，2004），即构造和岩性地层油气藏在油气资源分配、空间分布上具有互补性。

4. 复式油气聚集带理论

复式油气聚集带理论是20世纪60~70年代以渤海湾断陷盆地为重点研究总结出的油气分布规律。渤海湾盆地油气勘探初期，借助松辽盆地油气勘探经验和成藏模式，在油气田发现后，采用等距离布井、大剖面控制法，以期最快探明含油气范围。但勘探表现出块块见油而无面积、层层高产而无储量的困惑局面（邱中建和龚再升，1999）。后经过反复认识与实践，提出了复式油气聚集带理论。认为渤海湾盆地由于强烈的断块活动，断层发育，岩性、岩相变化大，地层超覆、不整合和沉积间断多，在二级构造带的背景下，除发育背斜构造或断块圈闭外，还广泛发育岩性地层圈闭，形成了不同层系、不同圈闭类型相互叠置的复式油气聚集带（区）。

复式油气聚集带（区）的基本规律：①凹陷多、凸起多、断裂构造带多是渤海湾盆地石油地质的基本特点；②发育大面积、多类型的有利岩相，持续性地形成多套生储盖组合，储油条件好；③遍布二级断裂带、凸起和部分隆起的圈闭构成了良好的圈闭条件，可能整体含油（邱中建，1974）；④箕状坳陷发育陡坡带、缓坡带、深陷带结构，斜坡带是油气聚集主要部位（童晓光，1984）。建立了渤海湾盆地6类、12种基本复式油气聚集带模式。6种类型为中央背斜型、低潜山型、高凸起型、同生断层滚动背斜型、斜坡型和凹槽砂体型（李德生，1986）。12种基本模式为披覆背斜构造带、逆牵引背斜构造带、断裂构造带、底劈拱升背斜构造带、挤压背斜构造带、砂岩上倾尖灭带、粒屑灰岩岩性圈闭带、透镜体岩性圈闭带、古河道砂岩岩性圈闭带、地层超覆不整合“基岩”带、地层超覆圈闭带、地层不整合圈闭带（胡见义等，1986a，1991）。规模较大的复式油气聚集区，包括成组成排的断裂、构造带，大范围的岩性岩相变化带，大量的地层超覆、不整合带等，凡是可以聚集油气的地方都有油气的存在。强调普查浅层、滚动中间、探索深层的勘探思路（翟光明，2002）。复式油气聚集带（区）理论有效指导了渤海湾盆地及中国陆相含油气盆地的油气勘探。

5. 油气聚集带、聚集区和聚集域理论

全球油气勘探实践表明，油气田（藏）大部分聚集在特定的地带和区域，即富集在油气域、油气区和油气带中。国内外对油气聚集带的研究较多，但对大油气区形成条件、富集规律、储量规模与评价方法等研究较少。国外学者多根据板块构造演化及分区来划分全球或地区性含油气区（Brooks，1990；Perrodon，1983；Klemme，1991），不同学者划分出的类型和名称有所不同，如含油气区、油气域等。中国对油区研究总体较少，多是对含油气盆地进行分区分类研究（李德生，1982；朱夏，1986），但对气区研究较多。戴金星（1991）最早提出了气聚集带、气聚集区和气聚集域的概念。气聚集带是指成因紧密联系、分布彼此毗邻、受相似地质因素控制的若干气田的组合体；同一类型或两种类型的若干相邻气聚集带有规律地组合则构成气聚集区；气聚集域是大区域、洲际性展布的地质单元，控制其形成的是某些规模宏大的地质作用（戴金星等，1995）。

基于油气形成与分布聚集规律认识的深化，提出了油气聚集带、聚集区和聚集域的分类（戴金星等，1991，1995）。可以根据地质主要控制因素、油气藏类型、油气源岩和储油气层系关系等，对油气聚集带进行分类。油气聚集带/区/域研究在油气勘探上具有重大作用，因为含油气盆地或地区中的大约90%油气田分布在油气聚集带/区/域中。目前世界上发现的所有大油气田，几乎均在油气聚集带上。因此，研究油气聚集带不仅在理论上有重要意义，也有很强的实践意义。

全球区域性含油气区是跨盆地、洲际性、大区域的含油气区，反映油气田（藏）在全球范围内的分布和聚集状况。苏联 Косыгин（1959）将全球含油气区的大地构造划分为陆台区和地槽区。世界规模的大型含油气区的概念由 Perrodon 于 1983 年提出："由一个或几个具有共同地质特征和可对比历史的盆地所组成，通常它包括几个油气带"。全球区域性含油气区划分多数是依据全球构造动力学环境及其分区，但不同学者划分时有不同的依据和方案（魏洲龄，1993；张恺，1996；戴金星等，1996，1997；陶明信，2001；翟光明，2001；王庭斌，2005；李小地，2006）。

全球性含油气区使用"油气域"的概念，同一油气域是指具有相近或相似的构造动力学背景，具有相似的油气地质条件，其烃源层、储集层、区域盖层和圈闭类型具有相似性或可比性，根据油气田（藏）分布的板块构造环境（动力学性质和构造部位）对油气域进行划分和命名。将全球规模的含油气区划分为陆内（间）型油气域和大陆边缘型油气域两大类，前者包括大陆板块挤压型和陆内（间）裂谷型两个巨型油气域，后者包括被动大陆边缘型和主动大陆边缘型两个巨型油气域（表2－1）。根据板块构造动力学性质，这些巨型油气域可分为若干类型，如环太平洋主动型大陆边缘巨型油气域的西侧可分为东亚岛弧－边缘海油气域和中国东部陆缘弧后裂谷油气域等。

表2－1　全球区域性含油气区的不同划分依据和类型

作者	年代	划分依据	类型	范围
Косыгин	1959	大地构造	陆台区、地槽区（古生代地槽区，中、新生代地槽区）	全球
Perrodon	1983	相似或可比的地质背景	中东地区（阿拉伯—伊朗）含油气区、西西伯利亚含油气区等	全球
Klemme	1991	全球大地构造	特提斯区含油气域、北方大陆区含油气域、冈瓦纳大陆区含油气域、太平洋区含油气域	全球
李德生等	1982	盆地构造类型	东部拉张型盆地、中部克拉通内部坳陷盆地和西部造山带型挤压盆地	中国
朱夏等	1986	原型盆地类型	A型俯冲、基底拆离、板块碰撞、差异沉降、拉张、走向滑移断层和重力滑动型盆地	全球
戴金星	1991	煤系烃源岩的区域性分布	中亚煤成气聚集域、亚洲东缘煤成气聚集域等	全球
魏洲龄	1993	现阶段的动力环境	地幔汇聚型油气域（西部挤压型壳体油气大区）、地幔扩散型油气域（陆缘海扩张型壳体油气大区、东部拉张型壳体油气大区、中部张－压型壳体油气大区）	全球

续表

作者	年代	划分依据	类型	范围
张恺	1996	全球板块构造旋回	大陆内部和陆缘裂谷扩张型含油气区、陆间裂谷扩张型含油气区、窄大洋型北冰洋深海盆含油气区、环绕大洋的被动型大陆边缘含油气区、环太平洋沿岸的主动型大陆边缘含油气区、与大陆间碰撞活动有关的含油气区	全球
陶明信	1998	中、新生代构造环境性质	东部裂谷构造活动区、中部克拉通构造稳定区、西北构造反转次稳定区、青藏挤压碰撞构造活动区	中国
邹才能	2006	板块构造环境	全球分为陆内（间）型油气域和大陆边缘型油气域，前者包括大陆板块挤压型和陆内（间）裂谷型两个巨型油气域，后者包括被动大陆边缘型和主动大陆边缘型两个巨型油气域	全球

全球区域性含油气区又可细分为不同的层次，如戴金星（1991）针对天然气提出的气聚集域→气聚集区→气聚集带。统一考虑油气的全球及地区分布，相应的含油气区可分为巨型油气域→油气域→大油气区→油气区→油气带5个层次，其中油气带由若干主控因素相似、具有成因联系、近邻分布的油气田（藏）构成，如环太平洋主动型大陆边缘巨型油气域→中国东部陆缘弧后裂谷油气域→松辽盆地坳陷层大油区→扶新隆起（怀德三角洲体系）油区→新北（三角洲前缘带）石油聚集带。

6. 非常规石油地质与常规－非常规油气“有序聚集”理论

随着油气勘探开发从常规油气延伸到非常规油气领域，非常规油气地质研究日益受到重视（胡见义，1988；牛嘉玉等，1990；关德师，1995；胡文瑞，2008）。20世纪90年代以来，中国出现了深盆气（金之钧等，1996）、根源气（张金川和王志欣，2003）、深盆油（侯启军，2005）、向斜油（吴河勇，2006）、非稳态成藏（孙龙德，2008）、致密油（邹才能等，2010a；贾承造等，2012）、致密气（邹才能等，2011a；戴金星等，2012）、页岩气（张金川和王志欣，2003；董大忠等，2009；邹才能，2010b）、页岩油（邹才能等，2010b）、源岩油气（邹才能等，2010c）等概念。

中国学者引入并发展了连续型油气聚集理论（邹才能等，2009b，2009c，2009d），提出连续型油气聚集具有10项重要特征，鉴别连续型油气聚集有两个关键标志：①大面积储层普遍含油气；②浮力不是主要聚集动力，一般无自然工业产量。

通过纳米CT、场发射等先进手段，发现了致密油气、页岩油气等非常规油气储层中纳米孔喉系统（邹才能等，2010），研究了不同类型非常规储层的地质特征、油气形成与分布规律、“甜点”主要控制因素。初步评价出不同类型非常规油气资源潜力，明确提出中国不同类型非常规油气发展策略与定位（邹才能等，2011），强调与煤系伴生的致密气、与生油岩共生的致密油，大面积连续型分布，资源潜力很大，是加快增储上产的重点领域；页岩气和煤层气，要加大核心区评选和工业化示范区建设；水合物、页岩油和油页岩等，要加强资源调查、有利区评价和技术攻关与储备。基础地质研究的创新，具有形成非常规石油地质学的趋势，推动了中国非常规油气的快速发展。

富油气盆地或凹陷内常规与非常规油气在时间域持续充注、空间域有序分布，二者成因有先后、相互依存、紧密共生，形成统一的常规－非常规油气“有序聚集”体系。该体系揭示出不同类型油气资源“有序聚集”的规律，展示出富油气盆地或凹陷内常规与非常规油气资源应“同步研究、同步部署、同步勘探”。据此规律可透视不同类型油气在空间上的分布位置，一般发现常规油气，预示供烃方向可能有非常规油气分布；发现非常规油气，预示外围空间可能有常规油气伴生。平面上，一般盆地边缘或斜坡分布有常规构造油气藏和岩性地层油气藏，凹陷或沉积中心聚集有非常规致密油气和页岩油气等；纵向上，从浅到深分布有远源的常规油气藏、近源的致密油气、源内的页岩油气等。以往不同阶段找油气思路有差异，一般早中期立足常规油气资源，用“源控论”寻找大型构造油气藏、“复式油气聚集带”或“大油气区”理论寻找构造与岩性地层油气藏集群；中后期立足非常规油气资源，用“连续型油气聚集”认识寻找近源致密油气或源内页岩油气。而常规－非常规油气“有序聚集”体系认识突破了传统找油气思路，推动找油气地质理论从“找点”、“找带”、“找面”向“找体”跨越，打破先找常规后非常规“先富后贫”的找油思路。对待常规与非常规油气，勘探追求“一网打尽”，开发追求“吃干榨尽”，加快油气勘探开发节奏，提高资源利用效率。

三、中国油气勘探地质理论新进展

随着中国油气勘探程度的不断提高、勘探领域的不断扩展、勘探认识的不断深化，基于中国陆相的油气勘探地质理论也有了很大的进展。新进展以中国近 20 年油气勘探实践和重大油气发现为核心，以地球化学、沉积储层、油气成藏等基础地质学科最新进展为基础，体现了中国多期成盆、多期成烃、多期成藏的地质特点，涵盖了陆相与海相、碎屑岩与特殊储层、现实领域与接替领域等要素，反映了物探、钻井等工程技术进步的影响和勘探家思路的发展，对中国未来油气勘探具有重要指导作用。这些理论的新进展对中国陆相成熟探区的不同油气成藏及油气藏类型勘探具有重要指导意义（表 2－2）。

表 2－2　中国陆相油气勘探地质理论新进展、勘探思路及配套技术

勘探领域	理论与认识	勘探思路	配套技术
岩性地层油气藏	敞流湖盆浅水三角洲大面积成藏；湖盆中心砂质碎屑流成藏模式；连续型油气藏形成、分布模式；大型地层油气藏及分布	沉积砂体研究明确有利层系；重新认识资源，构建成藏模式；三维地震储层预测评价优选	薄互层高分辨率地震采集处理技术；储层预测和烃类检测技术；低渗油气层识别评价技术；低渗透油层压裂改造技术
前陆盆地冲断带	两期、三类、四种构造组合，冲断构造 4 种方式；沉积体系发育模式与储层主控因素；油气三级控制，差异分布	二维攻关定构造模型、二维整体部署、采集处理解释一体化落实圈闭，重点预探求发现；三维地震、评价钻探控制储量规模	“宽线大组合”山地地震采集处理；高陡构造建模与解释，高陡构造复杂压力系统安全快速钻井；超深高温高压复杂井试油
海相碳酸盐岩油气藏	海相烃源岩“双峰式”生烃模式；海相碳酸盐岩相古地理演化模式；两种岩溶、两类白云岩储层发育模式；似层状、古隆起富集成藏模式	区域构造沉积研究定相带；储集层预测、综合研究定目标，预探井突破；高精度三维、整体评价定规模	碳酸盐岩高精度三维地震采集处理；礁滩、缝洞型储层识别预测；缝洞型储层评价与油气层识别；深层优快钻井与大型酸压改造

续表

勘探领域	理论与认识	勘探思路	配套技术
火山岩油气藏	中国火山岩形成背景与分布特征；两类储层形成机理、控制因素；火山岩油气藏成藏机理与分布模式	综合物探优选远景区地震勘探确定岩性及岩相分布；井震结合落实目标、甩开预探求发现；整体评价确定油气规模	重磁电综合物探有利区评价；岩性、岩相识别与储层综合描述；火山岩储层评价与气层识别；试油和压裂增产改造
富油气凹陷	剩余资源与满凹勘探；油气分布共生互补与有序聚集；大油气区理论	整体研究、整体认识、整体部署、整体评价；三维连片，区域层序选层，四图叠合选区，预探评价落实规模	高精度三维地震整体采集、连片处理；储层预测和整体定向井与快速钻井；油气层保护与识别评价

石油地质学从常规的构造油气藏、岩性地层油气藏到非常规油气藏理论体系的不断发展和完善，为成熟探区精细勘探和油气发现提供了理论支撑和保障。成熟探区精细勘探在利用已成熟的石油地质理论的同时，针对成熟探区精细勘探的特点，发展适用于成熟探区精细勘探的理论，才能更好地指导和推动油气发现和储产量增长。

四、勘探理论推动成熟探区勘探与发现

以渤海湾盆地济阳坳陷为例。济阳坳陷属小型陆相断陷盆地，岩性岩相变化大，地质构造复杂，油气藏类型繁多，是中国最复杂的含油气盆地之一。由于地下地质条件复杂，加之处于黄河河滩、海滩和极浅海地区，地面施工条件比较差，同时受勘探技术条件和水平的限制，决定了勘探的长期性，不可能在较短的时期内把地下情况都搞清楚，把油气田都找出来，而是要经历一个较长时期的实践—认识—再实践—再认识的过程。胜利油田在构造油气藏理论、复式油气聚集区理论、岩性地层油气藏勘探理论的指导下，推动了成熟探区勘探发现和储量增长。胜利油田成熟探区勘探主要经历了3个发展阶段，期间出现过3次储量高峰（图2-2）。

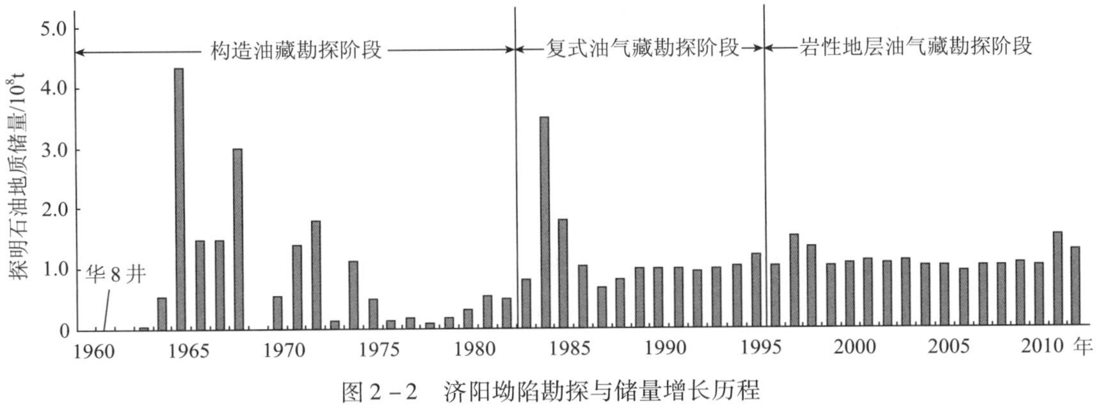

图2-2　济阳坳陷勘探与储量增长历程

1. 构造油气藏勘探阶段（1960~1982年）

从1960年在临清坳陷、济阳坳陷分别钻探了华6、华7两口参数井，在华7井首次发现了古近系沙河街组生油层系，认识到济阳坳陷是一个具有较大勘探前景的盆地之后，以背斜理论为指导，进行了区域地质研究和盆地构造精查，确定了以济阳坳陷东营凹陷内的

东营和辛镇两个构造为突破口。

1961 年，东营构造上的华 8 井发现了馆陶组油层，试油获 8.1t/d。1962 年，营 2 井发现沙三段高产油流。1964 年，凹陷北部的坨庄构造坨 1 井发现沙二段油层，试油获 396t/d 的高产油流。重新认识胜利村构造，坨 7 井沙二段测试获 361t/d 的高产油流，发现了胜坨油田，从而奠定了胜利油区发展的基础。

立足于整个济阳坳陷，以二级构造带为单元，以传统的简单勘探技术为主要手段，以构造油藏为勘探目标，在背斜理论指导下全面展开勘探，发现了永安、王家岗、广利、滨南、平方王、纯化、临盘、商河、孤岛、垦利、渤南、埕东、义和庄等 40 个油气田，获探明石油地质储量 16×10^8t。

该阶段出现了两个储量增长高峰期，1965～1968 年年均探明石油地质储量 2.70×10^8t，1974～1975 年年均探明石油地质储量 1.45×10^8t。探明石油地质储量类型上以构造油藏为主，占到总储量的 78%；层系以沙二段为主，占总储量的 42%。1977～1982 年勘探进入徘徊不前阶段，到 1977 年，胜利油田经过了十几年的勘探，易发现的大、中型油田不断减少。由于此时对济阳坳陷资源潜力认识不足，出现了一种“无整拾零”的观点，并占据了当时地质认识的主导地位。勘探的主要精力用于查小构造、小油藏、小断块，影响了新储量的发现，储量和产量开始下滑，出现了勘探徘徊不前局面。该阶段平均年钻探井 93 口，共新增探明石油地质储量 1.96×10^8t，年均探明石油地质储量 4650×10^4t。该阶段探明储量类型仍以构造油藏为主，所占比例为 70%，其他类型储量所占比例有上升趋势；从层系上来看，以沙二段、沙三段储量为主，分别为 27.8% 和 22.0%。

2. 复式油气藏勘探阶段（1983～1995 年）

勘探经过多年徘徊后，认识到济阳坳陷具有复式油气聚集区特点，通过重新认识和评价济阳坳陷，逐渐明确“济阳坳陷已进入综合勘探复式油气藏时期”的认识，深化济阳坳陷成藏条件及油气藏分布规律认识，创新了陆相断陷湖盆油气勘探理论的复式油气聚集理论，为指导勘探实践提供了崭新思路。

在复式油气聚集理论指导下，应用三维地震勘探技术，不断深化济阳坳陷勘探，相继发现了孤东、桩西、林樊家、王庄、郑家等一批不同规模的新油田，成熟探区如渤南、东辛、乐安等油田的探明储量也成倍或几倍增加。随着滩海钻井、地震技术的发展，还开辟了以埕岛构造带为主的海上勘探领域，进一步拓展了勘探空间。年增探明地质储量基本稳定在 1×10^8t 左右，实现了胜利油田的大发展。出现了 1984～1986 年的第三个储量高峰期，探明石油地质储量 7.34×10^8t，年均探明石油地质储量 2.45×10^8t。从储量的油藏类型来看，仍然以构造油藏为主，岩性油藏比例有大幅上涨趋势；从层系来看，探明储量以馆陶组油藏为主，占到 45.0%，其次是沙三段储量，占到 21.7%。

3. 岩性地层油气藏勘探阶段（1996 年以来）

随着成熟探区勘探程度的提高，济阳坳陷主要勘探对象转向了岩性地层油气藏勘探阶段。探明储量增长走出低谷，走向平稳发展，年均新增探明地质储量保持在 1×10^8t 以上，并且实现年均新增探明石油地质储量连续 27 年超亿吨，进入稳定发展时期。新增储量中岩性油藏占主体，占 51.0%，从层系来看，以馆陶组、沙三段、沙四段储量为主，分别为 26%、23% 和 20%。

胜利油田近50年的发展历程，每个大的发展阶段，每次储量增长高峰，每个新勘探点的发现，无不与理论、技术的发展与进步息息相关，突显了油气地质新理论对成熟探区勘探和储量增长的指导作用。

第二节　富油气凹陷油气互补共生有序聚集

近年来，在中国富油气凹陷油气勘探中，发现不同类型油气藏成藏控因及分布规律存在很大差别，但同时具有相似的分布规律，富油气凹陷油气藏具有纵向上互补共生、有序聚集，平面叠合连片分布的特点，构造、岩性、地层和非常规油气藏有序聚集、互补共生。杜金虎等（2004）根据华北油田的岩性-地层油气藏勘探实践，提出了富油凹陷内构造油气藏与岩性-地层油气藏的聚集与分布具有明显的互补性，并利用此理论指导了二连盆地的岩性-地层油气藏的勘探连续取得重大突破。胜利油田提出了以“断-坡控砂”、“复式输导”、“相-势控藏”为核心的陆相断陷盆地隐蔽油气藏勘探理论体系。在前人研究基础上，本书作者针对成熟探区提出的富油气凹陷油气互补共生有序聚集，有效地指导了成熟探区精细勘探发现和储量增长。富油气凹陷的互补性不但在断陷盆地存在，在凹陷盆地、前陆盆地和克拉通盆地都存在，同时，富油气凹陷油气分布具有很大差异性，这种差异性也导致富油气凹陷内的油气发现具有阶段性。富油气凹陷油气分布的相似性、有序聚集与互补共生为油气满盆成藏与勘探提供了依据，而差异性，在成熟探区精细勘探中，在不同层位、不同区域，针对不同油气成藏的控制因素，需采用不同的理论做指导。按富油气凹陷油气分布具有互补共生有序性的特征，从洼陷中心到边缘，根据油藏类型由非常规油气、岩性、构造岩性、构造地层互补共生有序变化的规律，开展勘探部署，才能尽快发现和探明油气藏，并对中国陆相成熟探区精细勘探具有很好的指导作用。

一、富油气凹陷油气分布的相似性

富油气凹陷油气分布具有很好的相似性，这种相似性在断陷、凹陷、前陆和克拉通盆地均存在。这里以济阳坳陷油气分布相似性为例来阐述。

济阳坳陷各盆地在相似构造演化背景下发育的构造和沉积样式，决定了其普遍性的成藏要素发育规律具有相似性，从而油藏分布具有相似性特征。

1. 盆地构造演化相似性

济阳坳陷中新生代断陷盆地都经历了从早期的裂陷到晚期的裂后拗陷阶段的演化。沾化、东营、惠民等主要盆地的构造特征、演化具有普遍的共性，主要表现在3个方面：

1）位于华北陆块内部的渤海湾盆地发育了一个重要的42.5Ma的构造变革界面（渤海湾盆地为沙三段底界），该界面将盆地的同裂陷阶段的演化划分为早期断陷幕和中期断陷幕。

2）新生代盆地的发育都受到印支-燕山期发育的基底逆冲断层和走滑断裂的显著控制。早期断陷幕常常显示近EW向（惠民）、NWW向（东营、沾化、泌阳）和NW向的延伸方向和负反转边界断层特征。位于走滑断裂带之上或邻近走滑断裂带的盆地（惠民），中期断陷幕均显示出强烈地受走滑作用的控制和影响，形成平面上左阶斜列式展布的走滑伸展断裂及其控制的斜列式沉降中心和狭窄的走滑断陷盆地。

3）盆地具有复杂的、但又是规律变化、相似的箕状结构型式以及构造样式。沾化凹陷总体上是一个复式的半地堑断陷，东营凹陷、惠民凹陷是一个北断南超、东陡西缓的半地堑式断陷盆地。构造样式总体上均可划分为陡坡带、洼陷带和缓坡带。

2. 沉积充填特征及其演化相似性

一般而言，济阳坳陷新生代断陷盆地的新生界充填演化均可划分为3个阶段：早期裂陷充填、中期断陷充填以及晚期的裂后充填，垂向结构都具“双断一坳”的3层叠加特征，可划分出3个一级层序，其中新生界可划分出6个二级层序（古近系划分出4个，新近系划分出2个）。盆地主要目的层序的沉积体系，具有相似的总体特征：

1）盆地周缘物源可分成两大系统，即轴向物源系统和侧向物源系统。

2）每个断陷型盆地均发育三大砂分散体系：轴向砂分散体系，缓坡砂分散体系，陡坡带近岸砾质砂分散体系。

3）各层序砂分散体系受盆地的构造控制明显：陡坡沿断裂沉积厚度大，由砂砾岩构成的砂分散体系呈裙状分布；缓坡侧的构造坡折带直接控制缓坡各层序低位和高位期沉积体系的分布。

4）每个断陷型盆地均发育冲积扇、河流相、扇三角洲、辫状河三角洲及深水重力流和封闭盐湖等沉积体系。

3. 油气藏分布相似性

盆地构造特点及演化历史、沉积作用的相似性决定了成藏要素及其发育过程的相似性，进而决定了油藏分布的相似性。

断陷盆地油气藏分布的相似性包含纵向和横向两个方面。时间相邻的断陷阶段，成藏要素及其组合、油气藏类型及其分布相近。结构和演化过程相似的盆地，成藏要素及其组合、油气藏类型及其分布相似。

济阳坳陷各断陷盆地基本上均可分为4个油气聚集带，即陡坡油气聚集带、中部深凹油气聚集带、斜坡油气聚集带和边缘隆起聚集带，具有相似特点。如东营凹陷北部陡坡带中浅层构造油藏富集，中深层发育砂砾岩体油气藏，横向连片，纵向叠置。东营凹陷深凹带发育浊积砂体岩性油气藏，中央隆起带发育断背斜油气藏组合。南部缓坡带发育断块、滩坝砂体岩性油藏及超覆剥蚀带地层油气藏等。其他各凹陷均具有类似特征。

二、富油气凹陷油气分布的互补共生性

油气分布的互补共生性，是指在含油气盆地富油凹陷内，构造、岩性、地层和非常规油气藏在油气资源分配、油气空间分布上具有互补共生性。每一含油气盆地或凹陷内，油气资源不均衡地存在于构造、岩性、地层和非常规油气藏之内，资源总量包括所有油气藏的资源量之和。油气资源总量守恒，在构造油气藏领域赋存程度高，则岩性、地层油气藏领域赋存程度低；常规油气藏油气资源赋存程度高，则非常规油气资源赋存程度就低；反之亦然。因此，不同油气藏在空间分布上具有互补性。不同的构造单元，构造带、构造带的不同部位，不同勘探层系发育不同的油气藏类型，不同类型油气藏在空间分布上具有明显的互补共生性，平面上“叠加连片”分布，其油气规模取决于各自的成藏条件。在构

造发育的凹陷，构造油气藏发育，如松辽盆地的大庆长垣；构造不发育的凹陷，岩性或地层油气藏居于主导地位，如鄂尔多斯盆地中生界延长组大面积岩性油藏、上古生界大面积气藏、下古生界大型地层气藏。在构造运动剧烈的二级构造带一般以构造油气藏为主，构造活动较弱的斜坡带和洼槽带以岩性－地层油气藏为主，而在构造活动介于强弱之间的构造带或地区则往往是岩性－地层油气藏与构造油气藏并存。陆相湖盆中心或海相烃源岩发育层位和区域，主要以非常规油气为主。油气分布的互补共生性是不同类型油气藏成藏条件耦合的结果（图2－3）。

1. 陆相盆地具有多沉积中心和生烃中心，为油气分布的互补共生提供了资源基础

陆相断陷湖盆具有很强的代表性，断陷湖盆具有断陷深、分割性强、沉积体系与类型多样的沉积特点。受区域不均衡构造升降运动控制，在不同的地质历史时期，湖盆的沉积中心常存在明显的迁移，并且形成由不同层系构成的多个生烃中心，平面分布上具有“叠合连片”分布的特征，为“满凹含油”创造了良好条件，也为不同区带或区域、不同类型圈闭提供油气，为油气分布的互补共生性提供了资源基础。

2. 陆相盆地不同构造单元，砂体的展布在空间上具有互补共生性

中国陆相盆地构造运动的剧烈性和差异性，决定了其具有多凸多凹、构造单元类型多样的构造格局，以及多沉积旋回、近物源、多物源、多种沉积体系、多沉积相类型与多种成因砂体的特点。不同构造单元、不同的沉积体系在时空上组合关系多种多样。在同一沉积旋回内，不同的构造单元发育不同类型的沉积砂体；在同一构造单元，不同沉积旋回的沉积体系平面展布形态不同，从而决定了陆相盆地不同构造单元，砂体的展布在空间上具有互补共生性。如断陷型盆地，在同一沉积旋回内，斜坡带多发育（辫状河）三角洲平原、三角洲前缘河口坝和分流水道砂体，洼槽带多发育三角洲前缘席状砂、楔状砂、浊积砂、湖底扇砂体，陡坡带则发育扇三角洲、水下扇等多种类型砂体。在同一构造单元不同沉积旋回内，由于构造背景的变化，或物源发生迁移，或沉积体系发生变化，均导致沉积砂体的空间展布和组合形态发生变化，各类砂体叠合连片分布，在空间分布上具有互补共生性。

3. 陆相盆地不同构造单元，构造、岩性、地层圈闭和非常规油气分布上具有互补共生性

构造圈闭主要是指由构造应力作用所形成的各类圈闭，一般包括背斜、断块和断鼻等。构造作用的方式和强度决定了圈闭的类型、发育规模和分布。局部构造多分布于构造应力（压应力、张应力或压扭应力）集中区和强烈活动区，与挤压、拉张等应力有关的逆冲带、断裂带、挤压背斜带、中央隆起带构造圈闭发育，如有油气的充注，极易形成构造型油气藏。

岩性－地层圈闭主要是在一定的区域构造背景下，由岩相、岩性、物性和地层在三度空间变化而形成的各类圈闭。岩性圈闭的发育主要取决于盆地（凹陷）结构、构造背景、沉积环境和气候条件的综合作用，主要受沉积岩相带、岩性、物性的空间变化控制。地层不整合面圈闭的形成取决于不整合面的产状、下伏地层特征以及储层顶底板和盖层的封闭性。超覆圈闭取决于不整合面的产状、上覆地层的配置和顶底板的封闭条件。

陆相湖盆中的致密油气、页岩油气等非常规油气，主要分布于烃源岩内或烃源岩邻近层系中，其富集“甜点”区受控于储层物性及厚度、有机碳含量、有机质成熟度等条件，

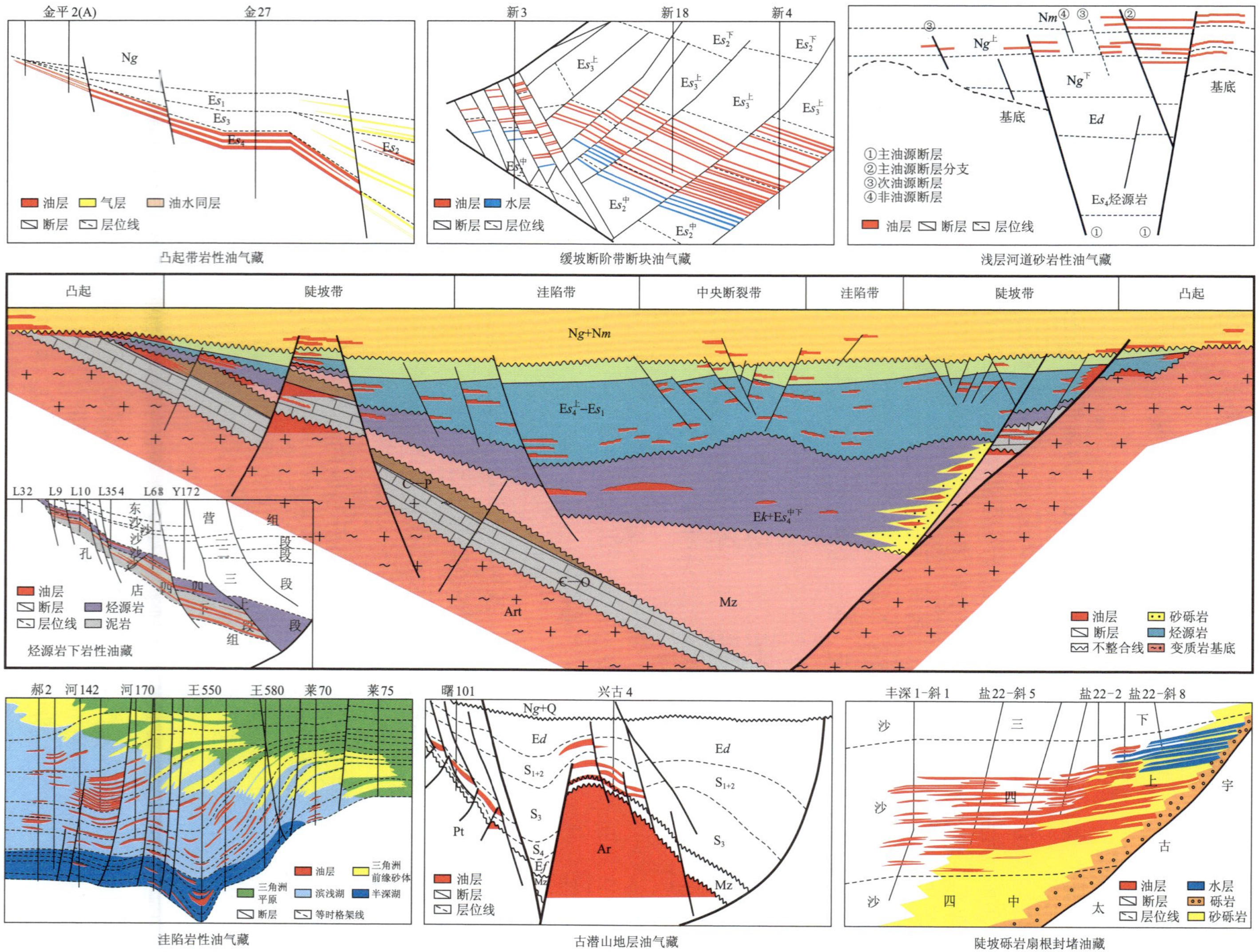

图2-3 断陷盆地油气互补共生有序聚集分布模式

平面上与常规油气形成互补共生，主要发育于湖盆中心附近，纵向上发育于主力烃源岩内或附近。

陆相含油气盆地的不同凹陷、不同构造单元与不同区带内，由于形成发育的主控因素不同，构造、岩性、地层圈闭与非常规油气的发育程度有很大变化，导致了凹陷内油气聚集类型、空间分布的差异。构造作用强烈的背斜带、断裂背斜与断阶带等，构造圈闭发育；构造应力作用较弱的斜坡区、洼槽主体部位、古潜山或剥蚀超覆带发育区，则主要形成岩性－地层圈闭；湖盆中心附近，则发育非常规油气。因此，不同单元内，构造、岩性、地层圈闭及非常规油气在空间分布上具有互补共生性。

4. 同一凹陷的不同构造单元，成藏条件具有互补共生性

中国陆相盆地类型多，宏观上主要可以分为前陆、断陷、坳陷和内克拉通。不同盆地内的构造带样式是不同的，断陷凹陷内发育有陡带、洼槽带、中央断裂构造带和斜坡带；前陆凹陷可分为逆冲带、洼槽带、前隆带和斜坡带；内克拉通盆地包括逆冲带、坳陷带、斜坡带、挠褶带。各类盆地虽然构造带的类型和空间组合样式及分布不同，但就成藏条件而言，大致可以分为 3 种类型。以构造为主控因素的，如逆冲带、中央断裂构造带、挠褶带、断阶带和断垒带等，由于强烈的构造运动，该类区带背斜、断块、断鼻等各种类型构造发育、配合多种成因类型的砂体，多处于低势区，以极为发育的断裂为主要的油气运聚系统，有利于构造油气藏的形成。以地层、岩性为主控因素的，如斜坡带、洼槽带、古潜山或剥蚀超覆带，这类区带构造背景相对稳定、断裂不发育，构造圈闭不发育，但地层、岩性变化大，有利于岩性－地层圈闭的形成；多分布于生油中心或邻近油源，以砂体、不整合和断层为主要的油气运移通道，因此有利于岩性－地层油气藏的形成；湖盆中心烃源岩及附近，则是非常规油气发育的主要区域。在多种油气成藏因素控制下，构造、岩性、地层及非常规油气藏可共生。因此，在同一凹陷内，不同构造单元的成藏条件不同，不同类型油藏的发育程度不同，造成构造、岩性、地层油气藏与非常规油气分布具有互补共生性。

5. 同一构造带不同的构造部位，油气成藏条件具有互补共生性

不同构造单元成藏条件不同，同一构造带不同构造部位成藏条件亦不尽相同。在构造高部位，构造作用强烈，构造圈闭发育，配合以多种类型的砂体，且地处油气运移的低势区。聚油条件优越，利于形成构造油气藏；而在构造的翼部，构造作用相对较弱，在一定的构造背景上，配合以垂直构造走向发育的砂体，有利于形成岩性－地层圈闭，具有近油源特征，有利于岩性－地层油气藏的形成；烃源岩及邻近区域，油气供应充足，具有近源或滞留成藏特点，以发育非常规油气为主。

三、富油气坳陷油气分布的有序性

以济阳坳陷断陷湖盆为例阐述富油气坳陷油气分布的有序性。济阳坳陷各断陷盆地的构造演化和沉积充填特征，决定了盆地成藏要素发育的规律性，形成了盆地不同类型油藏分布的有序性。

1. 圈闭类型分布的有序性

断陷盆地特定的地质结构决定了空间上构造－岩相配置关系的有序发育，成为盆地圈闭体系有序分布的主要原因。圈闭分布的有序性指古近系断陷盆地大型湖相沉积体系内部，由三角洲平原到三角洲前缘、前三角洲，由于遮挡要素以及储层类型的演变，圈闭类型存在着构造—岩性构造—岩性—非常规油气的有序变化（图2－4）。

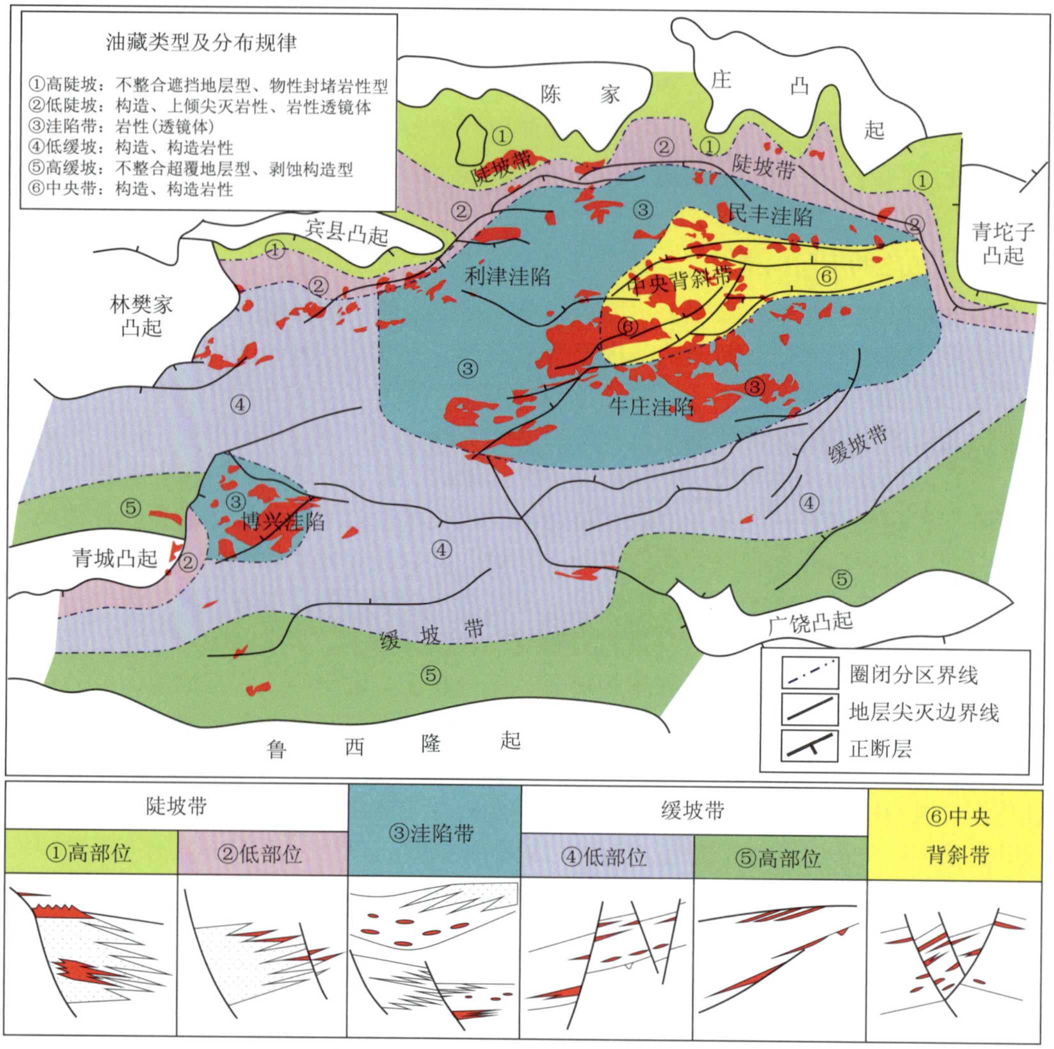

图2－4　东营凹陷沙三段油藏类型分区示意图

（据胜利油田，2009）

2. 成藏动力和输导体系分布的有序性

济阳坳陷不同压力系统控制了不同的油藏类型，总体上不同成藏动力系统呈现有序分布特征。从生烃洼陷到盆地边缘，成藏动力由超压系统—过渡系统—常压系统有序演化。与此对应，超压系统下成藏动力以异常高压为主，压力过渡系统成藏动力为压力和浮力联合作用，常压体系下成藏动力以浮力为主。

东部断陷盆地剖面结构的对称性，决定了其输导体系的构成在剖面上也呈对称分布，并且不论在南北向剖面还是东西向剖面上均具有这种特征，导致不同凹陷带不同层位的输导体系构成在平面上呈有序环带状分布。从缓坡凸起带、缓坡带到洼陷及陡坡带、陡坡凸起带，总体上输导体系的组合表现为砂体＋局部不整合、断层＋砂体、裂缝＋控烃断层型、断层＋砂体型、砂体＋不整合型的格局。

3. 油气藏分布的有序性

断陷盆地圈闭类型、输导体系、成藏动力的有序演化，控制了油气藏在沉积体系、区带和凹陷内分布的有序变化，决定了盆地不同类型油藏分布的有序性，即从洼陷中心到边缘，油藏类型依次发育页岩油气—岩性—构造岩性—构造—地层，呈现纵向叠置、横向毗邻、叠合连片的特征（图2－5）。

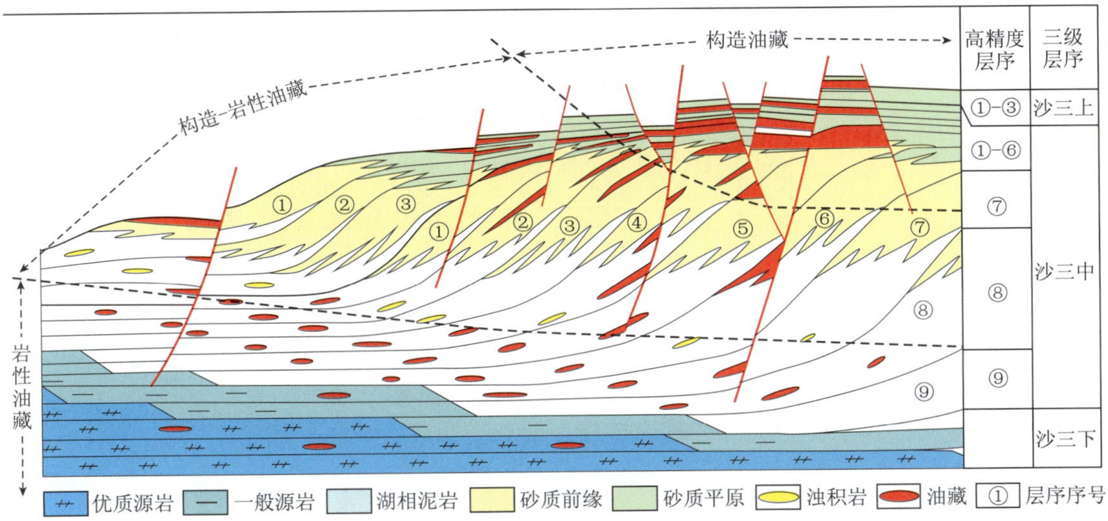

图2－5　东营凹陷中部三角洲体系油气藏有序分布模式

油藏分布有序性的认识促进了对东营凹陷油气藏类型及其空间分布的科学预测和评价，实现了三角洲平原构造油藏到前三角洲浊积岩岩性油藏勘探的不同探区勘探主要对象的主动转移。东营凹陷前三角洲、三角洲前缘岩性和构造岩性油藏的勘探就是在三角洲平原构造油藏勘探之后的成功转型，沾化、惠民等凹陷的洼陷带浊积岩精细勘探也见到了显著成效。

四、富油气凹陷油气分布的差异性

富油气凹陷油气分布的差异性很明显，这里以济阳坳陷为例阐述。济阳坳陷断陷盆地不同区带油气成藏规律具差异性，包括缓坡带滨浅湖薄互层砂岩具有断裂构造、有效储层、流体压力复合控藏，陡坡带砂砾岩扇体扇根封堵控藏，洼陷带浊积岩压力－输导控藏，新近系河流相砂岩复合运聚控藏，湖盆中心烃源岩滞留聚集成藏等5种主要模式。

1. 陡坡带砂砾岩扇体扇根封堵控藏模式

陡坡带砂砾岩扇体扇根封堵控藏模式，在断陷盆地中广泛存在，如济阳坳陷、准噶尔盆地西北缘、非洲裂谷盆地等。济阳坳陷的东营凹陷北部陡坡带自西向东发育3种不同的陡坡带类型，西段主要以台地式和阶梯式为主，东段以铲式为主。从含油性统计出发，开展了大量的砂砾岩扇体扇根封闭机理研究，形成了扇根封堵的油气成藏模式。对同一期砂砾岩扇体，为扇根侧向封堵、扇缘裂缝输导、扇中油气富集成藏；对多套叠置的砂砾岩扇体，可根据油藏的含油分带性，把砂砾岩扇体成藏模式细分为3类（图2－6）。

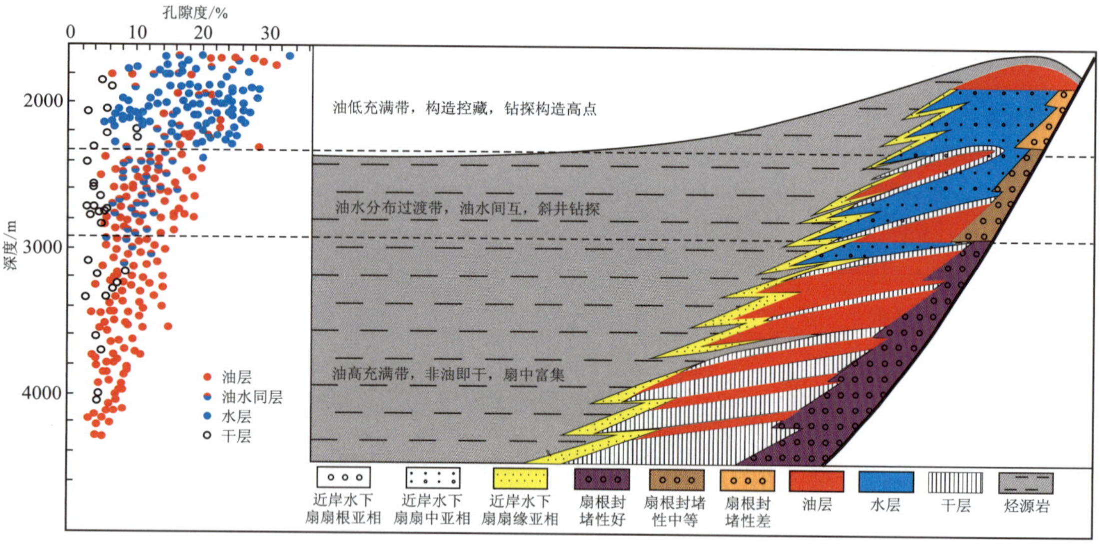

图2-6　断陷盆地陡坡带砂砾岩扇体扇根封堵控藏模式

1）低充满带构造油藏：埋深介于1700~2300m之间，成岩作用处于早成岩A阶段，扇根封堵能力较差，油藏类型多为靠断层封堵的构造油藏，油气的充满度较低，水多油少，含油高度一般为10~70m，油藏的宽度一般介于200~1000m之间。

2）过渡带构造-岩性油藏：埋深介于2300~3280m之间，成岩作用处于早成岩B阶段，扇根封堵能力中等，油藏类型为构造-岩性或岩性油藏，油气充满度中等，油水间互，含油高度在20~90m之间，油藏的宽度一般介于300~1500m之间。

3）高充满度扇根封堵岩性油藏：埋深介于3280~4300m之间，成岩作用处于中成岩A阶段，扇根的封堵能力强，油藏类型为扇根封堵的岩性油藏，油气充满度高，油藏非油即干，含油高度在80~190m之间，油藏的宽度一般介于600~2500m之间。

近年来，基于断陷盆地陡坡带扇根控藏模式的指导，在济阳坳陷、准噶尔盆地西北缘发现了超过5×10^8t的石油地质储量。

2. 洼陷带浊积岩压力-输导控藏模式

洼陷带岩性体含油性控制因素主要决定于3个方面：源岩——提供物质和油气成藏动力；圈闭有效性——岩性透镜体的储集条件；输导条件——取决于裂缝、断裂的发育程度。其中源岩排烃强度、地层压力、输导体系发育程度等都存在着门槛效应。

（1）成藏关键地质要素

研究表明，断陷盆地透镜体砂岩成藏存在关键门限值，当排烃强度大于350×10^4t/km^{2}时，源岩区普遍发育异常高压，更有利于透镜体成藏。勘探证实超过3/4的成藏岩性体地层压力属于超压，地层压力系数大于1.2。源外透镜体砂岩距源岩的成藏距离有一定范围，向上约225m，向下60m。源外透镜体砂岩成藏物性孔隙度门限约为12%。

（2）裂隙-薄砂层输导成藏模式

洼陷带浊积岩油藏输导体系中裂缝系统起着重要作用。裂缝形成包括3种机制，即构造/断裂破碎、埋藏和变形造成的地层曲率和局部应力变化、压力体系演化。岩石承受的流体压力超过其破裂强度后，就可产生裂隙。如东营凹陷泥岩破裂深度门限约为2900~

3000m（地层压力系数大于1.38），在该深度以下地层孔隙流体异常压力可以导致岩石破裂。三角洲发育过程中的砂体滑塌可形成众多的浊积薄砂层，如东营凹陷牛872井Es_3中亚段底部，2900～3090m前三角洲泥岩段地层中有1～3m薄砂层27层，累计砂层厚度46m，约占地层厚度的25%。前三角洲广泛发育的薄层砂岩与裂隙（带）、不同级次的断裂共同构成了油气输导体系，其中，裂隙（带）和断层主要起垂向输导作用，薄砂层主要起横向输导作用，输导体系传递油气的效率可以直接反映岩性油气藏的纵向分布，从而导致岩性油藏含油性的差异。

裂隙－薄砂体成藏模式改变了岩性油气藏的勘探思路和方法，由以前只注重岩性体几何形态描述，转变为以岩性圈闭含油性评价为主，勘探效益得以大幅度提升。

3. 缓坡带滨浅湖薄互层砂岩复合控藏模式

薄互层砂岩的复合断裂构造、有效储层、流体压力复合控藏模式，即断裂裂隙发育控制油气输导，有效储层连片决定成藏规模，烃源广泛超压控制充满程度（图2－7），有效指导了成熟探区薄砂体勘探。

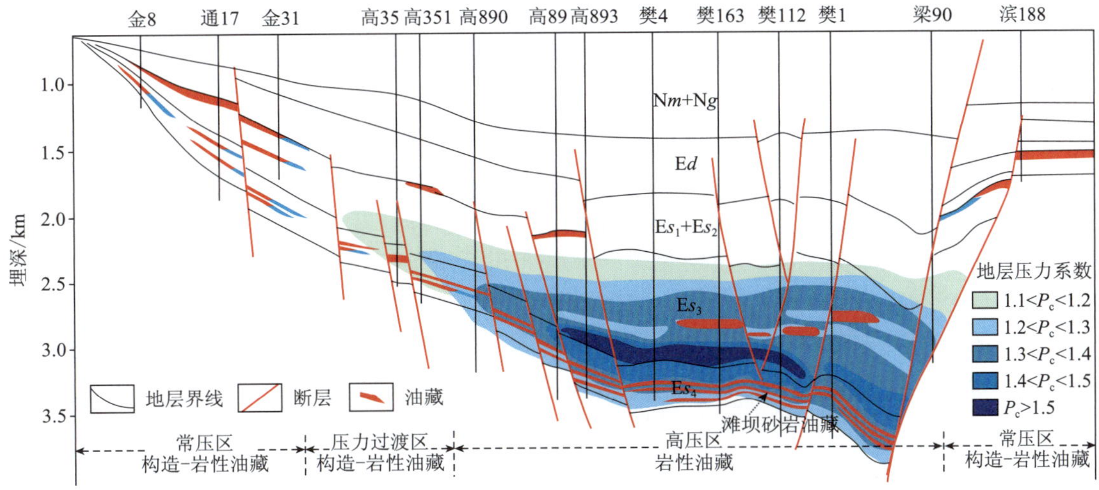

图2－7　东营凹陷滨浅湖互层砂岩控藏模式剖面

（据胜利油田，2009）

（1）有效储层控藏

有效储层是滨浅湖薄互层砂岩油气成藏的关键因素之一，薄互层砂岩油层分布和产能的高低明显受有效储层的控制。沉积微相控制滩坝砂体的有效性，不同的埋藏深度和压力条件下薄互层砂岩储层的含油性存在差异。单层厚、物性好的坝砂最易富集成藏，单层薄、灰质含量低的滩砂也具有较好储集性能。

（2）地层压力控藏

异常高压是薄互层砂岩成藏的动力因素，压力封存箱的存在为薄互层砂岩大规模成藏奠定了基础。烃源岩的排烃强度和输导体系类型的差异导致异常高压围绕生烃中心呈内高外低的“环带状”分布，异常高压的平面变化控制了油气富集程度和油藏类型的变化。

（3）构造控藏

构造背景控制了油富集区带，大型的正向构造带（鼻状构造）油气富集程度高于洼陷带；断裂具有封闭、输导和分配油气的作用。二、三级主断层控制含油区块，四级以上小断层一般不改变压力系统，利于油气输导和改善储层。

滨浅湖薄互层砂岩具有源储匹配条件优越、易形成大规模超压封闭系统、薄互层结构充注效率高等有利成藏条件，控制了形成3种主要油气藏的类型及分布状态：靠近洼陷高压区，地层压力大，油气充满度高，油藏类型以岩性油藏为主，油气藏无明显的边底水，非油即干；盆地斜坡中部地层压力过渡区，油藏类型以构造－岩性油藏为主，油气充满度较高，局部可见到油水间互；盆地边缘构造高部位常压区，油藏类型以构造为主，油气充满度较低，油藏往往油水间互现象比较普遍，具有明显的边底水。

4. 河流相砂岩复合运聚控藏模式

河流相砂岩复合运聚控藏模式体系包括3层结构，即下部为油源通道层，中部为仓储层，上部为油气聚集层。如济阳坳陷北部，油源通道层由古近系的断裂构成，切入烃源岩的油源断裂起油气向上运移的单向阀作用，为新近系提供他源油气。仓储层为新近系馆陶组下段低位域辫状河流相砂岩，连通性好、分布广、厚度大，蓄积来自古近系的油气，形成复合聚集。油气聚集层为新近系馆陶组上段和明化镇组下段以曲流河相为主的砂体构成，油气通过砂体－断裂输导运移聚集。

5. 湖盆中心烃源岩滞留聚集成藏模式

湖盆中心烃源岩分布区发育烃源岩滞留聚集成藏模式。当烃源岩热演化达到一定程度时，滞留于烃源岩中的油气可形成页岩油气，页岩油气具有原地滞留成藏特征；页岩油气滞留成藏并具有开采价值，一般需要有机碳含量大于3%，R_o 大于0.9%。来源于烃源岩生成的油气，经短距离运移，在烃源岩内部分布的致密砂岩/致密碳酸盐岩中聚集形成致密油气，致密储层的储集空间类型、储层物性和厚度，决定了致密油气是否具有工业开采价值。因此，应在湖盆中心烃源岩分布区寻找页岩油气和致密油气。

陆相含油气盆地凹陷间的相似性，油气纵向和平面分布的互补性，盆地内油气藏分布的有序性，区带间油藏聚集样式的差异性，为老区油气精细勘探提供了指导，应用于不同层次的勘探过程中，保障了对于含油气盆地群、含油气盆地、油气聚集带勘探的有效部署，支撑了成熟探区油气储量的稳定发展。

五、不同类型湖盆的油气互补共生有序聚集特征

中国陆相盆地的勘探实践证实，不同类型盆地富油凹陷，不同的构造单元、不同构造带以及构造带的不同构造部位，油气均具有互补共生分布有序聚集特征。

1. 断陷盆地油气分布互补共生有序聚集

断陷盆地通常发育陡坡带、洼槽带、断裂带和缓坡带，其中陡坡带和断裂带断裂活动强。陡坡带以冲积扇、三角洲水下主河道为主，主要发育岩性油气藏。断裂带构造圈闭发育，以发育断层－构造、构造型油气藏为主。洼槽带为烃源岩发育区，构造相对稳定，断裂活动弱，构造圈闭不发育，沉积砂体以三角洲前缘席状砂、楔状砂为主，砂体侧向变化明显，以致密油气和页岩油气为主。缓坡带以三角洲平原和前缘沉积为主，主要发育岩性、断层－岩性油气藏。如大港断陷盆地常规－非常规油气“有序聚集”（图2－8）。

断陷盆地油气“有序聚集”特征明显，常规油气藏以岩性、断层－岩性、断层－构

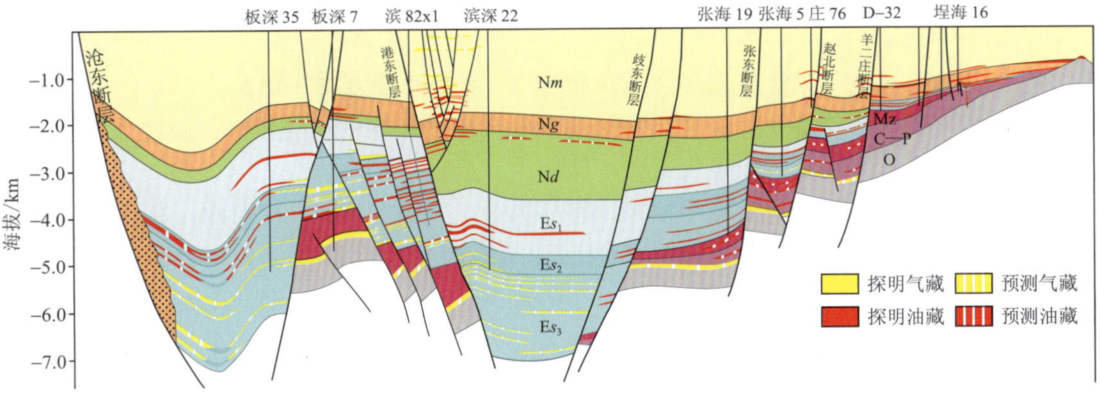

图2－8 大港断陷盆地油气“有序聚集”分布

造和构造型油气藏为主，分布于断陷盆地中心的断裂带、盆地边缘的陡坡带和缓坡带；断陷盆地中的常规油气藏，在纵向上多层分布为主，在平面上叠合连片分布，具有“满盆地”分布的特点。非常规油气中的致密油气受烃源岩分布、埋藏深度和沉积砂体控制，主要分布于断陷盆地的洼槽带，纵向上主要发育于邻近成熟烃源岩附近层系，平面上主要位于洼槽带烃源岩分布区范围内；页岩油分布于烃源岩有机质成熟度 R_o 为0.8%～1.2%的区域，页岩气分布与烃源岩有机质成熟度 R_o 大于1.2%的区域，页岩油气受烃源岩分布及其有机质成熟度控制。

断陷盆地油气“有序聚集”，空间域有序分布，相互依存，有序共生，形成统一的油气有序共生体系。纵向上源内下部发育页岩气、致密气，源内上部发育致密油、页岩油，源上发育岩性、断层－岩性、断层－构造和构造油气藏；平面上叠置连片分布，具有整盆含油气特征（图2－8）。

2. 坳陷盆地油气互补共生有序聚集

（1）松辽盆地

松辽盆地为大型晚白垩世克拉通坳陷盆地（马力等，1990），是具有断坳双重结构的叠合型盆地，基底是晚古生代末期至早中生代初期固结的大陆地壳。盆地主要经历了白垩纪嫩江组沉积后、白垩纪末和古近纪末3次重大构造运动，褶皱比较发育，形成了大量成排成串分布的宽缓背斜和断鼻构造带，如大庆长垣面积为2000km^2，隆起幅度为17～380m，同时沟通烃源岩和储层的断裂较发育，有利于油气纵向运移成藏。白垩系发育多个物源、多期叠置的大型三角洲沉积，砂体发育，其中青一段、嫩一段为主力烃源岩发育层位，处于生油期。

松辽盆地中央隆起带宽缓背斜和断鼻构造带与三角洲砂岩体有效配置，控制了大庆长垣构造油藏分布。西部斜坡区和凹陷区构造圈闭不发育，发育小幅度背斜、断鼻和断块油藏，在三角洲分支河道部位发育大量砂岩透镜体及上倾尖灭砂岩体，易于形成众多的岩性和地层油藏，是岩性－地层油藏的主要分布区。盆地坳陷中央部分受前三角洲薄层砂体控制，发育致密油。青一段和嫩一段烃源岩有机质成熟度 R_o 大于0.8%的范围能发育页岩油。松辽盆地纵向上发育黑帝庙、萨尔图、葡萄花、高台子、扶余和大杨城子6套主力油层，黑帝庙油层以常规油藏为主。平面上三角洲平原和前缘控制区的萨尔图、葡萄花、高台子油层以构造、岩性油藏为主，前三角洲控制区的萨尔图、葡萄花、高台子油层以致密油为主，烃源岩发育区的高台子以页岩油为主。扶余和大杨城子油层主要发育致密油。

松辽盆地的常规－非常规油气“有序聚集”，构造油藏发育于坳陷中部构造圈闭发育区，地层油气藏发育于盆地边缘区，岩性油藏发育于三角洲前缘分布区，致密油发育于邻近烃源岩的前三角洲发育区和泉头组致密储层内，成熟的烃源岩分布区发育页岩油。松辽盆地常规－非常规油气空间上有序分布，有序共生，“满盆含油”，因此，在松辽盆地不同的构造区（带）之间，构造、岩性－地层油气藏与非常规油气分布也具有互补共生性特征（图2－9）。

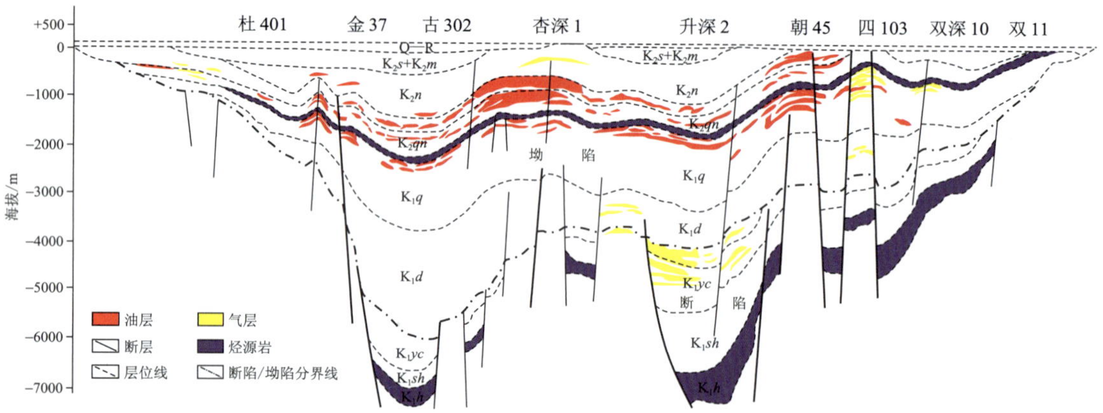

图2－9　松辽盆地不同类型油气藏分布

（2）鄂尔多斯盆地

鄂尔多斯盆地三叠系为典型的整体升降型坳陷盆地，地处板块内部，距离印度板块和西伯利亚板块碰撞边缘比较远，受其影响弱，一直具有相对稳定的构造背景，在长达10亿年的演化中未遭受强烈的造山运动，地层产状平缓，盆地内构造稳定、变形微弱，几乎无岩浆活动，深断裂亦不发育，总体表现为西倾大单斜。长期稳定的构造环境造就了烃源岩大面积展布、沉积砂体与盖层大面积分布，平面上具连续性。鄂尔多斯盆地三叠系发育延长组长7、长9两套优质烃源岩，烃源岩有机质丰度高、生排烃能力强。优质烃源岩生烃增压作用强烈，在主生排烃期过剩压力最高可达20MPa，与上覆、下伏地层存在明显的过剩压力差，具备向上、向下双向主动排烃的动力机制。延长组沉积时期，湖盆经受了多期水进和水退，围绕湖盆边缘发育多物源的三角洲沉积砂体，在湖盆中心部位发育砂质碎屑流、浊流以及滑塌沉积组成的混合沉积物。整体上三叠系砂体发育低孔渗－致密储层，局部发育中孔中渗储层。延长组纵向上中低孔渗－致密储层与长7、长9两套烃源岩组成了良好的近源成藏组合，形成从长10到长4＋5的多套油层。长7、长9烃源岩内的致密储层中发育致密油，烃源岩有机质成熟度 R_o 大于0.8%的区域发育页岩油，三叠系其他层段内发育低孔低渗岩性油藏。平面上位于湖盆中心的长7、长9烃源岩致密储层内发育致密油，烃源岩有机质成熟度 R_o 大于0.8%的烃源岩分布区内发育页岩油，在烃源岩分布区内的其他层系发育低孔低渗岩性油藏。因此，虽然鄂尔多斯盆地腹部构造油气藏极不发育，但是却有利于形成规模大、富集程度高的岩性－地层油气藏。位于鄂尔多斯盆地中部的长7近年来已建成了百万吨的致密油产能区，证实该区域的致密油和页岩油非常发育。鄂尔多斯延长组岩性油藏、致密油和页岩油空间上有序分布，相互依存，有序共生，形成统一的油气有序共生体系（图2-10）。

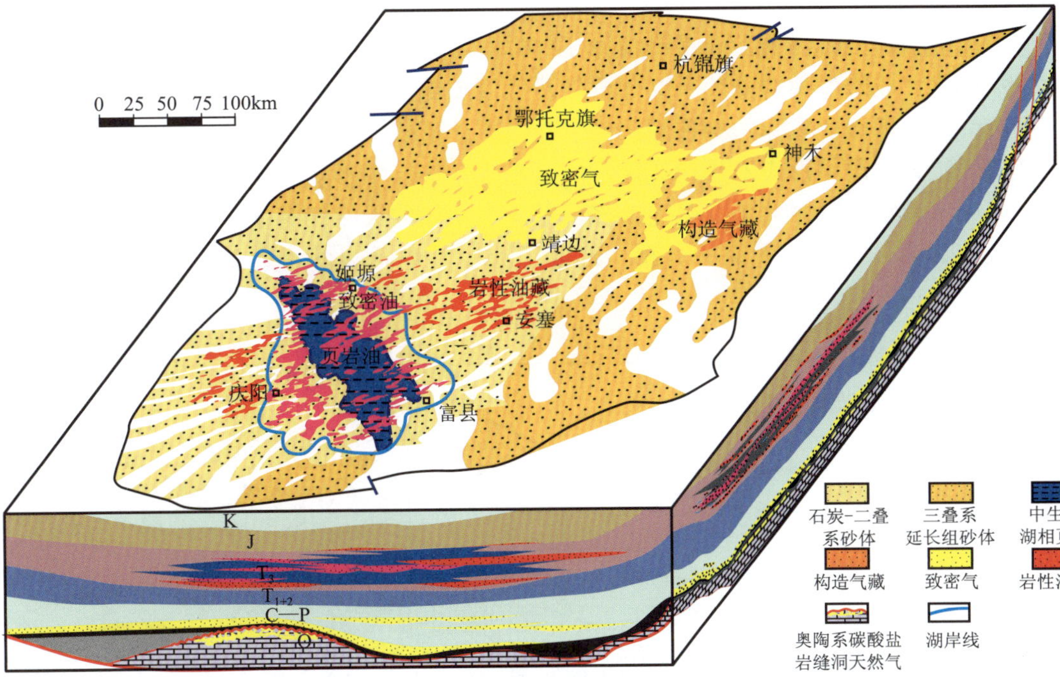

图2-10 鄂尔多斯盆地油气互补共生有序聚集分布

（据邹才能，2013）

3. 前陆盆地油气互补共生有序聚集

前陆盆地以塔里木盆地库车前陆冲断带为典型代表。库车是一个以中、新生代陆源碎屑沉积为主的沉积坳陷，三叠-侏罗纪时以湖相和沼泽相沉积为主，广泛发育了中上三叠统湖相泥质和中下侏罗统煤系两大套优质烃源岩。有机质类型以Ⅲ型为主，丰度较高。现今处于高成熟阶段，以生气为主，具有"晚期快速埋藏，晚期大量排气，晚期强烈充注"的特点，除生烃凹陷中心区外，大部分烃源岩新近纪后才达到高—过成熟阶段。盆地模拟表明烃源岩生烃强度大，侏罗系烃源岩生气强度可达$30\times10^8 \sim 150\times10^8 m^3/km^2$。

中生代以来，库车总体呈现出北山南盆的古地理格局，控制了沉积相带展布。近山前冲断带为构造快速逆掩深埋，形成巨厚近源粗碎屑沉积层序；推覆延展前端前陆隆起带为宽缓、稳定沉降的远源细粒碎屑充填层序；冲断带部位深层扇体广泛发育，不同时期形成的扇体相互叠置、呈扇体群样式规模展布。厚层膏盐岩盖层可使盐下地层压实程度减弱，成岩作用降低；同时，膏盐岩封盖形成高压系统，抑制了压实作用引起的孔隙度减少，因而膏盐层保护下的高压系统决定了深埋条件下仍可以发育大面积优质储层。

膏盐岩是油气最佳封盖层。库车前陆盆地古近纪膏盐岩、膏泥岩层覆盖全区，厚度较大，确保了气藏的有效保持，减少了散失量，是该区大型高压气田得以良好保存的关键。

库车前陆盆地受南天山强烈隆升过程中产生的垂向剪切力与斜向挤压力双重作用，发育系列强烈变形冲断构造，从山前向盆地方向构造变形由复杂逐渐变简单，成排、成带展布，具有明显的分区、分带性。自北向南划分为克拉苏、克深北、克深、克深南、拜城北

5 段，发育了由 33 个大型构造圈闭组成的构造圈闭群。这类构造逆冲断层沟通深部烃源层，断层控制下的叠瓦状背斜的差异升降导致上覆盐层差异对接，有利于大型构造气藏形成。

库车前陆盆地油气“有序聚集”主要以常规构造气藏、深层构造型致密气和煤层气为主。在成排、成带的构造圈闭中，埋藏较浅的圈闭储层条件好，形成以克拉 2 为代表的常规构造气藏；埋藏比较深的构造圈闭储层物性差，形成受构造控制的致密气；与煤系烃源岩紧邻的致密储层中形成不受构造控制的致密气；煤层中形成煤层气。纵向上天然气在多层系中相互依存，有序共生；平面上多层系、多类型的天然气有序分布，形成统一的油气有序共生体系，并叠合大面积分布，形成了天然气地质储量超过 $2\times10^{12}m^3$ 的大气区（图 2－11）。

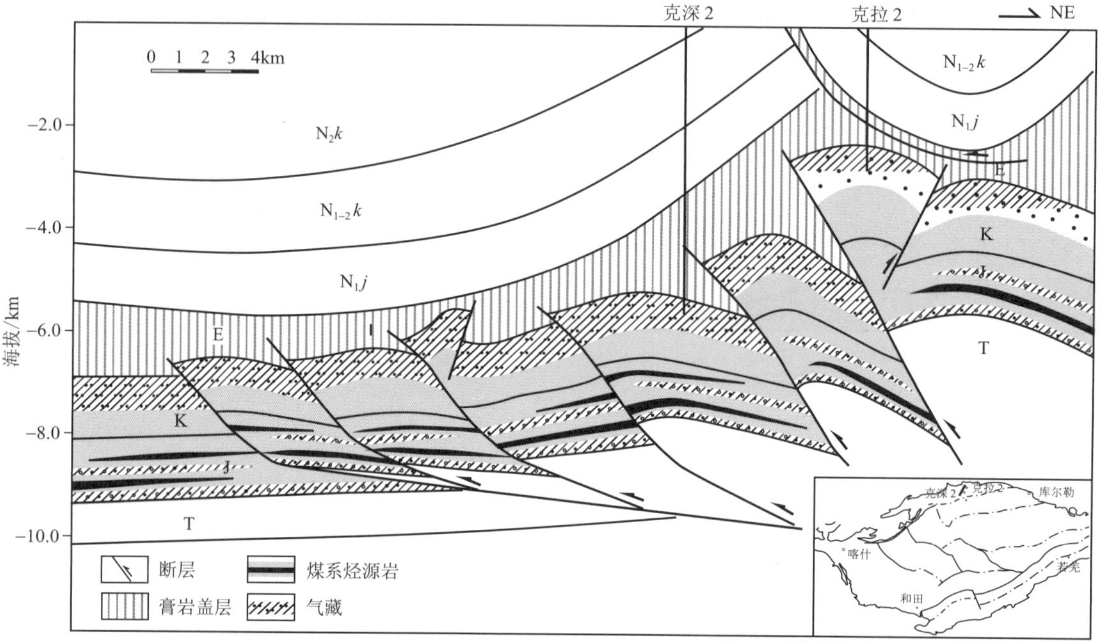

图 2－11　塔里木库车山前前陆盆地白垩系—侏罗系天然气互补共生有序聚集

4. 克拉通盆地油气互补共生有序聚集

以塔里木古生代大型克拉通盆地为例阐述油气“有序聚集”。塔里木克拉通经历了多期构造运动，形成塔北、塔中、巴楚和塔东 4 个大型古隆起。其中，塔北隆起面积为 $3.7\times10^4km^2$，塔中隆起面积为 $4.8\times10^4km^2$，巴楚隆起面积为 $4.3\times10^4km^2$，塔东隆起面积为 $3.7\times10^4km^2$。

塔里木盆地碳酸盐岩层系经历了中加里东期、晚加里东期、早海西期、晚海西期、印支－燕山期等 5 期大型构造运动。多次暴露剥蚀，造成多期岩溶叠置，形成了巨厚的岩溶储集体，为大型地层油气藏的形成提供了重要条件。大型古隆起是岩溶储层发育的最有利部位，古隆起高部位发育潜山岩溶储层，多期叠加；层间岩溶储层受三级层序界面控制，层系多，分布广；顺层岩溶储层发育在古隆起斜坡部位，面积大，呈准层状分布。

塔里木盆地下古生界主要发育寒武系和中上奥陶统两套海相烃源岩。寒武系烃源岩主要分布在满东凹陷的欠补偿盆地相带、盆地西部的蒸发潟湖相带，岩性以灰质－硅质泥岩和泥灰岩为主，具有分布面积广、厚度大、母质类型好、有机质丰度高等特征。中上奥陶统生油岩在盆地西部的台缘斜坡相区、阿瓦提凹陷以及满东盆地区广泛分布。寒武系、中上奥陶统烃源岩生烃量达 10×10^{12} t。

塔里木盆地下古生界碳酸盐岩主要有 3 期油气充注，分别是晚加里东期、晚海西期和喜马拉雅期。寒武系烃源岩在晚奥陶世—志留纪进入一次生排烃高峰，以生油为主；晚海西期沉积再埋藏，隆起部位的寒武系海相生油岩进入二次生油阶段；现今处于生干气阶段。西部中上奥陶统烃源岩在晚海西期进入生烃门限，在喜马拉雅期进入生排烃高峰，以中等成熟度正常原油为主，目前仍处在高成熟—生凝析油阶段。

塔里木盆地古生代发育有两个主要构造期的 5 幕断裂，即加里东中期断裂（包括中期Ⅰ幕、Ⅱ幕、Ⅲ幕）和海西期断裂（包括早期和晚期）。其中，发现加里东中期断裂和海西期断裂都对岩溶储层发育有重要影响，而仅海西期断裂对油气成藏贡献大，沟通晚海西期再埋藏形成的隆起部位寒武系海相烃源岩。这些断裂与储层形成之间有很好的匹配关系，是塔里木盆地油气运移的重要输导体系。

大型隆起斜坡背景、多期断裂和多期烃类充注、大面积非均质岩溶储层，三要素有机配置，决定了塔里木盆地下古生界克拉通盆地海相碳酸盐岩岩性地层油气“有序聚集”的分布规律。围绕古隆起及斜坡带附近形成纵向上蓬莱坝组、鹰山组、一间房组和良里塔格组 4 套油气层（图 2－12），平面上叠合大面积分布，面积超过 $5\times10^4 km^2$，现已发现的三级油气当量超过 50×10^8 t。

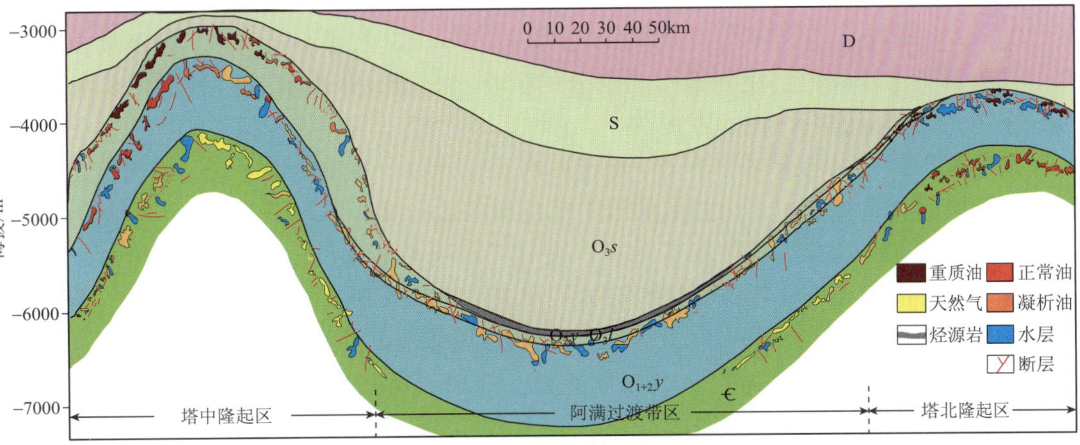

图 2－12　塔里木克拉通盆地塔北隆起及斜坡区油气互补共生有序聚集

第三节　油气有序聚集区

成熟探区油气精细勘探立足于富油气凹陷的立体、全方位勘探，同时，研究和部署又分层次性。含油气盆地富油气凹陷的不同含油气系统内具有大型油气聚集特征，成熟探区精细勘探是以不同含油气系统中的大型油气聚集为对象，分期开展勘探和部署。

不同学者对油气区的定义和划分有不同的方案和标准。戴金星等（1997）强调全球煤系烃源岩的区域性分布，侧重于煤系及其对大中型气田分布的控制作用。张恺（1995）强调板块构造演化及不同板块之间的动力学关系对油气区域分布的控制，侧重于板块构造控制的隆起带和沉积带（盆地）与油气分布的关系。邹才能等（2012b）、杜金虎等（2013）强调统一的构造动力学背景（相同或相似的原型盆地类型）和相似的成藏条件（烃源岩、储集层、圈闭类型、区域盖层），侧重于成藏条件和油气分布富集的相似性。

一、油气有序聚集区概念

油气有序聚集区是指在同一大型构造背景上，由相似成藏条件决定，以某一种类型油气藏为主，由多个油气藏（田）群或带组成，纵向上相互叠加、横向上复合连片的油气聚集区。大油气区具有构造背景的单一性和成藏条件的相似性，油气藏类型相对单一，以某一类油气藏为主，储集层的规模性与非均质性，勘探范围的广泛性和油气资源的规模性，使其具有油气聚集范围大、储量规模大的特点。由此可知，大型油气聚集区形成需要大型的区域构造背景、良好的区域供烃条件、大规模的均质与非均质储集层、有利的成藏要素时空配置4个基本条件。

依据油气有序聚集区类型和级别可划分出不同的油气有序聚集区。类型上，根据油气有序聚集区的主体油气藏类型可以划分为构造型、岩性地层型等；根据主要储集层类型可以划分为碎屑岩、碳酸盐岩和火山岩等；根据流体类型可以划分为大型石油聚集区、大型天然气聚集区等。规模上，根据可能发现的油气储量的规模，大型石油聚集区可以划分为 $3\times10^8\sim5\times10^8$t、$5\times10^8\sim10\times10^8$t、$10\times10^8\sim20\times10^8$t、$20\times10^8\sim50\times10^8$t 和 50×10^8t 以上等级别，大型天然气聚集区可以划分为 $0.3\times10^{12}\sim0.5\times10^{12}m^3$、$0.5\times10^{12}\sim1\times10^{12}m^3$、$1\times10^{12}\sim2\times10^{12}m^3$、$2\times10^{12}\sim5\times10^{12}m^3$ 和 $5\times10^{12}m^3$ 以上等不同级别。精细勘探应以主要的油气藏类型及成藏主控因素作为划分的依据与标准，采取有针对性的评价思路与方法，采用与之相应的勘探技术方案。

油气聚集区，纵向上对应于某一构造期内发育的特定原型盆地系统，横向上是处于统一的大型区域构造环境中，由相似的若干油气聚集区构成。其理论内涵可以概括为三项基本条件、五项地质特征、两种基本类型。所谓“三项基本条件”，即大型构造背景、良好供烃条件、广泛分布的非均质储集层三大地质要素，这是形成油气有序聚集区的基础与条件，其在时间和空间上的有机配置决定了油气有序聚集区的形成与分布。“五项地质特征”，一是大油气区主要发育于陆相坳陷盆地、陆相前陆盆地、海相克拉通盆地及陆相断陷盆地的洼槽－斜坡区；二是具有类似的成藏条件，包括类似的区域构造背景、类似的储集条件、类似的生－储－盖组合及运聚方式等；三是油气藏类型虽多，但以某一种类型油气藏为主，由集群式分布的多个油气藏（田）群构成；四是油气分布纵向上多层系叠置，横向上复合连片；五是油气分布面积大，总体低孔、低渗、低丰度、低产，但储量规模相当大。“两类基本类型”，即根据油气资源类型可以将大油气区划分为常规油气资源和非常规油气资源两大类10个亚类。

油气聚集区具有三项标志，一是空间上一定区域内某一或某些层系中已证实的有效沉积面积通常在 $5\times10^4km^2$ 以上；二是形成油气田的沉积、流体、地温、构造和水动力等区域地质条件、成藏要素的有效时空耦合；三是油气藏类型和数量、储量丰度和产地类型，发现的石油和天然气储量规模以及最终可探明地质储量规模（通常为 10×10^8t 以上的石油或 $5000\times10^8m^3$ 以上的天然气）。

二、油气有序聚集区形成条件

油气有序聚集区是油气在较大规模和范围内聚集、成藏、分布和富集的区域，需要具备有利的区域构造背景，烃源岩分布的有利范围，有机质丰度、储层的规模分布，及成藏要素的有利时空配置条件。

1. 区域构造背景

大型区域构造背景是油气有序聚集区形成的基本条件和关键要素，大型区域构造背景控制了大规模沉积体系、大面积储层及广覆式优质烃源岩的分布。大型构造背景包括大型的古隆起、古斜坡、凹陷区、冲断构造带和台缘带等。构造背景不仅控制烃源岩、储集体的发育与分布，也控制区域成藏组合的分布和油气区域运聚。大型古隆起控制长期风化淋滤的古潜山储集层形成，大型斜坡控制大型沉积体系和大面积砂体分布，大型凹陷背景控制广覆式优质烃源岩和大面积多物源砂体的发育，大型前陆冲断带控制前渊凹陷厚层优质烃源岩和大型成排成带的构造圈闭群的形成与分布，大型台缘带控制大型礁滩体的发育，大型火山岩风化壳控制大面积溶蚀孔洞储集层的发育。如塔里木盆地台盆区寒武系—奥陶系碳酸盐岩继承性发育塔北（$3.7\times10^4km^2$）、塔中（$4.8\times10^4km^2$）、巴楚（$4.3\times10^4km^2$）、塔东（$3.7\times10^4km^2$）等大型古隆起，古斜坡与古隆起为油气有序聚集区的形成奠定了良好条件。

塔里木盆地碳酸盐岩大型古隆起和斜坡带，有利于储层叠置连片大面积发育和油气运聚成藏（图2－13）。古生代隆起区形成宽缓古隆起斜坡，导致碳酸盐岩大面积出露，发育演化完整、规模巨大的古岩溶缝洞储层系统，平面分带、纵向分层明显，其中宽缓的岩溶斜坡区古岩溶最发育，岩溶作用深度超过200m，大型洞穴发育，如轮南是依附塔北隆起南缘的宽缓斜坡，岩溶缝洞型储层分布面积超过$5000\times10^4km^2$。古生界的生、储、盖良好配置造就了油气资源的优化运聚。由于多期构造演化与变迁，古隆起区下古生界碳酸盐岩发育多套储盖组合、多类型圈闭，古生界多套储盖组合紧邻寒武系—奥陶系烃源岩，油气源断裂发育，为油气的垂向运移提供了便利通道。碳酸盐岩缝洞系统交错分布是油气差异聚集的主要输导网络，而奥陶系顶不整合面是油气运移的主要通道。斜坡区有利于油气藏保存。由于塔里木盆地古隆起经历了多期的构造演化，高部位缺失地层多、断裂发育，盖层条件差，油气容易散失，古油气藏遭受强烈破坏；而塔中斜坡区存在奥陶系桑塔木组巨厚泥岩盖层，油气保存条件较好。

2. 良好的区域供烃条件

良好的区域供烃条件是油气有序聚集区形成的资源基础。供烃条件包括烃源岩生烃潜力和供烃方式，烃源岩的生烃潜力、供烃方式决定了油气分布范围。供烃方式包括3种：①源内自生自储式面状供烃，烃源岩与储集层广覆式分布，源储一体，油气以面状运移为主，如四川盆地须家河组；②源外下生上储式“网状”供烃，下伏烃源岩广覆式分布，上覆大面积储集层垂向叠加，多期网状断裂有效沟通，形成“网状”供烃方式，如塔里木盆地台盆区碳酸盐岩等；③源外上生下储式面－网状供烃，大面积烃源岩位于不同类型储集体之上，油气沿断面或不整合面呈面状或网状供烃，如松辽盆地扶杨油层、鄂尔多斯盆地下古生界风化壳岩溶储集层等。3种供烃方式均能形成油气有序聚集区。

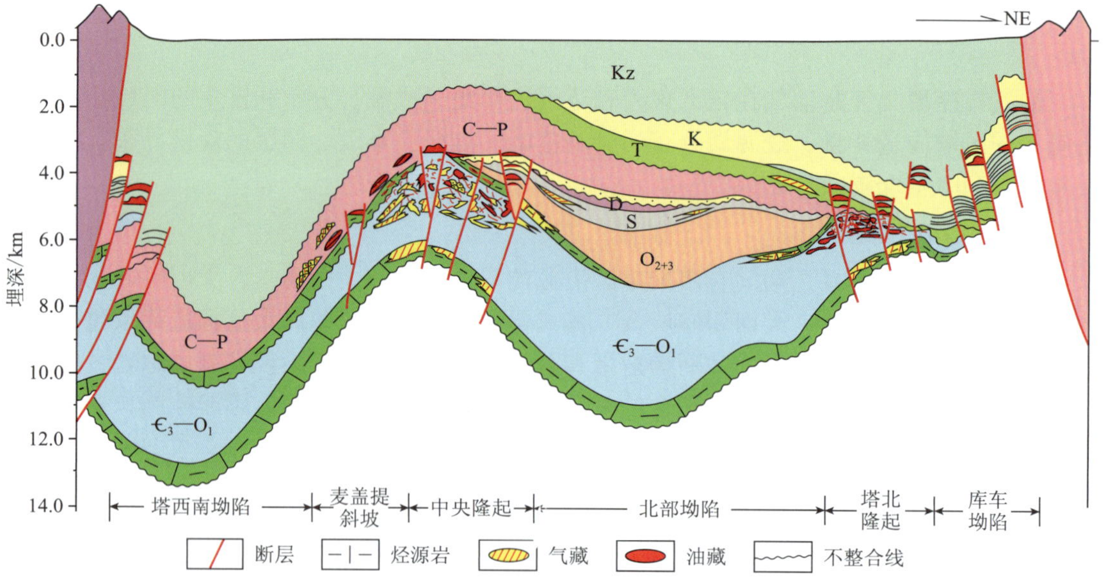

图 2－13　塔里木盆地大型古隆起与油气聚集剖面

3. 规模有效的储集层

大规模储集层是油气有序聚集区形成及油气聚集的储集空间条件。大规模高孔渗均质储集层有利于形成构造油气藏，大规模致密储集层有利于形成致密油气。常见的大规模储集层包括两种，一是储集层以低孔低渗为主，大面积分布；二是储集层受成岩和后生改造作用影响，非均质性强。储集层的非均质性决定了岩性或地层圈闭群的形成，决定了油气大面积聚集。如果储集层物性好，均质性强，油气运移畅通，可以在构造高部位形成高丰度的大油气田，而构造的围斜与凹陷部位圈闭不发育，可形成非常规油气聚集。如大型古斜坡河流三角洲砂岩储集层、大型古隆起风化壳储集层、大型斜坡似层状碳酸盐岩岩溶储集层、大型火山岩风化壳储集层等，均利于形成岩性或地层圈闭群的大型油气规模聚集区。

大型构造背景、良好供烃条件、大规模非均质储集层都是形成大油气区的重要条件。大油气区形成的三大地质要素缺一不可，没有大型的构造背景，就不可能有广覆式大面积储盖组合的形成；没有大面积供烃，就缺少大油气区大面积成藏的烃源条件；没有大面积储集层，就不可能形成大面积展布的岩性、地层圈闭群。因此，上述三大地质要素的有机配置是形成大油气区的关键。

4. 有利的成藏要素时空配置

同一油气有序聚集区具有基本相似的构造背景，形成的圈闭类型也基本相似。前陆盆地主要发育成排、成带展布的大型构造圈闭，如库车等前陆冲断带，形成构造型大型天然气聚集区。坳陷型盆地广泛发育大型岩性地层圈闭，如鄂尔多斯中生界、松辽盆地白垩系、四川盆地须家河组等，发育大面积岩性地层圈闭，形成了岩性地层型油气有序聚集区。断陷盆地因构造活动相对强烈、形成多个富油气凹陷，既发育构造圈闭，也发育岩性圈闭，如渤海湾盆地形成构造＋岩性地层型油气有序聚集区；四川盆地威远—资阳—高石梯—磨溪地区震旦－寒武系生储盖组合，在时空上有效配置，形成碳酸盐岩岩溶储层大型天然气聚集区。区域性盖层通常是油气成藏和保存的必要条件，大油气区内统一的构造动力学背景造就了整个大油气区地层沉积演化的相对一致性，发育统一的区域性盖层，一般受晚期最大湖泛面控制。如松辽盆地坳陷嫩江组区域性泥岩盖层、塔里木库车坳陷膏盐岩和泥岩区域性盖层、四川盆地海相层系膏盐岩和泥质岩区域性盖层等。

有利的成藏要素时空配置对油气有序聚集区油气成藏和定型起决定性作用。如塔里木盆地库车坳陷“烃源、储层、盖层、大构造”四位一体，成藏条件匹配好，前陆深层冲断滑脱构造带，现今构造部位多处于原始生烃中心部位，也是储集扇体的扇中和膏盐岩最发育部位，同时发育大型构造圈闭，四位一体决定了前陆深层可以形成油气有序聚集区（图2－14）。

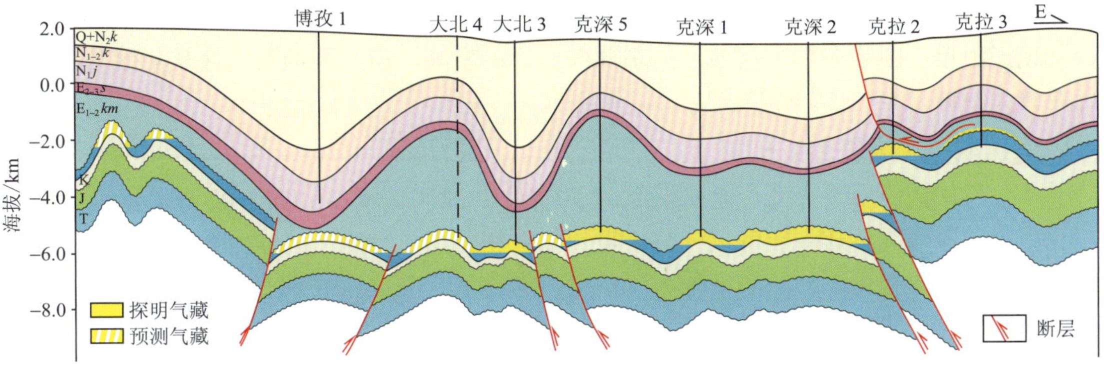

图2－14 塔里木盆地库车坳陷克拉苏构造带东西向气藏剖面示意

如塔里木盆地库车坳陷前陆盆地克拉苏深层构造的前陆深层，烃源岩、储层、盖层与大构造圈闭，纵向上相互叠置、相互匹配，成藏条件优越，是发现构造大型天然气聚集区的重要领域。库车坳陷发育侏罗系和三叠系两大套优质烃源岩，分布面积达$1.4\times10^4km^2$，生气强度可以达到$30\times10^8\sim150\times10^8m^3/km^2$。围绕烃源岩分布区，在轮台凸起和库车坳陷烃源岩分布区内发现了众多规模可观的气藏和凝析气藏，天然气三级地质储量超万亿立方米。烃源岩成熟和运移时间与圈闭形成时间非常匹配。上新世—第四纪是克拉苏构造带形成的主要时期，受构造运动影响，中生界烃源岩在新生代迅速成熟，库车组沉积期三叠系烃源岩进入生气高峰期，侏罗系烃源岩成熟期稍晚，中下侏罗统煤系源岩在上新世库车期（5Ma）以来大量生气，特别是在3Ma以来生干气，生气高峰持续至今。断裂、稳定的砂岩层及不整合面构成了多个油气运移通道，目前气藏仍处在持续充注调整状态。

克拉苏构造带盖层为巨厚的区域性分布的膏盐岩层，厚度可达500～2000m，保证了下部高压和超高压气藏的封存，减少了散失量。巴什基奇克组砂岩区域分布，厚度大而且变化小，储集性能优良稳定。膏盐岩和巴什基奇克组砂岩组成了优质的储盖组合。

深部区带气藏具有埋深大、储层较差、东西向分段、南北向叠置连片、高部位富集、盖层条件优越的特点。深部区带有巨厚的膏盐岩盖层，大多数断裂没有断穿膏盐岩，具有良好的盖层和侧向封堵条件，南北方向上构造多为断裂控制的叠瓦状排列，上下叠置，高差较小，有些构造储层相接，形成整体含气、叠置连片、高部位富集、断裂控藏的大规模油气富集，这在大北1气田已经钻探证实。东西方向上，克拉苏构造带可以明显区分为博孜－吐孜阿瓦特、大北－克深5、克深1－克深2、克拉3南等4段，博孜－吐孜阿瓦特为大型断背斜和背斜凝析气藏或油藏，大北－克深5为大型断背斜和断块凝析气藏和气藏，克深1－克深2为大型断背斜、背斜气藏，克拉3南可能为小型背斜气藏。克拉苏深部区带可以形成大型油气富集区，具体地区成藏的关键在于构造的落实和储层的发育，包括储层裂缝的发育程度。

三、油气有序聚集区地质特征

中国油气勘探实践已经证实，多个油气勘探由点到面的拓展实例，证实了油气有序聚集区油气聚集和成藏的规模性。如陆相低孔渗碎屑岩岩性油气藏勘探由前期的三角洲前缘砂体勘探向湖盆中央、满盆勘探；碳酸盐岩勘探由前期的古隆起高部位向斜坡低部位、由台缘向台内发展；复杂构造深层由单一构造圈闭探索向构造大油气区发展；深层火山岩勘探实现了由单一断陷向整个盆地、由东部向西部的发展。但不同油气有序聚集区地质特征存在较大差异。

1. 区域构造背景的统一性

一定时期内，一个含油气盆地或区域具有统一的区域构造背景。按照构造动力学性质，中国的含油气盆地一般可以分为4类，即陆相断陷、坳陷、前陆盆地和海相克拉通盆地。总体看，陆相坳陷、前陆盆地和海相克拉通盆地3类盆地规模大、结构相对简单，具备形成油气有序聚集区的地质条件和主要盆地类型。如鄂尔多斯盆地延长组沉积期坳陷湖盆，构造平缓，有利于发育大面积浅水三角洲及湖盆中心重力流砂体，具备形成油气有序聚集区的有利条件。而断陷盆地内的各断陷规模较小、断裂发育、构造复杂、含油气区面积相对较小，但油气复式聚集，多个断陷组成断陷群，也可形成油气有序聚集区，如渤海湾盆地。

区域构造背景的统一性控制了油气有序聚集区成藏条件的相似性和油气藏类型的相对单一性。区域构造背景的统一性与局部构造格局的分异性是并存的，并非构造格局的单一化，在不同类型的油气有序聚集区表现不同。如库车前陆盆地是在统一前陆冲断背景下，具有分块分段特征，经历多期冲断滑脱，中浅层发育大量构造圈闭，深层构造也成排、成带展布。库车前陆盆地逆推冲断双重滑脱，形成“多层楼”构造样式，大型圈闭成排成带展布；滑脱层和调节断层控制着冲断带在平面上的分段、分带性。前陆冲断带的转换构造或称调节构造，调节褶皱冲断带内部的位移差异，且与天山横向构造存在联系，起着构造分段的作用（图2－15）。库车褶皱冲断带的地层序列中发育层位不同的非能干岩层，包括古近系库姆格列木群膏盐岩和侏罗纪煤系，往往是重要的滑脱层，可以分别调节上、下地层之间或东西走向上的差异应变。近东西向的库车褶皱冲断带内发育近南北向的喀拉玉尔衮、康村和吐格尔明走滑断层，它们将库车褶皱冲断带分段；而深部台阶状逆冲断层之间的位移转换，造成库车塔吾深层背斜和南秋里塔格深层背斜在走向上呈左列叠置。

区域构造背景的统一性，呈现出不同构造带、不同段构造圈闭发育程度、发育规模有差异。前陆盆地油气运移的主要通道是断层，由于不同构造带活动强烈程度不同，断层发育程度、延伸长度不同，使油气运移和聚集层位也不同。在构造活动较弱构造段，油气往往在与烃源岩相邻的储层中聚集成藏，易形成原生油气藏；在构造相对强烈的构造段，油气聚集的层位往往受断层延伸程度控制，特别是当构造活动发生在原生油气藏形成之后

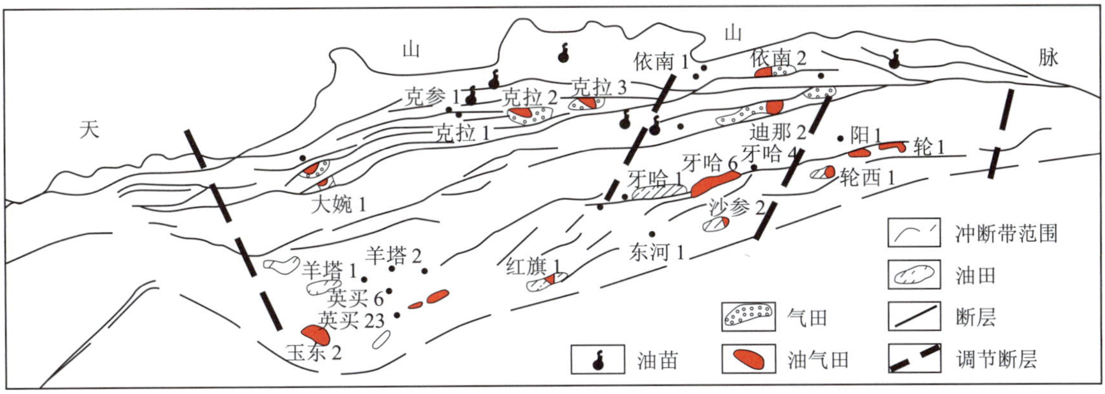

图2-15　库车山前逆冲带主控断裂、调节走滑断裂与油气藏平面分布

时，原生油气藏遭受破坏，在原生油气藏上部层位形成次生油气藏。如川西前陆盆地主力烃源岩是上三叠统，与前陆盆地发育同期，有利储层为上三叠统和侏罗系。上三叠统烃源岩在白垩纪已普遍进入生气高峰期，此时该区构造相对稳定，断裂不发育，生成的天然气主要在上三叠统内的有利储层中聚集。古近纪末，川西前陆盆地经历了一次喜马拉雅期强烈构造运动，盆地全面隆升遭受广泛剥蚀。这次构造运动，又一次改变了川西前陆盆地的基本构造格局，使前陆隆起带向东迁移。该次构造活动导致部分地区上三叠统油气藏遭受破坏，油气沿断裂向上运移聚集，在侏罗系有利储层中聚集成藏，形成次生油气藏。而上三叠统原生油气藏能否保存和侏罗系次生油气藏能否形成主要取决于喜马拉雅期构造活动的影响程度。

前陆冲断带构造分带分段性控制了油气藏形成时间的差异性。一是对烃源岩的影响，前陆盆地构造活动所引起的沉积中心和沉降中心的变化，控制着烃源岩的分布与演化。特别是西部陆内前陆盆地是在新构造运动作用下由陆内造山作用形成的，前陆盆地沉积层序中一个典型特征是发育巨厚的陆相磨拉石建造，这套巨厚的沉积使中生界的煤系烃源岩快速成熟，进入生气高峰。同一个前陆盆地发育多套烃源岩，不同的烃源岩在埋藏过程中所处的演化阶段不同，不仅造成不同地区油气成藏时间的差异，并且使前陆盆地具有多期成藏的特征。同一套烃源岩埋藏深度不同，演化程度不同，也可造成不同地区油气成藏时间的差异。二是对圈闭形成时间的影响。前陆冲断带不同部位构造活动期的差异造成圈闭的形成时间不同，与烃源岩不同生烃期相匹配，形成了不同成藏时期的油气藏。

2. 油气藏类型的相对单一性

通常油气有序聚集区内多种油气藏类型并存发育，但由于油气有序聚集区具有统一的区域地质背景和相似的成藏或聚集条件，决定了油气藏类型的相对单一性，因此，常以某一种类型油气藏为主。如鄂尔多斯盆地上古生界大型天然气聚集区、中生界大型石油聚集区均以岩性油气藏为主，塔里木盆地、鄂尔多斯盆地碳酸盐岩均以岩溶地层油气藏为主。

如四川盆地二叠系碳酸盐岩台缘带礁滩，台缘带以岩性油气藏为主，构造油气藏为辅，成群成带展布（图2-16）。长兴组—飞仙关组礁滩分布受古地理格局控制呈NW向展布，而现今盆地构造单元则表现为NE向展布，导致礁滩体跨越构造带分布。开江-梁平海槽西侧台缘带礁滩体在川中地区以平缓构造为主，而在川东地区则与高陡构造叠合，海槽东侧台缘带主体位于大巴山前构造带，川中台内礁滩体现今构造主要表现为平缓构造。NE 向构造带主要形成于燕山晚期—喜马拉雅期，而龙潭组烃源岩主要成气期发生在燕山晚期，礁滩气藏成藏期与构造形成期相匹配，决定了构造背景对气藏类型、规模有明显的控制作用。

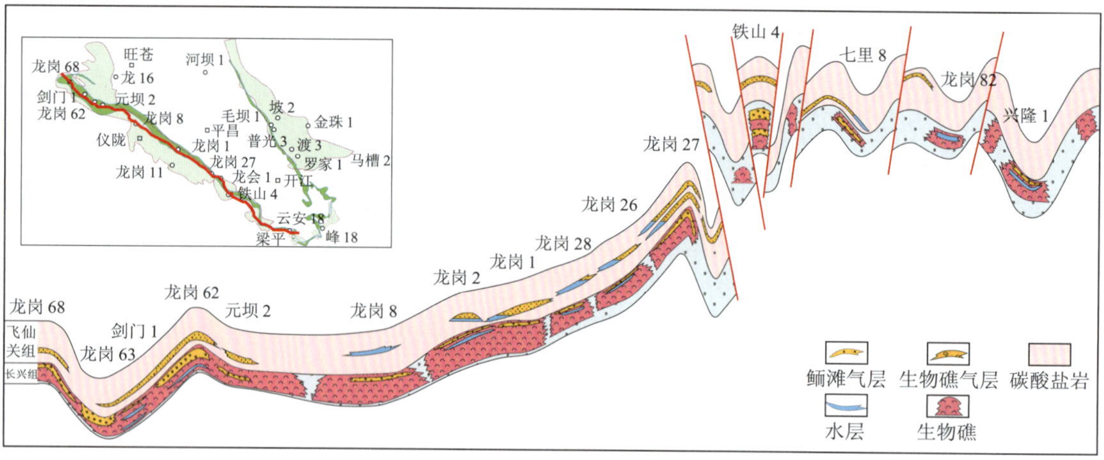

图 2－16　四川盆地龙岗地区碳酸盐岩礁、滩岩性气藏剖面

高陡构造与台缘带礁滩叠合发育带，具有优越的成藏条件，利于形成油气藏类型相对单一的较高储量丰度的大气田。厚层状优质礁滩白云岩储层与高陡构造叠加，利于形成大型岩性－构造复合圈闭。深大断裂沟通下志留统至上二叠统等多套腐泥型优质烃源岩，有利于形成大型古油藏，深埋阶段古油藏发生原油裂解成气，近源聚集成藏，成藏效率高，经抬升期调整定型后，形成现今的大型礁滩气藏。已在川东北地区发现一批较高储量丰度的礁滩大气田，气藏类型以构造型和岩性－构造复合型为主，气层分布稳定。

平缓构造背景下台缘带礁滩体，构造高部位天然气充满度高，而构造低部位充满度低。在构造相对平缓区（如四川盆地龙岗地区）岩性圈闭特征突出，礁、滩气藏以岩性、构造－岩性为主。龙岗台缘带礁、滩体呈带状分布，但礁、滩体之间彼此不连通，储层强非均质性决定了“一礁、一滩、一藏”的特点，气藏沿台缘带呈串珠状分布，但宏观上表现为单斜背景下集群式分布的岩性气藏群。气藏在垂直海槽方向延伸较窄，而在台缘带可以局部连片分布，且由于强非均质性对礁、滩储层的强烈分割，表现为多个相对独立分布的构造－岩性和岩性气藏。

尽管储层条件优越，但缺乏深大断裂有效沟通烃源，小规模断层及高角度裂缝是主要的气源通道。同时，局部构造幅度低，储层侧向变化快，形成的气藏主要以岩性或构造－岩性复合型为主，气藏规模和储量丰度均要小于高陡构造台缘礁滩气藏。不同构造背景下礁滩成藏模式具有一定的差异性，但总体上，油气藏类型具有相对的单一性。

3. 规模有效储集体

大规模储集体包括相对均质和非均质较强的大面积分布储层。统一的区域构造背景、平缓的构造格局和稳定的沉积背景决定了大规模沉积体系及非均质储层的形成。

大型的区域构造背景控制了大规模沉积体系。对于中国陆相湖盆沉积体系的盆大坡小的大型浅水三角洲，沉积体系规模大、相变快，单个分流河道规模小、连续性差、成熟度低。大型缓盆稳定的沉积背景造就了单一的沉积中心和沉积体系的继承性发育，由于沉积演化的继承性和构造升降运动的不均衡性，造成沉积体系既有一定的继承性，不同时期河道又出现摆动，形成大连片分布的砂体，为大范围低丰度气藏的形成提供了储集空间。低孔渗油气藏多发育于三角洲平原—前缘带，尤其大型浅水三角洲体系油气最富集。

大规模沉积体系的形成取决于低平宽缓的构造格局和稳定的沉积背景，地形平缓，沉积相带宽，沉积物厚度较薄，厚度梯度和沉积速率较小。一般大型沉积体系如三角洲体系是在湖盆发育中期以后，即湖盆经过深陷期回返之后，盆地趋于稳定发育阶段，地形渐趋平缓，河流流域扩大，水体变浅，才适宜于大型三角洲及低丰度大型油气田的形成。如松辽盆地、鄂尔多斯盆地（图 2－17）和川西前陆盆地川中缓坡带，地形开阔而平缓，沉积

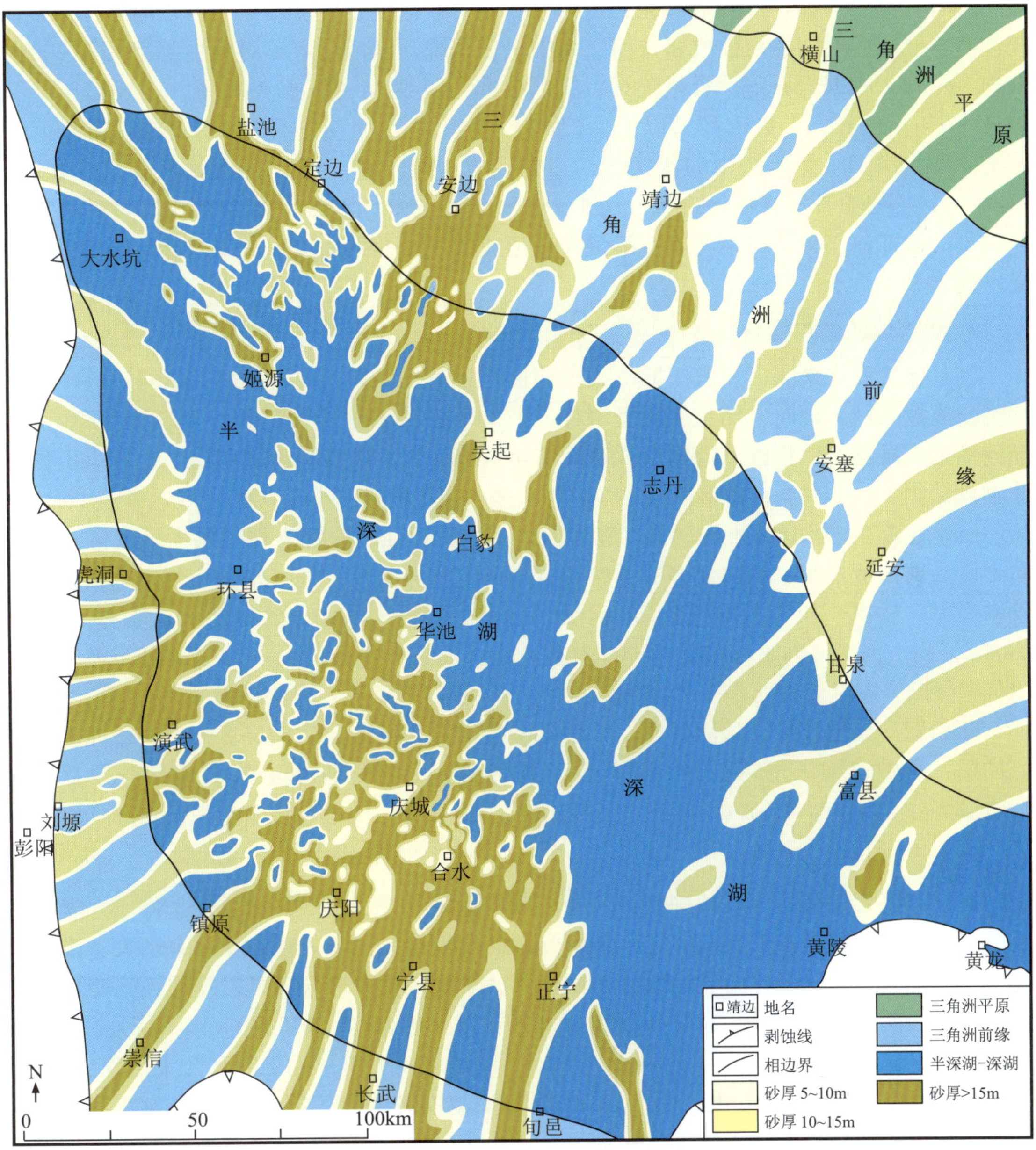

图 2－17　鄂尔多斯盆地长 7_2 大规模储集砂体分布图

物分异较充分，盆地内部次级地貌单元的沉积相带较为宽广，沉积背景以缓慢沉降为主，沉积物的供给与沉降处于均衡状态，湖区经常处于浅水环境，深水区仅局限于湖盆中部。

大范围区域性差异成岩作用和非均一性成岩相控制了有利储层和成岩圈闭群的发育。不同相带、粒度、成分的岩石，经历的成岩作用类型和强度有明显差异，导致了总体低孔渗背景下，又发育局域性相对高孔渗储层。成岩作用对储层物性的改造，主要以压实作用、黏土矿物充填与转变作用、胶结作用、溶解作用及破裂作用对物性的影响最为明显。对储层发育而言，压实和胶结作用是破坏性成岩作用，溶蚀作用为建设性成岩作用。

大型陆相坳陷盆地大规模非均质性储层的形成，多数是长石或岩屑溶解作用形成相对高孔渗有利储层，如鄂尔多斯盆地上古生界和四川盆地上三叠统须家河组，溶解作用是低孔渗砂岩储层主要的建设性成岩作用，川中上三叠统须家河组溶解对象主要为长石、富长石岩屑颗粒。根据岩石薄片资料统计，长石含量与孔隙度有正相关关系，有效储层（孔隙度 $>6\%$）的长石含量在 10% 以上，长石颗粒溶孔占总面孔率的 30% ~60%。溶解水可能有 3 种来源：一是地层中的压实水；二是泥岩生烃过程中排出的酸性流体（有机酸、CO_2 等）；三是深部热液或地表水，由于川中地区构造相对稳定，断层较少，该种地层水对储层的改造作用目前尚不明确。溶蚀作用形成的次生孔隙是川中广安地区储层的主要储集空间类型。

4. 油气成藏的广泛性

同一油气有序聚集区发育于同一大型构造背景下，具有相同的生储盖组合、运聚模式和类似成藏条件，同时，储集层类型多样，非均质性强，油气聚集程度低，大面积分布，导致油气成藏具有广泛性。储集层岩性既有常规碎屑岩、碳酸盐岩储集层，也有火山岩等非常规储集层，其共同点是储集层物性总体较差，孔隙度一般小于 10%，渗透率多小于 $1\times10^{-3}\mu m^2$，储集空间以溶蚀孔、洞、缝为主，非均质性强。通常岩性地层大油气区油气分布不受局部构造控制，纵向上多层系叠置，横向上复合连片，油气水分布复杂，无统一油气水界面，温度、压力、油气比等变化大。同一层段不同油气藏高度可以相差 1000 ~2000m，同一油气区内高部位的某一油气藏含水，而在低部位的另一油气藏可能为纯油气聚集（图 2-18）。

陆相湖盆大型浅水三角洲砂体、大型碳酸盐岩风化壳缝洞型储层、火山岩岩性或风化壳储层、变质岩风化壳储层等大面积非均质性储层，都能形成油气大面积分布，局部富集。

5. 油气资源的规模性

油气有序聚集区的形成条件中，大型区域构造背景、良好的区域供烃条件、大规模均质与非均质储集层等条件要素决定了油气资源的规模性，主要表现在空间范围大、成藏系统大和储量规模大 3 个方面。油气分布面积大、储量规模大表现在已发现的油气储量规模及最终可探明储量规模上，通常石油在 10×10^8t 以上或天然气在 $5000\times10^8m^3$ 以上。含油气面积可以从数百平方千米到数万平方千米，储量规模可以从几亿吨到几十亿吨油当量，但总体呈低孔、低渗、低丰度、低产的特点，优质储集层与断裂控制着油气的富集和高产。

如鄂尔多斯盆地上古生界苏里格地区具有稳定的大型斜坡构造背景、大面积河流-三角洲相致密砂岩储层、广覆式分布的较高成熟度优质烃源岩和大面积源储配置共生层系等

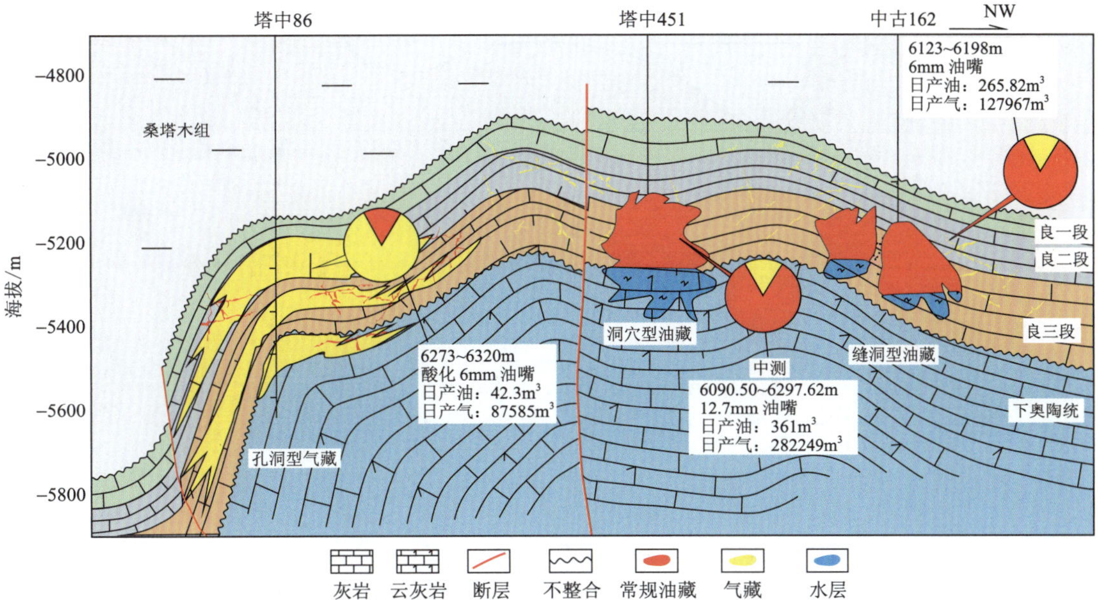

图 2-18　塔里木盆地奥陶系碳酸盐岩缝洞油气藏剖面

形成了大型天然气聚集区的油气地质条件。广覆式分布的大范围煤系源岩与大规模连续分布的大型浅水三角洲、低—特低孔渗砂体大面积紧密接触，宏观上呈下生上储结构，形成了缓坡背景下近源运聚成藏的岩性型致密砂岩大型天然气聚集区。大面积良好源储配置是控制天然气成藏和富集的关键要素，具有纵向上叠置连片（图 2-19）、平面上整体含气、连续分布的特点（图 2-20），上古生界广覆式生烃与大面积储集砂体的有效配置形成了大型复合含气富集区，主力含气层系为上古生界盒 8 段及山 1 段。勘探面积约 $4 \times 10^4 km^2$，已探明天然气地质储量超过 $5 \times 10^{12} m^3$，年产量超过 $250 \times 10^8 m^3$。

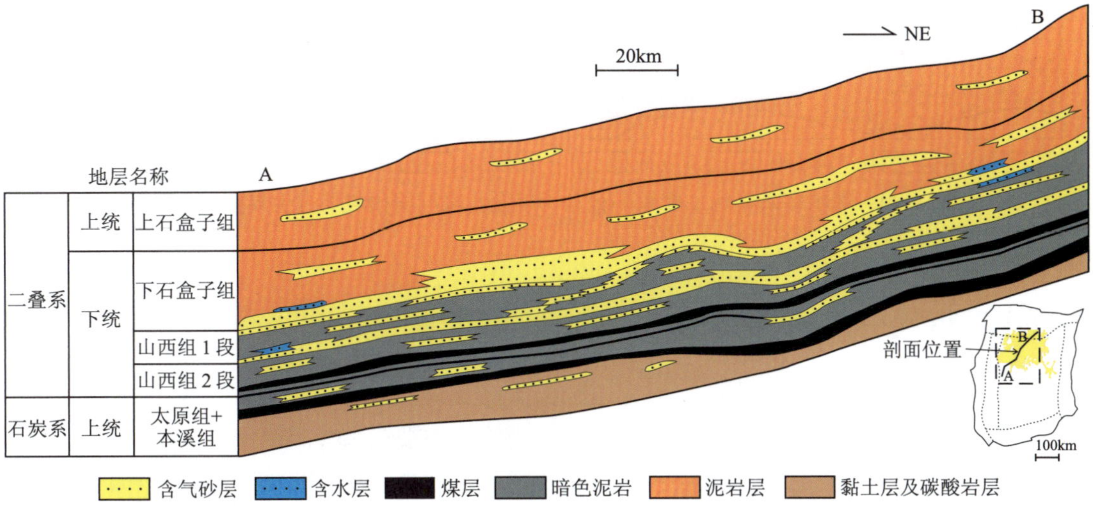

图 2-19　鄂尔多斯盆地上古生界气藏剖面

油气有序聚集区的储量规模，不能仅根据目前探明的储量规模，还要综合考虑该区的资源潜力，评估或预测最终可探明储量。油气有序聚集区理论将指导成熟探区勘探发现和

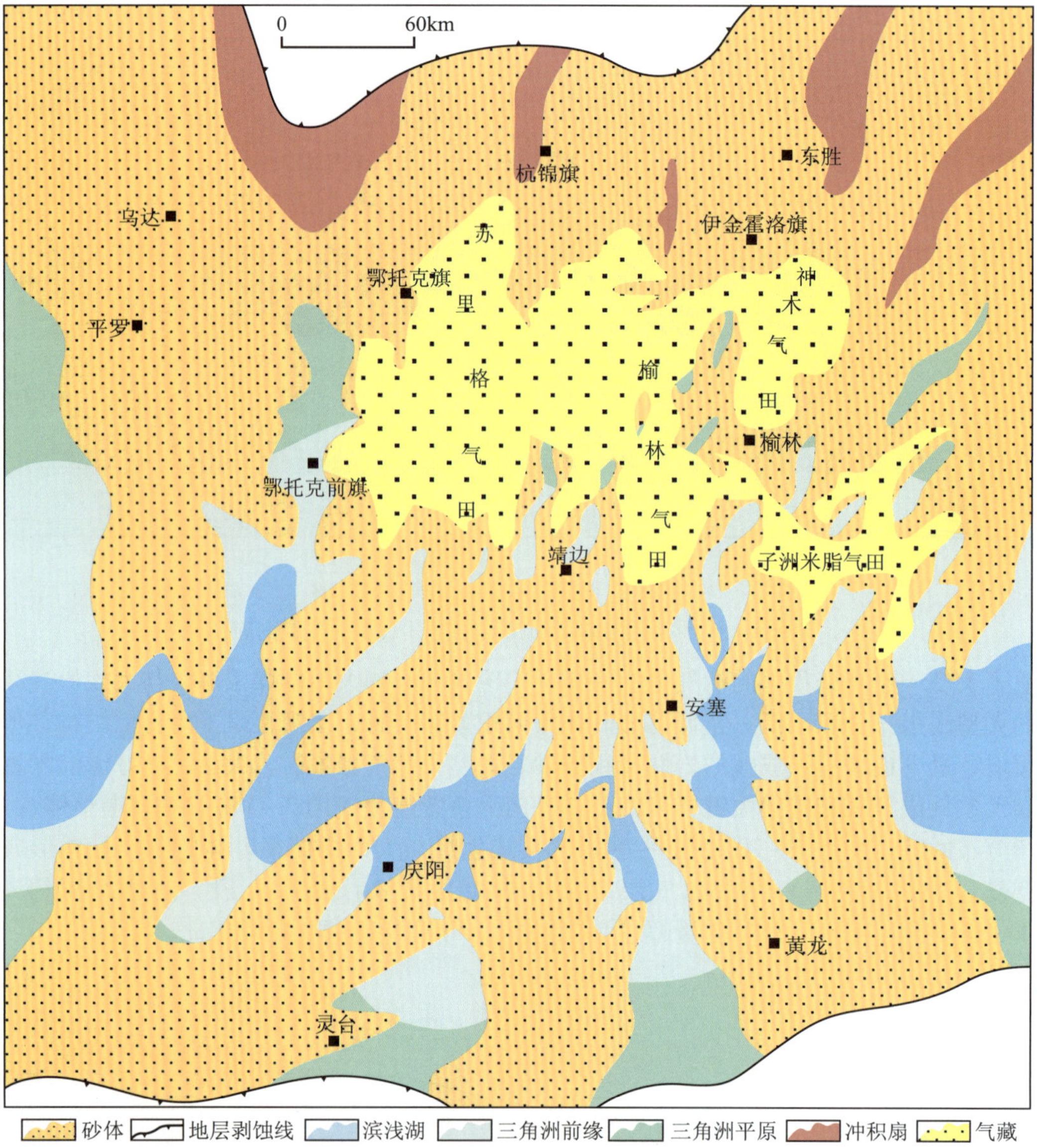

图 2-20　鄂尔多斯盆地二叠系下石盒子组盒 8 段沉积相与上古生界致密气分布

储量增长不断迈向新台阶。

四、油气有序聚集区油气富集控制因素

油气有序聚集区内由于不同区域的烃源岩与储集体及其时空匹配的差异性，导致油气聚集与成藏概率和效率存在差异。油气富集控制因素主要受稳定的大地构造环境、大规模分布的储集体、广覆式优质烃源岩、有利的断裂和裂缝体系等因素控制。

1. 稳定的大地构造环境

稳定的动力学背景和平缓的构造格局控制了广覆式砂泥岩大范围交（间）互分布。油气有序聚集区多发育于低平宽缓的构造背景，如大型坳陷盆地、克拉通后海陆交互相盆地、前陆盆地斜坡－隆起带（如川西前陆盆地）等，而以坳陷盆地最具典型和特色，如鄂尔多斯盆地。低平宽缓的构造格局控制了大规模沉积体系的发育和强度弱的水动力条件，同时，构造背景平缓决定了油气的聚集程度低，有利于形成低孔渗、低丰度油气的有序聚集区。

低平宽缓的构造背景控制着广覆式烃源岩和砂体横向上的广泛分布。低平宽缓的构造背景下，尤以坳陷盆地最为典型，沉积体系类型较为单一，规模大，分布广，岩性岩相和沉积厚度分布较为稳定。湖水进退波及范围广，湖岸线摆动幅度大，砂体与湖泛层泥岩在垂向上交替出现，在侧向上交错分布，横向交互镶嵌接触，控制着大范围低孔渗岩性气藏的形成。大范围水进超覆，水退与退覆剥蚀是形成低孔渗地层气藏的沉积背景。海陆交互相构造背景与坳陷盆地相似，构造均较为平缓，如鄂尔多斯上古生界海陆交互相和川中上三叠统须家河组前陆坳陷沉积阶段具有相似的平缓构造背景，前者三角洲平原和前缘河道砂与煤系烃源岩间互或交互接触，有利于大范围低孔渗岩性地层气藏的形成，后者也具有非常相近的特征。中国低孔渗气藏的圈闭类型主要有构造－岩性、岩性、地层超覆、成岩和毛细管压力圈闭等。

整体升降性构造运动控制了湖水大范围席状涨落和广覆式砂泥岩垂向上的间互分布。在低平宽缓的构造背景下，长期继承性整体升降运动形成的稳定广阔斜坡背景，控制着沉积背景、成岩环境、天然气成藏和大范围分布。多物源沉积体系发育，形成的储气层与烃源层在纵向上呈“三明治”结构，为大范围成藏创造了条件。如四川盆地须家河组三角洲平原－前缘相带，砂/泥岩间互面积占湖盆面积的60%以上，有效源岩面积大，为各类砂体提供了更多的成藏机会，是保证大规模成藏的关键因素。又如鄂尔多斯盆地在以整体升降运动为主导的动力机制控制下，长期保持稳定沉积状态，仅有微弱构造变形，提供了形成低孔渗气藏的构造沉积背景；盆地整体抬升期形成的重要剥蚀不整合面（O_2 及 T_3 顶面）是形成岩性地层油气藏的古地貌背景；北高南低、相对平缓的古地貌背景下形成的河流三角洲沉积体系是大油气区形成的沉积条件和主要储集体成因类型。

2. 大规模分布的有效储集体

大规模分布的储集体是大油气区形成和分布的关键控制条件。平缓的构造格局和稳定的沉积背景决定了大规模沉积体系的形成，平缓稳定的沉积背景造就了单一的沉积中心和沉积体系的继承性发育。地形平缓，使得沉积相带宽。沉积物厚度较薄，厚度梯度和沉积速率较小。如松辽盆地、鄂尔多斯盆地和川西前陆坳陷盆地，地形开阔而平缓，沉积物分异较充分，因而反映盆地内部次级地貌单元的沉积相带较为宽广，沉积背景以缓慢沉降为主，沉积物的供给与沉降处于均衡状态，湖区经常处于浅水环境，深水区仅位于湖盆中部。

坳陷盆地最有利于岩性地层油气有序聚集区的形成。无论是近海的潮湿坳陷还是内陆的干旱坳陷，都具有大规模展布的砂体和大范围的烃源岩及较高的有机质丰度。如松辽盆地白垩纪坳陷，在潮湿气候环境下，植被繁茂，水系广布，砂体大面积发育（$0.6\times10^4\sim1\times10^4km^2$），湖盆开阔，水生生物种属繁多，数量丰富，鄂尔多斯近海内陆坳陷也具有类似的特征。对于干旱—半干旱内陆坳陷，如古近－新近纪的柴达木盆地，周边山系发育，入湖水系多，碎屑物广布，形成各种类型的沉积体系组合类型。植被类型属于森林—草原过渡和半荒漠草原及灌木丛，耐干旱、喜盐碱的旱生植物，如麻黄、蕨藜科、伞形科、禾本科等，有机质丰度高。盆地湖岸线频繁摆动，不仅造就了大规模沉积体系和大面积广布的砂体（$0.3 \times 10^4 \sim 0.6 \times 10^4 km^2$），而且形成了大面积分布的烃源岩，提供了丰富的油气资源，同时陆相沉积多水系与频繁的湖盆振荡，导致湖水大面积收缩与扩张，砂体与烃源岩纵向上频繁间互、横向上指状交互，两者大面积充分接触，从而使得各类储集体具备有利的成藏条件。

中国油气有序聚集区，尤其是低丰度岩性或致密储层油气有序聚集区，主要分布于坳陷盆地大规模的三角洲沉积体系中。由于砂体广布、聚集程度低，易形成丰度较低的油田，如松辽盆地白垩系油藏和鄂尔多斯盆地三叠系延长组油藏。大型天然气聚集区主要分布于海陆交互相大型三角洲平原主河道砂及前陆坳陷/斜坡带富含煤系烃源岩的大型三角洲体系中，如四川盆地上三叠统须家河组大气区。

3. 广覆式优质烃源岩

广泛分布的优质烃源岩，尤其是广布的烃源岩和较高的资源丰度，是形成油气有序聚集区的物质基础。如大型天然气聚集区，生气强度应大于 $20 \times 10^8 m^3/km^2$，但对于“三明治”结构的源储直接接触的组合关系，天然气运聚效率高，生气强度达到 $10 \times 10^8 m^3/km^2$ 即可形成大气田，如四川盆地须家河组在广安、潼南等地区，生烃强度达到 $10 \times 10^8 m^3/km^2$（图 2－21），形成了大气田。大油气区都具有较好的烃源岩条件。同时，必须有大范围广

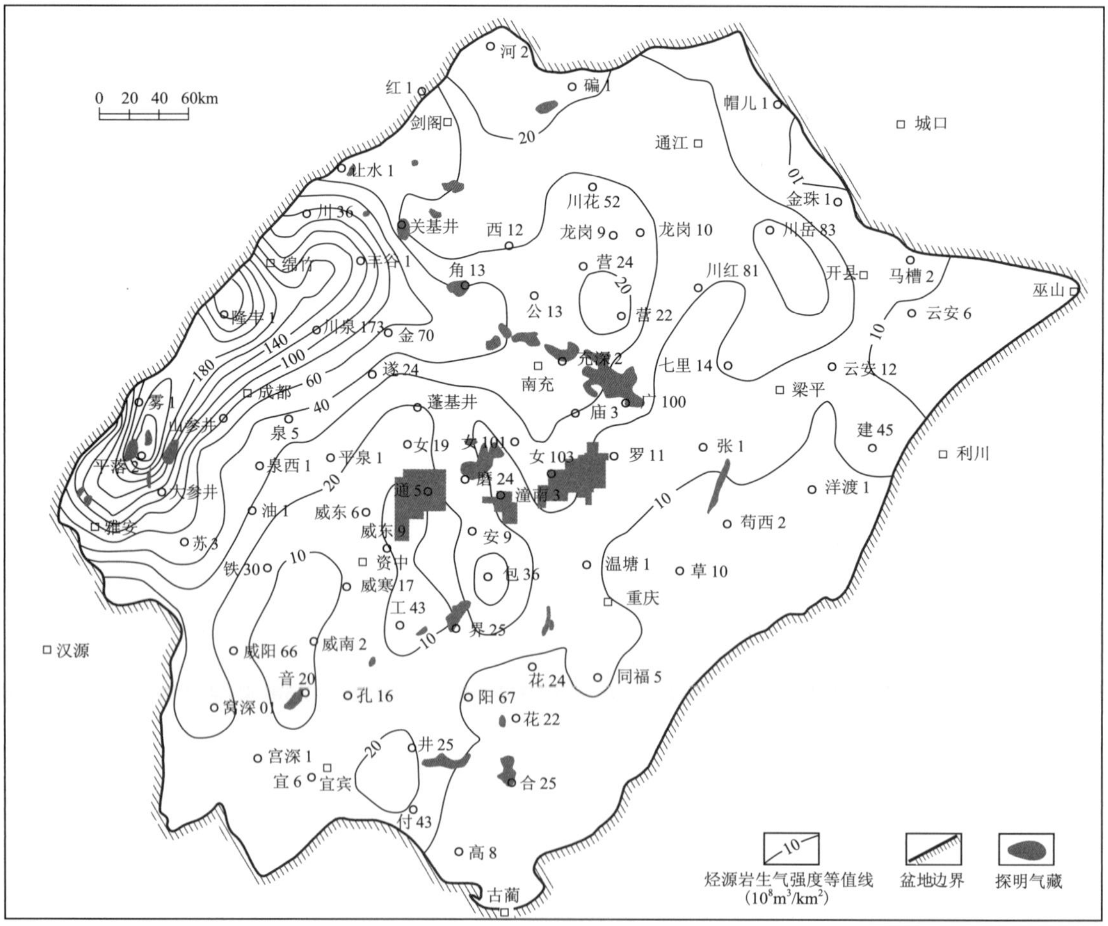

图 2－21　四川盆地须家河组生烃强度分布

覆式优质烃源岩，才能使有利砂体与烃源岩充分接触，有利于天然气运聚成藏、叠合连片，形成大范围低孔渗岩性气田。

从盆地类型来看，坳陷盆地沉积体系规模最大，最有利于大型低孔渗气田的形成，具有大规模展布的非均质性砂体和大范围的烃源岩及较高的有机质丰度。广覆式优质烃源岩是形成大范围低孔渗油气有序聚集区的前提条件，同时紧密接触式生储盖组合更有利于油气有序聚集区的形成，使得天然气运移距离短，充注效率高，减少运移途中散失量，保证油气成藏的有效性和高效性。

大面积低丰度大油气田储量丰度低，但资源丰度不能过低，否则不能满足形成大型油气田所需要的生排烃量和充注量。稳定、广布的成熟有效的烃源岩是形成大型油气田的物质基础。烃源岩生烃总量大，为各类砂体油气充注和成藏提供了丰富的物质基础，统计表明形成大型油气田的区带资源丰度多在 $1\times10^4 t/km^2$ 以上。同时，必须有大面积广布的有效烃源岩，使有利砂体与烃源岩充分接触，有利于油气运聚成藏、叠合连片，形成大油气区。

4. 有利的断裂和裂缝体系

油气有序聚集区内油气分布范围广，存在“甜点”和富集区带，尤其是低丰度致密储层油气有序聚集区，非均质性强，且纵向上不同层段叠合连片，具有“甜点高产、带状富集、宏观连片”的资源分布规律。“甜点”主要受断层、裂缝、局部凸起、高能微相、高孔渗成岩相等控制，油气富集带主要受控于有利的高能沉积相带（如三角洲平原—前缘带、台缘—台内礁滩带等）、建设性成岩相带（如次生溶蚀带、白云石化带等）和断层裂缝发育带等。

通常古地形（古隆起、斜坡、起伏带、鼻隆等）、断裂（层/褶/坡/陷/块）带、构造反转带、裂缝发育带和地层剥蚀尖灭带控制着油气有序聚集区内油气的富集和分布。低丰度油气田多处于平缓稳定的构造背景中，而优质储层和油气富集部位处于其中构造作用相对较强的区带。按应力作用下质点运动的连续与间断性可将构造应力作用的结果分为塑性形变（仅发生形变）和脆性位错（错断移位）两种情况，其中前者对圈闭形成和成藏起控制作用的主要有背斜带、古隆起带、斜坡带、起伏带、鼻隆带等，后者主要有断褶带、断坡带、断陷（块）带、断层反转带、裂缝带和剥蚀带等。构造作用和构造格局对储集体分布、圈闭的形成和油气的运聚成藏有显著的控制作用。因此，构造作用相对强烈地带，包括上述塑性变形和脆性错断区域，是有利的聚集区带。

有利的构造条件控制着沉积、圈闭及油气的运移和聚集。构造条件对低丰度大型油气田的形成和分布有控制作用。平缓稳定的构造背景控制了大型沉积体系和储集体的形成和分布，构造活动形成的断层在活动期可作为输导体系或其组成部分，在静止期起封堵作用，作为圈闭的形成条件，断层及其伴生裂缝可大大改善储集性能，尤其是对大面积低孔低渗储层的改造意义更为重大，构造－热活动对成岩流体和能量的控制直接影响成岩作用的类型、演化及储层发育的结果，构造变形形成的古隆起、鼻凸/斜坡等成为聚油背景或形成圈闭。

五、油气有序聚集区类型

从不同角度，油气有序聚集区有不同的分类方案，不同类型的大油气区，区域地质背景、成藏条件和地质特征具有明显的差异性。根据以上油气有序聚集区的概念，其划分的基本依据是原型盆地（凹陷）群的构造动力学背景，其次是圈闭/油气藏或聚集类型。分类的标准具有多重性，根据勘探和研究的不同需要，可采用不同的划分方案。对中国陆上油气有序聚集区类型，根据油气藏类型、储集层岩石类型、油气相态类型及其空间位置关系等进行划分，见表2－3。其中，油气相态类型及其空间位置关系分类中，“单一型”是指某一含油气区在纵向层段上均为油层或气层；“叠合型”是指某一含油气区纵向层段上分别发育油层和气层；“混合型”是指某一含油气区同一层段内既富集石油又富集天然气。

这里以5种类型油气有序聚集区为例进行阐述。

表2－3　中国油气有序聚集区类型划分

分类依据	类型		实例
油气藏类型	构造型		大庆长垣中浅层、塔里木盆地库车坳陷
	岩性型		鄂尔多斯盆地延长组、上古生界
	地层型		鄂尔多斯盆地下古生界、四川盆地震旦－寒武系
	非常规连续型	致密油气	鄂尔多斯盆地中生界长7、上古生界
		页岩油气	华南志留系龙马溪组、鄂尔多斯中生界长7
	复合型		渤海湾盆地构造－岩性－地层复合型
储层岩石类型	碎屑岩		松辽盆地中浅层、鄂尔多斯盆地中生界砂岩
	碳酸盐岩	孔隙型	四川盆地二叠系
		岩溶型	塔里木盆地奥陶系、四川盆地震旦－寒武系
	火山岩	孔隙型	松辽盆地深部火山岩
		风化壳型	北疆石炭系火山岩
	变质岩风化壳型		辽河坳陷大民屯古潜山
油气相态类型及位置关系	单一型		渤海湾盆地济阳坳陷
	叠合型		松辽裂谷盆地断坳下气上油叠合型
	混合型		塔里木盆地古生界台盆区

1. 碎屑岩低孔渗岩性油气聚集区

以鄂尔多斯盆地华庆地区三叠系延长组长6油层为代表。华庆地区位于盆地中生界延长组湖盆中心部位，长7优质烃源岩大面积分布，受强烈成岩作用和构造热事件影响，烃源岩大面积成熟、大范围排烃。南、北两大三角洲沉积体系交会，发育三角洲沉积和重力流沉积，形成三角洲分流河道与重力流复合成因的砂岩储集体，砂体具有厚度大（长6油层砂体单层厚度可达10～30m）（图2－22）、分布范围广的特点。纵向上长6砂体与长7优质烃源岩直接接触，形成最佳的生－储配置，在湖盆中心平缓背景下近源运聚成藏，形成湖盆中心岩性大型石油聚集区。

该类大型石油聚集区油藏类型相对单一，主要为岩性油藏，油气分布受砂体展布控制，主砂带油气富集程度高，不同含油层段纵向上相互叠置，横向上复合连片，石油大面积分布，储量规模大（图2－23）。华庆地区长6油层已控制含油面积约1200km^2，探明

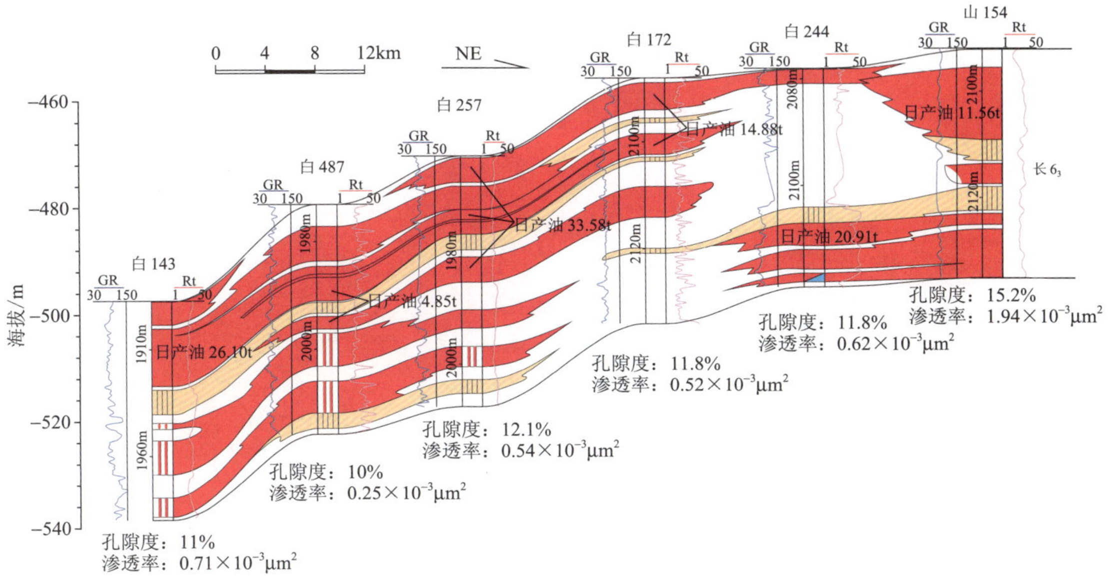

图 2－22　鄂尔多斯盆地华庆地区长 6_3 油藏剖面

石油地质储量约 5.0×10^8 t，仍有很大勘探潜力，成为盆地继姬塬地区之后又一重要的储量接替区。

2. 复杂高陡深层构造油气聚集区

以塔里木盆地库车前陆深层为代表（图 2－11）。库车前陆深层，因逆推、冲断双重滑脱，大北－克深构造带形成“四段五层楼”构造样式，自西向东划分为阿瓦特－博孜、大北－克深5、克深1－克深2、克拉3 共4 段，自北向南分为克拉苏、克深北、克深、克深南、拜城北 5 个构造带，发育 33 个大型构造圈闭，圈闭总面积为 1544km^2，形成了大型构造圈闭群。前陆深层发育厚度大、分布面积大的规模储集层，深层扇三角洲砂体发育，不同时期扇三角洲相互叠置呈三角洲群规模分布，砂体厚度为 200～300m，分布面积约 $1\times10^4km^2$，砂体受早期浅埋藏、后期快速埋藏以及构造裂缝、酸性水溶蚀多因素控制，在 7000～8000m 的深度仍发育规模有效储集层，7000m 以深砂岩孔隙度大于 6% 的面积达 7000km^2。因冲断滑脱，现今深层大型构造圈闭群发育区既处于原型盆地的生烃中心，也是扇三角洲的扇中部位，更是膏盐岩盖层发育区，因此大北－克深构造带“高强度生烃中心、规模储集层、巨厚膏盐岩盖层、大型构造圈闭”四位一体，决定了深层高丰度构造大型天然气聚集区的形成与分布。

构造型油气有序聚集区以构造油气藏为主，成排成带展布，高温高压，储量丰度高（储量丰度一般大于 $10\times10^8m^3/km^2$，最高可达 $23.2\times10^8m^3/km^2$），储量规模大，库车大北－克深构造带天然气三级地质储量超过 $1\times10^{12}m^3$。

3. 隆起斜坡区碳酸盐岩岩溶地层型油气有序聚集区

以塔里木盆地台盆区为代表（图 2－24）。塔里木盆地台盆区寒武系—奥陶系，发育塔北、塔中、巴楚、塔东大型长期继承性古隆起，发育 5 个区域性不整合、多个层间不整合和多期断裂，为岩溶储集层的规模发育奠定了良好的地质基础；发育顺层、层间两类岩溶，潜山风化壳、顺层和层间 3 类岩溶储集层大面积、准层状分布。塔北隆起南缘风化壳

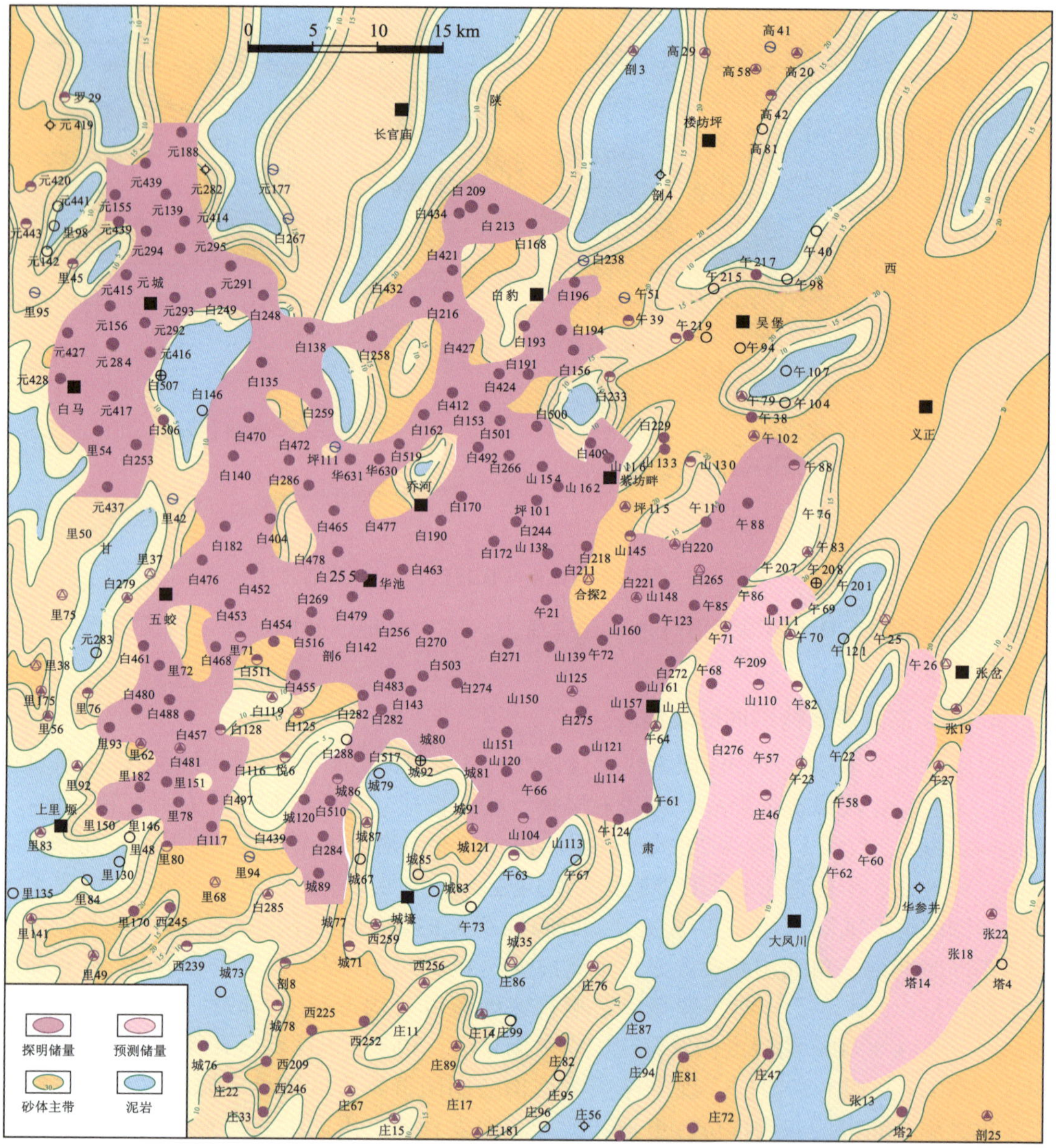

图 2－23　鄂尔多斯盆地华庆地区长 6 探明储量平面分布

岩溶储集层分布面积约 7000km^2，顺层岩溶分布面积约 1×10^4km^2，塔中－巴楚隆起区层间岩溶储集层分布面积约 5×10^4km^2。寒武系—奥陶系两套烃源岩大面积展布，多期成烃，油气资源丰富。网状断裂有效沟通油源，晚加里东期、晚海西期和喜马拉雅期 3 期充注，多期成藏。因此，大型隆起斜坡背景，多期断裂、多期烃类充注，大面积非均质岩溶储集层三大地质要素的有机配置，决定了塔里木台盆区碳酸盐岩岩溶地层型油气有序聚集区的形成与分布。

碳酸盐岩岩溶型油气有序聚集区以发育地层油气藏为主，发育洞穴型、缝洞型、孔缝型 3 种类型油气藏，孤立洞穴油气藏具有“一洞一藏”的特点，缝洞型油气藏具有缝洞单元控藏，高部位富集的特点，孔缝型油气藏具似层状有效储集层控藏的特征。油气分布

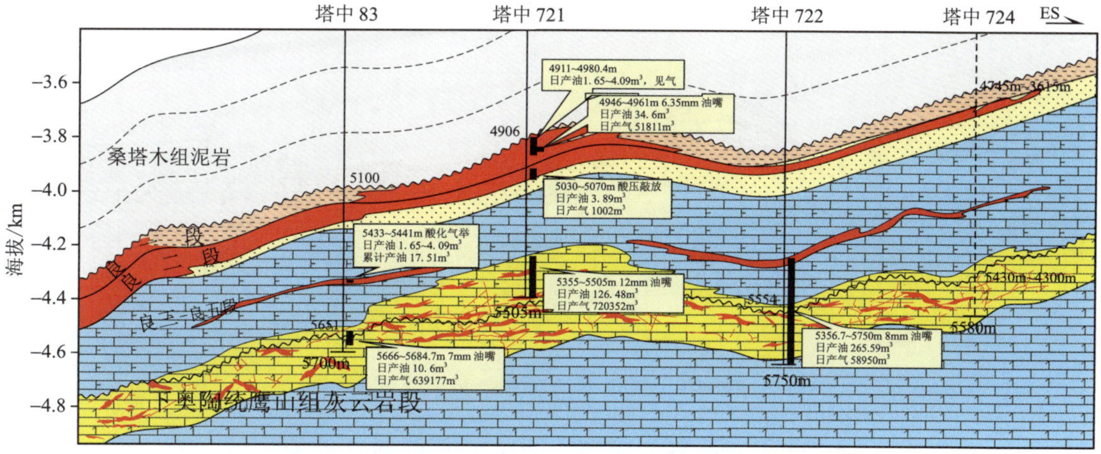

图 2－24　塔里木盆地奥陶系 3 种碳酸盐岩岩溶油气藏剖面

受层序界面控制，呈似层状大面积分布（图 2－24，图 2－25），储量规模大。如塔河油田已探明含油气面积 $2800km^2$，探明油气地质储量 15×10^8t 油当量以上；哈拉哈塘地区已控制含油气面积约 $2000km^2$，探明及控制地质储量 5×10^8t 油当量以上；无统一油气水界面，同一层段油气藏海拔高差可达 2000m，油气相态变化大。

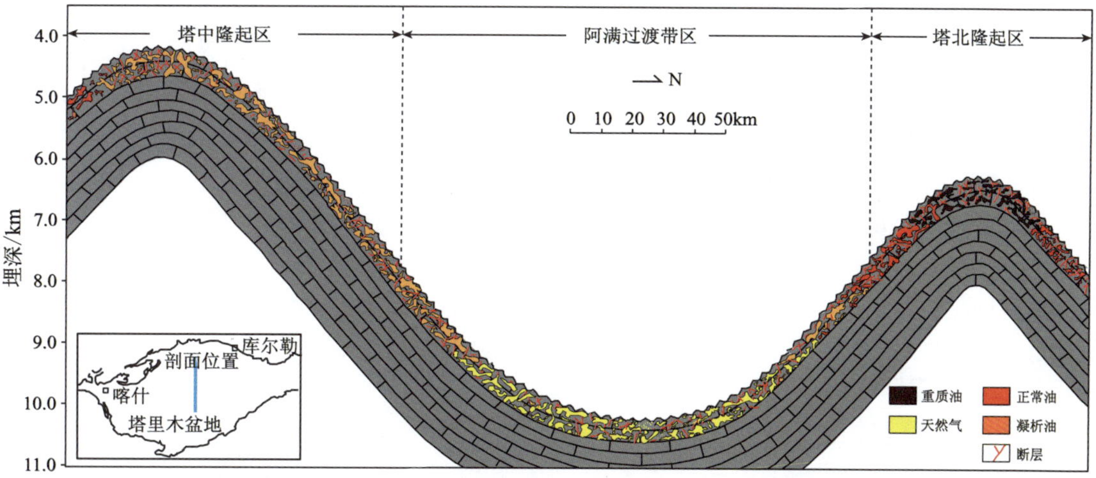

图 2－25　塔里木盆地奥陶系碳酸盐岩岩溶缝洞型油气聚集模式
（据邹才能等，2012a）

4. 碳酸盐岩风化壳岩溶地层型油气有序聚集区

以鄂尔多斯盆地奥陶系为代表（图 2－26）。奥陶系马家沟组为潮坪沉积，硬石膏白云岩、含硬石膏白云岩、碎屑滩发育，加里东运动之后整体为东倾大斜坡，经历了长达 1.5 亿年的沉积间断、风化淋滤作用，为大面积白云岩风化壳岩溶储集层的发育创造了条件；古沟槽发育，古地形起伏变化大，地层自东向西依次变老，形成大型不整合地层圈闭。石炭－二叠系煤系烃源岩广覆式展布，构成了良好的上生下储式储盖组合及面状供烃；后期构造反转，斜坡西倾，形成不整合和岩性圈闭。大型斜坡背景、大面积发育的白云岩风化壳岩溶储集层与面状、网状供烃的有机配置，决定了奥陶系风化壳岩溶地层型油气有序聚集区的形成与分布。

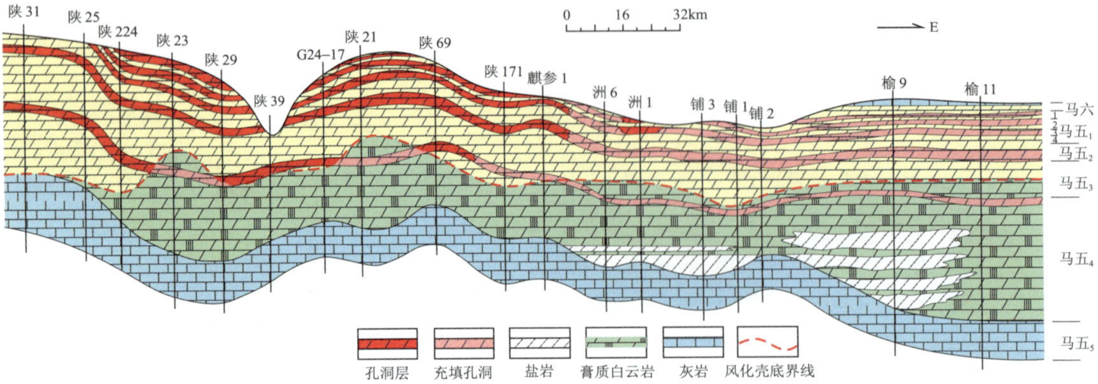

图2-26　鄂尔多斯盆地奥陶系天然气成藏模式

碳酸盐岩风化壳岩溶地层型油气有序聚集区的油气分布受岩性、岩溶、沟槽、古斜坡、今构造等诸多因素控制，油气藏类型以地层油气藏为主，呈环带状大面积分布。已探明天然气地质储量超过 $6000\times10^8m^3$。

5. 火山岩地层型油气有序聚集区

火山岩主要发育近源与远源两种运聚类型。近源型组合是指纵向上火山岩与烃源岩基本同层，平面上火山岩储层主要分布在生烃范围之内；远源型组合是指纵向上火山岩与烃源岩异层，平面上火山岩储层主要分布在生烃范围之外。目前已发现的大型火山岩储层油气藏均与烃源岩近距离接触，纵向上构成自生自储或下生上储含油气组合。一般说来，以自生自储组合近源运聚成藏最为有利。

火山岩储层油气藏形成的构造背景以大陆边缘盆地为主，也有陆内裂谷盆地。火山岩储层岩石类型以中基性玄武岩、安山岩为主，其中玄武岩占32%，安山岩占17%；储集层空间以原生或次生溶蚀孔隙为主，普遍发育各种成因裂缝，对改善储集层起到了决定性作用。这种类型大油气区以准噶尔盆地克拉美丽大气田为代表（图2-27）。晚石炭世为

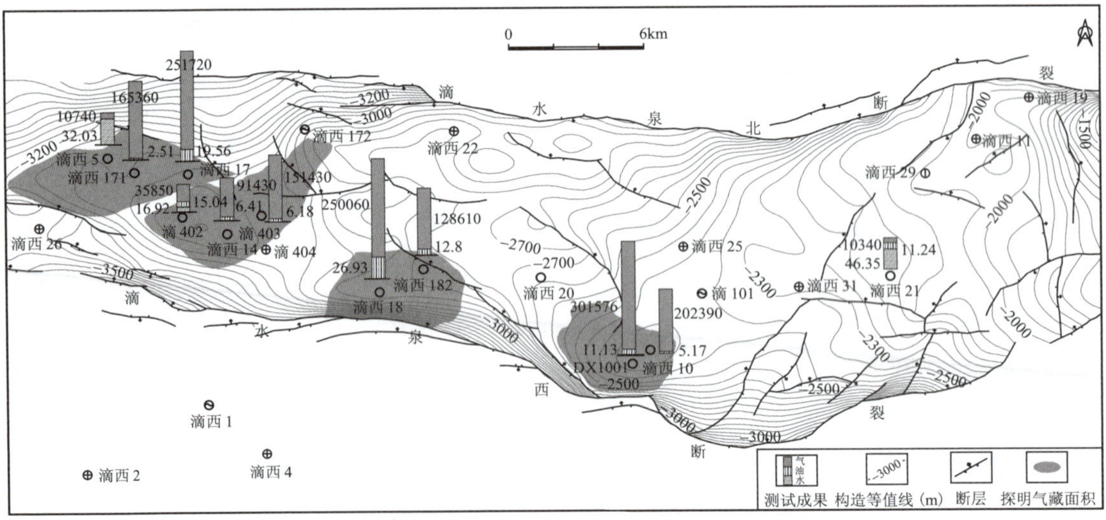

图2-27　准噶尔盆地克拉美丽气田平面图

裂陷盆地发育期，发育多个断陷盆地，控制烃源岩展布，形成了多个生烃中心；北疆地区石炭纪处于岛弧环境，沿深大断裂广泛发育裂隙式喷发的火山岩，大面积展布；相对隆起部位石炭系火山岩经历了长期风化淋滤，进而决定了风化壳储集层的规模展布；凹陷中心有效烃源岩与斜坡风化壳储集层构成良好的侧向供烃条件。因此，有利的构造背景、良好的生烃凹陷、规模分布的风化溶蚀型储集层三要素的有机配置，决定了火山岩地层型大油气区的形成与分布。

这种类型大油气区的基本特点是：以地层油气藏为主，多分布在风化壳以下400m范围内，呈似层状分布（图2－28）；同一层系油气藏埋深差异大，克拉美丽气田石炭系火山岩风化壳气藏埋深相差约1000m。烃源岩生成的油气沿断裂纵向运移，到达石炭系顶面风化壳后沿风化壳横向运移，但基本为近源成藏，围绕有效烃源岩中心周缘相对高部位是风化壳地层型油气成藏的主要区域。从已发现的油气藏来看基本上都分布于古构造和现今构造耦合较好的高部位，斜坡带和背斜构造是最有利区。如准噶尔地区西北缘、克拉美丽气田等均具有此特点（图2－28）。

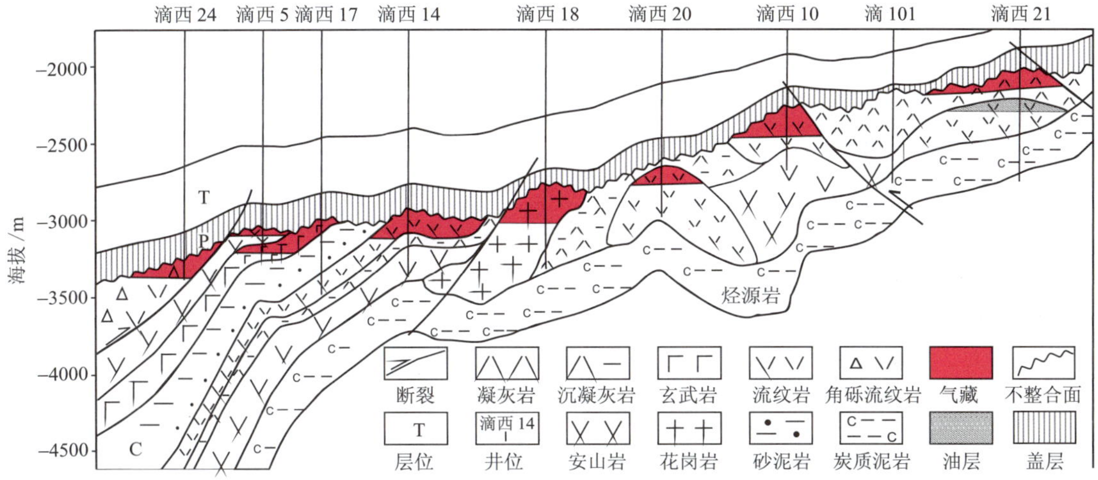

图2－28　陆东地区石炭系源下火山岩地层型油气运聚模式

六、油气有序聚集区油气成藏特征

油气有序聚集区内，区域构造背景的统一性、成藏条件的相似性，决定了油气藏类型的相对单一性、油气藏分布的群体性和成带性。中国含油气盆地多经历了多旋回构造演化，存在多套烃源岩，多期成藏，所以成藏具有多期性和多元性。

1. 以一种类型油气藏为主

油气有序聚集区既具有统一的构造动力学背景和相似的成藏或聚集条件，又具有一定的非均衡性和非均质性，通常多种油气藏类型并存，但以某一种类型油气藏为主，油气藏形成平面上连片、纵向上多层段叠置的分布格局。组成油气有序聚集区的多个油气藏（田）群一般以某一种类型油气藏为主，如鄂尔多斯盆地上古生界、中生界均以致密油气或岩性油气藏为主；塔里木盆地、鄂尔多斯盆地碳酸盐岩均以岩溶地层油气藏为主；四川盆地长兴组—飞仙关组礁滩已发现气藏以岩性气藏为主。

油气有序聚集区相似的成藏或聚集条件决定了以某一种油气藏类型为主。如塔里木盆地碳酸盐岩缝洞型油气藏，由于塔里木盆地碳酸盐岩储层以次生溶蚀孔、洞、缝为主，油气藏主要受储层控制，形成以缝洞体储层为主体的地层－岩性类油气藏，主要发育洞穴型、缝洞型、孔洞型油气藏（图2－29）。塔里木盆地古老碳酸盐岩由于长期的深埋与成岩作用，大多洞穴之间的通道发生垮塌充填，或为胶结物充填，其间连通性差，产生相对独立的洞穴单元，油气充注后形成孤立的洞穴型油气藏。洞穴型油气藏具有统一的温压系统与流体性质，油气水界面明显，底水发育，油气产出受控于洞穴规模，定容特征明显，形成"一洞一藏"。轮古7、中古8、塔中45等大多数高产油气藏是孤立的洞穴型油气藏。

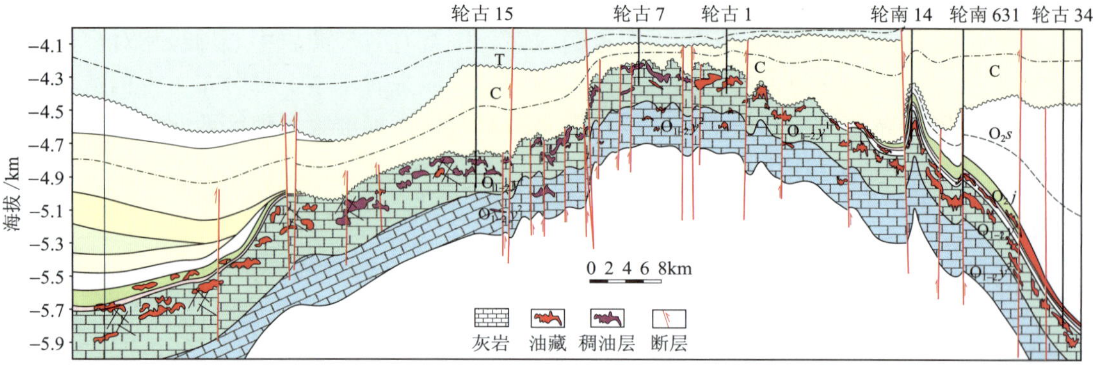

图2－29 塔里木盆地塔北南缘奥陶系油藏剖面

由于塔里木盆地碳酸盐岩以缝洞型地层油气藏为主，沿古隆起斜坡可形成广泛分布，同时不同类型、不同特征油气藏的形成造成油气分布的差异性，宏观上大面积复合连片分布，碳酸盐岩油气大面积分布具有普遍性。随着勘探开发的深入，轮南－塔河大油田的规模不断扩大，并向东部、南部内幕区不断拓展，在轮古东、英买力、哈拉哈塘等地区又有新发现。塔中北斜坡上奥陶统礁滩体、鹰山组风化壳具有叠置连片含油气的特征，钻探已证实塔中Ⅰ号台缘带上奥陶统良里塔格组整体含油气，面积达1000km^2；鹰山组风化壳在中古8—塔中83井区大面积含油气，面积达3000km^2。随着勘探的发展，塔中北斜坡已形成5000km^{2}多层段连片含油气的局面。

纵向上，油气出现多层段复式叠置。塔北南缘奥陶系碳酸盐岩在纵向上显示长度达400m，油气层段主要为中下奥陶统鹰山组、中奥陶统一间房组灰岩，在上奥陶统良里塔格组、吐木休克组也有油气发现（图2－29）。油气的聚集具有层段性，横向上具有较好的对比性，沿三级层序顶面储层大面积分布。这几套含油气层系具有大面积含油气、不受局部构造控制的特点。塔中地区奥陶系良里塔格组、鹰山组、蓬莱坝组均获得工业油气流，油气同样位于层序顶部近层状分布。良里塔格组台缘带油气主要分布在礁滩体上部100m范围内，鹰山组油气主要分布在风化壳顶面120m范围内，多套储盖组合与多期成藏配置形成多层段复式含油气的大油气田群。

2. 油气成藏具有多期性和多元性

油气有序聚集区油气成藏常具有多期性和多元性的特点，尤其经历了多旋回构造运动的叠合盆地更为常见，中国古老的海相盆地表现得最为明显，经历了早古生代末（加里东期）、晚古生代—早中生代（海西期）和晚新生代（喜马拉雅期）3期重大构造变动，影响了海相油气生成、运移与聚集，使得油气分布规律变得十分复杂。海相盆地一般发育多套烃源岩，由于它们发育的时代和位置多不相同，生、排烃时间往往不同步，存在多源多期充注的特点。因此，多期油气成藏是海相盆地的一个重要特点。多期成藏是在多期构造运动的影响下，多套烃源层多期成熟排烃的结果。

塔里木盆地塔北隆起轮古东地区是一个典型的多期充注型油气藏（图 2 - 30），目前已确定的主要成藏期包括晚加里东期、晚海西期和晚喜马拉雅期 3 期。轮古东碳酸盐岩非均质储层形成的缝洞圈闭体系，早、晚期构造作用使圈闭没有发生大的变化，保留了这 3 期充注的油气。

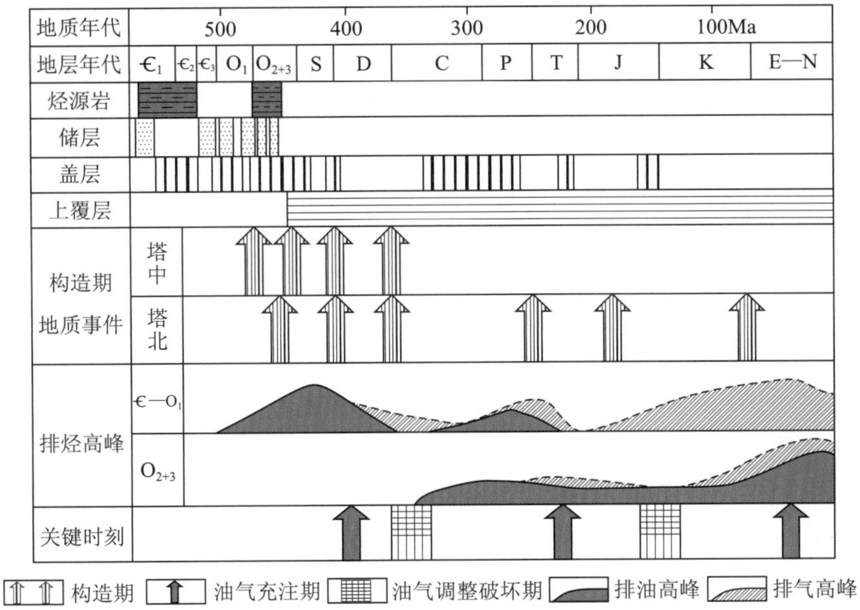

图 2 - 30　塔里木盆地油气系统综合事件

塔里木盆地塔中礁滩大油气区，围绕塔中Ⅰ号坡折带近年有重要发现，特别是发现了上奥陶统碳酸盐岩礁滩复合体大面积富含油气，并且该区具有多期多元油气运移聚集和成藏的特点，包括晚加里东期油气的聚集、晚海西期古油藏油气的调整转移和直接从烃源岩生成油气的补充以及喜马拉雅期古油藏裂解天然气对早期油藏的气侵。塔中地区原油和凝析油主要来源于寒武系—下奥陶统烃源岩，上奥陶统中聚集的油气是沿断裂垂向运移与沿多套储层横向运移而来。塔中奥陶系油气藏之所以表现出外带为凝析气藏、内带为油藏的分布特征，主要与来源于外带下伏的寒武系—下奥陶统古油藏的裂解气有关，也与Ⅰ号坡折带北侧的良里塔格组斜坡相古油藏的裂解气有关。这些天然气沿Ⅰ号坡折带向上运移，补充到位于Ⅰ号坡折带附近的礁滩复合体油气藏中，并对原来的油藏产生气侵，气侵程度的不同，或者形成凝析气藏，或者仍然保持油藏。多期性和多元性是多旋回盆地油气有序聚集区的成藏特点。

3. 油气藏集群式、成带状分布

油气藏的形成和分布具有不均匀性，常成集群式、成带状分布。在油气有序聚集区内，这种成藏或聚集规律更为明显。不同类型盆地、不同储集岩类型的油气有序聚集区内，油气藏集群式和成带状分布的特点有所不同，如陆相坳陷盆地具有受构造背景与沉积体系控制的环带状分布特点，湖盆中心发育受重力流砂体控制的致密油，斜坡区三角洲前缘带为致密油与岩性油气藏聚集区带，远离湖盆中心的三角洲平原带为岩性或构造－岩性油气藏聚集区带。前陆盆地油气藏分布受成排成带的构造组合控制，如库车褶皱冲断带具有分带组合的构造特点，即由南侧的滑脱褶皱和北侧的断展褶皱相互匹配，如喀桑托开背斜与吉迪克背斜、吐孜麻扎背斜与大宛齐背斜、亚克里克背斜与米斯坎塔格背斜以及东秋里塔格背斜与亚肯背斜等。碳酸盐岩礁滩大气区内，油气藏分布受成群成带的礁滩控制，具有群体性和成带性分布的特征。

不同储集体岩石类型的集群式和成带状分布具有不同特征，如碎屑岩大油气区油气藏分布与富集受有利沉积相和成岩相带控制，原状火山岩油气藏分布受深断裂及火山口分布控制。碳酸盐岩岩溶储层多类型及非均质性强的特点，决定了其油气聚集带与以往陆相盆地碎屑岩油气聚集带的控制因素有显著差异，碳酸盐岩的油气聚集并不是简单地受二级构造带的控制，如塔里木盆地已发现的碳酸盐岩油气藏，其储层发育受大气淡水风化淋滤作用、沉积作用及各种成岩作用、深部流体改造作用等因素的控制。据储层成因类型及其横向分布特征，将塔里木盆地碳酸盐岩油气聚集带划分为不整合与古风化壳型、生物建造礁－滩型、白云岩内幕型及深部流体改造型。不同类型的碳酸盐岩油气聚集带主要分布于塔北隆起、塔中隆起及巴楚断隆等古隆起的不同部位。由于不同碳酸盐岩油气聚集带上储集层成因机制不同，导致其储集空间、储集性能、油气藏类型及分布等均有所不同。

第四节　大面积岩性油气成藏理论

砂质碎屑流、敞流湖盆、深水重力流等新认识的提出，指导了湖盆中心大面积砂体油气藏的发现，为拓展成熟探区的新领域提供了依据。

一、陆相湖盆深水重力流砂体成因及分布

以鄂尔多斯盆地为例。鄂尔多斯盆地为大型内陆坳陷盆地，晚三叠世受印支运动影响，实现了由海相向陆相的转变，发育了完整和典型的陆相湖盆沉积体系。三叠系湖盆具有“湖盆面积大、水体较浅、构造稳定、物源丰富”的特点。盆地周缘存在多个古陆，是盆地碎屑沉积物的主要来源。延长组发育一套完整的陆相河流－三角洲－湖泊沉积体系，表现为湖进—湖泛—湖退的“三段式”演化阶段，自下而上分为10个油层组，其中长7油层组发育全区面积最大的湖泊。长7、长6沉积期湖泊深水区发育大规模由砂质碎屑流、浊流、滑塌组成的块体搬运沉积物，是深水碎屑岩沉积的一种重要类型。在鄂尔多斯大型宽缓的湖盆中，重力流主要以砂质碎屑流为主，同时伴有多套浊流沉积。

1. 陆相湖盆中心深水重力流沉积环境

（1）大型三角洲前积体是形成大规模滑塌体的物质基础

鄂尔多斯盆地地处板块内部，距离印度板块和西伯利亚板块碰撞边缘比较远，受其影响弱，一直具有相对稳定的构造背景，断裂活动和构造变形较弱。地层产状平缓，盆地内构造稳定、变形微弱，几乎无岩浆活动，深断裂亦不发育，总体表现为西倾大单斜。整个盆地长期稳定的构造环境造就了沉积砂体大面积分布，平面上具连续性。以延长组为例，

长7沉积期为湖盆发育鼎盛期，湖盆范围最大，总体上为三角洲、半深湖、深湖沉积环境。长7晚期至长6期，湖盆中部地区为湖退背景下的半深湖、深湖环境。随着盆地基底下沉作用逐渐减缓，并由下降逐渐转为抬升，湖盆开始收缩，源区剥蚀量不断增大，河流携带了大量碎屑，为湖盆砂体沉积提供了丰富物质。长6沉积期，随着盆地基底由下陷逐渐转为抬升，湖盆开始收缩，沉积补偿速率大于沉降速率，沉积作用渐趋增强，湖泊三角洲步入主要建设期，周边的各类三角洲沉积体系迅速发展。该期沉积物源具多方向特点且主次分明，东北物源最为重要，西南物源次之。盆地北、东北部主要由曲流河形成的大型复合正常三角洲沉积体系最为突出。多水系同时发育，形成从东北至西南发育的多个大型三角洲朵状体，不同朵体在吴旗、志丹、安塞一带组成巨大的复合三角洲前缘体，其前端与西南部的粗粒三角洲的前端相连通，为形成大规模滑塌提供了有利的物质基础（图2－31）。

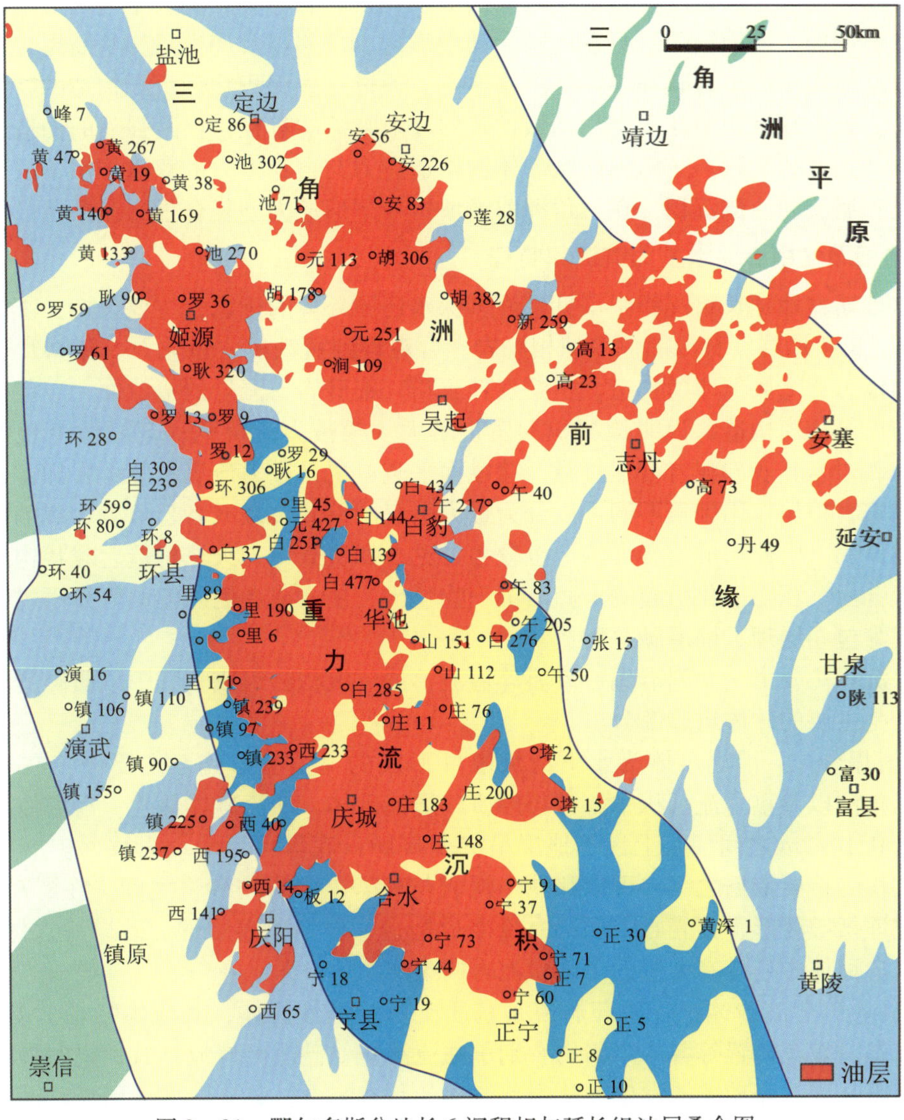

图2－31 鄂尔多斯盆地长6沉积相与延长组油层叠合图

（2）沉积坡折带及多种触发机制是形成大规模滑塌的重要因素

沉积坡折带是构造稳定的背景下，由于大规模物源供给形成的地貌突变。坡折带是河流入湖后能量变化的枢纽，也是沉积动力学状态发生变化的地方。坡折带对块体搬运沉积具有明显的控制作用。通过层序地层充填形态、沉积微相组合以及基准面旋回叠加类型等多个方面综合研究确定鄂尔多斯盆地延长组存在深水坡折和浅水坡折。深水坡折之下牵引流作用减弱而重力流作用增加。盆地北部坡折带经过姬源、吴旗、白豹、富县，角度为1°～3°。南部坡折带在环县、庆阳、正宁一线，坡度为3°～5°。两条坡折带为快速进积的三角洲前缘砂体提供了滑塌的条件。三角洲前缘砂体发生滑动的触发机制包括地震、飓风、波浪、火山喷发等，以及砂体内部的差异压实、沉积物超载、生物扰动等。研究认为构造活动是重要的触发机制之一。长7—长6沉积物中经常发现火山活动、地震等构造事件的痕迹。长6底部与长7底部的凝灰岩层沉积厚度大，测井曲线特征明显，具有低阻、高伽马、高声速等特点，反映盆地周边火山活动频繁。岩心中见到大量与地震活动相关的沉积现象。例如，已固结的岩石在地震活动中震裂、位移以及产生阶梯状断层，半固结沉积物在震动作用下产生岩脉和各种变形构造等。通过这些沉积物和沉积构造的特征，反映延长组长7到长6沉积期处于湖盆剧烈扩张到逐渐收缩的过程，伴随强烈的构造运动，处于应力事件频发的阶段。三角洲前缘砂体在构造应力与自身重力的双重作用下发生多期滑塌并引发碎屑流和浊流沉积，在三角洲前缘坡折带下形成大型复合重力流朵状体。

2. 陆相湖盆中心深水重力流沉积特征

鄂尔多斯盆地延长组沉积中可见到许多深水还原环境的标志，主要包括：①深湖相泥岩，长6、长7地层发育深黑色深湖相泥岩，可观察到黄铁矿、鱼化石、鱼鳞片等指示还原环境的标志；②底部印模构造，主要发育于粉、细砂岩与泥岩的接触面上，包括丰富的槽模、沟模等铸模构造，说明该沉积期发生了大规模重力流沉积；③岩性突变面，细砂岩、粉细砂岩与其底部泥岩截然接触，接触面平直，也是重力流沉积的重要标志；④准同生变形构造，根据作用因素不同可以分为重力引起的差异负载或者超负载、沉陷作用、滑塌或滑动作用。由此形成的变形构造也较为常见，如负载囊、火焰构造、球状构造、滑塌角砾岩等；由沉积物液化引起的未固结沉积物喷出、注入或者侧向流动等作用过程，在岩心上表现为包卷层理、碎屑脉等构造。

深水沉积主要由一系列滑塌、砂质碎屑流、浊流沉积物组成。其中砂质碎屑流沉积厚度较大，是主要的砂体组成部分。

1）滑塌砂体：滑塌砂体为水下滑坡事件形成的滑塌变形体，主要分布在三角洲前缘、前三角洲以及重力流沉积中，常与砂质碎屑流砂体、浊流砂体伴生。滑塌体厚度变化大，介于0.1～2m之间，与上、下地层呈突变接触，底部可见滑动滑移面。滑动面是识别滑塌沉积的重要依据之一，可以存在于泥岩与砂岩、砂岩与砂岩之间。在滑动过程中，砂泥岩搅浑揉皱变形，在岩心中保留大量变形构造，包括包卷层理、砂岩注入体、砂球、砂枕等。滑塌体中还带有大量的角砾状泥岩撕裂屑。

2）砂质碎屑流砂体：砂质碎屑流是基质支撑的塑性流体，其流体特征、支撑机制、沉积物形态、发育位置等各个方面均有别于浊流沉积。砂质碎屑流具有一定的强度，只有克服了屈服强度，流动才能发生。从内部流动的状态来看，碎屑流属于层流，即碎屑物质在流动体内是顺层运移的，表现为明显的层状流动，沉积物表现为厚层或者块状。砂质碎屑流沉积物表现为两种岩性：含有泥砾的块状砂岩和无层理的块状砂岩。含泥砾块状砂岩由大小不等、方向不一的灰黑色泥砾与细砂基质组成。主要识别特征是漂浮状的泥岩碎屑。泥岩碎屑颗粒大小不一，一般介于2～10cm之间，密度介于20%～80%之间，呈现长条状均匀分布或者集中出现在一段细砂岩内，具成层性。长条状的泥砾沿长轴方向平行于砂岩层面，具有一定的磨圆。个别泥砾保留页岩层理，表明泥砾是二次沉积形成的，还保留初次沉积时的沉积构造。块状细砂岩呈灰色，无任何层理构造，局部发生强烈的钙质胶结，使砂岩呈现灰白色。砂岩与下部的泥岩层接触面平坦，对下伏的泥岩不产生侵蚀，下伏的细粒沉积层中常伴生各种软沉积物变形。块状砂岩与含泥砾砂岩常常呈互层出现在地层中，是多期次碎屑流叠加沉积的表现，单旋回厚度从几十厘米到十几米，累积厚度较大，在长6小层中可达到15～30m。

3）浊流砂体：浊流沉积物为薄—中厚层粉—细砂岩夹灰绿、深灰色泥岩、粉砂质泥岩组成，具有正粒序性和多期韵律性旋回，块状细砂岩段比较薄，一般小于1m。自然电位为钟形，自然伽马曲线为锯齿状，岩性变化比较快。在这些层段，发育丰富的底模构造，包括槽模、沟模、锥模、刷模，还有火焰构造等，这是确定浊流沉积的重要标志。浊流砂岩与其下部的泥岩呈截然接触，接触面平直，常见沟模与槽模构造、火焰构造；与顶部的泥岩呈渐变接触，由浅灰色的细砂岩逐渐过渡为深灰色、黑色的泥岩。浊流沉积的下部发育粒序递变层（A段），中部常见平行层理（B段）、沙纹交错层理及包卷层理（C段），上部由水平层理层（D段）和无构造细粒沉积层（E段）组成。华庆地区浊积常见鲍玛序列之A+B+C+D、A+C+D，与上部的砂质碎屑流有明显的区别。

滑塌、砂质碎屑流、浊流等重力流组合形成的块状砂体电测曲线表现为箱状。粒度概率曲线为两段过渡型，跳跃总体占50%～70%，斜率为60°～80°；悬浮总体占15%～20%，斜率为4°～8°；分选中等。CM图图形平行于$C=M$基线，为重力流沉积特征。

3. 陆相湖盆重力流沉积模式与触发机制

通过露头、岩心观测和测井参数分析，建立了以鄂尔多斯盆地白豹地区长6、长7为代表的坳陷湖盆中心深水重力流、长6砂质碎屑流及浊流和滑塌成因沉积模式（图2－32）。三角洲前缘由于砂体快速堆积，沉积物常常不稳定，在地震和波浪等外界动力机制触发下，沿坡折带或斜坡发生滑动形成重力流沉积。这时岩层可能由一个整体破碎成多个块体，伴随大量的软沉积物变形。随后随着水体注入，岩层块体破碎搅浑，以碎屑流的形式呈层状流动，在三角洲前缘台缘带斜坡上及深湖平原上形成大面积的砂质碎屑流舌状体，碎屑流沉积物的前方或者顶部发育少量的浊流沉积。滑塌、砂质碎屑流和浊流沉积在纵向上呈互层出现，浊流沉积往往发育在砂质碎屑流沉积顶部和前端，底部或者中上部存在滑塌沉积。平面上，浊流沉积主要分布在湖盆中的平原地区，砂质碎屑流主要分布在深水坡折的坡脚至湖盆中心的广大区域内，而滑塌沉积主要分布在前缘斜坡坡脚处和深湖底部。

对于三角洲前缘滑塌浊积岩成因研究，赵密福等（2004）认为洼陷带开阔程度和沉积古地形、水动力条件和三角洲的规模、高建设性、三角洲前缘位置的变化和盆地的演化是控制滑塌浊积岩形成和发育的主要控制因素；邱桂强（2005）、陈嘉树等（1997）则偏重于强调地形的重要性。鄢继华等（2004）通过水槽实验总结出4种滑塌浊积岩类型，即无触发机制的天然滑塌、与波浪作用相关的滑塌、与地震作用相关的滑塌、与底形相关的砂岩透镜体，其中地震和波浪以及堆积过甚作用是最主要的触发机制。滑塌重力流模式

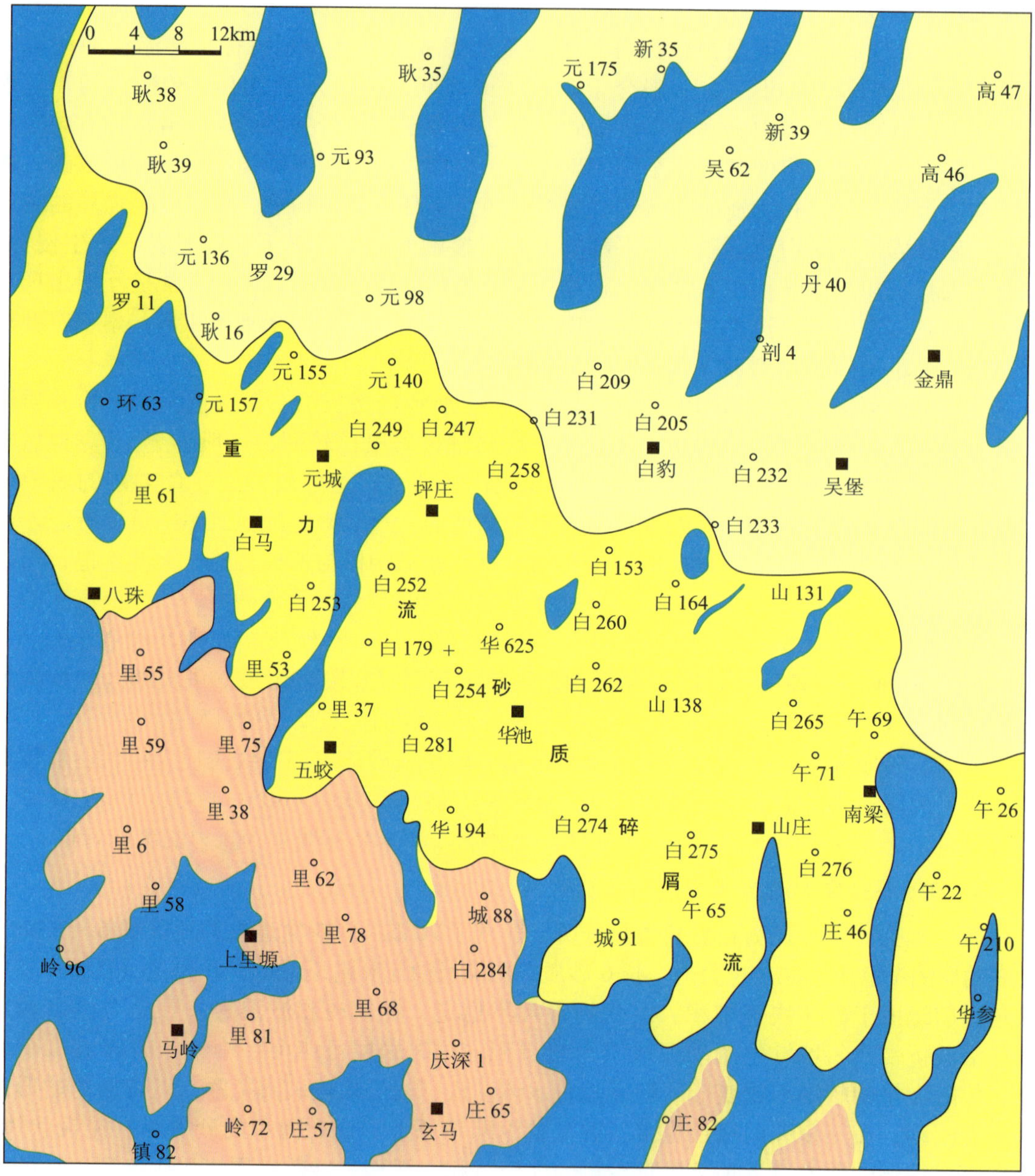

图 2－32　鄂尔多斯盆地华庆地区长 6 砂质碎屑流沉积成因模式

与盆地的潮湿气候环境与构造特点有密切关系。鄂尔多斯盆地延长组沉积期气候潮湿，物源供给充足，湖区宽浅，湖浪作用微弱，是湖盆浅水三角洲发育的理想场所。长 6 油层组沉积期下三角洲平原及前缘面积约 2.2×10^{4} km^{2}，如此大面积的三角洲体系是多期三角洲纵横连片的结果，这为坡折带下横向连片的砂质碎屑流砂体提供了物质基础。当三角洲前缘砂体沉积厚度和坡度增大到稳定休止角的极限值时，首先在沉积物内部形成超孔隙压力，使沉积物自身的重力大于下部泥岩的承受能力，促使沉积界面发生倾斜并超出稳定休止角，使沉积物进一步强烈液化，并沿坡折带泥质沉积物表面顺坡发生滑移而发生重力滑塌和流动。

坡折带是沉积物重力流发生的重要条件之一。梅志超、杨华（1987）在陕北延长组沉积相研究中首次提到了“水下坡折带”的概念，提出吴旗—靖边—化子坪一带存在“沉积物能量变化的枢纽带”。王多云等（2014）结合层序对湖盆底形进行了恢复，指出在延长组长7沉积期，安塞—延安—志丹—吴旗一带湖盆底形变平缓，为二次坡折带，环县—华池—白豹—黄陵一带为坡折带下的湖盆底部地区，也就是深水重力流沉积的主要富集区。

对于深水重力流沉积相划分问题，多数学者趋向于根据地貌特征将其划分为上扇、中扇和下扇。通过生产实践，一些学者意识到这种划分方案不能很好地解释无固定水道的浊积体，因此，根据有无固定水道，把研究区浊积扇划分为坡移浊积扇和滑塌浊积扇。研究区滑塌成因形成的不规则舌状体，其靠近滑塌根部的部位砂体厚，含油性好，主要发育砂质碎屑流成因的块状砂岩与含泥砾块状砂岩；靠近盆地平原的地区则多是浊流和底流形成的薄层砂体，不具备储集能力；两者结合的部位则有可能发育各种类型的砂体（图2－33）。因此，从生产实践的角度考虑，可以大致划分为3个带：滑塌根部、中间部位和盆地平原。由于砂质碎屑流流体密度大，运移的距离较近，主要集中于滑塌的根部，也就是坡折带下的地区，在这些地区的单井剖面上可以看到大量块状砂岩与含泥砾砂岩形成的互层。浊流由于密度较小而分布广泛，由于其沉积构造较易受到水流的改造，所以在盆地平原部位水动力较为安静的区域容易保存下来，并与底流形成的沙纹层理形成互层。

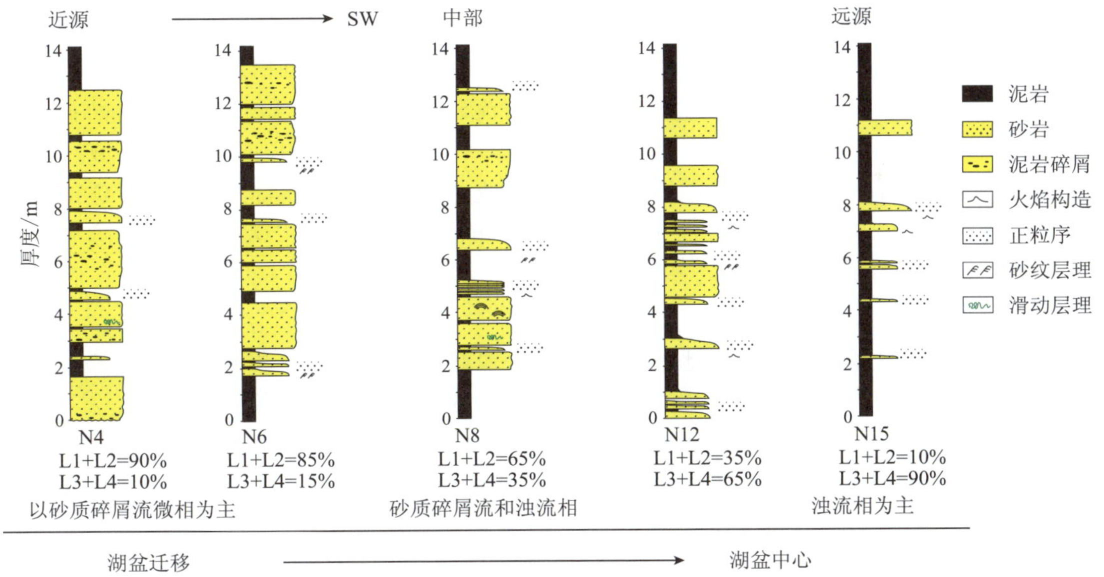

图2－33　白豹地区深水重力流沉积相带划分

L1—滑塌相；L2—碎屑流相；L3—浊流相；L4—深湖泥岩相

一般认为碎屑流沉积不能形成优质储层。这种观点可能来自于对陆上泥石流的研究。泥石流是碎屑流最具代表性的沉积相，沉积物一般为大的砾石、泥、砂的混合，基质为泥质，因此颗粒之间的孔隙都被泥质充填。而发育于扇三角洲和浊积扇中的碎屑流沉积也为砂、泥基质支撑的砾石，故而孔隙不发育。由此在相带分析中，碎屑流沉积不作为储层考虑。砂质碎屑流实验证明这种流态可以形成纯净的、泥质含量低（$<1\%$）的底部砂岩。研究区这种块状纯净的含油砂岩非常发育，日产上百吨的元414井的产油层段主要发育这

种块状砂岩。元字号砂带上各井中均发现了块状砂岩和含泥砾的细砂岩，各井产油能力因储层条件不同而有差异。

陆相湖盆砂质碎屑流模式的建立，突破了“湖盆中部以泥质沉积为主，缺乏有效储集体”传统沉积模式的束缚，对陆相湖盆中部寻找大规模岩性、连续型非常规油气具有重大理论和实践意义。该模式指导鄂尔多斯盆地华庆地区发现了（5～10）$\times 10^8$t 吨级大油田，同时对松辽盆地和渤海湾盆地湖盆中心的油气勘探也具有重要作用。

4. 陆相湖盆重力流分布特征

以鄂尔多斯盆地长 7 为例。盆地基底整体不均衡强烈拉张下陷，水体急剧加深，湖盆发育达到鼎盛时期。沉积体系总体为半深—深湖相，东北部发育曲流河三角洲，西南部发育辫状河三角洲，河口坝与远砂坝不发育，湖盆中部发育以砂质碎屑流为主的重力流沉积。

长 7_3 沉积期，湖盆面积最大，半深湖—深湖中心位于马家滩、乔川、盐池、黄陵、庆阳、正宁、直罗、吴旗、环县和延安—富县的广大区域内，呈 NW－SE 向不对称展布。浅湖亚相呈环带状围绕半深湖区展布，东北部安边、靖边、安塞等地区曲流河三角洲范围小；西南部水下沉积体系仍由辫状河三角洲组成，前缘相带较窄。庆阳—合水地区发育一块规模相对较大的砂质碎屑流沉积。长 7_2 沉积期，湖盆面积较长 7_3 的面积略有缩小，半深湖—深湖中心位置向东略微迁移，缩小至定边、姬塬、华池、正宁、志丹区域。三角洲砂体较长 7_3 发育，东北部安边、靖边、安塞等地曲流河三角洲范围基本没变，西南部辫状河三角洲向湖盆延伸，分布范围扩大；其前端的半深湖—深湖沉积重力流砂体发育，环县、庆成、合水、正宁一带发育大规模砂质碎屑流砂体。长 7_1 沉积时期，湖盆面积继续缩小，深湖中心位置缩小至姬塬、华池、塔儿湾一带，呈 NW－SE 向的狭窄区域。长 7_1 期三角洲砂体发育，东北部安边、靖边、安塞等地曲流河三角洲略向湖盆方向延伸，西南部辫状河三角洲继续向 NE 方向延伸入湖，分布范围扩大。西南物源的砂质碎屑流沉积最为发育，分布面积大，平行于湖岸线展布，范围达耿湾、白豹、塔儿湾、庙湾一线（图 2－34）。

过去认为鄂尔多斯盆地华庆地区位于延长组湖盆中心，砂体不发育，勘探潜力不大。近年来在“深水砂质碎屑流发育大规模砂体”认识的指导下，加大预探力度后，发现长 6 油层主要有 5 条含油砂带，有利含油面积达 1000km^2 以上，有利勘探面积超过 5000km^2，油层分布稳定、物性较好，油藏规模大，预计储量达数亿吨规模，成为继姬塬之后重要的储量接替区。2006 年长庆油田在白豹地区三叠系延长组长 6 层系发现了面积为 3000 km^2 的大面积深水含油砂岩，形成（3～5）$\times 10^8$t 级储量。

2010 年在长 7 油层组深水砂岩中钻遇 53 口工业油流井，单井平均试油产量 8.60t/d，最高 56.45t/d。目前长 7 油层组已有工业油流井 187 口，发现 8 个有利含油有利区，面积达 1000km^2，是下一步重要的接替层系。

二、陆相浅水敞流湖盆三角洲发育类型与形成条件

1. 陆相湖盆三角洲的发育类型

三角洲发育类型划分原则：按照供源体系的差异可以划分为冲积扇三角洲、辫状河或

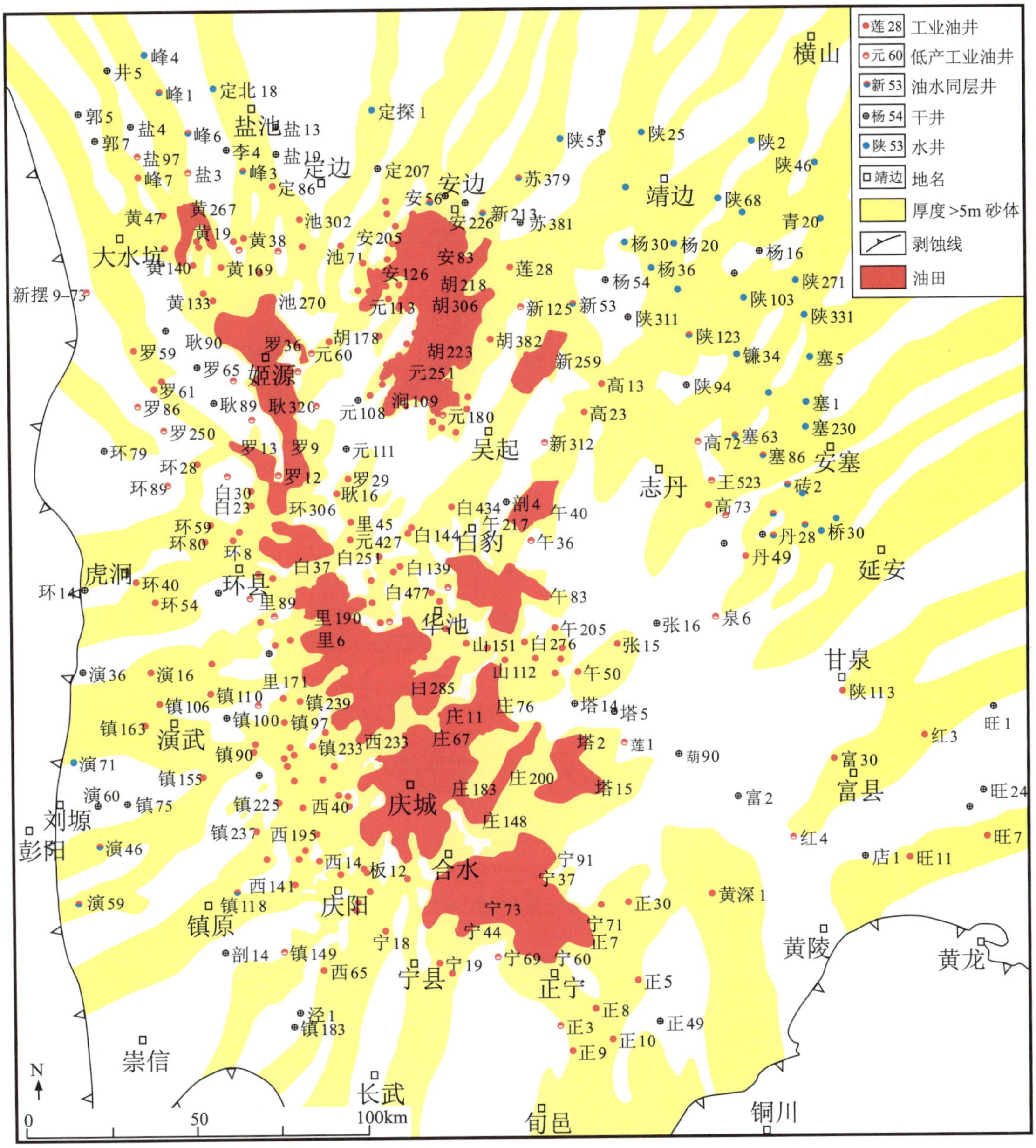

图2-34 鄂尔多斯盆地延长组长7砂体与油田叠合图

辫状平原三角洲、曲流河三角洲；按照三角洲前缘倾斜的坡度可以划分为陡坡型三角洲或平缓型三角洲；按照三角洲体系发育的水深又可划分为浅水三角洲和深水三角洲。邹才能等（2008）参照 Postma（1990）三角洲的划分方案，将湖盆三角洲划分为9种成因结构类型（图2-35）。根据供源体系的差异，分为扇三角洲、辫状河三角洲及曲流河三角洲3种基本类型；以湖泊浪基面为深、浅水区的界限，把发育于湖泊浪基面以上的三角洲划分为浅水型三角洲，三角洲水下部分延伸至深湖、三角洲前缘与前三角洲之间存在前缘斜坡的三角洲划分为深水型三角洲；湖盆浅水三角洲又可分为前缘平缓倾斜的毯式浅水三角洲及前缘陡峭的吉尔伯特式浅水三角洲，并对不同类型三角洲沉积特征进行了详细的描述。同时考虑到浅水三角洲受气候控制明显，又将坳陷湖盆浅水三角洲类型划分为潮湿和干旱气候环境浅水三角洲开展研究。在潮湿背景下，敞流型湖盆是大型浅水三角洲河道发育的主要控制因素；干旱背景下，河水主要以地表蒸发、植被消耗、河流终端湖等形式泄水。

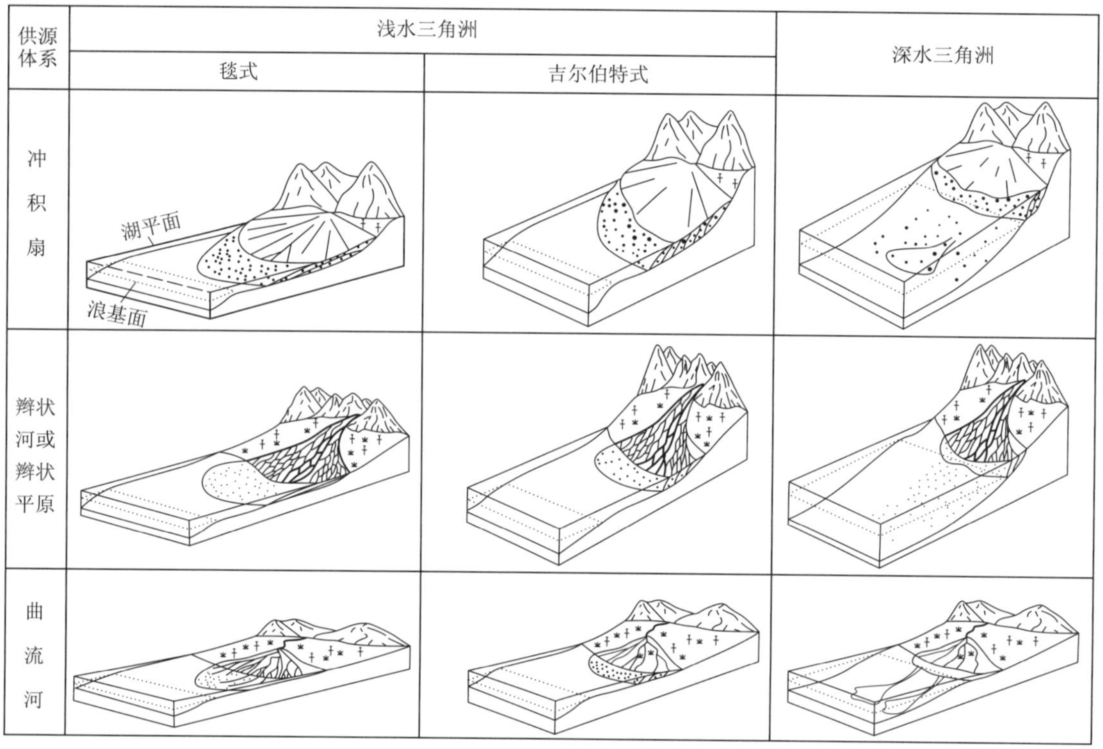

图 2－35　湖盆三角洲分类

（据邹才能等，2008）

2. 敞流湖盆是浅水三角洲形成的重要条件

水文地质学将湖盆分为敞流湖盆与闭流湖盆两种类型。敞流湖盆是指注入湖盆的水量大于蒸发量和地下渗流量之和，湖平面的位置维持在与湖盆最低溢出口相同的高程上，多余的水通过泄水通道流出湖盆。湖盆的基准面维持在溢出点的等高程面上，构造升降是相对湖平面升降、可容空间变化的唯一原因，降水量及沉积物供给量对湖盆基准面的升降不起作用（纪友亮等，1998）。

研究表明，敞流湖盆是盆地中心浅水三角洲砂体发育的重要条件。沉积物供给量大于盆地沉降量的敞流湖盆中，尽管搬运大量沉积物入湖的同时湖泊注水量增大，但湖平面维持在溢出点同一高程上，多余湖水沿敞流通道流出湖盆，湖泊水深反而会变浅，进积的浅水三角洲可分布于湖盆中心，直至湖泊萎缩消亡。对于闭流湖盆，雨量充沛、沉积物供给充足时，将导致湖平面的上升（纪友亮等，1998），盆地中心很难形成浅水三角洲砂体。

现代的鄱阳湖及洞庭湖都向长江开口或为长江的过水湖盆，形成了大型浅水三角洲。现代鄱阳湖尽管纳五水入湖，而且处于湖盆稳定扩张阶段，但结果只是带来大量沉积物卸载于湖盆，湖水均沿古赣江河道溢出长江，湖盆水体浅，发育赣江等浅水三角洲砂体。

鄂尔多斯盆地长6油层组沉积时期，物源区沉积物供给充足，为“湖退砂进”的三角洲沉积主要建设期，盆地由欠补偿沉积逐渐转为过补偿沉积，湖盆逐渐淤浅。盆缘清涧河、延河等露头上表现为长7至长6油层组下部高位域三角洲向长6油层组上部低位－湖侵域河流相的转变（邹才能等，2008），盆地中心白豹地区表现为前三角洲浊流沉积向三角洲前缘水道沉积的转变。湖盆的敞流性造成长6油层组湖盆中心低位浅水三角洲砂体的发育，更为重要的是该盆地中心砂体直接与长7油层组生油岩接触，可以优先捕获油气，这是闭流湖盆发育末期盆地中心砂体所不具备的条件。

与鄂尔多斯盆地晚三叠世长6油层组形成时期敞流湖盆盆地中心浅水三角洲的发育条件类似，松辽盆地早白垩世及四川盆地晚三叠世的浅水三角洲体系向盆地中心进积，形成盆地中心大面积分布的浅水三角洲砂体。

敞流通道对湖盆中心砂体分布的控制作用表现在，浅水三角洲前缘水道向敞流通道收缩，湖盆中心砂体向溢出口方向延伸。鄱阳湖湖底存在与长江相通的赣江古河道，遥感图像清晰显示出，不仅洪水期湖泊中心吞吐流沿敞流通道由北侧溢出口流出，而且赣江三角洲的西支主分流河道入湖后取向北，与修水三角洲分流河道合流后，亦取道敞流通道直接流入长江。赣江三角洲的南支分流河道的一个分支与抚河合并，也取道敞流通道向溢出口方向流动。同时，各三角洲的前积方向也向敞流通道收敛。由此可见，敞流湖盆溢出口及其连接的敞流通道的分布，直接控制了湖盆中心分流河道砂体及湖流改造砂体的走向，并控制了三角洲体系的进积方向及宏观砂体走向。

鄂尔多斯盆地长6油层组形成时期，东北物源体系大型浅水三角洲均向NW－SE方向的敞流通道收缩，晚三叠世鄂尔多斯湖盆东南侧的开口对残留鄂尔多斯盆地中心浅水三角洲砂体及各类砂体的分布有重要的控制作用。松辽盆地早白垩世泉四段三角洲体系也有向EW向溢出通道收敛的特征，四川盆地晚三叠世须四、须六沉积期的湖泊水体逐渐向川中西南方向汇集，三角洲体系有向NE－SW方向的溢出通道收缩的趋势。

3. 浅水台地是浅水三角洲发育的必要条件

湖盆浅水三角洲最重要的特征就是沉积总体发育于较浅水湖盆中，其形成首先需要一个大面积的浅水台地。对于浅水的定义，一般来说，表面波浪受水底地形影响强烈的水深范围为浅水区，通常以表面波浪波长的1/2作为浅水区的下限深度，即浪基面以上为浅水区。湖浪大小与湖泊规模有关，如青海湖及鄱阳湖波浪波长一般为15m，现代湖泊浪基面通常不超过20m，密执安湖最大波浪的波长约为30m。按照浅水的概念，湖盆中可将浪基面之上的滨、浅湖区定为浅水区（邹才能等，2008）。

盆地内大面积浅水台地的形成受到盆地构造沉降、盆地底部地形、物源供给速度和水平面改变的共同控制。一般浅水三角洲盆地沉降缓慢，基底坡度较小，构造活动微弱，沉积物供给快速。中国中新生代大型坳陷湖盆尽管湖区面积较大，但总体水深较浅。晚三叠世鄂尔多斯盆地为克拉通基底上的大型内陆淡水坳陷湖盆，早白垩世松辽盆地也为裂谷断陷盆地基础上形成的大型坳陷湖盆。两个大型坳陷湖盆沉降缓慢，盆内构造活动相对微弱，盆地长轴一端及短轴缓坡一侧基底坡度平缓。在区域构造挤压背景下，盆缘剥蚀区持续隆升，盆内沉积区稳定缓慢沉降，物源供给充足。在此沉积地质背景下，尽管松辽盆地早白垩世青一段沉积期湖区面积可达$8.7\times10^4km^2$，嫩江组一段沉积期湖区面积可达15×

$10^4 km^2$，但最大湖扩期深水区的水深仅为 30～60m（吴崇筠等，1993）。Postma（1990）将数十米水深内发育的三角洲称为浅水三角洲，深水三角洲发育于陆棚边缘、陆坡或断层控制的深湖区。相对于海相盆地、陆相断陷盆地及前陆盆地，白垩纪松辽盆地及晚三叠世鄂尔多斯盆地 30～60m 的水深总体较浅，可称为浅水湖盆。按照 Postma（1990）的标准，此类湖盆发育的三角洲都可归为浅水三角洲。但从水动力学角度来说，湖盆三角洲形成时的供源体系、湖盆水深、湖泊面积、湖浪、湖流等基本地质要素的规模，均小于海相三角洲。在进行湖盆三角洲类型划分时，不能简单用浅海陆棚的水深（200m 或 130m）来区分浅水湖盆或深水湖盆。如鄂尔多斯盆地晚三叠世延长组沉积期，湖区面积最大可达 $10 \times 10^4 km^2$，深水区水深也仅有 30～60m。大型坳陷湖盆浅的水体、稳定的构造背景、平缓的坡度及充足的物源，为湖盆大面积浅水区及大型浅水三角洲体系的形成奠定了基础。浅水三角洲与深水三角洲，应按照浅水区的一般定义，以湖泊浪基面来划分才更为合理（邹才能等，2008）。

三、大面积岩性油藏成藏控因

中国陆上发育的湖盆，尤其是坳陷型湖盆，沉积上表现为水系多、湖域广、湖进湖退频繁交替的特点，为大面积岩性－地层油气藏的形成创造了有利条件。近年来，通过精细解剖和深入研究，认为坳陷型湖盆发育的大面积岩性－地层油气藏有如下 5 个成藏特征。

1. 广覆式生烃

对于中国陆上发育的大型坳陷型湖盆，构造挤压而产生的变形主要发生在盆缘，盆地主体部位则以区域性的抬升和沉降为主，湖盆底床起伏不大，湖水进退波及范围很广，水进期形成的烃源岩大面积分布。松辽盆地白垩纪、鄂尔多斯盆地中生代、四川盆地须家河组沉积时期的坳陷区面积分别达到 $6.49 \times 10^4 km^2$、$10 \times 10^4 km^2$、$8.5 \times 10^4 km^2$，不同水进期形成的有效烃源岩叠合面积分别为 $4 \times 10^4 km^2$、$8 \times 10^4 km^2$、$5.56 \times 10^4 km^2$，有效烃源岩面积占湖盆面积的 50% 以上。大面积生烃是坳陷型湖盆的基本特点。

2. 砂体大规模分布

坳陷型湖盆周缘多为水系所围限，多类型、多方向物源供给充分，利于入湖河流携带碎屑物长距离搬运进入湖盆腹部。由于湖进湖退频繁交替，边缘相带较窄，广泛发育大面积的河控型浅水三角洲沉积体系和三角洲前缘相砂体，各类砂体尽管厚度较薄，但分布范围广，可达 $5 \times 10^4 km^2$。同时，网状水系频繁变化，多物源、多期砂体纵向上相互叠置，横向上叠合连片。储集砂体大面积发育是坳陷型湖盆的又一基本特点。

3. 生、储岩系具明显的“三明治”结构

坳陷型湖盆频繁的升降运动使水系与湖盆在彼此相互的进与退过程中，形成的各类砂体与烃源岩平面上呈广泛的指状接触，垂向上烃源岩和储集砂体大面积间互，呈现出明显的“三明治”结构，源储配置有利，为油气大面积成藏奠定了良好基础。

4. 油气大面积成藏与分布

坳陷型湖盆多期大型三角洲砂体与湖相烃源岩间互，在空间上构成了良好的成藏组合，油气不需长距离运移便可进入相邻砂体形成油气藏。同时，坳陷型湖盆面积大、地形平缓，内部构造分异不突出，大大降低了成藏门限，易于砂体大面积成藏。如松辽盆地中央坳陷区已发现的油气分布面积达 $3.6\times10^4km^2$，鄂尔多斯盆地油气分布面积也在 $4.5\times10^4km^2$ 以上。

5. 储量丰度较低、规模较大

一般而言，坳陷型湖盆油气聚集条件并不理想，以发育大面积低丰度岩性油气藏为基本特征。如松辽盆地萨尔图、葡萄花及高台子油层储量丰度一般为 $30\times10^4\sim40\times10^4t/km^2$，鄂尔多斯盆地延长组油层储量丰度多小于 $50\times10^4t/km^2$。但形成的油气藏规模较大，目前所发现的岩性油藏储量规模都在 1×10^8t 以上。如鄂尔多斯盆地，近期发现的西峰油田三级石油地质储量达 6.3×10^8t，姬塬油田三级石油地质储量达 4.86×10^8t，白豹油田三级石油地质储量达 5.1×10^8t。

总体看，中国陆上发育的大型坳陷型湖盆具有形成大面积岩性油气藏的优越条件。但由于储集层面积大、厚度较薄，导致地震识别、预测及描述难度大；由于薄油层、低电阻率油层多，油气分异差，导致测井识别油层难度大。此外，储集层以低渗透储集层为主，需要压裂改造，薄油水层和低渗油层压裂改造难度大，技术要求高。

第五节　地层油气成藏理论

一、地层油气藏类型

地层圈闭的研究始于对隐蔽圈闭的研究。最早由莱复生（A. I. Levorsen，1936）提出了地层圈闭（stratigraphic trap）的概念，并发表了题为“地层型油田”的论文。虽然他的观点在当时并未被石油勘探家们所接受，但无疑为主流的“背斜说”等构造油气藏勘探注入了一丝新鲜的血液。1972 年，罗伯特（E. K. Robert）主编了《地层油气藏》一书，首次谈到了地层油气藏的勘探问题。1982 年，哈尔鲍蒂（H. T. Halbouty）在其主编的 AAPG Memoir32 *The Deliberate Search for the Subtle Trap* 中，明确了地层油气藏的重要性，并掀起了国内外各大石油公司对地层油气藏勘探的热潮。

地层圈闭与岩性圈闭在成因上有所差异。岩性圈闭是同一地层内部储集体被致密岩性围限封闭而形成的，而地层圈闭是发生在不同地层之间，其中某一地层中的储集体被非连续沉积的另一地层的致密岩性围限所形成。

由于对地层圈闭内涵的理解不同，因此分类也存在差异。国外学者大多依据圈闭成因和圈闭与不整合面的位置关系来划分地层圈闭。近几年，国内勘探发现了一系列新的地层油气藏类型，如塔北奥陶系碳酸盐岩风化壳－准层状、塔中奥陶系碳酸盐岩风化壳－网络状、准噶尔西北缘石炭系风化壳－梳状、辽河古潜山－内幕型、准噶尔陆东石炭系火山岩－蜂窝状等类型，以往的地层油气藏内涵和分类方法，不能完全包含新发现的地层油气藏类型。基于该原因，本书充分考虑了圈闭成因机制、圈闭与不整合面的位置关系、圈闭形态等因素，采用覆盖类型全、简单、实用、易评价、有利于应用、能对今后的地层油气藏勘探进行指导的原则，综合油气藏与不整合面的上、下位置关系，构造、沉积、风化强度、断裂改造的圈闭成因，层状、块状、网状、断块、古隆起、斜坡的圈闭形态的分类方法，对地层油气藏进行了重新分类。根据地层油气藏的成因，把地层油气藏分为超覆型、削截型和风化壳潜山型3类。超覆型地层油气藏包括披覆型、上超型和下超型3种亚类；削截型分为削截残丘型、削截断块型、削截褶皱型和削截单斜型；风化壳潜山型分为岩壳潜山型、岩体潜山型、裂缝潜山型、缝洞潜山型、断壳潜山型5种亚类（表2－4）。

表2－4　地层油气藏分类

类型	亚类	发育位置	典型实例	模式图
超覆型	披覆型	古隆起斜坡带	胜利孤岛油田	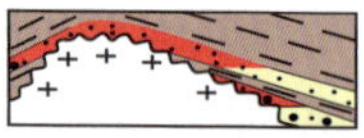
	上超型	盆地边缘斜坡带	胜利太平油田	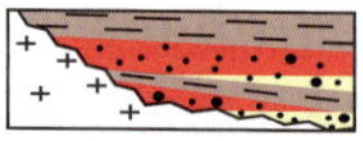
	下超型	下超后期掀斜区	胜利单家寺油田	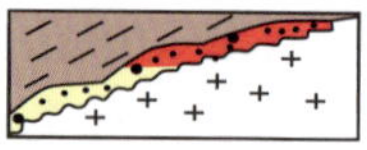
削截型	削截残丘型	碎屑岩古凸起	石南21油田	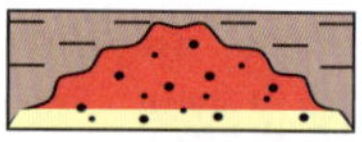
	削截断块型	断块封隔古凸起	埕北油田	
	削截褶皱型	盆地古凸起	哈西·迈萨乌德油田	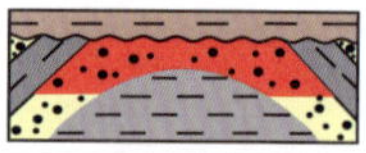
	削截单斜型	盆缘斜坡带	普鲁德霍湾油田	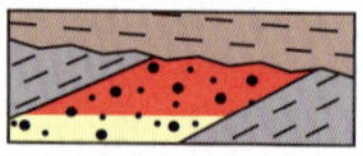
风化壳潜山型	岩壳潜山型	盆内古潜山	马家沟气田	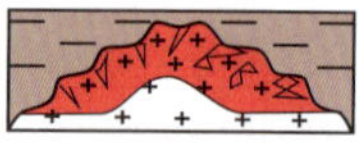
	岩体潜山型	盆缘古潜山	克拉美丽气田	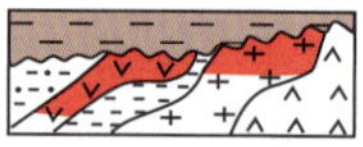
	裂缝潜山型	盆内古隆起	兴隆台古潜山	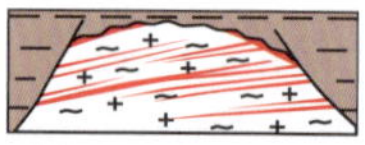
	缝洞潜山型	盆内古隆起	塔中奥陶系	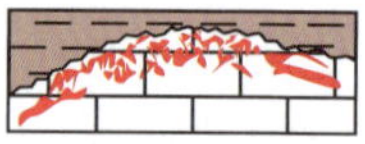
	断壳潜山型	盆缘	西北缘石炭系	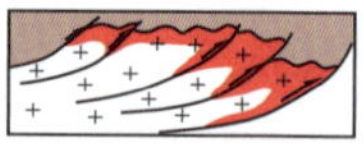

二、地层油气藏特征

与构造油气藏和岩性油气藏不同，地层油气藏最大的特点就是受不整合面控制，不同成因类型的地层油气藏特征存在较大差别。

1. 超覆型地层油气藏

在水进期（低位体系域和水进体系域）沉积过程中，沉积砂体沿不整合面逐层向上超覆尖灭，储集体（砂岩或碳酸盐岩）位于不整合面之上，储层底板与不整合面相切，造成对储层上倾方向的封堵，上部或侧面被非渗透性岩层封堵而形成地层超覆圈闭，也称不整合面之上的地层圈闭（贾承造等，2008）。超覆地层型圈闭位于不整合面之下，一般分布在盆地边缘的斜坡带、古隆起区。基准面下降造成这些局部高地和盆缘发生剥蚀，形成不整合，当水进时，较新沉积层覆盖了较老地层，古隆起区的围斜部位披覆了砂体，在坳陷边部、残余背斜构造、残余突起或下切谷的侵蚀面上沉积了孔隙性砂岩，沉积的砂体随着水进扩展呈现出退积展布。随着湖（海）盆的继续扩大，水体加深，在砂岩之上覆盖了非渗透性泥岩，形成了上超型地层圈闭的顶板。在背斜构造背景下，不整合之上的超覆地层圈闭只需要顶板条件即可；在单斜背景下，上超型地层圈闭的有效性同时需要顶、底板条件的有效配置，不整合面上的风化黏土层、不整合体顶面的非渗透层可形成有效的底板条件。下超型地层油气藏多发育在低位体系域，前积的砂体向下尖灭在层序界面之上，由于后期的构造掀斜翘倾，引起低部位地层抬升和高部位地层下降，此类超覆型地层圈闭从形态和发育特征上与上超型地层圈闭类似，只能根据区域的构造演化来判断。

超覆型地层油气藏在水陆交互带附近发育，尤其在水进过程中，在湖（海）岸边缘的坡折带附近最易形成有效的顶底板有效配置。同时靠近生烃凹陷，从而可形成旋回式和侧变式的生、储、盖组合，具有得天独厚的成藏条件。

从目前发现的油气藏数量及规模来看，形成的地层超覆油气藏以斜坡超覆油气藏为主，而古隆起超（披）覆油气藏相对较少。斜坡超覆油气藏有济阳坳陷陈家庄油田、太平油田（图2－36）、塔里木盆地塔中101东河砂岩油藏、辽河东部凹陷北部大湾超覆带油气藏及黄骅坳陷北大港潜山带斜坡沙三段油气藏等。古隆起超（披）覆油气藏有济阳坳陷单家寺油田、酒泉盆地老君庙油田等（图2－37）。

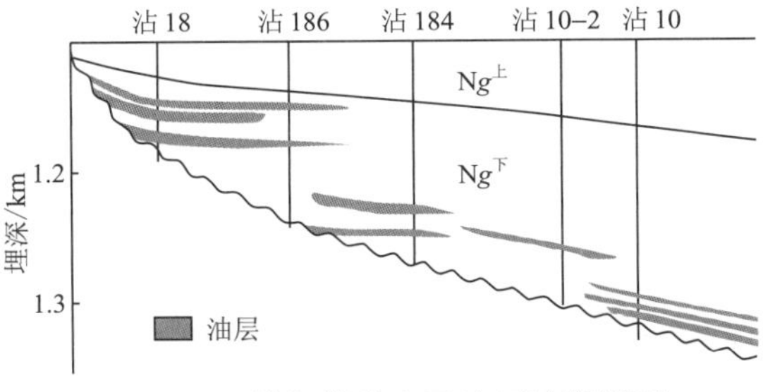

图2－36　济阳坳陷太平油田油藏剖面

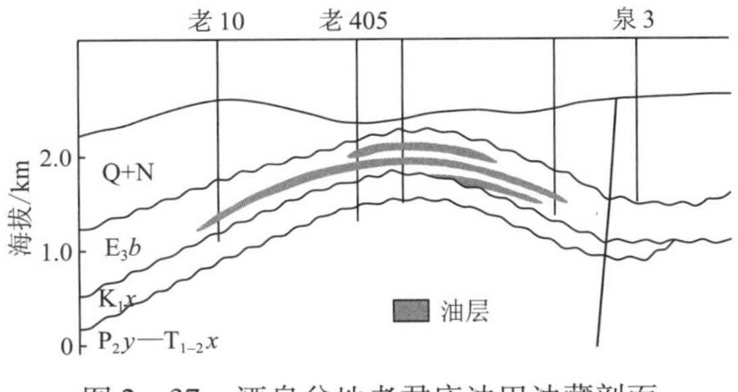

图2－37　酒泉盆地老君庙油田油藏剖面

2. 削截型地层油气藏

在水退期（高位或水退体系域）或后期构造抬升时，由于地层被剥蚀削截尖灭，上覆为不整合面之上的非渗透岩性封堵而形成圈闭，也称不整合面之下的地层圈闭。不整合面之下遮挡型地层圈闭中储层的主体是受不整合风化淋滤控制的不整合体，不整合体式残余构造或残余地貌为原始构造或地层经风化改造后残存下来的那一部分，其孔隙、裂缝发育，可作为良好储集层。不整合体储层可以是碎屑岩、火山岩、变质岩、碳酸盐岩等岩性。在构造背景下，不整合体有效储层受上覆非渗透层的遮挡即可形成遮挡型地层圈闭，在单斜背景下，要形成有效的圈闭除了上覆盖层的有效遮挡外，不整合体在上倾方向上必须有遮挡，遮挡条件包括断层、非渗透岩性。不整合体被后来沉积的非渗透性地层覆盖而形成的圈闭称为不整合面之下遮挡型地层圈闭，油气在其中的聚集则形成不整合面之下遮挡型地层油气藏。

（1）削截残丘型

由于地壳抬升，凸起顶部较老地层长期遭受风化、剥蚀、淋滤等作用而形成风化淋滤带或半风化岩石层，之后被年轻盖层覆盖形成圈闭，油气聚集其中而形成油气藏。这些类型油气藏可发育在碳酸盐岩、变质岩、火山岩、碎屑岩等地层中，是目前最广泛的一种地层油气藏类型，在中国东西部盆地或坳陷中均有发现。例如冀中坳陷任丘、南马庄、长洋淀、苏桥等油田，济阳坳陷富台、孤岛、广饶、垦利、埕北30等油田，黄骅坳陷千米桥、风化店等油气藏，辽河坳陷兴隆台、曹台等油气藏，塔里木盆地塔中1井下奥陶统油气藏、轮南奥陶系风化壳油藏，海拉尔盆地贝尔凹陷油气藏，鄂尔多斯盆地靖边气藏，准噶尔盆地腹部石西石炭系油藏等（图2－38）。

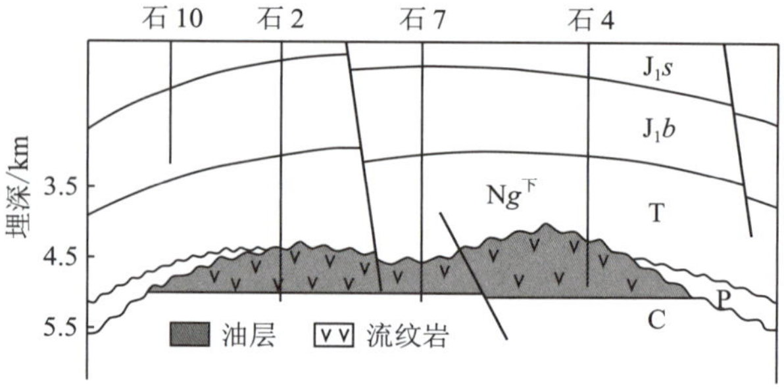

图2－38　石西油田削截残丘型地层油气藏剖面

（2）削截断块型

如渤海湾盆地埕北断阶带是一个大型构造－岩性－地层油气聚集带，古近系发育扇三角洲和滩砂坝砂体，新近系发育辫状河河道砂体，地层埋藏浅，储层物性好。石炭纪、二叠纪等多期不整合经由后期的构造运动，形成多个不整合断块。有利的斜坡构造背景与断裂带、沉积体系相配置，形成了多层系、多类型的复式油气聚集带，且呈规律性变化。斜坡低部位以削截断块、断鼻等复合圈闭和构造圈闭为主；斜坡中带则以构造、岩性、构造－岩性等复合圈闭为主；而斜坡外带以潜山、地层超覆和削截单斜型等地层圈闭为主（图2－39）。2010年以来已累计探明石油地质储量超过亿吨。

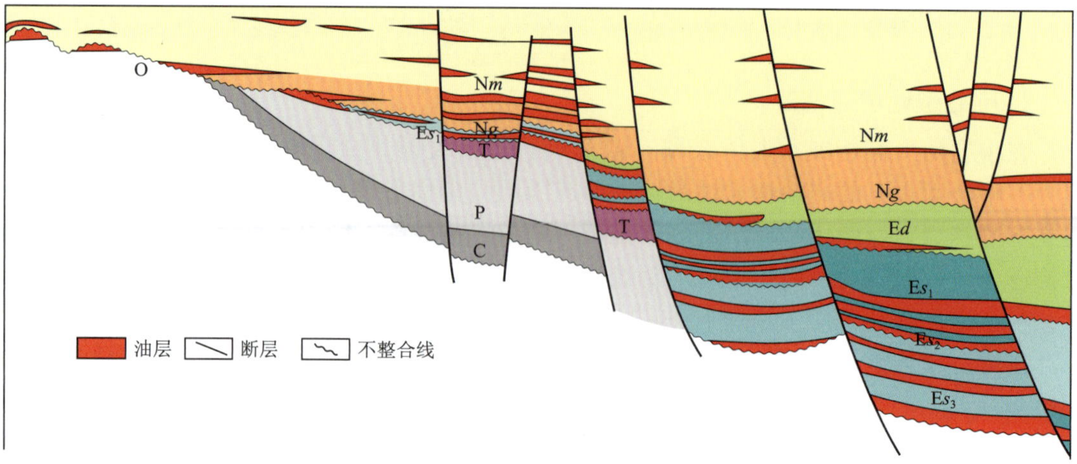

图2－39　埕海构造埕北削截断块型地层油气藏分布模式

（3）削截褶皱型

以阿尔及利亚的哈西·迈萨乌德油田为例，该油田圈闭面积为 $1600km^2$，含油面积为 $1150km^2$，过渡带面积为 $450km^2$，为一个大型穹窿状隆起。构造在海西运动晚期形成，构造顶部的寒武系在二叠纪被剥蚀，轴部与三叠系底部不整合接触，形成削截褶皱型地层圈闭。三叠系盖层厚度为 500 ~ 600m。产层为寒武系石英砂岩，厚度为 270m，埋深为 3300m。石油可采储量达 12.33×10^8t，天然气可采储量达 $1973 \times 10^8m^3$。

（4）削截单斜型

以美国的普鲁德霍湾油田为例，该油田位于巴若（Barrow）穹窿上，是北极斜坡带的一个主要深部构造。普鲁德霍湾构造是一个向西倾没的背斜鼻状构造，北部为断层所限，东部被不整合所截。萨德里诺楔特储层顶部闭合面积约为 125000 英亩❶，探明石油可采储量 96×10^8 桶，天然气 25×10^{12} 立方英尺❷。萨德里诺楔特上部储集物性最好的储层为辫状河水道网状冲积沉积。北部隆起沉积物是来源于密西西比沉积体系的侏罗系岩层，是油田的主要储层，不整合覆盖的白垩系碎屑岩是主要生油层系，来源于南部布鲁克斯山脉（Brooks Range）隆起的白垩系生油岩底部不整合阻挡着白垩纪前储层向巴诺穹窿延伸，其所形成的普鲁德霍湾储层和生油层形成一个不整合面控制的储油层。

3. 风化壳潜山型地层油气藏

风化型的地层油气藏多具潜山特征，这是由于风化作用是长时间的过程，往往发生在古隆起或古凸起上，经过后期的沉降埋深形成了潜山形态。此类型的油气藏包括岩壳古潜山型、岩体古潜山型、裂缝古潜山型、缝洞古潜山型和断壳古潜山型。

（1）岩壳古潜山型

以鄂尔多斯盆地奥陶系气藏为代表。鄂尔多斯盆地中奥陶统马家沟组是一套以碳酸盐岩为主夹蒸发岩的地层，地层自下而上分为马五$_1$、马五$_2$、马五$_3$、马五$_4$、马五$_5$、马五$_6$共 6 段，经历了 3 次海进 - 海退旋回。中奥陶世末，华北地块因晚加里东运动整体抬升，后经历了 1.3 亿年的沉积间断，中奥陶统马家沟组顶部经受了长期的岩溶作用，风化壳及溶蚀孔、洞、缝发育，伴有印支期和燕山期裂隙，成为鄂尔多斯盆地下古生界的主要天然气储、产层。奥陶系碳酸盐岩与上古生界石炭系、二叠系煤系泥质岩在古风化壳上、下广泛分布，为大气田的形成提供了丰富的气源。后期稳定的构造和区域性稳定分布的二叠系上石盒子组湖相泥质岩盖层，形成有效的成藏组合。

（2）岩体古潜山型

以准噶尔盆地石炭系气藏为代表。克拉美丽气田为石炭系火山岩岩体古潜山型地层气藏，储层为火山岩储层，主力气层主要发育于玄武岩、凝灰质角砾岩、正长斑岩、熔结凝灰岩中。由于风化剥蚀造成火山岩体的溶蚀，形成了大量的裂缝和孔洞，为油气的充注提供了良好的储集空间，石炭系的烃源岩通过断层、裂缝和不整合向改造后的克拉美丽火山岩岩体运移成藏（图 2 - 27）。

（3）裂缝古潜山型

在挤压或拉张应力区，碳酸盐岩、火山岩和变质岩容易形成裂缝型古潜山，这些地区

---

❶ 1 英亩 = $4.046856 \times 10^3 m^2$

❷ 1 立方英尺 = $2.831685 \times 10^{-2} m^3$

容易发育裂缝古潜山型油气藏。如辽河凹陷太古宇古潜山，发育以断裂和裂缝为主要储渗空间的裂缝古潜山型油藏（图2-40）。含油气的火山岩构造多位于不整合面之下，由于地表条件下火山岩不稳定，容易发生溶解和溶蚀作用，特别是原生孔隙和裂缝发育者，火山岩的物性可以得到较大程度的改善，形成好的储层，如北疆石炭系不整合面之下的火山岩油气藏。根据油气藏形成的时间又可分为两种，一种为陆上喷发的火山岩因风化淋滤等作用（如三塘湖盆地马朗凹陷），物性得到改善形成储层，后期被细粒沉积物掩埋覆盖后形成地层圈闭；另一种为早期形成的火山岩因后期构造抬升而出露地表，遭受风化淋滤作用后形成火山岩储层（如准噶尔盆地陆东地区）。

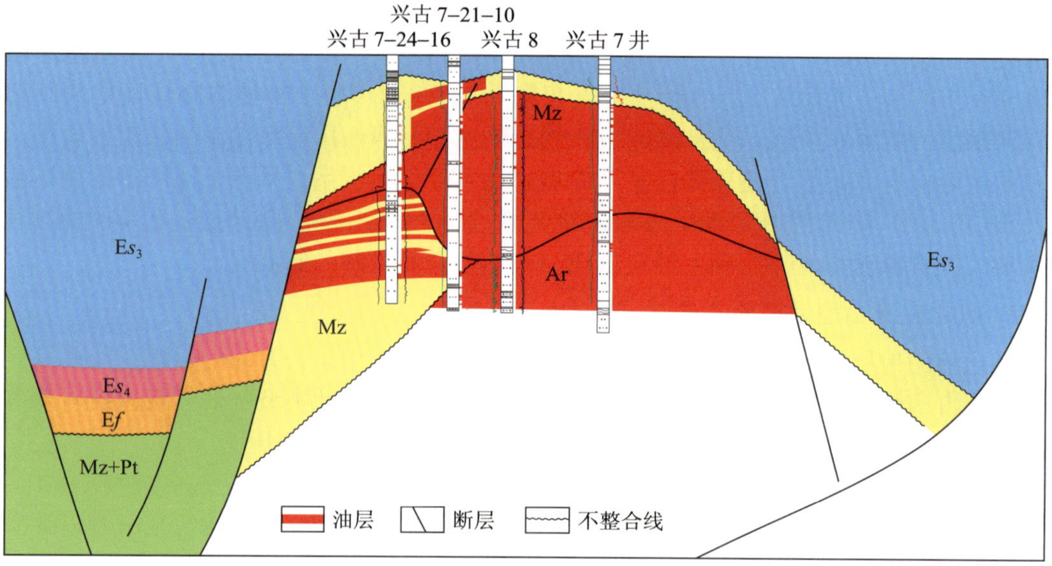

图2-40　辽河盆地兴隆台火山岩古潜山油藏

（4）缝洞古潜山型

以塔里木奥陶系为代表。塔里木盆地塔中奥陶系鹰山组为局限-开阔台地相沉积，发育灰色云质灰岩和灰质白云岩，局部富含硅质团块或条带，夹白云质灰岩、灰质白云岩和白云岩，主要岩石类型为亮晶砂砾屑灰岩、泥晶灰岩和云质灰岩。中加里东期不整合区域性分布，碳酸盐岩地层遭受长期的淋滤溶蚀作用，时间长达10Ma。强烈的溶蚀作用造就了不整合面下大型的岩溶系统，溶蚀孔洞和裂缝发育，部分被泥质、方解石、石膏等充填或半充填。油气通过断裂向裂缝型储层运移、储集，形成缝洞古潜山型地层油气藏（图2-41）。

（5）断壳古潜山型

这类油气藏与剥蚀构造油气藏成因类似，最大的区别在于被断层复杂化，主要分布于前陆冲断带上盘、挤压构造区、拉张应力作用区的断块内。如准噶尔盆地西北缘上盘断裂带石炭系、柴达木盆地青西凹陷西北缘上盘、辽河坳陷太古宇古潜山等（图2-42）。

三、地层油气藏的成藏主控因素

通常将地层油气藏与岩性油气藏作为一个整体研究其成藏的控制因素。“十五”期间，在过去岩性、地层油气藏的“三线、三面”、“五线、五面”的基础上（胡见义等，

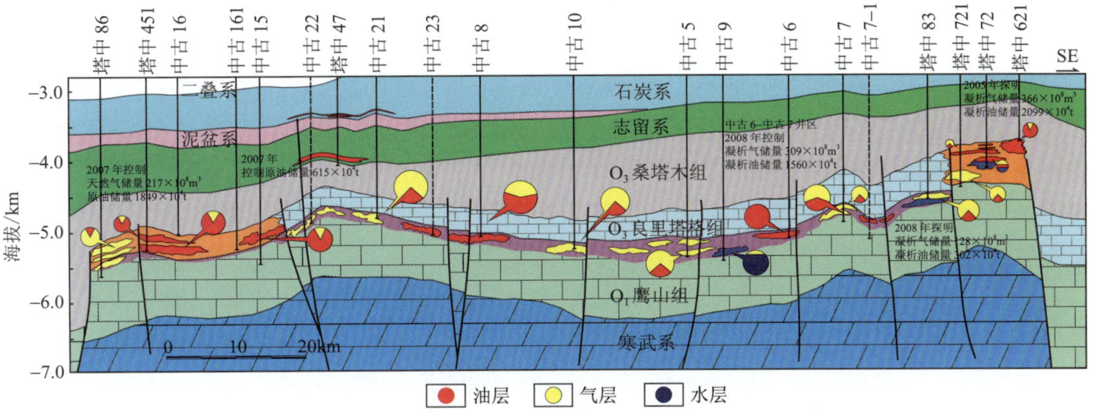

图2-41　塔中低凸起奥陶系鹰山组岩溶古潜山北部斜坡带油气藏剖面

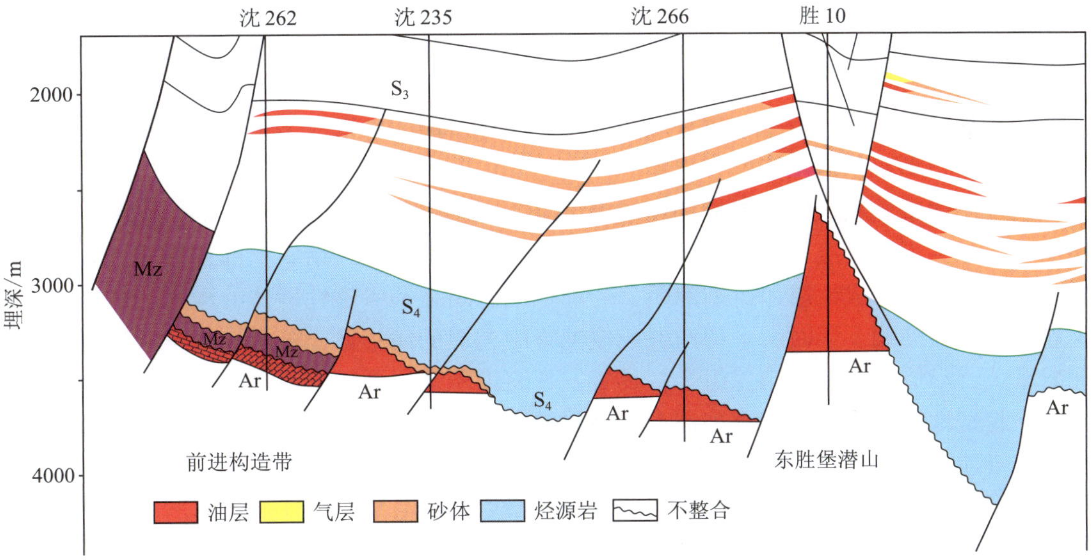

图2-42　辽河凹陷太古宇古潜山油藏剖面

1986a，1986b；杜金虎等，2004；赵文智等，2005d）形成了“六线”（岩性尖灭线、地层超覆线、地层剥蚀线、物性变化线、流体突变线、构造等高线）和“四面”（断层面、不整合面、洪泛面、顶底板面）的两大控制要素（贾承造等，2007）。

与岩性油气藏不同，地层油气藏的成藏控制因素主要受控于不整合的范围和结构，不整合对地层油气藏的成藏具有“建设性”和“破坏性”双重作用。不整合顶部通常为风化黏土层（古土壤），是比较好的顶部封盖层，它的封盖能力取决于古风化作用程度、古土壤层的厚度及性质，发育良好的古土壤层通常具有较强的封闭能力，不仅可以封闭常压油气，而且可以封闭超压和超压油气。不整合面之上通常为形成于水进初期并与不整合面直接接触的底砾岩和水进砂体，物性较好，是油气运移的良好通道和储集空间。不整合结构下部的半风化岩层，其孔、渗性能取决于该地层的岩石学性质、风化改造前的孔、渗特征和风化改造程度，而且同一不整合的不同部位，半风化地层的物性可能存在差异，因此，半风化岩层的侧向非均质性会导致油气在侧向上产生封堵。此外，如果存在层间断层，那么断层作为桥梁沟通了不整合底部和上部储层，共同构建了油气充注的三维立体输导网络，油气可在不整合下部半风化岩层形成上倾削截和在顶部底砾岩层形成地层超覆型油气藏。

不整合对油气藏的“破坏性”表现在对先期油气藏的破坏，主要是对盖层的破坏，使油气大量散失，即使是部分破坏，原油也受到不同程度的氧化、水洗，使轻质组分逸散，重质组分留下，形成稠油或难以流动的沥青（刘孝汉等，1995）。因此，不整合对早期的油气藏提供了较好的储集空间、封盖条件和运移通道，然而油气最终能否成藏主要取决于后期的保存条件，即不整合面上、下的储盖组合。

此外，不同成因、不同叠置关系的地层油气藏具有截然不同的成圈、成藏模式。一般而言，位于不整合面之上的地层油气藏多是由于披覆、超覆、沟谷充填等作用形成，其成圈、成藏与不整合形成后的层序、体系域和沉积等因素有密切关系；而位于不整合面之下的地层油气藏则是由于剥蚀、风化淋滤形成，受不整合的层状结构控制。邹才能等（2009a）对不同类型地层油气藏的控制因素给出了全面的详细分析，为地层油气藏的研究提供了模板（表2－5）。下面就在此基础上来说明地层油气藏成圈、成藏的关键要素。

1. 超覆型地层油气藏成藏要素

超覆型地层油气藏位于不整合面之上，此类地层圈闭的形成主要受控于构造背景、体系域、沉积相类型、油源断层等因素。

在低位体系域和水进体系域的缓坡背景下，沉积砂体沿着层序界面（不整合面）逐层向上超覆尖灭，储层与不整合相切，造成储层上倾方向的封堵，上部或侧面被非渗透性岩层遮挡封闭而形成地层超覆型圈闭，若加上油源断裂和渗透性砂体的沟通，往往可形成大型的地层油气藏。同时，下切沟谷或侵蚀谷中充填的储集体，被水进体系域沉积的湖泛泥岩覆盖，形成了有效的储盖组合，具备发育充填型地层圈闭的基础。

下超型地层油气藏的成藏关键在于有效的输导体系，其下伏不整合风化黏土岩和上覆后期水进体系域沉积的泥岩盖层一般具有较好的封堵能力，两者与低位域的砂体相互配合，可形成较好的储盖组合，若有油源断层或渗透层沟通油源，往往可以形成一定规模的油藏。

2. 削截型地层油气藏成藏要素

削截型地层油气藏位于不整合面之下，其形成的关键在于不整合结构能否为其提供良好的封盖条件以及是否存在有效的输导体系。不整合面之下的地层圈闭一般是在高位体系域或后期的构造运动下，由于地层抬升剥蚀对下伏地层造成冲刷，后期基准面上升沉积的泥岩封盖层形成有效圈闭。

断层或岩性的侧向遮挡是单斜背景下的地层圈闭成圈的关键因素，断裂是油气运移的主要输导体系。在构造背景下，形成有效地层圈闭的条件是有效顶板的遮挡和断裂纵向有效输导。削截型中的单斜、背斜亚类，原始储层分布控制了该类油气藏的形态。

3. 风化壳潜山型地层油气藏成藏要素

由于盆内或盆缘的古凸起被风化淋滤，形成层状结构的不整合，在具有正向构造的背景下，不整合顶部的风化黏土层作为顶板封盖层，不整合下部的半风化壳可形成缝洞型储集体。

岩壳、岩体潜山型风化壳的规模控制了地层圈闭储层分布，断层侧向封堵是断块地层

表 2-5　地层油气藏特征及控制因素

	亚类	形成条件	基本特征	成藏机理	控制因素	分布规律	不整合或层序级别
超覆型	披覆型	古隆起遭受剥蚀后期存在砂体披覆	水进体系域成因，储层岩性以碎屑岩、原生孔隙为主，侧向近源	不整合及渗透层为输导体，浮力为运移动力，侧向运移	砂体、顶底板，渗透层、断裂输导	盆缘缓坡带	层序组—正层序
	上超型	水进砂体逐层上超至湖盆边缘不整合或被剥蚀的高地上			砂体、顶板、断裂和渗透层输导	盆内突起区或盆缘缓坡带	巨层序—层序组
	下超型	低位期砂体下超，后期地层翘倾抬升	低位体系域成因		顶底板、侧向输导	盆缘构造掀斜区	层序—体系域
削截型	削截残丘型	岩层遭风化剥蚀形成丘状突起，后期被上覆岩层覆盖	储层为碎屑岩或碳酸盐岩，储集空间以原生孔隙为主，垂向或侧向近源	不整合输导，浮力为运移动力，两边侧向或垂向运移	顶板、断裂输导	盆内隆起区	大型—小型
	削截断块型	断层切割岩层形成断块，高部位遭风化剥蚀，被上覆地层遮挡			顶板、侧向断层封堵、断裂输导	盆缘或陡坡带	小型—中型
	削截褶皱型	背斜圈闭部分被剥蚀，后期被上覆岩层遮挡			顶板、断裂输导	盆内古隆起、底辟隆起区	小型—中型
	削截单斜型	地层掀斜剥蚀，侧向被同沉积岩层遮挡，被后期上覆岩层或流体遮挡			顶板、侧向断层封堵、断裂输导	盆缘或陡坡带	小型—中型
风化壳潜山型	岩壳潜山型	盆地内的局部隆起被风化后在下部形成	各种岩性储集体受风化形成的缝洞为主，侧向近源	不整合及渗透层输导，浮力为运移动力，侧向运移	不整合结构、断裂、侧向输导	盆内古潜山	小型—中型
	岩体潜山型	处于盆缘的潜山被剥蚀风化后在下部形成			不整合结构、断裂、侧向输导	盆缘古潜山	大型—中型
	裂缝潜山型	脆性岩性在应力集中区形成裂缝为主的储层	变质岩、火山岩等，储集层以裂缝为主，源下或侧源成藏	断裂为主要输导体系，浮力为运移动力，垂向或侧向运移	正向构造背景、断裂输导	盆地内部古隆起应力集中处	大型—中型
	缝洞潜山型	碳酸盐岩型潜山被风化后形成缝洞储层，顶部受风化黏土层封盖	碳酸盐岩的岩溶储层为主	断裂和横向连通缝洞输导，源上成藏	不整合结构、溶蚀缝洞、断层	盆内隆起区、碳酸盐岩发育带	大型—中型
	断壳潜山型	受断层控制的潜山风化形成储层，上覆受风化黏土层遮挡	各种岩性的风化地层，源下或侧源成藏	断裂和横向渗透层运移，侧向运移为主	不整合结构、断层输导	古隆起或斜坡带	大型—中型

圈闭有效性的关键。裂缝型储层主要受构造应力形成的裂缝系统控制，裂缝网络控制储层的分布，有效储层的分布受岩性性质，特别是弹性模量的控制，脆性岩性（如变质岩、火山岩等）分布区一般易形成储层，塑性岩性分布区不易形成裂缝储层。缝洞潜山型风

化壳控制了储层规模，有效的盖层条件是形成有效圈闭的关键。断裂系统和风化强度控制了断壳潜山型的风化规模和深度，往往形成梳状风化壳，断裂规模和风化壳的耦合是有效储层规模的重要控制因素，在长期风化淋滤地区各种岩性均可能形成有利储层，油气藏的单井产能主要受裂缝系统控制，在距断裂一定范围内的油气井一般能够形成高产，远离断裂的井产量一般没有靠近断裂井产量高。

四、地层油气藏的成藏模式

按照源储位置关系及油气运移和输导体系，将地层油气藏总结为5种主要的成藏模式，即地层超覆侧源成藏和不整合遮挡侧源成藏、源下成藏、源上成藏、自生自储成藏。

1. 地层超覆侧源成藏机理和模式

不整合面之上超覆沉积了砂体，砂体发育位置主要位于古地貌的斜坡带附近，不整合之上岩体下面或侧源发育有早期或同期沉积的烃源岩，超覆砂体下面烃源岩生成的油气沿断裂纵向运移至超覆砂体中聚集成藏，或是侧向低部位发育的烃源岩生成的油气沿不整合面逐步向高部位运移聚集，形成不整合超覆油气藏。这类油气成藏模式可形成大型—巨型地层超覆油气藏，油气藏规模主要决定于超覆砂体规模、烃源岩供油气能力以及保存条件。

以准噶尔盆地西北缘中拐地区二叠系为例说明（图2－43）。该地区二叠系内部发育多期不整合，不整合与水进体系域配合控制了多套砂体的分布。从烃源岩条件来看，发育石炭系和二叠系两套烃源岩，石炭系烃源岩位于不整合超覆砂体的下面和侧源，二叠系烃源岩位于原型沉积盆地中心部位，即现今构造低部位。石炭系和二叠系烃源岩生成的油气首先沿断裂纵向运移进入超覆砂体或不整合面内，再沿超覆砂体和不整合面横向向高部位运移，在构造相对高部位的超覆砂体内聚集成藏，形成不整合超覆地层油气藏。

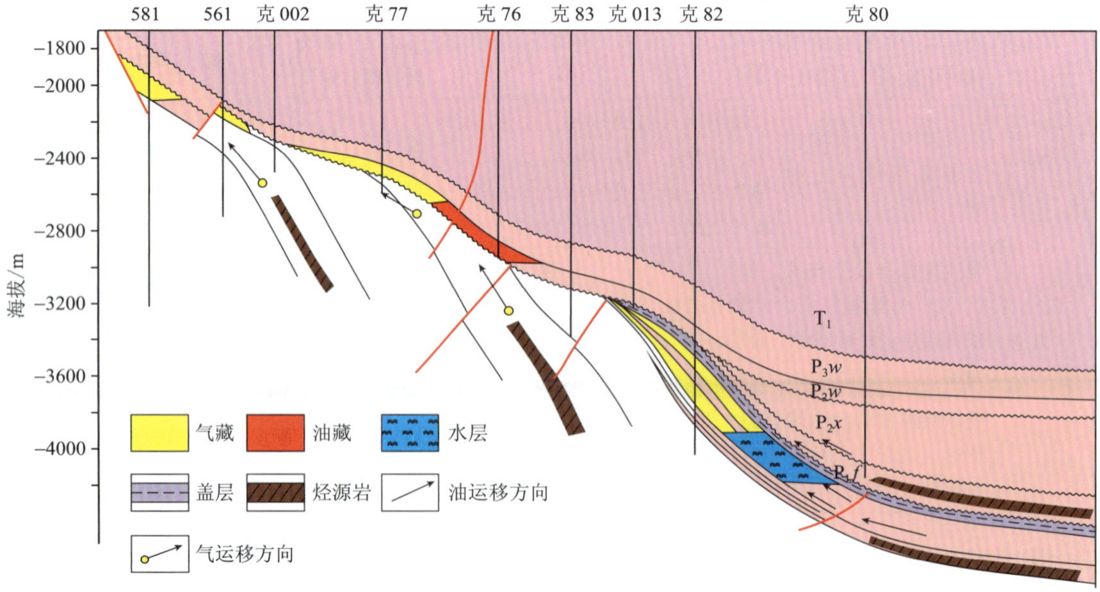

图2－43　准噶尔盆地西北缘不整合超覆油气藏成藏模式

2. 不整合遮挡侧源成藏机理和模式

该油气成藏模式特征是大型风化不整合体控制储层，位于古隆起或斜坡带，风化壳内有利储层沿断裂发育，上覆受风化黏土层或直接盖层遮挡形成有效圈闭，位于低部位的烃源岩生成的油气沿断裂和不整合面从低向高部位逐步运移聚集成藏。

以准噶尔西北缘上盘石炭系大型风化壳地层油气藏为例说明该类油气藏的成藏机理和模式。准噶尔盆地在石炭系沉积之后，二叠系发育一套快速水进形成的烃源岩，在一些地区二叠系烃源岩直接覆盖在石炭系之上，烃源岩又是有利盖层，生成的油气沿石炭系、二叠系之间的不整合面向高部位运移，在石炭系相对高部位聚集成藏，形成新生古储油气藏。西北缘上盘石炭系的大型地层油藏、石西火山岩潜山油藏就是典型实例。

准噶尔盆地西北缘上盘石炭系大型地层油藏，由老山边缘向主断裂，纵向含油厚度逐渐加大，由盆地边缘向盆地中心油层呈现出逐渐增厚的楔状（图2－44）。探明和预测含油面积连片，呈现出平面上满带含油、纵向多段含油的岩性－地层油藏特征。克－百断裂带上盘石炭系基岩顶面是一个向盆地中心平缓倾斜的斜坡，区内断层使石炭系基岩呈断阶式下降。但是基岩和基岩相接的断层面对油气起不了绝对分隔作用，断面不能阻止油气沿着区域上倾的方向运移。因此，油气总的分布趋势是受斜坡控制，基岩块体上倾方向一直延伸到盆地边缘的界山。克－百断裂带石炭系油藏是侵蚀面、岩性、裂缝控制的具裂缝、孔隙双重介质的强非均质性块状油藏，油藏被断层分割为台阶状，各区块的油藏含油跨度不同，各台阶油藏高度一般为该台阶顶面与下一级台阶油藏顶面的高程差，油藏底部没有统一的油水界面，边底水不活跃。

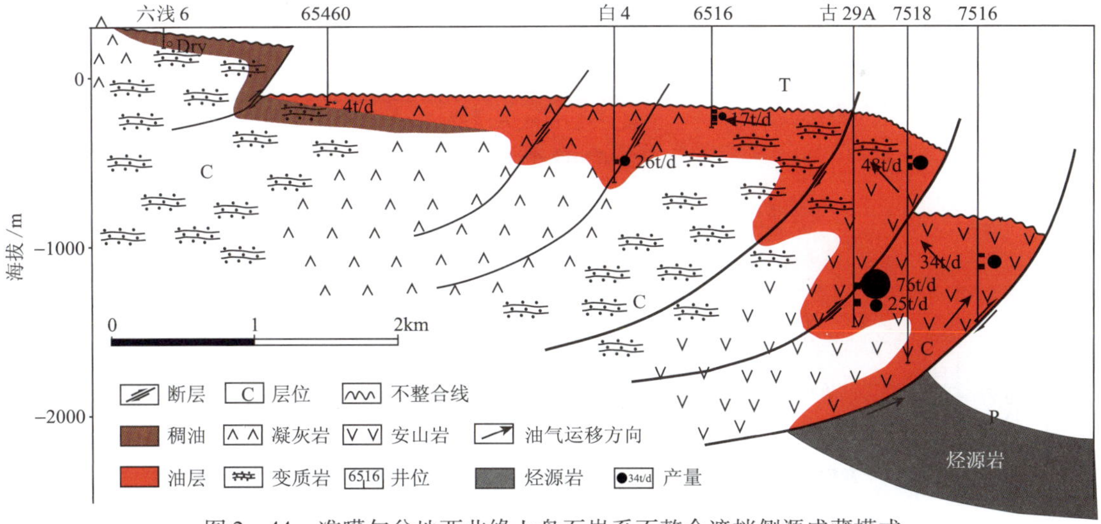

图2－44 准噶尔盆地西北缘上盘石炭系不整合遮挡侧源成藏模式

石炭系油藏和三叠系油藏在平面上叠合，三叠系油藏油气富集区也是石炭系油藏油气富集区。主要是由于克－百断裂下盘克拉玛依组油藏可以通过断层补给上盘基岩油藏，上盘基岩油藏里的油气又可以通过基岩顶部不整合面和断层进入克拉玛依组油藏。白碱滩组泥岩是这两个油藏组合的共同盖层。控制基岩油藏的基岩顶面构造和控制克拉玛依组油藏的底面构造是一致的，也就是说这两个油藏有共同的构造形态。同一个区域盖层和相同的构造形态，使这两个油藏具有大致相同的形成和分布条件。油藏受岩性、断裂、稠油及沥青阻挡，形成整体含油的封闭或半封闭圈闭。一般情况下，上倾方向、埋藏较浅、靠近老山的边缘区，白碱滩组泥岩盖层不发育，该地区主要为稠油。二叠系生成的油气沿断裂纵向运移，遇到风化壳横向输导体系后，沿横向运移，由低逐渐向高部位运移，在有效的地层圈闭中聚集成藏，形成新生古储侧源风化壳地层型油气藏。

3. 不整合遮挡源下成藏机理和模式

不整合体被烃源岩覆盖，烃源岩既是有效盖层，同时生成的油气又直接或沿断裂输导进入风化壳，并且沿不整合逐步由低部位向高部位运移，聚集形成油气藏，多为潜山油气藏，如辽河坳陷古潜山（图2－45）、兴隆台古潜山（图2－46）油藏。

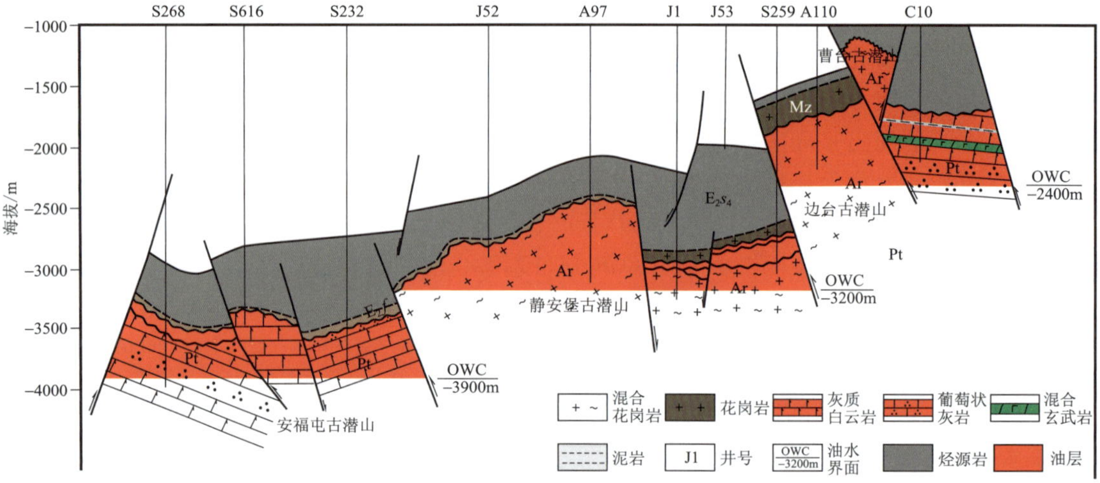

图2－45　辽河坳陷古潜山油藏剖面

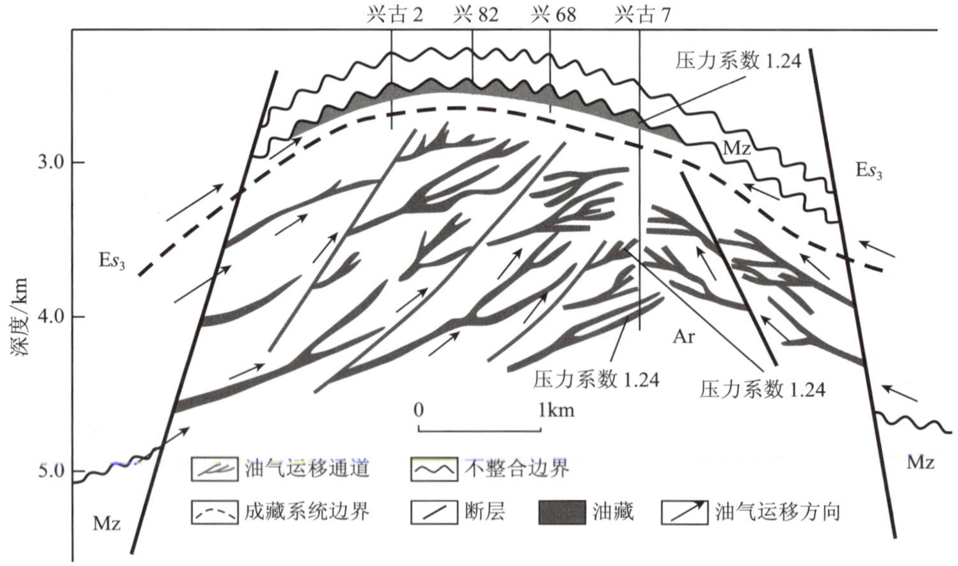

图2－46　辽河坳陷兴隆台古潜山不整合遮挡源下油气成藏模式

古潜山是一个地貌概念，一种古地貌特征（李德生，1985）。近年来在辽河坳陷的静安堡、曹台、安福屯、边台、兴隆台等古潜山发现了大型不整合遮挡地层油藏，这些地层油藏的发现突破了富油气凹陷潜山具有统一油水界面、潜山风化壳成藏和潜山油气藏为均一块状油气藏的认识。认识的突破不仅在纵向上和横向上都扩大了潜山油气藏的勘探领域，而且真正实现了两个方面的转变：一是实现了由寻找成藏条件较好的高、中潜山向低潜山的转变，平面上突破了边界限制；二是实现了由寻找潜山风化壳油气藏向内幕油气藏的转变，纵向上突破了深度限制。通过勘探实践，相继在兴隆台潜山、大民屯潜山、曙光潜山、中央凸起潜山油气勘探都获得了重大突破，发现了规模较大的富油气构造和有利含油气区带。通过对已发现的不整合遮挡地层油气藏的分析，认为其成藏需以下几个条件：

1）油气源充足，供油窗口大小决定了潜山含油气程度。如兴隆台古潜山四周被清水和陈家生油气洼陷包围，兴西和兴东断层可作为良好的油气运移通道，其中南侧的清水洼陷供油窗口可达4000m，窗口最大埋深可达6400m；北侧陈家洼陷供油窗口可达2400m，窗口最大埋深可达4800m，油气供给十分充足。

2）变质岩古潜山内幕油气成藏。传统地质观点认为潜山油气藏一般为风化壳油气藏，它具有两大特点：一是必须有较大的不整合面和较长时间的沉积间段，致使潜山不同类型的岩石经过长期的风化、剥蚀形成有利于油气储存的风化淋滤带；二是在不整合面之上必须有好的盖层存在以有利于油气保存。但在这两种因素中，风化淋滤带一般厚度为40～300m，这也决定了一般潜山的含油气幅度很难超过300m。辽河坳陷古潜山风化淋滤带主要发育于元古宇灰岩和石英岩潜山中，最厚的为曙光元古宇石英岩潜山（50～150m），而太古宇变质岩潜山由于以浅色矿物石英、长石和暗色矿物角闪石、辉石为主，致密坚硬，抗风化能力强，很难形成风化淋滤带和传统认识的潜山风化壳油气藏。兴隆台变质岩潜山油藏的形成受岩性和区域构造应力两种因素控制，具有十分明显的潜山内幕油气藏特点，主要表现在以下4个方面：

1）潜山岩性类型多样，变质岩潜山主要发育混合岩、片麻岩和角闪岩3种变质岩及少量酸性岩（花岗斑岩）、中性岩（闪长玢岩）、基性岩（煌斑岩）3种侵入岩。其中变质岩中以片麻岩为主，其次为混合岩，角闪岩最少。

2）在区域构造应力相同的条件下，岩性是决定潜山裂缝发育程度的关键，在区域构造应力相同的前提下，潜山中不同岩性裂缝的发育程度不同，主要表现为以石英、长石等浅色矿物含量较高的岩石裂缝十分发育，而以辉石、角闪石和黑云母等暗色矿物含量较高的岩石裂缝不发育。在3类变质岩中，裂缝从发育到不发育的规律是混合花岗岩→片麻岩→角闪岩，角闪岩基本不能作为储层；在3类侵入岩中裂缝从发育到不发育的规律是酸性岩（花岗斑岩）→中性岩（闪长玢岩）→基性岩（煌斑岩），基性岩（煌斑岩）一般不能作为储层。明显表现在区域构造应力相同的条件下，裂缝发育程度受岩性控制。

3）潜山内幕具有多元结构，兴隆台潜山不但有太古宇变质岩，而且有巨厚的中生界碎屑岩存在，主要分布在太古宇之上，具有南北薄、中间厚的特点。同时由于潜山内幕逆断层的存在，致使兴隆台潜山的成藏条件变得更加复杂，但中生界火山碎屑岩好的相带仍可作为好储层，展示了兴隆台潜山太古宇和中生界整体含油的特点。

4）同一潜山具有不同的压力系统，按照潜山风化壳含油整体为一个油藏的传统认识，最具特征的标志是具有统一的压力系统。但由兴隆台潜山不同试油层段的压力状况分析可知，不同层段压力系数变化较大，明显表现出潜山和潜山内幕油藏的特点。

4. 不整合遮挡源上成藏模式

区域性的沉积间断及剥蚀被不整合结构中的风化黏土层或后来沉积的非渗透层所覆

盖，形成不整合遮挡型地层圈闭，烃源岩位于不整合体的下面，生成的油气纵向沿断裂输导，平面沿不整合输导，油气聚集至不整合遮挡圈闭中成藏，如塔中奥陶系碳酸盐岩（图2－47）。

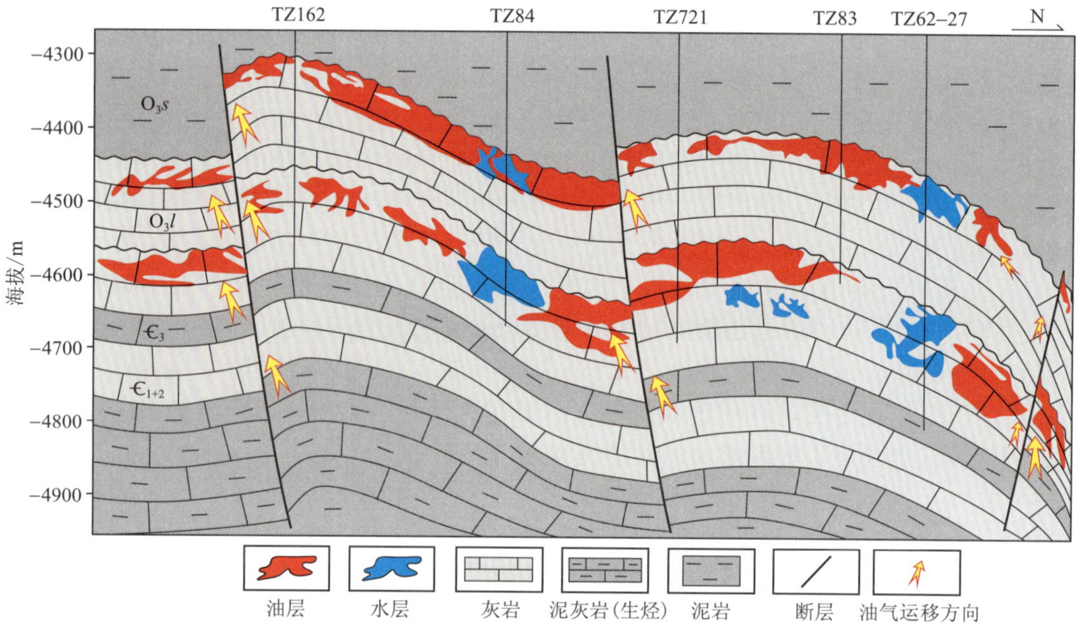

图2－47　塔里木盆地塔中地层不整合遮挡源上成藏模式

塔中岩溶不整合储层为多因素、多期次叠置成因，岩溶广泛分布。钻井、古生物、地震资料及区域地层对比表明，塔中北斜坡下奥陶统鹰山组为巨厚的碳酸盐岩沉积，受构造运动影响，鹰山组与良里塔格组之间广泛缺失吐木休克组、一间房组及鹰山组一、二段，为全球可对比的区域性大型不整合，沉积间断约10Ma，具备形成大型岩溶储集体的地质条件。钻探成果、地震预测证实，岩溶斜坡带是优质储集体发育的有利区。横向上，从东部塔中83井区到中部中古5、7井区，再到西部中古8、21井区储层连片分布；纵向上，储层厚度分布在不整合面之下220m范围内，集中发育层段为160m左右。其岩溶发育受多重因素控制，沉积岩相是基础，古地貌、断裂是岩溶发育的主要控制因素。

塔中岩溶的发育和保存都非常有利。多期次断裂活动不仅形成了有利于岩溶发育的断裂破碎带，更重要的是为岩溶纵深发育（多期叠置）和横向扩展（层间岩溶）提供了大气淡水与深层热水（烃类演化及火山热流体等）供给，形成塔中下奥陶统具有地区特色的穿时叠置大型岩溶储集体。

不整合风化体之下的寒武系发育良好的烃源岩，生成的油气沿断裂纵向运移，沿不整合面横向运移，在不整合体内聚集成藏，塔中已呈现出整体富集油气的态势，其油气分布受岩溶不整合控制，沿岩溶斜坡带富集，油气藏具有正常的温压系统，以凝析气藏为主，具准层状特征。

5. 不整合遮挡自生自储成藏模式

挤压环境形成的倾斜地层，地层整体风化剥蚀，造成风化壳与烃源岩互层发育，小型－中型不整合控制的风化壳发育于古隆起斜坡带，烃源岩生成的油气沿断裂纵向运移，沿不整合面横向运移，侧向受岩性遮挡，上覆受风化黏土层或直接盖层遮挡，形成此类油气藏。在具备自生自储的独立油气系统的地区和层位，当地层内部发育不整合时，就有可能为这类地层油气藏的成藏提供条件。北疆石炭系内部发育多期不整合，其中石炭系顶面的不整合为最大，控制了石炭系目前发现的主要油气藏的分布，同时发育受残留断陷控制的烃源岩中心，组成自生自储近源油气系统，属于自生自储油气成藏模式，已发现的克拉美丽气田、牛东油田均属于这类成藏模式。

以三塘湖盆地马朗凹陷石炭系为例说明（图2－48）。三塘湖盆地石炭系发育多套烃源岩，存在多个受断陷控制的有效生烃中心，油气主要围绕烃源岩中心附近分布，为油气成藏提供了油气来源，烃源岩以Ⅱ、Ⅲ型干酪根为主，石炭系提供了油和气的良好来源。石炭纪及其之后的构造运动使得石炭系内部形成了系列断裂，断裂在纵向上起到沟通油气源和输导油气的作用，油气主要围绕断裂附近分布。后期停止活动的封闭性断裂可形成侧向封堵，断裂在火山岩储层中的作用包括纵向油气输导和封堵两种。

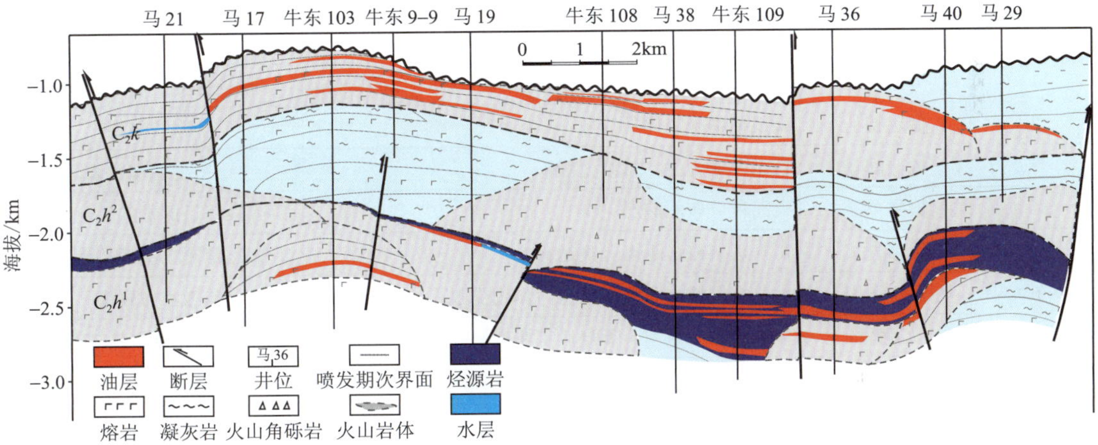

图2－48　地层不整合遮挡自生自储油气成藏模式

石炭系沉积后经历了不同时间的沉积间断，形成了不同风化程度的风化壳。风化壳内的有利火山岩相、岩性内形成了有利储层，中短期风化时，风化壳规模主要受风化壳火山岩岩相、岩性及火山机构规模控制；长期风化时各种岩性均能够形成有利储层，可行成不受火山岩岩相、岩性及火山机构规模控制的大型地层圈闭，风化壳与上覆盖层形成有效的地层圈闭，为油气成藏提供了有利场所。石炭系内部存在多套生储盖组合，火山岩与烃源岩间互发育，在有利的火山岩爆发相、溢流相等岩相，火山角砾岩、玄武岩等岩性中可形成有利储层，同时火山岩在火山喷发间歇期，火山岩中的有利岩相、岩性遭受短暂的风化剥蚀，可形成更为有利的火山岩储层，为内幕岩性圈闭形成提供了有利条件。

盖层和封堵条件是油气成藏的关键控制因素。风化壳地层型有效圈闭主要是依靠上覆风化黏土层、上覆地层中泥岩的遮挡；侧向主要是依靠封堵性断裂和岩相变化，如泥岩、非渗透性碎屑岩、封闭性断裂等的遮挡。内幕岩性型有效圈闭主要是依靠石炭系内部纵向上岩性储盖组合的变化及横向上岩性变化的遮挡。

火山岩油气成藏的输导体系，纵向上主要依靠沟通烃源岩和储层的断裂输导。横向上的输导存在较大的差别，风化壳地层型横向上的输导主要决定于风化壳在横向上的连通性，但由于北疆石炭系单个火山机构规模较小，中短期风化条件下，横向上的输导距离较短，油气藏围绕有效烃源岩中心分布，油气在此类风化壳内横向上的运移距离较远。

对于自生自储风化壳地层型油气藏，石炭系烃源岩生成的油气沿断裂在纵向上运移，沿风化壳在横向上运移，在火山岩风化壳内聚集成藏，形成自生自储的火山岩风化壳地层型油气藏。

第六节　连续型油气聚集理论

一、连续型油气聚集十大特征

邹才能（2011a）提出了非常规连续型油气聚集与常规圈闭成藏有 10 个方面明显的差异，连续型油气聚集也具有十大特征（表 2－6）。

表 2－6　连续型油气聚集十大特征

序号	特征	非常规连续型油气聚集	常规圈闭油气藏
1	分布特征	盆地斜坡、中心等大范围“连续”分布，局部富集	圈闭独立，非连续分布
2	储层特征	大规模纳米级储层为主	常规储层
3	源储配置	自生自储为主，持续生烃	多种源储关系
4	聚集单元	大面积分布的储层	界限明显的常规闭合圈闭
5	运移方式	初次运移或短距离二次运移	远距离二次运移为主
6	聚集作用	主要靠扩散方式聚集，浮力作用受限	靠浮力聚集
7	渗流特征	非达西渗流为主，无自然工业产量	达西渗流，有自然工业产量
8	流体特征	流体分异差，无统一流体界面与压力系统，饱和度差异大，油气水易共存	上油气下水，界面明显
9	资源特征	资源丰度较低，储量按井控区块计算	储量按圈闭要素计算
10	技术方法	开采工艺特殊，需针对性技术	常规技术为主，易开采

（据邹才能等，2011a）

1. 分布特征

连续型油气聚集分布在盆地中心、向斜或斜坡区，大范围“连续”分布，局部富集，突破了传统二级构造带控制油气分布的概念，有效勘探范围可扩展至全盆地，油气具有大面积分布、丰度不均一的特征。聚集空间分布连续是连续型油气聚集的最根本特征和标志。源储一体或储集体大范围连续分布、圈闭无形或隐形决定了油气大面积连续分布，油气聚集边界不显著，易形成大油气区。如致密砂岩油气是典型的连续型油气聚集，表现出空间上连续分布的特征，即致密砂岩气大面积连续分布，砂岩地层普遍含气，含气饱和度不均，缺乏明显气－水界面与边底水，油气聚集边界不明确。页岩气连续性特征更明显，页岩气产自其自身，又储集于自身，页岩气存在于页岩岩石颗粒之间的孔隙或裂缝中，或者吸附在页岩中有机物表面，没有明确的圈闭界限与气－水界面。煤层气是以吸附或游离状态赋存于煤层中，圈闭边界更难界定。源储直接接触的盆地中心及斜坡区油气聚集，空间分布具有“连续性”，如鄂尔多斯盆地三叠系致密油和上古生界致密气在平面上连续分布。

2. 储层特征

连续型油气聚集储层致密，大范围展布，主要发育大规模纳米级孔喉系统，孔隙度一般小于10%，渗透率为$1\times10^{-9}\sim1\times10^{-3}\mu m^2$，断裂带发育处伴有微裂缝，储层物性变好。如鄂尔多斯盆地苏里格地区盒8段（24282个数据）平均孔隙度为7.34%、渗透率为$0.63\times10^{-3}\mu m^2$，山1段（8141个数据）平均孔隙度为7.04%、渗透率为$0.38\times10^{-3}\mu m^2$，山2段（5389个数据）平均孔隙度为5.66%、渗透率为$1.42\times10^{-3}\mu m^2$；四川盆地须家河组（约40000个数据）平均孔隙度为5.22%、渗透率为$0.253\times10^{-3}\mu m^2$。页岩油气储层更加致密，孔隙度一般为4%～6%，渗透率小于$0.0001\times10^{-3}\mu m^2$。处于断裂带或裂缝发育带的页岩储集层渗透率则增加。

纳米级孔喉的广泛存在，是油气连续型聚集和分布的空间结构基础。如致密砂岩气储层广泛发育<1.0μm的纳米级孔隙，直径主体介于25～700nm之间，包括粒间孔、粒内孔、晶间孔及粒间缝。致密砂岩油储层以鄂尔多斯盆地湖盆中心长6油层组为代表，包括石英－长石粒内孔、黏土矿物－钠长石晶间孔及长石粒间缝，孔喉直径主体为60～800nm。致密灰岩油储层以川中侏罗系大安寨段为代表，包括方解石粒内孔、粒间孔、溶蚀孔及粒间缝，孔喉直径主体为50～800nm。纳米级孔喉网络决定了储层极低的渗透率（覆压基质渗透率$<0.1\times10^{-3}\mu m^2$），开发过程中需人造渗透率以提高产能，也限制了浮力在天然气运聚中的作用，气－水界限不明确，源储压差提供运移动力，近源聚集。

纳米级孔径一般在10～900nm之间。烃类分子、沥青质、环状构造、链烷烃和甲烷形成演化，呈现一种连续谱的特征，自身大小自沥青质的4nm（0.004μm）变化到甲烷的0.38nm（0.00038μm），皆小于纳米级孔喉大小。纳米级孔的发现，开启了微观储层特征与烃类演化时空匹配关系的研究，可以研究致密储层中油气驱替和流体活动的机制，对油气资源评价与勘探优选具有重要的现实意义。同时，随着技术方法的进步，油气储层微观孔喉研究将不断细化。油气储层孔喉研究将向着物理微观（埃（Å）及小于埃的尺度）、纳观（几分之一纳米到几十个纳米的尺度）和细观（亚微米到丝米之间的尺度）的超微观方向发展。

3. 源储配置

连续型油气聚集以源储共生的源储配置为主，发育持续生烃的广覆式优质烃源岩，源储一体或源储紧密接触，源内或近源大面积排烃。例如，鄂尔多斯盆地苏里格地区上古生界、川中须家河组等烃源岩有机质丰度高、中—高成熟度，煤系可持续生气，为致密砂岩大气区的形成奠定了物质基础（戴金星等，2007，2008；邹才能等，2009a）。大型坳陷湖盆沉积后，受区域构造及基底稳定性影响而发生区域性沉降，沉降幅度具相似性，致使烃源岩在相同或相近的地质年代大面积进入成熟阶段，形成“广覆式”烃源层系。与烃源层有充分接触的储集砂体，使油气大面积聚集成为可能。

4. 聚集单元

连续型油气聚集单元是大面积储集层，不存在明显或固定界限的圈闭和盖层。如四川盆地须家河组、鄂尔多斯盆地上古生界和中生界致密砂岩（图2－49），连通的砂体中存在物性非均质性，天然气聚集在相对好的砂体中，弥散式分布，没有明显的圈闭界限。一个相似储集层系就是一个油气聚集系统，储量计算也主要依据井控区块面积。例如，美国 Fort Worth 盆地石炭系 Barnett 页岩含气面积达 $1.6\times10^4km^2$，Barnett 页岩既是烃源岩，又是储集层，但这种类型的气聚集区不具有传统意义上的圈闭，天然气分布表现为“连续”聚集的特点。

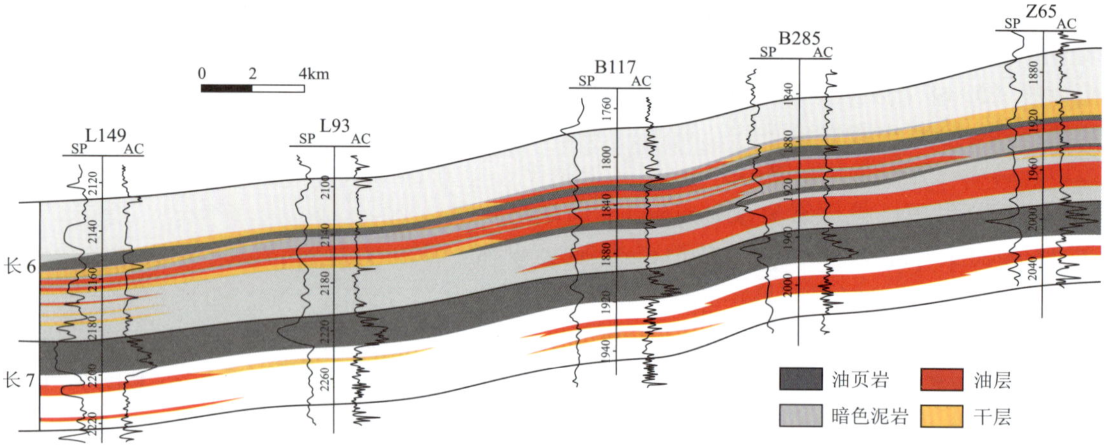

图 2 - 49　鄂尔多斯盆地中生界延长组致密油剖面

5. 运移方式

连续型油气聚集运移距离一般较短，为初次运移或短距离二次运移，尤其是煤层气、页岩油气，“生 - 储 - 盖”三位一体，基本上生烃后就地存储。致密砂岩油气存在一定程度的二次运移，但渗滤扩散作用是油气运移的主要方式，导致油气水分异差，如四川盆地须家河组、鄂尔多斯盆地上古生界大面积含气（图 2 - 26），气水共存。生产实践证实，致密油气中流体渗流以非达西渗流为主，存在启动压力，需附加驱替力才可使流体开始流动，形成油气生产能力。

6. 聚集作用

连续型油气聚集过程中，区域水动力影响较小，水柱压力与浮力在油气运聚中的作用局限，以扩散作用等非达西渗流为主，浮力作用受限，油气水分异差，但“甜点”区油气运移主要受浮力控制。源内油气主要是滞留聚集，源外油气主要靠渗透扩散。运聚动力为烃源岩排烃压力，受生烃增压、欠压实和构造应力等控制，运聚阻力为毛细管压力，两者耦合控制了油气边界或范围，多表现为油、气、水层易共存，呈连续相，分布较复杂，无明显油气水界线，含油气饱和度差异较大。

7. 渗流特征

无自然工业产量，非达西渗流是连续型油气聚集的典型特征之一。以致密砂岩为例，渗流机理受孔渗条件和含水饱和度控制，存在达西流和非达西流双重渗流机理，广泛存在非达西渗流现象，其聚集过程显示出“整体性推进、地毯式运聚”的动力机制。碳酸盐岩连通的缝洞体、致密砂岩中溶蚀相带或裂缝带是油气富集区。因此，连续型油气聚集也存在“甜点”控制下的有利区，是连续型油气聚集优先开发的重点。

对广安地区低渗透砂岩岩心样品进行了天然气充注及含气饱和度增长实验。将不同渗透率岩样的渗流曲线绘制在同一坐标系中，可以看出渗透率对饱和水条件下气体渗流曲线的影响：一是曲线形态、位置随渗透率不同而有规律变化；二是渗透率越低，非线性段越长，其启动压力梯度值越大（图2－50）；三是随着渗透率降低，渗流曲线逐渐向压力梯度轴靠近，曲线非线性段延伸变长，曲率变小，曲线的直线段在压力梯度轴上截距增大。

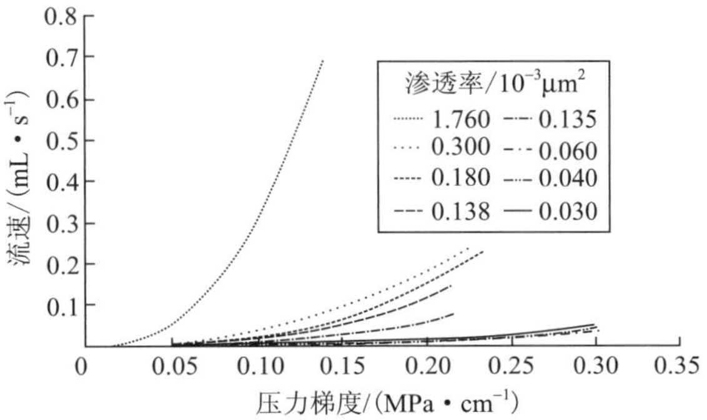

图2－50　四川盆地须家河组致密砂岩饱和水条件下气体渗流典型曲线

连续型油气聚集过程，如上述致密砂岩天然气运聚渗流实验中，渗流曲线呈现低速非达西渗流特征，存在启动压力梯度。在实验流速范围内，渗流曲线由平缓过渡的两段组成：较低渗流速度下的上凹型非线性渗流曲线和较高流速下的拟线性渗流曲线，渗流曲线主要受岩心渗透率的影响，渗透率越低，启动压力梯度越大，非达西现象越明显。致密砂岩气驱水实验中，岩心最大含气饱和度不超过50%，主要分布在30%～40%之间，平均为38.27%。致密储层非达西渗流机制决定了油气驱水阻力大、含油气饱和度低的特点。需要人工压裂注液，增加驱替力，形成开采的流动机制。

8. 流体特征

连续型油气分布的特征是大范围弥散式含油气，存在“甜点”和富集区带，油气聚集下部或下倾部位无水，油气水分布复杂，无统一气油水界限和压力系统。如四川盆地须家河组油气水关系复杂，“气－水－干层”混相共生，存在上水下气、上气下水、纯气层等多种复杂情况，主要是由于须家河组大面积低孔渗平缓砂层中浮力驱气作用局限，气、水关系及其分布受孔渗大小控制。

9. 资源特征

连续型油气聚集区资源丰度较低，储量按单井或井控区块计算。目前可用理论地质资源量、可探明地质资源量和技术资源量3个级别来评价连续型油气。理论地质资源量是地下客观存在的资源量；可探明地质资源量是企业依照行业规范可发现的油气资源规模；技术可采资源量是在当前技术条件下能够开采出来的油气资源规模。未来需研究技术与经济可采资源量。以鄂尔多斯盆地致密油气为例，截至2010年底，苏里格致密气探明地质储量为$2.8\times10^{12}m^3$，理论地质资源量为$3.9\times10^{12}m^3$；中生界致密油已探明地质储量为5.3×10^8t，理论地质资源量为35×10^8t以上。随技术、市场、政策等变化，技术与经济可采资源量也将发生变化。

10. 需要针对性的开采工艺

常规技术难以开采，需针对性技术提高产能，如人工改造增产、大量钻井、多分支井或水平井、体积压裂等。单井初期产量较高，但递减快，后期低产稳产时间较长，显示出开采过程中动态“连续性”特征，但须重复压裂。资源评价和有利区预测与常规油气不同，需发展针对连续型油气聚集的核心勘探和开发技术，如资源与储量评价预测方法、叠前地震储层预测与流体检测等特殊勘探开发技术。如美国的Barnett页岩气，单井开发后期具有产量低（$0.1\times10^4\sim1\times10^4m^3/d$）、生产周期长（30～50年）的特点，需要通过水平井、分段压裂等技术才能实现经济有效开发。

连续型油气聚集尤其是连续型天然气，开采过程中，通常持续产气，压裂后的3～5年为1个生产周期，产能逐渐下降，再次压裂后会恢复到原来产能，压裂次数和产能循环可重复多次。连续气在开发过程中低丰度的游离气、吸附气、自由气（分散气）不断聚集，使得气可以持续被采出，显示出开采过程中的连续性。以页岩气为例，据美国页岩气井统计，页岩气生产周期比较长，页岩气投入生产时，裂缝及其附近基质孔隙中的游离气首先被采出，随着地层压力降低，岩石表面吸附气开始解吸，通过扩散进入裂缝系统，裂缝中的页岩气则以渗流方式进入井底，采至地面。当裂缝及附近游离气和吸附气逐渐减少后，可通过再次压裂，形成新的裂缝系统，产能增大，进入新的生产周期，经过多次压裂延长生产寿命，一般页岩气井开采寿命可达30～50年。USGS（美国联邦地质调查局）的最新数据显示，Barnett页岩气田气井开采寿命预计可达80～100年。致密砂岩气等也具有开采过程连续的特征（Hill et al.，2007；Shanley et al.，2004）。

二、源储共生与油气聚集层系

从常规圈闭油气藏到常规油气聚集区带，再到源储共生非常规油气聚集层系，代表了油气勘探开发领域和目标的变迁。单个圈闭中如果聚集并保存了油气则成为油气藏。油气聚集区带是受同一个二级构造带或地层岩性变化带控制、油气聚集条件相似的一系列油气田或油气藏的总和，强调了油气藏边界的概念和作用。非常规油气聚集层系是储集于大面积源储共生层系的纳米级孔喉系统，以及碳酸盐岩缝洞、火山岩储层、变质岩储层中呈准连续型的油气聚集，一般呈层状分布，突破了带状分布和油气藏的理念，无明显“藏”边界，强调了连续层状分布。源储共生层系油气聚集是非常规油气勘探开发的重点领域。以松辽盆地油气开发为例，早期以构造高点背斜油气藏为目标，发现了大庆长垣背斜油藏聚集带；其勘探目标转向斜坡部位的构造-岩性、岩性油藏聚集带，常规圈闭油气的大规模发现及开发支撑了大庆油田的长期高位稳产；现今油气发展推向斜坡低部位的致密砂岩油聚集区，以及盆地中心的泥页岩油聚集区（图2-51）。

鄂尔多斯盆地是中国源储共生层系油气勘探的典型地区，以此为例阐述。鄂尔多斯盆地是一个大型叠合含油气盆地，油气资源丰富，“满盆气、半盆油”（图2-52），发育海相、海陆过渡相和陆相沉积地层：①下古生界为海相碳酸盐岩沉积，天然气主要分布在中央古隆起东侧古斜坡区马家沟组风化壳岩溶孔洞储集层中；②上石炭统—下二叠统为海陆过渡相沉积，发育太原组和山西组两套主要煤系源岩层系，山西组沉积末期变为大型缓坡型河流-三角洲陆相沉积，天然气主要分布在伊陕斜坡北部的大面积致密砂岩储集层中；③上三叠统发育延长组大型内陆坳陷湖盆沉积，下侏罗统发育延安组河流湖沼相沉积，石油主要分布在伊陕斜坡南部三角洲和湖盆中心大面积展布的致密砂岩储集层中。鄂尔多斯盆地发育了石炭-二叠系煤系和上三叠统湖相泥页岩两套主要源岩。围绕这两套主要源岩，形成了两套源储共生油气聚集层系：①太原组-山西组煤层气、页岩气和致密砂岩气，下石盒子组致密砂岩气和下奥陶统马家沟组风化壳岩溶气层；②上三叠统延长组-侏罗系致密砂岩油和延长组7段页岩油。鄂尔多斯盆地已发现的油气基本集中在这两大源储共生层系内。

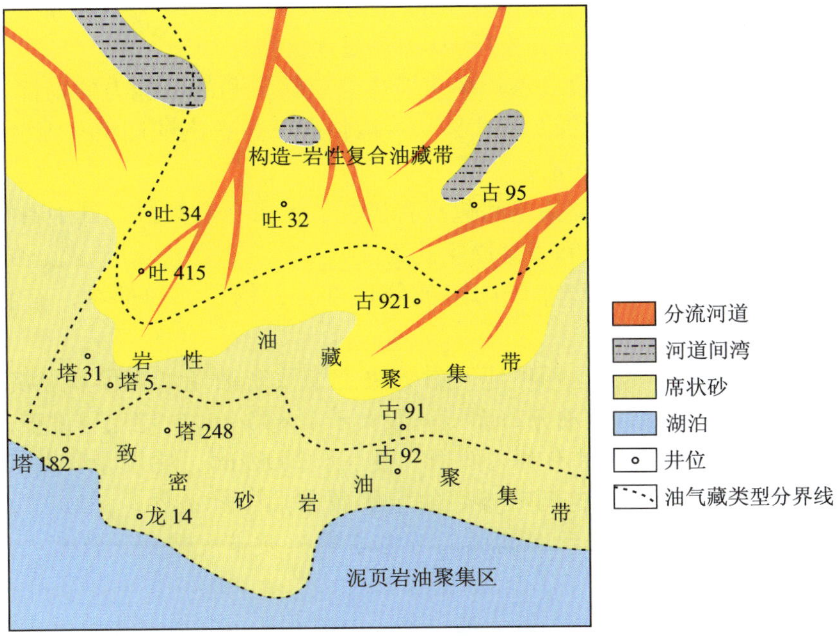

图 2－51　松辽盆地不同类型油气聚集带分布模式

（据大庆油田，2012）

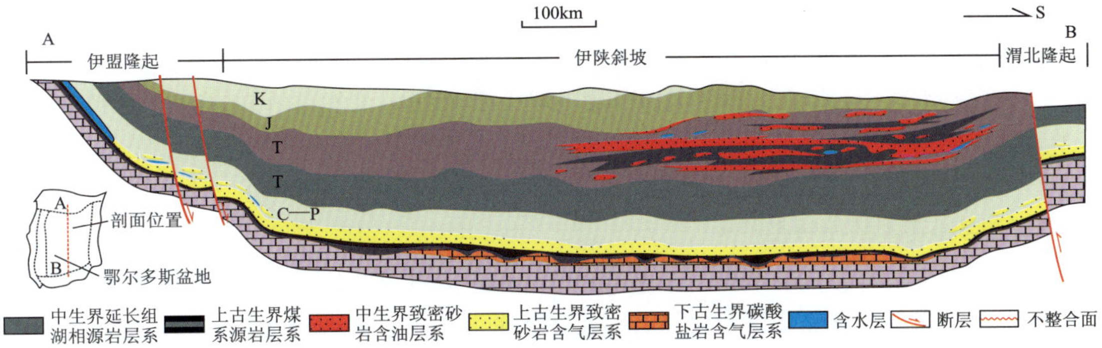

图 2－52　鄂尔多斯盆地源储共生层系连续型油气聚集剖面

（据邹才能等，2013）

三、致密油地质特征与赋存状态

1. 致密油特征及评价指标

邹才能等（2012a，2012b）提出了致密油的 4 个明显标志：①大面积分布的致密储层（孔隙度 $\varphi<10\%$，基质覆压渗透率 $k<0.1\times10^{-3}\mu m^2$，孔喉直径 $d_{\pi}<1\mu m$）；②广覆式分布的成熟优质生油层（Ⅰ型或Ⅱ干酪根，平均 $TOC>1\%$，R_o 为 0.6%～1.3%）；③连续性分布的致密储层与生油岩紧密接触的共生关系，无明显圈闭边界，无油“藏”的概念；④致密储层内原油密度大于 40API 或小于 0.8251g/cm^3，油质较轻。北美已在致密砂岩和致密灰岩两类储层中获得了工业突破。

贾承造等（2012）根据致密油层与生油岩层紧密接触的成因关系，确定了 3 种致密油类型：①湖相碳酸盐岩致密油；②深湖水下三角洲砂岩致密油；③深湖重力流砂岩致密油。他同时提出了致密油规模经济开发的10项关键评价指标。

1）孔隙度和渗透率：孔隙度和渗透率是描述储层储集和渗流能力的物性参数，根据现行的储层分类标准和国内外勘探开发实践，一般情况下，致密油储层孔隙度小于10%，基质覆压渗透率小于$0.1\times10^{-3}\mu m^2$。

2）基质孔隙类型：致密油储集空间包括有机孔、无机孔和裂缝，其中有机孔以干酪根纳米孔为主，无机孔以溶蚀孔和残余原生孔为主。

3）构造背景：致密油一般分布于凹陷或斜坡部位，构造相对简单，有利于大面积含油。

4）分布面积与储层厚度：这两项地质参数决定了致密油储量规模和经济开发价值。根据国内外数据统计，北美致密油分布面积一般大于$1\times10^4km^2$，储层厚度变化大，一般为5~60m；中国主要盆地致密油有利区面积一般小于$2000km^2$，储层厚度为10~80m。

5）有机碳含量和成熟度：这两项参数决定了致密油生烃条件，一般要求*TOC*大于1%，R_o为0.6%~1.3%。北美致密油区的烃源岩有机质丰度较高，*TOC*一般为4%~10%。

6）地层压力：北美致密油层一般为超压层，中国除鄂尔多斯盆地为低压异常外，其他盆地致密油层大多具有异常超压，地层压力系数一般大于1.2。

7）流体性质及可流动性：致密油油质轻，以轻质油为主，原油密度大于40API或小于$0.8251g/cm^3$，流动性好。

8）钻井深度：致密油层埋藏深度适中，一般为1000~3500m，有利于后期开发。

9）可压裂性：致密油层脆性矿物含量一般大于35%，天然裂缝较发育，有利于采用水平井分段压裂技术，提高单井产量。

10）地面条件：地面条件决定了工程施工的难度，对开发成本有重要影响。

2. 致密油基本地质特征

致密油的形成需要具备至少3个条件：大面积分布的储集层、广覆式分布的优质生油层以及连续分布的致密储集层与生油岩紧密接触的共生层系。致密油多表现为以下特征：

1）源储共生，圈闭界限不明显，优质生油岩区致密油大面积分布。

2）储层物性差，基质渗透率低，一般空气渗透率$\leqslant1\times10^{-3}\mu m^2$，孔隙度$\leqslant10\%$；有利沉积相带控制储层发育，由于沉积物成熟度低，颗粒细，分选差，胶结物含量高，后生成岩作用强烈，使储层变得十分致密。

3）持续充注，非浮力成藏，油气以短距离运移为主；油藏压力系数高、油质轻；生油岩成熟区（$0.9\%\leqslant R_o\leqslant1.3\%$）气油比高，易高产。

4）按成因分为原生低渗透－致密油藏和次生低渗透－致密油藏。一般原生低渗透－致密油藏主要是受沉积作用的影响，沉积物粒度细，泥质含量高，分选差，以原生孔为主，储层大多埋深较浅，未经历强烈的成岩作用改造，岩石脆性低，裂缝不发育，孔隙度较高，而渗透率较低，多数为中高孔低渗型。次生致密油藏主要是各种成岩作用改造的结果，这类储层原是常规储层，但由于压实作用、胶结作用等，大大降低了孔隙度和渗透率，原生孔隙残留较少，形成致密层。

5）孔喉半径小，纳米级孔喉系统发育，主体直径为40~900nm；毛细管压力高，原始含水饱和度较高，一般含水饱和度为30%～40%，个别高达60%，原油相对密度多数小于0.85，地层黏度多数小于3mPa·s。黏土矿物含量高，水敏、酸敏、速敏严重。

6）油层砂泥交互，非均质性严重，由于沉积环境不稳定，砂层的厚薄变化大，层间渗透率变化大，有的砂岩泥质含量高，地层水电阻率低，给油、水层划分带来很大困难。

7）天然裂缝相对发育，岩性坚硬致密，存在不同程度的天然裂缝系统，一般受区域性地应力的控制，具有一定的方向性，对油田开发的效果影响较大，裂缝是油气渗透的通道，也是注水窜流的条件，且人工裂缝又多与天然裂缝方向一致。

8）油层受岩性控制，水动力联系差，边底水驱动不明显，自然能量补给差，产量递减快，生产周期长，稳产靠井间接替，多数靠弹性和溶解气驱采油，油层产能递减快，一次采收率低，只能达到8%～12%，采用注水保持能量后，二次采收率可提高到15%～20%。

9）渗透率低，孔隙度低，必须通过酸化压裂投产，才能获得经济价值。

10）孔隙结构复杂，喉道小，泥质含量高，以及各种水敏性矿物的存在，导致开采过程中易受伤害，损失产量可达30%～50%。因此，在整个采油过程中，保护油层至关重要。

四、致密砂岩气形成与分布

由于致密砂岩储层具有低孔低渗—超低孔渗—致密的特征，纵向上非均质性强，储渗体横向连续性差，导致致密砂岩油气水关系复杂，油气水分异程度差，一般无统一的油气水界面，无统一的压力系统，同时由于裂缝的沟通作用更增加了其复杂性。

致密砂岩气往往是盖层、圈闭界限或者气藏边界不明确，大面积连续含油气，主要具有以下地质特征：①烃源岩多样，有进入正常热演化程度的含煤岩系和湖相、海相烃源岩；②油气分布不受构造带控制，斜坡带、坳陷区均可以成为有利区，分布范围广，局部富集；③储集层多为低孔渗—特低孔渗—致密砂岩储层，非均质性强，含水饱和度较高，储层大规模分布；④成藏组合以自生自储为主，源储一体，紧密接触；⑤油气运移以一次运移或短距离二次运移为主，油气聚集主要靠扩散方式，浮力作用受限；⑥油气渗流以非达西流为主；⑦油气具有多期多阶成藏特点，成藏机理特殊，与常规油气藏互补；⑧流体分异差，无统一流体界面与压力系统，饱和度差异大，油、气、水易共存；⑨资源丰度较低，平面上形成大油气区，但一般无自然产量或产量极低，需采用适宜的技术措施才能形成工业产量，稳产时间较长。

1. 致密砂岩气压力系统

常压、低压、高压、异常高压均有分布。油气层压力以常压为主，局部出现异常低压。如鄂尔多斯盆地苏里格气田气层埋深在3200～3410m之间，气层压力为27～32MPa，压力系数一般在0.83～0.89之间，表现为异常低压；四川盆地广安气田气层埋深在2100～2800m之间，气层压力为25～39MPa，压力系数一般在1.13～1.52之间，整体表现为异常高压，且由东向西地层压力逐渐增高，部分井出现气、水同层现象；四川盆地合川气田须二段气藏地层压力系数为1.07～1.52，属常压—高压气藏，部分井出现气、水同层现象。

2. 致密砂岩气地质特征

在盆地中心、斜坡等大范围“连续”分布，局部富集。如榆林气田、靖边气田、大牛地气田、苏里格气田等均分布在陕北斜坡，构造平缓（坡度为1°~3°），断层不发育。四川盆地合川气田分布在川中平缓斜坡带上（坡度为2°~3°），断层不发育；广安气田主体位于广安构造，发育多条近东西向断层，但在广安构造外围的平缓构造区，仍然存在大面积含气区。

储层以大规模非常规储层为主。储集层物性以低孔、（特）低渗为主，孔隙类型以孔隙型、孔隙-裂缝型为主。如：鄂尔多斯盆地苏里格气田，砂岩孔隙度主要集中在5%~12%之间，渗透率为$0.1\times10^{-3}\sim0.82\times10^{-3}\mu m^2$，但储集层物性明显受岩性影响，粗砂岩的孔隙度大于10%，渗透率大于$0.82\times10^{-3}\mu m^2$，而细粒砂岩孔隙度一般小于5%，渗透率小于$0.03\times10^{-3}\mu m^2$。四川盆地广安气田须四段，气层孔隙度集中在6%~14%之间，平均为9.9%，渗透率集中在$0.2\times10^{-3}\sim5\times10^{-3}\mu m^2$之间，孔隙类型以粒间孔、粒内溶孔为主，局部裂缝发育，总体储集类型属裂缝-孔隙型。

根据对四川盆地须家河组、鄂尔多斯盆地上古生界、吐哈盆地山前带、塔里木盆地库车山前带深层、松辽盆地深层等致密砂岩成藏地质特征和主控因素的分析，结合成藏物理模拟实验结果，表明致密砂岩气形成以一次运移或短距离二次运移为主，天然气聚集主要靠扩散方式，浮力作用受限，渗流以非达西流为主，具有多期多阶成藏特点。

如四川盆地上三叠统须家河组致密砂岩气藏，成藏组合主要为自生自储，以须家河组自生烃类贡献为主。须二、须四或须六段储层与下伏须一、须三或须五段烃源层直接接触，下伏生成的天然气可通过垂向运移向上注入须二、须四或须六段储层中，也可依靠连通下部烃源层的断裂及其裂缝作为烃类垂向运移的主要途径。横向运移则主要靠须家河组内部的孔隙层，尤其是在缺失须一段沉积的地区，须二段储层直接覆盖在雷口坡组之上，如磨溪、通贤、龙女寺和界石场—河包场地区以及广安构造。

强烈的胶结和压实作用，导致储层孔隙度和渗透率均较低，不利于油气在层内大规模横向运移。须家河组内部的断层规模虽然不大，长度一般只有几千米，断距普遍小于100m，但数量不少，伴生裂缝发育。这些断层及其伴生的裂缝，可以明显改善须家河组砂岩储层的横向连通性，有利于油气的横向运移和聚集成藏。

根据须家河组烃源岩演化史、储层演化史以及圈闭发育史，结合薄片镜下观察，可以确定川中-川南过渡带须家河组油气存在3次运聚期。第一期为燕山早中期的晚侏罗世，对应须家河组烃源岩生油气初期阶段，部分地区须家河组下部须一、须三段烃源岩进入生油气期；第二期为燕山中晚期的白垩纪—古近纪，对应本区须家河组各段烃源岩进入生油气高峰期，当然也不排除部分地区下伏地层生成的油气注入，但总体上以须家河组天然气注入为主，为本区须家河组油气大量生成和运移聚集期；第三期为喜马拉雅运动以来的新近纪至今，由于构造活动，圈闭定型，已经形成的油气藏由于构造活动的影响，经历重新调整、再分配和转移的再成藏期，露头区天然气甚至运移散失。

第七节 复合含油气系统

自1972年Dow首次提出“石油系统”以来，含油气系统的概念得到了不断完善和发展。按照Magoon和Dow（1994）的定义，含油气系统是指一个与有效生烃灶相联系的，由其中的油气生成、运移和聚集过程形成的天然流体系统，包括由该生烃灶形成的所有油气藏以及形成这些油气藏必不可少的一切地质要素和作用过程。这种单（多）源灶一期生烃和成藏的简单含油气系统可用“四图一表”来描述，具有以下要点：①强调生烃灶质量与生烃有效性；②强调以生烃灶为核心划分含油气系统，一套有效的烃源岩就形成一个含油气系统；③强调含油气系统的独立性，即系统内部油气生成、运移与聚集过程自成一体，与外界不存在流体的交换；④强调含油气系统形成并存在于三维地质单元内，即在垂向上涉及一定的地层剖面，平面上具有一定的展布范围，这个范围以油气在历史上发生运移和聚集所涉及的最大空间范围为边界；⑤强调在决定油气藏形成的关键时刻，研究建立各成藏地质要素与作用过程的空间吻合关系和分布；⑥强调含油气系统划分的目的是确定油气资源评价基本单元，并有效预测油气藏空间分布，从而在勘探选区和目标选择上最大限度地降低风险；⑦依据含油气系统的可靠程度将含油气系统划分为已知、可能和推测三级。在此基础上，考虑关键成藏地质要素，如烃源岩和储集层以及含油气系统的可靠程度命名含油气系统。

但是，国外含油气系统概念在应用于中国叠合含油气盆地进行油气资源潜力与分布预测时，表现出局限性：

1）中国沉积盆地往往经历了多期演化，不同时期盆地通过继承、延变与改造等方式叠合在一起，形成叠合盆地。叠合盆地中往往发育多个生烃灶，每个生烃灶内往往又沉积了多套烃源岩。

2）不同层系烃源岩间可能曾发生过较大规模的构造运动，因此同一生烃灶中往往存在多期大量生排烃过程，单从生烃和成藏来说，一个生烃灶范围内有多个关键时刻。先期形成的油气藏有可能在地质历史的某个阶段，受到构造运动的影响而发生大规模的调整甚至破坏。因此，对叠合盆地的含油气系统来说，不仅有大量生烃和成藏的关键时刻，还有与油气大规模调整与破坏相关的关键时刻。

3）来自不同生烃层系的油气往往在某些运聚单元内发生窜通、混聚、调整甚至破坏。因此，基于生烃灶、运移过程与圈闭之间的关系，对含油气系统内部油气资源潜力与空间分布的评价，往往因多源混合、多关键时刻与复杂的油气成藏过程，而变得十分复杂，存在相当大的局限性和误差。

4）复合含油气系统的分级更多地关注不同油气系统间流体的交换和复合系统的综合边界，对油气系统命名与简单含油气系统有较大差别。

赵文智等（2005d）针对简单含油气系统概念的局限性，提出了复合含油气系统的概念；总结分析了复合含油气系统多源、多灶、多期生烃和成藏以及来自不同源灶的油气在某些运聚单元内发生窜通、混聚现象，甚至在油气成藏过程中发生大规模油气散失等基本特征，提醒同行在引用国外概念与方法时所应注意的问题；最后指出了复合含油气系统评价的思路与方法，展示了复合含油气系统概念在叠合盆地油气资源评价与分布预测中的作用。

一、复合含油气系统的概念与内涵

复合含油气系统是指在叠合含油气盆地某一或数个负向单元内，由多期继承或跨越重大构造期的多套烃源岩集中发育，并在演化发展的全过程中出现多期生烃、运聚成藏与调整改造的变化，导致多个含油气系统叠置、交叉、窜通与油气的混聚，甚至在含油气系统形成过程中还出现过已聚集的油气藏大规模散失等情况，由此形成的含油气系统。这一概念是中国学者针对中国大陆多旋回构造发展特点以及叠合含油气盆地独特的石油地质特征提出的。

和经典的含油气系统相比，复合含油气系统概念包括如下含义：①组成复合含油气系统的生烃灶至少有一个，而其中的烃源岩层系至少是两套以上，且在平面上重叠或大部分交叉；②两套以上的烃源岩层系或两个以上生烃灶中的油气生成和大规模运移与聚集允许一期出现，但往往是多期次的，并共享部分石油地质要素，如同一套区域性盖层、同一个运移输导网络、统一的上覆层以及同一个油气聚集区带等；③每一套生烃层系都允许有自己独立的油气聚集，但相互叠置或交叉重叠的烃源岩所形成的油气又有一部分发生了窜通，如油气通过不整合面或断裂带发生运移，在两个生烃灶之间的隆起部位、斜坡部位或生烃灶侧缘的断裂背斜带上发生混合聚集，使两个或两个以上的含油气系统既有独立性，又很难独立分开；④复合含油气系统的形成往往有多个关键时刻，包括各生烃层系与各生烃灶大规模生烃和排烃与成藏的时间，也包括已经形成的油气藏大规模被破坏或被调整到新圈闭中再聚集的时间；⑤含油气系统的“复合”首先强调两个在空间位置上完全重叠或交叉分布的含油气系统之间存在部分烃类流体的交换。因此复合含油气系统的边界应在确定各相对独立系统边界的基础上，根据各系统叠置、交叉与油气窜通涉及的空间范围，取其最大外边界。

复合含油气系统内油气资源总量的预测应考虑各生烃灶的所有贡献，各区带和目标含油气的把握性与油气潜力丰度的预测，应在各系统运聚单元划分与各生烃灶油气运移流向和总量空间分配以及油气在某些区带上窜通数量预测分析的基础上，分级评价并客观划分其优劣。

二、中国复合含油气系统基本特征

1. 中国沉积盆地演化特征

中国大陆主体由包容在几个巨型造山带之间的华北、扬子、华南、塔里木等克拉通块体及众多的微陆块拼合而成，在地质历史上受古亚洲构造域、古特提斯构造域与滨太平洋构造域三大动力学体系的控制，经历了早古生代陆－洋分化对峙、晚古生代大陆板块聚敛拼合与中新生代板内变形并导致盆山对立三大演化阶段，相应发育了早古生代海相盆地（集中于塔里木、扬子与华北三大克拉通之上）、晚古生代海陆过渡相盆地及中新生代陆相盆地，上述三大演化阶段以及产生的不同类型的沉积层序在垂向上叠置，在平面上复合，形成叠合沉积盆地。这种在地壳的某一负向构造单元内，多时代、多类型跨越重大构造期的沉积盆地相对集中发育而形成的一类沉积盆地，称为叠合盆地。

叠合盆地发育多套生烃层系，生油凹陷有多个，平面上既有继承，也有叠加改造和反转；发育多类型的生－储－盖组合；油气的成藏有多期，调整变化也有多次。因此，叠合盆地发育不单单是跨越几大构造期的数套沉积层系在垂向上的简单叠置，从而导致发育多套生烃层系与存在多套生储盖组合和发育多套勘探层系，实际上是由于垂向叠置的沉积层序之间往往发生过较大规模的构造运动，因而垂向叠置在一起的多套沉积层序中的油气生成、运移与聚集过程和油气分布在很多情况下有较大不同。

依据盆地发育的基底背景、盆地性质和结构类型及盆地叠合方式，中国叠合盆地可分为多种类型。盆地叠合方式主要有3种：一是继承型叠合，指在相对稳定构造环境下，跨越时代较长的数套沉积层系在一个统一的负向单元内连续发育，各阶段盆地性质相同或相似，多套烃源岩空间位置吻合较好，其中的油气生成、运移和聚集过程具有连续性和递进性，油气运移分配与分布格局基本一致；二是延变型叠合，指跨越时代较长、其间有明显沉积间断的数套沉积层系在一个统一的负向单元内发育，但早、晚期盆地性质与结构发生了变化，上、下不同层系中生烃灶位置、生烃演化、油气调整改造过程和油气相态与分布都有差别，包括克拉通边缘与前陆盆地的叠合、伸展断陷与坳陷的叠合；三是改造型叠合，指早、晚不同期盆地无论在控盆机制、沉降与沉积中心分布，还是在生烃灶空间位置、储盖组合分布、成藏过程与油气分布等方面均无继承性。早期盆地的油气聚集，在晚期盆地发育前或发育过程中遭受破坏，其中部分烃源岩在后期盆地叠置适当的地区可能再次生烃与成藏，但潜力较为局限。

2. 叠合盆地石油地质特征

叠合盆地除具有生烃层系多、生烃凹陷多、生储盖组合多、成藏期次多、油气资源潜力大与油气分布具多样性等特征外，还存在一系列有悖于经典石油地质理论的现象。

叠合盆地中生排烃机理和成藏与单一旋回盆地有较大的差别。叠合盆地不同演化阶段的盆地形成背景、盆地结构和热体制不同，古、今地温场变化很大。同时，叠合盆地随埋藏深度加大，地层流体排放不畅，加之烃类生成导致的增压，地层孔隙流体压力有一个从正常压力到异常压力的过程；另外，由于无流体补充及系统的自闭性，随埋深加大还可以出现异常低压情况。这些都影响生排烃机理。

叠合盆地中不同层系油气成藏主控因素不同，油气分布存在差异性。就叠合盆地中的海相和陆相盆地而言，其盆地形成环境、盆地结构、沉积组合、后续埋藏与变动历史、热体制以及层系间构造变动的性质与强度都不同，油气成藏与分布有很大差异。

叠合盆地多源、多阶段生烃和多期运移、聚集、调整和破坏，造成油气相态分布复杂。叠合盆地中，由于生烃母质类型不同，受热历史变化较大，生烃演化具多阶段，因此同一套生烃层系在不同凹陷生成油和气的比例就不同。同一层系在同一个负向单元内由于埋深不同，生油和生气可以同时发生，结果就导致了多相态烃类在同一时间向某一或数个区带范围同时运聚，或不遵从蒂索热演化序列的油或气先后向某一或数个区带运聚，也导致油气多期次发生运移、聚集，甚至调整和破坏，以及出现不同成熟度油气的混聚共生现象。在一个负向单元内，油气相态平面和垂向上的变化序列，很难基于某一套主力生烃源岩层系的热演化历史作出客观的预测。

叠合盆地在古地温降低背景下，出现超晚期油气成藏。中国中西部地区发育的众多叠合盆地，尤其是中生代以来的叠合盆地，基本上是在抬升背景下发生的，盆地的地温场随时间发展是逐渐降低的。叠合盆地早期高地温导致了一部分凹陷中的早成藏，后期盆地演化出现的古地温降低过程，与几乎同时出现的强挤压背景下的快速沉降，又使得一部分烃源岩在很长时间里都处在生液态烃的范围内，也导致在距今很晚的时间出现一次大规模的成藏过程，其勘探找油气的现实性远好于早期成藏。叠合盆地中的晚—超晚期成藏包括一部分早期油藏的再调整，也包括一些古老烃源岩晚期深埋后才出现的生烃和成藏。更主要的则是古地温降低与快速沉降耦合，使大量中、新生代地层普遍成藏很晚。在叠合盆地深层，由于埋深较大，压力都较高，而中国大部分叠合盆地的地温梯度又不太高，所以烃源岩的生烃演化已经超出了蒂索等人对液态窗范围的预测模式：一是生烃门限比以往认识的要深，二是液态窗下限向下延伸范围加大。

叠合盆地在较大埋深条件下储层可保持良好的物性条件，主要原因有三。一是早成藏，即现今处在很大深度上（一般大于4500m）的储油气层，在其埋藏很浅的时候（一般在2000～2500m之间）就已经有烃类充注其中。而在成藏后进一步深埋时，除机械压实外，成岩作用不再进行，故在较大埋深条件下，仍会有较好储集体的存在。二是储集体的晚埋藏作用，亦即在漫长的地质历史中，某一沉积层系一直都处在浅埋藏状态，因而储集体的物性因压实和成岩作用不强而有较好的保持。在后期强烈深埋以后，由于深埋时间不够长，压实和成岩作用都未充分进行，故有较好物性的保持。三是一些受次生作用形成的储集体，如溶蚀、淋滤作用形成的缝洞带、白云岩化产生的白云岩、构造裂缝带与火山作用形成的富气孔的特殊岩体，由于在深埋以后缺少强烈的成岩条件，也可以在深层有较好的储集物性。

叠合盆地中，多期构造叠加与新构造作用产生的二级构造带，含油性变化大。叠合盆地经历了多期构造变动，有些区带有继承性，有些则有较大规模的改造与新生性。此外，新生构造带可以跨越石油地质条件差异很大的不同沉积区，有些完全落在生储盖无组合的区域。因此，归入同一个区带的不同目标，形成油气聚集的差异很大，很难说在有发现的区带上，所有的目标都具备含油气的可能性。

叠合盆地深层油气分布不完全遵从“源控论”。深层经历了多期油气生成、运移和聚集过程。有些早期形成的油气藏已经在后来的构造运动中被破坏，有些则在后期变动中调整到了远离生烃灶的目标中重新聚集，还有一些来自生烃灶新生的油气，在新构造运动中直接运移到了基于“源控论”思想所无法预知的地方，这些都显示，在叠合盆地，尤其是在深层，有相当一部分油气聚集仅仅基于生烃灶的确定是无法发现的。

3. 复合含油气系统的基本类型

从中国叠合盆地的基本类型出发，根据生烃灶的结构类型、空间叠置方式与各含油气系统的空间吻合关系，可以将中国复合含油气系统划分为继承型、延变型与改造型3种基本成因类型。

（1）继承型复合含油气系统

该系统指盆地性质大致相似的多阶段沉积层序在一个相对统一的负向单元内集中发育，因而多套烃源岩层系在空间位置上吻合良好，而且多套烃源岩层系中的有机质热降解生烃演化具有继承性和递进性。因此，各演化阶段生成的含油气系统既可以独立存在（为区域封盖层封隔），成为叠置型复合含油气系统，也可以通过不整合面、断层或多期退积或前积形成的连续堆叠的砂体转接，发生向一些共享区带的运移，并在一些圈闭中形成混合聚集。与每个生烃层系相关的油气聚集类型、分布层位都可以变化，但多套烃源岩所形成油气的运移方向和主要的运聚单元和范围在空间上有很好的吻合性。继承型复合含油气系统可以是多阶段坳陷的继承发育，如准噶尔盆地，也可以是多期断陷的叠置过程，如渤海湾盆地。

这种类型的复合含油气系统由于多期生烃灶继承发育，生烃灶的生烃潜力很大。同时，多阶段多层系生成和排出的油气向统一的区带和目标中运移和聚集，所以油气聚集丰度比较高。又由于多阶段沉降和沉积发育之间不存在大的构造运动，油气保存较好，且多套生烃层系热演化是继承和递进发展的。这类复合含油气系统是中国资源丰度和总量最好的一种。

（2）延变型复合含油气系统

延变型复合含油气系统是指早、晚两个成盆发育阶段，盆地性质、结构明显不同，因而沉积组合、生烃灶规模、潜力与生成烃类的相态也有很大变化，导致由早、晚不同阶段的生烃灶形成的油气藏主要类型与油气分布特征存在明显差异，而且上、下两套生烃灶所生的油气既可以独立聚集，又有部分油气的窜通和混聚。上、下两个生烃灶中油气的生成和聚集共享了某些成藏要素（如区域性盖层、共同的油气聚集区带等）。早、晚不同阶段，因为盆地类型、结构、热体制与沉积组合不同，使油气相态、主要聚集类型与油气分布特征都有较大差异，但上、下生烃灶的空间位置与主要油气聚集区带是一致的。

延变型复合含油气系统按早、晚不同阶段原盆地类型的特征，可以分为（被动）边缘坳陷与前陆盆地延变叠合含油气系统和断陷与坳陷延变叠合含油气系统两个亚类（图2－53a，b），可分别以塔里木盆地塔西南坳陷、松辽盆地为例。其上、下两个系统的生烃和成藏过程、油气分布特征与相态有明显不同。延变型复合含油气系统也是油气资源总量与聚集丰度较好的一种类型，所不同的是早、晚不同阶段，因为盆地类型、结构、热体制与沉积组合不同，使油气相态、主要聚集类型与油气分布特征都有较大差异，但上、下生烃灶的空间位置与主要油气聚集区带是一致的。

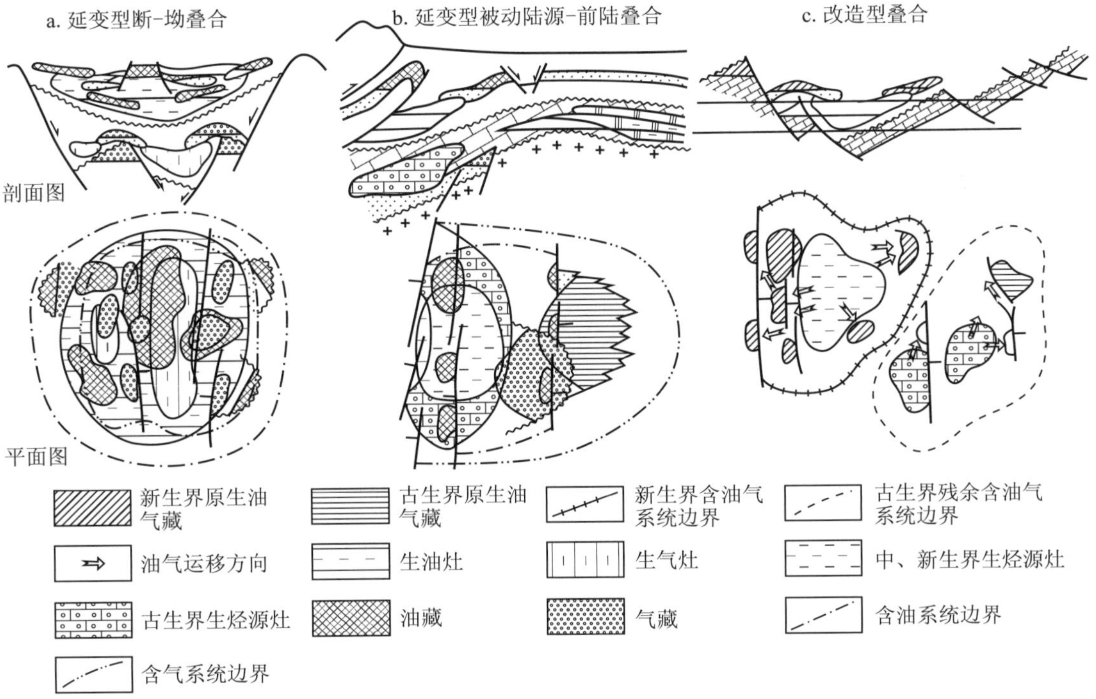

图2－53　不同类型叠合盆地含油气系统分布示意图

（据赵文智等，2005d）

（3）改造型复合含油气系统

改造型复合含油气系统又称复杂含油气系统，是指跨重大构造期的多套烃源岩的多期生烃成藏与破坏过程形成的含油气系统。这类含油气系统早、晚两期发育的盆地类型明显不同，而且空间吻合性差，主要生烃区位置有显著差异，早、晚期盆地之间还曾发生过重大的构造变革运动，因此上、下层系中油气的成藏与分布有很大差异。在含油气系统形成过程中，油气有较大规模的散失和破坏，在上部层系沉积之前，下部层系已进入主要生排烃期，生成的油气在随后的构造运动中大量散失。由于后期改造强烈，使早期盆地的生烃范围与其中油气的成藏过程具有某种不可预知性（图2－53c）。这类复合含油气系统最典型的实例见于华北地区新近系裂谷盆地之下的古生界含油气系统。

4. 复合含油气系统特征

（1）多源多灶、多成藏期与多关键时刻

叠合盆地中发育的复合含油气系统包含有多套烃源岩层系与多个生烃灶，这是叠合盆地出现多期生烃和成藏的物质基础。此外，处在同一凹陷中的不同烃源岩层与处在不同凹陷中的同一套烃源岩因埋藏历史与环境的温压条件变化等，进入大量生烃门限、在液态窗范围内保持时间与进入生气阶段的时间都有先后之别，再加上构造运动造成烃源岩抬升与沉降的变化，生烃和成藏的期次既多又显得不连续。所以，多源、多灶与多期生烃是使复合含油气系统成藏过程与油气运移变复杂的重要条件。

复合含油气系统的形成往往有多个关键时刻，包括各生烃灶内不同烃源岩层系大量生烃和排烃的时间，同时也包括烃源岩二次生、排烃的时间以及油气藏在后期构造运动中被大规模调整甚至破坏的时间。图2－54表明多源多灶复合含油气系统形成过程中出现了多个关键时刻。

（2）混源聚集与成藏要素共享

混源聚集与要素共享是复合含油气系统的又一重要特征，这也是两个以上独立含油气系统形成复合含油气系统的关键所在。来自同一生烃灶中不同生烃层系或多个生烃灶的油气可以沿着某些共享的输导网络（如断层、不整合、裂隙带与多期叠置砂体），在一些区带和目标上形成混合聚集（图2－55）。而来自不同生烃灶同一或不同生烃层系的油气，也可以在一些共享的区带或目标上（如凹陷间的古隆起、披覆构造带和大型绵延式潜山等）发生混合聚集。对这部分混源油气聚集很难定量地拆分聚集量与生烃灶供应间的对应关系，因而不得不把两个系统合并，称为复合含油气系统。

成藏要素的共享是复合含油气系统的另一个特点。以生烃灶为中心可对含油气系统进行划分。很显然，一个生烃灶一般都会或多或少地形成一些独立的油气聚集。同时，各个生烃灶交叉、重合的部分，也会共享某些成藏地质条件与作用过程，不仅使不同层系的油气生成、运移与成藏的过程出现继承性和同步性，也使具体的油气聚集成藏共享某些要素，如区域性盖层、统一的运移通道与共享的可供油气聚集的区带和目标。基于各含油气系统共享要素的不同，可以分为“共盖复合”、“贯通复合”、“叠置复合”3种形式（图2－56）。

共盖复合指由多套烃源岩形成的多个含油气系统共享同一套区域性盖层（图2－56a）。在这套盖层之下，多套叠置发育的烃源岩形成的油气可以独立存在，也可以有交换。多套烃源岩中油气的生成和运移按照沉降和埋藏的先后有序进行。

贯通复合指两个以上的含油气系统，通过共同的输导体系或储集空间，形成混源聚集的情况（图2－56b）。从形成时间来说，来自两套烃源岩的油气可以有早晚之别，也可以

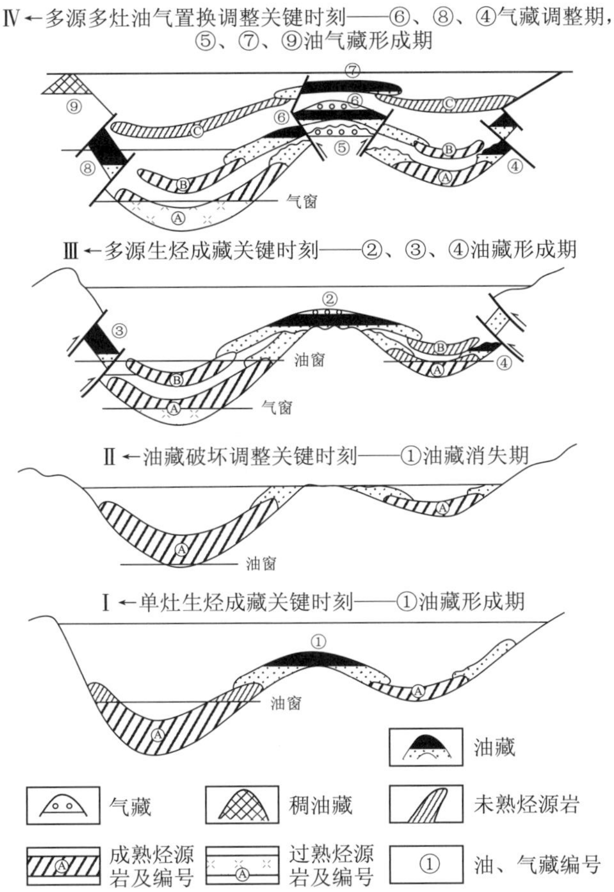

图2－54　多源多灶复合含油气系统存在多关键时刻示意图

（据赵文智等，2005b）

同时经同一输导层进入相同或不同的圈闭，但它们一定是在运移过程中或聚集时发生了混合。按照油气运移输导层与油气宿住关系的不同，可以细分为断层贯通复合、不整合贯通复合与同宿住复合3种类型。断层贯通复合显然是由于断层的切割和输导而使来自不同生烃灶的油气发生混合聚集的情况。不整合贯通是指多套烃源岩中的油气在进入不整合以后发生混合，并共同向圈闭中聚集，往往形成不同期次、不同成熟度与不同相态油气的混生。同宿住复合是指来自不同生烃灶中的油气在同一个区带或圈闭中聚集成藏的情况。

叠置复合指在一个继承发育的负向地质单元内，多套叠置发育的烃源岩层系分别为区域性盖层所分开（图2－56c），形成各自独立的含油气系统，系统间油气基本上不窜通。系统形成的时间有先后之分，平面上基本是全部或部分重叠。

三、复合含油气系统的作用与评价

（1）复合含油气系统的划分

复合含油气系统划分的关键是既要确定含油气系统间存在的复合关系，又要标出它们的空间外边界。划分需遵循共性原则、流体存在交换但无大规模散失原则、适用原则和有限范围原则。含油气系统边界就是由生烃灶所生成油气发生运移和聚集过程涉及的最大空

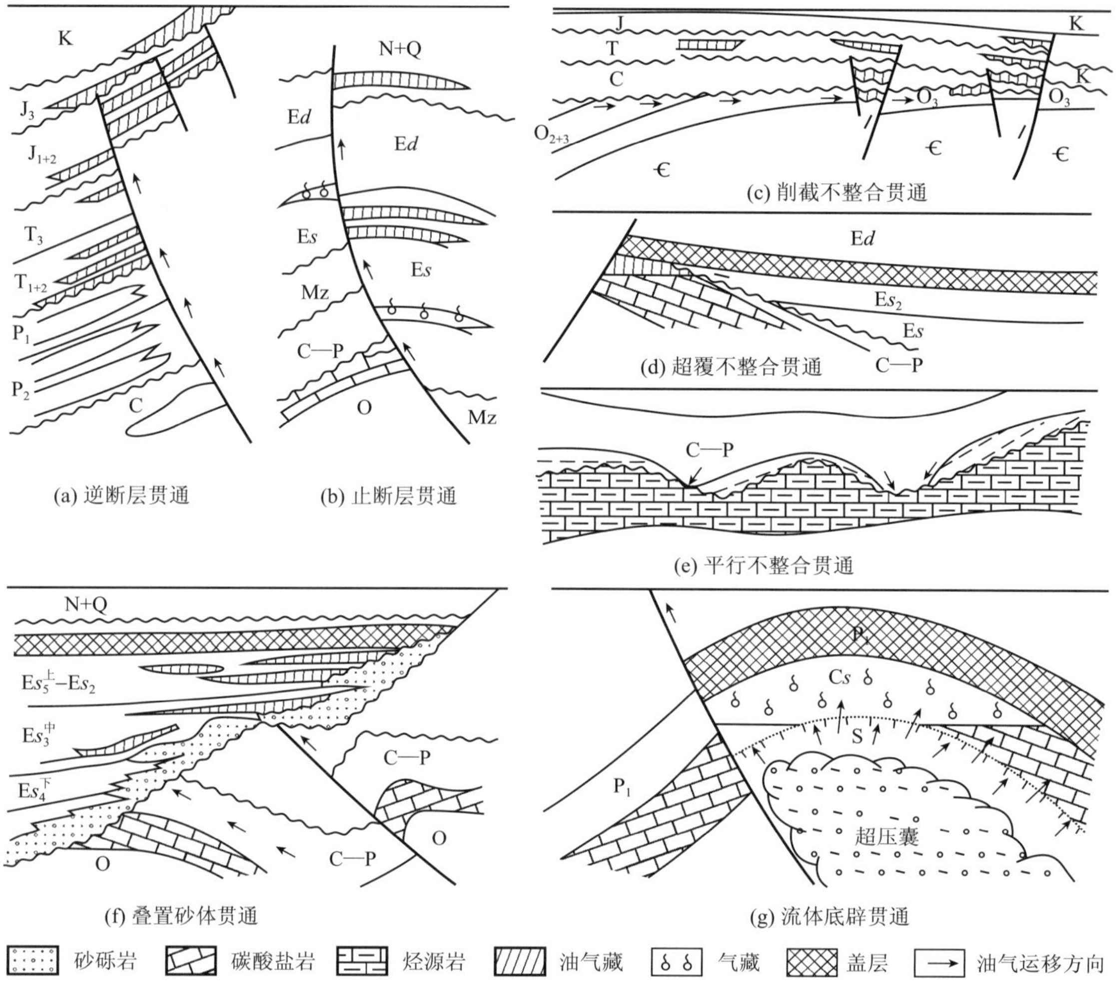

图2-55　复合含油气系统中流体交换的通道类型示意图

（据赵文智等，2005b）

间范围。含油气系统的垂向边界主要是区域性盖层，或由呈区域性或局部性分布的异常高压带所限定。区域盖层连续性和封盖性越好，形成含油气系统边界的可能性越大。含油气系统垂向封盖的另一个条件就是异常超压带的顶界和底界，二者可形成地下异常压力封存箱。流体异常压力封存箱的底界通常是一个岩性地层单元的分界面，顶界面作为含油气系统边界时需考虑箱内流体随着压力的增加而发生间歇性外泄的可能性。油气系统侧向边界变化较大，包括盆地边界、储集层上倾尖灭线或渗透层的上倾陡变带、流体运移外边界、区域性断裂带、地层剥蚀尖灭带和隆起带的脊线，平缓油气聚集区层内、层间阻滞带也是流体运动的边界。

对于两个或两个以上存在油气串通和混聚的复合含油气系统边界的确定，应取二者的最大外边界的包络线。

（2）复合含油气系统的评价

对复合含油气系统进行评价，可以有效地评价资源潜力，优选有利勘探区和目标。要对复合含油气系统中多套烃源岩在多期生烃和成藏过程中形成的全部油气藏的现今分布位

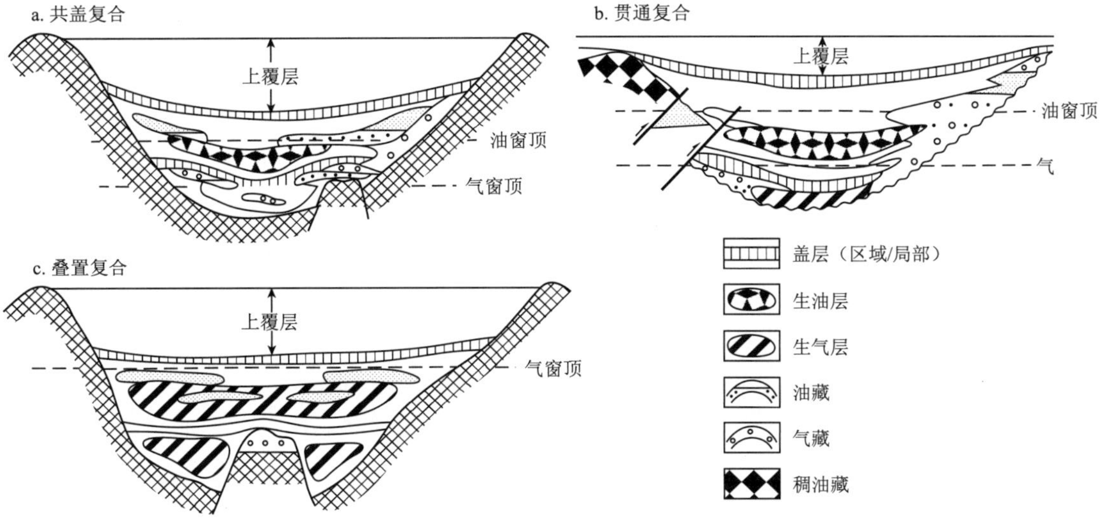

图 2 – 56　复合含油气系统内成藏要素共享的 3 种方式
（据赵文智等，2005b）

置有一个客观的评价，必须采取“顺藤摸瓜”的思路。要站在由各生烃层系大量生烃与成藏以及已经聚集的油气藏发生再调整，甚至破坏过程所决定的关键时间界面上，通过仔细选择成图内容，采取由早到晚、后退式分析，通过研究油气运移的流向与在油气主要运移流向上各类成藏地质要素与圈闭形成与分布的关系，一步一步把每个关键时刻形成的油气藏的位置都标注出来，并根据成藏要素的质量与组合规模、各类圈闭中可供油气“宿住”空间的体积与均质性，进行分类、分级评价。最后根据勘探目标含油气把握性、潜力规模与现有技术条件下的可钻探性和经济性，确定勘探方案。含油气系统评价的核心是过程恢复，重点工作可以归纳为“六定”。

1）定源。要对生烃灶的空间位置（包括层段与平面分布）、生烃量规模与潜力（即烃源岩质量和潜力）、生烃历史等准确定位。

2）定期。对关键时刻要准确定期，应该把组成复合含油气系统的每一套烃源岩大量生油、大量生气与进入过成熟的时间段都一一确定下来，也要把已经聚集油气藏发生大规模调整的时间也要标注下来，并按时间先后排序，根据它们在时间段上重合及与大规模构造运动的吻合性，从中确定出最重要的关键时刻，作为控制确定复合含油气系统空间范围的关键时刻。关键时刻的确定不仅要从对生烃历史的模拟与古地温研究中去综合判断，也要从油气成藏期次的研究中反推，以多项资料的综合判定会更客观。

3）定向。对油气运移要准确定向，要求站在由关键时刻确定的时间界面上，研究确定来自不同生烃灶的油气都去了什么地方，也要研究已经聚集的油气在发生调整以后，又去了什么地方。因此，要做好油气运移流向的判定，必须做好两方面的工作：一是大量生、排烃期，烃源岩顶面的古构造起伏变化的确定；二是大量生、排烃期与油气运移有关的古水动力变化与分布。这两项工作不仅可以帮助将成熟生烃灶划分为若干向某些特定区域单向提供油气的单元，以便将来据生烃灶的总生油、气量作空间上的分配，而且可以确定一个生烃灶所生成油气的主体去了什么地方，这为接下来研究确定一个生烃灶所生成油气的主体在含油气系统的哪些部位有最富、最多的聚集是十分有帮助的。

4）定界。对油气运聚单元要准确定界。当对来自一个或数个生烃灶中的油气的运移流向有了定性的掌握之后，接下来就是根据烃类流体的空间分配，划分油气运聚单元，确定各运聚单元空间展布形态与范围，并根据油气运移集中与分散的情况，定性判断各运聚单元内形成的可能油气聚集的规模、范围与丰度。油气运聚单元是形成和决定油气聚集规模与丰度的最重要的地质单元，不仅要确定其边界，还要确定其中油气运动的轨迹以及沿着哪些轨迹（通道）有最多的油气输送。对这类轨迹我们称之为“优势运移通道”。因此，在油气运聚单元内，首先要研究确定可供油气运移和作空间分配的通道结构，从中优选出优势运移通道网络，可供油气发生优势运移的地质条件有主砂体、开启断层和裂缝、不整合面附近风化淋滤主带。其次还要研究确定可以阻止油气继续运移的阻挡条件。

5）定量。对系统内油气资源评价要准确定量。当确定了生烃灶的位置、规模与历史以及系统内烃类流体运动的最大外边界之后，可以建立系统的生烃量、运移量与聚集量的关系，并可根据对已知油气藏已发现储量和待发现潜力的统计，建立生、运、聚之间的统计关系，确定资源评价所需的关键参数。因此对油气资源总量与空间分布的预测会更客观。

6）定级。对勘探目标含油气潜力与把握性准确定级，通过对三维空间油气成藏要素与作用过程组合关系的研究，可以对分布于不同运聚单元内各类勘探目标的含油气把握性与潜力作客观分级评价。

含油气系统动态模拟可以直观、动态地再现油气运移的态势及其聚集分布。该技术以含油气系统的知识体系为基础，将含油气系统研究思路与盆地模拟技术有机结合，采用流线法（特别是快速流线法）模拟技术、成藏期分析技术和地层建模技术，在确定成藏关键时刻的基础上，重塑关键时刻前后油气的流向、流量与成藏要素组合在三维空间的动态配置关系，以三维可视化技术近似连续描述成藏要素的组合关系及演变过程，直观地展示成藏过程，并预测油气分布。含油气系统模拟代表石油地质综合研究和评价的技术前缘，涵盖了石油地质学的大部分成果和技术，在客观划分油气运聚单元的基础上计算远景圈闭资源量、散失量，预测油气藏中的油气比，有效地评价圈闭的质量和有效性，并能用于发现隐蔽油气藏，正在发展成为一种定量化的油气勘探工具，在油气资源评价、远景目标的优选以及勘探规划与决策方面应用前景良好，特别是针对复合及复杂含油气系统，应用前景十分广阔。

（3）含油气系统的作用

含油气系统的作用，首先是对油气资源潜力的客观评价与油气藏空间分布的有效预测，从而降低勘探风险，提高勘探成功率。一个含油气系统中，通过对生烃总量的计算以及运聚单元的划分，可以对油气资源的空间分布做出较客观的判断。如果对含油气系统的每一个运聚单元内部已经发现的油气储量和待发现的潜力做出客观的统计，则可以对资源评价常用的成因法、类比法与统计法所需要的一些关键参数的取值更为客观，由此得到的油气资源评价结果会更符合客观实际。含油气系统研究的核心是循着油气从生成、经运移到圈闭中聚集的过程，分析确定油气运移和聚集所波及的最大空间范围。在这一过程中，始终把油气可能聚集的位置、类型和规模以及在地质历史中保持的状况，作为研究的主要问题，因此含油气系统研究应该是预测油气空间分布最有效的途径。

其次，含油气系统评价结论可以作为风险勘探、评价勘探以及已知油气区扩展勘探的部署依据，也是油气勘探项目选择与管理、油气勘探决策与部署安排的决策依据。含油气系统划分与评价的结果可以将一个和数个含油气系统中所发育的油气聚集区带和目标都确定下来，并以资源总量、丰度与潜在目标含油气的把握性以及钻探后的经济回报等内容为依据，对勘探区带和目标进行分类和排队，作为勘探决策者勘探项目选择、确定与管理的依据。

主要参考文献

常子恒．2001. 石油勘探开发技术．北京：石油工业出版社．

程克明，王兆云，钟宁宁，等．1996. 碳酸盐岩油气生成理论与实践．北京：石油工业出版社．

戴金星．1979. 成煤作用中形成的天然气和石油．石油勘探与开发，6（3）：10～17.

戴金星．2009. 中国煤成气研究30年来勘探的重大进展．石油勘探与开发，36（3）：264～279.

戴金星，等．1996. 中国天然气地质学（卷二）．北京：石油工业出版社．

戴金星，王庭斌，宋岩，等．1997. 中国大中型天然气田形成条件与分布规律．北京：地质出版社．

戴金星，邹才能，陶士振，等．2007. 中国大气田形成条件和主控因素．天然气地球科学，18（4）：473～484.

董大忠，程克明，王世谦，等．2009. 页岩气资源评价方法及其在四川盆地的应用．天然气工业，29（5）：33～39.

杜金虎，易士威，等．2003. 华北油田隐蔽油藏勘探实践与认识．中国石油勘探，8（1）：1～10.

杜金虎，易士威，卢学军，等．2004. 试论富油凹陷油气分布的“互补性”特征．中国石油勘探，9（1）：15～22

杜金虎，杨华，徐春春，等．2013. 东西伯利亚地台碳酸盐岩成藏条件对我国油气勘探的启示．岩性油气藏，25（3）：1～8.

冯增昭，鲍志东，吴茂炳，等．2007. 塔里木地区奥陶纪岩相古地理．古地理学报，9（5）：447～460.

傅诚德．2010a. “十五”石油科技要览（2001～2005）．北京：石油工业出版社．

傅诚德．2010b. 科技体制及其改革的若干思考．石油科技论坛，29（3）：24～28.

傅诚德．2010c. 石油科学技术发展对策与思考．北京：石油工业出版社．

高瑞琪，蔡希源．1997. 松辽盆地油气田形成条件与分布规律．北京：石油工业出版社．

顾家裕．1995. 陆相盆地层序地层学格架概念及模式．石油勘探与开发，22（4）：6～10.

关德师，牛嘉玉，郭丽娜，等．1996. 中国非常规油气地质．北京：石油工业出版社．

郭秋麟，米石云，石广仁，等．1998. 盆地模拟原理方法．北京：石油工业出版社：93～157.

郭秋麟，谢红兵，米石云，等．2009. 油气资源分布的分形特征及应用．石油学报，30（3）：379～385.

郝芳，邹耀华，方勇，等．2006. 超压环境有机质热演化和生烃作用机理．石油勘探与开发，27（5）：9～18.

郝石生，陈章明，高耀斌．1995. 天然气藏的形成与保存．北京：石油工业出版社．

何登发，赵文智．1999. 中国西北地区沉积盆地动力学演化与含油气系统旋回．北京：石油工业出版社：1～181.

何生，叶加仁，徐思煌，等．2010. 石油及天然气地质学．武汉：中国地质大学出版社．

何自新，郑聪斌，王彩丽，等．2005. 中国海相油气田勘探实例之二：鄂尔多斯盆地靖边气田的发现与勘探．海相油气地质，10（2）：37～44.

侯启军，魏兆胜，赵占银，等．2006. 松辽盆地深盆油藏．石油勘探与开发，33（4）：406～411.

胡朝元．1982. 生油区控制油气田分布：中国东部陆相盆地进行区域勘探的有效理论．石油学报，3（2）：9～13.

胡朝元．2005. “源控论”适用范围量化分析．天然气工业，25（10）：1～7.

胡见义．2007. 石油地质学理论若干热点问题的探讨．石油勘探与开发，34（1）：1～4.

胡素云，郭秋麟，谌卓恒，等．2007. 油气空间分布预测方法．石油勘探与开发，34（1）：113～117.

胡见义，徐树宝，等．1986a. 非构造油气藏．北京：石油工业出版社．

胡见义，徐树宝，童晓光．1986b. 渤海湾盆地复式油气聚集区（带）的形成和分布．石油勘探与开发，13（1）：1～8.

胡见义，黄第藩，徐树宝，等．1991. 中国陆相石油地质理论基础．北京：石油工业出版社．

胡文瑞．2008. 中国石油非常规油气业务发展与展望．天然气工业，28（07）：5～7.

胡文瑞，翟光明，雷群，等．2008. 非常规油气勘探开发新领域与新技术．北京：石油工业出版社．

黄第藩，刘宝泉．1996. 塔里木盆地东部天然气的成因类型及其成熟度判识．中国科学：D辑，26（4）：365～372.

贾承造，赵文智，邹才能，等．2004．岩性地层油气藏勘探研究的两项核心技术．石油勘探与开发，31（3）：3～9．
贾承造，宋岩，魏国齐，等．2005．中国中西部前陆盆地的地质特征及油气聚集．地学前缘，12（3），3～13．
贾承造，赵文智，邹才能，等．2007．岩性地层油气藏地质理论与勘探技术．石油勘探与开发，34（3）：257～272．
贾承造，赵政璋，杜金虎，等．2008．中国石油重点勘探领域——地质认识、核心技术、勘探成效及勘探方向．石油勘探与开发，35（4）：385～396．
贾承造，郑民，张永峰．2012．中国非常规油气资源与勘探开发前景．石油勘探与开发，39（2）：129～136．
江怀友，乔卫杰，钟太贤，等．2008．世界天然气水合物资源勘探开发现状与展望．中外能源，13（6）：19～25．
蒋有录，查明．2006．石油天然气地质与勘探．北京：石油工业出版社：1～11，140～160．
金之钧，张金川．1999．深盆气藏及其勘探对策．石油勘探与开发，26（1）：4～5．
金之钧，王清晨．2004．中国典型叠合盆地与油气成藏研究新进展——以塔里木盆地为例．中国科学：D 辑，34（A01）：1～12．
康玉柱．2010．中国古生代海相油气成藏特征．中国工程科学，12（5）：11～17．
李本亮，魏国齐，贾承造，等．2009．中国前陆盆地构造地质基本特征及其控制下的油气分布．现代地质，23（4）：575～586．
李德生．1986．渤海湾盆地复合油气田的开发前景．石油学报，7（1）：1～21．
李德生．1992．李德生石油地质论文集．北京：石油工业出版社
李德生．1995．中国石油地质学的理论与实践．地学前缘，2（3～4）：15～19．
李国玉，吕明岗，等．2002．中国含油气盆地图集．北京：石油工业出版社．
李明诚．1987．石油与天然气运移．北京：石油工业出版社．
李明诚．2004．石油与天然气运移．北京：石油工业出版社：50～57．
李世臻，乔德武，冯志刚，等．2010．世界页岩气勘探开发现状及对中国的启示．地质通报，29（6）：918～924．
李术元，岳长涛，王剑秋，等．2009．世界油页岩开发利用近况．中外能源，14（2）：16～24．
李思田．1995．沉积盆地的动力学分析——盆地研究领域的主要趋向．地学前缘，2（3）：1～8．
梁狄刚，郭彤楼，陈建平，等．2009．南方四套区域性海相烃源岩的地球化学特征．海相油气地质，14（1）：1～15．
刘宝和．2008．中国石油勘探开发百科全书——勘探卷．北京：石油工业出版社：227～234．
刘池洋，王红格，王锋，等．2005．鄂尔多斯盆地西缘（部）中生代构造属性．地球科学，29（6）：737～747．
刘雯林．1996．油气田开发地震技术．北京：石油工业出版社．
柳广弟．2009．石油地质学．北京：石油工业出版社：1～15．
马永生．2007．四川盆地普光超大型气田的形成机制．石油学报，28（2）：9～14．
马永生，郭彤楼，赵雪凤，等．2007．普光气田深部优质白云岩储层形成机制．中国科学：D 辑，37（A02）：43～52．
牛嘉玉，侯启军，祝永军，等．2007．岩性和地层油气藏地质与勘探．北京：石油工业出版社：1～50．
潘钟祥，等．1986．石油地质学．北京：地质出版社．
庞雄奇，陈章明，陈发景．1997．排油气门限的基本概念、研究意义与应用．现代地质，11（04）：510～521．
钱伯章．2008．天然气水合物：巨大的潜在能源．天然气与石油，26（4）：47～52．
谯汉生．1994．概论石油地质综合研究．石油勘探与开发，21（2）：101～105．
邱中建．1974．加速渤海湾油气勘探的几点想法：复式油气聚集（区）带机理．北京：石油勘探开发规划研究院档案馆．
邱中建，龚再升．1999．中国油气勘探（第 4 卷近海油气区）．北京：石油工业出版社．
邱中建，赵文智，邓松涛．2012．我国致密砂岩气和页岩气发展前景和战略意义．中国工程科学，14（6）：4～8．
裘亦楠．1992．中国陆相碎屑岩储层沉积学的进展．沉积学报，10（3）：16～24．
裘亦楠，等．1998．中国陆相油气储集层．北京：石油工业出版社．
冉隆辉，陈更生，张健，等．2002．四川盆地东北部飞仙关组鲕滩储层分布研究与勘探潜力分析．中国石油勘探，7（1）：46～55．
石广仁．1999．油气盆地数值模拟方法．北京：石油工业出版社：78～200．
石广仁．2006．一个精度较高的超压史数值模型．石油勘探与开发，33（5）：235～239．
宋岩，陈孟晋，秦胜飞，等．2004．中国天然气地质理论进展．石油勘探与开发，31（1）：8～11．
孙龙德，宋文杰，江同文．2004．克拉 2 气田储层应力敏感性及对产能影响的实验研究．中国科学 D 辑：地球科学，

34（A01）：134～142.
孙龙德，方朝亮，李峰，等．2010. 中国沉积盆地油气勘探开发实践与沉积学研究进展．石油勘探与开发，37（4）：385～396.
孙志高，等．2001. 天然气水合物研究进展．天然气工业，21（1）：93～96.
汤良杰，金之钧，等．2003. 多期叠合盆地油气运聚模式//盆地与油藏研究中心．盆地与油藏研究——石油大学盆地与油藏研究中心成立十周年成果选编（1993～2003）. 北京：石油工业出版社：16～20.
田在艺．1989. 油气藏理论在我国油气勘探中的成就与发展．石油与天然气地质，10（3）：210～215.
田在艺．1990. 我国石油地质学的进展．地球科学进展，（1）：1～11.
田在艺，张庆春．1996. 中国含油气盆地论．北京：石油工业出版社．
童晓光．2007. 世界石油供需状况展望——全球油气资源丰富，仍具有较强的油气供给能力．世界石油工业，14（3）：20～25.
童晓光．2009. 论成藏组合在勘探评价中的意义．西南石油大学学报，31（6）：1～8.
王涛．1997. 中国天然气地质理论基础与实践．北京：石油工业出版社．
王铁冠．2002. 论分子有机地球化学若干名词与术语的辨析和厘定．地质论评，48（3）：284～289.
王招明，张丽娟，王振宇，等．2007. 塔里木盆地奥陶系礁滩体特征与油气勘探．中国石油勘探，12（6）：1～7.
吴崇筠，薛叔浩，等．1992. 中国含油气盆地沉积学．北京：石油工业出版社．
徐春春，李俊良，姚宴波，等．2006. 四川盆地磨溪气田嘉二气藏的勘探与发现．海相油气地质，11（4）：54～61.
薛叔浩，刘雯林，薛良清，等．2002. 湖盆沉积地质与油气勘探．北京：石油工业出版社．
杨华，付金华，魏新善，等．2011. 鄂尔多斯盆地奥陶系海相碳酸盐岩天然气勘探领域．石油学报，32（5）：733～740.
杨涛，张国生，梁坤，等．2012. 全球致密气勘探开发进展及中国发展趋势预测．中国工程科学，14（6）：64～68.
杨锡禄．1995. 煤层气勘探开发进展．煤田地质与勘探，24（1）：29～32.
姚永坚，黄永样，吴能友，等．2007. 天然气水合物的形成条件及勘探现状．新疆石油地质，28（6）：668～672.
应凤祥，罗平，何东博，等．2004. 中国含油气盆地碎屑岩储集层成岩作用于成岩数值模拟．北京：石油工业出版社．
翟光明．1996. 中国石油地质志（总论）. 北京：石油工业出版社．
翟光明．2008. 关于非常规油气资源勘探开发的几点思考．天然气工业，28（12）：1～3.
翟光明，王建君．2000. 论油气分布的有序性．石油学报，（1）：1～9.
翟光明，等．2010. 中国煤层气赋存特点与勘探方向．天然气工业，30（11）：1～3.
翟光明，何文渊，王世洪．2012. 中国页岩气实现产业化发展需重视的几个问题．天然气工业，32（2）：1～4.
张宝民，刘静江．2009. 中国岩溶储集层分类与特征及相关的理论问题．石油勘探与开发，（1）：12～29.
张国生，赵文智，杨涛，等．2012. 我国致密砂岩气资源潜力、分布与未来发展地位．中国工程科学，14（6）：87～93.
张恺．1995. 板块构造旋回与中国含油气盆地的分类及评价．新疆石油地质，（3）：187～195.
张洪涛，张海啟，祝有海．2007. 中国天然气水合物调查研究现状及其进展．中国地质，34（6）：953～961.
张厚福，方朝亮，高先志，等．1999. 石油地质学．北京：石油工业出版社：1～50.
张金川，金之钧，郑浚茂．2001. 深盆气资源量－储量评价方法．天然气工业，21（4）：32～35.
张金川，王志欣．2003. 深盆气藏异常地层压力产生机制．石油勘探与开发，30（1）：28～31.
张金川，金之钧．2005. 深盆气成藏机理及分布预测．北京：石油工业出版社：5～9，82～83.
张金川，徐波，聂海宽，等．2008. 中国页岩气资源勘探潜力．天然气工业，28（6）：136～140.
张善文，袁静，隋凤贵，等．2008. 东营凹陷北部沙河街组四段深部储层多重成岩环境及演化模式．地质科学，43（3）：576～587.
张义杰，况军．1997. 含油气系统概念及其划分方法．新疆石油地质，18（2）：180～183
赵庆波，田文广．2008. 中国煤层气勘探开发成果与认识．天然气工业，28（3）：16～18.
赵文智，何登发，等．1999. 石油地质综合研究导论．北京：石油工业出版社．
赵文智，何登发．2000. 中国复合含油气系统的概念及其意义．勘探家，5（3）：1～11.
赵文智，何登发，池英柳，等．2001. 中国复合含油气系统的基本特征与勘探技术．石油学报，22（1）：6～13.

赵文智，邹才能，汪泽成，等．2004. 富油气凹陷“满凹含内涵与意义油”论——内涵与意义．石油勘探与开发，31（2）：5～13.
赵文智，王兆云，何海清，等．2005a. 中国海相碳酸盐岩烃源岩成气机理．中国科学D辑：地球科学，35（7）：638～664.
赵文智，王兆云，汪泽成，等．2005b. 高效气源灶及其对形成高效气藏的作用．沉积学报，23（4）：710～719.
赵文智，王兆云，张水昌，等．2005c. 有机质“接力成气”模式的提出及其在勘探中的意义．石油勘探与开发，32（2）：1～7.
赵文智，张光亚，汪泽成．2005d. 复合含油气系统的提出及其在叠合盆地油气资源预测中的作用．地学前缘，12（4）：458～467.
赵文智，邹才能，谷志东，等．2007. 砂岩透镜体油气成藏机理初探．石油勘探与开发，34（3）：273～284.
赵政璋，赵贤正，何海清．2004. 中国石油近期油气勘探新进展及未来主要勘探对象与潜力．中国石油勘探，9（1）：1～7.
赵政璋，吴国干，胡素云，等．2005. 全球油气勘探新进展．石油学报，26（6）：119～126.
赵政璋，胡素云，李小地．2007. 能源——历史回顾与21世纪展望．北京：石油工业出版社．
赵宗举，贾承造，周新源，等．2007. 塔里木盆地塔中地区奥陶系主控因素及勘探战略，海相油气地质，（1）：1～11.
邹才能，赵文智，贾承造，等．2008. 中国沉积盆地火山岩油气藏形成与分布．石油勘探与开发，35（3）：257～271.
邹才能，陶士振，方向著．2009a. 大油气区形成与分布．北京：科学出版社：1～5.
邹才能，陶士振，袁选俊，等．2009b. “连续型”油气藏及其在全球的重要性：成藏、分布与评价．石油勘探与开发，36（6）：669～682.
邹才能，陶士振，袁选俊，等．2009c. 连续型油气藏形成条件与分布特征．石油学报，30（3）：324～331.
邹才能，陶士振，朱如凯，等．2009d. 连续型气藏及其大气区形成机制与分布——以四川盆地上三叠统须家河组煤系大气区为例．石油勘探与开发，36（3）：307～319.
邹才能，董大忠，王社教，等．2010a. 中国页岩气形成机理、地质特征及资源潜力．石油勘探与开发，37（6）：641～653.
邹才能，袁选俊，陶士振，等．2010b. 岩性地层油气藏．北京：石油工业出版社：121～132.
邹才能，张光亚，陶士振，等．2010c. 全球油气勘探领域地质特征、重大发现及非常规石油地质．石油勘探与开发，37（2）：129～145.
邹才能，陶士振，侯连华，等．2011a. 非常规油气地质．北京：地质出版社．
邹才能，朱如凯，白斌，等．2011b. 中国油气储层中纳米孔首次发现及其科学价值．岩石学报，27（6）：1857～1864.
邹才能，杨智，陶士振，等．2012a. 纳米油气与源储共生型油气聚集．石油勘探与开发，39（1）：13～26.
邹才能，朱如凯，吴松涛，等．2012b. 常规与非常规油气聚集类型、特征、机理与展望．石油学报，33（2）：173～187.
邹才能，张国生，杨智，等．2013. 非常规油气概念、特征、潜力及技术——兼论非常规油气地质学．石油勘探与开发，40（4）：385～399.
邹才能，杨智，张国生，等．2014. 常规－非常规油气“有序聚集”理论认识及实践意义．石油勘探与开发，41（1）：14～27.
Ambrose R J，Hartman R C，Diaz－Campos M，et al. 2010. New pore-scale considerations for shale gas in place calculations. SPE Unconventional Gas Conference，SPE131772.
Ayers Jr. W B. 2002. Coalbed gas systems，resources，and production and review of contrasting cases from the San Juan and Powder river basins. AAPG Bulletin，86（11）：1853～1890.
Brown A. 2000. Evaluation of possible gas microseepage mechanisms. AAPG Bulletin，84（11）：1775～1789.
Bruce S H. 2006. Seismic expression of fracture-swarm sweet spots，Upper Cretaceous tight-gas reservoirs，San Juan Basin. AAPG Bulletin，90（10）：1519～1534.
Chen Z，Osadetz K G. 2006. Undiscovered petroleum accumulation mapping using model-based stochastic Simulation. Mathematical Geology，38（1）：1～16.

Collett T S. 1993. Natural gas hydrates of the Prudhoe Bay and Kupruk River area, North Slope, Alask. AAPG Bulletin, 77 (5): 793 ~ 812.

Collett T S. 2002. Energy resource potential of natural gas hydratesJ. AAPG Bulletin, 86 (11): 1971 ~ 1992.

Cook T. 2004. Calculation of Estimated Ultimate Recovery (EUR) for wells in assessment units of continuous hydrocarbon accumulations, USGS Powder River Basin province assessment team, total petroleum system and assessment of coalbed gas in the Powder River Basin Province, Wyoming and Montana: U. S. Geological Survey Digital Data Series DDS – 69 – C: 1 ~ 6.

Crovelli R A. 2004. Analytic resource assessment method for continuous-type petroleum accumulations—the ACCESS assessment method: USGS Powder River Basin Province assessment team, total petroleum system and assessment of coalbed gas in the Powder River Basin Province, Wyoming and Montana: U. S. Geological Survey Digital Data Series DDS – 69 – C: 1 ~ 12.

Curtis J B, Montgomery S L. 2002. Recoverable natural gas resource of the United States: Summary of recent estimates. AAPG Bulletin, 86 (10): 1671 ~ 1678.

Curtis M E, Ambrose R J, Sondergeld C H, Rai C S. 2010. Structural characterization of gas shales on the micro-and nano-scales, in Canadian Unconventional Resources & International Petroleum Conference, Calgary, Alberta, Canada: Canadian Society for Unconventional Gas, October, CUSG/SSPE 37693: 15.

Dai J C, Niranjan B, Diana G, et al. 2008, Exploration for gas hydrates in the deepwater, northern Gulf of Mexico: Part II, Model validation by drilling. Marine and Petroleum Geology, 25 (9): 845 ~ 859.

Dewhurst D N, Jones R M, Raven M D. 2002. Microstructural and petrophysical characterization of Muderong shale: application to top seal risking. Petroleum Geoscience, 8: 371 ~ 383.

Eaton S R. 2006. Coalbed gas frontier being tapped. Explorer, 12: 20 ~ 24.

Espitalié J, Masec M, Tissot B. 1980. Role of mineral matrix in kerogen pyrolysis: influence on petroleum generation and migration. AAPG Bulletin, 64: 59 ~ 66.

Garcia – Garcia A, Orange D, Lorenson T, et al. 2006. Shallow gas off the Rhone prodelta, Gulf of Lions. Marine Geology, 234 (1/4): 215 ~ 231.

Garcia – Garcia A, Orange D, Lorenson T, et al. 2008. Reply to comments by Mastalerz V on "Shallow gas off the Rhone prodelta, Gulf of Lions" Marine Geology 234 (215 ~ 231). Marine Geology, 248 (1 ~ 2): 118 ~ 121.

Gautier D L, Mast R F. 1995. US geological survey methodology for the 1995 national assessment. AAPG Bulletin, 78 (1): 1 ~ 10.

Hill D G, Nelson C R. 2000. Gas productive fractured shales—an overview and update. Gas TIPS, 6 (2): 4 ~ 13.

Hill R G, Zhang Etuan, Katz B J, et al. 2007, Modeling of gas generation from the Barnett Shale, Fort Worth Basin, Texas. AAPG Bulletin, 91 (4): 501 ~ 521.

Hill R J, Jarvie D M, Zumberge J, et al. 2007. Oil and gas geochemistry and petroleum systems of the Fort Worth Basin. AAPG Bulletin, 91 (4): 445 ~ 473.

Hunt J M. 1979. Petroleum geochemistry and geology. San Francisco: W. H. Freeman and Company.

Imam A. 2004. Multicyclic hubbert model shows global conventional gas output peaking in 2019. Oil & Gas Journal, 102 (31): 20 ~ 25.

Jeffry D G. 2001. Origin and Growth mechanism of authigenic chlorite in sandstones of the Lower Vicksburg formation, South Texas. Journal of Sedimentary Research, 70 (1): 27 ~ 36.

Klett T R, Schmoker J W. 2004. U. S. Geological survey input-data form and operational procedure for the assessment of continuous petroleum accumulations: USGS Uinta – Piceance Assessment Team, Petroleum Systems and Geologic Assessment of Oil and Gas in the Uinta – Piceance Province, Utah and Colorado: U. S. Geological Survey Digital Data Series DDS – 69 – B: 1 ~ 9.

Kvenvolden K. 1988. Methane hydrates and global climate. Global Biochemical Cysles, 2: 221 ~ 229.

Law B E. 2002. Basin-centered gas systems. AAPG Bulletin, 86 (11): 1891 ~ 1915.

Law B E, Curtis J B. 2002. Introduction to unconventional petroleum systems. AAPG Bulletin, 86 (11): 1851 ~ 1852.

Levorsen A I. 1956. Geology of petroleum. San Francisco: W. H. Freeman and Company.

Levorsen A I. 1967. Geology of petroleum (2nd Edition). San Francisco: W. H. Freeman and Company.

Magoon L B. 1987. The petroleum system a classification scheme for research, resource assessment, and exploration. AAPG Bulletin, 71 (5): 587.

Magoon L B, Dow W G. 1994. The petroleum system-from source to trap. Tulsa. AAPG Memoir, 60: 1 ~ 655.

Martineau D F. 1991. History of the Newark East field and the Barnett shale as a gas reservoir. AAPG Bulletin, 75 (4): 399 ~ 403.

Masters J A. 1979. Deep basin gas trap, Western Canada. AAPG Bulletin, 63 (2): 152 ~ 181.

Milner M, McLin R, Petriello J. 2010. Imaging texture and porosity in mudstones and shales: comparison of secondary and ion milled backscatter SEM methods in Canadian Unconventional Resources & International Petroleum Conference, Calgary, Alberta, Canada: Canadian Society for Unconventional Gas, October, CUSG/SSPE 138975: 10.

Mohr S H, Evans G M. 2007. Model proposed for world conventional, unconventional gas. Oil & Gas Journal, 105 (47): 46 ~ 50.

Nelson P H. 2009. Pore-throat sizes in sandstones, tight sandstones, and shales. AAPG Bulletin, 93 (3): 329 ~ 340.

Nick S. 2008. Study: US unconventional gas resources underestimated. Oil & Gas Journal, 106 (29): 30 ~ 31.

Orange D, Garcia - Garcia A, Lorenson T, et al. 2005, Shallow gas and flood deposition on the Po Delta. Marine Geology, 222 ~ 223: 159 ~ 177.

Paksy L Tran. 1983. Studies in Inorganic Chemistry. Amsterdam: Elsevier Science Publishers B V.

Pan C H. 1941. Nonmarine origin of petroleum in North Shensi and the Cretaceous of Szechuan, China. AAPG Bulletin, 25 (11): 2058 ~ 2068.

Perrodon A. 1983. Dynamics of oil and gas accumulations. Pua. Elf Aquitaine, 187 ~ 210.

Peters K E. 1986. Guidelines for evaluating petroleum source rock using programmed pyrolysis. AAPG Bulletin, 70 (30): 318 ~ 329.

Petzet G A. 2008. UGI: Unconventional gas wealth seen in world's basins. Oil & Gas Journal, 106 (37): 38 ~ 39.

Pollastro R M. 2007. Total petroleum system assessment of undiscovered resources in the giant Barnett Shale continuous (unconventional) gas accumulation, Fort Worth Basin, Texas. AAPG Bulletin, 91 (4): 551 ~ 578.

Pratsch J C. 1991. Vertical hydrocarbon migration: a major exploration parameter. Journal of Petroleum Geology, 14: 429 ~ 444.

Price L C, Wenger L M. 1992. The influence of pressure on petroleum generation and maturation as suggested by squeeze pyrolysis. Organic Geochemistry, 19: 141 ~ 159.

Price P H. 1947. Evolution of geologic thought in prospecting for oil and natural gas. AAPG Bulletin, 31 (4): 673 ~ 697.

Ricardo A O, Troy A C, James L C. 2010. A methodology for the assessment of unconventional (continuous) resources with an application to the Greater Natural Buttes Gas Field, Utah. Natural Resources Research, 19 (4): 237 ~ 251.

Rose P R, Everett J R, Merin I S. 1984. Possible basin centered gas accumulation, Roton Basin, Southern Clorado. Oil & Gas Journal, 82 (40): 190 ~ 197.

Schieber J. 2010. Common themes in the formation and preservation of porosity in shales and mudstones-illustrated with examples across the Phanerozoic, in Proceedings, SPE Unconventional Gas Conference, Pittsburgh, Pennsylvania, 23 ~ 25 February: 12.

Schmoker J W, Fouch T D, Charpentier R R. 1996. Gas in the Uinta Basin, Utah-resouces in continous accumulations. Mountain Geology, 33 (4): 95 ~ 104.

Schmoker J W. 1995. Method for assessing continuous-type (unconventional) hydrocarbon accumulations, in Gautier D L, Dolton G L, Takahashi K I, Varnes K L, National Assessment of United States oil and gas resources—Results, methodology, and supporting data. U. S. Geological Survey Digital Data Series DDS ~ 30.

Schmoker J W. 1999. U. S. Geological survey assessment model for continuous (unconventional) oil and gas accumulations—The "FORSPAN" model. US Geological Survey Bulletin 2168: 1 ~ 9.

Schmoker J W. 2002. Resource-assessment perspectives for unconventional gas systems. AAPG Bulletin, 86 (11): 1993 ~ 1999.

Schmoker J W. 2005. US geological survey assessment concepts for continuous petroleum accumulations. US Geological Survey Digital Data Series DDS - 69 - D: 1 ~ 9.

Shanley K W, Cluff R M, Robinson J W. 2004. Factors controlling prolific gas production from low-permeability sandstone reservoirs. AAPG Bulletin, 88 (8): 1083 ~ 1121.

Shanmugam G, Zimbrick G. 1996. Sandy slump and sandy debris flow facies in the Pliocene and Plaistocene of the Gulf of Mexico: Implications for submarine fan models. Proceedings of American Association of Petroleum Geologists International Congress and Exhibition, Caracas, Venezuela. Tulsa: AAPG, A45.

Shirley K. 2001. Shale Gas Exciting Again. AAPG Explorer, 22 (3): 24 ~ 25.

Slatt E M, O'Neal N R. 2011. Pore types in the Barnett and Woodford gas shale: contribution to understanding gas storage and migration pathways in fine-grained rocks (abs.). AAPG annual Convention Abstracts, 20: 167.

Sun L D, Song W J, Jiang T W. 2003. The development study on gas recycling injection in Yaha Gas Condensate Field, Tarim Basin, China. Science China Earth Sciences, 6: 561 ~ 568

Tissot B P, Welte D H. 1978. Petroleum formation and occurrence. Berlin, DEU: Springer-verlag.

Tissot B P, Welte D H. 1984. Petroleum formation and occurrence. Berlin: Springer-verlag.

Walls J D. 1982. Tight gas sands-permeability, pore structure and clay. Journal of Petroleum Technology, 34: 2707 ~ 2714.

White I C. 1885. The geology of natural gas. Science, 5 (125): 521 ~ 522.

Wilson W B. 1934. Proposed classification of oil and gas reservoirs// Wrather W E, Lahee F H. Problems of petroleum geology. AAPG Memoir: 433 ~ 445.

第三章　成熟探区精细勘探思维及资源潜力基础

在油气勘探实践过程中，油气地质理论和技术的进步，推动着成熟探区不断有新发现；思路和认识的不断进步，推动着成熟探区油气勘探和发现从一个高峰到另一个高峰；勘探思路和指导思想的创新，推动着成熟探区油气勘探领域的不断拓展。通过对油气资源与潜力认识的不断深化，确定成熟探区的勘探方向和区域；通过对油气成藏控制因素、油气藏类型和油气成藏模式的创新认识，推动成熟探区勘探不断扩展。

在老油气区开展精细勘探，要不断解放思想、充满激情，用发展的眼光看问题，重新认识自我，重新认识地下，重新认识工程技术潜力，采用新思路、新理论、新认识、新方法技术。勘探是实践—认识—再实践—再认识的创新性工作，成熟探区精细勘探，贵在坚持。勘探顺利时要保持清醒的头脑，遇到挫折时要坚定信心，关键是思维要敏捷，工作要细致。站在地面研究和探索地下，认识不可能一次到位，不可能在短时间内把地下地质情况搞清楚，只有不断逼近地下真实情况，才能带来油气新发现。

第一节　成熟探区精细勘探思维与哲学

通过思维认识创新来推动成熟探区的勘探发现。思路的改变对成熟探区勘探发现至关重要，这一点早就被国内外很多油气勘探家所认知（华莱士.E. 普拉特，1952；贾承造，2005；刘宝和，2005；刘传虎，2011；赵政璋，2012；邹才能等，2013；等等）。“思想有多远，我们就能走多远”，这句话同样适用于成熟探区油气勘探。油气勘探是一项不断探索未知领域的工作，没有思想上的解放、思维上的拓展和认识上的突破，勘探工作就无法取得成功。“油气不仅蕴藏在地下，还蕴藏在地质家的脑海里”，这是油气勘探家和找油人最深刻的哲学。任何事物都是发展的，不是一成不变的，成熟探区油气勘探工作也是一样的道理。新的地质理论和认识不断涌现，新的资料不断增加，工程技术不断发展，勘探工作者的知识水平和解决地质问题的能力也在不断增强，相应地对地下情况的认识程度也在逐渐提高。因此，突破性的思维和打破传统的认识，就成为成熟探区实现勘探新突破的关键。创新思维要求勘探工作者一定要有不断超越过去的勇气和激情，把思想从传统的思维定势中解脱出来，敢于打破传统地质理论和认识的束缚，敢于否定自己过去的结论，敢于走前人未走过的路。在继承过去行之有效的认识和理论的基础上，运用新的思维方式，对以往勘探形成的观念、做出的结论重新进行审视，重新认识盆地资源潜力，重新认识成藏控制因素，重新认识油气藏类型和成藏模式，重新认识油气分布规律。在反复对比论证基础上，形成新的勘探思路，进一步指导勘探部署。

一、成熟探区精细勘探的哲学思维

1952年，美国著名石油地质学家华莱士.E. 普拉特在AAPG上发表的“找油的哲学”（*Toward a Philosophy of Oil-finding*）中指出：“找到石油的地方正是在人们的脑海里；未发现的石油仅是作为一种想法存在于某些找油者的脑海里。如果没有人相信有更多的石油有待去寻找，将不会有更多的石油被发现。”这个找油哲学一直以来影响着全球石油勘探界，该论述把找油者作为主角，强调油气勘探工作中，找油者要有坚定的信念、锲而不舍的探索精神。在成熟探区精细勘探更要具备这种精神，在许多以往评价较低，或者是久攻不克，甚至勘探程度比较高的老探区、小探区已陆续获得了一大批重要突破和发现。有些成果是在经过半个多世纪的大规模勘探之后的含油气盆地中获得的，是经历了几上几下的曲折历程后通过不懈探索才取得的。这些实例尽管发生于特定探区，处于不同的勘探阶段，地质条件千差万别，但对油气勘探工作无疑都具有重要的借鉴意义。在这些成功实践的背后，都蕴含着丰富的哲学思想以及认识问题、解决问题的理念和方法。

原石油工业部王涛部长曾经说过：“作为一个地质家找到油田容易，但是如果你要否定一个地区或者一个区带是不容易的，要非常非常地谨慎。”李国玉（2001）在《沉积盆地论》一书中指出：“天生盆地必有油”，每个沉积盆地均有油气的生成、运移、聚集、调整的过程。任何有机物丰富的地层均可成为生油层，任何有孔隙和裂缝的地层均可成为储层，任何不渗透的地层均可成为盖层，任何封闭的构造形态均可成为油气圈闭，任何剧烈的构造运动均可成为油气运移的动力，也可能导致油气藏的破坏，任何部位只要是生油条件和储层、盖层以及圈闭条件有机地组合在一起，都可能形成油气田。所以，当勘探工作者面对新区或新盆地时，谁能肯定哪里有油或者哪里没油呢？“宁可信其有，不能信其无”，才是正确的勘探工作理念。当勘探工作者面对一个成熟探区或一个成熟勘探盆地时，谁能肯定那里就不能再发现大油气田、不能找到规模经济储量呢？解放思想、转变思路、创新认识才是勘探工作的思想基础。

“勘探无禁区，找油无止境”（刘传虎，2011）。不能因一时的成功而得意忘形、冒进蛮干，更不能因一时的失利而怨声载道、信心皆失。成熟探区富油凹陷油气资源丰富，一时勘探的失利，只是还没有把握油气的富集规律，坚持勘探，深化地质规律认识，就极有可能取得突破发现。一位优秀的勘探家，不应因一时一地的得失而情绪波动，要善于总结。恩格斯说：“只要自然科学在思维着，它的发展形式就是假说。”这就要求勘探家们有丰富的想象力，敢冒非常之风险，敢闯非常之禁区，今天的假设就是明天的现实。这也是科学的思维和工作方法，既要解放思想、创新认识，又要扎实工作、科学部署。战略上要藐视敌人，战术上要重视敌人。“勘探没有失败，探井没有空井”，这句话既是油田企业家对勘探工作者信心的鼓励，同时也说明只要创造解放思想的宽松环境和鼓励探索的良好氛围，地质家们就能够不断更新观念、大有作为，创造出辉煌的业绩。

二、华莱士的找油哲学

一直以来，华莱士的找油理念和哲学思想，影响和鼓励着油气勘探工作者，特别是成熟探区勘探工作者。美国石油地质学家第64届年会上，一个重要的主题就是：我们通常以老的观念在新的地区发现了油田，我们也在老的地区以新的观念来发现油田。但是很少是在老的地区以老观念找到了大量的石油。过去不知多少次我们认为再也找不到石油了，然而事实上并不是没有油，而是我们再也没提出什么找油的新观念和新设想了。

现在和过去相比，油气勘探理论、认识和技术都有了很大进步，然而，再完善的理论、认识和技术不足以完成全球的找油任务，存在一些严重妨碍找油成功的禁锢，单纯依靠勘探技术的完善，既不能推动，更不能克服，即勘探工作者的思维方式是根本性的，它在勘探工作者的头脑中是根深蒂固的。

1920 年 5 月，美国累计产油只不过 50×10^8 桶（7 亿多吨）的时候，美国地质调查局很有才华、非常受人尊敬的总地质师戴维·怀特（David White）曾经预言说：“由于储量枯竭，美国石油产量的高峰很快就会一掠而过，可能 5 年，也可能 3 年”。他还说，年产量似乎不能超过 4.5×10^8 桶（6500×10^4t），“如果我们一意孤行产太多的石油，那么预计美国地下蕴藏的 70×10^8 桶可采石油将在 18 年内开采殆尽”。直到 1970 年，美国石油产量才达到一个高峰 4.8×10^8t。目前，美国页岩油气的成功开发，将推动石油产量达到新的高峰。戴维·怀特对石油勘探很是精通，却坚信美国几乎没有什么石油了，他的观点是他对石油分布认识的反映，同时，他的观点也影响了华莱士等一批石油勘探家的观念，甚至对美国剩余石油资源共同做了类似的悲观估计。

有时我们的认识，再加上仔细琢磨、精心研究，提出了决策性的判断，确信某个地区没有石油资源，但后来，那里却成了重要的石油产地。世界著名的中东科威特的特大油田，在 1937 年被发现之前的 15 年的漫长时期内，世界上许多大石油公司，包括 3 家最大的英国、荷兰和美国石油公司，都看不上眼，没有一家公司愿意勘探。但是一经勘探，便立刻发现了一个大油田，而且是比以往发现的任何油田都大的特大油田。换句话说，在全球广泛研究地壳石油分布、蓬勃开展石油勘探 90 年之后，在钻井未证实迄今为止世界最大的油田之前，找油事业的最有才智的能手，并没有认识到这个特大油田的存在，尤其错误的是，他们认定那里一点石油也没有！这个令人难以置信的错误，不是由于不熟悉这个地区的石油分布情况而引起的。这些公司比任何人都更了解中东的石油，一批世界上最优秀的地质学家集中在他们麾下。他们完成了专门的研究，长期对中东石油分布做了艰苦的地质调查，正是因为他们具有在中东长期积累的经验和广泛调查的资料，使他们断然相信，科威特不可能成功。一言以蔽之，就是“阿拉伯没有石油”。这 3 家世界上名望最大的石油公司，自以为对资料了如指掌，先入为主地判断，错过了勘探科威特石油的机会。但是没过几年，科威特就发现了特大的油田。当时，另一家不起眼的小公司对中东石油情况知之甚少，却主动要求在科威特得到石油勘探的特许权。这个小小的公司敢于到科威特去钻探石油，正是因为它并不知道还有一番“阿拉伯没有石油”的结论。那个敢于在科威特承担勘探的小公司，10 年之后，竟然成了世界石油生产的巨头之一，它就是海湾石油公司。在同一时期，海湾石油公司还在波斯湾境内邻近的巴林岛上迅速钻探，1932 年发现了大油田。这个大油田的发现结论是不言而喻的：阿拉伯终究是有石油的。如果我们能自我解嘲地认为，在科威特的教训，仅仅是判断认识偶尔出现的一个错误，仅仅是脱离了我们一往无前的正确无误的轨道的个别行动，这对于我们这一批地质学家和石油探索者来说，那倒是值得欣慰的。但是，我们必须摈弃这种欣慰。如果我们来揭揭自己的老底，我们就会一眼看出，科威特之事仅仅是我们一大堆类似的错误判断中的又一个例证而已。

而且，这些错误，对我们的权威人士来讲，是屡见不鲜的。

有了一点点关于已证实储量的知识，就不能用任何一种其他的标准来计算总资源量。如果我们已知的东西是很少的，那么它的未知的东西也一定是很少的。用我们已经学到的东西去代替我们还必须去学的东西，有时会使其蒙上一层人为的阴影，使其难以分辨，迫使我们视而不见。那些在找油技术上有学识、有经验的人，对于这种来自一得之见的盲动似乎并不敏感。一个石油探索者，必须根据他对事实的观察而行事，即根据他对自己勘探地区石油分布的了解而行事。但是，找油的人几乎绝不可能知道他们所碰到的所有情况，即地壳某一部分未勘探或尚未完全勘探的地下深处的实际情况。对他们来说，已知和未知之间的悬殊特别之大。他必须经常警惕他不知道的潜在的东西；他必须始终保持清醒的头脑，他不知道的东西，可能已成为他的问题。在我们对一个地区的认识不完全时，我们却自认为是完全的，就可能得出这样的结论，即把实际上有油的地方说成是没有油的地方。这样，我们便会根据对事实的不够充分的了解得出“阿拉伯没有石油”的结论来。

从石油工业兴起之日开始，美国的石油勘探和开发，是由千百个独立自主的公司、成千上万的单干户苦心经营的。每个找油的人都是我行我素，每个人都有自己的思想和理论，认为哪里能找到油，就到哪里去打井，一旦有了发现，就将获得与他对社会的贡献大小相对应的报酬，这个信念鼓舞着每一个人不懈地勘探。在这种氛围中，美国钻成了成千上万的，甚至超过百万口以上的石油探井。这一大批井中有成千上万的井是钻在所有人都认为是贫油的地方，唯独在这里钻探的人才认为是有油的。这样一来，年复一年，在被认为的贫油区，探井一个又一个地不断发现大油田。将探井遍布美国大陆，这就是美国找到石油之谜底。用这种方法，人类发现了很多的大批油田。在这种氛围中，同样，石油探索者思想上的种种禁锢，也就云消雾散了。很有素养的科学家的保守观点，被没有受过专门训练的、不受“一点知识”束缚的找油者的实际行动冲破了。只要有一个人说一声阿拉伯（或者西得克萨斯）没有石油，那么另一个人便会毫不迟疑地立即去钻一口井，瞧瞧是不是真的，而他常常就找到了石油。

历史证明，探索石油的人们，在预测地壳中蕴藏的油气资源时，总是畏缩不前的，有时总是太保守。有信心，坚韧不拔，富于冒险精神，有丰富的想象力，才能找到更多的石油。如果他有见识，并受过找油技术的训练，那就更好了。如果他的知识不使他过分保守，或者他搞不清事实，那他会对许多事情的判断模棱两可。如果他的知识使他盲目对待未知的事物，那他就几乎不会有什么发现。

富有想象力，这是一个成功的找油者不可缺少的素质。莱沃森曾经说过：“井完钻之前，未发现的油气田充其量也只是作为一种思想存在于地质学家的脑海里。”如果说新油田的形成，首先是在地质学家或找油者的脑海里，那么它的发现当然必须有待于我们智慧的形象化，即我们的想象力。也就是说，首先找到石油的地方是在人们的脑海里，未发现的石油仅是作为一种想法存在于某些找油者的脑海里。如果没有人相信有更多的石油有待去寻找，将不会有更多的油田被发现。但只要有一个找油者保持还有新油田有待发现的想象，有勘探自由，并受到勘探的鼓励，新油田就有可能继续被发现。因此，成熟探区精细勘探一定是具有丰富想象力、富有开拓精神，同时具有丰富知识的勘探家才能完成的勘探发现。

三、富油气坳陷精细勘探思维转变及效果

渤海湾盆地济阳坳陷是一个多样地质条件下为石油勘探提供借鉴的典型实例。济阳坳陷被称为石油地质的“大观园”和“博物馆”。胜利油田在此不仅创造了老油田可持续开发的奇迹，也为中国其他油田在多样地质条件下开采石油提供了借鉴。

胜利油田是渤海地区发现的第一个油田，勘探范围为 $4.4\times10^4km^2$，2014 年前的近 20 年间，其原油产量保持在 2700×10^4t 以上。虽然其产量可观，但地质开采条件却很复杂，康世恩用“像一个摔碎了的盘子，又被人踢了一脚”来形容胜利油田的地下状况。而这个“特殊”的盘子，几乎囊括了世界上 2/3 的油藏类型。

新中国成立初期，一些外国专家断言，在渤海湾地区找油“恰恰是最没有前途的”。然而，中国地质专家们坚信在这广袤的土地下面一定能够找到石油，并通过艰难的研究探索，纠正了“近代火山岩浆活动破坏了东部油气”的观点。1961 年 4 月 16 日，华北地区第一口见油井——山东东营构造华 8 井喜获工业油流，为处于窘境中的新中国石油工业注入了强劲动力，实现了渤海湾地区找油零的重大突破，也是发现胜利油田的重要标志。20 世纪 60 年代初，10000 多名来自大庆、玉门等地的石油工人满怀信心来此进行石油大会战，希望能很快建设一个像大庆那样的整装大油田，但现实给大家浇了一盆冷水。

胜利油田经过 4 次大的地质构造运动，地下构造复杂，属于多种油藏类型和多构造、多层系、多原油性质的复式油气区。由于很多断块小而碎，一部分井虽然见到了油，但难以连成片，根本拿不到预期的含油面积和储量。勘探人员经过调研后发现，在渤海湾地区搞石油勘探，必须从实际情况出发。随后，“区域展开、重点突破、各个歼灭”的勘探方针被提出，胜坨、纯化、渤南、大王庄、临盘等油田陆续从地下被挖出来，并很快投入开发，成为胜利油田发展史上第一个大发展时期。

20 世纪 90 年代以来，经过多年高速高效勘探开发，胜利油田的“肥肉”基本发现完毕，资源储量不能满足开发需要。尽管每年依然上报探明储量 1×10^8t，但储量块数越来越多，储量规模越来越小，储量品位越来越差。原来 1×10^8t 的储量只要几个区块就可以完成，现在则需要几十块甚至上百个区块。最艰难的 2000 年，油田平均每个单块探明储量仅为 116×10^4t。一时间，“资源枯竭论”的阴影笼罩整个油田。

为了扭转勘探被动的局势，胜利油田科技人员瞄准了以岩性－地层为主、一般技术手段难以发现的岩性－地层油气藏。在背斜、断块等构造油藏之外，可能存在大量岩性、地层等非构造油藏。岩性－地层油气藏勘探理论由此应运而生。在岩性－地层油气藏勘探理论的指导下，2002 年一度沉寂的王庄—宁海地区出现了“井喷”行情，郑 36 井、郑 41 井等 10 余口井钻探成功，一个亿吨级的整装稠油油田被发现。

经过艰苦努力，胜利油田勘探者逐步建立了以“断－坡控砂”、“复式输导”、“相－势控藏”为核心的陆相断陷盆地油气藏勘探理论体系。正是得益于理论的创新和科技进步，胜利油田已经累计发现 77 个油气田，探明石油地质储量 50×10^8t，连续 8 年实现预测、控制、探明石油地质储量过亿吨，连续 14 年实现储采平衡。

胜利油田 50 多年的勘探开发历程，为同样处于多样地质条件下的渤海湾地区的石油开采提供了良好借鉴，充分证明了成熟探区精细勘探的潜力和前景。

第二节　油气资源及勘探潜力新认识

随着油气勘探和研究的深入，对油气资源及勘探潜力的认识也在不断深化。特别是对成熟探区油气资源和勘探潜力的认识不能固守于以前的资源量及勘探潜力的认识，随着理论、认识和方法技术的进步，油气资源量和勘探潜力会不断增加，勘探发现和储量也会不断增长。因此，成熟探区精细勘探潜力基于但又不局限于剩余油气资源量。

一、油气资源类型

依地质、技术和经济等因素，油气资源可分为常规与非常规两种类型，常规油气资源主要包括单体构造型、岩性－地层集群型，非常规油气资源主要包括准连续型和连续型油气聚集（表3－1）。随着成熟探区勘探开发的进展，成熟探区内新区块、新层系、新领域、新类型和新目标的油气勘探由中浅层向深层、由常规向非常规油气快速延伸，将成为石油工业发展具有战略性的新领域。

表3－1　油气资源类型划分

资源类型	分布特征	油气聚集类型		实例
常规油气聚集	单体型	构造油气藏		松辽盆地大庆长垣白垩系
	岩性－地层集群型	岩性油气藏	碎屑岩	松辽盆地白垩系，渤海湾盆地古近系
			火山岩	松辽盆地深层
			碳酸盐岩	四川盆地二叠系
		地层油气藏	碎屑岩	准噶尔盆地西北缘二叠系—侏罗系
			碳酸盐岩缝洞油气	塔里木盆地台盆区寒武系—奥陶系
			火山岩风化壳地层型	新疆北部石炭系火山岩
			变质岩缝洞地层型	辽河坳陷太古宇—元古宇
非常规油气聚集	准连续型	重油		渤海湾盆地新近系
		沥青砂		准噶尔盆地西北缘侏罗系
	连续型	致密砂岩油气		鄂尔多斯盆地石炭系—二叠系、三叠系，四川盆地三叠系
		致密碳酸盐岩油气		四川盆地侏罗系
		页岩油气		四川盆地寒武系、志留系、侏罗系
		煤层气		沁水盆地石炭系—二叠系
		油页岩		松辽盆地白垩系
		水合物		南海北部斜坡区

二、中国油气资源量新认识

随着油气勘探的进展，油气勘探理论、认识、方法技术的进步，不断改变着对油气资源量和勘探潜力的认识。正是对油气资源和勘探潜力认识的不断深入，推动了油气勘探的不断发现和储量增长，特别是成熟探区更是如此。1922 年美孚石油公司预测中国石油地质储量为 1.75×10^8t，并因此得出中国贫油的结论。实践证实中国油气资源较富集，不同时期、不同机构和个人对中国石油资源量的预测差别很大。1987 年、1994 年、2008 年中国基于常规油气开展了第一、第二、第三次资源评价，石油地质资源量分别为 787×10^8t、940×10^8t、1086×10^8t（图 3－1），这些油气资源不包括非常规油气资源量。常规与非常规油气资源量的比例为 2∶8（邹才能等，2013）。2006 年国土资源部预测的中国油页岩、油砂资源量分别为 476.44×10^8t、89.7×10^8t。2012 年中国工程院预测的中国致密油资源量约 113×10^8t，致密砂岩气的储量为 $209.6\times10^{12}m^3$。中国正在开展基于非常规油气的第四次资源评价，随着对非常规油气勘探和认识的深入，非常规资源量将不断增加。

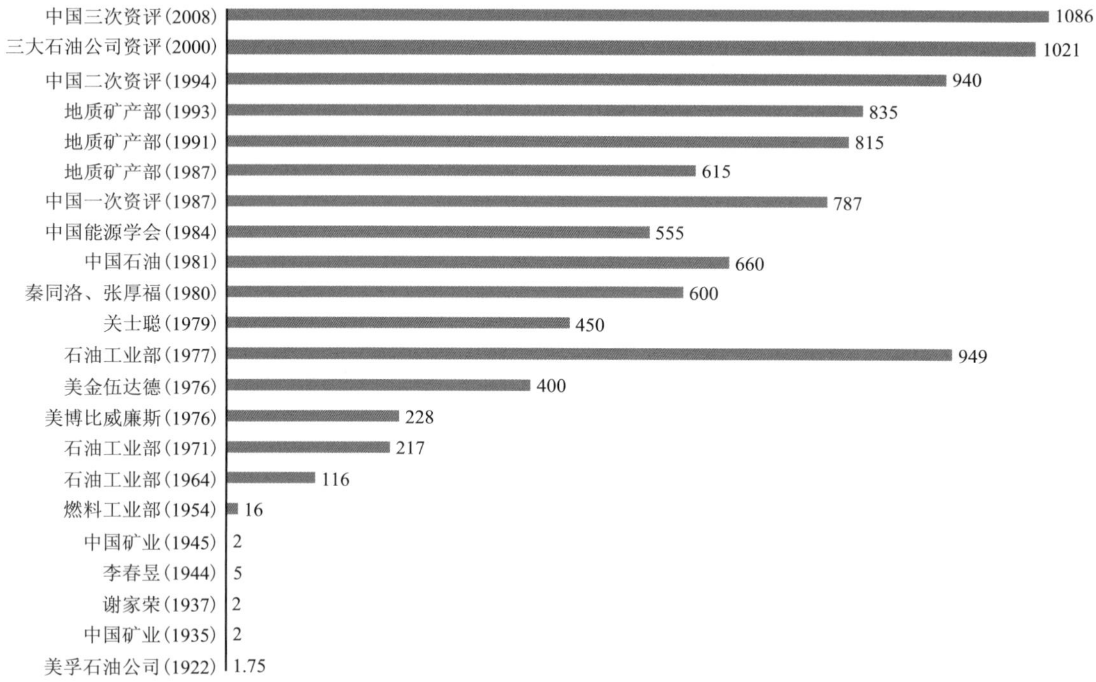

图 3－1　中国石油资源量（10^8t）随时间的变化

含油气盆地中的非常规油气资源分布普遍，一般占 80%；常规圈闭中聚集的常规油气资源是其中的“甜点”，分布局限，一般只占 20%。统计表明，全球非常规石油资源规模大约 6200×10^8t，与常规石油资源大致相当；全球非常规天然气资源规模约 $4000\times10^{12}m^3$，是常规天然气资源的 8 倍。中国非常规石油资源规模约 240×10^8t，与常规石油资源大致相当；中国非常规天然气资源规模约 $100\times10^{12}m^3$，是常规天然气资源的 5 倍。全球非常规油气已实现重大突破，油砂油、重油、致密气、煤层气等成为非常规油气发展的重点领域，页岩气成为非常规天然气发展的热点方向，致密油成为非常规石油发展的亮点类型。非常规油气已成为全球油气供应的重要组成部分，2010 年非常规石油产量已占全球石油总产量的 3%；2015 年，美国致密油产量已达 2.63×10^8t，非常规天然气产量已占全球天然气总产量的 10% 以上，预测 2030 年全球非常规油气产量将占到 20%～30%。

据中国国土资源部资料，截至 2015 年年底，中国常规石油地质资源量为 1257×10^8t、可采资源量为 301×10^8t，与 2007 年评价结果相比，分别增长了 64% 和 42%；已累计探

明地质资源量 $372 \times 10^8 t$，探明程度 33%，处于勘探中期。常规天然气地质资源量为 $90.3 \times 10^{12} m^3$，可采资源量为 $50.1 \times 10^{12} m^3$，与 2007 年评价结果相比，分别增长了 158% 和 127%；已累计探明天然气地质储量 $16.23 \times 10^{12} m^3$，探明程度 18%，处于勘探早期。

截至 2014 年底，中国石油和天然气分别累计采出 $62 \times 10^8 t$、$1.5 \times 10^{12} m^3$，剩余石油、天然气可采储量分别为 $206 \times 10^8 t$、$38.5 \times 10^{12} m^3$，天然气剩余可采储量约为石油的 1.7 倍。新增地质储量 90% 以上为整装、未开发储量，大部分分布于成熟探区，进一步增储上产的潜力很大，未来中国将进入天然气储量产量快速增长的发展阶段。

2014 年，中国原油产量为 $2.10 \times 10^8 t$，天然气产量为 $1243 \times 10^8 m^3$，地面抽采煤层气产量为 $36.9 \times 10^8 m^3$，页岩气产量为 $12.5 \times 10^8 m^3$，均达到历史最高水平；油气新增探明地质储量也稳定增加。2014 年，中国石油新增探明地质储量为 $10.44 \times 10^8 t$，连续 8 年新增探明地质储量超过 $10 \times 10^8 t$，天然气新增探明地质储量 $10364 \times 10^8 m^3$，同比增长 77%，首次突破 $1 \times 10^{12} m^3$。

中国的油气资源主要集中在 11 个大型含油气盆地。渤海湾、松辽、塔里木、鄂尔多斯、准噶尔、珠江口、柴达木 7 个含油气盆地的石油资源量、储量和产量贡献超过全国的 80%；鄂尔多斯、四川、塔里木、柴达木、珠江口、琼东南、东海、莺歌海、松辽 9 个盆地的天然气资源量、储量和产量贡献超过全国的 80%。

三、成熟探区富油气凹陷新认识

1. 富油气凹陷对勘探领域拓展的推动

早在 20 世纪 50 ~ 60 年代，伴随中国东部地区油气勘探实践，提出了生油凹陷控制油气分布的认识，即“源控论”（胡朝元，1963），在指导油气勘探与发现中发挥了重要作用。随着勘探程度的提高以及地质认识的深入，油气地质工作者认识到油气资源在不同凹陷中的分布是不均衡的，龚再升等（1997）提出的“富生烃凹陷”概念，强调生油气凹陷成因和生烃量，指出富生烃凹陷是被动热事件初期形成的半地堑，一般为陆相沉积，湖相生油。袁选俊等（2002）在研究渤海湾盆地油气资源分布基础上提出了“富油气凹陷”的概念，强调资源丰度及勘探潜力，将资源丰度大于 $20 \times 10^4 t/km^2$、资源规模在 $3.0 \times 10^8 t$ 以上的凹陷称为“富油气凹陷”，它是从一个凹陷的生烃总量出发，表述凹陷资源丰富程度的概念。这一概念的提出把陆相沉积盆地中一系列凹陷进行了分级评价，并指出了资源空间分布的不均衡性，对指导重点勘探靶区选择有重要指导意义。

陆相坳陷盆地（包括前陆盆地）也存在富油气凹陷，这些凹陷控制了相应沉积盆地中生烃与油气成藏的分布。广义上讲，富油气凹陷是指陆相沉积盆地中那种烃源岩质量好、规模大、热演化适度以及生烃量和聚集量都位居前列的一类含油气凹陷，它们是“源控论”最好的体现。衡量富油气凹陷的优劣除生烃强度、资源丰度和资源总量外，还应考虑在整个凹陷范围内发现油气藏的机会与单体油气藏的丰度和规模。

富油气凹陷“满凹含油”概念的提出，得益于最近几年岩性 - 地层油气藏勘探的突破，尤其是东部成熟探区精细勘探所获得的一系列新发现。近几年，东部探区立足富油气凹陷的精细勘探，揭示了油气分布不完全局限于二级构造带范围，在二级构造带以外的斜坡区，以及深凹陷部位，都有油气发现。油气藏类型主要以岩性 - 地层型为主，油气分布呈现满凹含油趋势。富油气凹陷“满凹含油”论的提出（赵文智等，2004），使勘探跳出正向二级构造带的局限，实现了满凹找油气，勘探范围有了大规模拓展，丰富和发展了以往“定凹选带”的勘探理念。

在富油气凹陷中，随着油气勘探的深入，勘探目标逐渐由构造油气藏转向岩性－地层油气藏，陆相沉积盆地中油气藏分布不仅仅局限于正向二级构造单元范围内，有很多油气藏在生烃凹陷的低部位，甚至是向斜的中心部位，呈现了富油气凹陷“满凹含油”的特征。但这不是指富油气凹陷到处都有油气，而是突出强调勘探和找油气范围的拓展。在富油气凹陷中，特别是构造及成藏条件复杂的有利区带，表现为不同层系、不同区域均有可能分布油气藏，发育多种油气藏类型，成熟探区精细勘探中首先应确定富油气凹陷中的有利区带。

中国富油气凹陷的成熟探区油气丰富、资源量大，虽然经过了多年的勘探，但剩余资源量大。富油气凹陷的有利区带内存在以往勘探过程中漏失的油气层以及尚未认识到的新油气层，这正是成熟探区精细勘探的物质基础，因此，成熟探区精细勘探重点应立足于富油气坳陷中的有利区带。

2. 富油气凹陷的形成条件

富油气凹陷“满凹含油”的形成具备几个关键条件。

（1）*烃源岩生烃总量大，可保证各类砂体聚油气成藏*

富油气凹陷发育陆相沉积盆地中最优质的烃源岩，表现为烃源岩质量好、规模大、热演化适度与生烃总量大，可保证与之相关的各类储集体聚油气成藏。不同盆地类型的富油气凹陷烃源岩的形成条件存在较大差异。

东部断陷盆地主要表现为幕式拉张活动，沉积充填主要受控于沉降速率。优质烃源岩主要发育在强烈的裂陷期，由于构造沉降强烈，湖水较深，沉降速率大于沉积物供给速率，欠补偿沉积湖泊的营养和浮游生物生产力都达到较高水平，因此，深湖—半深湖沉积物形成于良好的富氢有机质堆积环境，发育的烃源岩有机质类型多以Ⅰ—$Ⅱ_1$型为主。龚再升（2004）在研究近海湖盆时指出，当裂陷期沉降速率在200～400m/Ma时，湖盆发育达到鼎盛期，是烃源岩发育的重要时期。湖盆最大扩张期的沉积主要是厚度较大的深湖—半深湖泥岩，如渤海湾盆地歧口凹陷沙三段深灰色泥岩厚度超过1500m，有机质类型以Ⅰ—$Ⅱ_1$型为主；辽河西部凹陷的E_2s_3和E_2s_4烃源岩累计厚度超过500m，有机质类型主要为Ⅱ型，辽河西部凹陷总生烃量为235.49×10^8t，石油资源量为26.6×10^8t，运聚系数高达10.06%，生烃强度达0.071×10^8t/km^2，分别是东部凹陷和大民屯凹陷的26倍及11倍。

大型坳陷湖盆构造相对稳定，以发育统一的湖盆沉积为特征，湖平面升降是控制沉积环境与相带组合的主导因素。湖盆扩张期的湖侵范围很广，湖泊中心部位常常发育优质烃源岩。如鄂尔多斯盆地晚三叠世延长组长7段沉积期是最大湖侵期，深湖—半深湖相泥岩烃源岩面积达8.5×10^4km^2，占同期湖盆面积的60%，有机质类型多以Ⅰ—$Ⅱ_1$型为主，有机碳平均含量为13.8%。松辽盆地主要烃源岩发育在青山口组青一段暗色泥岩中，除在盆地边部如滨北地区砂岩含量较高外，在中央坳陷区几乎全区分布，烃源岩厚60～80m，有机碳含量平均为2.21%，有机质类型多以Ⅰ—$Ⅱ_1$型干酪根为主，有效烃源岩面

积达 $6.5\times10^4km^2$，占湖盆总面积的53%。

中西部地区发育的前陆盆地处在盆山结合部位，有最深的汇水，发育优质烃源岩，有机质丰度高，烃源岩厚度大。尤其是晚三叠世至早、中侏罗世气候潮湿，形成的前陆盆地如库车坳陷、川西坳陷、鄂尔多斯盆地西缘等均发育优质烃源岩。库车坳陷侏罗系总有机碳含量一般大于1.0%，主要为2.5%～4.0%，三叠系总有机碳含量主要为2.0%～3.0%，烃源岩厚100～800m，有效烃源岩面积 $1.6\times10^4km^2$，占同期湖盆面积的53%。可见，富油气凹陷发育在不同类型的陆相沉积盆地中，发育优质烃源岩，可为与之有联系的各类砂体提供充足的油源。

（2）*有效烃源岩面积大，为各类砂体与烃源岩提供最大接触机会，有利于油气运聚成藏*

有效烃源岩是已进入成熟门限大量生、排烃的那部分烃源岩。富油气凹陷不仅烃源岩质量好、规模大，而且有效烃源岩所占比例很高，因而使成藏范围和规模较大。统计数据表明，中国主要含油气盆地中的富油气凹陷有效烃源岩面积占同期湖盆面积的比例均超过50%，明显高于一般的陆相沉积凹陷。由于有效烃源岩面积占凹陷面积比例大，来自不同方向的水系形成的各类砂体有较大机会与烃源岩接触。如渤海湾盆地的富油气凹陷中，主水系砂体与烃源岩接触的面积高达80%以上。坳陷湖盆这一比值相对要低，但不同水系发育规模不一，比值也有所不同。

如松辽盆地泉头组沉积时期水系规模最大，即使在湖侵最大期的泉四段沉积期，水系规模也有 $3.6\times10^4km^2$，三角洲前缘砂体分布面积近 $2\times10^4km^2$，与烃源岩接触面积高达52.7%。如青山口组沉积期，保乾三角洲砂体演化有3个主要特点：物源方向总体由西南向西北方向逐步迁移；三角洲发育经历了退积、加积和大规模迁移三大过程，前缘朵状体由深湖型朵叶体转变为浅湖型树枝状体；青三段沉积晚期，来自通榆水系的三角洲前缘砂体与保乾水系的三角洲前缘砂体在乾安一带叠加连片，形成大面积以分流河道和河口坝为主体的砂体，重点含油层段是青山口组二段、三段砂体，与有效烃源岩的接触面积比值高达40%～60%，使得该水系发育的各类砂体有充足的油源供给，并聚集成藏。因此，该区岩性油藏成藏具有含油层系多，以青山口组为主；微相控制着单砂体分布与岩性圈闭位置和规模；最有利的储集体为三角洲前缘分流河道和河口坝砂体；多个含油砂体叠加连片形成连片含油面貌等特点。随着油气勘探的深入，近年来松辽盆地石油储量的增长主要为岩性油藏。

（3）*湖盆振荡变化，使砂、泥岩频繁间互，为各类岩性－地层圈闭形成创造了条件*

陆相坳陷沉积盆地受构造与气候的联合作用，湖盆的水进、水退频繁发生。低位域和高位域沉积期，砂体相对发育。有时来自盆地四周的水系向盆地注入，可以使砂体几乎覆盖全凹陷。最大湖侵期由于湖盆扩张，砂体退缩，烃源岩可以扩及很大范围，构成剖面上的生储盖组合。伴随着湖盆振荡变化，这样的组合在剖面上还可重复多次。同时，多水系形成的砂体横向上岩性变化快，不仅使烃源岩与储集体大面积接触，而且因岩性侧向变化极易形成多种类型的岩性圈闭。在有些时间段，烃源岩的扩展范围与砂体向湖盆中心的推进规模均较大，从而使油源岩与储集层间互，这是满凹连片含油的基础。

陆相断陷湖盆多物源、短水系，碎屑物质入湖快速，砂体与湖相泥岩接触机会和面积均较大。陡坡有冲积扇直接入湖，形成近岸水下扇等重力流沉积，缓坡发育河流－三角洲与滨湖砂坝等砂体，湖盆中心又有浊积砂体。这些砂体侧向与烃源岩接触，上、下往往被烃源岩包围，构成良好的生－储－盖配置组合，可形成各类岩性油气藏。坳陷湖盆沉积相带多呈环带状分布，沿湖盆长轴方向往往发育大型曲流河三角洲，短轴方向则形成辫状三角洲。一系列三角洲前缘砂体呈带状或席状叠置于烃源岩之上或夹于烃源岩系中，可形成连片分布的含油层系，如松辽盆地上白垩统青山口组发育六大三角洲体系，在 $8\times10^4km^2$ 范围内都有砂体分布，并与烃源岩间互。鄂尔多斯盆地延长组发育南、北两大主水系，北岸水系以发育曲流河三角洲为主，NE 向展布，延伸长度达到 300km；南岸水系以辫状河三角洲为主，NE 向展布，延伸长度 150km。这两大水系形成的长 6 段前缘相带与长 7 段烃源岩的接触面积达 $5.6\times10^4km^2$，占有效烃源岩分布面积的 82% 以上。

3. 富油气凹陷油气分布规律

富油气凹陷油气藏类型和油气储量分布具有很强的规律性，随着油气勘探进展，这种规律性逐步显现出来。对富油气凹陷油气分布特征和规律的认识，决定了成熟探区精细勘探的进程。以下以渤海湾盆地为例阐述不同区带、层系和油气藏类型的分布特征，分析油气勘探阶段，为成熟探区精细勘探提供依据。

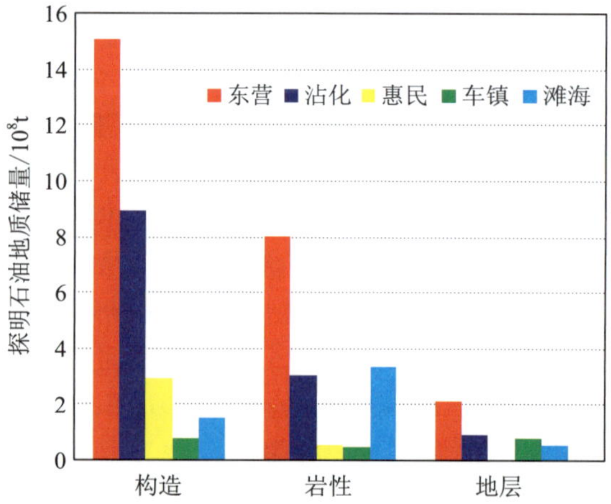

图 3－2　济阳坳陷不同凹陷、不同油藏类型探明石油地质储量分布

（1）不同凹陷油气分布规律

坳陷内不同凹陷的油气地质条件存在较大差异，决定了即使在同一坳陷内部，不同凹陷的油气资源量差别很大，已探明油气地质储量差别也很大（图 3－2）。如济阳坳陷包括东营、沾化、车镇、惠民 4 个主要凹陷和滩海地区。截至 2009 年年底（据胜利油田），济阳坳陷共探明石油地质储量 49.19×10^8t，其中东营凹陷为 25.21×10^8t，占 46%，以构造、岩性油藏为主，其次为地层型油藏；沾化凹陷探明石油地质储量为 12.95×10^8t，占 24%，主要的油藏类型依次为构造、岩性和地层型油藏；滩海地区探明石油地质储量 5.79×10^8t，占 9%，以岩性为主，其次是构造和地层型油藏；惠民凹陷探明石油地质储量 3.15×10^8t，占 6%，主要为地层型油藏；车镇凹陷探明石油地质储量为 2.09×10^8t，占 4%，以构造、岩性和地层型油藏为主。济阳坳陷已探明天然气地质储量 $403.31\times10^8m^3$，其中，沾化凹陷 $200.38\times10^8m^3$，占 50%；东营、惠民、滩海和车镇分别为 $158.56\times10^8m^3$、$29.8\times10^8m^3$、$9.32\times10^8m^3$ 和 $5.23\times10^8m^3$，分别占 39%、、7%、2%、1%。由此可见，济阳坳陷是一个富油贫气坳陷，油气勘探的主要对象是油藏，研究和勘探部署的主要对象也是油藏。

（2）不同区带油气分布特征

为了进一步研究同一坳陷内不同区带的油气分布特征，针对济阳坳陷，以断陷末期 Es_2 沉积前构造背景为基础，根据剖面构造特征、成因联系，油田主力含油层系成藏特征、油源条件，沉积背景及沉积体系类型，油藏（田）相对完整等原则，将济阳坳陷划分为陡坡带、缓坡带、洼陷带、凸起带、低凸起带和凹中隆起带6个区带。已探明的石油地质储量在6个区带分布，凹中隆起带13.21×10^8t，陡坡带10.70×10^8t，缓坡带8.95×10^8t，凸起带6.32×10^8t，洼陷带5.39×10^8t，低凸起带4.61×10^8t，分别占总储量的27%、22%、18%、13%、11%和9%。

凸起带探明石油储量6.32×10^8t，其中，沾化凹陷的凸起带石油地质储量占了84%；其次为车镇和东营凹陷的凸起带，分别占9%和7%；潍海地区凸起带没有石油探明储量，惠民凹陷没有凸起带。各凸起带的储量在油藏类型构成上各不相同，沾化凹陷的凸起带以构造型最多，其次为岩性型和地层型；车镇凹陷的凸起带以地层型最多，其次为岩性型，而构造型最少；东营凹陷的凸起带以地层型最多，其次是岩性型。

陡坡带探明石油地质储量10.70×10^8t，主要分布在东营凹陷的陡坡带，储量9.99×10^8t，占93%；其次是车镇和沾化凹陷，分别占5%和2%；目前惠民凹陷的陡坡带尚未探明石油储量。东营凹陷陡坡带的构造型油藏储量最多，其次是岩性和地层型油藏。

凹中隆起带探明石油储量13.21×10^8t，分布在东营、潍海、惠民和沾化，分别占38%、32%、21%和9%。东营和惠民凹陷只有构造和岩性型油藏，且构造型多于岩性型；潍海地区以岩性型油藏最多，其次是构造型；沾化凹陷4类油藏类型都有分布，以构造型最多，其次是地层型。

洼陷带探明储量5.39×10^8t，东营、沾化、惠民和车镇凹陷及潍海地区都有分布，分别占41%、39%、7%、6%和7%。东营和惠民凹陷都是只有构造和岩性型油藏，东营凹陷中岩性型多于构造型储量，而惠民凹陷两类油藏储量相差不大；沾化凹陷中，岩性型最多，其次为构造和地层型；车镇凹陷和潍海地区构造、岩性和地层型3类油藏储量均有，且都是构造型最多，其次是岩性型和地层型。

缓坡带石油探明储量8.95×10^8t，东营、沾化、惠民和车镇凹陷及潍海地区都有分布，分别占68%、11%、3%、7%和10%。东营与沾化凹陷较类似，都是构造型最多，其次是岩性型和地层型，不同的是沾化凹陷有131×10^4t的古潜山地层型油藏。惠民凹陷只有构造型油藏。车镇凹陷储量从大到小依次为构造型、岩性型和地层型。潍海地区岩性型最多，其次为构造型和地层型。

（3）不同层系油气分布特征

济阳坳陷探明石油地质储量在层系上，以$Ng^{上}$段最多，为11.58×10^8t，占总探明量的24%；其次为Es_2段，为10.58×10^8t，占22%，油藏类型基本上都是构造和岩性型（图3-3）。前古近系储量都较少，储量最少的是Pz_2，只有859×10^4t；Pz_1和Ar以古潜山地层型油藏为主。东营、惠民和车镇凹陷都是Es_2段储量最多，沾化和潍海地区$Ng^{上}$储量最多；东营和惠民凹陷Es_3和Es_4段的储量也较多，前古近系储量很少；沾化凹陷和潍海地区除了$Ng^{上}$储量多外，其他层位的储量都很少；车镇凹陷前古近系中Pz_1储量较多，为古潜山地层型油藏。

不同区带的探明石油地质储量在层位上分布比例和特点各不相同。陡坡带和中央带Es_2段储量最多，为5.42×10^8t，占51%。缓坡带$Es_4^{上}$储量最多，为2.91×10^8t，占32%，油藏类型为构造和岩性型，其次为$Es_3^{中}$和$Ng^{上}$。凸起带的探明石油地质储量中，$Ng^{上}$储量最多，为4.41×10^8t，70%；其次是$Ng^{下}$，以构造型油藏为主。洼陷带的探明石

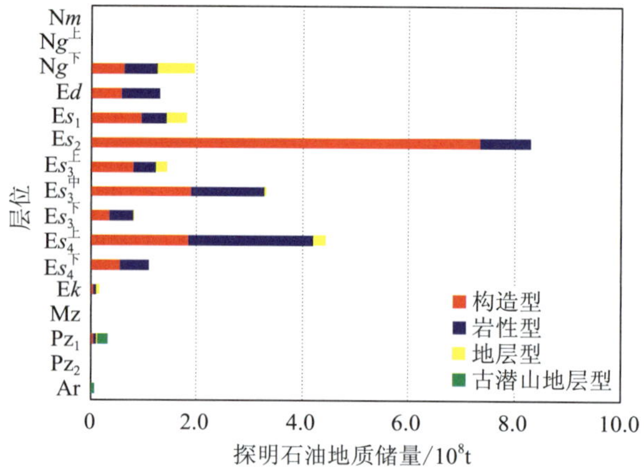

图3－3　济阳坳陷不同层位探明石油地质储量分布

油地质储量大部分都集中在 Es_2—$Es_4^{上}$ 之间，占91%，其中 $Es_3^{中}$ 最多，为 2.42×10^8t，占37%，东营和惠民凹陷的洼陷带储量层位分布较相似，都分布在古近系，都是 $Es_3^{中}$ 储量最多，都是以构造和岩性型油藏为主。沾化凹陷的洼陷带除了古近系储量最多外，在新近系和前古近系也都有储量分布，油藏类型也很全。滩海地区和车镇凹陷的分布层位较少，车镇凹陷只分布在 Es_2。凹中隆起带的探明石油地质储量以构造型油藏为主，Es_2 段储量最多，为 3.49×10^8t，占26.4%；其次为 $Ng^{上}$，占25.9%。东营凹陷中央带比惠民凹陷中央带含油层位少，$Ng^{上}$ 和 Es_4 段尚未探明石油储量。低凸起带的探明石油地质储量中以构造型油藏为主，$Ng^{上}$ 储量最多，为 2.42×10^8t，占52%，分布在东营和沾化两个凹陷，两凹陷的储量在层位分布上较相似，都是 Ng 最多，但东营凹陷的分布层位要比沾化凹陷多。

（4）不同类型油气藏分布特征

截至2009年底，济阳坳陷在已探明 49.19×10^8t 石油地质储量中（据胜利油田），石油主要分布在3类油藏中，构造、岩性和地层型（含古潜山地层型）油藏储量所占比例分别为59%、32%、9%。已探明石油地质储量中不同类型油藏，在不同凹陷的分布差异很大（图3－2）。构造型油藏在东营凹陷分布最多，其次为沾化凹陷、惠民凹陷、车镇凹陷和滩海地区。地层型油藏在东营凹陷最多，其次是沾化凹陷和车镇凹陷及滩海地区，惠民凹陷尚未发现该类油藏。其中古潜山地层型油藏，在车镇凹陷分布最多，其次是滩海地区和沾化凹陷及东营凹陷，惠民凹陷尚未发现该类油藏（图3－4）。

构造型油藏主要分布在断裂带附近，如东营凹陷中央隆起带、惠民凹陷临南断裂带。受断层纵向上输导作用控制，油气易沿断层运移充注到断层附近的砂体中。这类油藏的分布往往与断层结构有关，断层结构分为滑动破碎带和诱导裂缝带，滑动破碎带由于断层泥、断层破碎充填物物性较差，对油气可以起到阻挡作用。另外，滑动破碎带两侧的上、下盘诱导裂缝带发育程度存在差异，上盘诱导裂缝带一般为主动盘、裂缝密度高、渗透率大；而下盘为被动盘，诱导裂缝带的宽度窄、裂缝密度小，甚至基本不发育，这就导致了断裂带对上盘油气的垂向输导性强、对下盘油气的侧向封堵性强。因此，当断层顺向遮挡时，油气容易沿着具有高渗透率的上盘诱导裂缝带向上运移散失，而当断层反向遮挡时，低孔、低渗的滑动破碎带对下盘油气造成封堵，因而反向遮挡圈闭的有效性更高。如东营凹陷中央隆起带与断层有关的油藏大都受断层结构的控制，油气主要都分布在断层下盘。

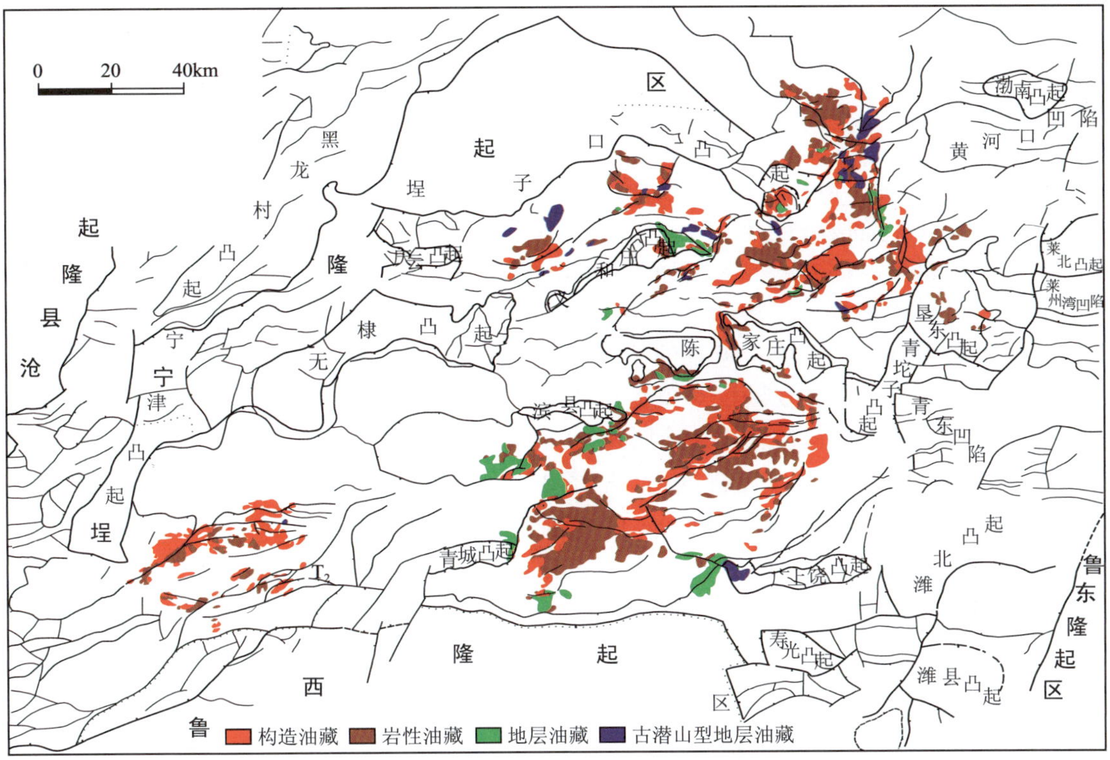

图 3－4　济阳坳陷不同类型油藏已探明石油地质储量分布

（据胜利油田，2009）

地层型油藏平面上集中于凹陷斜坡边缘、凸起向洼陷延伸的大型鼻状构造附近，并多位于有效烃源岩之外。凸起边缘、凹陷斜坡等处地层超覆和剥蚀频繁，岩相变化明显，易形成大量的地层超覆或不整合遮挡圈闭；同时，大型鼻状构造是油气有利指向区，利于油气的较大规模聚集。如济阳坳陷已发现的古近－新近系地层型油藏主要分布在广饶凸起、东营凹陷南坡金家鼻状构造、林樊家凸起、滨县凸起、陈家庄凸起、义和庄凸起、埕东凸起等区带。纵向上油藏分布受不同级别不整合面控制，主要分布在大型不整合面附近。古近－新近系不整合地层型油藏累计探明石油地质储量，纵向上主要分布于古近－新近系内部一级、二级层序界面附近，如一级层序界面 Tr、T_1 的储量占到总储量的 90.5%。古潜山地层型油藏在济阳坳陷分布较少，主要分布在沾化凹陷的埕岛地区，发育于太古宇潜山中，车镇凹陷的富台地区、东营凹陷的乐安地区，发育于古生界潜山中。不同凹陷内古潜山地层型油藏储量差别较大，如车镇凹陷的古潜山地层型油藏储量较大，仅次于构造型油藏。渤海湾盆地的辽河坳陷，古潜山地层型油藏很发育。

岩性型油藏平面上主要发育于洼陷带区，洼陷区是深水浊积扇、三角洲前缘滑塌扇等孤立砂体的发育区，这些砂体与烃源岩直接接触，并且大都位于异常压力带内，成藏条件有利，济阳坳陷各凹陷均有岩性油藏发育，其中以东营凹陷最多，其次为滩海、沾化、惠民和车镇凹陷。

因此，针对同一坳陷中的不同凹陷、不同油藏类型和不同区带油气分布特点的差异，成熟探区精细勘探思路有很大差别。

4. 富油气凹陷勘探阶段

成熟探区精细勘探中，不同油气勘探阶段针对的关键问题和对象存在较大差别，导致油气勘探思路不同。这里以渤海湾盆地古潜山精细勘探为例，阐述成熟探区勘探阶段及勘探思路的转变。

截至2011年底，渤海湾盆地共探明石油地质储量125.96 ×10^8t，渤海湾盆地油气勘探大致经历了4个阶段（图3-5）。1955~1963年的普查阶段，1961年济阳坳陷华8井东三段获工业油流，揭开了古潜山油气规模勘探的序幕。1964~1979年的大规模油气勘探阶段，在源控论指导下，1964年港5井沙三上段获突破，1975年任4井突破雾迷山组潜山，杜4井发现了欢喜岭古近系油田。1980~2002年的滚动勘探开发阶段，以复式油气聚集带理论为指导，主要勘探对象为中浅层，以构造油藏为主。2003年至今为岩性地层、潜山、滩海勘探阶段，在岩性地层理论、满凹含油论指导下，油气勘探由构造转向岩性地层，由背斜转向斜坡（洼槽区）；古潜山油气勘探在变质岩潜山内幕成藏理论指导下，由风化壳潜山转向多层岩性勘探，由浅向深转变。

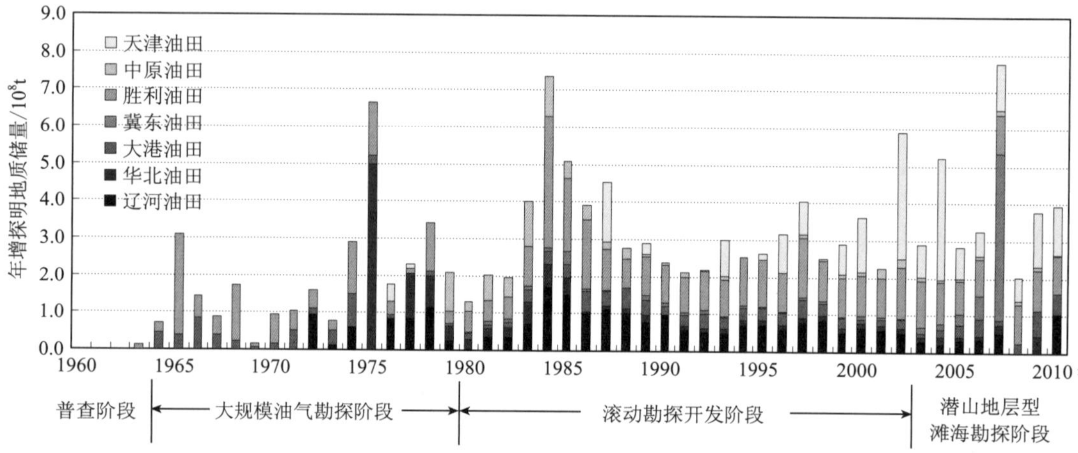

图3-5 渤海湾盆地油气勘探历程

以渤海湾盆地古潜山地层型油藏勘探历程为例，阐述油气勘探阶段。渤海湾盆地古潜山地层型油藏勘探主要包括4个阶段（图3-6）。第一阶段：1985年之前，为快速发现阶段，1975年发现了任丘古潜山，以中、新元古界和古生界碳酸盐岩为主要目的层，发现了任丘、八里庄、留北、雁翎、龙虎庄、苏桥、曙光、欢喜岭、静安堡等古潜山油气藏。第二阶段：1986~1995年，为勘探低迷阶段，发现了静安堡、法哈牛、边台、小洼等太古宇变质岩古潜山油气藏，但油气藏规模均较小。第三阶段：1996~2005年，为缓慢发现阶段，济阳坳陷发现桩西、乐安、埕岛、富台奥陶系灰岩古潜山油气藏，辽河坳陷发现静安堡、边台、牛心坨、欢喜岭等变质岩与碳酸盐岩油藏，黄骅坳陷发现千米桥奥陶系碳酸盐岩油气藏，渤中坳陷发现锦州25-1S变质岩古潜山油气藏。第四阶段：2006年至今，为潜山勘探新阶段，发现了辽河坳陷兴隆台、大民屯变质岩古潜山内幕，冀中坳陷牛东、长洋淀、宁古8等碳酸盐岩深层古潜山，晋古19变质岩古潜山，黄骅坳陷埕海古潜山油藏。

随着对古潜山油气成藏控制因素和成藏模式认识的不断深化，古潜山油气发现深度不断增加。2003 年辽河坳陷发现的马古 1 井古潜山油藏埋藏深度为 4080m，2004 年发现的马古 3 井油藏埋藏深度为 4608m，2009 年发现的陈古 3 井油藏埋藏深度为 4772m，2011 年冀中坳陷发现的牛东 1 井油气藏埋藏深度为 6200m。

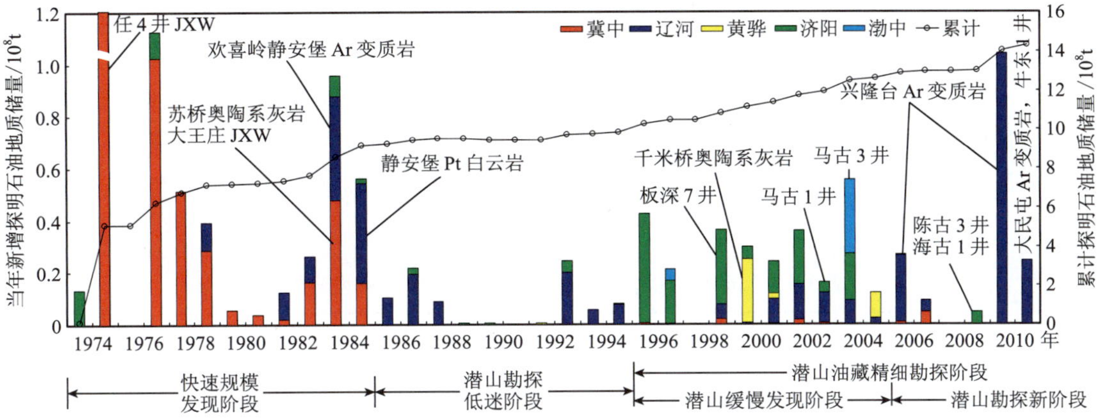

图 3－6 渤海湾盆地古潜山地层型油藏勘探历程

JXW 表示雾迷山组

截至 2011 年底，渤海湾盆地古潜山地层型油藏共探明石油地质储量 13.83×10^8t，占渤海湾总探明石油地质储量的 11%（表 3－2）。但不同坳陷的古潜山地层型油藏探明石油地质储量所占该坳陷已探明储量的比例差别很大，如冀中坳陷古潜山地层型油藏探明储量约占该坳陷已探明储量的 57%，而黄骅坳陷古潜山地层型油藏探明储量只占该坳陷已探明储量的 0.5%，因此，就古潜山地层型油藏来讲，不同坳陷的勘探潜力不同，精细勘探时部署思路也存在很大差别。渤海湾坳陷的古潜山地层型油藏精细勘探，以坳陷（凹陷）为单元的接替式发现为勘探思路。第一阶段，冀中坳陷为主，辽河为辅。第二阶段，辽河坳陷为主。第三阶段，济阳坳陷为主，渤中和黄骅坳陷为辅。第四阶段，受地表、地下条件及认识制约（滩海、深层），黄骅、渤中、济阳、辽河坳陷古潜山探明储量相对较少，可能是未来潜山勘探的重点区域。

表 3－2 渤海湾盆地古潜山地层型油藏探明石油地质储量

坳陷名称	探明石油地质储量/10^8t		百分比/%
	古潜山地层型	渤海湾	
冀中	7.60	13.31	57.1
黄骅	0.12	21.55	0.5
辽河	3.91	23.56	16.6
济阳	1.92	47.33	4.1
渤中	0.28	20.21	1.4

四、中国陆上深层资源潜力

近年来，中国石油以叠合盆地中下组合油气成藏理论认识为指导，以关键技术为支撑，加大了深层油气勘探力度，油气勘探呈现出良好发展态势。

1. 中国陆上深层勘探现状

2000 年以来，中国陆上深层勘探获得一系列重大突破。如塔里木盆地发现了轮南－塔河、塔中等海相碳酸盐岩大油气区，大北、克深等陆相碎屑岩大气田；四川盆地发现了普光、龙岗、高石梯等碳酸盐岩大型气田；渤海湾在碳酸盐岩中也获得了重大发现。深层已成为中国陆上油气勘探的重大接替领域。

中国石油陆上深层油气勘探在碳酸盐岩、碎屑岩领域获得了 4 个规模发现，形成了两个储量规模超 5×10^8t 的油区、两个储量规模超 $1000\times10^8m^3$ 的天然气区（表 3－3）。其中 3 个规模发现已规模建产，1 个规模发现正在规划建产。深层不但能聚集油气，且能形成高产（表 3－4）。

表 3－3　近年来中国石油深层勘探的 4 个规模发现情况

领域	地区名称	代表井	层位	埋深/m	已提交地质储量					
					石油/10^4t			天然气/10^8m^3		
					探明	控制	预测	探明	控制	预测
碳酸盐岩	塔中	塔中 1、中古 43	奥陶系	3500～6200	38600	29000	22800			
	塔北	哈 6、热普 3	奥陶系	5900～7100	10812	18800	27700			
	龙岗	龙岗 1、龙岗 68	二叠系—三叠系	5800～7100				1146	702	1742
碎屑岩	库车	克深 5、大北 3	白垩系	5000～8000				6448	7500	

表 3－4　中国石油深层高产油气流代表井

领域	盆地名称	代表井	层位	试油深度/m	试油制度	油气产量	
						石油 $(t\cdot d^{-1})$	天然气 $(10^4m^3\cdot d^{-1})$
碳酸盐岩	塔里木	热普 3	奥陶系	6977～7045	裸眼常规，4mm 油嘴	95.3	3.9
	塔里木	中古 16	奥陶系	6224～6226	6mm 油嘴	154.4	5.4
	塔里木	古城 6	奥陶系	6144～6169	常规，8mm 油嘴		26.4
	四川	龙岗 1	二叠系	6218～6240	酸化，无阻流量		187
	四川	龙岗 11	二叠系	6135～6413	酸化，无阻流量		331
	渤海湾	牛东 1	奥陶系	5641～6027	酸压	642.9	56.3
碎屑岩	塔里木	托普 39	奥陶系	6950～7110	酸化，7.94mm 油嘴	96.2	
	塔里木	克深 2	白垩系	6573～6697	压裂，8mm 油嘴		46
	塔里木	大北 3	古近系	7058～7091	压裂，6mm 油嘴		41.6
	塔里木	东河 14	泥盆系	6116～6126	7.94mm 油嘴	48.4	

2. 深层烃源岩成烃机理与控制因素

中国陆上深层海相碳酸盐岩发育常规烃源灶和源岩滞留分散液态烃裂解气源灶两类源灶，都可规模供烃。深层碎屑岩层系发育大范围优质烃源岩，资源潜力较大。

（1）深层碳酸盐岩资源潜力大，可能超出预期

1）深层碳酸盐岩发育常规海相烃源灶和源岩滞留分散液态烃裂解气源灶两类源灶，

都可规模供烃。古老海相烃源岩“双峰”式生烃与差异演化，决定了深层碳酸盐岩富油更富气。中国深层海相层系发育两种类型烃源灶。一是常规海相烃源灶，具有早期生油为主、晚期生气为主的特点，经历了完整的“生油”和“生气”两个高峰，烃源岩生烃历史长，演化充分，生成的资源总量大。二是源岩中滞留分散液态烃高—过成熟阶段规模生气形成的气源灶。多组生烃动力学模拟实验证实，干酪根大量降解成气发生在 $R_o<1.6\%$ 的成熟—高成熟早期阶段，液态烃裂解成气发生在 $R_o>1.6\%$ 的高—过成熟阶段，液态烃生气时机晚于干酪根，但生气数量是干酪根的 2 ~ 4 倍，且两者在生气时机和贡献上构成接力过程，这一认识大大提升了深层碳酸盐岩的勘探潜力，特别是天然气的勘探潜力。近期位于塔里木盆地的古城 6 井，在奥陶系碳酸盐岩 6144 ~ 6169m 轻度酸洗产气 $26.4\times10^4m^3/d$，进一步证实，分散液态烃后期裂解成气可以为深层碳酸盐岩规模成藏做出重要贡献。前期资源评价并没有考虑源岩分散液态烃对资源总量的贡献，若按新的认识，加强源岩成烃全过程评价，深层碳酸盐岩资源潜力，特别是天然气潜力将会大幅增加。

2）尚未认知领域可能进一步提升深层碳酸盐岩资源潜力。前寒武系是全球重要含油气层系之一。研究表明（USGS，2000），已知的前寒武系烃源岩存在于东西伯利亚与安曼地区，并且这些地区主要的油田也发现于前寒武系储层。东西伯利亚板块发现了 64 个 Pt_2—$Є_1$ 油气田，探明储量 22.36×10^8t 油当量。印度板块发现了巴基斯坦贾亚 - 梅尔油藏（Pt）。澳大利亚板块 Amadeus 盆地发现了 Pt_3—Є油气田。阿拉伯板块发现了安曼 Haweel - Cluster 油田，Pt—$Є_1$ 探明石油储量 3.5×10^8t。东欧板块伏尔加 - 乌拉尔上卡马盆地发现了 Pt 油藏。非洲板块撒哈拉 Eglab 地块发现了 Pt 灰岩气藏。苏伊士、红海盆地发现 8 个 Pt 油藏，安哥拉南部 Lena - bench 发现了 Pt_3 油藏（HIS，2010）。以上发现证实了前寒武系是全球重要的含油气层系和勘探领域。

中国中、新元古代发育的拗拉槽具备发育烃源岩的环境条件。以华北地区元古宇为例，受秦祁、兴蒙海槽开裂、扩展影响，克拉通陆块边缘地带形成一系列拗拉槽。自西至东发育贺兰、晋陕、晋豫、燕辽、白云鄂博 - 渣尔泰、徐怀等 6 个拗拉槽。元古宇发育多套烃源岩，冀北坳陷高于庄组地表烃源岩 *TOC* 为 0.86% ~5.10%，平均为 3.07%；氯仿沥青“A”为 $(194\sim1338)\times10^{-6}$，平均为 678×10^{-6}。化 1 井岩心，*TOC* 为 2.86% ~ 6.10%，平均为 4.19%；氯仿沥青“A”为 $(2972\sim4224)\times10^{-6}$，平均为 3647×10^{-6}。有机质丰度较高，资源潜力较大。

近期研究表明，南华纪上扬子板块也发育多个 NE 向陆内裂谷。野外露头揭示，前震旦系陆内裂谷具多期演化特征，新元古代裂谷充填大体有 3 期，以火山岩、碎屑岩为主，局部发育泥页岩。重力、磁力及地震资料综合分析表明，四川盆地震旦系裂谷广泛发育，盆地内部沿深大断裂发育 NE 向裂谷，遂宁 - 磨溪发育 NW 向裂谷，基性火山岩主要分布在裂谷外围。露头、钻井资料揭示，陡山沱组泥质岩厚度较大，丰度高，盆地周缘露头剖面普遍发育，厚 20 ~ 200m。女基井钻揭 9m 黑色富藻泥质烃源岩，*TOC* 为 0.9% ~ 1.75%，平均为 1.73%，R_o 大于 3.0%，处于高—过成熟阶段。钻井与地震资料综合分析表明，四川盆地灯三段烃源岩大面积分布，泥质烃源岩厚 10 ~ 30m，面积 $9\times10^4\sim10\times10^4km^2$，可以为天然气聚集和成藏提供充足的烃源。

（2）*深层碎屑岩油气资源潜力大，有望进一步增加*

1）天然气生成下限下延，生气潜力有望增加。研究表明煤系源岩生烃温度界限由

600℃升到800℃，生气量增加1/4以上（图3－7），煤系源岩生气潜力和生气量有较大幅度增加。按认识重新评价，鄂尔多斯、四川、库车、准南、松辽等地区高演化煤系源岩，生气量从$1309\times10^{12}m^3$增加到$1802\times10^{12}m^3$，增加了$493\times10^{12}m^3$。如四川盆地须家河组3套主力烃源岩生烃潜力较大，生气强度$10\times10^8\sim140\times10^8m^3/km^2$，大于$10\times10^8m^3/km^2$的范围约$11\times10^4km^2$，最新评价总资源量约$5.5\times10^{12}m^3$，勘探潜力较大。库车坳陷烃源岩厚度和埋深较大，成熟度高，生气强度大，资源丰度高，库车深层生气强度达$160\times10^8m^3/km^2$，储量丰度多大于$10\times10^8m^3/km^2$，最高达$23.2\times10^8m^3/km^2$。

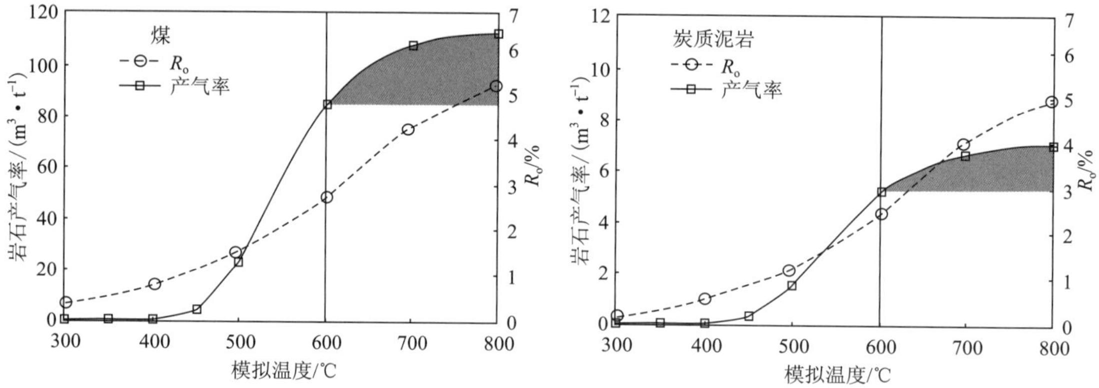

图3－7　烃源岩连续无损耗全岩热模拟

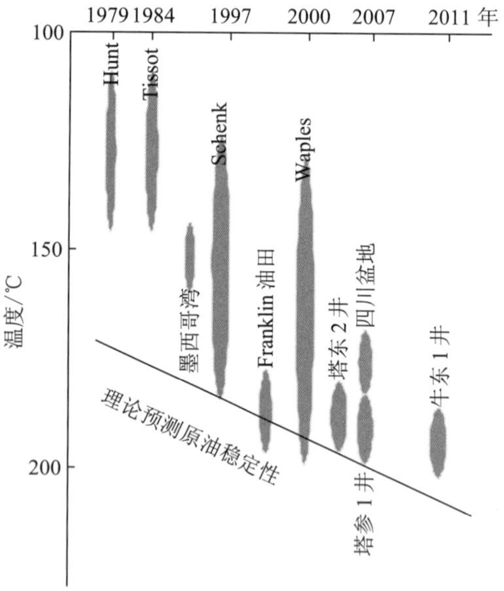

图3－8　原油裂解温度随时间认识的变化

2）在没有催化条件下深层原油裂解温度超过180℃，石油赋存深度下移。随着认识的不断深入，原油埋藏的温度和深度下限不断增加，低地温梯度和晚期快速深埋是深层原油能够有效保持的主要因素，在没有催化条件下，深层原油裂解温度超过180℃（图3－8）。如渤海湾的牛东1井孔店组—雾迷山组5641～6027m，产气$56\times10^4m^3/d$，产油$643\times m^3/d$，油藏中部（5835.20m）温度为193℃，底部温度为201.1℃，在高温下原油在没有催化条件时仍然能够得以保存。实验结果表明，黑油保持深度可达9000m，塔里木盆地古隆起及其斜坡区在晚海西期已充分接受了石油的充注，虽然后期稳定深埋，但是并未发生裂解，石油得以保存，表明深层石油具有较大潜力，塔北富油气区埋深7000～9000m范围内的石油圈闭资源量为50×10^8t，塔中富油气区埋深7000～9000m范围内的油气圈闭资源量为45×10^8t。

3. 中国陆上深层资源潜力

中国陆上深层剩余油气资源总量大。根据国家新一轮油气资源评价成果，中国陆上深层石油资源量为162.9×10^8t，占全国石油资源总量的15%；天然气资源量为$16.3\times10^{12}m^3$，占全国天然气资源总量的29%。至2010年底，中国陆上深层探明石油地质储量为2.3×10^8t，石油资源探明率为1.4%；探明天然气地质储量为$0.4235 \times 10^{12} m^3$，资源探明率2.6%。近期研究表明，中国陆上深层还有进一步增加资源的潜力，资源总量有可能超出原来预期，未来深层勘探发现潜力将会更大。

中国陆上深层剩余油气资源主要分布于碳酸盐岩、碎屑岩和火山岩三大领域。至2010年底，深层碳酸盐岩、碎屑岩和火山岩剩余石油资源量分别为48.5×10^8t、24.1×10^8t、5×10^8t；剩余天然气资源量分别为$8.6 \times 10^{12} m^3$、$6.07 \times 10^{12} m^3$、$1.1 \times 10^{12} m^3$。深层碳酸盐岩和碎屑岩为未来最重要的勘探领域，火山岩是加强探索领域。

第三节　油气资源序列新认识

不同勘探阶段，所发现的油气资源序列及评价评价方法存在很大差别，应合理确定成熟探区待发现油气资源序列，为成熟探区勘探部署提供科学依据。随着成熟探区勘探理论的进展，不同理论指导下的油气资源序列的发现过程存在很大差别，应区别对待。油气储量增长趋势预测主要有两类方法：一类是根据目前的资源储备情况和升级能力，经过统计，测算未来的储量增长量；另一类是研究储量增长的规律，建立数学模型进行预测。前者适用于勘探目标的储量增长预测，后者适用于探区的储量增长预测。

一、油气资源序列

油田规模序列法是一种常用的资源评价方法，具有资料要求少、原理和过程分析简单等特点，很多研究人员运用油田规模序列法进行过油气资源评价。油田规模序列法在应用时应该利用地质信息和勘探历史资料，首先确定评价单元所处的勘探阶段，并利用现有油田储量资料和序号资料在双对数坐标系成图，综合判断出评价单元存在几个油田规模序列、最大油田是否已被发现及待发现油田最大储量的大致规模，针对不同的情况采用不同的原则和方法，加强油田规模序列法应用中的地质分析提高评价和结果的可靠性。

1. 油田规模序列法基本原理

国内外许多含油气区的资料表明，当一个含油气区的最大油田及一系列中小型油田被发现后，如果以油田规模为纵坐标，以油田规模序号为横坐标，在双对数坐标纸上展点作图大致可以得到一条直线。

该方法是将已发现的油气田按由大到小进行排列，得到油气田规模序列后，根据离散型随机变量的分布规律预测尚未发现的油气资源量。根据世界上主要含油气地区的统计资料，当一个含油气区中一系列油气藏（田）被发现后，其油气藏（田）规模序列分布可以用概率分布模型来描述，如对数正态模型、帕雷托（Pareto）模型等，其中帕雷托模型应用较为普遍。

帕雷托于1927年所提出的离散型随机变量分布模型可用如下关系式表达：

$$\frac{Q_m}{Q_n} = \left(\frac{n}{m}\right)^k \tag{3-1}$$

式中：Q_m为序号等于m的的随机变量的数值；Q_n为序号等于n的随机变量的数值；k为实数；m、n为1，2，3…整数序列中的任一数值，但$m \neq n$。当$k=1$时，则为齐波夫定

律，即

$$\frac{Q_m}{Q_n} = \frac{n}{m} \tag{3-2}$$

对式（3－1）两边取对数并整理，则有

$$\frac{\lg Q_m - \lg Q_n}{\lg m - \lg n} = -k \tag{3-3}$$

在双对数坐标纸上作图，数据点的连线为斜率 k 的直线，这与世界上主要含油气区统计规律相符合。应该认为油田规模序列的分布服从帕雷托定律，而服从齐波夫定律仅是帕雷托定律的特例。当含油气区的油气藏规模序列符合帕雷托分布定律时，设定一个最小经济油田规模后，通过 k 值大小和最大油气藏储量就可计算出评价单元的总资源量。

2. 同一套含油气系统内的同类型油气藏存在一个油气藏（田）规模序列

在同一套含油气系统内的同类型油气藏（田），通过对评价单元的综合地质分析认为，同一类型油气藏在评价单元内存在一个油田规模序列。对于成熟探区的勘探中晚期，已经能确定前几个最大油气田已经发现，往往油气田发现比较充分，已发现油气田数量多。通过已发现油气田的储量规模，结合地质资料和勘探历史数据分析，基本可以确定评价单元内所有油气田的储量规模系数，并大致确定待发现油气田的最大储量规模。通常采用几个最大油气田的数据，采用直接拟合法求取储量规模系数 k。

对于勘探程度较高的成熟探区评价单元，通常假定评价单元内前几个大油气田已经发现，将其储量记作 Q_1，Q_2，…，Q_n，则可以用这几个大油气田的储量对数和油气田规模序号对数通过直接拟合法拟合出一个 k 值，并将这个 k 值作为整个评价单元的规模序列 k 值。但如果存在某些数据点严重影响拟合效果时，则把该点作为野值处理，不参与拟合。一般情况下，只有在前一两个油气田储量对数严重偏离整体拟合线时才舍去不用，排序比较靠后的已发现油气田，若出现严重偏离的情况，照旧参加拟合，不作处理，但其归位后顺序会发生改变。通过对前几个储量数据的拟合，得到油气田规模序号对数与储量对数之间的对应公式：

$$y = -kx + b \tag{3-4}$$

式中：y 为油气田储量对数；k 为评价单元的油气田规模序列系数；x 为油气田规模序号对数值；b 为双对数图上截距。

设置一个最小经济油气田规模以后，就可以通过式（3－4）确定油气田储量和油气田规模序号之间的关系。假定评价单元内已发现和未发现油气田数量为 z 个，将 lg1，lg2，…，$\lg z$ 值代入，求得储量对数 y，再对 y 求反对数，则可以通过已发现油气田的规模序列推断待发现油气田储量，小于最小经济油气田规模 $Q_{\min}$ 的待发现油气田则舍去，若 $\lg Q_{\min} = -k\lg q + b$，则 q 为评价单元内现有经济条件下总的油气田数量。

将式（3－4）变形得到：

$$x = \frac{b - y}{k} \tag{3-5}$$

将已知油气田的储量对数代入式（3－5），求出其在评价单元内所有油气田的储量排序对数 x，对 x 求反对数并进行整数化处理，即得到各已知油气田重新归位后的序号。

直接拟合法的关键问题之一就是确定哪些油气田参与直接拟合。从多次试拟合得知，一般参与拟合的前几个油气田重新归位后在总油气田规模序列中一般情况下位置很少发生变动，只有少数情况下某些油气田储量由于与拟合线偏差较大，归位后可能顺序会有所变化。这就从侧面说明了参与拟合的最小油气田规模在大多数情况下代表了待发现油气田的最大储量规模，那么这种选择必须将地质分析和油田规模序列及勘探历史数据结合起来，首先大致确定待发现油气田的最大储量规模，再进行数据选择。评价者的观点不同，选择参与拟合油气田的数量不同，导致评价结果也有差异。图 3 – 9 为松辽盆地榆树林地区油田储量规模序列预测图。

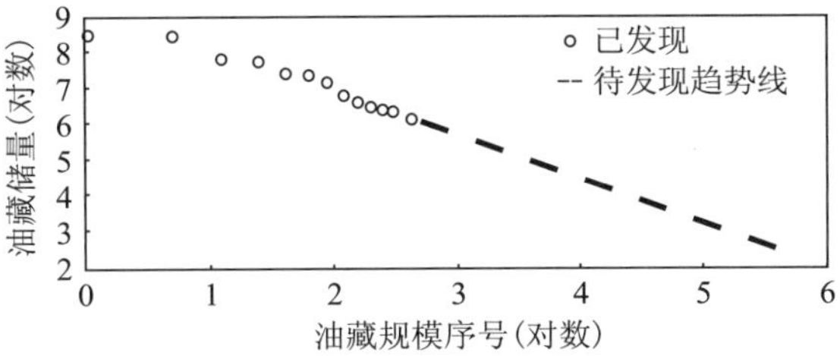

图 3 – 9 松辽盆地榆树林地区油田储量规模序列预测

3. 不同类型油气藏存在多个油气藏（田）规模序列

同一套含油气系统内，不同油气藏（田）的规模序列特征不同，应该分不同类型油气藏（田）预测。构造油气藏（田）储量规模随序号的变化大，即储量规模相差较大，岩性油气藏的储量规模一般较小，地层油气藏储量规模介于构造与岩性油气藏之间，非常规油气藏的规模较大（图 3 – 10）。

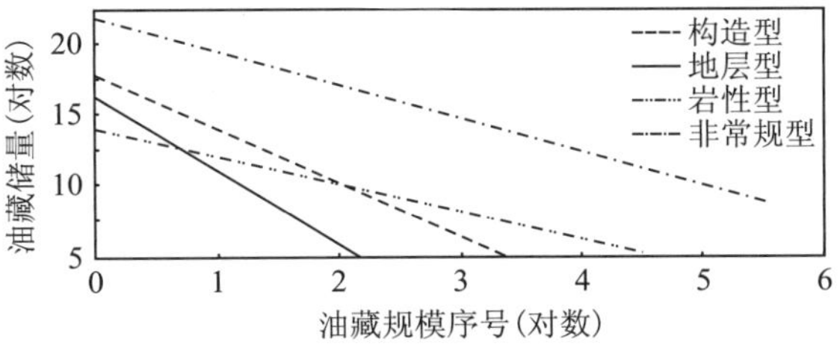

图 3 – 10 不同类型油气藏储量规模序列预测

在同一套含油气系统内，随着对成藏控制因素和条件认识的不断深化，同一类型油气藏中发现的单个油气藏储量规模随着时间的变化也不同，会出现几个油气储量发现高峰，如辽河坳陷变质岩古潜山油藏，在风化壳高位古潜山成藏认识的指导下发现了一批油气藏；认识到低位风化壳古潜山成藏控制因素后，又出现了一个油气储量发现高峰；随着对内幕古潜山成藏控制因素的认识，再次出现储量增长高峰（图 3 – 11）。

二、油气储量增长趋势预测

在成熟探区精细勘探中，如何准确预测可能发现的油气藏数目和储量规模，是实施正确勘探部署和决策的必然要求。针对盆地资源量和油气最终探明储量增长的预测和分析方法很多，如储量增长趋势分析法、翁氏旋回预测模型法、龚帕兹模型法、油藏规模序列法、地质分析法等，由于出发点和考虑的因素不同，每种方法各有特色。万吉业（1994）提出了以油区累积探明储量与累积勘探工作量的关系，用控制评价系统预测其最终边际远

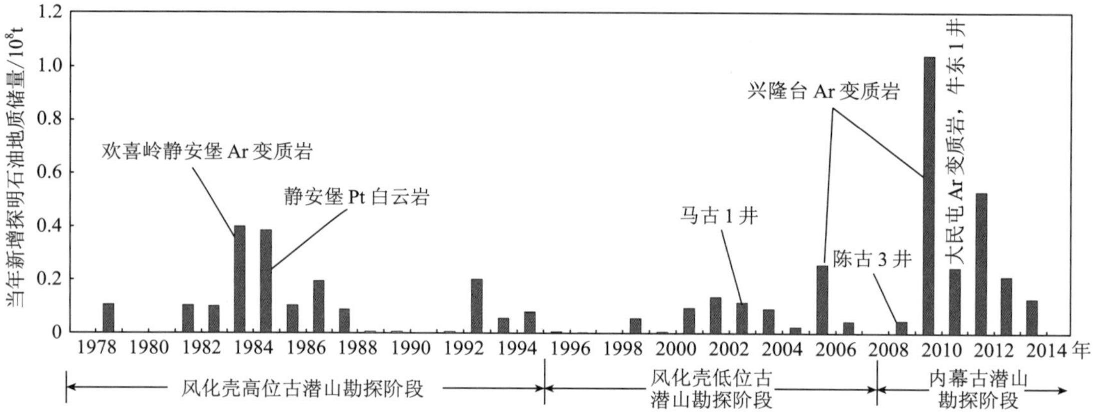

图3－11　辽河坳陷古潜山油藏储量增长情况

景储量及其增长规律，该方法的要点是以油区目前已探明地质储量与工作量关系为依据进行控制外推预测。高哲（1993）介绍了一个在美国估算已知油气田储量增长的方法，即采用储量增长系数估算储量增长。金之钧（1995）在对西西伯利亚2600个油气藏分析统计的基础上，建立了油气藏规模概率分布数学模型——金－施分布，通过回归建立了油气藏分布规模同含油气系统资源及勘探程度之间的关系，由该分布规律所获得的一系列公式，既可以定量评价某一勘探阶段的油气藏分布，又可以定量预测未发现油气藏的资源结构。刘毅等（1998）应用概率统计理论和随机抽样模拟技术，建立了勘探过程模拟法，该法不仅可以描述探区总资源量的整体状况，还可以提供油气藏数目及其规模等方面的信息。刘晓东（2000）应用分形方法对松辽盆地北部未发现气田的数量和储量进行了预测，同时应用截断帕雷托模型预测了未发现气田的总储量。

盆地资源基础、资源探明程度、所处的勘探阶段、将来一段时间内可能的勘探投入等诸多因素，决定着油气探明储量的增长速度。只有综合考虑这些因素，才能做出准确预测。胜利油田在分析济阳坳陷历年累计储量规模序列变化规律的基础上，通过研究勘探程度、资源探明程度、累计油藏个数对储量序列分布的影响，提出了探明储量增长的“帚状”预测模型，考虑了盆地地质和勘探特点，综合反映储量增长的各方面影响因素，可对未来勘探投入制约下的油藏个数和储量规模进行中短期预测。

1. 油藏规模序列预测方法

一个盆地已发现油藏的分布有着其特殊的数学形态。将截止到一定时间点的已发现油藏按储量从大到小依次排出序号，以油藏序号为横坐标，油藏储量大小为纵坐标，绘制油藏规模序列曲线（图3－12a），随时间延伸，每年累积油藏数目增加，年度累计曲线依次向外甩开，其形态似“帚状”。通过对序号和探明储量进行数学转换：

$$n = 1 - \ln(N)/5 \qquad (3-6)$$

$$m = M/1000 \qquad (3-7)$$

式中：N为探明石油地质储量，10^4t；n为探明储量数学转换值；M为油藏序号，1，2，3，…；m为油藏序号数学转换值。

纵、横坐标互换以后，在时间序列上获得一系列S形曲线（图3－12b）。

如济阳坳陷各凹陷中，S形曲线主要符合以下3种方程形式：

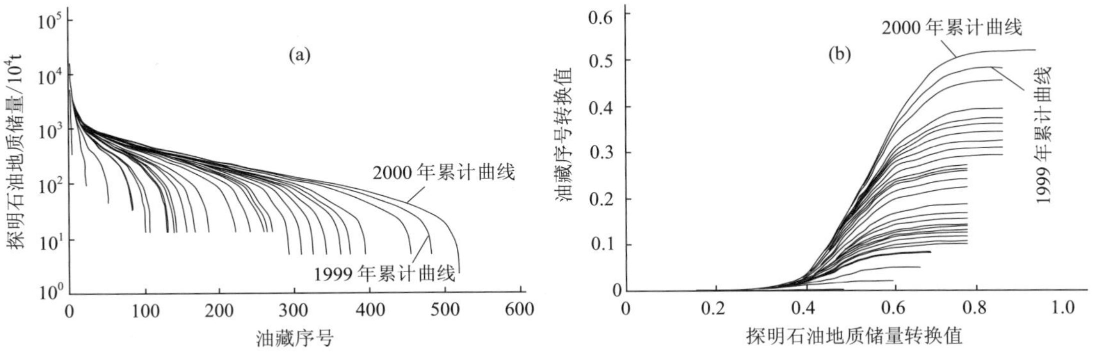

图 3－12 “帚状”模型图版

$$正S形:n = 1/(a + b \times e^{c\times m}) \tag{3-8}$$

$$S形:n = 1/(a + e^{(b+c\times \ln m)}) \tag{3-9}$$

$$偏S形:n = 1/(a + e^{(b+c\times \sqrt{m})}) \tag{3-10}$$

式中：a、b、c 为经验系数。

盆地储量增长经常表现为台阶式变化特点，勘探过程中大规模储量的发现，在图 3－12a 中表现为累计曲线的上移，油藏个数的增加则使曲线右移。曲线的这些变化均可体现在经验系数 a、b、c 的变化，它们与勘探投入、勘探阶段以及累积油藏个数密切相关。

由于盆地特点的不同，图 3－12 中储量累计曲线的变化规律也不同。如不同凹陷中大规模油藏所占比例不同，预测模型形式也有所不同。如济阳坳陷中，截至 2000 年，东营凹陷已发现大于 1000×10^4t 的油藏储量占累积探明储量的 38.6%，沾化凹陷则为 60.7%。东营、惠民凹陷符合正 S 形曲线特征，沾化凹陷符合偏 S 形曲线特征。

2. 模型经验系数 *a*、*b*、*c* 的确定方法

随着油气勘探的进展，累计油藏个数和储量逐步增长，在图 3－12a 中表现为曲线往上、往右推进，反映在模型中，就是经验系数 a、b、c 不断变化，a、b 不断减小，c 不断增大。如济阳坳陷东营凹陷模型中的经验系数与盆地探井的勘探程度、资源探明程度、截至预测年份之前一年底的累计油藏个数的变化密切相关，且随着勘探进程的发展相关性变好（图 3－13）。根据 1988～2008 年的数据得到的 a、b、c 与勘探程度（探井密度）、探明程度（资源探明率）、累计油藏个数的关系模型为

$$\ln a = 21.528e^{-4.664ED} \times e^{0.122ER} \times NR^{-0.02} \tag{3-11}$$

$$\ln b = 2.896e^{-1.946ED} \times e^{-2.046ER} \times NR^{0.504} \tag{3-12}$$

$$\ln c = 1.454e^{-1.132ED} \times e^{-0.679ER} \times NR^{0.247} \tag{3-13}$$

式中：ED 为探井密度，口/km²；ER 为资源探明率，小数；NR 为已探明油藏数目，个。

在设定今后几年部署探井数前提下，可以计算出相应每年的储量序列，与前一年数据相比较即可以得出所预测年度可能探明的油藏个数和探明储量。

3. 对成熟探区勘探部署的指导作用

中国成熟探区每年新增探明油气储量基本由 3 部分构成，即已有资源储备中圈闭、预测、控制升级而来；油田开发滚动发现的新层系或区块；探井直接上报——未经过圈闭或预测或控制的升级，由当年探井当年上报或往年探井上报的新储量。如渤海湾盆地年新增

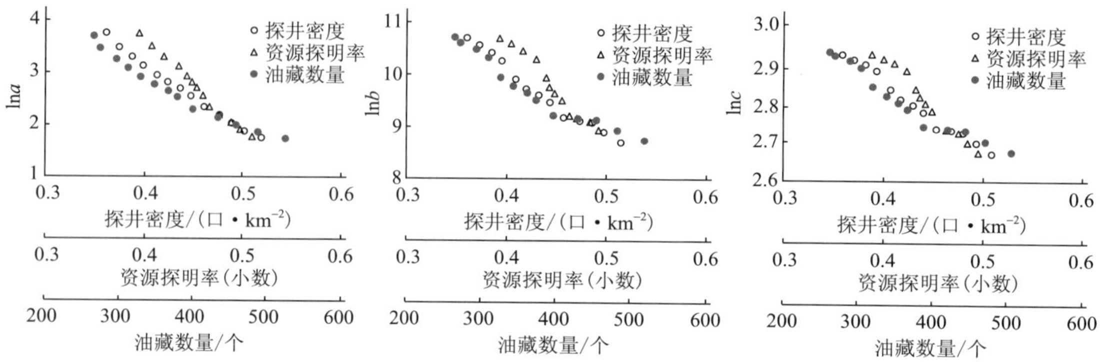

图 3-13　模型经验系数与探井密度、资源探明率、油藏个数的关系

探明石油地质储量来源中，由控制储量升级而来的平均约占 50.0%，由预测储量升级而来的约占 3.0%，由“出油点”资源量直接升级而来的约占 25.0%，圈闭资源量升级而来的约占 1.0%，老油田扩边滚动勘探上报的探明储量约占 21.0%。如济阳坳陷 1996 年各级资源升级探明储量中，控制储量升级探明储量比例为 80.0%，预测升级探明比例为 67.0%，“出油点”资源量升级比例为 39.0%，圈闭升级比例为 16.7%。这些成熟探区储量增长的规模将为模型参数的准确选取提供依据。

根据以上思路，针对研究地区，建立相应预测模型，可对未来一段时间内各年度的储量增长分别进行预测。根据预测模型可分析勘探投入与勘探效益之间的变化关系。如保持其他参数不变，可定量判断探井数与新增探明储量之间的关系。在一定勘探程度和资源探明率下，年度新增探明储量与年度部署的探井数并不是呈直线关系，而是随着探井数的增加储量增长速度逐渐减小。可为在一定勘探投资范围内确定当年最合理的探井数量提供依据。

在对成熟探区进行油气藏数目和储量中短期预测时，由于构造单元地质及勘探工作条件不同，储量增长规律也不同，应有针对性地选择预测模型中的相关经验系数。根据地区/凹陷情况，按预测模型，结合未来部署探井数，可以预测出每年的储量序列，与前一年数据相比较即可得出所预测年度可能探明的油藏个数和探明储量。

对成熟探区来说，依靠现有科技进步，在勘探投入一定的情况下，依靠当前主力层系，探明储量增长在经过一段时间的相对稳定期后，会呈稳步下降趋势，因此，要保障成熟探区持续发现和稳定的储量增长，需要不断拓展成熟探区内的新的勘探领域。

三、成熟探区资源待发现资源序列评价方法

成熟探区合理的油气资源序列受该探区勘探条件制约。以济阳坳陷为例，根据各级资源的来源构成及升级特点，代成岩等（2007）阐述了中—高勘探程度探区油气合理资源序列的确定思路和方法，同时为确定济阳坳陷的合理资源序列提供依据。

资源序列是指下一年探明储量指标与当年剩余控制储量、剩余预测储量、剩余圈闭资源量和推测资源量之间的比例关系。资源序列是规划、部署和实施油气勘探的依据。合理的资源序列是实现勘探工作良性循环的重要基础。资源序列是否合理，则要看序列中的各级资源是否在完成下一年探明储量指标的同时，又能为以后的储量指标完成做好储备。为了实现勘探工作的良性循环，并尽可能使经济效益最大化，在具体勘探过程中，应根据资

源序列状况，不断调整序列中的失调部分，尽量使资源序列结构趋向合理。过去一直把各资源之间的比例关系 1∶2∶4∶8∶16 作为资源序列合理性的参照标准（丁贵明等，1997），随着勘探工作的不断深入，代成岩等（2007）给出了确定合理的资源序列的方法。这里以目前济阳坳陷勘探为例，阐述中—高勘探程度探区油气合理资源序列的确定思路和方法。

1. 济阳坳陷成熟探区勘探概况

济阳坳陷为新生代陆相断陷盆地，是典型的复式油气聚集区。目前，探井密度超过 0.05 口/km^2，总体处于中—高勘探程度阶段的成熟探区。在该阶段勘探投入产出相对稳定，多年来年均探明石油地质储量约为 1.0×10^8t。目前，济阳坳陷的勘探对象主要是岩性－地层油气藏，由于勘探对象的复杂性和勘探手段的差异性，资源勘探呈现多样性的特点。在层系、区带和目标类型等的勘探上，具有很大的不均衡性，圈闭预探、油藏评价和滚动勘探等同时存在，并交替出现。各级资源升级来源方式多样，往往是既有逐步升级，也有不经过中间环节而发生的跳跃性升级。每年的探明储量，其来源既有控制储量和预测储量等低级别储量的升级，也有圈闭资源量的升级，还有推测资源量通过勘探滚动、当年发现当年探明等形式直接获得。每年的控制储量或预测储量，其来源则由更低级别资源的升级，或直接发现获得。

2. 合理资源序列确定思路

在确定某一阶段合理资源序列之前，首先须确定该阶段的勘探状态是否合理。处于中—高勘探阶段的济阳坳陷勘探投入产出相对稳定，基本符合该阶段探区应具备的勘探特点。因此，计算该阶段合理的资源序列，可以在对探区实际已发生的各级资源的来源深入分析的基础上进行。

具体确定可以采用反推法：①根据探区年度探明储量的来源构成，结合资源升级状况，确定获得该探明储量所需要的控制储量、预测储量和圈闭资源量；②根据完成探明储量所需要的控制储量和预测储量的来源构成，结合各自相应的升级状况，确定获得该控制储量和预测储量所需要的预测储量或圈闭资源量；③根据完成控制储量所需要的预测储量的来源构成，确定获得该预测储量所需要的圈闭资源量；④根据推测资源量对各级资源的转化特点，确定其值；⑤根据以上求取的各级资源值，确定各级资源之间的比例。

3. 各类资源来源构成及升级潜力

根据探明储量来源构成，济阳坳陷近年来每年探明储量来源构成可分为 5 部分，即控制储量升级、预测储量升级、圈闭资源量升级、当（往）年发现当年探明储量和滚动储量，平均所占比例分别为 40%、1%、10%、29% 和 20%。

每年控制储量来源构成可分为 3 部分，即预测储量升级、圈闭资源量升级和当（往）年发现当年控制储量，所占比例分别为 16%、34% 和 50%。每年预测储量来源构成分为两部分，即圈闭资源量升级和当（往）年发现当年预测储量，所占比例分别为 12% 和 88%。每年圈闭资源量来源构成相对比较简单，主要通过对推测资源量的勘探得到。推测资源量是总资源量与年底累积探明储量、剩余控制储量、剩余预测储量和剩余圈闭资源量之间的差值，同时受以上各参数影响，并不是一个勘探直接追求值。

随着勘探进展，低品位油气资源所占比例越来越多。低品位油气资源向高品位油气资源升级主要有 6 种形式：控制储量升级成探明储量，预测储量升级成探明储量，圈闭资源量升级成探明储量，预测储量升级成控制储量，圈闭资源量升级成控制储量、圈闭资源量升级成预测储量。不同形式的升级，其升级系数往往不同。如济阳坳陷控制储量、预测储量和圈闭资源量升级成探明储量，其升级系数分别为50%、15%和10%。预测储量和圈闭资源量升级成控制储量，其升级系数分别为20%和12%。圈闭资源量升级成预测储量，其升级系数为20%。

4. 合理资源序列值确定方法

根据各级储量资源来源构成及资源升级状况，分别确定资源序列中控制储量、预测储量、圈闭资源量和推测资源量。完成探明储量指标所需要的控制储量为下一年度控制储量与控制储量升级成探明储量升级系数的乘积。

预测储量的确定资源序列中预测储量为提供探明储量所需要的预测储量与弥补已升级的控制储量所需要的预测储量之和。其中，提供该探明储量所需要的预测储量为下一年度探明储量和预测储量升级来源的乘积与预测储量升级成探明储量升级系数的比值；弥补已升级的控制储量所需要的预测储量为已升级的控制储量和预测储量升级来源的乘积与预测储量升级成控制储量升级系数的比值。

圈闭资源量的确定资源序列中圈闭资源量为提供探明储量所需要的圈闭资源量、弥补已升级的控制储量所需要的圈闭资源量与弥补已升级的预测储量所需要的圈闭资源量之和。其中，提供该探明储量所需要的圈闭资源量为下一年度探明储量和圈闭资源量升级来源的乘积与圈闭资源量升级成探明储量升级系数的比值；弥补已升级的控制储量所需要的圈闭资源量为已升级的控制储量和圈闭资源量升级来源的乘积与圈闭资源量升级成控制储量升级系数的比值；弥补已升级的预测储量所需要的圈闭资源量为已升级的预测储量和圈闭资源量升级来源的乘积与圈闭资源量升级成预测储量升级系数的比值。

推测资源量的确定按照各级资源的来源构成。一个合理的推测资源量，除能提供资源序列中所需要的全部圈闭资源量之外，还必须同时直接提供序列中20%的探明储量、50%的控制储量和88%的预测储量。根据勘探的实际特点，推测资源量必须赋存于一定的圈闭中才能完成向较高级别资源的转化（尽管在很多情况下并没有经过上报圈闭资源量这一环节）。因此，可以借助圈闭资源量对各级资源的升级状况确定推测资源量。按照这一方法，确定济阳坳陷推测资源量为16.3×10^8t。

合理资源序列的确定将各级资源来源构成及各级资源的升级系数分别带入到以上的计算式中，则会得到探区的合理资源序列。为了方便对比，将下一年度探明储量指标定为1.0×10^8t，则按照此方法确定出的济阳坳陷中—高勘探程度阶段的合理资源序列为1.0∶0.8∶1.2∶3.1∶16.3。

需要指出的是，在各级资源来源构成中，每年由推测资源量所得到的部分具有较大的不确定性。因此，必须保证各级资源来源构成中，当年发现当年上报的资源占有一定的比例。实际上，只有当勘探处于相对稳定阶段时，这部分资源来源构成才会容易把握，所确定的合理资源序列才会有意义。

第四节　成熟探区勘探启示及主要领域

随着成熟探区精细勘探油气的发现及储量的增长，获得了很多启示，根据这些启示梳理了中国成熟探区主要的勘探领域，供油气勘探者借鉴和参考，以加快中国成熟探区油气勘探发现和储量增长的步伐。

一、成熟探区勘探发现及启示

成熟探区的拓展和新领域勘探不断取得新的认识，进一步指导了成熟探区的精细勘探油气发现和储量增长，下面以地层油气藏勘探新认识为例进行阐述，为成熟探区精细勘探提供借鉴。

1. 地层型油气藏勘探发现与启示

对碳酸盐岩岩溶油气藏的认识，从寻找礁滩到白云化储层，向岩溶储层扩展；从岩溶高地到斜坡带，向断裂网络低洼部位扩展；从岩溶风化壳到层间岩溶，向顺层岩溶扩展；从寻找缝洞到缝洞体系，向整体含油气扩展。如2008～2011年，中国石油在碳酸盐岩岩溶中探明石油地质储量2.2×10^8t、天然气地质储量$2777\times10^8m^3$。

对火山岩风化壳油气藏的认识，从原生型火山岩到风化壳，向二者并重勘探发展；从有利岩性岩相到风化壳有利储层，向差异风化控制有利储层发展；从构造岩性油气藏到地层油气藏，向二者并重发展；从构造高部位到斜坡带，向断裂控制的富集高产区发展。至2011年底，中国石油火山岩风化壳探明石油地质储量4.2×10^8t、天然气地质储量$1232\times10^8m^3$。

对变质岩潜山油气藏的认识，从变质岩风化壳高位潜山到中位潜山，向低位潜山扩展；从风化壳块体到层状内幕，向多层勘探扩展；从统一油气水界面到非统一油气水界面，向多个油气水界面扩展；从断层+不整合输导控油的沿断裂附近勘探，向“整体含油、局部富集”发展。至2011年底，中国陆上变质岩潜山探明石油地质储量超过4.1×10^8t，已探明石油地质储量主要分布于渤海湾盆地、海拉尔盆地和玉门油田等。

对碎屑岩地层型油气藏的认识，从构造－地层型油气藏向地层型扩展；从构造高部位向斜坡带扩展；从Ⅰ级层序界面向Ⅱ、Ⅲ级层序界面扩展；从重视超覆型向超覆、遮挡型并重扩展。2008～2011年，中国石油在碎屑岩地层型油气藏中探明石油地质储量2.7×10^8t。

2. 辽河坳陷古潜山油藏勘探的发现与启示

以辽河坳陷兴隆台古潜山勘探发现为例，辽河油田的勘探实践充分证明了只有认识转变才能带来油气发现。

（1）勘探阶段

兴隆台古潜山位于西部凹陷中部，勘探面积200km²，该区油气勘探经历了风化壳古潜山地层型油藏向内幕古潜山油藏的勘探阶段。

以风化壳古潜山地层型油气成藏模式指导勘探阶段（1970～1977年）：兴隆台古潜山油气勘探始于1970年，位于潜山主体构造部位的新兴3和兴19井钻遇古潜山，分别揭露中生界184m和366m都未见到油气显示。1973年兴213井于2195m钻遇中生界，2196～2236.2m日产油110t，日产气$80\times10^4m^3$，从而拉开了兴隆台古潜山找油序幕。到1977年底，兴隆台主体古潜山共完钻探井26口，11口井获工业油气流，成功率为42.3%。该阶段得到两点认识：一是兴隆台古潜山具有双层结构，岩性复杂，既有中生界碎屑岩、火成岩，又有人占宇变质岩，非均质性强；二是古潜山以风化壳含油为主，富集程度差，规律不清，含油底界为 -2720m，但因未找到规模有效的储量而暂缓勘探。1978 ~ 1999 年的 20 年间，由于认识上没有突破，勘探一直处于停止不前的局面。

以低位古潜山油气成藏模式指导勘探阶段（2000 ~ 2007 年）：2000 年马古 1 井于 3816m 钻遇太古宇，3844.83 ~ 4081.02m 日产油 18t，日产气 $5\times10^4m^3$，从而揭开了古潜山内幕油藏勘探的序幕。该阶段得到两点认识：一是太古宇古潜山只要存在油气输导体系，油气成藏就不受中生界控制；二是潜山低部位 4000m 以下获工业油流，可以推断兴隆台潜山具有整体含油的特点，只要裂缝发育就可以形成富集高产。在上述认识的指导下，针对兴隆台古潜山按照“多揭露地层，评价太古宇内部油气分布规律”的勘探思路，在主古潜山钻探了兴古 7、兴古 8 两口探井，全部获得成功。勘探发现带来了油气成藏的新认识，即兴隆台太古宇变质岩古潜山内幕油气成藏，扩展了风化壳地层型古潜山油气成藏的传统认识，使古潜山向深层延伸了 1580m，极大地扩大了兴隆台古潜山勘探领域。通过勘探新增三级石油地质储量超过 1×10^8t。

（2）勘探启示

“当思维模式转变的刹那，你将看到一个全新的世界”，兴隆台古潜山的勘探正是认识创新的结果。传统观点认为古潜山油气藏一般为风化壳油气藏，必须有较大的不整合面和较长时间的沉积间断，以形成有利于油气储存的风化淋滤带；在不整合面之上必须有好的盖层，有利于油气保存。但变质岩风化淋滤带一般厚度为 40 ~ 300m，这也决定了一般潜山的含油气幅度较小，很难超过 300m。

变质岩古潜山内幕油气藏具有 3 个特点：一是同一古潜山不同岩性地层的裂缝发育程度具有极大的差异性，古潜山内部就可以形成良好的储、盖组合，打破了古潜山顶面必须分布有局部或区域盖层的传统认识；二是古潜山内部油气分布同容易形成裂缝的岩性地层产状十分相似，一般为似层状分布，厚度较大；三是同一古潜山具有不同的压力系统。

变质岩古潜山内幕油气藏形成具备 3 个条件：一是要有比较充足的油气源供给；二是古潜山岩性类型具有多样性，且以浅色矿物为主的混合岩所占比例较大；三是具有较强的构造应力作用，能够对古潜山不同类型岩性地层进行差异性改造，导致了古潜山内部不同类型岩性地层裂缝发育程度具有极大的差异性。

二、油气富集程度及新认识决定精细勘探方向和潜力

油气富集程度决定了成熟探区精细勘探的潜力，同一坳陷内部的不同凹陷，同一凹陷内部的不同层位和油气藏类型的油气富集程度均存在较大差别。对这些规律的新认识，将为类似成熟探区精细勘探提供借鉴。以渤海湾盆地济阳坳陷为例。

1. 凹陷富集程度差异决定精细勘探方向

如济阳坳陷，包括东营、沾化、车镇、惠民 4 个凹陷，截至 2009 年底，共探明石油地质储量 43.76×10^8t。其中，东营凹陷油气分布最多，为 25.21×10^8t，占 57.6%；其次是沾化凹陷，为 12.95×10^8t，占 29.6%；惠民和车镇凹陷分别为 3.51×10^8t 和 2.09×10^8t，分别占 8.0% 和 4.8%。

济阳坳陷经历了1960～1982年的构造油气藏勘探阶段、1983～1995年复式油气藏勘探阶段、1996年以来的岩性－地层油气藏勘探阶段。不同勘探阶段各凹陷新增探明储量差异较大，东营凹陷3个阶段储量占各阶段储量比例为60.2%、46.8%%和57.7%，3个勘探阶段所占探明储量均为主体；沾化凹陷3个阶段储量所占比例为27.7%、41.7%、21.6%，复式油气聚集储量占相对主体；车镇凹陷3个阶段储量所占比例分别为7.9%、4.7%、9.5%，所占比例较少；惠民凹陷3个阶段储量所占比例为4.2%、6.7%、11.2%，在岩性－地层油气藏勘探理论指导下，新发现储量比例逐渐增加。

与东营、沾化凹陷相比，车镇、惠民凹陷的生油能力、资源量和富集程度相对较差，车镇、惠民凹陷探明储量所占比例最少，虽经过多年的勘探，仍不能和东营、沾化凹陷相比拟。因此，同一坳陷内部的不同凹陷油气富集程度决定了其精细勘探和储量增长潜力。

2. 层位富集程度差异决定精细勘探目的层系

济阳坳陷共发育6套烃源岩：石炭－二叠系、中生界、孔店组、沙四段、沙三段、沙一段，在纵向上形成3套含油层系、10套亚含油层系，其中古近系为主力含油气层系，其次为新近系，前古近系最少。纵向上各层系之间的含油性差别较大，前古近系、古近系、新近系探明储量比例分别为5.0%、62.8%、32.2%，这种差别的形成是由于储量与各层系生油岩发育程度即资源量的大小成正比，前古近系、古近系、新近系石油资源量占总资源量的比例分别为7.2%、68.0%、24.8%。

济阳坳陷不同凹陷中东营、惠民凹陷探明储量中古近系油藏占绝对优势，比例分别达到90.4%和89.1%，是主要的勘探层系；沾化凹陷储量中新近系油藏所占比例最大，占63.3%。东营凹陷探明储量层系主要有Ng、Ed、Es_1—Es_4、Ek、Mz、Pz、Art，沾化凹陷探明储量层系有Nm、Ng、Ed、Es_1—Es_4、Ek、Mz、Pz、Art，车镇凹陷探明储量层系有Es_1—Es_4、Mz、Pz，惠民凹陷探明储量层系有Ng、Ed、Es_1—Es_4。从主力含油层系分布来看，具有主力层系从西南到东北渐变的趋势，这主要是由湖盆沉积中心的迁移和储盖组合配置决定的。

从济阳坳陷各凹陷的探明储量层位分布来看（表3－5），4个凹陷在不同勘探阶段中的主要勘探层系有所不同。东营凹陷3个勘探阶段，均以古近系储量为主，比例总体呈下降趋势，但是主要含油层系有所变化，第一阶段Es_2油藏占有绝对优势，占59.1%；第二阶段以Es_3储量为主，其次是Es_2、Ng；第三阶段以Es_4、Es_3储量为主，其次是Ng储量。沾化凹陷3个勘探阶段中基本以新近系储量为主，但是新近系储量比例呈下降趋势，第一勘探阶段新近系Ng储量占绝对优势；第二勘探阶段仍以Ng储量为主，其次是Es_3储量；第三阶段Ng储量比例继续下降，Es_3储量比例上升。车镇凹陷3个阶段主要勘探层系有不同，第一勘探阶段以前古近系Pz为主，其次是古近系Es_2；第二勘探阶段以古近系Es_2、Ed为主，其次是前古近系Pz、Mz；第三勘探阶段仍以古近系Es_2为主，其次是Pz、Ng储量。惠民凹陷的两个勘探阶段均以古近系勘探为主，第一阶段以Es_2为主，其次是Es_3；第二勘探阶段以Es_3为主，其次为Es_4，体现出随着勘探进程勘探层系不断向下、深层增加的趋势。

表 3－5 济阳坳陷不同凹陷及勘探阶段探明储量统计

凹陷名称	勘探阶段	探明石油地质储量/10^4 t										
		新近系		古近系						前古近系		
		N*m*	N*g*	E*d*	Es_1	Es_2	Es_3	Es_4	E*k*	Mz	Pz	AnZ
东营	一	0	1989	8540	6734	65187	7750	19570	0	0	443	0
	二	0	11823	2586	8002	12812	25531	7271	1261	267	1816	777
	三	0	6184	3410	3813	5446	16521	21909	535	0	924	0
	小计	0	19996	14536	18550	83445	49802	48749	1796	267	3183	777
沾化	一	0	41294	559	957	1119	7608	241	0	0	754	0
	二	0	25829	1517	2194	3172	7165	907	0	330	190	0
	三	201	16165	1809	1502	3062	9970	765	0	273	3938	773
	小计	201	83289	3885	4652	7353	24743	1913	0	603	4882	773
车镇	一	0	330	0	29	563	15	349	0	0	1764	0
	二	0	0	777	205	1256	69	0	0	386	480	0
	三	0	2927	0	57	4882	1192	1506	0	117	4032	0
	小计	0	3257	777	290	6701	1276	1855	0	503	6276	0
惠民	一	0	1694	445	1221	6280	5336	650	0	0	0	0
	二	0	2146	918	967	3260	9082	3906	0	0	0	0
	小计	0	3840	1363	2188	9540	14418	4556	0	0	0	0
合计		2142	152914	24381	26469	107201	90314	57073	1796	1728	18767	3277

（据胜利油田，2009）

3. 由构造型油藏转向岩性地层型油藏

济阳坳陷经历过多次构造运动，地质条件复杂，形成了丰富多样的油藏类型，将碎屑岩和古潜山地层型分开，则油气藏类型分为 4 类，即构造、岩性、地层和古潜山。济阳坳陷探明石油地质储量中构造、岩性、地层和古潜山型油藏分别占 59%、32%、5%和 4%。

构造型油藏石油探明储量中东营凹陷最多，其次为沾化、惠民和车镇凹陷。岩性型油藏中东营凹陷最多，其次为沾化、惠民和车镇凹陷。地层型油藏中东营凹陷最多，其次是沾化和车镇凹陷，惠民凹陷尚未发现该类型油藏。古潜山地层型油藏中车镇凹陷最多，其次是沾化及东营凹陷，惠民凹陷尚未发现该类油藏。

以构造型油藏的探明石油地质储量作为 1，其与其他类型油藏构成比例：岩性: 地层: 古潜山 =1: 0.53: 0.08: 0.07，东营凹陷为 1: 0.53: 0.12: 0.02，沾化凹陷为 1: 0.34: 0.04: 0.06，惠民凹陷为 1: 0.19: 0: 0，车镇凹陷为 1: 0.57: 0.30: 0.71。由此可见，济阳坳陷各凹陷不同油藏类型的已探明石油地质储量构成在比例上存在明显区别，东营凹陷和沾化凹陷比较相似，只是地层和岩性的比例大小相反；惠民凹陷的油藏类型比较单一，只有构造和岩性型；车镇凹陷古潜山型的油藏比例大，仅次于构造型。构造型油藏比例大，说明在断陷湖盆内断层与构造是影响油气成藏的主要控制因素，控制了储集砂体、圈闭的形成和油气的运移和聚集，其次是沉积因素和地层接触关系，即油气成藏以断层封堵作用为主，其次为岩性（物性），再次为不整合面。

从济阳凹陷3个勘探阶段来看，构造: 岩性: 地层: 古潜山型油藏已探明石油地质储量比例有大的变化，第一勘探阶段比例为1: 0.20: 0.06: 0.11，构造油藏勘探占主导，其次为岩性油藏；第二勘探阶段比例为1: 0.58: 0.16: 0.02，在复式油气聚集理论指导下，岩性及其他类型油藏比例有上升趋势；第三勘探阶段比例为1: 1.62: 0.21: 0.35，进入岩性地层油气藏勘探阶段以来，岩性地层油气藏比例越来越高。近几年来，新增探明石油地质储量中岩性地层油气藏已超过构造型油藏的比例。

由于不同凹陷的石油地质条件不同，勘探进程略有差异，每个凹陷的油藏类型变化也有着很大的差异性（表3－6）。

表3－6　济阳坳陷不同类型油藏探明石油地质储量情况

凹陷名称	勘探阶段	不同类型油藏							
		构造油藏		岩性油藏		地层油藏		古潜山油藏	
		储量/10^4t	比例/%	储量/10^4t	比例/%	储量/10^4t	比例/%	储量/10^4t	比例/%
东营	一	80281	77.4	20290	19.6	3090	3.0	0	0.0
	二	24205	57.9	10515	25.1	6362	15.2	750	1.8
	三	28253	29.6	52837	55.4	12290	12.9	2796	2.1
	小计	132739	55.1	83642	34.7	21742	9.0	2796	1.2
沾化	一	37887	72.1	10871	20.7	3020	5.7	754	1.4
	二	31489	76.2	8230	19.9	1510	3.7	75	0.2
	三	16818	43.7	14323	37.2	2607	6.8	4711	12.2
	小计	86194	65.2	33423	25.3	7137	5.4	5540	4.2
车镇	一	1425	36.6	246	6.3	57	1.5	2164	55.6
	二	5618	67.5	1213	14.6	905	10.9	581	7.0
	三	1109	12.7	2883	33.0	1457	16.7	3277	37.6
	小计	8152	38.9	4342	20.7	2419	11.6	6022	28.8
惠民	一	14776	94.6	850	5.4	0	0.0	0	0.0
	二	15460	76.2	4734	23.3	63	0.3	22	0.1
	小计	30237	84.2	5584	15.6	63	0.2	22	0.1

（据胜利油田，2009年底）

东营凹陷的3个勘探阶段中，已探明石油地质储量中构造: 岩性: 地层: 古潜山型油藏的比例在不同勘探阶段存在较大差别，第一勘探阶段比例为1: 0.25: 0.04: 0，主要以构造油藏为主；第二勘探阶段比例为1: 0.43: 0.26: 0.03，仍以构造油藏为主，岩性油藏比例略有上升；第三勘探阶段比例为1: 1.79: 0.39: 0.07，岩性地层油藏逐渐成为勘探和新增油气储量的主体。

沾化凹陷3个勘探阶段中，已探明石油地质储量中构造: 岩性: 地层: 古潜山型油藏的比例也不相同。第一勘探阶段比例为1: 0.29: 0.08: 0.02，构造油藏勘探为主；第二勘探阶段比例为1: 0.26: 0.05: 0，仍以构造油藏勘探为主；第三勘探阶段比例为1: 0.71: 0.16: 0.28，构造油藏勘探比例下降，岩性地层和古潜山油藏逐渐成为储量增长的主体。

车镇凹陷3个勘探阶段中，已探明石油地质储量中构造: 岩性: 地层: 古潜山型油藏的比例也不相同。第一勘探阶段比例为1∶0.17∶0.04∶1.52，以古潜山油藏勘探为主；第二勘探阶段比例为1∶0.22∶0.16∶0.10，以构造油藏勘探为主；第三勘探阶段比例为1∶2.60∶1.31∶ 2.96，以岩性地层和古潜山型油藏勘探并重。

惠民凹陷两个勘探阶段中，第一勘探阶段相应比例为1∶0.06∶0∶0，主要是构造油气藏勘探；第二勘探阶段比例为1∶0.32∶0∶0，以构造油藏勘探为主，但是勘探对象主要是复杂小断块油藏，其次是岩性油藏。

三、探明储量增长的启示

油气勘探及储量增长的物质基础是含油气盆地的石油地质条件。盆地资源量的大小，控制了油气生成、运移、聚集的规模；盆地构造演化过程以及最终形成的构造格局，控制了有效储集体类型、性能及分布。因此，资源量与盆地的构造特征，是盆地石油地质条件中最关键的两大因素。

某一特定探区的油气储量增长，取决于盆地类型、资源基础、地质认识、科技水平、勘探投入及国民经济发展的需要，其中物质基础，也就是盆地类型及油气资源基础决定了储量增长的基本特点。

1. 盆地类型对油气勘探的影响

盆地类型是影响盆地含油性和油气勘探历程的重要因素，尤其是陆相盆地更加明显。不同结构类型的陆相盆地，一般具有不同的盆地演化过程和湖泊发育过程，使不同凹陷具有不同的生烃能力、油气资源、储盖组合和圈闭组合类型，进而具有不同的勘探历程和储量增长规律。

如东营凹陷具有半地堑结构，盆地比较开阔，湖盆轴向大型三角洲发育，湖泊发育阶段性显明，轴向三角洲的发育史与湖盆发育史基本一致。缓坡带宽阔，缓坡断裂构造带发育，缓坡储盖和圈闭组合特征明显，凹陷呈现出典型的陡坡、缓坡和洼陷带的成藏条件和成藏组合模式，使油气成藏类型和组合类型具有多样性，既有二级正向构造带之上的大型油田，又有与三角洲有关的小型浊积岩岩性油藏，这两类油藏的发现时期均形成储量增长高峰阶段。规模不一、组合复杂的成藏特征，使勘探历程比较曲折漫长。而沾化凹陷明显分割性强，具有地堑和半地堑结构特征，其陡坡构造带广泛发育，典型缓坡构造带发育较局限，深湖相泥岩发育，形成多套烃源岩。由于凹陷中凸起发育，其上形成了多个大型披覆构造成藏区，比较简单整装的大型披覆构造的发现，形成跳跃勘探阶段储量增长高峰；较复杂的披覆构造，伴随三维地震技术的应用形成大发展阶段的储量高峰期。大型构造油藏比较易于找寻，勘探工作比较顺利。惠民凹陷为地堑结构，南、北坡均以断层为界，中央正向断裂带和大型扇三角洲都异常发育，生油层发育较局限。大型扇三角洲需要比较严格的成藏条件，仅在大断裂和扇三角洲匹配良好的中央断裂带形成最富的油气聚集区，使油气勘探高峰位于勘探前期，其他地区油藏因零星、复杂，勘探工作难度较大，储量增长比较缓慢。

2. 资源量对储量增长的影响

决定储量增长规模的是盆地的资源量大小，资源基础对储量增长起着决定性的作用。国内18个不同类型含油气盆地的勘探结果证实，油气地质储量的发现规模和增长速度与盆地的资源规模明显呈正相关关系（图 3－14）。如济阳坳陷的 4 个凹陷，具有同样的北断南超盆地结构特点，由于资源量的差异，截至目前，4 个凹陷的累计勘探规模各不相同，从第一次上报探明储量开始计算，年度平均储量增长速度也各不相同，但勘探规模、储量增长速度与资源基础均成正比关系（图 3－15）。

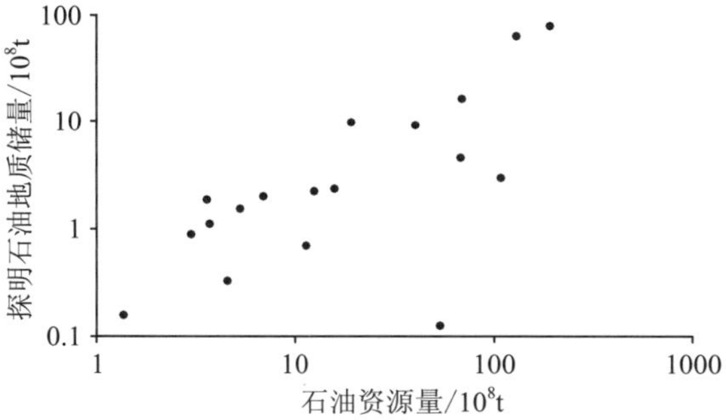

图 3－14　中国部分含油气盆地探明石油储量与资源量关系

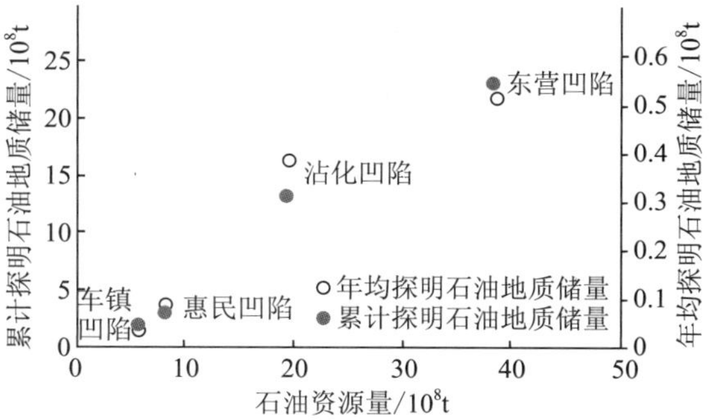

图 3－15　济阳坳陷探明石油地质储量与资源量关系

3. 勘探投入对储量增长的影响

探井是油气发现和储量增长得到证实的唯一手段。中国多为陆相含油气盆地，平面上储层连续性较差，地震技术对油藏的横向预测能力相对受到影响，因此，获得探明油气储量主要依赖于探井的数量。探井数量的多少主要决定于勘探资金的投入和对地下地质规律的准确把握。勘探阶段不同，勘探对象的主要油藏类型也不同，随着勘探的不断发展，未发现的油藏规模越来越小，埋藏深度越来越大，获得单位储量需要的探井工作量也越大。

探明储量的获得是一个从无到有的认识过程，因此，钻探不是一蹴而就的，有一个在对前期钻探结果深化认识的基础上再进行钻探的过程。一个油田每年完钻的探井中，一部分探井是为了在当年获得探明储量，而总有一部分探井是为以后获得储量做准备，可获得当年的控制、预测等低级别储量，也可能是评价井，加深对某一油藏的地质认识，这些都是探明储量获得过程中必不可少的。

据胜利油田统计，济阳坳陷探明的 327 个油藏与累计所用探井数量之间关系表明，每口探井平均探明 0.7km^2 的含油面积、探明 65×10^4t 的石油地质储量。济阳坳陷的 4 个凹陷累计探明储量与累计探井数量呈明显正比关系（图 3－16），足以说明探井投入数量对于获得探明储量是至关重要的。因此，成熟探区精细勘探需要适当钻探合适的探井，以便于加快油气发现和储量增长。

4. 理论、认识和技术对储量增长的影响

油气勘探融合了地质、地震、钻井、测井、试油、分析化验等多项技术，随着勘探对象越来越复杂，勘探的技术要求也越来越高，要保持探明储量的稳定增长，在保证足够勘探实物工作量的基础上，运用新的勘探理论和认识指导，提升勘探的综合技术含量，是提高油气勘探成功率和经济效益的唯一途径。

影响油气探明储量增长的科技进步主要包括勘探理论与认识的进步和勘探技术的进步。每种类型的科技进步，往往都会不同程度地带动探明储量的增长。如济阳坳陷各凹陷勘探早期，主要是以传统的背斜勘探理论为指导，所运用的地震技术为二维地震，仪器主

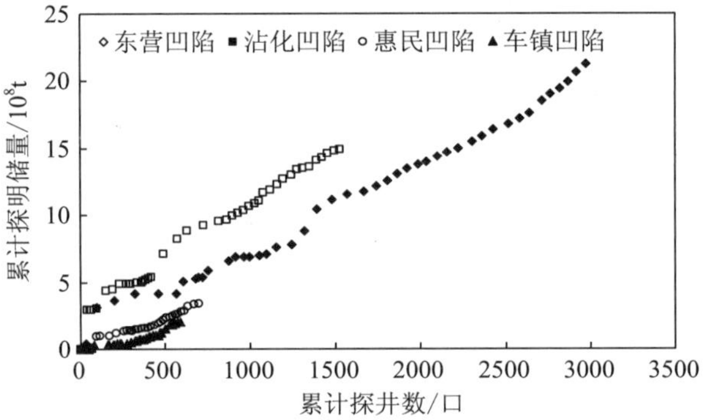

图3－16　济阳坳陷累计探明石油地质储量与累计探井数的关系

要采用“五一型”仪器和模拟磁带地震仪，勘探目标以大、中型背斜为主。20世纪80年代，复式油气聚集理论、数字地震仪与三维地震等技术的出现并得到运用，扩大了勘探领域及勘探对象，一批新的中小型构造、岩性油藏被发现和探明，使得探明储量高速增长。进入20世纪90年代，岩性－地层油气藏逐渐成为主要的勘探对象，以层序地层学理论、岩性地层油气藏成藏理论等为指导，利用不断进步的三维地震、钻测井、试油等技术，寻找以岩性－地层为主的油气藏，使得年度探明石油储量在上一阶段末的短暂下降后又开始回升，且在勘探难度逐年增大的情况下，仍能保持探明储量的规模稳定增长。

探明储量的增长是含油盆地油气资源条件与勘探活动、地质认识的不断深化与油气勘探的持续投入、勘探理论发展与技术进步等多方面因素共同作用的结果。不同构造特征的含油气盆地存在不同的储量增长过程，盆地结构越复杂，储量增长的周期越长。每一项理论与技术的重大突破，都会带来储量新的增长。全面认识储量增长的各种影响因素，将有助于准确把握勘探发展规律，提高对成熟探区油气勘探过程中不断出现新问题的认识水平，提高未来勘探发展趋势的预知能力。

四、成熟探区主要勘探领域

根据2014年国土资源部公布的石油、天然气资源量、探明储量和采出量，结合近期油气发现和新认识，按国际成熟盆地最终探明率70%计算，研究陆上成熟探区的勘探潜力。

中国剩余石油资源主要分布在东部与西部地区。东部地区尽管勘探程度较高，但剩余石油地质资源量约139×10^8t，占总剩余资源量的48%；西部地区总体勘探程度较低，剩余石油资源比较丰富，约108×10^8t，占总剩余资源量的38%；中部地区剩余石油资源相对较少，仅占总剩余资源量的14%。

中国中、西部地区天然气剩余资源比较富集。西部地区剩余天然气地质资源量约$9.5\times10^{12}m^3$，占总剩余资源量的45%；中部地区剩余天然气地质资源量约为$7.2\times10^{12}m^3$，占总剩余资源量的34%。

1. 常规石油勘探重点区带

松辽、塔里木、渤海湾、鄂尔多斯以及准噶尔五大主要含油气盆地剩余石油资源区块分布相对集中，剩余石油资源主要分布于松辽盆地的古龙－长岭凹陷，渤海湾盆地的辽河西部凹陷、辽河东部凹陷、大民屯凹陷，冀中坳陷的饶阳凹陷，黄骅坳陷的歧口凹陷，鄂尔多斯盆地的靖安和陇东地区，准噶尔盆地的玛湖－昌吉坳陷、腹部中浅层，以及塔里木盆地的环满加尔地区等十大富油区带中，这十大富油区块的资源丰度一般在 $10 \times 10^4 \sim 20 \times 10^4 t/km^2$，最高可达 $68 \times 10^4 t/km^2$，拥有剩余石油地质资源量 $190 \times 10^8 t$，占五大盆地剩余石油地质资源量的66%。

五大盆地仍有一些剩余资源潜力较大、资源丰度较高的有利区带。松辽盆地的大庆长垣扶阳油层、太康隆起、龙虎泡阶地、龙西－巴彦查干、大庆长垣北以及大情字井负向构造带等，剩余石油地质资源量均在 $2 \times 10^8 t$ 以上，剩余资源丰度大于 $10 \times 10^4 t/km^2$。渤海湾盆地的欢曙斜坡带、兴冷构造带、静安堡构造带以及北大港潜山构造带、孔店潜山构造带和板桥断裂构造带等，剩余石油地质资源量均在 $5000 \times 10^4 t$ 以上，剩余资源丰度一般大于 $25 \times 10^4 t/km^2$。鄂尔多斯盆地的陇东地区和靖安地区剩余石油地质资源量均在 $10 \times 10^8 t$ 以上。准噶尔盆地的克百断裂带、玛湖西斜坡带、陆西凸起带以及红车断裂带剩余地质资源量都大于 $2.0 \times 10^8 t$。塔里木盆地的轮西区带、英买力背斜区带、轮南－桑塔木背斜区带以及哈得逊背斜区带、塔中Ⅰ号断裂区带等剩余石油地质资源量在 $2.0 \times 10^8 t$ 以上。

因此，未来成熟探区石油勘探应立足上述五大盆地，不仅有较雄厚的资源基础，也有一些资源相对富集的有利区块，更有进一步扩大发展的领域与目标，是中国陆上未来石油勘探发现新储量的重点盆地及区带。

2. 常规天然气勘探重点区带

塔里木、四川、鄂尔多斯、柴达木、松辽和准噶尔盆地六大盆地剩余天然气资源的富集程度相对较高。塔里木盆地的库车坳陷、西南坳陷、中央隆起，四川盆地的川东和川西地区，鄂尔多斯盆地的陕北斜坡、苏里格庙、柴达木盆地的东部坳陷，松辽深层中央隆起带，准噶尔盆地陆东－五彩湾等十大富气区块，剩余天然气地质资源量均在 $1.0 \times 10^{12} m^3$ 以上，十大区块共有剩余天然气地质资源量 $15 \times 10^{12} m^3$，占六大盆地剩余天然气地质资源量的91%。

六大盆地天然气剩余资源潜力较大、资源丰度较高的有利区带不少。如鄂尔多斯盆地的陕北斜坡东部地区，四川盆地的大巴山前缘、川东高陡构造带的主体、川中北部地区，塔里木盆地的东秋里塔格区带、克拉苏背斜区带、西秋里塔格区带，柴达木盆地的东部坳陷北斜坡区，松辽盆地深层中央隆起带，准噶尔盆地陆东－五彩湾等，剩余天然气地质资源均在 $2000 \times 10^8 m^3$ 以上，剩余资源丰度一般大于 $1.0 \times 10^8 m^3/km^2$。显然，上述六大盆地是未来成熟探区天然气的勘探主体。

3. 非常规油气重点勘探领域

在油气勘探历史中，认识的误区，就是勘探的禁区。常规思想，找不到非常规油气，连续型油气藏突破了常规不连续，突破了勘探禁区。众所周知，非常规油气是现今无法用常规方法和技术手段进行勘探开发的资源。其特点是资源总量大，开采技术要求高，物性差，一般空气渗透率 $< 1 \times 10^{-3} \mu m^2$，孔隙度 $< 10\%$。其资源开发需要具备必需的技术、经济条件。只有解放思想，才能解放油气，推动非常规油气转为常规油气。

非常规油气的勘探开发突破，首先是要突破勘探认识的禁区，解放思想，才能解放油气，才能推动非常规油气转为常规油气。如页岩气的勘探开发，突破了资源禁区，增加了资源类型与资源量，常规勘探中将页岩作为非储层考虑，忽视了其作为源储一体式的有效资源量；突破了传统成藏理论，突破了常规储层下限和传统圈闭成藏理论，证实具有纳米级孔喉的储集层也能聚集天然气；突破了非常规技术，实现了油气勘探开发技术升级换代，带动了常规与非常规技术的发展，推动致密油气、页岩油等非常规资源成为常规资源。

从2012年开始，中国石油在8个成熟探区开展了非常规油气攻关，取得了突破性进展，鄂尔多斯盆地延长组长7致密油已建成百万吨产能，展现出良好的勘探前景。

致密气已成为中国非常规天然气勘探的重点领域。已在鄂尔多斯、四川、吐哈等盆地发现了丰富的致密气资源，目前致密气储量、产量已占到全国的30%左右。对中国7个主要盆地的评价结果发现，致密气有利勘探面积为$27\times10^4km^2$，资源量约为$14.8\times10^{12}m^3$，是未来天然气勘探的重要现实领域。

致密油成为中国非常规石油勘探开发的重点领域。中国致密油分布广，重点包括四川盆地川中侏罗系、鄂尔多斯长7段致密砂岩、渤海湾沙河街组湖相碳酸盐岩、酒泉盆地白垩系泥灰岩、准噶尔盆地二叠系云质岩等，初步评价具有形成大规模致密油的地质条件。

页岩气成为中国非常规天然气勘探的热点领域。中国发育海相、海陆过渡、陆相3种类型页岩，其中海相页岩气为最现实，四川南部下古生界是近期突破的核心区。中国页岩气勘探研究已取得重要进展，区域研究优选核心区，在长宁、昭通等地区开展了现场试验，发现了涪陵页岩气田。但是，中国页岩气具热演化程度高、埋藏较深、地面复杂、水资源缺乏等特殊性，在勘探开发中应引起特别重视。

煤层气已是中国非常规天然气勘探的重要领域。中国煤层气开发起步较晚，自1994年开始煤层气专项勘探以来，仅在沁水盆地实现了煤层气工业产量，目前中国正步入煤层气开发突破阶段，并可能实现中国煤层气产业的快速发展。

主要参考文献

蔡希源，刘传虎．2005. 准噶尔盆地腹部地区油气成藏的主控因素．石油学报，26（5）：1～9.

代成岩，马立权，毕红梅，等．2007. 中—高勘探程度探区油气合理资源序列的确定——以济阳坳陷为例．油气地质与采收率，14（1）：47～49.

邓宏文，王洪亮．1996. 层序地层地层基准面的识别、对比技术及应用．石油与天然气地质，17（3）：177～184.

丁贵明，张一伟，吕鸣岗，等．1997. 油气勘探工程．北京：石油工业出版社：179～180.

高哲．1993. 估算已知油气田储量增长的方法．世界石油工业，（8）：9～11.

关德范，郑和荣，龙胜祥．2003. 中国石化东部探区油气勘探潜力分析．石油学报，24（2）：1～5.

郭秀文，许宁．2001. 不同类型油藏产量预测方法优选．河南石油，15（3）：20～22.

郭元岭．2005. 成熟探区勘探经济评价研究——以济阳坳陷为例．油气地质与采收率，12（2）：77～80.

郭元岭，高磊，赵乐强，等．2001a. 济阳坳陷石油勘探效果分析．河南石油，15（3）：15～17.

郭元岭，宗国洪，赵乐强，等．2001b. 济阳坳陷探明石油地质储量特点分析．石油勘探与开发，28（3）：33～36.

龚再升．2004. 中国近海盆地晚期断裂活动和油气成藏．中国石油勘探，9（2）：12～19.

何登发，陈新发，况军．2009. 准噶尔盆地石炭系油气成藏组合特征及勘探前景．石油学报，31（1）：1～10.

贾承造．2005. 21世纪初中国石油地质理论问题与陆上油气勘探战略．北京：石油工业出版社．

贾承造，赵文智，邹才能．2007. 岩性地层油气藏地质理论与勘探技术．石油勘探与开发，34（3）：257～272.

金之钧．1995. 五种基本油气藏规模概率分布模型比较研究及其意义．石油学报，16（3）：6～12.

匡立春，吕焕通，王绪龙．2010. 准噶尔盆地天然气勘探实践与克拉美丽气田的发现．天然气工业，30（2）：1～6.
李国玉．2001. 沉积盆地论．北京：石油工业出版社．
李丕龙，刘传虎．2005. 准噶尔盆地天然气勘探潜力及运聚规律．石油学报，26（2）：6～10.
刘宝和．2005. 从勘探实践看找油的哲学．北京：石油工业出版社．
刘成林，金惠，高嘉玉．2009. 松辽盆地深层天然气成藏研究．油气地质与采收率，16（1）：1～4.
刘传虎．2011. 关于“勘探无禁区”的诠释．中国石油勘探，1：50～59.
刘洪林，王红岩，刘人和．2009. 非常规油气资源发展现状及关键问题．天然气工业，29（9）：113～116.
刘毅，刘敏，陈强路．1998. 油气资源的动态预测与经济分析．石油实验地质，20（1）：55～60.
米立军．2001. 新构造运动与渤海海域上第三系大型油气田．中国海上油气（地质），15（1）：21～28.
潘元林，宗国洪，郭玉新，等．2003. 济阳断陷湖盆层序地层学及砂砾岩油气藏群．石油学报，24（3）：16～24.
彭存仓．2002，新滩地区馆陶组油气成藏规律研究．成都理工学院学报，29（5）：493～498.
邱中建，龚再升．1999. 中国油气勘探．北京：石油工业出版社．
石红霞，刘承华，高磊，等．2003. 济阳坳陷“九五”期间储量接替规律研究．特种油气藏，10（3）：63～64.
孙焕泉，周学民，杨勇．2000. 油田储量评估计算探讨．大庆石油地质与开发，19（4）：26～28.
万吉业．1994. 石油天然气“资源量－储量－产量”的控制预测与评价系统．石油学报，（3）：51～60.
王宜林，张义杰，王国辉．2002. 准噶尔盆地油气勘探开发成果及前景．新疆石油地质，23（6）：449～455.
吴欣松，张一伟，方朝亮．2001. 油气田勘探．北京：石油工业出版社，43～59.
肖焕钦，郭元岭．2008. 油气勘探可持续发展能力及评价体系．石油实验地质，30（1）：98～102.
谢晓安，周卓明．2008. 松辽盆地深层天然气勘探实践与勘探领域．石油与天然气地质，29（1）：113～119.
翟光明，王世洪．2010. 中国油气资源可持续发展的潜力与挑战．中国工程科学，12（5）：4～10.
袁选俊，谯汉生．2002. 渤海湾盆地富油气凹陷隐蔽油气藏勘探．石油与天然气地质，23（2）：130～133.
张刚，编译．1998. 国外大石油公司提高经济效益的经验与做法．世界石油工业，5（10）：1～6.
张抗，张涛．1995. 油气田的发现与认识论．国土资源科技管理，12（4）：11～17.
张善文．2006. 济阳坳陷第三系隐蔽油气藏勘探理论与实践．石油与天然气地质，27（6）：731～740.
张善文，王永诗，石砥石，等．2003. 网毯式油气成藏体系——以济阳坳陷新近系为例．石油勘探与开发，30（1）：1～9.
张善文，曾溅辉．2003. 断层对沾化凹陷馆陶组石油运移和聚集影响的模拟实验研究．地球科学：中国地质大学学报，28（2）：185～190.
张文昭．2001. 学习找油哲学——展望21世纪中国油气勘探前景．中国石油勘探，6（2）：1～7.
张霞．1998. 关于用勘探效益指标确定圈闭储量规模经济下限值方法的探讨．勘探家，3（4）：6～9.
赵殿栋，刘传虎．2005. 准噶尔盆地油气勘探潜力及方向．新疆石油地质，26（1）：1～5.
赵乐强．2005. 油田勘探中应重视含油气圈闭资源量的分析——以济阳坳陷为例．油气地质与采收率，12（4）：7～9.
赵文智，池英柳．2000. 渤海湾盆地含油气层系区域分布规律与主控因素．石油学报，21（1）：10～15.
赵文智，邹才能，冯志强．2008. 松辽盆地深层火山岩气藏地质特征及评价技术．石油勘探与开发，35（2）：129～142.
赵文智，邹才能，汪泽成，等．2004. 富油气凹陷“满凹含油”注——内涵与意义．石油勘探与开发，（2）：5～13.
郑德文，张君峰，苏建杰．2004. 新增探明储量增长趋势预测研究．中国石油勘探，2：44～48.
邹才能，杨智，张国生，等．2013. 非常规油气概念、特征、潜力及技术——兼论非常规油气地质学．石油勘探与开发，40（4）：385～399.
周海民，董月霞，谢占安，等．2004. 断陷盆地精细勘探——渤海湾盆地南堡凹陷精细勘探实践与认识．北京：石油工业出版社．
朱光有，金强，郭长春，等．2003. 渤海湾盆地东营－沾化凹陷油气聚集的差异性及控制因素研究．石油实验地质，25（4），353～356.
朱筱敏．2000. 层序地层学．东营：石油大学出版社．
Wright V P，Marriott S B. 1993. The sequence stratigraphy of fluvial depositional systems the role of floodplain sediment storage. Sedimentary Geology，86（3～4）：203～210.

第四章　有效储层新认识

有效储层是控制油气成藏的关键因素之一，也是制约成熟探区精细勘探和油气发现的关键控因之一，对有效储层的新认识在很大程度上决定了成熟探区精细勘探的成败。随着油气勘探和研究的深入，对有效储层的认识不断深入，本章主要阐述对碳酸盐岩、火山岩、变质岩和碎屑岩有效储层的一些新认识，为成熟探区精细勘探和油气发现提供借鉴。

第一节　火山岩有效储层

火山岩油气藏是近几年来中国油气勘探和储量增长的重点领域之一，对火山岩风化壳和原状火山岩有效储层的新认识不断改变。以前油气勘探中火山岩一般作为非有效储层对待，目前认为火山岩能形成有效储层，并能富集高产。这种认识的新变化指导了松辽盆地深层、新疆北部石炭系等油气藏的勘探和发现。

一、原状火山岩有效储层

火山岩储集空间的形成、保持、改造等一系列不同阶段的演化过程，是非常复杂的。原生孔隙和裂缝主要受到原始喷发状态，即火山岩岩性岩相控制。在相同构造应力作用下，构造裂缝的发育和保存程度也受到原始喷发状态的控制。火山喷发后，冷凝熔结和压实固结形成的火山岩，原生气孔互不连通，没有渗透性，只有经过后期不同阶段的各种地质作用改造，才具有储集性。总体来说，火山作用、构造运动及流体作用是原状火山岩储层储集空间形成和发育的主要成因机制和地质作用。

1. 火山作用控制原生储集空间的形成和发育

火山作用不仅控制了储集体形态、规模，也控制着储集空间类型和岩石矿物的组分特征。原生型火山岩储集层的储集性能，主要受火山岩岩石类型和岩相的控制，不同岩石类型的火山岩发育不同类型的储集系统。如准噶尔盆地五彩湾凹陷基底火山岩中，火山碎屑岩具最高的孔隙度（1.26%～30.08%，平均为9.84%），其次是安山岩（孔隙度为8.14%）、凝灰岩（孔隙度为7.92%），玄武岩孔隙度最低（5.89%）。

岩相是影响原生型火山岩储集层的重要因素，不同岩相、亚相具有不同的孔隙类型，同岩相的不同亚相储集层物性可能差别很大。岩石结构和构造控制着原生和次生孔、缝的组合和分布，火山岩储集层的物性和储集空间类型、特征和变化主要受到火山岩亚相控制。

火山通道相储集空间主要为孤立的气孔及火山碎屑间孔，如济阳坳陷商74－6井2541.71～2548.27m井段的火山通道相熔岩，实测孔隙度为13.1%～16.4%，渗透率为

$106.95\times10^{-3}\mu m^2$，熔岩中常见柱状节理发育，从而形成良好的储集空间。

火山爆发相以火山碎屑岩产出为特征，火山爆发时的冲力将顶板及围岩破碎形成大量裂缝、裂纹，同时形成火山角砾岩，火山角砾间孔及气孔发育。另外，由于火山爆发相一般都处于古侵蚀高地，容易遭受风化淋滤作用，因此，溶蚀孔（洞）和溶蚀裂缝发育，能够形成有利储集区域。如济阳坳陷商 74－12 井 1975～1979.6m 火山角砾岩孔隙度为 20.7%～33.1%，渗透率为 $11.2\times10^{-3}\sim140\times10^{-3}\mu m^2$；商 74－6 井 1830～1838m 火山角砾岩孔隙度为 16.7%～37.4%，渗透率为 $0.988\times10^{-3}\sim3170\times10^{-3}\mu m^2$，该相带也是较为有利的储集相带。

火山喷溢相形成于火山喷发的各个时期，熔岩原生气孔发育，次生孔隙主要表现为长石的溶蚀和玻璃质经过脱玻化形成长石、石英等矿物后体积缩小产生的孔隙。如喷溢相上部亚相是松辽盆地兴城和升平地区储集层物性最好的岩相带。

侵出相中心带亚相储集空间主要为裂缝、溶孔、晶间孔等微孔隙，储集物性较好，是有利的储集相带。

2. 火山喷发环境及模式影响原生储集空间发育程度

喷发环境对火山岩储集空间的形成有很大影响。如火山岩在水体深部喷发，溶解于岩浆中的挥发分不容易逃逸难以形成气孔，故原生气孔不发育，加之水体的共同作用，火山岩发生明显的蚀变（绿泥石化）和充填作用，使本来就少的原生孔隙减少。如在浅水环境或陆上喷发，特别是喷发时遇大气降水，一方面溶解于熔浆中的挥发分可以大量逃逸形成原生气孔，另一方面由于炽热岩浆突遇水体产生淬火作用形成大量原生微裂隙，并把原生气孔很好地连通起来，构成良好的原始储集空间。不同的喷发环境导致储集层物性差异较大，如准噶尔盆地五彩湾凹陷火山岩孔隙度（8.14%）、渗透率（$1.14\times10^{-3}\mu m^2$）均不及石西油田（孔隙度和渗透率分别为 14.77% 和 $2.08\times10^{-3}\mu m^2$）。

断裂样式决定了火山岩体分布，岩浆侵入体或喷出的火山岩体形态多样（Lee et al.，2006），但岩浆活动通道大都与断裂有关。据邱家骧（1985）研究，中心式喷发的岩浆多沿交叉断裂交会处喷发，易形成火山锥；裂隙式喷发的岩浆缓和地沿裂隙流出，火山口多呈线状排列，可形成熔岩被或熔岩台地。如松辽盆地徐家围子断陷不同断裂样式可能构成了不同的岩浆喷发通道，其中拉张断裂构成了点状喷发通道，走滑断裂构成了线状喷发通道；徐中断裂火山岩从北向南逐期喷发以及徐东断裂火山岩从南向北逐期喷发的过程（姜传金等，2010），即是火山岩沿走滑断裂通道线状喷发的反映。因此，断裂样式既控制了火山岩的喷发方式，也决定了火山岩体的形态和分布范围。中心式和裂隙式是火山喷发的两种主要模式。中心式喷发一般发育于断裂交会处，规模相对较小（图 4－1）；裂隙式喷发一般受深大断裂控制，规模较大（图 4－2）。原状火山岩有效储层主要围绕火山口附近分布，火山岩从火山口向外扩展，一般发育火山通道相、火山爆发相、火山溢流相、火山沉积相。储层物性由好变差的顺序依次为火山爆发相、火山溢流相、火山通道相、火山沉积相。因此，针对原状火山岩的油气勘探，主要是围绕火山口附近的有利储层开展。

3. 成岩作用控制次生储集空间发育

火山岩成岩作用类型主要有压实作用、充填作用、溶解作用、交代作用等，它们对储集层形成的作用不尽相同。充填作用降低了储集层的孔渗性，不利于火山岩储集层的发

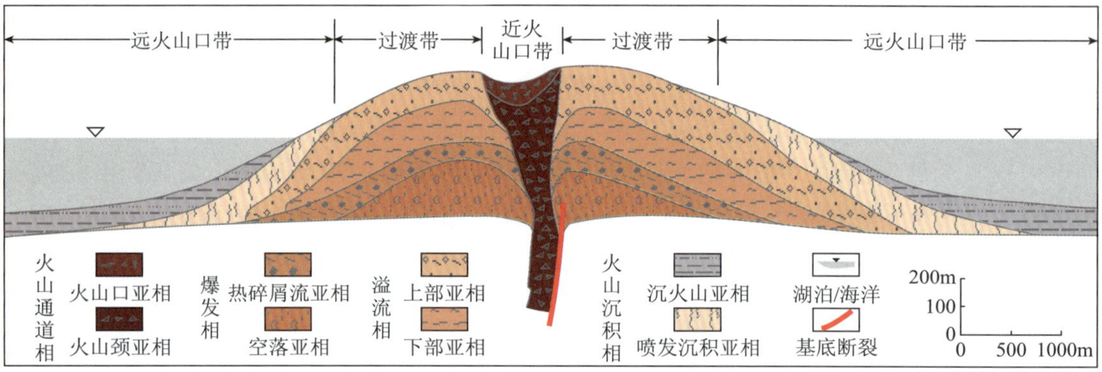

图4－1　中心式火山喷发岩相模式

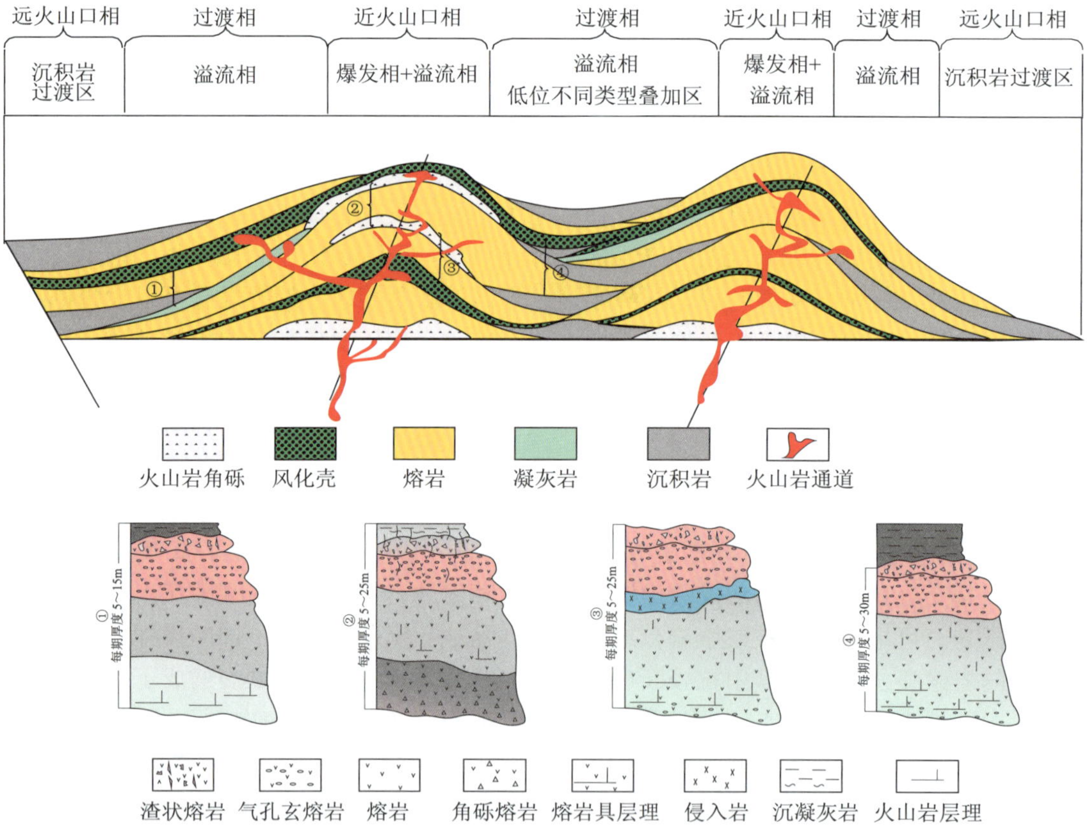

图4－2　裂隙式火山喷发岩相模式

育；压实作用不利于储集层的形成、保存及发展，特别是对于火山碎屑岩影响显著。较常见的成岩蚀变包括绿泥石化、方解石交代、沸石化等，其对火山岩储集层的形成既有破坏作用，也有建设作用。火山岩中的气孔往往不直接成为储集空间，而是先被绿泥石、沸石、方解石等充填，之后被地下水溶蚀，再由裂缝连通才能成为储集层。

火山活动和构造运动以及排烃作用等，都会引起大规模的流体活动，流体对火山岩的直接影响是引起物质的带入和带出，使火山岩体处于开放体系。流体可分为热液流体和与有机质有关的酸性流体。流体使火山岩孔隙结构发生变化，大大改善了火山岩储集层的物性，使火山岩储集空间类型更加复杂多样。热液活动的直接后果是导致原有矿物发生蚀变、溶蚀，同时有新的矿物形成，导致次生胶结和充填作用发生，蚀变和溶蚀使火山岩孔隙度增加，胶结和充填使孔隙度，尤其是渗透率降低。

火山喷发间歇期，暴露地表的火山岩经受短暂淋蚀，原状火山岩储层物性发育程度与风化淋滤作用密切相关，风化淋滤作用不但可以使岩石破碎，也可以使岩石的化学成分发生显著变化，如发生矿物溶解、氧化、水化和碳酸盐化等。如松辽盆地升深2井营城组顶部的紫色安山质熔结凝灰岩，由于风化淋滤作用使得原本致密的爆发相凝灰质熔岩变得极为疏松，在岩心中呈豆腐渣状，其孔隙度大于15%，渗透性好。因此，风化淋滤作用不仅是影响火山岩储集性能的一个重要因素，而且也是火山岩中普遍存在的地质现象，火山岩顶面到不整合面的距离成为风化淋滤溶蚀储集层储集空间发育的重要控制因素。溶蚀作用主要表现为物质的带出过程，总的效应是使孔隙增加，次生孔隙都与溶蚀有关，它是控制火山岩储集性能的另一个重要因素，在酸性水（有机酸和无机酸）的作用下，溶蚀作用使火山岩中的不稳定组分发生溶解，形成次生孔隙。

4. 构造作用控制裂缝发育

构造运动和构造部位对断裂的形成、裂缝的发育程度起着主导作用。裂缝的形成对储集层发育有3方面的影响：①在气孔－杏仁发育带形成裂缝，提高气孔的连通程度，增加渗透率，更重要的是，地表淡水或地下水沿裂缝对火成岩进行溶解改造，在原来气孔、残余气孔及基质晶间孔的基础上形成大量的溶蚀孔隙，甚至溶洞；②在致密段形成裂缝，可形成单纯的裂缝型储集层，且在一定条件下，还可发育溶孔，甚至溶洞；③裂缝的存在可改善地层水分布和流动特点，从而促使溶解作用的发生、发展，如岩心或显微镜下所见沿构造裂缝发育的次生溶孔，就是该作用的结果。如三塘湖盆地石炭系—二叠系火山岩至少发育两期构造裂缝，其中Ⅰ期裂缝形成时间较早，规模较大，对储集层影响较大（是溶孔、溶洞发育的成岩水渗透流通道），但裂缝本身绝大部分已被充填；Ⅱ期裂缝规模较小，对储集层改造作用不如Ⅰ期，但因该期裂缝大部分为开启缝，充填物质少，故对储集层质量提高有较大意义。

5. 原状火山岩储层受埋深影响较小

与碎屑岩相比，火山岩骨架及岩性抗压性强，随着埋藏深度的增加火山岩储层的减孔效应不明显，原状火山岩的储层物性主要受火山作用控制，受埋藏深度影响较小，如松辽盆地深层火山岩储层随埋藏深度变化较小，砂岩、砂砾岩储集层孔隙度随埋深增加而逐渐变差（图4－3）。这一认识为拓展深层火山岩油气勘探提供了依据。

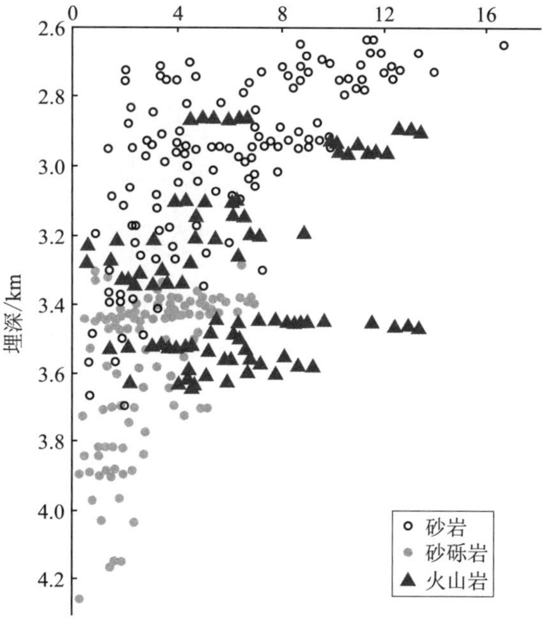

图4－3 松辽盆地深层火山岩孔隙度随深度的变化

二、火山岩风化壳有效储层

火山岩风化壳是指抬升背景下，火山岩在表生环境中经风化淋蚀等物理、化学风化后形成的具有矿物和储层性质差异的似层状地质体。火山岩风化壳是火山岩主要的有效储层之一，这里以新疆北部石炭系为例阐述。

1. 火山岩风化壳结构及特征

在对新疆北部石炭系30口钻遇完整火山岩风化壳取心井分析化验资料研究的基础上，提出具有6层结构的完整火山岩风化壳模型，即土壤层、水解带、淋蚀带、崩解Ⅰ带、崩解Ⅱ带和母岩（图4－4）。

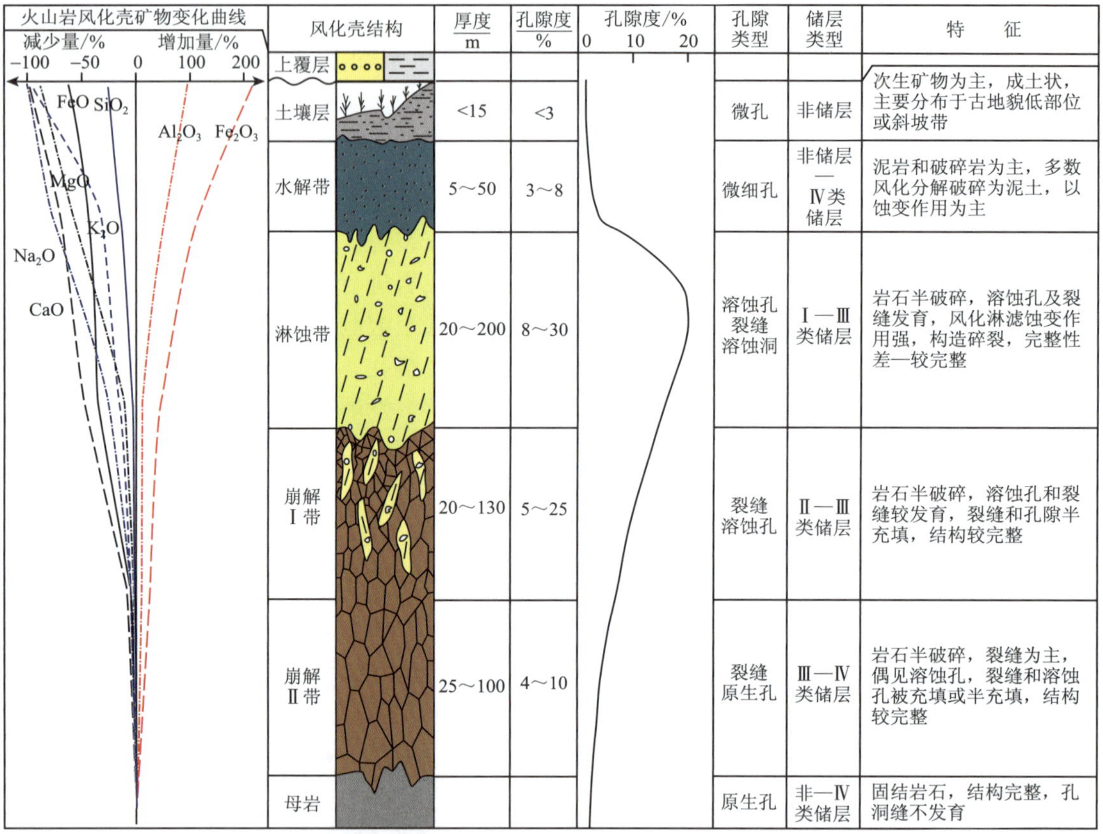

图4－4 火山岩风化壳结构特征

火山岩风化壳不同结构层中的矿物、物性及岩石破碎等差异，导致其特征差别很大。受蚀变作用控制，从母岩到土壤层 Fe_2O_3、Al_2O_3 等次生矿物增加，Na_2O、K_2O、CaO 等易溶矿物减少，火山岩骨架矿物 SiO_2 含量减少。受沉积间断时间、风化和裂缝发育程度等差异控制，不同结构层的储层物性差异较大。根据中国石油制定的火山岩和火山碎屑岩储层评价行业标准，火山岩风化壳不同结构层分别为非储层到Ⅰ类储层，其中淋蚀带和崩解Ⅰ带为主要储集层和油气产出层。

土壤层主要分布于古地貌的低部位和斜坡带，高部位一般缺失，为非储层，但由于是局部分布，并不能形成区域封盖。水解带为非有效储层或差储层，此结构层中一般可见油气显示，但不能形成工业产能。淋蚀带一般为Ⅰ—Ⅲ类储层，是主要储集层和油气产出层。崩解Ⅰ带一般为Ⅱ—Ⅲ类储层，是次要储集层和油气产出层。崩解Ⅱ带一般为Ⅲ—Ⅳ类储层，对油气产出贡献小。母岩保持原状火山岩特征，以原生孔为主，溶蚀孔隙与裂缝不发育，一般为Ⅳ类储层或非储层。

2. 火山岩风化壳的岩心及镜下识别标志

岩心及微观照片识别火山岩风化壳的标志包括风化黏土层、示底构造、断层泥、氧化自碎等。火山岩顶部氧化环境下形成的风化黏土层是火山岩风化壳的识别标志之一，包括褐色、红色、黄色、杂色等泥岩（图4－5a、b）。在重力和水流作用下，表生环境中火山岩风化形成的黏土沿裂缝下渗，充填在裂缝中，形成断层泥，一般风化壳上部裂缝中会发育氧化环境下的断层泥（图4－5c）。表生环境中受氧化作用控制，火山岩会发生氧化自碎，形成疏松状的氧化自碎岩石（图4－5d）。在大气淡水下渗过程中，其携带的风化黏土可在气孔内再沉淀，或大气淡水溶蚀的矿物在气孔内发生再结晶，形成示底构造（图4－5e、f、g），示顶底构造主要发育于较大气孔中（气孔直径 >0.5mm），具有双层充填特征，气孔下部充填渗滤泥（图4－5e、f），颜色较暗，以暗褐、深灰色为主，部分渗滤泥已转变为沸石，上部多为钠沸石及其他自生矿物充填或半充填，充填物颜色浅，以较纯净的白色为主（图4－5e），上、下充填物之间界面平直，与风化时的水平面平行。可根据风化黏土层、断层泥、氧化自碎、示底构造等特征识别风化壳。

a. 滴西1824井：3529.8~3531.02m，风化黏土层；3531.02~3531.92m，火山角砾岩、安山岩　b. 滴西1824井：3542.6m，安山岩裂缝中风化黏土　c. 塘参3井：1718.0m，断层泥

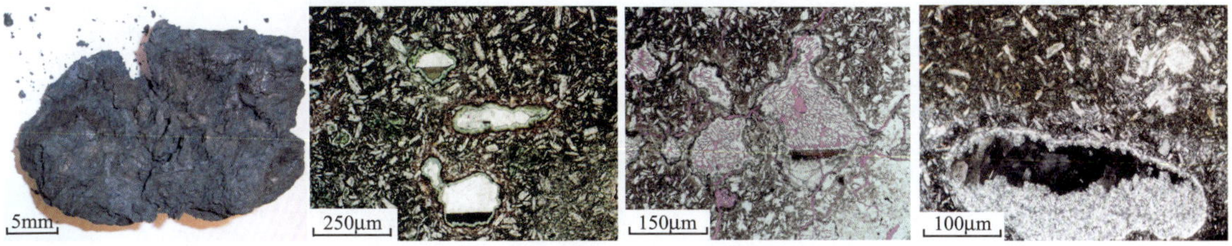

d. 马17井：1543.3m，凝灰岩、氧化铁及破碎疏松状岩心　e. 马19井：1548.77m，安山岩泥质示底构造（×25）　f. 牛东78－121井：1541.58m，自碎角砾状安山岩渗滤泥，示底构造　g. 马19井：1554.95m，杏仁安山岩，火山灰杏仁及示底构造

图4－5　火山岩风化壳的岩心及镜下识别标志

3. 火山岩风化壳储层控制因素

国内外已发现的中新生界火山岩油气藏储层主要以原状火山岩为主，有效储层主要受控于岩性、岩相。爆发及溢流等岩相，火山角砾岩及流纹岩等岩性可形成有效储层，孔隙度均值为6%～11%；其他岩性、岩相很难形成有效储层，油气产能主要受控于原状火山岩的原始储集物性。新疆北部石炭系火山岩由于时代老，以中基性为主，原状火山岩储层物性差，一般不能形成有效储层，与原状火山岩相比，风化壳储层物性更好，但控制因素更复杂。

火山岩风化壳厚度、物性和渗流能力是油气勘探研究的关键问题，其主要受控于风化淋蚀时间、岩性岩相和断裂等因素。

（1）风化淋蚀时间控制风化壳厚度

借鉴前人利用露头砾石研究风化层风化时间的思路，开展火山岩风化壳厚度与风化淋蚀时间关系研究。首先确定火山岩经受的风化淋蚀时间。当火山岩风化壳之上覆盖新地层时，风化壳上部的火山岩年龄与上覆碎屑岩新地层的年龄之差即为风化淋蚀时间。火山岩年龄确定采用风化壳上部同期次火山岩的3个样品锆石平均年龄作为其年龄，风化壳之上碎屑岩新地层的年龄确定，采用同位素测年、古生物、岩性、地震、测井等方法综合确定。当火山岩风化壳之上覆盖新的火山岩时，风化壳上、下火山岩年龄之差即为风化淋蚀时间，分别选取邻近不整合面上、下各3块火山岩锆石平均年龄之差作为风化淋蚀时间。

用以上方法，确定了新疆北部石炭系钻遇完整火山岩风化壳结构的安山岩、花岗岩、玄武岩、火山角砾岩的30口取心井、3条露头剖面的风化壳厚度与对应的风化淋蚀时间，建立了风化壳厚度预测模型（式（4-1）），可见风化壳厚度与风化淋蚀时间呈对数关系（图4-6）。利用该模型预测火山岩风化壳厚度，为钻井井深设计提供依据。

$$h = a\ln t + b \tag{4-1}$$

式中：h 为风化壳厚度，m；t 为风化淋蚀时间，Ma；a、b 为常数，$a = 112.3$，$b = 122.12$。

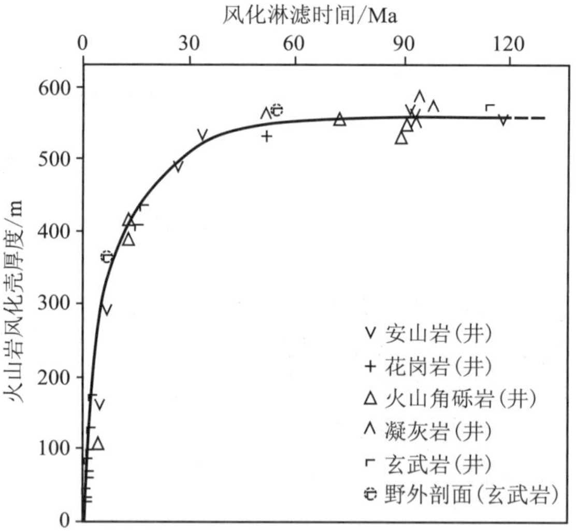

图4-6　火山岩风化壳厚度与风化淋蚀时间关系

火山岩风化壳在形成的同时遭受剥蚀，当形成速率与剥蚀速率近似相等时，即当风化壳厚度形成速率小于初期形成速率5‰时，认为风化壳厚度趋于最大，此时，推测火山岩风化壳厚度约550m，所需时间约46.3Ma。

（2）岩性岩相、风化程度控制风化壳储层物性

相同的表生环境下，由于火山岩岩性岩相、原始物性、岩石强度及脆性等差异，导致火山岩存在差异风化，原始物性好、硬度较小、杏仁气孔发育的岩石比物性差、硬度大的致密岩石更易风化。现今火山岩风化壳露头差异风化可佐证地下的情况。图4-7是新疆北部卡拉麦里石炭系玄武岩露头剖面，由于卡拉麦里山的逆冲推覆，岩石从侏罗纪之后出

露地表接受风化淋蚀，风化淋蚀时间超过100Ma，现今地层倾角约为86°，图4－7为6次喷发旋回组成的一套厚度约90m的地层。每次喷发由下部块状致密玄武岩和上部气孔杏仁玄武岩组成，块状致密玄武岩风化程度较差，风化后以块状为主，裂缝较发育；气孔杏仁玄武岩风化较强，风化后颗粒较小，溶蚀孔隙发育。差异风化导致火山岩不同岩性岩相形成的风化壳储层物性和储集空间类型差别较大。

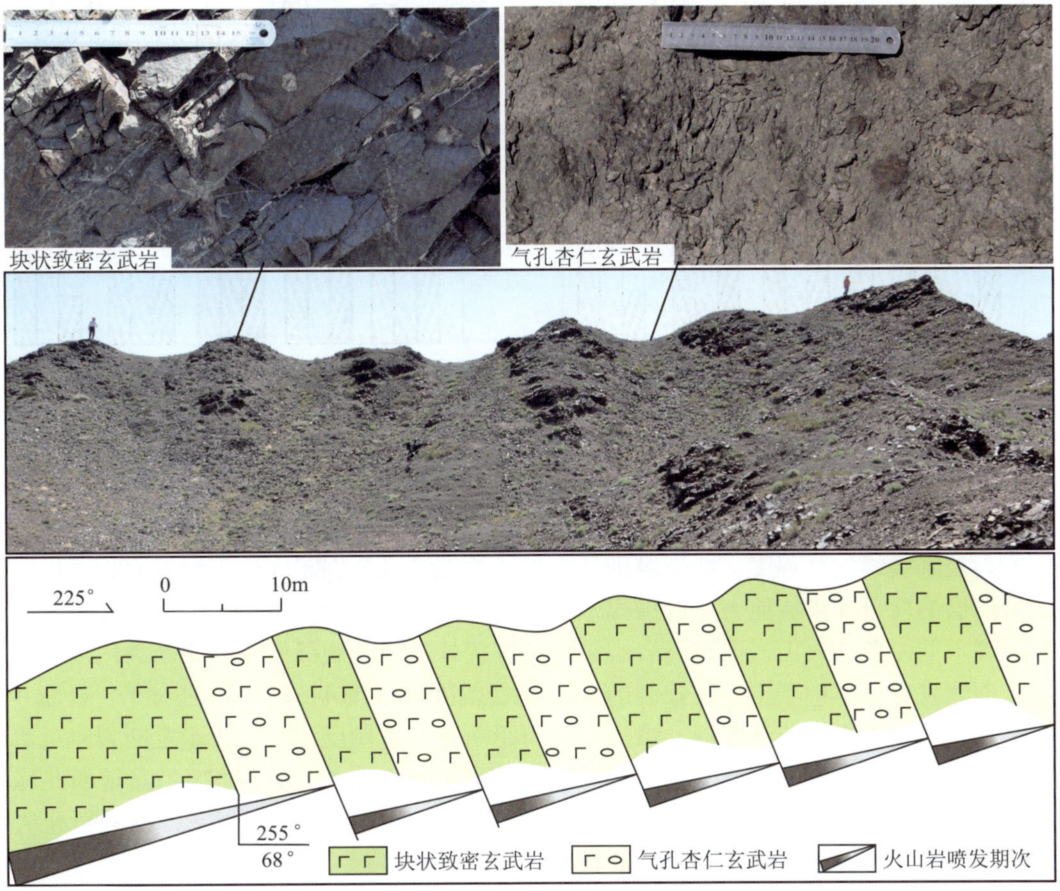

图4－7　新疆北部卡拉麦里石炭系玄武岩露头的差异风化

火山岩风化后的各种岩性岩相物性均好于同时代、同类岩性岩相原状火山岩物性（图4－8）。对新疆北部石炭系不同岩性、岩相及风化程度的1637块火山岩岩心孔隙度的研究表明，不同岩性岩相及风化程度控制了风化壳物性差异。未经风化时，岩性中只有火山角砾岩和流纹岩能形成有效储层，平均孔隙度分别为8.3%、7.5%；岩相中只有爆发相和火山通道相能形成有效储层，平均孔隙度分别为8.5%、6.2%（该区提交油气探明储量的有效孔隙度下限为6%），其他岩性岩相为非有效储层。经弱风化后，岩性中火山角砾岩、流纹岩、安山岩和玄武岩均能形成有效储层，平均孔隙度分别为11.7%、10.3%、8.6%、7.5%，凝灰岩不能形成有效储层，平均孔隙度为3.6%；岩相中爆发相、火山通道相、溢流相和次火山相能形成有效储层，平均孔隙度分别为12.0%、9.7%、8.2%、7.1%，火山沉积相不能形成有效储层，平均孔隙度为3.4%。强风化后，所有岩性均能形成有效储层，但孔隙度存在差异，火山角砾岩、流纹岩、安山岩、玄武岩、凝灰岩的平均孔隙度分别为 15.7%、15.1%、14.2%、13.4%、8.7%；岩相中的爆发相、火山通道相、溢流相和次火山相能形成有效储层，平均孔隙度分别为 16.8%、14.9%、14.1%、13.2%，火山沉积相不能形成有效储层，平均孔隙度为 5.8%（图 4-8）。

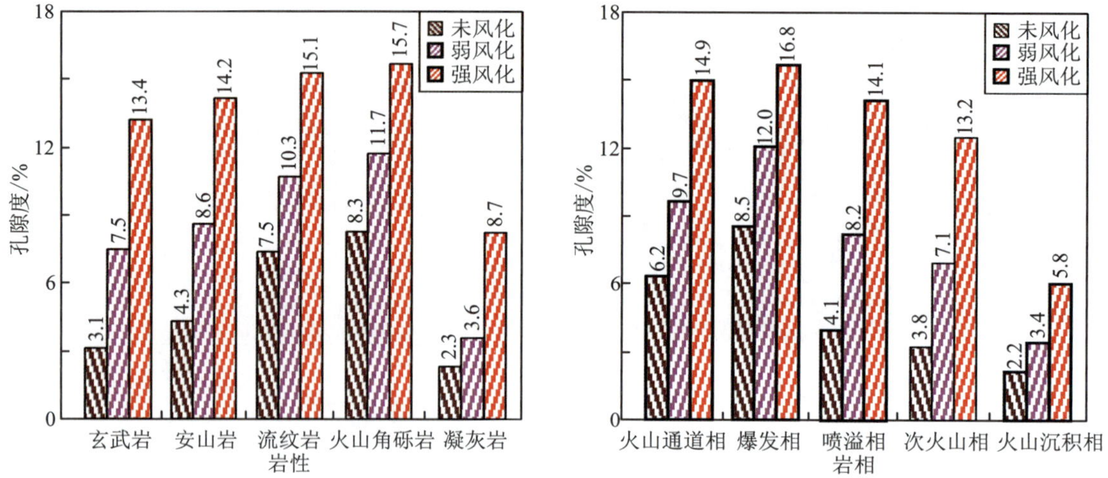

图 4-8 不同岩性、岩相及风化程度火山岩的平均孔隙度分布

（3）断裂控制风化壳储层渗流能力

在挤压应力作用下，岩层抬升变形的同时产生断裂和裂缝，大断裂附近伴生次级断裂，断裂控制裂缝发育程度，断裂级别越大控制的裂缝区范围越大，裂缝发育程度控制了火山岩储层的质量和渗流能力。以准噶尔盆地西北缘克百断裂带上盘石炭系火山岩为例，对距断裂不同距离的火山岩风化壳岩心裂缝密度统计发现，裂缝密度与距断裂距离呈反比关系，裂缝发育区集中于主断裂控制的 2km 半径范围内（图 4-9）。通过对 378 口油井试油试采获得的渗流半径统计发现，渗流半径与距断裂距离呈反比关系，距主断裂越近渗流半径越大，距主断裂 1km 范围内的渗流半径超过 500m（图 4-9）。准噶尔盆地西北缘断裂带主断裂间隔 2~5km，多期构造运动使火山岩裂缝成网状，受断裂、裂缝和风化壳控制，有利储层整带分布，具有满带含油特征，在已探明油区之外现存 54 口井剩余出油井点，勘探潜力较大。由于不同火山岩岩性和力学性质存在差异，在相同构造背景下，不同火山岩岩性的裂缝发育程度存在差异。统计距离主断裂 1km 附近的 34 口不同岩性取心井的裂缝发育情况可见，安山岩裂缝密度平均为 25~35 条/10cm，平均裂缝宽度为 0.6mm，最大裂缝宽度为 3~5mm；火山角砾岩裂缝密度平均为 20~25 条/10cm，平均裂缝宽度为 0.4mm，最大裂缝宽度为 2~3mm；玄武岩裂缝密度平均为 15~20 条/10cm，平均裂缝宽度为 0.25mm，最大裂缝宽度为 1~2mm；凝灰岩裂缝密度平均为 10~15 条/10cm，平均裂缝宽度为 0.15mm，最大裂缝宽度为 0.5~1mm。

4. 火山岩风化壳储层分布规律

（1）火山岩风化壳储层纵向分布规律

统计钻遇新疆北部石炭系火山岩风化壳的 45 口井 3723 个孔隙度分析样品，按远离和靠近断裂带分别成图，建立了风化壳孔隙度随不整合顶面埋深的变化关系。远离断裂区的风化壳有效储层厚度可达 550m，最大孔隙度 24.6%；靠近断裂区受构造应力控制，裂缝

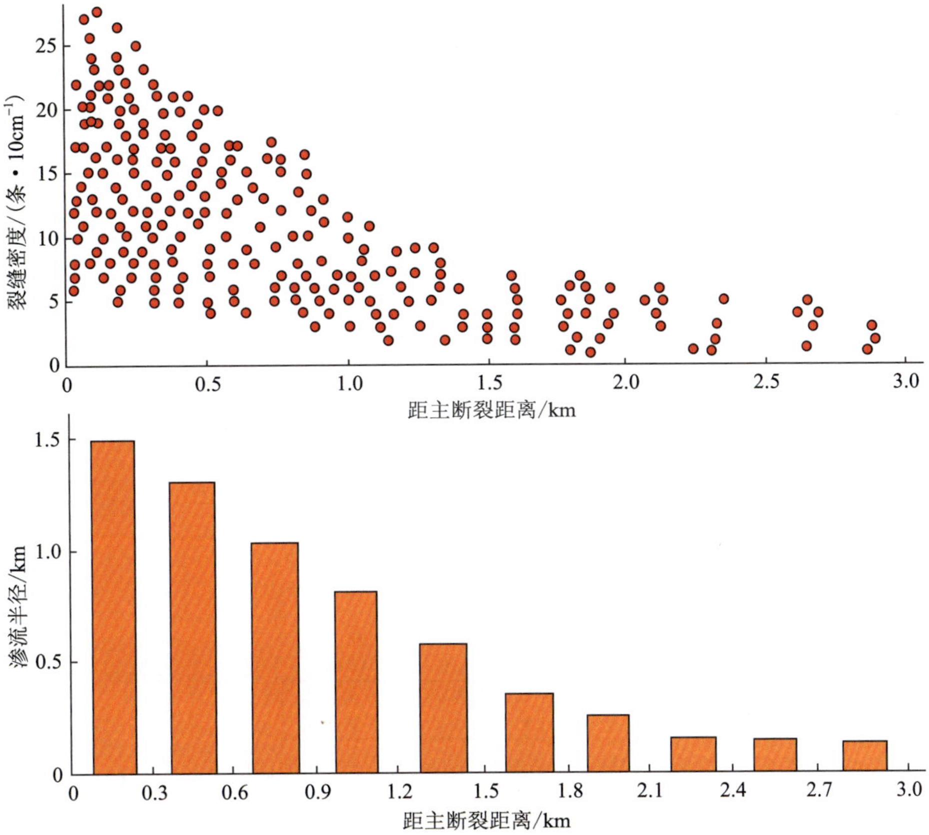

图4－9　准噶尔盆地克百断裂带上盘火山岩风化壳裂缝密度、断裂距离与渗流半径关系

和微裂缝发育，地表水沿断裂下渗和溶蚀，有效地改善了溶蚀环境，最大孔隙度可达32.5%，有效储层埋深距不整合面顶部更大，准噶尔盆地西北缘断裂带上盘石炭系火山岩风化壳由钻井已证实的有效储层距不整合顶面约1100m（图4－10）。

断裂和风化壳共存，对储层具有叠加和互补改造作用。断裂垂向输导和不整合面横向输导组成的网络体系，在大气淡水、深部热液和烃源岩热演化生成的酸性流体等相互作用下，使断裂附近的火山岩溶蚀更强，更易形成有利储层，火山岩风化壳厚度更大。如准噶尔盆地西北缘断裂带上盘石炭系火山岩经历了84Ma的沉积间断，火山岩风化壳储层广泛发育，该区油源充足，油层厚度主要受火山岩风化壳储层厚度控制，油层跨度分布范围150～1300m，如距主断裂2800m的克108井油层跨度256m，距主断裂120m的古3井油层跨度1290m，距次级断裂较近的检186井区油层跨度756m。地表水沿断裂下渗可穿过沉积岩，对之下的火山岩进行溶蚀，石炭系推覆体中三叠系夹层之下的火山岩在裂缝发育区经风化淋蚀同样可形成有利储层并成藏，如417井试油两层，产量分别为40t/d、44t/d。

（2）火山岩风化壳平面分布规律

在挤压环境中地层被整体抬升出露水面，遭受表生环境的风化淋蚀，火山岩风化淋滤主要受古地貌和断裂控制。古地貌高部位和斜坡部位为强剥蚀、强风化淋蚀区，接受风化剥蚀和淡水淋蚀，特别是杏仁体中的物质更易发生溶蚀，大气淡水沿断裂下渗，在断裂和

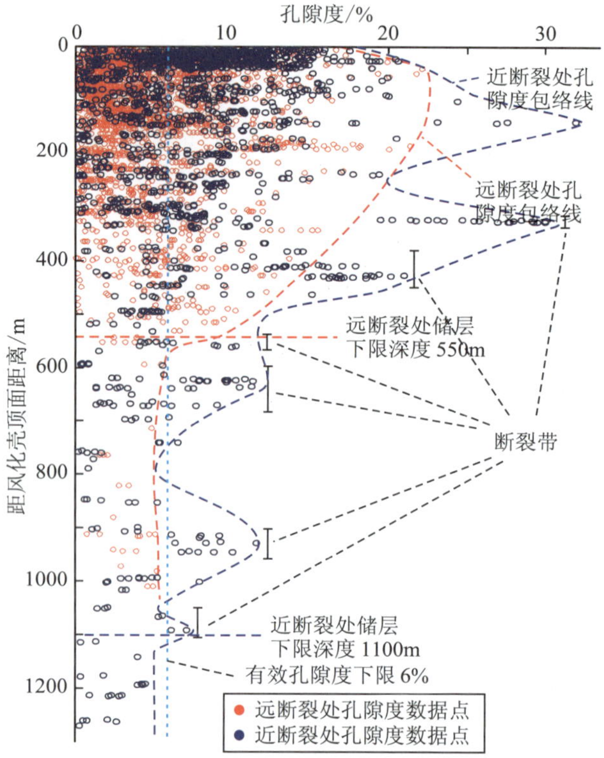

图 4-10　火山岩风化壳孔隙度随距不整合顶面埋深的变化关系

微裂缝发育处更易发生溶蚀。低洼部位被风化物覆盖，接受再沉积，溶蚀较弱，为部分淋蚀区，一般风化壳厚度较薄（图 4-11），这点已被油气勘探证实。因此，火山岩风化壳主要分布于古地貌高部位、斜坡带和断裂发育处，特别是断裂发育处的火山岩风化壳更易形成高产。

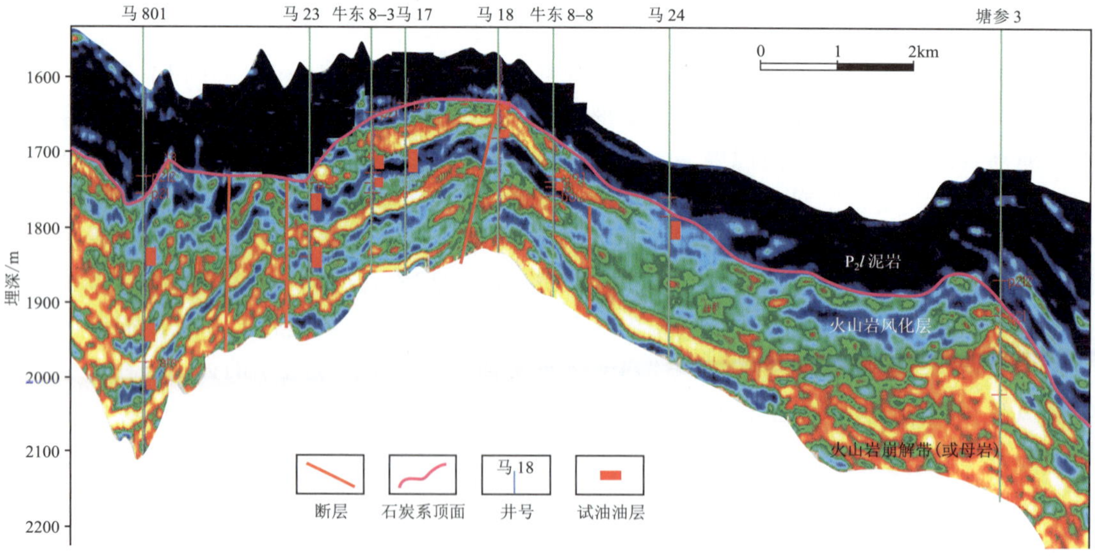

图 4-11　三塘湖盆地过牛东油田石炭系地震反演剖面

如三塘湖盆地石炭纪末整体抬升后，又整体下沉接受再沉积，现今构造格局基本上反映了石炭纪末的构造格局。从过牛东油田的储层反演剖面可见，位于古地貌高部位离断裂较远的马 17、牛东 803 井附近，卡拉岗组火山岩风化体厚 148m；位于古地貌高部位靠近断裂的马 18 附近，火山岩风化体厚度为 206m；位于古地貌斜坡带的马 24 井火山岩风化体厚度为 133m；位于古地貌斜坡部位靠近断裂的马 23 井火山岩风化体厚度为 192m；位于古地貌低部位远离断裂处的塘参 3 井的火山岩风化体厚 27m。

由此，建立了风化体风化淋滤模式（图 4－12），在挤压构造应力作用下，火山岩发育区整体抬升出露水面接受表生环境的风化淋滤，古地貌高部位为强剥蚀区，斜坡部位为强风化淋滤区，低洼处接受再沉积，为淋滤区。古地貌高部位和斜坡带接受风化剥蚀和大气、淡水淋滤溶蚀，特别是火山岩杏仁体中的物质更易发生溶蚀（林潼等，2009）。同时，大气淡水沿断裂发育处向下渗流，沿断裂和微裂缝发育处发生溶蚀，低洼处的沉积区由于上覆沉积物的覆盖溶蚀较弱，一般形成的风化体厚度较薄，这点在油气勘探中得到了证实。因此，火山岩风化体主要发育于古地貌高部位、斜坡和断裂发育处，这些区域的油气井产量一般较高，是主要油气勘探的主要区域。

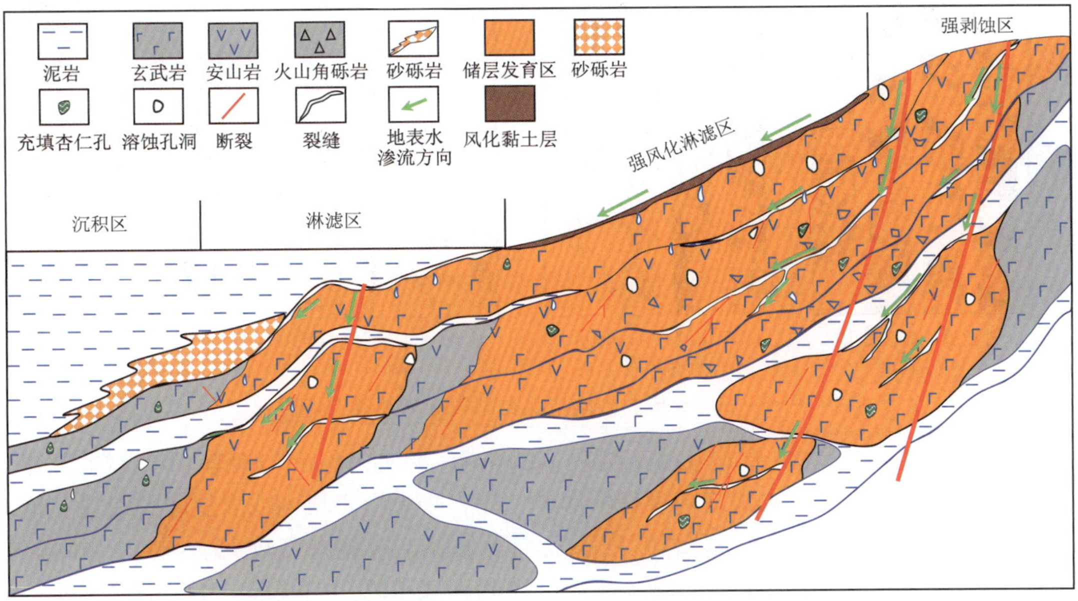

图 4－12　火山岩风化淋滤模式

火山岩风化壳结构、储层控制因素及分布规律的揭示，扩大了火山岩风化壳勘探领域和深度，对火山岩风化壳油气勘探具有指导作用。

三、火成岩储层裂缝特征及成缝控制因素

裂缝是火成岩有利储层和油气井高产的主要控制因素，岩性、构造、晚期成岩和早期成岩作用是裂缝的主要控因。火成岩裂缝特征和控制因素对成熟探区火成岩油气勘探具有重要指导意义。

1. 火成岩裂缝特征

（1）火成岩裂缝类型

火成岩受岩性、构造、晚期成岩和早期成岩作用控制，发育不同产状和成因裂缝。按

裂缝产状分类，主要包括斜交缝、网状缝、水平缝、直劈缝等类型（图4－13）。斜交缝是指两组裂缝成共轭或近似共轭发育，多种角度裂缝共存，单条裂缝延伸长度大于1m的裂缝（图4－13a）。网状裂缝是指多期次发育的多组不同角度裂缝相互交织、共同组成的网状空间系统（图4－13b）。水平缝是指角度小于30°、较单一、横向延伸距离大于2m的裂缝（图4－13c）。直劈缝是指裂缝角度大于80°、较单一、垂向长度大于0.5m的裂缝（图4－13d）。

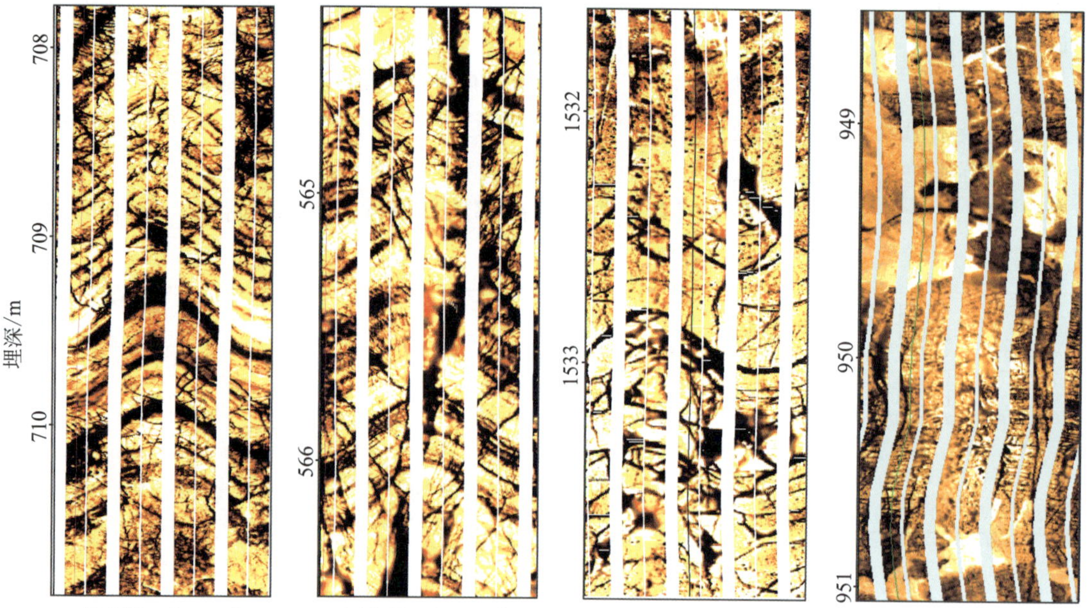

a. 斜交缝，白005井，安山岩　b. 网状缝，白005井，安山岩　c. 水平缝，马17井，安山岩　d. 直劈缝，白002井，火山角砾岩

图4－13　火成岩不同产状类型裂缝测井成像特征

按裂缝成因分类，主要包括自碎缝、收缩缝、溶蚀缝、节理缝、构造缝等类型（图4－14）。自碎缝是指岩浆冷却过程中形成、发育于火山岩块内或岩块间的裂缝，单条裂缝延伸距离一般小于20cm，裂缝宽度一般小于2μm，裂缝密度较大（图4－14a）。收缩缝是指岩浆冷却或成岩过程中形成、发育于矿物内或矿物间的裂缝，单条裂缝延伸距离一般小于10cm，裂缝宽度一般小于1μm，裂缝密度较大（图4－14b、c）。溶蚀缝是指火山岩在表生、深部热液、有机质演化的有机酸等环境下形成的裂缝，常与断裂、次生孔隙伴生，裂缝宽度和密度较大（图4－14d）。节理缝是指岩浆冷却过程中，在近火山口附近形成的近水平或近垂直裂缝，其延伸距离决定于火山爆发指数和喷发规模，一般大于2m（图4－14e）。构造缝是由构造运动导致的应力变化形成的裂缝，以网状缝为主（图4－14f），集中发育于断裂带附近。

（2）火成岩裂缝渗流特征

裂缝是火成岩储层流体渗流的主要通道，裂缝与孔隙连通能够更好地提高火成岩储层的流体渗流能力（图4－15）。对新疆北部石炭系火成岩储层的126口油气井生产动态资料统计发现，火成岩储层中裂缝发育区油气井一般能形成高产、稳产；火成岩储层中裂缝不发育区或裂缝被严重充填区，油气井一般为低产或干层，印证了裂缝对火成岩储层渗流

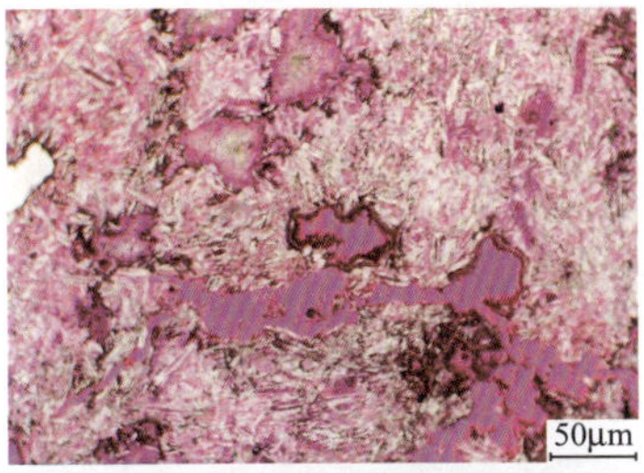

a. 马25井：2439.18m，安山岩，自碎缝，杏仁孔—微孔

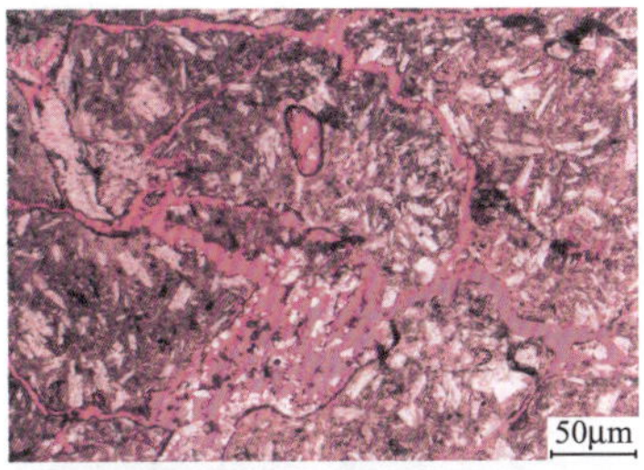

b. 马19井：1550.16m，安山岩，气孔—收缩缝

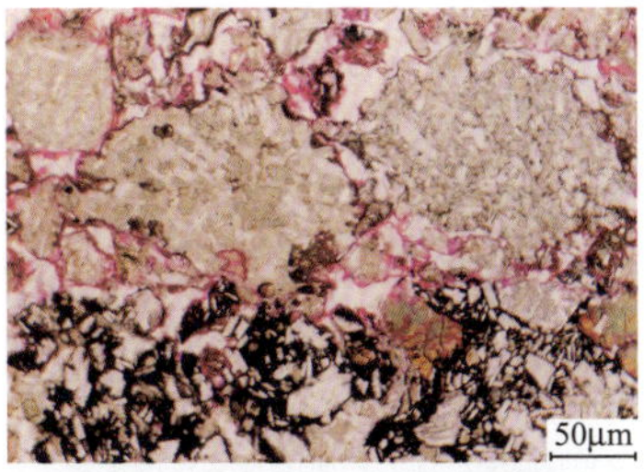

c. 牛东9–10井：1421.99m，安山质火山角砾岩，方沸石胶结，伊蒙混层收缩微孔

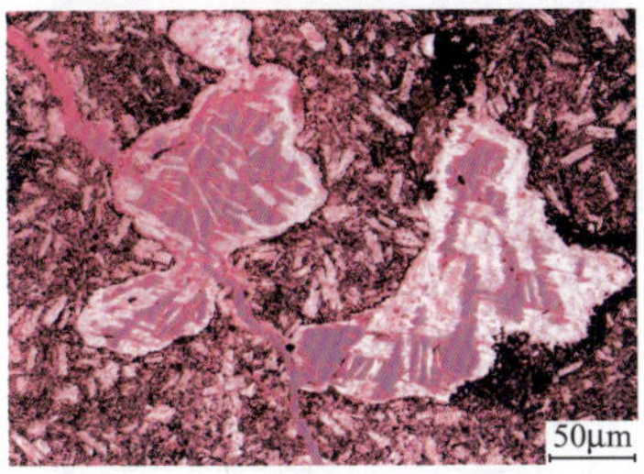

d. 马19井：1539.11m，安山岩，溶蚀缝—溶孔

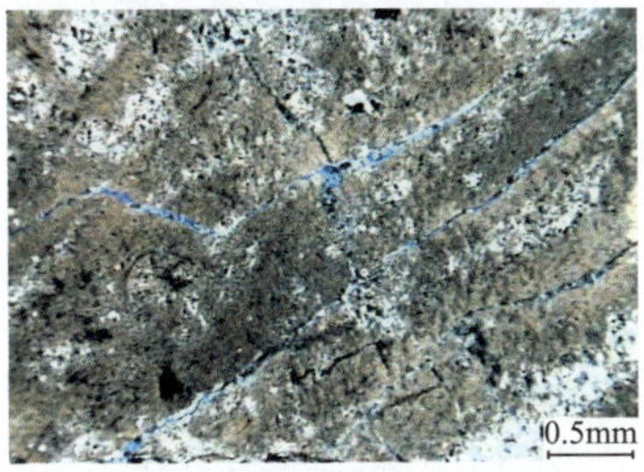

e. 滴西10井：3026.33m，节理缝，流纹质凝灰岩

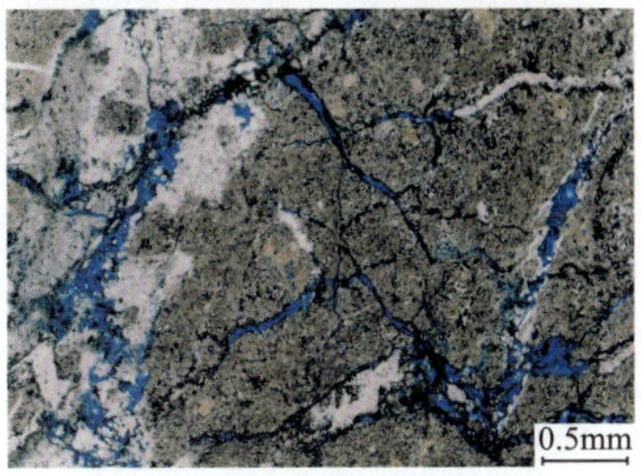

f. 克92井：526.76m，霏细岩，网状构造缝

图4－14　火成岩不同成因类型裂缝微观照片

能力贡献的重要性。但不同产状、成因的裂缝连通性、渗流能力和渗流半径存在较大差别。

不同产状裂缝的综合渗流能力存在差异，由好到差的顺序依次为网状缝、斜交缝、水平缝、直劈缝。网状裂缝连通性最好，渗流能力最强，渗流半径最大（图4－15a），一般为50～300m。斜交缝连通性和渗流能力较好，但渗流半径较小，一般为15～50m。直劈缝垂向连通性最好，垂向渗流能力最强，但水平渗流差，控制的渗流半径很小，一般为5～20m。水平缝横向连通性较好，一般延伸距离较短，控制的渗流半径较小，一般为3～10m，垂向连通性很差或不存在垂向渗透性。

不同成因类型的裂缝综合渗流能力差别较大，由好到差的顺序依次为构造缝、溶蚀缝、节理缝、自碎缝和收缩缝。节理缝分水平节理和垂直节理，渗流能力较差，控制的渗流半径较小（图4－15b），一般为0.5～10m。溶蚀缝一般与次生孔隙伴生发育，连通性较好，渗流能力较强，控制的渗流半径较大，一般为10～50m。自碎缝是在岩浆成岩过程中形成的，一定范围内相互连通，连通性和渗流能力较差，控制的渗流半径较小，一般为0.5～5m。收缩缝一般发育于火成岩结晶颗粒或岩块之间，连通性很差，控制的渗流半径很小，一般为0.1～1m。构造缝是火成岩储层流体渗流的主要贡献者，构造缝相互连通，渗流能力好，控制的渗流半径大（图4－15c、d、e），一般为30～500m。断裂带附近构造缝最发育，岩石破碎（图4－15c），构造带附近派生不同产状（图4－15d）、成因（图4－15e）、级别的裂缝，组成裂缝系统，提高了渗流能力。火成岩储层中不同类型、成因的裂缝常常伴生发育，相互连通，进一步提高了储层渗流能力，如溶蚀缝与节理缝伴生（图4－15f）、溶蚀缝与收缩缝伴生（图4－15g）、网状缝与溶蚀缝伴生（图4－15h）、溶蚀缝与溶蚀孔伴生（图4－15i）等。

2. 火成岩储层成缝控制因素

以往在火成岩储层裂缝研究中，主要是对构造引起的断裂及其在油气运聚中的作用研

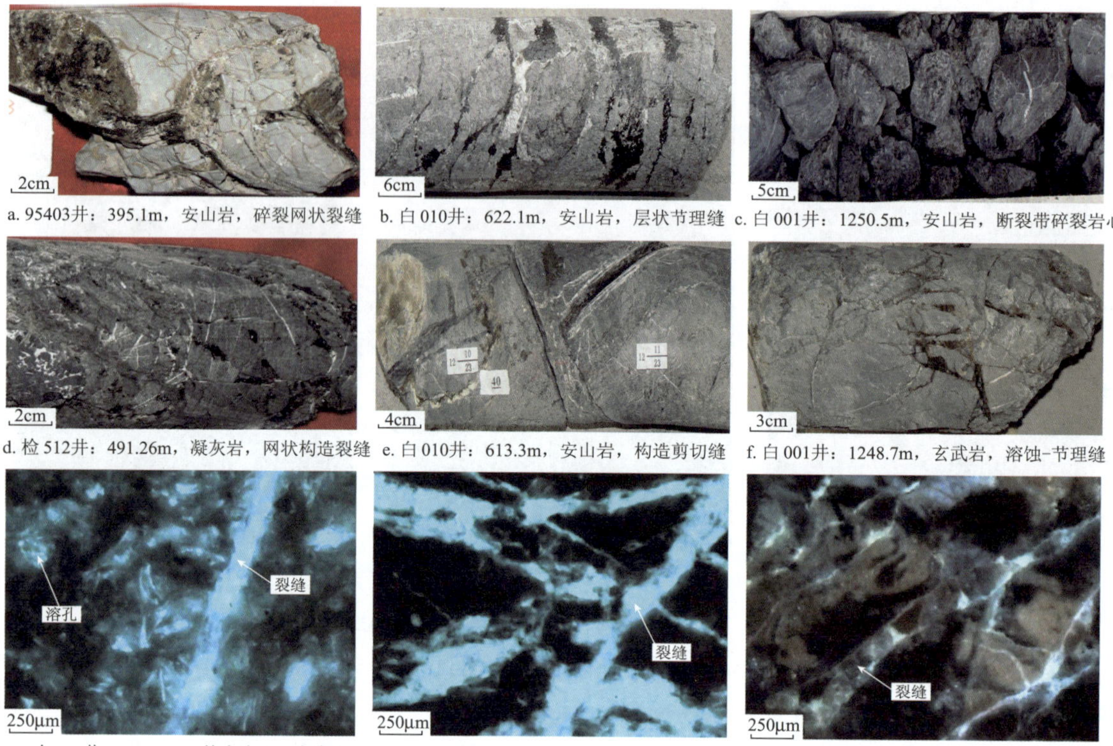

a. 95403井：395.1m，安山岩，碎裂网状裂缝　b. 白010井：622.1m，安山岩，层状节理缝　c. 白001井：1250.5m，安山岩，断裂带碎裂岩心

d. 检512井：491.26m，凝灰岩，网状构造裂缝　e. 白010井：613.3m，安山岩，构造剪切缝　f. 白001井：1248.7m，玄武岩，溶蚀-节理缝

g. 白002井：866.14m，粒内溶孔、收缩缝　h. 白002井：876.58m，网状裂缝、溶蚀孔　i. 白005井：768.06m，溶蚀缝、溶蚀孔

图4－15　不同火成岩裂缝类型的岩心和薄片荧光照片

究较多，对裂缝控制因素和成因机制研究较少，如准噶尔盆地西北缘上盘石炭系火成岩，主断裂带附近一定范围内是裂缝发育区，控制了有利储层分布，松辽盆地深层火山岩与深大断裂相伴的裂缝带控制了火山岩气藏富集高产带分布，但对其研究不够深入。本书从岩性、构造、后期成岩和早期成岩作用对火成岩裂缝的控制因素进行探讨。

（1）成缝的岩性控制因素

火成岩裂缝受综合成因控制。在构造作用较弱、构造演化较简单地区，火成岩岩性决定了裂缝发育程度，同一地区同层位的不同火成岩岩性裂缝发育程度能够较好地体现岩性与裂缝的关系。如三塘湖盆地牛东地区石炭系经历的构造演化较弱，岩性和裂缝发育程度密切相关，对34口井1800m岩心的裂缝密度，按原生裂缝、低角度裂缝和高角度裂缝统计（图4－16），发现火成岩中不同岩性的不同类型裂缝发育程度存在明显差异，原生裂缝密度均小于综合成因裂缝密度，低角度裂缝密度均大于高角度裂缝密度。就原生裂缝而言，玄武岩裂缝密度最大，平均约16条/10cm；火山角砾岩裂缝密度次之，平均约10条/10cm；安山岩裂缝密度较小，平均约5条/10cm；凝灰岩裂缝密度最小，平均约1条/10cm。高角度裂缝中由玄武岩、安山岩、火山角砾岩到凝灰岩裂缝密度依次减小，平均分别为33条/10cm、24条/10cm、22条/10cm和3条/10cm；低角度裂缝的岩性与裂缝密度关系同高角度裂缝有类似规律，玄武岩、安山岩、火山角砾岩、凝灰岩的裂缝密度平均分别为57条/10cm、46条/10cm、31条/10cm和11条/10cm。

在构造作用较强、构造演化复杂的地区，火成岩裂缝发育程度主要受构造机制及距断裂的距离控制，受岩性控制相对较弱，各种火成岩岩性均可发育不同程度裂缝。如准噶尔

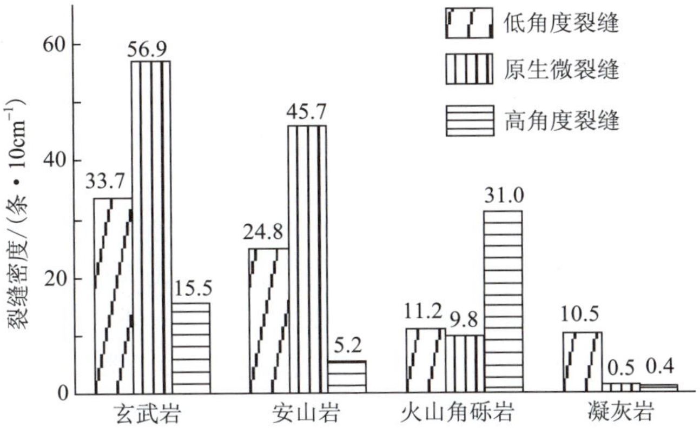

图 4-16　三塘湖盆地牛东石炭系火成岩岩性与裂缝密度关系

盆地西北缘上盘石炭系，经历了早二叠世至中三叠世的前陆造山运动，火成岩受挤压应力改造，各种火成岩岩性均发育不同程度裂缝，对该地区 2530m 岩心的 1632 个数据统计发现，挤压强度大的区域裂缝密度和宽度较大，挤压应力较小的区域裂缝密度和宽度较小，断裂带附近裂缝密度和最大裂缝宽度均较大（图 4-17），且不同岩性均能形成以裂缝为主的有利储层。

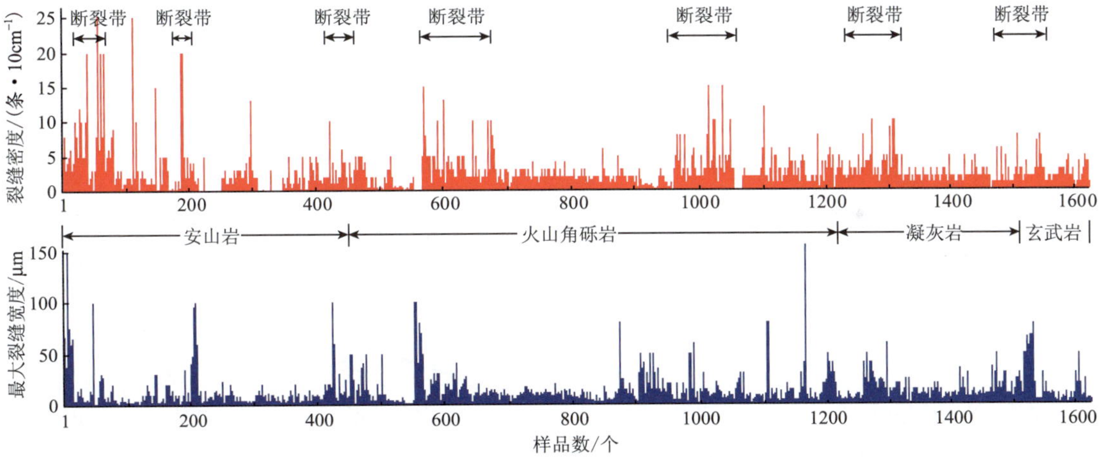

图 4-17　准噶尔盆地西北缘石炭系不同火成岩岩性裂缝密度、宽度与断裂带关系

（2）早期成岩成缝控制因素

火成岩早期成岩成缝是指火山喷发和岩浆冷凝成岩过程中形成的裂缝，包括火山爆裂形成的岩块间或内部自碎缝（图 4-14a），结晶过程中形成的晶间缝和冷凝过程中形成的收缩缝（图 4-14b）、节理缝（图 4-14e）。早期成岩过程中形成的裂缝一般连通性较差，对火成岩储层的流体渗流贡献不大，是原生型火成岩储层流体渗流的主要通道，并非风化壳型火成岩储层中流体渗流的主要通道，这正是风化壳型火成岩储层物性优于原生型火成岩储层物性的原因之一。

岩块间裂缝是在火山爆发过程中，由于火山集块所处温度、压力环境的巨大变化、撞击等产生的集块内部裂缝和堆积过程中形成的集块间裂缝，一般发育于火山口和近火山口相，裂缝和伴生孔隙的发育使得原生型火成岩中火山口和近火山口相储层物性较其他岩相要好。收缩缝是在岩浆喷出后与之接触环境的温度差大，在迅速冷凝过程中形成的，一般发育于溢流相的底部和上部，这是原生型火成岩溢流相顶底部裂缝较发育的原因。节理缝是在岩浆缓慢冷凝过程中，由于岩浆围绕多个点（线）结晶，在结晶体之间形成节理，垂直的柱状节理缝主要发育于火山口附近，水平节理缝主要发育于溢流相中。

（3）后期成岩成缝控制因素

火成岩后期成岩成缝主要是指受表生、有机酸、深部热液、矿物交代等因素控制，形成的不同成因机制和产状的裂缝，后期成岩成缝常与构造成缝相伴而生。

表生成缝是火山喷发后火成岩暴露于地表受大气淡水淋滤、阳光暴晒、温差变化等控制，使火成岩发生破裂成块（土）过程中形成的裂缝，大气淡水沿裂缝对火成岩溶蚀形成溶蚀缝（图 4 - 14d，图 4 - 15i），裂缝与次生孔隙伴生，增大了流体储集和渗流空间，是火成岩风化壳有利储层形成的主要成因之一（图 4 - 18a）。通过对钻遇完整风化壳的 22 口井研究，发现表生环境中火成岩风化壳一般具有 5 层结构，即残积土层、水解带、溶蚀带、崩解带和母岩，其中溶蚀带和崩解带储层物性最好，裂缝最发育，是火成岩风化壳主要储层的发育段。火成岩风化壳储层物性一般大于原生型火成岩储层物性。如对新疆北部石炭系火成岩风化壳溶蚀带、崩解带和原生型火成岩的 2716 个和 1721 个岩心样品储层物性统计发现，火成岩风化壳储层物性明显好于原生型储层物性，其平均孔隙度分别为 15.8%、6.4%，平均渗透率分别为 $21.4\times10^{-3}\mu m^2$、$0.53\times10^{-3}\mu m^2$。图 4 - 19 是位于准噶尔盆地西北缘上盘石炭系火成岩风化壳的古 42 井裂缝及储层物性评价图，纵向上裂缝和储层物性具有明显分带特征，表生成缝形成的有利储层厚约 510m，主要分布于溶蚀带和崩解带内，其中溶蚀带裂缝最发育，物性最好，崩解带次之；表生成缝同时受岩性影响，相同岩性情况下，火山角砾岩比凝灰岩裂缝更发育，储层物性更好。

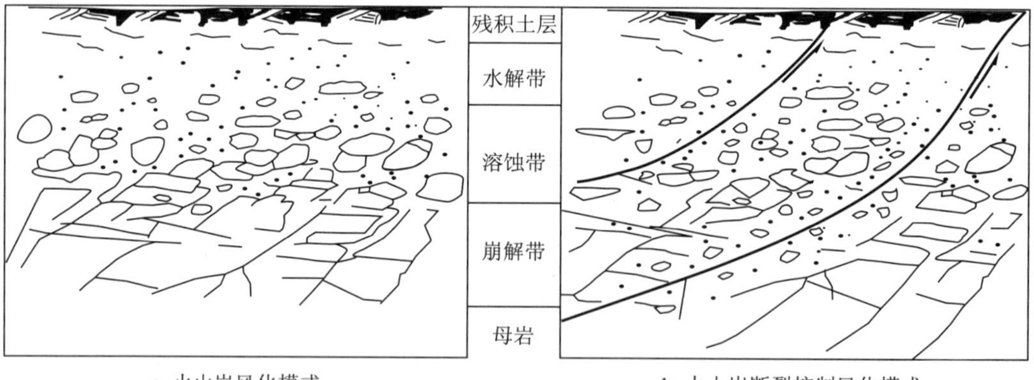

a. 火山岩风化模式　　b. 火山岩断裂控制风化模式

图 4 - 18　火成岩表生成缝和构造成缝示意图

有机酸是火成岩储层形成溶蚀缝的主要控制因素之一，发育于烃源岩热演化生成的有机酸到达的火成岩分布区。有机酸主要对酸敏感矿物溶蚀，主要是对前期裂缝充填物的再溶，包括溶蚀前期胶结的碳酸盐等矿物。新疆北部上石炭统形成于碰撞后裂谷环境，在断陷内部火成岩和沉积岩间互发育形成多套组合，目前烃源岩 R_o 在 0.84% ~ 2.89% 之间，不同区域存在较大差别，但均已成熟，烃源岩热演化过程中生成的有机酸随排除的地层水进入火成岩储层，对其溶蚀形成溶蚀缝。如陆东地区目前仍处于油气动态运聚中，有些气藏地层水 pH 呈现酸性，如滴西 10 井 3024 ~ 3048m 地层水 pH 为 4.8，并检测到有机酸的

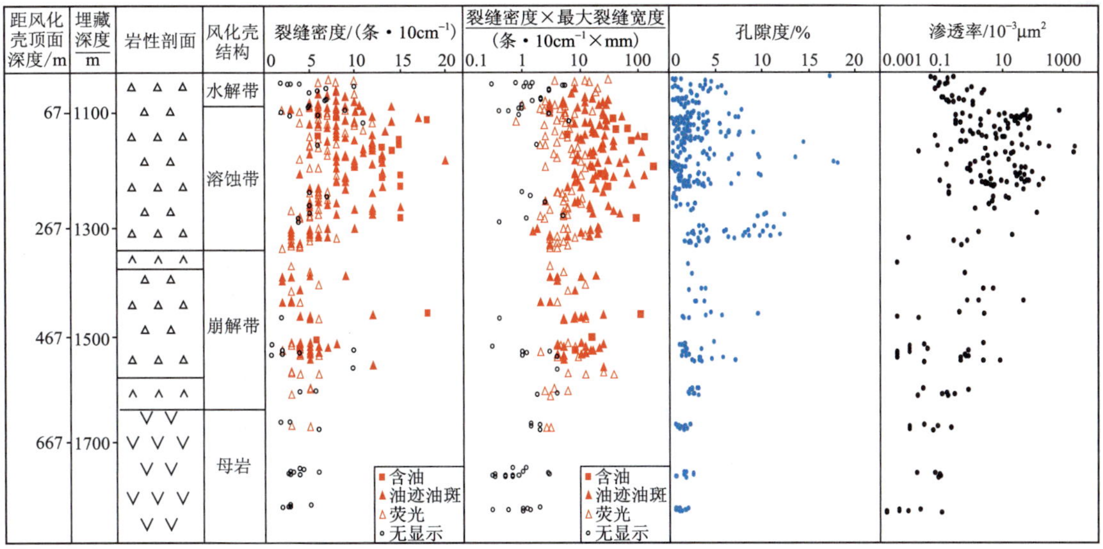

图 4－19　古 42 井石炭系裂缝及储层物性评价

存在，火成岩储层的溶蚀裂缝发育明显。

火成岩发育区一般发育深部断裂，在构造演化过程中，深部热液沿断裂上涌，到达火成岩分布区，深部热液伴随 CO_2 等气体，一般呈碱性，对火成岩中的骨架矿物 SiO_2 进行溶蚀，一般能发育原生再造裂缝和次生孔隙。如陆东地区滴西 182 井 3382.26m 的 $NaHCO_3$ 型地层水 pH 为 10.05，该段同时发育溶蚀裂缝。

后期成岩收缩缝一般发育于矿物胶结交代及黏土矿物周缘，由于不同矿物结构和胶结量的差异，在其周缘形成收缩缝（图 4－14c），这类裂缝一般对储集体物性和流体渗流的贡献不大。

（4）构造成缝控制因素

构造是火成岩成缝的主要控制因素之一，在构造演化复杂和应力集中区，当应力强度超过火成岩破裂值时，就会产生断裂，大断裂伴生次级断裂和微裂缝，组成裂缝系统（图 4－18b），断裂带附近火成岩发育不同级别的裂缝，改善了储层物性（图 4－20）。由于断裂沟通使得表生大气淡水、深部热液和烃源岩演化生成的有机酸沿断裂对火成岩进一步溶蚀改造，使火成岩储层具有更好的储集和渗透性。构造机制形成的裂缝发育于断裂带附近，离主断裂越近裂缝越发育，在相同的后期成岩成缝环境下，构造是成缝的主要控制因素。图 4－21 是准噶尔盆地西北缘距主断裂不同距离 3 口井的裂缝发育情况。古 48 井、古 59 井、438 井距主断裂距离分别为 3.2km、2.1km、1.3km，距主断裂最近的 438 井裂缝密度最大，平均为 65 条/10cm，断裂带控制的裂缝发育带厚度也最大，为 1610m；距主断裂次之的古 59 井裂缝密度较发育，平均 26 条/10cm，断裂带控制的裂缝发育带厚度次之，为 1100m；距主断裂更远的古 48 井裂缝密度发育差，平均 19 条/10cm，断裂带控制的裂缝发育带厚度最小，为 650m。可见，构造成缝是火成岩成缝的主要成因机制和控制因素。多期构造运动形成的网状裂缝是储层火成岩储层中流体渗流的主要控制因素，距断裂的距离控制了裂缝发育程度、油井产量，油井离断裂距离越近越易高产、稳产，如 7501 井安山岩储层，距断裂 0.5km，裂缝发育，1984 年 6 月投产，最高日产油量 128t/d，到2010年8月，累计产油32.5×10^4t，日产油18t/d，含水率48%；古16井火成岩角砾岩储层，距断裂1.7km，裂缝较发育，1983年1月投产，最高日产油量29t/d，到2010年8月，累计产油7.1×10^4t，日产油3.2t/d，含水率21%；古124井凝灰岩储层，距断裂2.8km，裂缝发育程度较差，1992年4月投产，最高日产油16t/d，到2010年8月，累计产油2.6×10^4t，日产油2.4t/d，含水率11%（图4－22）。

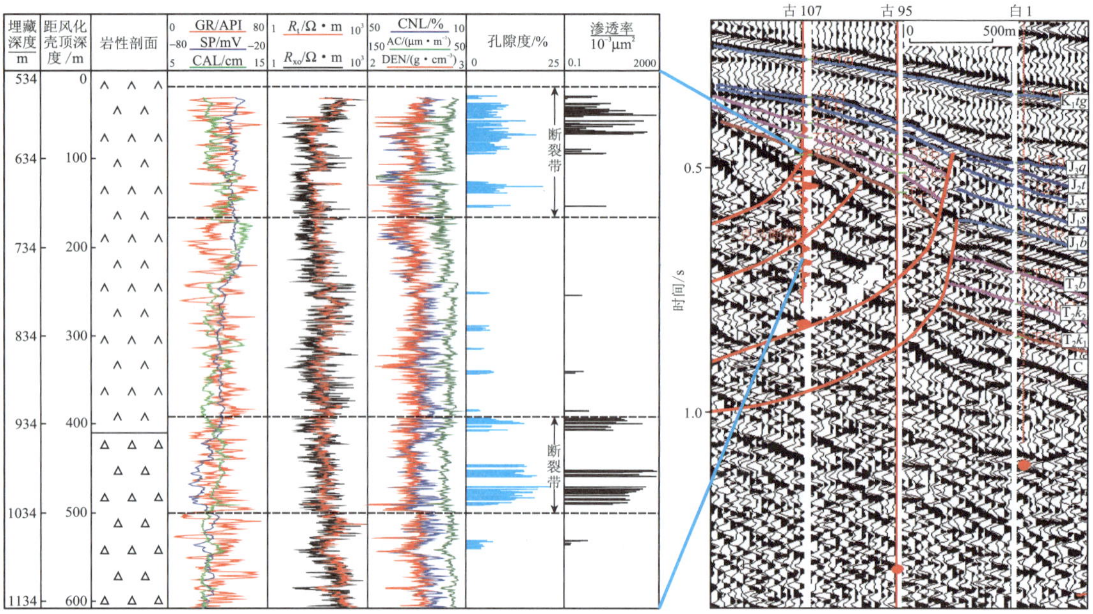

图4－20　古107井断裂带与储层物性关系

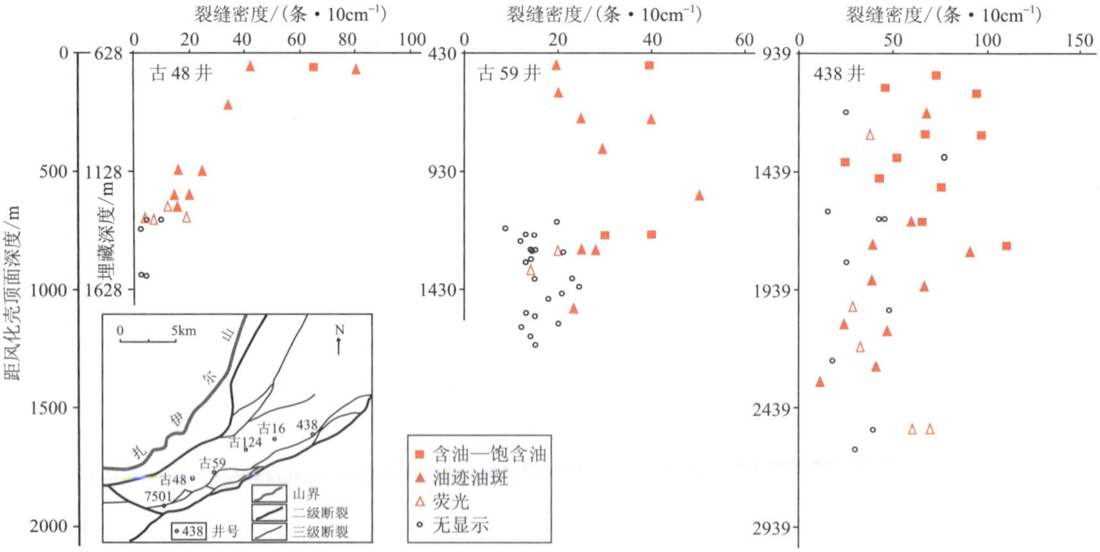

图4－21　准噶尔盆地西北缘断裂与火成岩裂缝关系

四、原状与风化壳火山岩储层物性差异

原状火山岩与火山岩风化壳储层控制因素不同，物性特征差异很大。中国东部中新生

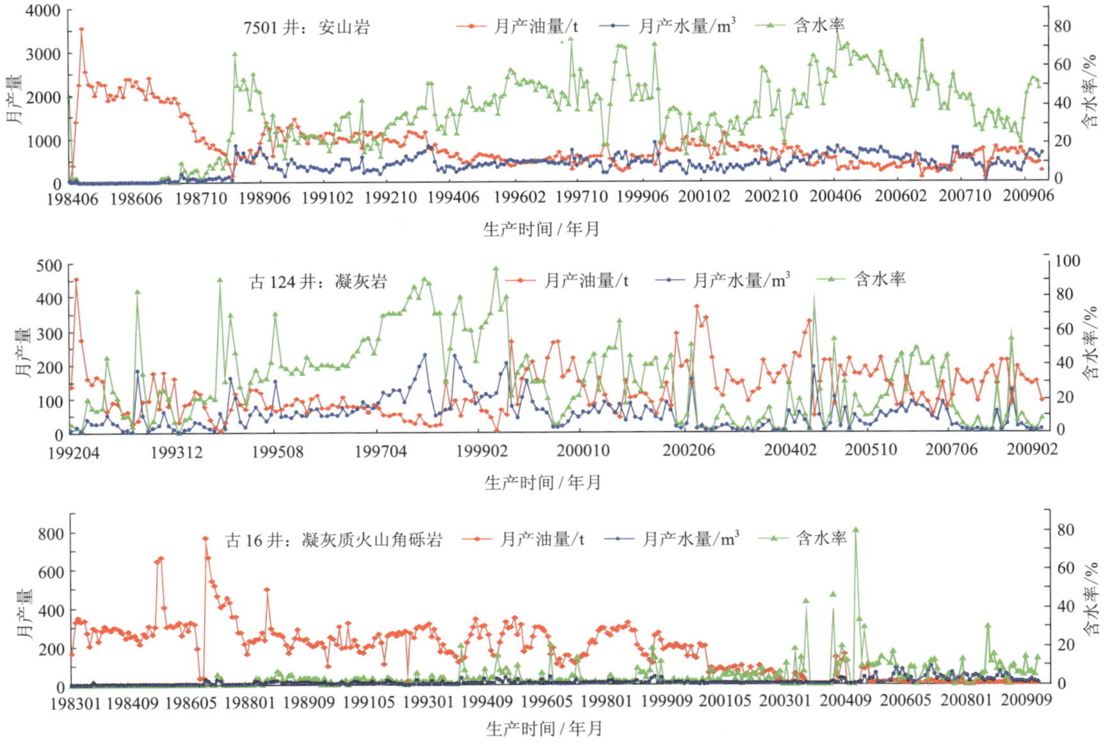

图 4－22　距断裂不同距离井的油、水产量及含水率分布

代原生型火山岩储层物性主要受火山机构、岩性、岩相带控制，有利储层主要发育于爆发相火山角砾岩和溢流相流纹岩中（王璞珺等，2003）；西部古生代火山岩由于埋藏时间较长，成岩作用导致的减孔现象明显，西部古生代与东部新生代未蚀变原生型火山岩相比，各类火山岩岩性孔隙度更低。风化淋滤作用使火山岩经受了物理、化学作用，储层物性明显高于同时代的原生型火山岩储层。

以三塘湖盆地卡拉岗组原状与风化壳火山岩储层为例阐述。对卡拉岗组遭受风化淋蚀与原状火山岩的 1216 块薄片和图像分析结果进行统计表明，风化淋蚀后的火山岩孔喉直径明显大于未风化淋蚀火山岩的孔喉直径（图 4－23a）。未经风化淋蚀火山岩孔喉直径只存在单峰特征，峰值约为 0.023μm，最大孔喉直径不超过 0.4μm；风化淋滤后火山岩孔喉直径具有双峰分布特征，第一个峰值约为 0.05μm，第二个峰值约为 7.8μm，平均孔喉直径约为 2.74μm，由此可见，风化淋蚀前后火山岩孔喉直径变化很大，这也是风化淋蚀可使火山岩储层物性变好的主要原因之一。风化淋蚀前后火山岩孔喉直径的变化在试油结果上得到体现（图 4－23b）。对 786 层试油结果与孔隙度关系分布统计发现，干层分布基本为单峰特征，峰值集中于孔隙度 4%～6%，当孔隙度大于 6% 时试油也有干层，这是由于油层薄或工程等原因造成的，但当孔隙度大于 11% 时试油都为油层；油层分布为双峰特征，第一个峰值分布于孔隙度 8%～10% 之间，第二个峰值分布于孔隙度 22%～24% 之间。风化淋蚀后形成的孔喉直径分布特征与试油结果分布特征类似，表明火山岩风化淋蚀后形成有利储层，有利储层控制了油层分布。

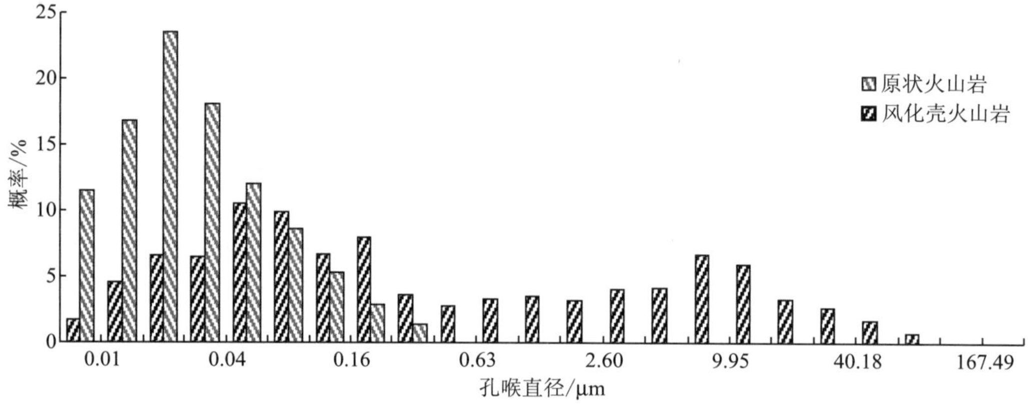

a. 风化与未风化火山岩孔喉直径概率分布

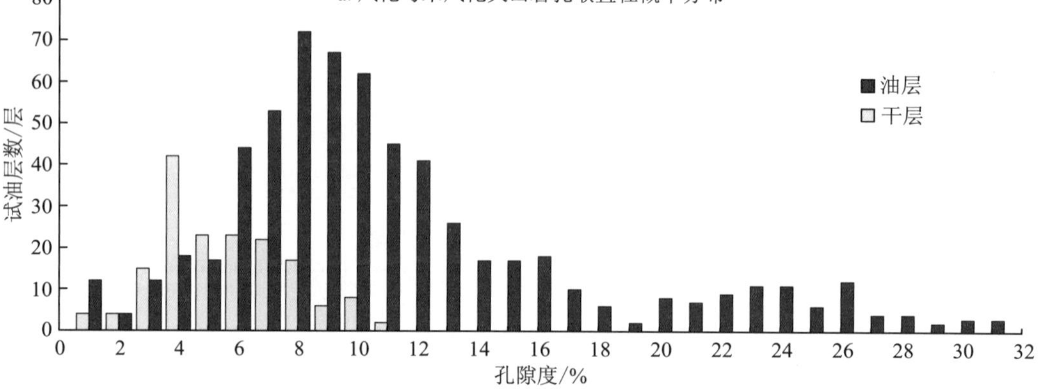

b. 火山岩孔隙度与试油层概率分布

图 4－23　风化与未风化火山岩孔喉直径、孔隙度与试油结果概率分布图

第二节　变质岩储层

变质岩的储集类型多样，在已发现的变质岩储层中，储层的主控因素为裂缝系统，但是真正储集油气的空间为构造运动造成的破碎孔隙以及微裂缝、微孔隙，构造裂缝控制了油气在变质岩潜山中的分布，是油气渗流的主要通道。一个相互连通的裂缝系统即为一个储集体，裂缝系统的大小和规模决定了变质岩储集体的连续性，裂缝对于变质岩储层能否高产起着决定性作用。

一、变质岩储层裂缝成因类型及特征

1. 变质岩储集空间类型及特征

变质岩储层无论在岩石类型、储集条件、储集结构演化等方面均与碎屑岩储层有较大差别，主要表现在 3 个方面：

1）中国变质岩油气藏储层主要是太古宇的区域变质岩和混合岩类，裂缝发育和经过碎裂化的刚性变质岩储集体性能最佳，主要分布在断裂带及其附近，受构造断裂带控制显著。

2）变质岩油气藏的储集空间类型是裂缝、粒间孔、晶间孔、溶蚀孔和喀斯特溶孔、溶洞。其中，构造裂缝－溶蚀孔隙是最佳的储集空间类型。

3）变质岩古潜山储层具有很强的非均质性，纵向上可以划分为风化破碎带、裂缝发育带和致密带。储层主要分布在风化破碎带和裂缝发育带中，而后者往往比前者具有更好的储集性能，更易获得高产。

按成因来分，变质岩储层的储集空间可分为结晶成因、构造成因、物理风化成因和化学淋溶成因，这 4 类成因的储集空间可形成不同的孔隙和裂缝类型（表 4－1）。

表 4－1　变质岩储集空间类型

成因类型	储集空间	特征
结晶成因	变晶间孔隙	变晶矿物间的孔隙，明显见于结晶程度较粗的矿物
	变余粒间孔隙	在变质程度较低岩石中局部残余的原生孔隙
	解理裂隙	沿矿物解理形成的裂隙，广泛见于各类有解理的矿物
	双晶结合面间缝隙	两个或多个双晶连生个体间的结合面缝隙
构造成因	破碎粒间孔隙	应力作用造成岩石破碎，在矿物、岩石碎屑间形成的孔隙
	碎裂缝	受构造应力形成的呈线状的储集空间
物理风化成因	风化裂缝	岩石暴露地表遭受风化、剥蚀作用形成的裂缝
	风化破碎粒间孔隙	因温差、冰冻等物理因素造成岩石崩解破碎形成的孔隙
化学淋溶成因	溶蚀孔隙	前期形成的孔隙经后期的溶蚀作用形成
	溶蚀裂缝	前期形成的裂缝遭受后期的溶蚀扩大或充填的裂缝再溶蚀形成

（据刘孟慧，1994，有修改）

2. 变质岩裂缝类型及特征

按成因可将变质岩裂缝分为 4 种类型，即风化淋滤裂缝、层间裂缝、构造裂缝、微裂缝。

（1）风化淋滤裂缝

由于变质岩古潜山长期暴露地表遭受风化剥蚀，从而导致风化裂缝的形成，分布杂乱无章，纵横交错，形状奇异，常被充填。这类裂缝对变质岩储层物性影响不大，多分布于潜山顶部。如鸭儿峡志留系变质岩钻井揭示，厚度一般小于 30m，岩心容易破碎，破碎率约 10～120 块/m（表 4－2）。

表 4－2　鸭儿峡志留系变质岩风化裂缝厚度

井号	114	52	110	9	135	121	115	134	137	118	524
厚度/m	10	1	2.2	1.4	29	21	9.4	9.4	16.6	3	29.5

（2）层间裂缝

这类裂缝是因岩层受力后，层面发生错动而形成，其特征是裂缝延伸方向与层面相平行，在岩心薄片中均可见到这类平行或滑动微细层理发育的层间裂缝。

（3）构造裂缝

构造裂缝是岩石在构造应力作用下破裂而成。这类裂缝规模大，影响深，方向性强，成组出现，是油气运移的有利通道和主要的储集空间。按产状可分为斜交、垂直和水平等。如鸭儿峡志留系变质岩潜山以斜交裂缝为主，垂直裂缝次之，水平裂缝发育最差（表4－3）。

表4－3　鸭儿峡志留系变质岩构造裂缝特征

裂缝类型	性质	倾角 (°)	平均密度 (条·m^{-1})	裂缝宽度 mm	张口裂缝比例 %	充填物
斜交	剪切力产物	50～55	19	0.5～1	48～60	原油、沥青
垂直	张裂缝	>70	9	0.5～2	24～25	原油、沥青
水平	剪切力通过层理混合产物	<30	11	小	14～28	其他物质

（4）微裂缝

微裂缝需借助显微镜才可清晰识别，其开度一般小于40μm，而大于毛细管孔隙半径，这类裂缝的存在大大改善了储集层的整体性能，对油气的储集起重要作用。微裂缝又可分为矿物晶内缝和矿物晶间缝两类，晶内缝的发育程度远远大于晶间缝，晶内缝的面密度可达10～15mm/mm^2，而晶间缝平均面密度为0.03mm/mm^2。

矿物晶内缝，主要分布在长石、石英、黑云母等矿物晶体内，不穿过晶体边界。按其性质及成因，可分为解理缝和裂纹缝两种。解理缝主要发育于长石类及黑云母矿物中；裂纹缝主要发育于石英、长石等矿物中，与解理缝相比，这类裂缝分布不规则，不平直，无等距性。

矿物晶间缝分布不受矿物晶体限制，一般绕过或切过矿物颗粒延伸，表现为张性裂缝，其延伸较远，开度较大。根据其分布特征，矿物晶间缝又可分为3种：①混合花岗岩与黑云母斜长片麻岩中，不受矿物成分限制的裂缝；②黑云母斜长片麻岩浅色矿物中，严格受浅色矿物限制的裂缝，并垂直片麻理方向，类似于沉积岩中受岩性控制且与层面垂直的裂缝；③少量分布在黑云母斜长片麻岩中，与片麻理方向平行的裂缝，它们一般分布在浅色矿物与暗色矿物的界面上，沿片麻理方向延伸，类似于沉积岩中沿层面分布的顺层裂缝。

3. 裂缝系统的形成期次

以辽河坳陷大民屯凹陷曹台变质岩潜山为例。通过岩心观察、薄片鉴定、阴极发光分析等，结合充填于裂缝中的方解石碳、氧同位素组成分析，傅强等（2003）认为曹台潜山变质岩发育多期次裂缝，具有充填和后期改造的显著特征，至少存在3期重要裂缝系统（图4－24）。这3期裂缝系统有3种切割关系：早期（Ⅰ）构造碎裂缝被中期（Ⅱ）、晚

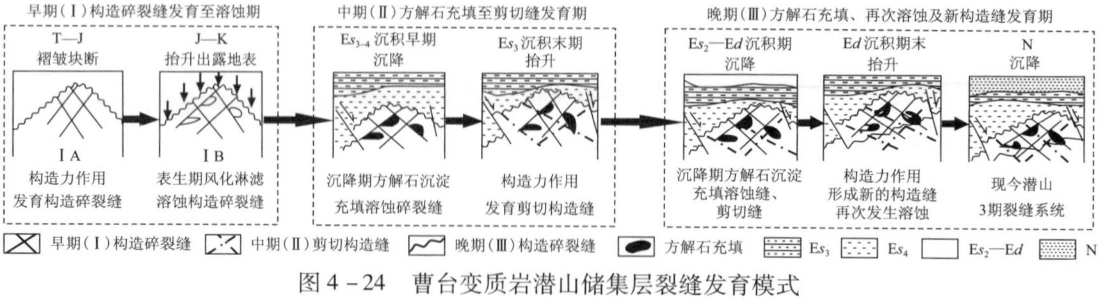

图4－24　曹台变质岩潜山储集层裂缝发育模式

（据傅强等，2003）

期（Ⅲ）裂缝切割，中期（Ⅱ）剪切构造缝被晚期（Ⅲ）裂缝切割，晚期（Ⅲ）裂缝切割早期（Ⅰ）、中期（Ⅱ）的各类裂缝（表4－4）。

表4－4　曹台变质岩潜山不同期次裂缝特征

裂缝系统		成因	裂缝宽度/mm	充填物	产状
早期（Ⅰ）碎裂缝系统	碎裂缝	构造应力	>0.1	泥质、细碎屑、方解石	
	淋溶碎裂缝	风化溶蚀	<0.1	泥质，粗晶铁方解石	网状、带状、碎斑状
	微裂缝	矿物性质			网状、分枝状
中期（Ⅱ）剪切裂缝系统		剪切应力	0.1～0.5	方解石	一组或两组共轭
晚期（Ⅲ）构造裂缝系统		张性或张扭	0.01～0.1	半充填、未充填	锯齿状曲折、平直切割状

4. 变质岩裂缝后期充填特征

变质岩储集层有效裂缝是现今保存下来的裂缝，后期充填作用对有效裂缝的影响较大，主要充填物包括方解石、绿泥石、石英、铁质、原岩细碎屑及泥质等。

在岩石薄片及扫描电镜下可见到一部分裂缝被绿泥石充填（图4－25a）。原岩细碎屑及泥质充填是构造破碎带及风化壳原岩破碎缝隙及碎裂颗粒粒间被原岩细碎屑及泥质充填（图4－25b），有些碎屑物质重结晶、硅化，堵塞了储集空间，使储集性能变差。方解石及长石主要充填于张开裂缝及长石等矿物解理缝中（图4－25c）。石英充填在一些裂缝中，通过石英晶体的部位往往发生硅化弥合（图4－25d）。铁质充填是黄铁矿充填于岩石受应力作用被压碎形成的缝隙，使其不具储集性。

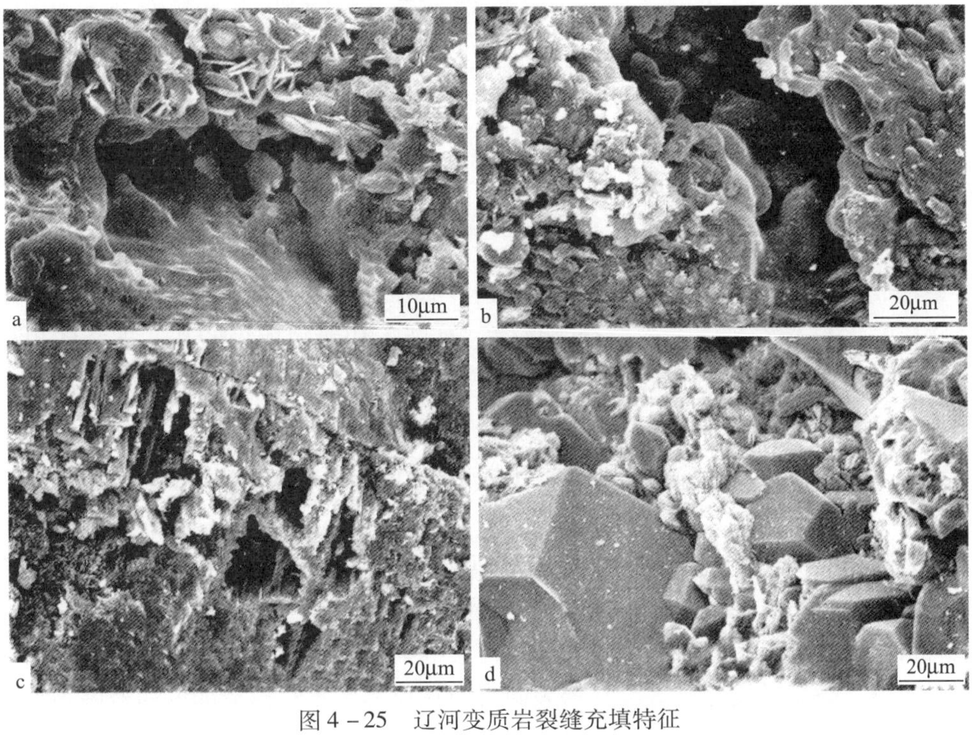

图4－25　辽河变质岩裂缝充填特征

a—混合花岗岩中原油及绿泥石充填；b—碎裂混合岩裂缝中细粒充填；c—晶内斜长石充填；d—角砾石微晶石英及绿泥石黏土充填

二、变质岩储层裂缝发育的控制因素

变质岩储层储集空间的形成和演化主要受控于变质、构造、古物理风化－化学淋滤、矿物充填、原岩性质及埋藏深度等（高世臣等，2008），其中构造、古物理风化、化学淋滤等都对储集空间的形成起着积极作用。同时，变质岩储集层经历了成岩、前埋藏、抬升剥蚀－褶皱断裂、表生、后埋藏5个阶段（图4－26），构造、表生期风化淋滤和油气充注期有机酸溶解等作用，对变质岩储集层形成与演化具有重要影响。

地质作用	变质作用：动力(挤力)、接触(热力)、区域混合	压实充填	挤压褶皱、断裂裂缝	风化剥蚀、淋滤、溶蚀溶解	压实、沉积充填、结晶充填、地下溶解、构造断裂
储集层演化环境	浅埋藏	深埋藏	从封闭的地下环境转化到浅埋藏，再到出露地表	表生期大气淡水环境	沉积物覆盖下的地下水环境，有机酸充注形成酸性环境
储集层演化模式	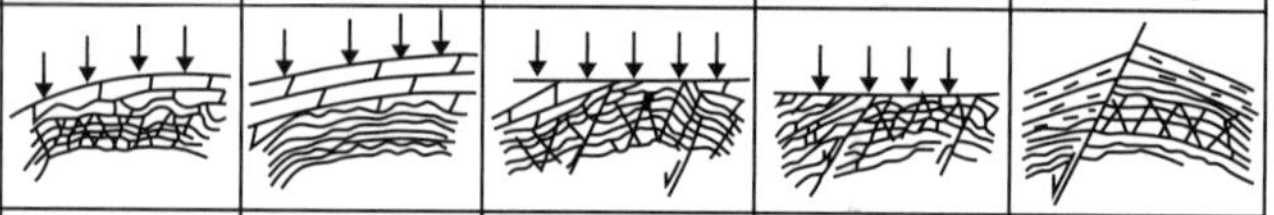				
孔隙变化	原生孔隙减少，增加少量构造裂缝	孔隙被充填堵塞	构造缝、解理缝增多	次生风化裂缝、溶蚀缝增多	次生孔隙充填堵塞，有机酸溶解形成新的次生孔隙
储集层演化阶段	变质岩成岩期	前埋藏期	抬升剥蚀期、褶皱断裂期	表生期	后埋藏期
地质时代	Ar—Pt_1	Pt_1—Pz_2	J—K_1	K_1—Es_3	Es_3—Q

图4－26　辽河凹陷太古宇变质岩储集层演化

（据高世臣等，2008）

1. 变质作用

原岩在遭受复杂变质作用过程中，由于重结晶、变质结晶、变质分异和交代等作用，使原岩矿物成分、结构、构造发生系列变化，并有孔隙和裂缝形成。在超变质过程中，随着液体物质的参与及大部分固态岩石的重熔，有结晶和碎裂成因的孔、缝液体相物质渗入、充填，最后结晶而堵塞了裂缝。

2. 构造作用

构造作用是变质岩有效储集空间、受力次数和变形环境的主要成因。主要有下列几种情况：

1）裂缝在正向构造上的分布与褶皱类型有关。国内外研究资料表明，对狭长形背斜，裂缝沿长轴分布，高点处最为发育，以纵向张性缝为主，也有层间脱空；不对称背斜，纵向张性裂缝发育带偏向侧翼，横向张性裂缝则发育在轴向扭曲处外侧；短轴背斜裂缝沿轴向分布，高点最发育；穹窿背斜裂缝集中在顶部，不管构造部位和地层倾角大小怎样，大部分裂缝倾角都集中在60°～90°之间。

2）裂缝在负向构造上的分布。向斜中裂缝的分布规律恰好与背斜相反。背斜的上部以张扭缝为主，下部以压扭缝为主；向斜上部压扭缝发育，下部张扭缝发育。

3）断层对裂缝的控制。由于断层的位移和滑动，就会在紧靠断层面一带产生新的裂缝，它对区域性裂缝无重大影响，主要在离断层不远的数十米或数百米地带内，产生新的共轭羽状裂缝。其规律一般是离断层越近，裂缝密度越大。断层影响的范围大小主要与断层性质和断距大小有关，一般说来扭性比张性影响范围大，断距大的比断距小的影响范围大（图4－27）。

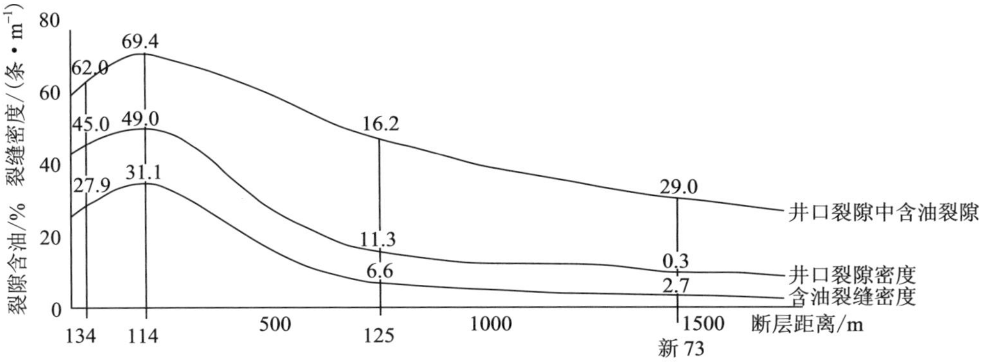

图4－27　鸭儿峡志留系变质岩油藏开口裂缝、含油裂缝与断层距离关系

3. 风化淋滤作用

风化淋滤作用是指地质历史时期，各种外来地质营力对古地貌施加的一系列物理、化学作用。其中的淋滤溶蚀作用会使岩石裂缝开度加大，增加了裂缝的有效性。这种作用仅发生在重力渗流带和水平溶蚀带，并受当时地貌相对高差及潜水面深度的控制，因而影响程度有限。由于水的不断流动，这两个带中相对易溶解于水的矿物质不断从裂缝中被带走，并在水平溶蚀带以下的滞流带的裂缝中结晶沉淀。所以在滞流带及其以下的裂缝易被矿物质填充，从而减小裂缝的有效性。

风化作用对于变质岩形成孔隙和裂缝起到了积极的推动作用，长期裸露地表的岩石经物理风化作用遭受剥蚀和破碎，特别是构造裂缝发育部位和抗力性差的岩石中，物理风化作用更显著。潜山顶部和平缓的山坡上易形成厚度很大的岩屑型风化壳，在风化壳的残余物中发育大量储集空间。

化学淋滤作用是继构造作用和物理风化作用之后，又一有利于储集空间发育的重要因素。淋滤的结果是加大了裂缝的开度，使储层原始的孔隙度、渗透率得到改善，有利于油气的储集和运移。

4. 矿物充填作用

岩石中形成的储集空间常被充填，对岩石储油物性产生不利影响，使岩石的孔隙度、渗透率变差，且不同环境下形成的变质岩潜山的充填特征不同。在干旱环境下容易形成碳酸盐充填，如鸭儿峡变质岩储集层；潮湿环境中易形成方解石充填，如辽河变质岩储集层。

从鸭儿峡志留系变质岩岩心及裂缝中不同的充填物质和交切关系看出，该区裂缝为多期形成，充填物质的先后顺序依次为硅质—石膏或碳酸盐—含铁泥土，及各种薄膜充填或无充填的开口裂缝，这一顺序与构造发展史密切相关。古潜山在地史时期中大体上经历了加里东－海西期、燕山期、喜马拉雅期3个主要构造期。加里东－海西期盆地为海相及海陆交互相沉积。燕山期为潮湿气候下的湖相沉积，化学作用强烈，适于硅质和铁质形成，此时期产生的裂缝多被硅质、铁质充填。喜马拉雅期早期属干燥环境下沉积，裂缝易被石膏、碳酸盐类充填，此期充填较前为差，据114井薄片观察得知，方解石仅局部充填于裂缝之中，裂缝末端一般多具开口缝隙。喜马拉雅期末，构造运动强，形成盆地现今面貌，古潜山基本定型。此时上覆自垩纪、古近－新近纪地层很厚，业已成岩。因此，喜马拉雅期产生的裂缝充填差、开口多，构造运动又使先期充填裂缝重新开口，使之成为油气储集的有利空间。

傅强等（2003）对辽河曹台潜山变质岩裂缝中的方解石进行了同位素分析，其$\delta^{18}O$值和$\delta^{13}C$值均偏负（表4－5）。曹702井880m、曹6井1000m和曹18井1303m深度岩心样品的方解石$\delta^{13}C$值偏负，可能与烃类浸染有关，其余的数据表明，这些方解石是淡水非海相环境的产物。用基恩－韦伯公式（式（4－2））计算的Z值（用于计算碳酸盐矿物形成的水体环境指标）均小于120，也指示它们是淡水成因的沉淀碳酸盐矿物。这与曹702井800m深度处岩心方解石包裹体低含盐度的测试结果一致，表明裂缝中充填的方解石是中生代以后陆相湖盆发展阶段地质作用的产物。

$$Z = 2.048[\delta^{13}C(PDB) + 50] + 0.498[\delta^{18}O(PDB) + 50] \quad (4-2)$$

表4－5　曹台太古宇变质岩潜山裂缝中方解石的碳、氧同位素分析数据

井号	深度/m	$\delta^{13}C$（PDB）/‰	$\delta^{18}O$（PDB）/‰	T/℃	Z
曹702	880	－8.6	－15.6	69.4	86
	1010	－2.6	－16.8	75.9	114
曹6	1000	－5.9	－17.9	82.2	10.6
曹18	747	－6.7	－19.4	90.2	104
	1303	－4.3	－22.9	109.2	107
	1680	－2.7	－19.8	92	112
曹22	1167	－2.9	－17.2	78	113
曹19	1790	－3.6	－23.5	112.3	108

注：T为形成温度。　　（据傅强等，2003）

此外，裂缝中充填的方解石$\delta^{18}O$值随埋深增加而急剧变轻，反映高负值的$\delta^{18}O$是温度增高引起氧同位素分馏的结果，说明裂缝中的方解石是深埋高温环境中沉淀而成。以大民屯凹陷地层恒温带的温度29.5℃为标准，用Epastein公式（式（4－3））计算的古温度表明（表4－5），曹台变质岩储集层裂缝中的方解石形成时的温度范围为69.4～112.3℃；若用曹台潜山现今地热梯度3.23℃/100m近似代表古地热梯度，则方解石形成时的埋藏深度为2040～3158m，因此，这些充填于裂缝中的方解石是深埋条件下热液沉淀的结果。另一个证据是方解石中有晶形完整的粗大铁方解石，属典型晚期结晶产物。“深埋沉淀”发生的时期是沙二段东营组沉积的重新沉降期，热液沉淀的空间主要是曹台潜山在沙三段沉积期末形成的新的具有剪切性质的裂缝，也有部分早期碎裂缝，与沙三段沉积期末抬升剥蚀有关的土壤风化作用和沉积岩压实成岩过程中释放的水为$CaCO_3$的沉淀提供了Ca^{2+}，深部CO_2和部分烃类为$CaCO_3$沉淀提供了碳源。

$$T = 14.8 - 5.4\delta^{18}O \tag{4-3}$$

5. 原岩性质

变质岩的储集空间具有强非均质性，原岩性质对其形成有重要作用，无论结晶、构造还是化学淋滤作用形成的储集空间，无一不与原岩矿物成分、变质程度、混合岩化程度等有关。通过对辽河坳陷变质岩古潜山油藏的研究，认为裂缝性储层发育裂缝遵循“优势岩性”的序列规则（图4－28），即在同样构造应力的作用下，暗色矿物含量高的岩性塑性较强，不易产生裂缝，难以成为储集岩；暗色矿物含量较少的岩性塑性较弱，容易产生裂缝成为储集岩。按照各种岩性中暗色矿物含量的多少对变质岩古潜山中的岩性进行排序，形成岩性序列，暗色矿物含量少、在岩性序列中靠前的岩性就是优势岩性（图4－29）（孟卫工等，2007；单俊峰，2008；刘兴周，2009）。

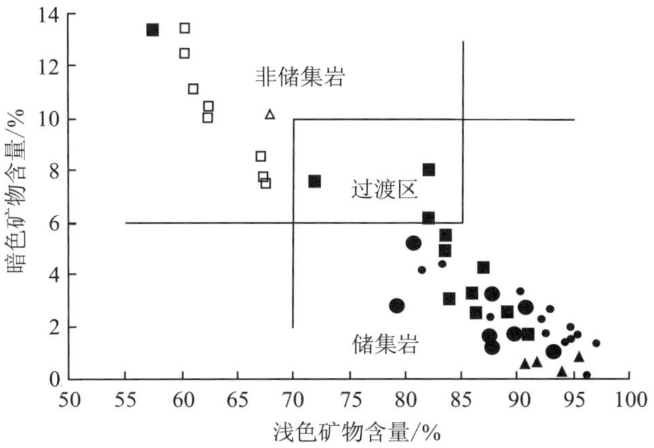

图4－28　变质岩潜山矿物含量与储集性能关系

序列	Ⅰ	Ⅱ	Ⅲ	Ⅳ	Ⅴ	Ⅵ	Ⅶ	Ⅷ
岩性	石英岩	浅粒岩	变粒岩	混合花岗岩	中酸性火山岩	片麻岩	煌斑岩、辉绿岩	角闪岩

暗色矿物含量由低到高，形成储层由易到难

图4－29　变质岩矿物与储层关系

显然，变质岩储集层中混合花岗岩所含脆性成分最高，长石、石英含量达90%～95%；其次是黑云斜长片麻岩，其石英、长石含量为70%～85%；而辉绿岩中含脆性组分最低，因而混合花岗岩中构造裂缝比黑云斜长片麻岩发育，而辉绿岩中构造裂缝发育程度最差。碎裂岩、混合花岗岩、片麻岩及辉绿岩的裂缝发育指数分别为1.61、1.40、1.21、1.12，呈现出依次减小的规律，反映出这4种储层裂缝发育程度依次降低。

6. 埋藏深度

随深度的增加，地层压力升高，储集层裂缝开度减小。岩石处于地下深处，承受着周围岩体及上覆岩体的静岩压力。岩石所处深度越大，围压越高，岩石的塑性越大。对某些花岗岩进行试验证明，当围压增大至23.8MPa时，岩石开始表现为塑性。这就是说，在地表附近，大多数结晶岩石表现为脆性；但当处于地壳深处时，结晶岩石就会变为有高度塑性的物质，乃至呈现塑性流动——蠕变。其结果会使岩石裂缝开度逐渐随着深度的增加而变小以至趋于闭合，即裂缝的有效性随着深度的增加而变差，乃至最后失去有效性。

三、辽河坳陷变质岩储层特征

1. 岩石学特征

兴隆台古潜山岩性为区域变质岩、混合岩和岩浆岩岩脉的组合。储集岩包括黑云母斜长片麻岩、混合片麻岩、混合花岗岩、碎裂岩以及花岗斑岩、闪长玢岩等，非储集岩包括角闪岩、斜长角闪岩、辉绿岩、煌斑岩等（表4－6）。除了以上两大类变质岩外，区内还发育多期侵入成因的煌斑岩岩脉。同时古潜山内还存在中酸性火山岩岩脉和基性煌斑岩岩脉。斜长片麻岩在古潜山平面和纵向上分布较广，煌斑岩岩脉以及中酸性火山岩岩脉呈层状分布于古潜山内部。

表4－6　兴隆台古潜山变质岩岩性及特征

<table>
<tr><th>大类</th><th>亚类</th><th>岩石</th><th>结构</th><th>备注</th></tr>
<tr><td rowspan="4">区域变质岩</td><td>浅粒岩类</td><td>钠长石、微斜长石、石英</td><td>中—细晶变晶镶嵌结构、条纹状构造</td><td>少量发育</td></tr>
<tr><td>斜长变粒岩</td><td>黑云母（角闪石）、斜长石、石英、绿帘石</td><td>细粒变晶结构、块状构造</td><td>随着暗色矿物含量增加储集性能变差</td></tr>
<tr><td>斜长片麻岩</td><td>斜长石、石英、黑云母</td><td>中—粗晶镶嵌结构、片麻状构造</td><td>储集岩</td></tr>
<tr><td>角闪岩（斜长角闪岩）</td><td>中长石、普通角闪石</td><td>中—细晶镶嵌结构、芝麻点式结构</td><td>储集岩</td></tr>
<tr><td>混合岩类</td><td></td><td>石英、长石、少量黑云母</td><td>不等粒及块状结构</td><td>非储层</td></tr>
</table>

2. 物性特征

本区发育孔隙－裂缝双重孔隙结构，其中裂缝是最主要的储集空间，岩心观察可见宏观裂缝、破碎孔隙、微孔隙以及溶蚀孔。其中宏观裂缝相对发育，储层段取得的岩心破碎严重，在岩心破裂面上能够见到油气显示。

本区裂缝可分为高角度裂缝和水平裂缝，高角度裂缝与水平裂缝交织而形成网状裂缝。裂缝张开度0.1～0.2mm不等，裂缝面延伸较长，多切割岩心，见多组裂缝呈网状分布。声电成像测井解释统计表明，裂缝面倾角为40°～70°，开度为0.15～3.75mm。微观裂缝延伸长度较小，多与宏观构造裂缝伴生，孔隙度为0.6%～7.8%。裂缝发育具有显著的岩性差异性和各向异性，主要发育在暗色矿物含量比较低的火山岩岩脉、斜长片麻岩以及混合花岗岩内，分布特征与区内伸展断裂系统的分布大致相同，并相互切割呈网络状。表明古潜山的裂缝发育，但早期裂缝多被充填，晚期裂缝常切割早期裂缝，反映出多期裂缝发育的特点；同时，裂缝发育程度受岩性控制，不同岩性段裂缝发育程度不同，具有储隔层交替分布的特点（表4－7）。

一般高产井区多发育高角度裂缝或网状裂缝，如沈288、沈289等井区；而产能下降较快的地区主要发育水平裂缝，如沈288－3井，缝宽1mm，裂缝密度为40～60条/m，初期日产油10.1t/d，产能很快降至1t/d。

表4-7　兴隆台太古宇古潜山储层物性

储层	岩性	孔隙度 %	渗透率 $10^{-3}\mu m^2$	孔喉半径 μm	排驱压力 MPa	毛细管力曲线
Ⅰ类	伟晶岩、碎裂岩、二长片麻岩	>10	>40	1~10	0.016~0.020	中等歪度型
Ⅱ类	伟晶岩、碎裂岩、二长片麻岩	5~10	0.69~24	0.1~1	0.03~0.22	细歪度型
Ⅲ类	斜长片麻岩、黑云母斜长片麻岩、角闪片岩	2~5	差			
非储层		<2	<0.045		>5	特细歪度型

3. 储层控制因素

根据钻探和大量的岩心、岩石薄片等资料表明，辽河坳陷变质岩潜山由多种岩性组成，主要包括区域变质岩、混合岩和少量动力变质岩及多期侵入的基性—酸性岩脉。太古宇变质岩并非简单的块体，而是内部具有较强非均质性的复杂结构。

（1）变质岩本身具层状特征

辽河坳陷周边野外露头区勘测和岩心观察、薄片鉴定等研究表明，辽河坳陷结晶基底太古宇变质岩产出呈有序分布，如片麻岩的片麻理，混合岩条带状构造，浅粒岩中线理、斜长角闪岩与变粒岩或片麻岩互层出现时的层理，往往在同一局部地区表现出产状的一致性。利用钻井取心和系统的岩屑样品结合常规测井、FMI成像测井以及ECS测井岩性解释资料，建立了兴隆台潜山1600余米井段岩性剖面并进行多井岩性对比，结果表明变质岩潜山内幕岩性呈"层状"或"似层状"展布，并形成层状岩性的垂向分带性。

（2）多期次和多性质构造运动决定裂缝发育程度

辽河坳陷的结晶基底在漫长而复杂的地质历史演化过程中，经历了印支、燕山、喜马拉雅等多期构造运动改造，抬升隆起、挤压褶皱、块断翘倾、走滑活动以及长期的风化淋滤等地质营力作用，造成潜山裂缝、孔、洞发育。

多期强烈的构造作用决定了潜山内幕多期裂缝的发育，是兴隆台潜山内幕油气富集的关键，也说明基岩断裂对潜山内幕储层的发育起重要作用。其中兴古7井在潜山内部1000m以下裂缝仍很发育，试油获得了高产工业油气流，改变了变质岩内幕为致密层的观点。兴隆台变质岩古潜山顶部风化壳油气藏，储集空间为与风化剥蚀和淋滤溶蚀作用相关的溶蚀孔隙，孔隙度平均为6.96%；内幕受多期构造活动影响，发育多期构造裂缝。宏观裂缝在岩心上用肉眼能清晰识别（图4-30a、b），微观裂缝延伸长度较小，多与宏观构造裂缝伴生（图4-30c）。

a. 沈309井，3045.9m，花岗混合岩　b. 兴古8井，3719.2m，斜长片麻岩　c. 兴古8井，3718.50m，混合花岗岩

图4-30　辽河凹陷变质岩古潜山储层特征

（3）裂缝储层发育遵循“优势岩性”序列规则

在兴隆台潜山中，花岗斑岩、闪长玢岩等中酸性的侵入岩岩脉是本区比较好的储集岩，这是由于中酸性的侵入岩岩脉是兴隆台潜山中暗色矿物含量最低的岩性，其他岩性的暗色矿物含量远高于这种岩脉，因此，这种岩性能够作为兴隆台潜山的优质储集岩。而在杜家台潜山中，石英岩为主要储集岩性，其暗色矿物含量比中酸性的侵入岩岩脉低，石英岩为该潜山的优势岩性，而非中酸性的侵入岩。变质岩潜山的个体存在岩性的下限，而对于变质岩潜山类型来说，储层岩性无下限，在一定条件下，任何一种岩性都有成为储集岩的可能。

（4）潜山内幕存在隔层

在潜山内幕既发育储层又存在隔层，储、隔层配置良好才可能为形成多层次的内幕油藏提供条件。通过对已发现的潜山内幕油藏的岩性分析发现，潜山内幕隔层岩性具有多样性和多成因性。有的是区域变质作用成因的暗色矿物含量较高的角闪岩类，有的是后期侵入成因的火成岩岩脉（煌斑岩、辉绿岩等）。作为潜山隔层的岩性具有暗色矿物含量高的特点，按照“优势岩性”的概念分析，在某一潜山内岩性序列靠后的岩性，都有成为隔层的可能。

第三节　碳酸盐岩风化壳储层

中国含油气盆地的碳酸盐岩主要分布在古生界及以前的地层中，有效储层主要受风化壳控制，发育缝洞型和层状/块状两类碳酸盐岩风化壳储层。

一、碳酸盐岩缝洞型储层

碳酸盐岩受岩溶古地貌控制，形成的表层岩溶带、垂直渗流岩溶带、水平潜流岩溶带共同组成了碳酸盐岩缝洞型储层，因其成因的特殊性，储层存在明显有别于其他储层的特征。这类储层在塔里木、四川、鄂尔多斯、渤海湾等盆地均有分布，以塔里木盆地奥陶系碳酸盐岩缝洞型储层最为典型。

1. 缝洞型储层类型

根据地震剖面、成像测井、常规测井、岩心观察、薄片鉴定、生产动态分析及不稳定试井，同时结合野外地质模型，可将缝洞型碳酸盐岩储层划分为孤立洞穴型、孔洞型、裂缝型、裂缝－孔洞型和多缝洞连通型5种类型。

孤立洞穴型储层储集空间是指单个洞径大于100mm的溶蚀洞穴，储集空间主要有未充填或半充填的大型溶洞，如表层岩溶带的落水洞、囊状洞、沿裂缝溶蚀的串珠状溶洞，或地下暗河坍塌形成的孤立洞。在EMI或FMI图像上为全暗色，在钻进过程中常发生放空、泥浆漏失等现象。生产过程中压力单调下降。该类储层是最主要的油气储集空间类型，油井投产后产量高，如塔里木盆地的哈15井、哈9井、哈7井等。

孔洞型储层以溶蚀孔洞为主要储集空间，多以开阔台地台内滩高能相带为发育基础，一般是原生孔隙发育的层段经过溶蚀改造形成，裂缝欠发育，横向上为层状展布特征，这类储层如果没有裂缝沟通难以获得产能。在成像测井图像上表现为不规则暗色斑点或斑块状分布，如塔里木盆地的轮古37井、轮古39井、中古43井、中古433井。

裂缝型储层的主要储集空间为裂缝和少量沿层分布的溶孔。裂缝既是储集空间，同时也是渗滤通道，具有低孔高渗的特点。成像测井图像上为黑色正弦曲线，一般为构造缝，多被泥质或者高导物质充填，如塔里木盆地的轮古35井、塔中83井、塔中8井。

裂缝－孔洞型储层以次生溶蚀孔洞为主要储集空间，裂缝兼具渗滤性和储集性，主要起沟通孔洞的作用，是主要的渗滤通道。该类储层在空间上呈准层状发育，虽然孔隙度不太高，但渗透性能较好，储层品质好，测试获高产油流，含油气性较好。EMI或FMI成像测井上可明显看出裂缝沟通孔洞，或孔洞沿裂缝发育的特征，表现为近似拟合的正弦曲线伴生暗色斑点或斑块，如塔里木盆地的新垦4井、新垦7井、中古22井、中古48井。

多缝洞连通型储层呈现断裂、孔洞和洞穴型储层的组合样式。一般储集体空间大，能量强，底水活跃，生产过程中常发生油压、含水率或气油比的变化。

储集空间组合控制了油气分布及其性质不均一性，孤立洞穴或封闭孔洞不利于后期气侵改造，常较多地保留了早期油气性质；构造裂缝等与外界沟通紧密，利于接受后期气侵影响，油气性质改变明显。因此，在一定程度上，储集空间类型反映了储层与输导层的沟通程度。

大型碳酸盐岩缝洞型储层的缝洞发育段难以取心，而且岩心缝洞发育段易破碎，岩心样品的常规物性整体偏低，仅代表基质物性特征。测井解释储层段孔隙度一般为3%～6%，大型缝洞发育段孔隙度>10%，大致能反映本区物性特征。有效储层（即Ⅰ、Ⅱ类储层）多分布在岩溶层的中、上部，如塔里木盆地奥陶系鹰山组，碳酸盐岩岩溶储层通常发育于不整合面顶部之下140m范围内，储层横向连续性好。

2. 缝洞型储层特征

碳酸盐岩缝洞型储层中既有裂缝又有溶蚀孔洞，主要受原始岩性、构造和岩溶的综合影响。缝洞型储层的主要储集空间，由大小不等的溶洞、裂缝和溶蚀孔隙组成，大型洞穴是最主要的储集空间，而基质孔隙一般欠发育，裂缝起主要沟通的作用。一般将溶蚀孔径大于5～15mm者视为溶洞，而连续延伸的溶洞则称为溶洞系统或洞穴系统（Ford，1988）。

按行业标准，缝洞型储层储集空间进一步可划分为大孔、中孔、小孔、微孔，巨洞、大洞、中洞、小洞，巨缝、大缝、中缝、小缝、微缝（表4－8）。

表4－8　碳酸盐岩孔、洞、缝尺度级别划分

孔		洞		缝	
类型	孔径/mm	类型	洞径/mm	类型	缝宽/mm
大孔	0.5～2	巨洞	≥1000	巨缝	≥100
中孔	0.25～0.5	大洞	100～1000	大缝	10～100
小孔	0.01～0.25	中洞	20～100	中缝	1～10
微孔	<0.01	小洞	2～20	小缝	0.1～1
				微缝	<0.1

从观察尺度，可将碳酸盐岩储集空间进一步分为宏观缝洞储集空间类型和微观孔缝储集空间类型。宏观缝洞储集空间类型包括岩心描述统计的洞、缝及钻井放空、井喷、井漏

所揭示的大型溶洞（包括测井资料解释的大型溶洞），如塔里木盆地轮南西 LG15 井钻揭奥陶系 20.5m，钻遇溶洞发育段累计放空 2.09m；LG432 井距风化壳 59m，井深 5645～5720m 处为一大型溶洞，洞内已被灰绿色泥质粉砂岩、灰质粉砂岩充填。大型溶洞纵向上一般发育在距风化壳顶面 50～140m 的潜流岩溶带，横向上一般发育在古地貌岩溶斜坡带。微观孔缝储集空间类型包括铸体薄片、电镜扫描观察的直径小于 2mm 的孔隙和缝宽小于 1mm 的微裂缝。微观孔隙包括晶间孔、晶间溶孔和粒内孔。微裂缝包括构造缝、压溶缝和溶蚀缝等。

3. 缝洞型储层发育主控因素

缝洞型储层储集空间多样，形成主控因素复杂，总体上分为内因和外因两大类。内因主要指岩性与物性，外因包括气候条件、断裂强度、古地貌、古水系、植被及暴露时间等。外因中气候条件是主控因素（袁道先等，1987；Ford et al.，1989；James et al.，1988）。

（1）岩性对缝洞型储层发育的控制作用

有利的沉积相带是储层发育的基础。岩石的可溶性取决于岩石自身的物质成分、组构和物理化学性质。总体上灰岩比白云岩易溶；同样是灰岩，生物礁灰岩、粒屑灰岩、泥晶灰岩更容易被溶蚀，泥质灰岩不易溶蚀。在岩石组构对其可溶性的影响方面，一是粗粒结构岩石的粒间孔隙发育、连通性好，侵蚀性水流可沿粒间空隙扩散溶滤，进而弥散到整个岩石之中，以致呈现出“空间溶蚀”特征；二是原生孔隙发育的岩石（如礁灰岩），其溶蚀作用也强烈。

（2）岩溶作用对储层的控制作用

岩溶作用对储层物性的影响主要体现在形成未完全充填的大型洞穴、中洞和小洞（吴东胜等，2006），并且在坍塌后可以形成洞顶破裂缝系统。岩溶作用在沉积作用基础上，与构造作用叠加，形成大型缝洞储集体，极大地改善了储集空间，是形成优质储层的关键因素。

A. 古岩溶作用类型

虽然不同学者对岩溶的划分还存在差异（Bathurst，1975；Longman，1980；Tucker，1990；Palmer，1991），但总体上可划分为准同生岩溶、表生岩溶和埋藏岩溶三大类（表 4－9）。准同生岩溶发育于准同生大气成岩环境，受次级沉积旋回和海平面升降变化的控

表 4－9　古岩溶成因类型及特征

大类	类型	成岩阶段	成岩环境	侵蚀性流体来源	岩溶水循环驱动力	岩溶水循环条件	主控因素
准同生岩溶	淡水溶蚀作用	同生	大气	大气圈	重力	开放	沉积环境与海平面变化
表生岩溶	裸露风化壳型岩溶作用	表生	大气	大气圈	重力	开放	不整合面、侵蚀基准面
	顺层岩溶				重力、压力	半开放	承压水循环条件、区域性潜水面
埋藏岩溶	有机酸溶蚀作用	早成岩—晚成岩	埋藏	烃类流体	浮力	封闭	有机酸浓度
	深部热液溶蚀作用			深部热液	密度	封闭	深部热液循环条件
	压释水溶蚀作用			上覆地层	压力、重力	封闭	上覆地层酸性物质含量
	混合水溶蚀作用			多来源	密度、重力	较封闭	水循环条件

制。表生岩溶受构造不整合面和古构造等影响较大，可进一步划分为潜山区裸露风化壳型岩溶作用和顺层岩溶作用。表生大气水裸露风化壳型岩溶作用是指碳酸盐沉积成岩后，原岩被抬升并暴露到地表发育的岩溶作用，岩溶的发育主要受古水系、古构造、古地貌等控制。表生大气水顺层岩溶作用是指碳酸盐沉积成岩后，在构造抬升背景下，原岩抬升到区域型潜水面附近但未暴露到地表，其上还覆盖有厚度较大的非可溶性地层。埋藏岩溶主要受断裂与深部流体控制，往往发育与中低温热液有关的异形铁白云石、萤石、闪锌矿、磁黄铁矿等矿物以及塌陷构造、裂隙结构、不规则的角砾（化）岩体等。

如塔里木盆地塔北地区奥陶系岩溶发育类型以准同生期岩溶和表生岩溶为主，其中轮南高部位—塔河中北部—哈拉哈塘北部构造位置高，坡度大，水动力条件强，遭受不同程度的暴露、风化，形成典型的喀斯特岩溶（风化壳岩溶）；哈拉哈塘中部古海平面和风化壳之间构造低部位，地势平缓，水动力条件差，发育准同生期岩溶作用（层间岩溶）。表生岩溶期，喀斯特岩溶区的大气淡水在覆盖区沿原来的层间岩溶面或潜水面对盖层下易溶碳酸盐岩地层进行溶蚀，形成顺层岩溶。塔中地区鹰山组沉积末期的层间岩溶作用主要受控于古构造、古地形、古水文体系及不整合面附近的岩性岩相等因素（图 4－31）。鹰山组暴露时间较长，遭受多期层间岩溶作用改造，岩溶作用强烈，岩溶系统发育较为完善，形成多套孔洞层，有利于优质储层发育。古地貌较高部位，岩溶作用时间长，侵蚀、溶蚀作用较强，地表单个地貌形态如溶蚀残丘、侵蚀沟谷发育。岩溶水主要来源于大气降水，岩溶作用以垂向渗滤作用为主，表层＋垂向渗滤岩溶带发育，形成落水洞、宽大的扩溶缝，泥质、角砾充填作用比较强烈。下部径流岩溶带岩溶水以水平运动为主，发育较为稳

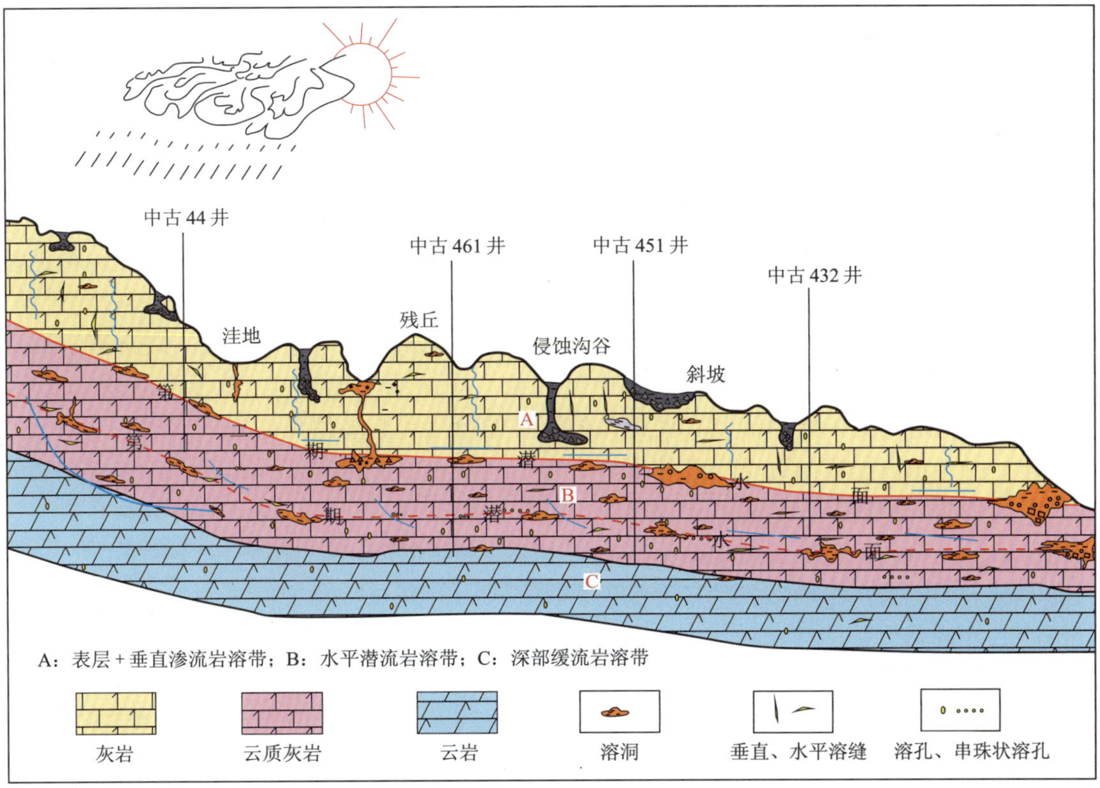

图 4－31 塔中下奥陶统鹰山组层间岩溶发育模式

定，靠近潜水面发育水平沿水流方向的溶蚀孔洞，充填程度低，有利于储层发育，由于遭受多期层间岩溶改造，在径流带形成多期潜水面，每一期靠近潜水面附近均发育一套孔洞层，因此径流带发育多套孔洞层。

B. 岩溶分带

碳酸盐岩岩溶体系在垂向上呈现分带特征。从上而下依次分为表层岩溶带、渗流岩溶带和潜流岩溶带。每个岩溶带发育特征明显，在横向上具有一定的发育规律，呈准层状分布。

表层岩溶带一般发育在古风化壳附近及向下渗流带上部，厚度一般小于50m。主要受地表附近大气淡水影响，包括地表塌积、生物剥蚀和一定的沉积作用；岩溶方式以大气淡水的地表径流为主，岩溶产物主要为大气淡水产生的地表径流（CO_2 含量高，溶蚀能力强）在冲刷、溶蚀过程中形成的一些溶沟、溶洞、溶缝、溶蚀洼地、溶蚀漏斗及落水洞等，其充填物主要为地表残积物和洞壁塌积物；地表沉积物多为棕色—红色等氧化沉积，包括铝土质和垮塌角砾等。其储集层主要为裂缝、溶蚀孔洞构成，充填作用较小，具有大量的有效储集空间，且由于裂缝发育，其连通性较好，是目前勘探的最有利层段。在钻井过程中往往出现井涌、放空、井漏等现象，如塔里木盆地的轮古15井5736～5750m累计放空3段，共2.09m。

渗流岩溶带位于表层岩溶带与最高潜水面之间，厚30～120m，最厚可达150m。以地表水系向下渗滤或沿早期裂缝向下渗流发生淋滤溶蚀作用为主，以垂直方向岩溶作用为主；其发育深度与岩溶作用强度、所处构造部位、潜水面高低等有关。以形成中小型或大型瓶颈状、葫芦状、囊状、串珠状溶洞、溶蚀裂缝为特征，洞底通常向岩溶洼地方向延伸，直至洞与洞相连，形成巨大的缝-洞储集空间。由于形成的孔洞、溶蚀裂缝多呈垂向分布，因此该岩溶带的充填程度相对较小，仅见溶蚀裂缝的局部方解石充填和较少部分溶蚀孔洞的砂泥岩充填。若形成的溶蚀洞穴经受不住上部及其围岩的压力，可形成潜山顶面的塌陷溶洞。该岩溶带也是目前勘探的最有利层段。塔里木盆地轮古西地区已钻揭井渗流带发育厚度从12m到119m变化不等，一般在120m以内。

潜流岩溶带位于地下潜水面附近，厚50～80m。一般来说，具有一定开启度的构造裂缝切割的深度，就是潜流岩溶带发育的底部。该带地下水十分活跃，水流多呈横向流动，通常处于 $CaCO_3$ 不饱和状态，因而具有广泛的溶解作用，首先将方解石、文石溶解形成溶蚀孔洞，然后逐渐扩大成中小型、大中型以至大型溶洞（暗河）。由于构造裂缝发育，岩溶水多沿构造裂缝的走向流动，使得该岩溶带的溶蚀孔洞多相互连通，形成一个巨大的储集体。由于水流呈横向流动，由地表带进来的泥沙，容易在洞穴低凹部位或水流较缓的地段形成砂泥沉积物，甚至能够表现出较好的韵律和层理，在洞穴局部或部分洞穴会形成砂泥质的全充填和半充填。由于地下水流的不断冲刷与溶蚀，溶蚀洞穴会不断扩大，在洞穴底部常会形成洞穴垮塌岩。该岩溶带也是目前勘探的有利层段。

（3）古地貌对岩溶储层的控制作用

古地貌对岩溶储层的发育起着重要的控制作用。岩溶古地貌可划分为岩溶高地、岩溶斜坡和岩溶洼地3种类型。岩溶高地，表层及渗流岩溶带发育，以供水为主，岩溶发育深度大，但充填严重；岩溶斜坡，岩溶发育程度适中，潜流带常发育地下暗河，存在岩溶管道，充填程度小，有利储集空间发育，是油气勘探的主要对象；岩溶洼地溶蚀程度高，发育潜流岩溶，但充填和塌陷严重，且岩溶洼地洞穴含水可能性大。岩溶区的古水系包括地表水和地下水两大类，水系发育受断裂和岩性影响，沿地表水系主干流两侧常发育侧向溶蚀洞穴。如塔里木盆地塔北地区奥陶系岩溶系统发育两期古河道：第一期古河道为良里塔格组沉积后经短暂暴露在低洼处形成，为高弯度曲流河，上、下游高差小于15m，反映为平缓的古地貌背景；第二期古河道为奥陶系沉积期末桑塔木组经短暂暴露形成，河流具高弯度，宽深比固定，无侧向迁移，上、下游高差小于6m，构造平缓。

（4）古断裂及裂缝对岩溶储层的控制作用

古断裂和构造裂缝决定了原岩的渗透性及渗透方向，这样也就控制了地表径流与地下水流的流动轨迹及方向，由此也决定了岩溶型储集层沿断裂、裂缝发育带呈层状条带分布的特点，往往在断裂、裂缝密集发育区及断裂的拐点、交点处岩溶型储层更为发育。如塔里木盆地塔北地区哈6区块发育3期断裂，以共轭剪切断裂为主，后期雁行断裂与早期X形断裂沟通，连通范围扩大；高角度构造缝、斜交缝及微裂缝等十分发育；多级裂缝相互沟通，形成复杂的网状储层输导系统，为岩溶的形成和改造提供了良好的通道。

（5）缝洞充填作用对岩溶储层的影响

缝洞的充填作用对于油气的储存空间有很大的影响。一般来说，表层岩溶带的裂缝、孔洞比较发育，充填程度较低，横向连通性较好，储集性能最佳；渗流岩溶带裂缝发育，溶蚀缝洞相对欠发育，但是这个带作为地表水向下的长期渗流作用带，充填程度较差，具有一定的有效储集空间。渗流岩溶带，地表水经渗流岩溶带渗滤后，水流主要横向流动，由于裂缝和泄水方向的定向作用，水流多向一定的方向流动，因而这个带多形成近水平、横向上连通、巨大的孔洞、洞穴，也就是地下暗河，从地表携带来的泥沙也容易在洞穴中沉积，形成全充填或半充填的孔洞和洞穴，储集性能良好。

4. 中国碳酸盐岩缝洞型岩溶储层特征与分布

中国油气田缝洞型储层具有以下特征：①古岩溶垂向分带明显，表层岩溶带、垂直渗流带和水平潜流带发育齐全；②储集空间主要由半充填或未充填残余大型溶洞和溶蚀孔洞缝组成，优质储层类型以裂缝－溶蚀孔洞－大型溶洞为主；③储层明显受古岩溶地貌和断层裂缝控制，岩溶斜坡和断裂发育区是储层发育的最有利地区；④埋藏溶蚀作用形成的次生孔隙也是重要的有效孔隙，其发育与烃类形成、演化和运聚相匹配；⑤表生岩溶和埋藏有机溶蚀作用的多期次叠加、改造，是古岩溶储层及油气藏形成的最佳组合模式（陈学时，2004）。

（1）塔里木盆地寒武－奥陶系岩溶储层

塔北地区属残余古隆起，经历了加里东—喜马拉雅期多期构造运动叠加改造，古生界岩溶储层广泛分布。在毗邻复背斜轴部的牙哈、英买32井区，发育印支－燕山期的潜山岩溶储层；自此向南，依次发育晚海西期、早海西期和晚加里东期潜山岩溶储层；被上奥陶统桑塔木组砂泥岩覆盖的古隆起围斜部位，奥陶系碳酸盐岩层系中发育多期顺层深潜流岩溶储层。其中，顺层岩溶储层具有溶洞规模大、充填程度低和缝洞型储层连通性好等特点，如轮古35井，钻井揭示溶洞高达31m，其顶部6m为空洞（张宝民等，2009）。

塔中地区奥陶系鹰山组岩溶储层顺层分布规律十分明显，鹰山组顶部风化壳不整合面对油气富集层位的控制明显，试油产出层位集中分布于风化壳不整合面以下80m的范围内，局部可延深至140m。这与鹰山组顶部曾经遭受约10Ma时间的风化剥蚀淋滤有关，长期的风化剥蚀淋滤对储层改造起到了积极作用。

（2）鄂尔多斯盆地奥陶系马家沟组岩溶储层

鄂尔多斯盆地中奥陶统马家沟组的分布面积近 $20\times10^4km^2$。马家沟组自下而上划分为6个岩性段，顶部马六段基本被剥缺，马五段顶部残缺不全。在盆地中东部，马五段自上而下又分为马五$_1$至马五$_{10}$共10个小层，马五$_1$—马五$_4$的膏云坪含石膏结核、斑点的孔洞型粉晶白云岩构成了主要勘探目的层和靖边气田的储产层。其中，尤以马五$_1$最为重要，白云岩单层厚3～5m，储层连片稳定分布，气层平均有效厚度为2.40m，面积达 $4\times10^4km^2$。

奥陶纪末至上石炭统本溪组沉积之前，晚加里东期—早海西期运动使鄂尔多斯盆地整体抬升，遭受了长达150Ma的风化剥蚀，从而在鄂尔多斯盆地形成广泛分布的岩溶型储层。在盆地主体区，岩溶带厚约30～80m，可划分出地表岩溶残积带、垂直渗流岩溶带和水平潜流岩溶带等。在垂直渗流岩溶带，大气淡水径流沿裂缝垂直高速向下渗流溶蚀，形成以垂向形态为特征的溶蚀孔洞，并多被泥质、粉砂质、淡水方解石及黄铁矿等充填—半充填，形成以裂缝型和孔洞－裂缝型为主的储层段。水平潜流岩溶带因岩溶水受压力梯度控制并沿水平方向流动而形成层流，在潜水面附近，不饱和的地下岩溶水流动交替活跃，水平状岩溶发育。同时，还由于硬石膏（结核）及盐类等易溶矿物的强烈溶蚀，形成富含 SO_4^{2-} 的地下水，更加强了对碳酸盐岩的岩溶作用，形成以裂缝－溶蚀孔洞为主的储集体，洞缝相连的储渗体系构成马五$_1$的最重要的天然气储层段。

（3）四川盆地威远气田震旦系岩溶储层

据威远气田61口气井统计，古岩溶储层主要分布于震旦系顶部侵蚀面以下12～23m和43～80m的两个层段。震旦系灯影组白云岩古岩溶属多期岩溶作用叠加改造的产物。古岩溶垂向分带明显，风化残积带和渗流－潜流岩溶带发育齐全。其中，残积带由风化残积角砾岩和铁、铝质泥岩组成，厚3～3.5m；渗流岩溶带主要发育以直立及高角度分布的裂缝、溶缝、岩溶漏管、串珠状溶蚀孔洞、落水洞等组成的洞缝，且大多被泥质、渗流粉砂、粒状白云石、岩溶角砾等充填—半充填，属孔洞－裂缝型或裂缝型储层；潜流岩溶带以近水平方向为主的多套溶蚀孔洞层和洞穴层为特征，发育裂缝－洞穴型、裂缝－孔洞型、孔洞－裂缝型及裂缝型等多种储层类型。

二、碳酸盐岩块状/层状岩溶储层

以四川盆地震旦－寒武系碳酸盐岩岩溶储层为例，阐述其成因机制与控制因素。

1. 地层结构

四川盆地寒武系为三分结构，统组之间界限清楚。下统包括3个组：筇竹寺组为一套广泛分布的黑色页岩，沧浪铺组为一套泥质粉砂岩碎屑岩，龙王庙组为一套鲕状白云岩；中统陡坡寺组为一套浅水陆相粉砂岩碎屑岩；上统洗象池组为一套白云岩。

四川盆地震旦系为两分结构，下统为陡山沱组，上统为灯影组。1924年李四光等以湖北宜昌灯影峡剖面为标准建立的峡东震旦系一直被认为是中国南方震旦系划分对比的标准。在前人灯影组4段划分方案基础上，根据11条露头剖面、26口井的藻类丰度、岩石结构、碳同位素及地震等资料，对灯影组自下而上4段界线重新进行了划分。灯一段为贫菌藻白云岩层；灯二段下部为“雪花”状构造发育的富菌藻白云岩，上部菌藻类显著减少；灯二段沉积末期受桐湾Ⅰ幕构造运动影响，灯二段与灯三段之间为不整合；灯三段为泥岩和贫藻白云岩，底部碎屑岩在全区可等时对比，$\delta^{13}C$ 存在一次小的负漂移，可作等时对比标记；灯四段为贫藻白云岩，底部为一套中薄层蓝灰、灰黑色白云质泥岩。

2. 岩相古地理控制的优势沉积相是有利储层形成的物质基础

四川盆地震旦－寒武系发育局限台地和混积陆棚相，有利储层主要发育于局限台地相内的藻丘、颗粒滩亚相内，分布层位为震旦系灯影组灯二、灯四段、部分灯三段和寒武系龙王庙组（表4－10）。

表4－10　四川盆地震旦系灯影组—寒武系龙王庙组沉积相划分

沉积相	亚相	微相	主要岩石类型	主要发育层位
局限台地相	藻丘	藻凝块丘、藻叠层丘	藻凝块云岩、藻叠层云岩	灯四段、灯二段
	颗粒滩	砂屑滩、核形石滩、台内滩	藻砂屑云岩、核形石云岩	灯二段、龙王庙组
	台坪	藻云坪、云坪、灰云坪	藻纹层云岩	灯四段、灯二段、龙王庙组
	局限潟湖	云质、泥云质潟湖	泥晶云岩、泥质云岩	灯四段、灯二段、灯一段、龙王庙组
混积陆棚相			砂岩、砂质云岩、泥云岩、泥岩	灯三段、陡山沱组

（1）震旦系岩相古地理与优势沉积相

受南华纪上扬子板块陆内裂谷控制，四川盆地震旦系沿深大断裂广泛发育NE向裂谷。冰期过后，气候、地貌发生很大变化，沉积了陡山沱组黑色页岩、粉砂岩及薄层碳酸盐岩，厚度为0～250m，川中古隆起附近，沉积厚度为0～20m，粒度粗，为含砾砂岩夹页岩、灰岩。此后海侵扩大至后龙门山，上扬子地台广泛沉积巨厚的灯影组藻白云岩。

四川盆地震旦系主要发育浅水局限碳酸盐岩台地和混积陆棚两类沉积相，灰泥丘是其典型沉积特征。灰泥丘相序从奠基期、拓殖期、繁殖期到衰亡期发展：奠基期发育泥晶云岩、水平纹层状藻纹泥晶云岩，孔隙不发育；拓殖期发育缓丘状藻云岩，孔隙较发育；繁殖期发育藻白云岩、藻黏结凝块岩、格架岩等，原始孔隙发育，是有利储层发育段；衰亡期发育藻黏结砂屑云岩、葡萄花边云岩，原始储层物性较好。有利储层主要分布于藻丘和颗粒滩亚相，以浅水丘－滩复合体为特征，其次为台坪相（图4－32），具备储层大面积发育的物质基础。灯一、二、四段主要为局限台地相，水体很浅，潮上带水深约10m；灯三段、陡山陀组为混积陆棚相，沉积物主要为藻丘、颗粒滩、台坪、潟湖和混积陆棚沉积，其中藻丘、颗粒滩大面积分布，灰泥丘广泛分布于台地内部（内缓坡）、台地边缘（礁丘滩复合体）和台（地前）缘斜坡。如灯影组二段丘滩发育区与台洼、局限潟湖间互大面积分布，丘滩亚相发育区为有利储层形成提供了原始物质条件（图4－33）。

（2）寒武系龙王庙组岩相古地理与优势沉积相

寒武系龙王庙组为碳酸盐台地相沉积，呈NE－SW向带状展布，具有从西北向东南逐渐增厚的趋势（图4－34）。沿咸化潟湖周缘发育台内滩，云化作用强，大面积发育的颗粒滩（鲕粒滩、砂屑滩）是主要的储集相带，孔隙型的白云岩储层发育，厚度大，物性较好，横向分布稳定。

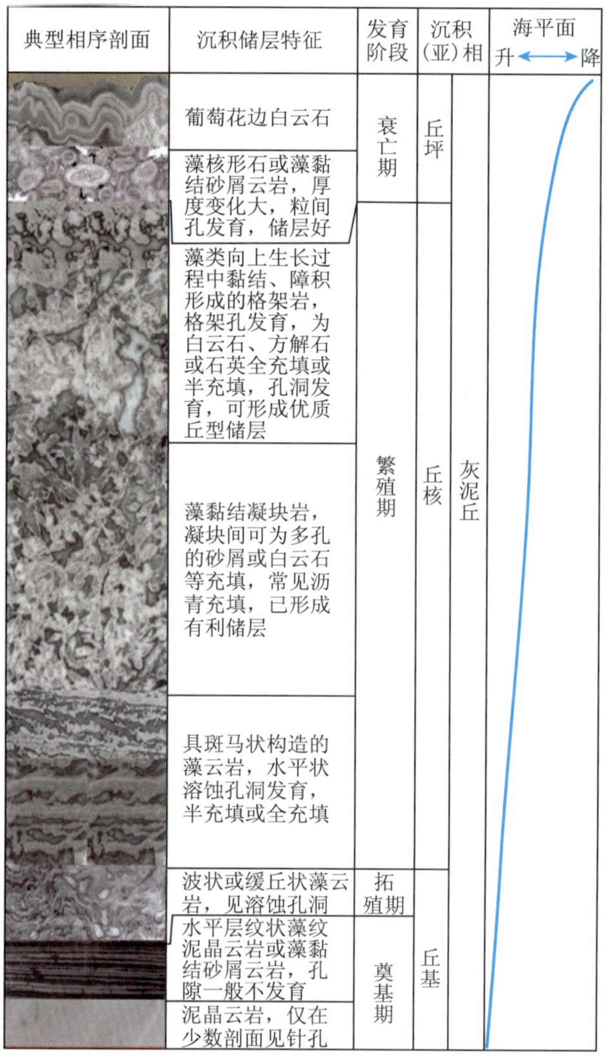

图 4－32　四川盆地震旦系灯影组灰泥丘相序剖面特征

3. 储层成因机制

震旦系灯影组属“丘滩相＋岩溶型储层”，岩溶作用和丘、滩体叠合区共同控制了储层发育；寒武系龙王庙组属台内滩孔隙型储层，以同生期溶蚀和埋藏溶蚀作用为主，岩溶作用较弱。这里只对震旦系储层成因机制进行探讨。

（1）*震旦系灯影组碳酸盐岩储层演化*

与碎屑岩、火山岩相比，碳酸盐岩岩溶风化壳成因更复杂。震旦系灯影组缝洞型储层储集空间形成、演化经历了 6 个阶段，即沉积期、浅埋藏减孔期、抬升淋蚀增孔期、深埋藏与热液作用减孔期、沥青充填期、裂缝发育期（图 4－35）。沉积期藻丘、颗粒滩发育粒间孔。浅埋藏减孔期海底纤状环边胶结物与浅埋藏棱柱状胶结物的形成造成孔隙减小。抬升淋蚀增孔期发生在桐湾运动导致的沉积间断期，发生大气淡水溶蚀，海底纤状环边胶结物被溶蚀成残骸，粒间孔扩容。深埋藏与热液作用减孔期发生在晚海西期，热液白云岩、石英等充填溶蚀孔洞，有效储集空间演变为充填后残余孔洞。沥青充填期发生在晚三叠世—白垩纪，原油裂解后残留沥青充填溶蚀孔洞，造成有效孔隙减少。裂缝发育期主要发生在燕山—喜马拉雅期，构造运动造成储层裂缝发育，增大了储层渗流能力。

（2）*桐湾运动造成的岩溶作用控制有利储层发育*

震旦系灯影组发育多期岩溶作用，垂向上形成多层叠加有利储层。由于多期桐湾运动作用和海平面的高频振荡变化，灯影组岩溶作用较强烈；其中，灯二期末桐湾运动Ⅰ幕，灯二段抬升遭受剥蚀，形成层间岩溶储层；震旦纪末期桐湾运动Ⅱ幕，灯四段遭受剥蚀，形成风化壳岩溶储层。灯影组发育 3 期振荡型海退，灯二段振荡相对灯四段更频繁，形成大规模暴露，发生短暂岩溶作用，形成厚度较薄的储层。应用残厚法和印模法，刻画了灯影组岩溶古地貌格局（图 4－36），其中位于岩溶高地和斜坡区的岩溶储层较发育，有利于规模有效储层的形成。

4. 储集空间类型及特征

震旦系灯影组主要发育缝洞型储层，寒武系龙王庙组主要发育孔隙性储层。

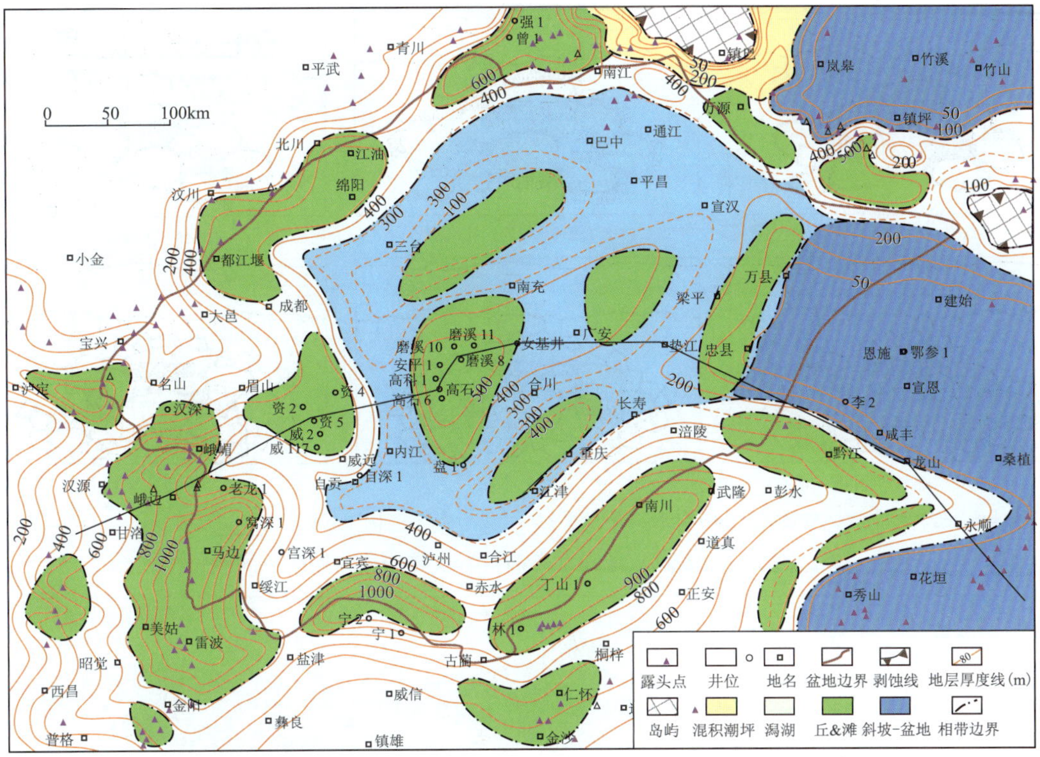

图 4－33 四川盆地震旦系灯影组灯二段沉积相图

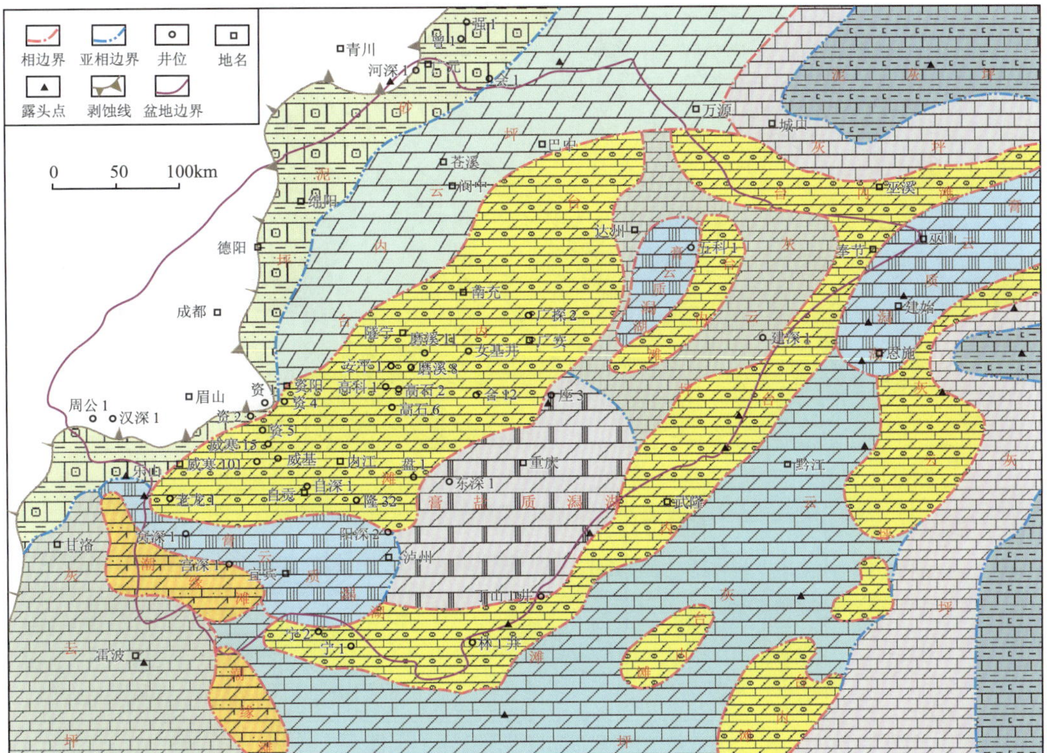

图 4－34 四川盆地及邻区下寒武统龙王庙组岩相古地理图

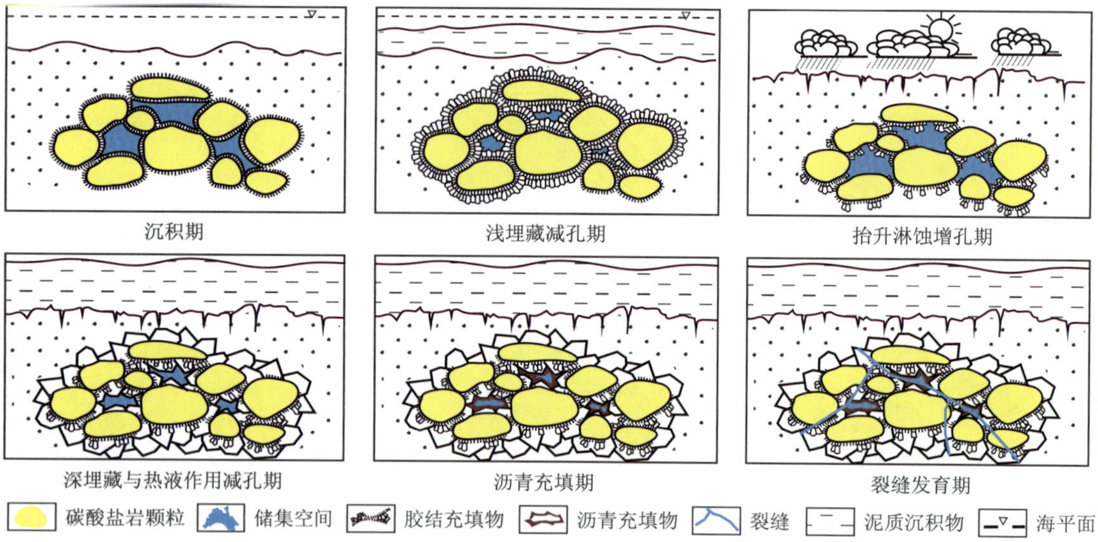

图 4－35　四川盆地震旦－寒武系碳酸盐岩成岩作用与储集空间演化模式

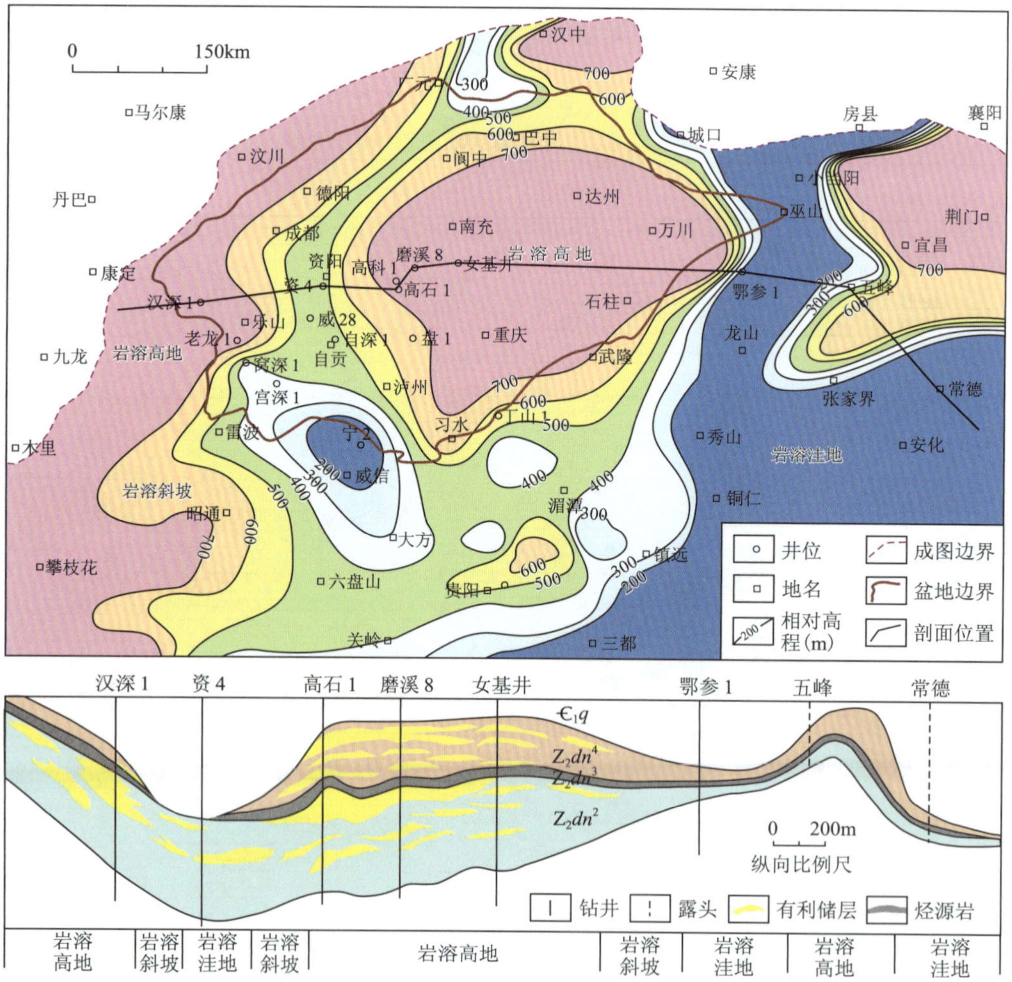

图 4－36　上扬子地区寒武系筇竹寺组沉积前古地貌

(1) 震旦系灯影组储集空间类型及特征

震旦系灯影组主要储集空间类型有次生溶洞、粒间（溶）孔、晶间（溶）孔、裂缝等（图4－37，图4－38），主要发育于砂屑云岩、藻凝块云岩、藻叠层云岩中，部分孔洞、裂缝被充填。晚海西期四川盆地发生峨眉地裂运动，热液对储层进行改造，孔洞多被热液白云岩、石英和方铅矿、闪锌矿等半充填，后期被沥青半充填—全充填，有效孔洞主要为被充填后的残存孔洞；有效裂缝主要为晚燕山期—喜马拉雅期构造运动形成且未充填的裂缝（图4－37）。

威117井，3067.5m，岩溶洞穴　磨溪9井，5431m，溶蚀孔洞　高科1井，5443.7m，溶蚀孔洞

高石1井，4961m，溶蚀孔洞-裂缝　磨溪9井，5436m，裂缝-溶蚀孔洞　盘1井，5633.5m，网状裂缝

图4－37　震旦系灯影组储集空间类型宏观特征

灯影组储层类型主要为裂缝－溶洞型，其次为裂缝－孔隙型，具有低孔低渗特征，局部发育高孔渗储层，非均质性强。灯影组储层主要分布于灯二段与灯四段，其中灯二段储层以受多旋回层间岩溶面控制的溶孔为主，与葡萄花边构造伴生的溶孔、格架孔发育，纵向叠置分布；灯四段储层以风化壳岩溶为主，受岩溶期古地貌控制，主要分布于古地貌高部位和斜坡带附近。

对部分取心井岩心及其物性样品统计发现，在有利岩性发育段，次生溶蚀孔洞和裂缝是控制有效储层发育的关键因素，孔洞及裂缝发育处，有利储层发育、储层物性较好（表4－11）。

(2) 寒武系龙王庙组储集空间类型及特征

寒武系龙王庙组发育层状孔隙型白云岩储集层，储集空间以孔隙型为主，储集空间类型主要包括残余粒间孔、粒间溶孔、晶间溶孔和粒内溶孔（图4－39），局部发育溶洞和缝，物性较好。储层岩性主要为砂屑白云岩、残余砂屑白云岩和细—中晶白云岩。储层物性主要受沉积相带控制，台内滩发育区储层相对稳定，厚30～80m，呈块状分布，物性较好，有利于形成大面积分布储层。龙王庙组发育层间岩溶，使储层物性更好，同时储层中白云石重结晶是物性变差的主要原因。这些改变了寒武系龙王庙组为碳酸盐岩岩溶储层和原位沉积体系对寒武系优质储层发育控制作用弱的认识，扩大了有利储层分布范围和勘探领域。

磨溪龙王庙组储集层主要发育在龙王庙组中上部，纵向发育3～5层储集层，平面上叠置连片，分布稳定。储集层厚度多为12.0～64.5m，平均为40.1m。储集层以Ⅰ＋Ⅱ类

表 4－11　震旦系灯影组部分取心井洞缝及储层统计情况

井号	取心井段/m	层位	岩性	岩心长度/m	储层长度/m	孔隙度/%		渗透率/$10^{-3}\mu m^2$		溶洞/个			有效裂缝/条
						最大	平均	最大	平均	小洞	中洞	大洞	
安平 1	5035.5～5063.1	Z_1dn^4	藻纹层云岩、泥晶云岩	27.33	10.6	4.2	3.1	14.2	0.86	46	53	32	58
高科 1	4986.3～5033.4	Z_1dn^4	粉晶云岩、角砾云岩	29.7	3.13	4.8	3.6	12.7	1.03	1228	1021	702	41
	5439～5447.8	Z_1dn^2	葡萄花边云岩	8.78	5.78	5.6	2.9	10.2	0.87	239	274	102	17
高石 2	5010.3～5019.0	Z_1dn^4	藻凝块云岩	5.67	3.42	4.6	3.2	9.8	0.78	21	26	18	9
	5387.1～5397.5	Z_1dn^2	藻纹层－藻凝块云岩	10.4	3.13	4.7	2.9	7.4	0.43	64	7	3	33
高石 6	5034.6～5038.4	Z_1dn^4	藻凝块云岩	3.8	3.5	9.3	5.6	56.1	6.5	38	39	33	8
	5355.4～5389.8	Z_1dn^2	藻凝块云岩	26.24	17.4	11.2	6.3	207	13.6	609	201	182	84
磨溪 8	5088.1～5112.4	Z_1dn^4	藻凝块云岩、砂屑云岩	19.75	10.5	13.5	4.3	3.4	1.76	73	52	48	33
	5425.2～5426.4	Z_1dn^2	藻砂屑云岩	1.17	0.23	5.2	2.6	4.36	0.12	2	3	1	2
磨溪 9	5032.2～5047.4	Z_1dn^4	藻凝块云岩、藻叠层云岩、藻纹层云岩	6.17	4.2	9.1	3.8	6.4	1.5	679	563	437	47
	5420.6～5462.2	Z_1dn^2	灰色白云岩	40.65	28.1	11.6	3.3	4.7	0.78	3259	423	165	1284
磨溪 10	5459.4～5473.4	Z_1dn^2	细晶云岩	13.92	9.2	13.1	4.4	22.6	1.02	162	101	97	14
磨溪 11	5486.5～5501.4	Z_1dn^2	藻纹层云岩	14.48	9.7	8.6	3.7	19.8	2.01	441	368	421	98

注：大洞直径＞1.0cm，中洞直径为 0.6～0.8cm，小洞直径为 0.2～0.5cm。

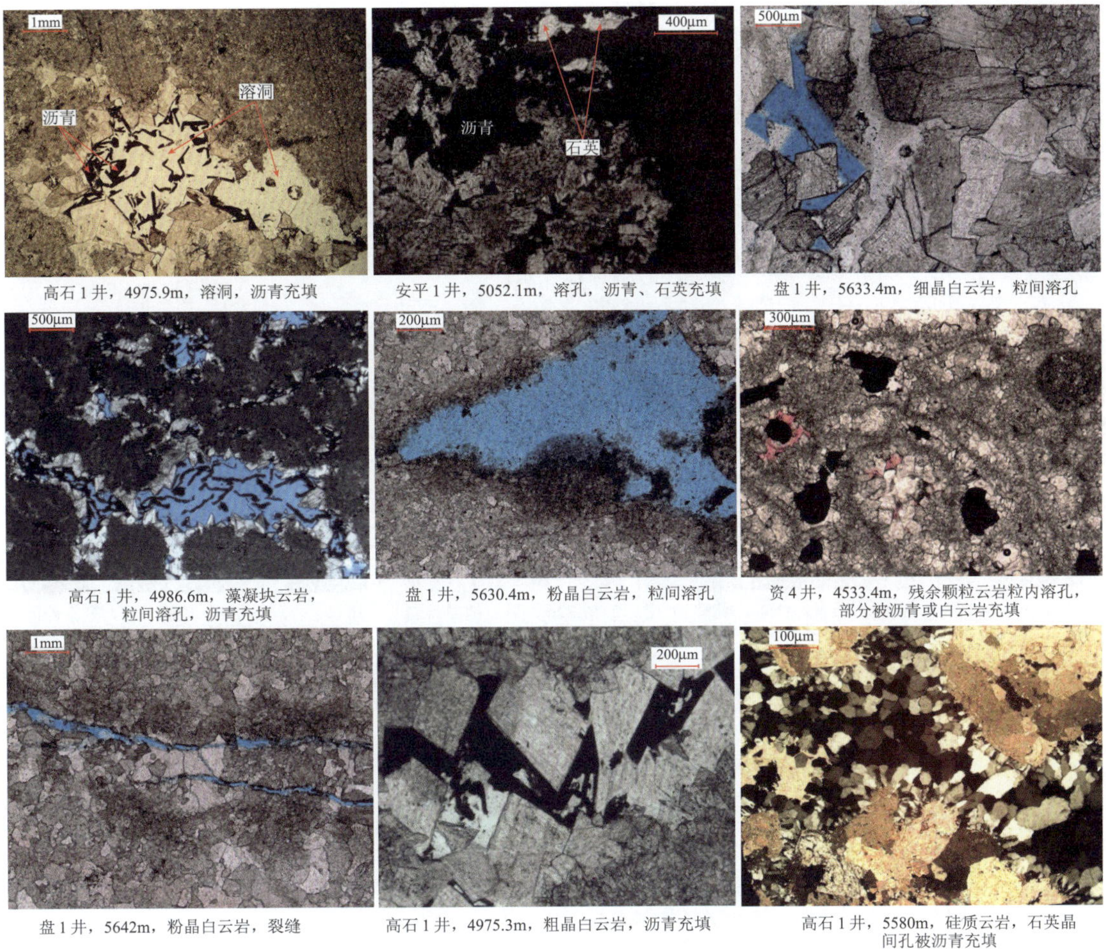

图4－38　震旦系灯影组储集空间类型微观特征

储集层为主，Ⅰ类储集层平均厚6.1m，Ⅱ类储集层平均厚19.7m。全直径岩样平均孔隙度为4.81%，其中，孔隙度大于4.0%的样品占62.2%。渗透率平均为4.75×$10^{-3}\mu m^2$，其中渗透率大于0.1×$10^{-3}\mu m^2$的样品占到76.1%。磨溪区块龙王庙组气藏在先期已测试获得16口工业气井中，11口井为日产百万立方米的高产气井。

5. 震旦系灯影组储层物性

统计四川盆地高石梯—磨溪地区震旦系灯影组8口井156块岩心全直径样品、783块直径为2.5cm样品的孔隙度与渗透率数据（该区震旦系灯影组探明天然气储量孔隙度下限为2.5%，渗透率下限为0.1×$10^{-3}\mu m^2$）可见，孔隙度小于2.5%、渗透率小于0.1×$10^{-3}\mu m^2$的非有效储层样品约占总样品的46.5%，裂缝型储层约占总样品的25.5%，孔－洞－缝型储层约占总样品的14.9%，孔洞型储层约占总样品的13.1%（图4－40）。可见，储层以低孔渗为主，储层非均质性强，局部发育高孔渗储层。

有利的原始沉积相带和岩性是四川盆地震旦系灯影组碳酸盐岩岩溶储层形成的物质基础。统计四川盆地震旦系灯影组8口井岩心发现，有利储层主要发育于藻叠层白云岩、砂屑白云岩、藻凝块白云岩中（图4－41）。统计震旦系灯影组不同岩性的1249块全直径岩

高石6井，4546.07m，砂屑白云岩，溶孔发育　　威寒105井，2457.3m，砂屑白云岩，溶孔洞发育　　荷深1井，4744.52m，砂屑白云岩，溶蚀孔洞

高石6井，4545.85m，砂屑白云岩，粒间溶孔，孔隙边缘有沥青分布，见微裂缝（岩心铸体薄片，单偏光2×10）　　威寒105井，2457.22m，砂屑细晶云岩，粒间溶孔（岩心铸体薄片，单偏光2×10）　　高石3井，4558m，砂屑云岩，残余粒间孔（岩屑薄片，单偏光2×10）

图4－39　寒武系龙王庙组储集空间类型特征

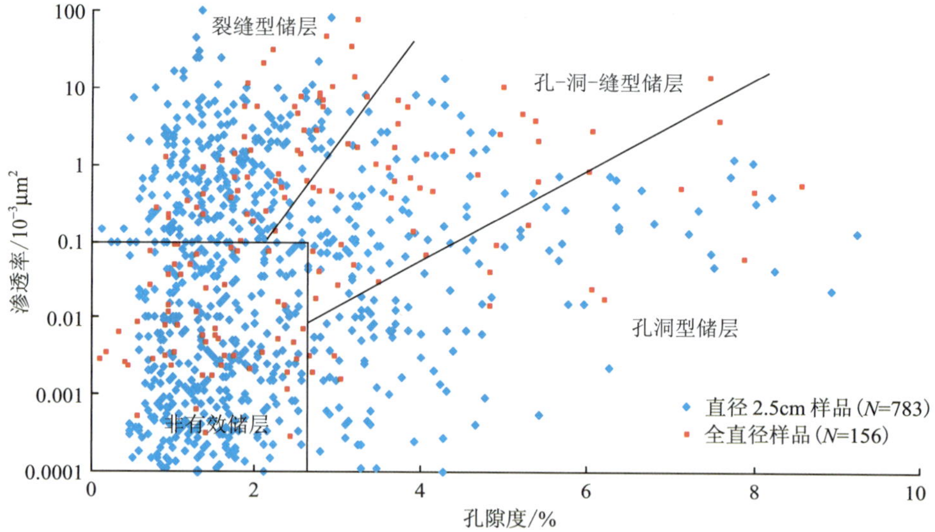

图4－40　四川盆地高石梯—磨溪地区孔隙度与渗透率关系

心孔隙度样品数据可见，平均孔隙度由大到小顺序依次为：藻叠层白云岩5.41%（$N=556$），砂屑白云岩3.87%（$N=430$），藻凝块白云岩3.81%（$N=451$），藻纹层白云岩1.72%（$N=193$），泥晶白云岩1.41%（$N=147$），白云质泥岩0.84%（$N=81$），角砾白云岩0.54%（$N=133$），泥质白云岩0.47%（$N=114$）。

统计不同沉积相带的8口井938块全直径岩心孔隙度样品数据发现，丘相、滩相是主要储集层发育的沉积相带（表4－12）。

磨溪9井，5046.15~5046.31m，藻丘亚相，藻凝块云岩，孔洞发育　　威117井，3347.09m，藻丘亚相，藻黏结格架岩

高石1井，4975.14~4975.29m，藻丘亚相，藻叠层云岩，孔洞发育　　高石1井，4966.98~4967.07m，颗粒滩亚相，砂屑云岩，溶孔发育　　磨溪8井，5426.06m，颗粒滩亚相，藻砂屑云岩

图4－41　四川盆地震旦系灯影组不同沉积亚相及岩性储层特征

表4－12　震旦系灯影组不同相带全直径岩心物性统计

相带　　孔隙度/% 概率/%	<2	2~4	4~6	6~8	>8
丘相	33. 15	32. 95	14. 47	14. 62	4. 82
滩相	55. 22	22. 54	5. 6	10. 59	6. 06
台坪	70. 59	29. 41	0	0	0
潟湖	76. 86	23. 14	0	0	0

统计8口井983块岩心及储层物性样品发现，有利岩性发育段中次生溶蚀孔洞与裂缝耦合是控制有效储层发育的关键因素，孔洞及裂缝发育处，有利储层发育，储层物性较好（表4－13）。

统计四川盆地震旦系灯影组2口系统取心井1893个孔隙度分析样品，灯影组四段碳酸盐岩岩溶有效储层主要分布于距不整合顶面350m的范围内（威117井），灯影组二段碳酸盐岩岩溶有效储层主要分布于距不整合顶面200m的范围内（威112井）（图4－42）。

6. 储层分布规律

震旦纪桐湾运动形成四川盆地震旦系灯影组四、二段两期风化壳岩溶储层，储层横向分布较稳定，纵向上互相叠置。钻井证实，岩溶斜坡和岩溶台地坡折带是震旦系灯影组溶蚀孔洞发育区；灯影组四段储层受控于桐湾Ⅱ幕风化壳，发育受风化壳岩溶控制的储层，主要分布于震旦系灯影组四段顶部风化壳下350m范围内；灯影组二段储层受控于桐湾Ⅰ幕风化壳，发育受多旋回层间岩溶面控制，储层厚度达50~200m；受两期桐湾运动所产生的表生岩溶作用以及晚期埋藏溶蚀共同影响，灯影组储层厚度大，分布广泛，具备形成大型气田的储集条件。受多层表生岩溶作用，形成的“丘滩相＋岩溶复合”型裂缝－孔洞型白云岩储层，分布广泛，累计厚度大。表生岩溶带与丘滩体叠合区是最有利储层发育地区，综合沉积相带、岩溶古地貌、储集空间发育程度、热液矿物充填程度等因素，预测

表 4-13　四川盆地震旦系灯影组部分取心井洞、裂缝及储层统计情况

井号	取心井段/m	层位	岩性	岩心长度/m	储层长度/m	孔隙度/%		渗透率/$10^{-3}\mu m^2$		溶洞线密度/(个·m^{-1})			有效裂缝线密度(条·m^{-1})
						最大	平均	最大	平均	小洞	中洞	大洞	
安平 1	5035.5~5063.1	Z_1dn^4	藻纹层云岩、泥晶云岩	27.33	10.6	4.2	3.1	14.2	0.86	1.7	1.9	1.2	2.1
高科 1	4986.3~5033.4	Z_1dn^4	粉晶云岩、角砾云岩	29.7	3.13	4.8	3.6	12.7	1.03	41.3	34.4	23.6	1.4
	5439~5447.8	Z_1dn^2	葡萄花边云岩	8.78	5.78	5.6	2.9	10.2	0.87	27.2	31.2	11.6	1.9
高石 2	5010.3~5019.0	Z_1dn^4	藻凝块云岩	5.67	3.42	4.6	3.2	9.8	0.78	3.7	4.6	3.2	1.6
	5387.1~5397.5	Z_1dn^2	藻纹层-藻凝块云岩	10.4	3.13	4.7	2.9	7.4	0.43	6.2	0.7	0.3	3.2
高石 6	5034.6~5038.4	Z_1dn^4	藻凝块云岩	3.8	3.5	9.3	5.6	56.1	6.5	10	10.3	8.7	2.1
	5355.4~5389.8	Z_1dn^2	藻凝块云岩	26.24	17.4	11.2	6.3	207	13.6	23.2	7.7	6.9	3.2
磨溪 8	5088.1~5112.4	Z_1dn^4	藻凝块云岩、砂屑云岩	19.75	10.5	13.5	4.3	3.4	1.76	3.7	2.6	2.4	1.7
	5425.2~5426.4	Z_1dn^2	藻砂屑云岩	1.17	0.23	5.2	2.6	4.36	0.12	1.7	2.6	0.9	1.7
磨溪 9	5032.2~5047.4	Z_1dn^4	藻凝块云岩、藻叠层云岩、藻纹层云岩	6.17	4.2	9.1	3.8	6.4	1.5	110	91.2	70.8	7.6
	5420.6~5462.2	Z_1dn^2	灰色白云岩	40.65	28.1	11.6	3.3	4.7	0.78	80.2	10.4	4.1	31.6
磨溪 10	5459.4~5473.4	Z_1dn^2	细晶云岩	13.92	9.2	13.1	4.4	22.6	1.02	11.6	7.3	7	1
磨溪 11	5486.5~5501.4	Z_1dn^2	藻纹层云岩	14.48	9.7	8.6	3.7	19.8	2.01	30.5	25.4	29.1	6.8

注：大洞直径 >1.0cm，中洞直径为 0.6~0.8cm，小洞直径为 0.2~0.5cm。

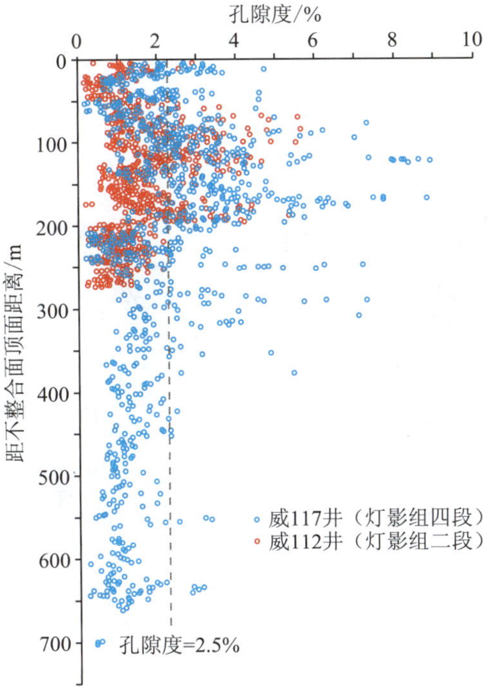

图4－42　四川盆地震旦系灯影组岩心孔隙度随不整合面距离的关系

四川盆地灯影组有利储层范围约 $7.8\times10^4km^2$。

下寒武统龙王庙组储层除在乐山－龙女寺古隆起核部地区剥蚀殆尽外，其他地区广泛分布，厚度为10～100m，总体具有西南薄、东南厚的特点。纵向上高石梯—磨溪地区龙王庙组发育两套储层，其中磨溪地区寒武系龙王庙组储层物性相对较好，厚度大，横向分布稳定。

第四节　碎屑岩储层

碎屑岩储层包括常规、致密和页岩储层，这里主要阐述对常规和致密碎屑岩储层的一些新认识，这些新认识拓展了成熟探区勘探领域，指导了油气发现和储量增长。

一、敏感性储层

敏感性储层钻完井保护措施不好，是导致该类油气层低产或不出油气的主要原因，以准噶尔盆地莫北油田为例阐述。

莫北油田 J_1s_2 储层岩性主要为不等粒和细—中粒岩屑砂岩。碎屑成分以凝灰岩为主，占44.9%；其次为石英和长石，分别占31.2%、23.4%。颗粒多为次圆—次棱角状，分选中—好，胶结类型主要为压嵌式、孔隙－压嵌式。根据116块压汞资料统计分析，J_1s_2 储层孔隙喉道以中低孔渗、细喉为主，毛管压力曲线形态为偏细歪度，平均排驱压力为0.66MPa，平均饱和度中值压力为7.47MPa，平均最大孔喉半径为1.76μm，平均毛管半径为0.53μm，平均退汞效率为37%。储层孔隙类型以粒间孔为主，占95%（图4－43），孔隙度为2.30%～19.40%，平均为11.93%；渗透率为0.03×10^{-3}～$58.20\times10^{-3}\mu m^2$，平均为$1.82\times10^{-3}\mu m^2$；油层孔隙度下限为11.2%，渗透率下限为$1.3\times10^{-3}\mu m^2$。沉积微相和岩性是影响储层物性的主要因素，中—粗砂岩储层物性最好，中细砂岩、不等粒砂岩次之，砂砾岩、粉砂岩较差，含钙质砂岩最差；水下分流河道微相储层物性较好，而水下分流浅河道、水下分流浅滩微相储层物性较差；水下分流间湾泥质微相为非储层。

Mb2005井，J_1s_2，3887.49m，细砂岩，原生粒间孔90%

Mb2005井，J_1s_2，3889.77m，细砂岩，原生粒间孔95%

图4-43　莫北油田J_1s_2孔隙结构微观照片

储层填隙物中胶结物成分以方解石（6.5%）、硅质为主，杂基成分主要为高岭石和泥质（5.5%），胶结程度中等—致密。黏土矿物以绿泥石（35.2%）和高岭石（29.3%）为主，其次为伊/蒙混层（19.1%）、伊利石（16.4%）。黏土矿物以分散状分布于孔喉内和颗粒表面（图4-44），储层表现为强—中等水敏性，平均渗透率损失率为64.27%；强盐敏性，平均渗透率损失率为86.71%；中等体敏性，平均渗透率损失率为31%～69%；中等速度敏感性，平均渗透率损失率为60.08%（表4-14）。早期勘探时没有采取储层保护措施，钻井泥浆不配伍，完井过程中没有进行油层保护，导致强—中等储层敏感性的一些油层试油不出。低渗透储层具有比中、高渗透储层更强的渗透率应力敏感性，而孔隙度的应力敏感性较弱，在挤压应力作用下，J_1s_2中细砂岩低渗储层更易发生应力敏感性，导致储层渗透率降低，也是一些油层试油不出的原因之一。

表4-14　储层水敏性评价

层位	速敏性		水敏性		盐敏性		体敏性	
	渗透率损失率/%	评价	水敏指数	评价	临界盐度/($mg\cdot L^{-1}$)	评价	体敏指数	评价
J_1s_2	60.1	弱—中	86.7	强	12680	高	0.31～0.69	中等

二、致密砂岩储层

致密油气已成为中国油气勘探的重要领域之一，对致密砂岩有效储层的新认识推动了油气勘探开发，使得成熟探区内的致密油气勘探领域不断拓展。

1. 致密砂岩储层类型

中国致密砂岩储层，主要发育于陆相和海相两种沉积环境，按形成机理可分原生沉积

粒间书页状高岭石与粒表叶片状绿泥石，6170×，MB9116井，J_1s_2，4193.57m，中—细砂岩

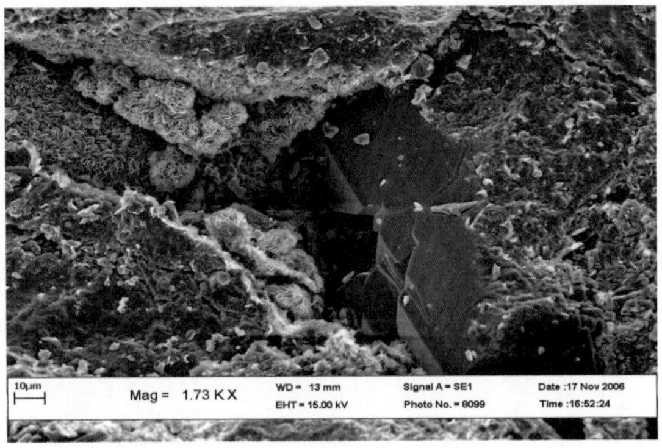

粒间丝缕状伊利石与粒表叶片状绿泥石，1730×，MB9116井，J_1s_2，4207.71m，中—粗砂岩

粒表叶片状绿泥石、自生石英晶体与石英次生加大，1570×，MB9116井，J_1s_2，4210.62m，粗砂岩

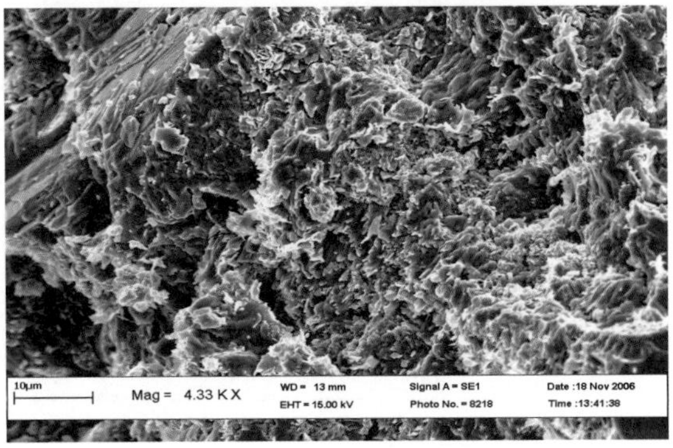

粒表不规则状伊/蒙混层矿物，4330×，MB9116井，J_1s_2，4216.53m，细砂岩

图4－44　J_1s_2 黏土矿物扫描电镜照片

型和成岩改造型两种成因类型。

（1）*原生沉积型致密砂岩储层*

中国陆相沉积盆地原生沉积型致密砂岩储层，多分布于冲积扇与三角洲前缘相。形成冲积扇致密砂岩储层的主要原因是颗粒杂基支撑、分选差、泥质含量高，形成湖盆三角洲前缘相致密砂岩储层的主要原因是岩石颗粒细、分选差、泥质含量高。

（2）*成岩改造型致密砂岩储层*

A. 陆相成岩改造型致密砂岩储层

陆相成岩改造型致密砂岩储层，大多埋藏深度大，成岩演化程度高，多已演化至中成岩至晚成岩阶段，经历了十分复杂的成岩变化，在各种成岩作用中，以强压实、压溶作用和胶结充填作用表现较为强烈。机械压实作用在早期阶段表现得比较明显，它是岩石固结成岩最主要的因素，在早成岩期机械压实作用强度最大，它使沉积物由未接触到点接触、线接触，使岩石损失大量的粒间孔隙。沉积物随埋深的增加，碎屑颗粒接触点上所承受的来自上覆层的压力，或来自构造作用的侧向压力超过正常孔隙流体压力时，颗粒接触处的溶解度增高，将发生晶格变形和溶解作用；随着颗粒所受压力的不断增加和地质时间的推移，颗粒受压溶处的形态将依次由点接触演化为线接触、凹凸接触和缝合线接触，压溶作用为硅质胶结物提供了一定的二氧化硅。如四川盆地上三叠统须家河组致密砂岩储层，在显微镜下常见石英颗粒间呈线－凹凸接触，甚至缝合线接触，可见塑性岩屑、斜长石聚片双晶弯曲折断、石英颗粒间的微缝合线接触。

B. 海相成岩改造型致密砂岩气储层

海相成岩改造型致密砂岩气储层，主要见于塔里木盆地东部志留系、四川盆地志留系小河坝砂岩、鄂尔多斯盆地石炭－二叠系，主要发育于辫状河三角洲、砂坝、潮坪等环境。如四川盆地志留系主要岩石类型以极细粒岩屑砂岩、长石岩屑砂岩为主，矿物成分以石英为主，岩屑以泥板岩、硅质岩、片岩和中酸性喷出岩岩屑为主，储层致密。塔里木盆地塔东地区志留系主要岩性为粉细砂岩、中细砂岩，成岩压实、碳酸盐胶结物和黏土矿物成分及含量、石英强烈加大、孔隙中网状黏土发育、产生水锁等是导致储层致密的主要因素。

2. 致密砂岩储层岩石学特征与储集性

成分成熟度和结构成熟度低，是中国陆相低渗—致密储层的一大特点，主要表现为长石和岩屑含量普遍较高，多为长石砂岩、岩屑长石砂岩、长石岩屑砂岩和岩屑砂岩，石英砂岩少见。颗粒大小混杂，分选和磨圆较差，泥质含量高。由于这一特征，使得沉积物在成岩过程中容易发生压实作用，且压实强度较大，从而使孔隙度大大减少，储层物性较差。致密砂岩储层孔隙类型以粒间及粒内溶孔、粒间微孔、微裂缝等次生孔隙为主，原生孔隙少见。储层物性差，孔隙度、渗透率低是致密砂岩气储层最基本的地质特征（图 4－45）。

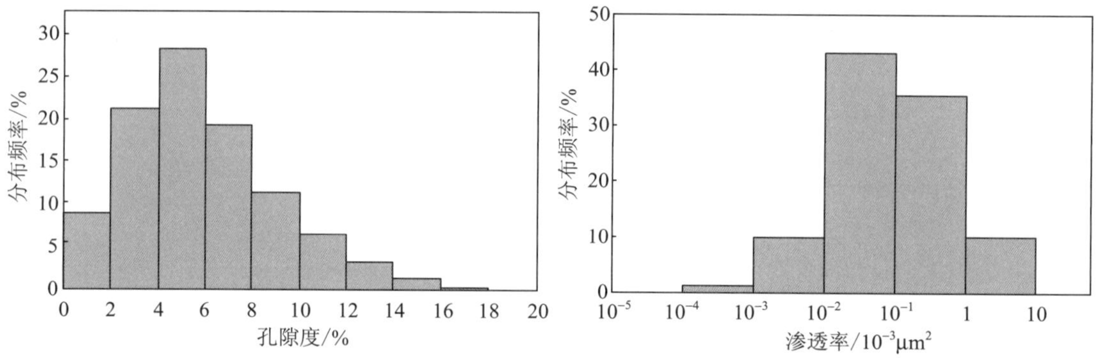

图 4－45　中国典型盆地致密砂岩储层孔隙度、渗透率频率分布

3. 致密砂岩储层致密化成因机理

储层质量在空间和时间上的变化，受众多因素控制，沉积盆地的性质和沉积环境控制了沉积物的组成、岩石的结构和原生孔隙。储层成岩作用是一个十分复杂的地球化学过程，受构造演化、沉积作用、矿物、盆地热流性质、流体运移及成岩环境中物理化学条件等多种因素控制，最关键的是矿物与孔隙流体之间的相互作用条件、方式及随之发生的迁移方向、途径与沉淀位置等。流体流动是影响成岩作用的关键因素，主要表现在两个方面：一是基于水－岩反应的古流体恢复，二是盆地成岩定量化研究。

（1）沉积作用对储层的影响

沉积物中碎屑颗粒的粒度、圆度和堆积排列方式等，都会直接控制着颗粒之间的原始孔隙发育情况。不同沉积相的砂岩由于原始的岩石矿物学特征的差异，造成了砂岩有机和无机成岩作用的较大差别，从而间接控制了储层特征，即具有不同性质的沉积物在经历一系列成岩改造后，仍表现出不同的储层特征。

如四川盆地上三叠统须家河组40口井沉积微相与储层物性的关系统计发现，有利储层主要发育在三角洲平原的高能河道中，其中退积型河口坝组合、加积型河道砂坝、河道砂坪与河道间组合、加积型河道砂坝与河道间组合（少见滞留沉积）最为有利，储层平均孔隙度一般在4%以上，平均渗透率一般在 $0.05\times10^{-3}\mu m^2$ 以上。不仅不同沉积微相之间储层物性有明显差别，而且同一沉积微相在不同地区或井中储层物性差别也较大。如在辫状河三角洲平原分支河道微相中，单井储层平均孔隙度最大可达11.0%（金106井），最小只有1.43%（龙13井）；在辫状河三角洲前缘水下分流河道微相中，单井储层平均孔隙度最大为8.37%（磨58井），最小只有2.32%（文13井）；在辫状河三角洲前缘河口坝微相中，单井储层平均孔隙度最大为8.89%（莲深1井），最小只有1.67%（汉4井）。同一口井同一沉积微相在不同层段，储层物性差别也比较大。如龙13井3540～3560m井段为辫状河三角洲前缘河口坝微相，其上部储层孔隙度小于1%，下部孔隙度却在5%以上。

总之，沉积相是控制储层物性的基础，沉积相在宏观上控制了储层物性的好与坏，储层物性在很大程度上受控于其成分及结构特征。如果砂岩在成分上具有石英、长石等刚性颗粒含量高、泥质含量低的特点，在结构上又属于粒度较粗、分选和磨圆较好的砂岩，则不仅有利于残余原生粒间孔隙保存，也有利于各类次生孔隙的发育。相反，如果为泥质含量高、粒度细小的砂岩类型，则其储集性一般较差。深层砂岩粒度与物性具有一定的正相关关系，粉砂岩通常含有较多的泥质填隙物，物性很差，经过压实和成岩改造后基本失去了储集能力。

（2）成岩作用对储层物性的影响

砂体最终能否成为有效储集体，关键是后期经历的成岩作用对原始孔隙的改造程度。对储层物性而言，建设性的成岩作用主要有溶蚀作用和构造破裂作用，导致孔隙度的增大；破坏性的成岩作用主要有压实作用、压溶作用和胶结作用，造成孔隙度的降低；交代作用对孔隙度影响较小。

A. 压实作用对孔隙的影响

机械压实作用，是致密砂岩储层形成的最重要的成岩作用之一。以四川盆地上三叠统须家河组岩石为例，各地区机械压实作用都非常强烈。川西周缘前陆盆地山前带地层和前缘带地层，都经历了早期（燕山期）的快速深埋，其后为J—E的缓慢沉降阶段，其中前缘带在喜马拉雅早期又经历了一期深埋作用，深度一般在5500～6000m左右，并且深埋时间长，作用充分，故储层压实作用强；其斜坡带和隆起带埋深相对较浅，一般在4000～4500m左右。

在早成岩期，机械压实作用强度最大，是固结成岩最主要的因素。在中成岩期，随埋深的增加，机械压实作用进一步增加，将在中成岩作用A期产生的次生孔隙进一步压实。此时岩石颗粒在石英加大后呈线－凹凸接触，可见云母弯曲折断、软颗粒呈微缝合线接触。

实测孔隙度为0.8%～16.02%，平均为6.88%，实测值与推测剩余原生孔隙度的差值表明，储集岩的孔隙主要为次生孔隙，都属强压实。尤其是大巴山前缘及川西南部，压实作用最为强烈，它使原生孔隙损失了近90%左右，再加上胶结作用使原生孔隙损失了近5%，使得各目的层段的原生孔隙损失较大，大部分样品没有或只有少量残余原生孔隙。这与铸体薄片鉴定及扫描电镜下只见到很少残余原生孔隙相吻合。

上述特征表明，强烈的压实作用导致原始孔隙度降低，从而大大降低了储层的渗透率，是影响储层储集性能的主要原因之一。

B. 胶结作用对孔隙的影响

胶结作用，也是致密砂岩储层形成的重要影响因素之一。以鄂尔多斯盆地延长组为例，其成岩作用复杂且非常强烈，具有多期次、多类型特征，成岩自生矿物种类多样。延长组不同油层砂体，晚成岩阶段胶结作用非常强烈，表现为斜长石的钠长石化和高岭石化非常明显，高岭石、伊利石和绿泥石等自生黏土矿物含量较高，而且亮晶方解石和钠长石重结晶明显。姬塬长4+5油层和安塞长6油层砂岩成岩特征类似，但安塞长6油层砂岩中钠长石、碳酸盐岩、伊利石、高岭石和绿泥石等胶结物含量更高，对孔隙度影响更大。而西峰油田长8油层砂岩中，自生石英和硅质胶结物含量更高，特别是石英加大边很发育，长8油层砂岩晚期钙质胶结作用发育，裂隙发育，裂缝发育的砂岩以细砂岩为主，泥质含量高，碳酸盐化强烈，部分裂隙发育的砂岩变为钙质砂岩。陇东长2+3油层早期硅质胶结发育，但以残余粒间孔隙发育为特征。

通过对储层原始孔隙度的恢复，延长组储层原始孔隙度在35%左右，而延长组储层砂岩现今孔隙度一般介于6%～21%之间。这表明，压实作用虽然对孔隙度影响较大（造成8%～15%的孔隙度损失），但压实后剩余孔隙度仍然高达15%～23%。可见，压实作用并不影响油气的正常运移和渗流作用。也就是说，延长组在压实后并没有致密，油气可以正常运移。但延长组砂岩钠长石、亮晶方解石、白云石和自生高岭石、伊利石、铁绿泥石等晚期胶结物含量非常高，而且其含量与储层砂岩的孔隙度成明显的负相关关系，晚期胶结物使储层致密，晚期胶结后储层的残余孔隙度大多小于10%，剩余孔隙度一般在4%～6%之间，严重影响油气运移。而晚期裂隙和溶蚀作用改善了储层物性，使孔隙度改善为10%～15%，从而形成一些具有储集性能的高孔高渗带，成为岩性油藏的有效储集空间。因此，延长组油层致密的主要原因是大量发育的晚期胶结物。

C. 溶蚀作用对储集性的影响

溶蚀强度的差异，是沉积控制基础上储层质量差异的主要因素，可以发生在成岩作用的各个时期，但中成岩阶段由有机质脱羧引起的溶蚀作用对储集空间形成具有特别重要的影响。

四川盆地须家河组储层受溶蚀的矿物主要是长石和岩屑。长石颗粒常沿解理、破裂缝发生溶解，从而形成蜂窝状粒内溶孔，而有的几乎完全被溶蚀形成铸模孔，长石颗粒溶孔是区内须家河组储层的主要储集空间。在对铸体薄片的统计中发现，须家河组因溶蚀作用为储层提供的孔隙度一般小于3%，平均为2%，最高可达5%，须二段长石含量总体上比须四段多，次生溶孔相对发育，薄片统计面孔率平均可达3.19%。溶蚀作用主要是针对不稳定组分，如长石、岩屑等常发生粒内溶蚀，而碳酸盐胶结物溶蚀和粒间溶孔较为少见。原生残余粒间孔隙越发育，成岩期越有利于酸性孔隙水的活动，长石和岩屑的次生溶解亦相对发育，两者组成复合孔隙的几率较高。川西地区长期处在封闭条件下，埋深也相对较大，成岩流体无机组分上没有变化，只对长石和部分岩屑溶解，而对粒间的胶结物如石英碳酸盐不发生溶解，故使致密化的须家河组砂岩孔隙度改变不大，这是须家河组致密化的一个主要原因。川中—川南地区古埋深相对较浅，有利沉积相带基础上叠加了积极的溶蚀作用，储层质量得以改善。

(3) 异常高压与孔隙演化关系

川西前陆盆地上三叠统沉积厚度巨大，上三叠统普遍存在异常高压现象，特别是在梓潼坳陷区内，如魏1井3838～3762m井段压力系数达2.09MPa/100m，黎雅1井4386～4477井段压力系数达1.98MPa/100m。

研究认为，引起川西前陆盆地上三叠统地层压力异常分布的主要地质作用是地层流体疏导不畅。一方面是由砂岩致密化引起流体储渗空间减小，另一方面是由黏土矿物脱水、有机质热解生烃等作用引起的地层流体增加。构造运动不但对上三叠统油气运移、聚集成藏起着重要作用，而且断裂构造对异常高压有明显泄压作用。因而异常地层压力对储层孔隙的保护十分有限，目前存在的地层异常压力，主要是在岩石致密化作用以后产生的。

(4) 构造作用对储层物性的影响

构造运动可以使比较致密的储层产生裂缝。如川西前陆盆地上三叠统储层，经过多期冲断作用构造裂缝发育，尤其是川西前陆盆地西部地区储层，由于其早期的深埋压实作用，致使储层多已致密化，裂缝改善作用往往对其储集性能有决定性影响，破碎裂缝的形成与分布又与前陆冲断构造运动密切相关。

川西地区部分井的测试情况表明，储层具双孔介质系统，即基质和裂缝都对储渗系统起作用。裂缝在致密储层中主要起增加孔隙度、提高渗透率、促进沿裂缝形成溶蚀孔缝系统等作用，其中裂缝对总孔隙度的提高贡献不大，裂缝率一般小于1%，但对渗透率的增加作用很大，对渗透率的增加一般可达十倍至几十倍。

松辽盆地深层砾岩中构造裂缝相对于火山岩而言不发育，且主要为早期裂缝，这种裂缝比较平直，基本上被次生矿物如石英和方解石充填，因此对物性改善作用有限。早期构造裂缝由于充填作用很难保存，只有晚期裂缝才能保存下来，但早期裂缝对于早期的油气运移可能产生影响。

第五节　深层有效储层

深层钻探表明，深部岩石的原生孔隙随埋深增大而大幅减少，但由于次生作用的原因，仍存在形式各样的储集体，如孔隙型、裂缝型、溶洞－裂缝型、孔隙－裂缝型等。中国陆上深层发育碳酸盐岩、碎屑岩、变质岩和火山岩规模有利储层，为油气成藏提供了聚集场所。

一、深层碳酸盐岩有效规模储层

中国广泛发育沉积－成岩型、层间－层内溶滤型和埋藏－热液改造型三大类储层，碳酸盐岩礁滩储层受埋藏深度影响较小，受顺层、层间两类岩溶和埋藏、热液两类白云石化作用，碳酸盐岩储层物性不受埋深限制，深层碳酸盐岩仍可以发育规模有效储层。如塔里木盆地塔北隆起斜坡区埋深6000m以下的奥陶系鹰山组，在顺层岩溶作用下斜坡—斜坡低部位广泛发育呈层状分布的岩溶储层，储层分布面积超过$1.5\times10^4km^2$；塔中地区受多期沉积间断大气淡水淋滤作用控制，多期、多层系发育岩溶储层，层间岩溶储层叠合面积

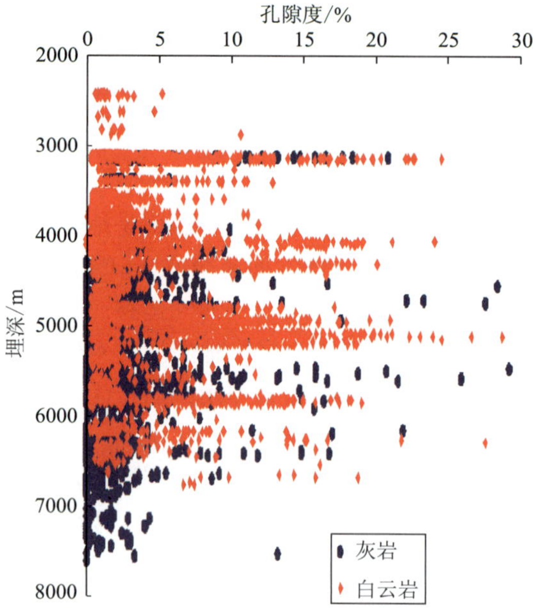

图 4－46　碳酸盐岩孔隙度随深度变化关系

超过 $5\times10^4km^2$。埋藏与热液白云石化作用，使深层规模发育呈带状分布的有效储层，埋深可达 6000～8000m。统计塔里木、四川两个盆地 5860 块碳酸盐岩样品储层物性与深度关系发现，埋深 6000m 以下储层孔隙度大于 5% 的样品仍占统计样品的 35%，孔隙度最大可达 22%（图 4－46）。如塔里木盆地中古 9 井白云岩储层，埋深 6200～6300m，Ⅰ类储层孔隙度平均达 12.6%，Ⅱ储层孔隙度平均 6.5%；轮东 1 井埋深 6800m 仍发育洞高 4.5m 的大型溶洞；塔深 1 井 8000m 井深白云岩溶蚀孔隙发育。

从统计来看，国外日产万吨油井的储层大多与同生－准同生期的溶蚀作用相关。塔里木盆地奥陶系岩溶储层主要是在加里东期形成，无论是鹰山组还是一间房组、蓬莱坝组等，加里东期埋藏都比较浅，利于准同生期层间岩溶储层的发育，在奥陶系灰岩晚加里东期的顶面构造图上，主体区域埋深都浅于 2500m，因此早期的岩溶储集层分布范围很广，远超出目前的预期。在台盆区现今埋藏 7000～10000m 处可能都存在大型岩溶储层发育带。特别是这些溶洞或孔洞在埋藏很深的情况下依然能够得到有效保存，比如塔深 1 井，在 8406m 附近仍然保存了较大的孔洞，孔洞直径大于 1cm。深部钻探也证实，这些溶洞或孔洞是目前储集油气的主要空间类型，而这些溶洞或孔洞在深埋过程中很难被压实。

古岩溶的发育与碳酸盐台地整体强烈隆升有关。从塔中古隆起来看，奥陶纪至少发生了 5 期明显的岩溶作用，形成多层有效岩溶储集体（图 4－47）。其中 4 期属于层间岩溶。层间岩溶不同于潜山岩溶，层间岩溶是形态分类的概念，指的是岩溶作用沿层面发育；潜山岩溶首先是成因分类的概念，其次才是形态分类的概念。

以鹰山组为例，在塔里木巴楚—塔中下奥陶统鹰山组顶部古岩溶发育，与早奥陶世末碳酸盐台地整体强烈隆升有关，缺失了中奥陶统一间房组和上奥陶统底部的吐木休克组沉积，下奥陶统上部地层裸露而为云灰岩山地，遭受强烈剥蚀和风化淋溶而形成面积达 10×10^4 km^2 的岩溶风化壳，暴露时间大约 10Ma（张宝民等，2009），至晚奥陶世中期才再次沉降而被良里塔格组灰岩沉积所覆盖。这种层间岩溶储集体是近年来塔中勘探的一个热点，鹰山组主要油气藏分布在层间不整合面以下 200m 以内，具有大面积连片分布的特点（杨海军等，2011）。而蓬莱坝组和寒武系之间的岩溶体系（Ⅰ期）等，尚未展开大规模勘探。特别是距风化壳岩溶层顶面不同深度的储层物性变化不大，不同深度的洞穴层基本不存在明显差异，说明深埋作用对储层影响不大。

另外，从塔里木盆地勘探来看，从覆盖区向盆地方向随着大气淡水岩溶作用的逐渐减弱，碳酸盐岩裂缝型储层逐渐占据优势，这些裂缝形成与断裂关系十分密切。深大断裂附近，一般裂缝型储层发育，厚度大，沿断裂分布，形成规模储层；更重要的是，这些深大

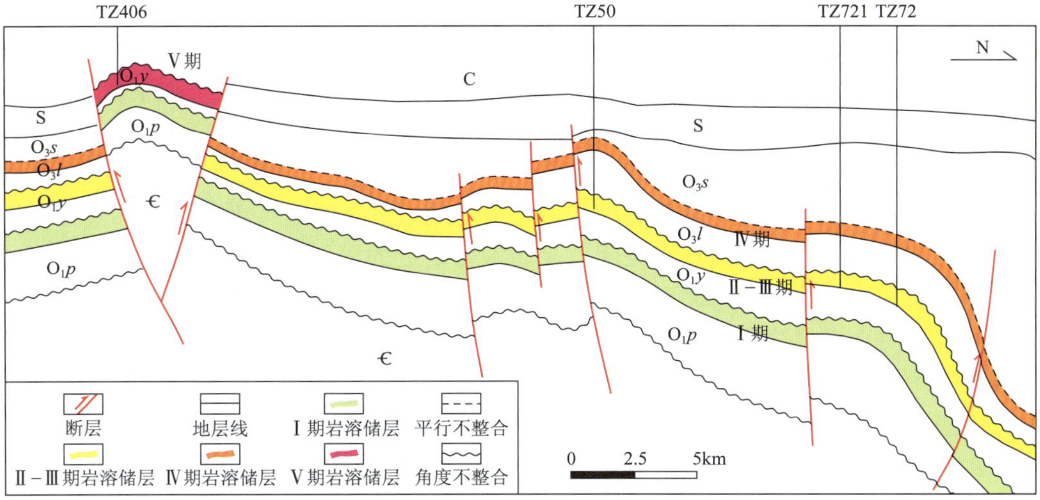

图4－47　塔中古隆起奥陶系5期不整合对应5期古岩溶储层

4期层间岩溶：Ⅰ期—蓬莱坝组和寒武系之间的岩溶体系；Ⅱ期—鹰山组和一间房组之间的岩溶体系；Ⅲ期——间房组和吐木休克组之间的岩溶体系；Ⅳ期—良里塔格组和桑塔木组之间的岩溶体系。1期潜山岩溶：Ⅴ期—奥陶系灰岩顶部和上覆碎屑岩层系之间的岩溶体系。Ⅱ期和Ⅲ期岩溶叠加形成鹰山组顶部区域性的层间岩溶储层

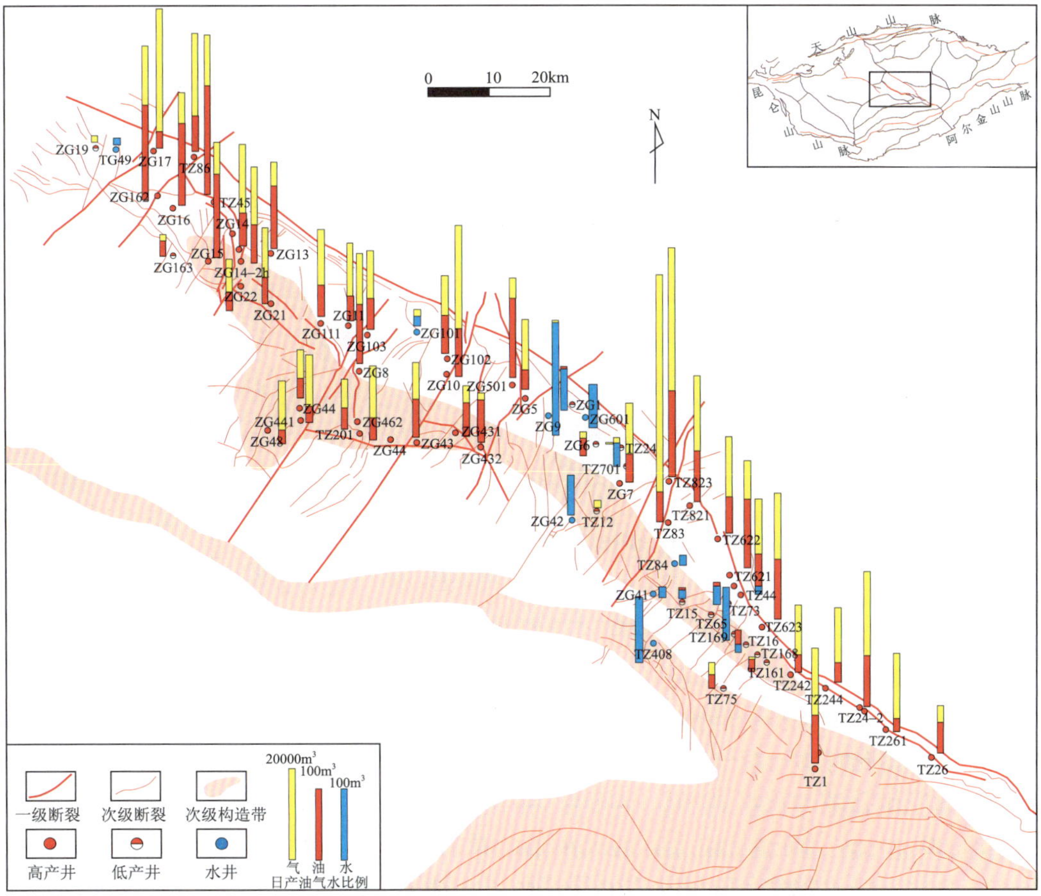

图4－48　深层碳酸盐岩油气藏高产井与断裂的分布关系

断裂，是重要的油气输导通道，沟通了深部烃源岩，易于成藏。就目前深井钻探发现来看，高产油气流井绝大多数都分布在断裂带附近（图4－48）。塔中Ⅰ号断裂带及其派生的走滑断裂是重要的油气源断裂（王招明，2004；邬光辉等，2005；王振宇，2007），同时它们形成的裂缝系统又沟通了岩溶层的孔洞，优化了储层性能（赵文智等，2009），促进了高产，目前高产油气井主要分布在断裂发育区。在塔北东部地区，轮古东的桑南断裂、轮古东走滑断裂等，也是重要的油气源断裂，同时又促进这些部位裂缝的发育，因此高产井均分布在这些断裂带附近，说明位于断裂带附近的深部储集层勘探价值更大。

缝洞沟通往往在形成高产的同时，开发过程中也容易稳产，一般称为缝洞连通型储集单元，通常是由众多裂缝将多个缝洞体连通成一个整体（图4－49）。随着开采的进行，相邻缝洞体的油气可以相互补充，地层能量在一定时间内保持相对稳定，容易出现高产稳产井，这些井常常位于断裂周围。而对于洞穴型储层，多为孤立洞穴，可存在洞顶缝，与其他洞穴和外部断裂联系不紧密，地层能量随开采时间下降明显，可视为定容型油气藏，油气产能一般取决于洞穴容量。裂缝型储集体，储集空间常常相互连通，在开采过程中可以相互补充但速率缓慢，地层能量一般较低但较稳定，不容易出现高产油气藏。可见，断裂在改善深层碳酸盐岩储层性能和提高产能中发挥了重要作用。

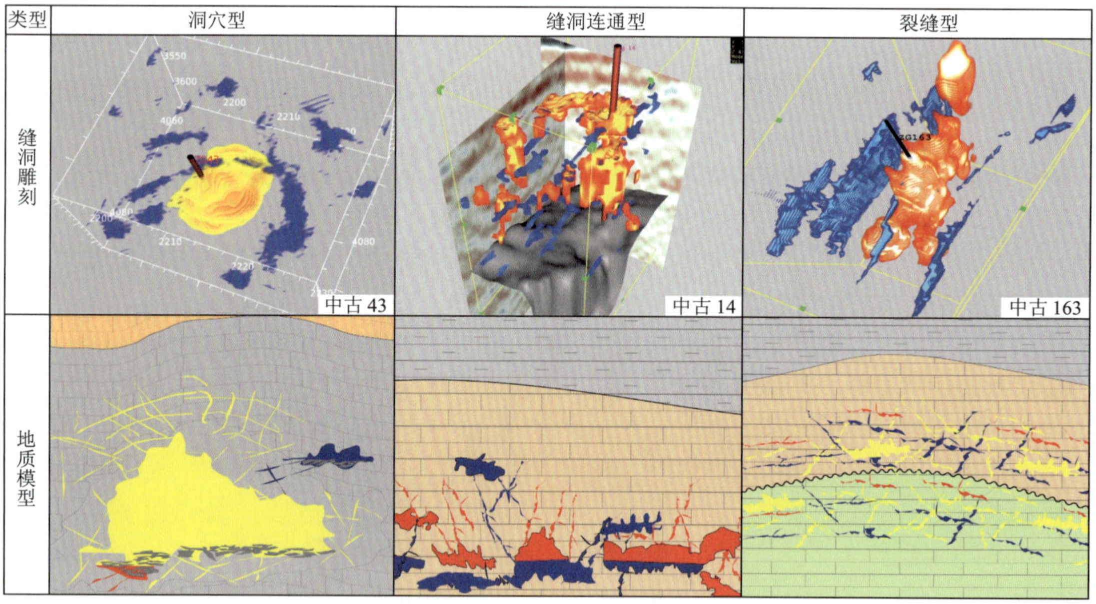

图4－49　缝洞型碳酸盐岩储层雕刻与地质模型

蓝色—水；红色—油；黄色—气

再者，碳酸盐岩储层早期充注的油气流体可以抑制后期随埋深发生的压实及充填作用等，有利于对孔隙的保持。塔里木盆地海相原油的充注主要发生在晚加里东期和晚海西期（图4－50）。而此时奥陶系储集层整体埋深在3000～4000m以内，在如此深度段内，会保存有较好的原生孔隙和次生孔隙，存在足够的空间来接受油气的注入。虽然现今埋深在7000～10000m之间，而油气注入时则远小于此数。由于岩石中孔隙已承载了油气，难以被压实。总之，塔里木盆地碳酸盐岩储层经历了多期多类成岩作用，油气早期充注对储层孔隙度保存有着重要意义。

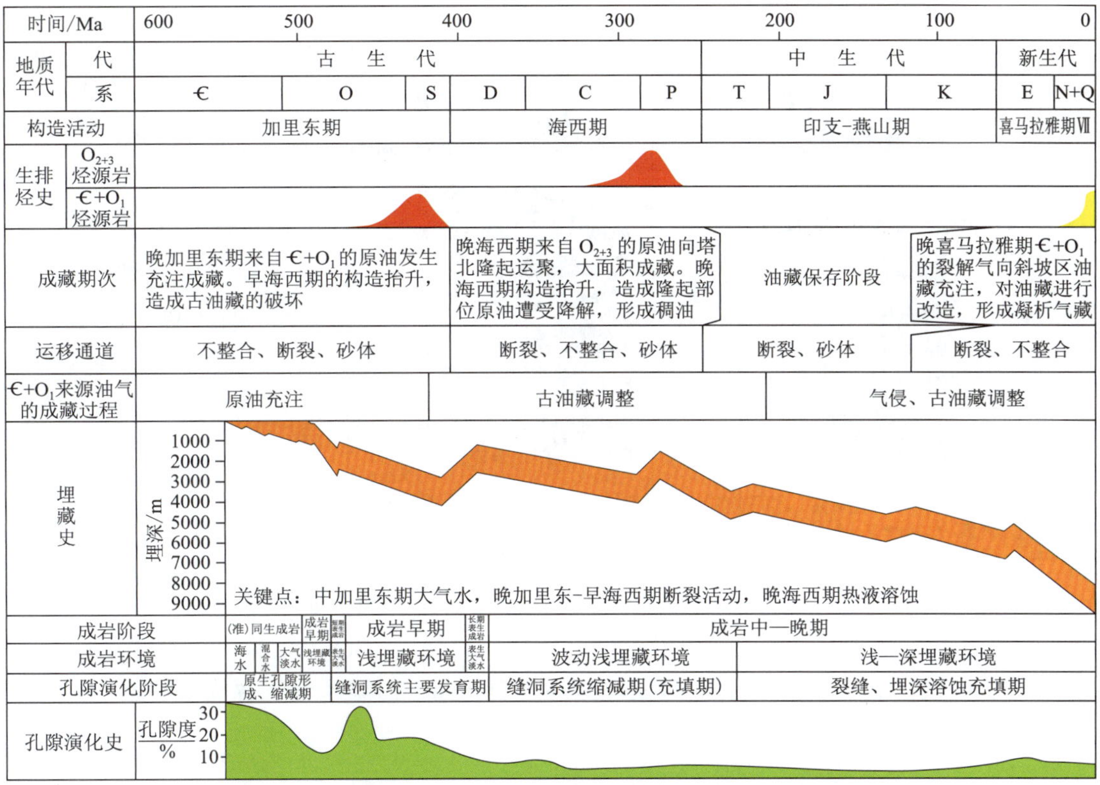

图4-50 塔里木盆地台盆区碳酸盐岩储层孔隙演化与保存模式

二、深层碎屑岩发育规模有效储层

1. 深层碎屑岩相对优质储层孔隙保持机理

低地温梯度和长期浅埋、晚期快速深埋利于孔隙保存。模拟实验表明，快速埋藏储层物性得以较好保存。如塔里木库车深层数值模拟证实，6000m的埋深，晚期快速埋藏较正常埋藏，砂岩孔隙度相差5%。早期长期浅埋，后期快速深埋，使浅埋期大量孔隙得以保存，如准噶尔盆地腹部埋深6000m以下仍发育相对优质储层，孔隙度可达15.6%（图4-51）。碎屑岩抬升后遭受风化淋蚀，也可使储层物性变好。

早期烃类充注使深层储集空间保存良好。早期烃类充注可以使深层储集空间得到良好保存，主要有三方面原因：一是早期烃类充注改变了原来岩石地球化学环境及水湿润性；二是抑制原来水岩介质中发生的成岩反应；三是加快长石、碳酸盐矿物等溶解作用。

黏土膜保护作用有利于原生孔隙保存。黏土膜有效增加了岩石抗压实能力，抑制自生矿物生成，如塔里木盆地深层的微晶石英膜和微晶方解石膜，使原生孔隙得以保存。鄂尔多斯盆地延长组和四川盆地须家河组研究发现，绿泥石薄膜发育部位，储层物性明显变好，证实了黏土膜对原生孔隙的保护作用。

2. 高温高压砂岩快速溶蚀有效储层深度界限下移

受过去的实验条件溶蚀实验温度<120℃、常压状态限制，认为深层孔隙不发育；通过180℃高温、53MPa高压条件模拟结果表明，150℃后溶蚀速率增大2~3倍（图4-

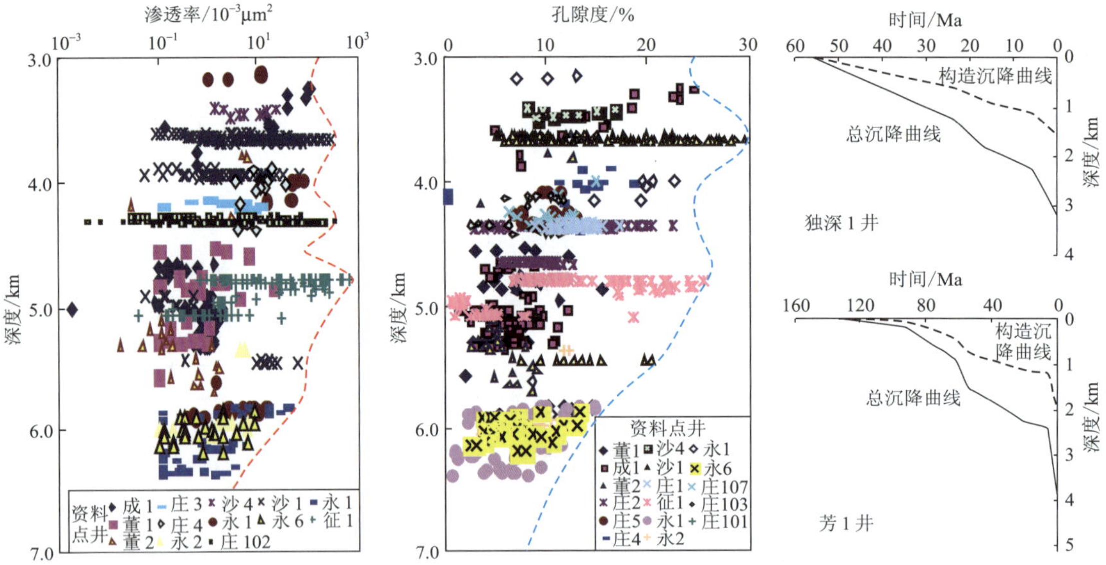

图 4－51　准噶尔盆地碎屑岩快速埋藏储层物性随深度变化关系

52a)。如塔里木盆地白垩系深层仍发育良好储层（图 4－52b），克深 7 井在酸压情况下，地层产大水，证明克深 1—克深 2 气藏埋深超过 7900m，白垩系仍发育优质储层。

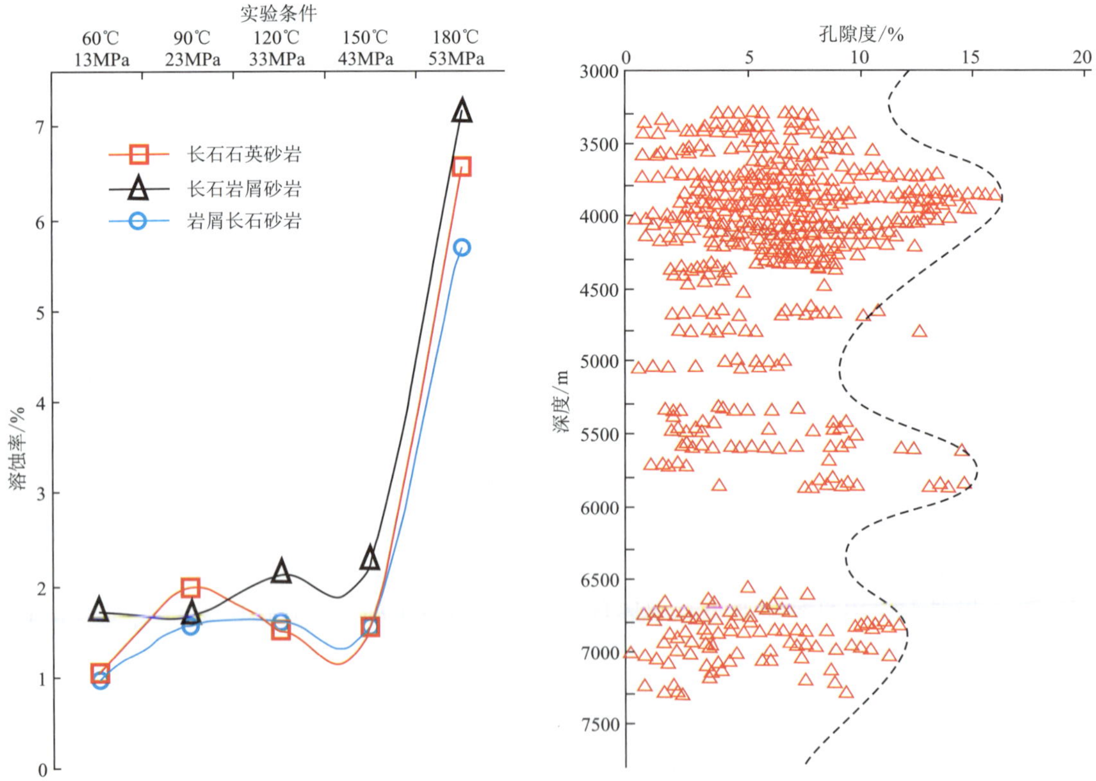

a. 不同温压条件下碎屑岩溶蚀机理　　b. 库车地区白垩系孔隙度与声波对应关系

图 4－52　碎屑岩溶蚀机理及随深度变化

3. 断裂－裂缝大大改善致密储层储集性能

深层岩石脆性程度增大，在构造应力作用下，岩石易发生破裂，形成断裂和裂缝，断裂－裂缝将大大改善致密储层的储集性能，增大流体渗流空间。如大北202井裂缝发育，砂岩储层未经改造，渗透率为$0.132\times10^{-3}\mu m^2$，产气$110\times10^4 m^3/d$。相反，依南2井裂缝不发育，渗透率为$0.013\times10^{-3}\mu m^2$，产量较低。

三、火山岩储层物性受埋深影响较小，有利储层可叠置大规模发育

中国含油气盆地内，发育原生型还是风化壳型两类火山岩储层。原生型火山岩储层物性受岩性、岩相控制，以原生孔和裂缝为主。火山岩风化壳储层受原始储层物性、风化淋蚀及构造控制，以次生溶蚀孔和裂缝为主。勘探已证实火山岩储层物性受埋藏深度影响较小，深层可发育良好储层，其中火山岩风化壳储层优于原生型火山岩储层，火山岩有利储层可叠置连片大规模分布。

四、断裂－裂缝是形成深部有效储层的关键

无论是碳酸盐岩、碎屑岩、火成岩还是变质岩，深部储层的普遍特点是裂缝发育，特别是在断裂带附近，裂缝分布密集，成网络状。从塔里木盆地深井来看，碳酸盐岩储层自5700m埋深开始，裂缝型储层已逐渐占据优势，随着埋藏深度的增加，裂缝型储层厚度所占比例不断增大。在7000m以下深度，裂缝型储层已成主体。对于塔里木盆地库车地区的砂岩储层来说，7000m以下埋深的储层孔隙度一般小于5%，而渗透率在$1\times10^{-3}\sim100\times10^{-3}\mu m^2$之间，如此致密的砂岩能够成为有效储层且获得高产气流，与裂缝对储层的改善作用密切相关。同样，准噶尔盆地莫深1井在7000m深度段的凝灰岩中获得气流，其储层的孔隙度为8.3%～12.4%，岩心观察和成像测井资料均显示出裂缝发育。虽然裂缝储集体的有效容积只相当于孔隙型储集体的2%～20%，但是其规模一般较大，厚度往往为50～200m，因此，同样可以形成规模储层。

主要参考文献

《岩土工程手册》编写委员会．1998．岩土工程手册．北京：中国建筑工业出版社：301～304.

陈庆春，朱东亚，胡文瑄，等．2003．试论火成岩储层的类型及其成因特征．地质论评，49（3）：286～291.

冯子辉，邵红梅，童英．2008．松辽盆地庆深气田深层火山岩储集层控制因素研究．地质学报，82（6）：760～768.

何登发，陈新发，况军，等．2010．准噶尔盆地石炭系烃源岩分布与含油气系统．石油勘探与开发，37（4）：397～409.

侯连华，邹才能，匡立春，等．2009a．老油气区精细勘探潜力与方法技术．石油与天然气地质，30（1）：108～115.

侯连华，邹才能，匡立春，等．2009b．准噶尔盆地西北缘克－百断裂带石炭系油气成藏控制因素新认识．石油学报，30（4）：513～517.

侯连华，王京红，邹才能，等．2011．火山岩风化体储层控制因素研究——以三塘湖盆地石炭系卡拉岗组为例．地质学报，85（4）：557～568.

侯连华，朱如凯，赵霞，等．2012a．中国火山岩油气藏控制因素及分布规律．中国工程科学，14（6）：77～86.

侯连华，邹才能，刘磊，等．2012b．新疆北部石炭系火山岩风化壳油气地质条件．石油学报，33（4），533～540.

侯连华，罗霞，王京红，等．2013. 火山岩风化壳及油气地质意义——以新疆北部石炭系火山岩风化壳为例．石油勘探与开发，40（3）：257～268.
姜洪福，师永民，张玉广，等．2009. 全球火成岩油气资源前景分析．资源与矿产，11（3）：20～22.
康玉柱．2008. 新疆两大盆地石炭－二叠系火成岩特征与油气．石油实验地质，30（4）：321～327.
匡立春，薛新克，邹才能，等．2007. 火山岩岩性地层油藏成藏条件与富集规律——以准噶尔盆地克－百断裂带上盘石炭系为例．石油勘探与开发，34（3）：285～290.
李宁，乔德新，李庆峰，等．2009. 火山岩测井解释理论与应用．石油勘探与开发，36（6）：683～692.
林潼，焦贵浩，孙平，等．2009. 三塘湖盆地石炭系火山岩储层特征及其影响因素分析．天然气地球化学，20（4）：513～517.
刘嘉麒，孟凡超．2009. 火山作用与油气成藏．天然气工业，29（8）：1～4.
邱家骧．1985. 岩浆岩石学．北京：地质出版社：1～340.
邱隆伟，姜在兴，熊志东，等．2003. 辽河盆地东部凹陷火成岩油藏类型及成藏条件研究．石油实验地质，25（4）：390～394.
宋新民，冉启全，孙圆辉，等．2010. 火山岩气藏精细描述及地质建模．石油勘探与开发，37（4）：458～466.
孙圆辉，宋新民，冉启全，等．2009. 长岭气田火山岩岩性和岩相特征及其对储集层的控制．石油勘探与开发，36（1）：68～73.
王京红，靳久强，匡立春．2011a. 准噶尔盆地莫北油气藏主控因素再认识．石油与天然气地质，32（2）：165～174.
王京红，靳久强，朱如凯，等．2011b. 新疆北部石炭系火山岩风化壳有效储层特征及分布规律．石油学报，32（5）：757～766.
王京红，邹才能，靳久强，等．2011c. 火成岩储集层裂缝特征及成缝控制因素．石油勘探与开发，38（6）：708～715.
王京红，杨帆．2012. 车莫古隆起对古油藏及油气调整控制作用．西南石油大学，34（1）：49～58.
吴昌志，顾连兴，任作伟，等．2005. 中国东部中、新生代含油气盆地火成岩油气藏成藏机制．地质学报，79（4）：522～530.
邬光辉，李启明，张宝收，等．2005. 塔中Ⅰ号断裂坡折带构造特征及勘探领域．石油学报，26（1）：27～30.
杨光，赵占银，邵明礼．2011. 长岭断陷 CO_2 气藏与烃类气藏成藏特征．石油勘探与开发，38（1）：52～59.
杨辉，文百红，张研，等．2009. 准噶尔盆地火山岩油气藏分布规律及区带目标优选——以陆东—五彩湾地区为例．石油勘探与开发，36（4）：419～428.
张斌．2006. 火成岩油气藏勘探开发．中外科技情报，3～18.
张洪，罗群，于兴河．2002. 欧北—大湾地区火成岩储层成因机制的研究．地球科学——中国地质大学学报，27（6）：763～766.
赵俊猛，黄英，马宗晋，等．2008. 准噶尔盆地北部基地结构与属性问题探讨．地球物理学报，51（6）：1767～1775.
赵文智，邹才能，冯志强，等．2008. 松辽盆地深层火山岩气藏地质特征及评价技术．石油勘探与开发，35（2）：129～142.
赵文智，邹才能，李建忠，等．2009. 中国陆上东、西部地区火成岩成藏比较研究与意义．石油勘探与开发，36（1）：1～11.
朱云海，林启祥，贾春兴，等．2005. 东昆仑造山带早古生代火山岩锆石 SHRIMIP 年龄及其地质意义．中国科学 D 辑，35（12）：1112～1119.
邹才能，赵文智，贾承造，等．2008. 中国沉积盆地火成岩油气藏形成与分布．石油勘探与开发，35（3）：257～271.
邹才能，侯连华，陶士振，等．2011. 新疆北部石炭系大型火山岩风化体结构与地层油气成藏机制．中国科学 D 辑，41（11）：1613～1626.
Anand G S, Seshagiri R K. 2001. Weathering indices and their applicability for crystalline rocks. Bull. Eng. Geol Env., 60: 201～221.
Bergman S C, Talbot J P, Thompson P R. 1992. The Kora Miocene submarine andesite stratovolcano hydrocarbon reservoir, northern Taranaki Basin, New Zealand. New Zealand Oil Exploration Conference, Proceedings. Ministry of Commerce,

Wellington, New Zealand: 178 ~ 206.

Chen Z Y, Yah H, Li J S, et al. 1999. Relationship between tertiary volcanic rocks and hydrocarbons in the Liaohe basin, People's Republic of China. AAPG Bull. , 83 (6): 1004 ~ 1014.

Dutkiewicz A, Volk H, Ridley J. 2004. Geochemistry of oil in fluid inclusions in a middle Proterozoic igneous intrusion: implications for the source of hydrocarbons in crystalline rocks. Organic Geochemistry, 35: 937 ~ 957.

Kinji Magara. 1999. Hydrocarbons in Crystalline Rocks. Geological Society, London, Special Publications, 214: 69 ~ 81.

Li C Q, Pang Y M , Chen H L, et al. 2006. Gas charging history of the Yingcheng Formation igneous reservoir in the Xujiaweizi rift, Songliao Basin, China. Journal of Geochemical Exploration, 89: 210 ~ 213.

Luo J L, Sadoon Morad, Liang Z Z, et al. 2005. Controls on the quality of archean metamorphic and Jurassic volcanic reservoir rocks from the Xinglongtai buried hill, Western depression of Liaohe basin, China. AAPG Bulletin, 89 (10): 1319 ~ 1346.

Ollier C D. 1987. Tectonics and Lanform. Longman: Longman Group Limited: 39 ~ 56.

Schutter S R. 2003. Occurrences of hydrocarbons in and around igneous rocks. Geological Society, London, Special Publications, 214: 35 ~ 68.

Sruoga P, Rubinstein N, Hinterwimmer G. 2004. Porosity and permeability in volcanic rocks: a case study on the Serie Tobifera, South Patagonia, Argenrina. Journal of Volcanology and Geothermal Research, 132: 31 ~ 43.

Tang H, Ji H C. 2004. Incorporation of spatial characters into Volcanic facies and favorable reservoir prediction. SPE90847, presented at the 2004 SPE Annual technical Conference and Exhibution held in Houston, Taxas. U. S. A: 26 ~ 29.

Topal T. 2002. Quantification of weathering depths in slightly weathered tufts. Environmental Geology, 42: 632 ~ 641.

Weijers L, Griffin L G, Sugiyama H, et al. 2002. Hydraulic Fracturing in a deep, Naturally fractured volcanic rock in Japan design considerations and excution results. SPE77823 presented at the 2002 SPE Asia Pacific Oil and Gas Conference and Exhibution held in Melboume Australia: 8 ~ 10.

Whitehouse J E, et al. 1986. Growth of weathering rinds on Torlesse sandstone, Southern Alps, New Zew Zealand//Colruan S M, Dethrer D P. Rates of chemreal weatrhing of rocks and mureals. Orlando: Academic Press: 419 ~ 435.

Wu C Z, Gu L X, Zhang Z H, et al. 2006. Formation mechanisms of hydrocarbon reservoirs associated with volcanic and subervolcanic intrusive rocks: examples in Mesozoic – Cenozoic basins of eastern China. AAPG Bulletin, 90 (1): 137 ~ 147.

Yamada T, Okano Y. 2005. A volcanic reservoir: Facies distribution Model accounting for pressure communication. SPE93159 presented at the 2005 Asia Pacific Oil and Gas Conference and Exhibution held in Jakatra, Indonesia: 5 ~ 7.

第五章　油气成藏控因及分布规律新认识

油气成藏控制因素和分布规律是指导成熟探区精细勘探的基础，不同含油气盆地、坳陷、凹陷、洼陷及区带的油气地质条件不同，其油气成藏控制因素和分布规律存在很大差别。针对不同的勘探对象和领域，首先确定油气有效成藏范围，为成熟探区精细勘探指明方向；明确油气富集高产规律，为寻找经济规模储量提供指导；针对特殊岩性油气复杂成藏区，把握其特殊性，为寻找富集高产区提供依据；搞清致密油气聚集"甜点"区控因及分布规律，为寻找经济有效"甜点"区提供指导；明确深层油气成藏控制因素，推动和拓展新的勘探领域。

第一节　油气成藏范围控制因素

含油气盆地中，并非所有区域都是油气成藏区，受油气生运聚控制因素影响，只有一部分区域聚集和富集油气，这些区域是成熟探区精细勘探的主要对象，因此，应准确把握油气成藏范围，为勘探提供指导。

一、主成藏期油气运移方向及范围

有效烃源岩、有效输导体系与主成藏期的构造匹配，控制了油气运移方向和范围，同时控制了凹陷内不同区带的油气资源量和勘探潜力，主成藏期的油气运移方向和范围为成熟探区精细勘探指明了方向。

1. 油气运移方向和成藏范围

一个沉积凹/洼陷内，主成藏期有效烃源岩最低构造分界线即为油气运移分界线，它控制了油气运移方向、区带油气资源量和勘探潜力。以济阳坳陷渤南洼陷为例，渤南洼陷是一个继承性发育洼陷，现今构造与油气主成藏期构造一致，有效烃源岩、有效输导体系和构造控制着油气运移方向。渤南洼陷内发育北西向、北东向及东西向断层，渤南洼陷提供主要油气来源，多类型的储集体、多组强烈活动的同生断裂及多期不整合面，构成了良好的油气运移通道和输导体系。以罗西断裂以东的渤南洼陷埋藏最深处的古沟谷为油气运移分界线，分界线东、西控制的烃源岩体积决定了油气源供应能力，以东控制了近80%的有效烃源岩分布，目前探明的油气储量近80%，油气富集在此，是勘探的主要地区（图5－1）；分界线以西控制了近20%的有效烃源岩体积，目前探明的油气储量近20%，油气富集程度相对较低。

2. 构造样式及输导体系控制油气藏类型

含油气盆地中构造样式和输导体系控制了油气成藏模式和油气藏类型，该规律在断

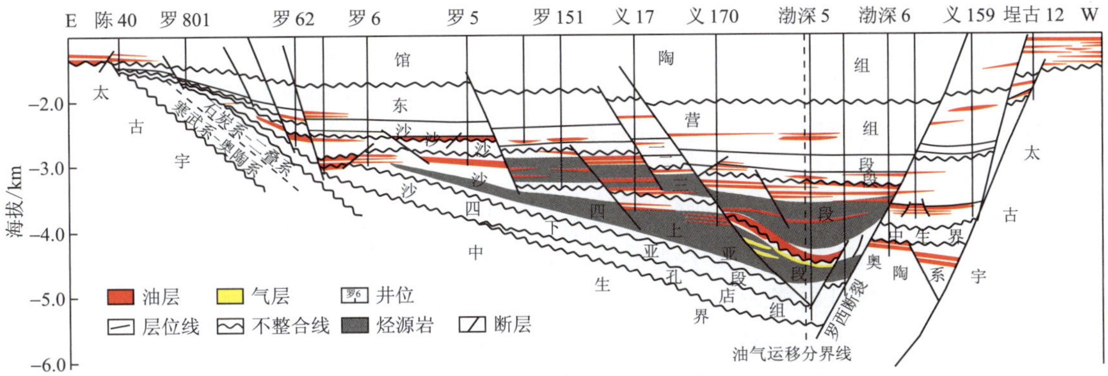

图5－1 渤南洼陷油气运移及油藏剖面

陷、凹陷、前陆和克拉通盆地中均存在。以断陷盆地济阳坳陷为例，济阳坳陷不同凹陷带南北向构造分带特征明显，自南向北依次可分为缓坡带、洼陷带、中央隆起带、陡坡带，不同构造带输导体系构成有明显的差异，形成的油气藏类型也差别很大，如东营凹陷。

（1）缓坡带

缓坡凸起带断裂不发育，砂体较为发育，不整合以古近系与前古近系不整合为主，不整合之上为Ng地层，超覆于不整合之下Mz、C—P、∈—O地层，Mz、C—P地层以碎屑岩为主，难于形成储层连续的风化壳，油气难于在横向上连续运移，只能在局部渗透层及∈—O风化壳中进行短距离的运移，因此，缓坡凸起带输导体系的组合以砂体＋局部不整合为主，以形成不整合地层型油藏为主，包括不整合超覆型和不整合遮挡型油藏。南部缓坡带由于埋藏浅，地层压力小，一般为正常压力系统，裂缝输导体系不发育。此外，缓坡带发育的地层不整合以古近－新近系内部削蚀不整合为主，由于古近－新近系以砂泥互层为主，风化作用对泥岩物性改善不明显，导致古近－新近系内部不整合输导作用有限，不能作为缓坡带的主要输导体系。但缓坡带盆缘断层和骨架砂体发育，输导体系主要为断层和骨架砂体组成的阶梯状输导体系，油气沿断层和砂体由低势区向高势区运移，油气在骨架砂体中的侧向运移特征明显。来自洼陷带的油气沿断层和砂体组成的输导体系呈阶梯状运移到南坡，主要形成构造－岩性、构造、不整合遮挡地层型油藏。

（2）洼陷带

洼陷带由于深部和浅部地层沉积体系组合的差异性，导致深浅部地层的输导体系组合有所差别。深部地层以深湖—半深湖沉积体系为主，骨架砂体不发育，但发育控烃断层和异常压力形成的裂缝，输导体系以控烃断层和裂缝为主。控烃断层是使油气从烃源岩内向浅部运移的主要输导体系，裂缝是油气向位于泥岩中的砂岩透镜体运移成藏的重要输导系统。如东营凹陷牛庄、胜坨地区的砂岩透镜体，这些砂体有的直接与烃源岩接触，有的则位于烃源岩之上，如牛庄洼陷三角洲前缘的滑动浊积岩，这些砂体并没有与烃源岩接触，与源岩有一定的距离，但仍然可以成藏，其原因是油气从源岩排出后经裂缝进入砂体中，因此洼陷深部易形成岩性油藏。洼陷带浅部地层由于裂缝不发育，但骨架砂体发育，输导体系组合以骨架砂体和断层为主，主要形成构造－岩性油藏。

（3）中央隆起带

中央隆起带以断层和砂体组成的复合输导体系为主，输导体系由下部与油源沟通的断层和不整合面组成，上部由次级断裂和砂体共同组成。通过油源断裂等运移来的油气在稳定分布的厚层辫状河流相块状砂砾岩中聚集成藏。由于油源断裂活动是幕式的，因此成藏也为多期次。在复合输导体系和储层聚集的油气可沿砂体－断裂输导体系进一步运移再聚集，形成构造－岩性或构造型油气藏。

（4）陡坡带

陡坡带主要为断裂和砂体构成的输导组合。油气运移路径为烃源岩—主断层—砂体—次级断层—砂体。其成藏模式与单纯断裂型输导体系类似，但砂体起一定的运移通道作用。油气在下部以垂向运移为主，上部以侧向运移为主，以形成岩性－构造型油气藏为主。在陡坡带凸起边缘多为由砂体和局部不整合构成的输导组合，油气运移路径为烃源岩—砂砾岩体—基岩不整合面—古潜山、砂体—次级断层—砂体，以形成岩性构造、不整合超覆地层型油气藏为主。

济阳坳陷不同凹陷带剖面的对称性结构，决定了其输导体系的构成在剖面上也呈对称分布，导致不同凹陷带不同层位的输导体系构成在平面上呈环带状分布。从南部缓坡带到洼陷再到北部陡坡带，总体上输导体系组合表现为砂体＋局部不整合－断层＋砂体－裂缝＋控烃断层－断层＋砂体－砂体＋不整合（图5－2）。

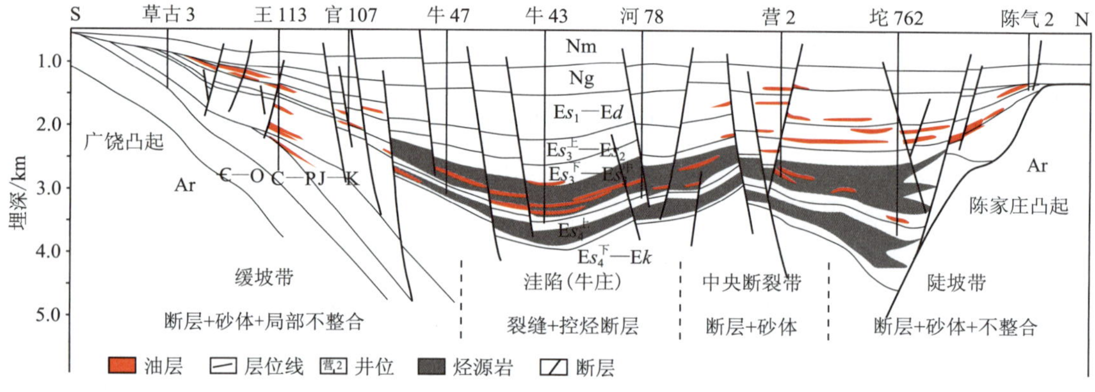

图5－2　东营凹陷东部油气运移及油藏剖面

3. 油气成藏组合控制成藏范围

在含油气系统划分基础上，以油气不同来源为主线，确定不同来源油气在复合油气系统中的横向、纵向分布。如济阳坳陷牛庄洼陷，已探明原油主要来自沙四上亚段优质烃源岩，油气主要富集在北部中央隆起浅层、洼陷带沙三段—沙四段、南部缓坡带上；沙三下亚段生成油气主要位于洼陷带和中央隆起沙二段—沙三段。油气均围绕有效烃源岩附近分布，断层是油气垂向运移的主要输导体系，在洼陷边部断层和砂体为油气主要输导体系。根据供烃区构造层古地貌及断裂组合分布，可将该区复合油气系统细分为缓坡带、洼陷带和中央隆起带3个成藏组合体（图5－3），缓坡带以沙四段油源为主，洼陷带以沙三段、沙四段油源的混源为主，中央隆起带沙三段、沙四段油源均有贡献（图5－4）。具有“一源多层”或“一层多源”的油气成藏特点。因此，类似地区的老油区围绕有效烃源岩分布区，按复合油气系统理念，寻找油气复合成藏区。

4. 流体低势控制油气成藏区和油气藏类型

油气运移受流体势控制，从高势区向低势区运移、聚集成藏，油气运移不同动力条件

构造带类型	代表地区	油气成藏模式
中央隆起带	辛镇构造带 东营穹窿	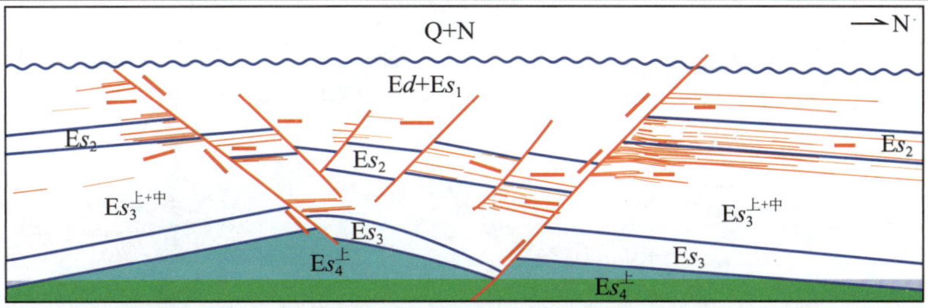
洼陷带	牛庄洼陷	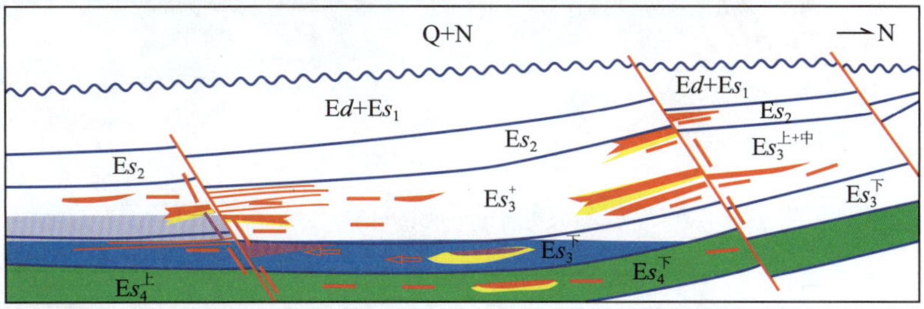
缓坡带	王家岗油田 八面河地区	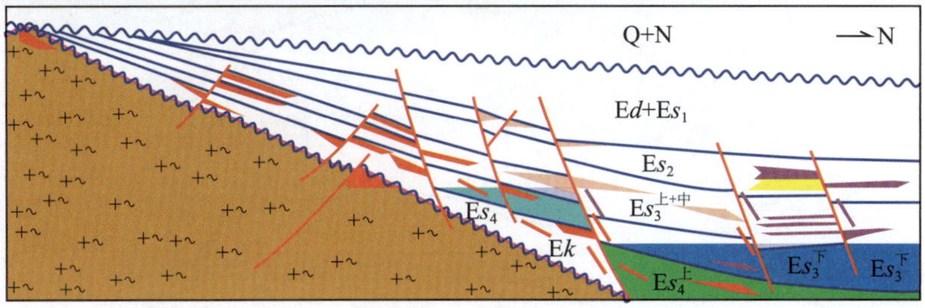

图 5－3　牛庄洼陷复合油气系统与油气成藏类型模式

形成的油气藏类型存在较大差别；不同有效烃源岩与储层组合模式控制油气聚集区及油气成藏模式。

（1）油气成藏动力及油气藏类型

油气在多动力作用下的低势区成藏，流体及压力控制油气成藏主要体现在 4 个方面。

1）浮力作用：由盆地深部向浅部，埋藏深度变浅，流体由高位能向低位能处运移，在构造高点处，相对低位能处聚集成藏，形成构造油气藏，特别是背斜油气藏。

2）毛细管压力作用：油气由具高界面能的泥岩生成后，顺着孔喉半径增大的低界面能处运移，低界面能处一般为岩性砂岩体分布发育部位，砂岩体物性好，毛细管压力差的作用促使油气向岩性圈闭中运聚，形成了岩性油气藏。

3）流体压力作用：流体沿着流体压力降低的方向运移，具有由高压能向低压能处运移的趋势，在输导体系（特别是断层）存在的部位，压力得以释放，断层成为泄压的通道，流体沿着断层运移，并在适当的条件下在断层两侧形成断块油气藏，或者断层破坏原生油气藏，形成其他部位次生油气藏。

4）水动力作用：盆地内流体、水沿着水流动速度（水动力）变慢的方向运移，由高动能处向低动能处运移，盆地内沉积压实水流一般为离心流，由盆地凹陷处向边缘，由浅部向深部，盆地水的流动速度逐渐降低，水流方向指向盆地边缘，在水流速度变缓慢或停滞的地方，一般形成地层型油气藏。

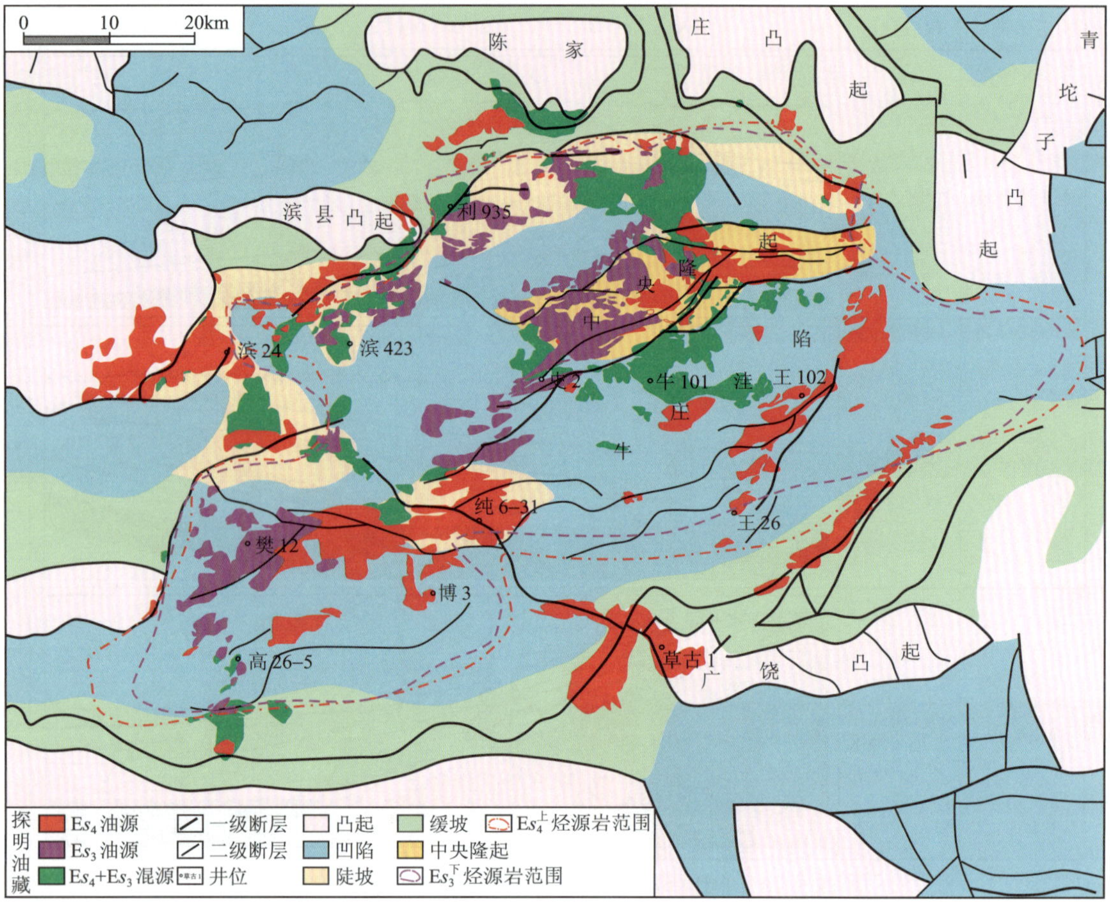

图5-4 牛庄洼陷油气分布图

（据胜利油田，2009，有修改）

(2) 低势控藏模式

油气运聚成藏虽然是在多动力联合控制下形成的，具有低势区控藏作用特点。地质条件下，由于构造演化和沉积演化的差异性，油气藏形成和分布十分复杂。不同类型油气藏在盆地中的不同位置分布，同一构造带又有不同油气藏类型组合。它们之间的主要区别在于不同场合下某一种或两种势能的作用占据主导地位而已。中央隆起带是流体运移的长期指向区，处于低位能部位，发育有受断块改造的复杂的背斜油气藏；洼陷带是低界面势能分布区，发育有岩性油气藏和受断层改造的断层-岩性油气藏；中央断裂带和南部缓坡带及北部陡坡带的断阶带，断裂发育，也是深部异常高压泄压的部位，发育大量的断块油气藏；盆地北部和南部边缘部位，是低位能、低动能发育区，分布有地层油气藏（图5-5）。

如济阳坳陷不同生油洼陷有效烃源岩体的空间组成可分为独立和叠置型有效烃源岩层系。对于独立型烃源岩，由于单源供烃、断裂活动与有效疏导体系的空间组合关系，所生成油气主要分布在缓坡带、深洼陷带烃源岩内部或近源上覆下伏圈闭、与有效烃源岩对接的陡坡带砂砾岩体中。如车西洼陷，断裂活动结束于古近纪末期，新近纪断裂活动相对较弱，构造断裂活动的变化对油气成藏改变起了重要影响。古近纪末期，坡折带切穿深部成熟烃源岩断层的活动，沟通了下部沙三下亚段成熟烃源岩与上部储层，油气沿断层向上运

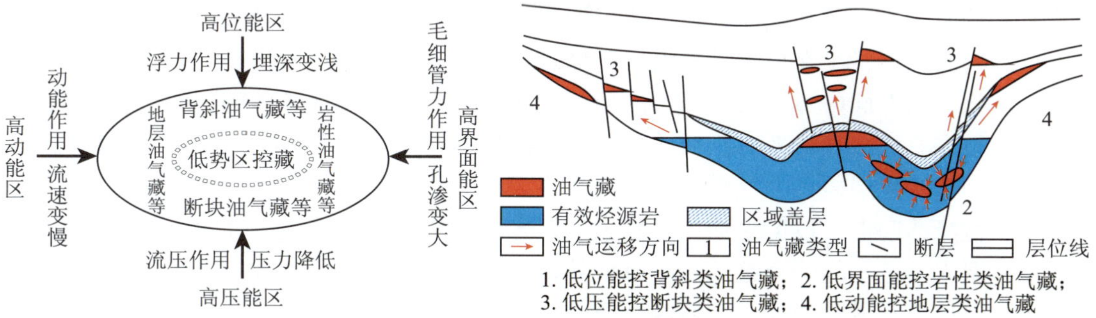

图 5－5　油气低势成藏模式

移至构造断块圈闭中成藏，从而形成了下生上储、断层输导、构造断块型油藏，这类油藏以位于南部斜坡带上的东风港油田沙二段油气藏最为典型，过车 410 井—车 405 井盆倾正断层切穿了下部沙三下亚段成熟烃源岩，使得下部油气沿断层向上运移至 Es_2 圈闭成藏；自新近纪开始，车西洼陷构造断裂活动减弱，断层的垂向输导性变差，在油气垂向运移通道不畅的情况下，沙三下亚段成熟烃源岩所生成的油气在异常压力作用下就近向下伏储层或侧向对接运移到沙四段储层中，以不整合面或砂体为侧向运移通道，沿断阶带向洼陷边缘运移，形成断块或地层超覆型油藏，如位于南部斜坡带上的东风港油田 Es_4 油气藏；在垂向运移通道不畅的情况下，沙三下亚段成熟烃源岩生成的油气在异常压力作用下以不整合面或砂体作为侧向运移通道，直接进入前古近系古潜山储层中成藏，车西洼陷的套尔河油田及富台油田均为古潜山油藏（图 5－6）。此外，成熟烃源岩生成的油气直接在被成熟烃源岩包围的浊积砂砾岩体中聚集形成自生自储型岩性油藏，如车 57 井区及车古 25 井沙三下亚段油藏。车西洼陷断裂活动结束于古近纪末期，新近系断裂活动相对较弱，对油气垂向运移成藏十分不利，沙二段储层和沙四段或古潜山储层中原油的成熟度明显具有连续性是沙三下亚段烃源岩早期生成的原油主要顺断层运移至沙二段储层成藏，后期由于断层活动性减弱，垂向运移通道封闭，从而迫使沙三下亚段生成的大量油气侧向进入沙四段储层或古潜山储层中成藏的结果。

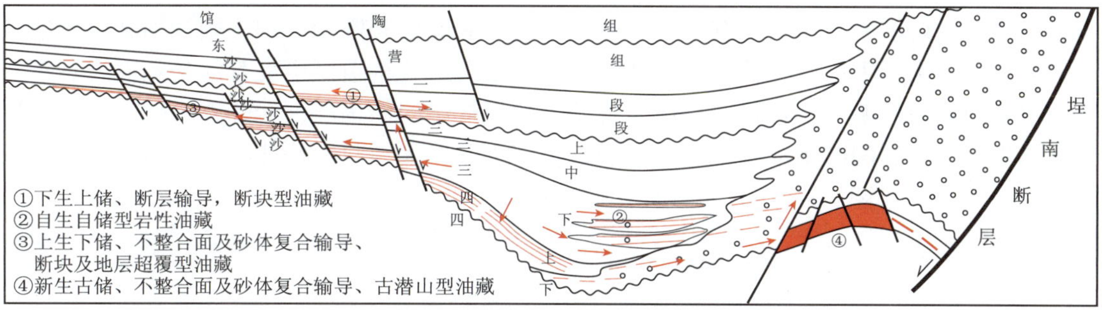

图 5－6　车西洼陷油气运聚成藏模式

对于叠置型烃源岩，由于多源供烃、断裂活动与有效疏导体系的组合关系，下伏有效烃源岩生成的油气主要分布在深洼陷带烃源岩内部或近源上覆下伏圈闭内、缓坡带至外围凸起上。陡坡带凸起上只接受了早期相对较少的油气充注，当上覆烃源岩开始大量生烃后，这种充注可能随上覆烃源岩中压力的增加而停滞。上覆烃源岩生成的油气主要分布在深洼陷带烃源岩内部或近源上覆下伏圈闭内、陡坡带砂砾岩体及陡坡带凸起上，总体上，上覆有效烃源岩生成的油气总是较下伏烃源岩生成的油气更靠近控盆断裂分布，而不同来源油气的混源主要发生在坡折带断裂、陡坡带深层砂砾岩体及陡坡带凸起上。如沾化凹陷的渤南洼陷，从剖面中不同成因类型的原油分布及其与各类输导体系的空间组合关系即可以明确断裂和有效疏导体系对已探明储量分布的控制作用（图5－1）。第一类为沙四上亚段单源的构造－地层岩性油气藏，这类油藏主要分布在洼陷带、中部斜坡带沙四段，南部斜坡带及盆缘凸起上，以太平油田、罗家油田、陈家庄油田为代表，油气主要来源于沙四上亚段烃源岩，位于洼陷边缘的油藏以低熟油为主且多遭受降解，成熟油分布相对局限，洼陷带及斜坡带以成熟油为主，原油性质较好，圈闭形成由地层因素和岩性控制，主要表现为岩性尖灭、剥蚀不整合及地层超覆，断层封闭次之。此类油藏还可进一步细分为断层－岩性油气藏、断层－不整合油气藏、断层－地层超覆油气藏及潜山断块油气藏。第二类为沙四上亚段与沙三段来源油气混源的构造－地层岩性油气藏，这类油藏圈闭的控制因素同第一类相近，只是油气来源较第一类复杂，主要分布在中部斜坡带沙三段、沙二段，洼陷带沙三段与沙四段界面附近的沙三段，以及北部陡坡带深层潜山地层中，以渤南油田为代表。原油为成熟油，沙四上亚段晚期成熟油气充注对这类油藏的形成发挥了关键作用，近深洼带断裂为油气的垂向运移提供了重要通道。第三类为沙四上亚段与沙三段来源油气混源的潜山披覆背斜油气藏，此类油藏的油气来源同第二类油藏相近，但圈闭的形成是由于潜山凸起的继承性发育，古近系沉积时遭到不同程度的剥蚀，地层层层超覆于凸起边缘，沙一段、东营组及新近系披覆于整个凸起之上，凸起上地层顶薄翼厚，形成披覆背斜圈闭。沙四上亚段油气主要沿断裂和不整合面运移进入圈闭中成藏，油气多遭受降解且多期充注特征明显，早期充注原油来源于沙四上亚段低成熟油，晚期充注原油既有沙四上亚段也有沙三下亚段来源的成熟油。这类油藏以孤岛油田、埕东油田最为典型。

5. 区域盖层控制油气纵向聚集区

含油气盆地内有效烃源岩之上的第一套有效区域盖层之下，是常规油气聚集和富集区，这个规律已被油气勘探所证实，如塔里木盆地库车坳陷、准噶尔盆地玛湖坳陷等。这里阐述区域盖层与油气纵向的聚集关系，提醒在成熟探区精细勘探中，寻找常规油气的重点层位是有效烃源岩之上第一套区域盖层之下的有效储层和圈闭。如济阳坳陷新生代油气藏的油气主要来自古近系，孔二段、沙河街组、东营组等构造层中发育的暗色泥岩是新生代油气藏的主力烃源岩，各构造层中发育的砂体是良好的储集层，多种圈闭的存在，为油气富集提供了良好的储集空间，馆陶期的暗色泥岩厚度大，封闭性能好，分布稳定，是有效的区域性盖层（图5－7）。

二、油气成藏序次控因

在同一套输导体系内，除非油气源非常充足、充注压力非常高，才能使得所有储层都能够形成油气藏。一般情况下油气源和充注压力是有限的，也是造成并非所有储层都能够成藏的关键因素之一。这里对油气成藏的相对有效储层进行阐述，为成熟探区精细勘探提供依据。

油气在断层输导下的成藏过程中，主要受4种力的作用：源储压力差、浮力、排替压力、黏滞力。其中源储压力差和浮力是动力，排替压力和黏滞力是阻力。黏滞力随着储集

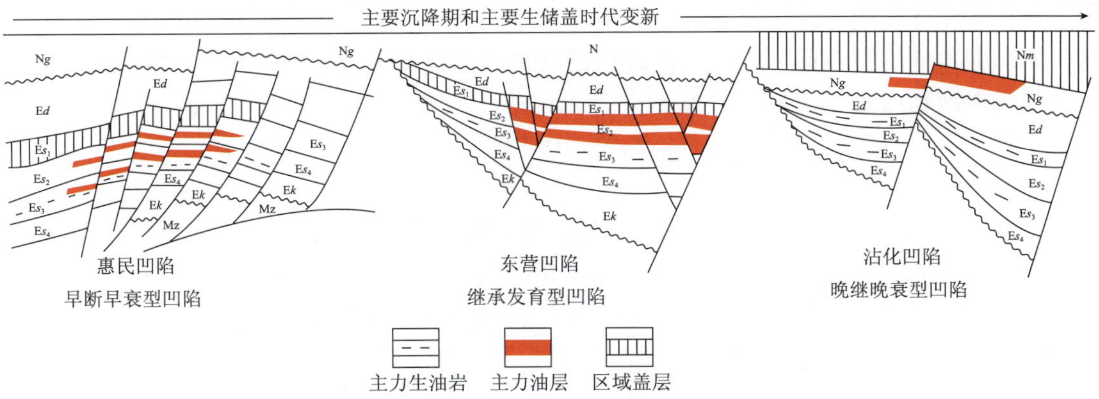

图 5-7　构造演化历史与主要生储盖岩系分布示意图

（据刘朝霞和夏斌，2007，有修改）

层中含油量增加而增大。对单一储集层，只有源储压力差与浮力之和大于排替压力和黏滞力时，油气方可突破储集层界面而聚集成藏。油气二次运移过程中，总是沿阻力最小的路径运聚成藏，张义杰（2003）、刘刚（2014）等对油气输导体系对成藏的控制做过模拟实验。

1. 模拟实验及黏滞力

以准噶尔盆地陆梁油田为例。陆梁油田是一个远源多层成藏典型，油气从源区运移聚集过程复杂，控制油气成藏的关键是储层不同排替压力对成藏的影响，这里以模拟实验对油气成藏控因进行阐述。根据陆 9 井区与断层侧向对接的各储层排替压力大小，设计实验模型（刘刚，2014）。因为侏罗系与白垩系油藏在成藏期次上存在较大差异性，将二者分开选取模拟层位。对类似储层进行合并，同时考虑储层与断层的配置关系，选择与断层直接对接且连续性较好的储层、与断层对接但连续性较差的储层、未与断层对接的储层 3 种情况。确定白垩系 $K_1h_2^4$、$K_1h_2^7$、$K_1h_1^4$、$K_1h_1^5$ 储层，及侏罗系的 J_2t、J_2x_1、J_2x_4 储层进行成藏模拟，其中 $K_1h_1^4$ 储层未与断层直接对接，$K_1h_1^5$ 储层侧向连续性较差。模型属性依据 Rapoport（1955）提出的相似准则，结合油田实际资料确定，采用的实验模型属性见表 5-1。

表 5-1　排替压力对油气成藏影响实验模型属性

由上而下序号	层组	模型砂层厚度/m	油田油水密度差（g·cm⁻³）	模型油水密度差（g·cm⁻³）	油田毛细管压力/kPa	模型毛细管压力/kPa	玻璃珠粒径/目①	油田排替压力/MPa	模型排替压力/kPa
1	$K_1h_2^4$	0.023	0.19	0.25	9.44	0.012	40~50	0.047	6.84
2	$K_1h_2^7$	0.023	0.19	0.25	4.59	0.006	25~30	0.024	3.86
3	$K_1h_1^4$	0.023	0.19	0.25	4.80	0.006	25~30	0.025	3.86
4	$K_1h_1^5$	0.023	0.19	0.25	3.65	0.005	18~25	0.019	2.86
5	J_2t	0.023	0.19	0.25	106.42	0.136	150~250	0.446	26.84
6	J_2x_1	0.023	0.19	0.25	50.17	0.14	100~150	0.221	18.94
7	J_2x_4	0.023	0.19	0.25	14.70	0.04	80~100	0.070	12.87

①目：指每平方英寸上筛孔的数目。目数越大，孔径越小。　　（据刘刚等，2014）

在相同流体性质和流动条件下，不同含水饱和度所对应的黏滞力梯度 $G(K,\ S_w)$ 不同，但黏滞力梯度与渗透率之间存在近似的线性关系（侯连华等，2003）。因此，黏滞力梯度与含水饱和度之间的关系式为

$$G(K,S_w) = G_o(K)\left[\left(1 - \frac{G_w(K)}{G_o(K)}\right)(1 - S_w) + \frac{G_w(K)}{G_o(K)}\right] \qquad (5-1)$$

式中：K 为渗透率，$10^{-3}\mu m^2$；S_w 为含水饱和度，%；$G(K、S_w)$ 为 K、S_w 下的黏滞力梯度，MPa/m；$G_o(K)$、$G_w(K)$ 分别为油、水相的黏滞力梯度，MPa/m。

可见，随着含油饱和度的增大，油进入储层中的黏滞力也在增大。

2. 排替压力对成藏次序的控制

侏罗系油气成藏阶段，原油最先突破 J_2x_4 储层，并在其中快速运移聚集，其他储层突破次序稍晚，运移速率较慢。原油在突破各储层运移时，黏滞力较小，其阻力主要为排替压力。与侏罗系断层对接的3套储层，排替压力由小到大的顺序依次为 J_2x_4、J_2x_1、J_2t。依据原油沿阻力最小路径运聚成藏原则，原油最先突破 J_2x_4 储层，其次为 J_2x_1 和 J_2t 储层。随着 J_2x_4 储层中饱和度的增大，其黏滞力增大，油气运移的阻力增大，导致油气在该储层中运移速率减小，相反 J_2x_1 与 J_2t 储层中运移速率增大。随着 J_2x_1 与 J_2t 中含油饱和度的增大，黏滞力也增大。当 J_2x_1 与 J_2t 储层中含油饱和度达到一定程度后，原油不再进入 J_2x_1 与 J_2t 储层，而是在 J_2x_4 储层出口处溢出，此时原油在 J_2x_1 与 J_2t 储层中运移的黏滞力与排替压力之和大于 J_2x_4 储层的阻力之和。

白垩系油气成藏阶段，$K_1h_1^5$ 储层排替压力最小，原油最先突破，并快速在其中运聚，随着该储层中含油饱和度的增大，原油运聚的黏滞力不断增大，原油开始突破排替压力稍大的 $K_1h_2^7$ 储层，运移速率也逐渐增大。随着 $K_1h_2^7$ 中原油运移黏滞力的增大，原油突破最顶部的 $K_1h_2^4$ 储层，但运移速率明显很小。随着原油在 $K_1h_2^4$ 中的黏滞力增大，侧向运移中，$K_1h_2^5$ 储层中的运移阻力又变回最小，此后原油便快速充满 $K_1h_1^5$ 储层的低排替压力段，并逐渐向与其接触的高排替压力储层中缓慢运移。随着原油的持续充注，$K_1h_2^7$ 与 $K_1h_2^4$ 储层依次被充注完成。而排替压力最大的 $K_1h_1^4$ 储层，原油始终难以突破而运聚成藏。$K_1h_1^4$ 中低排替压力的储层，因其与断层未直接连通，故也难以成藏。

因此，虽然黏滞力在油气运移成藏过程中具重要影响，但因同一条断层输导下的原油属性相似，故黏滞力并不能决定断层输导下不同储盖组合的成藏次序，而决定成藏次序的是储层排替压力。储层的排替压力控制了断层输导下不同储盖组合的成藏次序，排替压力最小的储层，最先成藏，排替压力较大的储层次之，排替压力过大的储集层难以成藏。

3. 排替压力对含油饱和度的影响

由于受模拟实验规模限制，源储压差是一致的，浮力影响很小，因此含油饱和度的影响主要受排替压力影响。分析储层含油饱和度可知，排替压力最小的 $K_1h_2^7$ 储层含油饱和度最高，其次为排替压力较大的 $K_1h_2^4$ 储层。而排替压力最大的 J_2t 与 J_2x_1 储层，含油饱和度最低。这是由于油气成藏过程中，必须克服排替压力的阻力才能成藏。显然排替压力越小，储层孔隙结构发育越好，油气越容易驱替地层水进入储层中，储层中残余水量也就越少。当油源供给充足且保存条件较好时，最终的含油饱和度越高。J_2t 与 J_2x_1 储集层的含油饱和度较低，这与陆梁油田的实际情况差异较大，可能是由于模拟的注入压力较小、储

集层横向长度较小及流体黏度等属性与油田实际情况之间存在差异等因素综合作用的结果，但规律性的结论是正确的。

因此，在确定流体属性、充注条件及保存条件情况下，排替压力对储层含油饱和度有重要影响，排替压力越小的储层，含油饱和度越高。除此之外，储层含油饱和度还受成藏动力、储层非均质性及流体属性等因素影响。不同储层内的含油饱和度差别很大，但含油饱和度与排替压力的乘积差别较小，由于 J_2t 距模拟注入油端较近，含油饱和度绝对值较大，但含油饱和度与排替压力的乘积较大；$K_1h_2^7$ 位于模拟的最上端，受浮力影响相对大一些，因此，其含油饱和度与排替压力的乘积也较大（图 5－8）。

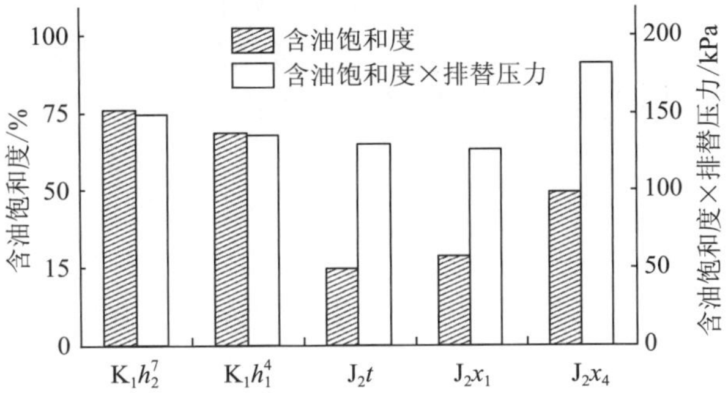

图 5－8　不同模拟层的含油饱和度与排替压力关系

4. 储层与断层连通性控制成藏

$K_1h_1^4$ 储层排替压力为 3.86kPa，实验过程中，其始终没有原油运聚成藏。但与其排替压力相同的 $K_1h_2^7$ 储层及比其排替压力大的 $K_1h_2^4$ 储层，原油均能完全充注而聚集成藏。主要是因为 $K_1h_1^4$ 储层未与断层直接对接，并且与其接触的地层排替压力又过大，导致原油始终难以运移至此并成藏。因此，储层与断层的连通性是控制其能否成藏的关键因素，这种连通既可是直接与断层对接，也可是通过高效输导层与断层间接连通。

三、油气保存与成藏深度下限

现今能够经济有效开采的油气藏，都是具备了有效的油气成藏下限和油气保存下限条件，既能成藏又能保存。对油气成藏及保存深度下限的新认识，将指导成熟探区精细勘探新领域的不断拓展。

1. 油气成藏深度下限新认识

油气勘探中一般从源岩追溯油气藏，即确定源岩发育位置，沿着油气输导体系，寻找和确定油气藏发育位置，油气勘探家都明白这个原理，但在油气勘探中制约勘探成功与否的问题，往往是一些非常简单又没有引起足够重视的问题，对油气成藏下限的认识就是其中之一。油气从源岩到圈闭的成藏过程中，控制油气有效成藏的因素很多，其中关键因素之一是供油“窗口”与有效圈闭的位置关系。

烃源岩与油气聚集区的关系有 3 种组合，即源内成藏、源上成藏和源下成藏。源内成藏组合，勘探定位的关键是在有效烃源岩内寻找有效储层和有效圈闭；源上成藏组合，勘探定位的关键是确定供油气“窗口”的位置，在此“窗口”位置之上的有效圈闭内均有可能成藏；源下成藏组合，勘探定位的关键是确定有效烃源岩压差向下驱动的油气成藏深度，以及侧向输导体系范围。

这里以辽河坳陷太古宇古潜山地层型油藏和松辽盆地扶余油层为例，分别阐述源上（侧源）和源下油气成藏下限及控制因素。

（1）源上（侧源）供油“窗口”控制含油气幅度

辽河坳陷太古宇潜山之上往往覆盖一定厚度的中生界或房身泡组玄武岩，潜山能否成藏取决于能否与上部的古近系沙三段、沙四段生油岩相接触，或能否通过断裂使潜山烃源岩相沟通。一般认为，“生油岩埋藏有多深，油气成藏下限就有多深”，烃源岩与潜山的直接接触位置的最低位置，或沟通有效烃源岩与古潜山断层的最低位置，即为油气成藏的下限深度位置。勘探证实，烃源岩与古潜山侧向接触的“供油窗口”下限深度与潜山顶面之差越大，形成的油气藏厚度越大；烃源岩与古潜山侧向接触的“供油窗口”面积越大，越有利于油气成藏，并控制了古潜山油气幅度。如兴隆台古潜山的马圈子古潜山南侧、兴隆台古潜山北侧以及古潜山带西侧存在断距较大的断裂，使沙三段、沙四段有效烃源岩与太古宇古潜山直接接触，提供了区域大面积的供油“窗口”；从古潜山主体顶界埋深为2400m到供油“窗口”深度下限6400m，古潜山总体供油幅度可高达4000m（图5－9），推测该区古潜山含油气可达千米以上，勘探已经证实的含油气高度为2400m。这一认识改变了以前的古潜山顶部成藏认识，从古潜山顶部扩展到内幕，从高位古潜山扩展到低位古潜山，使古潜山勘探成果不断扩大。如兴隆台古潜山带古潜山顶面埋深－2300m，目前勘探证实的兴古古潜山、马古古潜山的含油下限为－4500m，陈古古潜山的含油下限为－4680m（图5－10）。陈古3井试油层段4772.0～4716.8m，55.2m/10层，压裂后产油27.7t/d，产气9233m^3/d。

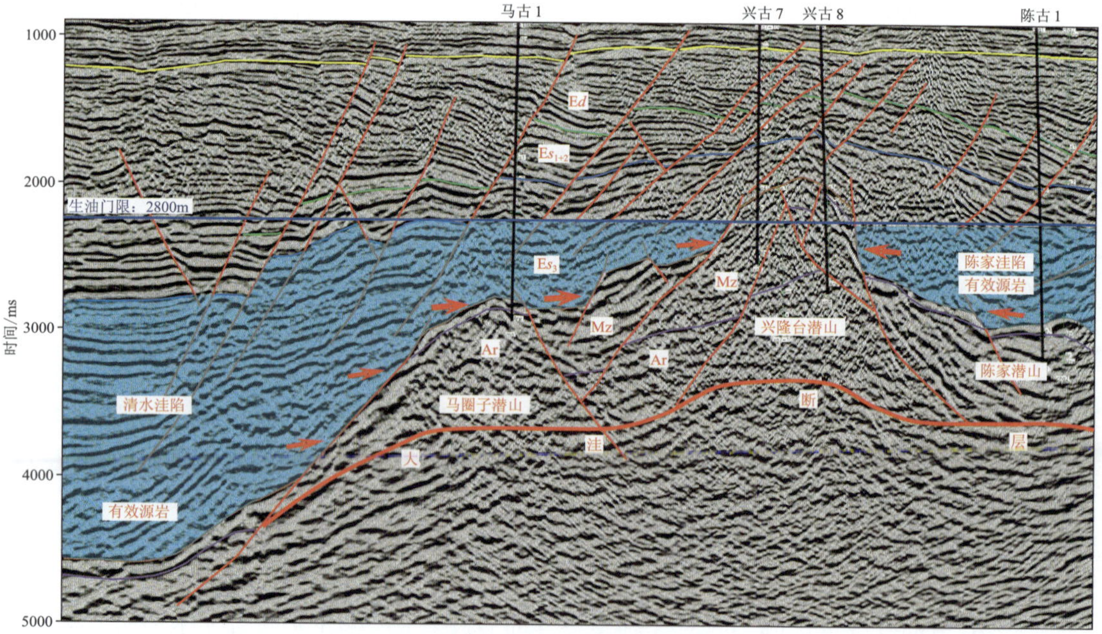

图5－9　辽河坳陷过马古1井—陈古1井地震剖面

辽河坳陷的中央凸起为长期的基岩隆起带，其大部分上覆地层没有烃源岩，完全依靠

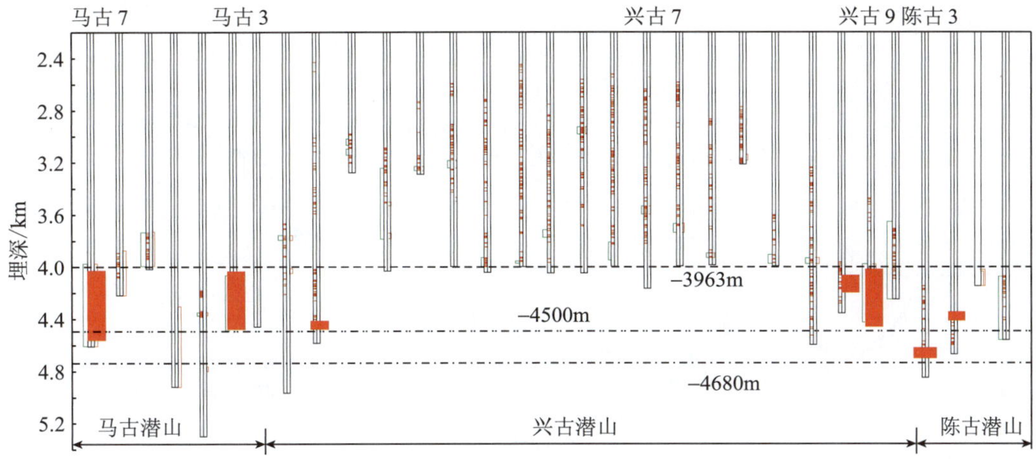

图5-10 兴隆台古潜山油层及含油下限剖面

侧翼大断裂，尤其是西部凹陷的台安-大洼断层及海南断层，长期断陷形成基岩与凹陷当中的沙四段、沙三段烃源岩侧向大面积接触的“供油窗口”，使洼陷当中生成的油气通过断面进入中央凸起基岩，再通过内幕断层和构造裂缝系统运移至内幕聚集成藏。

（2）源下源储压差及侧向输导体系控制油气成藏下限

源下油藏成藏模式为上生下储型，垂向油源断裂和超压是油气成藏的关键因素，成藏动力机制为压差驱动油气运聚。在源下油藏的成藏过程中，烃源层与储集体之间的剩余压差要大于浮力和毛细管力等阻力之和，油气才能向下运移，要有绝对优势的源储压差，才能实现上生下储。所以源下成藏的深度和富集程度取决于源储压差大小。

松辽盆地扶余油层岩性-地层油气藏的成藏是典型的源下成藏。沟通砂体与其上覆烃源层的断层是必要的运移通道条件；充足的油源及具有足够高的流体异常压力是油气沿断层向下运移的必要动力条件。油气以垂向运移为主，横向运移次之。当油向下运移的动力大于其在裂隙中受到的毛细管力、浮力与黏滞力等阻碍作用时，油气沿裂缝由上向下运移，并在下伏砂体中继续侧向运移，从而聚集成藏。

松辽盆地青一段泥岩即是有效烃源岩层，又是良好的区域盖层。在主成藏期，青一段烃源岩与下伏的泉四段砂体的源储压差可达8～12MPa，根据油水浮力差驱动可以得到青一段生成的石油在压差驱动下，向下运移的距离约270m以上，这种认识已被勘探所证实。图5-11是松辽盆地南部青一段有效烃源岩与泉四段砂体的源下成藏模式组合。源储压差越大，油下排深度就越大；烃源岩越厚、断层越发育、侧向输导越好的区域，烃源岩之下含油高度越高。由于存在超压，在源储压差较大的区域孔隙度相对较高，为油气向下运移提供了条件。油气在源储压差驱动下，向下运移的同时再侧向运移，由盆地中心向盆地边缘，$C_{29}S/(S+R)$ 由高到低，佐证了扶余油层中的油气首先向下运移，然后沿砂体侧向向高处运移。该认识指导了松辽盆地扶余油层的勘探和储量增长，已探明石油地质储量超过 17×10^8t，源下成藏下限为源下油气勘探提供了借鉴，将进一步指导类似地区的油气勘探。

2. 油气生成与保存深度下限新认识

伴随着中层和浅层油气田的长期勘探与开采，各大成熟探区主力油田现大多进入了开

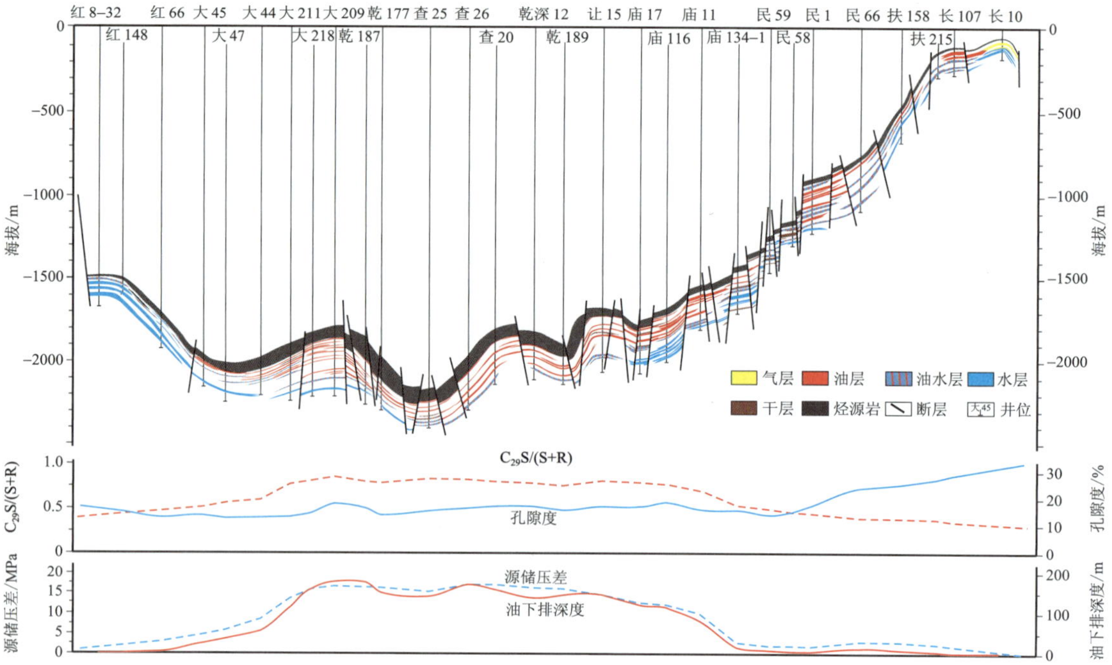

图 5－11　致密油源下成藏图

发的后期。而且，随着油气勘探工作的日益精细，渴望在盆地中浅层取得大的突破已越来越困难。因此，油气勘探向深层和超深层领域延伸已成为必然趋势，深层的成烃、成藏与保存研究逐渐成为人们关注的热点。中国含油气盆地的特殊性和复杂性决定了深层油气资源比较丰富。根据中国 7000m 以下深井的钻探资料，深部烃类保存下限也可能比原来的认识更深些。

（1）深部液态烃类的热力学稳定性

对于深层油气来说，关键问题是其能否在高温高压条件下以烃类状态存在。Price（1995）等分别对 9600m 和 7544m 深井进行了详细的地球化学研究，发现在 R_o 为 3.1%、温度超过 300℃时，仍有液态烃存在；R_o 为 2.1% ~5.1% 时，C_{15+} 烃类仍保持中等至较高的浓度；R_o 为 7.1% ~8.1% 时，仍有微量可以检测的 C_{15+} 烃类。俄罗斯学者通过对深层烃同位素的研究发现，液态烃在温度超过 200℃时仍然存在，气态烃的温度上限可达 350℃。同时，近年越来越多的勘探实践表明，在超越上述温度范围的深部地层中发现了油气藏，油藏在埋深为 7550m、温度达 295℃的条件下，仍有液态烃聚集。盆地深层的低温－高压系统或高温－高压系统，可能会使有机质生烃熟化的速率变慢，有利于液态窗和生烃主带深度范围的扩大。模拟实验证实，高压可使生油期滞后及提高产油率，异常高压可使生成石油的下限延伸超过 1000m。不过总体来看，深层有机质在后期深埋中主要生成的是天然气和少量的液态烃，聚集成凝析气藏或带有油环的凝析气藏，形成纯油藏的可能性极小。

近年来，中国也在深部高温高压储集层中发现了液态原油。塔里木盆地塔北地区塔深 1 井在埋深 8406.14m、储层温度为 175 ~180℃、压力为 138MPa 的情况下，发现了褐黄色的液态烃，而且该液态烃正构烷烃系列保留齐全，成熟度并不高，Ts/Tm 小于 1（图 5－12），比轮南和塔中的某些原油成熟度还要低。虽然实验室模拟原油在 160 ~170℃时可能发生裂解，但是储集层中的岩性组合及矿物成分、水介质条件等都可能抑制原油的裂解。

（2）深部天然气的稳定性

盆地深部甲烷的稳定性与地层温度、压力、储层物理化学条件、盖层特征和孔隙流体特性密切相关。在一些地层中，温度达到320℃时大部分甲烷仍未发生分解；而且在有石墨存在的地层中，甲烷保存的深度可达12000m。由此可见，液态烃、天然气保存的深度下限可能比传统认识的要深一些。另外，不同的有机质组成及其类型、沉积岩的物质成分、热力学过程、埋藏演化等因素可能会对生烃的深度下限产生重要影响，使得近年来不断在超越油气窗深层以下获得发现和突破。因此，深层天然气的勘探潜力是不容置疑的。通过对中国各油区天然气性质的分析，发现部分深井天然气的成熟度并未达到该区天然气成熟度的最大值。目前无论是在库车地区、塔里木台盆区，还是四川盆地或准噶尔盆地7000m以下，天然气干燥系数虽然较高，但都不是干燥系数最高的天然气（图5－12）。而且在6000m左右埋深时，天然气干燥系数（C_1/C_{1+}）部分小于0.9。因此，天然气的保存深度下限值范围可能较大。

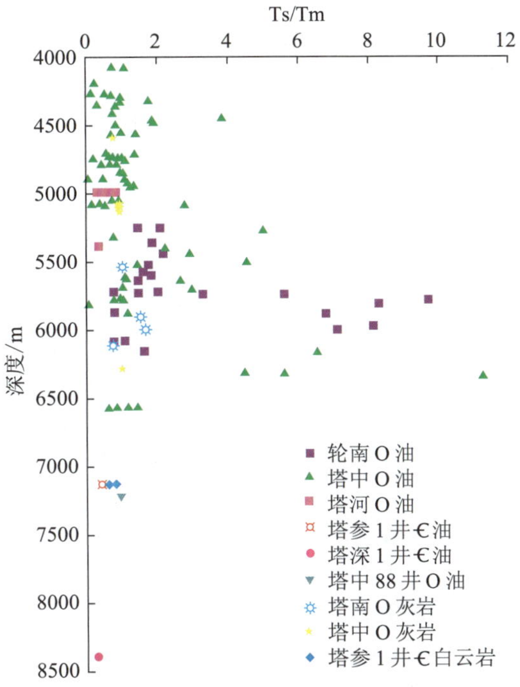

图5－12　塔里木盆地台盆区原油与烃源岩成熟度分布

（3）深部烃源岩的生烃能力

传统的油气成因理论认为，烃类的形成是沉积物中有机质去氧加氢的过程，当演化至一定程度时，有机质中的氢被消耗尽，就不能再产生烃类。事实上，氢的来源并非全部来自有机质中的氢，无机成因烷烃类天然气的发现就证实了氢来源的多元性。根据前人研究，分散有机质生成液态烃的死亡线的 R_o 值为7.0%～8.0%。另外，深层油气也可以来自深层烃源岩中分散有机质演化的产物。还有，超压对有机质成熟度和烃类生成作用可能会有影响，抑制了有机质的热演化和油气生成作用。因此，深层烃源岩在高演化阶段的生油能力值得进一步探讨。

对于气源岩来说，高演化阶段烃源岩（或者说深层烃源岩）具有生气能力是普遍为大家所接受的，但是对其生气能力或生气强度存在不同的看法。中国天然气目前的探明储量有70%以上是来自于煤成气，油型气所占比例低于30%，这部分油型气也主要是来自于高演化阶段烃源岩或古油藏的高温裂解。对于占天然气绝大部分比例的煤成气来说，烃源岩的成熟度 R_o 绝大多数大于1.5%。如库车地区侏罗系煤系烃源岩成熟度 R_o 大部分地区大于210%，腹部地区 R_o 大于3%。川东北地区二叠系—三叠系发现的大型气田群的主力气源为二叠系龙潭组烃源岩，部分气藏混合有志留系的原油裂解气，二叠系龙潭组煤系烃源岩的成熟度为1.5%～3.4%。鄂尔多斯盆地石炭系－二叠系煤系烃源岩的成熟度也为1.6%～2.8%。大量模拟实验证实，煤系烃源岩在高演化阶段依然具有一定的生烃潜力，生烃衰竭期成熟度 R_o 上限可能在 3.0% 以上。因此，对于深埋的煤系烃源岩来说，其生气潜力不容低估。塔里木盆地库车坳陷（T、J 烃源岩）、鄂尔多斯盆地（C、P 烃源岩）、四川盆地（P 烃源岩）、松辽盆地（J 烃源岩）等高成熟阶段的煤系烃源岩分布区，是深层天然气勘探比较现实的地区。

第二节　油气富集高产控制因素

在油气有效成藏范围之内，并非所有区域都是富集高产区。常规油气的富集高产区是成熟探区寻找经济规模储量的主要区域。因此，搞清油气富集高产区的控制因素，将为成熟探区高效勘探和新领域拓展提供依据和指导。

一、断裂及裂缝控制油气富集

以三塘湖盆地石炭系卡拉岗组火山岩油藏为例。该区基本上以水平挤压应力为主，产生的微裂缝以中—低角度为主，微裂缝主要发育于主断裂的前缘部位，如 8 排、89 排的微裂缝密度均超过 100 条/10cm，但主断裂最前缘微裂缝并不发育，如 910 排微裂缝密度为 32 条/10cm，距离断裂较远部位的微裂缝不发育，如 6 排的微裂缝平均值仅为 9 条/10cm。裂缝倾角一般小于 45°（图 5－13，图 5－14），高角度裂缝不发育，低角度裂缝沟通了孔隙使火山岩储层具有更好的渗流能力。从牛东油田油井产能与断裂分布关系可见，裂缝密度与油井产能呈正相关关系，裂缝密度越大，附近油井产能越高。高产井主要分布于离主断裂较近的 8 排、89 排和 9 排。如 8 排平均裂缝密度为 171 条/10cm，油井平均产能为 20.3t/d；位于 8 排的牛东 8－8 井原油产能为 99.28t/d。910 排虽然离断裂较近，但油层厚度较薄，产能较低。而远离断裂的 3 排、5 排、6 排、7 排、78 排的油井产能较低，如位于 6 排的 nd6－12 井日产原油 1.12t/d。4 排虽然离主断裂较远，但发育 2 条次级断裂，该断裂附近的油井也能形成高产，如 nd4－13 井日产油 70.11t/d。可见，断裂产生的微裂缝是有利储层形成的主要原因之一。

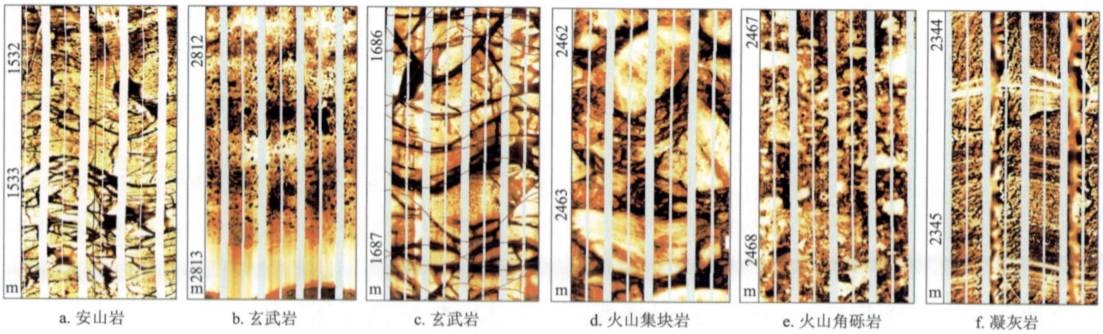

图 5－13　不同火山岩岩性 FMI 成像测井特征

二、古油气藏与次生油藏

古油气藏控制着与之对应的次生油气藏的发育与分布，以准噶尔盆地腹部古油气藏及

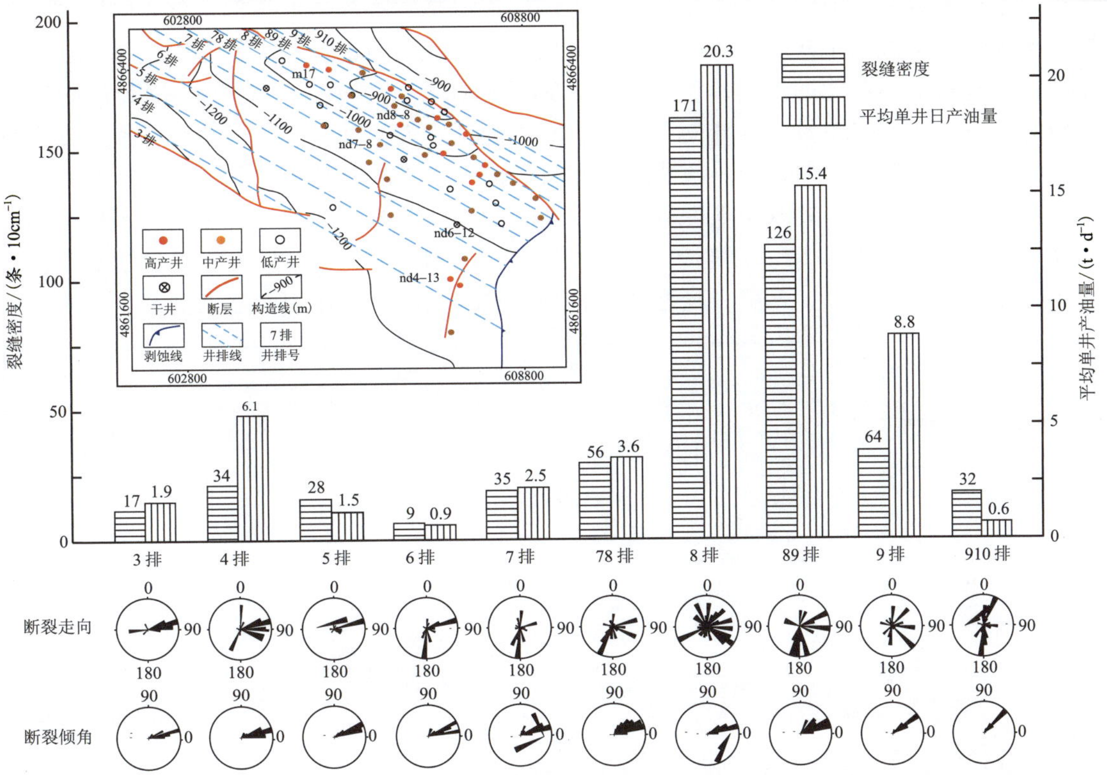
图 5－14　牛东油田断裂走向、倾角与油井产能关系

次生油气藏为例阐述。准噶尔盆地腹部总体处于盆地负向构造单元，构造特征为南倾单斜和洼陷带。腹部油气分布规律复杂、有利区带划分难，制约了该区勘探的进展。从车莫古隆起形成与演化发现喜马拉雅运动使盆地发生由南向北的掀斜。掀斜前，从二叠纪到白垩纪发育多个构造高点迁移的继承性古隆起控制古油藏分布和规模，J_1s 是中浅层古油气藏发育的主要层位；掀斜后，古油藏、断裂、砂体、不整合、现今构造耦合控制了油气调整、运移、再聚集和有利区分布，晚期油气充注为现今油气藏提供了有利补充，并指出了下一步勘探有利区带。

准噶尔盆地勘探之初，依据“源控论”发现了石西等油田。之后研究表明，腹部油气运聚方式应为“油源断裂疏通，沿梁富集”，从而诞生了“梁聚论”新认识，按此勘探发现了石南和莫北等油气田。随着腹部油气勘探的深入，特征明显的构造圈闭越来越少，岩性地层型圈闭成为进一步勘探的主要目标。准噶尔盆地腹部地区油气成藏具有远源、次生、控因复杂等特点，在确定古油气藏分布及规模、次生油气成藏控因、岩性地层油气藏类型基础上，划分出有利区带。通过地质模式指导，确立不同类型圈闭的识别特征，利用有效预测方法技术，可以预测圈闭或油气藏的展布范围和层位。

（1）油气地质概况

准噶尔盆地为一个经历了自古生代至新近纪多期构造运动的继承型叠合盆地，石炭系至新近系发育完好。准噶尔盆地腹部泛指盆地中部地区。盆地发育二叠系风城组（P_1f）、夏子街组（P_2x）和下乌尔禾组（P_2w）3 套烃源岩，最新勘探成果表明，J—K 储层中有来源于盆地南部侏罗系煤系地层烃源岩的油气，证明该套烃源岩已经成熟。上三叠统白碱滩组、下侏罗统三工河组、白垩系清水河组厚层泥岩是准噶尔盆地腹部最重要的区域性盖层。准噶尔盆地腹部中浅层主要的油气聚集层位是侏罗系与白垩系砂岩储层。油气运聚受车莫古隆起形成与演化的控制，燕山运动末期的压扭作用形成了一个 SW－NE 向的车莫古隆起，它的主支自车排子断隆向北东经莫索湾地区延伸至陆南和滴西地区，另一支则自奎屯向北延伸至艾参 1 井以南。该隆起在车排子南端一带隆起较高，剥蚀至侏罗系八道湾组，向北东幅度降低，剥露至下侏罗统三工河组与中侏罗统西山窑组，表现为不规则的分支状鼻状隆起（图 5－15）。该隆起在三工河组沉积期即有雏形，西山窑期开始发育，在头屯河期隆起规模最大，车莫古隆起随着喜马拉雅运动的掀斜作用而逐渐消亡。

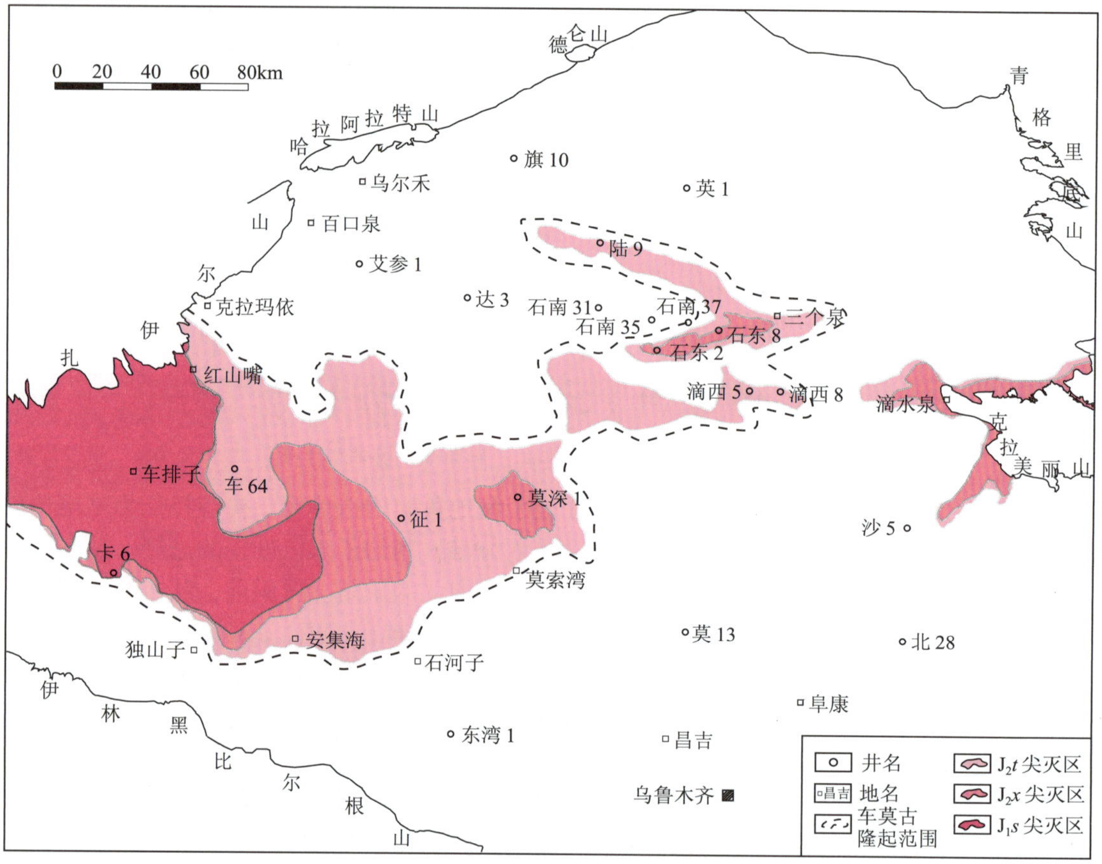

图 5－15　准噶尔盆地腹部车莫古隆起形态分布

准噶尔盆地腹部中浅层油气主要来源于二叠系烃源岩，其次来源于南缘附近的侏罗系煤系烃源岩。利用前人热史研究成果和埋藏史恢复，对准噶尔盆地腹部油气来源的主要凹陷之一——盆 1 井西凹陷的二叠系主力烃源岩和南缘侏罗系煤系地层烃源岩生烃史模拟结果表明（图 5－16），准噶尔盆地腹部中浅层油气存在 4 期成藏，古油气藏中油气的运移调整和晚期成藏油气补充，控制着现今油气分布。

（2）古油藏分布及规模

叠合盆地古隆起对油气运聚起着非常重要的作用。准噶尔盆地是多旋回复合叠加型盆地，发育多个富油气系统，预示着巨大勘探潜力。但是，对多旋回构造背景下准噶尔盆地腹部油气运聚成藏历史的认识深度，制约了该区油气成藏机理研究与勘探的进程。在白垩系艾

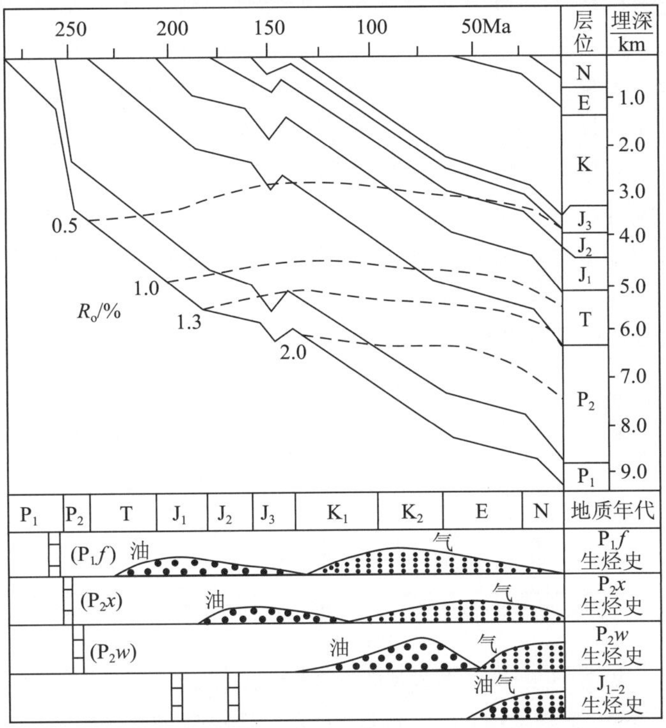

图 5－16　噶尔盆地盆 1 井西凹陷二叠系及侏罗系烃源岩生烃史

里克湖组沉积之后，发生由南向北掀斜之前，围绕富油气系统发育多个继承性古隆起控制着古油藏分布，古油藏规模受控于古隆起大小、砂体展布、储盖组合及成藏时空匹配关系。

A. 富油气系统对古油气藏的控制作用

富油气系统的形成必须以富生烃凹陷为基础，并且在凹陷及其相邻地带具有形成油气田的良好单元及适当时空匹配关系。准噶尔盆地可划分为 4 个复合油气系统、16 个油气系统。盆内已发现的油气田（藏）和良好油气显示，主要位于 4 个复合含油气系统之内，即玛湖－盆 1 井西复合含油气系统、昌吉复合含油气系统、东道海子大井复合含油气系统以及乌伦古含油气系统，并主要分布在玛湖－盆 1 井西复合含油气系统和昌吉复合含油气系统中。由于准噶尔盆地各含油气系统具有生烃凹陷不对称性、生烃中心迁移性、生烃母质差异性、热演化不同步性及运移通道不一致性等特征，导致油气聚集环带内油气资源具有丰度不一、油气混源、分布复杂等特点。

目前已发现的油气田环绕富油气系统分布的特征明显。在整个区域上已探明大油气田均环绕二叠系复合含油气系统分布。3 个主要的复合含油气系统（盆 1 井西玛湖，昌吉凹陷，东道海子－大井）面积约 $8\times10^4 km^2$，占盆地总面积的 60%，富集了盆地 90% 以上的油气资源量。侏罗系三工河组古油藏分布受控于富油气系统，油气主要来源于二叠系烃源岩。

B. 油气成藏期

烃类包裹体均一温度作为确定油气充注时间与期次的方法，尽管还有诸多不确定因素，但在持续沉降与热事件不发育地区仍不失为一种有效方法。准噶尔盆地腹部除了中、晚侏罗世短暂的区域性抬升外，之后一直持续沉降，并且自侏罗纪以来没有发现明显的热事件，可以利用包裹体均一温度（通常测定与烃类包裹体共生的盐水包裹体的均一温度）确定油气充注时间。同一生烃凹陷中不同层系烃源岩进入生油窗的时间不同，不同生烃凹陷中同一套烃源岩进入生油窗的时间也不同，这就决定了准噶尔盆地腹部地区存在多源、多期供烃的可能。而此地区曾经发生海西晚期、印支期、燕山期、喜马拉雅期4次构造运动，导致该地区存在多期油气成藏。根据烃类包裹体均一温度、荧光强度以及与其伴生的盐水包裹体均一温度等因素，可以确定出准噶尔盆地腹部地区存在4期油运聚。各期次所发生的温度在不同的井中虽略有差别，但从各期烃类包裹体均一温度统计直方图可以看出（图5－17），4期成藏油包裹体均一温度大致可划分为29.8～57.8℃、74.6～90.7℃、107.4～117.3℃、135.3～145.8℃。

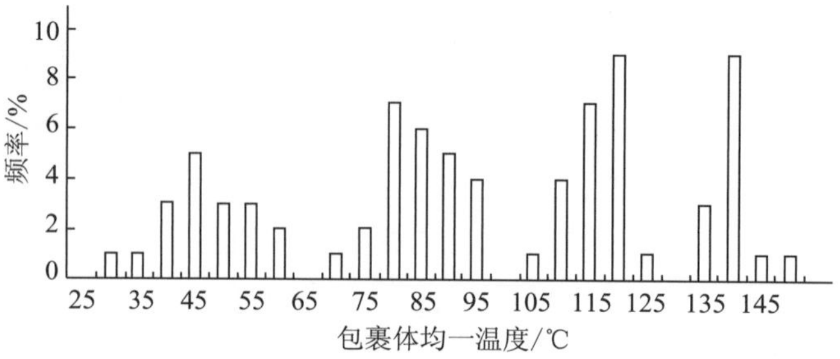

图5－17　准噶尔盆地腹部烃类包裹体均一温度直方图

准噶尔盆地发育的多套烃源岩，对腹部 J_1s 古油气藏贡献最大的是二叠系风城组（P_1f）、夏子街组（P_2x）、下乌尔禾组（P_2w）3套烃源岩，贡献率超过90%。这3套烃源岩发育4个成藏期。第一期石油生成期，自中二叠世至早侏罗世晚期，原油主要来源于 P_1f 烃源岩；第二期石油生成期，自中侏罗世早期至晚侏罗世，原油主要来自于 P_1f 烃源岩，其次是 P_2x 烃源岩；第三期原油与天然气生成期，自早白垩世早期至白垩纪晚期，原油主要来源于 P_2w 烃源岩，天然气主要来源于 P_1f 和 P_2x 烃源岩；第四期天然气生成期，自古近纪以来，主要为二叠系烃源岩生成的高—过成熟油气和侏罗系煤系地层生成的天然气。盆1井西、昌吉、东道海子等多个二叠系凹陷烃源岩对腹部油气成藏有贡献，这些凹陷的烃源岩热演化阶段基本一致。

4期成藏分别对应4套储盖组合，区域盖层分别对应于三叠系白碱滩组（T_3b）、侏罗系三工河组上段（J_1s_1）、白垩系艾里克湖组（K_2a）、新近系塔西河组（N_1t）。前3个成藏期是 J_1s 古油气藏的主要贡献期次，第四成藏期对调整后形成的次生油气藏起补充作用。

C. 古油藏分布及规模

准噶尔盆地从石炭纪到侏罗纪发育多个古隆起。车莫古隆起从中晚侏罗世形成以来一直到新近纪塔西河组沉积末长期具背斜形态，作为油气运移的重要指向区，为油气运聚供了良好的构造圈闭，并完成了油气的首次运移和聚集。准噶尔盆地存在两期由南向北的掀斜，分别发生在 K_2a、N_1t，掀斜之前，从二叠系到侏罗系发育的继承性古隆起平面分布位置有所迁移，规模大小不同，但古隆起都继承发育（图5－18）。不同时期发育的古隆起内部均存在沟通烃源岩的油源断裂，二叠系烃源岩生成的油气通过断裂逐级向上运移调整到侏罗系古隆起中形成古油气藏，侏罗系之后由于构造活动很弱，断裂基本不发育，为侏罗系古隆起内的油气聚集提供了良好的保存条件。

含油包裹体丰度（即含油包裹体颗粒指数 *GOI* = 含油包裹体颗粒数/总颗粒数）识别

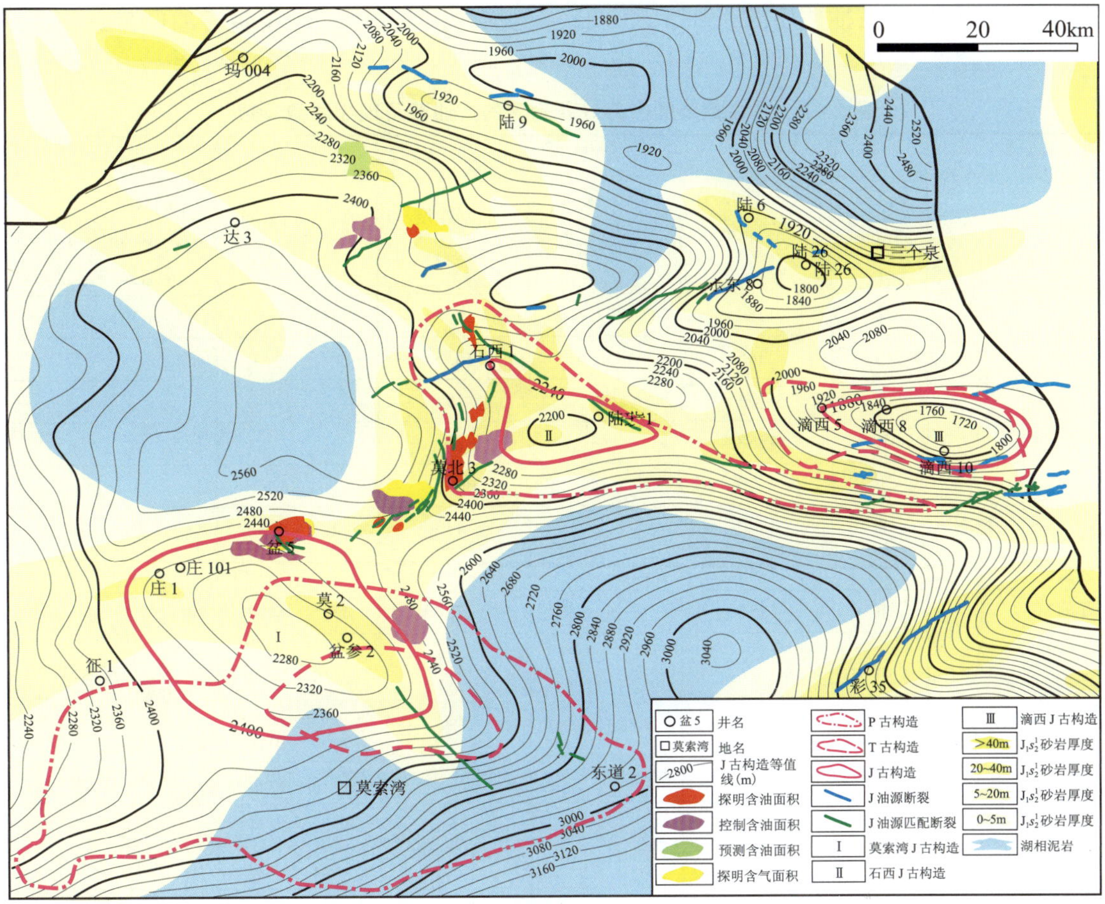

图5-18 准噶尔盆地不同时期古隆起、古油藏及控藏因素分布

古油水界面的油气藏地球化学方法已日臻完善，该方法是研究油气再次运移或油气藏调整的有效途径。利用 K_2a 掀斜之前的古隆起确定古构造范围，通过钻遇研究层的盆5、盆参2、莫2、石西1、陆南1、滴西8、滴西5、滴西10等井，以及前人对庄1、庄101等井储层样品含油包裹体的鉴定与 *GOI* 统计，结合各井试油、测录井解释，识别了古油水界面（表5-2），确定古油藏规模，分析古油气藏形成和调整历史。按照 *GOI* 为5%判别古油水界面的标准，如盆5井4243~4267.5m段 *GOI*>5%，确定的古油藏油水界面为4280m，4243~4257m试油为油气层，4257~4267.5m测录井解释为油水同层，表明古油水界面比现今油水界面低，即古油柱高度大于现今油柱高度，现今油水界面以下为残余油带或油水过渡带特征（图5-19）。多口井的分析可证实准噶尔盆地腹部 J_1s 油气藏后期发生了油气再次运移，古油气藏遭受了调整，这一点与车莫古隆起形成与演化的过程相吻合。

通过多口井 J_1s—J_1b 储盖组合分布研究，确定了古油气藏的4套组合（图5-19）。利用 K_2a 掀斜之前的古隆起和 *GOI* 确定了莫索湾、石西、滴西3个古油藏（图5-18）。根据 J_1s 古构造圈闭闭合高度、砂体展布、各套储盖组合内古油水界面确定古油藏含油面积，通过各套储盖组合内古油水界面之上的油层厚度确定平均油层厚度，按现今已发现油气藏储量参数确定古油藏规模（表5-3）。计算得到古油藏总储量为 28.03×10^8t，古油藏按40%运移再聚集形成次生油藏，可形成 11.21×10^8t 次生油气藏，截至2008年底准噶尔盆地腹部探明石油地质储量 3.5×10^{8}t，探明率为31.2%，待探明石油储量近 7.7×10^{8}t，勘探潜力很大。

表5-2　古油藏范围内部分井确定的古油藏及现今油藏参数

古构造名称	井号	储盖组合序列	古油水界面/m	现油藏油水界面/m	古油层厚度/m	试油井段/m	试油结果 油/($t\cdot d^{-1}$)， 气/($10^4m^3\cdot d^{-1}$)， 水/($m^3\cdot d^{-1}$)
莫索湾古油藏	盆5	Ⅰ	4280	4272.5	39.8	4243~4257	油：62.3，气：25
		Ⅱ	4365	4358.1	33.5		
		Ⅲ	4495	/	19		
		Ⅳ	4568	/	23		
	莫2	Ⅱ	4390	/	60.5		
		Ⅲ	4580	/	43	4554.7~4588.7	油：0.01
		Ⅳ	4786	/	44		
	盆参2	Ⅱ	4452	/	53	4385~4422	油：0.71，水：8.75
		Ⅲ	4505	/	46	4467.9~4492.5	油：1.54，气：0.029，水：8.31
						4605~4618	油：1.04，水：0.49
						4678~4696	水：3.08
		Ⅳ	4827	/	51	4762~4774	水：0.12
						4802~4830	水：4.8
石西古油藏	石西1	Ⅱ	3204.2	/	10.1	3234~3241.6	水：11.9
		Ⅲ	3380	/	34	3290.5~3294	油：0.49，水：1.01
						3270~3276	油：0.63，水：2.0
		Ⅳ	3484	/	8	3516~3533	水：5.1
	陆南1	Ⅱ	3193	3184	31	3168~3175	油：15.5，气：0.267
						3195~3219	水：10.24
		Ⅳ	3416	/	16		
滴西古油藏	滴西5	Ⅳ	2712	/	7		
	滴西8	Ⅱ	/	/	26		
		Ⅲ	/	/	31	2552.5~2557	油：0.51，气：3.44，水：3.9
		Ⅳ	2632	/	32		
	滴西10	Ⅲ	2375		8		

（3）古油藏油气运移和调整

准噶尔盆地由南向北掀斜之前，腹部古构造高点南北向的迁移控制了古构造中的油气调整。从晚白垩世开始，随着车莫古隆起高点不断向北迁移，其构造的规模逐渐萎缩，古油气藏的油气也不断向北迁移和逸散。至新近纪塔西河组沉积末，由于古构造的消失，原

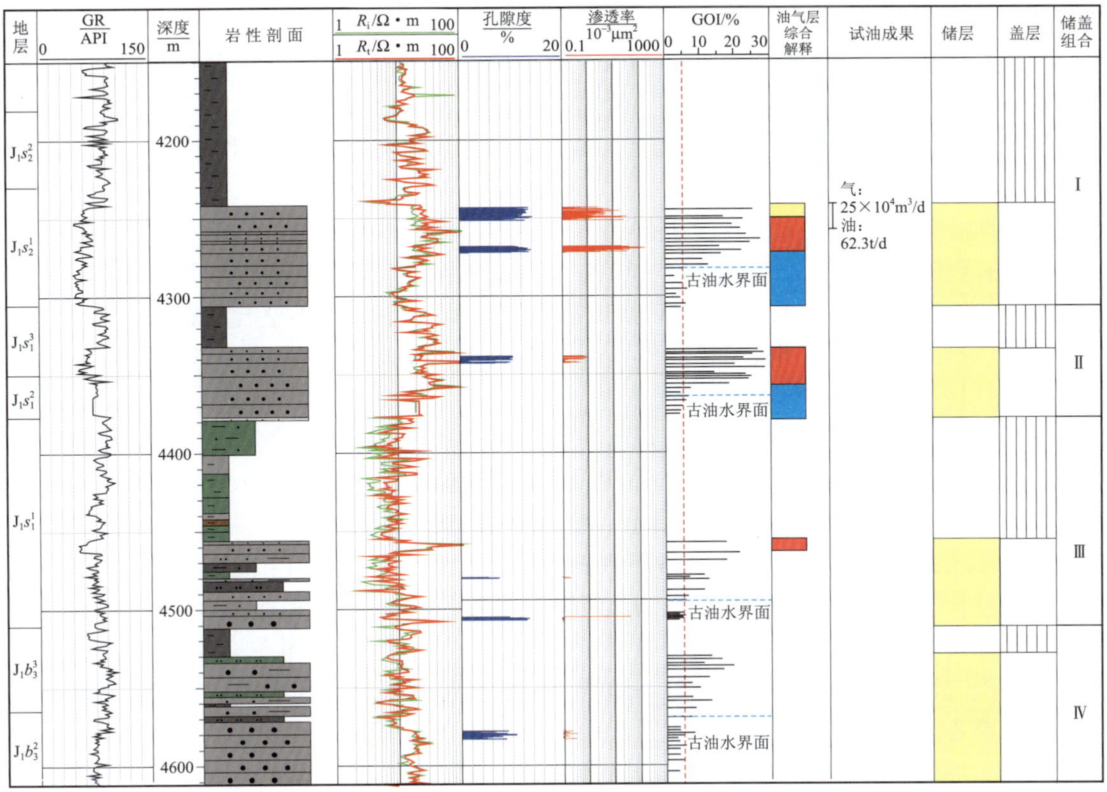

图 5－19　盆 5 井储盖组合及古油藏纵向分布

来车莫古隆起聚集的油气除少量部分在其周围的地层、岩性圈闭中成藏外，大部分油气向北运移，至莫北隆起及以北的圈闭中再次聚集成藏。莫北凸起的油气源对比表明，油气来源于盆 1 井西和昌吉 2 个生油凹陷，地化分析结果表明油气主要从南向北运移，有车莫古隆起古油气藏的贡献。

表 5－3　J_1s—J_1b^3 古油藏参数

古油藏名称	储盖组合序列	古油层厚度/m	古油藏面积/km^2	古油藏储量/10^8t	古油藏储量合计/10^8t
莫索湾	Ⅰ	39.8	66	2.19	20.01
	Ⅱ	49	187	6.95	
	Ⅲ	43	267	7.91	
	Ⅳ	39	122	2.96	
石西	Ⅰ	0	0	0	4.5
	Ⅱ	20.5	132	2.3	
	Ⅲ	34	55	1.47	
	Ⅳ	12	86	0.74	
滴西	Ⅰ	0	0	0	3.52
	Ⅱ	26	38	0.77	
	Ⅲ	20	126	1.98	
	Ⅳ	32	36	0.77	

注：按石油计算古油藏储量，原油参数采用已探明油藏参数平均值。

车莫古隆起形成演化对准噶尔盆地腹部地区的油气成藏起到了重要的控制作用。车莫古隆起南翼，主要以地层和岩性圈闭为主，由于构造变动较小，油气成藏相对有利，而破坏作用相对较小。车莫古隆起北翼，古隆起的后期反转运动使先期形成的古油气藏遭到破坏和调整，圈闭类型以低幅度构造背景上的地层和岩性圈闭为主，控制形成地层和岩性油气藏。

准噶尔盆地腹部油气藏的主要控制因素包括：富油气洼陷提供油气“物质基础”；古隆起提供有利“古聚油背景”；地层掀斜控制了古油气藏油气调整和晚期油气充注方向，在现今构造的古油藏上倾方向，寻找“残余或次生油气藏”；断裂、不整合和剥蚀区形成纵向“油气复式输导体系”；有利沉积相带和不整合控制油气横向运移，有利于“大面积成藏”。

A. 地层掀斜控制油气调整方向

准噶尔盆地腹部自发生油气充注以来，经历了中、晚燕山期和喜马拉雅期构造运动，油气运聚分别受到车莫古隆起形成、演化及掀斜作用影响。先期（中、晚侏罗世）受车莫古隆起发育期形成的地层、构造圈闭有利于油气聚集（形成古油气藏）；后期喜马拉雅期掀斜使车莫古隆起消亡。共发生两期掀斜，第一期发生在 K_1s 沉积之后，$E_{1-2}z$ 沉积之前，盆地整体下沉，盆地又恢复了燕山运动晚期的形态；第二期发生在 $E_{1-2}z$ 沉积之后至今，一直保持着盆地南低北高格局，腹部成为南倾的单斜地层（图 5－20），圈闭形态的变化势必引起油气的再次运移与调整。地层水分布及运移规律也证实了油气运移和调整规律。在车莫古隆起形成至消失的演化过程中，腹部油气运聚条件从古隆起背景上的古构造变成单斜，油气藏类型由构造型变成岩性地层型（图 5－21）。

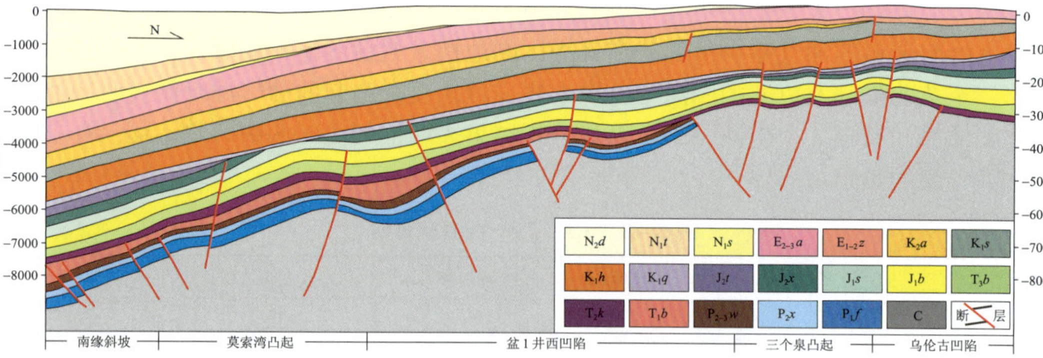

图 5－20　准噶尔盆地 99SN3 构造地质剖面

掀斜前形成的储层物性好、砂体联通性好、横向分布稳定的古油藏受构造溢出点控制，油气充满度高，但调整后随着闭合度减小，油气大部分溢散，现今只剩残余油储层，油气发生再运聚后，在构造高部位形成次生油气藏。而那些厚度小、物性相对差和横向分布不稳定的砂体，尽管油气充满度相对小，但调整后不易溢散，现今为低产油气层。因此，准噶尔盆地腹部调整后的油气藏呈现分散和小规模的特征。

B. 复式运移系统控制油气分布

复式油气运移系统控制了准噶尔盆地腹部油气运聚和分布，断层、剥蚀区控制了油气纵向运移，不整合、砂体控制了油气横向运移。

（A）断裂对油气运移的控制作用

准噶尔盆地腹部中浅层已发现油气藏的油气主要来自盆 1 井西、玛湖和东道海子北 3

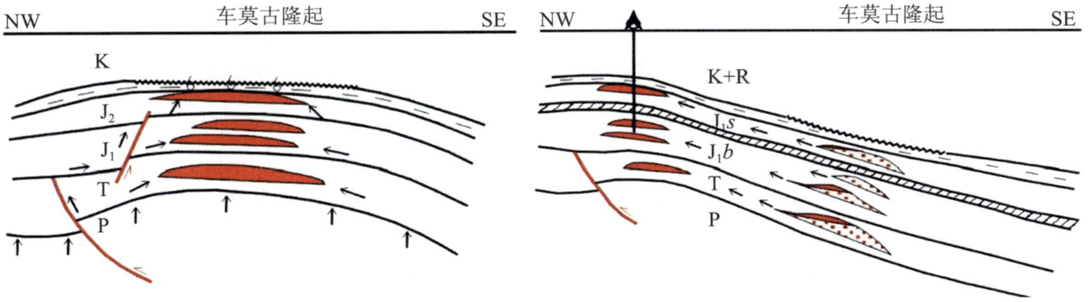

(a) J 末—K_1s 聚焦了 P 生成的油气　　(b) K_1s 后地层向南掀斜，古油气藏向上倾方向调整再成藏

图 5－21　车莫古隆起古油藏调整成藏模式

个凹陷的二叠系烃源岩（张义杰等，2002），因此断裂、不整合面、砂体是沟通油源区与圈闭的关键。腹部地区石炭纪末形成的一系列逆断层可作为油源断裂，不整合面则将深层断裂系统与浅层断裂系统相连接，共同构成了有利的油气运移通道。由图 5－22 可见，石炭纪末形成的石西 1 井南断裂作为油源断裂，将盆 1 井西凹陷与莫北凸起相沟通，而三叠纪末形成的区域不整合面将深层断裂系统和浅层断裂系统相连接，使油气以深层断裂、不整合面为通道，运移到浅层断裂系统控制的构造圈闭中聚集成藏。中、下二叠统烃源岩在三叠纪处于生烃高峰期，此时断裂活动休止，油气先在二叠系中成藏；燕山早期形成的一系列正断层，断开了三叠系，油气再次运移，在侏罗系中成藏，主要存在两种油气运聚通道：①先存断裂断开的层位为石炭系—二叠系，后期断裂断开的层位为三叠系、侏罗系，二者与不整合面共同组成运移通道；②先存断裂断开的层位为石炭系—三叠系，后期断裂只断开侏罗系，二者与不整合面共同组成运移通道。

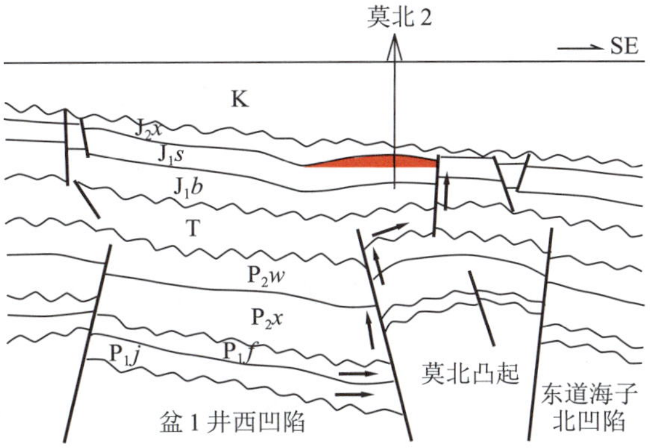

图 5－22　莫北地区断裂与油气运移关系

盆地浅部盖层断裂和深部基底断裂的耦合作用是断裂带中油气得以运移的重要动力（吴根耀和马力，2003）。准噶尔盆地腹部盖层断裂与基底断裂以 3 种耦合方式形成花状构造、正反转构造组合控制了油气成藏。

1）（反）树丫型耦合，以石南、陆梁地区断裂为代表，下部断至二叠系的基底逆冲断层，与上部侏罗－白垩系的倾向相反，在垂向上两者或者相连或者不连，形成上正下逆组合（有的上覆雁列式羽状正断层带走向与下伏逆断层走向有一个低的夹角，如白家海断裂和基东断裂带）。沿下伏逆断裂运移的油气被上覆正断层带遮掩，一般聚油效率较高。

2）阶梯型耦合，以莫北凸起东侧与东道海子北凹陷过渡区断裂为代表。下部逆断裂与上部正断层在剖面上倾向相同，可以相连，也可以不连，构成倾向上的断阶式。由于伴随燕山期盖层断裂活动形成了 NE 向的车排子－莫索湾隆起和构造、构造－地层、构造－岩性复合多种圈闭。顺下伏逆断裂运移的油气较易沿上覆正断层带呈阶梯发散分配而成藏，聚油效率尚可。

3）交叉型耦合，指上部正断层带与下部逆断层交叉相连的一种组合，可呈“X”形或“+”字形交叉，基底断裂对盖层的控制作用（或二者的耦合程度）不强，聚油效率较低。

根据断裂与烃源岩、油藏的关系，将准噶尔盆地腹部断裂分为3类：直接沟通二叠系烃源岩与侏罗系储层的断裂——油源断裂；不同期构造运动形成的相接沟通二叠系烃源岩与侏罗系储层断裂——油源匹配断裂；燕山期运动形成的与沟通二叠系烃源岩无关的断裂——控藏断裂。通过确定不同类型断裂不同时期的平面分布，确定油气纵向运移区域（图5－23）。

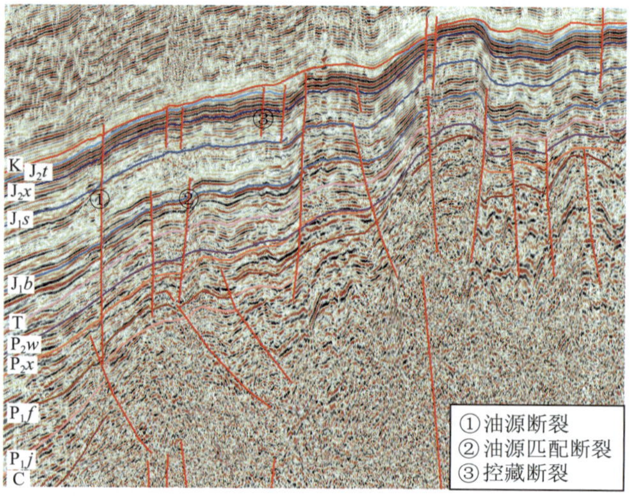

图5－23　准噶尔盆地腹部断裂类型

此外，断裂在活动期间和静止期间控藏作用各不相同。断层在活动期间一般是开启性的，是深部油源或深部油气藏向浅部侏罗系储层运聚的主要通道。如准噶尔盆地腹部NNE向和部分NE向断裂在侏罗－白垩系应力值最低，与最大主压应力方向的夹角较小，处于相对开启状态，这些开启断裂造成前侏罗系油气藏破坏，再调整，或是直接沟通侏罗系圈闭与烃源岩而在晚期次生成藏。断裂在静止期主要起封闭作用，如准噶尔盆地腹部EW或NWW向断裂应力值较高，与最大主应力夹角也较大，处于相对封闭状态，可有遮挡或封堵油气的运移和散失而聚集成藏，莫北地区盖层断裂封堵性由下而上，从南向北变差，与其含油性变差的特征相一致，这说明断层封堵性在垂向和平面上的变化直接影响着该区的含油气性。

燕山运动的“右旋压扭”形成机制有利于发育断裂和微裂缝，改善了储层物性，在车莫古隆起的形成演化过程中，“右旋压扭”应力起着决定性作用，构造作用必然会在车莫古隆起的高点和翼部产生大量的断裂和微裂缝，这不但改善了储层物性，并为油气的运移提供了良好的通道和储集空间。

（B）不整合对油气运移的控制作用

准噶尔盆地自石炭纪以来，经历了海西、印支、燕山、喜马拉雅等多期构造运动，受这些构造运动的改造，形成了多个区域性和局部性不整合，同时沉积了巨厚的二叠—第四系碎屑岩盖层。白垩系底部不整合是燕山II幕形成的区域性不整合，该不整合与古构造和油源断裂相结合，形成了数个油气聚集区，对该区的油气成藏具有重大的控制作用。前人对准噶尔盆地白垩系底部不整合的特征已做了很多的研究工作。发育于早侏罗世晚期的车莫古隆起的发现，改变了准噶尔盆地腹部缺乏正向构造的认识，由于车莫古隆起的演化，隆升遭受剥蚀，形成了白垩系底部不整合，表现为白垩系与下伏侏罗系不同地层接触，最老的地层为下侏罗统三工河组，向四周地层的年代变年轻，依次为中侏罗统西山窑组和头屯河组，上侏罗统在准噶尔盆地腹部全部遭受剥蚀。前人把准噶尔盆地腹部白垩系底部不整合总结为3层结构，即不整合面之上的底块砂岩层、不整合面之下的风化黏土层和半风化淋滤带，各个结构层在平面上具有不同的延展特征。最大的剥蚀厚度位于征1井附近，可达650m，并向四周减薄。准噶尔盆地腹部白垩系底部不整合的控油作用主要表现在以下4个方面：①不整合有效地改善了不整合面之下砂岩储层物性；②在不整合面上、下形成了好的储盖组合，不整合面与断裂系统配合构成良好的油气运移通道；③由于地层的削截，形成了众多地层型圈闭，在不整合面之上，由于地层的上超，形成地层型或地层岩性复合圈闭；④车莫古隆起隆升、掀斜，使不整合形成期是一次重要的成藏和破坏期。

大规模二次运移的通道主要是断裂和区域性不整合面，油气沿断裂垂向运移时遇到不整合面则发生侧向运移。在空间上构成“工”字形、“之”字形或成阶梯状，使油气实现从深层到浅层、源内到源外（主生烃区—主聚集区）的运移，最终形成平面上连片、垂向上叠置的复合油气藏。总体来看，断裂沟通盆地多层系含油气系统，形成混源油气聚集区，不整合面作为油气侧向运移的主要通道，在远离烃源岩中心的隆起和斜坡上形成油气聚集。

（C）砂体对油气运移的控制作用

砂体在准噶尔盆地腹部中浅层油气运移过程中起输导和聚集油气的双重作用。沉积相控制了储集体的发育程度和叠置样式，储集体的发育程度与油气藏规模有密切关系，而叠置样式则决定了油气的储集部位。准噶尔盆地腹部地区为缓坡三角洲沉积，油气在三角洲分支河道富集，断裂与砂体的有效配置控制了油气横向运移和成藏，砂体发育区形成油气运移通道；砂体上倾尖灭区形成岩性油气藏，如果多个砂体叠置，可形成砂体叠合连片油气藏；如果断层和砂体有效配置，可形成断层岩性油气藏等类型。

C. 良好的储盖组合为油气成藏提供了条件

侏罗纪沉积时多次的湖进湖退形成了多套储盖组合，其中J_1s上段泥岩为区域盖层，J_1s内部发育4套储盖组合。受车莫古隆起控制，在车莫古隆起的主体部位剥蚀厚度大，J_1s上段北部区域剥蚀，这些区域不整合结构中的风化黏土层是有效的油气藏封闭层，对油气的纵向运移起遮挡作用。准噶尔盆地腹部白垩系底部不整合的风化黏土层广泛展布，但厚度差异较大，厚的地方封闭效果好，薄的地方封堵效果差，因此，白垩系底部不整合面之下的风化黏土层只能是一套局部有效的盖层。不整合面之上底块砂岩层是水进背景下的沉积物，具有很好的储集性能。风化黏土层之下的半风化淋滤带由于长期遭受富CO_2地表水的下渗淋滤，岩石中的胶结物被部分溶解，释放出孔隙空间，其储集性能得到了改善，是一套好的储层。“底块砂岩”之上清水河组的滨浅湖相泥岩是有效的盖层，砂岩储层可以作为储集层，在不整合面上、下地层形成了良好的储、盖组合。

（4）岩性地层油气藏有利勘探区带

腹部主要勘探层位为J—K，以前的勘探对象是沿梁寻找岩性－构造油气藏。通过对车莫古隆起形成演化与次生油气藏的控制因素研究，指出应在古隆起斜坡区、次梁寻找次生岩性地层油气藏，在古隆起区附近寻找残余的岩性地层油气藏。勘探思路主要是立足古隆起、断裂、砂体、不整合和现今构造耦合有利区开展勘探。

A. 早期成藏后期调整的次生油气成藏有利勘探区带

车莫古隆起主体及上倾方向主要是二叠系烃源岩早期成藏，后期调整次生油气藏发育有利区包括车莫古隆起控制范围内凸起带和斜坡上部的断控砂体发育区、低幅度构造发育区、砂体上倾尖灭区、尖灭带附近风化黏土层遮挡的地层圈闭发育区。

准噶尔盆地腹部深部逆断层、中浅部正断层和三叠纪末形成的不整合面构成垂向输导体系，油气沿古梁长距离阶梯状运移到各类圈闭中，多期次聚集而晚期成藏定型，形成“油源断裂及不整合、低幅度背景、岩性体的三位一体”断控砂体次生成藏模式，也有学者称之为源外沿梁断控阶梯状油气成藏、源上源下不整合油气成藏模式或“远源、缓坡、次生”油气成藏组合模式（胡素云等，2006）。

根据多因素耦合有利区划分原则，在车莫古隆起上倾方向划分出3个有利区：①石南有利区，包括石西斜坡、石南凹陷、夏盐斜坡，有利勘探面积为600km^2，石油资源量为3.6×10^8t，主要寻找岩性、断层－岩性、地层油气藏，J_1s、J_2x、J_2t、K为主要目的层位；②车莫主隆有利区，包括石西凸起、莫北凸起、莫北斜坡、莫索湾凸起、滴南凹陷、滴南斜坡，有利勘探面积为500km^2，石油资源量为3×10^8t，主要寻找构造－岩性、岩性油气藏，J_1s、K为主要目的层位；③车莫西隆有利带，包括车拐斜坡和沙湾斜坡部分区域，有利勘探面积为320km^2，石油资源量为1.1×10^8t，主要寻找构造－岩性、岩性油气藏，J_1s、K为主要目的层位。这3个有利区石油资源量为7.7×10^8t，该区下一步主要是立足以上3个有利区寻找远源次生岩性地层油气藏。

B. 晚期成藏有利勘探区带

车莫古隆起南翼斜坡带和凹陷区边缘主要是侏罗系烃源岩和二叠系烃源岩晚期成藏的有利区。二叠纪生烃凹陷在古近－新近纪时已演变为南倾斜坡，早期的油源向北发生一定的优势运移，可形成一定的侏罗系混生成藏配置。广泛发育三角洲前缘席状砂、远砂坝、滩坝、浊积扇砂体，凹陷区和斜坡下部盖层小断裂局部控砂，自源型油气就近捕集，有利于形成岩性油气藏。车莫古隆起南翼斜坡带的庄6井、董1井、永1井、东道2井等均发现了来自侏罗系烃源岩的自源油气聚集。以缓坡下部或凹陷区单斜背景下的岩性地层油气藏为主，包括低位域砂岩透镜体油藏（征沙村构造）、水进域砂岩尖灭体构造复合油藏（莫两庄构造$J_1s_2^1$油藏）、高位域三角洲河道连片砂体油藏（莫西庄构造$J_1s_2^2$油藏）、三角洲前缘砂体（东道2井）等。车莫古隆起南翼断裂不发育，离物源较远，储集砂体相变快，物性横向变化大，非均质性较强，多层系砂体叠合连片，砂体较薄，单砂体油气藏可独立控藏，呈多油水系统，发育原生（混源）岩性地层油气藏。

南翼斜坡带包括莫南斜坡带、东道海子凹陷北部斜坡区、阜康凹陷西北部边缘区及沙湾凹陷西南部边缘区，有利勘探面积为800km^2，石油资源量为1.2×10^8t，主要寻找岩性、地层型油气藏，J_1s、K为主要目的层。该区下一步主要是立足车莫古隆起南翼寻找晚期成藏的岩性地层油气藏。

三、古油藏裂解气藏

以四川盆地震旦－寒武系气藏为例。震旦－寒武系主要发育4套烃源岩，即震旦系陡山沱组泥岩、灯影组三段泥岩、灯影组二＋四段藻白云岩、寒武系筇竹寺组页岩。其中首次发现震旦系3套烃源岩具有较好的生烃能力，改变了寒武系筇竹寺组为主力烃源岩的认识，扩大了生烃潜力。烃源岩热演化生气与古油藏原油裂解生气共同构成了震旦－寒武系气藏的天然气来源。

1. 烃源岩及生烃潜力

（1）烃源岩指标及特征

根据18条露头剖面、32口井岩心、1851块次分析测试，建立了8条烃源岩综合地球化学剖面，以高科1、高石1井为代表建立了该地区井下综合地球化学剖面。震旦－寒武系主要发育震旦系灯三段泥岩和陡山沱组泥岩、寒武系筇竹寺组页岩3套优质烃源岩，灯影组藻云岩也有生烃潜力（图5－24），烃源岩广覆式分布，为震旦－寒武系成藏提供了丰富天然气来源。

震旦系陡山沱组泥岩为高丰度腐泥型过成熟烃源岩，*TOC* 为0.62%～3.33%，平均值为1.92%，泥岩厚10～150m，在泸州、长宁地区厚度较大。灯三段黑色泥岩为过成熟腐泥型优质烃源岩，*TOC* 为0.8%～7.4%，平均值为1.43%，泥岩厚10～30m，泸州地区较发育。寒武系筇竹寺组大套泥岩为高丰度腐泥型过成熟烃源岩，*TOC* 为0.10%～6.19%，平均值为2.07%，有机质丰度较高，R_o 为1.83%～3.90%，泥岩厚度为100～300m（表5－4）。

表5－4　四川盆地震旦系—寒武系烃源岩特征

层位	*TOC*/%	R_o/%	备注
寒武系沧浪铺组	0.21～1.65/0.75（37）	1.81～3.78	高—过成熟腐泥型中丰度烃源岩
寒武系筇竹寺组页岩	0.09～6.12/1.94（176）	1.83～3.90	高—过成熟腐泥型优质烃源岩
灯三段泥岩	0.08～7.4/1.43（31）	3.16～3.21	过成熟腐泥型优质烃源岩
灯影组藻云岩	0.04～3.59/0.39（638）	1.97～3.46	高—过成熟混合型中丰度烃源岩
灯一段	0.83～3.68/1.7（11）	/	高石1井钻遇
陡山沱组泥岩	0.11～4.64/1.69（50）	2.08～3.82	过成熟腐泥型优质烃源岩

注：括号内数字表示样品数。

根据全球烃源岩中干酪根物质来源，藻类、菌解藻类或混合物组成Ⅰ型干酪根，其氢指数一般为600～850mg/g，而由树脂体、角质体、孢子体为主组成的Ⅱ型干酪根，其氢指数一般为200～600mg/g，由陆生植物和氧化木质组成的Ⅲ型干酪根氢指数一般小于200mg/g。首次发现灯二、四段中的藻云岩是震旦系重要烃源岩（图5－25）。藻云岩露头样品中残余有机碳含量以<0.5%为主，井下岩心样品中残余有机碳含量较高，*TOC* 介于0.2%～0.5%之间的占19%，*TOC*>0.5%的占12.3%（图5－26）。藻云岩总产气率为105L/$t_{岩石}$（图5－27），分选出的藻类最大总产气率为3471L/$t_{藻}$。四川盆地灯影组藻云岩残余有机碳丰度高值区位于盆地中、西南部，高石梯—磨溪地区残余有机碳丰度为0.5%～

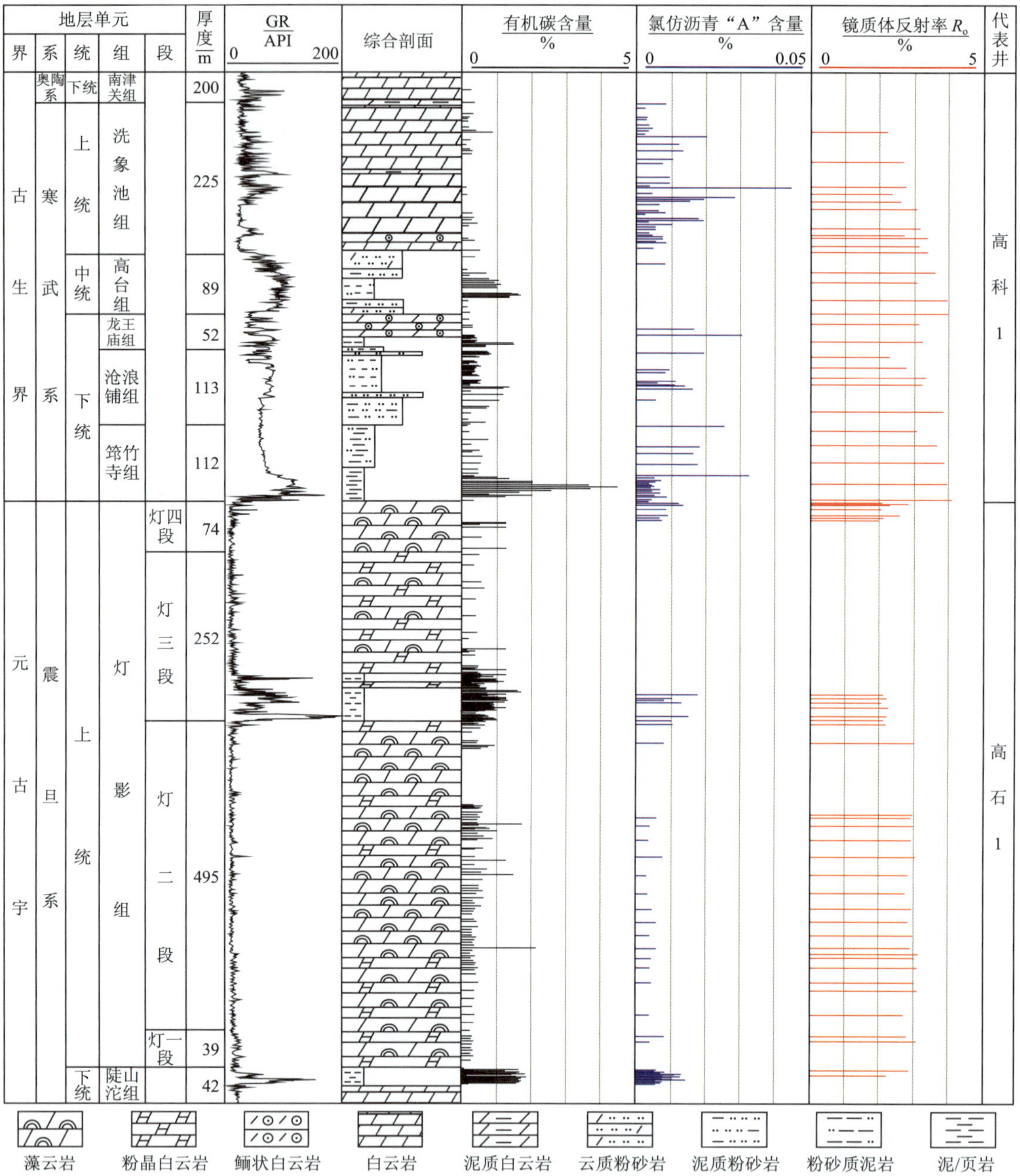

图5-24　四川盆地太古宇—元古宇烃源岩地化特征柱状图

0.6%。

（2）烃源岩分布及生烃潜力

通过31条野外露头、28口井、二维、三维地震资料结合预测了四川盆地震旦-寒武系烃源岩分布。四川盆地下寒武统筇竹寺组页岩厚度为0~510m，平均值为140m；生气强度为$0\sim160\times10^8m^3/km^2$，平均值为$40\times10^8\sim45\times10^8m^3/km^2$，高石梯—磨溪地区生气强度为$20\times10^8\sim60\times10^8m^3/km^2$。震旦系灯三段泥质烃源岩厚度为10~40m，主要分布在盆地中、西北部，高石梯—磨溪地区厚度最大，生气强度为$0\sim20\times10^8m^3/km^2$。震旦系

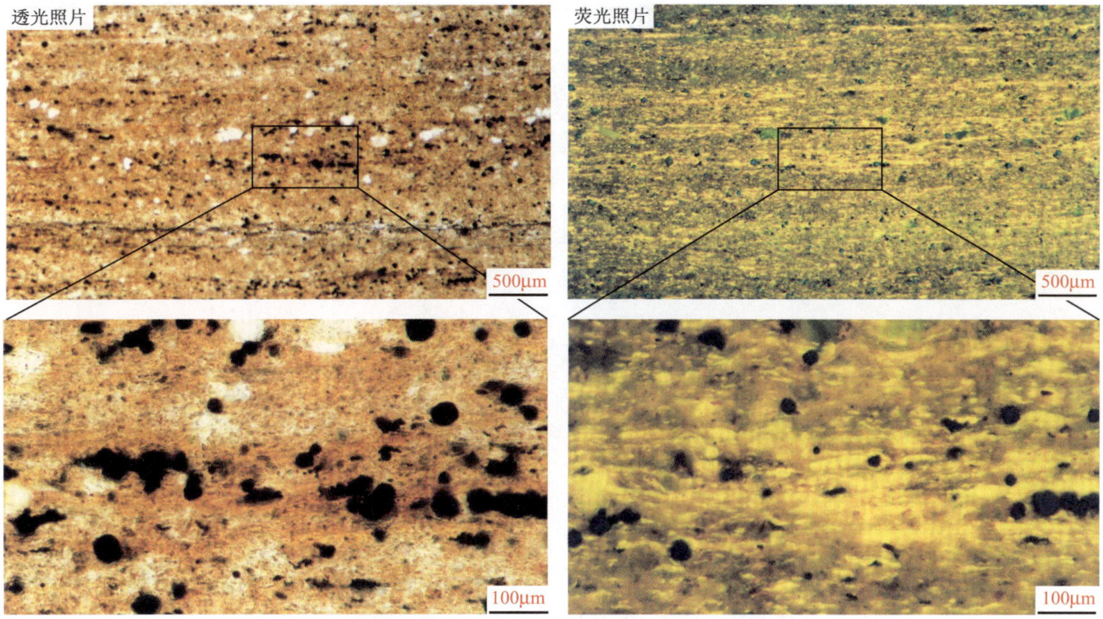

图 5-25 高石 1 井 5502.3m 藻云岩显微照片

藻云岩厚度为 100~600m，生气强度为 0~58×$10^8m^3/km^2$，主要分布在盆地西南部，从北向南逐渐增厚，宜宾以西地区可达 600m，在高石梯—磨溪地区为 200~400m。震旦系陡山沱组泥质烃源岩厚度为 10~30m，生气强度为 0~25×$10^8m^3/km^2$。预测四川盆地乐山-龙女寺古隆起所在的川中地区 6×10^4km^2 范围内，震旦-寒武系天然气总资源量约 1.8×10^{12}~3.3×$10^{12}m^3$。

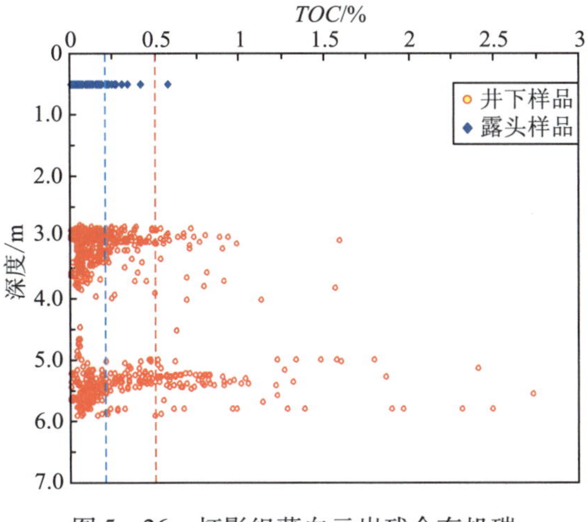

图 5-26 灯影组藻白云岩残余有机碳含量与深度关系

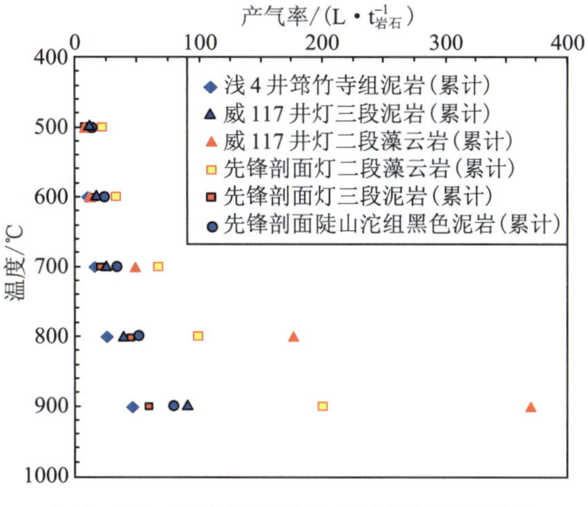

图 5-27 灯影组藻云岩产气率与温度关系

2. 震旦-寒武系天然气来源

(1) 原油裂解生气

震旦-寒武系天然气主要来源于原油裂解气，其原油主要来源于寒武系和震旦系烃源岩，原油裂解晚于干酪根生气。原油和干酪根裂解模拟实验证实：干酪根裂解中，天然气

C_1/C_2 比值逐渐增加，C_2/C_3 比值变化很小；原油二次裂解中，天然气 C_1/C_2 比值变化很小，C_2/C_3 比值逐渐增大。原油裂解气异构烷烃和环烷烃含量较高，而干酪根裂解气此值较低（图 5－28）。利用中国典型海相天然气干酪根裂解及原油裂解特征（图 5－29）与高石梯震旦系灯影组、寒武系龙王庙组天然气对比可见，高石梯震旦系灯影组、寒武系龙王庙组天然气主要来源于原油裂解气。

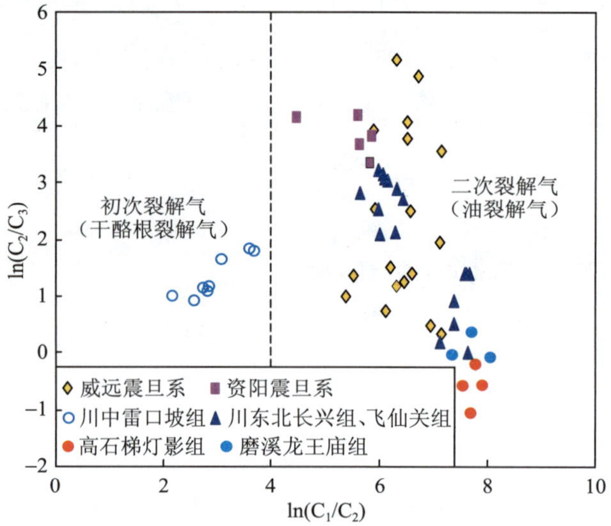

图 5－28　四川盆地海相天然气 ln（C_1/C_2）与 ln（C_2/C_3）交会图

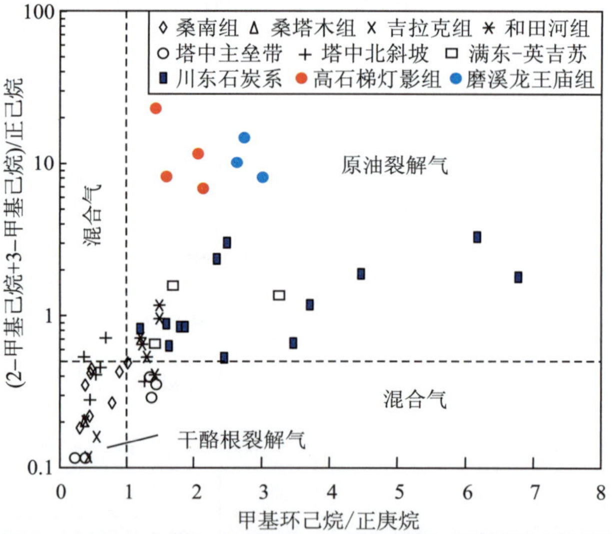

图 5－29　中国典型海相天然气异构烷烃和环烷烃关系

乐山－龙女寺古隆起气藏储层中大量的次生沥青是古油藏裂解生气的残留物，可证实天然气来源于古油藏中原油裂解产物，由古隆起轴部、斜坡到坳陷部位，震旦系、寒武系、奥陶系岩心薄片中的沥青含量均减少（表 5－5），古隆起轴部沥青含量最高，斜坡中等，坳陷最低。根据高石梯—磨溪地区构造演化，震旦－寒武系烃源岩中晚寒武世开始生烃，中奥陶世—二叠纪为主要生油期，晚三叠世—白垩纪为原油裂解生气期。

（2）天然气来源及贡献

通过气－气、气－源、沥青－源岩3类方法气源对比，显示高石梯—磨溪地区震旦系灯影组天然气主要来源于震旦系烃源岩，寒武系筇竹寺组也有较大贡献；磨溪地区寒武系龙王庙组天然气主要来源于寒武系筇竹寺组烃源岩。

$\delta^{13}C_2$ 值主要反映母质类型。高石梯—磨溪震旦系灯影组天然气 $\delta^{13}C_2 > -29‰$，$\delta^{13}C_{2-1} > 3‰$；威远寒武系页岩气及威远气田天然气 $\delta^{13}C_2 < -30‰$，$\delta^{13}C_{2-1} < 0$。高石梯—磨溪震旦系灯影组天然气源岩母质类型为腐泥腐殖型，说明有震旦系菌藻类贡献（图5－30）。

表5－5　古隆起不同部位岩心含沥青薄片中的沥青平均含量统计

古隆起部位	震旦系		寒武系		奥陶系	
	井号	沥青含量/%	井号	沥青含量/%	井号	沥青含量/%
轴部	女基井	8.12	女深5	15	女基井	3.7
斜坡	自深1井	3.7	合12	0.4	合12井	0.14
			威28	0.2		
坳陷	宫深1井	0	自深1	0.04		
			东深1	0.01		

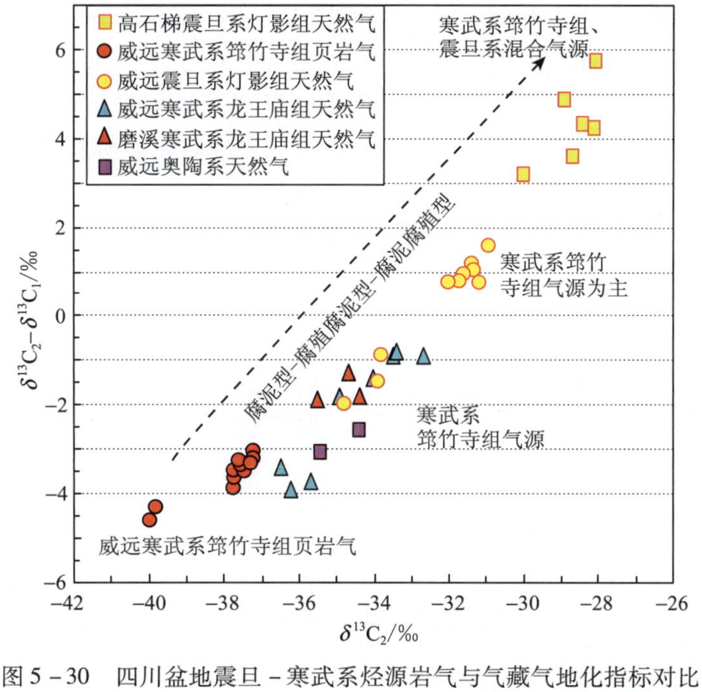

图5－30　四川盆地震旦－寒武系烃源岩气与气藏气地化指标对比

碳同位素分馏规律为 $\delta^{13}C_{干酪根} > \delta^{13}C_{油} > \delta^{13}C_{烷烃气}$（或 $\delta^{13}C_1$）。根据震旦系、寒武系主要烃源岩干酪根与已发现气藏碳同位素分布（图5－31），推断威远寒武－奥陶系天然气、磨溪寒武系龙王庙组天然气主要来源于寒武系筇竹寺组烃源岩；高石梯震旦系灯影组天然气中灯影组泥岩、藻白云岩、陡山沱组泥岩贡献较大，寒武系筇竹寺组烃源岩也有一定贡献；威远灯影组天然气主要来源于寒武系烃源岩。

根据三环萜烷反映细菌或藻类含量，C_{27}规则甾烷反映水生生物来源，C_{29}规则甾烷反

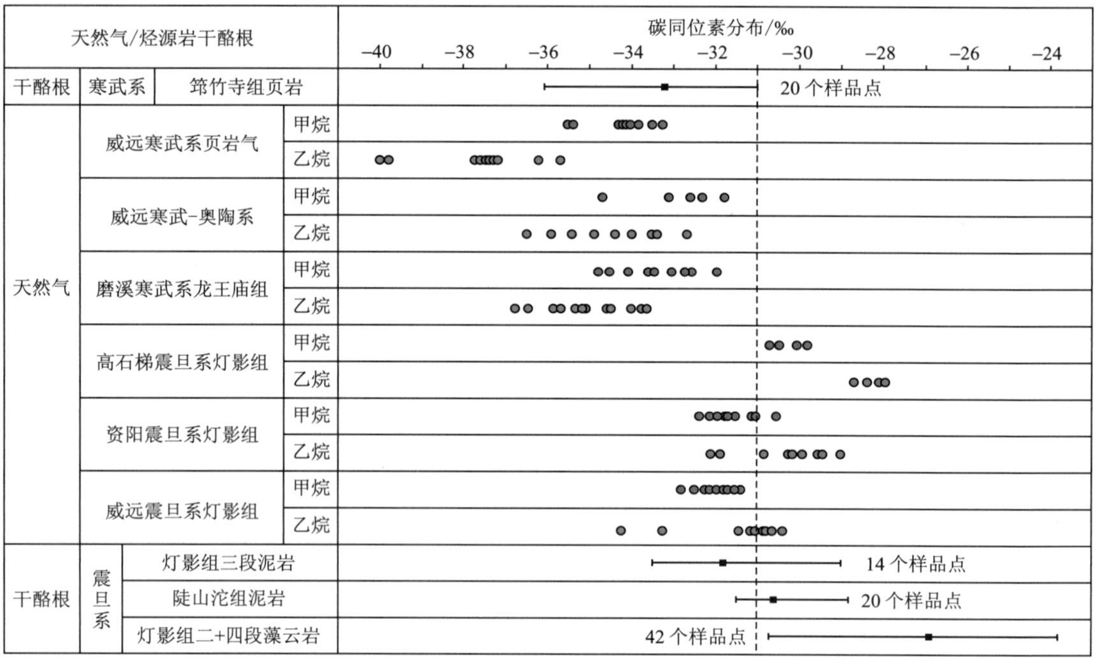

图5－31　四川盆地震旦－寒武系天然气与烃源岩干酪根碳同位素分布

映藻类或高等植物来源，重排甾烷反映酸性介质或成熟度。通过震旦系灯影组12个储层沥青、13个藻云岩和34个泥岩样品饱和烃色质分析测试结果分析（图5－32），高石梯灯四段储层沥青与灯三段泥岩、灯二段藻云岩及寒武系泥岩的生标特征相似，推断高石梯—磨溪地区震旦系灯影组原油裂解前的原油来源于灯三段。

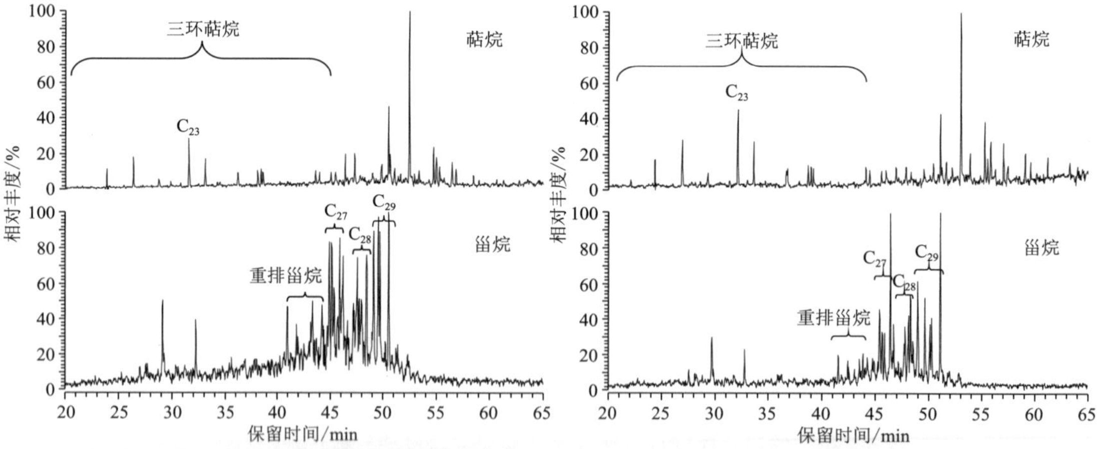

高石1井，4975.7m，震旦系灯影组四段沥青　　高科1井，5343.0m，震旦系灯影组三段黑色泥岩

图5－32　高石梯灯影组四段储层沥青与灯影组三段泥岩生标特征对比

3. 气藏形成条件

（1）气藏类型

乐山－龙女寺古隆起震旦系发育构造－地层型、岩性－地层型气藏，高石梯—磨溪地区灯二段气藏受构造控制，灯四段气藏受构造和地层双重控制。威远震旦系为构造气藏，

存在统一气水界面；资阳地区为岩性－地层气藏，无统一气水界面；高石梯—磨溪地区灯四段为缝洞型岩性－地层气藏；灯二段为受统一气水界面控制的构造气藏（图5－33）。

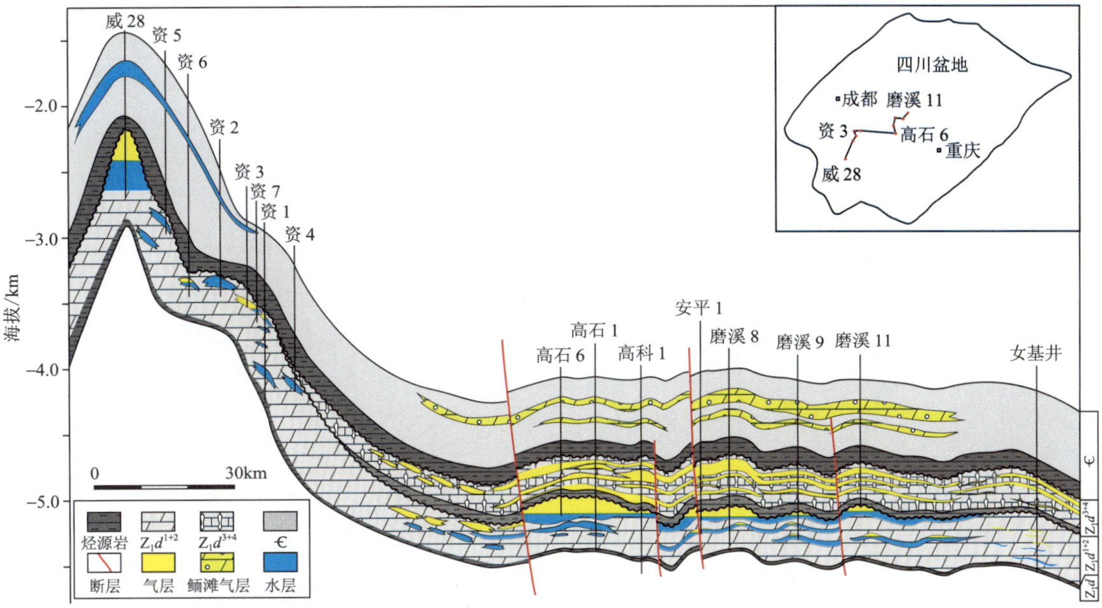

图5－33　四川盆地威远—资阳—高石梯—磨溪地区震旦－寒武系气藏类型剖面

寒武系龙王庙组气藏为构造背景下的岩性气藏（图5－33），具有储量规模大、含气面积大、气井产量高、气藏压力系数高等特征。试井分析表明气藏连通性较好，磨溪8、磨溪11和磨溪9井折算到同一海拔深度的地层压力接近，压力恢复试井曲线表现出视均质储层特征，测试期探测范围内未见边界反映，测试解释储层渗透率高。2013年在磨溪区块龙王庙组探明含气面积779.86km²，探明天然气地质储量4403.83×10⁸m³。

（2）气藏控制因素

四川盆地震旦－寒武系的大型古隆起背景、大型网状供烃系统、规模化颗粒滩储层、区域性储盖组合、大型古油藏裂解生气等是形成大型气田的关键条件。在前人对四川盆地乐山－龙女寺古隆起形成演化研究基础上，开展古隆起形成演化、烃源岩演化与成藏演化的耦合关系研究，发现三者有较好的匹配关系，震旦系具有早期成藏、原油裂解、后期调整再成藏的特征。中晚寒武世开始生烃期，中奥陶世—二叠纪为主力成油阶段，中晚三叠世—白垩纪为原油裂解生气阶段，白垩纪—现今为后期调整阶段。从古生代到中、新生代，乐山－龙女寺古隆起形态变化不大，呈继承性发展，轴向由近EW向逐渐转化为NE向，古隆起背景下的现今构造地层圈闭是油气富集区（图5－34）。现今气藏呈现规律为：古今构造叠合区天然气富集；古隆起高部位、现今斜坡带发育岩性型气藏；古隆起斜坡带、现今构造圈闭发育晚期成藏聚集的构造型气藏。

高石梯—磨溪地区发育大型低幅度背斜构造，具备形成大型气藏的圈闭条件，钻探表明高石梯—磨溪地区灯二段气藏含气面积达1003km²，灯四段气藏不受构造控制，已证实含气面积达1128km²。威远—高石梯地区地震剖面推测，灯四段存在尖灭，具备发育大型岩性地层复合圈闭的条件，勘探潜力大。高石梯—磨溪地区龙王庙组顶发育3个潜伏构造，总圈闭面积达370km²，岩性－地层圈闭面积远超过此面积，勘探潜力大。

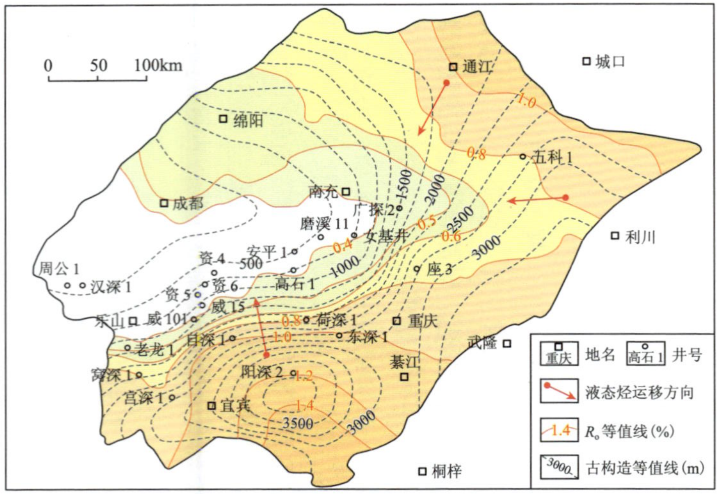

(a) 四川盆地石炭纪末震旦系顶面古构造与有机质热演化叠合图

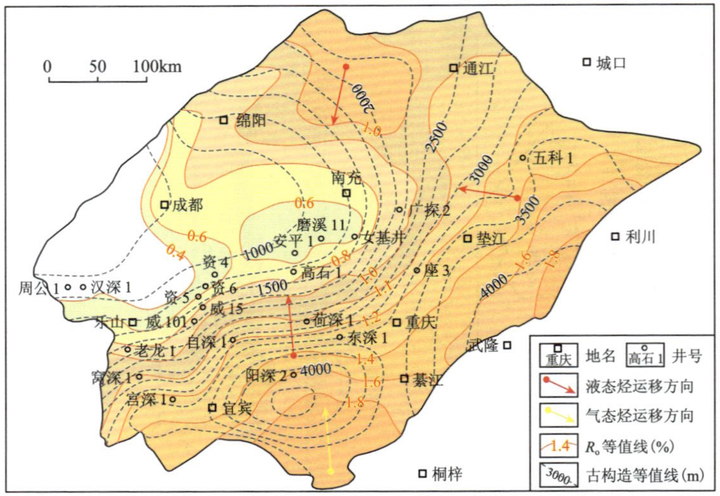

(b) 四川盆地二叠纪末震旦系顶面古构造与有机质热演化叠合图

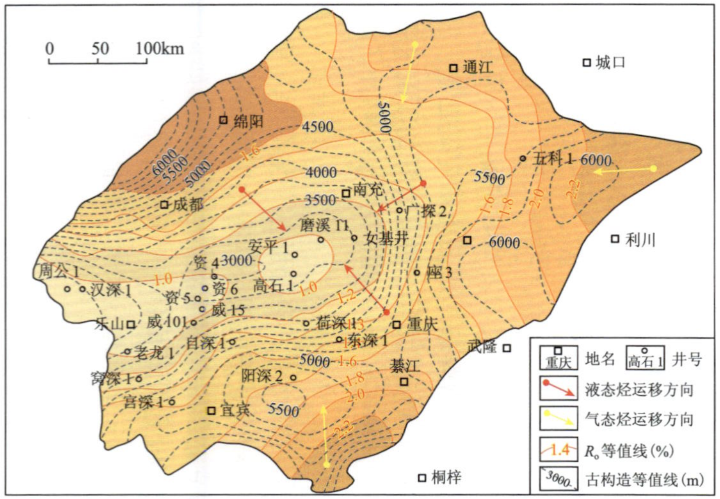

(c) 四川盆地三叠纪末震旦系顶面古构造与有机质热演化叠合图

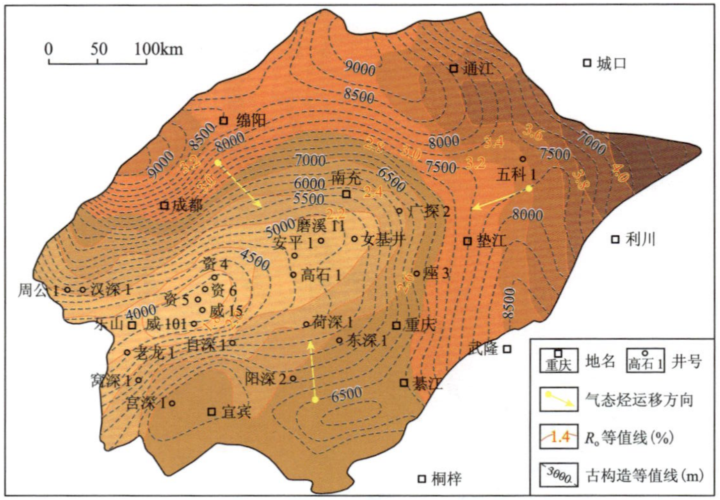

(d) 四川盆地古近纪末震旦系顶面古构造与有机质热演化叠合图

图 5－34 四川盆地构造与烃源岩演化耦合叠加图

四、砂砾岩体扇根封堵控藏

随着成熟探区勘探的进展，砂砾岩体油气藏逐渐成为油气储量增长的主体之一，砂砾岩体一般发育于盆地边缘斜坡部位，成藏控制因素较为特殊，有效储层和油气藏主要分布于扇中，扇根起封堵作用。

1. 砂砾岩扇根封堵成藏特点

勘探实践表明并不是任何深度扇根都能起封堵作用，扇根封堵的临界条件分析至关重要。以济阳坳陷盐家地区为例，其砂砾岩体扇根封堵具有沙四上亚段近岸水下扇扇根为块状砾岩，见棱角状大砾石，扇根亚相为干层，可以作为有效的封堵层；扇根分选差，随着深度的加大，扇根压实程度比扇中更加强烈，形成封堵，该地区有两个明显的界限值3280m和2300m（图5-35）。

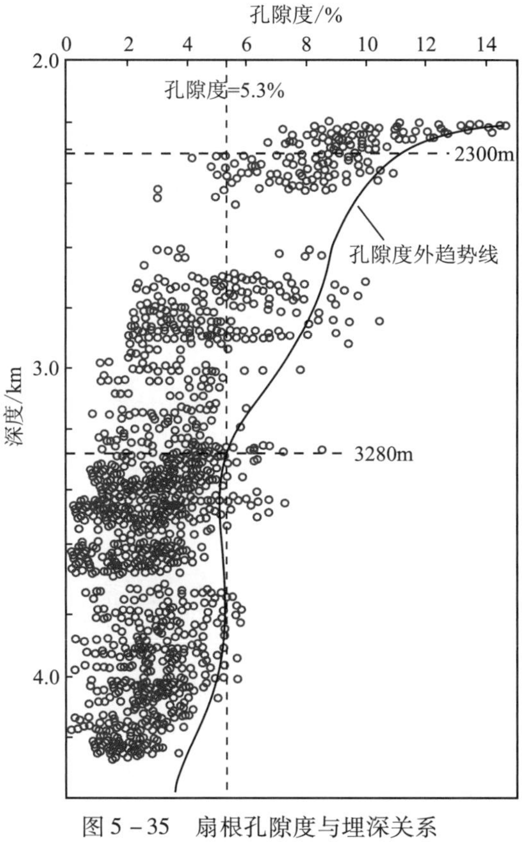

图5-35　扇根孔隙度与埋深关系

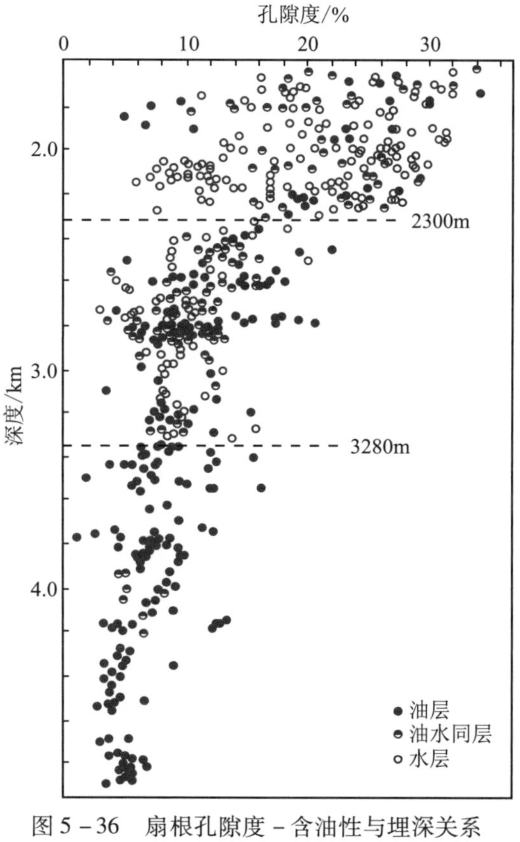

图5-36　扇根孔隙度-含油性与埋深关系

在纵向上，扇体油藏受扇根成岩作用及物性演化控制，由深至浅，扇根毛细管力的降低导致了封闭油气能力的降低，油气藏充满度随之降低。3280m以下，扇根成岩作用强，岩性致密，毛细管压力大，封闭性强，扇体油藏充满度高，扇中部位油层集中发育，有非油即干的特征。3280m以上，扇根成岩作用减弱，毛细管压力降低，封闭性变小，剖面上表现为“下干中油上水”的含油性结构，部分扇根具有储集性，形成油层。2300m以上扇根不能封堵，成藏主要受构造控制，2300~3280m之间扇根封堵但油藏充满度较低，具有底水，3280m 之下发育扇根封堵的岩性油藏（图 5－36）。从扇根成岩演化分析也得出同样的结论：拟合曲线拐点位置与有效储层下限 5.3% 的交点的深度都为 3280m。

2. 砂砾岩扇根封堵成藏关键参数确定

扇根封堵性可通过突破压力、排替压力等进行表征。如盐家地区沙四段砂砾岩体扇根的排替压力与孔隙度之间存在较好的定量关系（图 5－37）。因此，扇根亚相的成岩程度及孔渗性能可以反映扇根亚相的侧向封堵能力。扇根能否形成封堵取决于扇根的成岩程度及孔渗性能，而扇根封闭能力最终取决于同一深度条件下扇根的最小孔隙度。由扇根封堵最小排替压力与孔隙度的对应关系可知，孔隙度 <5.3% 是形成封堵的临界条件。

扇根孔渗性能与埋藏深度之间呈负相关关系。为了确定有利扇根封堵油藏形成的埋藏深度上限，统计了盐家地区不同层位、不同埋深扇体孔隙度与埋深的关系，剔除了构造控制的数据，结果表明埋藏大于 3280m，扇根亚相的孔隙度绝大部分低于 5.3%。

纵向上扇根封堵油藏的含油高度有所差异，而理论上，扇根封闭油藏高度、扇体坡度角与油藏宽度之间存在一定的关系。如盐家地区扇砾岩扇根封闭性与油藏高度与油藏宽度之间均存在相关性（图 5－38）。将大量钻井资料统计结果进行拟合，得到扇体坡度角、扇根油层高度、油藏宽度之间关系式（式（5－2））。如按地层坡度为 3°、扇根孔隙度为 1.5% 计算，盐 22 块所能封堵的含油宽度为 3860m，从盐 22 块 E2S412 控制含油面积宽度为 3329m 看，基本吻合。

$$W = h \times \mathrm{ctan}\alpha \qquad (5-2)$$

式中：W 为扇体含油宽度，m；h 为扇体含油高度，m；α 为坡度角，即扇体与水平方向的夹角，（°）。

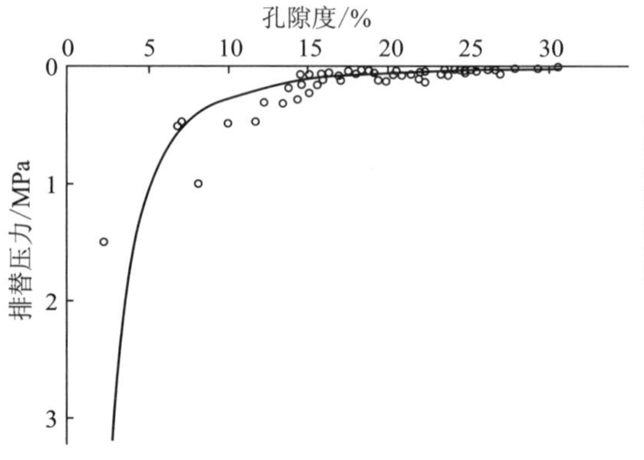

图 5－37　扇根排替压力与孔隙度关系

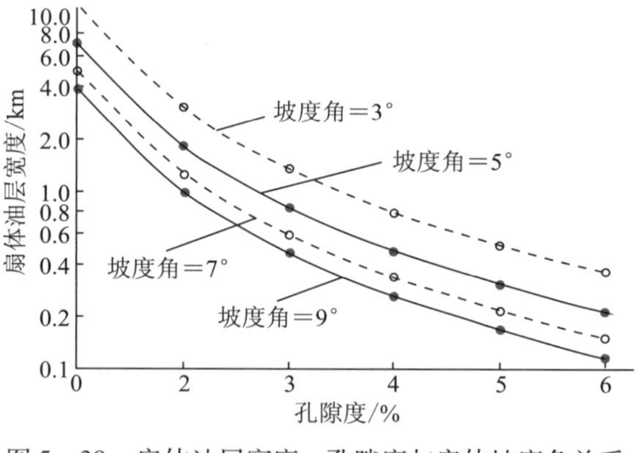

图 5－38　扇体油层宽度、孔隙度与扇体坡度角关系

3. 砂砾岩体扇根封堵成藏模式

以渤海湾盆地东营凹陷北部陡坡带为例。该区砂砾岩扇根封堵成藏，对于同一期砂砾岩扇体，为扇根侧向封堵、扇缘裂缝输导、扇中油气富集成藏；对于多套叠置的砂砾岩扇体，又可根据油藏的含油分带性，把砂砾岩扇体成藏模式细分为 3 类（图 5－39）。

1）低充满带构造型油藏：埋深介于 1700～2300m 之间，成岩作用处于早成岩 A 阶段，扇根封堵能力较差，油藏类型多为靠断层封堵的构造型油藏，油气充满度较低，水多油少，含油高度一般在 10～70m，油藏宽度一般介于 200～1000m 之间。

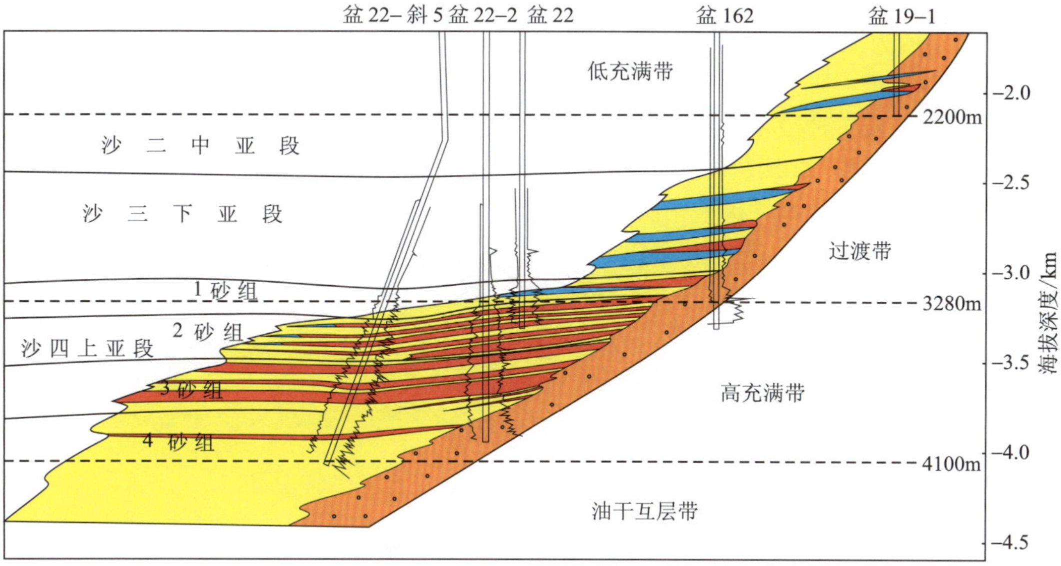

图5－39　东营凹陷北带东段砂砾岩体成藏模式

2）过渡带构造－岩性型油藏：埋深介于2300～3280m之间，成岩作用处于早成岩B阶段，扇根封堵能力中等，油藏类型为构造－岩性型或岩性型油藏，油气充满度中等，油水间互，含油高度在20～90m之间，油藏宽度一般介于300～1500m之间。

3）高充满度扇根封堵岩性油藏：埋深介于3280～4300m之间，成岩作用处于中成岩A阶段，扇根封堵能力强，油藏类型为扇根封堵岩性油藏，油气充满度高，储层非油即干，含油高度在80～190m之间，油藏宽度一般介于600～2500m之间。

砂砾岩扇体扇根封堵成藏模式对成熟探区的类似盆地砂砾岩扇体油藏勘探将有十分重要的借鉴作用。近几年来，在渤海湾、准噶尔等盆地都有很多发现，新增探明石油储量超过3×10^8t。

五、断块群成藏控因

以准噶尔盆地腹部莫北油田为例阐述断块群对油气成藏的主控因素。沉积微相确定有利储层分布，控藏断裂和构造精细刻画确定有利区带，在油气运移路径上的有利储层与有利成藏区的叠合确定勘探部署区，通过钻探实现油气储量的扩展。

1. 沉积微相及砂体平面展布

准噶尔盆地J_1s_2发育三角洲沉积体系，存在西北部、东部、北部和南部四大物源，几个物源体系在腹部交会，沉积物来源及方向多变，主要有来源于西北部物源和东、西部物源共同提供沉积物两种认识，腹部主要发育水下分流水道、河口坝和滑塌沉积。通过岩心、测井、分析化验、地震储层预测等综合研究，提出研究区J_1s_2沉积物主要来源于东部和北部物源，主要发育三角洲前缘亚相的分流河道沉积，J_1s钻揭地层厚度为140～320m，平均为237m，自上而下分为J_1s_3、J_1s_2、J_1s_1三段。J_1s_3段分布稳定，厚度为85～125m，平均为105m，主要为一套湖相泥岩，为区域性盖层。J_1s_2段为大套灰色砂岩夹少量泥岩，厚度为100～140m，平均为120m，又分为$J_1s_2^1$、$J_1s_2^2$两个砂层组。目的层$J_1s_2^1$砂层组自上

而下又分为 $J_1s_2^{1-1}$、$J_1s_2^{1-2}$ 两个砂层，其中 $J_1s_2^{1-2}$ 砂体分布稳定，厚度为 10 ~ 25m，为主要含油层。J_1s_1 段为泥岩夹砂岩，厚度 100m 左右，主要为浅湖相泥岩和三角洲前缘的河口砂坝与水道砂沉积。研究区主要发育水下分流主河道、水下分流浅河道、水下分流浅滩、水下分流间湾泥质 4 种微相类型（图 5 – 40），其中水下分流主河道微相储层物性最好。在原探明油气面积西侧、北侧、南侧均发育良好储层的水下分流主河道微相砂体（图 5 – 40），搞清砂体的展布规律为油气扩展指明了方向。

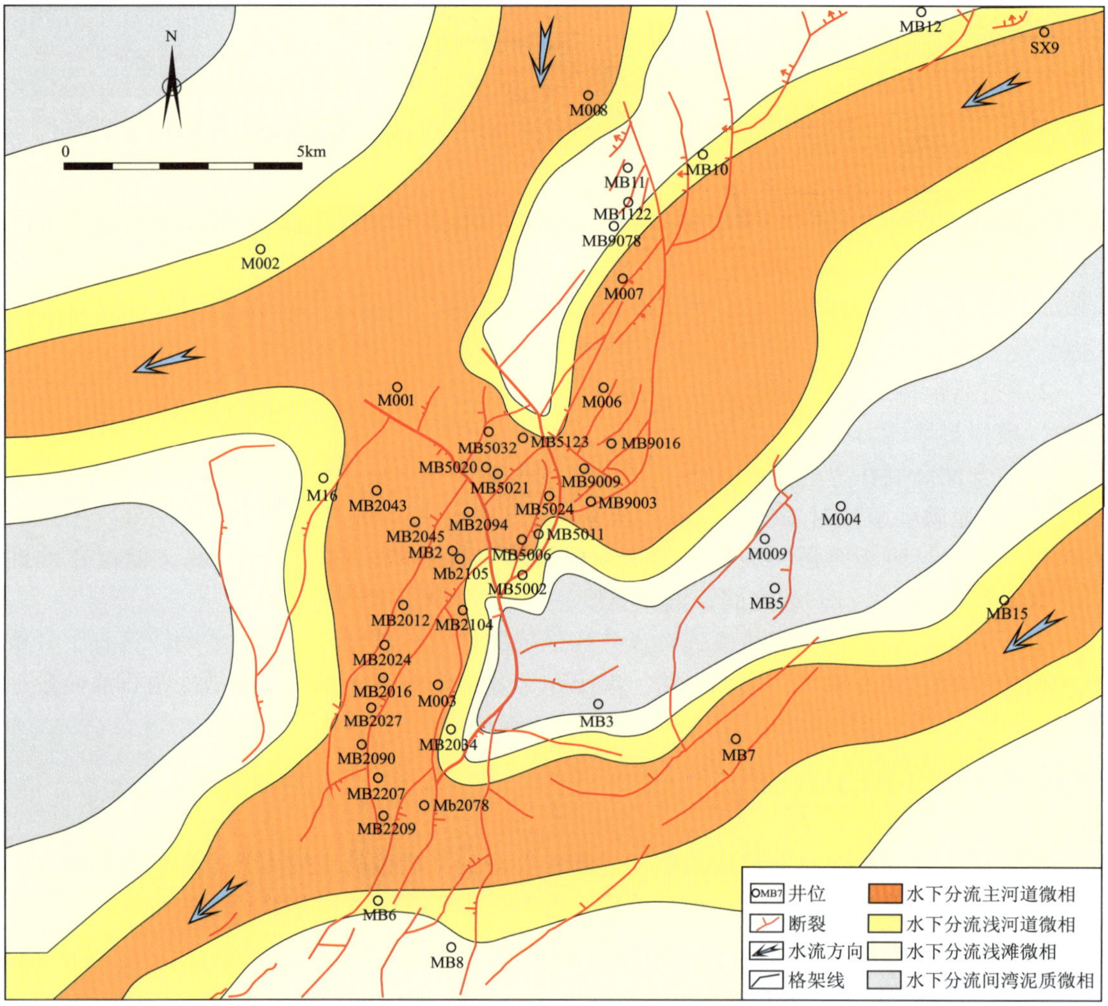

图 5 – 40　$J_1s_2^1$ 沉积微相分布

2. 油气成藏主控因素

莫北地区油气成藏受二叠系烃源岩主生烃期和车莫古隆起形成与演化控制，成藏期的古隆起制约着油气运聚，调整期的古隆起影响着油气再分配，定位期的古隆起决定着油气最终富集部位，受多套烃源岩不同生排烃期油气运聚条件控制，具有多期幕式成藏特点。莫北地区紧邻二叠系风城组和乌尔禾组的盆 1 井西生烃凹陷，在其油气系统内，侏罗系三工河组储层优于八道湾组和三叠系储层，油气沿断裂纵向运移时，首先在顶部优质储层中聚集成藏。其烃源岩有 3 个主要排烃期，最早排烃在晚侏罗世—早白垩世，此时风城组烃源岩正处于高峰生油阶段，在构造运动作用下，沿深切入生油岩的大断裂或油源匹配断裂垂向运移至构造高部位，在燕山Ⅰ—Ⅱ幕形成的车莫古隆起内的莫北侏罗系储层中形成古油藏。而此后盆地整体由南向北发生倾斜，古油藏向上倾方向调整，在高部位有利带上重新聚集成藏。晚白垩世，乌尔禾组烃源岩开始大量排烃，高成熟油通过不整合面和“Y”字形断裂组合运移、聚集至先前形成的背斜、断鼻、断块内 J_1s_2 储层中，形成了高成熟油藏。古近－新近纪以后乌尔禾组高成熟气开始排烃，高成熟气继续沿断裂、不整合面进入构造带聚集。油气藏主要分布于凸起轴部及凹陷向凸起过渡的斜坡带上。

莫北地区地应力演化模拟结果表明，垂向应力大于水平应力，最大水平主应力方向为NNE向，属于张扭性质，形成多组西倾由SN向NW过渡的弧形断裂，断裂的封堵性好，对油气的保存起主控作用，在该应力场作用下右旋旋钮构造发育，应力集中部位储层得到改善，形成规模较大的油气藏。油气藏与圈闭幅度大小、正断层封闭性有联系，平面上成藏分布与正断层旋转方向有关，北段正断层右旋油藏位于其上盘，南段正断层左旋油藏位于其下盘。平面上自西往东有形成油藏—油气藏—气藏或直接是油藏—气藏的分布序列。莫北油气田的主要控藏断裂为MB2井东断裂（图5－41中②号断裂）和MB2井西断裂（图5－41中①号断裂），断裂延伸长度约14km，最大断距约130m，封闭性好，控制了MB2井区和M005井区油气水分布。

3. 断裂对油气藏的控制

（1）断裂特征及对油气藏控制作用

断裂展布分为近SN向、NE向及NEE向3组，其中近SN向与NEE向的断裂延伸长、断距大，对构造起到了明显的控制作用；而NE向断层则相对规模较小，是前两组断层的补偿断层，对构造的控制作用不明显。按断层断距的大小和延伸距离，将本区的断层分为两个级别：一级为控制结构断层，主要是近SN向与NEE向断层，这两组断层呈倒“丫”字形，由南向北向两侧画弧—弧形断裂，延伸长度较大、一般大于6km，断距较大、一般大于30m，基本上决定了本区构造格局，并且可以作为油气运移通道，对油气成藏有明显的控制作用；二级断层受一级断层影响，伴随一级断层发育，与其相交可形成多个断块构造。

挤压应力作用下的逆冲推覆是弧形断裂的主要形成机制。研究区受燕山Ⅰ—Ⅱ幕发育的右旋挤压应力控制，具备形成弧形断裂的条件。弧形断裂两端常伴随一定的走滑，走滑断裂活动后常常为封闭性，同时，准噶尔盆地腹部 J_1s 之下的 J_1b 存在异常压力系统，形成于该时期的断裂在地应力作用下塑性岩石流动进入断层中，形成泥质涂抹层，对断层的侧向封闭性起重要作用。从构造演化来看，断裂活动于白垩系沉积以前，只有近SN向与NEE向的两组大断层在局部穿入白垩系清水河组，为油气后期保存提供了条件。

（2）断裂识别与解释

早期勘探时受地震资料品质限制，断裂在地震剖面上显示不清楚，在进行断层解释时，主要根据地震波组的抖动来确定断裂位置，断距较小的断裂在地震剖面上一般没有显示，如1997年采集的40m×40m三维地震资料（图5－41a），很难刻画断距较小的断裂。在新采集的三维地震资料上，进过特殊处理后，断裂显示较清楚，如2007年采集的12.5m×12.5m三维地震资料（图5－41b）。利用相干体分析等技术，确定断裂解释方案，对研究区断裂进行重新解释，图5－41b中①号MB2井西2号断裂，早期地震资料无

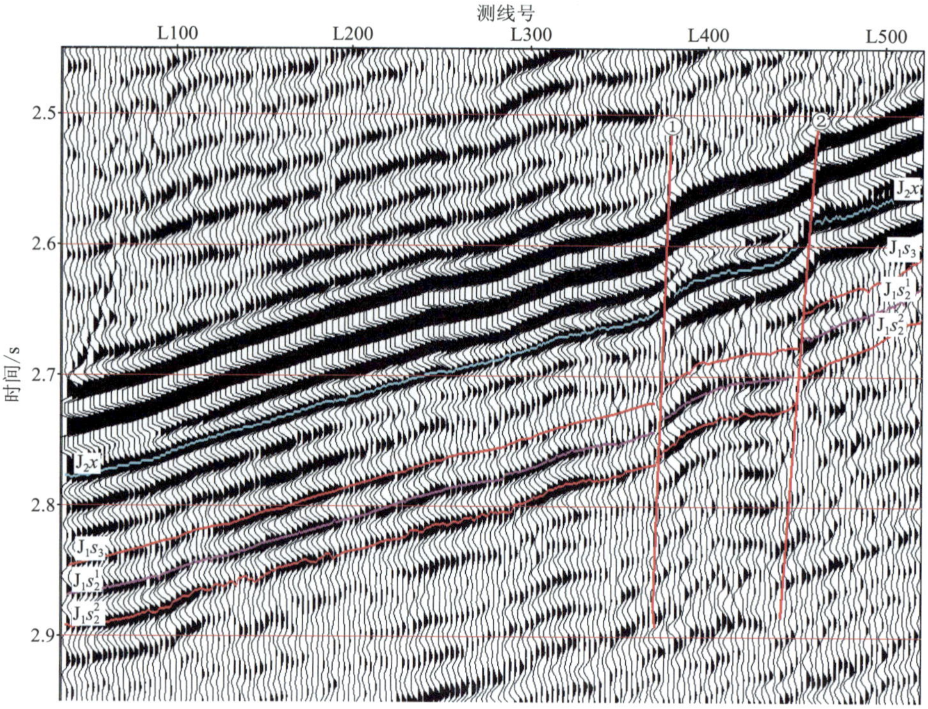

a. 莫北三维地震 T110 剖面 (40m×40m，1997 年)

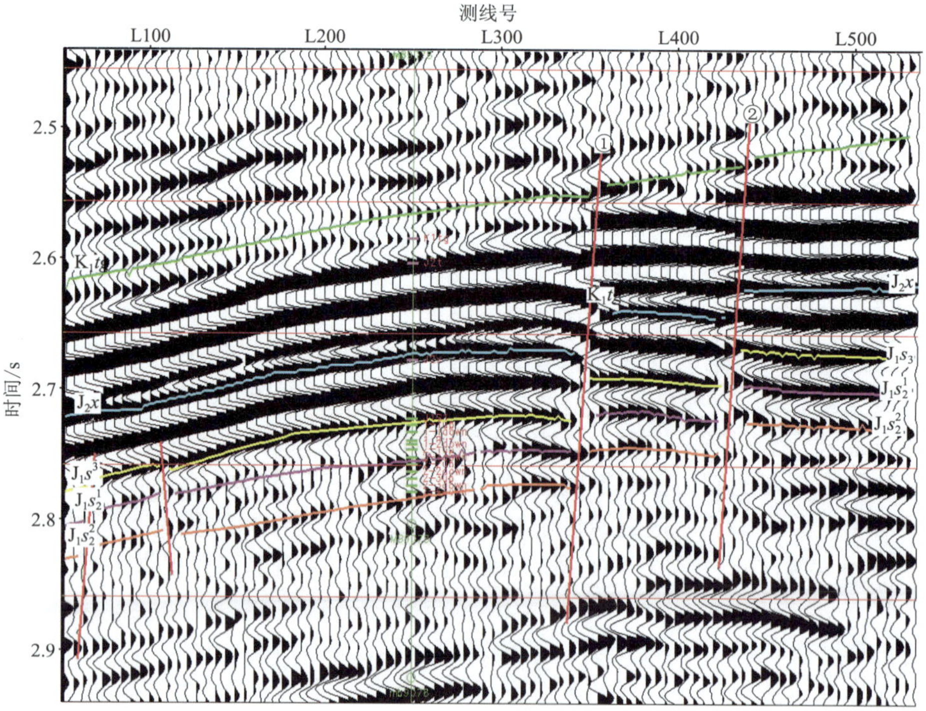

b. 莫北三维地震 T109 剖面 (12.5m×12.5m，2007 年)

图 5－41　莫北三维新老地震剖面对比

剖面位置见图 5－42 中 A—A′剖面

①、②为断层编号

法识别，②号 MB2 井东断裂西段在早期地震资料中也无法识别，可见不同时期地震资料解释的断裂差别很大。

受地面沙漠条件、构造复杂、地震速度横向变化大等因素影响，准噶尔盆地腹部存在时间域与构造域高低幅度差异大的问题，常规叠后时间偏移不能使反射波正确归位，非等时格架下的构造成图限制了构造精度。采用三维叠前深度偏移、等时格架下的变速成图技术实现了复杂目标区的高精度成像，解决了该地区构造深度与地震双程时间不一致的矛盾，实现了与地下情况吻合的构造精细成图（图 5－42b），与常规地震处理和成图技术所成的构造图差别较大（图 5－42a）。

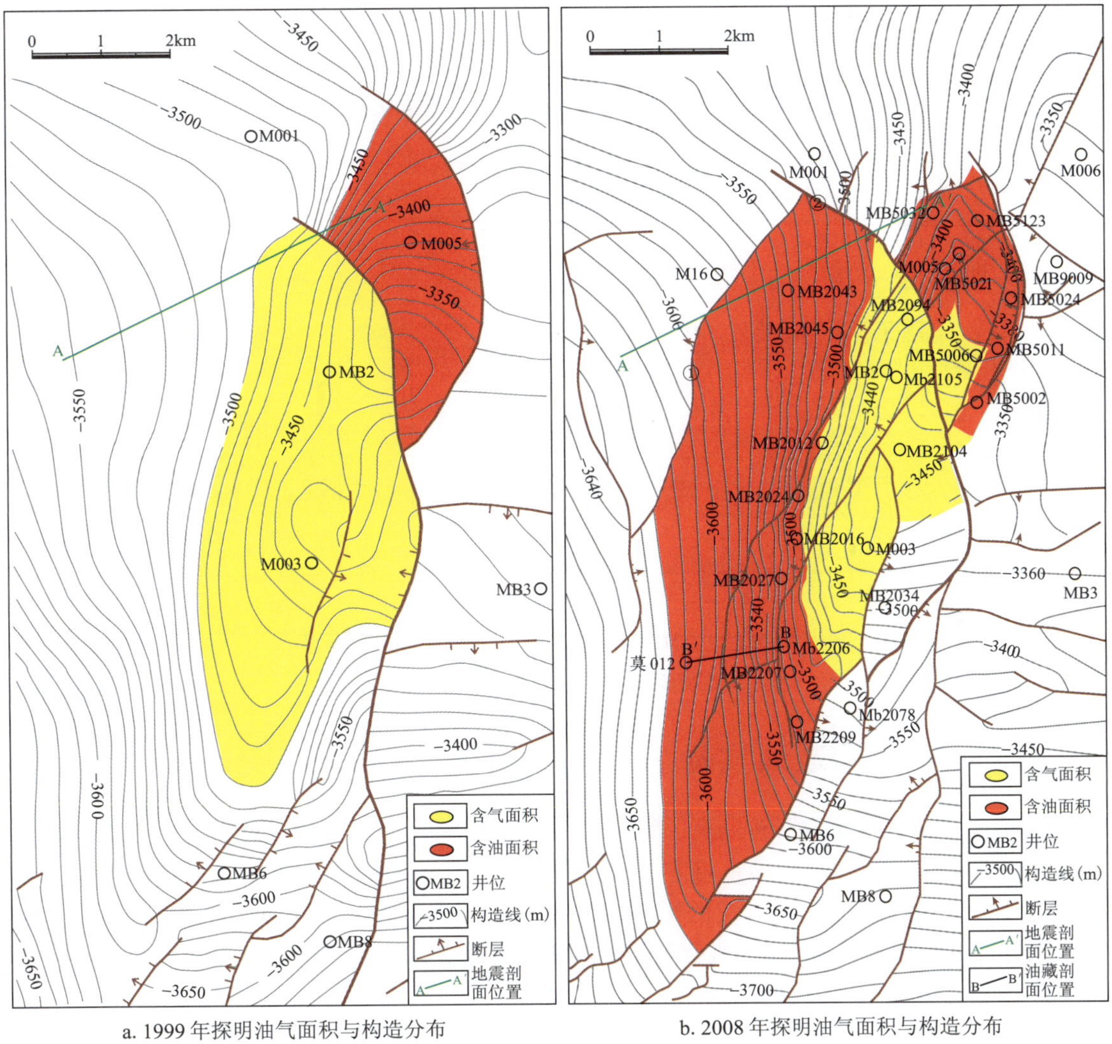

a. 1999 年探明油气面积与构造分布　　b. 2008 年探明油气面积与构造分布

图 5－42　不同时期断裂、构造及含油面积对比

①、②为断层编号，与图 5－41 中是同一断层

4. 油水界面重新认识和油气储量扩展

在搞清储层控制因素和砂体分布规律的基础上，通过对测井资料的重新评价，为油气藏扩展提供了依据。在断裂构造重新刻画和油气藏控制因素研究基础上，提出该区油气藏

受断裂、岩性等因素共同控制，指出有利勘探区。在1999年提交探明储量含油气面积之外进行重新勘探部署，使原来认识的油水界面下限 -3555m 不断下移至 -3622m（图5-43）。1999年提交探明储量时，因MB2090井钻探时油层保护不好，储层物性相对较差，油层束缚水饱和度较高，试油油水同出，认为此井附近为油水界面，因此，将油水界面定为 -3555m。当该井附近的井采油3~4个月，束缚水变为可动水部分采完后，只产纯油，因此，将评价井进一步外甩，新增含油面积不断扩展，目前证实的油层下限为 -3622m，尚未见到真正的油水界面，进一步勘探后含油面积可能会继续扩大。由1999年提交探明储量时的 $17.6\times10^4km^2$，扩展到现在的 $68.39\times10^4km^2$；探明石油地质储量由1999年的 1382×10^4t、天然气地质储量 $53.27\times10^8m^3$，扩展到目前的探明石油地质储量 4340.66×10^4t、天然气地质储量 $131.77\times10^8m^3$，勘探成效显著。

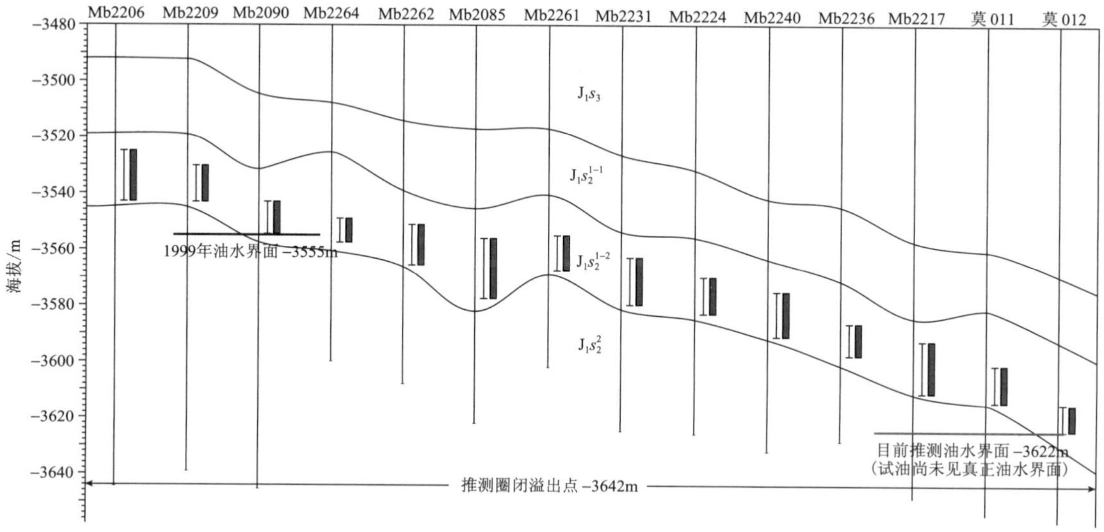

图5-43　过MB2206—M011井 $J_1s_2^1$ 试油海拔高程

剖面位置见图5-42中B—B′剖面

六、低幅度构造油气藏

随着油气勘探程度的不断提高，剩余的大、中型整装油气田越来越少，成熟探区的低幅度圈闭逐渐成为油气勘探的重点之一。中国在多个含油气盆地中的低幅度圈闭均取得了勘探突破，且逐渐成为储量增长的重点。这里以准噶尔盆地腹部低幅度圈闭为例进行阐述，为发育低幅度圈闭的类似地区的油气勘探提供借鉴。

1. 低幅度构造油气藏类型

低幅度构造又可称为小幅度构造、微幅度构造等，是指构造相对平缓、闭合幅度只有10~20m左右的有效圈闭。其形成有沉积成因和构造成因两种。沉积成因包括砂泥岩的差异压实作用和基底古隆起的继承性发育，以及不同期砂体的局部叠置。构造成因的低幅度构造又可分为两类：一类是在微弱的构造应力条件下地层未发生断裂只产生微小起伏而形成的低幅度构造；另一类是与断层相关的低幅度构造，其成因是断层运动条件下的同一盘岩层不同部位的位移速率不同或断层对岩层的拖曳作用导致的岩层弯曲，例如在拉张应力背景下形成的低幅度逆牵引背斜，在挤压应力背景下形成的低幅度牵引背斜。低幅度构造虽然规模不大，但是在有利的生－储－盖及油气运移条件下低幅度构造圈闭可能形成“小而肥”的高产油气藏。

低幅度构造一般发育于低凸起带上，具有呈带分布的特征。低凸起带一般指构造幅度相对较低的正向构造单元。但关于低凸起带及其构造幅度，不同的盆地和区块具有不同的界定，一般将低凸起带界定为凸起构造幅度小于50m、宽高比大于200～300的正向构造单元。低凸带主要包括断块型、构造型和岩性型3种类型，在3种类型低凸带起上主要发育4种低幅度构造油气藏，即断块型（图5－44a）、背斜构造型（图5－44b）、岩性型（图5－44c）和构造岩性型（图5－44d），如准噶尔盆地腹部已发现的低幅度油气藏（图5－44）。

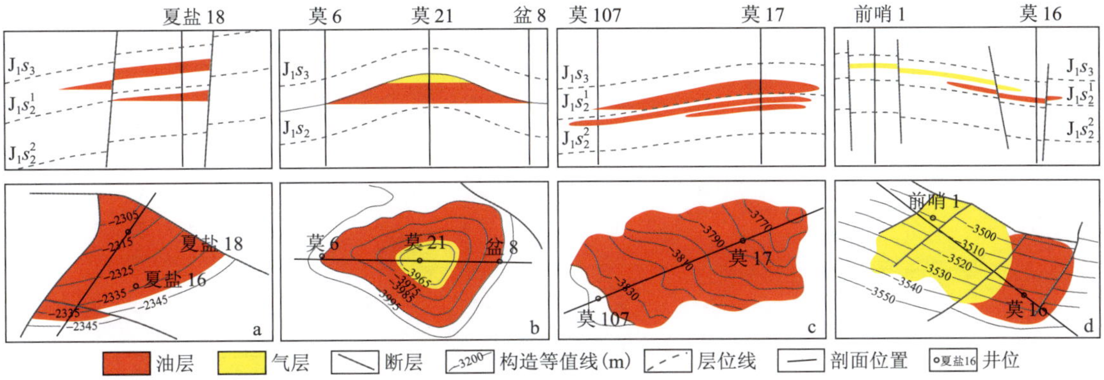

图5－44　准噶尔盆地腹部低幅度油气藏类型

不同类型低凸起带内形成的主要油气藏类型存在较大差别。断块型低凸起带以发育断块型油气藏为主，沿断块单独、阶梯状成藏，具不同油气水界面，油气藏上倾方向受可靠断裂封挡，下倾方向溢出点受断层或砂体与构造的叠合控制，其控藏因素为断层的封闭性和砂体储层的发育情况。构造型低凸起带以发育构造型油气藏为主，主要包括背斜、断背斜等构造油气藏，低幅度构造具有很好的继承性，深浅层的背斜形态和幅度虽有差异，但是背斜范围在平面上大致重合，油气藏范围受背斜圈闭溢出点控制，控藏因素为构造、断裂和储层砂体物性等。岩性型低凸带以发育岩性型和断层岩性型油气藏为主，储层厚度一般较薄而且分布范围较大，同时，断裂构造发育，具备形成岩性油气藏和断层岩性油气藏的有利条件，砂体一般在3个方向上尖灭或受断层遮挡，油气藏平面展布受控于储层砂体的平面展布范围，控藏因素为控圈断裂的有效性和储层砂体的展布。

2. 低幅度构造形成机制

（1）车莫古隆起的压扭成因模式

准噶尔盆地在中侏罗统西山窑组沉积晚期或末期，北天山断裂带、乌伦古南－克拉美丽断裂带发生右行走滑活动，同时这些断裂还具有挤压性质。这些边界断裂带往往呈组、呈带出现，如北天山断裂带和北天山北缘断裂带，乌伦古南－克拉美丽断裂带和三个泉断裂带呈组出现。这些边界断裂带的右行压扭所产生的右行压扭应力场中，压性结构面（S）呈NEE向或弧形展布，它们由奎莫凸起、莫北凸起、陆南－滴南凸起组成，成为“S”形展布的隆起带（图5－45）。张性结构面（T）呈NW或NNW向，沿其发育呈凹陷，如夏盐南凹陷、东道海子北凹陷、昌吉凹陷。里德尔剪切面呈 NW 向，发育呈雁列状展布的正断层组，如石西油田西南部位。反向剪切面（R′）呈 NE 向，也呈雁列展布，在夏盐地区、基东凸起、石东凸起等部位，在 NE 向鼻状构造带背景上发育一系列 NE 向雁列状展布的正断层组，为石南油田、石东油气藏所常见。上述 NE 向鼻状构造带，一方面受下伏基底断裂（主要为逆断层）或基底凸起的影响；另一方面，在 J_2t—J_3 的区域压扭活动中，幅度加大，迅速发育，同向剪切面（P）呈 NWW 向。

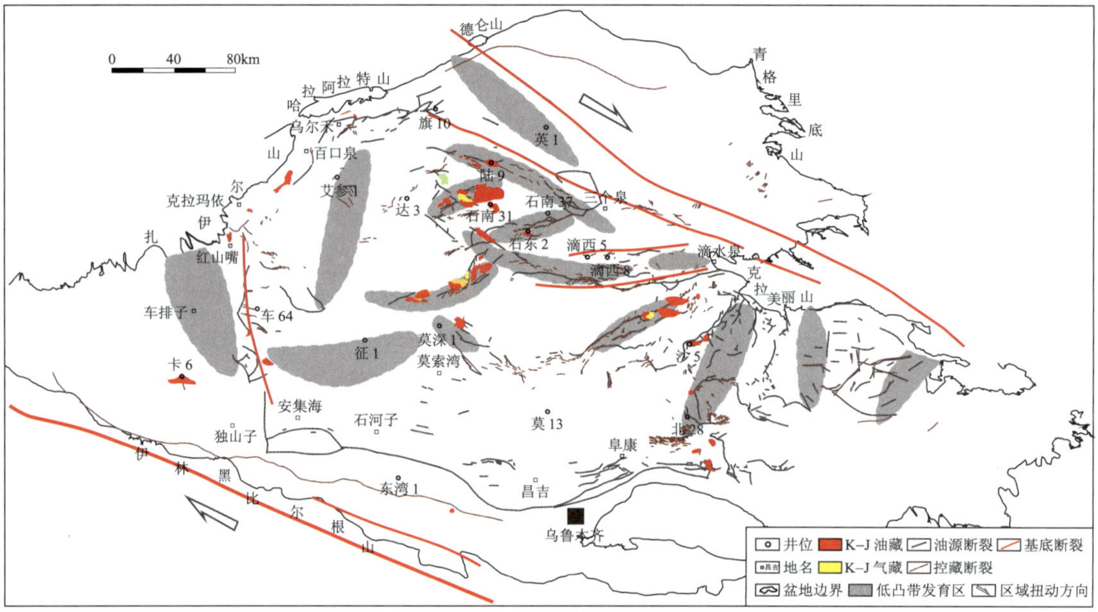

图 5-45　准噶尔盆地古隆起压扭成因模式及低凸起分布

下伏基底断裂对上覆构造层扭动的影响在车排子凸起表现得尤为清楚。车排子凸起的边界为红-车断裂带，这是一条自石炭纪开始发育的右行压扭活动带，导致车排子凸起不断隆升，在整个车-莫隆起带也隆升最高，八道湾组被剥蚀殆尽。在压扭活动中，压性结构面（S）的发育也“迁就”这一基底凸起，似以其为“砥柱”开始发育。除上述奎莫凸起—莫北凸起—陆南—滴南凸起构成隆起带外，还形成了一支呈 NNE 向的达南凸起，达南凸起也向南收敛于车排子凸起以东，明显指示出车排子凸起这一古老基底凸起的作用。

在准东地区，白家海凸起、帐北断褶带、黄草湖凸起、黑山凸起也在这一压扭期形成并定型。帐北断褶带、黄草湖凸起、黑山凸起等是在原呈近 EW 向的大井坳陷的基础上叠加了 NNE 向构造带而形成的。帐北断褶带、黄草湖凸起、黑山凸起与石树沟凹陷、石钱滩凹陷和梧桐窝子凹陷相间分布，凸起的形成也有其边界基底断裂的影响。

沿着区域压扭断裂带的边界，如乌伦古南-克拉美丽断裂带和三个泉断裂带，发育与断裂带近于平行的石英滩凸起和三个泉凸起。除本身受前期基底断裂活动形成的构造带控制外，在 J_2t—J_3 的区域压扭活动中表现为强制褶皱。从凸起单元的组合来看，上述压扭模式是一种不对称的，北侧的活动更强。

（2）车莫古隆起的“上下脱耦、镜像旋转”成因模式

在多条地震剖面及构造解释剖面上已经看到，车莫古隆起主要发育在侏罗系—白垩系构造层中，即主要是“盖层”中的产物。虽然在车排子凸起、石英滩凸起、三个泉凸起

等部位受下伏基底构造控制明显，但在除此之外的盆地大部分地区，表现出 C—T 构造层和 J—K 构造层强烈的差异变形特征。C—T 构造层的逆断层一般不上延到 J—K 构造层，J—K 构造层的正断层或逆断层一般也不和 C—T 构造层的逆断层直接相连，而是采取逐渐调节过渡的方式。

J—K 构造层在形成车莫古隆起过程中发生了“逆时针”旋转。而下伏的 C—T 构造层由于刚性程度较 J—K 构造层要大，且在西伯利亚地块向南的运动过程中，准噶尔地块主要发生“顺时针”旋转。由此看来，C—T 构造层和 J—K 构造层的旋转运动正好相反，二者呈“镜像对称”关系。

它们之间的拆离或脱耦活动可能主要沿着上三叠统白碱滩组厚层泥岩发生。在西山窑组沉积末期或晚侏罗世，白碱滩组泥岩已达到一定的成岩程度，由于泥岩孔隙大量含水，上、下运动发生时可以起调节作用。车莫古隆起的“上下脱耦、镜像旋转”成因是符合区域压扭构造背景的。区域的压扭作用导致了上、下构造层的差异变形和反向旋转。因此，车莫古隆起具有压扭成因，为一复合性质的大型隆起。

伴随着车莫古隆起的形成和演化，形成了系列低幅度构造（图 5－45），这使低幅度构造成为油气聚集的场所，形成了多个低幅度构造油气藏。

3. 低幅度构造油气藏成藏控制因素

准噶尔盆地腹部低幅度构造具有烃源灶＋断裂＋低凸带＋有效圈闭耦合控制成藏特征。烃源灶提供油气来源，断裂是油气纵向输导体系，低凸带是油气运距的有利指向区，薄互层砂体和断层共同组成的有效圈闭是油气聚集场所。其中复合断裂系统和砂体的有效配置，是低幅度构造形成有效圈闭的关键。

（1）断裂体系对油气成藏的控制作用

以准噶尔盆地为例，腹部侏罗系—白垩系油气藏中的油气，主要来源于盆地中南部的二叠系烃源岩。受燕山期和喜马拉雅期两期构造运动控制，油气来源包括两部分，一部分是早期古油气藏遭受破坏后的再聚集，另一部分是烃源岩晚期生成的油气聚集。如准噶尔腹部盆 1 井西凹陷附近，低凸带的形成与盆 1 井西凹陷主力成藏聚集期具有很好的匹配关系，且低凸带接近烃源区，处于迎烃面，充注条件好，易捕获油气并成藏。复合断裂是该区油气的主要输导通道之一，发育深、浅层两期断裂系统，深层断裂为油源断裂，沟通二叠系烃源岩，浅层断裂为运移成藏断裂，为油气运聚通道和遮挡条件。深层断裂形成于晚海西期，活动活跃期为海西期和印支期。浅层断裂主要形成于燕山中晚期压扭环境下，喜马拉雅期基本停止。深层断裂为古生界逆冲断裂系统，主要断开石炭系至二叠系，部分向上断开三叠系和侏罗系，断距大，一般为几十米至上百米，以 NE、NWW 和近 EW 走向为主。浅层断裂一般为正断裂系统，主要断开侏罗系和白垩系，部分向下切入三叠系，规模小于深层逆断裂系统，断距一般为十几米到几十米，断面较陡（40°～80°），其走向与深层断裂系统具有较好的一致性。深、浅层断裂系统在剖面上一般为“Y”字形组合，平面上可呈现直线、折线、波浪、弧形以及“S”形等多种形态。另外，深层断裂控制形成的二级构造带、古凸起等，以及浅层断裂系统活动形成的浅表断裂破碎带，对同沉积时期的三工河组主河道和主砂体的沉积有一定控制作用，从而控制了油气藏的分布。

深层油源断裂和浅层运聚断裂组成的复合断裂系统对油气藏的形成与分布具有控制作用，尤其体现在油气运聚方面，断裂系统是油气垂向运移的主要疏导方式，深层断裂断开了石炭系—三叠系，断裂活动期间为开启性断裂，二叠系烃源岩生成的油气沿断裂垂向运移至浅层断裂，并沿正断裂继续向上垂向运移。同时，由于地层为南低北高倾斜，油气沿砂体和不整合面侧向运移和聚集。

（2）砂体对油气成藏的控制作用

如准噶尔盆地腹部三工河组二段，沉积体系为湖盆背景下的浅水三角洲前缘至前三角洲沉积，储层砂体以水下分流河道砂体为主，河口坝不发育，主要发育薄层叠置和厚层块状“两类”相对优质储层砂体。薄层叠置砂体主要发育层段是三工河组二段一砂组，平面上局部分布；厚层块状砂体在三工河组二段二砂组，全区广泛发育。腹部地区主要有两个物源方向，即北偏东45°～50°向和北偏西40°～45°向。二段一砂组以砂泥岩互层为主，储层单砂体厚10～15m，砂体侧向相互叠置，主砂带上分布稳定；二段二砂组以厚层砂为主，砂体厚20～50m，顶部泥岩为良好盖层，砂体厚度大。储集体类型主要为三角洲前缘水下分流河道砂体，主力砂体剖面上呈近拼合板状或厚层块状，连续性强，横向分布稳定，平面上呈宽条带状，分布广，砂体呈叠置连片分布。

低幅度构造中的断块型、岩性型和构造－岩性型油气藏主要发育于三工河组二段一砂组的薄互层砂体发育区，背斜构造型油气藏在薄互层和厚层砂体中都可能发育。

4. 低幅度构造油气成藏模式

准噶尔盆地腹部低幅度地区主要发育楼梯式、阶梯式和“Y”型3种油气成藏模式（图5－46）。

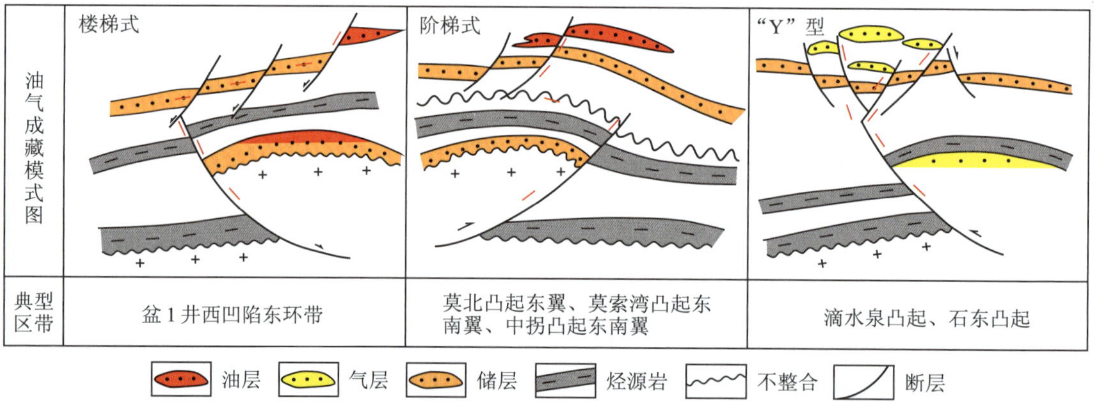

图5－46　准噶尔盆地腹部低幅度构造油气成藏模式

楼梯式油气成藏模式，以盆1井西凹陷东环低幅度构造带为例。二叠系烃源岩生成的油气在浮力作用下，沿深层油源断裂与中浅层控藏断裂组成的断裂输导系统纵向运移，在中浅层断裂与砂体组成的输导体系内逐渐由低部位向高部位运移，并在低幅度构造中聚集成藏。油气藏主要以构造、断层－岩性型为主。

阶梯式油气成藏模式，以莫北凸起东翼、莫索湾凸起东南翼、中拐凸起东南翼低幅度构造带为例。二叠系烃源岩生成的油气沿深层断裂纵向运移至不整合面，沿不整合面、中浅层断裂及砂体组成的输导体系运移，在低幅度构造内部聚集成藏。油气藏主要以岩性、断层－岩性型为主。

“Y”型油气成藏模式，以滴水泉凸起、石东凸起为例。二叠系烃源岩生成的油气沿深层油源断裂纵向运移，遇到低幅度构造圈闭聚集成藏，同时，油气继续沿深层油源断裂与中浅层控藏断裂组成的输导体系运移，在低幅度构造中聚集成藏。中浅层“Y”型断裂是控制油气成藏的主要控制因素，油气藏主要以岩性、断层－岩性型为主。

第三节　复杂油气成藏控制因素

油气成藏是一个复杂过程，这里主要以火山岩、变质岩、碳酸盐岩缝洞型油气成藏，河道砂体及源输势耦合等成藏控制因素进行阐述，为类似油气藏的勘探提供指导。

一、原状火山岩储层油气藏

以松辽盆地深层断陷盆地火山岩气藏为例，该区以构造－岩性型油气藏为主。油气主要分布在生气洼槽和主断裂带附近，构造和断裂控制富集高产，受烃源、储层、断裂和构造背景“四有效配置”控制，具有近源性成藏特点。

1. 油气藏类型

松辽盆地主要发育原生型火山岩，火山岩气藏受火山岩体、断层及构造等多重因素控制，火山岩体内部及岩体间强烈的分割性，决定了火山岩气藏的总体类型是以岩性气藏为主。根据火山岩圈闭形态及控制因素，可划分为构造－岩性型、岩性型、地层－岩性型3种气藏类型。

1）岩性气藏。以层状、透镜状或其他不规则外形的火山岩体为储集层，其周围被不渗透性地层所围限构成圈闭条件，从而形成的天然气藏称为火山岩岩性气藏。该类气藏最大的特点是无统一的气水界面，气藏面积和气柱高度完全受火山岩体外部形态和厚度控制；以透镜状岩性气藏最为发育，典型的气藏如龙探3和达深X301透镜状气藏。

2）构造－岩性型气藏。有效圈闭形成受构造和岩性双重因素控制，但以岩性为主，在其中聚集油气称为构造－岩性油气藏。具有统一压力系统，但气水界面不一定统一，气藏边界受岩性边界和溢出点控制，如长深1、升深更2等气藏。

3）地层－岩性型油气藏。储层受岩性和不整合面控制，但以岩性为主，其周围被非渗透性地层或不利火山岩岩相带、断层所限形成有效圈闭，气在其中聚集形成地层－岩性型油气藏。具有统一气水界面和压力系统，气藏面积和气高度受火山岩风化壳、岩性、岩相综合因素控制，如汪家屯潜山、升深7等气藏。

松辽盆地不同类型火山岩气藏，其形成条件、圈闭特征、储层特征、规模等不同，以徐深1井气藏为例阐述。

兴城气田位于徐家围子断陷升平－兴城构造带上，发育有营城组一段火山岩气藏和营城组四段砾岩气藏，徐深1区块营一段火山岩含气面积为34.9km^2，徐深1区块已探明天然气地质储量为413.4×10^{8}m^3。徐深1区块为一个火山岩体鼻状构造，营城组营一段顶面圈闭构造海拔为－3350m，高点海拔为－2950m，构造幅度为400m，圈闭面积为10.9km^2。

储层为营城组一段火山岩和营四段砾岩。营一段火山为多期次喷发，火山岩厚度在77～989m之间，平均厚度为367m，储层有效厚度为80.2m。总体上，近火山口厚度大，远火山口区带厚度小。主要发育了爆发相空落亚相，夹少量的热碎屑流亚相的凝灰岩、流纹质集块岩和溢流相流纹岩。以火山碎屑岩为主，尤其是流纹质熔结凝灰岩、流纹质凝灰岩十分发育。火山岩内部岩相变化快，储层非均质性强。

储集空间主要为气孔、微孔隙、长石溶蚀孔、火山灰溶蚀孔、裂缝及微裂缝等。营一段火山岩孔隙度为1.8%～18.8%，平均孔隙度为5.3%；渗透率为$0.01\times10^{-3}\sim13\times10^{-3}\mu m^2$，平均渗透率为$0.35\times10^{-3}\mu m^2$。储层物性变化大，非均质性强。岩性与物性关系密切，熔结凝灰岩渗透率一般大于$1\times10^{-3}\mu m^2$，裂缝不发育的集块岩、凝灰岩则一般小于$1\times10^{-3}\mu m^2$。营四段砾岩储层，岩性总体上表现为厚层块状砾岩夹薄层砂岩及粉砂岩。根据59块全直径岩心分析结果，砾岩孔隙度为0.8%～10.1%，平均为4.7%；渗透率为$0.04\times10^{-3}\sim5.88\times10^{-3}\mu m^2$，平均渗透率为$0.57\times10^{-3}\mu m^2$，属低孔低渗储层。

气藏天然气组分以甲烷为主，平均含量为93.13%，CO_2平均含量为1.97%，具有明显的干气特征。压力系数平均为1.089，地温梯度平均为3.84℃/100m。气田水型均为$NaHCO_3$型，总矿化度在7513～20993mg/L之间。

气藏明显受断鼻构造和火山岩岩性双重因素控制。一方面，构造高部位气柱高度大、富集高产；低部位气柱高度小、气水分异差。如构造高部位的3口井产纯气；南部位于低隆起的徐深8区块构造位置较高，产量较高，但下部含水；中部的徐深4等区块构造位置最低，产量低、气水分异差（图5-47）。另一方面，受岩性因素控制，没有统一气水界面，含气高度超出圈闭闭合度。如徐深6井气水界面为-3650m，徐深5井气水界面为-3690m。同一火山岩体气藏也不连通，如徐深6井和徐深1井，徐深6井火山岩气藏压力系数为1～1.06，徐深1井火山岩气藏压力系数为1.07～1.14。即使是同一火山岩体不同期次喷发的火山岩气藏也具有不同的气水分布关系，如徐深1火山岩气藏等。

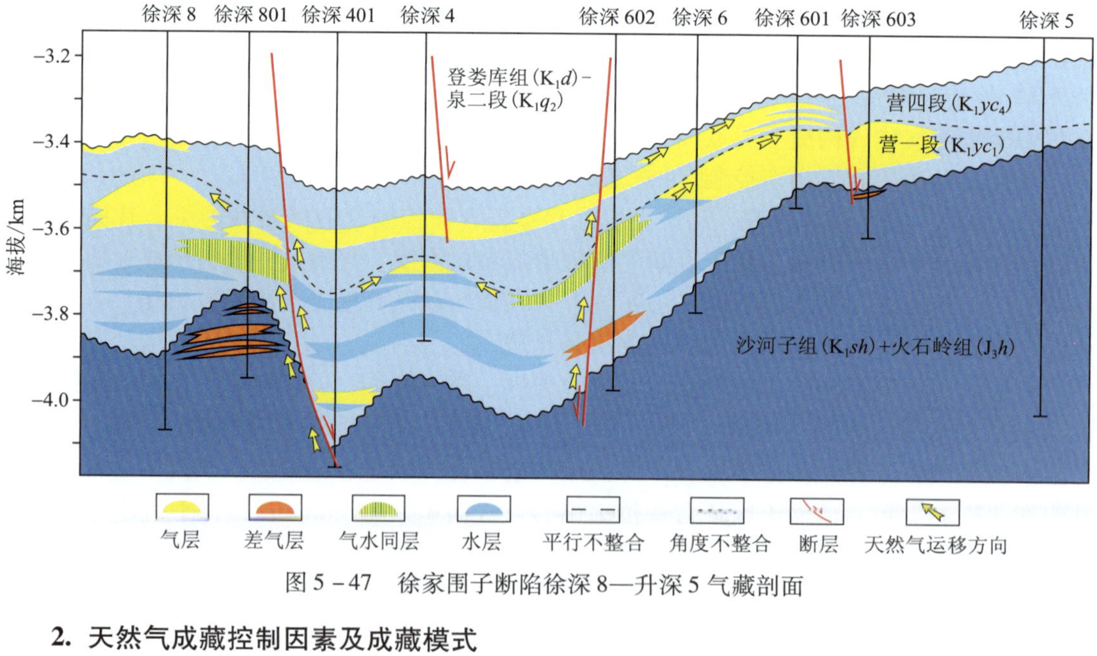

图5-47　徐家围子断陷徐深8—升深5气藏剖面

2. 天然气成藏控制因素及成藏模式

断陷盆地以形成箕状断陷为主要特征。通常箕状断陷主要由3部分组成，即陡坡带、断（洼）槽带和缓坡带。当断陷比较开阔时，有时发育有中央构造带（凹中隆）。不同的构造带具有不同的成藏模式。

(1) 陡坡带成藏模式

陡坡带是断陷活动的起始带，是控陷主断层的发育部位。陡坡带背靠凸起，面向断陷，一般具有坡度陡、物源近、相带窄、变化快和构造活动强烈等特点。徐家围子断陷西侧断阶式陡坡带，在断层的上升盘凸起上发育了基岩风化壳变质岩潜山气藏，如昌 401 气藏。在古隆起斜坡上形成多个近物源快速堆积的冲积扇体及辫状河三角洲沉积体系。由断裂和基岩顶、营城组顶面风化壳提供良好的运移通道，形成以侧向运移为主的地层超覆气藏，如芳深 5 气藏等，及岩性上倾尖灭气藏等（图 5－48）。在断层下降盘发育火山岩体背斜岩性复合气藏，如芳深 6 井营城组气藏等，以及与深大断裂活动有关的无机成因 CO_2 气藏，如芳深 9 井等营一段酸性火山岩 CO_2 气藏等。

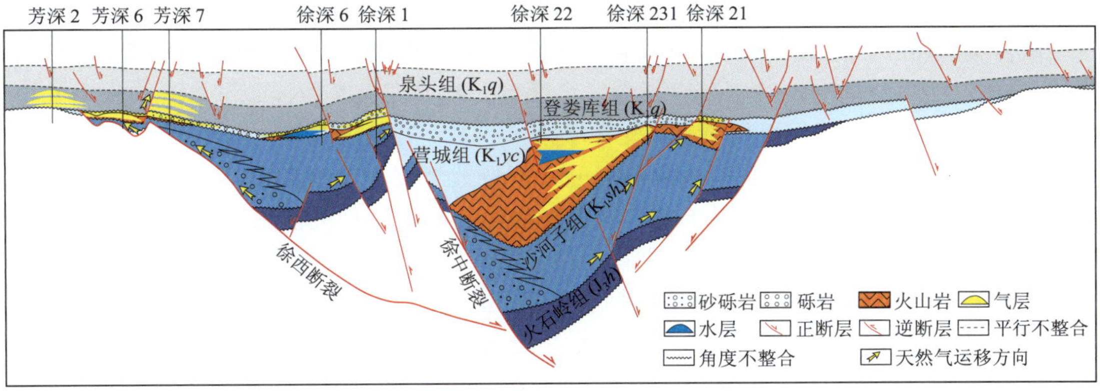

图 5－48　徐家围子中生代火山岩气藏剖面

(2) 断槽带成藏模式

断槽带位于断陷的中央部位，夹持于陡坡带和缓坡带之间，是断陷盆地长期发育的沉降中心、沉积中心和生烃中心；同时又是各类砂体和火山岩的前缘带分布区，是岩性油气藏发育的有利区（图 5－48）。据徐家围子断陷不完全统计，共发现了 95 个火山岩气藏。其中，40 个断鼻、断背斜岩性复合气藏，主要发育于控陷断裂附近；30 个火山岩地层岩性复合气藏，主要分布在古隆起或斜坡带上；25 个火山岩岩性气藏，主要发育于断陷中心。由此可见，断槽带主要以岩性气藏为主。

(3) 缓坡带成藏模式

缓坡带构造比较简单，一般发育有鼻状构造，是油气运移的指向，若上倾方向有遮挡，就可形成油气藏（图 5－48）。在箕状断陷拉伸的过程中，当基岩块体的沉降幅度大于翘倾的幅度时，缓坡上的地层发生超覆；当基岩块体的沉降幅度小于翘倾的幅度时，缓坡上的地层发生退覆或剥蚀。缓坡上还发育了多期不整合面，为地层超覆和地层不整合油气藏形成创造了条件。缓坡上还可形成岩性上倾尖灭，有利于岩性油气藏的形成。缓坡上还发育有反向正断层，这种断层与控陷断层基本上同时发生，沿断裂带往往有火山喷发，易于形成火山岩体圈闭；在基岩中还可以形成潜山构造。

(4) 中央构造带成藏模式

受构造活动控制，在断陷中部可形成中央构造带，构造带两侧发育有生烃断槽，可以形成单向或多向供烃，油气供给相对充足。因此，中央构造带是断陷盆地油气聚集最有利的构造带。

徐家围子断陷在形成过程中，以推进式的伸展方式，产生张剪性徐中断裂，使基岩块体发生翘倾，从而形成了 NNW 向的徐中中央构造带（图 5 –48）。中央构造带的东侧发育安达断槽和徐东断槽，西侧发育徐西断槽和徐南断槽，断槽内以沙河子组暗色泥岩和煤为主的烃源岩十分发育。这些烃源岩具有质量好、生烃速率高、聚集程度高、生气强度大的特点，天然气资源丰富。徐中断裂带，特别是与 NE 向断裂的交叉处，控制了火山口和火山岩储层的分布，构造活动产生的构造裂缝，连通了孔隙，改善了储层物性。断裂和岩性综合控制的有利区是天然气聚集区。

3. 天然气分布与富集规律

松辽盆地深层火山岩气藏分布和富集规律受控因素较多。持续沉降型断陷控制了天然气区域分布，生烃断槽控制了断陷内天然气分布，近邻生烃断槽的断裂构造带是断陷内天然气藏富集区带，优质火山岩储层控制了天然气富集，以松辽盆地徐家围子断陷为例进行阐述（图 5 –49）。同时，对于基底断裂发育区域，基底深大断裂控制了 CO_2 气藏分布。

（1）持续沉降型断陷控制了天然气区域分布

松辽盆地深层断陷，按构造演化特征可分为持续沉降型、晚期反转型和后期抬升型，其中以持续沉降型断陷天然气最丰富。这类断陷构造活动相对比较和缓，沉降较深，沉积环境较稳定，湖相地层发育，烃源层厚度大，有机质丰度高，埋藏深。概括起来，具有“一好三高”的特点，即烃源岩的质量好、生气速率高、聚集程度高、近源产量高。这类断陷天然气探明储量占现阶段天然气探明储量的 95% 以上。

断陷盆地油气运移距离一般较近，本区沙河子组烃源岩天然气运移距离一般不超过 10km。统计的 69 口井中，距源岩距离小于 10km 的井有 52 口，其中仅有 4 口井为干层，主要原因是储层较致密而失利；距源岩距离 10 ~20km 的井有 14 口，其中有 6 口井见气显示，4 口井为水层，4 口井为干层；而距源岩距离大于 20km 的井有 3 口，无气显示，其中 1 口井为水层，2 口井为干层。又如长岭断陷的长深 3 井，距气源区的距离为 20km 以上，因此失利。而长深 103 井距气源近，获日产天然气 $11.5\times10^4m^3$。由此可见，距富烃断槽近，一般距生烃中心距离小于 10km，有利于天然气富集高产。

（2）生烃断槽控制了断陷内天然气分布

由于断陷盆地的控陷边界断裂的走向、延伸长度和断距大小发生变化以及变换带发育，因而一个断陷往往分割为若干个断槽（洼槽）。松辽盆地深层 36 个大小不等的断陷，共发育了 74 个断槽。断槽面积最大为 $1443km^2$，最小为 $131km^2$，大于 $500km^2$ 的断槽有 32 个。并不是每个断槽都具备良好的生烃条件。因此更准确地讲，不是断陷控制了天然气的分布，而是断陷内生烃断槽控制了天然气的分布。每一个断槽是一个独立的沉积湖盆，也是一个独立的成藏单元。因此，落实主力生烃断槽是选准勘探方向的关键。中小型断陷只要存在生烃断槽，同样具有良好勘探前景。

天然气围绕生烃断槽呈环状分布，由于陆相断陷特殊的地质条件，岩性、岩相变化限制了油气运移，断裂发育阻滞了油气运移，油气丰度高低影响了油气运移，这些因素决定了油气是短距离运移，围绕生烃断槽附近聚集，呈环状分布。如长岭断陷围绕长岭断槽找到了长岭 1 号气田、东岭气田、双坨子油气田、伏龙泉气田、大老爷府气藏、长深 8 气藏 6 个气田（藏），呈现围绕生烃断槽呈环状分布的特征。由此可见，生烃断槽控制了天然气的分布。

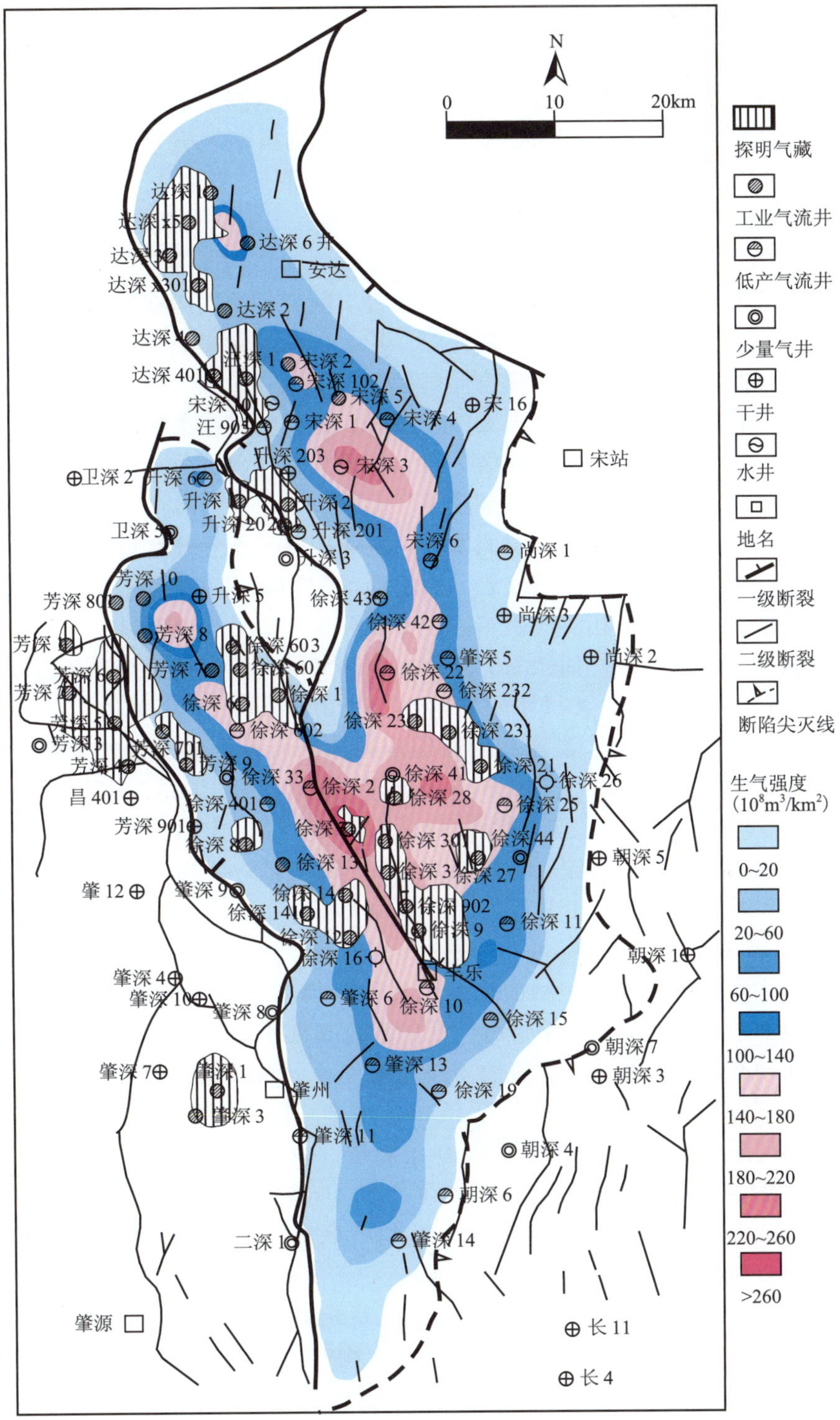

图 5-49 松辽盆地徐家围子断陷气藏控因及分布

(3) 近邻生烃断槽的断裂构造带是断陷内天然气藏富集区带

基底大断裂控制了火山岩储层的分布，也控制了火山岩体圈闭的形成，圈闭主要沿断裂带分布。中生代火山岩特别发育，形成独具风格的火山岩体圈闭，如火山岩体背斜

（昌德气田、升平气田等）、断鼻（兴城气田等）、火山岩岩性（汪家屯气藏等）、火山岩裂缝性（汪家屯气藏等）等圈闭。

由于断裂断距的变化或走向的变化，沿断层的下降盘往往发育有鼻状构造（兴城气田等）。在断层的上升盘发育有地层超覆（徐家围子断陷昌德气田芳深5、6、7登娄库组底部砂砾岩地层超覆气藏圈闭等）、地层不整合和潜山圈闭（徐家围子断陷昌德气田昌102、昌401变质岩潜山气藏圈闭和兴城气田、肇州西、汪家屯花岗岩潜山气藏圈闭等），以及披覆背斜。由于反转活动还可以在断层下降盘形成反转构造等。

基底大断裂有利于油气运移和储集性能的改善。断裂是油气运移的重要通道；同时断裂带附近裂缝发育，沟通火山岩储层内的孔隙，扩大了有效储集空间。裂缝又是地下水渗流的通道，促使次生溶蚀孔缝发育，改善储集性能。

可见，断裂－构造带控制了断陷内天然气聚集，是天然气富集区带。如徐家围子断陷天然气藏沿徐西、徐中和宋站基底大断裂分布，长岭1号气田也分布于基底大断裂附近。

（4）优质火山岩储层控制了天然气富集

火山岩岩性、岩相控制了优质储层的发育，从而控制了天然气富集。酸性火山岩储层发育，物性好，因此，溢流相中的流纹岩、流纹质晶屑熔结凝灰岩物性好，是有利储层，具有较好的储集能力。火山岩相对优质储层发育和天然气富集起到明显的控制作用，一般爆发相中凝灰岩储层物性最好。如徐深1井3440～3450m的流纹质熔结凝灰岩段，孔隙度平均达7.2%，最高可达15%，渗透率平均达$0.24\times10^{-3}\mu m^2$，最高可达$0.81\times10^{-3}\mu m^2$，该段压后自喷日产气$195698m^3$。溢流相的原地溶蚀角砾岩和上部亚相的流纹岩含气较饱满，含气饱和度为70%～80%，溢流相的中部亚相和爆发相的熔结凝灰岩物性差，束缚水饱和程度高，含气性差，含气饱和度为30%～50%。近火山口的火山岩储层物性好，含气饱满，远离火山口的火山岩储层物性差，含气饱和度低。勘探实践表明，如徐家围子断陷的徐深1、徐深3、升深2－1井等工业气流井大都分布在火山口或近火山口附近，而远火山口的徐深16井则未获成功。

裂缝促进了优质储层的发育，从而控制天然气富集。裂缝既是渗流通道又是储集空间，同时也是地下水渗流通道，对溶蚀缝、孔的发育起到了十分重要的作用。裂缝的发育与岩性和构造活动有着密切的关系，流纹岩裂缝最发育，裂缝线密度为5.70条/m；其次是流纹质熔结凝灰岩，裂缝线密度为5.27条/m。构造作用强烈地区，断裂带附近裂缝发育。如长岭断陷长深1号气田北部发育了10条断层，由于火山岩储层断裂、裂缝发育，使得原生孔隙和次生孔隙相互沟通，产生的次生孔隙沿断裂、裂缝呈串珠状分布，致使储集物性变好。形成的气藏具有统一的气水界面，为块状底水气藏。气水界面海拔为－3643m，最大气柱高度为260m，从而形成了高产大气田。

（5）NE—NNE向基底深大断裂控制了CO_2气藏分布

松辽盆地CO_2气藏分布比较普遍，主要分布在徐家围子断陷、长岭断陷、德惠断陷，纵向上主要分布在泉头组三、四段和营城组两套层系中，登娄库组分布比较零星（汪家屯地区）。CO_2含量不等，从大于60%到小于20%。碳同位素值分布在两个区间：－12‰～－14‰和－4‰～－8‰，以后者为主，指示主要为幔源或壳源成因。

CO_2气主要来源于幔源和壳源岩浆，断裂是CO_2气的主要运移通道。基底深大断裂，尤其是超壳断裂和岩石圈断裂是壳幔物质与能量交换和地幔流体上涌的主要通道。随着地幔物质的侵入，造成了幔壳物质的熔融和不同性质岩浆的形成。岩浆的脱气作用是CO_2气形成的主要方式。这些以幔源物质和岩浆房为源的CO_2气，沿剪切带发生分散运移，运移范围更广。同时，韧性剪切带间接沟通了深大断裂以及基底断裂，使深部来源的CO_2气聚集在盆地的不同构造部位。基底大断裂在拆离带与深部CO_2气源相沟通，使CO_2气在圈闭中聚集成藏。松辽盆地CO_2气藏主要沿NE—NNE向断裂分布，尤其是沿NNE向展布的孙吴－双辽、依兰－伊通和嫩江3条深大断裂带分布，特别是孙吴－双辽深大断裂与NW向的滨洲基底断裂的交会处，如达深3气藏。长期发育的NE—NNE向大断裂附近的CO_2气藏富集高产。断裂长期活动造就了CO_2气多期充注，多期成藏，使气体更富集。因此，长期发育的大断裂附近无机成因的CO_2气藏富集高产。如长岭断陷长深1井营城组底部已检测到的CO_2气藏就有两期充注，第一期为82Ma，第二期为28Ma。

二、火山岩风化壳储层油气藏

以新疆北部火山岩风化壳储层油气藏为典型，主要发育风化壳地层型油气藏。油气主要分布在近生烃中心的古地貌高部位、斜坡带与现今构造高部位耦合处，受烃源、储层、断裂和构造背景“四有效配置”控制，具有近源性成藏特点。

1. 油气藏类型

以火山岩储层为基础，结合成因法，按储层外部形态和圈闭类型，火山岩风化壳地层型油气藏主要包括构造－地层型、地层型、岩性－构造型、岩性型、构造－岩性－地层复合型（图5－50）。

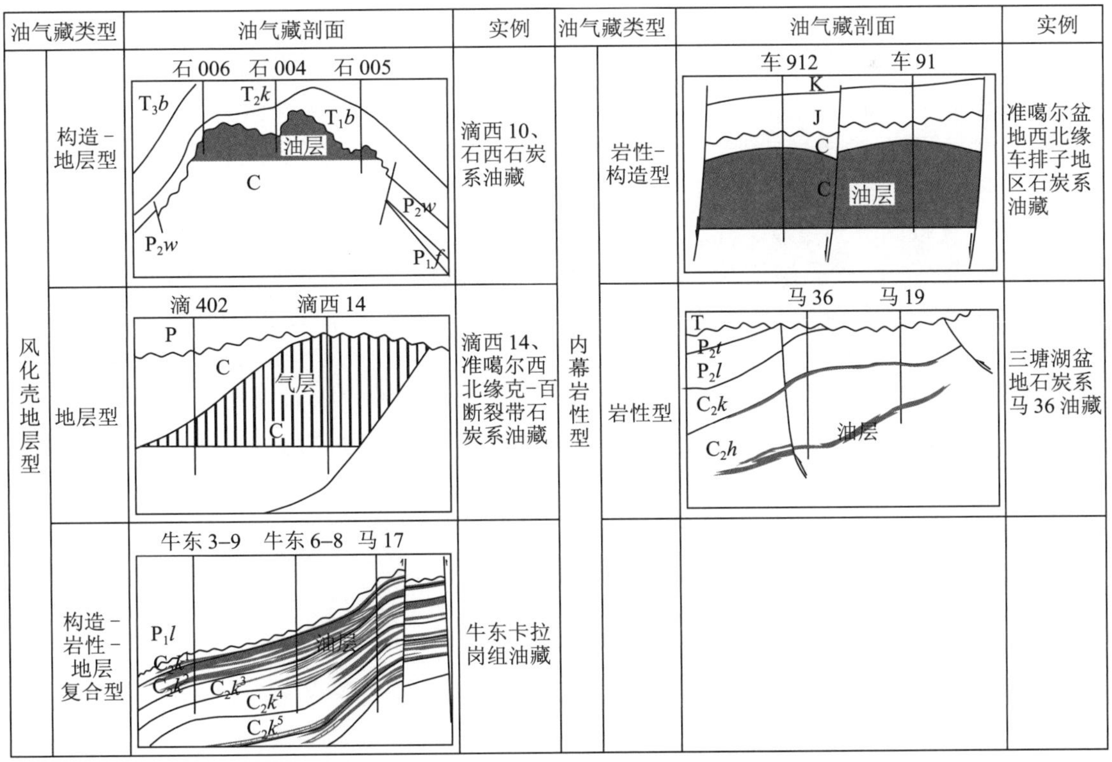

图5－50　火山岩风化壳地层型油气藏类型

构造－地层型油气藏：有效圈闭形成受火山岩风化壳和构造双重因素控制，但以风化壳为主，上覆非渗透性新地层遮挡，在其中聚集了油气，称为构造－地层型油气藏。该类油气藏的油气面积和油气高度受火山岩风化壳范围和厚度控制。其特征是风化壳储层成块状，有统一油气水界面、统一压力系统。

地层型油气藏：以火山岩风化壳为储层，其周围受非渗透地层所限，上覆非渗透性新地层遮挡，从而形成有效圈闭，在其中聚集了油气，形成该类油气藏。含油气面积和油气高度受火山岩风化壳范围和厚度控制，具有统一油气水界面、统一压力系统。

岩性－构造型油气藏：有效圈闭形成受构造和岩性双重因素控制，但以构造因素为主，在其中聚集油气称为岩性－构造油气藏。该类油气藏发育于石炭系内幕，属内幕型油气藏，具有统一油气水界面、统一压力系统，油气藏边界受岩性边界和溢出点控制。

岩性型油气藏：以层状、透镜状或其他不规则状火山岩体为储集层，其周围被非渗透性地层所限形成有效圈闭，油气在其中聚集形成内幕岩性型油气藏。无统一油气水界面，无统一压力系统，油气藏面积和油气高度受火山岩外部形态和厚度控制。

构造－岩性－地层复合型油气藏：储层受有利岩性、岩相和风化壳多重因素控制，同时在火山喷发间歇期，接受风化淋滤，形成有利储层，呈层状分布，其周围被非渗透性地层或不利火山岩岩相带、断层所限，形成有效圈闭，油气在其中聚集形成构造－岩性－地层型油气藏。该类油气藏特征是每个断块内部有统一油气水界面和压力系统，油气藏面积和油气高度受火山岩风化壳、岩性、岩相综合因素控制。

以新疆北部石炭系克拉美丽气田的滴西17井构造－地层型气藏为例阐述。

滴西17气藏位于准噶尔地区腹部陆梁隆起东段滴南凸起西端，气藏含气面积22km^2，探明凝析气地质储量121×10^{8}m^3，其中干气112×10^{8}m^3，凝析油67×10^{4}t；天然气技术可采储量72×10^{8}m^3，凝析油技术可采储量20×10^{4}t。滴西17气藏为带底水的构造（断层）－地层型凝析气藏，气藏高度为135m，中部海拔－3120m，中部深度为3715m，高点埋深3645m，气藏天然驱动类型为弹性和边水驱动，千米井深稳定产量2.2×10^{4}m^3/km·d，可采储量丰度3.3×10^{8}m^3/km^2，属于低产、中丰度、深层中型气藏。

滴西17气藏储层为裂缝、孔隙双重介质风化壳储层。岩性为中基性的熔岩，以溢流相的安山玄武质—玄武质熔岩为主，该岩相在沉积间断过程中接受风化淋滤，形成有利储层，储层孔隙度为0.8%～25.6%，平均值为8.94%；渗透率为0.011×10^{-3}～522×10^{-3}μm^2，平均值为13.344×10^{-3}μm^2。含气层段有效厚度为30.03～44.83m，平均含气饱和度为63.01%。裂缝发育，具有多方向性，以NW－SE向为主。

滴西17井区块复合圈闭南北两侧为断层封挡、东部上倾方向为尖灭线封挡的西倾鼻状构造，基性岩层由南向北为层状分布，被断裂切割呈滴西171－滴西17、滴西173、滴西172共3个区块。该套岩体由西向东逐渐减薄，在滴西171井上倾方向削蚀尖灭，构造高部位为上、下序列间的厚层泥岩，形成侧向遮挡，与上覆二叠系泥岩及断裂构成断层－地层圈闭（图5－51）。圈闭闭合高150m，面积为26km^2，滴西17气藏具有统一压力系统（压力系数1.27）和统一气水界面（－3185m）（图5－52）。

滴西17井在3633～3670m试油，经压裂改造后针阀控制试产：油19.6t/d，气25.2×10^{4}m^3/d，油压36.2MPa，套压36.8MPa。测井解释气层基质有效厚度为12层，厚20.1m。裂缝有效厚度为40层，厚39.739m。

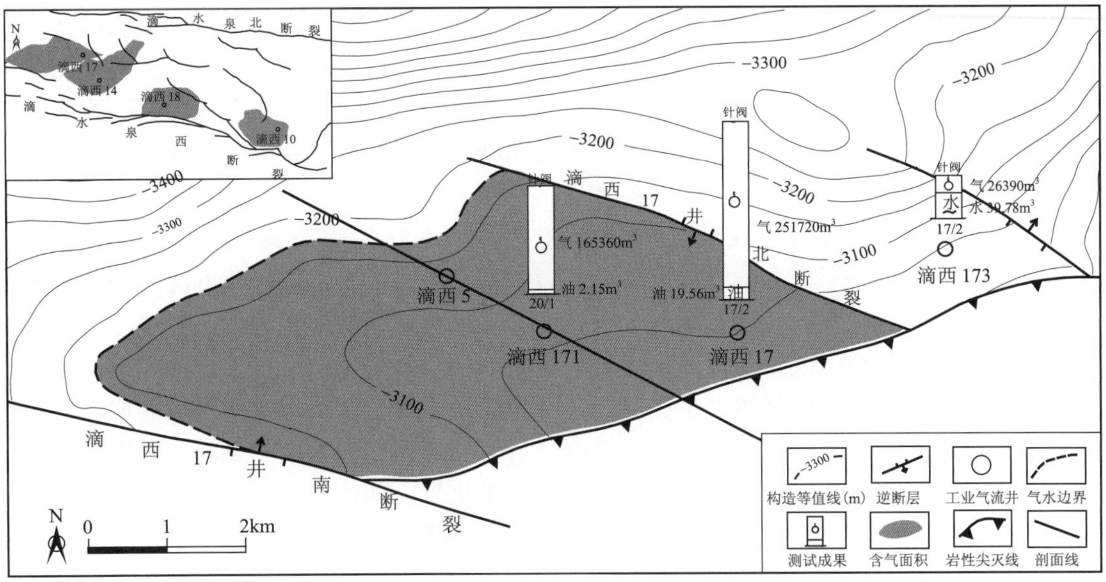

图 5－51　滴西 17 气藏平面分布

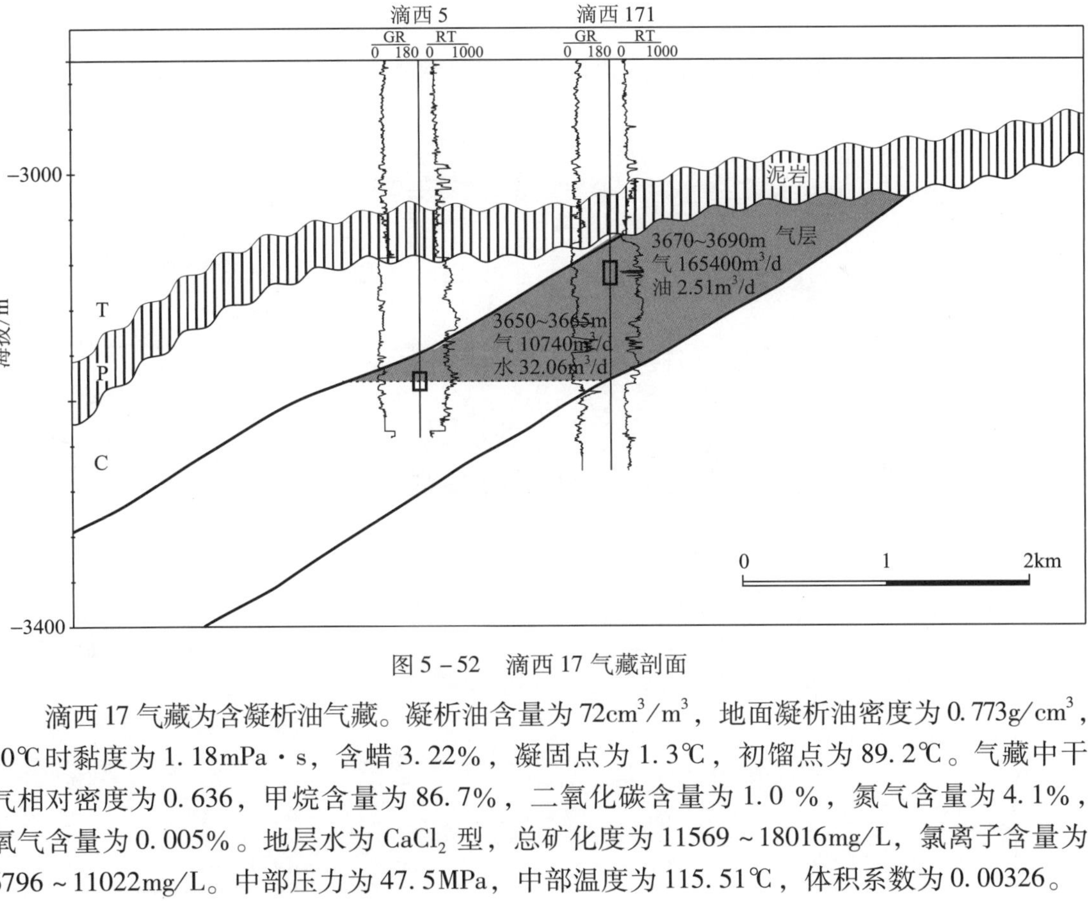

图 5－52　滴西 17 气藏剖面

滴西 17 气藏为含凝析油气藏。凝析油含量为 72cm³/m³，地面凝析油密度为 0.773g/cm³，50℃时黏度为 1.18mPa·s，含蜡 3.22%，凝固点为 1.3℃，初馏点为 89.2℃。气藏中干气相对密度为 0.636，甲烷含量为 86.7%，二氧化碳含量为 1.0 %，氮气含量为 4.1%，氧气含量为 0.005%。地层水为 $CaCl_2$ 型，总矿化度为 11569～18016mg/L，氯离子含量为 6796～11022mg/L。中部压力为 47.5MPa，中部温度为 115.51℃，体积系数为 0.00326。

2. 油气成藏控制因素及成藏模式

中国东、西部火山岩成藏条件存在很大差别。新疆北部石炭系发育火山混杂岩，经构造和风化淋滤改造，火山岩形成了以风化淋滤为主的火山岩风化体储层，位于其内、下、侧缘的烃源岩生成的油气在其中聚集成藏形成火山岩风化体地层油气藏。已发现克拉美丽、牛东、五彩湾、克拉玛依、车排子、石西等30个油气田。对24个火山岩风化体油气藏进行解剖，揭示油气受纵向断裂和横向风化体联合输导，在构造高部位聚集成藏，由此建立了源内火山岩层序型、源上火山锥准层状、侧源火山岩不整合梳状3种成藏模式。

(1) 源内火山岩层序型成藏机制与模式

火山岩风化体储层在水体频繁振荡区发育，暴露于水面之上的风化淋滤时间较短的火山岩风化体与之后发育的烃源岩间互分布，火山岩风化体受层序界面控制，烃源岩生成的油气直接或通过断裂运聚在附近的火山岩风化体地层圈闭中成藏，该类成藏模式形成的地层型油气藏规模受控于风化体大小和厚度，有效烃源岩覆盖区的风化体均可能成藏。如三塘湖盆地马朗凹陷石炭系，频繁喷发的火山岩与烃源岩互层，火山喷发时火山堆积物露出水面，火山喷发间歇期火山岩遭受风化淋滤形成风化体。随着沉积物加厚和水体变深，火山岩风化体逐渐被水淹没，之上沉积了烃源岩，石炭系内部发育多个这样的组合。从图5-53地震剖面上清楚可见火山岩与烃源岩互层发育，当烃源岩成熟后生成的油气沿断裂纵向运聚于风化体内形成由多个风化体组成的纵向叠加、平面连片的火山岩地层油藏。上石炭统卡拉岗组内部存在5个受层序控制的火山岩风化体成藏组合，均可发育地层油藏，之下的哈尔加乌组烃源岩生成的油气沿断裂纵向运聚于风化体内，断裂发育处储层更发

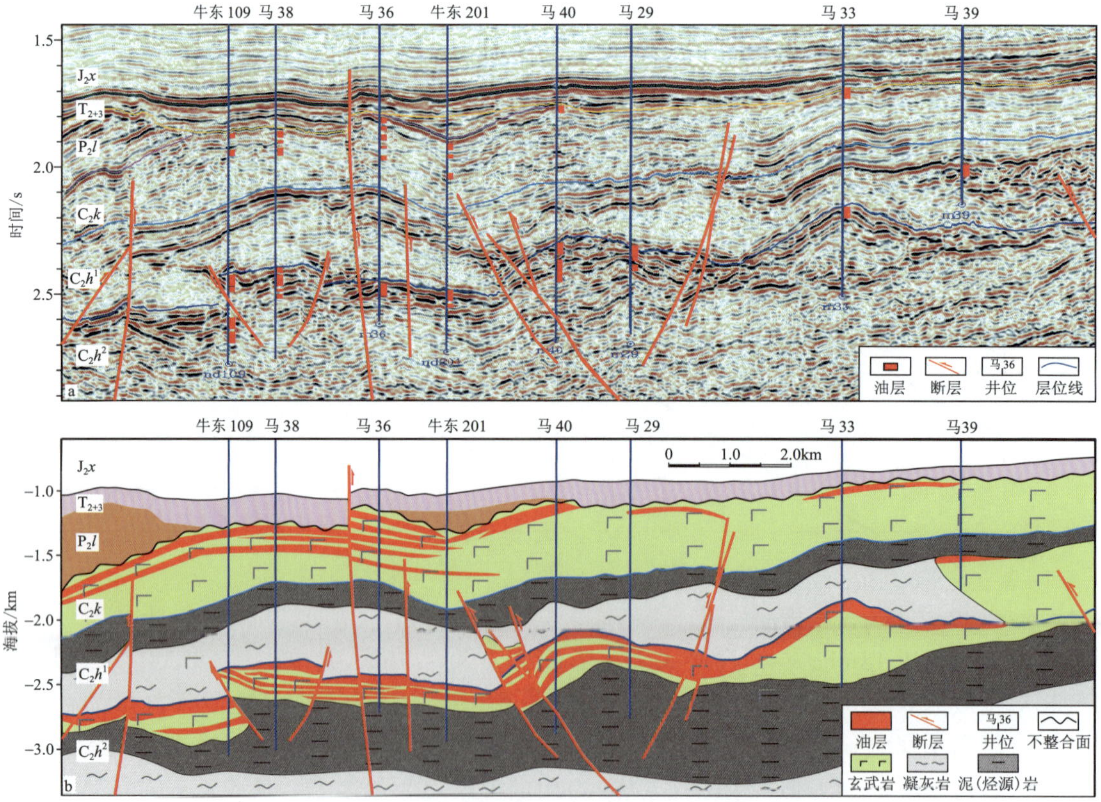

图5-53 三塘湖盆地石炭系源内火山岩层序型成藏模式

a—地震剖面；b—油藏剖面

育，油气主要集中分布于断裂附近的火山岩风化体内；哈尔加乌组火山岩与烃源岩互层，烃源岩生成的油气沿断裂或直接运集于火山岩风化体内聚集成藏（图5－53）。该区已探明石油地质储量5000 $\times 10^4$t，三级石油地质储量近2 $\times 10^8$t，是中国已发现受层序控制的最大火山岩风化体层状地层油藏。

（2）源上火山锥准层状成藏机制与模式

火山岩与烃源岩近水平间互分布，地层沉积后受构造运动控制发生倾斜，沿古地貌顶面发生风化淋滤和剥蚀，形成沿顶面火山岩风化体储层和沉积岩（凝灰岩）非储层间互，后期下沉接受上覆沉积泥岩覆盖形成以火山岩风化体为单元的地层圈闭，当埋藏到一定深度烃源岩成熟后，烃源岩生成的油气通过断裂或直接运移聚集于风化体地层圈闭中成藏。这种成藏模式要求在不整合面形成后再次埋藏，其下烃源岩仍具有生烃能力，油气藏规模受控于火山岩风化体地层圈闭规模和油气聚集量，风化体厚度控制着火山岩风化体地层圈闭纵向规模，火山岩风化体平面规模控制了地层圈闭大小，根据风化体、正向构造和有效烃源岩条件耦合确定该类成藏模式有利区。如准噶尔盆地陆东上石炭统巴山组，火山岩风化体与烃源岩间互分布（图5－54），气藏沿石炭系顶面火山岩风化体分布，侧向受非渗透岩性遮挡，上面受土壤层和上覆新地层泥岩遮挡，各气藏之间不连通，气藏厚度受风化体厚度控制，一般在100～350m之间。由于生烃凹陷主要位于倾斜地层的下倾方向，沿油气来源方向在上倾部位的有效火山岩风化体地层圈闭均有可能形成这类油气藏，受近源

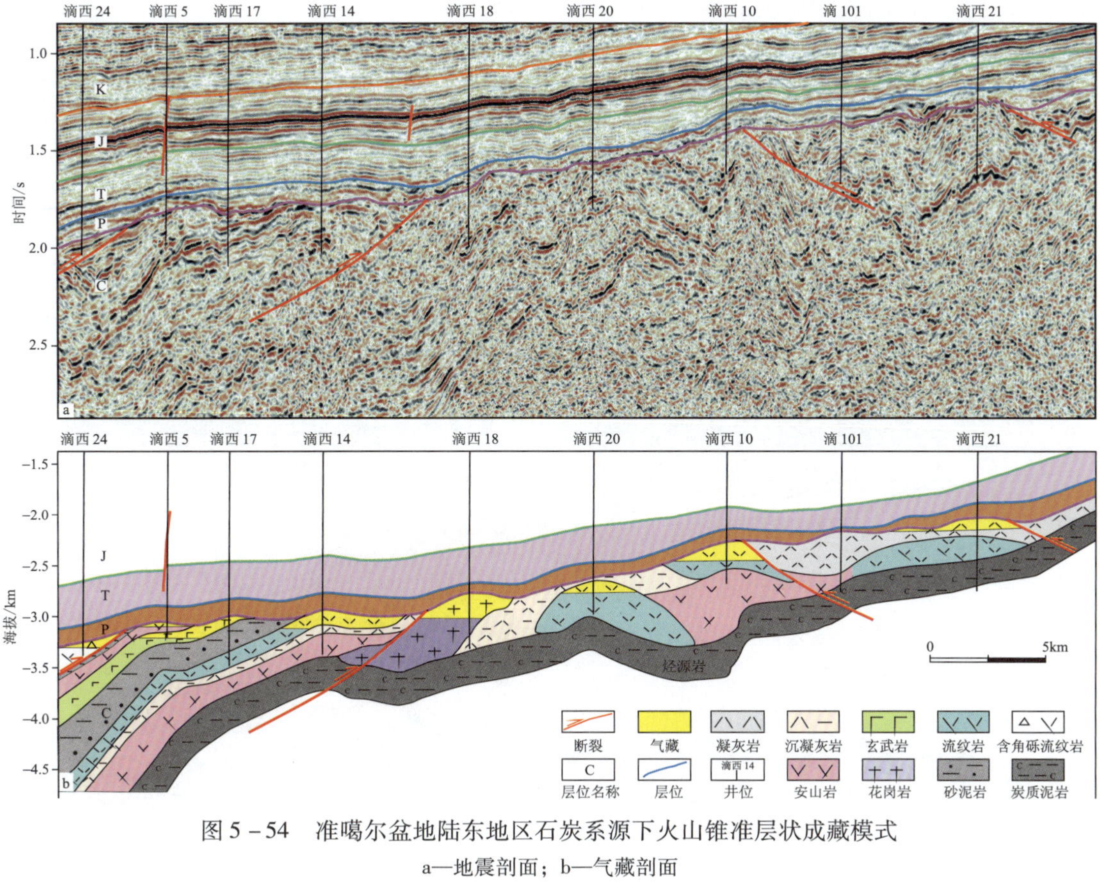

图5－54　准噶尔盆地陆东地区石炭系源下火山锥准层状成藏模式

a—地震剖面；b—气藏剖面

成藏控制，高部位有效圈闭不一定充满，或不成藏，如距烃源岩较远的滴西 24 井气藏高度为 78m；距烃源岩和断裂匹配越近的圈闭中油气充满度越高，如距烃源岩和断裂较近的滴西 18 井气藏高度为 258m，最有利的火山岩风化体油气藏主要分布于古构造的斜坡部位。该区已探明天然气地质储量超过千亿立方米，是中国发现的最大火山岩风化体准层状地层气藏。

（3）侧源火山岩不整合梳状成藏机制与模式

前陆盆地发育区，火山岩受逆冲推覆作用抬升接受长期风化淋滤，沿不整合顶面和断裂发育处形成梳型有利储层，受后期沉积地层覆盖形成大型火山岩风化体地层圈闭。位于火山岩风化体地层圈闭侧翼低部位的烃源岩生成的油气，通过断裂纵向运移，沿不整合面横向运移，并逐级向高部位运移聚集于火山岩风化体地层圈闭中成藏。该成藏模式形成的地层油气藏在纵向上位置比烃源岩高。如准噶尔盆地西北缘克－百断裂带上盘石炭系火山岩风化体大型地层油藏，该区受前陆盆地造山运动控制使其抬升，推覆带前缘被推覆高度大，经历风化淋滤时间长，在断裂控制下形成的风化体厚度大；盆地边缘上覆地层剥蚀后，火山岩经历的风化淋滤时间较短，断裂规模较小，形成的火山岩风化体厚度较小。在断裂控制下沿不整合面和断裂发育区形成梳状不整合风化体，下盘二叠系烃源岩生成的油气沿断裂和不整合面逐级向高部位运移聚集成藏，形成大型梳状地层油藏。该区已累计探明石油地质储量超过两亿多吨，发现三级石油地质储量超过 5×10^8t，是中国目前发现的最大火山岩风化体梳状地层油藏（图 5－55）。

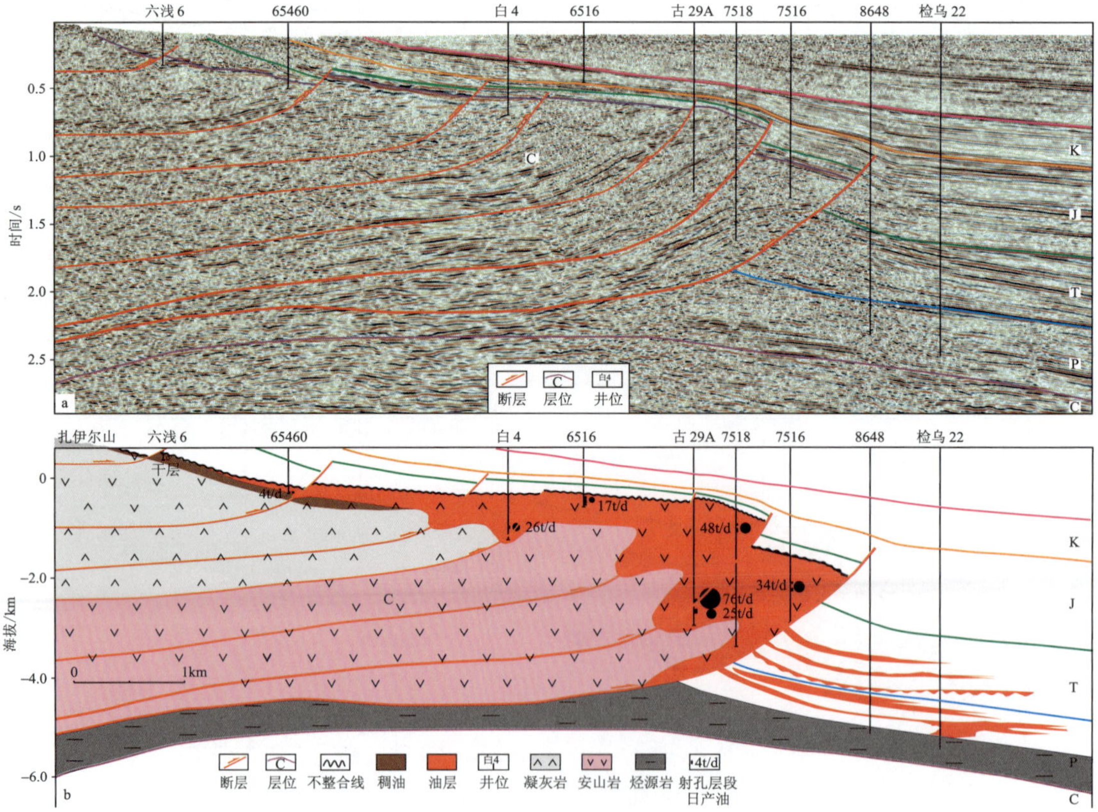

图 5－55　准噶尔盆地西北缘上盘石炭系侧源火山岩风化体梳状成藏模式

a—地震剖面；b—油藏剖面

3. 火山岩油气藏分布与富集规律

新疆北部石炭系火山岩风化壳地层型油气藏主要受残留生烃凹陷、风化壳规模、正向构造背景、有效圈闭、断裂和裂缝等控制。

（1）残留生烃凹陷控制油气平面分布

从已发现的新疆北部石炭系火山岩油气藏来看，油气藏具有近源成藏特点。

火山岩储层分布规律与碎屑岩不同。新疆北部石炭系单个火山岩体规模较小，平面上分布变化大，非均质性强，连通性差（长期风化、大面积叠置分布的大型风化壳除外），油气在其中的横向运移距离受到限制，横向运移距离一般较短，因此一般近源成藏，油气藏主要围绕有效烃源岩中心附近分布。断裂是油气纵向输导体系，可在纵向上形成多套含油气层系。新疆北部上石炭统火山岩形成于碰撞造山后的松弛垮塌环境，火山岩沿断裂带及其附近分布，因此在烃源岩分布范围内发育的断裂带是火山岩油气藏分布的最有利地区。目前，围绕三塘湖盆地的马朗凹陷发现了牛东油田，围绕准噶尔地区滴水泉凹陷发现了克拉美丽气田，围绕准噶尔地区五彩湾凹陷发现了五彩湾气田，这些油气田均属于自生自储风化壳地层型，都是围绕上石炭统有效烃源岩中心分布。

（2）风化壳规模控制油气富集程度和规模

新疆北部石炭系火山岩优质储层分布控制了油气富集高产，火山岩风化壳中溶蚀和崩解带控制了风化壳型油气富集高产。

优质储层主要发育于溶蚀带和崩解带中。在长期风化淋滤区域形成的火山岩风化壳厚度可达450m以上（断裂带附近风化壳厚度更厚），一般土壤层厚10～30m，水解带厚20～30m，二者之和在30～60m之间，这个层段储层不好，油气产量不高，或基本不含油气。这就是为什么在风化壳地层中勘探时，不是针对风化壳地层的井在风化壳内钻探20～50m完钻没有发现油气层的原因。

如准噶尔地区西北缘上盘石炭系前期没有作为目的层勘探，大部分井在石炭系只留50m以内口袋井，致使好多油层没有被发现。认识到有利储层对油气高产控制因素以后，加强针对勘探，在石炭系发现了大量油气。如白4井620m进入石炭系，在620～710m范围内基本为差油层、干层或非储层，710～790m为好储层，获得高产工业油流，4.5mm油嘴试油，日产油20.23t/d、气80m^3/d，再向下产能较低，储层物性变差，油层变差。

火山岩风化壳优质储层平面上受岩相、岩性、风化时间、断裂、古地貌等控制。在古地貌高部位和斜坡带处，火山岩风化强度较大，能够形成有利储层，古地貌低部位火山岩一般风化程度低，不利于形成有利储层。有利储层的形成同时受控于断裂发育程度，断裂附近能够形成裂缝和微裂缝，增加储层渗流能力，同时在风化过程中表生环境下的地表水沿断裂向下渗流，也能够增加火山岩储层的次生溶蚀孔隙，裂缝、微裂缝及次生溶蚀孔隙控制着有利储层分布，在油气藏中这些区域的油气井产量一般较高，即能够形成富集高产。如牛东油田探明面积范围内各井产能差别很大，马17、nd4－13、nd4－131等高产井分布于断裂带附近和有利岩相发育带内，nd89－9、nd89－10、nd89－11、nd89－121、nd89－131等较高产井分布于断裂带附近，而低产和干井产能影响因素较多。

（3）风化壳地层型有效圈闭控制油气成藏

圈闭条件是石炭系火山岩油气成藏的关键。风化壳地层型油气藏的保存条件主要包括石炭系上覆盖层岩性、断裂封堵与开启性。石炭系内部有效储盖组合是火山岩内幕岩性油气藏保存的关键。

有效圈闭与主成藏期有利配合是成藏关键。通过盆地模拟和烃源岩热演化，确定新疆北部石炭系烃源岩主要生烃时期为晚二叠世到晚白垩世。如五彩湾凹陷的烃源岩热演化可以看出二叠纪末烃源岩达到成熟，到白垩纪末烃源岩 R_o达到 2.0%（杜金虎等，2010b）。但不同盆地及盆地内不同区域的烃源岩演化序列不同，生烃期及主生烃期时间存在差别。如三塘湖盆地塘参 3 井据烃源岩 R_o演化得到的生油期为距今 250 ~60Ma，主力生油期为距今 150 ~60Ma（杜金虎等，2010b）；吐哈地区鄯科 1 井据烃源岩 R_o演化得到的生气期为距今 265 ~110Ma，主力生气期为距今 195 ~110Ma（杜金虎等，2010b）。因此，在白垩纪之前形成的有效圈闭都具备油气聚集成藏的可能性，在评价新疆北部石炭系有利勘探区带时，不但要研究石炭系自生的储盖组合条件，而且要研究白垩系沉积前的储盖组合条件及白垩系之后的保存条件。

上覆有效盖层控制了风化壳地层型圈闭的有效性。石炭系上覆盖层是风化壳地层型油气藏保存的关键。已发现的风化壳地层型油气藏，包括牛东油田、克拉美丽气田、准噶尔西北缘克－百断裂带上盘石炭系油藏等均具备良好的上覆直接盖层条件。石炭系上覆直接盖层为泥岩、凝灰岩等分布区最有利于风化壳地层型油气藏的形成，已发现的油气藏均在有效上覆盖层分布区。

生－储－盖组合控制了油气赋存层位。新疆北部石炭系发育多个生－储－盖组合。如准噶尔地区至少发育 6 套生－储－盖组合，三塘湖盆地至少发育 5 套生－储－盖组合，吐哈地区至少发育 4 套生－储－盖组合。这些组合主要分布在上石炭统，下石炭统勘探和研究程度很低，对其生－储－盖组合认识不足。

(4) 正向构造背景控制油气运聚指向

构造高部位是油气运聚指向区。新疆北部石炭系火山岩油气成藏同样受正向构造背景控制，但由于成藏条件的差异，火山岩油气成藏和构造的关系与碎屑岩成藏在运移距离、分布位置等方面又有不同。烃源岩生成的油气沿断裂纵向运移，到达石炭系顶面风化壳后沿风化壳横向运移，但基本为近源成藏，围绕有效烃源岩中心周缘相对高部位是风化壳地层型油气成藏的主要区域，从已发现的油气藏来看基本上都分布于古构造和现今构造耦合较好的高部位，斜坡带和背斜构造是最有利区。如准噶尔地区西北缘、克拉美丽气田等均具有该特点。

(5) 断裂及裂缝控制油气富集高产

围绕断裂带附近的火山岩可发育裂缝－溶蚀孔有利储层。在烃源岩区断裂纵向上沟通烃源岩和上部储层，对油气运聚起输导作用。因此，近源断裂带为油气聚集的有利区，围绕断裂带附近富集高产。如牛东油田高产和相对高产井基本上分布于断裂带附近就是很好的印证。在水平挤压应力下，牛东油田石炭系卡拉岗组火山岩风化壳产生以中—低角度为主的微裂缝，裂缝沟通孔隙使储层渗流能力更好。储层裂缝密度与油井产能呈正相关，裂缝密度越大区域油井产能越高（图 5－14）。

三、变质岩地层型油气藏及成藏模式

变质岩储层油气成藏同样需要六大要素——生、储、盖、运、圈、保的时空匹配。同时，变质岩本身不能生烃又决定了变质岩成藏存在特殊性。

1. 变质岩油气藏类型及特征

（1）变质岩储层油气藏类型

按圈闭成因及类型，可将变质岩油气藏划分为基岩风化壳型油气藏、基岩断裂破碎带型油气藏、潜山内幕油气藏3种类型。

基岩风化壳型油气藏：这类油气藏主要由于地壳抬升，盆地基岩长时期出露地表遭受风化剥蚀，顶部油气藏以顶部基岩风化壳为储集层，被后期沉积的地层所覆盖，形成以风化溶蚀的孔洞缝为主的油气藏。这类油气藏较常见，如胜利王庄变质岩，辽河东胜堡潜山、齐家潜山、兴隆台潜山，内蒙古哈南潜山等。

基岩断裂破碎带型油气藏：此类油气藏与基岩风化壳型油气藏不同，它是由于基岩受构造作用产生断裂破碎，形成的构造裂缝及次生溶蚀孔洞储油。油气分布主要受构造作用控制，而不像风化壳型油藏那样油气分布主要受风化作用的深度控制。如辽河大民屯油藏，由于受构造作用产生裂缝及次生孔洞缝，油气主要分布在距顶部风化面300～800m深度范围，靠近顶部风化面以下的200m范围内基本无油气。

潜山内幕油气藏：此类油气藏主要是由于不同变质岩类力学性质不同，在构造应力作用下变质岩内部产生裂缝，形成储层，内幕油气藏以内幕非渗透层作为盖层，形成自身储－盖组合条件，油气运聚其中形成潜山内幕油气藏，如辽河兴隆台变质岩潜山内幕油藏。

（2）变质岩油气藏特征

变质岩油气藏往往规模小（表5－6）、分布散，气藏与气顶油藏较少，以油藏为主。在中国的变质岩油藏中，气藏或油气藏不多，目前仅发现了辽河齐家潜山的南山头小规模的气藏、辽河兴隆台太古宇小规模的气顶油气藏、渤海湾锦州20－2潜山凝析油气藏。但后两个油气藏其基岩潜山储层似乎与其上的沉积岩储层连通，因此并非单纯的变质岩油气藏。除此之外均是纯油藏，这或许是由生烃条件造成的，并非储集条件的差异形成。

中国已发现的变质岩油气藏多数储量在千万吨以下，国外储量上千万吨的变质岩油藏也不多。大型的变质岩油气藏有委内瑞拉的拉—帕斯和马拉油田，储量在1×10^8t以上；格鲁吉亚的萨姆戈里－帕塔尔祖里油田，储量约8000×10^4t；印度尼西亚的贾蒂巴朗油田，可采储量为2200×10^4t等。

变质岩储层中油井产能高低悬殊，受裂缝控制明显。如胜利的王庄油田，高产井日产油可达上千吨，如郑4－6井日产油2703t，累产油已达35×10^4t（王华芬等，1997）；但其周围的井多数产量不高，如邻井郑4－15井，累积产油仅为0.6×10^4t（伍友佳和刘达林，2004）。

中国变质岩潜山具有岩石类型多样、非均质分布、构造演化历史复杂等特点。变质岩潜山的油气勘探主要集中在风化壳顶部及附近的构造裂缝发育带内。从辽河西部凹陷兴古7井在太古宇变质岩潜山1000m以下深部获得了高产油气流，未发现明显的水层，深、浅层原油密度基本一致，溶解气中甲烷质量分数在80%以上。浅层油气藏高压异常，压力系数为1.24；深层压力系数为1.06，接近正常压力。这说明太古宇潜山深、浅层油气藏应为两个不同的油气藏体系，即浅层的风化壳高压成藏体系和深层内幕常压成藏体系。

2. 变质岩油气成藏主控因素

变质岩油气藏成藏主要受生烃洼陷、运移通道和储盖组合3个方面控制。

表 5-6　典型变质岩油气藏基本参数

油气田（藏）名称	层位	埋藏深度/m	地质储量	初始单井日产	孔隙度/%	渗透率/$10^{-3}\mu m^2$	原始压力系数	气油比/($m^3 \cdot t^{-1}$)	原油性质	
									25℃密度/($g \cdot cm^{-3}$)	50℃黏度/($mPa \cdot s$)
胜利王庄	AnZ	1500	$750 \times 10^4 t$		5.6	7.8	1.0	59		6.8
辽河东胜堡	Ar	2600	$1345 \times 10^4 t$		4.6	40	1.03	54		5.68
玉门鸭儿峡	S	3000	$1037 \times 10^4 t$		2.34					171.8
渤海锦州南	Ar	1600	$3173 \times 10^4 t$		6.9	21.4	1.0	50	0.87	
Szank 油田，匈牙利	前寒武系				13	80		几乎不含气		
Santa Maria Valley 油田，美国加利福尼亚			25×10^6 桶					几乎不含气		
La Paz 油田，委内瑞拉	泥盆-志留系（?）	2709	可采储量 905×10^6 桶	平均 3600 桶，最大 11500 桶				几乎不含气	34°API	
Mara 油田，委内瑞拉	泥盆-志留系（?）		至 1955 年产油超过 31×10^6 桶	平均 2700 桶，最大 17000 桶				几乎不含气		
La Concepcion 油田，委内瑞拉	中生界	3352.8～4038.6	至 2006 年 12 月累计产油 4.95×10^6 桶				4550psi①	620 立方英尺②/桶	36°API	
Orth 油田，美国	前寒武系		至 1952 年 1 月累计产油 1.24×10^6 桶	平均 20 桶，最大 939 桶				几乎不含气		
Kraft-Prusa 油田，美国	前寒武系	969～1010		108 桶				几乎无溶解气		
Edison 油田，美国	侏罗系		至 1955 年底，累计产油超过 20×10^6 桶	平均 1000 桶，最大 2000 桶				几乎不含气	19.2°API	
El Segundo 油田，美国	侏罗系	2210.7		最大 4563 桶				几乎不含气	26.5°API	
Wilmington 油田，美国	侏罗系	1764～1890	至 1982 年累计产油超过 22×10^6 桶	1200～2000 桶				几乎不含气		
Shaim 油田，苏联	古生界	>1370		约 4.4t（39 桶）						

①psi，压力单位，1psi = 6.895kPa；②1 立方英尺 = $0.0283168m^3$。

1）周围有充足的生烃洼陷。因为变质岩无法自己生油气，因此充足的烃源条件是变质岩成藏的物质基础。从已发现的变质岩古潜山油藏的分布特征看，无论处于哪个凹陷，其周围必然有好的生油凹陷，如兴隆台古潜山周边的清水凹陷、盘山凹陷、鸳鸯沟凹陷，三面环绕生油洼陷，具有丰富的油气供给条件。

2）存在油源断层或侧向供油窗。中国目前已发现的变质岩油气藏，均为太古宇—元古宇变质岩系大—中型古潜山油气藏（表5－7），且主要集中分布在中国东部中、新生代断陷盆地中，其油源主要来自新生代生油岩系，属于新生古储型油气藏。新生代的油气进入古老的变质岩储层中一般有两种途径：①通过与油源沟通的断层垂向输导油气；②通过深大断裂系统将新地层与老地层对接，或者新生代的地层披覆于老地层之上，在侧向上对接形成侧向供油窗而输送油气。

表5－7 中国变质岩油气藏

油田名称	地质时代	储集岩类型	油藏类型
玉门	志留纪	千枚岩、板岩	鸭儿峡志留系古潜山
辽河	元古宙 太古宙	变质石英砂岩、混合岩类、区域变质岩、碎裂动力变质岩	杜家台元古宇古潜山油藏，兴隆台、东胜堡、静安堡、齐家、欢喜岭、牛心坨、茨榆坨等太古宇古潜山
大港	元古宙 奥陶纪	混合花岗岩	杜灵构造古潜山、千米桥奥陶系古潜山
胜利	太古宙	混合岩类	王庄太古宇潜山
渤海	元古宙	混合岩类	锦州20－2元古宇构造古潜山
冀东	太古宙	混合岩类	冀东太古宇变质岩

（据张亚范等，1994）

3）良好的储盖组合。在变质岩潜山中，多种成因的孔隙－裂缝组合为油气的主要储集空间，这些储集空间的大多数经过化学淋溶作用的叠加，孔、缝进一步扩大，互相连通。潜山顶部往往为不整合接触，不整合的风化黏土岩是一套比较好的顶部封盖层，两者的匹配可形成良好的储盖组合，为变质岩油气藏的形成提供了保障。

3. 变质岩油气藏成藏模式

辽河凹陷变质岩古潜山油气藏是变质岩油气藏的典型代表。辽河凹陷变质岩古潜山带被多个洼陷所围，“洼中隆”的构造背景为该区创造了得天独厚的油气聚集条件。潜山带的各侧均存在着断距较大的断裂，使沙三段生油岩与潜山直接接触，为变质岩潜山提供区域性大面积的供油窗口，与NE向大断裂、NW向断裂同期产生的不整合面、断面成为油气运移的通道。同时，内幕的裂缝既作为储层又是内幕油气渗流的媒介，沙三段中、上部大套泥岩为顶部油气藏提供了有效的盖层。潜山内部发育着由暗色矿物含量较高的斜长角闪岩、基性辉绿岩组成的致密岩层，确保了内幕油气藏的保存。断层、不整合面、连通砂体形成了潜山油气的复合式、网状输导体系，可侧向、向上甚至倒灌成藏。

虽然潜山深、浅层两个油藏油气性质相同，来源一致，但其油气储集空间、输导运移和保存的途径都存在差异，属于两个不同的成藏系统（图5－56）。顶部风化壳的封盖条件较好，形成浅层风化壳高压成藏系统，该系统受控于多期构造运动和基岩顶部在中生代末期所遭受的长期风化、淋滤作用。深层内幕油气藏为常压成藏系统，说明内幕储层相互连通，该系统受控于多期构造运动和岩性的非均质分布，具有不规则含油的特点，油气主要聚集在暗色矿物含量低的裂缝发育带中，两个系统相对独立。油气聚集的时期主要发生在沙一段到东营组沉积时期，储层包裹体烃类抽提物表明，在主要成藏期之前，已有一定量成熟度相对较低的油气进入潜山，但受到当时保存条件的限制，已被破坏。

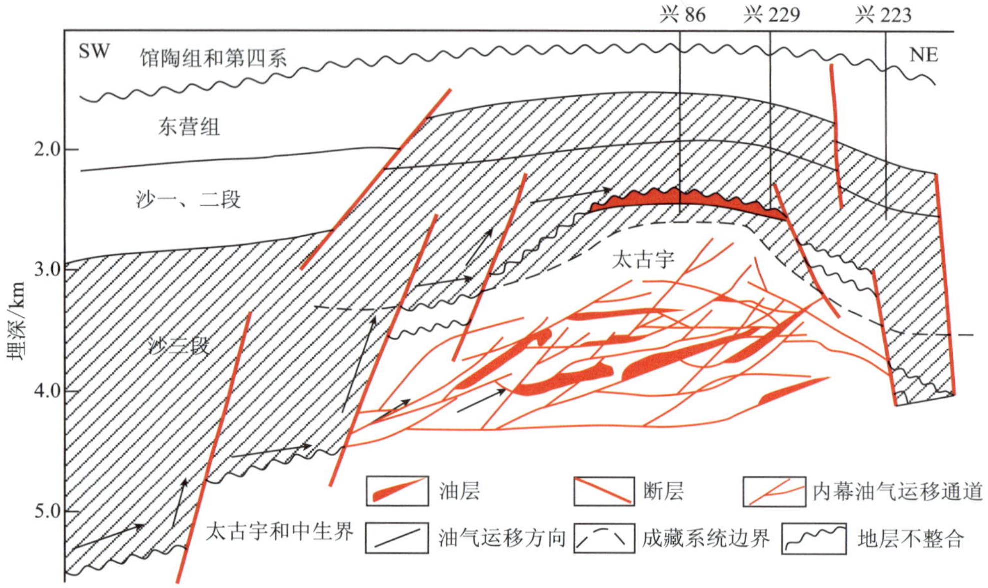

图5-56　辽河凹陷兴隆台古潜山内幕裂缝成藏模式

辽河油田公司总结其成藏模式具有侧向油源、复式输导、双向运移、多次成藏的特点，具体来说又可分为3种成藏亚模式，即变质岩古潜山风化壳顶面层状和内幕裂缝成藏组合模式（图5-57）、变质岩古潜山内幕裂缝成藏模式（图5-56，图5-58）、变质岩

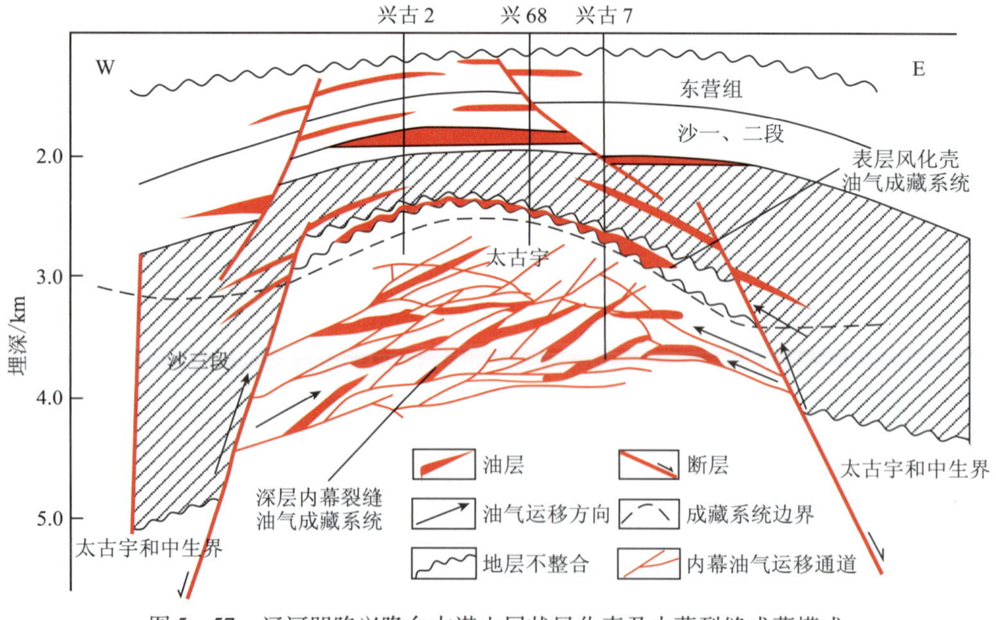

图5-57　辽河凹陷兴隆台古潜山层状风化壳及内幕裂缝成藏模式

古潜山顶面块状成藏模式（图5－59）。变质岩古潜山内幕裂缝成藏模式与其他两种成藏模式可组合形成复合油气成藏模式。

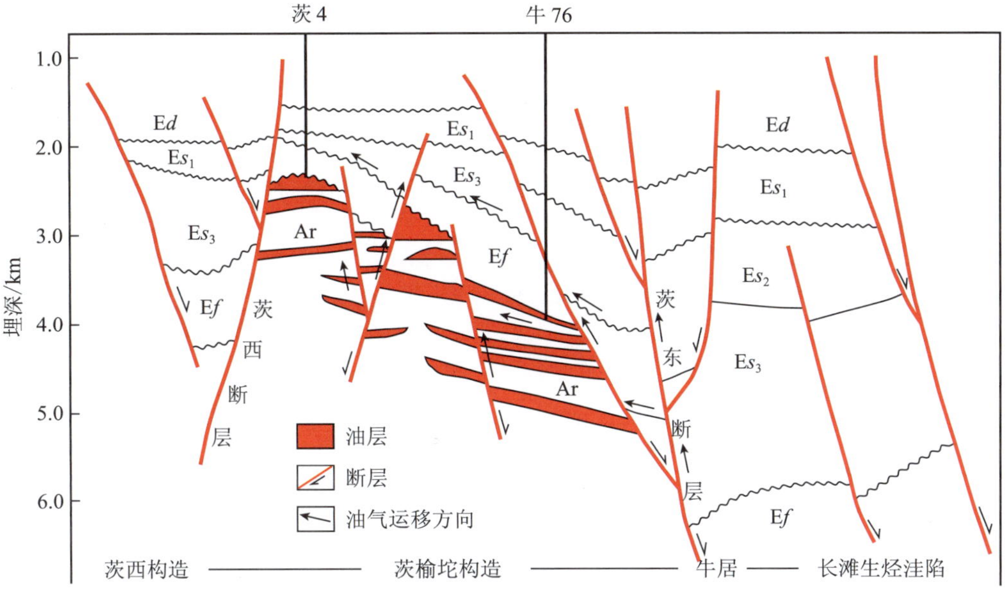

图5－58　茨榆坨变质岩古潜山内幕层状成藏模式

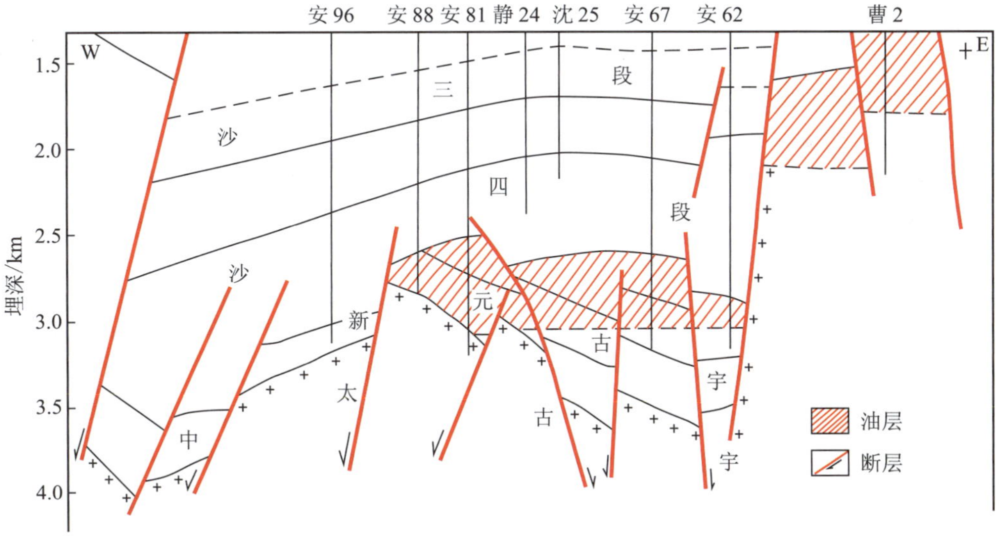

图5－59　大民屯凹陷古潜山风化壳块状成藏模式

4. 变质岩油气藏高产因素

一般来说，孔隙度决定了油藏的储能，而渗透率决定了油藏的产能，变质岩油气藏若要高产，就需要有高的渗透率。形成高渗的条件就是发育大量相互连通的裂缝系统。变质岩储集体的一个重要特点就是非均质性极强，储集空间为多种类型的复合，油气的产能与储集体的分带性、岩石类型、储集空间类型及其组合特征关系密切。

在中国的变质岩油气藏中，油井产能高低悬殊的情况十分突出。比如辽河凹陷变质岩古潜山油田，高产井日产油可达400余吨，但10t以下的极低产井也并非个别现象。鸭儿峡志留系变质岩基本上为非渗透岩层，不可能形成粒间孔隙储集层，然而114井获初产150t/d的高产油流，这只能解释为裂缝储油。同时，该井裂缝及节理发育，隙间为黑色沥青及油迹所充填，但岩石本身却从未见有粒间含油现象，钻井过程发生强烈油气幔及井喷，取心证实正是裂缝发育所致。另外，相邻各井产量相差悬殊，产油深度不一，也属裂缝储油特征。通过总结鸭儿峡、辽河、大港、胜利、渤海冀东等变质岩油气藏，认为变质岩油气藏的高产与变质岩岩石类型有较大关系（表5－8）。

表5－8 变质岩油气产能与岩石类型的关系

岩石类型	储集空间	储集性能	实例
以长英质矿物为主	碎裂（破碎）叠加淋溶型	高渗高产	王庄变质岩古潜山油田郑4井、东胜堡变质岩古潜山油田胜3井
暗色矿物较多的混合花岗岩类、混合岩类	碎裂缝、变晶孔缝、叠覆化学淋溶成因的孔缝等	物性较好	
角闪岩、变粒岩	微变晶孔缝、微碎裂缝和轻微淋溶作用形成的储集空间	低渗低产	东胜堡古潜山油田胜11－7井

归纳起来说，在变质岩油气藏中，其高产井的分布主要受裂缝发育分布的控制，钻在裂缝带上的井，只要油层污染不重，大多高产；钻在裂缝不发育地带的井，无论怎样压裂酸化，仍然低能低产。由此可以看出，变质岩油气藏具裂缝控制产能与非均质性严重两个十分突出的特点。

四、碳酸盐岩缝洞型油气藏

缝洞型碳酸盐岩油气藏不同于普通的砂岩油藏，是在经过多期构造运动以及古岩溶作用后形成的一种非常规类油藏，储集空间和流动通道主要分布在不整合面附近，由溶蚀孔、洞和多级断裂形成的裂缝等组成。不同期次、不同尺度规模的孔、洞、缝一起构成了复杂的网状输导系统，具有强非均质性、不规则性和多尺度性。其流动机理较为复杂，同时存在着类似的管流与渗流。碳酸盐岩缝洞体之间的连通性差异明显，既可以表现为孤立洞，也可以发育相互连通的缝洞集合体。大面积、非均质缝洞型碳酸盐岩油气田由一系列复合连片的小型油气藏群叠置连片组成，油气水分布不完全受局部构造控制。缝洞型碳酸盐岩储层发育主要受不整合面控制，与古岩溶有关，如鄂尔多斯盆地下奥陶统马家沟组五段顶部碳酸盐岩风化壳储层（戴金星等，1997），四川盆地震旦系、石炭系天然气储层，塔里木盆地塔北、塔中奥陶系储层等。

碳酸盐岩基质坚硬、抗压能力强。同生期/准同生期遭受风化淋漓形成的孔洞层，在后期深埋过程中很难被压实，加上裂缝改造作用以及早期油气充注对有效孔隙的保护作用，有效储层的保存深度可达上万米。

1. 缝洞型油气藏特征

可从缝洞单元能量、储层形态、规模等方面对缝洞单元进行划分与评价。能量大小主导了不同缝洞单元的开发特征，同一缝洞单元应具有同一流体动力系统，不同类型缝洞单元的差异，主要体现在缝洞单元的储集体规模和天然驱动能量，特别是底水能量的大小。

(1) 缝洞单元类型及油水关系

A. 缝洞单元类型

根据缝洞单元的形态、大小、连通情况等，可以划分出孤立型、大缝洞体、小缝洞体等不同单元类型（表5－9）。试采结果表明，大缝洞具有高产能特征，能量变化平缓，见底水后，油气产量迅速下降。孤立型缝洞单元能量与产液量表现为逐渐下降和递减的趋势。

表5－9　塔里木盆地哈拉哈塘地区缝洞系统油气藏

缝洞型油气藏类型	主要特征	模式图	实例
孤立型缝洞单元	①地震反射特征表现为孤立的强反射特征；②生产试油表现为初始期较高的能量和产液量，后期逐渐下降	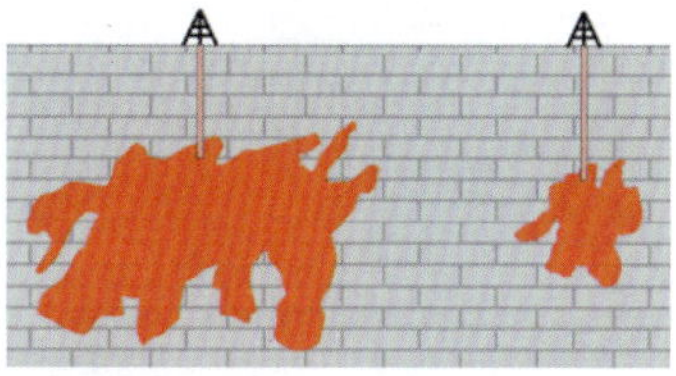	哈7、哈12
大缝洞体沟通单元	①地震反射特征表现为一系列的强反射特征；②生产试油表现为较高的能量和产液量，并且在自然生产条件下发生变化	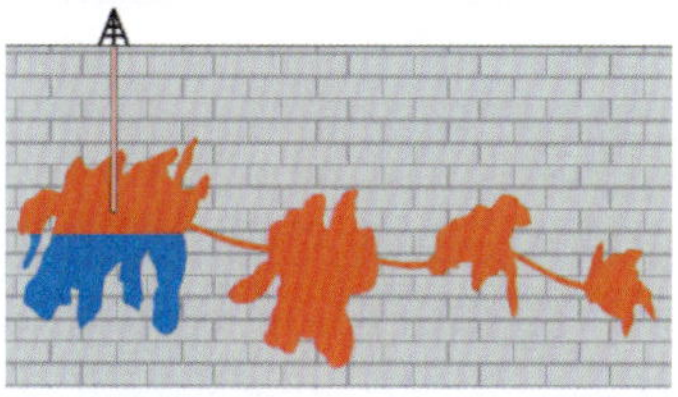	哈13、哈11、哈11－2
小缝洞体沟通单元	①地震反射特征表现为不明显的强反射特征；②生产试油表现为能量和产液量较低，酸化压力可以获得较好的效果	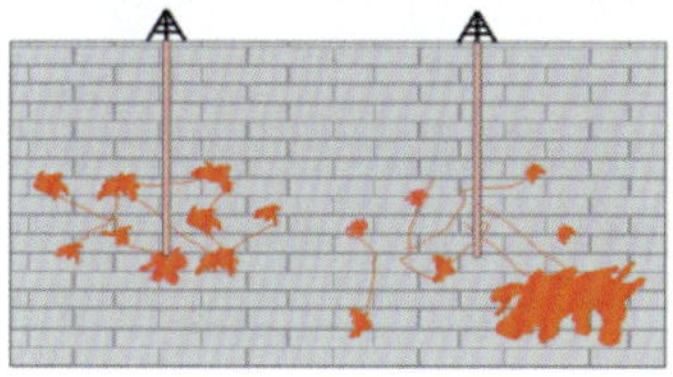	哈12－2

B. 缝洞单元内油水关系

根据油田的地质资料及各油井的动态特征显示，不同缝洞单元内部的油水分布模式有一定的差别，通常可分为一般式、隔油式、隔水式、复合式以及纯油/水式等几种基本的油水分布形式（图5－60）。

一般式：油田大部分缝洞单元属于油水共存的一般式组合形式，总体上受重力分异的影响，分布形式为上油下水，单元内具有统一的油水界面，油水物性相对均一或呈一定规律变化。此类型的油井在油田所占比重较大，生产特征为具有一定的无水采油期，储层的性质及水体的规模决定了无水采油期的长短及含水上升的快慢。

纯水或纯油式：缝洞单元内部的孔、缝、洞具有极强的非均质性，不论是大小、形态还是空间展布都具有相当大的差异，因此造成了排替压力的差异很大，再经过多期成藏，由于后期改造时充注通道被阻断而与水体隔绝。由于分异作用不充分，大型缝洞及孔隙的驱替程度高，油源充注充分，含水饱和度低，也就是所谓的纯油藏；而小尺寸的孔隙驱替程度很低，含水饱和度高，形成了孤立的水体，即纯水式。此类油藏的生产特征为油压及产量不断下降，不会见水。

隔油式：与一般式的油水分布机理相同，不同之处在于缝洞单元形态上存在两个或两

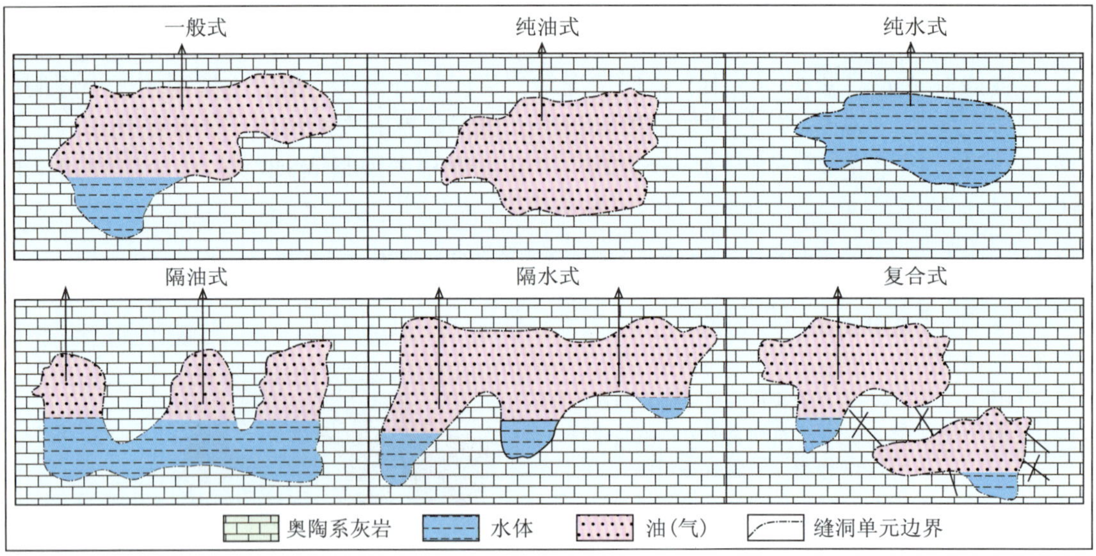

图 5-60　缝洞单元内油水关系基本模式

个以上被水体隔开的储油空间，缝洞内具有统一的压力系统，致密岩体形态上呈现上凹下凸，是形成多个油水分布的主要原因。此类油藏的生产特征为初期产纯油，中间见水并且含水率逐渐增加，随着分隔水体的不断减小，相邻储油空间的原油将突破水体分隔进入已开发油井的储油空间，具体表现为油井的产油量逐渐增加，含水率下降，最终变为以产纯油为主。

隔水式：与隔油式的油水分布机理相同，缝洞体内致密岩体形态及大小的特殊性造就了此种油水分布模式。此类油藏的生产特征为投产后产量高并且稳产期较长，由于储集体的连通性较好，供油半径大，采出的流体可以得到及时补充，水体一般较小，能量较弱，因此油井生产过程中将不含水或低含水，有时也会呈现间歇性含水。

复合式：在油田的开发过程中，由不同级次的裂缝所连通的缝洞单元之间的连通关系与程度是动态变化的，早期不连通或连通不畅的缝洞体之间，随着油田开发的进行，可能会变得连通，因此就形成了被裂缝所沟通的多个缝洞体的组合，即复合式。奥陶系油藏地下情况复杂，大部分是由几种基本油水关系类型的缝洞体组合而成的复合式，因此此类型的油水关系显得更为实际。

（2）碳酸盐岩缝洞型油气特征

碳酸盐岩缝洞型油气储层储集空间以次生溶蚀孔、洞、裂缝为主，裂缝与溶蚀孔洞在三维空间相互配置形成大型网络缝洞系统。碳酸盐岩储层沿潜山面或层间不整合面大规模集中分布，纵向多层系、横向大连片，有效厚度为 150～200m。储层之上的泥岩、泥灰岩、致密灰岩或膏岩为有效盖层，与碳酸盐岩缝洞系统构成良好储盖组合。

油气分布受准层状储层缝洞系统控制。油气藏底部往往为致密灰岩，但局部致密灰岩中可能发育断裂或大型裂缝，且由于生产动态及压力变化由封闭到开启而沟通深层水体，导致油气藏烃类底界起伏，油气层厚度变化不大。总体上油气集中分布在潜山面或层间不整合面之下 150～200m，呈准层状展布，油气藏规模大。

塔里木盆地塔北油田油气性质复杂，相态多样。油层现今埋深东西部落差大，中西部新垦和热瓦普地区油层埋深可达7000m，东部轮古地区油层埋深为5100m左右。从原油密度看，东部和西部原油密度低，中部密度最大。如哈拉哈塘北部以及艾丁等区块，原油密度大于1.0g/cm³；东部地区为凝析气藏，气油比高，在5000～40000m³/m³之间，单井日产气量为10×10⁴～50×10⁴m³，天然气干燥系数为0.97～0.99（张水昌等，2011b）。油气相态由东部高气油比的未饱和气藏、饱和气藏，向西逐渐过渡到低气油比的饱和油藏、未饱和油藏（图5-61）。

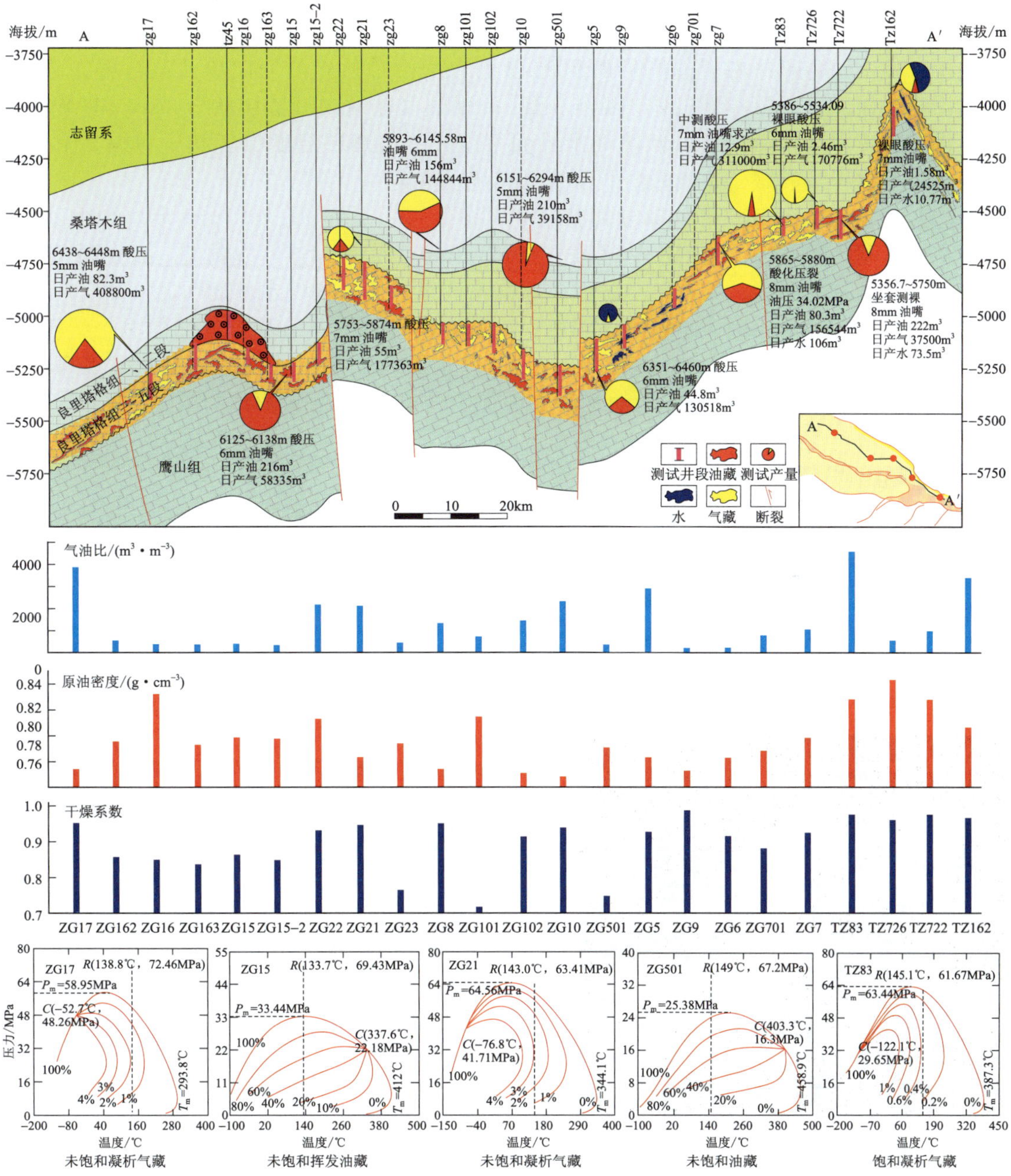

图5-61　塔中地区油气藏剖面、相态及油气物性东西向分布特征

P_m—临界凝析压力，mPa；T_m—临界疑析温度，℃；C—临界点；R—油气藏温压条件

塔中油田由于晚期普遍接受天然气充注，造成古油藏被改造成凝析气藏（Zhu et al.，2011）。其中凝析气藏多位于断裂附近或局部构造高部位，如 ZG17、ZG22、ZG8、TZ83 等；油藏或挥发性油藏一般位于远离断裂的相对构造低部位或封闭断块内，如 ZG16、ZG15、ZG23、ZG501、TZ722 等（图 5－61）。气油比和干燥系数一般以断裂为中心向两侧逐渐降低，在断裂密集或构造高部位这两个参数普遍较高。凝析气藏、油藏或挥发性油藏相间分布，无截然分界。

总体来看，塔北和塔中奥陶系碳酸盐岩油气藏均具有大面积分布特征，其油气水分布复杂，具体表现在以下几方面：①储量丰度低；②油气相态丰富，油气产能变化大；③10% ~20% 的高产井占了总产量的 70% 以上；④相对独立的油储单元复合叠置连片；⑤非均质性强，“一洞一藏” 或 “多洞一藏”；⑥油气在纵向近似层状分布，具有统一的常温常压系统。这些油气藏虽然油气水界面不统一，但油层温度梯度和压力梯度十分相似，为常温常压油气藏，油气藏温压系统具有统一性。

（3）缝洞型油气藏产出特征与类型

根据缝洞的连通性，缝洞型油气藏主要分为孤立洞穴型和连通缝洞型。孤立洞穴型油气以孤立的洞穴为储层，具有统一的温压系统与流体性质，油气水界面明显，油气产出受控于洞穴规模和油水比例，定容特征明显。连通缝洞型油气具有相互连通的多个缝洞体，同一缝洞体中具有相同的流体性质、统一的油气水界面（隔水式缝洞内油水界面可不一致）；不同缝洞体中可以有差异，油气产出过程中会出现新的缝洞体供给油气，油气产出不稳定，出水类型多样，易出现油气产量忽高忽低、忽油忽水等复杂现象。

A. 孤立洞穴型油气藏

塔里木盆地轮南、哈拉哈塘、塔中北斜坡等地区奥陶系缝洞型油气以大型洞穴为主要储集空间。由于长期的深埋与成岩作用，大多数洞穴之间的通道垮塌，被胶结充填，连通性差，形成相对独立的洞穴体单元。如哈 7 井位于哈拉哈塘地区西北部，属于轮南低凸起的西部斜坡带。根据储层、流体性质、试采特征分析，哈 7 井属典型的定容型油洞。根据储层预测与缝洞雕刻综合判断，哈 7 井为孤立的洞穴（图 5－62），生产曲线显示定容特征明显，截至 2012 年 6 月 6 日，经过 32 轮注水，产能已经很低。

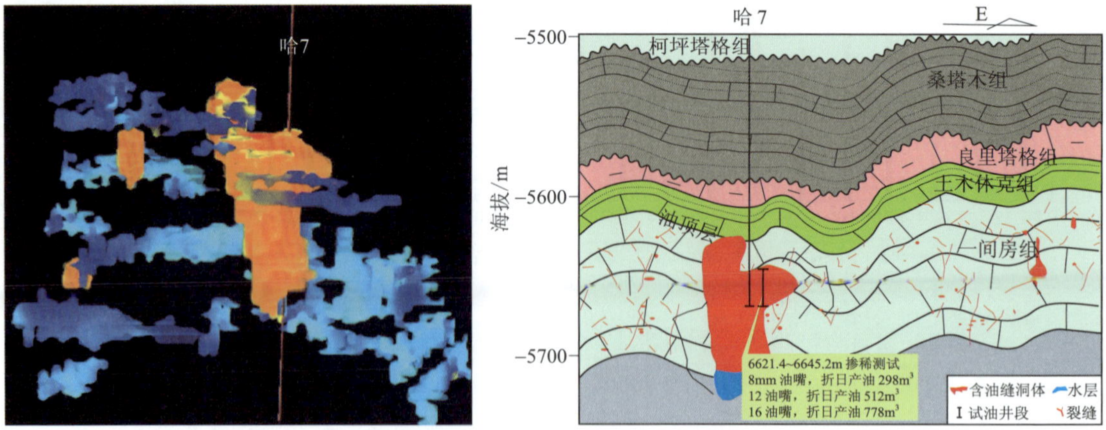

图 5－62　哈 7 井奥陶系碳酸盐岩洞穴型油聚集单元剖面

B. 连通缝洞型油气藏

在缝洞型储层发育过程中，由于古暗河、裂缝与断裂系统的沟通作用，有很多大型缝洞体是连通的，虽有后期垮塌充填，但也有一定数量缝洞体的保存，形成相互连通的多缝洞系统。在一定历史时期、一定的压差下相互独立的缝洞体由于某些作用也能互相连通，形成统一的多缝洞体油气藏。仅通过静态资料识别缝洞的连通性较为困难，通常根据试采、干扰试井和示踪剂等方法加以确定。塔里木盆地中古 162 井、轮古 101 井、轮古 15 井等井区发育连通的缝洞型油气。如中古 162 井，是多缝洞体控制的弱挥发油聚集单元。在缝洞雕刻图上（图 5－63），中古 162 井附近有多套连通的缝洞体发育。从试采曲线上可以看出，中期在未采取任何措施的情况下，出现油压上升、气油比降低、产油量增加等现象，分析是因为沟通了新的储集体，另外一个缝洞单元在一定的压差下，与先期出油的缝洞体沟通，从而得到更多的油气补给，增加了油气产量，油压也随之上升。

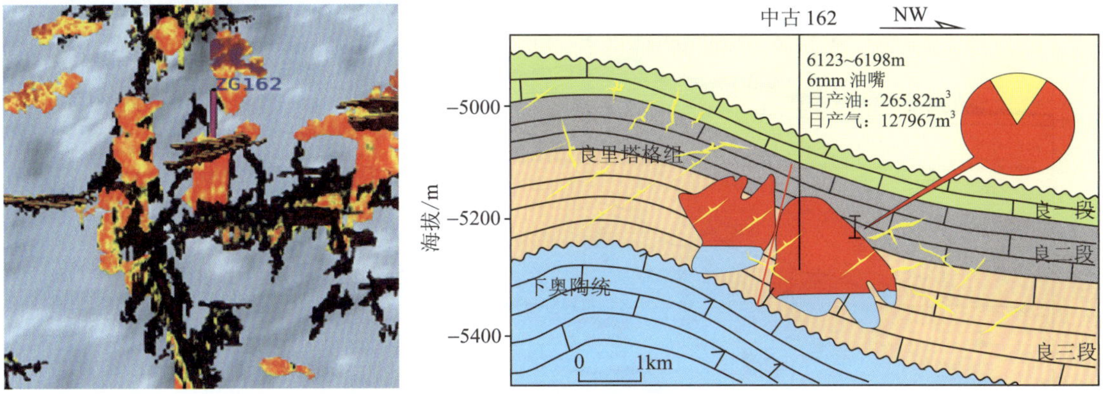

图 5－63　中古 162 井奥陶系多缝洞型油聚集单元剖面

2. 缝洞型油气形成机制与控制因素

油气运聚富集机理研究主要包括油气源判识、运移方向、运移期次、运移输导体系和聚集机理等，其中油气源研究是基础，运移、聚集是研究核心。区域不整合面和断裂两类输导体系有效地沟通烃源，是碳酸盐岩缝洞系统油气大面积聚集的前提条件。本节重点讲述碳酸盐岩缝洞型油气输导体系的运移机理和成藏模式。

（1）流体流动方式

碳酸盐岩缝洞型储层连通性受控于高渗透性裂缝与低渗透性基质孔隙组成的双重连通介质，孔隙结构的差异性造成储层连通性复杂及流体流动方式与形态的差异。在油藏内部，流体流动形态可以划分为两大类四小类：渗流（包括达西流和非达西流）和管流（包括层流和紊流）。渗流是流体在多孔介质中的流动，流体的力学性质涉及多孔介质的性质、流体的性质和运动状况以及它们之间的相互作用。管流是在管道内的黏性流体流动。流体在管内流动时，其质点沿着与管轴平行的方向作平滑直线运动，此种流动称为层流。而流体从一种稳定状态向另一种稳定状态变化过程中的一种无序状态称为紊流（李传亮，2005）。通常情况下，储层内成藏作用的流体多遵循达西定律（李传亮等，2007）。但由于碳酸盐岩缝洞型储层非均质性强（Bagrintseva and Chilingar，2008），溶蚀孔洞、未完全充填的地下河道、不整合面、多级断裂、裂缝，相互沟通，形成复杂的网状输导系统（Nie et al.，2011），在孔道半径较小的输导体系中表现出达西流的特征，而在大型的孔道，如一些未完全充填的地下河道、连续性较好的溶蚀孔道，则表现出明显的管流特征

(图5-64)。

实验表明，当流体流动通道尺度大于300μm时，在正常流速范围内，流体流动呈达西流特征（康志江等，2005）；在缝洞型油藏中，90%的储量分布在大于5mm的溶洞溶孔中，流动类型主要为管流。缝洞型碳酸盐岩储层中流体渗流与大孔道中流体管流是相互联系又是相互影响的，空间尺度具有突变特征，多种流动形式组合而成复合流动类型。

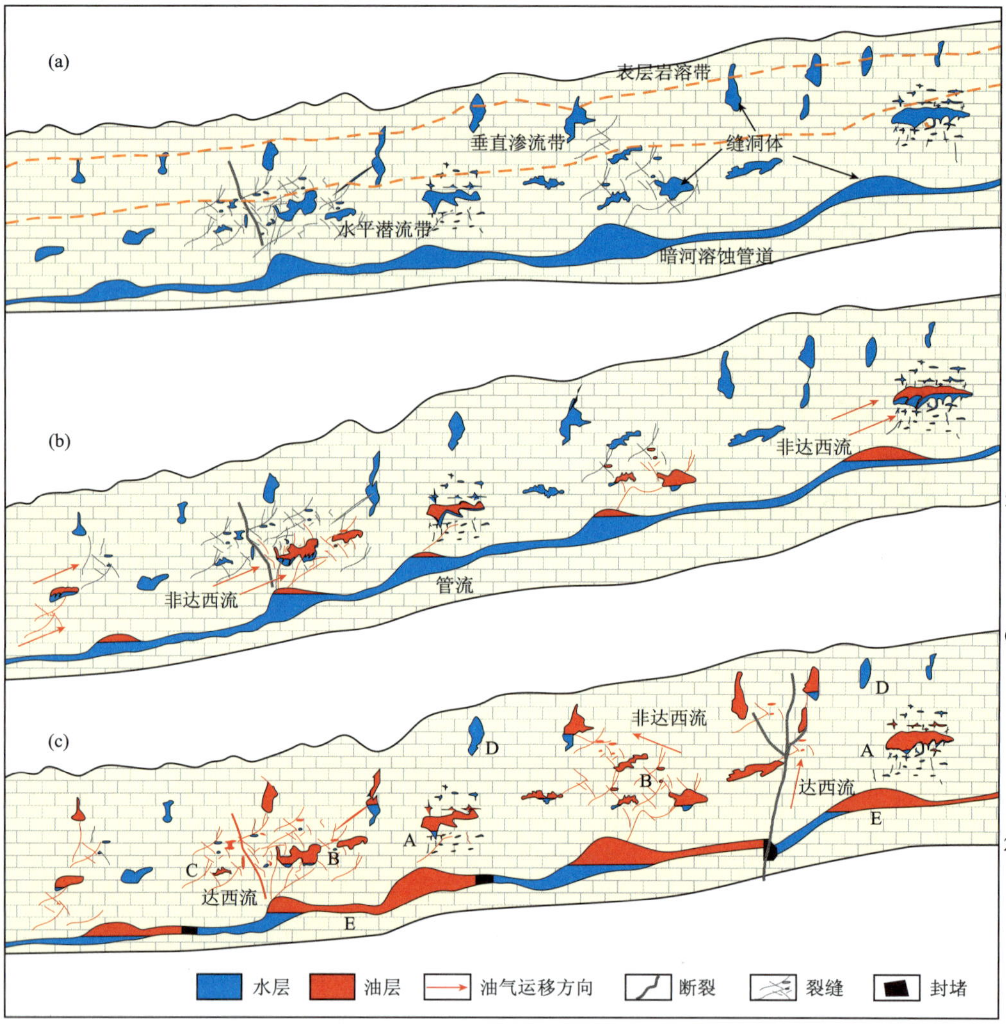

图5-64 碳酸盐岩缝洞系统油气充注示意图

A—洞穴型；B—缝洞连通型；C—裂缝型；D—孤立溶洞；E—暗河缝洞体

（a）岩溶缝洞体形成阶段：形成表层岩溶带、垂直渗流带、水平潜流带3个岩溶系统

（b）油气充注成藏早期阶段：在洞穴型和微裂缝沟通的储集单元中，油气以非达西渗流的形式流动，聚集成藏；在有断裂系统和大型裂缝沟通的岩溶体系内以达西流的形式流动聚集；在暗河管道内以管流的形式流动，聚集成藏

（c）油气成藏与定型阶段：构造活动，发育一些新的断裂、裂缝系统沟通原本孤立的缝洞体，油气充注成藏；后期改造活动，在暗河溶蚀管道局部发生封堵，使得油气聚集

（2）缝洞连通性与油气水分异

碳酸盐岩缝洞之间的连通性较差，空间上裂缝不能完全连通，很少形成区域连通的网状裂缝系统，表明裂缝间连通程度较低，没有完全沟通储层，油气储层间的连通介质主要

为基质孔隙。多孔介质的渗透率是一个平均的统计参数，它是由许多大大小小的孔道渗透性能构成的总和。对于低渗透和特低渗透的碳酸盐岩地层来说，由于低渗透岩心的孔隙系统基本上是由小孔道组成的，在油、水流动时，每个孔道都有自己的启动压力梯度（Law，2002；Wu et al.，2007；向才富等，2009），当启动压力梯度大于某孔道的启动压力梯度时，该孔道中的油、水才开始流动（Julien et al.，2010），使整个岩心的渗透率值有所增加。随着驱动压力梯度的不断提高，会有更多的孔道参与流动，岩心的渗透率也随之增强；渗透率越小，非达西渗流特征越明显。因此，微观孔隙结构对流体流动方式与聚集影响明显。弱连通的洞穴间是以低渗透孔隙或裂缝为连接通道，油气柱高度通常在50m内，其浮力不足以克服毛细管阻力，造成油气水重力分异不明显，出现不同洞穴中油水界面不一致现象，流体性质有差异。可见，以基质孔隙为主的弱连通礁滩体孔洞储层之间及其内部，由于孔隙喉道细小，需要克服油气运移的界面能高，从而造成油气水没有出现明显分异，孔洞系统中油气水同出。

通过地球物理方法，优选振幅梯度、波阻抗等敏感属性进行缝洞预测和储层雕刻，可以充分展示出横向大面积连片分布的储集体特征，清楚看出缝洞体的空间形态、分布特征、体积大小、相对高低以及缝洞之间的连通性等（邹才能等，2013）。缝洞之间的连通依赖于低渗透基质孔隙与高渗透裂缝形成的复杂空间连通通道和局部存在有效沟通的裂缝网络。因此，在非均质碳酸盐岩储层中，具有高渗透性裂缝与低渗透性的基质孔隙形成的双重连通介质，空间组合与分布复杂，造成储层连通程度差异巨大。由于储集体间没有形成裂缝完全连通，基质孔隙孔喉分布不均，非均质性强，造成不同储集体之间连通程度弱。而控制油气运聚成藏的动力机制主要包括浮力、异常流体压力、水动力和毛细管压力（England et al.，1987；楼章华等，2009）。在缝洞型碳酸盐岩储层内，油藏具有“一洞一藏”或“多洞一藏”的特征，油气运聚的动力主要是浮力，油水界面明显。

（3）输导体系

作为油气成藏过程中沟通源岩与储层的桥梁与纽带，输导体系是油气成藏的关键控制因素，也是系统化、动态化油气成藏研究的重要体现（Magoon and Dow，1994）。油气输导体系受控于盆地构造、沉积成岩演化、流体活动（流体势、压力）等诸多因素，随时空变化输导性质和能力发生复杂的变化（郝芳等，2000）。一般认为，输导体系是油气从烃源岩运移到圈闭过程中所经历的所有路径网，主要包括断层和裂缝、不整合面、连通砂体，以及它们的组合类型（付广等，2001）。

A. 断裂和裂缝输导体系

断裂和裂缝输导体系是断裂活动开启形成的油气运移通道。同时，大量伴生裂缝的发育也显著改善了碳酸盐岩的储集性能，形成溶孔－溶洞－裂缝体系。裂缝越发育，渗滤空间越大，越有利于油气的运移。

如塔北轮南奥陶系断裂及裂缝特别发育，断裂和裂缝与褶皱构造常相伴而生。其中断至中下寒武统烃源岩的断裂，成为油气有效的运移通道。如轮南地区的油气主要来源于古生界海相烃源岩，沟通烃源岩断裂发育的碳酸盐岩缝洞区，成为油气富集区。如英买2井区、塔河地区S86—S67—S65—T401井及T402—S78井沿NE方向构造裂隙相对发育，形成自塔河7区—6区—4区的中、下奥陶统油气运移富集带（顾忆等，2007）。断裂也对古生界部分油气藏具有一定的改造和破坏作用。

B. 不整合面输导体系

多期构造运动形成多期不整合，不整合面之下一定深度范围内形成大规模的溶蚀孔、洞、缝系统，成为碳酸盐岩缝洞型油气主要的储集空间，同时不整合面是油气侧向运移的重要通道，前提是其上必须有封闭盖层。

如轮古－塔河油田中、下奥陶统，经加里东期—海西早期长期暴露风化剥蚀，形成广泛分布的风化壳，储渗条件较好的地表残积物、风化裂隙角砾岩和半风化层主要由裂缝、缝合线沟通的溶蚀孔、洞、缝构成岩溶网络体系，是轮古－塔河油田最重要的输导体系，尤其是海西晚期烃源区大规模供油及塔河地区尚不完全封闭的盖层条件，造成了现今奥陶系稠油分布状况，显示出不整合及岩溶系统输导体系对轮古－塔河油田的形成具重要性（顾忆等，2007）。

C. 连通砂体输导体系

连通砂体输导体系以连通孔隙作为油气运移的通道，如塔北轮南古－塔河地区，该类输导体系主要发育于石炭系卡拉沙依组砂岩及三叠系砂岩中（陈强路，2004）。卡拉沙依组具有砂岩层数多、单层厚度薄、横向变化大等特点。三叠系砂体展布相对稳定，横向变化较小，与断裂、不整合面相互配合，成为油气运移的重要输导体系。

D. 复式输导体系

区域性通源断裂、不整合面、岩溶缝洞系统、砂体及裂隙等构成了油气运移的复合通道，是形成大型复式油气藏的重要条件。如塔北轮南地区三叠系、石炭系和奥陶系油气藏即是经过多期生烃、充注、调整形成的多层系复合式油气分布，是复式输导体系作用的结果。喜马拉雅期晚期气侵之前，桑塔木断垒、轮南断裂带的断裂、裂缝沟通了三叠系砂体和奥陶系古油藏，使得油气运移到上覆的石炭系和三叠系，并在石炭系和三叠系砂体内进一步运移。喜马拉雅期晚期气侵过程中，裂解形成的高干燥系数的天然气，顺着轮古东走滑断裂充注到奥陶系碳酸盐岩缝洞型储层中，由于石炭系高压层的形成，导致了断裂在石炭系闭合，晚期裂解天然气只能沿断层和不整合面输导体系运移，运移通道为桑塔木断裂带的奥陶系缝洞碳酸盐岩储层。

（4）油气运移和聚集机理

裂缝－溶洞型碳酸盐岩油藏是由基质、裂缝和溶洞组成的连续介质。裂缝和由裂缝贯穿的溶洞与烃源岩连通，既是储集空间，又是流动通道。由裂缝连通的孔洞具有管流特征，裂缝系统油气渗流遵循达西定律，基质系统渗流能力很小，具有非达西渗流特征。缝洞型碳酸盐岩油藏，储集空间以溶洞为主，裂缝为主要流通通道，溶洞、裂缝随机分布，具有“晶格状”油藏的特征。裂缝和与其连通的溶洞动力学尺寸较大，流体流动可以看成是管道流动，基质渗透率很低，流体流动遵守非达西定律。

缝洞型油藏内部大缝大洞与小缝小洞并存，介质表现为极强的不连续性。流体流动的空间不仅在形状上而且在尺度上存在差异。流体的流动模式既有小缝小洞中的渗流，又有大缝大洞中的管流，更有两种流动规律以不同形式混合在一起的组合流动。有关碳酸盐岩油藏的流动规律，多数观点是基于连续介质理论讨论，或者把不连续介质用等效的连续介质流动系统代替，将储层视为孔隙－溶洞型双重介质、孔隙－裂缝－溶洞型三重介质或多重孔隙介质等类型，认为在其中发生的完全是渗流。

针对缝洞型储层系统的特点，本书提出缝洞型油气聚集机理，即一种溶洞大尺度流动与裂缝渗流交接系统的流动物理模型——缝洞交接流动模型，也就是管流－渗流交接流动模型。这种渗流与管流耦合模型既反映了大裂缝溶洞系统中流体的流动，又反映了基质和孤立孔洞中流体的渗流，它将缝洞型储层系统看成是统一的连续介质地质模型。例如，可以假设溶洞为圆柱状，它们之间通过裂缝渗流系统连接，一个缝洞单元可以看成是一种网状物理模型。溶洞中的流体流动可近似为不规则的管流，即流体在圆管中的流动，它是流体力学中相对简单的一种流动。

3. 缝洞型油气成藏模式及富集规律

（1）缝洞型油气成藏模式

大面积非均质碳酸盐岩缝洞型储层由于强烈的非均质性与多样性，以及孔隙结构的复杂性与连通的多样性，影响着油气的运聚与分异。如果裂缝能够有效连通储层，将有统一的油气水界面，内部油气水重力分异明显。而孔隙型碳酸盐岩储层以细喉、低渗透的孔喉为特征，造成以孔隙弱连通的储层内部流体分异不明显，临界油/气柱差别大。基质孔隙孔喉细小、结构复杂、渗流性差是主控因素。非均质碳酸盐岩存在孤立洞穴定容型、多缝洞连通型与基质孔隙弱连通型等不同连通性的油气藏，储层连通性造成井间流体性质的差异性、油气水产出的复杂性等非常规油气藏特征。储层连通性分析表明，奥陶系碳酸盐岩油气可能是由一系列小型的油气藏叠置连片组成的大规模油气田，既有单一洞穴控制的“一洞一藏”，也有相互连通的多缝洞体油气藏，相对独立的缝洞体系形成不规则分布的缝洞型油气藏。由于碳酸盐岩储层连通性多样，横向变化大，难以形成大面积广泛分布的单一“准层状”油气藏，因此，碳酸盐岩大面积缝洞型油气藏实际上是由一系列复合连片的小型油气藏群组成的大型油气田（邹才能等，2013）。

总之，碳酸盐岩缝洞型油气藏具有大面积成藏、准层状分布、油水分布复杂、边底水或有或无、油水分布不完全受局部构造控制的特点。地层水既可以位于构造低部位，也可以位于构造高部位，油藏也可延伸到构造较低部位。由于缝洞型储层，横向上大面积连片分布，但非均质性较强，岩性和物性在横向上连续性较差，因此，奥陶系碳酸盐岩油气藏是由众多小型或中小型岩性圈闭在纵向上相互叠置、在横向上复合连片，从而形成大面积分布的岩性圈闭群，可称为复合岩性圈闭。大面积分布的复合岩性圈闭与油气的充分供给构成良好配置，造就了奥陶系大面积成藏，缝洞型储层内几乎所有缝洞体均含油，表现为“连续型”分布的面貌（邹才能等，2009a，2009b）。

（2）缝洞型油气富集规律

中国海相沉积盆地具有时代老、有机质热演化历史长、成熟度高、储层埋藏深、储层非均质性强、油气藏分布复杂且后期调整、改造破坏严重等特征。缝洞型油气是指储存在由岩溶作用形成的缝洞体中的油气，储层的非均质性极强，基质孔隙度一般小于1.2%，渗透率一般小于$0.5\times10^{-3}\mu m^2$，油气主要受一系列缝洞体控制，在相对独立的缝洞体内具有统一的温压系统、统一的油气水界面。如轮南－塔河油田潜山风化壳油气分布区、塔中北斜坡鹰山组层间风化壳大型凝析油气分布区都是由一系列叠置连片的缝洞体控制。

A. 长期暴露的古隆起控制优质储层发育

缝洞型岩溶储层的分布与发育程度受古岩溶地貌控制。不同的地貌单元，岩溶作用与储层发育程度不同，油气富集程度也有所差异。岩溶台地，古地势较高，地层剥蚀严重，岩溶作用以发育垂直洞穴为主，是区内岩溶水的主要补给区，其上盖层沉积较薄，难以形成有效的油气聚集。岩溶盆地和谷地处于岩溶水的汇集排泄区，储层充填严重，难以形成有利的储集空间。岩溶阶地处于岩溶台地与岩溶盆地的平缓过渡带，水动力条件优越，岩溶水补给有源，排泄有道，古岩溶作用强烈，储集空间相对发育。

陕甘宁盆地、四川盆地与塔里木盆地的古隆起分别经历了140Ma、120Ma、77～232Ma的风化剥蚀，形成的风化壳构成了较好的储层。以川中古隆起为例，二叠纪前，古隆起地貌已准平原化，风化壳以碳酸盐岩为基岩的元素风化带出率达90.32%～96.52%，属于岩溶风化壳；以黏土岩和砂岩为基岩的元素风化带出率为25%，属于残积风化壳；碳酸盐岩风化壳具有淋溶作用强、淋滤作用大、残积作用弱的特点，因而易形成缝洞岩溶发育带。陕甘宁古隆起也有类似现象，塔里木台盆区寒武－奥陶系碳酸盐岩储层的分布主要受后期风化剥蚀和古岩溶作用控制。轮南、塔中、巴楚东南部等古隆起区奥陶系因暴露时间长，因而储集条件较好。另外，长期发育的继承性古隆起往往可形成多套优质储层，轮南地区之所以存在奥陶系、石炭系、三叠系、侏罗系等多套优质储层，与长期发育的古隆起背景有着密切联系。

B. 优质储层控制了缝洞型油气的富集

油气不受局部构造控制，缝洞体控制了风化壳油气的富集。如塔北南缘奥陶系以台地相灰岩为主，原生孔隙几乎消失殆尽，储集体以岩溶作用形成的缝洞体为主，有很多钻井钻遇大型缝洞系统，轮南地区共有20余口井在钻井过程中发生放空、井涌或泥浆漏失，井间变化大。在平面上，岩溶缝洞具有分带、分块的特征，岩溶斜坡储层最发育，岩溶洞穴数量多、规模大、充填少，一系列缝洞发育区在空间上叠置连片分布。只有钻遇大型溶洞的井才能获得高产工业油气流，沙48井、轮古15井、轮古42井、轮古701井、艾丁4井等高产工业油气流井都是由大型溶洞产出，而轮南15井等低产与失利的主要原因是储层欠发育。对轮南－塔河潜山的勘探实践表明，只有当钻井打在大型溶洞或与溶洞沟通良好的裂缝上时，才可能获得高产和稳产，缝洞体发育程度决定了奥陶系储层产能，优质储层控制油气富集。

缝洞系统造成了油气聚集的不均一性。轮南奥陶系的钻探与研究表明，有利储集体分布在潜山风化壳顶部200m范围内，油气分布受控于岩溶体系与裂缝系统的空间发育程度。尽管宏观上油气呈准层状分布，但由于岩溶储层非均质性强，缝洞系统周缘就是不含油气的致密灰岩，相对独立的一个或多个溶洞系统就组成了一个相对独立的油（气）藏，其间具有相对统一的油气水界面与统一的温压系统。由于缺乏构造圈闭或地层岩性的遮挡，缝洞体系的独立与连通是相对的，在不同的地史时期，不同的边界条件下，连通的油气藏可能分隔为多个孤立的油气藏，相对独立的缝洞系统可能实现连通与油气的调整，因此在油气产出过程中，由于不同缝洞系统的沟通，会造成油气水性质的差异与产量的周期性变化。相对孤立的缝洞系统形成定容体，油气初始产量高，但上水快，产量有限；而连通的多缝洞系统规模大，油气产量比较稳定或缓慢下降，含水率逐步上升。对于连通性较差的多套缝洞系统，在一定的压差下可能实现连通，从而出现油气产出的周期性变化，如一套缝洞体系产出后又出现另一套系统的油气供给，造成产量忽高忽低，含水率也出现很大变化。

C. 多成因储层叠置连片分布是油气大面积分布的基础

中国古老的碳酸盐岩储层经历了多期的构造抬升与暴露，发育多期碳酸盐岩岩溶作用，造成风化壳岩溶古地貌的不同与储层特征的差异性。多类型次生孔隙造成了储层的非均质性。由于碳酸盐岩储层受控于多期的溶蚀作用和破裂作用，具有非组构选择性，形成多种类型复杂的次生孔隙，其发育特征与空间分布复杂多样，造成碳酸盐岩储层的强烈非均质性。

岩溶型碳酸盐岩储层易纵向叠置、横向连片呈近层状大面积分布。如轮南潜山缝洞系统在纵向上分层明显，虽然井间横向变化大，缝洞层的数量、深度差异大，但不同的岩溶部位都有多层岩溶洞穴的发育。在平面上，岩溶缝洞具有分带、分块的特征，一系列缝洞发育区在空间上叠置连片分布，形成逾5000km^{2}规模的岩溶储层发育区。塔中鹰山组风化壳储层分布类似轮南地区，纵向分层、平面分区块特征更明显，下奥陶统鹰山组风化壳储层主要发育在潜山面以下200m的垂直渗流带和水平潜流带内，在塔中北斜坡分布面积逾6000km^2。

D. 长期继承性发育的古隆起斜坡带、地层超覆尖灭带、岩相变化带等是有利的油气聚集场所

缝洞型油气主要与大型地层不整合面及古隆起有关，古隆起由于构造活动的继承性抬升，为油气长期运移指向，因此往往有丰富的油气聚集。影响缝洞型油气形成与油气富集程度的因素除了烃源岩和储盖条件等因素外，古隆起形成时间、后期构造的稳定性以及古隆起的规模、油气充注和成藏过程叠加等也是十分重要的因素。古隆起形成时间越早、发育时间越长、后期构造越稳定、古隆起规模越大，越有利于油气聚集和保存，油气富集程度也越高。

古隆起高部位因后期构造变动最为强烈，往往以油气的调整和破坏为主，该部位一般形成的是次生油气聚集，若后期构造变动极为强烈，则甚至无油气形成和保存。隆起低部位以及古隆起的斜坡部位因后期构造活动相对较弱，因而是原生油气形成和保存的主要部位，或者既有较大规模的原生油气聚集，又有规模不大的次生油气形成。岩溶储层在古隆起斜坡叠合复合，油气沿不整合面分布，形成大面积分布的准层状油气田（图5－64）。

五、河道砂控藏

河道砂岩性油气藏是中国陆相盆地的主要油气藏类型之一，河道砂岩规模、组合模式和成藏条件决定了油气藏规模和分布。

1. 古河道砂体岩性油藏

陆相盆地中古河道砂体一般呈条带状分布，纵向和横向上岩性、粒度、物性等变化较快，如松辽盆地的扶杨油层水下分流河道砂体沉积物源供给各异，加积和迁移速度较快，再加上埋藏较深，成岩作用较强，形成了大面积分布的扶杨油层河道砂岩岩性圈闭油藏。扶杨油层储集层主要为条带状分流河道砂体，砂地比低，属于下部超层序的低位域沉积，以浅水湖泊－三角洲沉积体系为主，沉积相分带不明显，主要为分流河道沉积。开发井证实扶杨油层多为分流河道带状砂体，砂岩厚度一般为2～5m，连通性较差，水驱系数一般在60%左右，砂地比一般在10%～20%之间，砂体连通性差，主要形成岩性油气藏。

岩性－断层油气藏是河道砂的主要类型之一。由于河道砂岩沿古水流方向由高部位向低部位连续分布，在构造较单一、没有反转或没有河道砂体与构造有效配置的盆地内，河

道砂一般很难成藏，因此，断层和河道砂岩组合是其油气成藏的主要模式之一，形成以断层遮挡为主、岩性遮挡为辅的复合油气藏。以断层或断块圈闭为主，但两侧不是构造所形成的圈闭，而是由于岩性变化形成的圈闭，多为两侧由断层遮挡，上倾方向形成岩性尖灭，有些上倾方向由岩性尖灭和断层匹配联合封闭。这种油气藏在松辽盆地的龙西、巴彦查干地区扶杨油层广泛分布，该区 NW－SE 向的河道砂体被 NNE 向的断裂切割，从而形成岩性－断层油藏。

2. 单砂体的厚度、砂体成因类型决定岩性圈闭形成概率

陆相盆地河道砂体单层厚度，一般决定了砂体在横向上延伸距离的长短或平面上的分布范围。砂体厚度大，延伸距离就远，因此，也就容易与其他砂体相连，较难形成孤立状的砂岩透镜体岩性圈闭。如松辽盆地扶杨油层形成岩性圈闭的最佳厚度为 2～5m，其次为 1～2m，所对应的砂体成因类型为小分流河道、小决口河道、水下河道以及滨浅湖砂坝。由于扶扬油层浅水湖泊范围有限，滨浅湖砂坝不太发育，因此其形成岩性圈闭带的砂体主要以前 3 种河道类型为主。

断层与交织错列、互不连通的弯月形透镜状岩性圈闭配置，沟通了断层带上横向和垂向的各个弯月形透镜状岩性圈闭，形成了以断层带为中心的大型岩性圈闭复合体（图 5－65）。

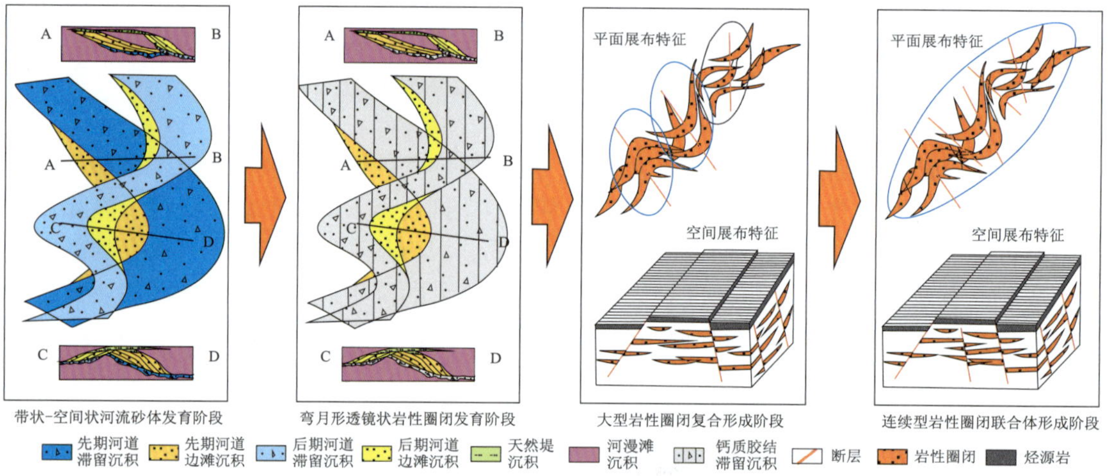

图 5－65　松辽盆地河道砂体岩性圈闭模式

3. 断裂和有效储层组合控制上生下储油气藏范围

松辽盆地扶余油层的油气成藏，受青一段有效烃源岩控制，青一段烃源岩内部压力升高和释放具有幕次性，随着埋深增加，地温升高，在水热增压、黏土矿物转化脱水和油气大量生成等作用下，青一段烃源岩内部压力不断增加，当超过其自身破裂压力时，沿产生的裂缝排除流体释放压力。坳陷中心低渗透河道砂体形成纵向叠置的复合成岩圈闭体，超压驱动油气垂向幕式运移至复合圈闭体中成藏，平面含油错叠连片；周边暗泥厚度薄、超压低的隆起区形成构造油藏。浮力对致密储层内部的油气运聚基本不起作用，上生下储、油源充足，超压为主要排烃动力，断层和超压使油气排运到大型岩性圈闭复合体之中聚集成藏，烃源岩厚度、超压控制油气分布范围，坳陷中部低凹区含油叠加连片油藏平面分布具有油水倒置现象，隆起区绝大部分为正常油气藏。

油气运移波及的范围内，有效储层普遍含油。如松辽盆地北部扶杨油层油源来自于青一段生油岩，以超压为动力，青一段油气下排深度可达100m以上。进入储层后的油气在构造作用控制下沿着由断层、裂缝和错叠分布的砂体共同组成的输导系统作侧向运移。在侧向运移的过程中，油气波及的有效储层内普遍含油，纵向上油水分布关系简单，表现为上油下水，偶见水夹层。这一现象在有利勘探范围内普遍存在，并被榆树林等油田开发区块所证实。据大庆和吉林油田资料，截至2007年底，松辽盆地共探明石油地质储量73.16×10^8t，扶杨油层地质储量14.70×10^8t，占整个探明石油地质储量的20.1%。其中，大庆油田60.96×10^8t，扶杨油层地质储量6.88×10^8t；吉林油田12.20×10^8t，扶杨油层地质储量7.83×10^8t。

4. 河道砂有效储层与烃源岩、构造有效配置控制岩性油气藏分布

不同部位的河道砂体沉积时，岩性和物性存在差异，后期成岩作用使得河道砂体的边部变得致密且能够起封堵作用，河道中心部位形成有效的河道砂储层，有效河道砂体受低幅构造和岩性双重控制，形成岩性油藏，如鄂尔多斯盆地长8－9（图5－66）、长4＋5等。

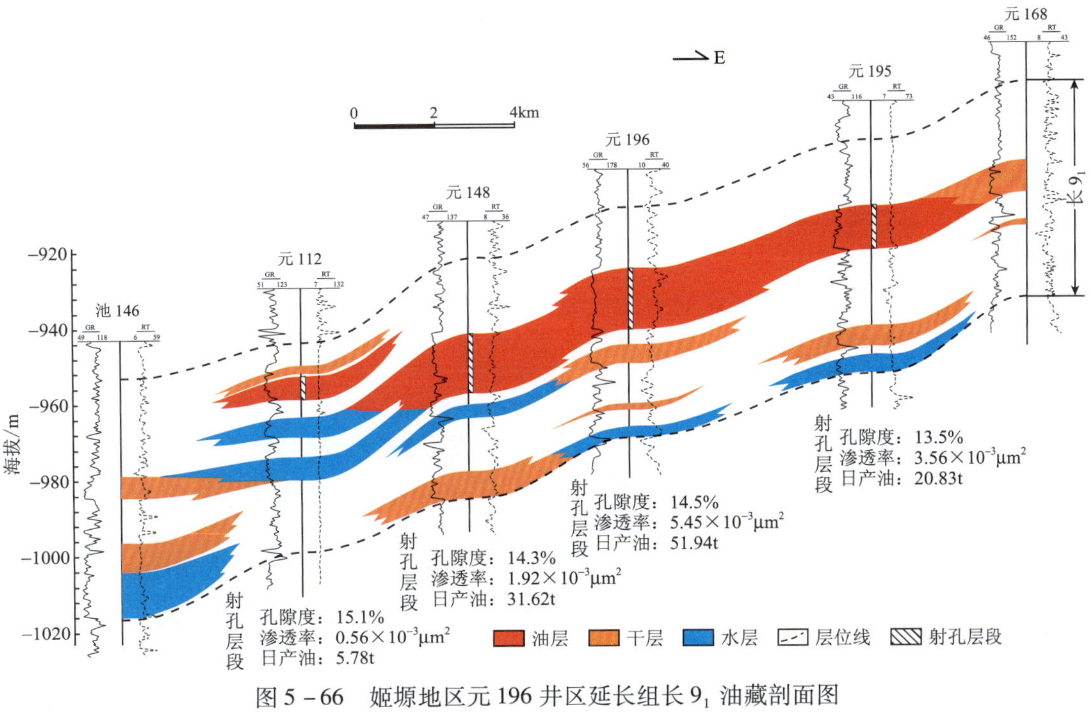

图5－66　姬塬地区元196井区延长组长9_1油藏剖面图

鄂尔多斯长8段陇东地区，长8沉积时期主要受西南和西部物源控制，发育辫状河三角洲和扇三角洲两大沉积体系，受物源供给和盆地底形的影响，砂体结构和储层粒度有较明显的差异。其中，受西南物源控制的辫状河三角洲沉积亚相以三角洲平原和三角洲前缘为主，由于物源碎屑供应充足，发育大面积分布的储集砂体。砂体主要以叠置的分流河道、水下分流河道和河口坝砂岩为主，呈SW－NE向展布，砂体宽5～10km，厚10～20m，砂岩粒度细，以细、粉砂岩为主，砂体横向展布稳定，延伸距离远。受西部物源控制的扇三角洲沉积，扇体自西向东沉积相带变化快，砂体厚度变化大，在扇体末端，砂体宽 10 ~ 15km，厚 20 ~ 30m，砂体粒度粗，以粗、中砂岩为主，分选较差，但是砂体延伸不远，横向分布不稳定。目前已发现的油藏主要分布在辫状河三角洲前缘水下分流河道和河口坝微相。

有效源储配置是成藏的关键，长 8 末期鄂尔多斯湖盆急剧沉降，导致长 7 期湖盆迅速扩张，水深加大，该区主要处于半深湖—深湖区，沉积了一套有机质丰富的暗色泥岩。长 7 最大湖侵期烃源岩是一套优质烃源岩，为鄂尔多斯盆地中生界油藏的主力烃源岩。长 8 三角洲前缘砂体与其上覆最大湖泛期形成的长 7 优质烃源岩构成上生下储的有利生储配置。长 8 砂体横向上大面积复合连片为石油的侧向运移、纵向的相互叠置为石油的垂向运移提供了良好的通道，石油易于就近运聚成藏，形成大型岩性油藏。如镇北东部地区，分流河道砂体发育，储层物性好，以上生下储为主，长 8 具有近距离运移聚集成藏特点，易形成大型岩性油藏，镇北西部砂体发育，具有单层厚、分布面积大、复合连片、储层物性好等特点，但处于长 7 有效生烃范围外，源储配置条件明显不如东部，成藏条件欠佳。镇北地区长 8_1 油层储量规模超过 4×10^8t。

近年来，长庆油田在河道砂成藏新认识的指导下，通过精细刻画砂体及构造形态，不断深化沉积体系与成藏地质条件研究，在长 8 油层获得突破并在发现了西峰特大型整装油田后，相继发现了镇北长 8_1 和合水长 8_2 相对高渗高产富集区。

六、源输势耦合控藏

油气成藏控制因素很多，但主要控制因素是烃源岩、油气输导体系、有效圈闭和保存条件的耦合，具备源势相的有利组合就能形成油气藏。成熟探区精细勘探的对象主要是具备源势相耦合好的区带。

渤海湾盆地是中国含油气盆地中油气最富集盆地，也是断陷盆地中碎屑岩油气成藏的源输势耦合条件很好的盆地，这里以济阳坳陷碎屑岩为例阐述源输势控藏机理。

1. 源岩条件是油气藏形成的物质基础

充足的油源是油气成藏的首要条件，在很大程度上控制了油气藏的形成和分布。济阳坳陷是一个油气资源丰富的油气区，在 25510km^2 分布范围内，沉积岩总体积为 15753km^3。其中，古近系暗色泥岩体积为 5889km^3。古近系共发育 5 套烃源岩，自下而上依次为沙四上亚段、沙三下亚段、沙三中亚段、沙三上亚段和沙一段。其中济阳坳陷沙三下亚段和沙三中亚段是区域性的好烃源岩，沙四上亚段是东营、沾化凹陷的优质烃源岩，沙一段底部是沾化和车镇凹陷的优质烃源岩。胜利油田估算的济阳坳陷古近系总生烃量为 738.5×10^8t，其中油页岩生烃量为 108.0×10^8t，总排烃量为 175.3×10^8t，来自油页岩的排烃量为 29.0×10^8t。各凹陷相比较，东营凹陷生、排烃量均约占整个济阳坳陷生、排烃总量的一半，其生、排烃量分别为 358.5×10^8t、80.1×10^8t；各烃源岩层相比较，以沙三下亚段生、排烃量最高，其生、排烃量分别为 228.0×10^8t 和 59.0×10^8t，约占整个济阳坳陷生、排烃量的 1/3。

烃源岩分布的差异造成济阳坳陷油藏分布的差异。如构造格局比较相似的东营和惠民凹陷，主力烃源岩都是古近系沙河街组第三、四段暗色泥岩和油页岩，其干酪根类型基本一致，有机质丰度东营凹陷无明显优势。但东营凹陷烃源岩分布广、厚度大，4 个小洼陷都是烃源岩富集带；相比之下惠民凹陷烃源条件较差，除沙四上亚段外，烃源岩厚度都比东营凹陷小，而且分布范围也只局限于滋镇、阳信和临南3个洼陷。因此，从原始成油条件上看，两个凹陷最大的区别在于主力烃源岩的范围和厚度，即烃源岩体积，从而造成两凹陷供油条件的较大差异和油气富集差异，东营凹陷成为济阳坳陷油气最富集的地区，占济阳坳陷已探明油气地质储量的50%，而惠民凹陷仅占7%。

2. 输导体系控制油气运聚方向

输导体系是油气从源岩到圈闭聚集成藏的运移通道，在某种程度上决定了盆地内圈闭能否成藏及油气聚集量。通过输导体系研究油气生成后的运移、聚集到成藏的动态过程，可确定油气运移优势方向，寻找油气最有可能聚集的方向和有利区，从而确定出油气聚集成藏的有利位置。油气输导体系包括断层、砂体、不整合等因素，对于不同盆地、含油气系统和区带，输导体系存在很大差别。如济阳坳陷受不整合横向输导作用局限性影响，油气输导以断层和砂体为主，其输导优势路径受动力和阻力的耦合控制。

不同区带、不同动力系统下输导体系的组合控制了油气藏类型。输导体系对油气藏的控制作用不仅表现在其构成类型对油气藏组合的影响，更重要的是其所控制的油气运移方式对油藏分布的控制作用。平面上缓坡带和凸起部位输导体系主要由不整合和砂体构成，以横向运移为主，可形成地层不整合油气藏和古潜山地层型油气藏。缓坡内带和中带，输导体系主要由断层和砂体构成，油气运移路径表现为折线型，油气经断层运移至不同骨架砂体时具有选择性，选择最优势通道运移，多形成断块油气藏，且主要发育在下部层系中。在洼陷带，以裂隙型输导为主，主要表现为发育在烃源岩中的透镜状岩性油气藏。中央断裂带以断裂和砂体构成的垂向输导为特征，在纵向上形成多层分布格局，中浅层均有油气藏分布，主要为断块油气藏。陡坡带由于受边界次级断层和不整合影响，油气运移路径比较复杂，呈网状，发育多种油气藏类型。平面上相邻的油藏类型纵向叠置分布，如从洼陷中心到凹陷边缘，油藏类型依次是岩性—构造—地层，最典型的在中央断裂背斜带上，纵向依次是岩性—构造—地层。陆相断陷盆地输导体系类型在横向、纵向上的连续和相似变化，反映了断陷盆地的构造—沉积—成藏规律。

不同压力系统下的输导体系组合样式控制不同油藏类型。超压系统下输导体系以裂缝为主，控制的油藏类型以岩性油藏为主；压力过渡系统油气输导体系以控烃断层和砂体为主，控制的油藏类型以构造－岩性、构造油藏为主；常压体系下裂缝输导不发育，输导体系的组合以断层、砂体、局部不整合输导体系为主，控制的油藏类型以构造、构造－岩性、不整合油藏为主。

3. 大型正向构造背景控制油气富集位置

含油气盆地或凹陷内，不同类型油气藏富集位置主要受正向的二级构造带或局部的正向构造所控制。正向构造是油气聚集的低势区，有利于油气聚集向此运移。正向构造是油气运移的指向区域和聚集有利部位，在正向构造范围内容易形成各种遮挡圈闭。正向构造背景幅度的大小对油气富集程度和规模有重要控制作用。

含油气盆地边缘的地层油藏就是在大型正向构造背景下形成的，受构造运动控制含油气盆地边缘广大范围内一般存在规模不等的鼻状构造。由于正向构造处地层剥蚀/超覆明显，易形成削截/超覆不整合，鼻状构造侧翼易发育砂体，形成超覆储层。这些构造位置基本处于常压系统，油气运移动力以浮力为主。按照浮力定律，运载层介质性质一定时，油气将向倾角较大方向运移，因此正向构造背景成为地层油藏最为发育和富集的构造单元。

如东濮凹陷构造格局是两洼一隆一斜坡，中央隆起带是规模最大的继承性隆起构造，两侧是凹陷内两个供烃条件最好的生油气洼陷（图5－67），隆起带的隆起幅度达到3000～5000m，高隆深洼的背景十分有利于油气向隆起带的高效运移聚集。中央隆起带已探明油气地质储量占凹陷总探明油气地质储量的84%，是凹陷主要的油气富集区带。西部斜坡带是凹陷内沙三中、晚期抬起形成的构造型斜坡，东侧是柳屯－海通集生油气洼陷，其斜坡在沙三中早期是盐湖沉积中心之一，烃源岩具有良好生油气能力，因此西斜坡也具有良好的供烃条件。斜坡背景十分有利于油气侧向运聚，斜坡3个台阶构造发育，因此油气富集程度也较高，探明石油地质储量占东濮凹陷总探明石油地质储量的13%，是东濮主要油气富集区带之一。从区域上看，东濮凹陷沙三上亚段沉积晚期到沙二段沉积早期，整体区域北部翘起，使得油气规模运移方向指向北方，因此北部隆起带油气最为富集。中央隆起带北部探明油气储量占东濮凹陷总探明油气地质储量的79%。

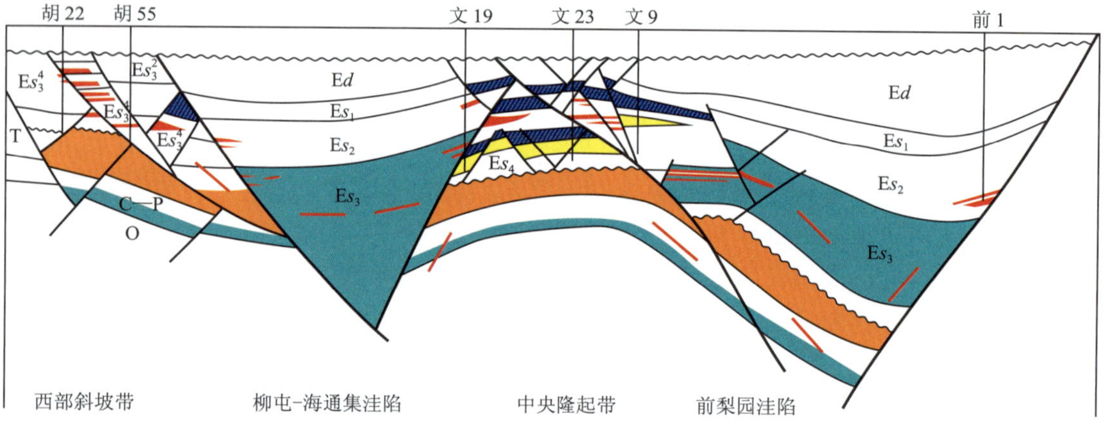

图5－67　东濮凹陷油气规模运聚成藏模式

4. 流体势与相势耦合控制油气富集程度

在油源充足、输导体系存在的条件下，油气藏的富集程度主要受流体势和相势两个因素控制。通过对东营凹陷油气成藏的流体势和相势控藏进行剖析，剖析主要成藏时期的流体势和相势关系的空间变化特点和模式，为成熟探区油气精细勘探提供借鉴和依据。

（1）相势控藏

在含油气盆地的常规油藏的油气生成、运移和聚集成藏过程中，相势对油气成藏的控制作用是关键因素，相势主要受构造相、沉积相、岩相及岩石物理相等控制。构造—沉积—成岩—储集逐步控制油气富集过程。

A. 相势控油气

构造相控油气。如东营凹陷主要发育北部陡坡带、南部缓坡带、中央洼陷区和中央隆起带4个二级构造单元。从已探明石油地质储量分布来看，以中央背斜带最为丰富，北部陡坡带位居第二位，凹陷带的油气储量排第三位，南部缓坡带油气储量相对最少。

沉积相控油气。如东营凹陷碎屑岩沉积体系主要包括洪积扇、河流、扇三角洲、近岸水下扇、滨浅湖滩坝、三角洲、浊积扇沉积体系等。东营凹陷有利沉积相带的顺序依次是浊积扇、三角洲、近岸水下扇、河流相、滨浅湖滩坝和扇三角洲。

岩相控油气特征明显。如统计东营凹陷储层269个岩相样品可见，粉砂岩、砂岩和砾岩为主要岩相。其中以粉砂岩、粉细砂岩和细砂岩含量最高，发育油藏个数最多，油气储量最大，其次为含砾砂岩。含油饱和度则以细砂岩和粉细砂岩最高，砂砾岩含油饱和度最低（图5-68）。

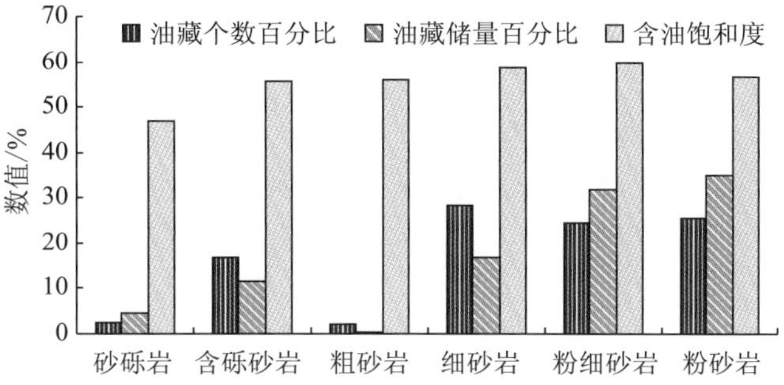

图5-68　东营凹陷储层岩性及含油气性分布柱状图

物理相控油气特征不明显。如统计东营凹陷47个油藏的物理相可见，孔隙度相对分布在15%～30%之间，渗透率为10×10^{-3}～$500\times10^{-3}\mu m^2$。随着储层孔隙度、渗透率的增大，含油饱和度逐渐增高。但是油气的储量与砂体规模有直接关系，因此与物理相变化规律不明显。储量的最高峰集中在孔隙度为20%～25%、渗透率大于$1000\times10^{-3}\mu m^2$的储层内（图5-69）。同一储层内部，油气集中分布在相对高孔高渗的优相空间内。

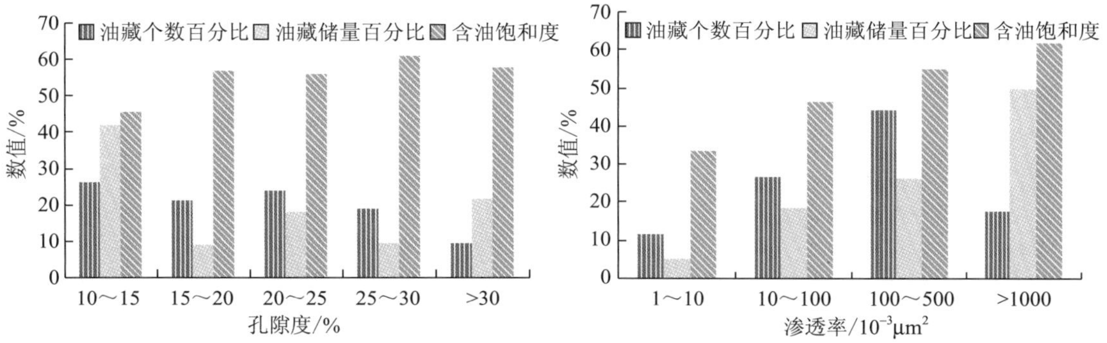

图5-69　东营凹陷含砾砂岩相的物理相分布特征

B. 相势控油气模式与类型

（A）相势控油气模式

油气成藏决定于有效圈闭内储层的相对质量与油气源充足条件，通过大量油气藏解剖总结出相势控油气模式（图5-70）。当油气源不太充足时，油气只在输导路径上储层孔隙度×渗透率大于平均孔隙度×渗透率的相对好储层的有效圈闭内成藏，成藏概率小于50%，但形成的油气藏品质好。当储层孔隙度×渗透率介于油气输导路径上储层孔隙度×渗透率平均值的25%～5%时，只有在油气源相对充足的条件下才能成藏，成藏概率为50%～65%，但形成的油气藏品质较差。当储层孔隙度×渗透率介于油气输导路径上储层孔隙度×渗透率平均值的10%～25%时，只有油气源相对更好的条件下才能成藏，成藏概率为65%～85%，但形成的油气藏品质更差。当储层孔隙度×渗透率小于油气输导路径上储层孔隙度×渗透率平均值的10%时，只有与油气源邻近的储层，油气源供应非常充足的条件下才能成藏，成藏概率约大于85%，但形成的油气藏一般为非常规油气。

在碎屑岩储层中，储层品质与岩性有很大关系。如根据济阳坳陷统计结果，储层岩石颗粒较大，成分均匀，杂基少，其储层孔隙度和渗透率均较高，有利于油气聚集；岩石颗粒较大，但成分和结构可能不均匀，物性较差，当粒度变细时，岩石储集物性变差，或粒度虽然逐渐变粗，但由于颗粒中杂基含量高，岩石物性也变差，不利于油气成藏；当储层物性较差，但邻近烃源岩时，也可形成非常规油气。

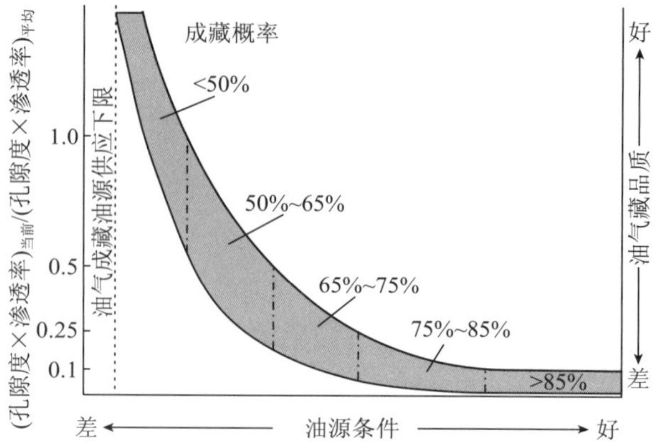

图5－70　高孔渗优相控藏模式

（B）相势控油气类型

根据油气源充足条件、储层物性及沉积相带，对断陷盆地的相势控藏总结出7种基本类型，即陡坡带水下扇－扇三角洲中扇高孔渗优相势控藏模式、缓坡带三角洲前缘高孔渗优相势控藏模式、缓坡带滨浅湖滩坝高孔渗优相势控藏模式、深凹带浊积扇主体高孔渗优相势控藏模式、中央断裂带三角洲前缘高孔渗优相势控藏模式、埋藏演化成岩溶蚀带高孔渗优相势控藏模式和构造变动裂隙发育带高孔渗优相势控藏模式。这些相势控藏模式可进一步指导成熟探区的精细勘探部署和油气发现。

（2）流体势控藏

流体势反映水动力、浮力和毛细管力对地下流体运动状态的共同作用，已成为普遍接受的油气运移、聚集定量描述方法之一。在油气运移通道上，油气势的导数为零的极小值点及其附近就是油气可以聚集的部位。流体势由位势能、压势能、面势能和动势能4个势能组成，不同的势能在不同的部位，其势能降低的趋势存在差异。

浮力作用总是引起流体向构造高点处运移，位能降低方向就是油气运移聚集方向，浮力作用控制下的低位能处（构造高点低势处）油气聚集。如东营凹陷构造油气藏主要发育在北部陡坡带和中央背斜带，已探明石油地质储量和油藏数量约占该凹陷的90%，其分布与局部构造高点有关。

浮力是二次运移的主要动力，但当生、储层间存在较大异常压力差和梯度时，压力则是油气运移的重要动力。一个异常高压封存体可视为一个封闭高势区，流体排泄方向即是压力减小方向，压力作用控制下的断裂泄压处油气聚集成藏。如东营凹陷断块油气藏主要发育在北部陡坡带和中央背斜带，主要为常压油气藏，压力系数为0.9～1.2，其分布特征与沙三上亚段发育断裂密切相关，地层压力沿着断层得以释放，形成许多相对低压泄压带，成为油气有利的聚集带。

对于面势能来说，油气的毛细管力和界面势能 ϕ_r 表征公式可以表达为

$$\phi_r = \frac{2\delta_1\cos\theta_1}{r} - \frac{2\delta_2\cos\theta_2}{R} \tag{5-3}$$

式中：δ_1、δ_2 分别为泥岩、砂岩的界面张力，N/m^2；θ_1、θ_2 分别为泥岩、砂岩的界面张力与水平夹角，(°)；r 为泥岩孔喉半径，μm；R 为砂岩孔喉半径，μm。

对于地层岩石中非混溶流体油气和水来说，两相流体的界面总是明显弯曲，界面弯曲程度取决于毛细管压力差，也就是界面势能差。

在砂泥岩界面处孔喉半径值相差越大，毛细管压力差越大，越有利于油（气）从泥岩中的小孔隙进入砂岩中的大孔隙，运聚成藏。如东营凹陷岩性油气藏主要发育在洼陷带和中央背斜带，分布层位也主要为沙三中亚段和沙三下亚段。沙三中亚段沉积期浊积砂体数量多，面积和厚度都较大，物性条件较好，孔隙度为15%～25%，渗透率为 1×10^{-3}～$100\times10^{-3}\mu m^2$。虽然这些浊积砂体被泥页岩包裹，压力较高，但由于其储层物性好，孔隙平均喉道半径大，因此在界面能作用下容易使油气聚集在砂体中，形成大片岩性油藏。

压势能是油气侧向运移的主要因素，在压势能作用下，油气主要向水动力减弱的边缘地带低动能处运移，盆地边缘的超覆和剥蚀地貌是地层油气藏分布发育的最有利部位。

(3) 流体势能控油气模式与类型

根据流体势能组成的4个方面及其控藏特点分析，油气藏形成是在多动力作用下进行的低势区控藏过程，因此，流体势能控油气成藏的基本模式由4个方面组成。在浮力作用下，由盆地深部向浅部，埋藏深度变浅，流体由高位能向低位能处运移，在构造高点处的相对低位能处聚集成藏，形成构造油气藏。在毛细管压力作用下，油气在具高界面能的泥岩中生成后，顺着孔喉半径增大的低界面能处运移，形成岩性油气藏。在流体压力作用下，流体沿着流体压力降低方向运移，适当条件下在断层两侧形成断块油气藏，或者断层破坏原生油气藏，形成其他部位次生油气藏。在水动力作用下，盆地内流体，首先是水沿着水流动速度变慢方向运移，由盆地凹陷处向边缘，由浅部向深部，盆地水的流动速度逐渐降低，在水流速度变缓慢或停滞的地方，形成地层油气藏。

油气运聚成藏是在多动力耦合控制下形成的，且具有低势区控藏的特点。实际地质条件下，由于构造演化和沉积演化的差异性，油气藏形成和分布十分复杂。不同类型油气藏在盆地中的分布位置不同，同一构造带又有不同油气藏类型的组合。中央隆起带是深部异常高压泄压的部位，发育大量的断块油气藏；盆地边缘部位，是低位能、低动能发育区，发育地层油气藏。

第四节　连续型油气聚集机理及分布规律

非常规油气具有连续型聚集特征，目前对于成熟探区来说，主要勘探开发集中于致密油气，这里以致密油气聚集机理和分布规律进行阐述。

一、连续型油气成藏机理

连续型油气聚集机理与常规油气有明显区别，主要表现在油气运聚动力和阻力、渗流

机理、聚集机制等方面。这里重点讨论运聚力学条件和油气充注孔喉下限。

1. 运聚动力和阻力

（1）浮力作用无法实现连续型油气有效聚集

连续型油气单凭浮力无法实现有效运聚。传统石油地质学认为，石油二次运移的主要动力为连续油柱在地层水中产生的浮力和地层水流动产生的水动力。在这几种力（或以一种力为主）的作用下，石油在储层内发生运移、聚集。对于常规储层，这几种力足以驱使石油发生运移。但在以纳米级孔喉占储集空间主体的致密储层中，由于孔喉尺寸过小，其产生的毛细管阻力大，单凭浮力和水动力无法使石油突破喉道进行运移。

通常致密储层油气运聚阻力较大，平缓地层中油气柱高度产生的浮力无法克服毛细管阻力，实现油气有效运聚。这里以鄂尔多斯盆地三叠系延长组长6致密砂岩为例，进行论述。

基于长6油层组28件砂岩样品的压汞数据及原油、地层水分析测试数据，对浮力和毛细管压力进行了定量评价，计算了浮力作用条件下的临界油柱高度：

$$H_e = 2\sigma(n-1)/[(\rho_w - \rho_o)gR_c] \quad (5-4)$$

式中：H_e 为临界油柱高度，m；ρ_w 为储层条件下地层水密度，g/cm^3；ρ_o 为储层条件下地层油密度，g/cm^3；σ 为储层条件下油水界面张力，一般为0.021N/m；R_c 为储层粗孔喉半径，μm；g 为重力加速度，N/m^2；n 为储层粗细孔喉半径之比，无量纲。

从图5-71可以看出，陕北地区储层孔喉非均质性较强，粗细孔喉半径之比介于3.5~30之间，平均为11.0；临界油柱高度介于40~850m之间，平均为140m，远大于长6油层组砂体厚度与累计油层厚度。对于“连续型”致密油来说，浮力不足以克服强大的毛细管阻力，无法发生大规模二次运移，油气主要以小规模连续油相运移为主，运移距离短。

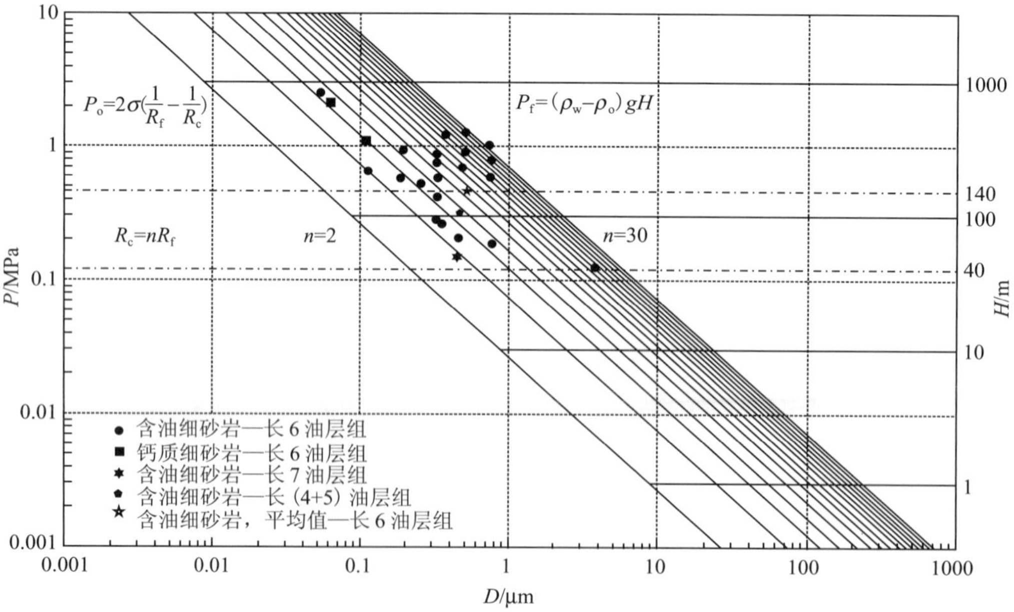

图5-71 陕北地区长6油层组孔喉半径（D）、毛管压力（P）与连续油柱高度（H）散点图

R_f—储层细孔喉半径；P_f—油、水浮力差；P_o—储层粗、细孔喉毛细管力差；其他符号意义见正文文字

(2) 不同运聚阶段动力和阻力分析

按照运移方式和类型，油气运移可分为源内滞留、初次运移、二次运移3种。以往通常把源内运移作为初次运移的组成部分。源内滞留形成的油气聚集包括泥页岩油、页岩气、油页岩等。初次运移形成的油气聚集，主要是各种与烃源岩直接接触的连续型油气聚集，如致密砂岩油气、致密灰岩油气等。二次运移形成的油气聚集，是指离烃源岩相对较远的油气聚集，如致密油气的油（气）水过渡带以及各种常规油气藏，如岩性地层油气藏、水动力油气藏和构造油气藏。这些不同类型的油气聚集，其运聚动力和机理明显不同（表5－10）。

表5－10　非常规油气不同运聚阶段的动力和阻力

类型	作用力类型	油气运移类型			成因
		源内滞留	初次运移	二次运移	
运移动力	正常压实剩余压力		＋＋		正常埋藏压实
	异常压力		＋＋	＋＋	源储压差
	构造应力		＋	＋＋	挤压应力
	渗透作用力		＋＋	＋＋	盐度差
	扩散作用力	＋＋＋＋＋	＋＋＋	＋＋＋	浓度差
	毛细管压力差	＋	＋＋＋＋＋	＋＋＋＋	毛细管相互作用
	生烃增压	＋＋＋＋＋	＋＋＋＋＋	＋＋＋＋＋	生烃膨胀作用
	水动力			＋	压实、重力、水动力等
运移阻力	分子间吸附力	＋＋	＋＋＋＋＋	＋＋＋＋＋	分子吸附作用
	毛细管阻力	＋	＋＋＋＋＋	＋＋＋＋＋	毛细管作用

源内滞留形成的油气聚集，其运移动力主要是生烃增压和扩散作用力，运聚方式为差异生烃超压驱动、滞胀－扩散聚集（李明诚，1998）。不同孔喉介质，其运移方式有一定差异，微米级孔喉以体积流方式运聚，纳米级以扩散流运聚为主。如四川盆地上三叠统须家河组一、三、五段为烃源岩发育层段，主要为Ⅲ型干酪根，川中地区须家河组 *TOC* 为0.5%～6%，R_o 为0.9%～1.4%，平均孔隙度<4%，孔喉直径为0.005～0.1μm，烃源岩生成的气一部分排出，聚集在与烃源岩相邻的须家河组二、四、六段砂体中，一部分以游离和吸附形式滞留在烃源岩内部，以超压驱动、滞胀－扩散方式赋存于有机质自身孔缝和泥页岩无机组分的孔缝中。

初次运移形成的油气聚集，其运移动力主要是生烃增压和毛细管压力差，运聚阻力是分子间吸着力和毛细管阻力。初次运移、近源聚集，形成连续型油气聚集，最典型的是北美艾伯塔盆地致密砂岩气。四川盆地上三叠统须家河组，二、四、六段砂岩层段与一、三、五段烃源岩纵向上间互分布，呈“三明治”结构，烃源岩中生成的油气，发生初次运移，进入砂体中，在持续不断的生烃膨胀力作用下，生成的气不断排出烃源岩，向砂体中持续推进。进入砂体以后，开始了二次运移阶段，砂体含气范围和气柱高度越来越大。

(3) 生烃增压是连续型油气的主要运聚动力

Swarbrick早在1998年就通过研究提出，当干酪根体积含量为10%的烃源岩大量生烃时，干酪根消耗一半即可产生10MPa的异常高压。张文正等（2006）通过对长7烃源岩的研究发现，源岩生成的原油可占岩石体积的8% ~18.7%。产生高异常压力的原因在于，干酪根生成烃类后，体积会急剧增加。以碳数为20的干酪根生成碳数为5的戊烷为例，1mol的这种干酪根，可生成2mol的戊烷以及1mol的残余干酪根，体积增大了25.4%。

生烃增压产生的异常高压还与烃源岩的围岩性质有关。当围岩为物性较好的储层或疏导层时，异常高压产生之后，很快通过压力传导将生成的烃类向外部疏导层运移，压力也就快速递减。当围岩为像四川盆地侏罗系这类致密的储层时，压力向外传导缓慢，导致异常高压，异常压力高到一定值之后，烃类必将在异常高压的作用下向致密储层注入，异常高压也随之释放。

（4）毛细管压力差是从源岩到储层初次运移的重要动力

源岩与储层界面处，因粒度变化产生的毛细管压力差也是主要的运聚动力之一。烃源岩与致密砂岩一般呈镶嵌接触，烃源岩一侧孔喉曲率半径较小，所产生的毛细管力较大，而砂岩一侧孔喉曲率半径较大，所产生的毛细管力较小，两侧的毛细管压力差指向砂岩，将烃源岩生成的油气以游离相的形式挤入致密砂岩中，毛细管压力差计算公式如下：

$$P_c = 2\sigma\left(\frac{1}{r_{泥}} - \frac{1}{r_{砂}}\right) \tag{5-5}$$

式中：P_c 为毛细管压力差，Pa；σ 为界面张力，N/m；$r_{泥}$ 为泥岩孔喉半径，μm；$r_{砂}$ 为砂岩孔喉半径，μm。

由上述分析可知，要明确泥岩与砂岩接触带的游离相油所受到的实际毛细管压力差，需要明确地质条件下的3个参数——油水的界面张力 σ、泥岩的毛细管半径 $r_{泥}$ 与砂岩的毛细管半径 $r_{砂}$。假设在地下2000m深度时泥岩大量成熟，此时油与水界面处张力大约为0.0145N/m；关于泥岩孔隙半径至今没有一个统一看法，多数学者认为其在2000m深度时，孔隙半径大约为2.5 ~5nm；关于砂岩的颗粒半径可以参考Pettijohn（1949）对不同粒级沉积物的分类标准，假设砂岩孔隙半径为0.1mm；根据式（5-5），计算可得毛细管压力差为5.79MPa。

对处于泥岩与砂岩接触带的游离相油来说，将会受到几个兆帕的毛细管压力差的作用，即几十个大气压的作用，力的方向由泥岩指向砂岩，可以克服水对油的黏滞力和吸附力等阻力。油在毛细管压力差的作用下试图进入砂岩孔隙中，这样将会占据砂岩中与油体积相应大小的孔隙空间。当有一体积的油进入砂岩时，必然会有相应一体积的水进入相邻地层中。一般来说，泥岩与砂岩是水湿，水在泥岩与砂岩接触带两侧的流体势基本相等。游离相油在毛细管压力差的作用下进入砂岩中，必然会对水产生力的作用。随着油不断进入砂岩，相应砂岩中孔隙水不断排出，使得砂岩中聚集的油量越来越多，含油饱和度越来越高，而砂岩中的水相应减少，直到达到束缚水饱和度为止，此时水呈似固结状态，不再与油发生替换。

2. 油气充注孔喉直径下限

储层孔隙度大小决定油气储量规模，储层孔喉大小决定油气聚集类型。初步研究认为，页岩气一个甲烷分子进出储层的最小孔喉直径是5nm，致密砂岩油一个油分子的最小孔喉直径是50nm。当砂岩孔喉 <1μm 时，为致密油气聚集；当砂岩孔喉 >1μm 时，为常规砂岩油气聚集；当缝洞碳酸盐岩孔喉 >100μm 时，油气以管流为主。

连续型油气有效充注的孔喉下限是运聚机理研究的一个重要参数。长期以来，对低渗透—致密储层油气聚集下限的取值，众说纷纭。这里简要介绍致密油气充注的有效孔喉半径下限，一方面基于实测数据计算求取，另一方面通过环境扫描电镜实验测定。

根据实测束缚水饱和度、岩石比表面积和岩石密度等数据，计算束缚水膜厚度，再加上原油运移的分子集合体的粒径。原油族组分包括饱和烃、芳香烃、非烃、沥青质，沥青质分子粒径最大，为 4nm，这里取沥青分子作为原油运移的最大分子粒径，按照下列原理和公式进行计算：

$$\text{理论计算最小孔径} = \text{束缚水膜厚度} + \text{原油粒径} \quad (5-6)$$

$$D = 7142\varphi S_{wr}/(A\rho_r) \quad (5-7)$$

式中：D 为束缚水膜厚度，nm；φ 为储层孔隙度，%；S_{wr} 为束缚水饱和度，%；A 为岩石比表面积，m^2/g；ρ_r 为岩石密度，g/cm^3。

根据各项实测参数，理论计算出鄂尔多斯盆地长 6 段致密砂岩油有效充注孔喉直径下限为 50nm 左右。致密油充注的孔喉下限，在不同地区、不同原油品质和不同储层界面物理性质的情况下，孔喉下限会有所不同。

应用环境扫描电镜与能谱仪联测实验方法，可测定致密砂岩油充注孔喉半径下限。选取一个逐渐由粗变细的喉道，由粗到细对喉道内点进行能谱观测，据其碳含量判别喉道内是否存在烃类，并测定相应的孔喉直径，采用逼近法明确石油聚集的孔喉直径下限值。应用该方法实测四川盆地侏罗系公 22 井沙溪庙组石油充注孔喉直径下限值为 44 ~ 58nm。

若在石油运移过程中只考虑毛细管阻力，按照上述计算浮力对应充注孔喉直径下限的方法计算，当湖相烃源岩质量较好时，生烃增压产生的异常高压可达 54MPa，可使石油注入直径仅为 9. 2nm 的孔喉；若假设生烃增压产生 20MPa 的异常高压，仍能使石油突破直径 23nm 的孔喉。

3. 油气持续充注

持续充注是连续型油气聚集过程的重要特征之一。多数连续型油气聚集区，发育有煤系烃源岩，而煤系烃源岩具有全天候持续生烃的特征（图 5 - 72），如鄂尔多斯上古生界海陆交互相煤系烃源岩、四川盆地须家河组煤系烃源岩均具有连续生烃的特征。不仅煤系连续生烃，非煤系烃源岩也具有生烃过程连续的特点，如海相或湖相泥岩，在成熟阶段生油，在高成熟至过成熟阶段油裂解成气。王云鹏等（2008）所做的排烃模拟实验研究结

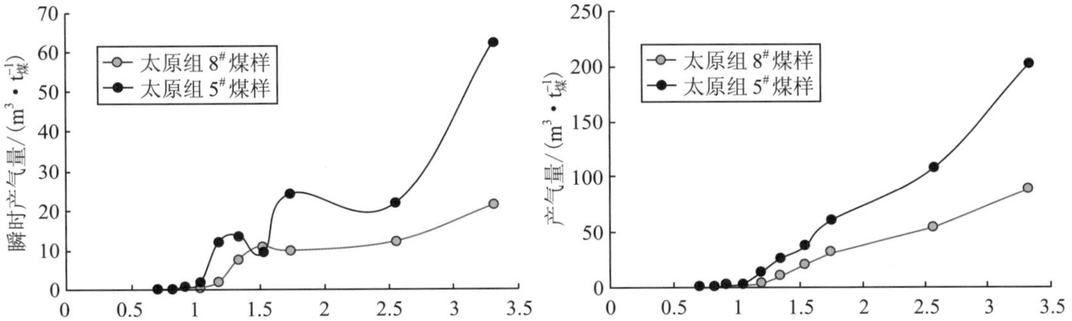

图 5 - 72　鄂尔多斯盆地上古生界主要煤层热演化过程瞬时产气和累积产气曲线

果表明，海相泥岩残留烃在 R_o 为 1.0% 时达到高峰，然后逐渐降低；而煤中残留烃在 R_o 为 1.0% 时达到高峰后便基本保持稳定。煤吸附能力比海相泥岩强，其残留烃量也比海相泥岩大。成熟作用对于煤和海相泥岩残留烃都有很大影响。高—过成熟阶段，海相地层中烃类构成以油藏或输导层中原油裂解气为主，源岩中残余液态烃也有一定贡献；而煤在排烃结束以后，煤中分散液态烃对裂解气的贡献更大。煤中残留烃主要是早期形成的烃类由于排烃效率不高而聚集，而海相残留烃基本上随着残余生烃潜力的降低而降低。烃源岩在不同生烃阶段，都有不同类型、不同流体相态的烃类生成。

烃源岩连续生烃保证了油气聚集过程持续。煤系烃源岩生气时限长，R_o 值为 0.6% ~ 6.0%，是典型的生烃过程连续的烃源岩。连续生烃为持续聚集提供了物质基础和前提。页岩油气、煤层气、来自煤系的致密砂岩气等具有明显的"连续性"聚集过程。

二、连续型油气分布规律

非常规油气资源平面上呈大面积连续型或准连续型聚集，主要分布于盆地中心、斜坡等负向构造单元。连续型油气聚集是非常规油气的主要聚集模式，包括源储一体型和源储接触型两种类型，其中源储一体型非常规油气包括页岩油气、油页岩和煤层气，源储接触型非常规油气包括各种致密砂岩油、致密灰岩油和致密砂岩气，油气在源内滞留或近源聚集，在源储共生层系中呈大面积连续型分布。

不同运聚模式形成的连续型油气聚集，分布有较大差异。源储一体型油气，如烃源岩内的泥页岩油气、煤层气，主要分布于盆地中心或斜坡富有机质发育层段。源储接触型油气聚集主要分布于与烃源岩直接接触的湖盆中心或斜坡部位的砂岩或灰岩等致密储层中。

1. 源储一体型油气

源储一体型油气包括页岩油气、油页岩和煤层气。

（1）页岩气

页岩气在全球分布广泛。在地区和层系分布上，北美地区约在 50 个富有机质页岩区带中证实存在页岩气资源，Antrim、Barnett、Eagle Ford、Fayetteville、Haynesville、Horn River、Marcellus、Montney、Woodford 共 9 个页岩气区带实现了规模开发，页岩气产层包括中—上泥盆统、密西西比系（石炭系）、三叠系、侏罗系和白垩系页岩。北美以外地区已有 20 余个国家正在进行页岩气资源的前期评价和勘探开发先导试验，中国、英国、印度、新西兰等国已发现了页岩气。在盆地类型和沉积相带的分布上，富有机质页岩在海相、海陆过渡相和陆相均有分布，海相富有机质页岩主要形成于克拉通内坳陷或边缘半深水—深水陆棚相，过渡相富有机质页岩形成于克拉通边缘沼泽相，煤系富有机质页岩主要形成于前陆盆地湖沼相，湖相富有机质页岩形成于裂谷盆地断（坳）陷和大型陆内坳陷盆地的半深湖—深湖相。

（2）页岩油

页岩油主要分布于构造比较稳定、低等生物发育、经历最大埋深比较适中的富有机质泥质岩发育区。目前发现的主要是生油岩或泥质岩的裂缝型油，真正基质孔为主的页岩油工业开采还没有取得实质性突破。伴随致密油的快速发展，页岩油的发展也展现出好苗头，如 South Texas 盆地 Eagle Ford 页岩层系凝析油、Williston 盆地 Bakken 页岩层系轻质油、鄂尔多斯盆地延长组7段页岩层系轻质油等。美国页岩油赋存于半深水—深水陆棚相富有机质页岩中，主要分布在白垩系和泥盆系。中国页岩油主要存在于盆地坳陷、斜坡区湖相富有机质页岩中，广泛分布于鄂尔多斯盆地三叠系、准噶尔盆地二叠系、四川盆地侏罗系、渤海湾盆地古近系、松辽盆地白垩系等层系中，具有广阔的资源前景。

（3）煤层气

煤层气分布主要受煤层发育带控制，北美、澳大利亚和亚洲等区域均有分布。国内外研究显示，在大的区域背景下，煤层气具有向斜分布特征，向斜核部煤层含气量较高，呈现出盆地边缘往盆地中心含气量增加的特征。在层系分布上，煤层气主要分布于石炭纪以来的沉积地层中，主要包括石炭系—二叠系、三叠系—侏罗系、白垩系—古近系；受煤层区域分布和埋深控制，目前发现的煤层气主要分布于美国的圣胡安盆地、粉河盆地和黑勇士盆地，加拿大的西加拿大前陆盆地，澳大利亚的悉尼盆地、鲍恩盆地和苏拉特盆地。中国煤层气资源主要分布于鄂尔多斯、沁水、准噶尔等盆地。

（4）油页岩

油页岩主要分布于埋藏较浅、低等生物发育、成熟度低的富有机质泥质岩发育区。油页岩资源为盆地坳陷、斜坡区的未成熟页岩。全球油页岩资源主要分布于美国、中国、俄罗斯、刚果、巴西、意大利、摩洛哥7个国家，其中美国油页岩油资源量最大。中国有丰富的油页岩资源，主要分布于松辽、鄂尔多斯、准噶尔、羌塘等盆地中，占全国油页岩油总资源量的90%左右。

2. 源储接触型油气

源储接触型非常规油气包括各种致密砂岩油、致密灰岩油和致密砂岩气，是较现实的勘探开发领域，在中国多个盆地均有分布。

（1）致密油

致密油分布和富集主要受控于烃源岩的有机质类型和成熟度，有利区主要分布于有机质类型较好（Ⅰ型或Ⅱ型干酪根）、埋深适中、成熟度适中（R_o=0.7%～1.3%）的烃源岩发育区。从构造背景和源储关系来看，致密油主要分布于盆地坳陷、斜坡处与富有机质生油岩大面积紧密接触的致密砂岩、致密灰岩中。美国已在Williston、Gulf Coast、Fort Worth等近20个盆地发现了Bakken、Eagle Ford、Barnett、Woodford和Marcellus等多套致密砂岩、灰岩油产层。中国致密油具有陆相地层分布范围广、勘探层系多、资源规模大的特点，目前已在鄂尔多斯盆地三叠系延长组、四川盆地侏罗系、准噶尔盆地二叠系等获得工业性发现，渤海湾盆地沙河街组、松辽盆地青山口组、三塘湖盆地二叠系芦草沟组、吐哈盆地侏罗系、酒泉盆地白垩系等也有良好资源前景。

（2）致密气

致密气与致密油分布和富集的差异性，主要取决于烃源岩的有机质类型和成熟度不同，致密气的烃源岩通常是煤系源岩或高—过成熟腐泥型烃源岩。致密气有利区主要分布于腐殖型母质（$Ⅱ_2$型或Ⅲ型干酪根）、埋深和地温较高、成熟—过成熟的烃源岩发育区。从构造背景和源储关系看，致密气主要分布于盆地坳陷、斜坡，与煤系地层大面积紧密接触的致密砂岩中。致密气开发利用发现较早，美国圣胡安盆地布兰科气田、加拿大艾伯塔盆地西部埃尔姆沃斯致密气田都非常著名，目前美国已在23个盆地中发现了大约900个致密砂岩气田。中国致密砂岩气发展很快，目前已经形成鄂尔多斯上古生界、四川盆地须家河组两大现实致密气区，在松辽盆地登娄库组、吐哈盆地水西沟群、准噶尔盆地八道湾组、塔里木盆地库车东部侏罗系及西部深层巴什基奇克组也获得了新发现。

第五节　深层油气成藏新认识

中国陆上深层碳酸盐岩、碎屑岩、火山岩和变质岩均具备大面积、低丰度、规模聚集成藏条件。

一、深层碳酸盐岩可大面积成藏

受古老海相烃源岩晚期规模生烃与规模运移，顺层、层间岩溶和热液溶蚀、白云石化作用多期次叠加改造，古隆起围斜区及台缘带广泛发育地层、岩性圈闭群，断裂与不整合构成的油气空间运移网络4要素综合影响，碳酸盐岩中形成的油气藏以岩性-地层型为主，集群式分布，储量丰度不高，但规模较大。统计中国碳酸盐岩已发现的128个油藏和123个气藏可见，岩性、地层油气藏占83.6%，油藏储量丰度一般为$10\times10^4\sim70\times10^4t/km^2$；气藏储量丰度多分布在$1\times10^8\sim6\times10^8m^3/km^2$之间，以中、低丰度为主（图5-73）。但众多油气藏组成的油气藏群油气分布范围很广，储量规模相当大。如塔里木盆地塔北地区深层奥陶系岩溶储层勘探，现今发现的含油气面积近$1.5\times10^4km^2$，塔河油田已探明油气地质储量11.7×10^8t油当量，哈拉哈塘地区形成了5×10^8t的规模储量区；塔中地区北斜坡$5000km^2$的范围已经形成连片含油气的局面，目前已形成近10×10^8t油当量的规模储量区。

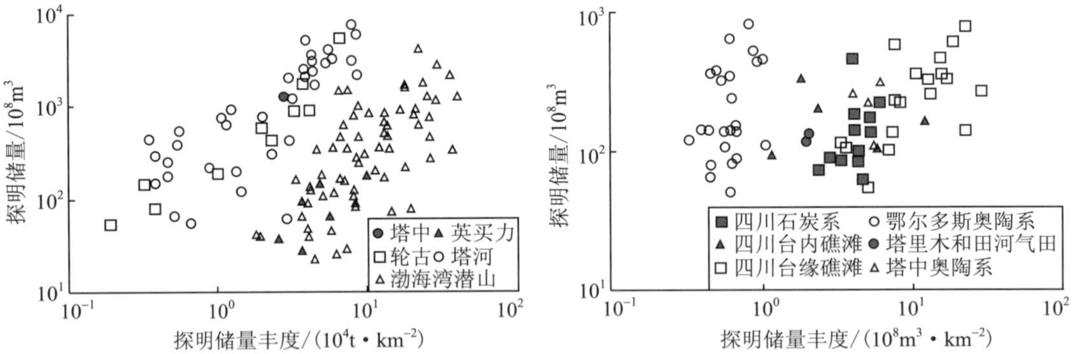

图5-73　碳酸盐岩油气藏储量与储量丰度关系

二、深层碎屑岩具有大面积成藏条件

1. 受构造背景控制油气大范围成藏

构造背景控制油气大范围成藏有两种情况。一是克拉通古隆起控制超深层碎屑岩大面积成藏，如塔里木盆地海相碎屑岩发育规模有效砂体，砂体分布和优质储盖组合是寻找岩性地层油气藏的地质基础；古隆起斜坡或晚期鼻状构造控制了油气运移指向，有利于油气藏聚集；断裂或不整合面疏导体发育，有效沟通烃源岩，长距离运移，如塔里木盆地台盆

区碎屑岩，发育两种成藏模式，即原生型和调整型。原生型受早期古地貌和古环境控制；调整型受晚期构造调整后的斜坡带与砂体叠合区控制，可形成构造、岩性和复合型等多种类型油气藏。二是前陆冲断带大型构造带控制油气大范围成藏。前陆超深层“烃源、储层、盖层、大构造”四位一体，有利于形成构造型大气区，如库车前陆超深层具有有利的生－储－盖条件，生气强度为 $30\times10^{8}\sim150\times10^{8}m^{3}/km^{2}$，膏盐厚度为500～2000m，储层厚度为60～180m，已形成万亿立方米大气区。

2. 以煤系为源岩的超深层碎屑岩具备大面积成藏条件

煤系地层以大面积致密气为主，局部构造富集高产。如塔里木盆地库车构造型大气区，具有有利储层要素时空配置，巨厚盐岩层稳定分布形成好盖层，巨厚砂岩稳定分布构成厚储层，圈闭成排成带发育形成大的构造圈闭群，巨厚优质烃源岩晚期深埋发生强充注，与构造带形成完全匹配，有利于晚期成藏。这些成藏条件的有利时空配置，造就了塔里木盆地库车构造型大气区。

3. 以古近系、J/T 煤系泥岩为盖层，超深层碎屑岩发育 3 套成藏组合

超深层碎屑岩发育 3 套成藏组合，即上部成藏组合、中部成藏组合和下部成藏组合，其中，超深层碎屑岩中、下组合是未来主要的勘探方向。如四川盆地西部、准噶尔盆地南缘、塔里木盆地库车等地均发育 3 套成藏组合，中、下成藏组合的资源潜力和运聚条件更为有利（图 5－74），是未来勘探突破的重点。

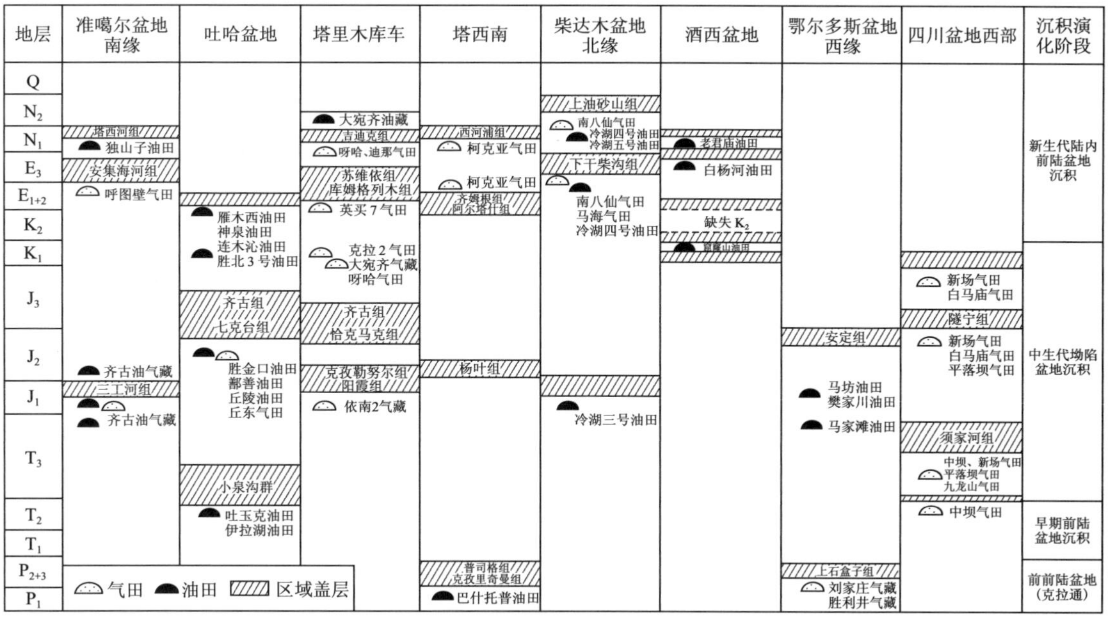

图 5－74　中国陆上主要盆地成藏组合

三、深层火山岩具备成藏条件

中国含油气盆地内，发育于裂谷环境中的火山岩与邻近断陷内的烃源岩形成良好的生储组合，火山岩具有近源成藏的特点。火山岩沿断裂带分布，断裂形成裂缝改善了火山岩储层，同时为烃源岩生成油气纵向运移提供了运移通道，围绕烃源岩附近的火山岩有利储层中近源成藏。火山岩在松辽盆地、四川盆地、塔里木盆地及新疆北部石炭系均具有超深层油气成藏和富集地质条件。

主要参考文献

白国平．2006. 世界碳酸盐岩大油气田分布特征．古地理学报，8（2）：241～250.

蔡希源，刘传虎．2005. 准噶尔盆地腹部地区油气成藏的主控因素．石油学报，26（5）：1～9.

操应长，邱隆伟．2000. 济阳坳陷下第三系火成岩储集层的控制因素．石油勘探与开发，27（5）：44～46.

曹剑，胡文瑄，张义杰，等．2006. 准噶尔盆地油气沿不整合运移的主控因素分析．沉积学报，24（3）：399～406.

查明，陈中红，张年富，等．2003. 准噶尔盆地陆梁地区水化学特征与油气运聚．地质科学，38（3）：315～322.

陈博，朱永峰，魏少妮，等．2008. 西准噶尔克拉玛依蛇绿混杂岩中的石榴角闪岩．岩石学报．24（5）：1034～1040.

陈广军，宋国奇．2003. 低幅度构造地震解释探讨．石油物探，42（3）：395～398.

陈新发，杨学文，薛新克，等．2014. 准噶尔盆地西北缘复式油气成藏理论与精细勘探实践．北京：石油工业出版社．

陈学时，易万霞，卢文忠．2004. 中国油气田古岩溶与油气储层．沉积学报，22（2）：244～253.

陈中红，查明．2006. 准噶尔盆地陆梁地区复式油气成藏系统初探．地质科学，41（3）：455～464.

程裕淇，等．1963. 变质岩的一些基本问题和工作方法．北京：中国工业出版社．

崔会英，张莉，魏国齐，等．2008. 四川盆地威远—资阳地区震旦系储层沥青特征及意义．石油实验地质，30（5）：489～495.

戴金星，王庭斌，宋岩等．1997. 中国大中型天然气田形成条件与分析规律．北京：地质出版社：81～100.

单俊峰．2008. 变质岩古潜山内幕油藏成藏因素及勘探技术．特种油气藏，15（5）：20～23.

邓宏文，王洪亮．1996. 层序地层地层基准面的识别、对比技术及应用．石油与天然气地质，17（3）：177～184.

董云鹏，查显峰，付明庆，等．2008. 秦岭南缘大巴山褶皱－冲断推覆构造的特征．地质通报，27（9）：1493～1508.

杜金虎，等．2010a. 松辽盆地中生界火山岩天然气勘探．北京：石油工业出版社．

杜金虎，等．2010b. 新疆北部石炭系火山岩油气勘探．北京：石油工业出版社．

杜金虎，周新源，李启明，等．2011. 塔里木盆地碳酸盐岩大油气区特征与主控因．石油勘探与开发，38（6）：652～661.

杜尚明．1996. 威远构造与震旦系油气勘探．勘探家，1（2）：46～47.

冯子辉，邵红梅，童英．2008. 松辽盆地庆深气田深层火山岩储集层控制因素研究．地质学报，82（6）：760～768.

付崇清．2007. 辽河油田变质岩潜山测井综合评价．大庆石油地质与开发，26（5）：138～143.

付广，薛永超，付晓飞．2001. 油气运移输导系统及其对成藏的控制．新疆石油地质，22（1）：24～26.

傅强，游瑜春，吴征．2003. 曹台变质岩潜山裂缝系统形成的构造期次．石油勘探与开发，30（5）：18～20.

高世臣，郑丽辉，邢玉忠．2008. 辽河盆地太古界变质岩油气储层特征．石油天然气学报，30（2）：1～4.

顾家裕．1999. 塔里木盆地轮南地区下奥陶统碳酸盐岩岩溶储层特征及形成模式．古地理学报，1（1）：54～60.

顾家裕，周兴熙．2001. 塔里木盆地轮南潜山岩溶及油气分布规律．北京：石油工业出版社：1～268.

顾忆，邵志兵，陈强路，等．2007. 塔河油田油气运移与聚集规律．石油实验地质，29（3）：224～237.

管守锐，赵徵林．1989. 岩浆岩及变质岩简明教程．北京：石油大学出版社．

郭秀文，许宁．2001. 不同类型油藏产量预测方法优选．河南石油，15（3）：20～22.

郭元岭，高磊，赵乐强，等．2001a. 济阳坳陷石油勘探效果分析．河南石油，15（3）：15～17.

郭元岭，宗国洪，赵乐强，等．2001b. 济阳坳陷探明石油地质储量特点分析．石油勘探与开发．28（3）：33～36.

郭元岭，蒋有录，赵乐强，等．2007. 成熟探区油气勘探资源接替战略方法研究．石油学报，28（1）：20～26.

郭占谦．2001. 成矿热液与石油生成．新疆石油地质，22（3）：181～184.

郭占谦．2003. 火山活动与油气资源．新疆石油地质，24（2）：176～179.

韩剑发，于红枫，张海祖，等．2008. 塔中地区北部斜坡带下奥陶统碳酸盐岩风化壳油气富集特征．石油与天然气地质，29（2）：167～173.

郝芳，邹华耀，姜建群．2000. 油气成藏动力学及其研究进展．地学前缘，7（3）：11～21.

何登发，翟光明，况军，等．2005. 准噶尔盆地古隆起的分布与基本特征．地质科学，40（2）：248～262.
何登发，陈新发，况军，等．2008a. 准噶尔盆地车排子－莫索湾古隆起的形成演化与成因机制．地学前缘，15（4）：42～55.
何登发，李德生，童晓光，等．2008b. 多期叠加盆地古隆起控油规律．石油学报，29（4）：475～488.
贺同兴，卢良兆，李树勋，等．1988. 变质岩石学．北京：地质出版社．
洪太元，蔡希源，何治亮，等．2007. 准噶尔盆地腹部白垩系底部不整合的控油作用．新疆地质，25（1）：87～91.
侯连华，林承焰，王京红，等．2003. 含油层早期产能预测方法．中国石油大学学报（自然科学版），27（1）：11～13.
侯连华，王京红，匡立春，等．2009a. 准噶尔盆地车莫古隆起内物源沉积体系探讨及勘探意义——以白垩系清水河组一段为例．地学前缘，16（6）：337～348.
侯连华，邹才能，匡立春，等．2009b. 老油气区精细勘探潜力与方法技术．石油与天然气地质．30（1）：108～115.
侯连华，邹才能，匡立春，等．2009c. 准噶尔盆地西北缘克－百断裂带石炭系油气成藏控制因素新认识．石油学报，30（4）：513～517.
侯连华，王京红，邹才能，等．2011. 火山岩风化体储层控制因素研究——以三塘湖盆地石炭系卡拉岗组为例．地质学报，85（4）：557～568.
侯连华，邹才能，刘磊，等．2012. 新疆北部石炭系火山岩风化壳油气地质条件．石油学报，33（4），533～540.
胡素云，蔚远江，董大忠，等．2006. 准噶尔盆地腹部断裂活动对油气聚集的控制作用．石油学报，27（1）：1～7.
刘刚，张义杰，姜林．2014. 准噶尔盆地腹部陆梁油田侏罗系—白垩系成藏模拟研究．地质科学，49（4）：1314～1326.
刘朝霞，夏斌．2007. 济阳坳陷新生代构造演化特征与油气成藏组合模式．天然气地球科学，18（2）：209～214.
黄文明，刘树根，马文辛，等．2011a. 深层海相碳酸盐岩优质储层的形成、保存和破坏机制——以四川盆地震旦系—志留系为例．地质科学，46（3）：875～895.
黄文明，刘树根，徐国盛，等．2011b. 四川盆地东南缘震旦系—古生界古油藏特征．地质论评，57（2）：285～299.
贾承造，赵文智，邹才能，等．2007. 岩性地层油气藏地质理论与勘探技术．石油勘探与开发，34（3）：257～272.
金爱民，高兴友，楼章华，等．2006. 准噶尔盆地玛湖－盆1井西复合含油气系统侏罗系地下水动力场的形成与演化．地质科学，41（4）：549～563.
金之钧．1995. 五种基本油气藏规模概率分布模型比较研究及其意义，16（3）：6～12.
金之钧．2005. 中国海相碳酸盐岩层系油气勘探特殊性问题．地学前缘，12（3）：15～22.
金之钧，庞雄奇，吕修祥．1998. 中国海相碳酸盐岩层系油气勘探．勘探家，3（4）：66～68.
靳军，刘洛夫，余兴云，等．2008. 陆东—五彩湾地区石炭系火山岩气藏勘探进展．天然气工业，28（5）：21～23.
康玉柱．2007. 新疆油气资源的开发前景分析．石油学报，28（4）：11～15.
康志江，李江龙，张冬丽，等．2005. 塔河缝洞型碳酸盐岩油藏渗流特征．石油与天然气地质，26（5）：634～673.
匡立春，薛新克，邹才能，等．2007. 火山岩岩性地层油藏成藏条件与富集规律——以准噶尔盆地克－百断裂带上盘石炭系为例．石油勘探与开发，34（3）：285～290.
况军．1994. 准噶尔盆地腹部油气生、运、聚及成藏特征分析．石油勘探与开发，21（2）：7～14.
雷敏，赵志丹，侯青叶，等．2008. 新疆达拉布特蛇绿岩带玄武岩地球化学特征：古亚洲洋与特提斯洋的对比．岩石学报．2008，24（4）：661～672.
李案阳，梁风．2001. 碳酸盐岩红土风化剖面的淋滤试验研究——以贵州遵义和平坝剖面为例．中国岩溶，20（3）：167～173.
李保俊，杨景春，李有利，等．1996. 根据砾石风化圈厚度估算地貌年龄．地理研究，15（1）：11～21.
李超文，郭锋，范蔚茗，等．2007. 延吉地区晚中生代火山岩的 Ar－Ar 年代学格架及其大地构造意义．中国科学 D 辑，37（3）：319～330.
李传亮．2005. 油藏工程原理．北京：石油工业出版社．
李传亮，张学磊．2007. 管流与渗流的统一．新疆石油地质，28（2）：252～253.
李捷．2008. 岩浆岩与变质岩简明教程．北京：石油工业出版社．
李锦轶，何国琦，徐新，等．2006. 新疆北部及邻区地壳构造格架及其形成过程的初步探讨．地质学报，80（1）：148～168.

李劲松，郑晓东，高志勇，等．2009. 高分辨率层序地层学在提高储集层预测精度中的应用．石油勘探与开发，36（4）：448～455.
李军，薛培华，张爱卿，等．2008. 准噶尔盆地西北缘中段石炭系火山岩油藏储层特征及其控制因素．石油学报，29（3）：329～335.
李丕龙，张善文，宋国奇，等．2003. 济阳成熟探区非构造油气藏深化勘探．石油学报，24（5）：10～15.
李平平，邹华耀，郝芳，等．2006. 准噶尔盆地腹部白垩系/侏罗系不整合地层剥蚀厚度的恢复方法．石油学报，27（6）：34～38.
李庆忠．2003. 打破思想禁锢，重新审视生油理论．新疆石油地质，24（1）：75～83.
李石，王彤．1981. 火山岩．北京：地质出版社．
李伟，王瑶，张枝焕，等．2006. 准噶尔盆地腹部侏罗系油气成藏地球化学分析．地质科学，41（4）：663～675.
李溪滨，买光荣，况军，等．1993. 准噶尔盆地腹地石油地质特征与找油领域．石油与天然气地质，14（1）：23～33.
李小地，张永峰．2007. 中美石油生产与消费历史对比研究．北京：地质出版社．
李阳，范智慧．2011. 塔河奥陶系碳酸盐岩油藏缝洞系统发育模式与分布规律．石油学报，32（1）：101～106.
李勇，黎兵．2007. 剥蚀－沉积体系中剥蚀量与沉积通量的定量对比研究——以岷江流域为例．地质学报，81（3）：332～343.
凌文黎，谢先军，柳小明，等．2006. 鲁东中生代标准剖面青山群火山岩锆石 U－Pb 年龄及其构造意义．中国科学 D 辑，36（5）：401～411.
刘传虎．2006. 潜山油气藏概论．北京：石油工业出版社．
刘存革，张钰，吕海涛．2008. 塔河油田中—下奥陶统古岩溶洞穴巨晶方解石成因及演化．地质科技情报，27（4）：33～38.
刘俊田，朱有信，李在光，等．2009. 三塘湖盆地石炭系火山岩油藏特征及主控因素．岩性油气藏，21（3）：23～28
刘磊．2009. 准噶尔盆地车排子地区滚动勘探开发技术．石油勘探与开发，36（5）：569～574.
刘孟慧，赵澄林．1994. 辽东湾下第三系砂体微相和成岩作用研究．石油大学学报，18（1）：1～9.
刘树根，黄文明，陈翠华，等．2008a. 四川盆地震旦系—古生界热液作用及其成藏成矿效应初探．矿物岩石，28（3）：41～50.
刘树根，马永生，孙玮，等．2008b. 四川盆地威远气田和资阳含气区震旦系油气成藏差异性研究．地质学报，82（3）：328～337.
刘希军，许继峰，侯青叶，等．2008. 新疆东准噶尔克拉麦里蛇绿岩地球化学：洋脊俯冲的产物．岩石学报．23（7）：1591～1602.
刘祥，向天元．1997. 中国东北地区新生代火山和火山碎屑堆积物资源与灾害．长春：吉林大学出版社．
刘兴周．2009. 辽河坳陷变质岩潜山内幕油气成藏规律初探，石油地质与工程，23（1）：1～3.
刘毅，刘敏，陈强路．1998. 油气资源的动态预测与经济分析．石油实验地质，20（1）：55～60.
楼章华，朱蓉，云露，等．2009. 塔河油田奥陶系碳酸盐岩缝洞储层油气成藏动力学与油田水体类型．海相油气地质，14（3）：60～64.
路凤香，桑隆康．2002. 岩石学．北京：地质出版社．
吕延防，沙子萱，付晓飞，等．2007. 断层垂向封闭性定量评价方法及其应用．石油学报，28（5）：34～38.
吕媛娥，艾克拜尔・萨迪克，等．2006. 塔河碳酸盐岩岩溶洞缝型油藏水平井开发实践．中国西部油气地质，2（1）：95～100.
马林，张海祥，张伯友，等．2008. 新疆北部库尔提蛇绿岩中角闪片岩的原岩恢复及其成因．岩石学报，24（4）：673～680.
马永生，蔡勋育，赵培荣．2009. 深层、超深层碳酸盐岩油气储层形成机理研究综述．地学前缘，18（4）：181～192.
马永生，蔡勋育，郭旭升，等．2010. 普光气田的发现．中国工程科学，12（10）：14～23.
蒙启安，门广田，赵洪文，等．2002. 松辽盆地中生界火山岩储层特征及对气藏的控制作用．石油与天然气地质，23（3）：285～289.
孟卫工，李晓光，刘宝鸿．2007. 辽河坳陷变质岩古潜山内幕油藏形成主控因素分析．石油与天然气地质，28（5）：584～589.

孟自芳，邓云山，丁兆海，等．1998. 塔里木盆地南缘中—新生代火山岩古地磁新结果．中国科学 D 辑，28（12）：79～89.
米立军．2001. 新构造运动与渤海海域上第三系大型油气田．中国海上油气（地质），15（1）：21～28.
帕尔哈提，邵雨，娄兵．2009. 对准噶尔盆地腹部地区地震成像的地震速度影响分析．石油天然气学报，31（2）：59～62.
潘文庆，管文胜，赵乐元，等．2001. 轮南地区 2001 年石炭系、奥陶系油气勘探目标选择与评价．塔里木油田勘探开发研究院．
潘元林，宗国洪，郭玉新，等．2003. 济阳断陷湖盆层序地层学及砂砾岩油气藏群．石油学报，24（3）：16～24.
彭存仓．2002，新滩地区馆陶组油气成藏规律研究．成都理工学院学报，29（5）：493～498.
彭勇民，宋传春，欧方军，等．2008. 准噶尔盆地腹部地区侏罗系沉积体系展布．新疆石油地质，26（3）：265～269.
钱一雄，陈跃，陈强路，等．2006. 塔中西北部奥陶系碳酸盐岩埋藏溶蚀作用．石油学报，27（3）：47～52.
邱楠生，杨海波，王绪龙．2002. 准噶尔盆地构造－热演化特征．地质科学，37（4）：423～429.
冉隆辉，谢姚祥，戴弹申．2008. 四川盆地东南部寒武系含气前景新认识．天然气工业，38（5）：5～9.
荣元帅，黄咏梅，刘学利．2008. 塔河油田缝洞型油藏单井注水替油技术研究．石油钻探技术，36（4）：57～60.
孙焕泉，周学民，杨勇．2000. 油田储量评估计算探讨．大庆石油地质与开发，19（4）：26～28.
孙善平，李家振，朱勤文，等．1987. 国内外火山碎屑岩的分类命名历史及现状．地球科学，12（6）：571～577.
孙善平，刘永顺，钟蓉，等．2001. 火山碎屑岩分类评述及火山沉积学研究展望．岩石矿物学杂志，20（3）：313～317.
孙玮，刘树根，马永生，等．2007. 四川盆地威远—资阳地区震旦系油裂解气判定及成藏过程定量模拟．地质学报，81（8）：1153～1159.
孙炜，王彦春，李梅，等．2010. 利用叠前地震数据预测火山岩储层裂缝．物探与化探，34（2）：229～232.
孙玉善，韩杰，张丽娟，等．2007. 塔里木盆地塔中地区上奥陶统礁滩体基质次生孔隙成因——以塔中 62 井区为例．石油勘探与开发，34（5）：541～547.
谭明友，张云银，宋传春，等．2004. 准噶尔盆地油气幕式成藏规律探讨．石油勘探与开发，31（1）：28～31.
陶奎元．1994. 火山岩相构造学．南京：江苏科学技术出版社．
陶士振，郭宏莉，张宝民，等．2003. 沉积岩包裹体的岩相学、分类、术语及常被忽略的基本问题．地质科学，38（2）：275～280.
涂兴万．2008. 碳酸盐岩缝洞型油藏单井注水替油开采的成功实践．新疆石油地质，29（6）：735～376.
万天丰．2004. 中国大地构造纲要．北京：地质出版社．
王碧维，陈红汉，宋国奇．2007. 准噶尔盆地腹部地区油气成藏期次划分．新疆石油地质，28（1）：33～35.
王方正，杨海珍，郑建平．2002. 准噶尔盆地陆梁地区基底火山岩的岩石地球化学及其构造环境．岩石学报，18（1）：9～16.
王华芬，屈中英，等．1997. 基岩油藏·王庄变质岩油藏．北京：石油工业出版社．
王剑，付修根，陈文西，等．2008. 北羌塘沃若山地区火山岩年代学及区域地球化学对比——对晚三叠世火山岩－沉积事件的启示．中国科学 D 辑，38（1）：33～43.
王金秀，杨明慧，王东良，等．2009. 准噶尔盆地陆东—五彩湾地区石炭系火山机构类型及其油气勘探．石油天然气学报（江汉石油学院学报），31（5）：27～31.
王京红，靳久强，朱如凯，等．2011a. 新疆北部石炭系火山岩风化壳有效储层特征及分布规律．石油学报，32（5）：757～766.
王京红，邹才能，靳久强，等．2011b. 火成岩储集层裂缝特征及成缝控制因素．石油勘探与开发，38（6）：708～715.
王居峰，邓宏文，蔡希源．2005. 准噶尔盆地中部侏罗系层序地层格架．石油勘探与开发，32（1）：23～26.
王厉强，刘慧卿，甄思广，等．2009. 低渗透储层应力敏感性定量解释研究．石油学报，30（1）：96～98.
王敏芳，焦养泉，任建业，等．2007. 准噶尔盆地侏罗纪沉降特征及其与构造演化的关系．石油学报，28（1）：27～32.
王仁冲，徐怀民，邵雨，等．2008. 准噶尔盆地陆东地区石炭系火山岩储层特征．石油学报，29（3）：350～355.
王先彬．1990. 非生物成因天然气理论的宇宙化学依据．天然气地球科学，1（1）：4～8.

王兴志，黄继祥，侯方浩，等．1996. 四川资阳及邻区震旦系灯影组储层段沉积及层序地层学特征．西南石油学院学报，18（3）：1～9.
王绪龙，刘德光．1995. 准噶尔盆地腹部马桥凸起侏罗系油源分析．新疆石油地质，16（1）：33～37.
王延章，林承焰，温长云．2006. 低幅度构造油藏研究方法．新疆石油地质，27（4）：407～409.
王宜林，姜建衡，张义杰．2001. 准噶尔盆地“九五”油气勘探进展及“十五”勘探方向．新疆石油地质，22（4）：284～286.
王拥军，胡永乐，冉启全，等．2007. 深层火山岩气藏储层裂缝发育程度评价．天然气工业，27（8）：31～34.
王振宇，严威，张云峰，等．2007. 塔中上奥陶统台缘礁滩体储层成岩作用及孔隙演化．新疆地质，25（3）：287～290.
王振宇，李凌，谭秀成，等．2008. 塔里木盆地奥陶系碳酸盐岩古岩溶类型识别．西南石油大学学报，30（5）：11～16.
王宗秀，李涛，周高志，等．博格达山晚石炭纪造山活动的变形地质记录．地学前缘，2003，10（1）：63～69.
魏国齐，焦贵浩，杨威，等．2010. 四川盆地震旦系—下古生界天然气成藏条件与勘探前景．地质勘探，30（12）：5～9.
邬光辉，李启明，张宝收，等．2005. 塔中Ⅰ断裂坡折带构造特征及勘探领域．石油学报，26（1）：27～30.
吴东胜，张玉清，刘少华，等．2006. 塔里木盆地轮古西潜山油气运聚及分布机理．石油学报，27（5）：41～45.
吴富强，鲜学福．2006. 深部储层勘探、研究现状及对策．沉积与特提斯地质，26（2）：68～71.
吴根耀，马力．2003. “盆”“山”耦合和脱耦在含油气盆地分析中的应用．石油实验地质，25（6）：648～660.
吴小齐，刘德良，魏国奇，等．2009. 准噶尔盆地陆东—五彩湾地区石炭系火山岩地球化学特征及其构造背景．岩石学报．25（1）：55～66.
吴晓智，齐雪峰，唐勇，等．2009. 东西准噶尔火山岩成因类型与油气勘探方向．中国石油勘探，1（1）：1～9.
伍友佳，刘达林．2004. 中国变质岩火山岩油气藏类型及特征．西南石油学院学报，26（4）：1～4.
夏日元，唐建生，邹胜章，等．2006. 碳酸盐岩油气田古岩溶研究及其在油气勘探开发中的应用．地球学报，27（5）：503～509.
肖克，李辉，伍友佳，等．2006. 国内火山岩变质岩油藏注水开发适应性研究．内蒙古石油化工，（9）：85～88.
肖文交，Windley B F，阎全人，等．2006. 北疆地区阿尔曼太蛇绿岩锆石 SHRIMP 年龄及其大地构造意义．地质学报，80（1）：32～37.
徐国强，李国蓉，刘树根，等．2005. 塔里木盆地早海西期多期次风化壳岩溶洞穴层．地质学报，79（4）：557～568.
徐世琦．1999. 加里东古隆起震旦－寒武系成藏条件．天然气工业，19（6）：7～10.
徐学义，李向民，马中平，等．2006. 北天山巴音沟蛇绿岩形成于早石炭世：来自辉长岩 LA－ICPMS 锆石 U－Pb 年龄的证据．地质学报，80（8）：1168～1176.
徐永昌，沈平，李玉成．1989. 中国最古老的气藏——四川威远震旦纪气藏．沉积学报，7（4）：3～12.
许海龙，魏国齐，贾承造，等．2012. 乐山－龙女寺古隆起构造演化及对震旦系成藏的控制．石油勘探与开发，39（4）：406～416.
杨海军，邬光辉，韩剑发，等．2007. 塔里木盆地中央隆起带奥陶系碳酸盐岩台缘带油气富集特征．石油学报，28（4）：26～30.
杨海军，朱光有，韩剑发，等．2011. 塔里木盆地塔中礁滩体大油气成藏条件与成藏机制研究．岩石学报，27（6）：1865～1885.
杨华，付金华，魏新善，任军峰．2011. 鄂尔多斯盆地奥陶系海相碳酸盐岩天然气勘探领域．石油学报，32（5）：733～741.
杨立民，邹才能，冉启全．2007. 大港枣园油田火山岩裂缝性储层特征及其控制因素．沉积与特提斯地质，27（1）：86～91.
杨双玲，刘万洙，于世泉，等．2007. 松辽盆地火山岩储层储集空间特征及其成因．吉林大学学报（地球科学版），37（3）：506～512.
杨智，何生，何治亮，等．2008. 准噶尔盆地腹部超压层分布与油气成藏．石油学报，29（2）：199～212.
余淳梅，郑建平，唐勇，等．2004. 准噶尔盆地五彩湾凹陷基底火山岩储集性能及影响因素．地球科学：中国地质大学学报，29（3）：303～306.
袁道先，朱德浩，翁金桃，等．1987. 中国岩溶学．北京：科学出版社．
袁洪林，刘小明，刘勇胜，等．2005. 北京西山中生代火山岩 U－Pb 锆石年代学及地球化学研究．中国科学 D 辑，35（9）：821～836.
翟晓先，云露．2008. 塔里木盆地塔河大型油田地质特征及勘探思路回顾．石油与天然气地质，29（5）：565～573.
张宝民，刘静江，边立曾，等．2009. 礁滩体与建设性成岩作用．地学前缘，16（1）：270～289.
张宝民，刘静江．2009. 中国岩溶储集层分类与特征及相关的理论问题．石油勘探与开发，（1）：12～29.
张刚．1998. 国外大石油公司提高经济效益的经验与做法．世界石油工业，5（10）：1～6.
张光亚，邹才能，朱如凯，等．2010. 我国沉积盆地火山岩油气地质与勘探．中国工程科学，12（5）：30～38.
张洪，罗群，于兴河．2002. 欧北—大湾地区火山岩储层成因机制的研究．地球科学：中国地质大学学报，27（6）：763～766.
张景廉．2001. 论石油的无机成因．北京：石油工业出版社．
张恺．1990. 新疆含油气亚区非生物成因天然气远景地质储量估算及寻找大油气田方向的探讨．石油勘探与开发，7（1）：14～20.
张丽萍，杨达源，朱大奎．2003. 长江三峡黄陵背斜段地质时期结晶岩风化剥蚀速率研究．中国科学 D 辑，33（1）：81～88.
张林，魏国齐，吴世祥，等．2005. 四川盆地震旦系—下古生界沥青产烃潜力及分布特征．石油实验地质，27（3）：276～280.
张旗，周云生．1980. 变质岩成因．北京：科学出版社．
张善文．2004. “跳出框框”是老油区找油的关键．石油勘探与开发，31（1）：12～14.
张善文，王永诗，石砥石，徐怀民．2003. 网毯式油气成藏体系——以济阳坳陷新近系为例．石油勘探与开发，30（1），1～9.
张善文，曾溅辉．2003. 断层对沾化凹陷馆陶组石油运移和聚集影响的模拟实验研究．地球科学：中国地质大学学报，28（2），185～190.
张水昌，梁狄刚，朱光有，等．2007. 中国海相油气形成的地质基础．科学通报，52（增 I）：19～31.
张水昌，张宝民，李本亮，等．2011a. 中国海相盆地跨重大构造期油气成藏历史——以塔里木盆地为例．石油勘探与开发，38（1）：1～15.
张水昌，朱光有，杨海军，等．2011b. 塔里木盆地北部奥陶系油气相态及其成因机制．岩石学报，27（8）：2447～2460.
张霞．1998. 关于用勘探效益指标确定圈闭储量规模经济下限值方法的探讨．勘探家，3（4）：6～9.
张亚范，等．1994. 中国油气储层研究图集（第三卷）岩浆岩变质岩．北京：石油工业出版社．
张义杰．2003. 准噶尔盆地断裂控油的流体地球化学证据．新疆石油地质，24（2）：100～106.
张义杰，柳广弟．2002. 准噶尔盆地复合含油气系统特征、演化与油气勘探方向．石油勘探与开发，29（1）：36～38.
赵澄林等．1999. 辽河盆地火山岩与油气．北京：石油工业出版社．
赵海玲，狄永军，郭美娟，等．2004. 辽河断陷盆地坨 32 井区中生代火山岩储层特征及成因．特种油气藏，11（6）：33～36.
赵俊猛，黄英，马宗晋，等．2008. 准噶尔盆地北部基地结构与属性问题探讨．地球物理学报，51（6）：1767～1775.
赵文智，池英柳．2000. 渤海湾盆地含油气层系区域分布规律与主控因素．石油学报，21（1）：10～15.
赵文智，汪泽成，张水昌，等．2007. 中国叠合盆地深层海相油气成藏条件与富集区带．科学通报，52（增 I）：9～18.
赵文智，朱光有，张水昌，等．2009a. 天然气晚期强充注与塔中奥陶系深部碳酸盐岩储集性能改善关系研究．科学通报，54（20）：3218～3230.
赵文智，邹才能，李建忠，等．2009b. 中国陆上东、西部地区火山岩成藏比较研究与意义．石油勘探与开发，36（1）：1～10.
赵霞，贾承造，张光亚，等．2008. 准噶尔盆地陆东—五彩湾地区石炭系中、基性火山岩地球化学及其形成环境．地学前缘，15（2）：272～279.

赵雪凤，朱光有，刘钦甫，等．2007. 深部海相碳酸盐岩储层孔隙发育主控因素研究．天然气地球科学，8（4）：514～521.
郑德文，张君峰，苏建杰．2004. 新增探明储量增长趋势预测研究．中国石油勘探，2：44～48.
周涛发，范裕，袁峰，等．2008. 安徽卢枞（庐江－枞阳）盆地火山岩的年代学及其意义．中国科学D辑，38（11）：1342～1353.
周新源，王招明，杨海军，等．2006. 塔中奥陶系大型凝析气田的勘探和发现．海相油气地质，11（1）：45～51
朱光有，金强，郭长春，等．2003，渤海湾盆地东营－沾化凹陷油气聚集的差异性及控制因素研究．石油实验地质，25（4）：353～356.
朱光有，张水昌，梁英波，等．2006. TSR & H2S 对深部碳酸盐岩储层的溶蚀改造作用——四川盆地深部碳酸盐岩优质储层形成的重要方式．岩石学报，22（8）：2182～2194.
朱光有，张水昌，王欢欢，等．2009. 塔里木盆地北部深层风化壳储层的形成与分布．岩石学报，25（10）：2384～2398.
朱光有，张水昌．2009. 中国深层油气成藏条件与勘探潜力．石油学报，30（6）：793～802.
朱光有，杨海军，朱永峰，等．2011. 塔里木盆地哈拉哈塘地区碳酸盐岩油气地质特征与富集成藏特征．岩石学报，27（3）：827～844.
朱筱敏．2000. 层序地层学．北京：石油大学出版社．
朱云海，林启祥，贾春兴，等．2005. 东昆仑造山带早古生代火山岩锆石SHRIMIP年龄及其地质意义．中国科学D辑，35（12）：1112～1119.
邹才能，陶士振，谷志东．2006. 中国低丰度大型岩性油气田形成条件和分布规律．地质学报，80（11）：1739～1751.
邹才能，陶士振．2007. 大油气区的内涵、分类、形成和分布．石油勘探与开发，34（1）：5～12.
邹才能，赵文智，贾承造，等．2008. 中国沉积盆地火山岩油气藏形成与分布．石油勘探与开发，35（3）：257～272
邹才能，陶士振，张响响，等．2009a. 中国低孔渗大气区地质特征、控制因素和成藏机制．中国科学D辑，39（11）：1607～1624.
邹才能，陶士振，袁选俊，等．2009b. “连续型”油气藏及其在全球的重要性：成藏、分布与评价．石油勘探与开发，36（6）：669～682.
邹才能，侯连华，陶士振，等．2011a. 新疆北部石炭系大型火山岩风化体结构与地层油气藏成藏机制．中国科学D辑，41（11）：1602～1612.
邹才能，侯连华，王京红，等．2011b. 火山岩风化壳地层型油气藏评价预测方法研究——以北疆石炭系为例．地球物理学报，54（2）：388～400.
邹才能，等．2013. 非常规油气地质．北京：地质出版社：192～220.
邹华耀，郝芳，张柏桥，等．2005. 准噶尔盆地腹部油气充注与再次运移研究．地质科学，40（4）：499～509.
Bagrintseva K I，Chilingar G V. 2008. Study of fractures and vugs in carbonate reservoirs. Energy Sources，Part A，30：45～55.
Barth T F W，1969. Feldspars. Wiley－Interscience，New York，London.
Barth T F W，Correns C W，Eskola P. 1960. Die entstehung der gesteine，Ein lehrbuch der petrogenese. Springer－Verlag，Berlin，Göttingen，Heidelberg.
Bathurst R G C. 1975. Carbonate sediments and their diagenesis. Amsterdam：Elsevier，2nd edition：1～658.
Best M G. 1982. Ingneous and Metamophic Perology. W H Freeman & Company，New York：529～558.
Colman S M，Pierce K L. 1980. Weathering rinds on andestic and basaltlic stones as a Quaternary age indicator，western United States. U. S. Geological Survery Professional Paper. 1210：55.
Ehrenberg S N，Eberli G P，Keramati M，et al. 2006. Porosity-permeability relationships in interlayered limestone-dolostone reservoirs. AAPG Bulletin，90：91～114.
Ehrenberg S N，Nadeau P H. 2005. Sandstone vs carbonate petroleum reservoirs：A global perspective on porosity-depth and porosity-permeability relationships. AAPG Bulletin，89（4）：435～445.
England W A，Mackenzie A S，Mann D M，et al. 1987. The movement and entrapment of petroleum fluids in the subsur-

face. Journal of Geological Society of London, 144 (2): 327 ~347.
Eskola P. 1922. The mineral facies of rocks. Norsk. Geol. Tidsskr. , 6: 143 ~194.
Esteban M, Klappa C F. 1983. Subaerial exposure environments. AAPG Memoir, 33: 1 ~54.
Figlia M G D, Bellanca A, Neri R, et al. 2007. Chemical weathering of volcanic rocks at the island of Pantelleria, Italy: Information from soil and soil solution investigations. Chemical Geology, (246): 1 ~18.
Flügel E. 2004. Microfacies of carbonate rocks: analysis, interpretation and application. Berlin and Heidelberg GmbH & Co. K: Springer – Verlag: 1 ~996.
Ford D C. 1988. Characteristics of dissolutional cave systems in carbonate rocks//James N P, Choquette P W. Paleokarst. New York: Springer – Verlag: 25 ~57.
Ford D C, Williams P W. 1989. Karst geomorphology and hydrology. London: Unwin Hyman: 1 ~601.
Furnes H, Muehlenbachs K, Tumyr O, et al. 2001. Biogenic alteration of volcanic glass from the Troodos ophiolite, Cyprus. Journal of the Geological Society, 158: 75 ~84
Halbouty M T. 2003. Giant oil and gas fields of the Decade 1990 ~1999. AAPG Memoir, 78: 1 ~340.
Han H, Huh Y. 2009. A geochemical reconnaissance of the Duman (Tumen) River and the hot Springs of Mt. Baekdu (Changbei): Weathering of volcanic rocks in mid-latitude setting. Chemical Geology, 264: 162 ~172.
Harker A. 1974. Metamorphism, a study of the transformations of rock-masses. London: Chapman and Hall.
James N P, Choquette P W. 1988. Paleokarst. New York: Springer – Verlag: 1 ~416.
Jennie C, Setphens, Janet G. Hering. 2004. Factors affecting the dissolution kinetics of volcanic ash soils: dependencies on pH, CO_2, and Oxalate. Applied Geochemistry, 19: 1217 ~1232.
Julien B, Jacques P, Gilles L, Jordi T. 2010. Petroleum accumulation and leakage in a deeply buried carbonate reservoir, Nispero field (Mexico). Marine and Petroleum Geology, 27: 126 ~142.
Koning T. 2007. Remember Basement in your oil and exploration: examples of producing basement reservoirs in Indonesia, Venezuela and USA. Flow of Ideas, Hydrocarbons and Business, CSPG CSEG Convention.
Law B E, Curtis J B. 2002. Introduction to unconventional petroleum systems. AAPG Bulletin, 86 (11): 1851 ~1852.
Li X B, Mai G R, Kuang J, et al. 1993. Petroleum geological characteristics and oil prospects in central Junggar basin. Oil & Gas Geology, 14 (1): 23 ~33.
Lin C S, Kenneth Eriksson, Li Sitian, et al. 2001. Sequence architecture, depositional systems, and controls on development of lacustrine basin fills in part of the Erlian basin, northeast China. AAPG Bulletin, 85 (11): 2017 ~2043.
Lin C S, Liu J Y, Zhang Y M, et al. 2002. Depositional architecture of the Tertiary tectonic sequences and their response to foreland tectonism in the Kuqa depression, the Tarim Basin. Science in China (Series D), 45 (3): 250 ~258.
Lin C S, Yang H J, Liu J Y, et al. 2009. Paleostructural geomorphology of the Paleozoic central uplift belt and its constraint on the development of depositional facies in the Tarim Basin. Science in China (Series D), 52 (6): 823 ~83.
Lisk M, Ostby J. Russell N J, O'Brien G W. 2000. Oil migration history of the offshore Canning basin. The Australian Petroleum Production and Exploration Association Limited (APPEA) Journal, 40 (Part 2): 133 ~150.
Longman M W. 1980. Carbonate diagenetic textures from near surface diagenetic enviroments. AAPG, 63: 401 ~487.
Loucks R G. 1999. Paleocave carbonate reservoirs: Origins, burial-depth modifications, spatial complexity, and reservoir implications. Journal of Sedimentary Research, 83: 1795 ~1834.
Lucia F J. 2007. Carbonate Reservoir Characterization: An Integrated Approach. New York: Springer.
Luo J L, Morads, Liang Z, et al. 2005. Controls on the quality of archean metamorphic and Jurassic volcanic reservoir rocks from the Xinglongtai buried hill, Western depression of Liaohe basin, China. AAPG Bulletin, 89 (10): 1319 ~1346.
Magoon L B, Dow W G. 1994. The petroleum system: from source to trap. AAPG Memoir, 64: 1 ~664.
Moore C H. 2001. Carbonate reservoirs: porosity evolution and diagensis in a sequence stratigraphic framework. New York: Elsevier.
Nie R S, Meng Y F, Yang Z Z, et al. 2011. New flow model for the triple media carbonate reservoir. International Journal of Computational Fluid Dynamics, 25 (2): 95 ~104.
Oxtoby N H, Mitchell A W, Gluyas J G. 1995. The filling and emptying of the Ula oilfield: fluid inclusion constraints//Cubitt J

M, England W A. The Geochemistry of Reservoirs. Geological Society Special Publication, 86: 141 ~ 157.

Palmer A N. 1991. Origin and morphology of limestone caves. Geological Society of America Bulletin, 103 (1): 1 ~ 21.

Petford N, Mccaffrey K J W. 2003. Hydrocarbons in crystalline rocks. London: The Geological Society of London.

Price L C, Schoell M. 1995. Constraints on the origins of hydrocarbon gas from composition of gases at their site of origin. Nature, 378: 368 ~ 371.

Raymond L A. 1995. Petrology in the study of igneous, sedimentary, metamorphic rocks. Wm C Brown Comunication Inc, New York.

Rohrman M. 2007. Prospectivity of volcanic basins: trap delineation and acreage de-risking. AAPG Bulletin, 91 (6): 915 ~ 939.

Sruoga P, Rubinstein N, Hinterwimme G. 2004. Porosity and permeability in volcanic rocks: a case study on the Serie Tobifera, South Patagonia, Argenrina. Journal of Volcanology and Geothermal Research, 132: 31 ~ 43.

Sruoga P, Rubinstein N. 2007. Processes controlling porosity and permeability in volcanic reservoirs from the Austral and Neuque'n basins, Argentina. AAPG Bulletin, 91 (1): 115 ~ 129.

Tang H, Ji H C. 2004. Incorporation of spatial characters into volcanic facies and favorable reservoir prediction. SPE90847, presented at the 2004 SPE Annual technical Conference and Exhibution held in Houston, Taxas, USA: 26 ~ 29.

Tucker M E, Wright V P. 1990. Carbonate Sedimentology. Oxford: Blackwell: 1 ~ 482.

Turner F J. 1981. Metamorphic Petrology (2nd ed.). McGraw – Hill Book Company.

Weijers L, Griffin L G, Sugiyama H, et al. 2002. Hydraulic fracturing in a deep, naturally fractured volcanic rock in Japan design considerations and excution results. SPE77823. presented at the 2002 SPE Asia Pacific Oil and Gas Conference and Exhibution held in Melboume Australia.

Whitehouse J E, et al. 1986. Growth of weathering rinds on Torlesse sandstone, Southern Alps, New Zew Zealand//Colruan S M, Dethrer D P Rates of chernreal weatrhing of rocks and mureals: Orlando. Florida, Acadermic Press: 419 ~ 435.

Wright V P. 1982. The Recognition and interpretation of paleokarsts: two examples from the Lower Carboniferous of South Wales. Journal of Sedimentary Research, 52 (1): 83 ~ 94.

Wu Genyao, Ma Li. 2003. Orogeny and coupled, decoupled basin developing: Application in petroliferous basin analyses. Petroleum Geology and Experiment, 25 (6): 648 ~ 660.

Yamada T, Okano Y. 2005. A volcanic reservoir: facies distribution model accounting for pressure communication. SPE93159 presented at the 2005 Asia Pacific Oil and Gas Conference and Exhibution held in Jakatra. Indonesia: 5 ~ 7.

Zhao W Z, Zou C N, Li J Z, et al. 2009a. Comparative study on volcanic hydrocarbon accumulations in wastern and eastern China and its significance. Pertoleum Exploration and Development, 36 (1): 1 ~ 11.

Zhao W Z, Zhu G Y, Zhang S C, et al. 2009b. Relationship between the later strong gas-charging and the improvement of the reservoir capacity in deep Ordovician carbonate reservoir in Tazhong area, Tarim Basin. Chinese Science Bulletin, 54 (17): 3076 ~ 3089.

Zhao W Z, Zou C N, Feng Z Q, et al. 2008. Geological features and evaluation techniques of deepseated volcanics gas reserviors, Songliao Basin. Petroleum Exploration and Development, 35 (2): 129 ~ 142.

Zhu G Y, Jiang N H, Su J, et al. 2011. The formation mechanism of high dibenzothiophene series concentration in Paleozoic crude oils from Tazhong area, Tarim basin, China. Energy Exploration & Exploitation, 29 (5): 617 ~ 632.

Zhu G Y, Cui J, Su J, et al. 2012. Accumulation and reformation of silurian reservoir in the northern Tarim Basin. Acta Geologica Sinica, 86 (1): 209 ~ 225.

第六章　成熟探区油气勘探关键技术

成熟探区油气勘探的突破与油气发现，既需要在新观念、新理论和新认识指导下的方法技术创新，同时也需要在原有观念、理论和认识基础上的方法技术突破。成熟探区油气勘探涉及的方法技术很多，这里就一些关键方法技术加以阐述，包括有效储层评价、油气层评价与预测、提高油气产能、有利区带评价、圈闭有效性评价等方法技术，重点是阐述这些方法技术如何应用和指导油气勘探发现，并不着重其原理和机制的阐述。

第一节　有效储层评价方法技术

随着成熟探区油气勘探的不断深入，油气储层的勘探对象变得越来越复杂，由勘探早期以中高孔渗砂岩储层为主，发展到目前中高孔渗砂岩、中低孔渗砂砾岩、低孔低渗砂岩、火山岩、变质岩、碳酸盐岩、致密/页岩等储层兼顾并举。单一和较为简单的方法技术已经不能满足成熟探区油气勘探的需求，为了满足复杂油气储层勘探对象研究和生产需求，基于常规地球物理、地质及实验分析资料发展了多种有效储层评价方法技术；基于特殊地球物理资料，如成像、核磁、多位多分量等，发展了一些新的有效储层评价方法技术；基于油气勘探实践，提出了有效储层物性下限新认识和评价方法等。有效储层评价方法技术的进步为成熟探区油气勘探提供了有力的技术支撑。

一、有效储层物性下限确定方法

有效储层是指在现有经济技术条件下，能够获得工业价值油气产能的储层。有效储层物性下限决定于油气成藏压力与储层孔喉半径，对于不同地质条件来说，相同孔渗条件的有效储层物性下限差别很大，油气只能在相对有效储层中聚集成藏，有效储层下限的评价就是要解决储层的相对有效性问题。反映储层有效性的关键参数主要包括孔隙度、渗透率、平均孔喉半径等。这里阐述的是相对有效储层物性下限的确定方法。不同盆地或地区、不同层位或深度、不同岩性、不同流体性质、不同成藏环境等地质条件下，能够形成有效储层的物性下限值差别很大（表6－1），因此有效储层物性下限是相对的。同时，对于某一油气藏来说，有效储层物性下限值又是绝对的。油气勘探中有效储层物性因盆地、区带、层位或深度、岩性、流体性质及油气藏而变化，而不能套用统一参数标准进行评价。

如胜利油区的盐家油田，通过岩心含油性描述、单层试油投产油层的岩心和岩屑录井岩性、含油性统计分析，将含油性下限初步定在油斑，砾状砂岩和含砾砂岩为有效岩性。在“四性关系”研究基础上，考虑到微观结构的差异，采用了孔隙结构法、正逆累积法、电性下限反算法、取心试油验证法及核磁共振等方法进行对比分析、综合确定有效储层物性下限。

表 6-1　中国部分含油气盆地油气田的有效油气储层物性下限

盆地名称	油气藏名称	层位	深度/m	流体性质	岩性	油气层物性平均值		有效储层物性下限	
						孔隙度 %	渗透率 $10^{-3}\mu m^2$	孔隙度 %	渗透率 $10^{-3}\mu m^2$
渤海湾	王官屯	Ek_1	2400	石油	粉细砂岩	21	75	>12	>2
松辽	萨尔图	姚家组	1150	石油	粉砂岩	24	308	>19	>1.5
伊通	莫里青	E_2s_2	2500	石油	砂砾岩	10.2	0.53	0.5	0.14
渤海湾	兴隆台	太古宇	4350	石油	变质岩	3.5	33	2	1
塔里木	克深	E—K	6800	天然气	砂岩	5.4	1.2	3.5	0.055

1. 孔隙结构法

选用岩心样品的压汞资料，绘制空气渗透率与排驱压力、孔喉半径关系图（图 6-1），确定空气渗透率的拐点位置在 $0.7\times10^{-3}\mu m^2$ 左右，对应的孔喉半径平均值约为 0.4μm。拐点的存在反映了样品的渗流能力在此出现了较大的变化，该点的物性值可作为有效储层的物性下限。

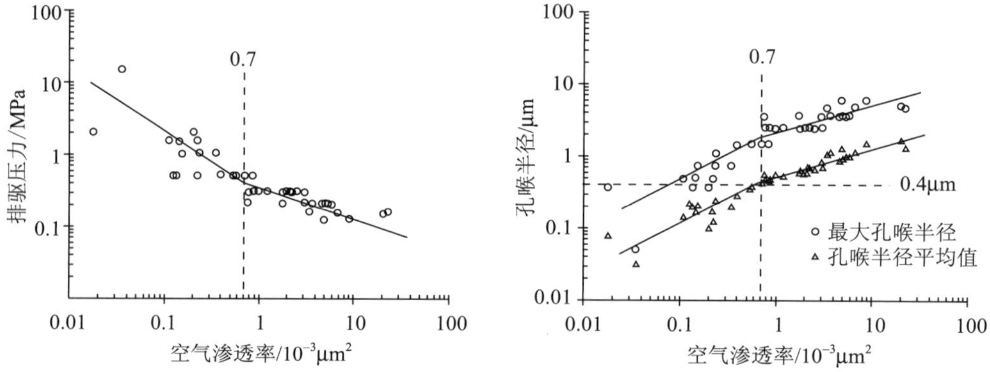

图 6-1　空气渗透率与排驱压力、孔喉半径关系

2. 正逆累积法

根据研究区确定的岩心含油性下限，如油斑，确定油斑及其以上的样品为有效样品，而油斑以下的样品为非有效样品，分别绘制孔隙度、渗透率正逆累计频率分布图（图 6-2）。从图中可以直观地得到孔隙度下限值为 4.7%，渗透率下限值为 $0.7\times10^{-3}\mu m^2$。该方法得到的有效储层渗透率下限值与孔隙结构法得到的有效储层渗透率下限值一致。

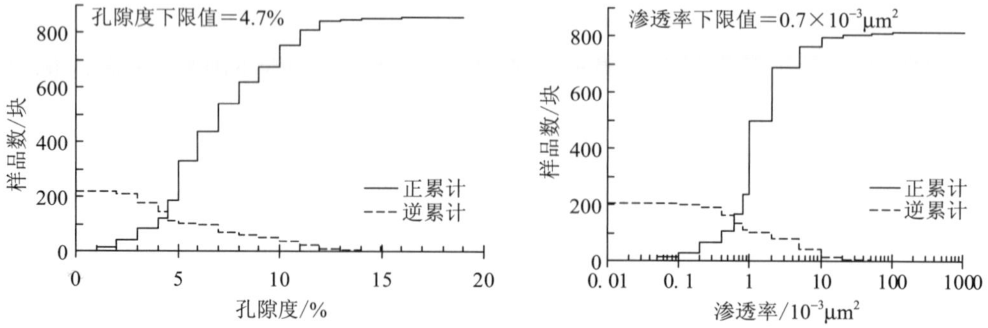

图 6-2　孔隙度、渗透率正逆累计频率分布图

3. 电性下限推测法

当研究区没有取心及岩心分析资料时，可根据试油投产资料确定测井的电性下限值，然后再根据孔隙度、渗透率解释模式推测得到有效储层的孔隙度及渗透率下限值。如根据试油及测井资料得到的有效厚度电性图版，工业油流层的最低声波时差测井值为48μs/ft❶，依据声波时差得到的孔隙度计算值为4.73%，即有效储层的孔隙度下限值约为4.73%，该值与正逆累计法得到的有效储层孔隙度下限值基本一致。由渗透率解释模型得到的有效储层渗透率下限值约为$0.75\times10^{-3}\mu m^2$，根据研究区岩心样品的孔隙度与渗透率关系，孔隙度4.73%对应的渗透率约为$0.7\times10^{-3}\mu m^2$。

4. 试油分析法

岩心物性分析和试油资料结合，根据试油为油层和干层的储层物性分布，确定试油为干层的物性上限即为对应的有效储层物性下限值。如渤海湾岐口凹陷埕北地区沙二段，储层岩性为中—细粒岩屑长石砂岩，储集空间主要为次生粒间孔，属中低孔低渗储层；以岩心物性分析资料为基础，结合试油资料确定储层物性孔隙度下限为11%，渗透率下限为$0.1\times10^{-3}\mu m^2$（图6-3）。

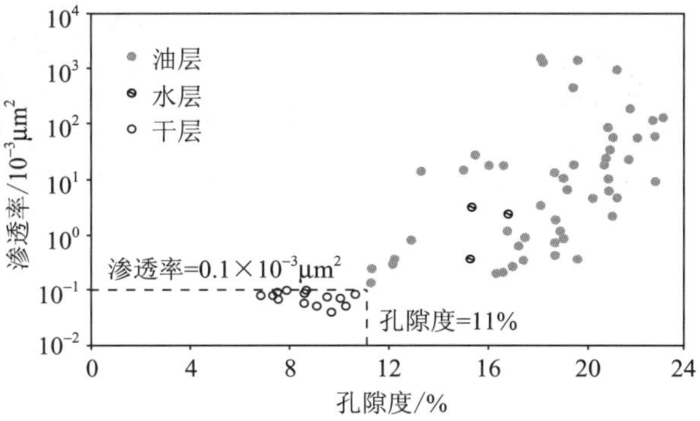

图6-3 岐口凹陷埕北地区沙二段储层物性下限

由此可见，由以上几种方法得到的有效储层的孔隙度、渗透率下限值基本一致，可以采用这几种方法确定的有效储层孔隙度、渗透率下限平均值作为研究区有效储层的下限标准。

二、砂砾岩低渗有效储层评价技术

砂砾岩储层一般发育于近物源与快速多期堆积形成的环境，岩性复杂、分选性差，储层由多个砾岩、含砾砂岩、砂岩、泥岩等旋回叠加而成，其单个砂砾体厚度较薄，为0.5~5m。不同岩性类型具有不同的物性、含油性和电性特征，根据砂砾岩低渗储层测井响应特征，在岩性识别基础上，开展有效储层评价。

1. 岩性识别方法

砂砾岩储层中对不同岩性类型的识别，可根据成像测井、常规测井等方法进行。

（1）*岩性成像测井识别方法*

砂砾岩储层岩性一般包括粗砾岩、中砾岩、细砂岩、含砾砂岩、砂岩和泥岩等类型，

---

❶ 1ft=0.3048m。

利用岩心和实验分析数据与成像测井资料，建立成像测井岩性识别模式和方法。一般粗砾岩成亮色斑块状，颗粒直径大，边缘清楚；中砾岩呈亮色斑点，颗粒清晰可辨，粒径变化较大；细砾岩中的砾石含量较多（25% ~50%），呈亮色斑点、斑块状；含砾砂岩中的砾石含量较少（5% ~25%），呈亮色斑点状；砂岩中的砾石含量小于5%，厚度小，亮度高于泥岩，泥岩呈水平层理、纹层结构（图6－4）。

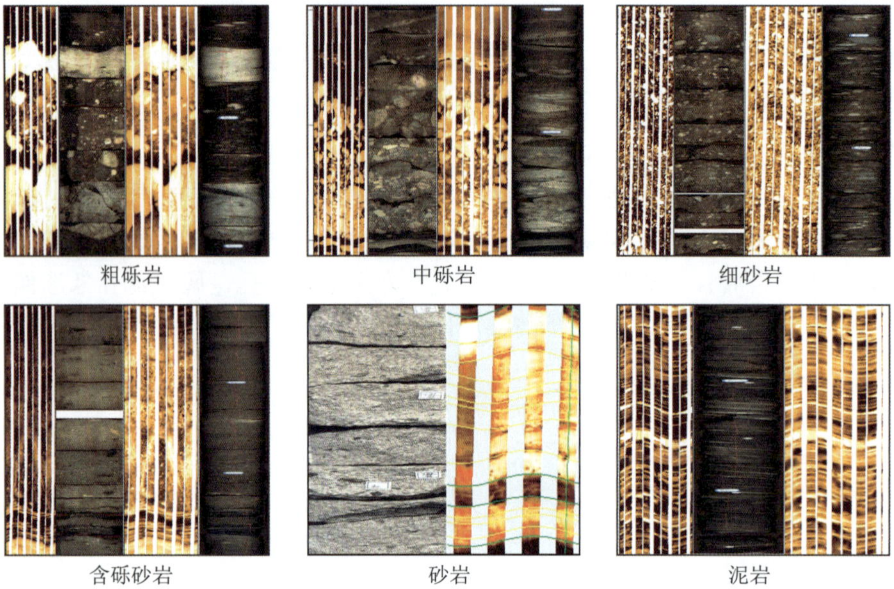

图6－4　砂砾岩储层不同类型岩性岩心与成像测井特征关系

根据砂砾岩储层中不同岩性类型的成像测井响应特征差异，建立以成像测井为基础的碎屑岩粒度识别方法，根据粒度大小和组合特征，实现砂砾岩岩性识别。

（2）常规测井资料岩性识别方法

成熟探区油气勘探中，常规测井资料是储层研究评价的基础。通过声波时差、补偿中子、岩性密度、岩电参数、电阻率、泊松比、纵波速度、横波速度等多参数交会可识别岩性。从表6－2中可见，岩性密度、电阻率和横波速度随岩石粒度增大而增大，而声波时差、补偿中子、泊松比则随着粒度增大而减小。以 N/M 值结合中子－邻近侧向电阻率交会识别岩性效果最好。根据不同岩性类型的测井响应特征，通过图版、最短距离、聚类等方法可识别不同岩性类型。

表6－2　不同岩性类型的测井响应特征

测井响应	泥岩	砂岩	含砾砂岩	细砂岩	中—粗砾岩
声波时差/($\mu s \cdot ft^{-1}$)	62 ~90	65 ~85	59 ~73	58 ~84	54 ~72
密度/($g \cdot cm^{-3}$)	2.3 ~2.64	2.44 ~2.6	2.48 ~2.66	2.48 ~2.66	2.48 ~2.66
补偿中子/%	6.0 ~26.0	4 ~15	5.0 ~15.0	5.0 ~14.0	2.0 ~10.0
电阻率/$\Omega \cdot m$	5 ~45	10 ~50	12 ~55	10 ~65	10 ~75
岩电参数 N/M	$M<0.77$ 或 $N<0.56$	0.73 ~0.76	0.71 ~0.75	0.71 ~0.74	0.69 ~0.70
泊松比	高值	0.26 ~0.34	0.24 ~0.3	0.23 ~0.31	0.21 ~0.27
横波速度/($m \cdot s^{-1}$)	低值	3600 ~4700	4200 ~5200	4500 ~5200	>5000

2. 储层物性参数评价方法

孔隙度和渗透率是主要的储层物性参数，在岩性识别基础上，利用三孔隙度测井或核磁测井资料，分别选取不同岩性的孔隙度模型参数，建立孔隙度解释模型，求取孔隙度。利用孔隙度等参数分别建立砂砾岩不同岩性的渗透率评价图版，求取渗透率。这里以常规测井资料求取渗透率为例。

砂砾岩中不同岩性的孔隙度和渗透率具有不同的变化规律。如济阳坳陷，相同孔隙度条件下，粗砾岩渗透率最高，中砾岩和细砾岩次之，砂岩最差（图6-5）。分不同岩性类型，利用孔隙度和泥质含量建立渗透率模型。

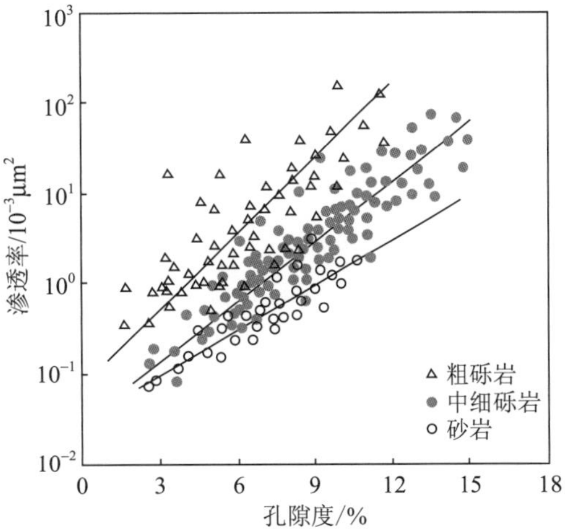

图6-5　砂砾岩不同岩性类型的孔、渗关系

砂岩渗透率评价模型：

$$K = 10^{(0.04053\varphi - 0.0642V_{sh} - 0.4542)} \quad (6-1)$$

中—细砾岩渗透率评价模型：

$$K = 10^{(0.16007\varphi - 0.07195V_{sh} - 0.47869)} \quad (6-2)$$

粗砾岩渗透率评价模型：

$$K = 10^{(0.07455\varphi - 0.08782V_{sh} - 0.09417)} \quad (6-3)$$

式中：K 为渗透率，$10^{-3}\mu m^2$；φ 为孔隙度，%；V_{sh}为泥质含量，%。

3. 储层有效性评价方法

针对低孔渗砂砾岩储层的有效性，主要从油气储集和渗流能力两个方面综合考虑，对储层质量和有效性进行定量评价。有效储层的评价方法较多，但多是采用多参数综合评价方法，对于砂砾岩储层来说，单个参数基本不能够表征有效储层。

以济阳坳陷东营凹陷北坡带为例。通过对38口井试油和产能资料与对应的储层物性参数的对应分析，优选出宏观和微观敏感参数。如随储层质量变好，孔隙度、渗透率、平均孔喉半径等数值变大，束缚水饱和度、中值压力和排驱压力等数值减小，反映出岩石孔隙度、渗透率、束缚水饱和度和排驱压力等与储层质量的关联性较好。在该区优选出孔隙度、渗透率、平均孔喉半径、束缚水饱和度、中值压力和排驱压力6个参数作为有效储层质量的评价要素。经对每一个参数归一化后，孔隙度、渗透率、平均孔喉半径采用正归一化方法，即数值越大越接近于1；束缚水饱和度、中值压力和排驱压力采用负归一化方法，即数值越大越接近于0；建立储层综合评价指数：

$$R_{index} = \frac{\varphi \times K \times R_c}{P_{c50} \times P_d \times S_{wir}} \quad (6-4)$$

式中：R_{index}为储层综合评价指数，无量纲；φ 为孔隙度，归一化后为0~1；K 为渗透率，归一化后为0~1；R_c 为平均孔喉半径，归一化后为0~1；S_{wir}为束缚水饱和度，归一化后为0~1；P_{c50}为中值压力，归一化后为0~1；P_d 为排驱压力，归一化后为0~1。

根据试油的油气产能、储层参数及储层综合评价结果，确定的储层综合分类标准见表

6－3。当储层综合评价指数大于2时，可定义该储层为Ⅰ类；当储层综合评价指数介于0.2～2之间时，可定义该储层为Ⅱ类；当储层综合评价指数小于0.2时，可定义该储层为Ⅲ类（图6－6）。

表6－3　砂砾岩储层有效性表征参数

储层类型	千米井深油气产能情况	储能特征参数		渗流特征参数				R_{index}
		φ/%	S_{wir}/%	K/$10^{-3}\mu m^2$	P_{c50}/MPa	P_d/MPa	孔喉直径D/μm	
Ⅰ类	不需要压裂>2t/d	>8	<35	>2.5	<4	<0.3	>0.8	>1.5
Ⅱ类	压裂前<2t/d 压裂后>2t/d	5.3～8	28～40	0.7～6	4～20	0.2～1	<0.8	0.5～1.5
Ⅲ类	压裂后<0.5t/d	<5.3	>28	<0.7	>4	>0.3	<0.3	<0.5

注：字母意义同式（6－4）。

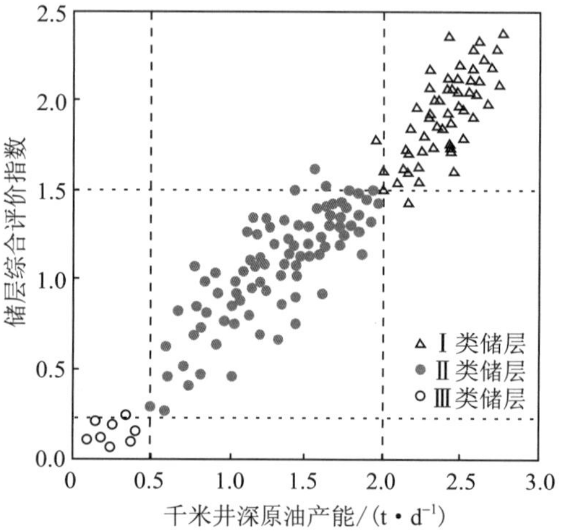

图6－6　储层综合评价指数与千米井深原油产能关系

4. 砂砾岩体期次划分技术

砂砾岩体期次划分是储层预测的基础，利用单井期次划分、井震结合划分大尺度沉积期次、小尺度沉积期次对比、时频分析技术划分砂砾岩体沉积旋回等技术，可解决砂砾岩体的期次划分难题。

（1）单井期次划分

利用岩心资料，观察岩石类型、粒度变化、沉积构造等，据此划分出岩心级别的沉积旋回。用岩心资料对测井资料进行标定，建立起测井旋回标志。根据测井曲线的叠加模式，利用层序地层学进积、加积、退积的叠加样式分析方法，划分出高级别的旋回。为弥补岩心资料的不足，同时利用FMI成像资料进行旋回划分，通过将FMI图像和岩相特征建立关系，实现不同级别沉积旋回的划分。

（2）井震结合划分大尺度沉积期次

大尺度沉积期次一般在地震资料上有较明显的反射特征，可通过地震反射特征和同相轴接触方式，进行大尺度期次界面的识别。同时利用单井旋回划分对地震资料进行标定，划分出大的沉积期次。

（3）小尺度沉积期次对比

根据事件性沉积泥岩稳定分布的特点，采取对比泥岩的思路对砂砾岩体进行小尺度沉积期次对比。

（4）时频分析技术划分砂砾岩体沉积旋回

时频分析是通过提取薄互层结构信息，研究砂砾岩体内幕变化的有效手段，研究对象是不同级别的层序体及其内部结构。时频分析技术的引用使砂砾岩体勘探不再局限于包络界面构造形态的描述，而是将研究对象缩小为一期扇体。

图 6－7 是东营凹陷北陡坡带砂砾岩体精细期次划分图，清晰地刻画出了砂砾岩体内部 14 期沉积结构特征，大大提高了研究精度。

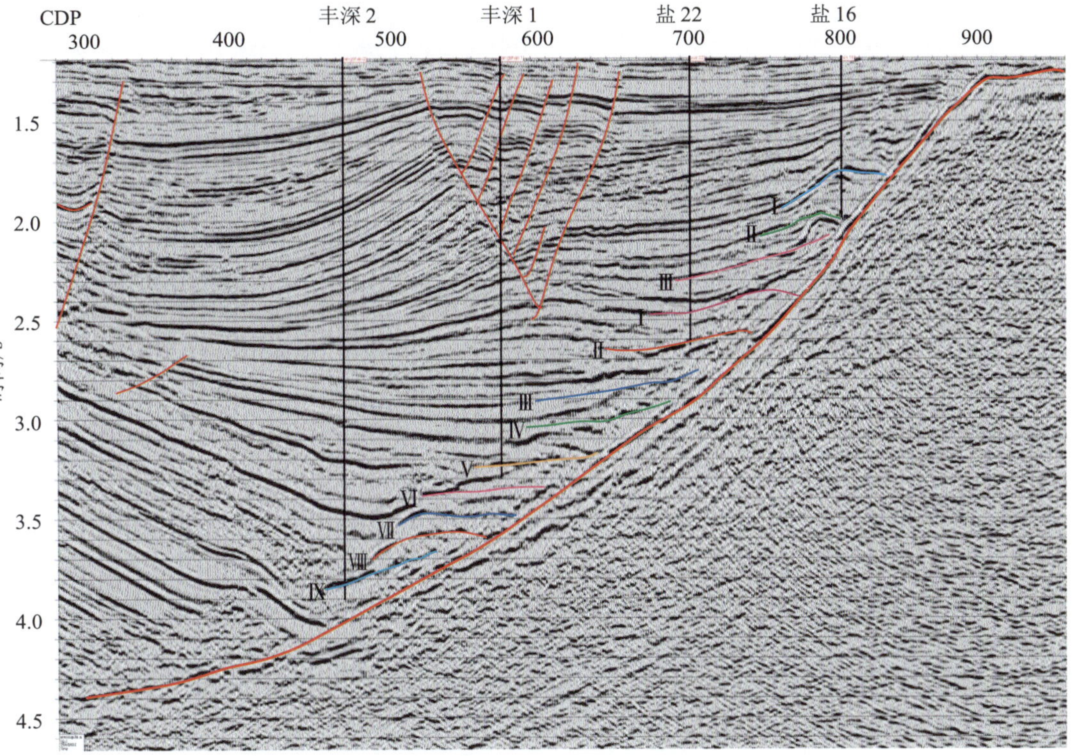

图 6－7　东营凹陷丰深 1－盐 22 砂砾岩体期次划分剖面

5. 砂砾岩体储层预测技术

砂砾岩体一般规模较小、横向变化快，难于追踪和描述，给储层预测和油气勘探带来了一定困难。通过地震相分析、分频分析和地震属性优化等技术，可实现储层几何形态、厚度、空间展布等预测。

（1）地震相分析技术

地震相在一定程度上可以反映出岩相特征。地震相分析就是以实际地质资料为基础，利用地震参数结合地质资料综合解释沉积环境和沉积体系。采用聚类或神经网络等方法，根据波形相似性和地震属性进行地震相分析，即使用聚类或神经网络技术迭代运算构造合成模型道，并将合成模型道与实际地震数据进行对比，在模型道与实际地震道之间寻找相关，使相关性大的地震道具有相同或相近的值或颜色，根据地震相分布进行划分。该方法适用于地震资料品质较好、波形差异明显的地区。

（2）分频分析技术

地震分频信息可以有效识别储集层时间厚度的变化、检测地质体横向上的不连续性，其基本算法是离散傅立叶变换或最大熵方法。根据傅立叶变换算法，每个薄层产生的地震反射信号在频率域都有一个与之相对应的特定的唯一频率成分。调谐反射振幅谱的相干信息揭示了地震反射波的单个薄层信息，可以更准确估算薄层厚度；利用相位谱上相位的不稳定性，可以识别横向上地层的不连续性，如层间小断层、裂隙及沉积相带变化；再结合振幅谱、相位谱相关干涉现象，可以快速有效地定量识别岩性、物性变化。该方法适用于储层对某一频率响应较好的地区。

(3) 地震属性优化识别技术

地震属性比常规地震剖面在平面上有更强的分辨力，能反映地质体空间变化的差异。根据砂砾岩体的地震反射综合属性平面分布图，可较准确地确定砂砾岩体的物源方向和砂体发育分布范围，从而为确定有效储层的分布范围提供可靠依据。

三、薄互层砂岩有效储层评价技术

中国陆相含油气盆地广泛发育薄储层，特别是滨浅湖或三角洲前缘，已成为中国成熟探区油气勘探的主要领域之一。如滩坝砂岩沉积厚度多数较薄，最薄小于20cm，层间分布灰质及泥质成分，非均质强，储层孔隙度、渗透率均较低；常规测井仪器分辨率低，录井及井壁取心代表性较差，造成滩坝砂岩许多薄层被忽视，影响了勘探成功率和效益。通过成像资料划分储层，深入分析常规资料的测井特征，研究提高分辨率技术、储层参数计算方法，大大提高了薄互层有效储层测井认识和评价的精度。以济阳坳陷的滩坝相薄砂体储层为例，借鉴胜利油田在此开展的大量工作进行说明。

利用钻井取心、成像测井等资料，按储层有效厚度和非均质性强度，将滩坝砂储层划分成5种类型。依据岩心和试油资料，按储层的综合特征，建立常规测井资料响应特征和认识，改变了传统微电极负差异为干层的不正确认识。通过岩心试验，建立了油层和干层的电阻率、声波、自然伽马的灰质含量校正图版，解决了薄互层有效厚度和物性参数评价难题。

1. 储层的成像及常规测井识别方法

(1) 岩心刻度成像测井的储层识别方法

充分发挥成像测井资料高分辨率的优势（分辨率可达5mm），通过岩心刻度电成像测井资料，建立岩性、岩相判别模型和方法（图6-8）。泥岩在静态图像上表现为黑色或暗黑色，砂岩、粉砂岩表现为棕黄色，灰质粉砂岩表现为亮黄色，图像亮度随着灰质含量的增多而增强。常规测井分辨率最高的微电极曲线只能识别单层厚度大于30cm以上的砂泥薄互层，造成不能准确识别和评价薄储层，电成像测井能够清楚地识别砂泥岩薄层，揭示储层厚度、岩性、砂泥互层组合方式，为准确划分有效储层厚度和物性参数计算奠定了基础。

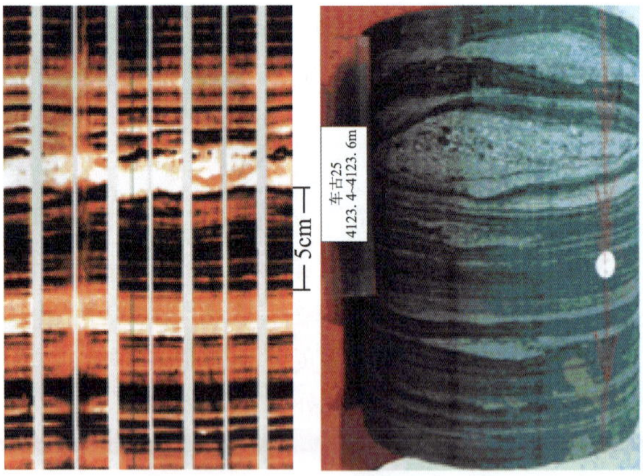

图6-8 岩心刻度成像测井关系

(2) 常规测井资料的滩坝砂储层识别方法

在电成像测井资料划分储层基础上，结合录井等基础地质资料，综合分析有效储层岩性、厚度及不同组合方式的测井响应特征，建立相应判断模式。如济阳坳陷滩坝相砂体5种储层类型。

1）储层厚2m以上的粉砂岩以坝砂为主，是储层物性最好的一类，不经压裂即可获取产能，成像测井资料通常显示为棕黄色块状特征。

2）层厚2m以上的非均质砂岩，储层电阻率较高，自然伽马数值较纯砂岩层偏高，自然电位有略微负异常，微电极曲线表现为少量泥质砂岩的非均质正异常响应特征，成像图见棕黄色砂岩，层理清楚，见少量泥质条带，含灰质时，呈亮白色条带。岩心实验的碳酸盐岩含量为5%～15%时，对储层的含油性影响不大。试油可获取自然产能。

3）1～2m厚度的粉砂岩、灰质粉砂岩或灰质粉细砂岩与泥岩交互的岩性组合，碳酸盐岩含量低于30%的次生灰质粉砂岩或灰质粉细砂岩具有含油性，成像测井资料显示较粉砂岩亮度大，呈黄色或亮黄色，微电极曲线呈中低幅度至中高幅度的负差异或无差异，试油经压裂后可获较高产能的工业油流。当碳酸盐岩含量大于30%时，微电极呈高幅度负差异。

4）厚度1m以下砂岩储层与泥岩呈薄互层方式的岩性组合，成像资料表现为厚度0.3～1m的砂层与泥岩呈薄互层方式的岩性组合。自然伽马数值较纯砂岩或粉砂岩高，地层视感应电阻率受泥岩影响大，微电极测井曲线呈现明显的负差异。经压裂该类储层可获较低产能的工业油流。

5）10～20cm以下砂层厚度与泥岩、灰岩薄互层岩性组合，成像资料能清晰地显示砂、泥、灰之间的层状交互组合形态，录井油气显示差。中子、密度、声波、自然伽马曲线反映泥质含量高，电阻率中低值，自然电位无异常，微电极曲线呈锯齿状，响应最明显。

2. 测井资料高分辨率处理技术

针对滩坝砂岩单层厚度较薄、测井响应特征受上下围岩影响严重的问题，采用高分辨测井仪器，以减小测井曲线失真程度。同时，应用几何因子理论和仪器响应函数理论，进行测井响应的理论计算分析研究，优化各种提高测井曲线分辨率的反演方法，实现围岩－层厚校正，建立薄层地质参数的测井解释模型。

（1）高分辨率处理的参数优化

参数选取对处理结果影响较大，在处理前必须进行参数优化。胜利油田给出了处理经验，即适当减小采样间距和采样点数，可增强薄层的曲线幅度，中感应和深感应曲线失真现象减少；减小阻尼因子值，曲线偏移有了明显改善，分辨率有所提高；适度增加岩电参数 m 和 b 值，曲线分辨率和幅度有合理的提高（表6－4）。

表6－4　高分辨率处理方法前后优化参数对比

曲线名称	沃尔什反演法				离散法		分辨率匹配法			
	采样间距		采样点数		阻尼因子		m		b	
	优化前	优化后	优化前	优化后	优化前	优化后	优化前	优化后	优化前	优化后
自然伽马	10	8	5	5	0.1	0.036	/	/	/	/
声波	10	8	5	4	0.1	0.016	/	/	/	/
深感应电阻率	10	10	5	4	0.1	0.04	0.5	0.574	1	1.387
中感应电阻率	10	10	5	4	0.1	0.04	0.5	0.708	1	1.18
八侧向电阻率	/	/	/	/	/	/	0.5	0.729	1	1.616
中子孔隙度	10	10	5	5	/	/	/	/	/	/

（2）岩性薄互层对测井响应的影响程度与校正方法

以不同厚度薄层为研究对象，分析薄互层对测井响应的影响程度。当层厚小于 1.5m 时，对自然伽马的影响较大；层厚小于 1m 时，对声波、电阻率的影响较大。以岩心资料分析值与测井值的比值作为因变量，薄层厚度 h 作为自变量，建立了薄层层厚校正方法，以及自然伽马、声波和电阻率薄互层校正模型（表 6－5），随着厚度 h 的增加，校正值接近于 1（图 6－9）。

表 6－5　薄互层测井校正方法模型

曲线名称	校正公式	相关系数	说明
自然伽马	$Y=1-1.05e^{-h/0.5}$	0.89	Y 为校正值与测井值的比值，h 为层厚
感应电阻率	$Y=0.0958-0.02943e^{-h/2.7}+12.48e^{-h/0.29}$	0.98	
声波	$Y=0.09886-2.8878e^{-h/0.176}$	0.88	

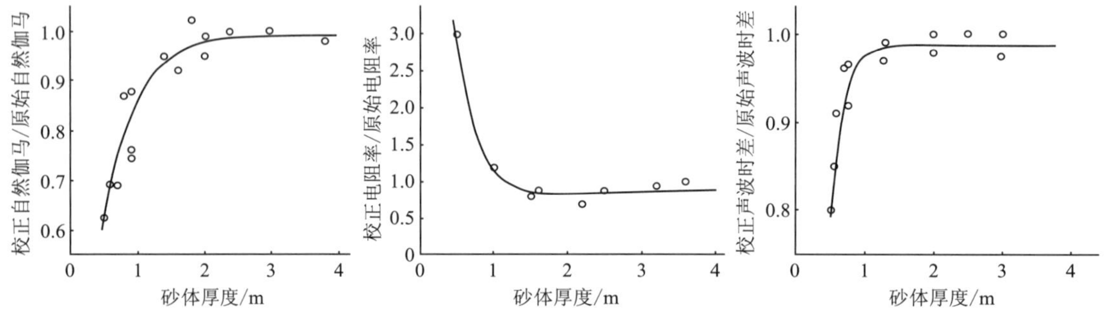

图 6－9　砂体厚度对测井响应的影响程度

3. 有效储层识别

从观察钻井取心入手，将所观察到的储层岩性、含油性、厚度、砂泥组合形态与试油资料、岩电实验分析相结合，总结分析油层岩性、物性、电性、厚度的下限值。

1）油干层界限的岩性特征：通过大量岩心观察，含油砂岩和灰质砂岩岩性界限为碳酸盐岩含量小于 30% 的灰质粉砂岩。

2）油干层界限厚度特征：如东营凹陷西部高 89 块沙四上亚段纯上 Ⅰ 砂组油层厚度界限值为 0.2m，其他层组为 0.5m。

3）油干层界限物性下限：在岩性、含油性下限确定的基础上，运用正逆累计法和聚类判别法确定孔隙度下限约为 9%，渗透率下限为 $0.5\times10^{-3}\mu m^2$。

4）油干层界限电性特征：如东营凹陷西部高 89 块高压区油层界限，层感应视电阻率下限值为 4Ω·m，常压区油层界限层下限值为 3Ω·m。

4. 薄砂体预测技术

成熟探区油气勘探中，薄砂体的分布预测是制约该类储层油气勘探成功率的基础。常规叠前地震反演主要采用低频模型，确定性地预测砂体在空间中的分布趋势，但不能反映出薄砂体的高频信息特征，分辨率不高，不能刻画出薄砂体的分布细节（图 6－10）。针对薄储层砂体的特点，将叠前地震反演与地质统计分析相结合，融入叠前随机反演和变差函数算法，补偿了优势频带以外的合理高频信息，能够较好地提高薄砂体预测的纵向分辨率。图 6－11 是松辽盆地高台子油层的薄砂体常规叠前地震反演与叠前地震地质统计反演对比图，可见叠前地震地质统计反演剖面能够更清楚地反映出薄砂体的空间变化特征。

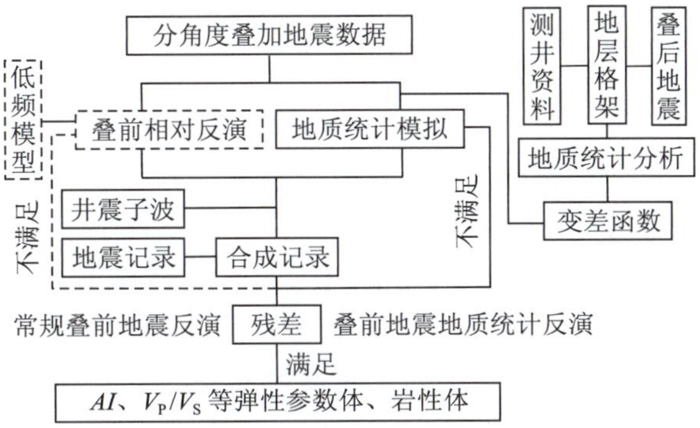

图 6－10　叠前地震反演流程

AI—声阻抗；V_P—纵波速度；V_S—横波速度

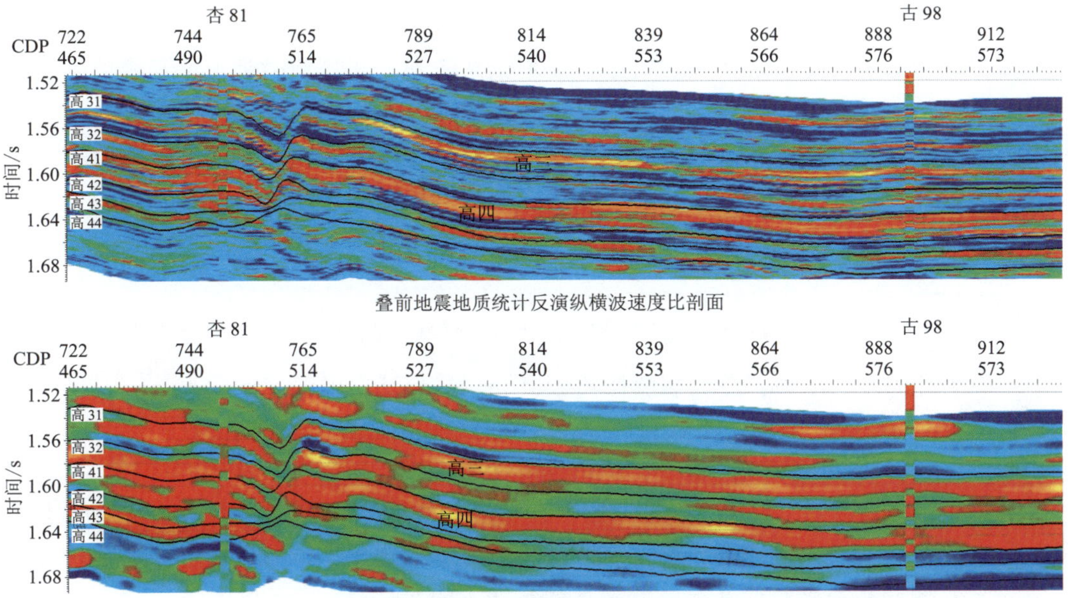

叠前地震地质统计反演纵横波速度比剖面

常规叠前地震反演纵横波速度比剖面

图 6－11　常规叠前地震与叠前地震地质统计反演剖面对比

四、裂缝性储层评价技术

裂缝性储层的岩性、孔隙结构复杂，在纵向和平面上都表现出强的非均质性，储集空间主要由原、次生孔隙和裂缝组成，其发育程度受岩性、风化淋蚀和构造应力控制。从总孔隙度入手评价有效储层的思路和方法，不适用于裂缝性储层评价。根据储层储集空间和测井响应对应关系，开展储层裂缝孔隙发育程度评价，确定有效储层划分标准，可提高评价精度。

1. 裂缝性储层空间分类

孔隙、裂缝和溶洞构成了储集空间的基本形态。根据储集空间的相对位置和裂缝发育程度，可将储集空间分类为3类，即裂缝型储集层（风化裂缝型、储层内部裂缝型储集层）、孔隙－裂缝型储集层和孔隙型储集层。储集空间是原生储集空间和次生储集空间的总和，油气富集起决定作用的是次生孔隙，次生孔隙中裂缝为最主要渗流通道，因此裂缝评价是最重要的内容。

2. 裂缝参数的模拟评价方法

（1）裂缝性储层测井响应特征

裂缝发育层段因钻井泥浆或泥浆滤液的侵入，与致密储层相比，电阻率值明显降低，出现正或负的差异，声波时差有时增大，有时会出现周波跳跃，声波变密度图上条带变浅、反差变弱、条带有中断、扭曲或呈台阶状和“人”字形干涉条纹，井壁成像图像上表现出低阻的暗色条纹，形成切割井眼的正弦或余弦波形。根据这些测井响应特征，可以定性识别储层的裂缝发育段。利用方位电阻率成像、多极子声波测井和核磁共振测井的长 T_2 分布谱特征进一步确定储层裂缝的有效性。

（2）双侧向测井资料计算裂缝孔隙度的正演方法

在裂缝性地层中，裂缝多以裂缝带形式分布，具有复杂不均匀性，致使裂缝地层的电参数具有复杂的各向异性。在一定尺度下，不论从宏观上还是从微观上，裂缝地层的电参数都是统一的。对于裂缝的双侧向测井资料数值模拟来说，只考虑裂缝地层中的电导率。利用三维有限元方法计算双侧向测井响应时，可将偏微分方程的定解问题转化成求泛函的极值问题。对于具有宏观各向异性的裂缝性地层来说，双侧向测井的泛函可写为

$$\begin{aligned}\Phi = \frac{1}{2}\iiint_V [(\sigma_b + \cos^2\Omega\sigma_f\phi_f)(U_x)^2 + (\sigma_b + \sigma_f\phi_f)(U_y)^2 \\ + (\sigma_b + \sigma_f\phi_f\sin^2\Omega)(U_z)^2 + 2\sigma_f\phi_f\sin\Omega\cos\Omega U_x U_z] dxdydz - \sum_i U_i I_i\end{aligned} \tag{6-5}$$

式中：Φ 为孔隙度，小数；Ω 为裂缝倾角，(°)；σ_b 为基岩电导率，s/m；σ_f 为裂缝电导率，s/m；ϕ_f 为裂缝孔隙度，小数；U_x、U_y、U_z 分别为 x、y、z 方向的电位，V；U_i 为电极 i 的电位，V；I_i 为电极 i 的电流，A；i 为第 i 个电极。

由式（6－5）可知，对于裂缝性地层，在特定的井眼条件下，双侧向测井响应主要受裂缝孔隙度 ϕ_f 与裂缝内流体电导率 σ_f 乘积、裂缝的倾角电阻率以及基块电导率 σ_b 的影响。

（3）双侧向测井资料计算裂缝孔隙度的反演方法

由于三维有限元素法的计算速度比较慢，所以要对裂缝的双侧向测井响应进行严格的反演是不现实的。因此，通过对裂缝的双侧向测井响应进行大量的正演计算，取得大量的对应数据后，可建立双侧向测井数据与地层参数之间的函数关系，从而实现对裂缝的双侧向测井响应的快速反演。通过对正演计算的660组双侧向测井响应值进行统计分析，得到高、中、低3个裂缝角度范围的双侧向测井响应的电导率表达式（表6－6）。

（4）储层有效性评价方法

对于孔隙型储层，有效储层的总孔隙度下限标准一般取值为2.0%。评价标准为Ⅰ类储层总孔隙度大于10%，Ⅱ类储层总孔隙度为5%～10%，Ⅲ类储层总孔隙度为2%～5%。

对于裂缝性储层，无论储集空间是哪种类型，在孔隙和渗透能力匹配好并且有良好油源的情况下，都能获得工业油气流，甚至是高产。如由济阳坳陷车镇、桩海地区不同类型

表 6-6　裂缝性储层双侧向测井响应方程式

裂缝类型	倾角	公式	备注
低角度裂缝	0°~50°	$C_{\mathrm{lld}}=2.19813X^{0.11553}C_{\mathrm{b}}+0.241353X^{0.966162}$ $C_{\mathrm{lls}}=1.91675X^{0.08450}C_{\mathrm{b}}+0.354343X^{0.983048}$	C_{lld}、C_{lls}、C_{b} 分别为深侧向、浅侧向、基岩电导率，X 为孔隙度与裂缝内流体电导率的乘积（$\phi_{\mathrm{f}}\cdot\sigma_{\mathrm{f}}$）
中角度缝	60°~73°	$C_{\mathrm{lld}}=1.45232X^{0.0640265}C_{\mathrm{b}}+0.416279X^{0.998381}$ $C_{\mathrm{lls}}=1.70807X^{0.0711936}C_{\mathrm{b}}+0.446206X^{0.992311}$	
高角度裂缝	75°~90°	$C_{\mathrm{lld}}=1.16613X^{0.0389691}C_{\mathrm{b}}+0.769238X^{1.00081}$ $C_{\mathrm{lls}}=6.29014X^{0.248365}C_{\mathrm{b}}+0.42231X^{0.935661}$	

的裂缝性有效储层评价标准（表6-7）可见，裂缝型有效储层评价标准与孔隙型评价标准差别较大。应根据研究区实际情况制定适用于研究区的评价标准，再进行裂缝型储层的有效性评价。

表 6-7　济阳坳陷车镇、桩海地区裂缝型储层分类

储层类型	基质孔隙度/%	裂缝性次生孔隙度/%	深侧向电阻/Ω·m	浅侧向电阻率/Ω·m
Ⅰ类	>4.0	>0.04	<300	<220
Ⅱ类	1.7~4.0	>0.012	<750	<450
	>4.0	0.012~0.04	300~750	220~450
Ⅲ类	<1.7	>0.012	/	/
	>1.7	<0.012	/	/

3. 双侧向电阻率差异法评价裂缝状态

1985年Sabbit的实验表明，裂缝的产状与深、浅双侧向电阻率的差异有着直接的关系。一般裂缝角度在75°以上时，双侧向电阻率呈“正差异”特征；裂缝角度在60°以下时，双侧向电阻率呈“负差异”；裂缝角度为45°时，双侧向电阻率负差异幅度差最大；水平裂缝，双侧向电阻率呈现差异较小和无差异的特征。

对于高角度裂缝，裂缝被泥浆深侵，使深浅双侧向都只能探测到裂缝侵入区，双侧向电阻率都有所降低，但浅侧向数值降低得更快，因此在曲线上呈现正差异，其差值的大小反映了裂缝的发育程度。对于低角度裂缝特征，双侧向电阻率呈现负差异特征。网状裂缝响应特征介于高、低角度裂缝之间。低角度裂缝角度一般为0°~50°，倾斜裂缝角度一般为50°~75°，高角度裂缝角度一般为75°~90°。对裂缝状态的判断可利用以下方法。

裂缝发育系数（*FDR*）计算公式为

$$FDR=2\left[a\frac{R_{\mathrm{d}}}{R_{\mathrm{s}}}+b\left(\frac{R_{\mathrm{d}}-R_{\mathrm{s}}}{R_{\mathrm{d}}\times R_{\mathrm{s}}}\right)\right] \tag{6-6}$$

式中：R_{d} 和 R_{s} 分别为深、浅侧向电阻率，Ω·m；$a=0.23$；$b=0.38$。

裂缝状态指数（*RSK*）计算公式为

$$RSK=\frac{R_{\mathrm{d}}-R_{\mathrm{s}}}{\sqrt{R_{\mathrm{d}}\times R_{\mathrm{s}}}} \tag{6-7}$$

式中：R_{d} 和 R_{s} 分别为深、浅侧向电阻率，Ω·m。当 $RSK>0.1$ 时，为高角度裂缝；当0

$< RSK < 0.1$ 时，为倾斜裂缝；当 $RSK < 0$ 时，为低角度裂缝或裂缝不发育。

裂缝孔隙度计算模型：对于高角度缝，计算公式为

$$\phi_f = \left(\frac{8.52253}{R_s} - \frac{8.242778}{R_d} + 7.1236 \times 10^{-4}\right) \times R_{mf} \tag{6-8}$$

对于低角度缝，计算公式为

$$\phi_f = \left(\frac{1.99247}{R_d} - \frac{0.992719}{R_s} + 3.18291 \times 10^{-4}\right) \times R_{mf} \tag{6-9}$$

式中：ϕ_f为裂缝孔隙度，%；R_d为深侧向电阻率，Ω·m；Rs 为浅侧向电阻率，Ω·m；R_{mf}为泥浆滤液电阻率，Ω·m。

4. 裂缝的成像测井识别方法

成像测井不但能识别自然裂缝，而且能识别钻井诱导裂缝。

（1）自然裂缝

对于张开裂缝，裂缝内往往充填有泥浆等低阻物质，因此在成像测井图像上，张开裂缝往往显示为低阻黑色正弦曲线状特征。根据张开裂缝在图像上的表现形态，可以进一步把它分为高角度裂缝、斜交裂缝和网状裂缝。高角度张开裂缝在 FMI 图像上显示与井轴夹角很小甚至平行的黑色特征；与井眼斜交的张开裂缝在 FMI 图像上显示与井轴斜交而且成一定角度的黑色正弦状特征；网状张开裂缝在图像上显示为几个倾向或倾角不同的黑色正弦状特征交织在一起，相互交错显示为网状特征。

对于闭合裂缝，与裂缝面垂直方向上构成了非渗透性阻挡层。在确定地层最大渗透能力或排泄能力方向上以及确定地层古应力场方面，闭合裂缝具有重要作用。闭合裂缝往往充填有高阻物质如方解石等，因此，在 FMI 图像上闭合裂缝显示为高阻浅色的曲线特征，在图像上有 3 种表现形态。第一种是当闭合裂缝的裂缝面角度（与层理面的夹角）不大时，闭合裂缝在图像上显示为浅色甚至白色的正弦曲线状线条。第二种是裂缝面的角度（与层理面的夹角）较大时，在成像测井图像上，闭合裂缝所显示的正弦曲线的顶部以上或谷底以下出现光晕，而其余地方显示为深色或黑色特征，电阻率反差明显。第三种是闭合裂缝在图像上显示极不规则，呈现为高阻浅色或白色的短线条，电阻率反差明显，排列杂乱无章。

（2）钻井诱导裂缝

由钻井形成的裂缝统称为钻井诱导裂缝。当钻开地层以后，由于地层内部应力释放，以及由钻具在井壁造成的擦痕都可以形成钻井诱导裂缝。钻井诱导裂缝可以有效地确定地层的现今主应力方向，钻井诱导裂缝中往往充填有泥浆，电阻率较低，因此，在成像测井图像上它一般显示为黑色条状特征。根据钻井诱导裂缝形成的原因以及在图像上的表现形态，钻井诱导裂缝也有 3 种情况。第一种钻井诱导裂缝在图像上显示为与井轴近似平行的黑色线条。第二种钻井诱导裂缝在图像上表现为黑色短线相叠加，成为雁状黑色特征。第三种钻井诱导裂缝显示为黑色的模糊特征，这是由于井壁垮塌造成的，往往出现在致密坚硬的地层中。

（3）自然裂缝与钻井诱导裂缝的区别

虽然钻井诱导裂缝与自然裂缝都显示为黑色曲线状特征，但是它们之间的区别还是明显的。钻井诱导裂缝往往出现在相距 180°的两个极板上，成对出现；而自然裂缝通常单

个出现，即使是成对出现，往往对称性不好。自然裂缝的开度不稳定，时宽时窄，边缘不光滑；而钻井诱生裂缝的开度稳定性好得多，边缘光滑，缝面平直。钻井诱导裂缝直接切穿不同的岩石，如在砾岩中，它直接切穿各种大小的岩石；而自然裂缝则会绕过块状岩石。雁状分布的钻井诱导裂缝延伸较短，密度较高，多条裂缝的产状几乎完全一致；而自然裂缝很难有此完全一致性。

5. 裂缝的常规与成像测井相结合识别方法

结合区域地质概况，通过岩心和成像资料刻度，可识别低角度裂缝、高角度裂缝、直劈裂缝和高角度巨型裂缝4种不同产状裂缝，其识别模式如下。

（1）低角度裂缝

低角度裂缝在成像测井图像上显示为深色正弦曲线，常规测井曲线的主要特征是高的双侧向电阻率背景下，低电阻率明显异常；微电阻率曲线降低更为明显且变化剧烈，呈针刺状；深、浅、微3条电阻率曲线显示层界面深度一致性好；声波时差、补偿中子数值明显增大，声波时差常出现跳跃现象；密度曲线数值明显降低；井径曲线不平整，裂缝处呈锯齿状。

（2）高角度裂缝

高角度裂缝在成像测井图上显示为深色条纹，呈“V”形。在常规测井曲线上表现为双侧向电阻率降低，但幅度不显著，一般越接近高角度缝“V”形的底，降低幅度越大，并表现为正差异；微电阻率曲线表现为低阻异常，呈刺刀状，与双侧向电阻率曲线的响应常表现为深度不一致，裂缝角度越大，深度差异越大。在探测范围内显示为低孔隙度，表现为地层密度有一定程度降低，中子测井值有一定程度增大，而声波时差响应不敏感。

（3）直劈缝

裂缝倾角大于85°，成像测井资料图像上，砾岩普遍高阻，裂缝呈暗色条纹，二者之间对比明显，特别是裂缝常常整齐地切过亮色砾石颗粒，显示为近乎与井轴平行的对称出现的两条“铁轨”。在常规测井曲线上表现为：双侧向电阻率平缓降低，曲线较平直，并出现深浅侧向之间相对增大的准正差异现象；微电阻率曲线或平缓降低，或呈锯齿状跳跃。地层密度有一定幅度降低，中子测井值会有一定幅度的增大，声波测井无太大变化。

（4）高角度巨型缝

高角度直劈巨型裂缝在成像测井资料图像上十分明显，表现为较宽的黑色条带。在常规测井曲线上表现为深浅侧向电阻率降低，出现明显的正差异现象，且幅度差较大；微电阻率曲线出现大幅度低阻异常，或深侧向背景下大幅度针刺状低阻突变；地层密度有一定幅度降低；中子测井值有一定幅度的增大；往往造成井壁附近岩石强度降低，形成沿裂缝走向的垮塌，在常规测量的单井径曲线上，裂缝发育段井径较致密层有明显扩大的现象。

五、变质岩有效储层评价技术

测井资料是识别和预测变质岩储层裂缝的主要手段，可以利用岩心和测井的耦合建立岩－电关系。在此基础上，利用声电成像资料识别各种裂缝、孔洞发育情况；综合偶极子声波测井资料判别裂缝有效性及裂缝系统的区域有效性；利用自然伽马能谱资料判断地下流体情况；利用常规、成像测井资料建立双孔介质测井解释模型。

1. 岩性响应特征

在测井曲线上，各类变质岩特征测井参数值差异明显（表6－8）。

表6－8　不同变质岩类测井参数

岩石类型	造岩矿物	中子 %	自然伽马 API	电阻率 Ω·m	密度 (g·cm^{-3})
混合花岗岩与浅粒岩类	长石、石英，暗色矿物含量小于10%	0～5	高值	高值	2.55～2.68
混合岩类	长英质含量为70%～90%， 暗色矿物含量为10%～30%		高值	低值	2.55～2.68
片麻岩类	长英质矿物含量大于50%	4～15	60～150		2.68～2.75
变粒岩类	与混合岩类很接近，但是变粒岩的重矿物含量稍高一些，密度值偏大				
角闪岩类	角闪石是主要造岩矿物	6～13	40～60	低	2.8～3.0
辉绿岩类	“两高三低”，即高密度、高中子、低伽马、低时差、低电阻率				
煌斑岩	暗色矿物含量很高	高值	低值	较低	变化范围大
碎斑岩类	与煌斑岩的特征相似，曲线特征为高中子、低密度、低电阻率				

2. 变质岩裂缝储层识别方法

（1）双侧向－微球型聚焦测井

对于基块孔隙度较小的地层，由于单向导电响应规律表现得十分突出，双侧向曲线之间的差异一般受裂缝角度的控制。如大于70°的高角度裂缝，双侧向曲线一般呈正差异，且裂缝张开度越大，垂直缝的穿层越长，差异也越大。但要注意地层含油性的指示，当裂缝性地层趋于各向同性（基块孔隙度相当大）时，双侧向的差异主要反映在含油性上。对于低角度水平裂缝则相反，即浅侧向电阻率比深侧向电阻率要高，出现负差异，当水平裂缝张开度增加时，差异也相应增大。

（2）声波时差测井

当井眼与地层垂直时，地层层理及低角度裂缝对仪器测量的纵波能量衰减明显增大，这是由于纵波是一种典型的纵向波，按“压缩模式”传播，波的传播方向与质点位移方向平行，在测量过程中纵波的传播方向及质点位移方向与井轴平行，而层理和低角度裂缝能引起地层纵向上波阻抗的变化，导致纵波能量幅度的衰减，其衰减程度随着层理和低角度裂缝发育程度的增加而增大。因而，在声波曲线上出现时差增大或周波跳跃，声波一般不能反映垂直裂缝。

（3）井径测井

井径是研究裂缝的一种重要资料，如井眼定向扩径是一种应力造成的破碎。即当钻头钻遇裂缝时，裂缝发育方向的岩石比其他方向的岩石更为脆弱，在钻井液与钻具的冲力作用下，形成一定方向的坍塌现象，因此高角度裂缝是引起定向坍塌的重要原因。但好的储油层处于相对纯的高阻储层段中间，由于其裂缝发育，地层应力得到有效释放，因此井壁一般不会出现崩落、垮塌现象。

（4）自然伽马能谱

裂缝性地层一般高铀、低钍、低钾，3条测井曲线按一定横向比例重叠显示可直观划分储集层。因此，自然伽马能谱测井有助于寻找高产裂缝带及确定施行增产措施的层位。

利用交会图确定铀、钍、钾划分裂缝的有效性，首先将分析认为自然伽马能谱曲线有裂缝的显示层段，结合试油资料制作 U－Th、U/Th－(SGR－CGR)、K－(SGR－CG) 交会图，初步确定铀、钍、钾判断裂缝储集段的标准（表6－9）。

表6－9　裂缝类别及其铀、钍、钾含量

裂缝有效性	$U/10^{-6}$	$Th/10^{-6}$	$K/10^{-2}$	Th/U	SGR－CG/API
Ⅰ	>5	<13	<3.7	<2.5	>48
Ⅱ	3.5～5	<13	<3.7	<2.5	30～50
Ⅲ	2～3	14～18	3.5～4	2.5～6	10～30

（5）偶极阵列声波测井

利用偶极子及交叉偶极子声波测井可以判断裂缝发育井段及裂缝类型，即不同裂缝类型在波形幅度及衰减上具有不同的测井响应特征。

层理和低角度裂缝能导致纵波能量幅度的衰减，其衰减程度随着层理和低角度裂缝发育程度的增加而增大。而在横波测量过程中质点的位移方向与井轴垂直，中、高角度裂缝能够引起地层径向上波阻抗的变化，因此能够引起横波能量幅度的衰减，衰减程度亦随着裂缝发育程度的增加而增加。另外，其衰减程度与裂缝的充填物质有关，当裂缝为有效裂缝时，其内充填物为流体，此时会导致地层径向波阻抗数值发生严重衰减；相反，当裂缝被固体物质所充填时，则对地层波阻抗的数值影响不大，相应的衰减幅度也较小。由此可以判断储集层裂缝发育的有效性。斯通利波为沿井壁的滑行波，其对井壁的刚性非常敏感，在井眼规则的情况下斯通利波衰减意味着存在有利渗透层段，即为次生孔隙发育段（有效裂缝、溶蚀孔、洞）或存在构造破碎带。

3. 变质岩裂缝地震成像预测技术

（1）相干体识别方法

采用相干体分析及可视化显示技术识别断层，可精细刻画一些细小断层。相干体法是一种不连续性的拾取、计算手段，从常规数据体的连续性分析相干时间切片上看，可视化技术是对反射振幅的相对加强，即强化组成地层结构的主要岩性（目标岩性）的振幅透明度，而削弱其他振幅。从地层意义上讲，如果地层被错断，在横向上表现出振幅不连续和频率特征的不同，而振幅与频率的组合在可视化显示被强化时，将断层识别时的多种因素的平均效应转化为突出其中某一主要因素，因而能很好地反映断层的存在。

（2）曲率法描述裂缝

比较几种空间曲率与构造裂缝的线性相关性，从中优选出高斯曲率法和最大主曲率法，应用多元线性回归方法拟合两种曲率与岩心构造裂缝密度的关系，可以预测研究区的构造裂缝发育情况。例如，对潜山顶面对应的反射层求出各个数据点处的最大主曲率值、最小主曲率值和高斯曲率值，绘制出相应的曲率分布图，得出裂缝密度较大的井均分布在3种曲率绝对值较大的区域，各种曲率的高值区分布范围沿断层边界呈条带状延伸。高斯曲率与裂缝密度的相关性最好，可以反映裂缝分布的变化趋势；最大主曲率与裂缝密度的相关性较好，可以反映曲率细节。应用多元线性回归方法分析高斯曲率、最大主曲率与裂缝密度的关系，得出多元线性回归方程为

$$D_f = 9.33 + 0.23K_G - 0.65K_1 \quad (6-10)$$

式中：D_f 为裂缝密度，条/m；K_G为高斯曲率，无量纲；K_1 为最大主曲率，无量纲。

(3) 裂缝的地震反射能量识别方法

地震反射也可有效地识别变质岩储层裂缝的发育情况。一方面，风化壳的上部裂缝发育，被油气充填后，对地震反射的能量有一定程度的吸收，使地震反射能量降低，而且裂缝的发育程度与能量吸收成正比；另一方面，后期在遭受抬升和风化剥蚀阶段产生裂缝和溶蚀孔洞，造成其密度和地层速度降低，形成高速地层中相对低速或相对高阻抗地层中的低阻抗特征，致使潜山裂缝和孔洞发育区的储层速度有一定程度降低，而上覆的地层速度横向相对稳定，但相对于潜山地层呈低速，会使二者地层分界面的波阻抗差降低，反射系数减小，反射能量降低。

(4) 裂缝的地震反射特征识别方法

变质岩地层的岩性、物性差异，导致其抗风化剥蚀能力不同，加之风化剥蚀时间长短差异，除造成在区域上的裂缝和孔洞发育差异外，裂缝长度和孔洞规模的差异以及分布的严重不均匀，又进一步加大了发育带内部的储层非均质性。这种非均质性的存在，在三维地震资料上导致相邻地震道的相似性和相关性急剧降低，地震道局部的连续性变差。也就是说，地震反射连续性变差反映地层非均质性强，裂缝和孔洞相对较发育；反之，裂缝相对不发育。

地震反射连续性可以用三维地震方差体分析技术来描述。结合地质认识，以突出裂缝的细节特征为目的，通过不同的视窗反复试验对比，选择最佳采样视窗计算得到研究区方差体。在未考虑任何地质因素的情况下，方差体图能够清晰地反映裂缝的分布特征。因此，在地震反射能量、地震反射连续性与储层裂缝定性分析的基础上，可采用地震吸收系数方法半定量预测储层的裂缝发育区。

(5) 应力法预测裂缝

地震波吸收衰减现象是由于岩石基质的固有黏弹性，包括颗粒之间和裂缝表面的内摩擦损耗、孔隙岩石内液体相对流动及局部饱和效应等引起的。在地震频率范围内，吸收系数直接和岩石弹性系数、密度、黏滞系数、反射波频率等有关，为油气预测提供了重要信息。地震波在黏弹介质中传播，在低频（地震勘探频率）情况下吸收系数可表示为

$$\alpha = \frac{1}{2} \cdot \frac{\eta' \omega \sqrt{\rho}}{(k + 4/3\mu)^{3/2}} \quad (6-11)$$

式中：α 为吸收系数，无量纲；η'为黏弹介质的黏滞系数，Pa·s；ω 为圆频率，Hz；ρ 为岩石密度，g/cm^3；k 为岩石弹性模量，无量纲；μ 为拉梅系数，无量纲。

吸收系数与岩层密度、体积模量、切变模量有关，同时也与黏滞系数、反射波频率等有关。应用吸收系数属性分析方法进行变质岩裂缝发育程度预测，吸收系数强吸收段与测井解释有利储层段对应效果会较好，说明吸收系数属性能较好地反映目的层段储层的裂缝发育程度及含油气信息。

(6) 变质岩裂缝综合预测

一种方法往往不能有效预测裂缝的分布，在实际应用中应通过综合方法预测变质岩裂缝的发育情况。如利用构造应力法，通过 3D - MOVE/Stress 预测安福屯变质岩裂缝分布情况，预测结果与实际情况相一致（图 6 - 12）。应用地震多属性聚类分析技术预测潜山

裂缝，如通过 Max ABS Amplitude、RMS Amplitude、Average Instant Frequency、Slope of Refl Strength、Slope of Energy Half Time 5 种属性加权预测大民屯古潜山裂缝（图 6 - 13）。

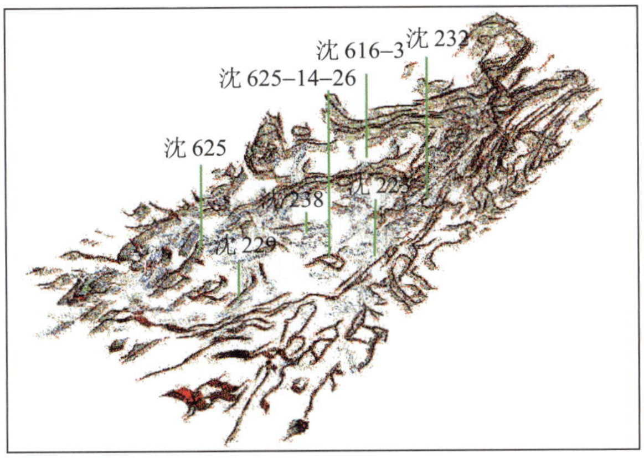

图 6 - 12　安福屯潜山构造应力法裂缝预测

图 6 - 13　大民屯潜山多属性聚类分析裂缝预测

六、火山岩风化壳储层评价技术

火山岩风化壳油气藏具复杂岩性、岩相和强非均质性特征。分析方法：采用重磁电剥层处理、沿层延拓信号增强反演方法有效预测区域火山岩分布；建立风化淋滤剥蚀后不同岩石组合的不完整火山机构和形态识别模式，利用相干体和振幅分析等方法有效识别火山岩目标；在建立单次火山喷发岩石序列及储层分布模式基础上，开发基于次生溶蚀孔隙和裂缝为主的波阻抗储层反演方法，有效预测多期次火山喷发间隔风化淋滤形成的叠置有利储层分布；通过岩性、储层预测与振幅衰减属性、吸收系数差异预测结合，有效预测其含油气性。从火山岩区域预测到含油气性预测逐步逼近的火山岩风化壳地层油气藏评价预测方法，有效地解决了火山岩风化壳地层型油气藏的评价预测难题，在新疆北部石炭系火山岩风化壳地层油气藏勘探中应用效果良好。

1. 火山岩风化壳油气藏地球物理评价预测流程

火山岩具有较强磁性、较高电性和较大密度等地球物理特性，重磁电方法在火山岩区域预测中可发挥重要作用。大面积分布的火山岩并非均能成藏，火山岩风化壳与原生型火山岩相比其地球物理特征发生了较大变化，重磁电不能完全解决火山岩油气藏评价预测的难题。以新疆北部石炭系火山岩风化壳地层型油气藏为例，研发了地球物理评价预测方法：①以重磁电为主预测火山岩及岩性区域分布；②井震结合及地震属性、相干体对火山岩目标进行识别和描述；③岩心、测井资料评价火山岩风化壳有利储层，井震结合反演预测有利储层分布；④油气层测井评价、岩性、储层和振幅衰减属性、吸收系数差异结合检测含油气性，确定钻探目标。该方法通过勘探应用证实是可行有效的，其流程见图 6 - 14。

2. 火山岩区域预测方法

重磁电处理解释方法主要有空间时间域方法及波数频率域方法两大类。基于大地电磁法和频率域电磁测深法，结合空间时间域方法的高精度和分辨率及波数频率域方法计算速度快、定性评价效果好的特点，开发了重磁电剥层处理、沿层延拓信号增强反演的火山岩

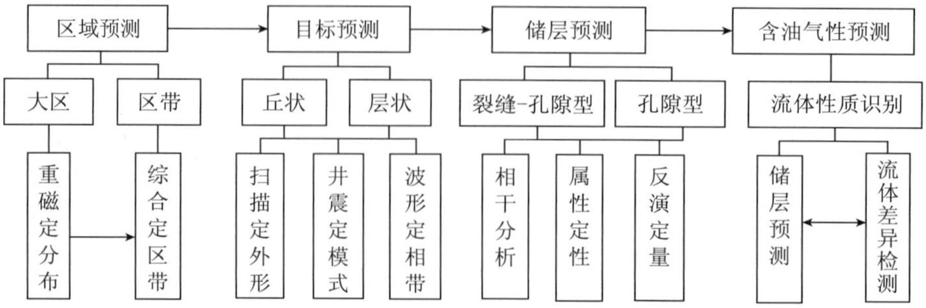

图6－14　火山岩风化壳地层型油气藏地球物理评价预测流程

区域预测方法，提高了处理解释精度和有效性。

(1) 火山岩区域分布预测方法

火山岩的重磁电特性是预测火山岩分布的基础，火山岩风化淋滤后其重磁电特性变化不大，仍是火山岩预测的重要依据。重磁异常是地下由地表到深处探测范围内各相应场源的综合叠加效应。因此，在利用重磁数据认知地质目标时需要进行区域场和局部异常变换处理，对频率域滤波、解析延拓、分场和求导等进行处理，突出和分离不同场源信息；通过重力水平总梯度、插值切割、正则化、匹配滤波和重力线性反演等处理，分离不同性质场源体引起的叠加重力异常，揭示深浅源磁异常、区域断裂构造及火山岩展布。

(2) 火山岩区域预测方法

通过重磁二阶导数异常精细刻画火山岩分布，重磁正演剥层处理，消除浅层影响，突出深层目标的重磁特征，沿层下延拾取重磁异常，增强目的层火山岩异常特征，重磁电震综合处理解释减少多解性，增加火山岩体识别的可靠性。其中重磁异常增强和电磁反演是火山岩区带预测的关键。

A. 重磁异常增强方法

将延拓回返滤波因子与广义垂直 N 次导数滤波因子串联组合，构成带通滤波器，引入延拓回返带通滤波算子，改进传统求导方法。传统二次导数为一个主频较高（$f_0=0.318\text{Hz}$）的宽带滤波器，对信号与噪音均放大；延拓回返滤波器为一个主频较低（$f_0=0.178\text{Hz}$）的窄带滤波器，滤波曲线较陡，放大信号，压制噪音，更能突出低频，带通效果好，处理结果异常规律性较强（图6－15）。延拓回返滤波器随着导数阶次增加，主频逐渐向高频移动，通过调节广义垂直 N 次导数次数、延拓回返高度及次数，压制高频噪音，突出不同深度地质体异常，实现重磁异常目标处理，提高火山岩性体识别能力。采用的波数域算子如下：

$$F=\{\exp(-2\pi h)\sqrt{u^2+v^2}[6-\exp(-2\pi h\sqrt{u^2+v^2})-2\cos(2\pi hu)-2\cos(2\pi hv)]\}^p\cdot(2\pi\sqrt{(u^2+v^2)})^n \quad (6-12)$$

式中：F 为傅立叶变换；h 为延拓高度；u、v 分别为 x 和 y 方向的波数；n 为垂直导数次数，取值范围为0.1～5.0的正有理数；p 为延拓至深度 h 的波场。此式拓展了传统导数次数为正整数的认识。

B. 电磁反演深度处理技术

通过电磁反演，搞清纵向结构特征，为重磁预测火山岩岩性提供剖面依据。建场测深资料处理主要包括4项：①叠前处理，删除明显畸变信号，采用傅立叶变换分析信号频谱

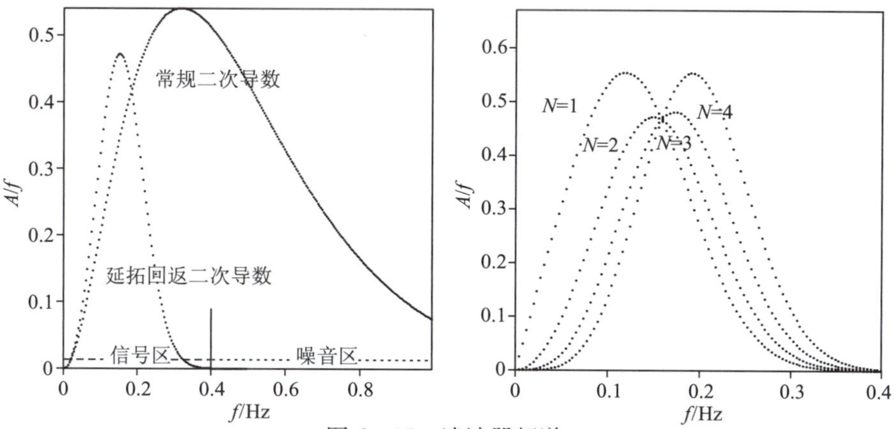

图 6－15　滤波器频谱

A—振幅；f—频率；N—垂直导数次数

成分；②同步叠加，采用同步叠加求均及滤波平滑等方法抑制噪音，提高信号品质，将信号换算成反映电磁能量在地下传播特征的标准化函数 $F(t)$；③迭后处理，从 $F(t)$ 函数出发，求取每个测点的地电参数曲线，获得表征地下岩层电性分布特征的异常场时间剖面和深度剖面；④正反演处理得到剖面地质信息（图 6－16e）。

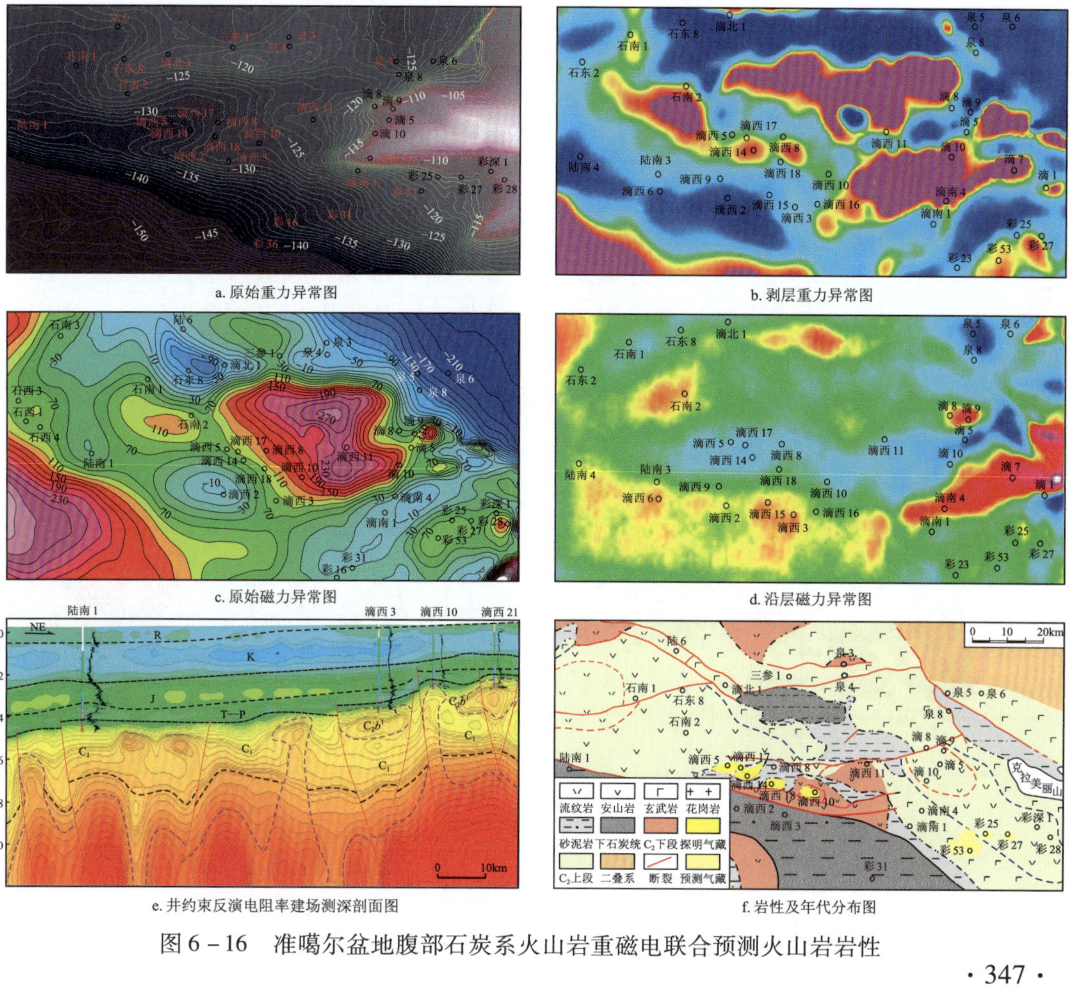

a. 原始重力异常图　b. 剥层重力异常图　c. 原始磁力异常图　d. 沿层磁力异常图　e. 井约束反演电阻率建场测深剖面图　f. 岩性及年代分布图

图 6－16　准噶尔盆地腹部石炭系火山岩重磁电联合预测火山岩岩性

C. 火山岩区域预测

由原始航磁异常分离得到的局部磁异常仍然是由基底内部各磁性体产生的异常叠加的综合反映（图6－16a），利用垂向二阶求导数分离叠加在中下磁性体组合异常上的顶部异常和旁侧叠加异常，能更精细地刻画目的层磁性体的分布和形态特征（图6－16b）。重磁正演剥层处理，消除了浅层影响，突出了深层目标重磁特征，通过建立火山岩以上地层密度模型的重力正演，从原始重力异常中减去中浅层重力异常效应（图6－16c），可消除浅层的影响，突出火山岩地层重磁特征，沿层下延拾取重磁异常增强目的层火山岩异常的分布特征。以上处理是从地面上远距离地研究探讨目标。为了近距离精细刻画火山岩勘探目标的重磁异常特征，采用下延方法逼近场源、沿层拾取重磁异常，突出目标局部细节特征（图6－16d）。重磁电震综合处理解释减少了多解性，增加了火山岩体识别的可靠性。任何地质体均具有弹性模量、电阻率、密度等多种属性特征，通常各种方法分别观测地质体的单一属性参量，但由于地面观测条件和地下地质构造条件不同，所获得的各种参数均具有一定的不确定性，从而造成反演的多解性。因此，充分利用重磁电震进行综合处理解释，可提高火山岩识别的可靠性和精度（图6－16f）。

3. 火山岩目标识别方法

火山岩目标受喷发期次和爆发指数控制，其大小和形态差别较大，不同岩性和岩相的地球物理特征不同。原生型火山岩火山机构和形态完整，易识别；受风化淋滤改造后的火山岩火山机构和形态不完整，地球物理参数发生变化，识别难度较大，但其低频特征基本未变，同样可识别。

（1）火山岩测井响应特征

火山岩类型不同，其结构、构造及孔隙类型、测井响应特征不同。可综合常规测井、微量元素俘获测井（ECS）、成像测井（FMI）响应特征识别岩性，划分相带，通过分析提取火山岩储层变化敏感性参数，井震结合识别火山岩目标。一般从基性到酸性火山岩自然伽马值逐渐增大，密度、速度和电阻率逐渐降低，同类火山岩岩性由熔岩、过渡岩类向角砾岩类密度和速度逐渐减小（图6－17）。风化淋滤可导致火山岩放射性减弱，同类火山岩岩性蚀变后放射性明显低于蚀变前；在同样蚀变环境下，不同类型火山岩蚀变程度不

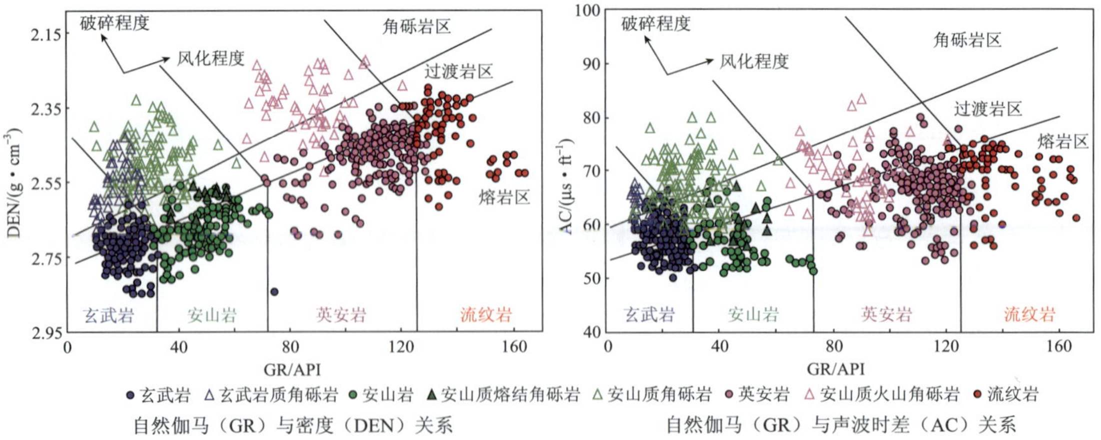

图6－17 火山岩岩性风化及破碎程度测井响应特征

同，由基性到酸性由弱到强变化；蚀变环境下均伴随裂缝产生，火山岩发生破裂，孔隙空间增大，导致放射性、密度和速度降低（图6－17）。通过岩心观察、薄片鉴定、测井解释，建立火山岩岩性识别图版，根据敏感参数识别不同岩性。

（2）火山岩目标剖面识别方法

新疆北部石炭系火山岩风化壳与原生型火山岩相比，火山岩目标地球物理相应存在较大差别。在利用重磁电震宏观识别火山岩体和梳理断裂体系基础上，建立火山岩测井和地震识别模式，剖面上识别火山岩目标，平面上根据地震属性和波形分类等划分火山岩岩相，预测火山岩目标。

不同火山岩相带及岩性组合的地震反射特征不同，如振幅、频率、相位、波形等特征。外部几何形态，如丘状、席状、平行、亚平行，是地震识别火山岩目标的基础。由于火山岩产出、侵位方式不同，火山岩岩相具多样性。不同岩相组合的地震反射特征不同，火山岩风化淋滤程度、岩相等不同表现出不同的地震反射特征（表6－10）。可根据其特征识别火山岩目标，如改造较轻的安山岩和角砾岩互层火山岩表现为平行连续强反射特征（图6－18a），改造严重的流纹岩为弱连续杂乱反射特征（图6－18b），改造较严重的安山岩和角砾岩互层火山岩为亚平行弱连续反射特征（图6－18c），受构造改造严重的熔结角砾岩和安山岩互层为弱连续弱反射特征（图6－18d）。

表6－10　新疆北部石炭系火山岩目标地震反射特征

<table>
<tr><th>地震相大类</th><th colspan="2">地震相</th><th>岩石组合</th><th>相/亚相</th></tr>
<tr><td rowspan="3">火山岩为主地震相：呈透镜、丘、盾状，中低频，透镜或边缘强振幅、内部弱振幅，连续性差</td><td colspan="2">叠置菱形或复合丘型体：中低频、弱振幅、连续性差</td><td>火山熔岩与碎屑岩</td><td>复合</td></tr>
<tr><td colspan="2">斜列式强反射体：中低频、强振幅、连续性差</td><td>火山角砾岩为主</td><td>锥形或爆发相</td></tr>
<tr><td colspan="2">碟－透镜－盾状反射体：中频、中—弱振幅、平行连续性好</td><td>火山熔岩为主</td><td>盾形或溢流相</td></tr>
<tr><td rowspan="4">沉积岩为主地震相：呈层、厚层、前积状，中—高频，中—强振幅，同相轴平行，连续性好</td><td colspan="2">前积反射体：中频、中—强振幅，平行连续性好</td><td>砂砾岩夹泥岩</td><td>冲积扇、三角洲</td></tr>
<tr><td rowspan="3">平行反射体</td><td>层状、高频、强振幅、连续</td><td>含煤系地层</td><td>沼泽—泛滥平原</td></tr>
<tr><td>层状、中—强振幅、高频连续性好</td><td>厚层泥岩为主</td><td>深水—较深水</td></tr>
<tr><td>厚层状、中强振幅、高频、连续性好</td><td>厚层砂岩夹泥岩</td><td>河流－湖相交互</td></tr>
<tr><td rowspan="3">过渡类地震相：呈似层—楔状，中频、中等振幅、连续—断续</td><td rowspan="3">似层非对称体</td><td>似层状—楔状、中高频、中强振幅、连续—断续互层</td><td>火山岩与泥岩</td><td>火山岩与深水相</td></tr>
<tr><td>似层—楔状、中频、中振幅、连续—断续互层</td><td>火山岩与砂砾岩</td><td>火山岩与陆相</td></tr>
<tr><td>似层状、高频、强振幅、断续中夹连续层</td><td>火山岩与煤层</td><td>火山岩与沼泽相</td></tr>
<tr><td>侵入岩地震相</td><td colspan="2">丘状—穹窿状反射体：杂乱反射</td><td>侵入岩为主</td><td>侵入岩相</td></tr>
<tr><td>动力变质—变形相</td><td colspan="2">杂乱反射或纵向叠加锥形体</td><td>变质岩及变形区</td><td>剥蚀区</td></tr>
</table>

（3）火山岩目标平面预测方法

首先根据地震相分析对火山岩相进行定性分类，利用波形分类和多数性聚类分析对火山岩岩相进行半定量评价，利用相干体、分频属性、振幅特征等方法确定火山岩目标平面分布范围。

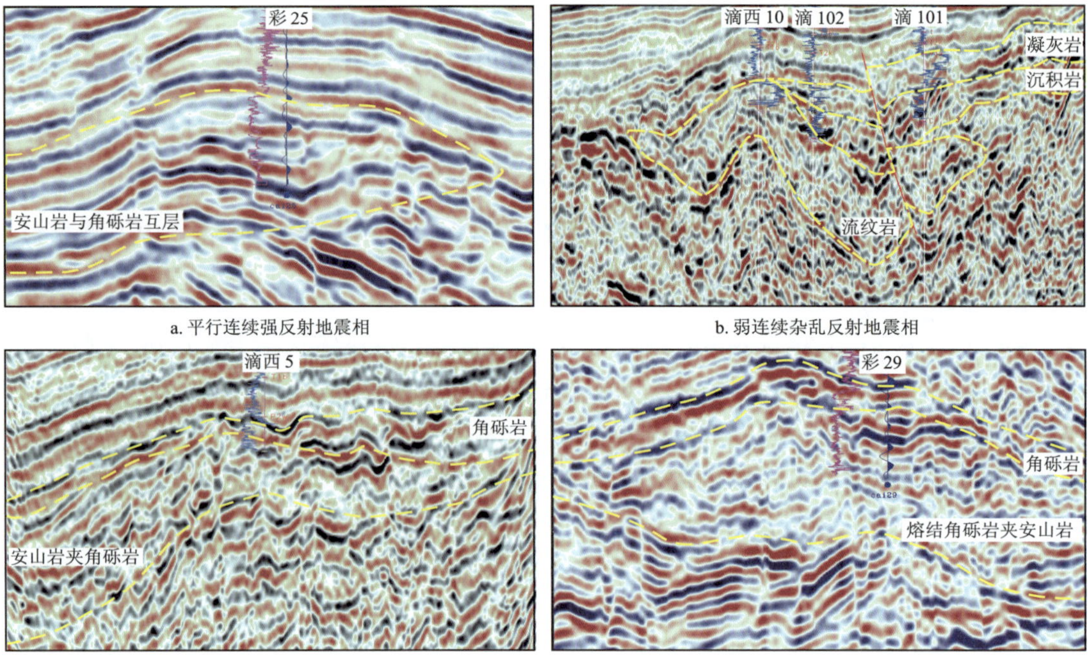

a. 平行连续强反射地震相　　b. 弱连续杂乱反射地震相

c. 亚平行弱连续地震相　　d. 弱连续弱反射地震相

图6－18　火山岩目标地震相剖面

新疆北部石炭系火山岩喷发及后期经历了复杂构造演化，利用倾角、方位角、振幅、频率信息等多属性相干检测，预测裂缝发育程度。裂缝发育主要受断裂和古构造控制，断裂带、古构造高部位和斜坡带裂缝较发育，古构造斜坡部位裂缝和微裂缝次之，低洼部位裂缝和微裂缝不发育（图6－19a）。首先确定同类型岩相分布区，在同类岩相带内根据古构造位置和相干体特征确定裂缝发育区，如古构造和断裂发育处的溢流相分布区相干体检测的裂缝和微裂缝发育，而低洼部位溢流相分布区裂缝和微裂缝不发育。火山岩经受风化淋滤后，储层物性变好，密度和速度变小，导致振幅减弱（图6－19b）。新疆北部火山岩储层以风化壳型为主，原生型火山岩一般不能形成有利储层，因此，结合岩相、相干体、振幅属性等参数确定有利火山岩目标边界，平面上预测有利火山岩目标分布。

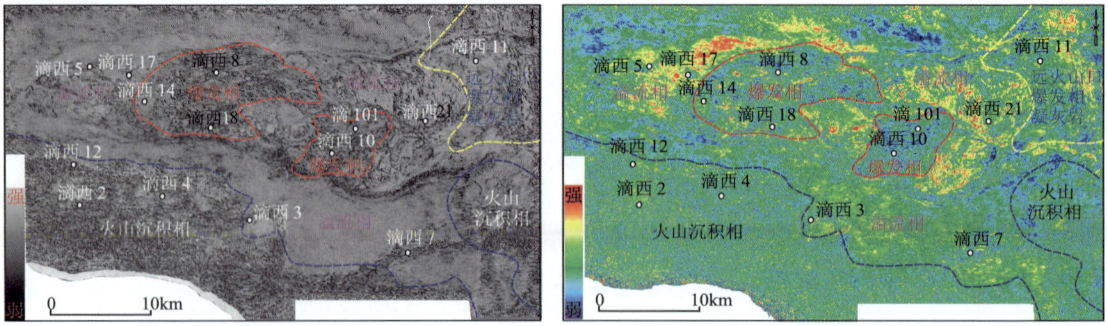

a. 相干体平面分布（准噶尔盆地陆东）　　b. 振幅属性平面分布（准噶尔盆地陆东）

图6－19　火山岩目标平面识别

4. 火山岩有利储层评价预测方法

北疆石炭系火山岩发育于陆上喷发环境，经历了不同时间间断的风化淋滤，形成了不同厚度的火山岩储层，多次火山岩喷发间歇期形成的火山岩有利储层叠置可形成较厚的火山岩有利储层。同时，经历长时间风化淋滤后的火山岩也可形成受不同岩性和岩相控制的火山岩有利储层分布区。

（1）火山岩储层特征

完整的火山岩序列自下而上一般由致密熔岩、杏仁－裂缝－气孔熔岩、熔结角砾岩、凝灰岩组成，位于原生型火山岩序列上部的熔结角砾岩和自碎－裂缝－气孔熔岩相储层物性相对较好，但连通性较差，一般不能形成良好储层。火山喷发时的构造相对高部位一般凝灰岩较薄，经短暂风化淋滤后，表生环境的地表水沿裂缝和微裂缝下渗，对熔结角砾岩和熔岩段进行淋滤，使本身孔隙较发育段的孔隙更加发育，连通性变好，同时受裂缝和微裂缝改造，储层物性更好。因此，受短暂风化淋滤的火山岩有利储层一般发育于喷发序列中上部（图6－20），最有利层段为火山岩序列的熔结角砾岩、自碎熔岩和裂缝－气孔熔岩相。

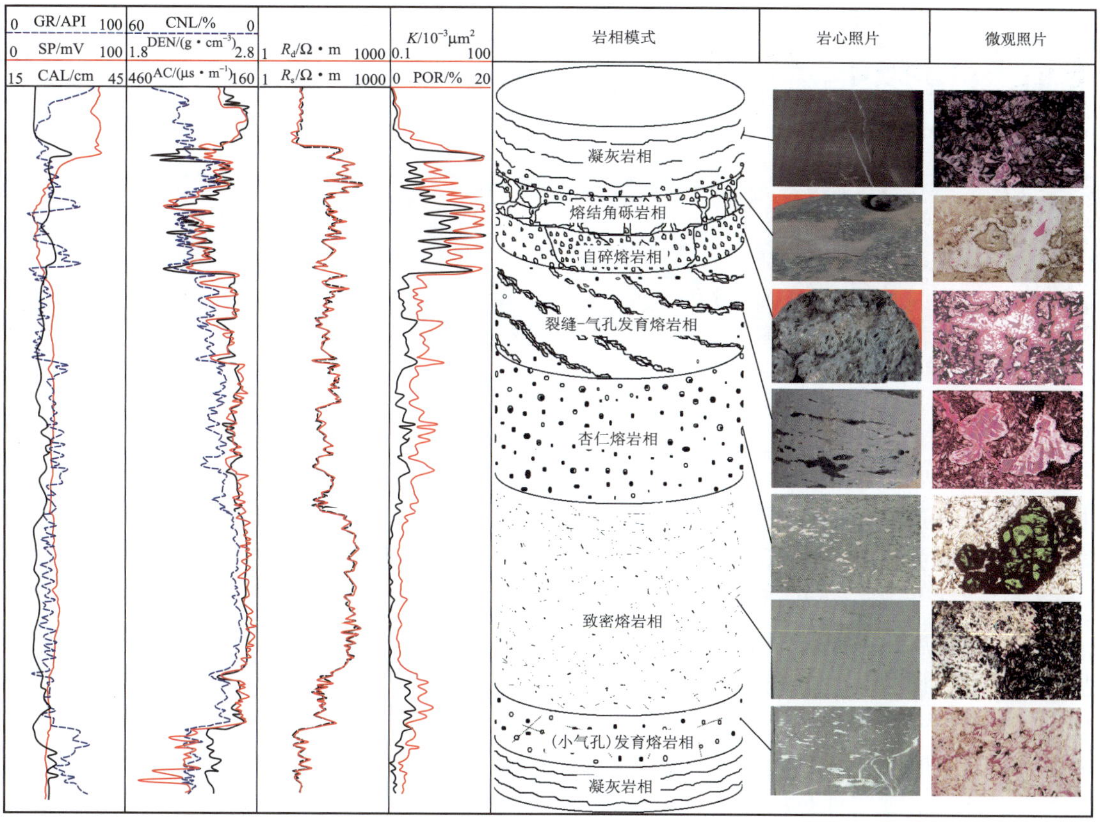

图6－20　单期次喷发火山岩相模式及特征

裂缝和微裂缝对火山岩有利储层的改造至关重要，新疆北部石炭系火山岩中对有利储层起控制作用的裂缝主要包括喷发时形成的节理缝、热气爆炸缝、冷凝收缩缝，风化淋滤形成的网状缝和受构造运动形成的裂缝。不同（微）裂缝成因机理不同，其产状存在差异，节理缝和热气爆炸缝一般横向沟通，但距离较短，相互沟通较差，成像测井上虽然显示为裂缝发育段，但一般控制的流体渗流半径较短，对渗流能力贡献较小；冷凝缝一般发育于粒间和粒内，单条裂缝延伸距离短，相互沟通较差，成像测井上显示裂缝发育，对有利储层贡献不大；风化淋滤形成的网状裂缝和构造应力形成的裂缝一般延伸距离较长，相互沟通性较好，是有利储层和流体渗流的主要贡献者（图6－21）。

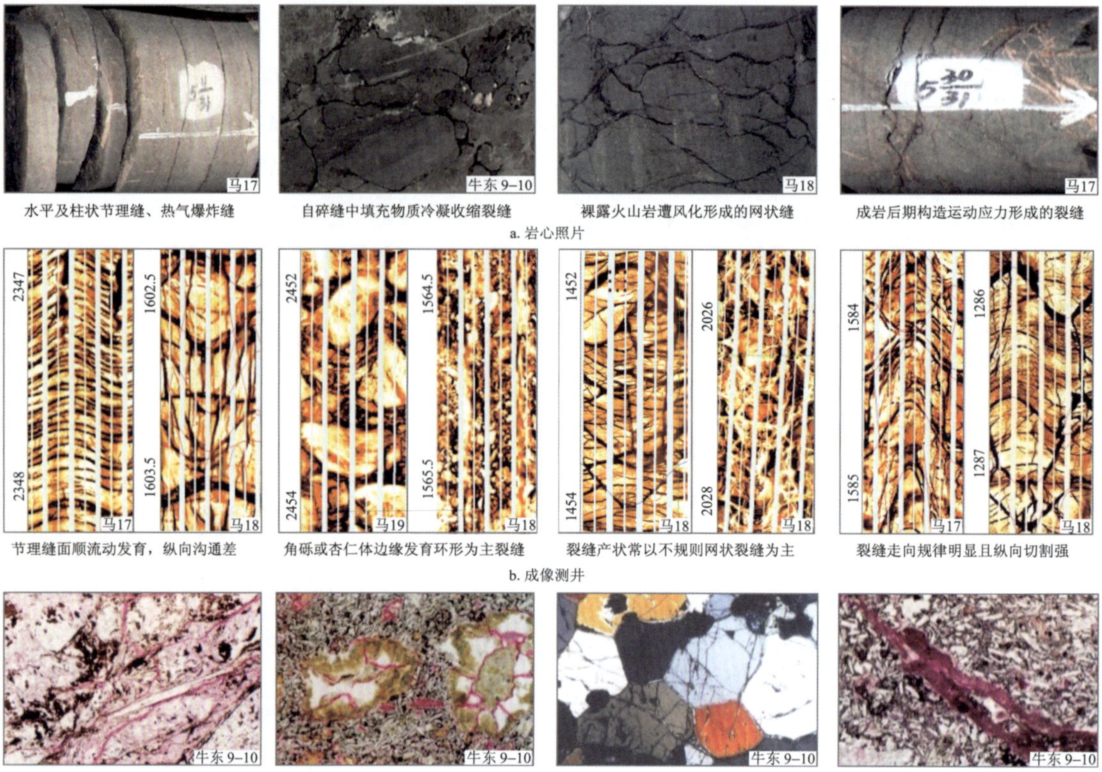

水平及柱状节理缝、热气爆炸缝　自碎缝中填充物质冷凝收缩裂缝　裸露火山岩遭风化形成的网状缝　成岩后期构造运动应力形成的裂缝

a. 岩心照片

节理缝面顺流动发育，纵向沟通差　角砾或杏仁体边缘发育环形为主裂缝　裂缝产状常以不规则网状裂缝为主　裂缝走向规律明显且纵向切割强

b. 成像测井

岩浆作用及后期热液阶段形成的粒内、粒间微裂缝　风化淋滤及深埋改造阶段形成的微裂缝

c. 铸体照片

图6－21　火山岩裂缝识别图版

火山岩经风化淋滤后孔隙度可增加10%～200%，而渗透率可增加几倍至上百倍，风化淋滤增加的孔隙和裂缝主要是沟通原生孔隙和裂缝的储集空间。因此，对火山岩有利储层的形成起至关重要的作用，溶蚀孔隙和裂缝是火山岩有利储层的主要储集渗流空间。

（2）火山岩有利储层预测方法

对火山岩风化壳有利储层预测主要采用地震反演方法，而对储层参数预测精度不高。进行有利储层预测时，首先通过目标识别和解释，对泥岩、砂砾岩、火山岩分布段进行预测，在火山岩中利用储层反演预测有利储层分布。火山岩储层预测技术难点表现在火山岩埋藏深，纵向厚度大和横向岩性岩相变化大，火山岩成层性差，分布规律复杂，火山岩地震追踪困难，地震属性分析时窗难以确定，建模难度大。因此，在火山岩有利储层预测时采取分步骤循序逼近的方法，对火山岩有利储层进行预测和描述。

储层反演方法很多，波阻抗反演是储层预测的有效方法之一。新疆北部石炭系火山岩风化壳储层非均质性极强，相带变化快，常规方法不能有效进行岩性识别和储层预测，主要采用地震波阻抗方法预测火山岩有利储层，测井曲线归一化处理及子波选取、储层标定及反演初始模型建立是关键。通过储层物性响应特征分析，确定敏感参数，将能够有效反映储层岩性、物性的特征参数通过“特征曲线声波量纲构建”，构建成声波量纲进行反演，来预测火山岩有利储层分布。如对牛东地区的火山岩有利储层预测发现，由多次喷发组成的多层叠置火山岩在经受不同时间的沉积间断风化淋滤后，形成了多层叠置的火山岩有利储层（图 6－22）。

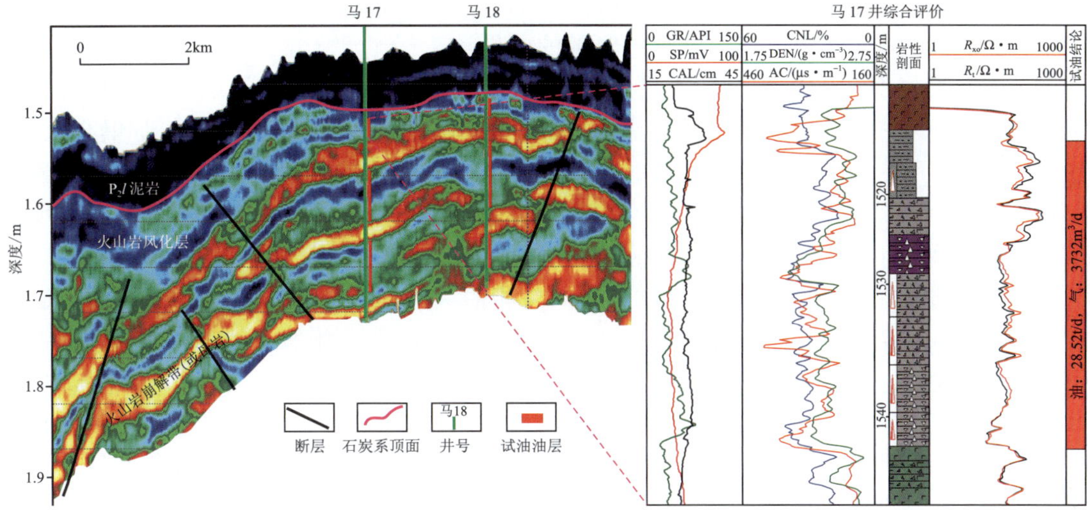

图 6－22　三塘湖盆地多期次喷发火山岩储层预测及测井响应特征

七、碳酸盐岩缝洞单元识别方法

碳酸盐岩缝洞型储层的开发和评价以缝洞系统与单元的划分为基础，这里阐述碳酸盐岩缝洞单元的识别方法。

1. 缝洞系统和缝洞单元的概念

缝洞系统是指在同一岩溶背景下，由相关联的孔、洞、缝构成的岩溶缝洞发育带或缝、洞集合体。缝洞系统的空间展布受断裂、古地貌和古水系的控制，常表现为树枝状管道溶洞、网络状缝洞体等复杂的结构。系统与系统之间有连续的致密体分割，缝洞系统边界代表了岩溶作用和与之关联的裂缝边界。缝洞系统油气藏聚集具“统一温－压系统、大面积含油、缝洞储集体富集”的特点，断裂输导体系控制缝洞系统的油气分布。

缝洞单元是指由裂缝网络连通的一个或多个溶洞所组成的具有统一压力系统和水动力系统的流体动力单元，以溶蚀的孔、洞、缝为主要储集空间和渗流通道，周围被相对致密或渗透性较差的隔挡层（体）遮挡，同一缝洞单元内具有统一的压力系统和油水关系，可以看成为独立的油藏或者小型油藏。在生产中可作为一个相对独立的流体运动单元和油气开采的基本单位。

缝洞系统强调了成因（断裂、古地貌、古水系等）对储层参数（孔隙度、储层厚度等）的影响，对单元内的流体渗流屏障研究不深入。缝洞单元强调了流体连通性及渗流差异，是具有统一压力系统和油水关系的独立油气藏，是对储集单元的进一步细化。缝洞单元是缝洞型碳酸盐岩油藏的基本开发的最小单元。

2. 缝洞单元划分原则与方法

为了提高缝洞单元划分的效率与意义，一般遵循以下几个原则。

（1）缝洞划分原则

1）有利于油田开发及精确认识缝洞单元的原则。划分缝洞单元是为了进一步认识油藏储集体的分布规律，能够更精确地把握油藏的各项开发特征，以拟定合理的油藏开发指标和优化开发政策，从而达到油藏高效开发的效果。

2）“宁大勿小”的原则。对于已划分出的缝洞单元而言，不论是单井缝洞单元还是多井缝洞单元，它们各自都可以看成是一个独立的“油藏”，“麻雀虽小，五脏俱全”，因此对于它们的开发就需要以一个油藏的开发标准进行。目前的开发资料并不能精确地判断出井间的连通性，需要从多方面的动、静态资料去研究与分析，因此在现有资料不能明确划分缝洞单元的时候，尽可能地把缝洞单元划大，等待资料足以明确判断时再来细化。

3）一个缝洞单元内部的流体性质应相同或相似。根据流体的扩散与对流原理可以推断，在一个多井缝洞单元内，各油井所产出的流体性质应大致相似或相同，流体性质差异大的不同区域必定不属于同一缝洞单元。

4）可将干井和特低产井作为边界。就干井而言，其钻遇的储层条件非常差或者直接钻遇不渗透的非储层，特低产井一般则是钻遇到与高渗储集体连通很弱的储集系统，虽然对邻近的储集体开发有一定的分流作用，但实际上开发的影响很小。因此可以将干井或是特低产井划分为缝洞单元的边界。

（2）缝洞单元的划分方法

根据动态资料及静态资料，根据具有统一的压力系统及相似的流体性质等特征进行划分。

A. 利用静态资料初步判定

首先根据油藏的静态模型及缝洞单元所在位置的构造情况，可以初步判定缝洞单元的大致范围，为后面的动态资料精确划分奠定基础。在划分缝洞单元时，利用前期精确油藏描述的成果，进一步掌握孔、缝、洞、基质等不同类型储集空间的分布情况，并分析各类储集体在空间上的展布与变化规律，深化对不同储集体的特征及空间变化非均质性的认识。

通过钻井、录井及地震等多方面的静态资料，分析缝洞单元储层各项物性参数（孔隙度、渗透率、储层厚度等）的变化特征，以此确定缝洞单元的范围。例如，通过钻井资料，分析钻井过程中的钻具放空与泥浆漏失的具体数据，可以大致确定缝洞单元中缝洞的发育情况与连通性的好坏。

利用静态资料确定缝洞单元边界的原则为：现今岩溶地貌的岩溶冲沟、断崖、岩溶洼地等自然边界；试井解释的全封闭油藏的供油半径或不渗透边界；椭圆形、串珠状、条带状振幅变化异常范围；波形、三维可视化雕刻出现变化的界限。

静态资料划分方法只能初步确定在构造模型中缝洞单元的大致分布范围，随后还需要通过动态资料对缝洞单元进行精确划分。

B. 利用动态资料精确划分

动态资料方法除了可以对缝洞单元进行精确划分，还可以对已划分的缝洞单元中各部分连通性进行分析与验证，详细方法如下。

（A）压力下降法

压力下降法包括地层压力均衡下降法和井口油压均衡下降法。

地层压力下降法的原理是：同一个缝洞单元内部，随着油井的不断生产，地层流体的采出量增加，地层压力呈现递减趋势，而属于同一缝洞单元的油井地层压力的递减幅度相似，若后期油井的地层压力等于或高于前期油井的地层压力，则说明不属于同一缝洞单元。

有时油藏静态地层压力的资料很难获得，很难进行油井生产情况的变化分析，但由于缝洞单元中裂缝与溶洞的传导性很高，此时可以假定井底流压与油井静态地层压力的变化趋势是相似的，在单向流时井口油压数据又与井底流压的变化趋势相似，而从将对地层压力的对比分析转化了对井口油压的对比分析，这也就是井口油压均衡下降法的基本原理。

具有相对一致压降或压力变化趋势的井组可划分为同一缝洞单元。如 LN44 井 2008 年 4 月 4 日为高含水关井，侧钻井眼（LN44C）奥陶系顶比原井高 43m，原油比重略低，但气油比略高。2008 年 1 月 20 日 LN44C 井投产，初期生产指标与 LN44 井一致，生产 65d 后含水率即由 0 突升到 40%，后两井压力系数同为 1.0，动、静态均反映两井为同一缝洞单元。

（B）井间干扰法

开发过程中具有井间干扰现象的井组可划分为同一个缝洞单元。利用新井酸压投产、老井注水、堵水及改变油嘴大小等对邻井的干扰信息，判断是否属同一缝洞单元。如轮古油田桑南西地区 LG100 井区，根据出现的井间干扰现象，把 LG100－6 井、LG100－9 井、LG100－10 井、LG100－11 井、LN54 井、LN54－1 井 6 口井划分为同一个缝洞单元。

（C）邻井见水动态法

隶属于同一多井缝洞单元的油井，应具有相似的油水关系，各油井在生产过程中见水、含水变化特征也应有一定的联系，可以利用油井含水率变化的动态特征判断井间的连通性。

（D）流体性质差异法

奥陶系油藏的开发实践表明，油藏内部的流体性质十分复杂。油气的性质在纵横方向上都有一定程度的非均质性。国内外很多油田的研究实例表明，油藏内部流体的非均质性也可以用于判断油藏的连通性。

碳酸盐岩缝洞型油气流体性质变化复杂，在纵、横向上，油气水性质都表现为较强的非均质性。从理论方面来看，如果油藏内部是连通的，则流体之间的混合作用能够完全或部分消除流体在运移过程中所产生的成分差异；如果油藏是分隔的，则由于各种原因（如油源差异、成藏期次不同、原油的生物降解作用等）将会造成流体性质的差异。因此，可利用油藏内流体非均质性特征来判断油气是否连通。

（E）示踪剂判别法

示踪剂井间监测技术是在注水井中注入水溶性示踪剂，在周围监测井中取水样，分析样品中示踪剂浓度，并绘制出邻井示踪剂浓度随时间变化的曲线，通过对产出曲线的分析，判断油藏是否连通，若连通，则连通井组即为同一缝洞单元。

3. 缝洞单元划分的意义

缝洞单元是缝洞系统内储集体的进一步细分，是碳酸盐岩缝洞型油气的最小单元。不论是单井缝洞单元还是多井缝洞单元，都可以看成是一个个单独的油藏，它们之间被致密层隔挡，互不连通，应各自独立开发。缝洞单元的精确划分是油田高效开发的前提条件，具有十分重要的意义。

(1) 对油藏地质特征的研究具有重要意义

各个缝洞单元在地质特征方面具有一定的差异，每个单元都有自己的储层特征、压力系统、流体分布、储量规模等。通过缝洞单元的划分，将油藏分为多个小型的开发单元，降低了油藏储层、流体等的非均质性，有利于精确刻画油藏的地质模型。

(2) 对油藏含水变化情况的研究奠定了基础

油田奥陶系碳酸盐岩油藏油井见水规律性差，见水后含水变化类型繁多，但同一缝洞单元内的油井含水变化在一定程度上存在着规律联系，因此在研究该类型油藏的含水时，通常以同一个缝洞单元内的油井为一个体系进行研究。

(3) 针对不同的缝洞单元，提出不同的开发对策，可有效增加油藏的采收率

通过对缝洞单元的整体开发与单元内单井的开发相结合，不同的缝洞单元根据各自情况，实施相应的增产措施，可明显地提高采收率。

4. 缝洞型储层识别

古岩溶可从宏观和微观两个方面进行识别。宏观方面包括露头、钻井及录井、岩心、测井、地震和生产过程响应等，微观方面包括薄片、碳氧同位素、微量元素和流体包裹体等。

(1) 露头识别古岩溶

碳酸盐岩因遭受长期的风化剥蚀及淋滤，宏观特征明显，在露头上可表现为：长期的沉积间断，古侵蚀面上普遍发育铝土质泥岩、铝土矿、黄铁矿或褐铁矿层等风化残积物，存在与侵蚀面伴生的覆盖角砾灰岩、崩塌角砾岩、填隙角砾岩、灰质粉砂岩与泥质粉砂岩等。

(2) 钻井、录井中的古岩溶标志

岩溶发育段，在钻进中常有钻速加快、放空、蹩跳钻及井漏、井喷现象发生，泥浆槽面常见油花、油膜，岩屑有荧光显示，常见油迹；岩屑砂样中常见自形—半自形方解石晶体；气测油气显示明显，全烃、重烃、烃组分明显提高。轮古油田和塔河油田均有多口井发生放空，如轮古102井累计放空4段，共15.64m；轮古西和轮古7井区也有多口井放空（图6－23）。

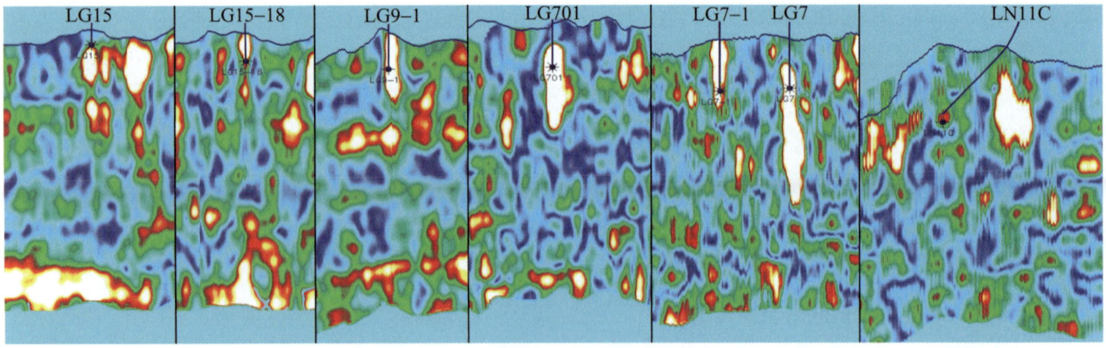

图6－23 钻井过程中放空现象

（3）岩心中的古岩溶标志

在岩心观察中古岩溶系统识别标志较多，主要有：①小型溶蚀孔洞无充填物或被方解石或砂泥质充填；②小型溶蚀孔洞内壁呈紫红色或褐黄色，多被泥质充填或半充填，孔洞通常呈瓶颈状、葫芦状或串珠状；③洞穴内存在溶洞坍塌形成的角砾岩，如崩塌角砾岩、填隙角砾岩；④洞穴内出现的具层理结构的泥、砂质沉积物，多为岩溶管道系统；⑤洞穴内充填巨晶方解石、钟乳石等自生矿物；⑥高角度溶蚀缝被红色、灰绿色泥质或方解石等充填。

（4）测井显示的古岩溶标志

古岩溶测井响应总体表现为“三高两低”：①自然伽马值升高；②声波时差值升高；③中子孔隙度值升高；④电阻率值降低；⑤岩石密度值降低（张宝民等，2009）。

大型溶洞随着泥质充填程度的增大，测井伽马值由低到高而变化；深浅双侧向、微侧向数值低，且有差异；井径扩径严重；中子、密度、声波曲线变化大。小的溶孔、溶洞在微电阻率成像测井（EMI 或 FMI）图像上表现为“豹斑”状不规则黑色星点，大型溶洞在 EMI 或 FMI 图像上表现为所有极板全是黑色。

（5）地震显示的古岩溶

由于缝洞系统发育处对地震波的吸收衰减增大，溶洞系统一般在地震剖面上表现为“串珠状”特征（图 6－24）。频率降低、振幅减弱、杂乱反射、弱反射、串珠状反射（同相轴断续出现或存在复合波）、低速度（降速达 20% 左右）等地震波谱特征的出现，均预示着有溶洞系统发育。

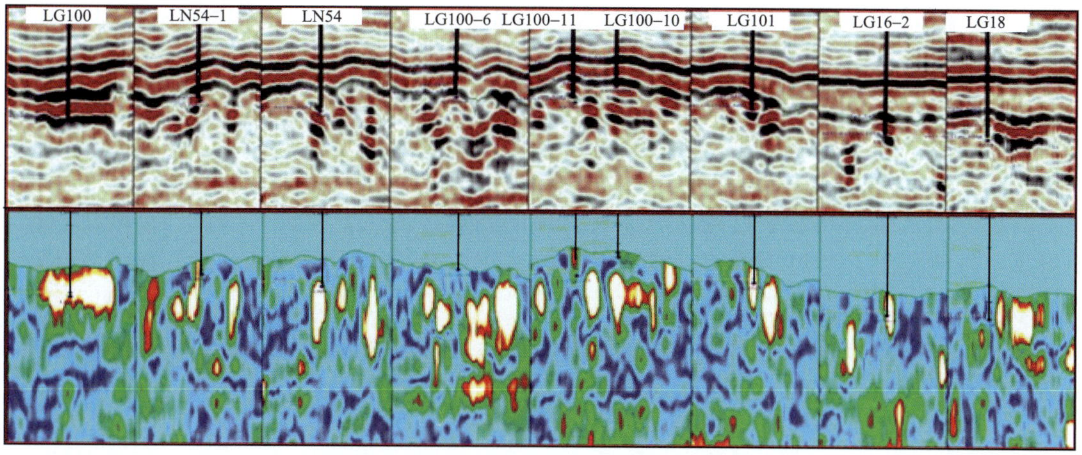

图 6－24　地震剖面中溶洞的串珠状响应

（6）薄片中的古岩溶标志

准同生岩溶的微观识别标志包括：①高能粒屑滩相颗粒灰岩，原生粒间孔内只有第一期纤状环边方解石胶结物被溶蚀，后期粒状方解石或粗晶方解石保存完整；②选择性溶蚀形成粒内溶孔、铸模孔、粒间孔和泥晶套等；③粒间溶孔被渗流粉砂充填；④发育悬垂型或新月形特征的方解石胶结物。

埋藏岩溶的微观识别标志主要有：①孔洞、裂缝充填的含铁方解石、铁白云石及异形白云石等被溶蚀成晶间、晶内孔洞；②沿早期缝合线扩溶，形成压溶缝及溶蚀微孔或未被充填的裂缝；③紧密排列的中粗晶白云石晶体间存在较大晶间孔或晶间溶孔；④有萤石、燧石等热液矿物。

(7) 岩石地球化学特征

当渗流－潜流、混合水和溶洞成岩环境的碳氧同位素值不相同时，多结合微量元素和流体包裹体等碳酸盐岩储层地球化学方面的研究加以识别。埋藏岩溶作用形成的岩溶缝洞中充填的方解石晶体中包裹体均一化温度都比较高，一般大于90℃。

第二节　油气层评价与预测技术

准确的油气层评价和预测结果是成熟探区油气勘探成功的关键，其中技术是成功的保证。油气层评价和预测的关键技术主要包括录井与测井评价技术、地震预测技术。这里主要介绍成熟探区油气勘探中的部分油气层评价和预测的关键技术，以推动技术的推广和应用，提高油气勘探成功率。

一、油气层录井评价技术

录井资料对油气层信息敏感性较强，是发现油气层的第一手资料，随着录井技术的发展，其在油气层发现中的作用越来越大。录井评价油气层主要通过气测、地化热解、红外光谱、岩屑录井等技术进行。将录井和测井资料相结合是实现油气层评价的更有效技术途径。只通过录井资料对油气层的评价仍然处于定性—半定量阶段，因此，只能识别油气层，很难做到精确定量评价。

1. 气测录井评价技术

通过气测录井资料可以获得含油气饱和度，从而实现对油气层的识别和评价，这里主要介绍求取含气饱和度的气测录井方法。

(1) 含气饱和度求取方法

校正后的气测资料能够直接反映储层气体的含量，通过气测资料校正和标准化，重建地层真实气测信息，通过不同组合之间关系的确定，获得气测的气体总量。在计算孔隙度和渗透率的基础上，通过渗滤模型、破碎模型计算理论的气体总量，通过体积及压缩因子将地面与地层条件流体性质进行转换，获得地层条件的气测含烃总量，通过实测气测含烃量与理论含烃量关系，建立含气饱和度模型，获得含气饱和度。

(2) 钻井过程中含气量散失评价模型

A. 基于破碎机理的地层散失油气量模型

油气层被破碎时的地层含油气量模型为

$$Q_B = \pi r^2 \phi_e \left(\frac{t}{Z_T}\right) \qquad (6-13)$$

式中：Q_B 为基于破碎机理的地层散失油气量，m^3/min；r 为井筒半径，m；ϕ_e 为储层有效孔隙度，小数；Z_T 为钻时，min/m；t 为标准时间常数。

B. 超压钻井的地层散失油气量模型

在超压钻井条件下，基于渗滤机理的地层散失油气量模型为

$$Q_P = 5.254 \times 10^{-5} \frac{K(P_{as} - P_e)}{\mu \ln(r_e/r_w)} \left(\frac{t}{Z_T}\right) H_e \qquad (6-14)$$

式中：Q_P 为基于渗滤机理的地层散失油气量，m^3/min；H_e 为储层有效厚度，m；K 为渗透率，$10^{-3}\mu m^2$；P_e 为储层压力，MPa；P_{as}为钻井液柱压力，MPa；μ 为流体黏度，mPa · s（对于油层：当处于过平衡钻井状态时，为钻井液黏度；当处于欠平衡钻井状态时，为原油黏度。对于气层：当处于过平衡状态时，为钻井液黏度）；r_e 为到 P_e 等压线的半径，m；r_w 为井眼半径，m；Z_T 为钻时，min/m；t 为标准时间常数。

一般泄油半径对计算影响不大，可将 ln（r_e/r_w）用 1 代替，即得到下式：

$$Q_P = 5.254 \times 10^{-5} \frac{K(P_{as} - P_e)}{\mu}\left(\frac{t}{Z_T}\right)H_e \quad (6-15)$$

C. 欠压钻井的地层散失油气量模型

在过平衡的钻井条件下，相应深度下基于渗滤机理的地层散失气量模型与油层相同。而在欠平衡的条件下，散失量评价模型为

$$Q_P = 3.738 \times 10^{-4} \frac{K(P_{as} - P_e)}{\mu}\left(\frac{t}{Z_T}\right)H_e \quad (6-16)$$

式中：μ 为气体黏度，mPa · s；其他参数意义与式（6－14）相同。

当处于近平衡或过平衡钻井状态时，进入钻井液的油气量主要以破碎机理为主形成。在欠平衡钻井状态或钻井液静止后再循环时，进入钻井液的油气量主要以渗滤机理作用为主形成。不管什么钻井状态，以扩散机理进入钻井液的油气量都是少量的，可以忽略不计。

（3）含气饱和度评价模型

通过气测校正和标准化后得到的气测含烃总量与储层理论含烃总量的关系，建立含气饱和度评价模型：

$$S_g = [(Q_{校正后气测值} - Q_P)/Q_B\phi_{e地下}]/(B_{gi}Z\phi_{e地面}) \quad (6-17)$$

式中：S_g 为含气饱和度，%；$Q_{校正后气测值}$为校正和标准化后的气测含烃值，小数；Q_P 为地层渗滤进入井筒的含烃量，小数；Q_B 为岩石破碎含烃量，小数；$\phi_{e地下}$、$\phi_{e地面}$分别为地下、地面的孔隙度，小数；B_{gi}为天然气体积系数；Z 为天然气压缩因子。

经过实际应用检验，式（6－17）符合率较高。如准噶尔盆地滴西 18 井 3444～380m，计算含气饱和度为 56.01%～85.39%，预测天然气产能 $33.5\times10^4m^3/d$；3510～3530m，试气结果为油 26.93t/d，天然气产能 $25.01\times10^4m^3/d$。评价结果与试气结果一致。

2. 岩石热解评价技术

岩石热解评价技术主要适用于油层评价，对气层评价效果差。岩石热解地球化学录井技术以岩心、岩屑和井壁取心为分析对象，是含油性评价最直接、最灵敏的录井技术之一。该项技术可测定出岩样中的 S_0、S_1 和 S_2 等油气重要指示参数，对于容易识别的油层，可以直接利用校正后的岩石热解数据评价油层。如果结合测井和其他录井信息能够较好地认识储层中的油分布状况，确定出富油气层段，判识含油级别，效果更好。

对于复杂油层，可以通过求取油质指数、原油轻组分指数、重质组分指数、原油重质油指数、残余烃指数等参数，通过含油饱和度的求取，进而实现对油层的评价。该方法技术已实现了软件化，对 200 多口井在射孔试油前进行快速评价，评价结果与试油结果相对比，符合率超过 82%。

3. 油气层的录井综合评价技术

油气层录井定性评价方法主要包括专家知识法、图版和标准法、数学模型和方法。

利用录井资料对油气层进行识别和评价主要包括3个部分，即储层含油性评价——主要依据制定的图版进行油气层识别和评价；专家知识评价——通过总结经验知识识别和评价油气层；数学方法——主要对多参数进行空间分布预测和评价，从而实现多参数的油气层识别和评价。在此基础上进行定性识别的综合评价，最终确定综合评价的结果。

通过优选油气层识别的录井评价参数，制定针对研究区的油气层识别图版和标准，利用某项流体性质单个参数识别最大概率标准，通过多参数在多维空间中交会得到被评价层的最大概率归属，取所有可能流体性质中概率最大值，确定识别结果。

通过多年的研究，开发了一套定性与定量评价方法，主要方法功能包括气测及地球化学资料校正与标准化、油气水层识别图版和标准的定量实现、专家知识的实现、数学方法对单项结果的实现、流体性质判别及计算、目标层划分和确定、储层参数计算、饱和度参数计算、储层产层综合评价，并形成了相应的软件评价系统。

实现了定性识别结论和定量评价结果的相互约束，提高了综合评价精度。当定性评价概率为100%时，定性结论约束定量评价数据，确定最终评价结论。当定性评价概率为100%～50%时，定性识别与定量评价相互约束，确定最终评价结论。当定性评价概率小于50%时，定量评价结果约束定性识别结论，确定最终评价结论。

综合评价时，通过单项及不同性质的多参数取最大概率，得到被评价层定性识别结论的最大概率，通过对不同流体性质识别的最大概率分析，确定定性识别的最终评价结论，定性识别结论与定量评价数据结合确定综合评价结论和结果。如滴西18井石炭系火山岩气层，根据定性识别标准的最大概率，确定气层的三角形特征值参数范围为0.5～0.75，据此确定被评价层的三角形特征的气层识别概率。同样，确定气层全烃异常幅度参数>4，据此确定被评价层的全烃异常幅度的气层识别概率。对滴西18井火山岩段，分20个小层进行处理，其中3440～3840m井段的8个小层段确定为气层，综合评价结论和试油结果一致（图6－25）。

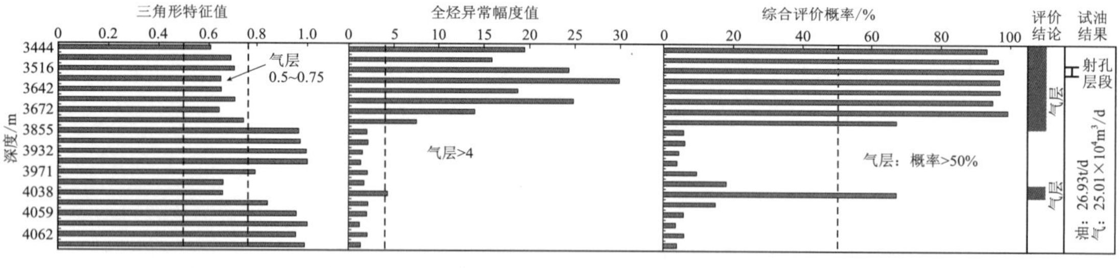

图6－25　准噶尔盆地滴西18井气测综合评价

4. 红外光谱录井评价技术

红外光谱录井技术分析速度快（分析周期12s），可发现薄层、裂缝型和致密油气。通过多元信息融合技术及多级特征优化处理红外光谱录井资料，可探测到地层中气态物质，并能够实施实时量化分析以评价储层含油性。通过对比分析 C_1—C_3、nC_4、iC_4、nC_5、iC_5、C_{5^+}以及 CO、CO_2 等（图6－26），可确定出轻中烃比率、轻重烃比率和重中烃比率等，从而判断出被评价层的含油气性。

5. 录井与测井结合的油气层评价技术

录井可以获得油气层识别和评价的第一手直接资料，对油气层中油气的响应较准确，

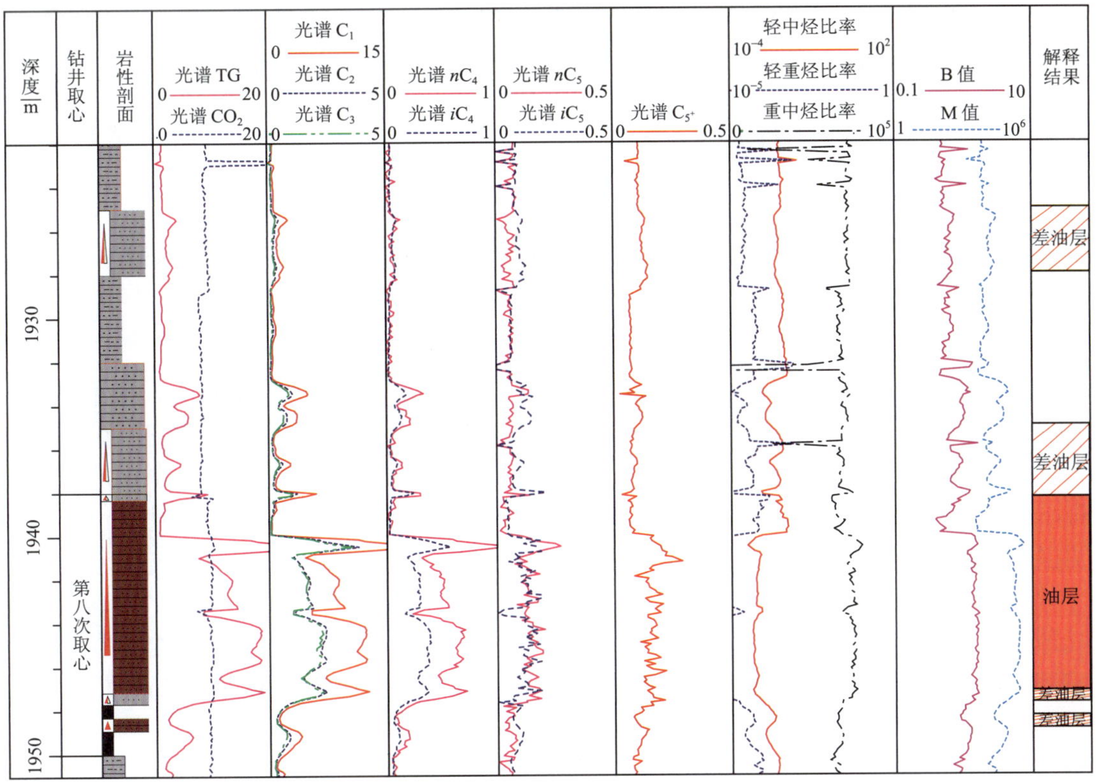

图6－26　鄂尔多斯盆地长8段红外光谱气体录井综合

影响因素较小。油气层评价不但包括含油性，同时也包括物性、岩性等参数，录井对物性和岩性的评价存在较大误差，测井资料能够很好地弥补录井资料的这一缺陷。将测井和录井资料相结合，发挥录井对油气响应敏感度高、测井对物性和岩性敏感度高的特点，能够较好地提高油气层的识别和评价精度。

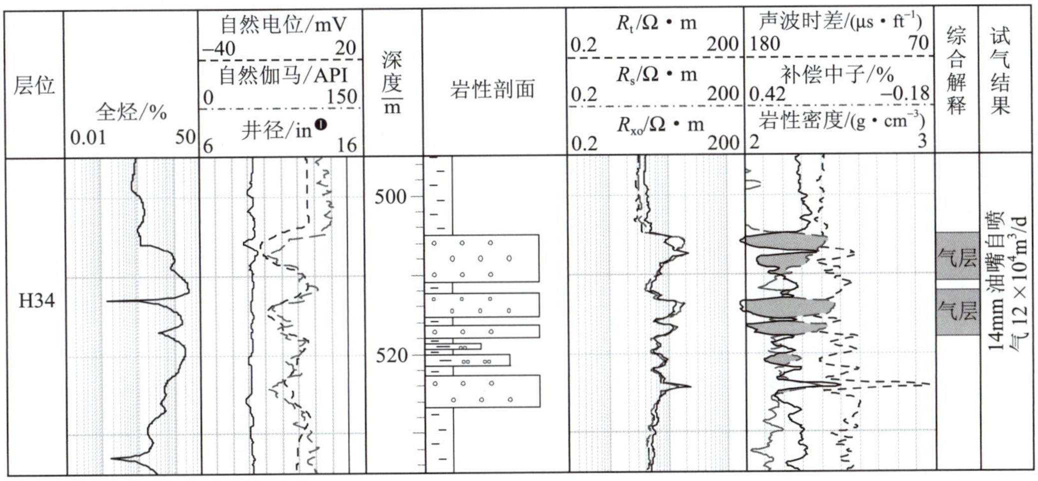

图6－27　松辽盆地杏浅15井气层识别

❶ 1in＝25.4mm。

图6－27显示，松辽盆地杏树岗地区杏浅15井，通过测井与录井结合，解释气层11.8m，射孔试油，14mm油嘴、26mm挡板，日产气$12.0\times10^4m^3$，无阻流量$118\times10^4m^3$。

二、油气层测井评价技术

测井评价技术是成熟探区油气勘探的关键技术之一，常规储层的测井评价技术比较成熟，对油气层的评价精度较高。这里主要阐述低电阻率油气层、敏感性油气层、火山岩油气层和致密/页岩油气层的测井评价技术。

1. 低电阻率油气层评价技术

中国含油气盆地中低电阻率油气层分布广泛、类型多样，形成机理也各有差异，可形成于沉积、油气成藏、成岩作用和裸眼钻探等不同的过程中。以前低电阻率油气层评价方法，针对性不强，适应范围小，是造成评价精度低、流体性质识别难度大、漏失油气层的主要原因之一。这里阐述低电阻率油气层评价技术的一些进展，供油气勘探评价借鉴。

（1）低电阻率油气层类型与成因机理

低电阻率油气层具有岩性普遍偏细、泥质含量较高、泥浆侵入严重、油水关系复杂、砂泥薄互层发育等特点。根据低电阻率油气层的成因机理，可将中国低电阻率油气层划分为高地层水矿化度型、高束缚水型、黏土附加导电型、低幅度构造型、砂泥岩薄互层型、泥浆侵入型和含导电矿物型7种类型。其中前5种是主要类型，也是低电阻率油气层的主要评价对象。

A. 高地层水矿化度型低电阻率油气层

该类油气层中的地层水矿化度受沉积环境控制，地层水矿化度总体较高，通常大于5%。该类油层电阻率绝对值相当低，但电阻率指数较大，与邻近的典型水层相比电阻率较突出。

B. 高束缚水型低电阻率油气层

高束缚水型低电阻率油气层，通常是指束缚水饱和度大于50%的油气层，其特点是岩石细粒成分（粉砂）增多或黏土矿物充填富集以及石英次生加大、孔喉半径小、微孔隙含量多。孔隙喉道具有双峰分布特征，微孔隙与中大孔隙并存，以微孔隙系统为主。孔隙结构越差，孔喉半径越小，不动水含量越高，油层电阻率越低。如松辽盆地庙30井2个油层，由于孔隙结构不同，造成束缚水饱和度不同，从而导致电阻率差异较大（图6－28）。

C. 黏土附加导电型低电阻率油气层

在低矿化度条件下，即使黏土中可交换的钠离子浓度很低，油气层中黏土附加导电的影响亦会导致电阻率明显降低。

D. 砂泥岩薄互层型低电阻率油气层

当目的层厚度等于或小于测井纵向分辨率时，其测井值受到邻近围岩影响。当邻近围岩为低值时，其油层电阻率亦显示为低值。

E. 低幅度构造型低电阻率油气层

低幅度构造型的低电阻率油气层，其油气柱高度低（10～40m）或成藏动力不足，造成油水分异差，含油丰度低，多油水同出。

中国含油气盆地中，不论陆地还是滩海，东部还是西部，低电阻率成因广泛存在，但

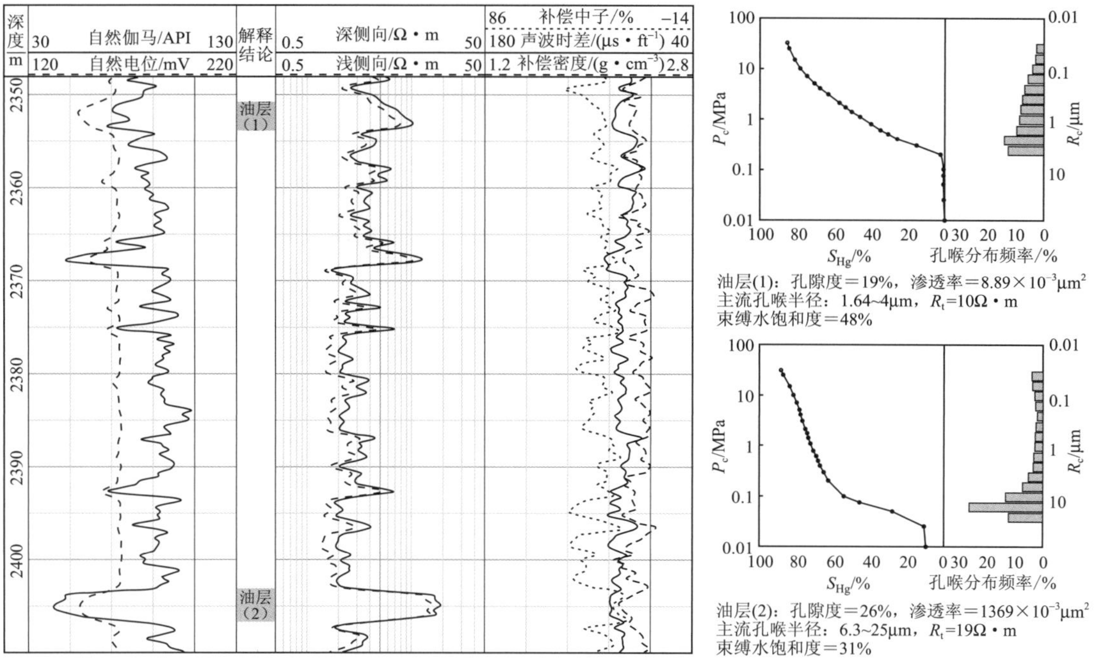

图 6－28　松辽盆地庙 30 井束缚水饱和度不同的两个低电阻率油层测井响应特征

S_{Hg}—汞饱和度；P_c—进汞压力；R_c—孔喉半径；R_t—深侧向电阻率

对于具体某一区块可能只以一两种为主。

（2）低电阻率油气层流体识别技术

测井技术评价的主要难点包括：油水层电性差异小，及时发现难；成因类型多样，准确选取方法难；分布规律复杂，有效预测难；目的层系多，及时测井难。低电阻率油气层测井评价方法主要有自然电位－电阻率组合识别法、可动水分析法、电阻率环带测井响应识别法、交会图版法、电阻率特征分析法、自然电位法、中子伽马推移法、MDT 测压与取样法、核磁共振差谱法、三孔隙度对比法、综合对比分析法等方法，针对低电阻率测井评价的难题，采用不同的评价方法。

A. 自然电位－电阻率组合识别方法

低电阻率油气层与水层之间的电阻率差别小，通过自然电位与电阻率组合可以放大电阻率微小的差别，弥补传统的利用电阻率曲线识别油气层的不足。

表 6－11 是自然电位和电阻率在油、水层中的组合形态特征，可见油层自然电位、电阻率曲线呈现两边对凸的椭圆形态，自然电位异常幅度越小，油层电阻率越接近泥岩电阻率；水层表现为自然电位异常幅度较大，电阻率曲线随着自然电位异常幅度的增大而接近水层电阻率，有时呈现月牙形态；油水同层介于中间，自然电位、电阻率曲线呈现漏斗形。该方法对于低矿化度泥质（含量大于 20%）附加导电引起的低电阻率油气层识别效果较好，而对高矿化度低电阻率油气层的识别效果较差。

B. 低电阻率油层可动水分析方法

储集层产出流体类别，取决于束缚水饱和度与含水饱和度的关系，以及油、气、水各相的相对渗透率大小。图 6－29 是可动水分析技术应用图，当束缚水饱和度（S_{wi}）与含水饱和度（S_w）相等时，为油层；当 S_w 远大于 S_{wi}，S_w 接近 1 时，为水层；介于二者之间为油水同层或含油水层。该方法在低电阻率油气层评价中的关键是求准束缚水饱和度，传统计算束缚水饱和度方程的可变系数较多，易产生计算误差。用核磁共振测井资料计算束缚水饱和度，为常规经验公式提供参照曲线，可找出可变系数的变化规律。

表 6－11　低电阻率油、水层自然电位与电阻率测井曲线形态特征

<table>
<tr><th>流体性质</th><th>特征描述</th><th>油、水层测井曲线形态特征</th></tr>
<tr><td>油层</td><td>自然电位、电阻率曲线呈现两边对凸的椭圆形态，自然电位异常幅度越小，油层电阻率越接近泥岩电阻率</td><td>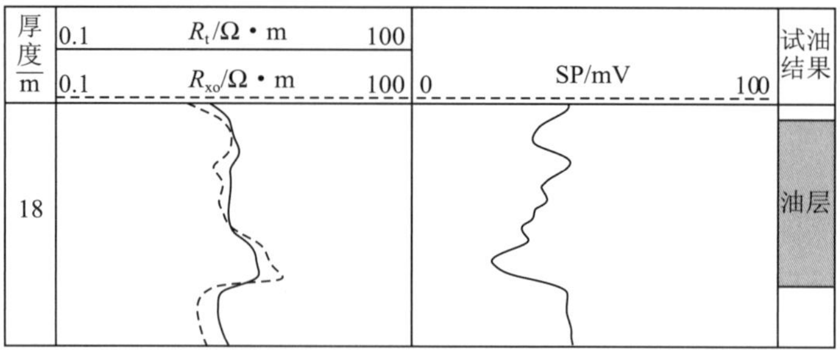</td></tr>
<tr><td>油水同层</td><td>自然电位、电阻率曲线呈现漏斗形态</td><td>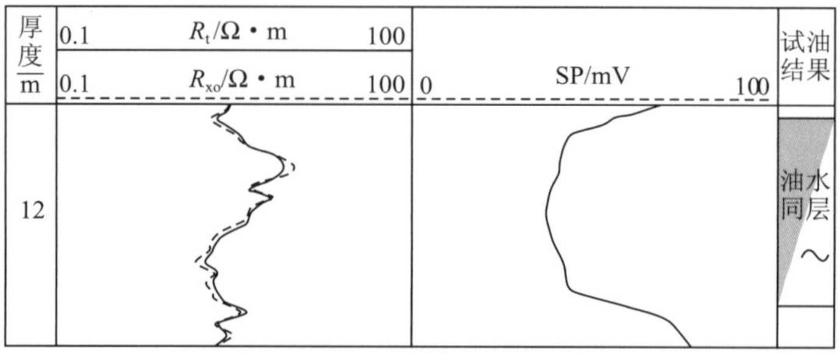</td></tr>
<tr><td>水层</td><td>自然电位异常幅度较大，电阻率曲线随着自然电位异常幅度的增大而接近水层电阻率，有时呈现月牙形态</td><td>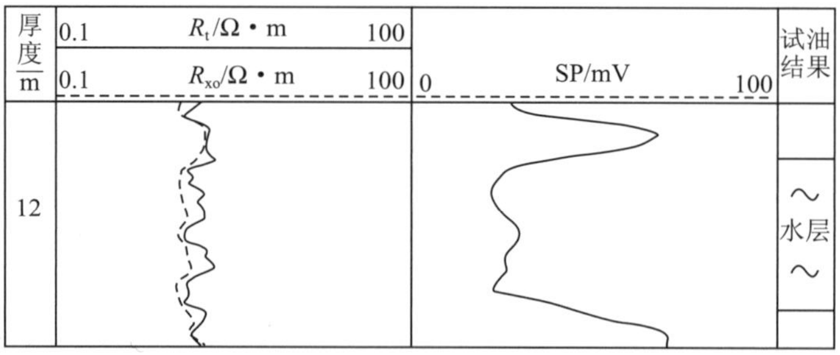</td></tr>
</table>

C. 低电阻率环带测井响应识别方法

前人实验结果表明（图 6－30），在低电阻率油气层中，当泥浆滤液电阻率（R_{mf}）较大时，容易形成增阻侵入剖面，并在井眼轴向剖面上存在一个电阻率数值相对较低的环行地带。常规感应测井无法识别低电阻率环带。高频感应主要识别低电阻率环带是否存在，在测井曲线特征上表现为高频感应，如 $R_{20}=0.8\Omega\cdot m$，R_{14} 电阻率值最小为 $0.6\Omega\cdot m$，在测井曲线图上看不出径向变化，但采用 5 条曲线径向反演结果发现，在径向电阻率反演图上显示探测深度 1.4m 附近形成低电阻率环带。该方法适用于高矿化度、高束缚水低电阻率油气层的识别，其他类型识别效果较差。图 6－31 是 4ft 纵向分辨率电阻率识别低电阻率油层图，可见，随着探测深度的加大，油层电阻率明显高于水层电阻率，从而可以识别低电阻率油层。

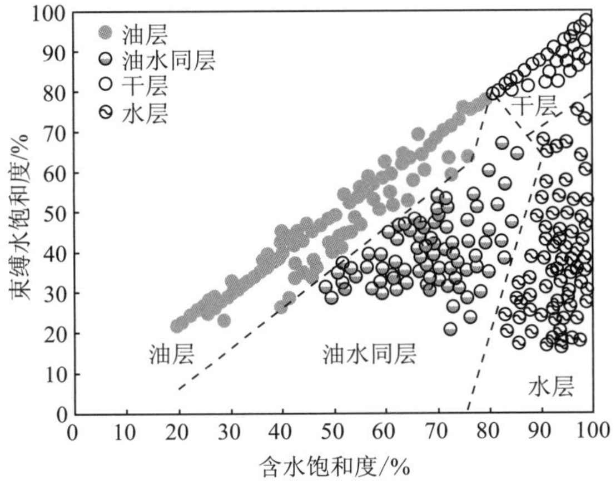

图 6－29　储层流体饱和度与油气层关系

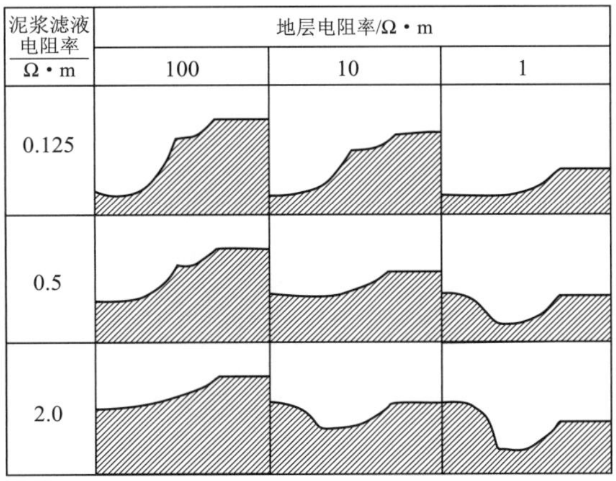

图 6－30　井壁附近电阻率侵入剖面示意

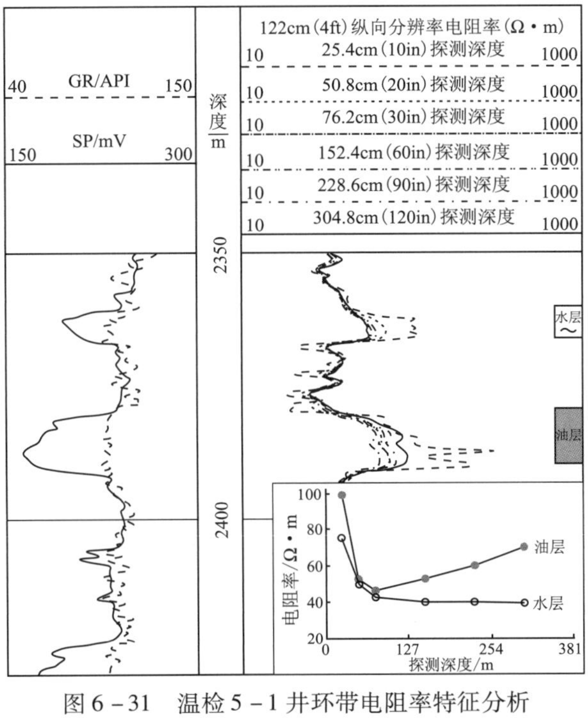

图 6－31　温检 5－1 井环带电阻率特征分析

D. 自然电位识别法

自然电位测井幅度决定于地层水与泥浆滤液矿化度的差异、储层物性。当油气层与水层的地层水矿化度存在较大差别时，可以使用自然电位曲线判断低阻油气层（图 6－32）。

E. 测井信息交会图技术

鉴于中国含油气盆地低电阻率油气层成因机理的复杂性和多样性，在综合分析各种测井与非测井信息的基础上，利用交会图技术建立了低电阻率油水层判别图版（图 6－33），可有效解决部分低电阻率油气层评价难题。

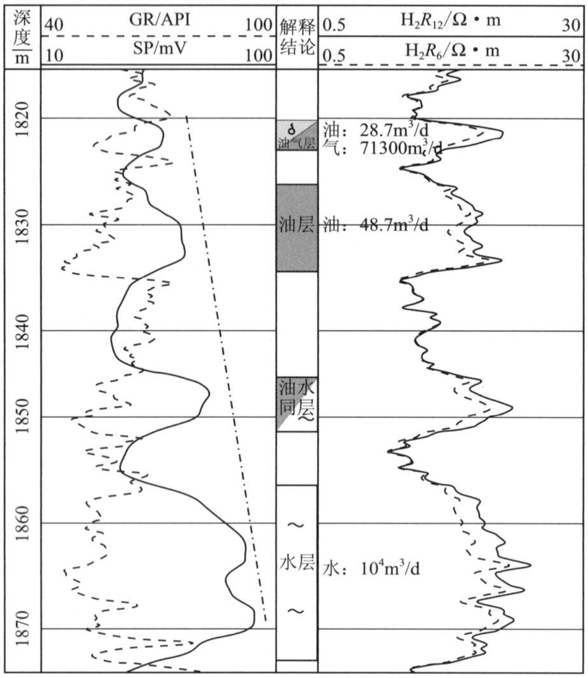

图 6－32　南堡 1 井自然电位特征分析

胜利油田针对不同地区的低电阻率油气藏建立了测井信息交汇图版（图 6－33），如针对惠民凹陷阳 251 块沙四段的低电阻率气层建立的含气指数与深感应电阻率交会图，含气指数 *GASI* 定义为 *GASI*＝(声波时差孔隙度×岩性密度孔隙度)/(中子孔隙度^2)，当储层为水层时，*GASI*≈1；当储层含气时，*GASI*＞1；当 *GASI* 大于气层下限值时，储层为气层。油层电阻率随孔隙度增加而减小，相同孔隙度条件下，油层电阻率稍大于水层电阻率，油层与水层电阻率相差倍数为两倍左右；孔隙度不一样时，水层电阻率有可能大于油层电阻率。该技术适用于所有类型的低电阻率油气层评价。

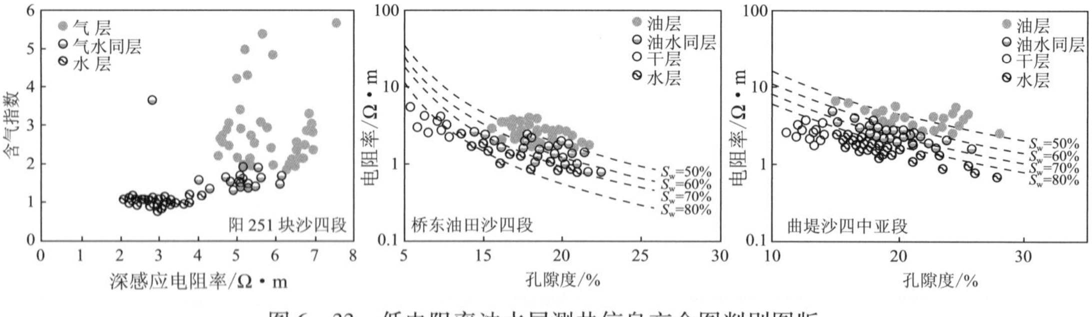

图 6－33　低电阻率油水层测井信息交会图判别图版

F. 特殊测井项目评价低电阻率油层方法

重复式电缆地层测试器下井可以获取流体样品。通过对流体样品的分析，能获取储层是否含油的直接信息，帮助识别低电阻率油气层。

核磁共振对于泥质含量较高、微孔隙发育造成的低电阻率油气层有指示作用，油层的核磁共振测井特征为 T_2 谱可动流体峰的形状较缓，存在明显的拖曳现象，差谱信号相对明显，计算出的含油气孔隙度较大，移谱可动流体峰前移明显。

对于油水关系复杂的井段，当其他识别方法效果不理想时，可以通过 MDT 系统的压力测量来计算地层流体密度，快速识别流体类型，准确确定油水界面和快速划分油水系统。MDT 也可以实时进行流体分析，如烃组分分析 $C_1/C_2-C_5/C_6$、流体密度与黏度、流体 pH 值、原油荧光特性等分析，在复杂层段通过 MDT 实时流体分析可在储层任意处分析探测流体的组分，实现快速直观判断地层流体性质的目的。

（3）低电阻率油气层测井系列及评价方法的适用范畴

A. 低电阻率油气层测井系列

根据低电阻率油气层的主要成因类型，针对性地设计测井系列。基本测井项目包括阵列感应（双感应、八侧向）、双侧向、微球形聚焦、补偿密度、补偿声波、补偿中子、自然伽马、自然电位、井径；如对于高束缚水饱和度型低电阻率油气层，针对性的测井项目为 MDT、核磁共振测井，选择性的测井项目为极化率测井；对于黏土附加导电型低电阻率油气层，针对性的测井项目为 MDT、极化率测井，选择性的测井项目为核磁共振测井；对于泥浆侵入型低电阻率油气层，针对性的测井项目为 MDT、过套管电阻率测井，选择性的测井项目为 C/O 测井。不论何种低电阻率油气层成因，阵列感应和 MDT 都是低阻油层识别与评价的关键技术。

B. 低电阻率油气层识别方法

根据经验得到的不同类型低电阻率油气层的测井评价方法见表 6－12。交会图图版技术是低电阻率油气层流体识别的基础，适合所有类型的低电阻率油气层的测井评价；含油饱和度参数计算和低环带的评价方法，比较适合高矿化度地层水型的低电阻率油气层评价；可动水分析方法适合高束缚水饱和度型的低电阻率油气层评价；自然电位－电阻率组合识别方法适合泥质附加导电型的低电阻率油气层评价。

表 6－12　不同类型低电阻率油气层测井评价方法

类型	评价方法
高矿化度地层水型	测井信息交会图技术；低电阻率环带测井响应识别方法；双水模型等评价含油饱和度法
高束缚水饱和度型	可动水分析方法；低电阻率环带测井响应识别方法；测井信息交会图技术；多井对比分析方法
泥质附加导电型	自然电位－电阻率组合识别方法；测井信息交会图技术；多井对比分析方法
砂泥岩薄互层型	薄层高分辨率数据处理技术；成像测井资料划分砂泥岩薄互层
低含油高度型	多井对比分析方法；测井、地质与地震资料综合分析方法；测井信息交会图技术

（4）低电阻率油气层定量评价方法

通过建立低电阻率定量评价模型，实现低电阻率油气层的定量评价，提高评价精度。常用的评价方法包括 W－S 模型法、侵入数值模拟分析法、附加导电机理分析法、低阻油气藏特征分析法等。如利用侵入数值模拟分析法（图 6－34），测井电阻率校正与变岩电参数相结合，显著提高了低阻油层饱和度计算精度。如利用定量评价模型，对南堡 208 井低电阻率油气层的评价精度较高，密闭取心井岩心分析与计算的平均含油饱和度分别为 62.37%、62.38%，平均孔隙度均为 26.62%（图 6－35）。

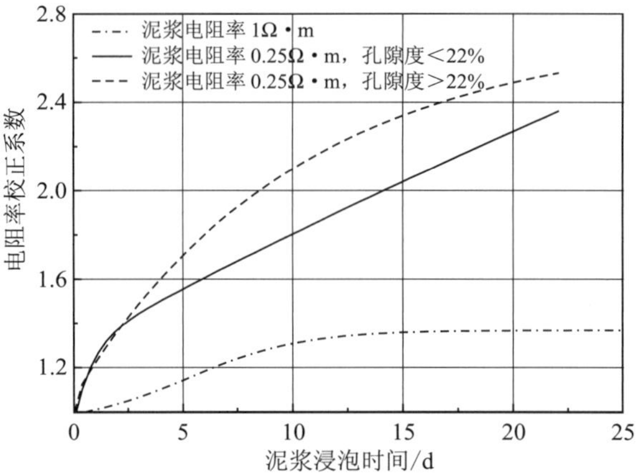

图 6－34　泥浆侵入电阻率恢复校正图版

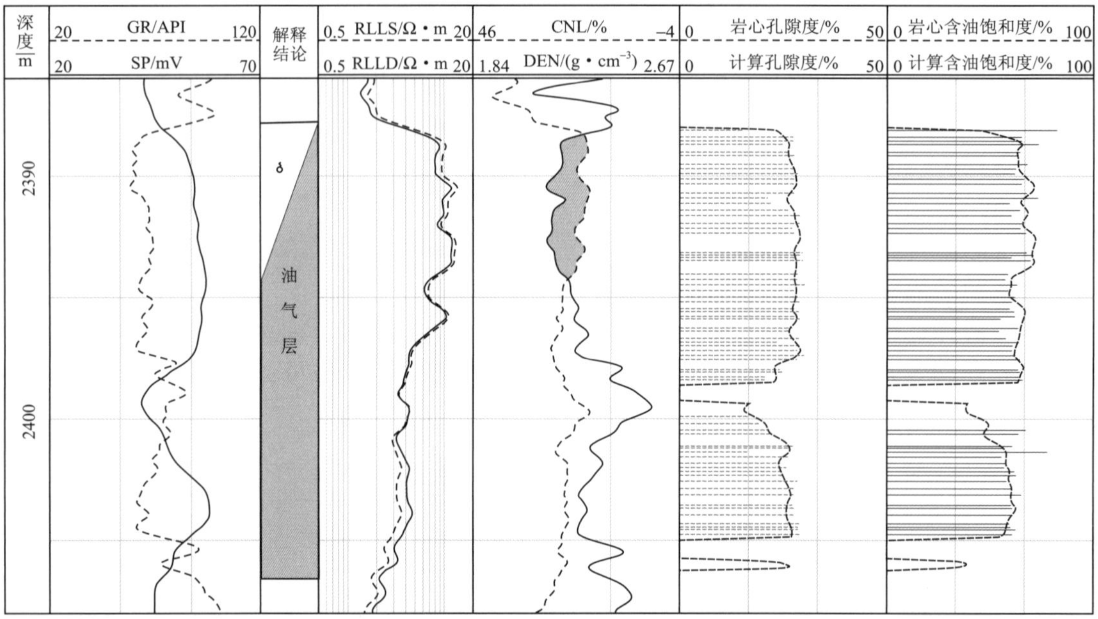

图 6－35　南堡 208 井低电阻率油气层评价

2. 敏感性油层评价方法

以准噶尔盆地莫北油田为例。J_1s_2 储层以原生孔隙为主，中孔细喉，黏土含量较高，决定了其渗流能力受孔隙度和黏土含量影响较大，储层的这些特征对测井响应影响较大，也是造成早期勘探中有些测井评价不正确、漏失油气层的主要原因。

J_1s_2 储层中黏土矿物含量较高，且具有较强的水敏性，对含油性识别影响较大。高含油气饱和度层电性特征明显，但对于含油气较差或受岩性、物性影响较严重的储层，由于岩性、物性变化都对电阻率有较大影响，而储层流体只是影响电阻率变化的一个主要因素，只根据电性变化来分析储层含油性难度较大。该区早期勘探的时候主要根据电性特征进行油气层识别（图 6－36b，c），导致油气层识别率不高，漏失了一些油气层。通过对该区含油性与岩性、物性、电性特征的综合研究，建立了各自之间的关系，在消除岩性、物性影响的基础上，对老井重新评价，在已探明含油气面积之外发现了 MB6 等 26 口井 38

层油气层，试油后36层获得工业油气流，为储量扩展提供了线索。

不同岩性储层的泥质含量对孔隙度影响不同（图6－36a），砂砾岩储层泥质含量一般<3%，孔隙度一般<10%；粗砂岩储层泥质含量一般<3%，孔隙度一般≥10%；中砂岩储层泥质含量一般为3%～8%；细砂岩储层泥质含量一般为8%～15%；粉砂岩储层泥质含量一般为15%～30%。

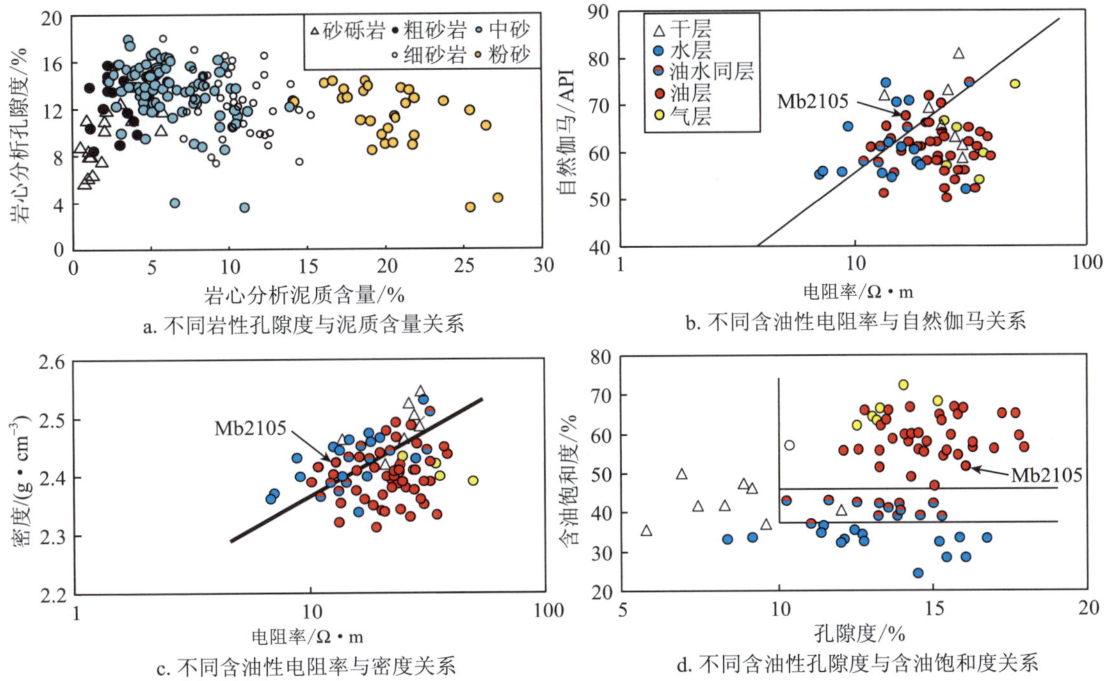

图6－36　油气层识别图

在自然伽马和电阻率关系图（图6－36b）中，不同含油性的区分度不高。当数据点在图6－36b中黑线之上时，即 $GR>y_1$（式（6－18））时，岩性变化是造成电阻率增大或减小的主要因素；当数据点在黑线之下时，即 $GR<y_1$ 时，岩性变化对电阻率的影响不大。对岩性的校正可以消除岩性对含油性的影响：

$$y_1 = 30.482\lg(RT) + 27.57 - GR \qquad (6-18)$$

式中：y_1 为 RT 与 GR 关系线；RT 为电阻率，Ω·m；GR 为自然伽马，API。

在密度和电阻率图版上（图6－36c），不同含油性的区分度也不高，当数据点在图6－36c中黑线之上时，即 $\rho_d>y_2$（式（6－19））时，物性变化是造成电阻率增大或减小的主要因素；当数据点在黑线之下时，即 $\rho_d<y_2$ 时，物性变化对电阻率的影响不大。对物性的校正可以消除物性对含油性的影响：

$$y_2 = 0.221\lg(RT) + 2.171 - \rho_b \qquad (6-19)$$

式中：y_2 为 RT 与 ρ_b 关系线；RT 为电阻率，Ω·m；ρ_b 为补偿密度，g/cm^3。

消除泥质含量影响后，得到较准确的孔隙度；消除岩性、物性对电阻率的影响后，电阻率主要受含油性影响，建立了含油饱和度评价模型，确定了模型中参数，较准确地计算了含油饱和度，在油气层识别图版上能够很好地识别油气层（图6－36d）。

如MB2105井3689～3700m，利用未消除岩性、物性的解释图版得到的结论为非油气层，这与原来的测井评价结论一致（图6－36b）。消除岩性、物性影响后，通过电阻率与自然伽马、补偿密度叠合可认为具备含油性，同莫北油田发现井MB2井含油特征相似。测井孔隙度为14%～18%，渗透率为$20\times10^{-3}\sim200\times10^{-3}\mu m^2$，含油饱和度为42%～52%，岩性物性较好，3691.5m电阻率为20.5Ω·m，密度为$2.41g/cm^3$，在饱和度和孔隙度图版上为油气层（图6－36d），重新评价为油层，对评价为油层的4层重新射孔试油后，获日产油34.8t/d。

3. 火山岩风化壳识别与评价方法

对岩石风化程度研究多集中于工程地质，前人提出了20余种岩石风化程度评价、划分的化学风化指数模型，这些模型均是基于岩石地球化学参数建立的。在油气勘探中对储层的评价多基于岩性岩相开展，对火山岩风化程度评价研究很少，钻井过程中系统取心井少，且分布不均匀，没有系统取心井的火山岩风化程度无法评价，利用岩石地球化学参数评价火山岩风化程度受到局限。为了便于对钻遇火山岩风化程度进行评价，本书提出了利用测井资料评价火山岩风化程度及火山岩风化壳有效储层的方法和模型。

（1）火山岩风化壳有效储层评价方法

火山岩风化壳不同结构层的储层有效性不同，有效储层主要发育于淋蚀带和崩解带内，这是定性判断的依据，如何定量评价有效储层，目前尚未见报道，为此，建立了有效储层评价方法和模型，为试油层段优选和储层评价提供了手段。

原状火山岩中，从基性到酸性自然伽马值增大，密度、速度和电阻率降低；从熔岩、过渡岩类向角砾岩类，密度和速度减小。由于火山岩风化具差异性，在相同环境下，火山岩从基性岩到酸性岩，风化强度由弱到强，风化淋蚀伴随裂缝产生，火山岩发生破裂、孔隙空间增大，导致密度、速度、电阻率降低，放射性增大。通过不同岩性的岩心分析和测井关系，建立了火山岩不同岩性的电性参数随风化和破碎程度的关系（图6－17），为火山岩风化壳有效储层评价提供了依据。

根据火山岩风化后自然伽马、声波时差增大，密度变小，测井响应变化幅度与火山岩风化程度密切相关的特点，建立了反映储层发育程度的储层变化指数（C_{index}）和反映储层孔隙度变化的孔隙度变化指数（P_{index}）。

利用声波时差、自然伽马建立了反映火山岩风化壳储层发育程度的储层变化指数（C_{index}），指示储层发育层段：

$$C_{index}=(\Delta t-\Delta t_{base})/\Delta t_{ma}-(1-GR/GR_{base}) \qquad (6-20)$$

式中：Δt、Δt_{base}、Δt_{ma}分别为处理井段火山岩声波时差、未风化火山岩声波时差、火山岩骨架声波时差，μm/s；GR、GR_{base}分别为处理井段火山岩自然伽马、未风化火山岩自然伽马，API。不同火山岩岩性的基本参数根据具体地区情况取值。

基于基质和最小有效孔隙度的变化率，建立了孔隙度变化指数（P_{index}）：

$$P_{index}=[(\phi_{min}+\phi_{base})-\phi_t]/\phi_{max-min} \qquad (6-21)$$

式中：ϕ_{min}、ϕ_{base}、ϕ_t、$\phi_{max-min}$分别为处理井段最小有效孔隙度、未风化火山岩孔隙度、总孔隙度、被评价井段的最大与最小孔隙度之差，%。总孔隙度包括基质孔隙度和裂缝孔隙度。

利用孔隙度变化指数和储层变化指数的相互关系，可判断火山岩风化壳有效储层发育段。当储层变化指数与孔隙度变化指数之差 $R_{CP}>0$ 时，为有效储层发育段，其值越大有效储层越发育；$R_{CP}>1.0$ 对应孔隙度大于 19% 的 Ⅰ 类储层，$0.5<R_{CP}\leqslant 1.0$ 对应的孔隙度范围 12% ~19% 为 Ⅱ 类储层，$0<R_{CP}\leqslant 0.5$ 对应的孔隙度范围 6% ~12% 为 Ⅲ 类储层，当 $R_{CP}\leqslant 0$ 时对应孔隙度 ≤5.93%，为非有效储层（提交探明储量的有效孔隙度下限为 6%）。统计 124 口井 2438 层不同火山岩岩性的风化壳有效储层，评价符合率在 93% 以上，如滴西 14 井测井、岩心分析、试油与储层评价结果一致（图 6－37）。

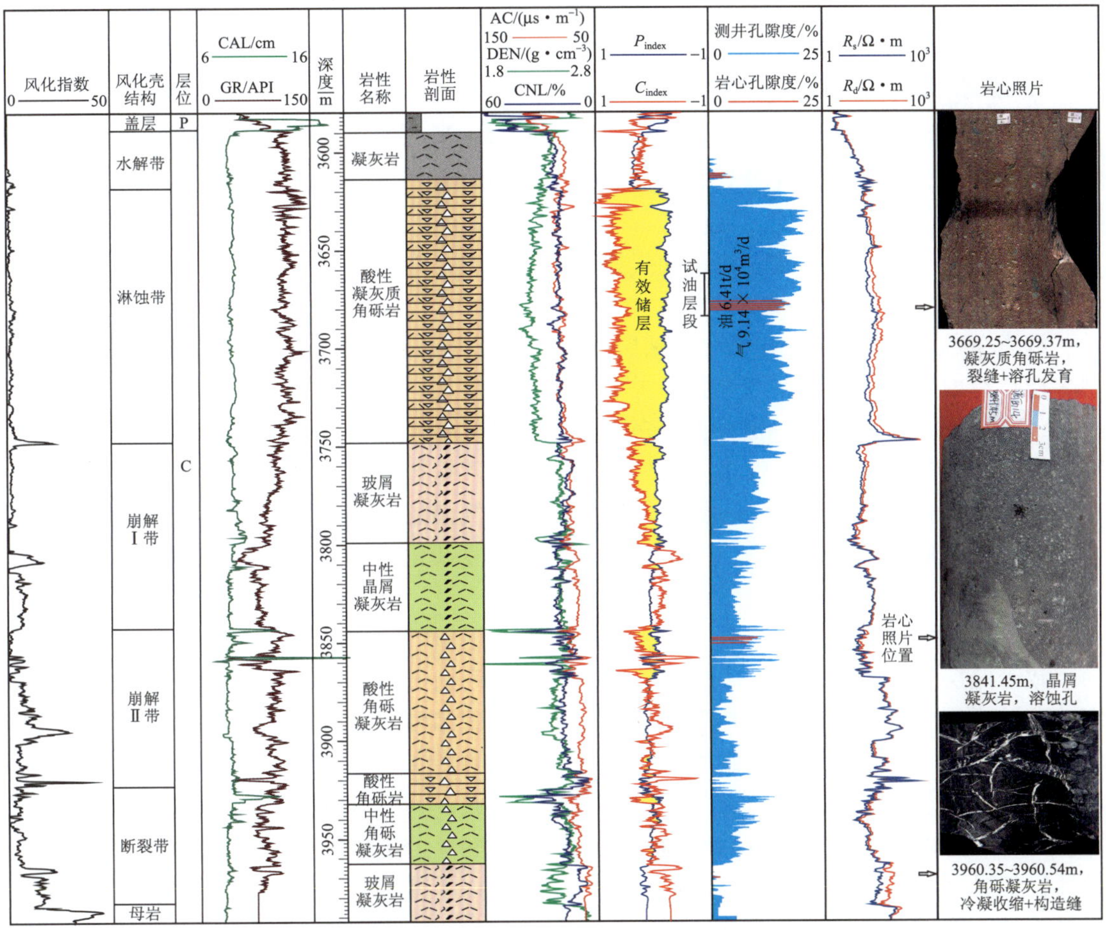

图 6－37 准噶尔盆地滴西 14 井火山岩风化壳有效储层评价

（2）火山岩风化程度评价方法

火山岩风化程度与风化壳结构密切相关，不同结构中的储层物性差别很大，准确评价火山岩风化程度对划分和评价风化壳结构提供了依据。在对 30 口钻遇风化壳取心井及测井资料研究基础上，建立了利用测井资料划分火山岩风化壳结构的风化指数模型（F_{index}）：

$$F_{index}=\frac{(GR_{base}-GR)\times(Rt-Rt_{min})^{0.5}\times(C_{index-max}-C_{index})\times(P_{index}-P_{index-min})}{GR_{max-min}\times Rt_{max-min}\times C_{index-max+min}\times P_{index-max+min}}\% \tag{6-22}$$

式中：$GR_{max-min}$ 为处理井段火山岩自然伽马最大与最小值之差，API；Rt、Rt_{min}、$Rt_{max-min}$ 分别为火山岩处理井段深电阻率、深电阻率最小值、深电阻率最大与最小值差，Ω·m；

C_{index}为储层指数；$C_{index-max}$、$C_{index-max+min}$分别为处理井段储层变化指数最大值、最大与最小值之和；$P_{index-min}$、$P_{index-max+min}$分别为处理井段孔隙度变化指数最小值、最大与最小值之和；其他参数意义同前。

F_{index}从母岩到土壤层逐渐变小，根据以下原则，利用风化指数可评价火山岩风化壳结构。土壤层 $F_{index}<0.5$，水解带 $0.5 \leqslant F_{index}<5$，淋蚀带 $5 \leqslant F_{index}<15$，崩解Ⅰ带 $15 \leqslant F_{index}<25$，崩解Ⅱ带 $15 \leqslant F_{index}<35$，母岩 $F_{index}>35$。由于火山岩风化壳有效储层主要发育于淋蚀带和崩解Ⅰ带内，对应的 F_{index}分布范围为 5～25，利用 F_{index}可定性判断火山岩风化壳储层的主要发育层段。

4. 致密/页岩油气评价技术

致密/页岩油气测井评价包括岩性、含油性、物性、烃源岩特性、脆性和地应力各向异性 6 个方面，是为了实现烃源岩、储层、含油气性和工程等品质的评价，以此为基础，研究源储配置关系确定和划分地质“甜点”区，并结合工程品质最终评价出“甜点”区。页岩油气评价包括 6 个方面，致密油气评价可以不包括烃源岩特性评价。

（1）岩性、含油性、物性评价

致密/页岩油气储层与常规油气储层存在明显差异，主要体现在：孔隙度低，孔隙类型多样，有原生、溶蚀和裂缝等孔隙类型，常伴干酪根孔隙；渗透率低，当有效裂缝较发育时，渗透率可显著提高；岩石类型多、岩性组分复杂，骨架部分有石英、长石、白云石和方解石等，黏土含量一般较多，此外，有机碳和黄铁矿在致密油气储层中常见；含油性丰富且井段较长，无明显油气水界面。典型致密油气储层中基本不产自由水，但随着勘探开发领域的拓展，致密油气的油气水分布也呈不断复杂化的趋势；层内和层间的非均质性和各向异性强，储层与岩石力学参数变化大。

A. 岩性评价

致密储层岩性主要为致密砂岩、致密灰岩和致密白云岩 3 种基本类型或为其中之混合岩性，矿物成分多样，成分成熟度低，常见于钙质胶结砂岩、灰质细粉砂岩、白云质细粉砂岩等，相对于常规碎屑岩和碳酸盐岩油气藏，岩性更复杂。致密油气储层储集空间小，测井信息中所包含的孔隙部分贡献相对占比低，因此，为了求准测井孔隙度，要求更加精细的岩性组分以保障骨架参数的准确性。此外，岩性评价准确评价有助于致密油气的压裂设计，如可据岩性类别及其组分确定出脆性指数，以及黏土类型及各种黏土相对含量等，这些均是压裂设计应着重考虑的一些因素。

常规测井岩性评价方法主要包括以岩性实验室分析（如 X 衍射）刻度测井，以自然伽马测井计算泥质含量，以密度、中子和声波孔隙度测井确定岩性骨架类别及其比例大小，如果有自然伽马能谱测井资料，可进一步确定出黏土类型。

元素俘获测井技术通过元素俘获测井（如 ECS）确定出硅、钙、镁、硫、铁、钛和钆等元素的质量百分数，根据储层的优势岩性种类选用氧闭合分析的岩性模型确定出矿物组分，计算岩性组分，提升了岩性组分计算精度。

致密储层黏土含量一般较高，各黏土类型组分差异也大。如果储层中蒙脱石含量较多，则储层水敏性加强，黏土矿物的膨胀与运移对压裂效果有明显的负面影响，故应设计针对性的压裂液体系。当蒙脱石含量大于 25% 时，蒙脱石的水化膨胀作用可加大密度测井值，导致据此而计算出的孔隙度将偏大 2%，这对孔隙度不到 10% 的致密储层孔隙度评价将产生致命性影响，不仅其计算精度低，而且可误导储层与非储层的划分。因此，致密油气的岩性评价中，一定要开展黏土类型识别以及各黏土类型的组分精细计算，提前预警可能存在的这两种影响作用，从而完善压裂设计方案，提高孔隙度计算精度。

B. 物性评价

致密/页岩油气储层孔隙度、渗透率低，相对于常规油气储层，致密/页岩油气储层的物性评价难度大。这就要求准确的骨架参数，但岩性的复杂性对此难以保证，而储层中的孔隙类型多样、孔隙结构复杂，也要求采用高精度孔隙度测井信息，且其能够反映出不同分布类型孔隙大小即孔隙结构，为此，可在孔隙结构评价的基础建立针对性的孔隙度和渗透率模型。

（A）孔隙结构评价

孔隙结构控制了储层物性特征，不同类型孔隙结构储层具有不同的物性特征，孔隙结构评价是致密油气物性评价的基础。致密油气储层的孔隙结构复杂，有粒间孔隙型、溶蚀孔隙型和裂缝孔隙型等，但储层品质均较差，大多数为Ⅲ类和Ⅳ类。为了提高孔隙度和渗透率的计算精度，应建立基于孔隙结构评价的精细计算模型。尽管致密油气储层品质差，但通过测井孔隙结构评价可实现储层分类评价储层品质，从而优选出相对优质储层，这是致密油气储层评价的关键点之一。常规测井评价储层孔隙结构的能力弱，主要采用成像测井如核磁共振测井和微电阻率成像测井等开展评价。

核磁共振测井进行储层分类的基本原理是根据 T_2 谱和毛细管压力曲线均可反映储层孔喉特征这一共性，将 T_2 谱转换成毛细管压力曲线后，从这些转换毛细管曲线中提取评价储层品质的一系列特征参数，以这些参数实现储层综合分类评价（图 6－38）。

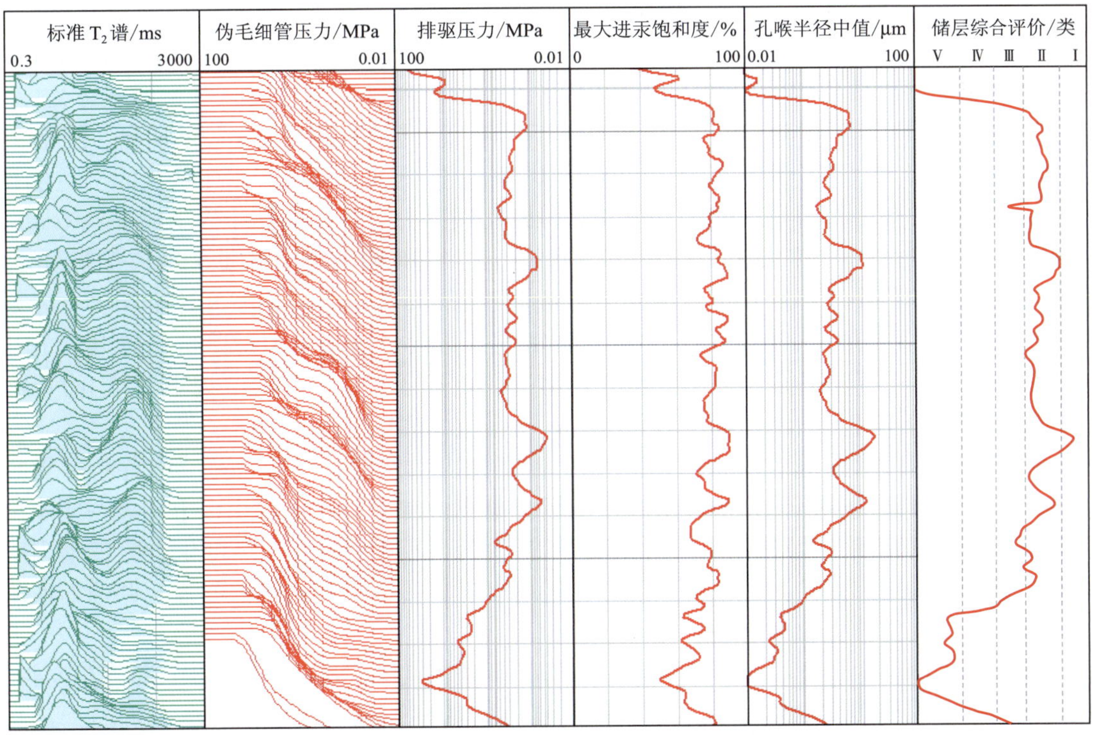

图 6－38　核磁共振测井 T_2 谱转换毛细管曲线储层综合评价

成像测井可以获得至少144条井壁附近的地层电阻率曲线，主要是储层孔隙结构和冲洗带特征两个方面的综合反映，对于致密储层，冲洗带特征可视为基本相同，因此，可以电成像测井评价储层孔隙结构。为了实现有物理内涵的量化分析，将众多微电阻率曲线以阿尔奇公式并经浅侧向测井标定转换成孔隙度谱，从中提取反映储层孔隙结构的特征参数，如孔隙度频谱主峰右侧的均方根差及其宽度，这两个参数值越大，表明储层孔隙结构越好（图6－39），以这两个参数建立起储层类别识别图版，实现储层分类。

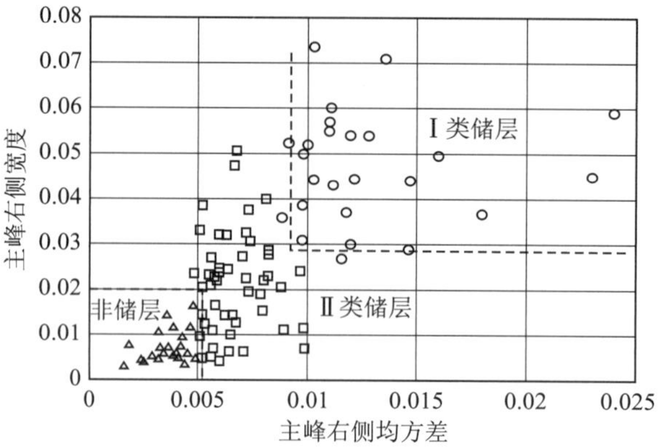

图6－39　成像测井孔隙度频谱储层评价

（B）孔隙度与渗透率评价

利用常规测井资料评价孔隙度和渗透率，主要基于补偿中子、岩性密度和声波时差测井进行，在很多书籍和文章中介绍得比较多，方法技术比较成熟，在此不做赘述。这里主要阐述基于核磁和成像测井资料的评价方法。

核磁共振测井资料对孔隙度的评价精度较高，且与岩性无关，是致密/页岩储层孔隙度和渗透率十分有效的评价方法，同时也是当前评价储层孔隙结构的最优测井技术之一。但致密油气储层以微小孔喉为主，为了确保其在核磁共振测井时得到充分极化，使得T_2谱中能够反映出这些微小孔喉部分，这就要求核磁共振测井采集时，采用适当的测量模式和合理的采集参数，即等待时间尽可能长、回波间隔尽可能短，其具体数字根据具体储层特征和钻井液性能等，通过测井前设计模拟而确定。在准确确定出泥质含量和骨架组分、井壁状况良好的前提下，高精度密度测井可保证致密/页岩储层的孔隙度评价精度。考虑到致密/页岩油气储层中，油气的存在可升高密度孔隙度计算值，但却降低核磁共振的孔隙度值，因此，为了进一步提高孔隙度评价精度，可利用这“一升高一降低”变化规律，联合应用这两种测井资料消除油气对孔隙度评价精度的影响。

对于裂缝型或含裂缝致密/页岩油气储层，裂缝识别及定量评价也是物性评价的重点内容之一，电成像测井可以很好地解决该问题。电成像测井不仅可以识别出裂缝、判断出裂缝充填特征（图6－40），而且可计算出裂缝方位、孔隙度和密度等量化参数，是当前裂缝定量评价的最有效的测井技术。此外，还可以通过阵列声波或声波扫描测井中斯通滤波幅度的衰减确定渗透率评价裂缝的有效性。

页岩油气储层中主要以有机孔为主，当有机质成熟度较高时，干酪根中有机孔发育，有机孔孔隙度与残余有机碳含量、有机质类型、成熟度等关系密切，残余有机碳含量越高，成熟度在1.1%～2.5%之间越高，有机孔隙度越大。有机孔一般为油相润湿、被油

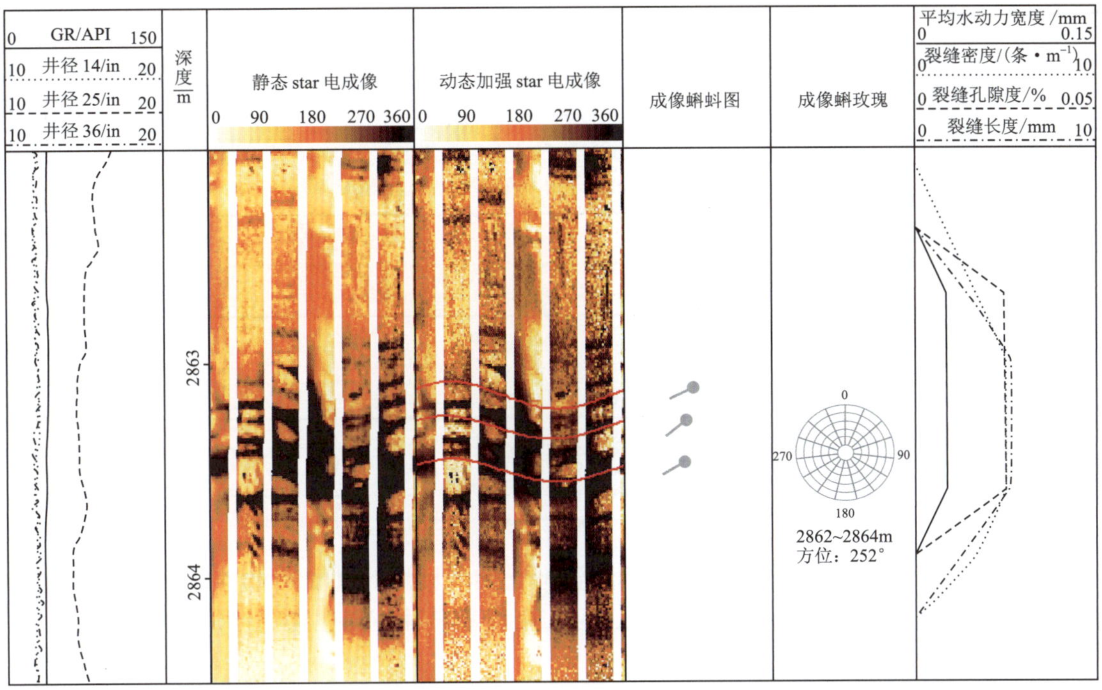

图6－40　电成像测井裂缝评价

气充满。由于页岩密度低、声波时差高等特征，密度和声波时差测井值往往掩盖了有机孔隙部分，因而，在对孔隙度测井值的贡献中，常规孔隙度测井评价页岩有机质孔隙度的难度很大。通过选择具针对性的测量模式和采集参数，测量核磁共振 T_2 谱，利用核磁共振测井资料评价有机孔的精度较高。也可根据残余有机碳含量、有机质成熟度和有机质类型等参数，建立页岩有机孔隙度评价模型，计算精度也较高。

C. 含油气性评价

由于致密/页岩储层孔隙度低，测井响应偏弱，利用常规测井资料可以大致评价出致密/页岩储层的含油气性，但评价时遇到困难，评价精度不高，因此，核磁共振、偶极声波、电磁波等测井资料成为评价的资料基础。

当致密/页岩储层中赋存轻质油或天然气时，从阵列声波或偶极横波测井中提取压缩系数和泊松比等声学信息，可较好地识别出含油气层段。通过以致密/页岩储层的油气检测为目的的针对性测前设计，核磁共振测井也可反映出油气的存在，图6－41显示以核磁共振测井长短等待时间的 T_2 谱差异（差谱）识别出油气层。

利用介电扫描测井通过识别地层水信息实现分辨油气层。电磁波在介质中传播时可产生与介质介电常数值密切相关的幅度衰减和相位移动，由于油气与地层水的介电常数差异大（相差20～40倍），所以介电扫描测井通过分析电磁波的传播幅度和相位与介电常数和电导率之间的关系，确定出致密/页岩油气储层中的含水孔隙度。如果该孔隙度小于储层中的总孔隙度值，则为含油气段；如两者基本相等，则为干层或水层。

（2）烃源岩特性评价

烃源岩特性以烃源岩的残余有机碳含量（*TOC*）为主，也可利用元素俘获测井兼顾干酪根类型判断，但影响因素较大，评价误差较大，一般采用地球化学方法确定干酪根类型。

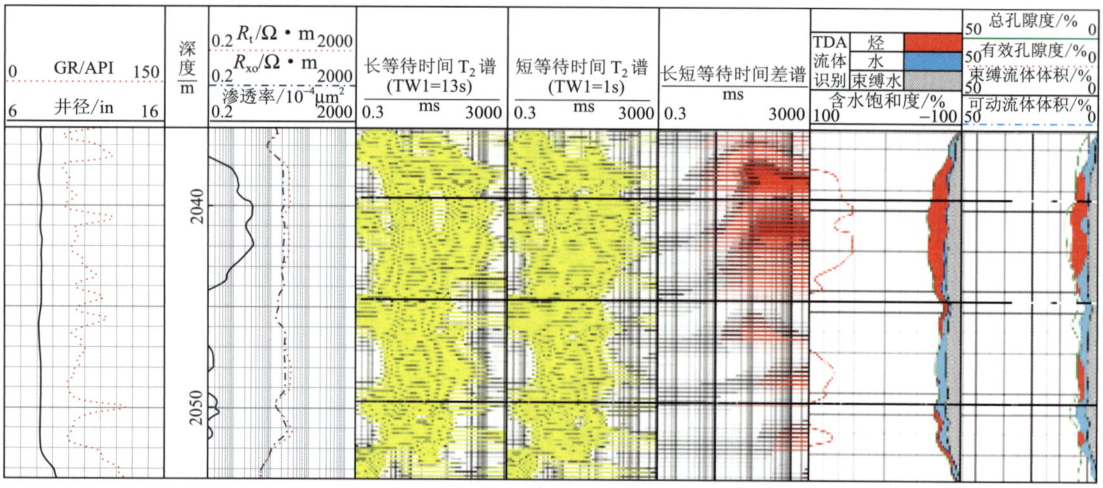

图 6－41 松辽盆地 R58 井核磁共振差谱致密油评价

通过岩心 *TOC* 分析实验数据标定测井资料，实现利用测井资料的连续 *TOC* 评价。方法较多，技术也较成熟，根据资料情况，可选用以下 3 种不同思路的评价方法。

A. 自然伽马能谱测井统计方法

烃源岩在沉积时，有机物可增加黏土颗粒对溶于水中 U^{6+} 铀粒子的吸附能力，处于还原环境的烃源岩，有利于 U^{6+} 还原变成不溶于水的 U^{4+} 并沉淀下来，因此，烃源岩中的有机质含量与地层中铀元素的放射性强度密切相关，据此可通过岩心分析实验数据刻度自然伽马能谱的铀曲线，建立 *TOC* 评价模型。实际应用中可根据实际情况，选用自然伽马、铀能谱等资料。

如四川盆地龙马溪组主力烃源岩岩心分析 *TOC* 与对应深度的铀含量测井值，统计分析得到经验评价模型：

$$TOC = 10^{\left(1.1-\frac{3.1}{1+\left(\frac{U}{2.2}\right)^{0.9}}\right)} \tag{6-23}$$

式中：*TOC* 为残余有机碳含量，%；*U* 为自然伽马能谱测井的 *U* 测井值，10^{-6}。

从式（6－23）中可以看出，利用铀含量确定 *TOC* 的公式为非线性，但两者相关性很好，相关系数达 0.92。自然伽马测井的铀含量估算的 *TOC* 反映烃源岩沉积时的特性，但反映的是残余有机碳含量值，与后期烃源岩演化及生油气不相关，由于有机质热演化生烃，使得 *TOC* 会减小，不同地区、层位的烃源岩沉积环境和热演化程度不同，因此，必须针对研究区目的层位建立合适的评价模型。

B. 电阻率与孔隙度测井曲线重叠 Δlg*R* 法

Δlg*R* 方法是一种利用测井资料计算 *TOC* 的经典方法，1990 年由 Passey 等提出，其基本原理如下：

$$TOC = (\Delta \lg R)\cdot 10^{2.297-0.1688\cdot LOM} + TOC_0 \tag{6-24}$$

式中：Δlg*R* 为孔隙度与电阻率曲线显示的包络线面积，具体为 $\Delta \lg R = \lg \frac{R}{R_{基线}} + K\cdot(\phi_{log} - \phi_{基线})$，其中，$R$ 和 $R_{基线}$ 分别为目的层、非烃源岩电阻率值，Ω·m；ϕ_{log} 和 $\phi_{基线}$ 分别为目的层、非烃源岩孔隙度测井值，可为声波或密度测井；*K* 为比例系数，无量纲。*LOM* 为有机质成熟度指数，与具体区块具体层系的烃源岩的埋藏史和热史等有关。TOC_0为非烃源岩 TOC 值，即泥岩或储层有机碳含量，可定为 TOC 的背景值，%。

C. 核磁共振与密度测井组合的干酪根含量转换评价方法

烃源岩主要由岩石骨架、固体有机质和孔隙流体 3 部分组成。核磁共振测井计算的孔隙度几乎与岩石固体部分无关，而密度测井的孔隙度则反映固体有机质和孔隙流体之和，因此，这两者的孔隙度差异就应该反映残余有机碳含量，因此有：

$$\phi_{\mathrm{ker}} = \phi_{\mathrm{den}} - \phi_{\mathrm{nmr}} \tag{6-25}$$

式中：ϕ_{ker}、ϕ_{den}、ϕ_{nmr}分别为有机质孔隙度、密度孔隙度和核磁共振孔隙度，%。

式（6－25）中未考虑天然气的存在可加大密度孔隙度、减少核磁共振孔隙度的影响，因此，致密/页岩气评价中，要消除天然气的影响，否则计算的有机质孔隙度会偏大。

利用式（6－26）将有机质孔隙度转换成 TOC：

$$TOC = \frac{\phi_{\mathrm{ker}} \cdot \rho_{\mathrm{ker}}}{\rho_{\mathrm{b}} \cdot \gamma} \tag{6-26}$$

式中：ρ_{ker}、ρ_{b}分别为有机质、页岩储层密度，g/cm^3；γ 为转换系数，与有机质类型有关，无量纲。

利用以上方法技术，根据测井资料分布情况，即可得到被评价目的层的残余有机质碳含量分布图。

（3）脆性评价

岩石脆性是指破裂时的塑性变形性质，亦即岩石在外力作用作用下容易破碎的性质。致密/页岩油气体积压裂设计中，岩石脆性是需要考虑的重要因素之一。致密/页岩油气评价中，以脆性指数刻画岩石脆性特征，常用方法有岩石组分法和岩石弹性参数法。

A. 岩性组分脆性指数评价法

对于以它源机械搬运为主的陆相碎屑岩地层来说，其评价模型如下：

$$BI = \frac{V_{\mathrm{qa}}}{V_{\mathrm{qa}} + V_{\mathrm{fe}} + V_{\mathrm{ca}} + V_{\mathrm{do}} + V_{\mathrm{cl}} + V_{\mathrm{og}}} \times 100 \tag{6-27}$$

式中：BI 为脆性指数，无量纲；V_{qa}、V_{fe}、V_{ca}、V_{do}、V_{cl}、V_{og}分别为储层中石英、长石、方解石、白云石、黏土和有机质含量，%。

对于以自源化学沉积为主的海相碳酸盐岩地层来说，其评价模型如下：

$$BI = \frac{V_{\mathrm{ca}} + V_{\mathrm{do}}}{V_{\mathrm{qa}} + V_{\mathrm{fe}} + V_{\mathrm{ca}} + V_{\mathrm{do}} + V_{\mathrm{cl}} + V_{\mathrm{og}}} \times 100 \tag{6-28}$$

对于陆相碎屑岩地层来说，一般当脆性指数大于 50% 时即为脆性地层，可压性好；对于海相碳酸盐岩地层来说，一般当脆性指数大于 40% 时即为脆性地层，可压性好。脆性指数相同的情况下，由于地层矿物中原生成分含量和组分的差异，会导致可压性也存在一定差异，因此，地层可压性要根据具体情况确定。

B. 岩石弹性参数的脆性指数评价法

在岩石学范畴内，杨氏模量越大，泊松比越小，岩石脆性越好，可基于杨氏模量和泊松比评价岩石脆性指数：

$$BI = \frac{BI_{\mathrm{YM}} + BI_{\mathrm{PR}}}{2} \times 100 \tag{6-29}$$

式中：BI_{YM} 和 BI_{PR} 分别为归一化处理后的岩石杨氏模量和泊松比，其取值范围为0~1。

$$BI_{YM} = \frac{YM - YM_{min}}{YM_{max} - YM_{min}} \tag{6-30}$$

$$BI_{PR} = \frac{PR - PR_{max}}{PR_{min} - PR_{max}} \tag{6-31}$$

式中：YM 和 PR 分别为储层段的杨氏模量和泊松比；YM_{min} 和 YM_{max} 分别为目的层段内的最小和最大杨氏模量，MPa；PR_{min} 和 PR_{max} 分别为目的层段内的最小和最大泊松比，无量纲。

泊松比越小，杨氏模量越大，脆性指数越大，地层越易压裂。获得精度较高脆性指数的关键是获取高精度的杨氏模量和泊松比等岩石弹性参数，其方法是将实验室测量得到的静态弹性参数与同深度点测井的动态弹性参数，通过回归拟合建立关系，以岩石力学实验测量值刻度测井值，实现动态和静态参数转换，通过高精度密度、阵列声波（或声波扫描）测井资料获得弹性参数。

（4）地应力各向异性评价

地应力各向异性及大小是影响致密/页岩油气储层水平井钻井、体积压裂效果和油气产能的重要因素，在水平井井眼轨迹优选和压裂方案设计中，必须考虑地应力方位、大小及其各向异性。

地应力包括垂直应力 σ_v 和最大水平应力 σ_H、最小水平应力 σ_h 3种。σ_v 可通过上覆地层的全井眼密度测井值及其对深度的积分并考虑上覆地层孔隙压力而确定。地应力评价主要是指对水平地应力的评价，其内容包括方位确定、大小计算以及地应力纵横向各向异性、地应力平面展布特征等，可借助于电成像测井和阵列（或扫描）声波测井实现。

A. 水平地应力方位评价

横波在声学各向异性地层中传播可产生横波分裂现象，即分裂成沿刚性方向传播的快波和沿柔性方向传播的慢波，从阵列（或扫描）声波测井交叉偶极模式下的测量资料，通过波场多分量旋转技术可提取快慢横波信息（方位、速度和幅度），而快横波的传播方向与最大水平应力 σ_H 方向一致，从而确定出 σ_H 的方向。当地层中存在裂缝、地层倾角与井眼轨迹相对角度较大或者地层存在波速非均质性时，也可以产生横波分裂现象，可导致快横波确定的 σ_H 方向存在不确定性。

地层被钻开后，井壁附近的地应力场即被改变，导致井壁几何产生变化，如地层应力释放后形成的释放缝、井眼崩落以及过高的钻井液压力柱造成的压裂缝等，根据这些变化所固有的规律性及其在电成像测井图像上的响应特征，可确定出水平地应力的方位。从电成像测井图像上可拾取井壁压裂缝（总是平行于地层最大水平主应力方向）方位指示的 σ_H 方位，由应力释放缝（发生在最小地应力方向上）的方位可以确定出 σ_h 的方位，据井眼崩落（发生在最小地应力方向上）的方位也可以确定出 σ_h 的方位。

B. 水平地应力评价

地层最小水平主应力 σ_h 可通过扩展的漏失试验（XLOT）、微压裂或MDT测井直接测量得到，但获取的数据量有限、深度剖面上分布零散。经以上资料刻度可利用测井资料得到连续分布的 σ_h。

σ_h 的评价方法主要包括各向同性和各向异性两种模型。各向同性模型假设各个方向上岩石弹性参数没有变化，其评价方法很多（如垂向应力考虑了上覆岩石压力以及孔隙压力、水平应力考虑了构造残余应力作用的 ADS 方法，有效应力比为常数假设法，双井径曲线和电成像测井组合法，以及基于实验分析资料的经验公式法等）。目前常用的是多孔弹性模型，其各向同性和各向异性的最小水平地应力计算公式分别为

$$\sigma_h - \alpha\sigma_p = \frac{\upsilon}{1-\upsilon}(\sigma_v - \alpha\sigma_p) + \frac{E}{1-\upsilon^2}\varepsilon_h + \frac{E\upsilon}{1-\upsilon^2}\varepsilon_H \qquad (6-32)$$

$$\sigma_h - \alpha\sigma_p = \frac{E_h}{E_v}\frac{\upsilon_v}{1-\upsilon_h}(\sigma_v - \alpha\sigma_p) + \frac{E_h}{1-\upsilon_h^2}\varepsilon_h + \frac{E_h\upsilon_h}{1-\upsilon_h^2}\varepsilon_H \qquad (6-33)$$

式中：σ_h 为水平最小地应力，MPa；σ_v 为垂直应力，MPa；σ_p 为地层孔隙压力，MPa；α 为 Biot 系数，无量纲；υ 为各向同性的泊松比，无量纲；E 为各向同性的杨氏模量，MPa；ε_h、ε_H 分别为构造压力系数；E_h、E_v 分别为各向异性水平和垂直方向上的杨氏模量，MPa；υ_h、υ_v 分别为各向异性水平和垂直方向上的泊松比，无量纲。

式（6－33）相比于式（6－32），主要是考虑到了水平和垂直方向上岩石弹性参数间的差异，如果地层确实存在这种差别，则以这两个公式计算出的结果肯定会不同；反之，如果计算结果相差不大，则表明地层的各向异性特征不明显。

需要指出的是，式（6－33）中水平方向上的杨氏模量 E_h 和水平方向上的泊松比 υ_h 确定困难，常以垂直井轴的水平岩心测量出纵横波速度而确定。如果没有岩心测量值，可通过测井斯通滤波速度反演出水平横波速度，水平纵波速度以具有一定假设前提的经验公式获取。

最大水平主应力 σ_H 不能直接测量或直接以测井资料计算得到。其确定思路是在测井计算出 σ_h 后，采用井眼稳定性分析方法，并不断调整该方法中需要的 σ_H，将模拟计算出的井眼井壁特征对比于电成像的观察状况，当两者基本一致时，此时的 σ_H 值即为地层的 σ_H。对于井壁崩落，采用剪切破坏模型模拟。对于水力裂缝，采用拉张破坏模型模拟。利用测井计算的 σ_h 和 σ_H 都以实测数据进行标定。

C. 地应力各向异性分析

在阵列（或扫描）声波测井的正交偶极测量模式下，可记录到快、慢两种绕曲波，通过分析其频散曲线并与理论模型结果相比较，不仅可以确定出地层的各向异性，而且可以明确各向异性的成因。

图 6－42a 中，两条绕曲波频散曲线重合且与理论模拟值一致，表明地层不存在各向异性，为各向同性地层。与各向同性地层相对比，图 6－42b 中两条绕曲波频散曲线也重

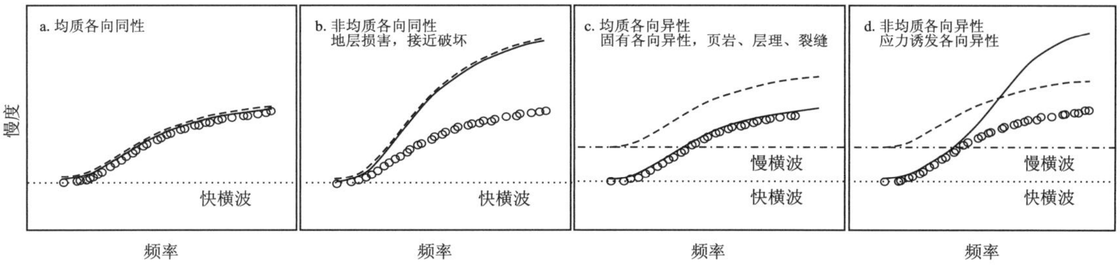

图 6－42　不同类型各向同、异性地层绕曲波特征

（据 J. L. Arroyo Franco et al.，2006）

——、--- 正交偶极测量模式记录的快、慢绕曲波频散曲线；○ 为理论模型计算出的绕曲波频散点

合，但随着频率变大其慢度快速增加，同时与理论模拟值差异越来越大，表明近井旁地层声波速度变慢，即地层受到伤害，而且这种伤害在各方向上是相同的，为非均质各向同性地层。图 6 -42c 为均质各向异性地层的绕曲波频散曲线特征，即快绕曲波频散曲线与理论模拟值一致，而慢绕曲波频散曲线与快绕曲波频散曲线形态一致但慢度较高。图 6 -42d 为非均质各向异性地层的绕曲波频散曲线特征，即快慢绕曲波频散曲线相交叉（低频时，快绕曲波慢度小于慢绕曲波慢度，高频时则相反），同时，慢绕曲波频散曲线与理论模拟曲线形态一致。

上述分析中，假定地层中只存在一种物理机理控制绕曲波的特征。当存在多种机理（如既有应力产生的各向异性，又有地层各向异性）时，绕曲波频散曲线可能会非常复杂。

需要指出的是，当地层被钻开时，井周地应力即发生变化，而测井探测的信息主要来自于距井壁 2 ~ 3m 范围内的物理场，因此，测井评价的地应力应为井周附近的现今地应力变化特征。井周与原状地层的地应力和岩石力学可能差异大。

D. 地层孔隙压力评价

地层孔隙压力评价的目的是为了确定不同深度上地层孔隙中的流体所承受的压力，评价内容包括孔隙压力计算、压力系数（或压力梯度）确定及其平面展布特征以及超压区等。测井计算孔隙压力的方法较多，常用的方法为纵波时差等效深度法，该方法对于砂泥岩剖面，根据压实理论，存在一个正常压实趋势线，亦即在正常的压力梯度下，泥岩的声波时差随着深度的增加而减小。若泥岩声波时差大于这个正常的趋势线的声波时差值，则指示存在压力高异常。该方法的关键点是要准确确定出岩性及其组分，剔除掉岩性对声波时差的影响，而致密油气层中岩性的复杂性常见，影响因素的剔除要做到精细。

此外，试井、试油和模块式地层测试（MDT）的压力测量均是确定孔隙压力的有效技术之一。考虑到致密/页岩油气储层物性差，进行 MDT 测井时，可采用双封隔器 + mini-DST 方式获取地层孔隙压力。这种方法得到的孔隙压力数据直接、可靠，但通常数据点很少，不能得到连续的剖面。

当地层中存在具渗流性能的裂缝或断层时，相对封闭的致密/页岩油气系统可能会与外界沟通，对形成高压异常不利。因此，在地层压力评价时，应结合渗流通道的评价，发展针对烃浓度扩散所致的高压异常测井评价方法。

三、油气层预测技术

油气层地震预测技术是提高成熟探区油气勘探成功率的主要技术之一，地震预测技术很多，但不同的地震预测技术的适用范畴存在一定差别，并非一种地震预测技术对所有对象均适用。因此，针对不同类型岩性、储层、油气性质、油气藏类型、不同深度等条件，选用合适的地震预测技术，可以有效提高成熟探区油气勘探的成功率。

1. AVO 多属性油气层检测技术

AVO（Amplitude Versus Offset，振幅随偏移距的变化）技术，即反射振幅（反射能量）随检波器到炮点距离的增大而增大的技术。AVO 技术用于研究地震反射振幅随炮点与接收器之间的距离，即炮检距（或入射角）的变化特征，来探讨反射系数响应随炮检距（或入射角）的变化，进而确定反射界面上覆、下伏介质的岩性特征及物性参数。利用 AVO 分析技术，可以更好地评价油气藏岩石属性，包括孔隙度、密度、岩性与流体含量等。

（1）AVO 技术的现状及发展趋势

20 世纪 60 年代，地球物理学家发现，砂岩中如有天然气存在就常常在一般振幅的背景上伴有强振幅（亮点）出现。当时以为只要在地震记录上找到亮点就能找到天然气。然而，事实并非如此简单，不久人们发现亮点有局限性，也就是说，除地层含天然气外，一些其他因素（如煤层、火成岩等）也可能引起亮点反射。为此，人们继续探索比亮点更确切的方法，以便在地震记录上直接找到天然气。到 20 世纪 80 年代，勘探工作者在地震记录上发现了一些违反常规的现象，即随着检波器离开炮点距离的加大，其接收到的反射能量反而增大，即 AVO 技术，这是因为地层含气后，含气地层波传播速度发生了明显变化，它改变了岩石的物理性质，从而改变了反射振幅的相对关系。从某种意义上讲，AVO 技术就是在地震记录上寻找随检波器到炮点距离的增加而增大的振幅，找到 AVO，就能初步确定此处有气层，这为确定气层位置提供了宝贵资料，使探井成功率大幅度提高。

尽管传统的 AVO 技术相对成熟，但对于一些特殊的油气层，AVO 技术的预测精度偏低，近年针对传统 AVO 技术的缺陷，发展了基于子波的 AVO（WAVO）技术，建立在 AZIM 各向异性处理的基础上，可以将传统的 AVO 技术应用扩展到更坚硬岩石、更深地层、薄互层或裂缝油气藏以及低信噪比的区域，扩展了该技术的实用性和应用范围。

仅使用 P 波能量进行 AVO 分析的另一个局限是无法产生唯一的解决方案。常常无法区分充满气体的储层和仅仅具有部分气体饱和度的储层。借助全波能量（如 ION 的 VectorSeis 传感器记录的全波能量）进行 AVO 分析，使地球物理学家能够区分气体饱和度，从而提高油气勘探的成功率。

反演技术可以将地表采集的地震数据、垂直地震剖面和测井数据组合起来，建立一个包括地下层面及其厚度、密度在内的纵横波速度模型。其本质上是用这种方法将大尺度的地震数据按比例缩小到测井级采集的更精细信息，成功的反演通常需要较高的信噪比并且记录较宽的带宽数据。

（2）油气层的 AVO 综合检测技术

在高保真处理地震剖面上，大部分气层有明显振幅异常特征，大时窗 AVO 属性定性拾取，具有多层系大面积的“亮点”反映，通过多属性融合，定量预测含油气性。

利用地震油气检测属性的叠后地震属性、AVO 模型正演、AVO 属性反演、叠前弹性反演等参数，以及构造储层特征参数，通过式（6－34）得到油气预测概率因子，利用油气预测概率因子实现油气层概率的检测。该方法可以消除由于岩性及储层变化，给 AVO 油气层预测带来的不确定性。

$$P_{gas} = \left(0.25\bar{B}_1 + 0.75\sum_{i=1}^{4}\bar{A}_i\right) \times 100 \qquad (6-34)$$

式中：P_{gas}为油气预测概率因子，%；$\bar{B}_1$ 为归一化后的构造储层特征参数；$\bar{A}_1$、$\bar{A}_2$、$\bar{A}_3$、$\bar{A}_4$ 分别为归一化后的叠后地震属性、AVO 模型正演、AVO 属性反演、叠前弹性反演参数。

利用油气概率检测对渤海湾盆地廊固凹陷气层开展分析预测，当 $P_{gas} > 50\%$ 时为气层，且一般气层产量大于 $5\times10^4m^3/d$；当 $40\% < P_{gas} < 50\%$ 时为中—低产气层，且一般气层产量介于 $1\times10^4m^3/d$ 与 $5\times10^4m^3/d$ 之间；当 $25\% < P_{gas} < 40\%$ 时为气水同层，一般产气量较低，且气水同出；当 $P_{gas} < 25\%$ 时为干层或水层（图6-43）。随着气层产量增加AVO截距也在增加，利用该方法可有效预测气层在空间的分布（图6-44），为加快油气勘探步伐，提高勘探效率，迅速控制和探明油气规模，提供重要依据。

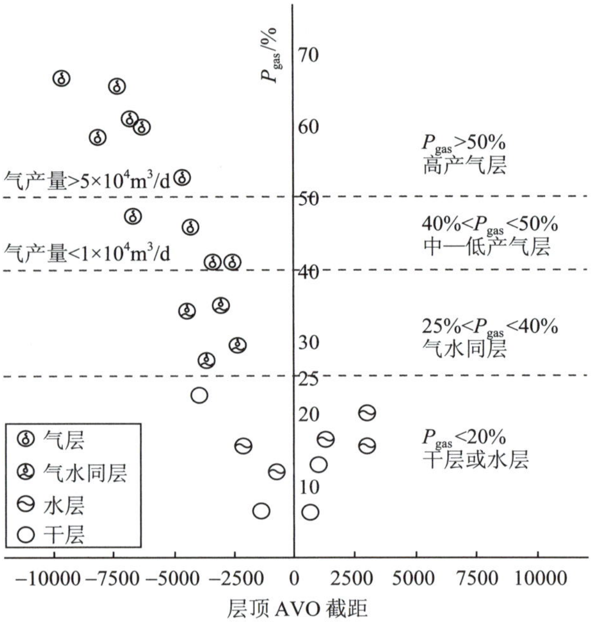

图6-43 油气层AVO综合预测

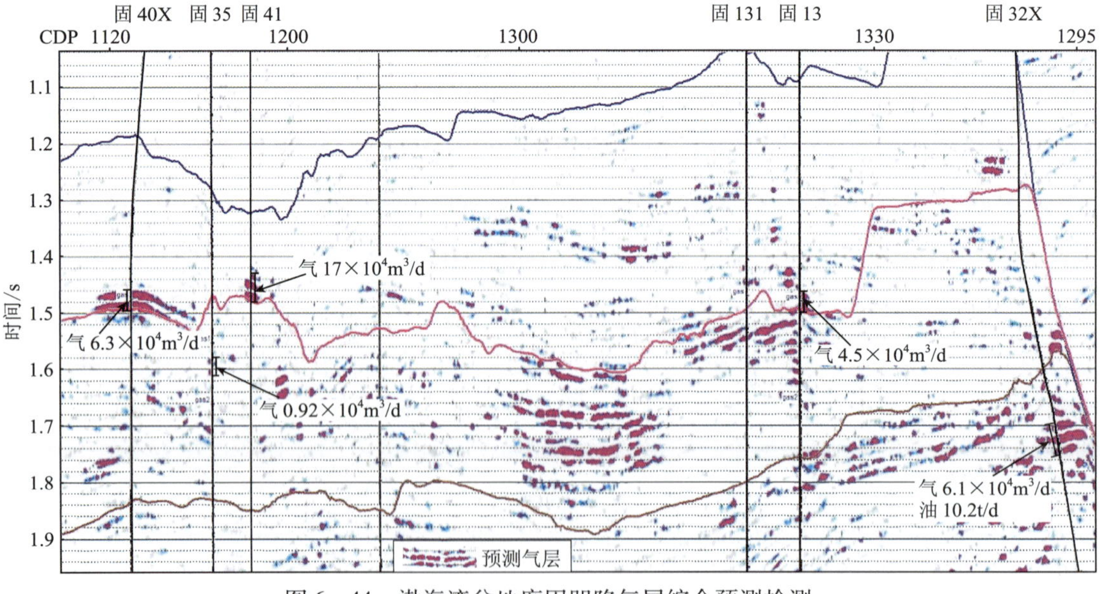

图6-44 渤海湾盆地廊固凹陷气层综合预测检测

2. 叠前烃类检测技术

对于复杂油气藏，叠后地震已不适应烃类检测的精度要求，在表征复杂油气藏储层有效性与储层物性方面存在误差较大，全角度多次叠加，削弱和损失了流体的信息。针对复杂油气藏储层中强振幅砂体的含油气性，利用叠前属性油气检测技术方法，优选与油气响应敏感的属性参数，通过叠前角道集部分叠加资料提取振幅类属性进行油气判识，可以收到较好效果。

（1） 叠前 CIP 角道集 AVO 特征检测油气

通过正演模型和过井 CRP 道集分析，油气层具有 3 类 AVO 异常特征，可以应用叠前 CIP 角道集 AVO 特征检测油气。如发育多套油气层的油气藏，叠前 CRP 道集上均表现为振幅随偏移距增大而增大，非油气层则表现为振幅随偏移距的增大而减小；对于水层，叠后剖面“亮点”特征明显，难以与油气层反射区分，而叠前 CRP 道集则表现为振幅随偏移距增大而减小。

（2） 远角叠加地震资料油气检测

远角叠加地震资料突出了油气对地震反射的贡献，可以直接进行油气检测。油气层在叠前角道集上具有振幅随入射角增大而增大的正异常特征，分角度部分叠加后，远角叠加地震资料上油气层表现为明显的强振幅反射特征，而非油气层则表现为平点反射。

（3） 叠前反演技术

叠前反演得到的纵、横波速度及密度成果，从不同侧面反映了岩性及流体特征，可针对目的层段的油层岩石物理参数，开展纵横波速度比分析和纵、横波速度联合解释，对目的层段油层分布特征进行描述。对 AVA 同步反演结果分析认为，叠前反演的泊松比、V_P/V_S 参数对储层有识别效果，厚油层在剖面上有较好的响应，剖面与测井信息的对比效果良好。

3. 小断层识别与断裂组合技术

成熟探区油气勘探中，复杂断块的小断层逐渐成为油气控藏的关键因素之一，针对复杂断块的小断层形成了包括以相干分析、正演模拟、倾角检测技术等为主体的断层识别技术，以方差体解释、断层空间解释为主体的三维断层空间解释技术，以综合标定、联合解释、变速成图为主体的断层－层位综合解释技术等地震解释技术系列，减小了断层识别和解释中的多解性和不确定性，降低了勘探开发风险。这里主要阐述微小断层识别、断层解释技术和断裂系统组合等关键技术。

（1） 断层识别与解释技术

断层识别技术包括综合标定识别、时间切片识别、相干分析、地层倾角检测、剖面断层解释、剖面－平面联合解释、方差体解释、三维可视化及层拉平切片联合组合断层等技术，确保断层识别与解释的准确性。

A. 相干分析识别断层技术

利用相干技术的目的不是解决大的主干断层的识别和展布，而是刻画低序级断层的空间展布。因此，开展了高精度地震相干技术的适用参数详细研究。相干处理主要参数为相干方向、相干道数、相干时窗和地层倾斜延迟时差。相干方向常用的有纵测线、联络测线、左对角线、右对角线、对角线、三角形、十字形、矩阵形等，一般应选取垂直于构造的方向进行相干处理。

相干道数有 3 道、5 道、7 道或更多道。一般参与相干计算的道数越多，平均效应越大，压制噪声的效果越明显，但降低了对小断层的分辨能力，这时突出的主要是大断层。

相反，相干道数少，平均效应小，就会提高分辨率，提高断层，特别是突出了对小断层的分辨率。在计算地震相干性时要根据研究地质目的的不同来选择参与计算的相干道数。

相干时窗的选择一般由地震剖面上反射波视周期决定，通常取 $t/2$ 到 $3t/2$。若相关时窗过小，则整个波形不能参加运算，相干值受噪声的影响比受断层的影响大；若相关时窗过大，则多个地震反射同相轴参加了运算，相干值反映的是地层的不连续，因此，相干时窗的大小应按地震数据的视周期而定。另外，还应考虑地震资料的分辨率，地震资料主频高时，可选小一些的时窗，当主频较低时，应选大一点的时窗。

地层倾斜延迟时差的选择，当地层倾斜时，相邻道之间存在着时差，但这个时差会随着地层构造形态的变化而取不同的值，如果地层产状变化大，该参数取值应该大；如地层产状平缓，则倾斜延迟时差取值较小。在做相干处理时，一般由人为给定一个最大时差控制值，处理软件系统会利用互相关方法自动寻找真实时差值，据此校正掉由地层倾斜引起的高不相干值。

图 6－45 是一个区块的相关道数选择试验分析图，可见低序级断层级别低、断距小、延伸长度短、活动时间短，断层的展布多为 NE 向。3 道相关对于识别低序级断层效果较好，而 9 道相关显示的断层带较宽也较模糊，这是由于 9 道相关具有综合效应，往往会掩盖异常的低连续断层带，对大断层的识别较好。大断裂方向和组合基本一致，但对低序级断层刻画 3 道左对角线相干处理（右）比 9 道（左）、5 道（中）十字相干处理清楚得多。

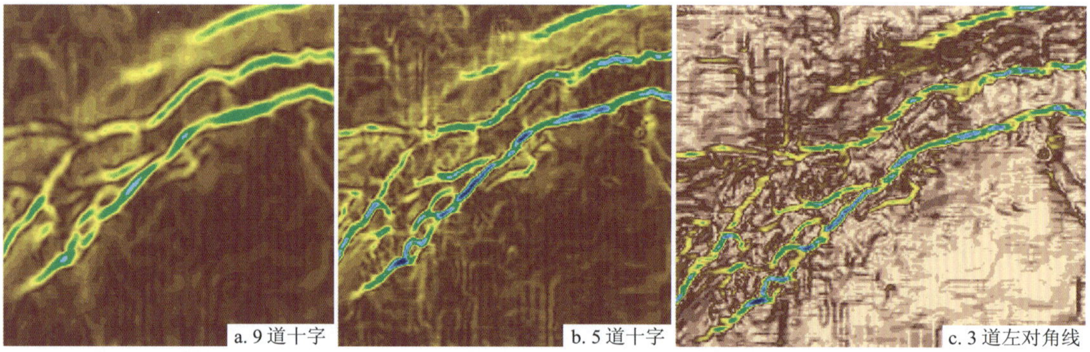

图 6－45　地震相关道数选择分析相干切片

B. 倾角检测技术

倾角分析是构造研究中一项非常有用的手段，主要用于分析断层的走向、延伸程度和有无小断层。倾角分析是用曲面可用倾角的函数进行数学描述，对倾角函数求导就可以得到倾角导数。倾角导数的大小是曲面函数空间变化光滑程度的判别依据，倾角导数应用于地质的构造分析，可进行断层分析，当地层存在断层时，构造层不是光滑的曲面，因此，倾角导数会突然变大，所以可应用倾角的导数的变化判别断层的存在，并根据其值的大小判别断层的延伸方向。对断层走向及展布规律显示明显，对小断层的识别尤为有效，有利于断层的解释与组合。

C. 断面空间解释技术

断面空间解释就是以三维可视化技术为基础，将相干数据体、地震剖面、时间切片在三维空间联合显示，进行断层解释，使断层解释更加合理。

（2）断裂系统优化组合技术

断裂系统的组合是建立构造格架的关键步骤。以往主要依赖于解释人员的经验和对地质情况的认知程度，层间矛盾较多。应综合应用纵横剖面、连井剖面、水平切片、相干数据体等资料，客观地反映本区断层的空间展布，尽量排除人为因素，为断层的平面组合提供客观真实的有利佐证。

A. 断层的平面叠合技术

对于断层复杂地区，需要统一协调上、下构造层之间纵向上的组合关系。常用的是断层平面叠合技术，这种方法简便有效，对张性盆地的复杂断块区，是能够快速理顺断裂结构的一种重要手段。

B. 断层立体组合技术

采取断层空间组合手段，即在三维空间内观察断层的形态、走向、空间组合关系，合理直观地进行断裂系统的组合。一些断距较小、延伸距离较短的断层也可以有相对合理的解释、组合，且对断层的活动时期、相互关系的分析更为精细合理。

通过可变面元观测系统设计、面元细分处理技术、双参数各向异性速度分析建立精确速度模型，采用各向异性叠前时间偏移方法对波场进行高精度归位成像，提高了资料的信噪比和成像精度。在2000m 深度，信噪比由2.5 提高到4.2，对小断块及低序级断层的识别能力大大提高。以相干分析、正演模拟、倾角检测技术为主体的断层识别技术，以方差体解释、断层空间解释为主体的三维断层空间解释技术，以综合标定、联合解释、变速成图为主体的断层－层位综合解释技术，大大提高了小断层和低幅度构造识别的精度，可以识别断层的最小断距为5m，发现最小圈闭面积为0.01km^2，解释层位深度误差一般小于5m。

（3）应用实例

准噶尔盆地西北缘红山嘴断裂带，受挤压应力作用断层发育，大断裂附近伴生小断裂，由于受地震资料品质较差影响，2006 年以前该区只识别出部分大断裂（图6－46），小断层很难识别出来，很难确定已发现的油气藏类型，影响了该区油气勘探进展。利用该区重新采集的三维地震资料和小断层识别技术，重新开展小断层识别和刻画，不但较准确地识别出大断裂，小断层识别率也很高，该区油气藏受岩性和断层双重控制，以断块油藏为主，小断层的准确识别，提高了油气发现概率，2010 年以来新增探明石油地质储量超过2000×10^4t。

4. 火山岩含油气性预测方法

由于火山岩地震相应特征的复杂性，叠后和叠前方法均不能完全满足含油气性预测需要。叠后流体预测通过振幅、频率衰减属性对流体进行定性预测，火山岩储层与非储层波阻抗差异小，传统叠后储层描述效果差，其主要原因在于多道叠加虽然能够改善资料品质，提高信噪比，但叠加造成了地震信息损失，降低了流体识别能力。叠前反演通过获得岩性参数，如岩石密度、纵横波速度、纵横波阻抗与泊松比等，使用未经叠加的地震资料，通过分析叠前地震信息随炮检距的变化特征，在增加信息量的同时减少了多解性，提高了流体识别的可靠性和精度能力，但火山岩埋藏深、岩性变化大、相变快，叠前含油气性的有效预测同样也较困难。

为了有效预测火山岩含油气性，采用岩性、储层预测和振幅衰减属性、吸收系数差异

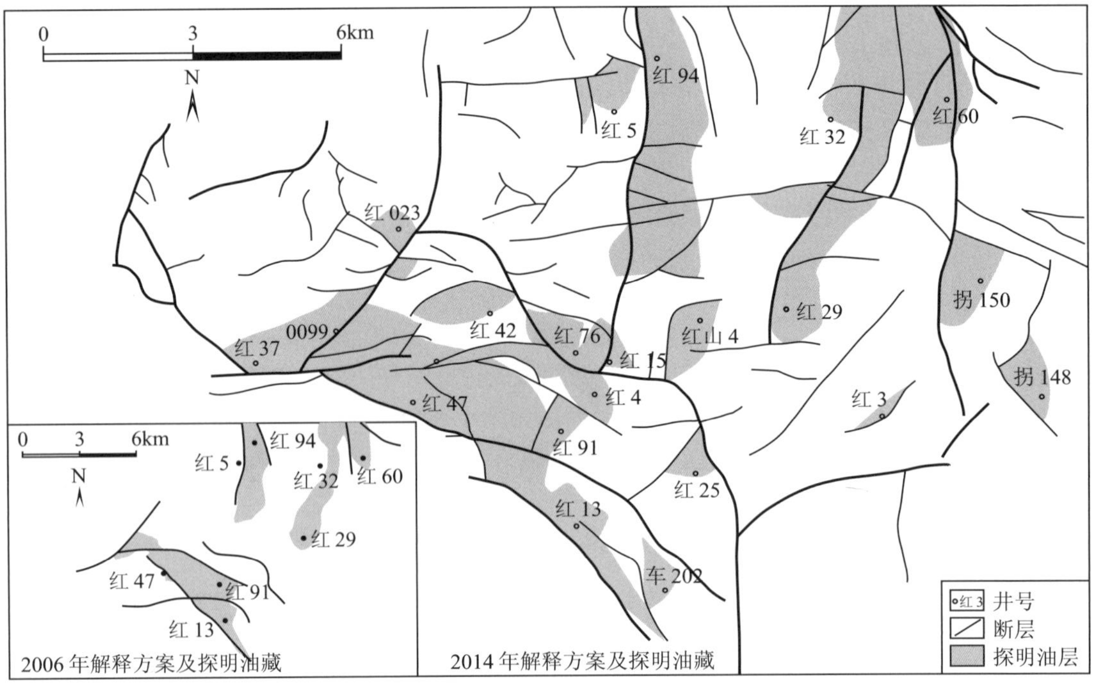

图6－46　准噶尔盆地红山嘴地区克拉玛依组断层分布与勘探成果

预测方法等的结合进行预测。在以横波波阻抗反演的岩性、储层预测（图6－47a）基础上，通过排除岩性影响的振幅衰减属性与吸收系数差异的纵波波阻抗和泊松比进行预测，二者反演特征存在相反响应特征的地区为含油气区（图6－47a、b），通过二者之间的差异对比，确定含油气性。如准噶尔陆东地区在岩性、储层预测和振幅衰减属性与吸收系数差异预测图上，特征相反的层段即为含气层段，气藏剖面可以验证其有效性（图6－47c）。利用该方法预测三塘湖牛东地区的含油性，预测结果与试油结果一致（图6－48）。

5. 白云岩气层预测技术

白云岩储层逐渐成为中国碳酸盐岩油气勘探的重点领域之一，目前在塔里木、四川和鄂尔多斯等盆地均有较大的油气发现。中国白云岩储层地质年代较老，储层物性相对较差，评价和预测难度较大。这里以鄂尔多斯盆地下古生界奥陶系马家沟组白云岩气层为例阐述其预测方法技术。在识别有效储层的基础上，开展气层预测。

（1）白云岩储层预测方法

针对白云岩与灰岩纵波阻抗差异小、难以识别区分的难点，通过岩石物理分析优选参数，采用叠前纵波和拟横波阻抗联合预测技术，提高了白云岩储层预测精度。鄂尔多斯盆地奥陶系马家沟组发育灰岩和白云岩互层，有效储层主要发育在白云岩层内，根据白云岩气层、白云岩非气层和灰岩层的电性特征可见，在光电截面指数与纵、横波阻抗图上（图6－49），灰岩与白云岩能够较好地区分开，但白云岩的气层与非气层不能分开。采用纵波阻抗与拟横波阻抗可以较好地识别白云岩储层（图6－50），如莲12井通过利用该技术，有效识别出奥陶系马家沟组马五$_5$白云岩储层，测井解释白云岩厚13.9m，试气获$11.7\times10^4m^3/d$，地震预测厚度为14.5m，统计38口井的白云岩有效储层钻井与地震预测结果可见，白云岩有效厚度预测符合率达91.2%。

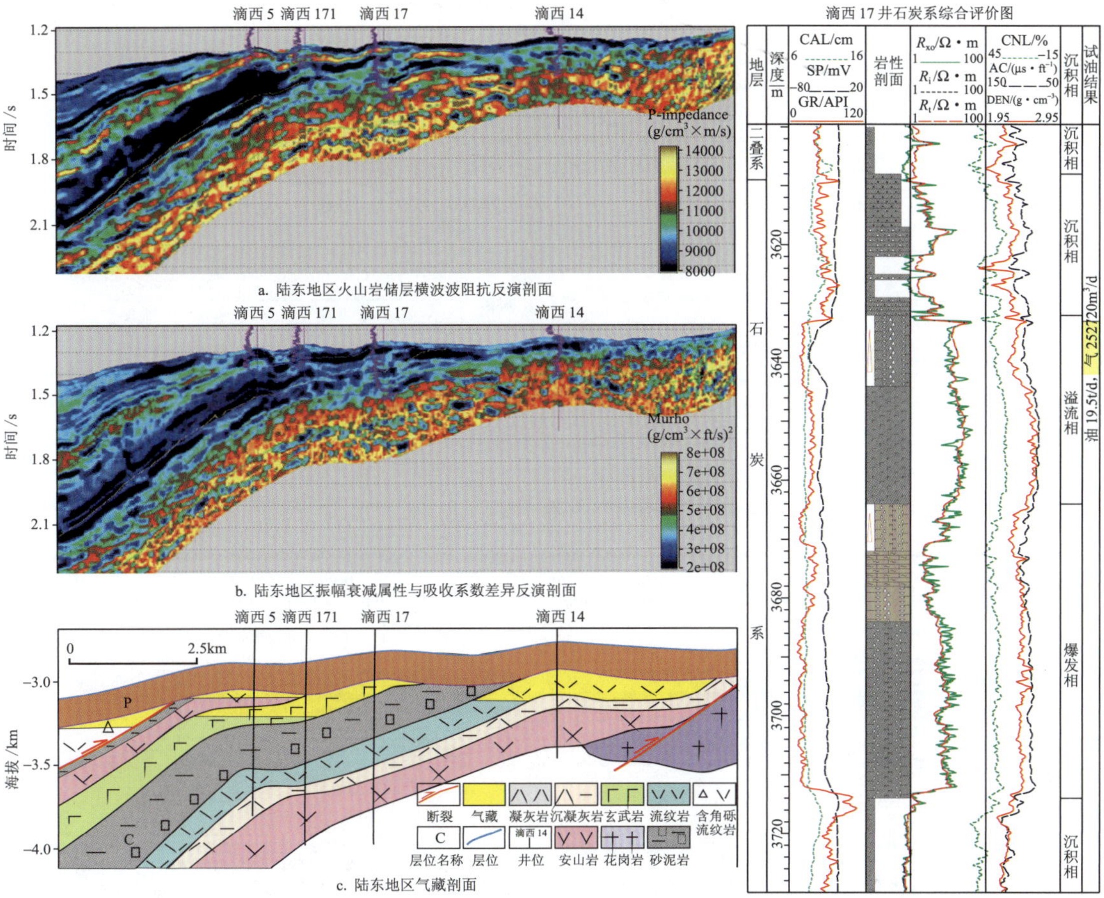

图6－47 火山岩储层及振幅衰减属性、吸收系数差异性结合预测含油气性

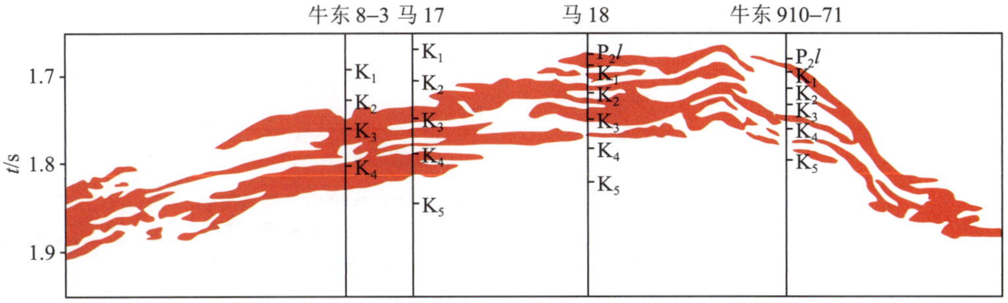

图6－48 三塘湖盆地牛东地区火山岩含油气性预测

（2）白云岩气层预测方法

针对白云岩气层具有低频能量强、高频能量弱、吸收衰减强、振幅频率比异常高、泊松比低等特征（图6－51），在岩性预测的基础上，集成叠后分频能量对比、吸收衰减、振幅频率比和泊松比反演技术，解决了白云岩含气性检测的难题（图6－52）。长庆油田2012年部署16口探井，气层发现成功率为93.8%。如桃33井奥陶系马家沟组马五$_5$气层，在地震剖面上表现为明显的“高频能量弱、低频能量强”特点，地震预测气层为23.8m，测井解释马五$_5$气层为25.3m。该方法技术为类似气层识别预测提供了借鉴。

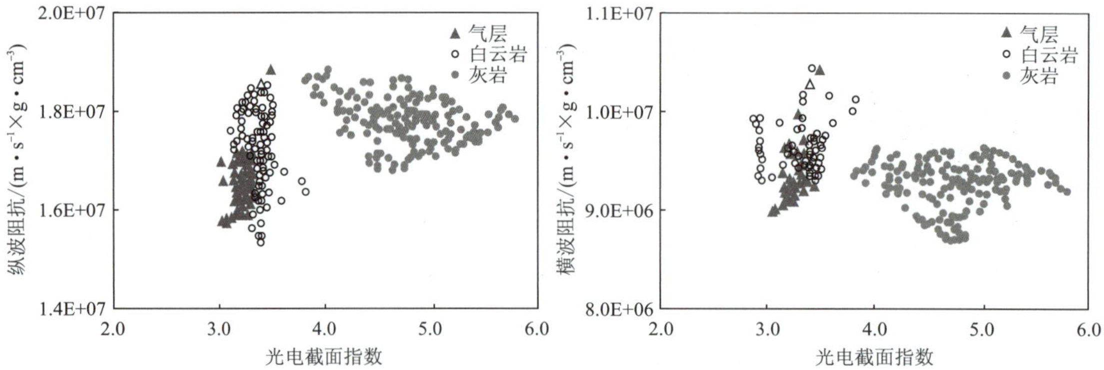

图 6－49　鄂尔多斯盆地下古生界白云岩与灰岩电性关系

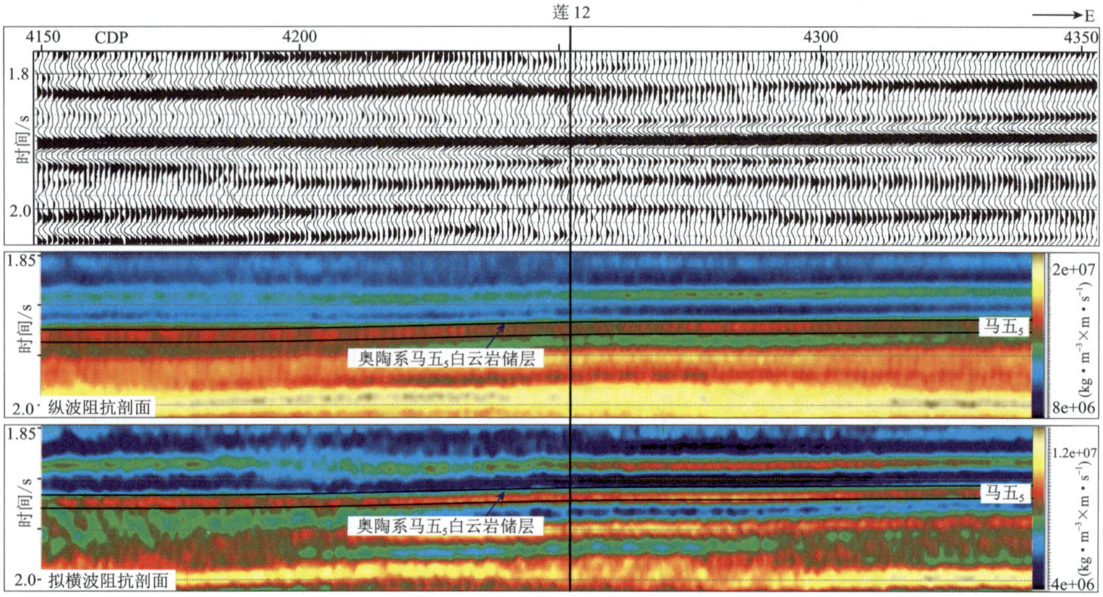

图 6－50　鄂尔多斯盆地下古生界 H096257E 测线叠加、叠前反演剖面

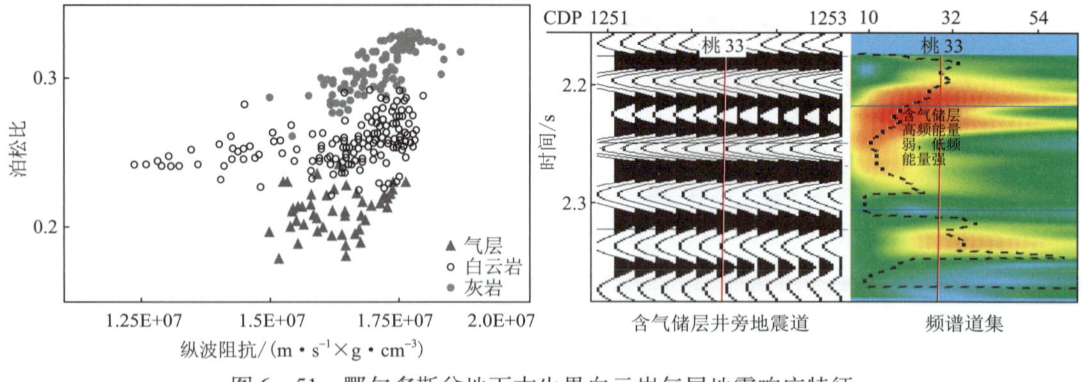

图 6－51　鄂尔多斯盆地下古生界白云岩气层地震响应特征

白云岩气层预测技术有力地支撑了鄂尔多斯盆地奥陶系马家沟组气层的勘探和发现。近几年，在奥陶系马家沟组马五$_5$落实6个含气富集区，已有21口井获工业气流，平均单井无阻流量为113.80×10^{4}m^3/d。在奥陶系马家沟组马五$_{6\sim10}$完试井11口，8口井获工业

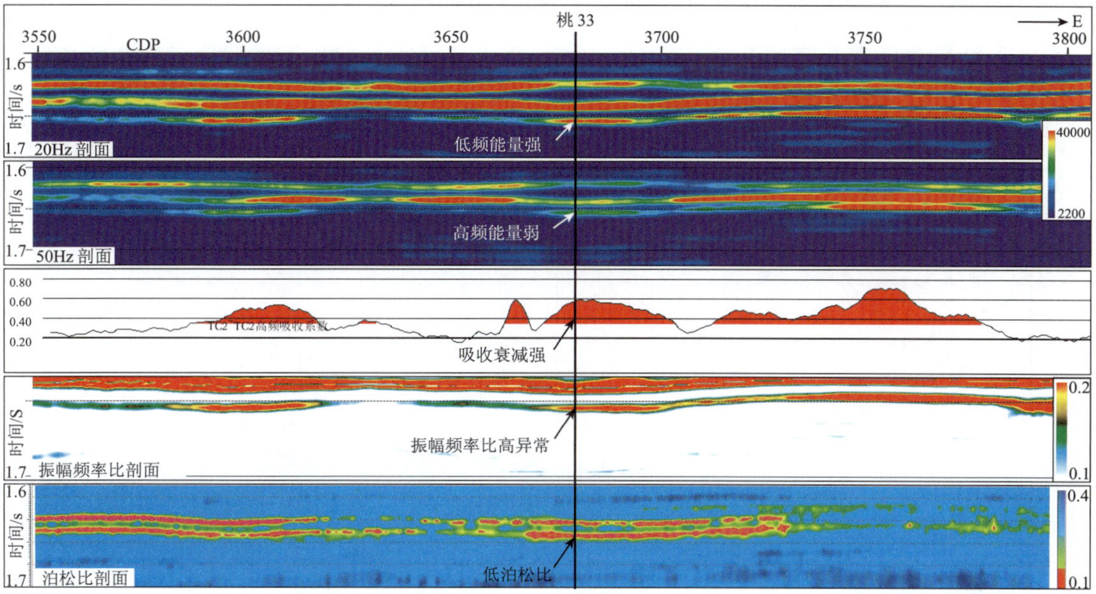

图6－52　鄂尔多斯盆地下古生界07KF7027测线马五$_5$白云岩含气性检测剖面

气流，平均单井无阻流量为28.82×10^{4}m^3/d，有力地支撑了鄂尔多斯盆地奥陶系白云岩气层的勘探发现和储量增长。

四、含油气性下限评价方法

油气层有效厚度的含油性及电性标准下限是油气储量计算的基础，准确确定含油气饱和度和电性下限对于正确评价储量规模至关重要。但不同油气层的有效厚度下限标准存在很大差别（表6－13），不同油气层的有效厚度的含油气饱和度及电性标准下限确定方法存在一定的差别，这里主要介绍几种常用的方法，为油气层有效厚度标准下限确定提供参考。

表6－13　油气层有效厚度含油气及电性标准

盆地名称	油气藏名称	层位	深度/m	流体性质		岩性及含油级别标准	饱和度及电性下限标准		
				流体	原油密度/(g·cm^{-3})		油气饱和度/%	深电阻率/Ω·m	声波时差/(μs·m^{-1})
渤海湾	王官屯	Ek_1^{II}	2400	石油	0.893	油斑粉细砂岩以上	52	4	240
松辽	萨尔图	姚家组^{III}	1150	石油	0.915	油浸泥质粉砂岩或油斑粉砂岩以上	47	308	295
伊通	莫里青	$E_2s_2^{II}$	2500	石油	0.846	油迹以上	38	33	225
渤海湾	兴隆台	太古宇	4350	石油	0.823	油浸以上	50	30～2000	184
塔里木	克深	E—K	6800	天然气	/	/	66	2	216

1. 油气层含油气饱和度标准下限确定方法

确定油气层含油气饱和度标准下限的方法主要有两种。一是根据试油、岩心分析含油气/束缚水饱和度、测井响应值建立相关图版，根据试油为油气层的分布，确定含油气饱和度标准下限。二是根据岩心分析的孔隙度和含油气/束缚水饱和度，建立二者的关系图版，根据油气层有效厚度的孔隙度下限标准确定含油气饱和度下限标准。

如塔里木盆地库车深层，利用试油、岩心分析含油气/束缚水饱和度、测井响应值建立的克深气田有效厚度含气饱和度标准下限为50%（图6-53a）。利用岩心分析的孔隙度、束缚水饱和度建立关系图（图6-53b），根据该区确定的气层有效厚度孔隙度下限标准3.5%，其对应于束缚水饱和度50%，从而确定该区气层有效厚度的含气饱和度下限为50%。

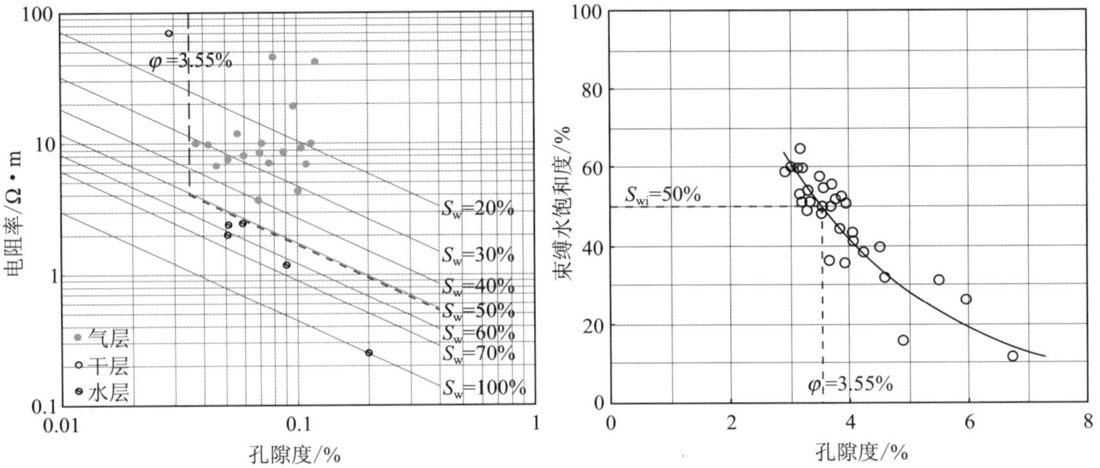

a. 孔隙度与电阻率关系　　b. 孔隙度与束缚水饱和度关系

图6-53　塔里木盆地克深气田含气饱和度下限标准确定

2. 油气层有效厚度电性标准下限确定方法

通常根据试油和测井资料，确定油气层有效厚度的电性标准下限。其方法是以单层试油为油/气层、油水同层、干层、水层（根据实际情况可以再细分或合并）井段，对应测井响应特征的平均值为横、纵坐标，将单层试油为不同结论的点投到图中，将不同试油点以最大能够区分且易操作的方法划线，能够将95%以上的试油结论为“工业油气流层”与其他试油结论层有效分开的电性特征下限值，确定为油气层有效厚度电性标准的下限。

如渤海湾盆地王官屯油田官38-28区块，利用该区块15口井、68层试油资料与对应测井资料，建立了有效厚度划分图（图6-54a），确定的油层有效厚度电性下限标准分

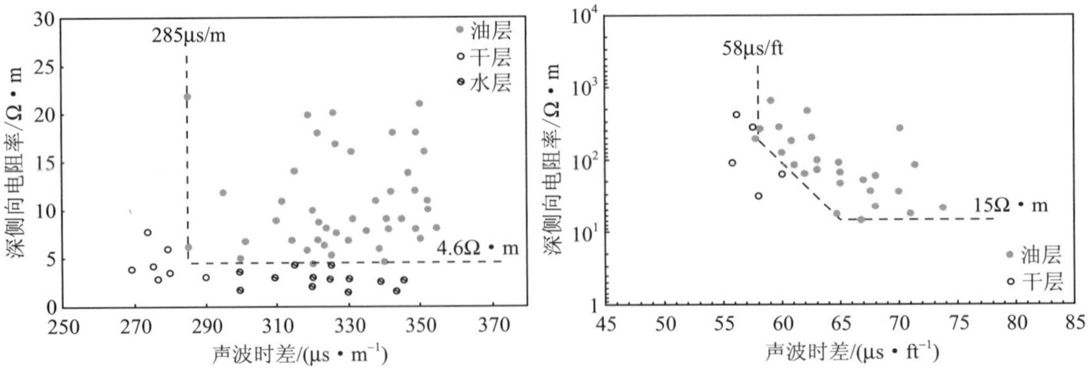

a. 王官屯油田官38-28区块　　b. 兴隆台古潜山油藏中生界

图6-54　电阻率与声波时差关系

别为 $R_t \geqslant 4.6\Omega \cdot m$，$\Delta t \geqslant 285\mu s/m$。根据兴隆台古潜山 4 口井中生界角砾岩试油和测井资料，确定的油层有效厚度电性下限标准分别为 $R_t \geqslant 15\Omega \cdot m$，$\Delta t \geqslant 58\mu s/ft$❶（图 6－54b），深侧向电阻率在 15～400$\Omega \cdot m$ 时，油层在图中分布于一定斜率之上的一定范围内。由此可见，不同地区、不同油层的有效厚度电性标准下限存在很大的差别，宜针对研究区确定具体的油层有效厚度下限标准，而不能套用统一的标准。

第三节 提高油气产能方法技术

成熟探区油气勘探面对的对象越来越复杂，提高单井油气产能是取得规模经济勘探的有效途径。实现的途径主要包括油气层保护技术、储层改造及提高产能技术、产能预测和评价技术等。近年来，提高油气产能的方法技术进展较大，为成熟探区规模勘探时，由于油气层保护不到位而造成的漏失油气层的解放，提供了条件和保障。

一、油气层保护技术

油气层保护技术是提高单井油气产能的基础和关键，包括钻井液、钻井、固井、防漏等技术，通过油气层保护技术的应用，实现了减少油气层污染，为提高单井油气提供保障。

1. 油气层保护的钻井技术

（1）新型泥浆和堵漏的油气层保护技术

新型泥浆和堵漏技术是实现油气层保护的重要措施之一。具有油基泥浆性能的水基泥浆，在高温环境下稳定，适应于大段泥页岩水化膨胀引起的地层缩径、坍塌等地质条件。

井眼加固技术是通过在井壁上产生裂缝，像楔子一样挤压井眼周围形成的应力岩石笼，之后加入堵漏材料用于支撑和密封裂缝，主要应用于薄弱性地层、窄密度窗口地层，能加固渗透性/非渗透性地层，拓宽井眼泥浆密度安全窗口，解决低密度钻进时不漏、随井深增加发生漏失的问题。

井壁“贴膜”技术是利用树脂的光敏感固化性能在井壁生成井筒衬，即井壁“贴膜”，是一种集稳定井壁、防漏堵漏、提高地层承压能力与保护储层一体化的新技术，适用于因承压能力低而易漏易塌地层，通过喷射出来的树脂材料清除井壁上的虚泥饼，同时利用树脂的光固化反应迅速固化形成一层类似壁纸的“贴膜”，该贴膜具有较好的弹性和强承压能力。

新型钻井液处理剂技术，如 M－I 公司的微米化重晶石加重剂技术，解决了高密度钻井液的悬浮性问题。这是一种微米级颗粒加重剂，不改变钻井液的流变性，加重后钻井液 ECD 易控制，井眼净化能力强。贝克休斯公司的四氧化三锰加重剂，解决了套管磨损、高密度钻井液悬浮的问题，与重晶石相比，密度大，但颗粒尺寸小，较低屈服值下不会沉降，易酸溶，储层保护效果好。纳米级封堵聚合物 MAX－SHIELDTM，解决了井壁稳定问题，提高了承压能力，在微裂缝中密封微孔，减小了压差卡钻，在高盐度环境下井壁稳定。

---

❶ 1ft＝0.3048m。

（2）控压钻井技术

控压钻井技术主要是解决窄窗口钻井问题，实现油气层保护，提高单井油气产能。如塔里木盆地库车山前地层异常高压导致的地层孔隙压力与破裂压力之间压力差值小，表现为压裂漏失；碳酸盐岩储层地层漏失压力低导致的地层孔隙压力和漏失压力之间压力差值小，表现为压差漏失等。目前，世界上有 3 种成熟的控压钻井系统，即哈里伯顿公司的 DAPC 精细控压钻井系统、威德福公司的 Secure 控压钻井系统、斯伦贝谢公司的动态节流控压钻井系统，均得到广泛应用。控压钻井技术主要用于解决窄窗口下的漏失、提速和油气层保护等难题。

控压钻井技术可以解决复杂地层的钻进速度和油气层保护难题，如位于墨西哥湾的 Amberjack 油田，由于目的层孔隙压力的不确定性和目的层以上地层为窄窗口，导致钻井过程中漏失、卡钻、井涌等频繁发生，致使两次被迫侧钻。Stone Energy 公司认为解决问题的关键是对井底压力的连续控制，采用 Schlumberger 公司的 DAPC 控压钻井技术，取得了显著效果，3 口井发生事故后不到半天复钻，而先前常规完钻的 3 口井发生事故后超过 33d 才复钻。该技术可以解决碳酸盐岩地层的有效钻进难题，如 MPD 解决了南墨西哥含硫化氢碳酸盐岩地层问题，应用控压钻井技术后，钻井周期缩短了 60%，井涌、卡钻、漏失完全消除；可以解决高压盐水侵和地层漏失难题，如利用常规钻井技术通常需要 30d 时间才能钻穿的 938m 盐层，应用控压钻井技术 11d 内就可钻完，且没有发生井涌和泥浆污染。

中国控压钻井技术得到了广泛应用，解决了成熟探区复杂地层的油气层保护难题。如控压钻井技术是解决塔里木盆地海相碳酸盐岩裂缝性储层低压漏失、高含硫化氢地层安全钻井的有效技术，在塔中地区的应用，缩短了钻井周期，减少了裂缝性漏失，解决了含硫化氢钻井安全，增加了水平段延伸长度，提高了单井产能。再如大港滨海探区针对存在多套压力系统、压力窗口窄、涌漏同存、井壁不稳定、油气层污染严重、复杂时效时间长等难题，引进威德福公司的控压钻井系统（微流量控制系统 MFC），在滨 41 井实施了控压钻井，控压钻井井段 3390～4450m，进尺 1060m，纯钻时间 250.5h，平均机械钻速 4.23m/h。该井在施工期间，控压钻井系统多次发现并迅速控制溢流、抑制井壁掉块，优快安全钻至设计井深，同邻井相比，有效降低了储层段泥浆密度，减少了泥浆漏失，提高了钻速，缩短了周期。

多梯度钻井系统可提高压力控制水平和水平井段延伸能力。如 REELWELL AS 公司研发的 Reelwell 多梯度泥浆系统，在常规钻柱内部安装特殊内管，形成一种同心管，称 Reelwell 钻井方法（RDM）；内管用于从井底清除岩屑，外管用于泵入钻井液，在 BHA 上方和钻柱下部安装滑动活塞，用于分离环空内双梯度钻井液和帮助控制压力；井底钻具组合以上环空采用较高密度钻井液，循环采用低密度钻井液，提高了压力控制水平和水平段延伸能力。

（3）固井技术

固井技术逐渐在 4 个方面上发展：紧密堆积优化水泥浆设计，建立环空带压理论模型，水泥环不收缩及弹塑性改造，固井技术的信息化、智能化、集成化、个性化。

天然气井环空带压机理及防治措施技术：对天然气井环空带压原因及影响因素进行全面分析，制定了环空带压的预防及处理措施，建立了天然气井非均匀地应力、温度、压力作用下水泥环受力模型，并进行分析，指导水泥浆体系设计；分析了不同体系低密度、常规密度、高密度水泥浆水泥石的力学性能，指导水泥浆体系及配方设计，选择合适的遇油、遇水自膨胀材料和不同用途的封隔工具。

水泥增韧技术：水泥石是属于有先天微观缺陷的脆性材料，存在抗拉强度低、抗破裂性能差和抗冲击强度低等固有缺陷。胶乳、胶粉、纤维是应用较多的 3 种水泥增韧材料，胶乳和胶粉可以显著降低油井水泥石的弹性模量，但抗压强度损失较大；纤维材料可以显著提高水泥石的抗冲击力和抗折强度，而抗压强度和弹性模量改善不明显。如斯伦贝谢公司的 FlexSTONE 弹性水泥具有渗透性低、弹性好及耐腐蚀的特点，有效防止了微间隙产生；DuraSTONE 水泥能有效抵抗弯曲应力、振动和冲击力，承受极端冲击应力，提供了长期有效的层间封隔。应优选弹性材料，制备不同含量的水泥浆，选用合适的韧性水泥浆，提高水泥增韧性。

（4）钻井液技术

钻井液是实现油气层保护的重要途径之一。主要的钻井液包括胺基钻井液、全油基钻井液、保护储层钻井液等。

胺基钻井液技术：综合性能接近油基钻井液性能，适用于易水化的泥岩地层钻井。如在新疆莫北油田试验，解决了长达 3800m 的裸眼段水敏性泥页岩井壁稳定问题，全井平均井径扩大率为 6.0%，比邻井降低了 40.7%，显著缩短了钻井周期，降低了钻井综合成本。乍得 H 区块 Baobab N－8、N－9、N－10 三口井，胺基钻井液有效解决了上部井段因泥岩水化膨胀引起的井壁失稳难题。

保护储层钻井液技术：目前中国采用的保护储层钻井液主要包括“三高”钻井液、溶洞漏失堵漏钻井液、储层专打钻井液、大位移钻井液等，可以大幅度提高单井油气产量。如大港油田在 20 多口水平井上应用 BH－FDC 储层保护技术，单井产量比相邻水平井提高 1.6 倍以上；中油印尼公司在两口井上应用 BH－FDC 储层保护技术，产量均明显高于邻井。

全油基钻井液技术：采用全油基钻井液可以提高机械钻速 2 倍，延长钻头使用寿命，减轻了钻头磨损，稳定井壁，保护了储层，提高单井产量 3 倍。

2. 提高敏感性储层产能技术

以准噶尔盆地乌尔禾油田为例，阐述如何实现敏感性储层保护和提高单井油气产能。乌尔禾油田位于准噶尔盆地西北缘乌－夏地区，该区油气勘探始于 20 世纪 50 年代中期，1959 年钻探乌 5 井，发现了乌尔禾克拉玛依组油田，截至 2004 年，乌尔禾油田三叠系克拉玛依组探明含油面积 32.9km^2，石油地质储量 3255 $\times 10^4$t。该地区地层发育较全，克拉玛依组为主力油层。通过对乌尔禾油田开发区乌 5 井区和未探明区乌 33 井区克拉玛依组地层对比分析，发现同一沉积体系控制的不同亚相带储层敏感性不同。构造低部位的扇三角洲前缘亚相储层弱水敏，油藏已探明；构造高部位的扇三角洲平原亚相储层强水敏，存在常规试油未达到工业油流的剩余出油井点，油藏未探明。从剩余出油井点分析入手，重新评价了储层敏感性差异。针对中孔低渗、埋藏浅、常规水基泥浆钻井对强水敏储层损伤范围小、必须经过压裂才能达到工业油流等储层特点，经过压裂措施的试验优选，提出采用水基泥浆钻井、原油压裂措施改造等方法，达到既保护油层又经济实用的目的，保证了油藏改造的成功率，为类似储层的重新评价提供了方法和思路。

（1）储层敏感性分析

对乌尔禾油田克拉玛依组储层黏土矿物研究发现，不同岩相黏土矿物含量不同。砾岩中，伊/蒙混层为47.5%，伊利石为17.5%，高岭石为24%，绿泥石为11%；砂岩中，伊/蒙混层为15.5%，伊利石为17.42%，高岭石为51.79%，绿泥石为15.29%。可见，分选和成熟度越差的储层中水敏性矿物伊/蒙混层含量越高，速敏性矿物高岭石含量越低。

乌5井区和乌33井区分别属于三角洲平原和前缘沉积，黏土矿物分布符合以上规律。乌5井区储层黏土矿物以高岭石为主（46.4%），其次为伊/蒙混层（22.8%）、伊利石（17%）、绿泥石（13.8%）。乌33井区储层黏土矿物以伊/蒙混层为主（50%），其次为高岭石（24.7%）、伊利石（13.6%）、绿泥石11.6%，其中膨胀性黏土矿物占一半以上。乌33井区潜在水敏性黏土矿物伊/蒙混层含量高，是乌5井区平均含量的两倍以上，因此，乌33井区水敏性较乌5井区更严重。伊/蒙混层矿物、伊利石及高岭石具有类似的黏土矿物形态特征，似蜂巢状和衬垫式产状，但当发生水敏时，前者对储层损害更大。

分别选取两个井区具有代表性的岩心，对黏土矿物造成的储层敏感性进行试验。结果表明，乌5井区储层具有弱水敏性、中等速敏性和弱体积流量敏感性；乌33井区水敏指数为87.69%，接近极强水敏指标（大于90%），表明该储层具有很强的水敏性，属中等偏强水敏、弱速敏和弱体积流量敏感性储层（表6-14）。

表6-14　乌33井区和乌5井区储层敏感性试验数据

井区	实验项目	孔隙度/%	克氏渗透率/$10^{-3}\mu m^2$	最终渗透率/$10^{-3}\mu m^2$	渗透率损失率/%	敏感性评价
乌33	水敏性	18.66	150.6	18.53	87.7	中偏强
	速敏性	19.34	164.1	111.28	32.2	中偏弱
	体积流量	18.60	132.4	85.77	35.2	中偏弱
乌5	水敏性	19.78	200.3	146.8	26.5	弱
	速敏性	18.98	153.6	73.72	52.0	中等
	体积流量	20.56	237.3	168.2	29.2	弱

（2）工艺措施及效果

A. 剩余出油井点分析

对乌33井区所有井的试油情况重新分析发现，乌22井常规水基压裂后，产油量低，达不到工业油流，试油停止时压裂液未退完；乌13井常规试油不出，取样为泥浆滤液（表6-15）。乌13井、乌22井位于同一层中，乌13井处于高部位，该层低部位油层已探明。当时钻井和试油都没有考虑储层敏感性，由此分析没有达到工业油流的原因可能是由于储层敏感性造成的，提出了考虑储层敏感性的工艺措施，对该油藏重新进行评价。

表6-15　乌33井区剩余出油井点情况

井号	井段/m	厚度/m	层位	日产油/t	含水/%	试油日期	措施	备注
乌22	889~923	14	T_2k_2	0.06	0	1985.04	压裂	压裂后未退液
	1053~1086.5	12.5	T_2k_2	0.151	0	1984.10		
	1251~1255	4	T_2k_1	0.169	0	1984.09		
乌13	1035~1039	4	T_2k_1	—	—	1985.10	—	取样为泥浆滤液

B. 工艺措施

（A）不同敏感性储层在相同压裂措施下的结果对比

储层敏感性不同，应采用不同的油层保护措施。水敏性较弱的乌5井区采用常规水基压裂，0.3% KCl复配1% JM－4的防膨体系，压裂后比压裂前原油增产3倍以上，取得了很好的效果。在未对乌33井区储层敏感性深入研究的情况下，借鉴乌5井区油层改造措施和方法，采用了与乌5井区相同的0.3% KCl复配1% JM－4防膨体系，只是JM－4的用量较乌5井区提高了一倍，用特级胍胶压裂液对乌33井、乌002井第1层进行水基压裂，压后油井产量3～5t/d，且产量下降较快，与乌5井区相比压裂后增产效果较差。

乌33井岩心中重矿物主要为磁铁矿、褐铁矿、钛铁矿、锆石、电气石、黑云母、石榴子石、绿帘石、角闪石、尖晶石、黄铁矿、重晶石，铁矿石较多，该矿物在常规胍胶压裂液（压裂液呈碱性）中极易形成$Fe(OH)_3$沉淀，加剧了压裂液对地层的污染。

（B）压裂工艺优选

为了进一步搞清乌33井区压裂效果差的原因，分别选用胍胶压裂液（0.3% KCl＋1% JM－4）、4% KCl的特级胍胶压裂液体系、4% KCl＋1% JM－4清洁压裂液进行了压裂液伤害试验。试验结果表明，0.3% KCl＋1% JM－4胍胶压裂液储层伤害率为96.72%；4% KCl特级胍胶注入压力达到21.6MPa时试验无法进行下去，试验被迫终止，储层伤害率为98.8%；清洁压裂液（4% KCl＋1% JM－4防膨体系）储层伤害率为77.01%。

结合水敏试验结果分析，其临界盐度在40000mg/L时渗透率损失为29%，因此要减少压裂液伤害，压裂液的盐度要在40000mg/L以上。因此，选择了标准盐水作为压裂液基液（7% NaCl＋0.6% CaCl＋0.4$MgCl_2$），为了进一步提高防膨性能再加入4% KCl。由于其中含有大量导致碱性金属沉淀的物质（Ca^{2+}、Mg^{2+}），胍胶压裂液体系在该基液中难以使用，选择了清洁压裂液进行试验。试验结果是压裂液伤害分别为37.2%、34.4%，较前期的试验结果有了极大的提高。

从试验所采用的岩心渗透率可以看出，以盐水配制的两种清洁压裂液所用岩心渗透率最低（分别为$0.78 \times 10^{-3} \mu m^2$、$0.33 \times 10^{-3} \mu m^2$），而其他试验的岩心渗透率都在$1 \times 10^{-3} \mu m^2$以上。这更进一步说明了盐水配制的清洁压裂液性能优越性，可以说目前试验中使用的防膨体系已基本将黏土的膨胀全部控制住，近30%伤害率主要是地层中存在的大量蠕虫状高岭石、不规则状伊/蒙混层微小颗粒，遇水易分散更易产生颗粒运移造成的。

为了进一步防止储层水敏伤害的发生，选择了油基压裂液，但常规（以往使用的）油基压裂液仍需加少量的水基添加剂，且在30℃左右的温度环境下难以破胶，其使用的可能性受到很大的限制。因此，应选择相适的脱水原油体系，同时要重点考虑原油的降阻性能和黏度。考虑到挟砂所需要的黏度要求，选用百口泉脱水稠油和夏子街脱水稀油混合。混合原油的黏度在很大程度上受温度控制，在气温较低时黏度容易上升，导致抽吸困难，并且原油本身摩阻较大，容易导致施工压力上升。因此，在复合原油中添加油基减阻增稠剂，在增加复合体系黏度的同时减低施工摩阻，降低施工风险。通过对稠、稀油及油基减阻增稠剂配比优化的室内试验，使优化后的复合原油体系在10～35℃地层条件下黏度保持在40mPa·s，能够轻易抽吸，避免施工过程中的抽空现象。

（C）措施效果分析

在乌33井区，对4井口6层采用了优化后的原油压裂措施，全部顺利达到设计要求。

乌 33 井区 T_2k 储层压裂措施数据及压后产能效果统计证明了复合原油压裂施工的可行性，获得了良好产能效果，平均增产 2 ~ 5 倍，且产能稳定，有很好的推广价值，为以后同类储层的施工作业提供了经验。

二、储层改造及提高产能技术

成熟探区油气勘探对象储层越来越复杂，储层改造和提高油气产能技术是实现成熟探区油气勘探突破的关键技术之一。这里主要阐述致密油气层、裂缝型致密油气层、碳酸盐岩缝洞型油气层、深层油气层、高温高压油气层等类型的储层改造和提高产能技术。

1. 提高致密油气产能技术

（1）致密油气层空气钻井技术

致密油气层对于钻井过程中受泥浆影响较大的特点，采用近/欠平衡钻井、空气钻井等技术可以有效地保护油气层，提高油气产能。如塔里木盆地库车地区，利用氮气钻井，解放了致密油气层，迪西 1 井氮气钻井获高产油气流，4708 ~ 4811. 38m 井段 10mm 油嘴环空放喷，油压 45. 2MPa，折日产气 $58.99\times10^4m^3$，折日产油 $69.6m^3$。

（2）致密油气层压裂改造技术

直井分层改造以“连续油管喷砂射孔环空加砂分层压裂”和“TAP 套管滑套分层压裂”两项主体技术为主，JITP 实时射孔投球分层压裂，并实现了单井分压 40 层。提高致密油气层油气产能的改造技术主要包括直井多层压裂、水平井、体积压裂等技术。通过直井多层压裂 + 水平井体积压裂技术，根据不同类型致密油气条件，采用不同井距、不同完井方式和不同压裂方式下的提高油气产能技术。通过直井多层压裂技术，提高纵向发育多层致密油气层的油气产量。通过水平井 + 体积压裂技术，可以大幅度提高致密油气单井油气产能。

（3）提高水平井致密油气产能的综合技术

水平井分段改造技术是增加单井控制储量、提高单井产能的关键技术之一，也是认识储层平面非均质性和各向异性的重要手段。特别是在非常规油气储层改造中建立了水平井体积改造设计理论和方法，形成网络裂缝，实现了对储层的“立体改造”，水平井分段压裂段数越多，增产效果越好。水平井分段改造技术主要包括水力喷砂分段压裂技术，通过水力喷砂射孔，拖动连续油管实现逐段改造，压裂段数多；裸眼封隔器分段压裂技术，通过投直径不同的球逐段打开滑套，依据井眼尺寸大小一般可分压 6 ~ 17 段，最多分压 30 段；快速可钻式桥塞分段压裂技术，通过水力泵送桥塞，桥塞座封，多级点火射孔，套管压裂，连续油管钻除桥塞，压裂段数多。

不同位置水力裂缝对产量的贡献有差异，合理设计水平井压裂段数及规模，是提高致密油气单井产能的有效途径之一。建立精细压裂油藏设计模型，依据地震、录井、测井、地应力、岩石力学参数，确定不同地质类型井的压裂地质模型；利用地震剖面及水平段应力特征，合理分段，段内合理分簇，控制射孔数量，确定合理节流压差，优化施工排量，保证各簇均匀开启；精细刻画储层砂体展布，寻找压裂“甜点”，个性化单段压裂设计；通过邻井对应层段地应力分析，确定纵向有效遮挡高度，优化合理压裂规模。强化压裂液配伍性试验，有效保护储层。开展敏感性分析及防膨实验，优选低伤害压裂液体系，针对敏感性储层应用柴油乳化、生物酶组合破胶技术，有效保护储层。探索压裂方式与产能的关系，为优化压裂设计提供依据。水平井同步压裂，交叉压裂工厂化作业模式，人为造成储层应力场变化，增大改造体积，提高单井产能和最终采收率。

2. 裂缝型致密储层缝网酸压技术

以储层改造为核心的致密储层改造技术提高油气产能效果明显。如塔里木盆地库车前陆区规模应用低孔砂岩缝网酸化技术解决了裂缝发育储层的油气产能再提高问题，低孔砂岩 SRV 体积压裂对裂缝欠发育地层提高油气产能效果明显。如克深 203 井体积缝网酸压提高油气产能 2.9 倍；大北 101－1 井 SRV 压裂后日产气 18.95 $\times 10^4 m^3$；大北 302 井应用缝网酸压工艺技术，日产气 116 $\times 10^4 m^3$，无阻流量 262 $\times 10^4 m^3$，提高天然气产能 7.5 倍（图 6－55）。

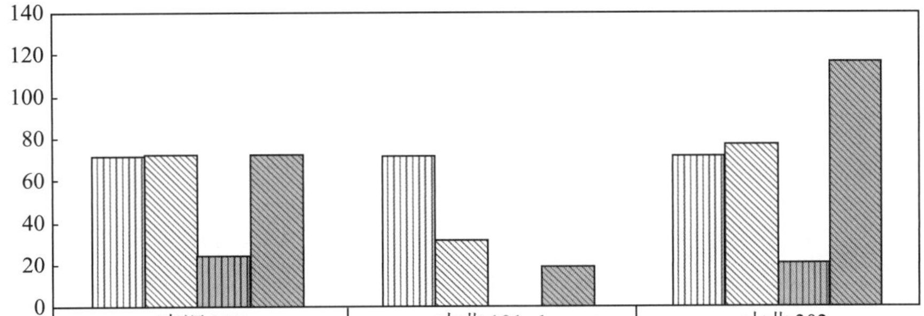

	克深 203	大北 101–1	大北 302
压裂前压力 /MPa	71.38	18.02	61.2
压裂后压力 /MPa	71.4	31.27	76.8
压裂前产量 /($10^4 m^3 \cdot d^{-1}$)	24.05	0	20.43
压裂后产量 /($10^4 m^3 \cdot d^{-1}$)	71.1	18.95	116.15

图 6－55　裂缝型致密储层缝网酸压技术效果

3. 碳酸盐岩缝洞型储层深度酸压技术

近几年，酸压技术发展较快，TCA 温控变黏酸深度酸压、DCA 就地自转向酸深度酸压、GCA 地面交联酸酸压和携砂酸压、纤维辅助裂缝转向酸压等技术得到广泛应用，在碳酸盐岩油气藏改造中发挥了重要作用。不同酸压技术的特点和适用条件存在一定差别。TCA 温控变黏酸深度酸压技术，其特点是酸液地面黏度低，摩阻小、易泵送，可实现大排量和大规模施工，进入储层吸收热量，分子链连接黏度增大，降滤、缓速，实现了深穿透，施工后自动降解，易于返排，适用于中低温碳酸盐岩储层（≤90℃）；DCA 就地自转向酸深度酸压技术，其特点是酸液先进入高渗储层，通过酸岩反应变黏，增加流动阻力，使酸液转向进入较低渗岩心反应，适用于中高温碳酸盐岩储层（≤120℃）；GCA 地面交联酸酸压和携砂酸压技术，其特点是在地面加入交联剂和破胶剂，交联与破胶易于控制，与压裂液相似，具有较高黏度，控制滤失好，酸岩反应速度慢，有效酸蚀作用距离长，适用于高温碳酸盐岩储层（≤150℃）。

碳酸盐岩缝洞型储层采用深度酸压技术，解决了直井提高油气产能的难题，规模应用超深水平井分段酸压技术可解决碳酸盐岩井高产稳产的问题，碳酸盐岩水平井分段酸压后产量达到直井产量的 3.8 倍。水平井多级分段酸压配套技术，可大幅度提高单井油气产能。选择性分段改造，为充分解放水平井的潜能提供了技术保障（表 6－16）。如塔中

623 - H1 井分 8 段改造，总液量 $5967m^3$（压裂液 $4537m^3$、酸液 $1430m^3$），2012 年 7 月 10 日投产，到 2012 年 11 月，已累计产油 $0.38\times10^4m^3$，产气 $0.12\times10^8m^3$；2013 年 1 月，平均日产油 $47.75m^3$，日产气 $12\times10^4m^3$。

表 6 - 16　塔里木盆地碳酸盐岩缝洞型部分井深度酸压增产效果

井号	改造后			
	油嘴/mm	油压/MPa	日产油/m^3	日产气/m^3
塔中 623 - H1	6	42.1	79.95	233240
塔中 26 - H8	5	34.7	40.6	132053
塔中 62 - H16	4	43.8	27.37	63197

对于碳酸盐岩储层来说，若应用酸压改造 + 液氮助排技术，储层改造效果更好，如落实渤海湾饶阳凹陷牛东古潜山牛东 101 井，采用压裂液与清洁酸交替注入方式，限压不限排量，降低伤害，最大限度增加酸蚀距离，提高酸压效果，压后采用液氮气举快速排液技术，快速获得油气产能，6mm 油嘴放喷试油，日产油 $48.96m^3$，日产气 $10.37\times10^4m^3$。

4. 直井多层压裂提高深层油气藏产能技术

针对深层储层岩石硬度大、难改造的特点，采用直井分层压裂改造技术，提升了油气产能。如松辽盆地英台断陷营二段气藏具有单层厚度薄（10m 左右）、发育层系多（15 ~ 30 层）、累计厚度大（50 ~ 150m）、物性较差（$\varphi=5\% \sim 8\%$）、单层压后产能低的特点，2012 年前，采用“套管内油管 + 封隔器 + 滑套”分层压裂改造方式，由于摩阻高、施工压力高，一般达到 $60\times10^6 \sim 80\times10^6$Pa，易造成砂堵，实际加砂量达不到设计要求，满足不了大规模储层改造的需要；压后排液过程中一旦出砂，封隔器极易遇卡，给后期试气求产造成极大障碍，因此压裂改造仅限于 3 层以下。2012 年应用“快钻桥塞、固井滑套”的新压裂工艺，采用套管压裂降低摩阻，施工压力一般为 $30\times10^6 \sim 50\times10^6$Pa，实际加砂量能够满足设计要求；分压工具安全可靠，性能指标高，耐温为 160℃，耐压差为 85MPa，施工风险低，可实现 8 ~ 10 层分压改造；同时采用带高压、桥塞下入与射孔一体化作业，施工周期短、效率高，避免了压井对储层的伤害，达到了多层压裂改造的地质目的。多层压裂改造后产气量明显提升，如龙深 305 井试气获得日产 $16.8\times10^4m^3$ 的高产气流。

5. 高温高压储层改造技术

成熟探区中的深层是油气勘探的对象之一，深层的高温高压储层是储层改造难点之一。其主体与配套技术主要包括高密度液体，增加液柱压力；延迟交联，降低液体施工摩擦阻力；耐高温压裂液，提升造缝与携砂能力；优化工艺，提高压裂管柱通径；20000psi 高压设备保障；大液量、大排量注入降温等。低成本高温高密度液体体系是高温高压储层改造的技术保障之一，加重酸密度 1.25 ~ 1.5g/cm^3，耐温 180℃，低成本加重酸密度 1.32g/cm^3，耐温 160℃等液体体系的技术进步，保障了高温高压储层改造的质量。

深层储层改造的技术目标是实现深度穿透体积改造，技术手段主要是前置探缝、固液转向、多级注入、闭合酸化。前置探缝，采用“高黏 + 低排 + 小粒径”的主缝控制技术及支撑剂段塞式探缝技术；固液转向，利用支撑剂和转向酸结合的新转向方法对裂缝进行“先堵后疏”的新技术；多级注入、闭合酸化，借鉴形成的成熟技术体系提高裂缝导流能力，高排量施工管柱设计及酸压与求产一体化设计技术的配套技术体系。如渤海湾盆地的牛东1井，温度超过200℃，井深超过6000m，应力大于105MPa，跨度大于388m，压裂后实现日产天然气$56.25\times10^4m^3$、日产油$642.91m^3$。

6. 提高单井产能的其他技术

（1）体积改造优化设计方法

物模与数模相结合实现体积改造优化设计，可为非常规储层的改造工艺选择和技术优化奠定基础。通过复杂裂缝仿真与模拟技术，提高SRV技术的适用储层条件，模拟增产效果，指导层位优选、射孔与压裂方案优化。通过进行转向压裂优化设计，确定最佳的裂缝转向位置。在分层、分段压裂优化方法的基础上，考虑多层多段间干扰因素的逐层段个性优化技术，更好地指导压裂的层段优选与施工优化。具体设计过程中要考虑参数的影响和敏感性，如水平段长度越大、分段越多，产量越高，但平均单缝产量下降，对于等间距等缝长条件，水平井根部及趾部缝贡献最大，增加水平井端部改造规模可以提高增产效果；压力系统接近时层间生产干扰不明显，高渗层初期产量越高，产量递减越快，随着生产的进行，差气层对产量的贡献和补充作用逐步显现。

（2）大通道压裂技术

大通道压裂技术（HiWAY Channel Fracturing），通过建立以支撑剂墩柱支撑的非连续铺置的大通道（深层油气高速“公路”），大大提升了油气导流能力，消除了对充填层渗透率的依赖，降低了压裂液残渣对导流能力的伤害，可进一步降低压裂液成本。其关键技术是采用多段分簇射孔方案，支撑剂以短脉冲形式加入泵注程序，纤维压裂液-纤维的加入改变了支撑剂段塞的流变性，延缓了支撑剂的分散和沉降。在美国怀俄明州Jonah气田和阿根廷Loma La Lata气田进行了现场应用，平均单井产量增加了10%～15%，初期增产50%以上。

（3）裂缝监测技术

裂缝监测技术可以实现对压裂效果的评估，不断改进压裂效果，提高单井产能。通过不同技术方案可实现裂缝监测：污染示踪剂和井温测井可大致判断裂缝形态与高度，大地电位法仅能大致识别裂缝方位，地面地下测斜仪和井下微地震测试可以认识裂缝形态、方位、长度和高度以及不对称性，测试结果相对更可靠。近年国外研发了新型分布式光纤温度测试技术（DTS），利用光纤感应器对全井段温度变化进行监测，实现了对分段改造有效性和缝高延伸的认识，并可进行流体流动监测、流体分布评价。

测斜仪是裂缝监测的有效技术之一，其原理是测量压开裂缝所造成的岩石变形，据此计算出水力裂缝的几何形状和方位。井下测斜仪对邻井监测，井距一般小于500m；对同井监测，尚处于实验阶段，可监测裂缝长度、高度、体积和对称性。面测斜仪可监测裂缝形态、方位、倾角、体积。通过测斜仪裂缝监测技术获得了监测井压裂裂缝的形态、方位、倾角和尺寸，对非常规储层裂缝的复杂性有了清楚的认识。

微地震裂缝监测技术可实现在地面对压裂微裂缝的监测和评估，与测井、物探等资料交互处理对微裂缝监测的效果更好。

(4) 压裂酸化材料技术

压裂酸化效果在很大程度上决定于所使用的材料，随着材料技术的发展，不断研发出多种新型支撑剂材料，低密度、高强度、表面改性是支撑剂发展的新动向。超低密度支撑剂，沉降速度低，对压裂液黏度要求低；树脂包裹砂，可控制回流，提高了裂缝导流能力；选择性润湿支撑剂可实现对裂缝导流的选择性。

超低浓度压裂液：具有稠化剂浓度由0.4%降低0.2%、压裂液残渣减少45%、压裂液降低伤害30%、耐温能力达到90℃等技术特点。

滑溜水压裂液：具有速溶增黏（3min，大于90%）、剪切稳定性好、低摩阻（降阻率82%）、无残渣、低表面张力、低伤害、易返排（自喷返排率达40.73%）、返排液可回收再利用、降低添加剂用量大于30%等技术特点。

清洁泡沫压裂液：在不需要加起泡剂、稳泡剂的条件下，直接用于氮气泡沫压裂，具有高效的起泡能力，泡沫质量高达65%，半衰期60min，泡沫稳定性强。可实现清洁压裂液与泡沫压裂的有机结合，集成了两种体系的优点，降低了滤失和伤害，提高了返排效率，缩短了排采周期。

新型微乳液：应用于致密油气、低渗透油气、页岩油气和煤层气等领域，大大提高了单井油气产能。其在储层改造中的作用是降低毛细管阻力，比常规表面活性剂低50%；提高渗透率恢复率≥74%（常规40%）；降低了滤失，比传统表面活性剂降低了50%；提高返排和驱替效率53%～95%。

新型化学材料组合转向剂：可将控制滤失和转向相结合，化学转向与机械转向组合（VES转向酸+纤维组合），VES转向酸实现了均匀布酸，加入纤维后实现了天然裂缝暂堵或降滤，且纤维在停泵后随时间和温度能完全降解，无残渣伤害，能够提高单井油气产量。

三、产能预测方法技术

油气产能预测是油气藏评价的关键技术之一，在钻井之前或射孔之前，准确预测油气层的油气产能，对提高油气勘探的经济效益至关重要。

1. 基于流体渗流能力的油气产能预测方法

根据渗流力学基本理论可知，油气产能指数（*PI*）与油层相对渗透率成正比，利用油气井实际生产的工作制度计算油层产能指数与相对渗透率实验求取的油层有效渗透率，建立储层原油产能模型。该方法对于成熟探区研究区已有多口试油气井资料的情况下，准确度较高；对试油资料少、取心资料少的研究区，可借鉴类似地区模型进行预测。

如利用濮阳凹陷沙三段、沙四段35块岩心相对渗透率和绝对渗透率实验数据，统计得到油层油相渗透率与岩石绝对渗透率的关系式为

$$K_o = 0.0462K^{1.3753} \tag{6-35}$$

式中：K、K_o分别为岩石绝对渗透率、油相渗透率，$10^{-3}\mu m^2$。

利用岩心渗透率分析资料得到油相渗透率，通过31个单层试油与取心井岩心油相渗透率对应分析，建立了濮阳凹陷沙三段、沙四段原油产能指数，以此可预测研究区的原油产能：

$$PI = 3.3807(K_o/1000)^{1.0208} \tag{6-36}$$

2. 基于岩石地化热解的原油产能预测方法

勘探阶段原油产能预测，能利用资料较少，地化热解是可用的资料之一，这里介绍利用地化热解资料进行原油产能预测的方法。

油层原油产能预测是定量评价产层生产能力的重要组成部分，为了便于与试油结果进行对比，消除地层压差及油层厚度等影响，在评价中采用每米采油指数（PI）对产层生产能力进行定量描述。所谓每米采油指数是指厚度为1m的产层在生产压差为0.1MPa时每天的原油产量，其数值与产层的流度比（K_o/μ_o）成正比，PI计算模型为

$$PI = \frac{10Q_o}{h\Delta P} = \frac{0.497K_o}{\mu_o \ln(r_e/r_w)} \tag{6-37}$$

式中：PI为每米采油指数，$10m^3/(d \cdot m \cdot MPa)$；$Q_o$为原油产能，$m^3/d$；$\Delta P$为生产压差，MPa；$h$为油层射孔厚度，m；$K_o$为地层条件下原油油相渗透率，$10^{-3}\mu m^2$；$\mu_o$为地层条件下原油黏度，mPa·s；$r_e$、$r_w$分别为泄油半径及井眼半径，m。

原油产能评价模型中，井眼半径已知，泄油半径可以借鉴邻区类似地层的参数，关键是确定油相渗透率和地层条件下的原油黏度。

（1）油相渗透率评价方法

当目的层缺少相对渗透率分析资料时，准确确定油相渗透率较难。根据油田开发资料及大量实验结果表明，储层含油饱和度越大，所对应的油相渗透率就越高，且二者存在较好的正相关性，利用这种正相关性可以较好地确定油相渗透率：

$$K_o = 10^{S_o/a} \tag{6-38}$$

其中

$$a = 0.0002S_o^3 - 0.037S_o^2 + 1.4383S_o + 34.26 \tag{6-39}$$

式中：S_o为含油饱和度，%。

（2）重烃含量评价方法

由岩石地化热解原理可知，地化热解含油气总量是油气丰度的表现，如果孔隙度一定，其值能够很好地反映含油饱和度的变化规律。样品中原油包括常规地化热解得到的轻、中、重质组分及未得到的残余烃组分。评价储层含油饱和度时必须考虑原油的所有组分。利用残余烃分析数据与常规地化热解重质组分关系建立了残余烃含量求取模型，在常规地化分析中得不到，必须用残余碳分析才能得到原油超重质部分的组分含量。

对于三峰岩石地化热解：

$$Rc_3 = 0.0604S_2^{0.9696} \tag{6-40}$$

对于五峰岩石地化热解：

$$Rc_5 = 0.059(S_{22} + S_{23})^{0.9467} \tag{6-41}$$

式中：Rc_3、Rc_5分别为利用三峰和五峰地化热解资料得到的残余烃含量，mg/g；S_2为三峰岩石热解得到的原油重烃含量，mg/g；S_{22}为五峰岩石热解中的原油重烃含量，mg/g；S_{23}为五峰岩石热解中的原油中胶质、沥青质烃类组分含量，mg/g。

（3）岩石地化热解总烃含量评价方法

在对地化热解资料各组分校正后，利用含油气总量与各组分之间的关系，得到含油气总量的求取模型。

二峰地化热解模型：

$$S_t = S_0 + S_1 + S_2 + 10Rc_3/0.9 \quad (6-42)$$

五峰地化热解模型：

$$S_t = S_0 + S_1 + S_{21} + S_{22} + S_{23} + 10Rc_5/0.9 \quad (6-43)$$

式中：S_t 为岩石地化热解总烃含量，mg/g；S_0 为气态烃组分含量，mg/g；S_1 为三峰岩石热解中的轻—中液态烃组分含量或五峰岩石热解中的汽油中烃组分含量，mg/g；S_{21} 为五峰岩石热解中的煤油和柴油中烃组分含量，mg/g；其余字母意义同式（6－41）。

（4）含油饱和度的岩石地化热解评价方法

由含油饱和度与岩石地化热解总烃含量的关系为

$$S_o = 10\rho_r S_t/\rho_o \phi \quad (6-44)$$

式中：S_o 为含油饱和度，%；S_t 为岩石地化热解总烃含量，mg/g；ϕ 为储层孔隙度，%；ρ_r 为岩石密度，g/cm^3；ρ_o 为原油密度，g/cm^3。

（5）原油黏度评价方法

地层条件下原油黏度可以借鉴本区或邻区同层位的数值，也可以利用岩石地化热解参数进行求取，详见侯连华等2003年发表于《石油大学学报（自然科学版）》的“含油层早期产能预测方法”。

第四节　有利区带评价技术

有利区带是成熟探区油气勘探的基础和方向，在很大程度上有利区带评价精度决定了油气勘探方向选择是否正确。不同勘探阶段的有利区带范围不同，评价方法也存在较大差别；以不同油气成藏类型为主的区带评价方法差别也很大。因此，根据研究区勘探程度、油气成藏主控因素和成藏组合等关键因素，确定有利区带评价的关键参数，选择合适的评价方法，以提高有利区带评价和优选的精度，为提高勘探效益提供可靠依据。这里主要介绍成熟探区有利区带、致密油气“甜点”区和岩性地层区带等评价方法。

一、成熟探区有利区带评价方法

成熟探区油气成藏区带包括的类型较多。既有成熟探区，也有新区新层系；既有碎屑岩区带，也有火山岩、变质岩和碳酸盐岩区带；既有以岩性地层油气藏为主的区带，也有以构造油气藏为主的区带等。制约成熟探区油气勘探突破的关键因素也不同，如有效储层分布、有利成藏组合、圈闭有效性及分布等。因此，成熟探区有利区带的评价方法也不同，这里以复杂断块群有利区的评价为例说明。

1. 成熟探区有利区带评价方法

成熟探区有利区带可分为老区和新区新层系两种类型。针对新区新层系区带评价，要综合考虑被评价区的基本油气地质特征和成藏要素，主要包括7个方面17个评价参数，即油源落实与质量、储层条件与质量、圈闭数量类型与规模、保存条件、储量规模与圈闭资源量、区带规模、勘探前景（表6－17）。针对成熟探区中的成熟探区，烃源岩、保存条件、资源量和区带规模等基本清楚，评价的重点是有效储层和有效圈闭的可靠性及规模。同样是成熟探区，处于不同勘探阶段和勘探程度的区带，其评价方法也有不同。

表 6－17　成熟探区有利区带评价优选参数

关键因素	关键参数	Ⅰ类区带	Ⅱ类区带	Ⅲ类区带
烃源岩	有效供油区面积/km^2	>150	150～100	100～50
	有效烃源岩厚度/m	>500	500～300	300～100
	生烃强度/($10^4t\cdot km^{-2}$)	>1000	1000～600	600～200
	有机碳含量/%	>2	2～1.0	1.0～0.5
储层	储层相带	滩坝三角洲	扇三角洲、水下扇	河流
	储层岩性	砂岩	砂砾岩	中低渗透砂岩—砂砾岩
	储层厚度/m	>100	100～50	70～30
	储层孔隙度/%	>25	25～15	15～8
圈闭	主要圈闭类型	构造为主	岩性－构造	岩性为主
	圈闭面积系数/%	>20	20～10	10～5
保存条件	盖层厚度/m	>200	200～100	100～50
	后期破坏	无	弱	较强
储量与资源量	圈闭资源量/10^4t	>10000	10000～5000	<5000
	三级储量/10^4t	>5000	5000～2000	<2000
区带规模	区带面积/km^2	>200	200～150	150～50
勘探前景	勘探价值	大	较大	较小
	勘探部署	近期	中期	中长期

2. 复杂断块群有利区评价方法

复杂断块群在中国断陷盆地中广泛发育，通过对渤海湾复杂断陷盆地复杂断块群油气藏的研究，提出了评价标准，为复杂断块群的有效评价和油气勘探提供科学依据。借鉴油气行业制定的圈闭评价规范，从圈闭、保存、储层、油源、配套5个方面进行评价分析，以确定圈闭的含油气概率及圈闭地质条件的优劣。这里主要从4个方面的成藏条件对断块群进行评价（表6－18）。

1）生储盖保存条件：生烃条件主要考虑供烃方向、供烃能力和供油洼陷的贫富程度，其中按供油方向分为单向供烃和多向供烃两种类型。供烃能力以洼陷资源评价结果为依据，分为高、中、低3个级别。储层条件主要考虑储层物性、沉积相带和埋藏深度3个因素。储层物性主要考虑孔隙度、渗透率，以储层评价标准的高孔渗型及以上的为好，中孔渗型为中，而低孔渗型和特低孔渗型为差。盖层条件分盐膏层和泥岩类两类。保存条件主要区分成藏后有无破坏两种情况。

2）断块群特征所决定的成藏条件：首先考虑断块群类型，通过对6种不同类型断块群油气富集情况的统计分析，可分为3个级别：复式地垒型和垒堑叠置型成藏条件最优越，断阶型、断阶叠置型和断阶转换型较好，而复式地堑型相对较差。断块群边界断层对油气的封堵能力决定了断块群的油气丰富程度，根据不同的封堵划分为好、中、差3种情况。断块群的复杂程度可用单位面积的断块个数来反映，断块越破碎，油气易分散，富集程度越低。

3）构造背景及位置：构造背景决定了油气运移的聚集指向，断块群含油性明显受到构造背景控制。而断块群处于构造不同部位的油气富集程度又有明显差别。

4）匹配关系：生储盖各项成藏条件不是孤立存在的，它们之间的时空匹配关系对油

表6－18 复杂断块群区带评价参数标准

成藏控制因素及权重		评价参数及权重	评价指标及权重
生储盖及保存条件（30%）	生烃条件（40%）	供烃方向（40%）	单向（0.8），多向（1.0）
		供烃能力（60%）	高（1.0），中（0.8），低（0.6）
	储层条件（15%）	孔隙度、渗透率（25%）	好（1.0），中（0.8），差（0.5）
		沉积（亚/微）相带（40%）	有利（1.0），较有利（0.8）
		埋藏深度（35%）	<2500m：1.0
			2500～3500m：0.7
			3500～4000m：0.5
			>4000m：0.3
	盖层条件（25%）	盖层岩性（10%）	盐膏岩（1.0），泥岩（0.8）
	保存条件（20%）	成藏后有破坏（40%）	0.5
		成藏后无破坏（60%）	1.0
断块群特征（25%）	断块群类型（30%）	褶皱相关型、复式地垒型（50%）	1.0
		断阶型、断阶叠置型、垒堑叠置型、复式地堑型（30%）	0.8
		迁移断阶型（20%）	0.6
	断块群边界断层封闭性（50%）	好（50%）	1.0
		中（30%）	0.5
		差（20%）	0
	断块群复杂程度（20%）	断块个数/单位面积（100%）	高（1.0），低（0.5）
构造背景与构造部位（30%）	构造背景（60%）	背斜（60%）	1.0
		断块（40%）	0.8
	断块群所处构造部位（40%）	构造主体（60%）	1.0
		构造倾没端或结合部（40%）	0.8
匹配关系（15%）	时间匹配（60%）	圈闭形成早于油气运移（50%）	1.0
		圈闭形成与油气运移同步（40%）	0.8
		圈闭形成晚于油气运移（10%）	0
	空间匹配（40%）	运移距离（40%）	近（0～10km）：1.0
			中（10～15km）：0.8
			远（>15km）：0.5
		圈源位置关系（60%）	匹配好1.0
			匹配较好0.8
			匹配差0.3

气的富集有着重要的控制作用。时间匹配主要考虑圈闭形成与油气运移的时间配合关系，而空间的匹配主要考虑运移距离及圈源的位置关系。

根据复杂断块群的评价标准，对拟开展勘探的区域进行系统评价，优选出优先勘探断块群，以提高勘探成功率和效益。

二、致密油气“甜点”区评价技术

致密油气“甜点”区是目前勘探开发的重点，致密油气“甜点”区指具备优越的岩性、物性、流体特性、烃源岩特性、脆性和地应力特性等有利匹配关系，在目前经济技术条件下，可优先进行勘探开发的目标区。这里以致密油“甜点”区评价方法为例阐述。

致密油是指目的层覆压基质渗透率中值小于或等于 $0.2\times10^{-3}\mu m^2$（空气渗透率小于或等于 $2\times10^{-3}\mu m^2$）的石油聚集区，目的层致密油井数与所有油井数之比应大于等于70%。

1. 致密油“甜点”区评价主要参数

致密油“甜点”区评价参数包括岩性、物性、含油性、烃源岩、脆性和地应力等。

岩性特征参数包括致密储层厚度、面积、岩石类型、矿物组成、脆性指数分布、泥质含量等特征参数。按照《沉积岩中黏土矿物和常见非黏土矿物 X 衍射分析方法》（SY/T5163）、《岩石定量能谱定量分析方法》（SY/T6189）的标准执行。

储层特征参数包括埋深、物性（孔隙度、渗透率）、孔隙结构特征、天然裂缝密度等特征参数。按照《油气储层评价方法》（SY/T 6285）的标准执行。

流体特征参数包括油气水组成、密度、黏度、含油饱和度、可动水饱和度、孔隙流体压力、气油比等特征参数。

烃源岩特征参数包括烃源岩厚度、总有机碳含量（*TOC*）、有机质热演化成熟度（R_o）、有机质类型等特征参数。按照《陆相烃源岩地球化学评价方法》（SY/T 5735）的标准执行。

脆性特征参数包括泊松比、杨氏模量等参数。

地应力特征参数包括水平两向主应力差异。

2. 致密油“甜点”区评价参数标准

合适的致密油“甜点”区评价标准，为致密油“甜点”区评价提供科学依据。

1）岩性条件评价参数标准：40m 范围内累计储层厚度 >8m。碎屑岩储层中，砂岩 + 砂砾岩含量 >70%；碳酸盐岩储层中，碳酸盐岩含量 >50%，脆性指数 >0.5，泥质含量 <20%。

2）物性条件评价参数标准：一般“甜点”区致密储层埋藏深度 <5000m。对于碎屑岩致密储层，一般孔隙度 >4%，空气渗透率 $>0.01\times10^{-3}\mu m^2$。对于碳酸盐岩致密储层，一般孔隙度 >1%，空气渗透率 $>0.01\times10^{-3}\mu m^2$。

3）含油性特征评价参数标准：一般气油比 $<17810m^3/m^3$，地面原油密度 $<0.92g/cm^3$，50℃原油黏度 <200mPa·s，含油饱和度 >50%，可动水饱和度 <20%。

4）烃源岩条件评价参数标准：一般烃源岩厚度 >10m，*TOC* >1%，有机质热演化成熟度 $1.5\% > R_o > 0.6\%$，有机质类型为Ⅱ—Ⅰ型。

5）脆性特征评价参数标准：一般泊松比 <0.4，杨氏模量 >1 ×10^4MPa。

6）地应力条件评价参数标准：一般水平两向主应力倍数 <2。

3. 致密油“甜点”区综合评价方法

致密油“甜点”区评价包括参数综合评价和模型综合评价两类方法。

（1）参数叠合综合评价方法

依据致密油“甜点”区各项评价参数标准，将各参数叠合成图，取所有评价参数标准以上的区域（表6－19），且当该区域连续分布面积大于100km^2 时，确定为致密油“甜点”区。

表6－19　致密油“甜点”区评价综合参数

评价因素	参数		甜点区指标	甜点区分级指标		
				Ⅰ级	Ⅱ级	Ⅲ级
岩性	有效厚度/m		>5	>15	15～10	10～5
	岩石类型比例	砂岩＋砂砾岩/%	>70	>80	80～75	75～70
		碳酸盐岩/%	>50	>70	70～60	60～50
	脆性指数		>0.5	>0.8	0.8～0.65	0.65～0.5
	泥质含量/%		<30	<15	15～20	20～30
物性	孔隙度/%	碎屑岩	>4	>9	9～7	7～4
		碳酸盐岩	>1	>7	7～4	4～1
	空气渗透率/$10^{-3}\mu m^2$		>0.01	1～0.3	0.3～0.1	0.1～0.01
含油性	含油饱和度/%		>50	>80	80～65	65～50
	可动水饱和度/%		<20	<10	10～15	15～20
	地面原油密度/($g \cdot cm^{-3}$)		<0.92	<0.75	0.75～0.85	0.85～0.92
烃源岩特性	有效厚度/m		>5	>20	20～15	15～5
	有机质类型		Ⅰ、Ⅱ型	Ⅰ型、$Ⅱ_1$型	$Ⅱ_1$型为主	$Ⅱ_2$型为主
	平均 *TOC*/%		>1	>5	5～3	3～1
	成熟度 R_o/%		0.6～1.5	0.9～1.1	0.8～0.9或1.1～1.3	0.6～0.8或1.3～1.5
脆性	泊松比		<0.4	<0.2	0.2～0.3	0.3～0.4
	杨氏模量/10^4MPa		>1	>3	3～2	2～1
地应力特性	水平两向主应力倍数		<2	≈1	1～1.5	1.5～2

注：不同盆地情况有所差异，各项评价指标需综合考虑确定；碳酸盐岩储集性能影响因素复杂，储层裂缝发育的情况下，基质孔隙度下限可适当降低，在裂缝不发育的情况下可适当提高。

（2）模型综合评价方法

根据致密油层综合评价参数标准，对研究区的对应参数减去各参数标准下限值（当差值小于0时，设置为0），再除以标准下限值达到归一化目的，将所有归一化后的评价参数进行乘积等到综合评价参数，当综合评价参数大于0时，为致密油“甜点”区，综合评价参数越大，致密油“甜点”区评价级别越高。

A. 岩性条件综合评价

碎屑岩致密油层岩性评价模型如下：

$$LT = (BI - 0.5)/0.5 \times (30 - V_{sh})/30 \times (V_{sc} - 70)/70 \tag{6-45}$$

碳酸盐岩致密油层岩性评价模型如下：

$$LT = (BI - 0.5)/0.5 \times (30 - V_{sh})/30 \times (V_{cb} - 50)/50 \tag{6-46}$$

其中

$$BI = (C_Q + C_F + C_{CB})/(C_Q + C_F + C_{CB} + C_V) \tag{6-47}$$

式中：LT 为岩性综合评价参数；BI 为脆性指数；V_{sh} 为泥质含量，%；V_{sc} 为砂岩 + 砂砾岩含量，%；V_{cb} 为碳酸盐岩含量，%；C_Q 为石英矿物含量，%；C_F 为长石矿物含量，%；C_{CB} 为碳酸盐岩矿物含量，%；C_V 为黏土矿物含量，%。当 LT 小于 0 时，令 LT 等于 0。

B. 物性条件综合评价

确定致密油储层埋藏深度 <5000m 的分布区，在确定的分布区内，通过如下模型综合评价储层条件。

碎屑岩致密油层储层评价模型如下：

$$RC = (H - 5)/5 \times (P_{or} - 4)/4 \times (P_{erm} - 0.01)/0.01 \tag{6-48}$$

碳酸盐岩致密油层储层评价模型如下：

$$RC = (H - 5)/5 \times (P_{or} - 1)/1 \times (P_{erm} - 0.01)/0.01 \tag{6-49}$$

式中：RC 为储层综合评价参数；H 为埋藏深度 <5000m 的 40m 厚度范围内储层物性大于评价标准下限的储层厚度，m；P_{or} 为孔隙度，%；P_{erm} 为地面空气渗透率，$10^{-3}\mu m^2$。当 RC 小于 0 时，令 RC 等于 0。

C. 含油性条件综合评价

致密油含油性条件综合评价模型如下：

$$FS = (0.92 - \rho_o)/0.92 \times (200 - \mu_o)/200 \times (S_o - 50)/50 \times (20 - S_{wm})/20 \tag{6-50}$$

式中：FS 为流体综合评价参数；ρ_o 为地面原油密度，g/cm^3；μ_o 为 50℃ 原油黏度，mPa·s；S_o 为含油饱和度，%；S_{wm} 为可动水饱和度，%。当 FS 小于 0 时，令 FS 等于 0。

D. 烃源岩条件综合评价

确定有机质热演化成熟度 $1.5\% > R_o > 0.6\%$、有机质类型为Ⅱ—Ⅰ型的分布区，在确定的分布区内，通过如下模型，综合评价烃源岩条件：

$$SR = (H_{sr} - 5)/5 \times (TOC - 1)/1 \tag{6-51}$$

式中：SR 为烃源岩条件综合评价参数；H_{sr} 为有机质热演化成熟度 $1.5\% > R_o > 0.6\%$、有机质类型为Ⅱ—Ⅰ型、$TOC > 1\%$ 的烃源岩厚度，m；TOC 为有机质热演化成熟度 $1.5\% > R_o > 0.6\%$、有机质类型为Ⅱ—Ⅰ型的有机碳含量，%。当 SR 小于 0 时，令 SR 等于 0。

E. 脆性特征综合评价

致密油脆性特征综合评价模型如下：

$$BE = (0.4 - \sigma)/0.4 \times (E - 1)/1 \tag{6-52}$$

式中：BE 为脆性综合评价参数；σ 为泊松比；E 为杨氏模量，10^4MPa。当 BE 小于 0 时，令 BE 等于 0。

F. 地应力条件综合评价

地应力条件综合评价模型如下：

$$CC = (2 - \Delta\sigma)/2 \tag{6-53}$$

式中：CC 为地应力综合评价参数；$\Delta\sigma$ 为水平两向主应力倍数，无量纲。当 CC 小于 0

时，令 CC 等于0。

G. 模型综合评价方法

致密油“甜点”区综合评价模型如下：

$$EM = LT \times SR \times RC \times FS \times BE \times CC \quad (6-54)$$

当 EM 大于0的连续分布面积大于100km² 时，为致密油“甜点”区；$EM \leqslant 0$ 的分布区域，为非“甜点”区。

H. 致密油“甜点”区分级评价

用表6－19中致密油分级评价参数，替换式（6－45）至式（6－53）中的致密油“甜点”区评价模型中的参数标准，利用式（6－54），可得到分级综合评价标准指标 EM。

对应不同致密油“甜点”区分级别参数的 EM 大于0的区域，连续分布面积大于100km² 时，为对应致密油评价级别的“甜点”区。

三、区带勘探潜力评价技术

成熟探区中区带勘探潜力评价是确定油气勘探方向和提高油气勘探成功率的关键。成熟探区与新区区带评价方法技术上存在很大差别。常用的有以下几种方法。

1. 剩余油气资源量法

区带剩余油气资源量是评价区带勘探潜力的基础，常根据区带剩余油气资源量确定优先勘探区带和方向。但区带剩余油气资源量受对地质条件认识的影响，常常与实际相差较大，因此，必须根据油气勘探发现和认识对剩余油气资源量进行重新评估。

成熟探区剩余油气资源量评估不但要考虑全面，才能正确估算出区带的剩余勘探潜力，评估时要兼顾主力勘探和发现层系，同时也要正确评价新层系、新类型和新目标。如前期勘探中以构造为主的区带，要考虑岩性、地层、非常规油气勘探潜力及剩余油气资源比例等。在正确估算区带剩余油气资源量后，根据区带剩余油气资源量大小排队，首先对剩余油气资源量大的区带开展重点油气勘探。

2. 区带资源探明率类比法

借鉴与被评价区带类似油气地质条件区域的区带资源探明率，根据被评价区带内资源量与类比探明资源率，确定被评价区带未来可能探明的油气地质储量。评价模型为

$$\text{预估探明地质储量} = \text{区带资源量} \times \text{资源探明率} - \text{已探明油气储量} \quad (6-55)$$

如成熟探区内某一区带的石油资源量为 20×10^8t，目前已探明石油地质储量为 5×10^8t，探明率为25%；与之相类似油气地质条件的勘探后期成熟探区的资源探明率为65%，取该资源探明率为被评价区带的未来石油探明率，预估被评价区带剩余可探明石油地质储量为 8×10^8t。

根据被评价区带与类比区带的油气地质条件差异性，可以增大或减小被评价区带的资源探明率，如果被评价区带的油气地质条件与类比区带油气地质条件相比较差，可减小资源探明率；相反，可增加油气资源探明率。

3. 储量丰度类比法

借鉴与被评价区带类似油气地质条件区域的区带内探明储量丰度，根据被评价区带面积、与类比区储量丰度，确定被评价区带未来可能探明的油气地质储量。评价模型为

$$预估探明地质储量 = 区带面积 \times 储量丰度 - 已探明油气储量 \quad (6-56)$$

如成熟探区内某一区带的面积为$0.5 \times 10^4 km^2$，目前已探明石油地质储量为$10 \times 10^8 t$；与之相类似油气地质条件的勘探后期成熟探区的石油储量丰度为$30 \times 10^4 t/km^2$，取该值为被评价区带的石油储量丰度，预估被评价区带剩余可探明石油地质储量为$5 \times 10^8 t$。

4. 圈闭钻探成功率法

对于已发现未钻探圈闭，借鉴与被评价区类似油气地质条件区域内，同一标准及类型圈闭的圈闭钻探成功率，根据被评价区内不同标准及类型圈闭的潜在资源量，与同一标准及类型圈闭的钻探成功率，确定被评价区已发现圈闭的未来可能探明油气地质储量。评价模型为

$$预估探明地质储量 = \sum_{i=1}^{3} (i\,圈闭潜在资源量 \times i\,类圈闭钻探成功率 \times i\,类圈闭充满度) \quad (6-57)$$

式中：i为圈闭类型，一般将被评价的圈闭划分为Ⅰ、Ⅱ、Ⅲ类。

如被评价成熟探区内某一区带内，已发现尚未钻探的Ⅰ类圈闭石油资源量为$2 \times 10^8 t$，Ⅱ类圈闭石油资源量为$3 \times 10^8 t$，Ⅲ圈闭石油资源量为$4 \times 10^8 t$；与之相类似油气地质条件区内Ⅰ、Ⅱ、Ⅲ类圈闭钻探成功率分别为60%、25%、15%，Ⅰ、Ⅱ、Ⅲ类圈闭的平均充满系数分别为55%、25%、10%；根据式（6－57）得到的被评价区带内，已发现尚未钻探圈闭的预估可探明石油地质储量为$0.91 \times 10^8 t$。

5. 预测储量升级率法

对被评价区已钻探圈闭有油气发现，且已计算预测储量的圈闭，借鉴与被评价区类似油气地质条件区域内，同一标准及类型圈闭的预测油气储量升级为探明油气储量率，根据被评价区内不同标准及类型圈闭的预测资源量，与同一标准及类型圈闭的预测储量升级为探明储量率，确定被评价区已钻探圈闭的未来可能探明油气地质储量。评价模型为

$$预估探明地质储量 = \sum_{i=1}^{3} (i\,圈闭预测储量 \times i\,类预测储量升级为探明储量率) \quad (6-58)$$

式中：i为圈闭类型，一般将被评价的圈闭划分为Ⅰ、Ⅱ、Ⅲ类。

如被评价成熟探区内某一区带内，已钻探Ⅰ类圈闭的预测石油储量为$2 \times 10^8 t$，Ⅱ类圈闭预测石油储量为$1 \times 10^8 t$，Ⅲ类圈闭预测石油储量为$1 \times 10^8 t$；与之相类似油气地质条件区内Ⅰ类圈闭预测石油储量升级为探明石油储量率为70%，Ⅱ类圈闭预测石油储量升级为探明石油储量率为40%，Ⅲ类圈闭预测石油储量升级为探明石油储量率为20%；根据式（6－58）得到的被评价区带内，预估被评价区带内已钻探圈闭预测石油储量升级为探明石油储量为$2 \times 10^8 t$。

第五节　圈闭有效性评价技术

圈闭是油气勘探的基本单元和对象，圈闭勘探成功率的高低在很大程度上决定了油气的勘探效率，因此，提高圈闭钻探成功率是油气勘探追求的目标之一。有效圈闭是油气勘

探的目标，圈闭有效性评价是基础，圈闭类型多、控制因素复杂，不同类型圈闭之间存在一定的共性特征，但个性特征也很多，圈闭有效性往往取决于众多控制因素中的一个或几个因素，导致圈闭有效性评价难度较大。通过对圈闭控制因素、评价参数的剖析，阐述成熟探区圈闭有效性评价的方法，为提高圈闭勘探成功率提供依据。

一、圈闭类型及关键控制因素

适合于油气聚集、形成油气藏的场所称为圈闭。一个圈闭由3部分组成，即储存油气的储集层、储集层之上有防止油气散失的盖层、有阻止油气继续运移的遮挡层。这种遮挡层可由地层的变形如背斜、断层等造成，也可以是因储集层沿上倾方向被非渗透地层不整合覆盖，以及因储集层沿上倾方向发生尖灭或物性变差而造成。但是圈闭中不一定都有油气，只有油气进入圈闭才可能发生聚集并形成油气藏。一旦有足够数量的油气进入圈闭，便可形成油气藏。圈闭类型是划分油气藏类型的主要依据，反映油气藏的成因，并对勘探具有指导意义。

1. 圈闭类型

圈闭类型的划分方法很多。以储层形态，把油气藏分为层状、块状、不规则状。按圈闭封闭性划分为封闭型、半封闭型和不封闭型。按成因把圈闭划分为构造型、岩性型、地层型和复合型4种圈闭。有人将圈闭概括为构造型和非构造型两大类圈闭，把由非构造作用形成的圈闭统称为非构造圈闭，一般包括地层圈闭、岩性圈闭、水动力圈闭及复合圈闭，与以前所论述的隐蔽圈闭－岩性地层圈闭大致相当。

目前，中国基本上采用A. I. 莱复生（1967）提出的圈闭分类方案，即根据圈闭的成因把圈闭分为构造圈闭、岩性圈闭、地层圈闭和复合圈闭四大类，不同类型圈闭还可细分为多个亚类。

2. 构造型圈闭

构造型圈闭是指储集层及其上盖层因某种局部构造形变而形成的圈闭，主要有褶皱作用形成的背斜圈闭，断层作用形成的断块圈闭，裂隙作用形成的圈闭，刺穿作用形成的圈闭和由上述各种构造因素综合形成的复合圈闭等。

背斜圈闭是世界上最早被认识的圈闭类型，在石油工业发展初期，人们从广泛的实践中，总结出了背斜学说，提出了要在有背斜的地方去找油，卓有成效地推动了当时石油工业的发展。实践表明，背斜圈闭是最主要、最普遍、最明显也最易找到的圈闭类型；而非背斜圈闭成因复杂，形态多样，隐蔽圈闭的勘探难度大，但也可以形成大油气田。随着油气勘探的深入发展，非构造圈闭将愈来愈显示出其勘探价值，特别是在成熟探区已成为油气勘探的主要目标。

中国陆相含油气盆地中断陷、凹陷、前陆和克拉通盆地，构造圈闭都很发育，如松辽盆地的大庆长垣、渤海湾盆地的断块群、塔里木盆地的库车等均发育大型—巨型圈闭（群）。在构造圈闭为主的含油气盆地勘探中，勘探早期主要以中—大型构造圈闭为主，成熟探区油气勘探主要以中小型构造圈闭为主。

3. 岩性地层型圈闭

岩性地层型圈闭是指由储集层岩性横向变化或地层连续性中断而形成的圈闭。主要有由透镜体砂岩、岩相变化、生物礁体等形成的岩性型圈闭，由地层不整合、成岩后期溶蚀作用等形成的地层型圈闭。

中国陆相含油气盆地中岩性地层型圈闭发育，一般构造型圈闭和岩性地层圈闭的比例大致相当，有些含油气盆地主要以岩性地层圈闭为主，如鄂尔多斯盆地，中生界主要发育碎屑岩岩性圈闭控制的油藏，上古生界主要发育碎屑岩岩性气藏，下古生界主要发育碳酸盐岩地层型气藏，岩性地层圈闭中的油气储量超过了90%。

中国含油气盆地中的成熟探区油气勘探主要以岩性地层型油气藏为主，近10年来，中国陆上新增探明油气储量的80%以上来源于岩性地层圈闭。

4. 复合型圈闭

复合型圈闭是指由构造、岩性、地层中的两种或三种圈闭因素共同控制而形成的圈闭，主要有构造-岩性型、构造-地层型、岩性-地层型、构造-岩性-地层型等圈闭类型。

中国含油气盆地的油气地质条件复杂，沉积环境多样，岩性多变且复杂，储层类型多样，部分盖层条件发育不稳定，经受多期复杂构造运动等，造成中国含油气盆地中的复合型圈闭较发育。这些因素也是造成中国陆上成熟探区油气勘探潜力较大的主要原因，成熟探区所处的沉积、构造与成藏控制因素越复杂，后期的勘探潜力就越大。因此，成熟探区油气勘探的主要对象是沉积、储层、构造与成藏等条件复杂的含油气盆地中的有利区带。

5. 致密/页岩油气“甜点”区

致密/页岩油气“甜点”区是指油气在致密储层聚集或页岩储层中滞留形成的油气聚集区中，在现有经济技术条件下能够有效开发的区域。

致密/页岩油气“甜点”区通常具有源储一体或储集体大范围连续分布、圈闭无形或隐形决定了油气大面积连续分布、油气聚集边界不显著的特点。如致密砂岩油气空间上大面积连续分布，砂岩地层普遍含气，含气饱和度不均，缺乏明显气水界面与边底水，油气聚集边界不明确；受孔隙度、渗透率和含气饱和度等因素控制，“甜点”区分布具有一定的局限性，与含气面积相比，“甜点”区面积一般较小。如页岩油气具有源储一体、滞留成藏特征，没有明确的圈闭界限与气水界面，页岩的有机质类型、有机碳含量、成熟度、气油比和地层压力系数等是控制“甜点”区发育的关键因素。

中国含油气盆地内的成熟探区是致密/页岩油气勘探的重点，勘探开发潜力很大，是成熟探区内油气勘探的重要新领域。渤海湾、松辽、鄂尔多斯、四川、塔里木、准噶尔等盆地已实现了致密/页岩油气的勘探和开发，其中鄂尔多斯盆地实现了致密气和致密油的成功开发，天然气产量超过$300\times10^8m^3$。

二、关键圈闭参数评价方法

圈闭的大小可用其最大有效容积来度量。控制有效圈闭容积的关键参数主要包括圈闭面积、溢出点、闭合高度、有效厚度、孔隙度和含油气饱和度等参数，圈闭评价也主要从这几个方面开展。

有效圈闭容积是衡量圈闭的重要参数、评价的关键参数，容积大小取决于闭合面积和闭合高度。闭合面积是指通过溢出点的构造等高线所圈出的面积，所谓溢出点系指流体在圈闭中开始外溢的点。闭合高度是指从圈闭的最高点到溢出点间的海拔高差。闭合面积和闭合高度越大，圈闭的有效容积越大。此外，圈闭的有效容积也与储集层的孔隙度有关。油气藏的大小是用油气的储量来度量，它主要取决于圈闭的大小和油气在圈闭中的充满程度。

1. 圈闭闭合面积及溢出点

溢出点系指流体在圈闭中开始外溢的点，圈闭溢出点是指圈闭的最低点，流体充满圈闭后开始溢出处。闭合面积是指通过溢出点的构造等高线所圈出的面积（图 6－56）。

根据圈闭类型、油气层顶底面构造等值线、岩性或地层尖灭线共同确定溢出点，溢出点之上的圈闭分布面积即为圈闭闭合面积。在确定溢出点时，岩性（透镜体）圈闭、致密/页岩油气“甜点”区等通常不存在溢出点，油气有效分布范围所控制的面积即为圈闭闭合面积。

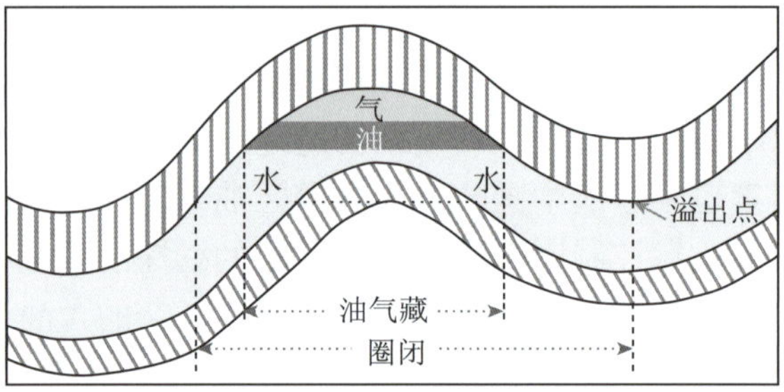

图 6－56 圈闭模式

如松辽盆地王府断陷城深 6 井区沙河子组火山角砾岩断层岩性气藏，断层与火山岩体组成有效圈闭边界，火山岩体受上覆泥岩遮挡形成有效封盖，火山岩体侧向通过断层与泥岩对接形成有效封堵，不受断层控制区域火山岩体与泥岩直接接触形成有效封堵，天然气在有效圈闭内聚集成藏（图 6－57）。城深 6 井钻遇火山角砾岩，气层有效厚度为 71.2m，试气产量为 $15.4\times10^4m^3$，探明含气面积为 $7.4km^2$，天然气地质储量为 $41\times10^8m^3$。

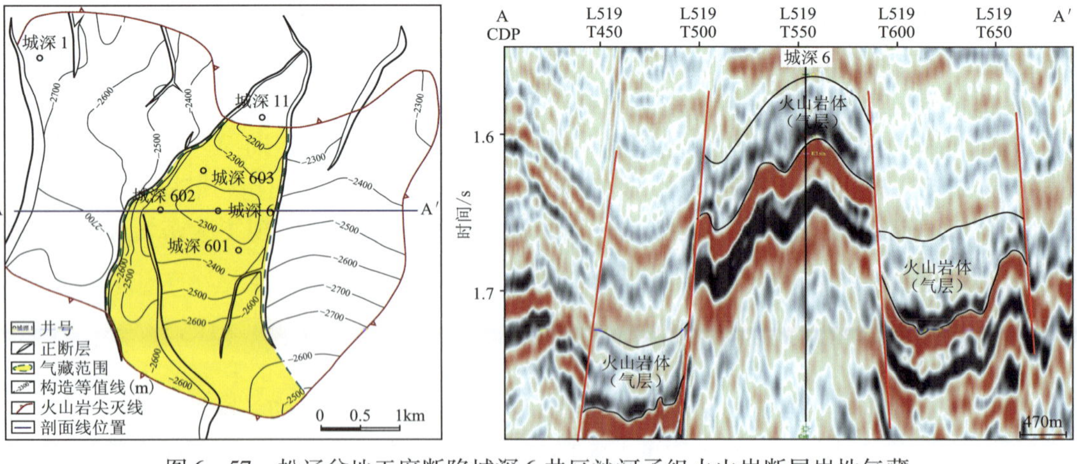

图 6－57 松辽盆地王府断陷城深 6 井区沙河子组火山岩断层岩性气藏

2. 圈闭油气充满度

圈闭油气充满度或充满系数，通常是指油气柱与圈闭闭合高度的比值，用此参数评价油气藏的含油气量大小。但由于圈闭形态的不规则性，用高度比值存在一定误差，可用含油面积占圈闭面积的比值，或圈闭含油体积与圈闭体积比值衡量圈闭充满度。

据曾溅辉等2003年统计，东营凹陷岩性圈闭油气充满度分布在6.8%～94.1%之间，平均为46.5%，其中46.7%的岩性圈闭油气充满度大于50%。孤立砂体岩性圈闭油气充满度较高，平均达到60%，而断层侧向沟通的岩性圈闭油气充满度较低，平均为40%左右；距烃源岩越近的岩性圈闭充满度越高，如沙河街组三段中下亚段的岩性圈闭油气充满度高，为52%，而沙河街组二段的岩性圈闭油气充满度低，仅为23%。

砂岩透镜体油气藏充满度主控因素主要体现在与洼陷生烃中心的距离、切割砂体的断层数量和剩余压力。岩性圈闭的形成条件，即岩性圈闭的物性（平均孔隙度和平均渗透率）和岩性圈闭的几何特征（岩性圈闭厚度和面积），由于透镜体发育于烃源岩中，因此对于成熟的烃源岩来说，油源条件对其影响相对较小。

3. 有效厚度标准

油气层有效厚度是指在目前经济技术条件下，达到储量标准的含油气层系中具有工业产油气能力的那部分储层厚度。储量评估规范中规定了储层深度与对应的单井最低油气产能，以此衡量油气层的工业产油气能力，但这个标准要根据开发方式和工业、地面条件、投资等多项指标综合评价。

（1）有效厚度确定标准

评价有效厚度标准内容包括岩性含油气性、物性、电性、原油性质等多方面，不但要通过孔隙度和含油气饱和度来评价油气层的储油气能力，同时，也要通过渗透率、地下原油黏度和油气层压力系数等来评价油气层的产出能力。其评价参数要结合开发方式确定，如渗透率除了考虑天然渗透率之外，还要考虑经过压裂酸化等改造措施后的渗透率；地下原油黏度要考虑热力和化学降黏后的原油黏度；油层压力要兼顾采油方式如水力活塞泵等的作用。

对于非均质性较弱的油气层，有效厚度纵向的分布是较连续的，对于非均质性较强的油气层，有效厚度的纵向分布一般是非连续的。确定有效厚度时要将岩性、物性、含油性及电性等达不到有效厚度标准的隔夹层扣除掉；对于原油性质变化大的油藏，要同时考虑原油性质的有效厚度下限，一般隔夹层的起扣厚度是测井响应能够正确识别的最小厚度，常规测井一般为0.2～0.25m。

（2）有效厚度的物性标准

有效厚度物性标准是指油气层的孔隙度、渗透率、含油气饱和度的下限截止值。确定有效厚度物性下限的方法有多种，不同类型油气藏可根据地质条件和资料情况选择使用。

对于原油性质变化不大、单层试油资料较多的油田，建立每米采油指数与空气渗透率的统计关系，达到工业油流的每米采油指数所对应的渗透率即为渗透率下限，然后计算出对应的孔隙度下限值。对于单层试油资料不多、原油性质又有差别的油田或油藏，建立每米采油指数与流度（空气渗透率/原油地下黏度）的统计关系得到流度下限值，然后计算出空气渗透率和孔隙度对应的下限值。

三、圈闭有效性综合评价方法

圈闭有效性评价是成熟探区油气勘探是否取得成功的关键，不同类型盆地中的圈闭评价要素和方法存在差别，在同一个盆地中圈闭有效性存在较多共性特征，这是开展圈闭有效性综合评价的基础。

1. 圈闭有效性评价标准

这里以断陷盆地圈闭有效性评价为例，综合圈闭、油源、储层、保存条件及时空配置关系 5 类共 16 项参数选取 64 个赋值区间，根据各区带油气成藏主控因素，对各参数赋予不同的权重系数，求取其地质条件评价值，对圈闭有效性进行定量评价（表 6－20）。

2. 圈闭有效性评价方法

根据表 6－20 中圈闭有效性评价标准，按不同地质要素及系数，计算不同地质条件的评价系数，综合圈闭、油源、储层、保存条件及时空配置关系 5 个地质条件得到被评价圈闭的综合评价系数。

1）圈闭条件评价系数：

$$A = \sum_{i=1}^{4} A_i \times a_i \tag{6-59}$$

式中：A_i 为圈闭地质因素中的评价系数；a_i 为对应圈闭地质因素 A_i 的评价系数。

2）油源条件评价系数：

$$B = \sum_{i=1}^{6} B_i \times b_i \tag{6-60}$$

式中：B_i 为油源地质因素中的评价系数；b_i 为对应油源地质因素 B_i 的评价系数。

3）储层条件评价系数：

$$C = \sum_{i=1}^{3} C_i \times c_i \tag{6-61}$$

式中：C_i 为储层地质因素中的评价系数；c_i 为对应储层地质因素 C_i 的评价系数。

4）保存条件评价系数：

$$D = \sum_{i=1}^{2} D_i \times d_i \tag{6-62}$$

式中：D_i 为保存条件地质因素中的评价系数；d_i 为对应保存条件地质因素 D_i 的评价系数。

5）时空配置关系评价系数

$$E = \sum_{i=1}^{2} E_i \times e_i \tag{6-63}$$

式中：E_i 为时空配置关系地质因素中的评价系数；e_i 为对应时空配置关系地质因素 E_i 的评价系数。

利用以上方法，确定圈闭、油源、储层、保存条件及时空配置关系评价系数，通过以下模型确定被评价圈闭的综合评价系数：

$$T_{\text{index}} = A + B + C + D + E \tag{6-64}$$

当被评价圈闭的 $T_{\text{index}} \geq 0.85$ 时，确定为Ⅰ类圈闭；当 $0.8 \leq T_{\text{index}} < 0.85$ 时为Ⅱ类圈闭；当 $T_{\text{index}} < 0.8$ 时为Ⅲ类圈闭。

3. 圈闭资源量评价

圈闭资源量决定了圈闭中油气潜在规模和价值，圈闭资源量越大越好。成熟探区中圈

表 6-20　断陷盆地圈闭有效性综合评价标准参数

地质条件		地质因素		评价参数及系数							
名称	代号	名称	系数	参数/级别	系数	参数/级别	系数	参数/级别	系数	参数/级别	系数
圈闭	A	落实程度	0.3	落实	1.0	可靠	0.8	较可靠	0.6	不可靠	0.3
		圈闭类型	0.1	断块、构造	1.0	岩性-构造	0.8	地层-构造	0.6	岩性-地层	0.6
		面积/km^2	0.2	≥20	1.0	10~20	0.8	1~10	0.6	<1	0.3
		幅度/m	0.2	>200	1.0	100~200	0.8	50~100	0.6	<50	0.3
油源	B	面积/km^2	0.15	>500	1.0	300~500	0.8	100~300	0.5	<100	0.3
		厚度/m	0.15	>300	1.0	200~300	0.8	100~200	0.6	<100	0.4
		TOC/%	0.25	>2.0	1.0	1.0~2.0	0.8	0.6~1.0	0.6	0.4~0.6	0.3
		R_o/%	0.2	0.5~0.7	0.6	0.7~1.0	0.8	1.0~1.3	1.0	>1.3	0.6
		母质类型	0.15	Ⅰ	1.0	Ⅱ	0.8	Ⅱ+Ⅲ	0.6	Ⅲ	0.4
		运移距离/km	0.1	<1	1	1~5	0.8	5~10	0.6	>10	0.3
储层	C	厚度/m	0.3	>25	1.0	15~25	0.8	5~15	0.6	<5	0.3
		孔隙度/%	0.4	>20	1.0	15~20	0.8	10~15	0.6	<10	0.4
		渗透率/$10^{-3}\mu m^2$	0.3	>500	1.0	50~500	0.8	5~50	0.6	<5	0.3
保存条件	D	盖层厚度/m	0.6	>50	1.0	50~25	0.8	25~10	0.6	<10	0.3
		后期破坏	0.4	无破坏	1.0	弱破坏	0.8	较强破坏	0.6	强破坏	0.3
时空配置关系	E	圈闭形成与油气主运移时期关系	0.6	圈闭形成早于油气主要运移时期	1.0	圈闭形成与油气主要运移时期同步	0.7	圈闭形成略晚于油气主要运移时期	0.5	圈闭形成晚于油气主要运移时期	0.3
		空间组合关系	0.4	交互式、指状交叉式不整合型、复合型（自生自储）	1.0	上覆式、下伏式、侧变式、断裂式、储集体较大、透镜型	0.7	地层型	0.5	储集体较小的透镜型和距离较远的侧变式	0.3

闭资源量的估算通常采用单储系数法，通过类比法和概率法确定相关参数，从而实现圈闭潜在资源量的评价。

（1） 单储系数法评价圈闭潜在资源量

单储系数方法确定圈闭潜在资源量，首先根据圈闭面积和充满系数的乘积确定圈闭潜在含油气面积，在圈闭潜在含油气面积范围之内，确定油气层潜在厚度和单储系数，通过以下模型确定圈闭潜在资源量：

圈闭潜在资源量 = 圈闭潜在含油气面积 × 油气层潜在厚度 × 单储系数（6 – 65）

（2） 类比法确定相关评价参数

通过与被评价圈闭所在区类似地质和圈闭的已开发或探明区，求取相关评价参数。对于构造圈闭，一般Ⅰ类圈闭的充满系数取类比区的85%，Ⅱ类圈闭的充满系数取类比区的70%，Ⅲ类圈闭的充满系数取类比区的50%。对于岩性地层圈闭按降一级处理。油层厚度一般取邻区已钻井证实的油层厚度；单储系数一般取邻近储量区的单储系数。

（3） 概率法确定相关评价参数

采用概率法求取圈闭潜在资源量评价参数时，一般采用正态分布确定含油气面积、单储系数，采用三角分布法确定油层厚度。

4. 圈闭有效性评价方法应用效果

利用圈闭有效性综合评价方法，对渤海湾盆地292个圈闭，进行钻前评价与钻探结果分析，共有132个圈闭钻探成功，总体成功率为45%。其中评价为Ⅰ类的圈闭125个，钻探成功74个，成功率为59.2%；评价为Ⅱ类的圈闭126个，钻探成功51个，成功率为40.5%；评价为Ⅲ类的圈闭41个，钻探成功7个，成功率为17.1%（图6 – 58）。

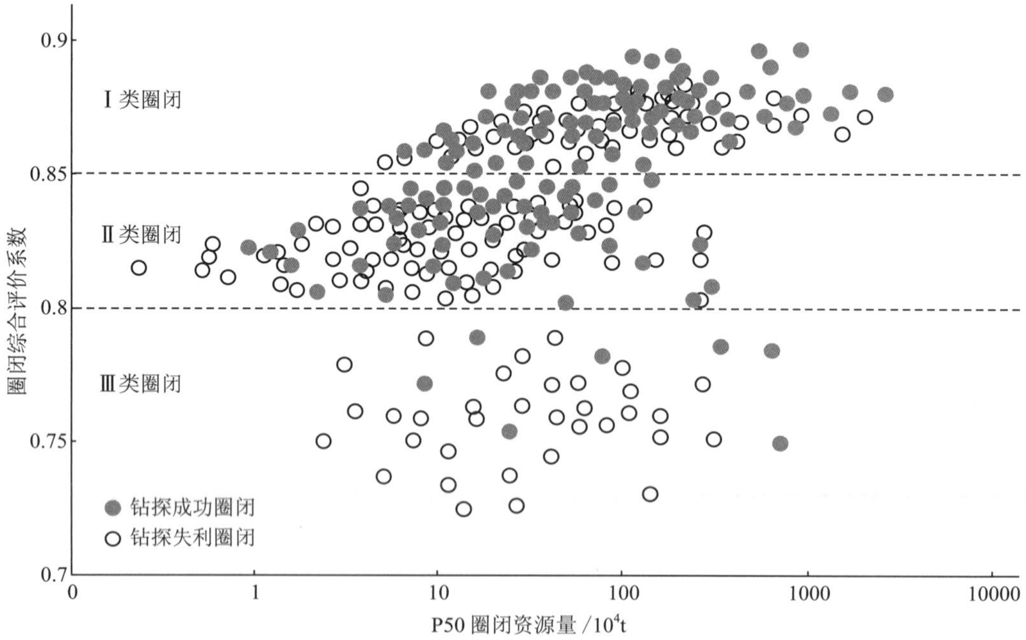

图6 – 58　渤海湾断陷盆地圈闭有效性综合评价与勘探发现关系

圈闭有效性综合评价级别越高钻探成功率越大，证实了圈闭有效性综合评价方法对指导勘探、提高钻探成功率效果明显。但圈闭有效性综合评价级别低的也有成功的，圈闭有效性综合评价级别高的也有失利的，反映出圈闭有效性存在一定的共性，但很多圈闭存在导致评价结果不可靠的个性因素，造成圈闭有效性评价结果与钻探成功率之间存在较大差别，因此，圈闭有效性综合评价方法仍需进一步完善。

四、储量计算应注意的问题

按照《石油天然气储量计算规范》开展油气储量计算。在中国一般以油气地质储量为主，同时提供技术和经济可采储量；国际上一般计算的是技术和经济可采储量，容积法是常用方法。由于开发方式、油气藏类型、油气性质等的不同，技术和经济储量计算方法存在较大差别。油气储量计算方法在很多书籍和规范中阐述得很清楚，在此不赘述，只阐述油气储量计算中值得注意的几个问题。

1. 储量计算单元

平面上以独立的含油气区块为计算单元，如断层、砂体、油气边界等为边界形成的单元；纵向上以小层或单砂体为计算单元。分别计算油、气储量，然后平面上和纵向上累加得到油气藏/田的油气储量。

2. 储量类别

储量计算面积单元内，根据《石油天然气储量计算规范》或 SEC 标准的井控程度，确定计算油气储量的探明、控制和预测级别。

3. 计算方法

容积法是常用的方法，但对于特殊类型的油气藏，应该采用针对性的储量计算方法。如碳酸盐岩缝洞油气藏，应以缝洞单元为单位计算。

4. 储量计算参数

油气储量计算主要参数包括含油面积、孔隙度、含油饱和度等。

（1）含油面积圈定原则

受岩性控制的以有效厚度零值线作为含油边界线；以对油气有控制作用的断层作为含油边界线；井控程度相对较低时，采用边部井外推 1.5 倍开发井距圈定；含油边界有钻井控制的，以油井和非油井井距之半圈定；存在油气水界面的，以油气水界面圈定；未查明流体界面的油藏，取已测试证实最低出油层底界圈定含油面积；同一储层中，达标油井与边外非达标井（获低产油流）不超过两个开发井距外推至边外井；井网较完善的已开发储量区以边部井外推半个开发井距；与已提交探明储量含油面积衔接处，以原提交探明储量含油面积线作为本次储量含油面积计算线。

（2）有效厚度零值线确定原则

邻井有砂岩，但无油层（即无有效厚度），取油井到邻井距离的 1/2 作为有效厚度零值线；邻井无砂岩，将油井到邻井距离的 1/2 作砂岩尖灭线，取油井到砂岩尖灭线的 1/2 作为有效厚度零值线。

（3）有效厚度及标准

根据油气储量计算的地质、技术和经济类型，分别确定相应的有效厚度标准，利用有效厚度标准通过测井划分的有效厚度与岩心划分有效厚度对比，相对误差应小于 5%。按照有效厚度标准确定每一口井的有效厚度，根据含油气面积范围内的有效厚度井控面积加权确定有效厚度平均值。

（4）孔隙度及含油气饱和度

纵向上在油气储量计算单元和面积范围之内的井，有效厚度范围之内的孔隙度、含油气饱和度的厚度加权，确定为该井计算单元内的孔隙度和含油气饱和度值。平面上根据井控面积的孔隙度、含油气饱和度加权确定为该井区计算单元面积内的孔隙度、含油气饱和度值。

（5）单井油气下限产量

含油面积内要求单井稳定产量达到储量起算标准；对探明未开发储量，根据各地区价格和成本等测算，求得只回收开发井投资的单井下限日产量；对探明已开发储量，根据各地区价格和成本等测算，求得只回收操作成本的单井下限产量。

（6）夹层扣除

油气储量计算中有两种夹层，即致密夹层和泥质夹层。根据反映两种夹层较好的测井响应扣除夹层，致密夹层以声波时差回返的半幅点处予以扣除；泥质夹层以自然伽马、双侧向（或三侧向）明显回返为指示，在接近回返的根部予以扣除，起扣厚度一般为0.2m。

5. 采收率确定

可采储量标定按照《油田可采储量计算方法》要求进行，其中的采收率是关键。在确定采收率时，应根据研究区油气层地质特点及获取的地质资料，结合油藏类型、开采特点及方式综合确定。采收率常采用经验公式法、数值模拟法和类比法等综合确定。

6. 经济可采储量

计算油气经济可采储量时，要考虑油价、回收期、税率、操作成本等的变化，同时要选用合理的折现率、通货膨胀率、环境保护、复原费等因素参数。计算海外油气储量时，还要考虑合同条款、汇率、政治变动、销售渠道及方式等因素。保证投资回报率大于预设值或合同期内正现金流与投资相比大于某一定值。

第六节　成熟探区油气勘探思路与关键技术

对于成熟探区来说，不同勘探阶段和勘探程度、不同油气藏类型、不同勘探深度、纵向不同成藏组合等条件不同，其勘探思路与所需的关键技术也存在很大差别。这里根据中国成熟探区油气勘探实践和经验，总结部分类型的勘探思路和关键技术，供类似成熟探区油气勘探借鉴。

一、勘探与部署思路

中国的石油地质理论从勘探初期的源控论，到以渤海湾盆地勘探实践为基础的复式油气聚集带理论，有力地指导和推动了中国油气工业的发展。近年来，随着我国油气勘探工作的不断深入，勘探不断取得进展。一是成熟探区油气勘探不断获得新发现，凹陷区岩性地层油气藏、潜山内幕、深层以及成熟探区新层系逐渐成为勘探增储的重要领域。二是勘探程度相对较低的深层海相碳酸盐岩、火山岩等领域不断获得重要突破，已经成为勘探突破发现的重点。三是一些久攻不克的新领域随着勘探技术的进步持续获得重大突破，逐渐成为勘探增储的热点。四是勘探发现规模不断扩大，发现的油气藏尽管储量丰度不高，但含油气面积大，总体储量规模大；尽管单一油气藏规模不大，但众多油气藏呈集群式分布，大面积含油气。五是油气勘探的深度与广度不断扩展，勘探范围由带向盆地、由盆地向山前冲断带、由构造高部位向斜坡低部位和洼陷区不断发展；勘探深度由前期的中、浅层向深层、超深层发展，东部地区勘探深度普遍增加了500～1000m，西部地区勘探深度普遍增加了1000～2000m；储层岩性由常规碎屑岩向致密碎屑岩、碳酸盐岩、火山岩以及变质岩等多种类型储层发展。油气勘探已经跨越了传统的二级构造带局限，从早期的局部勘探、区带勘探，向大区整体勘探方向发展，总体进入了油气深化和精细勘探阶段。

1. 成熟探区老区老层系勘探与部署思路

成熟探区老区老层系油气勘探遵循整体研究、整体评价、突破关键、实现油气规模增储的勘探与部署思路。不同成熟探区的地质条件、勘探历程、制约油气发现的关键问题不同，因此成熟探区油气勘探部署的思路和原则也存在较大差别，应该因区而异。这里以渤海湾断陷盆地斜坡带油气勘探为例。

（1）开展整体研究，创新勘探理论，主导勘探实践

渤海湾断陷盆地以发育大型斜坡为特征，斜坡不同部位、不同时期发育不同类型的控砂坡折，“坡折”只是一种“样式”，只能“控砂控圈”；只是发育在斜坡区近源部位的坡折，才能真正起到“控油控藏”的作用。渤海湾盆地的斜坡区的形成与凹陷发育过程中基底差异沉降以及继承性大断裂活动密切相关，两大主控因素共同影响了斜坡构造发育。根据斜坡结构形态、坡折带发育控制因素及演化特征等因素，可将斜坡分为4种类型，即阶状断裂斜坡、多阶挠曲斜坡、简单斜坡、旋转掀斜斜坡；进一步划分“断坡”体系及高、中、低三级斜坡，以断坡耦合定为有利区，开展勘探部署。

（2）三级层序界面构造成图，明确斜坡分布与发育特征

为解决斜坡区地层、砂体横向变化大的难点，以凹陷为单元，从整个凹陷出发，采用井震结合的层序地层划分和全凹陷层序地层解释，以三级层序界面为单元的凹陷级构造工业化成图，在大量岩心观察分析及单井统计的基础上，按沉积等时界面宏观提取各层序地震属性，与古地貌、砂体厚度、轻重矿物组合等匹配研究，落实不同层序沉积体系与岩相发育特征。通过建立控砂机制，明确不同层系的砂体发育区，利用地震属性及反演开展不同层系、不同体系域砂体精细描述，形成了“三级层序定向，四级层序定圈”的基本工作方法，落实岩性圈闭带。

（3）重建成藏模式，锁定重点勘探目标

渤海湾盆地发育多层系优质烃源岩，具有生烃强度大、演化序列完整、烃类相态齐全的特征。斜坡区油源充沛，具有“复式输导、多期（两/三期）充注、差异聚集、高油低气”特征。斜坡区中、低斜坡多层系多岩性变化带发育，源储一体，异常高压保护储层，沙河街组砂体叠置连片大规模富集成藏。高斜坡通过远源复式运移，可形成一定规模的沙河街组中浅层油气聚集，从而形成多层系大面积连片分布的岩性地层油气聚集富集区，并构成满坡含油、中低斜坡富集高产的含油气格局，如岐口凹陷北部斜坡（图6－59）。

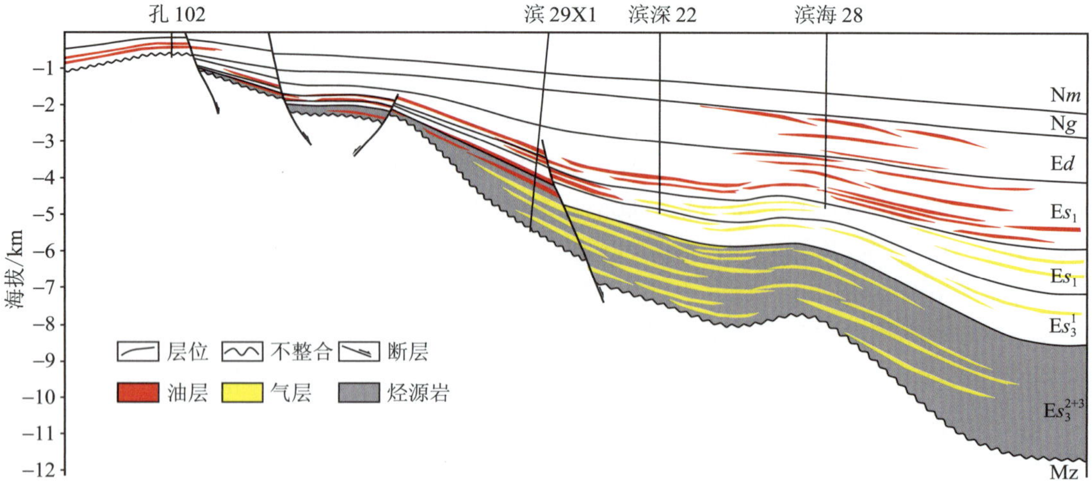

图6-59 渤海湾盆地岐口凹陷北部斜坡油气藏模式

（4）重点突破实现勘探拓展

渤海湾盆地成熟探区油气勘探，由高斜坡向中、低斜坡拓展，并实现勘探突破。如大港油田针对斜坡沙河街组沙二段砂坝主体部署实施的滨深6井，钻遇近20m厚油层，经大型压裂酸化，5mm油嘴获得日产油35.1t，日产气12692m^3。成熟探区油气勘探也需要不断进行再认识，如岐口凹陷的滨深6井沙三段也见到良好油气显示，通过大港油田的深入剖析，认为沙三段是歧口凹陷地层、砂体与烃源岩厚度最大的层系，辫状河三角洲前缘砂体沿挠曲坡折带叠置发育，形成多期叠置的砂岩上倾尖灭，并沿坡折分带展布，中斜坡砂体厚度大，具有源内—近源复式输导的条件，岩性油气藏成藏条件优越，形成沿坡折带展布的岩性油气藏发育带，且向低斜坡油层厚度加大，优势相带控制了油气的富集。在此认识下，于歧北中斜坡部署的滨29X1井沙三段发现油气层45m，并获高产油气流。

（5）深化整体部署，扩大油气勘探成果

在研究新认识指导下，获得关键井突破后，扩展勘探部署，寻求勘探拓展。在断陷盆地斜坡带岩性地层油气藏成藏机制和斜坡区多层系岩性地层油气藏大面积叠合连片的成藏模式指导下，大港油田确定了歧北低斜坡沙一下亚段、中斜坡沙二段、三段作为整体部署的主攻方向，以“甩开高斜坡，预探低斜坡，集中钻探中斜坡”和“整体部署，滚动实施”的思路，按照深浅兼顾、多目的层立体钻探原则，部署实施探井56口，获工业油气流井45口，探井成功率达80%，新增三级石油地质储量近4×10^8t（图6-60）。

2. 富油气凹陷油气互补共生有序聚集勘探及部署思路

（1）勘探认识突破与勘探思路转变

在富油凹陷内构造油气藏、岩性地层油气藏与非常规油气的分布具有“互补共生有序”特征的新认识指导下，确立了富油凹陷内不同类型油气藏在不同构造单元、不同区带、不同层系、不同沉积体系、不同沉积相带、不同储层类型三维空间复式叠合连片分布、满洼含油的新勘探理念。突破了以往传统的勘探认识和理念，由“环洼聚油”到洼槽内部也可以成藏，由正向构造带聚油到负向构造区也具有较好的成藏条件，由低势区控油到高势区同样可以形成富集油气藏，由低位体系域富油到不同类型凹陷、不同体系域的

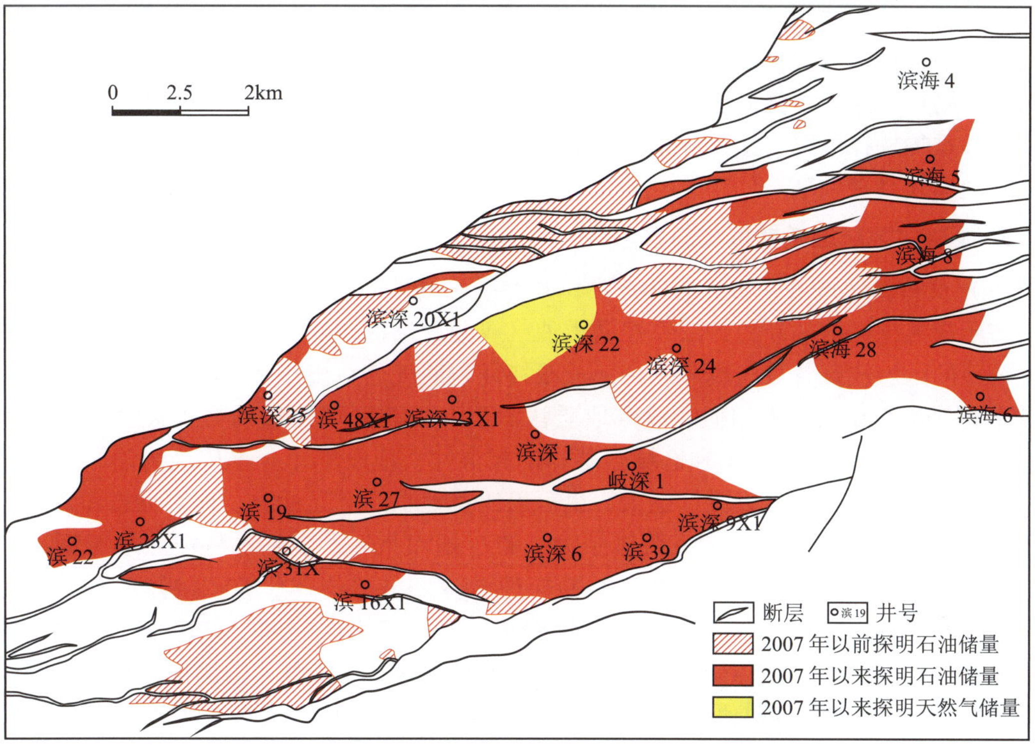

图 6－60　渤海湾盆地岐口凹陷岐北斜坡带勘探成果

（据大港油田，2009）

含油性不同，各类体系域都可以形成油气富集。认识的转变带来了勘探思路的转变，即由构造油气藏向岩性地层油气藏、非常规油气拓展，由正向构造带向负向构造区拓展，由构造带高部位向构造带翼部拓展，由构造带向岩相带、坡折带、超覆带和侵蚀带拓展，由环洼到洼槽拓展，由单一油藏类型向多种油藏类型拓展。成熟探区通过开展立体化油气勘探，积极探索新领域，不断实现油气勘探的新发现和新突破。

（2）勘探思路及原则

不同勘探阶段的勘探思路和部署原则存在较大差别，针对构造油气藏的勘探程序为“定洼—选带—预探—评价”，针对岩性地层油气藏的勘探程序为“定资源—定领域—选区带—预探—评价”，并实施滚动式的“研究—预探—评价”。在油气勘探初期，以资源评价为中心，以“五史”为主要研究内容，确定凹陷的资源规模和勘探前景；通过加强油气成藏条件综合研究，确定主要的勘探领域——构造油气藏还是岩性－地层油气藏；综合分析，优选有利的成藏区带——构造带和岩相带。在此基础上，优选突破井位，实施预探突破；以此为新起点，重新研究、认识、评价、预探，滚动式地进行，不断扩大勘探成果。

勘探思路的转变，首先体现在研究思路的转变上。如构造带高部位不一定是砂体发育区，而构造带中低部位可能是砂体发育区；局部构造高点不一定是砂体高点，局部构造翼部可能是砂体高点。因此，在岩性地层油藏勘探中，应突破构造带概念，以沉积体系、地层超覆、地层削截等宏观控油因素为基础重新划分勘探单元，并特别注重沉积相、储集相和砂体成因类型等控油因素的研究。

针对不同类型的凹陷或区带实施不同的勘探策略，在有利于构造油气藏发育的凹陷或区带，要加强构造油气藏勘探，在不利于构造油气藏发育的凹陷或区带，要按照岩性地层油气藏的勘探思路，加强岩性－地层油气藏的勘探。在成熟探区仍要坚持构造与岩性地层油气藏并重的勘探思路，注重复杂构造油气藏的勘探和岩性地层油气藏的拓展，并不断拓展非常规油气勘探领域。

3. 成熟探区新层系勘探与部署思路

（1）成熟探区新层系同类油气藏勘探与部署思路

对于成熟探区内的新目的层系按同类油气成藏理论指导勘探，由于同类型油气区具有基本统一的区域成藏背景与成藏条件，成藏特征与油气分布规律基本相似，因而采用的勘探技术和部署方案也基本相似。成藏地质认识上，强调区域构造动力学背景和成藏条件（包括烃源岩、储集层、圈闭和区域盖层）的相似性；地质单元介于传统的油气聚集域和油气聚集带之间，范围可以比盆地大，也可以比盆地小。空间标志、地质标志和资源标志等显著，具有“空间范围大、成藏体系大、储量规模大”3个基本特征。勘探理论强调“立足长远、着眼全局、控制规模”的勘探理念，突出“整体研究、整体部署、整体评价”的勘探思路，树立“选点突破、分带控制、宏观连片”的勘探方法。强调油气勘探思路的整体性，突出“整体研究、整体勘探、整体控制”3个整体的勘探思路；强调勘探技术的针对性，针对不同类型大油气区，采用不同的适用勘探技术；强调“勘探开发一体化、上产增储一体化”两个一体化的勘探方法，最大限度提高勘探开发整体效益。对于成熟探区新目的层系，勘探思路上应坚持“整体研究、整体勘探、整体控制”，这是实现油气快速发现、科学与高效勘探的重要前提；勘探过程应坚持“识别评价、科学探索、整体部署、技术攻关、整体控制”；评价方法上应坚持“勘探开发一体化、上产增储一体化”。根据成熟探区特点，突出勘探、开发紧密结合，上产增储相互促进，以保障油气增储和发现储量的有效动用与快速上产，最大限度提高成熟探区勘探开发的整体效益。

（2）成熟探区新区块勘探与部署思路

富油气凹陷内油气资源常规与非常规油气在时间域持续充注、空间域有序分布，有序共生、互补共存、差异聚集。据此规律可透视不同类型油气在空间上的分布位置，一般发现了常规油气，预示着供烃方向可能有非常规油气分布；发现了非常规油气，预示着外围空间可能有常规油气伴生。储集体孔喉大小决定了油气类型，不同类型油气存在有序分布特征。平面上，一般盆地边缘或斜坡分布有常规构造油气藏和岩性地层油气藏，凹陷或沉积中心聚集有非常规致密油气和页岩油气；纵向上，从浅到深分布有远源的常规油气藏、近源的致密油气和源内的页岩油气。不同阶段找油气思路有差异，一般早中期立足常规油气资源，用“源控论”寻找大型构造油气藏、“复式油气聚集带”或在“大油气区”寻找构造与岩性地层油气藏集群；中后期立足非常规油气资源，用“连续型油气聚集”认识，寻找近源致密油气或源内页岩油气。也可突破传统找油气思路，立足一个盆地或凹陷的常规—非常规资源，揭示不同类型油气资源聚集和分布的规律，同步研究、同步部署、协同勘探，推动成熟探区找油气地质理论从“找点”、“找带”、“找面”向“找体”跨越，实现从“先富后贫”到“立体勘探”的找油思路，常规与非常规油气同步，可加快油气发现速度和勘探开发节奏和效益。

二、关键勘探技术

中国的成熟探区油气勘探中，低渗透碎屑岩岩性、碳酸盐岩岩溶、前陆冲断带、火山岩及非常规油气等逐渐成为成熟探区油气勘探的主要领域，不同领域地质条件存在很大差别，制约勘探和油气发现的关键技术不同，勘探部署思路也不同。针对制约油气勘探的重大地质与技术难题，阐述以前陆冲断带构造型与低孔渗碎屑岩岩性型常规油气、碳酸盐岩缝洞与火山岩缝洞准连续型以及连续型致密油气和页岩油气等为代表的关键技术。这些技术进展指导和推进了油气发现与储量增长，引领成熟探区油气勘探实现了由从中浅层向深部新层系、从常规向非常规新类型的战略性跨越。

1. 常规油气藏与非常规油气评价方法

常规－非常规油气“有序聚集”建立了统一的油气有序共生体系，但常规、非常规油气的评价方法与步骤存在较大差别，应考虑实际情况分别对待。

常规油气地质学核心是研究“圈闭是否成藏”，重点是研究“生、储、盖、圈、运、保”六要素及最佳匹配关系。盆地评价搞清烃源岩、储层及资源量分布；区带评价优选出有利成藏区带，搞清油气藏类型；圈闭评价描述圈闭面积、闭合高度。

非常规油气地质学研究的核心是“储层是否含油”，重点研究岩性、物性、脆性、含油性、源岩特性与地应力各向异性“六性”及其匹配关系，评价“生油气能力、储油气能力、产油气能力”，勘探寻找油气连续分布边界与“甜点”区，开发寻找低成本开采技术与发展模式。

非常规油气“六性”评价的步骤为岩性评价寻找有效储层发育区，物性评价筛选孔渗性（含裂缝）相对较好的“甜点”，含油气性评价优选含气性好的储层，源岩特性评价寻找高有机质含量区，脆性评价高脆性储层有利于规模压裂，地应力特性评价沿地应力最小方向钻进利于储层改造。

非常规油气勘探的 3 个步骤包括优选富油凹陷与主力生油层段，确立含油边界，系统取心分析，“六性”评价建铁柱子；井眼轨迹选择，优化水平段长度，优选压裂规模与压裂液，开展“L”曲线试采；优化井场井数，同步管理与交叉压裂，全过程降低成本管理方法。

2. 常规油气藏与非常规油气的勘探关键技术

常规－非常规油气类型不同，勘探关键技术存在很大差异。通用技术包括高分辨率全数字二维、高分辨率三维、多分量与高密度等地震采集技术，叠前处理和叠前储集层流体预测等技术；常规测井与 ECS、成像、核磁等测井技术；烃源岩、沉积体系、储层、成藏等地质评价技术。

（1）常规油气勘探关键技术

常规油气勘探技术因不同盆地、油藏类型等差异，勘探技术也不同。针对前陆冲断带构造型油气，采用以山地地震采集、高陡构造叠前深度偏移处理为核心的关键技术；针对低孔渗岩性型油气，采用“四图叠合”综合评价关键技术，即有效烃源岩、砂体、构造（断裂）、勘探成果四图叠合；针对碳酸盐岩缝洞准连续型储层埋藏深、成像难、资料信噪比低的难题，采用高密度宽方位地震采集、高精度叠前成像、缝洞储层量化描述等关键技术；针对火山岩缝洞准连续型油气，采用重磁电震井一体的储层预测和流体检测等关键技术。

（2）非常规油气勘探关键技术

非常规油气针对储层低孔渗—致密、储量丰度低、勘探开发难度大的特点，采用高分辨率二维与三维地震、高分辨率层序地层学、叠前地震储层预测、地震叠前流体检测、成岩相定量评价、水平井体积压裂增产等针对非常规“连续型”油气的勘探开发技术。

3. 不同类型油气聚集区关键勘探技术

（1）前陆冲断带构造型油气聚集区

以塔里木盆地库车前陆冲断带构造为代表。富烃坳陷构造圈闭群与区域盐盖层配置是冲断带前陆盐下构造型油气聚集区的形成关键。针对前陆冲断带构造型大油气区，形成了以山地地震采集、高陡构造叠前深度偏移处理为核心的关键技术，推动了塔里木库车万亿立方米以上大气区勘探，同时，推动了塔里木盆地西南、准噶尔盆地南缘等前陆冲断带勘探获得新突破。

宽线大组合地震采集技术：地震资料成像质量较差是制约前陆冲断带勘探发展的技术瓶颈。通过攻关，形成了以宽线大组合为核心的山地地震采集技术。宽线大组合地震采集技术，改善了地震资料成像质量，单炮信噪比提高近1倍；高精度遥感信息辅助设计系统，提高了激发接收效果；构造三维采集观测系统优化设计，提高了目标区的成像效果。目的层反射由弱到强，资料品质大幅提高，初步解决了盐下构造成像技术难的问题。

高陡构造叠前深度偏移技术：针对复杂山地高陡构造地震成像，形成了复杂构造速度建模和叠前深度偏移技术。匹配静校正技术，形成了静校正与叠前深度偏移一体化的解决方案；多信息“三步法”综合建模技术，提高了速度模型精度；起伏地表各向异性叠前深度偏移技术，提高了复杂山地高陡构造叠前深度偏移的质量；双程波叠前深度偏移技术，实现了逆掩推覆体下复杂构造准确成像。该项技术大大提高了成像质量，库车等地区规模应用深度误差由6.4%降至3%，圈闭钻探成功率由30%提高到80%。

（2）低孔渗碎屑岩岩性型油气聚集区

以“大型坳陷湖盆三角洲前缘砂体与高效烃源岩有效配置”为核心的低孔渗碎屑岩岩性型油气聚集区地质认识和以“地震定量预测沉积微相及四图叠合”为代表的关键技术，针对低孔渗碎屑岩岩性型大油气区，形成了以地震定量预测沉积微相及“四图叠合”为特色的关键技术。

地震沉积微相定量预测技术：沉积微相控制了砂体和储层发育，薄互层低孔渗岩性型油藏的预测关键是沉积微相的有效预测。形成了岩心－测井岩相划分、井震结合高分辨率层序对比、地震沉积模式建立、相位转换、沿层切片、地震多属性提取、井控处理与多参数反演、地震沉积微相预测、砂体预测等关键技术，有效解决了沉积微相的预测难题，沉积微相边界及砂体预测符合率达90%以上。

“四图叠合”综合评价技术：创新发展了低孔渗岩性型大油区“四图叠合”综合评价关键技术，即有效烃源岩、砂体、构造（断裂）、勘探成果“四图叠合”，实现了岩性有利区评价和预测。岩性有利区预测符合率超过90%，有效指导了松辽等盆地岩性油藏的勘探和储量增长。

（3）碳酸盐岩地层型油气聚集区

针对碳酸盐岩缝洞准连续型储层埋藏深、成像难、资料信噪比低的难题，形成了高密度宽方位地震采集、高精度叠前成像、缝洞储层量化描述等关键技术，推动了四川、塔里木、鄂尔多斯盆地碳酸盐岩勘探突破与发展。

高密度宽方位地震采集技术：高密度宽方位地震采集技术强调提高单位面积内炮道密度。根据地质目标和地震信号的无假频采样要求，提高空间采样密度；足够高的纵横向覆盖次数，保证目的层的信噪比；较宽方位角，保证了缝洞储层绕射波得到较好的收敛。从采集技术应用方法到地震资料品质，都发生了较大变化。该技术在塔里木、四川、鄂尔多斯三大盆地应用，使缝洞型储层空间成像和分辨能力得到显著提高，为岩溶储层预测与描述奠定了基础。

高精度叠前成像技术：针对复杂地质条件和深层缝洞型储层，形成了高精度叠前成像技术，解决了地震成像和聚焦难题。双聚焦叠前成像处理技术，实现了射线理论和波动理论的有机结合，提高了信噪比；各向异性叠前成像处理技术，使地震绕射波收敛、反射波返回到产生它的地下真实位置。该项技术实现了从窄方位到宽方位和全方位、由叠后到叠前、由时间域成像到深度域成像、储层预测由定性到定量的四大跨越，缝洞型储层预测符合率由50%提高到80%，成为碳酸盐岩缝洞准连续型储层预测核心技术。

缝洞储层量化描述技术：利用地质露头与井下资料建立了岩溶储层地质－地球物理模型，即地震波场正反演模拟，结合地震综合标定、地震反射分析等，建立了实际地震资料上地震相响应特征的不同地质含义，为储层预测提供依据；分类识别与预测技术，即多井控制进行地震阻抗反演，建立了大型洞穴型、孔洞型及缝洞型储层的地震响应特征；缝洞单元定量描述技术，即对裂缝、溶洞等独立雕刻和融合，通过分析其连通关系划分缝洞单元，为勘探开发部署提供了科学依据。该项技术突破了早期“羊肉串”相面法，实现了多类型缝洞储层预测和缝洞单元量化描述。如对塔里木盆地缝洞储层预测成功率超过90%，成为缝洞储探评价的关键技术。

（4）火山岩风化壳地层型油气聚集区

针对火山岩风化壳缝洞准连续型大油气区，形成了重、磁、电、震、井一体的储层预测和流体检测关键技术，初步解决了火山岩油气勘探中面临的关键技术难题，推进了松辽、准噶尔、三塘湖等盆地火山岩勘探获得长足发展。

利用“小道距、长排列、高覆盖、宽线”采集技术，大幅提高了覆盖次数，有效提高了采集单炮资料信噪比，改善了地震资料成像质量。模型约束静校正、高精度保真去噪、连片资料处理中的振幅波形一致性处理、复杂结构火山岩速度建模和叠前偏移成像等技术，提高了深层火山岩成像质量，为后续火山岩机构精确刻画、火山岩有利储层的准确预测奠定了良好基础。

形成了重、磁、电、震、井一体的“四步法”火山岩储层预测与流体检测技术，即火山岩区带分布预测，火山机构识别、火山岩目标描述，火山岩储层预测，火山岩油气检测等技术。在松辽、准噶尔和三塘湖盆地火山岩油气勘探中，有效储层预测符合率由50%提高到80%以上，基本解决了火山岩储层预测面临的技术难题，

（5）致密油气与页岩油气聚集区

“人造渗透率”为核心的水平井多段、多级体积压裂技术，“工厂化”平台式低成本

开发模式创新，两方面核心技术的突破，使非常规油气资源得以规模勘探开发。针对非常规“连续型”大油气区储层低孔渗－致密、储量丰度低、勘探开发难度大的特点，初步形成了高分辨率二维与三维地震、高分辨率层序地层学、叠前地震储层预测、地震叠前流体检测、成岩相定量评价、水平井体积压裂增产等针对非常规“连续型”大油气区的勘探开发技术。

地质评价核心技术包括层序地层学工业化应用和成岩相定量评价等。层序地层学工业化应用技术包括沉积背景调研、层序划分对比、层序界面追踪闭合、沉积相综合分析、层序界面约束地震储集层预测、成藏规律与目标评价。成岩相定量评价技术主要依据地震、露头、钻井等综合预测有利储集体分布，包括沉积成岩背景分析，确定成岩相宏观分布规律和主要控制因素，编制沉积体系或沉积相展布图、岩石类型分布图和古－今流体物理化学组成分布图；岩心和薄片分析，确定成岩相类型，编制单井成岩相分布柱状图及连井剖面成岩相分布图；测井相和地震相预测，确定无取心井或无井区岩性和孔渗分布，编制孔隙度、渗透率平/剖面分布图和成岩相类型预测图；成岩相综合分析评价，编制成岩相平面、剖面分布图，预测有利储集体和“甜点”分布。

目前广泛应用的地震技术主要包括高分辨率全数字二维地震、高分辨率三维地震、多分量与高密度地震等，通过叠前处理和叠前储集层流体预测，大大提高了勘探开发成效。全数字二维地震技术广泛应用于鄂尔多斯盆地，有效频带可达4～110Hz以上，目的层视主频为45Hz以上。地震储集层预测和含气性检测，可有效识别“连续型”气藏储集层与含气砂岩分布。

“连续型”油气聚集形成的大油气区分布广泛，但储集层为特低孔渗——致密，开采难度大，必须进行多段体积压裂才能获得工业性产量。创新发展了3项技术，即水平井、多分支井等钻井技术，最大限度钻揭储集层；水平井多级多段体积压裂改造技术，最大限度提高储层压裂改造的范围与规模，最大限度提高单井产量；平台式工厂化开采技术，最大限度开发利用地下资源。该技术已在鄂尔多斯盆地苏里格致密气开发获成功，建成了$150\times10^8m^3/a$的生产能力，成为该盆地天然气产量的主体。推动了鄂尔多斯盆地延长组长7、准噶尔盆地二叠系致密油、渤海湾盆地致密油、松辽盆地致密油勘探获得重要突破，成为新的增储上产领域。

4. 实例——碳酸盐岩缝洞型油气勘探开发关键技术

碳酸盐岩缝洞型油气勘探开发配套技术是一项系统工程，贯穿于地震资料采集、处理、解释和室内模型等多个环节，需要地震资料与测井、钻井、岩心、构造演化、生产动态等因素综合分析，包括有利岩相及古地貌分析技术、全三维构造、断裂精细解释及三维显示技术、缝洞型储层模型物理模拟技术、碳酸盐岩缝洞型储层识别技术、烃类检测技术、储层酸化压裂技术、水平井开发、水平井分段酸压改造技术及注水替油技术等。

（1）*岩相古地貌技术*

有利岩相及古地貌分析技术是指利用层序地层学、储层地质学、构造地质学和沉积地质学等地学理论为指导，以计算机为工具，采用层序划分、地层对比、单井相分析、沉积相纵横向分布特征研究、储层宏观特征研究（如岩心观察）、储层微观特征分析（如薄片观察、地球化学分析等）、储层物性统计等手段，开展层序地层划分与对比、储集体类型及成因机制、沉积相、古地貌及古水系分析等，明确优质碳酸盐岩储集体发育的地质成因条件，建立不同样式储层体成因模式。

（2）地震预测技术

借助全三维地震数据体，对振幅、频率等属性特征进行分析，可对三维地震数据体采用由点—线—面逐级放大的方法，实现三维空间立体可视化精细解释。采用的技术手段有精细层位标定、相干及倾角分析技术、三维解释及立体显示技术等。三维地震联片处理技术，为储层预测提供了较高精度的基础数据，最终实现了统一网格、统一静校正、统一地震记录（极性、时差、振幅、频率、波形）、统一速度模型、统一叠加和偏移的连片处理。通过连片精细成像处理，地震资料的品质得到了改善，并对主要目的层风化面进行精细刻画，使原三维地震资料拼接处的构造得到落实，资料的分辨率、信噪比、保真度得到了有效提高，为后续的地震资料解释、储集层预测、地震反演、整体评价提供了可靠的基础资料。

（3）物理模拟技术

1977 年，美国休斯敦大学地震声学实验室创建了水槽地震物理模型。国内南京石油物探研究所及同济大学在 1985 年前后建立了大型水槽自动物理模拟观测系统。但是，水槽地震物理模拟也存在着缺陷，它无法正确模拟陆上地震勘探过程，只能记录纵波，不能记录横波和转换横波。为了克服上述缺点，20 世纪 80 年代，美国哥伦比亚大学、埃克森石油公司、休斯敦大学和中国石油大学先后研制了固体地球物理模型。针对碳酸盐岩缝洞储层的物理模拟技术研究，已经开始起步，但缺少系统性研究。数值模拟技术，随着算法的改进和计算机技术的发展，已经从声波射线模拟发展为波动方程模拟，模拟精度和速度得到明显提高。

（4）储层雕刻技术

碳酸盐岩缝洞型储层的识别可以从地震属性特征、钻井、录井、测井、岩心和薄片观察几个方面联合进行。钻井前缝洞型储层识别主要依靠地震，利用储层精细标定和模型正演技术，明确储集体的地球物理响应特征，开展储集体地震属性敏感性分析，确定有效地震属性，并由此提取相应地震属性，最后在地质成因分析及储集体地质模式控制下，分别开展岩溶孔洞及裂缝的识别。

多属性综合分析技术是指沿层对一定时窗范围内的数据体提取不同的属性，得到该属性的平面分布图或立体图，并进行综合地质分析。多属性交会分析认为相干检测、分频振幅和波阻抗是基本适合碳酸盐岩缝洞型储层预测的敏感属性。属性提取技术可细分为均方根振幅、振幅变化率、分频、沿层相干、波阻抗和灰岩顶面地震相等，其关键是确定合理的时窗和精细的解释层位。地震属性提取是一项较成熟的常用技术。但溶洞定量描述和流体识别仍然十分困难。

近年来，缝洞型储层定量雕刻技术已取得重要进展。如塔里木油田基于井控高保真叠前时间偏移处理，使储层特征更加明显，尤其是道集资料信息，为储层量化描述和叠前油气检测奠定了坚实的资料基础；通过高精度叠前深度偏移处理，有效地解决了“串珠”归位不合理的问题，为缝洞体位置的准确识别提供了有力的支撑；在井震结合建模的基础上，建立了地震响应特征与缝洞体发育状况的量化关系，初步实现了缝洞单元储集空间的定量计算；缝洞体三维立体雕刻与量化描述在井位研究中发挥了重要作用，近两年储层钻遇率达到 98% 以上。

(5) 烃类检测技术

碳酸盐岩缝洞型储层烃类检测技术是个难点，同时也是研究的热点。目前有叠前AVO道集、频率吸收等技术。在频率吸收技术中，高产井烃类指示响应特征为主频降低、高频衰减快、低频能量增强；泥质充填干井响应特征为较高能量、高频、低吸收；断裂发育具有低能量、低频、高吸收特征。叠前AVO道集是利用振幅随偏移距（入射角）的变化来判断溶洞中的流体类型，总体表现为油井振幅随偏移距增大而增加，水井振幅随偏移距增大而减小。

(6) 储层酸化压裂技术

碳酸盐岩缝洞型储层非均质性强，基质渗透率低，无储集能力，油气渗流通道主要为裂缝，油井完井后大多无产能，只有通过酸压改造措施，形成一定长度、高导流能力的酸蚀裂缝，沟通油气渗流通道和储油空间，才能保证正常投产和较长时间高产稳产。事实证明，酸压改造储层的技术解放了地层能量，大幅度提高了油气井产能，使油田开发的经济效益显著提高，已成为碳酸盐岩缝洞型油气藏开发中必不可少的关键技术之一。

(7) 水平井开发技术

在碳酸盐岩溶洞发育密集的地区，为了多钻遇几个缝洞单元，提高单井产量，常采用水平钻井工艺，水平井的方向一般垂直于裂缝走向，这样钻井穿过缝、洞发育段的可能性大大提高，对缝洞型储层开发效果好。

水平井钻井和开发中常遇见以下问题：①水平井水平段在钻遇大型洞穴储集体发生放空、漏失时，无法建立泥浆循环，导致无法按原设计继续钻进其他溶洞，多数情况下只能直接投产；②水平井在水平段穿过的几个缝洞单元，只要一个缝洞单元出水，就有可能造成水淹，其余缝洞单元的储量也将无法有效动用。因此，在储层预测、流体识别和缝洞系统定量描述无法满足水平井设计要求时，不易大规模实施水平井开发，井位部署时仍应首先采用直井+侧钻的布井思路和做法（吕媛娥等，2006）。

(8) 水平井改造技术

水平井分段改造技术是目前国际上提高产量的重要技术。通俗讲就是采用专业工具，将水平井段分成若干相对独立的系统后，有选择性地进行酸化改造。如塔里木油田水平井酸化压裂改造始于2005年，2008年首次在塔中62－7H井实施，获得日产油$220m^3$、天然气$20\times10^4m^3$的高产。

该技术与较笼统酸压技术相比具有诸多明显优势，可形成相对独立的人工裂缝系统，更好地利用物性差异层段，充分挖掘水平井产能，最大限度地提高单井产量。实践证实实施水平井分段改造后，平均产能与同区块直井相比，提高了3.8倍，而与水平井笼统酸压相比，也提高了近一倍。经过多年探索，采用水平井开发逐渐成为塔中地区在碳酸盐岩中建立高产井、培养高产井组和高产区块的重要模式，水平井分段酸压改造技术则成为进一步提高开发效率、延长单井寿命的重要依据。

(9) 注水替油技术

碳酸盐岩缝洞型油气藏投入开发后自然产量递减快，弹性采收率低，如塔河油田以定容性溶洞为储层的单井年产量递减达30%～90%（涂兴万，2008），注水替油是提高采收率的一种重要手段。以碳酸盐岩缝洞型为储层的油井，在进行注水替油生产前，要尽可能地利用天然能量开采，在后期地层压力难以维持正常机抽生产时，才能进行注水替油，定容性油洞为优选对象。

碳酸盐岩缝洞型油藏单井注水替油的机理是：通过注入水补充地层能量，恢复地层压力；利用重力分异的原理，在焖井过程中，油水不断置换，产生次生底水以抬升油水界面；使注入水进入油井周围比较小的裂缝中，置换出其中难以采出的剩余油。油井以“注水—焖井—采油”为一个周期进行注采循环，经过多轮次的注水替油，可逐步提高原油采收率（荣元帅，2008）。

主要参考文献

陈林，宋海斌．2009. 地震信号瞬时频率的估算．地球物理学报，52（1）：206～214.

杜金虎，周新源，李启明，等．2011. 塔里木盆地碳酸盐岩大油气区特征与主控因素．石油勘探与开发，38（6）：652～661.

冯子辉，邵红梅，童英．2008. 松辽盆地庆深气田深层火山岩储层储集性控制因素研究．地质学报，82（6）：760～768.

何登发，周新源，杨海军，等．2009. 库车坳陷的地质结构及其对大油气田的控制作用．大地构造与成矿学，33（1）：19～32.

侯广顺，唐红峰，刘丛强．2006. 东天山党罗塔格构造带晚古生代火山岩地球化学特征及意义．岩石学报，22（5）：1167～1177.

侯连华．2000. 曲堤油田储层敏感性研究．石油大学学报，2（24）：50～53.

侯连华，林承焰，王京红，等．2003. 含油层早期产能预测方法．石油大学学报（自然科学版），27（1）：11～13.

侯连华，邹才能，刘磊，等．2012. 新疆北部石炭系火山岩风化壳油气地质条件．石油学报，33（4）：533～540.

贾承造，赵政章，杜金虎，等．2008. 中国石油重点勘探领域：地质认识、核心技术、勘探成效及勘探方向．石油勘探与开发，35（4）：385～396.

贾承造，邹才能，李建忠，等．2012. 中国致密油评价标准、主要类型、基本特征及资源前景．石油学报，33（3）：343～350.

姜洪福，师永民，张玉广，等．2009. 全球火山岩油气资源前景分析．资源与矿产，11（3）：20～22.

林畅松，李思田，刘景彦，等．2011. 塔里木盆地古生代重要演化阶段的古构造格局与古地理演化．岩石学报，27（1）：210～218.

刘春，张惠良，韩波，等．2009. 库车坳陷大北地区深部碎屑岩储层特征及控制因素．天然气地球科学，20（4）：504～512.

龙晓平，孙敏，袁超，等．2006. 东准噶尔石炭系火山岩的形成机制及其对准噶尔洋盆闭合时限的制约．岩石学报，22（1）：315～40.

吕媛娥，艾克拜尔·萨迪克，杨素举．2006. 塔河碳酸盐岩岩溶洞缝性油藏水平井开发实践．中国西部油气地质，（1）：13～18.

荣元帅．2008. 塔河油田缝洞型油藏单井注水替油技术研究．石油钻探技术，36（4）：57～60.

涂兴万．2008. 碳酸盐岩缝洞性油藏单井注水替油开采的成功实践．新疆石油地质，29（6）：735～736.

王文娟，潘克家，曹俊兴，等．2009. 基于 Tikhonov 正则化的双频电磁波电导率成像反演．地球物理学报，52（3）：750～757.

王雪，冯子辉，宋兰斌，等．2009. 松辽盆地北部上白垩统油页岩地球化学特征及沉积环境初探．地质科学，44（2）：457～467.

王雅峰，林铁锋，李杰，等．2009. 松辽盆地北部葡萄花油层隐蔽油气藏分布规律．地质科学，44（2）：385～398.

王银喜，顾连兴，张遵忠，等．2006. 博格达裂谷双峰式火山岩地质年代学与 Nd－Sr－Pb 同位素地球化学特征．岩石学报，22（5）：1215～1224.

文百红．1990. 用于划分磁异常的新方法——插值切割法．中南矿冶学院学报，21（3）：229～235.

吴媚，符力耘，李维新．2008. 高分辨率非线性储层物性参数反演方法和应用．地球物理学报，51（2）：546～557.

吴小奇，刘德良，李剑，等．2009a. 准噶尔盆地陆东—五彩湾地区石炭系火山岩储集性能及影响因素．地质科学，44（1）：1～13.
吴小奇，刘德良，李振生．2009b. 卡拉麦里缝合带后碰撞期火山活动．地学前缘，16（3）：220～230.
薛新克，侯连华．2007. 乌尔禾油田克拉玛依组储层敏感性差异及工艺措施优选．石油天然气学报，29（3）：67～70.
杨海军，朱光有，韩剑发，等．2011. 塔里木盆地塔中礁滩体大油气田成藏条件与成藏机制研究．岩石学报，27（6）：1865～1885.
杨辉，宋吉杰，文百红，等．2007. 火山岩岩性宏观预测方法——以松辽盆地北部徐家围子断陷为例．石油勘探与开发，34（2）：150～155.
杨辉，文白红，张妍，等．2009. 准噶尔盆地火山岩油气藏分布规律及区带目标优选——以陆东—五彩湾地区为例．石油勘探与开发，36（4）：419～427.
曾溅辉，张善文，邱楠生，等．2003. 东营凹陷岩性圈闭油气充满度及其主控因素．石油与天然气地质，24（3）：219～221.
张宏兵，杨长春．2003. 正则参数控制下的波阻抗约束反演．地球物理学报，46（6）：827～834.
张宏兵，尚作萍，杨长春，等．2005. 波阻抗反演正则参数估计．地球物理学报，48（1）：181～188.
张守鹏．2000. 岩石微观分析判识油层伤害的技术方法与应用．石油学报，21（5）：52～57.
张水昌，朱光有．2007. 中国沉积盆地大中型气田分布与天然气成因．中国科学 D 辑，37（S2）：1～11.
赵百民，郝天珧，徐亚，等．2007. 反演磁性地层界面的逐步剥离磁场法．地球物理学报，50（2）：611～618.
赵贤正，金凤鸣，王权，等．2014. 冀中坳陷隐蔽深潜山及潜山内幕油气藏的勘探发现与认识．中国石油勘探，19（1）：10～21.
周新源，王清华，杨文静，等．2005. 塔里木盆地天然气资源及勘探方向．天然气地球科学，16（1）：7～11.
邹才能，董大忠，王社教，等．2010. 中国页岩气形成机理、地质特征及资源潜力．石油勘探与开发，37（6）：641～653.
邹才能，侯连华，陶士振，等．2011a. 新疆北部石炭系大型火山岩风化体结构与地层油气成藏机制．中国科学 D 辑，41（11）：1613～1626.
邹才能，陶士振，侯连华，等．2011b. 非常规油气地质．北京：地质出版社：1～23.
邹才能，杨智，陶士振，等．2012a. 纳米油气与源储共生型油气聚集．石油勘探与开发，39（1）：13～26.
邹才能，朱如凯，吴松涛，等．2012b. 常规与非常规油气聚集类型、特征、机理及展望——以中国致密油和致密气为例．石油学报，33（2）：173～187.
Bennlon D B. 1996. Low permeability gas reservoirs problems，opportunities and solution for drilling，completions stimulation and production. SPE3：55～77.
Chen Z Y，Yah H，Li J S，et al. 1999. Relationship between tertiary volcanic rocks and hydrocarbons in the Liaohe basin，People's Republic of China. AAPG Bulletin，83（6）：1004～1014.
Jiang H F，Shi Y M，Zhang Y G，et al.，2009. Potential of global volcanics-horted oil-gas resoruces. Resources & Industries（in chinese），11（3）：20～22.
Li C Q，Pang Y M，Chen H L，Chen H H. 2006. Gas charging history of the Yingcheng Formation igneous reservoir in the Xujiaweizi rift，Songliao Basin，China. Journal of Geochemical Exploration，89：2l0～213.
Okubo S. 2001. Factors controlling volcanicrock reservoirs in Japan：generation of pores and their reservation，Japan. Ass. Petroleum Tech.，66：68～80.
Sruoga P，Rubinstein N. 2007. Processes controlling porosity and permeability in volcanic reservoirs from the Austral and Neuquen basins，Argentina. AAPG Bulletin，91（1）：115～129.
Sylvia M C dosAnjos，Luiz FDe Ros，Roge'rio Schiffer de Souza，et al. 2000. Depositional and diagenetic controls on the reservoir quality of lowerCretaceous Pendencia sandstones，Poliguar rift basin，Brazil. AAPG Bulletin，84（11）：1719～1742.

第七章　成熟探区精细勘探实例

自 1955 年准噶尔盆地西北缘发现克拉玛依油田以来，到 2003 年西北缘油气勘探经历了近 50 年的时间，经过了 4 个勘探阶段，新增探明石油地质储量 12.7×10^8t。2004 年，在西北缘成熟探区开展精细勘探之前，很多勘探家及油气地质学家认为西北缘油气勘探基本结束，不会再有大的油气发现，一度使该区油气勘探陷入停滞和迷茫境况。通过对西北缘勘探潜力的重新评价和剖析，运用成熟探区油气勘探理论、认识和方法技术，找准制约准噶尔盆地西北缘成熟探区油气勘探的关键难题，并提出合适的解决对策，实现了西北缘油气发现和储量增长的快速发展。

2005 ~ 2015 年，准噶尔盆地西北缘成熟探区经过 11 年精细勘探，新增探明石油地质储量 10.63×10^8t，年均新增 0.9659×10^8t。2001 ~ 2004 年，西北缘开展精细勘探之前，年均探明石油地质储量 0.1651×10^8t。2004 年开展精细勘探以来，年均新增探明石油地质储量是开展精细勘探前 4 年年均新增探明石油地质储量的近 6 倍，勘探成效显著。本书提出的成熟探区精细勘探理论、认识、方法技术的可靠性和实用性得到进一步验证。

第一节　油气地质条件及勘探历程

准噶尔盆地西北缘隶属准噶尔盆地富油气区带，经过多次构造运动与演化，造成西北缘成盆、成储、成藏和成圈条件和过程复杂，这些因素与勘探时间长、资料品质不一等条件相叠加，使西北缘成熟探区油气勘探潜力很大。通过对油气地质条件和勘探历程的分析，可为西北缘成熟探区精细勘探提供依据，找到切入点和突破口。

一、油气地质基本情况

1. 准噶尔盆地

准噶尔盆地隶属于新疆维吾尔自治区，位于新疆北部，夹持于天山造山带与阿尔泰造山带之间，两侧被东、西准噶尔构造带所限，平面形态呈南宽北窄的三角形，总面积达 $13\times10^4km^2$（陈新发等，2014）。大地区域构造位置上，处于哈萨克斯坦古板块、西伯利亚古板块及塔里木古板块的交会部位，属哈萨克斯坦古板块上的准噶尔地块核心稳定区，是一个三面被古生代缝合线所包围的晚石炭世到第四纪发展起来的大陆板内沉积盆地（陈发景等，2005）。

准噶尔盆地具有双重基底性质，即前寒武纪盆地结晶基底和海西期沉积盆地褶皱基底（张义杰等，1999）。在晚海西期褶皱基底之上沉积了二叠系—第四系，沉积中心为南部北天山山前昌吉凹陷，最大沉积岩厚度达 15000m。由于构造活动的多期次，形成了多个沉积中心，并不断迁移，形成多个生烃中心、多套含油气系统、多套生储盖组合、多个油气富集带。盆地从东到西、由南向北，不仅具有丰富的地表油气苗，而且均已发现了工业油气藏，表现出“满盆含油”的特点，形成四大油气富聚带，即西北缘油气聚集带、陆梁油气聚集带、莫北－莫索湾油气聚集带、白家海－帐北油气聚集带。

准噶尔盆地沉积地层自上石炭统到第四系发育齐全，除石炭系、二叠系有局部海相和火山碎屑岩沉积外，其余各层系皆为陆相碎屑岩沉积。表7－1显示了各地区地层系统、地层划分及对比关系。

准噶尔盆地新近系—石炭系均能成为有效储层，具有多层系、多层组含油气特点，主要储层为C、P_1f、P_2w（P_2p）、P_3w（P_3wt）、T_1b、T_2k、J_1b、J_1s、J_2x、J_2t、K_1h、$E_{1-2}z$、J_3q（为浅层稠油主要储层）、J_3k、K_2d、$E_{2-3}a$。储层岩石类型主要包括火山岩（玄武岩、安山岩、流纹岩、凝灰岩、火山角砾岩）、碳酸盐岩（泥质白云岩、白云质泥岩）、碎屑岩

表7－1　准噶尔盆地地层划分对比

界	系	统	组		
			西北缘	东北部	南缘
新生界	第四系	更新统			西域组 Q_1x
	新近系	上新统	独山子组 N_2d	独山子组 N_2d	独山子组 N_2d
		中新统	塔西河组 N_1t	塔西河组 N_1t	塔西河组 N_1t
			沙湾组 N_1s	沙湾组 N_1s	沙湾组 N_1s
	古近系	渐新统	乌伦古河组 $E_{2-3}w$	（缺失）	安集海河组 $E_{2-3}a$
		始新统			紫泥泉子组 $E_{1-2}z$
		古新统			
中生界	白垩系	上统	艾里克湖组 K_2a	红沙泉组 K_1h	东沟组 K_2d
		下统	吐谷鲁群 K_1Tg	吐谷鲁群 K_1Tg	连木沁组 K_1l
					胜金口组 K_1s
					呼图壁河组 K_1h
					清水河组 K_1q
	侏罗系	上统	齐古组 J_3q	齐古组 J_3q	喀拉扎组 J_3k
					齐古组 J_3q
		中统	头屯河组 J_2t	头屯河组 J_2t	头屯河组 J_2t
			西山窑组 J_2x	西山窑组 J_2x	西山窑组 J_2x
		下统	三工河组 J_1s	三工河组 J_1s	三工河组 J_1s
			八道湾组 J_1b	八道湾组 J_1b	八道湾组 J_1b
	三叠系	上统	白碱滩组 T_3b	黄山街组 T_3h	郝家沟组 T_3hj
					黄山街组 T_3h
		中统	克拉玛依上亚组 T_2k_2	克拉玛依组 T_2k	克拉玛依组 T_2k
			克拉玛依下亚组 T_2k_1		
		下统	百口泉组 T_1b	烧房沟组 T_1s	烧房沟组 T_1s
				韭菜园子组 T_1j	韭菜园子组 T_1j

续表

界	系	统	组		
			西北缘	东北部	南缘
古生界	二叠系	上统	上乌尔禾组 P_3w	梧桐沟组 P_3wt	梧桐沟组 P_3wt
				泉子街组 P_3q	泉子街组 P_3q
		中统	下乌尔禾组 P_2w	平地泉组 P_2p	红雁池组 P_2h
					芦草沟组 P_2l
			夏子街组 P_2x	将军庙组 P_2j	井井子沟组 P_2jj
					乌拉泊组 P_2wl
		下统	风城组 P_1f	金沟组 P_1jg	塔什库拉组 P_1t
			佳木河组 P_1j		石人子沟组 P_1s
	石炭系	上统	太勒古拉组 C_2t	石钱滩组 C_2s	祁家沟组 C_2q
				巴塔玛依内山组 C_2b	柳树沟组 C_2l
		下统	包谷图组 C_1b	滴水泉组 C_1d	
			希贝库拉斯组 C_1x		
	泥盆系	变质岩系			

（砾岩、砂砾岩、粗砂岩、中砂岩、细砂岩、粉砂岩），储层类型主要包括孔隙型、裂缝型、孔隙－裂缝双重介质型。

准噶尔盆地发育5套烃源岩层系，即二叠系（下二叠统佳木河组（P_1j）、下二叠统风城组（P_1f）、中二叠统下乌尔禾组（P_2w）、平地泉组（P_2p）、红雁池组与芦草沟组（P_2h、P_2l））、三叠系（上三叠统白碱滩组（T_3b））、侏罗系（中下侏罗统八道湾组（J_1b）、三工河组（J_1s）、西山窑组（J_2x））、白垩系（下白垩统吐谷鲁群（K_1Tg））、古近系安集海河组（$E_{2-3}a$）。最有效生油岩为二叠系与侏罗系，其生排烃量与聚集总量占到全盆地的90%以上（陈建平等，2016）。

多期构造振荡运动，多套烃源岩发育，多期生烃，多期成藏，形成多套生－储－盖组合。下组合：下二叠统佳木河组、风城组和中二叠统下乌尔禾组生油气，石炭系、二叠系、三叠系为储层，上三叠统白碱滩组泥岩为盖层；中组合：中下侏罗系八道湾组、三工河组、西山窑组煤系地层生油气，侏罗系、白垩系为储层，下白垩统吐谷鲁群泥岩为盖层；上组合：古近系安集海河组生油气，上白垩统、古近系、新近系中新统为储层，中新统塔西河组泥岩为盖层（图7－1，图7－2）。

准噶尔盆地经历了晚海西、印支、燕山、喜马拉雅4期构造运动。晚海西期构造运动表现为填充补齐与边缘强烈推覆冲断；印支期表现为继承性同生断裂特征，形成盆地第一次大规模成藏；燕山期表现为盆地拱张作用，形成盆地第二次大规模成藏；喜马拉雅期构造，形成扭压冲断，对油气成藏主要起破坏作用（尤绮妹等，1985）。由于盆地持续下降，导致生烃凹陷多，且不断迁移，主要烃源岩二叠系、侏罗系生排烃历史较长；伴随盆地多期构造活动，形成多期成藏、多期油气藏的纵横向调整，原生不仅能够有效保存，同时也派生出众多的次生油气藏。致使盆地具有“四多一长”（烃源层多、成藏期多、储层类型多、储油气层位多和生排烃时间长）的特点，从而形成全盆地含油、多层次成藏的特

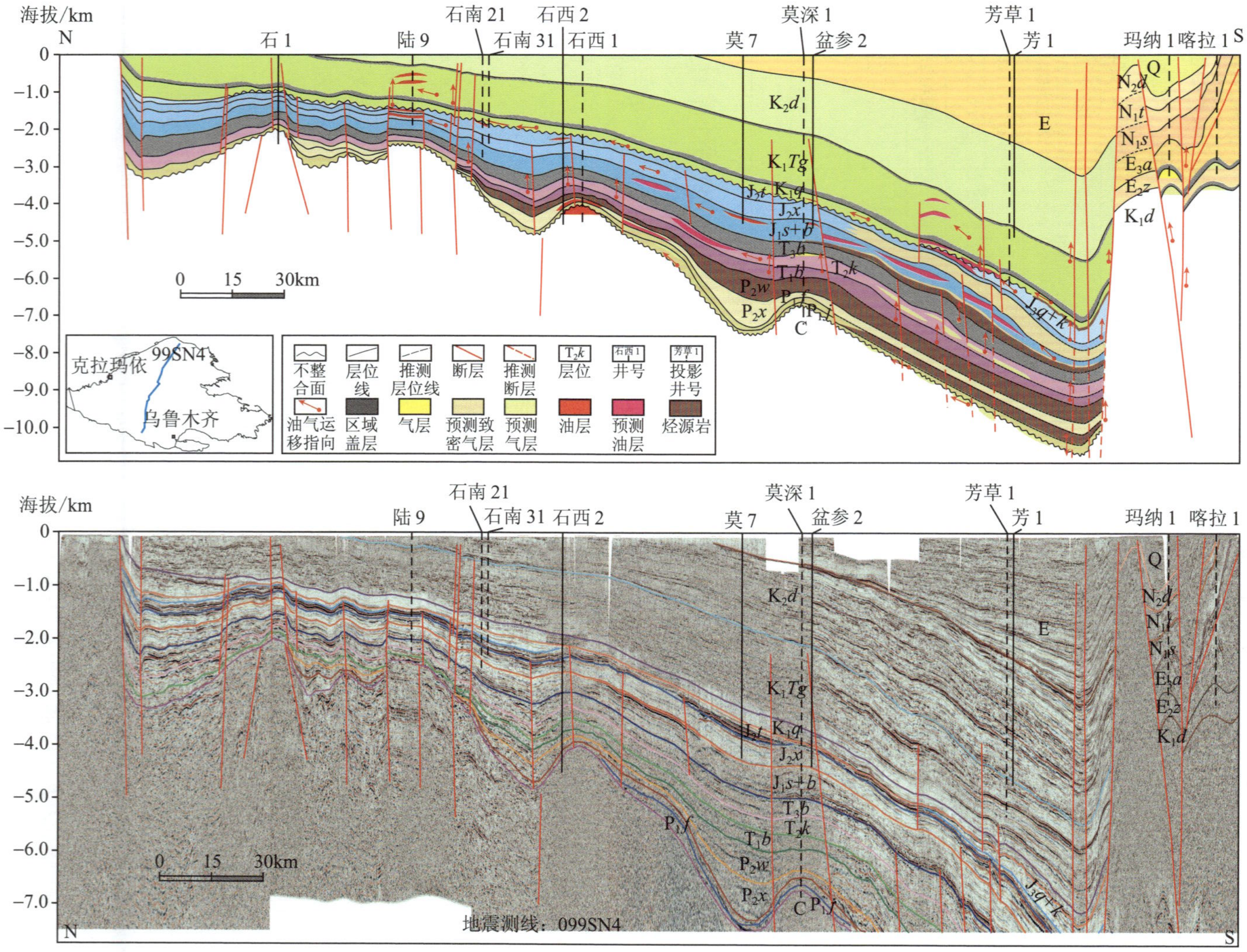

图 7-1 准噶尔盆地过石 1—莫深 1—玛纳 1 井地震-油藏剖面（099SN4 地震测线）

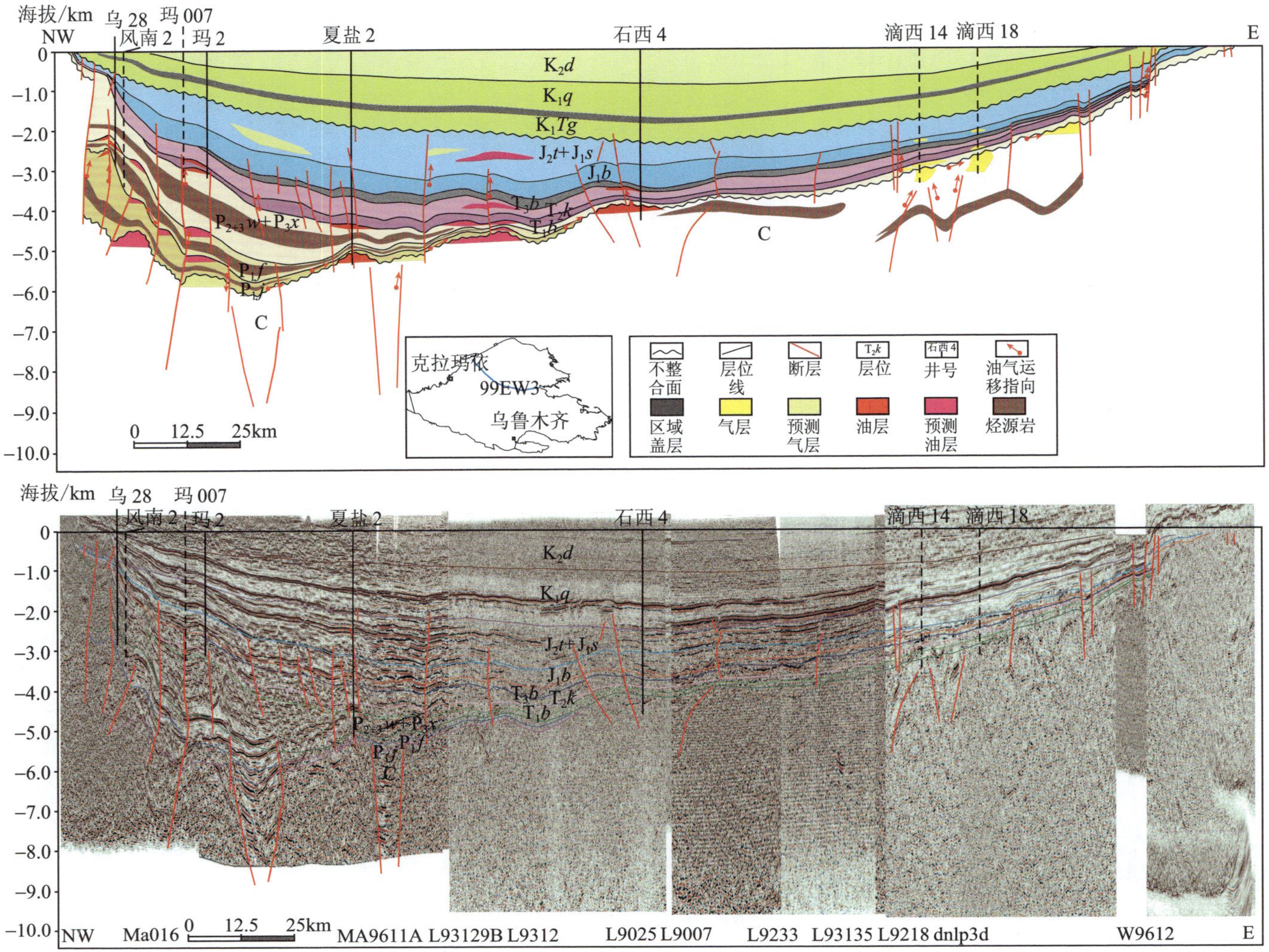

图 7-2 准噶尔盆地过风城 1—石西 4—滴西 18 井地震-油藏剖面（99EW4 地震测线）

征。以二叠系烃源岩沉积时构造格局为基础，盆地构造单元可以划分为三隆两坳、5个一级构造单元、32个二级构造单元。

截至2003年底，准噶尔盆地石油资源在古近－新近系、白垩系、侏罗系、三叠系、二叠系、石炭系的探明程度不同。其中三叠系和侏罗系的石油探明程度相对较高，分别为32.96%、20.46%，古近－新近系石油探明程度最低，为1.76%，白垩系、二叠系、石炭系石油探明程度分别为10.08%、17.50%、20.76%（表7－2）。

表7－2　准噶尔盆地各层位石油资源序列及发现情况（截至2003年）

层位	探明储量 10^4t	控制储量 10^4t	预测储量 10^4t	未发现资源量 10^4t	资源量 10^4t	发现率 %	探明率 %
E+N	514	1015	5307	22394	29230	23.38	1.76
K	7682	232	7216	61070	76200	19.86	10.08
J	54190	8176	36201	166064	264820	37.22	20.46
T	57751	587	5960	110942	175240	36.69	32.96
P	37963	4548	7506	166823	216840	23.07	17.50
C	20008	743	1530	74089	96370	23.12	20.76
合计	178108	15301	63720	601382	858700	29.94	20.74

2. 西北缘油气勘探区

准噶尔盆地西北缘油气勘探区，西北以扎伊尔山和哈拉阿拉特山为界，南至奎屯，东至夏子街，矿产登记勘探面积12583.4km^2。西北缘油气勘探区按构造可进一步划分为西北缘断阶带、中拐凸起、玛湖凹陷西斜坡和昌吉凹陷西斜坡等几个次级构造单元。

目前，西北缘发现的油气主要集中在一个长约200km、宽约20km、面积近4000km^2的断阶带中，包括红－车、克－百和乌－夏3个断阶带（图7－3），垂直断裂方向分为上盘组合带、前缘断裂带、前缘斜坡带和掩伏构造带。该断阶带于海西晚期形成，印支、燕山运动进一步叠加强化，断裂带上盘地区缺失二叠系，部分地区缺失三叠系、侏罗系，为一长期发育的继承性隆起。

（1）断裂体系特征

准噶尔盆地的深大断裂主要发育于盆地周缘地区。西北缘主要发育NE向、近SN向和NW向断裂体系，包括红－车、克－百、乌－夏3个主要断裂带。断裂体系对向盆一侧的沉积建造、断裂带两侧的构造发育具有明显的控制作用。

纵向上断裂系统具有明显的分层性，西北缘以侏罗系底界为界限，明显划分为深部构造层和浅部构造层，其中西北缘的红车断裂带表现较明显，浅层为正断裂体系，深层为逆冲断裂体系。

平面上西北缘断裂体系基本上表现为逆冲性质，在剖面上大致可以分出多级由边缘向盆地下降的台阶，白垩系以上地层超覆不整合盖在断裂带之上，其活动期大都在古生代末期—侏罗纪，随后活动减弱，趋于终止。西北缘断裂体系前缘的玛湖凹陷以二叠系沉积为主，是主要烃源岩发育层位。

（2）烃源岩特征

西北缘有效烃源岩层主要为二叠系，其次是石炭系（有待于进一步证实）。

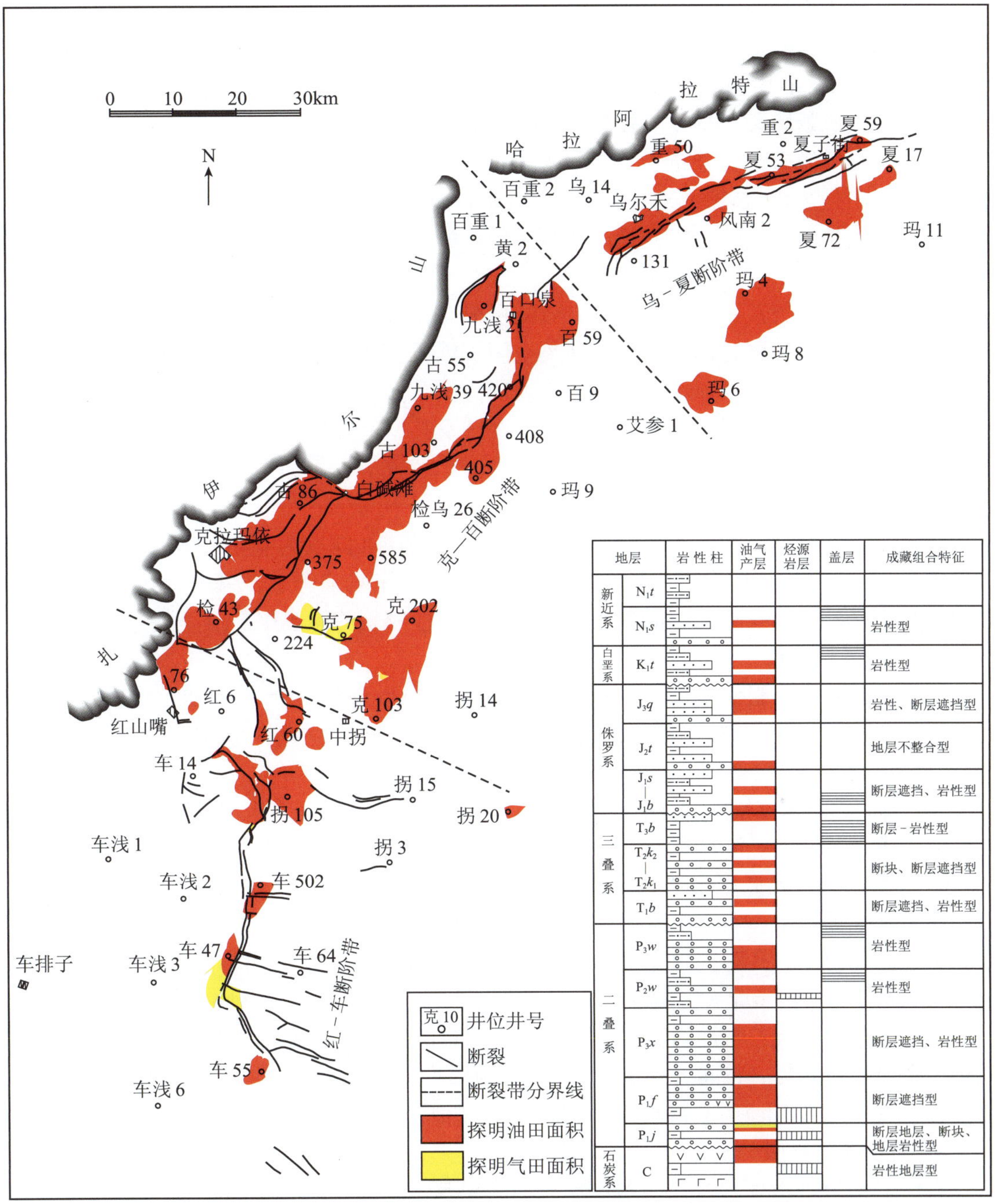

图 7-3　准噶尔盆地西北缘勘探成果图（截至 2003 年）

二叠系佳木河组烃源岩主要分布在下亚组。西北缘存在一个明显的烃源中心，烃源岩厚度向盆地边缘方向加厚，烃源岩主体掩伏在老山之下，最大厚度可达 350m 以上。残余有机碳含量在 0.085% ~2.0% 之间，平均为 0.56%，氯仿沥青“A”含量为 0.0014% ~0.0096%，S_1+S_2 平均为 0.25mg/g。有机质类型以Ⅲ型为主，个别为 $Ⅱ_2$ 型和 $Ⅱ_1$ 型。实测 R_o 在 1.38% ~1.9% 之间。

风城组为海陆过渡环境的残留海—潟湖相沉积，烃源岩岩性为黑灰色泥岩、白云质泥岩，发育一套主力烃源岩，西北缘主要分布于玛湖凹陷，烃源岩厚度为200～250m。残余有机碳含量平均为1.26%，氯仿沥青“A”含量平均为0.1493%，总烃含量平均为0.082%，S_1+S_2 平均为0.73mg/g，有机质类型多为Ⅰ—Ⅱ型，R_o 为0.85%～1.16%。处于成熟—高成熟阶段，是一套较好—好的烃源岩。

中二叠统烃源岩主要分布于下乌尔禾组。中二叠统烃源岩的分布范围较风城组有所扩大，玛湖凹陷是主要的烃源中心之一。有机碳含量平均为0.7%～1.4%，有机质类型为Ⅲ型，处于成熟—高成熟阶段，是一套差—较好的烃源岩。

（3）储层特征

从石炭系至新近系各个层位均有有效储层分布，且岩石和储集空间成因类型多样，岩石类型从火山岩到碎屑岩都有发育。储集空间成因类型从原生粒间孔、溶蚀孔到裂缝都有发育。储集物性除白垩系和新近系外总体表现为低孔低渗和非均质性较强的特征。储集岩岩性石炭系及佳木河组以火山岩为主，上二叠统及其以上层位以碎屑岩为主。西北缘多个层位的碎屑岩以洪、冲积相砂砾岩、砾岩为主。

A. 石炭系—二叠系火山岩储集层

储集空间以裂缝—孔隙双重介质型为主，平均基质孔隙度为6%～13%，平均裂缝孔隙度为0.8%，平均基质渗透率均小于 $1\times10^{-3}\mu m^2$，平均有效渗透率为 $5.4\times10^{-3}\mu m^2$，总体上是一套中—低孔隙度、低渗透性、强非均质性较差的储集层。

B. 二叠系储集层

下二叠统佳木河组储集层：储层岩性主要为绿色砂砾岩，岩屑成分为凝灰岩、变质岩，平均孔隙度为13.32%，平均渗透率为 $90.69\times10^{-3}\mu m^2$，属中等孔隙度、中等渗透率的较好储集层。

下二叠统风城组储集层：储集层岩性为砂质砾岩、砂岩、云岩，孔隙结构以粒间孔与构造缝为主，晶间孔、溶蚀孔次之。有效孔隙度为6%～12%，平均为8%；渗透率小于 $1\times10^{-3}\mu m^2$，为低孔低渗储层。

中二叠统储集层：发育山麓洪积相沉积，以粗碎屑岩为主，孔隙类型以粒间孔、粒间溶孔和界面孔为主。孔隙度为6%～14%，平均为9%。渗透率平均小于 $1\times10^{-3}\mu m^2$，裂缝处可高达 $97\times10^{-3}\mu m^2$。总体为低孔低渗储层。

乌尔禾组储集层：岩性为灰绿色砂砾岩夹少量的不等粒小砾岩和含砾不等粒砂岩。孔隙类型主要有粒间孔、粒间溶孔、粒内溶孔、界面孔、裂缝5种类型，以粒间溶孔为主。储层孔隙度平均为12.7%；渗透率平均 $32\times10^{-3}\mu m^2$，为中孔、低渗储集层。

C. 三叠系储集层

岩性主要为不等粒砾岩、砂质砾岩，储集层空间展布受沉积相控制，孔隙度为10.9%～22.3%，渗透率为 3.4×10^{-3}～$386.4\times10^{-3}\mu m^2$。砾岩储层物性非均质性严重，且随深度的增加物性明显变差。

D. 侏罗系储集层

整体上呈“低胶结物含量、低成分成熟度、高结构成熟度和普遍含有塑性岩屑”的“两低一高和一普遍”的岩石学特征。相对优质储层均为剩余原生粒间孔隙型储层，溶蚀作用对渗透率贡献小，煤系与非煤系储层孔隙的保存条件有明显差异。

总的来看，侏罗系头屯河组、三工河组储层最好，孔隙度为11%～22%，渗透率为

$8\times10^{-3}\sim97\times10^{-3}\mu m^2$。其次为西山窑组储层，八道湾组普遍为低孔、低渗—特低渗的差储层。

E. 白垩系储集层

总体上具有“低成分成熟度、低胶结物含量、高结构成熟度和黏土膜发育”的“两低一高一发育”的岩石学特征。岩石类型以长石岩屑砂岩和岩屑砂岩为主。颗粒间多为点接触关系，薄膜—孔隙式胶结。长石相对含量高，普遍含方沸石胶结物是区别于侏罗系储层的另一特点。成岩作用总体较弱，主要处于早成岩 A—B 阶段。剩余原生粒间孔是白垩系最主要的孔隙类型，次生溶蚀孔隙主要发育于吐谷鲁群底部砂砾岩中。砂岩颗粒越粗，孔隙结构越好。储层物性普遍较优，孔隙度平均为 26%。

F. 古近－新近系储集层

主要为沙湾组中下部的砂岩储层，以三角洲相和河流相为主要储集空间。储层物性好，主要发育单个圈闭规模较小的油藏。

（4）盖层特征

发育 4 套稳定的区域性盖层，即二叠系下乌尔禾组、上三叠统白碱滩组、下侏罗统三工河组及下白垩统吐谷鲁群。如克拉玛依油田主要油气层大都集中在中下三叠统，大都与其上的白碱滩组泥岩盖层有关。大区域范围内对侏罗系储层起封盖作用的层组有下侏罗统三工河组和上覆的下白垩统吐谷鲁群，同时对八道湾组油藏也起到良好的区域性封盖作用。另外，白垩系的区域性盖层起到了一定的遮挡作用。

局部盖层即油气藏顶部的直接盖层，它控制了油气藏的分布范围、丰度和规模。西北缘主要的局部盖层有石炭系及下二叠统佳木河组顶部风化壳、风城组中的白云质泥岩及上乌尔禾组顶部的滨湖相泥岩、中下三叠统砂砾岩之间的泥岩隔层和头屯河组。

（5）储盖组合特征

各层系均具有形成良好油气聚集的能力，西北缘的不同断裂带存在一定的差异，所形成的油气藏分布层段不相同，含油气组合也就不同。主要的储盖组合有 7 个，即石炭系和夏子街组火山岩、砂砾岩和裂缝型储层与下乌尔禾组泥岩构成的储盖组合；佳木河组裂缝性储层与其附近的致密层构成的储盖组合；上乌尔禾组砂砾岩储层与其上部泥岩构成的储盖组合；百口泉组和克拉玛依组砂砾岩与白碱滩组湖相泥岩构成的储盖组合；八道湾组下部砂砾岩储层与其中部湖相泥岩构成的储盖组合；八道湾组上部和三工河组中下部砂岩储层与三工河组上部泥岩构成的储盖组合；西山窑组、头屯河组和吐谷鲁群底部砂岩与吐谷鲁群中上部的湖相泥岩构成的储盖组合（图 7－4）。

（6）生排烃特征

根据第三次油气资源评价结果，准噶尔盆地西北缘石油资源量为 33.4×10^8t，天然气资源量为 $4873\times10^8m^3$。从各烃源层生排烃量看，二叠系是最重要的烃源层，尤其是中二叠统，其油气生排出量占到盆地总生排烃量的 2/3 之多。西北缘生排烃凹陷主要为玛湖凹陷和扎伊尔山下掩伏的二叠系烃源岩，其生排烃强度超过 $200\times10^4t/km^2$。

佳木河组烃源岩主要生油期在早二叠世风城期至三叠纪，生气期从晚二叠世延续到早白垩世；主要排油期从早中三叠世到早白垩世；排气高峰期在早白垩世早期，生烃中心偏向玛湖凹陷西侧。

风城组烃源岩主要生油阶段在晚二叠世至晚三叠世，生气量从晚三叠世一直到早白垩

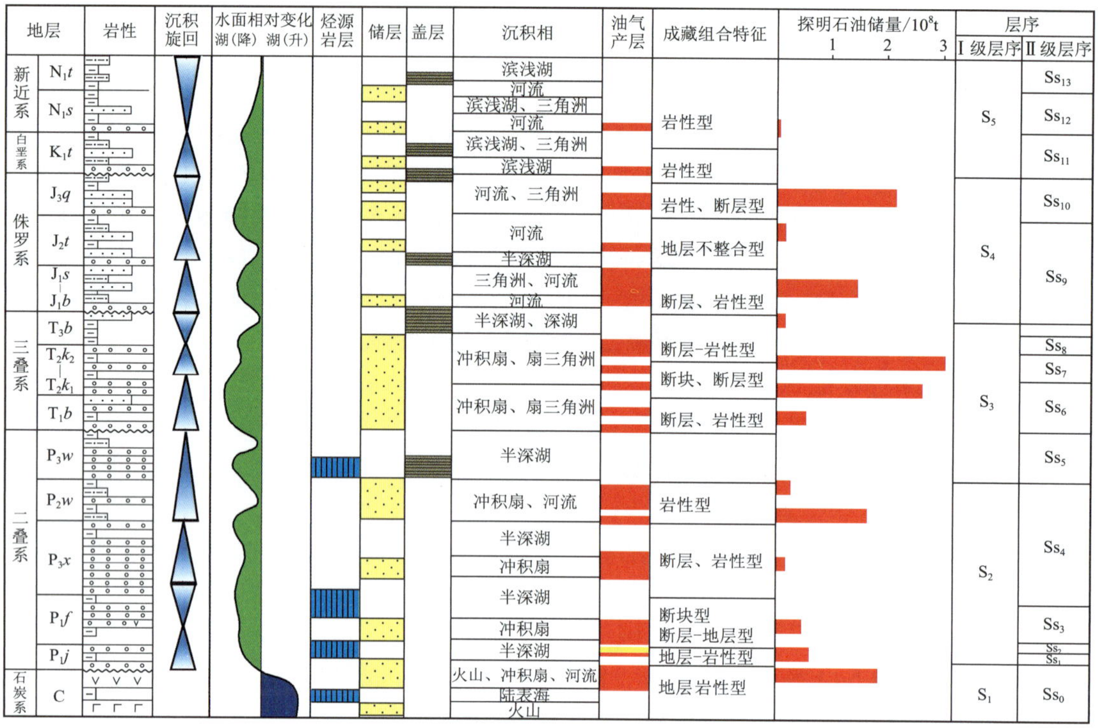

图 7-4　准噶尔盆地西北缘油气成藏组合综合

世，排油量在早侏罗世早期最大，排气量在早白垩世早期最大。

中二叠统烃源岩是准噶尔盆地生烃量最大的一套烃源岩。主要生油期是侏罗纪，晚侏罗世和白垩纪是主要生气期，主要排油期为侏罗纪到白垩纪，主要排气期为晚侏罗世至今。

（7）油气运聚特征

准噶尔盆地西北缘油气运聚受断裂、不整合、砂体和构造等因素控制。

A. 断裂形成演化与油气运聚关系

二叠纪海西晚期是准噶尔盆地坳隆构造格局形成及基本定型时期，盆地基底断裂活动控制了下二叠统风城组、中二叠统下乌尔禾组生烃凹陷，为盆地内最重要的烃源岩形成时期；与断裂有关的沉积体（断崖扇、扇三角洲等）对后期油气富集分布有一定控制作用。这一时期断裂主要发育在西北缘冲断带，以逆冲及推覆断裂为主。

西北缘冲断带沉积盖层中断裂形成演化受控于基底断裂，盆地盖层中断裂以切割侏罗系居多，但多未断开白垩系—第四系，白垩系—第四系以褶皱变形为主。西北缘受后期强烈作用，以发育逆冲、逆掩断裂和推覆断裂系统为主，形成区域继承性和新生性大断裂，如西北缘燕山期继承性推覆断裂系统等。

海西中晚期，西北缘推覆构造运动强烈，发育了围绕推覆带前缘的前陆凹陷，西北缘形成二叠系的有效生烃凹陷。同时，又由于不断冲断，造成西北缘的不断隆升与快速剥蚀、山前快速堆积，沿断裂带形成广泛的扇三角洲和冲积扇裙储集体，由于这些扇体靠近油源，是后期沿断裂和不整合面运移来的油气的主要聚集场所，形成油气沿断裂分布、各种类型的冲积扇控制的油气藏，形成推覆逆掩带成藏带。

印支—燕山构造运动期为准噶尔盆地西北缘进一步叠加与改造时期。印支期除海西期断裂继承性活动外，盆地内断裂不甚发育；随着玛湖－盆1井西复合含油气系统二叠系烃源岩大量排烃，上三叠统白碱滩组区域盖层已经形成，从而成为盆地内第一次大规模原生油藏成藏期。燕山期，准噶尔盆地演化主要为典型的坳陷型陆相沉积地层，燕山期（尤其是侏罗系）断裂发育程度在一定意义上代表了盆地发展后期构造运动的强烈程度，燕山期盆地处于外压内张的应力环境，西北缘受挤压逆断层发育，侏罗系断裂发育继承性或派生大断裂。在西北缘，燕山运动及断裂活动使油气发生再运移，在断裂带及其上盘形成次生油气藏和超覆不整合稠油油藏，而在斜坡区则形成高成熟油气继续充注成藏。

燕山期沿逆冲推覆带和基底继承性古隆起发育系列断裂，而且在断裂泵的作用下，油气垂向、侧向调整向构造高部位再运聚，从而使油气分布平面上范围扩大，纵向上含油气层系增加。配合下二叠统风城组后期高成熟油气、中二叠统下乌尔禾组成熟油气，形成多源多期成烃的油气混合聚集。

二叠系烃源岩于喜马拉雅期以生成大量裂解气为主，喜马拉雅期为盆地内第三个重要油气运聚成藏期。自古近纪以来，盆地基底以向南倾斜为特点（图7－1）。已经聚集成藏的油气以侧向运移为主，垂向运移不发育，且主要于晚海西—印支运动期形成的深部隆起上的二叠－三叠系圈闭中聚集成藏，如玛北油田上乌尔禾组油藏，并使部分油气藏发生气侵。喜马拉雅运动造成盆地北升南降的向南倾斜作用，由于北天山的强烈挤压和右行走滑作用，以及车排子隆起的“砥柱”作用，在红－车地区形成了一系列近EW向、近垂直断开古近－新近系的断裂，这些断裂破坏了该区大量原生油气藏，在车排子凸起之上形成大量白垩系及古近系稠油及干油砂。

B. 不整合与油气运聚

西北缘经历了多次构造变动，形成了大量的超覆和削截型地层不整合，这些不整合对盆地油气的运移、聚集和分布起到了重要的控制作用。

不整合（包括上覆岩层底砾岩）具三段式结构，上段为底砾岩，中段为风化黏土层，下段为半风化岩石（即风化淋蚀带）。不整合风化黏土之上的底砾岩具有分布连续、厚度稳定、孔渗性好等特征，是油气运移的良好通道。该黏土层之下的风化淋蚀带具厚度大、次生孔缝发育、连通性好、孔渗条件好等特点，是油气运移的快速通道。风化黏土层起分隔层作用，在纵向上共同构成双重通道。当不整合面上下存在圈闭时，就可能形成油气藏。西北缘地层超覆尖灭带，主要发育与地层超覆和不整合有关的圈闭和油气藏。如夏子街地区的八道湾组稠油油藏、风城地区吐谷鲁组、齐古组和八道湾组稠油油藏都属地层超覆油藏，在超覆尖灭带还有由不整合面遮挡的风化壳地层型油藏。

（8）含油气系统特征

西北缘是一个多旋回发育的复合叠加型油气盆地的一部分，多套烃源岩彼此交合与叠加，生成的油气常具有混源特点。西北缘来源于二叠系佳木河组、风城组和下乌尔禾组烃源岩的油气主要分布在以玛湖凹陷为中心的环带状地区（图7－5），包括佳木河组油气系统、风城组油气系统和下乌尔禾组油气系统。

由于佳木河组、风城组和下乌尔禾组3套烃源岩演化史不同，致使各油气系统演化史亦不同。晚二叠世，佳木河组烃源岩进入生烃门限，二叠纪末深部开始生气，但规模有限；风城组以生油为主，形成一个生油中心。三叠纪时，有效气源岩范围扩大，生成大量

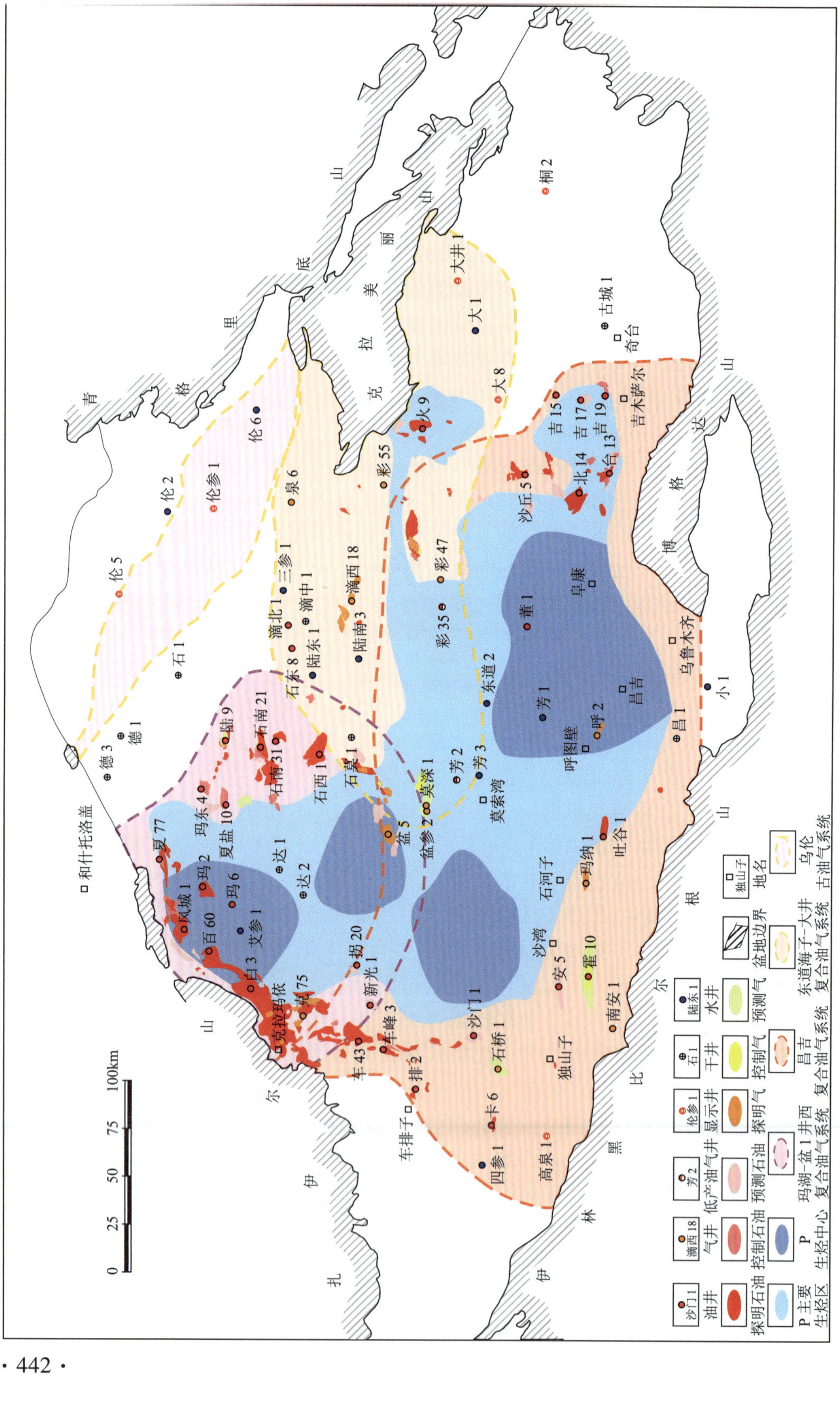

图 7－5　准噶尔盆地含油气系统

的天然气进入佳木河组圈闭，并以风城组、下乌尔禾组作为区域盖层；风城组烃源岩达到生油高峰，成为一个以油为主的油气系统。侏罗纪初期，下乌尔禾组在凹陷中心形成有效的生烃中心；侏罗纪末，下乌尔禾组达到生油高峰。

风城组油气系统是玛湖复合油气系统中最重要的油气系统，三叠纪是该系统，特别是西北缘地区最重要的成藏期。三叠纪正是西北缘断裂发育期，油气沿不整合面和断裂带呈“之”字形向上运移，形成不整合、断层及岩性等类型油气藏。

侏罗纪时期，佳木河组烃源岩基本上停止生烃；风城组烃源岩以生气为主，在玛湖凹陷中形成生气中心。中侏罗世末期，在燕山运动的影响下，克－乌等主干断裂继续活动，同时形成次一级断层，使原生油气藏遭到破坏，油气沿不整合和断裂向上倾方向运移，在露头区则形成大规模的沥青砂，造成沥青封闭。

白垩纪时期，风城组烃源岩基本上停止生烃，下乌尔禾组烃源岩达到生油高峰期，古近纪大量生气。下乌尔禾组烃源岩生成的天然气沿西北缘斜坡区侧向运移，并在有效圈闭中聚集成藏。

3 个油气系统的形成和演化决定了西北缘地区现今的油气成藏及其分布特征，断裂上盘靠近老山一侧为大规模的次生稠油油藏，断裂带为大量的原生稀油油藏和少量的气藏，斜坡区则以高成熟油藏和天然气藏为主。

（9）油气成藏特点

A. 多源、多期混合成藏，成藏历史长

不同烃源岩经历了不同构造变动和热演化历史过程，生排烃历史从海西期持续至今，成藏历史也从晚海西期延续至今，成藏历史长，多源多期油气混源成藏普遍，如西北缘断裂带油气存在二叠系各层组烃源的多期混源油气成藏。

B. 多生烃中心、多层系成藏，纵向含油层系多

准噶尔盆地西北缘不同时期形成了多个生烃中心的烃源岩，生产的油气在断裂输导下，纵向上多层系含油、多层系成藏。由于各生烃凹陷的不对称性、生烃中心的迁移性、生烃母质的差异性、热演化的不同步性、运移通道的不一致性，导致油气聚集环带内油气资源丰度不一、油气混源、分布复杂等特点。如西北缘油气聚集受断裂带和不整合的控制，油气分布呈环带状特征。

C. 储层类型多样、质量差异较大

西北缘属陆相盆地多物源供给和多水流系统时空演化特点，造就了沉积体系的多样性。沉积相模式分为下部的不稳定边缘陡坡型相模式和上部的稳定边缘缓坡型相模式两种。陡坡型相模式中，成带的冲积扇、扇三角洲等沉积相及其叠置成为主要的油气聚集体，岩石类型以粗碎屑的砾岩和砂砾岩为主，主要分布于二叠系—三叠系；缓坡型相模式中，河湖相和三角洲相是良好的储集单，岩石类型以相对细粒的砂岩为主，主要分布于侏罗系—白垩系。这两大类储集体除白垩系外总体质量较差，且储层非均质性很强。

D. 圈闭类型多样，油藏类型丰富

受不同期构造活动性差异的影响，不同时期发育的圈闭类型和分布都表现出较大的差异。晚海西—印支期以西北缘向盆地内部强烈挤压推覆为特点，从而在西北缘形成山前冲断带或断褶带，该期多发育断块型和挤压背斜型圈闭，斜坡区发育岩性地层圈闭，断裂带下盘发育以扇体为主的岩性圈闭。中燕山期构造运动使得盆地基底由北西向东南掀斜，盆

地西北缘表现为大面积抬升，主要形成地层不整合圈闭与低幅度构造和断背斜、断鼻构造。晚燕山期构造运动主要作用于盆地边缘，西北缘进一步被抬升，早期形成的油气藏被破坏而于地表形成油气苗或沥青封堵油气藏。喜马拉雅期构造运动，西北缘大部分不变形地区表现为单斜构造，以地层不整合型和低幅度圈闭为主。多旋回构造运动和沉积演化形成了圈闭的多样性。多期的构造运动，多期断裂活动，致使油气在平面与垂向上多次调整与再分配，也造就了西北缘油气藏类型的多样性。

E. 区域、局部盖层发育，纵向上含油丰度差异

勘探实践表明，对于古生界烃源岩生成的油气，只要在白碱滩组有效盖层范围内，若无油源断裂沟通，早期形成的油气严格地分布在该套盖层之下，如西北缘的玛北油田百口泉组和乌尔禾组油藏等。当油气突破白碱滩组盖层后，在侏罗系没有油源断裂沟通时，油气同样严格受三工河组上部泥岩和吐谷鲁群泥岩两套区域性盖层控制。局部盖层对具体油气藏的形成、保存及丰度起到有十分关键的作用。

F. 断裂多期活动，油气纵向、横向运移明显

断裂发育期与油气系统的形成演化密切相关，断裂多期活动，致使油气纵向、横向运移明显。断裂作用不但扩大了区域含油气范围，而且丰富了各个含油气层位。对于源内运聚而言，无论断裂性质如何，在构造活动期断裂都起到了沟通油源的作用；而在构造休眠期大多数断裂对油气起遮挡作用，如盆地西北缘克乌断裂带等。对于源外运聚而言，大多数平行于区域性构造线的断裂对油气起了遮挡作用。而垂直于或大角度斜交于区域性构造线的断裂在活动期多为沟通油源断裂，对油气从生烃凹陷到聚集单元的运移起到了“高速公路”的作用。

油源断裂的作用：沟通油气源与储集层，改变油气运移方向、途径与方式，提高运移速率与效率，扩大油气区域分布范围，增加含油气层系；依附断裂形成成排展布的局部构造，从而控制油气的聚集和展布；油源断裂活动期是油气垂向运移最佳期；改善储集性能和渗滤条件，提高产液能力。因此，油源断裂对盆地内油气纵横向分布作用巨大，造就了与油源断裂有关的油气高丰度区和高丰度层位成阶状分布的规律。

（10）油气成藏模式

根据有效烃源岩范围、距烃源远近、油气运移方式、油气藏类型和聚集特征，可将准噶尔盆地西北缘大部分油气藏归纳为两种主要成藏组合、5 种成藏模式。

A. 成藏组合

（A）源内不整合断控油气成藏组合

该成藏组合是指断背斜构造带位于生烃凹陷区内，烃源岩生成的油气从一个或多个方向充注于圈闭中成藏，且油气垂向运移不穿越烃源岩之上第一套区域性盖层。如西北缘风城油田，油气首先在风城组形成自生自储油藏，之后油气沿断裂向上运聚，丁中二叠统与三叠系一起形成源内断控成藏组合。

（B）源边不整合断控油气成藏组合

该成藏组合是指由于逆掩冲断作用，前缘主断裂侧向遮挡，油气垂向运移，在上盘背斜带、断裂带、下盘斜坡区、前缘断块区及下盘斜坡区形成的油气成藏组合；由于逆掩推覆挤压促进生烃加速作用，油气沿不整合运移到断层，沿断层垂向运移至逆掩背斜带和断裂带及其附近聚集成藏。

B. 成藏模式

目前，准噶尔盆地西北缘已发现的油气藏，主要发育在5种成藏模式中。

（A）红－车断裂带近源晚期侧向运聚与垂向分配模式

该模式以昌吉凹陷下乌尔禾组为主要烃源，红－车断裂是主要的垂向运移与分配通道，成藏期在白垩纪—古近纪。

（B）中拐凸起远源晚期侧向运聚模式

该模式以昌吉凹陷下乌尔禾组、盆1井西凹陷下乌尔禾组和玛湖凹陷下乌尔禾组或风城组为烃源，沿二叠系内部（主要是 P_3w 底部）不整合面侧向运移，沿二叠系的逆冲断层与三叠系—侏罗系的正断层两套断裂体系进行运聚分配，成藏期在白垩纪和古近纪。

（C）克－夏断裂带近源运聚早期成藏晚期调整模式

该模式以玛湖凹陷风城组为主要烃源，沿断裂垂向运聚，三叠纪末成藏，中侏罗世以来发生调整。

（D）斜坡区近源晚期侧向运聚模式

油气来自玛湖凹陷下乌尔禾组、风城组或佳木河组，主要沿二叠系不整合面侧向运移，聚集二叠系到侏罗系的各类扇体中，成藏期在三叠纪末。

（E）玛北源内运聚模式

该模式以玛湖凹陷风城组为主要烃源，断裂及二叠系与三叠系之间不整合面为运移通道，成藏期在三叠纪—侏罗纪。

（11）油气分布与富集规律

A. 生烃凹陷控制了油气分布，富生烃凹陷控制了大油气田分布

准噶尔盆地西北缘有效烃源岩主要包括佳木河组、风城组和乌尔禾组，存在多个次级烃源岩分布中心，以上多套烃源岩生成的不同成熟度的油气都围绕其生烃凹陷周围分布。不同烃源岩生成的油气基本呈环带状分布，已发现的大中型油气田（油气藏）都在其叠合范围之内或其周缘。

B. 生烃凹陷内及其周缘的正向构造单元，斜坡控制区域性油气聚集带分布

正向构造单元及斜坡不整合、断裂发育，长期位于油气运移指向区，构造带的发育特征及发育史控制了油气藏类型特征及其成藏史，其展布方向控制了油气聚集带分布方向。西北缘油气聚集带主要为古冲断带及斜坡油气聚集带，如克－乌含油气聚集带。

C. 烃源岩上下区域性和区带性不整合是重要的油气运移通道，与之相关的油气田（藏）主要分布于不整合面上下或尖灭线附近

西北缘经历了海西至喜马拉雅构造运动的多旋回构造叠加演化，发育多个区域性或区带性不整合，这些不整合，尤其是海西至燕山早中期形成的不整合对油气运移、聚集和分布有明显的控制作用。

玛湖凹陷深凹一侧受克－夏冲断带的影响主要偏于西北侧，该区二叠系—侏罗系超覆及削蚀不整合发育，有效生烃区所生成的油气首先以侧向沿烃源层上下不整合运移，在不整合上下或尖灭线附近圈闭中成藏，在断裂带由于断裂垂向调整到上盘形成油气藏。克拉玛依大油气田的形成与不整合面密切相关，大量的地层油气藏的形成更是直接受不整合面控制，如玛北油田、五八区二叠系油气藏，红山嘴油田石炭系各油藏等。需要指出的是与不整合有关的油气藏形成对其上倾方向及其顶、底板封闭性十分重要，否则只可能成为油

气运移通道，而难以形成油气藏。

D. 油源断裂贯通不同油气系统，扩大了油气区域分布范围，丰富了油气分布层系

西北缘断裂作用对油气成藏与分布起着十分重要的控制作用。已发现的油气储量几乎均与断裂（断裂作为油源断裂或遮挡条件）有关。原生油源断裂是指直接与烃源区、烃源岩顶底不整合沟通的油源断裂，它主要对原生油气藏的形成分布起控制作用。次生油源断裂是指形成于原生油源断裂之后，与原生油气藏或与其他运移输导层沟通的油源断裂，其主要对次生油气藏的形成与分布起控制作用。

成藏期主要有晚海西—T_3 末、J_3—K_1、K_2 和 N_2—Q 4 个关键时期，时间跨度 200Ma。这 4 个时期也是断裂发育时期，其结果造成了"一源多期多层或一层多源多期"油气分布。对于玛湖凹陷复合油气系统，海西—印支期断裂活动主要起原生油源断裂作用，围绕生烃中心白碱滩组区域盖层之下形成了大量原生油气藏。J_3—K_1 期断裂活动使原有油气藏破坏、调整形成了大量次生油气藏，使油气分布范围扩大，含油层系增多，如克乌断裂上盘的大量稠油油藏和部分稀油油藏。K_2 及 N_2—Q 时期断裂活动，在红－车地区造成了大量原生油气藏的破坏，仅残存了一些中小断块型、岩性和背斜油气藏。

油源断裂作用，扩大了油气分布范围，增加了含油层系分布，也造成了不同油气的混生成藏，同时也使油气分布更复杂，造就了盆地油、气在层位上及地区上分布的分区不甚明朗，但油源断裂带富集了大量油气，油源断裂为"顺藤摸瓜"寻找油气田的重要线索。

E. 区域、区带性盖层对油气纵向分布有明显控制作用，在缺乏油源断裂区域，油气均分布于烃源岩上覆第一套区域、区带性盖层之下

依据盖层地理分布面积大小及对油气聚集的控制作用，把盖层划分为区域性盖层、区带性盖层和局部型盖层。区域性盖层是指在盆地内有大面积分布，发育在数个二级构造带上，对含油气盆地的大部分地区的油气起封闭作用的盖层。区带性盖层是指在一个含油气盆地中覆盖一个或数个二级构造带，对其中的各油气藏起封闭作用的盖层，它对形成油气聚集带有重要作用。局部盖层是指仅对某一个油气藏起封闭作用的盖层。

准噶尔盆地西北缘经历了不同类型的盆地多旋回叠加，发育了多套生－储－盖组合。在盆地构造沉积演化历史中存在 3 次盆地级规模湖侵和两次次盆地级规模湖侵，从而形成了 3 套区域型盖层，即上三叠统白碱滩组、下中侏罗统三工河组上部泥岩和下白垩统吐谷鲁群，下侏罗统八道湾组中部泥岩为一套区带性盖层。上述盖层在盆地范围或区带范围内对其下伏油气聚集起到了明显控制作用。把握盆地内区域（带）性盖层的分布十分重要，结合油源断裂分析，可预测勘探有利区和勘探目的层。

二、准噶尔盆地西北缘勘探历程

1955 年 10 月 29 日，1 号井于 487.5 ~ 507.5m 的中三叠统下克拉玛依组获得工业油流，7mm 油嘴日产油 1.7 ~ 4.1t、天然气 583m^3。1955 年 11 月 1 日测试，10mm 油嘴 8.5h 自喷原油 6.95t，从而发现了西北缘克拉玛依油田，揭开了西北缘油气勘探开发的序幕，成为新中国石油工业史上的一个里程碑。

截至 2003 年，在近 50 年的油气勘探过程中，共钻探探井 1759 口，占全盆地总探井数的 70%；进尺 299.91 × 10^4m，占全盆地总进尺的 60%。二维数字地震始于 20 世纪 80 年代初期，共完成二维地震 23484km，测网密度 1km × 1km ~ 2km × 2km。三维地震勘探始

于 1985 年的红 29 井区，共累计实施三维地震 41 块，累计面积 8132km^2，其中开发三维地震 11 块，累计面积 578.15km^2；勘探常规三维地震 21 块，累计面积 3767.23km^2；宽方位角三维地震（面元 25m × 25m）1 块，面积 30km^2；大面元三维地震 8 块，累计面积 2893.382km^2。

截至 2003 年，准噶尔盆地西北缘先后发现了克拉玛依、百口泉、红山嘴、乌尔禾、夏子街、车排子、风城、玛北和小拐 9 个油田；在石炭系，二叠系佳木河组、风城组、夏子街组、下乌尔禾组、上乌尔禾组，三叠系百口泉组、克拉马依下组、克拉马依上组、白碱滩组，侏罗系八道湾组、三工河组、齐古组，白垩系吐谷鲁群组和新近系沙湾组六大层系的 15 个层组发现了油气藏，是一个多层系含油的复式油气聚集带。西北缘总资源量 33.4×10^8t，已累计探明石油地质储量 12.7×10^8t，探明石油地质储量占准噶尔盆地探明石油地质储量的 71%，石油探明率为 38%，处于油气勘探的中期，勘探程度较高；天然气资源量 $4873 \times 10^8 m^3$，探明天然气地质储量 $256.16 \times 10^8 m^3$，占全盆地的 31.87%，天然气探明率为 5.3%。

准噶尔盆地西北缘历经半个多世纪油气勘探，逐步形成了一套适合于盆地石油地质特点的油气勘探理论、方法技术和指导思想，并在油气勘探过程中不断发展和完善，指导油气勘探成果不断扩大。西北缘油气勘探大致经历了 5 个阶段，不同勘探阶段的主要指导理论存在差异（图 7－6）。

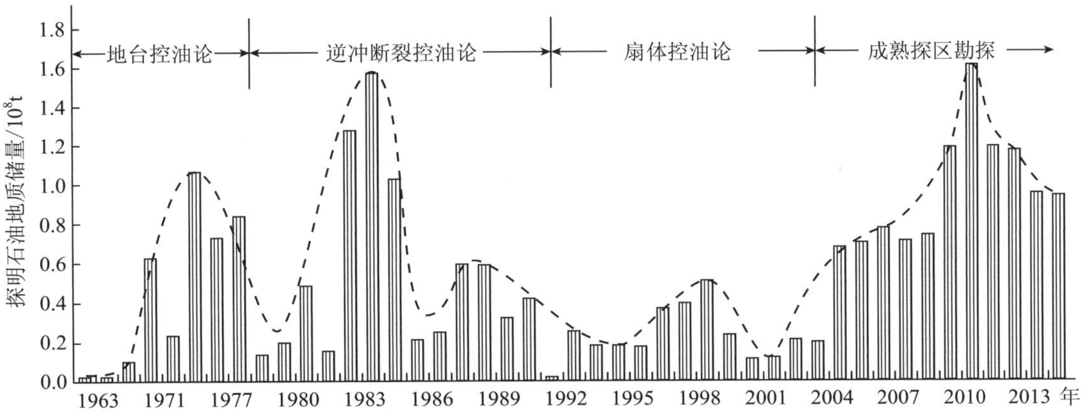

图 7－6　准噶尔盆地西北缘勘探阶段及油气储量增长历程

1. 1951～1955 年勘探初期发展阶段

这个阶段准噶尔盆地油气勘探从南缘山前走向西北缘活动地台，勘探获得突破（林隆栋，2015）。

1954 年，4/54 地质队在克拉玛依—乌尔禾地区开展了地质调查，乌瓦诺夫、张恺与赵白等根据这一调查成果，指出有两个有利区：一是克拉玛依沥青丘露头以南，玛纳斯河以北约 900km^2 的广大地区；二是自乌尔禾沥青脉到玛纳斯湖约 300km^2 的范围内。根据实际地质特点及与乌拉尔山前构造的类比观点，指出了准噶尔盆地勘探的大方向，揭示了从准噶尔盆地南缘山前走向地台的油气勘探史的第一页（新疆油气区石油地质志（上册）编写组，1993）。

1955 年 1 月，独山子矿务局据此拟定了“黑油山地区深井钻探总体设计”，设计 4 口探井，构成一个剖面，探索白垩系、侏罗系含油气情况，研究西北缘的地质构造，取得地球物理参数。新疆石油公司批准了这个设计，第六次全国石油勘探会议决定钻两口探井，计划进尺2400m。

1955年3月，1/55、2/55两支地质队首先奔赴克拉玛依进行地质细测工作，填绘了1:2.5万地形地质图，发现了一些局部构造和新的油气苗显示，对克拉玛依地区的含油远景做出了正确的评价。在克拉玛依至小拐地区进行地震勘探，在古近－新近系、白垩系覆盖层之下发现了南克拉玛依隆起（新疆油气区石油地质志（上册）编写组，1993）。

1955年7月29日克拉玛依1号井（黑油山二号井）正式开钻，1955年10月25日完钻。1号井位于南黑油山的背斜上，在扎伊尔山前沥青丘（黑油山）东南方向5.5km处。设计目的层为侏罗系，设计井深1000m。结果提前在517m钻穿侏罗系、三叠系进入古生界，完钻井深620m。于487.5～507.5m的三叠系中统下克拉玛依组，采用筛管完井，1955年10月29日从井口外溢石油和天然气，采用7mm油嘴日产原油1.7～4.1t，日产气583m^3，宣告了该盆地第一个大油田的诞生。

2. 1956～1978年以地台理论指导的勘探大发展阶段

这期间主要运用活动地台理论，围绕逆冲断裂油气聚集带展开勘探，迅速查明了克拉玛依油田范围，并发现了百口泉油田和红山嘴油田。

（1）1956～1960年勘探大发展阶段

1956年，在克拉玛依1号井喷油后，把区域勘探和油田详探结合起来，采取“撒大网、钓大鱼”的勘探方针，开展大规模钻探，分两个区部署了10条区域钻探大剖面：一是在已出油的湖湾区，按排距5km、井距2～4km部署探井，集中钻探，扩大含油面积，探明工业储量；二是在克拉玛依至乌尔禾长130km、宽30km的广大范围内，甩开进行大剖面钻探，寻找新的含油地区。1955～1957年，获工业油流的井增至74口，探井整体解剖结果证实了克拉玛依油田是不受背斜控制的地层超覆油气藏，迅速扩大了含油面积和储量，进一步证实了克拉玛依大油田。1958年白碱滩193井三叠系获日产138t的高产工业油流，发现了新的高产区块。同年，百口泉230井、乌尔禾132井、红山嘴的122井相继出油，发现了百口泉油田、乌尔禾油田和红山嘴油田，使得自红山嘴经克拉玛依、白碱滩、百口泉至乌尔禾的油田分布区已长达150km，一个以逆冲断裂带为基础的百里油气富集带被发现。

为了满足国家用油的急需，对克拉玛依油田进行边勘探、边建设、边试验生产。1958年，克拉玛依油田正式投入开发，克拉玛依—独山子第一条长147km的输油管线也于1958年建成输油。

1959～1960年，开展了以地震、钻井及研究相结合的综合性勘探。在西北缘查明了车排子—乌尔禾地区存在有两组主断裂：一是克（拉玛依）－乌（尔禾）大逆掩断裂带，从红山嘴一直延伸到乌尔禾，断面北倾很陡，断距在克拉玛依湖湾区达600～800m，在白碱滩地区断距达300～600m，在百口泉—乌尔禾地区断距达1000m；二是红（山嘴）－车（排子）断裂，由南北黑油山断裂及191井断裂等组成。克－乌大断裂将克拉玛依—白碱滩含油气区分割成许多断块，每一个含油断块构成一个单独的压力系统，由此将克拉玛依—白碱滩地区划分为8个含油气区块，加快了油田的合理开发。

截至1960年底，累计钻探井662口，总进尺82.1×10^4m，探明含油面积$290.7km^2$，原油产量达163.67×10^4t。

（2）1961～1978年勘探缓慢发展阶段

20世纪60年代为支援大庆、江汉石油会战，70年代为支援陕甘宁石油会战，准噶尔盆地的勘探队伍和设备成批成建制地调出，盆地内勘探工作量急剧减少，主要围绕克拉玛依油区开展工作。

A. 油田调整阶段与复杂逆掩断裂带控油的认识

开发初期，由于把非均质的砾岩油层当成了较均质的砂岩油层制定了不切合实际的开发方案，采用了边内切割行列注水，克拉马依上组、克拉马依下组一套井网合采合注的开发方案。由于这个开发方案不符合油田的地下情况，投产一年后就出现了地层压力下降（由原来的8.6MPa降到6.8MPa），单井产量下降（由试生产日产8.5t下降到3.8t）、油气比上升的"两降一升"的被动局面，致使1960年以后原油产量大幅度下降。

因此，在20世纪60年代初，开始了油田的全面调整工作，经过两年的勘探和研究，基本搞清了克－乌断裂带的含油特征及高产规律。克拉玛依油田的调整研究表明（张传绩，1982），克－乌油区是一个在地层－岩性油藏的基础上为断裂复杂化了的特大型断块油田，三叠系油气富集区受沉积相控制，富集区内的油水分布受三级古构造形态控制，次生油藏受断裂控制，生产区受岩性、物性、储集层厚度、目的层叠置程度、断裂破碎程度等组合因素的控制（谢宏等，1984）。这些认识对于指导克拉玛依油田的开发调整方案及80～90年代的新一轮勘探有重要指导作用。但这种认识的彻底落实却是在有了现代数字地震技术尤其是三维地震技术之后，它们可以有效地查明断裂带的断片（或冲断席）结构，后来据此划分出了上盘地层超覆尖灭封闭带、上盘断块、前沿断块及下盘掩伏区4个含油气领域，这对西北缘冲断带的深化勘探有着重要影响。

B. 乌尔禾组勘探与扇控论的提出

克拉玛依油田经过5年调整建设正式进入开发阶段之后，自1966年开始深部二叠系乌尔禾组勘探。

从1973年开始使用模拟磁带地震仪在盆地内进行多次覆盖施工，主要任务是继续查清克－乌地区、红－车断裂带乌尔禾组的分布、构造面貌及断裂分布情况。地震勘探表明，克－乌地区的乌尔禾组是由NW向SE倾的单斜，证实乌尔禾鼻状构造存在。克－乌断裂由十区至乌尔禾为高角度逆断层，控制了乌尔禾组的沉积。乌尔禾地区分布着乌尔禾、乌南、乌北及乌兰林格等逆断裂，乌兰林格逆断裂控制了二叠系的沉积。"断裂对沉积的控制"的思想在此已经萌芽，可以说这是扇控论的初始根源。

1975年，检乌3井的乌尔禾组上部油层，经压裂后，12mm油嘴初期日产原油$318m^3$；经试采，8mm油嘴日产原油$110\sim120m^3$，突破了乌尔禾组单井日产百吨大关。

1964～1977年，开展了以乌尔禾组为主的综合研究，提出了扇控论并进行了成因分析。在玛湖西斜坡，由于构造圈闭相对贫乏，地层圈闭与岩性圈闭的地位较为重要。而在该斜坡部位，成带分布了冲积扇群，较为典型的是二叠系乌尔禾组尖灭带上分布的冲积扇群，如八区546井扇、五区检乌13井扇、五区南克75井扇和克79井扇。1964～1977年开展的西北缘第三轮综合研究揭示，洪积扇受水平面的相对升降与山区河流水量大小的控制（张纪易，1980），西北缘二叠系即由3个不断向源区上超的水进沉积的洪积扇组成，包括 NW－SE 向的五—十区洪积扇（属于扇—三角洲体系）与百口泉－乌尔禾洪积扇、NE－SW 向的夏子街洪积扇（属于洪积扇—泛滥平原—湖相沉积体系），红－车地区及北东端的红旗坝地区还有两个次要的洪积扇体。在以扇体控制的岩性或地层油藏中，岩性的变化起着十分关键的作用，扇中、扇顶部位的砂砾岩有利于油气聚集，而位于扇体侧翼的扇缘部分由于岩性细不利于油气聚集（张义杰，2003）。这些冲积扇或扇三角洲沉积体可以独自成藏，自成体系；油水分布不严格受构造控制，地层水多保存在扇间地带和扇缘，油气藏的边底水不活跃；成藏后即使储层发生倾斜或褶皱，油气仍封存其中，成为油气富集的良好场所。以扇控论为指导，此后发现了玛北、小拐油田以及五区南和断裂带的多个油气藏。

3. 1979～1990 年以逆冲断裂控油理论指导的勘探快速发展阶段

这期间在逆掩断裂控油论的深化指导下，西北缘油气勘探进入了全面发展阶段，提升了油气勘探新技术、手段和装备，如多道数字地震仪、综合录井仪、数字测井仪、地层测试器等先进仪器和设备的引进；地震多次覆盖施工技术、三维地震勘探技术、多震源施工技术、大型电子计算机应用技术、数值模拟技术、细分沉积相研究技术、储层孔隙结构研究技术及油层保护等先进技术的引进和应用等，在地震、钻井、测井、试油、地质综合研究“五位一体”的综合勘探和整体解剖二级构造带的方法的应用，使勘探工作量剧增。这期间是西北缘有史以来，研究成果最丰富、油气地质储量增长最快的时期。油区勘探开拓了逆掩断裂带找油的新领域，发现了乌尔禾油田、夏子街油田、车排子油田和风城油田，扩大了百口泉油田、克拉玛依油田和红山嘴油田。

（1）扩大并建成了百口泉油田

1979 年 10 月，百乌 23 井在二叠系 4mm 油嘴获得日产 43.1m^3 的高产油流，突破了百口泉地区二叠系的找油领域，圈出了二叠系含油面积 3km^2，探明石油地质储量 381×10^4t。通过百 21 井区的生产井，从上盘穿过石炭系发现了百 42 井区和 422 井区两块三叠系含油面积，面积虽小，但井浅，产量尚可，通过这一阶段的勘探基本探明了克拉马依下组和克拉马依上组油藏。百口泉油田自 1958 年 2 月发现至 1963 年 10 月，根据 5 口探井圈定百口泉组含油面积 8.81km^2，探明石油地质储量 885.4×10^4t；1978 年通过评价井使百口泉组的含油面积扩大为 15km^2，探明石油地质储量达 3200×10^4t。

（2）打开了断裂带“帽檐”禁区

1978 年以前，一直认为克－乌大断裂是一个高角度的逆断层。1978 年，在克拉玛依油田八—十区 530 井钻八道湾组开发井时，发现克－乌断裂下盘八道湾组水平断距达 200～300m，古生界“房檐”下油层宽 160～250m。1979 年，在钻百 21 井百口泉组开发井网时，为了落实断裂位置，先后利用靠近断裂的生产井 1007、1060、1021 三口井进行逐步追踪，终于发现断裂的断面倾角上陡下缓，上部为 50°～60°，下部为 15°～20°。这部分扩大的断裂掩伏带（俗称“帽檐”）的油层厚度大，储层条件好，绝大部分井高产（为后来对断层认识由封堵到断裂附近富集高产提供了初步证据），仅百 21 井区百口泉组就在断裂掩伏带增加含油面积 5km^2，地质储量 1111.5×10^4t。百口泉断裂缓断面的发现，为勘探开发打开了一个禁区。1980～1982 年，先后在克拉玛依油田七、八、五区找到了“帽檐”高产区，增加了可观的含油面积和储量。

（3）石炭系“基岩”油藏勘探领域不断扩大

西北缘石炭系“基岩”（实际是火山岩风化壳地层型）油藏，早在1957年通过克拉玛依油田九区222号井的钻探即已发现，该井在1076～1191.5m石炭系中曾获得日产7.25m^3工业油流。到1976年，在克－乌油区398口钻达石炭系基岩的探井中，有101口在石炭系见到了油气显示，并在53口石炭系试油井中有12口获得工业油流。但由于种种原因，没有将油藏作为主要勘探对象。从1978年开始，在整体解剖二级构造带过程中，1979年3月24日，克拉玛依油田九区古3井石炭系11mm油嘴获日产177.88m^3的高产工业油流，一场以埋藏较浅的断裂带上盘石炭系基岩油藏为主要勘探对象的油区会战遂得以开始。截至1984年，克拉玛依油田湖湾区各块都在石炭系获得工业油流井，车排子—夏子街地区钻到石炭系基岩的探井已接近800口，并有80多口获得工业油流，这一切说明石炭系基岩油藏在西北缘是成片分布的，勘探潜力大。

（4）探明储量不断增长，新发现3个油田

1978年以来，准噶尔盆地西北缘冲断带再次掀起勘探热潮。1978年530井区侏罗系八道湾组新出油层系落实，探明含油面积8.72km^2，地质储量1874×10^4t。1979年百口泉地区新增探明储量1100×10^4t。20世纪80年代初，夏子街断阶的二叠系、三叠系、侏罗系相继出油，探明地质储量6000×10^4t。

1979年12月，夏9井在井深2062.4～2010.4m的三叠系下克拉玛依组获得工业油流，采用6mm油嘴日产油5.89m^3，从而发现了夏子街油田。1981年12月，乌尔禾鼻隆东侧的风3井在3233～3200m的风城组获工业油流，7mm油嘴日产油72.6m^3、天然气6874m^3，发现了风城油田。

车排子隆起区的勘探取得重大突破。该区从1956年开始钻探，钻探表明超覆在石炭系之上的白垩系、古近－新近系为稠油富集带，而二叠系、三叠系和侏罗系油气显示活跃，在隆起的北部已有5口井获得工业油流，是进一步勘探的有利地区。自1984年起再在此区勘探，1984年在车21井区的石炭系有5口井获工业油流，原油平均日产量为4～13m^3。1986年在车43、车47井石炭系获日产原油达11～17t。发现了车47、车23断块的石炭系、车16井区的二叠系、车25井区的侏罗系八道湾组及车2井区的头屯河组4个含油区块。特别是1985年11月完钻的车2井在侏罗系头屯河组获工业油流，在井深3205～3172m井段的侏罗系头屯河组中途测试，采用8mm油嘴日产原油43.4t，开拓了在此区找油的新领域。勘探实践把克拉玛依油气田扩展到车排子隆起的南部地区，在红－车断裂带的石炭系—侏罗系都是储油目的层，为勘探开发显示了美好前景。

至1985年底，自车排子至夏子街已累计探明含油面积584.7km^2，石油地质储量8.41×10^8t。1983年稠油热采试验成功，稠油勘探也取得较大进展，共探明含油面积158.3km^2，石油地质储量7.2×10^8t；控制含油面积436.2 km^2，地质储量8.18×10^8t。从而实现了油区断裂带上盘不同层系含油面积的叠合连片。

（5）浅层稠油勘探获得重大突破

准噶尔盆地西北缘蕴藏着十分丰富的稠油资源，早在20世纪50年代就在地质调查和钻探中有所发现。1960年，克拉玛依火烧油层井下点火试验成功，这是中国首次进行提高稠油采收率试验，接着又进行了蒸汽吞吐试验。但由于油质稠、产量低，限于当时的技术经济条件而未能开发。进入80年代后，随着勘探事业、稠油热采和集输、加工技术的发展，从1982年起加强稠油的勘探和开发并被列入议事日程。1983年3～7月，风城地区重1井齐古组超稠油热采试验成功，与此同时，克拉玛依油田九区九浅1井齐古组在159.71～162.82m、187.48～190.85m试油获日抽1.6～0.85m^3工业稠油，从而揭开了大规模勘探西北缘稠油资源的序幕。至1985年底，西北缘已探明（但未列入平衡表）稠油含油面积158.3km^2，石油地质储量7.2×10^8t。

（6）油气勘探理论得到创新和完善

这期间对准噶尔西北缘前陆盆地的逆掩断裂带，开展了新一轮的综合研究，结果表明，克-夏断阶是由水平挤压力形成的大型推覆体式的滑脱构造（彭希龄，1994；张义杰等，1999；尤绮妹，1983），包括由单个弧形断裂组成的3个大的弧形断裂带，即乌尔禾-红旗坝断裂带（滑脱型冲断-脱顶褶皱复杂组合型）、克拉玛依-百口泉断裂带（滑脱型冲断-单斜组合型）、车排子-红山嘴断裂带（冲断-单斜组合型）；断裂具有继承性与同生性，在不同地区活动的强度及变形特征不同。克-乌大逆掩断裂带形成于海西期，定型于印支期，燕山期仍有活动，具有两种构造模式：其一为风城-夏子街断裂带构造模式，可划分出推覆体（上盘的石炭系及部分二叠系）、上覆地层超覆尖灭带、前缘断块带、推覆体下盘掩覆带和前沿外围带，后者由断褶带和单斜带组成（谢宏等，1984）；其二为克拉玛依-百口泉断裂带构造模式，也可分为推覆体（或上冲岩块）、上覆地层超覆尖灭带、前缘断块带、推覆体下盘掩覆带和前沿外围带，但前缘断块带可分为内缘断块和外缘断块，分别位于主断裂的上、下盘，其数量往往不限于一个，垂向上相互叠置，且在前沿外围带为一单斜，而无断褶带。推覆体本身及推覆体下面的油气都很丰富，在“帽檐”、“二台阶”、上盘古生界、上盘“λ”形断块内都有油气聚集。

经过勘探实践与综合研究所确立的西北缘大逆掩断裂带的推覆体概念，以及据构造、沉积特征及含油特点划分的推覆体前缘断块带、下盘掩伏带及前沿、推覆体主体部分及地层超覆尖灭带4个含油领域，十分清楚地显示了不同领域在油藏类型与储盖组合上的差异，以及勘探上应采取的措施，不但大大扩展了沿断裂带的勘探面积，打破了昔日禁锢于前缘断块带的找油思想，而且使含油面积及地质储量得到了迅速的扩大与增长，显示了研究思想的解放及在开阔视野上的成效。此外，1985年首次在西北缘的红山嘴地区完成了一块35km^2的三维地震采集，展开了三维地震勘探的序幕。

4. 1991～2004年以扇体理论指导的勘探稳步发展阶段

这期间油气勘探处于正常稳步发展阶段，主要是断裂带下盘的突破与扇控论的深化。

1990年以后，西北缘勘探重点地区已转移到逆冲断裂带下盘近7600km^2的广阔斜坡带（即环玛湖凹陷地区），西北缘油气勘探又取得了重大突破。在主攻西坡带的勘探方针指导下，整个西北缘共采集二维地震3835.65km^2，三维地震覆盖2083.47km^2，发现稀油区块20个，面积245.3km^2，探明石油地质储量17831×10^4t；发现稠油区块3个，面积12.5km^2，探明石油地质储量3320×10^4t；发现天然气区块3个，面积21.4km^2，探明天然气地质储量$58.34\times10^8m^3$。在断裂下盘斜坡区发现了五区南二叠系地层不整合油气藏、玛湖低幅度背斜二叠-三叠系油气藏（玛北油田）、小拐断块二叠系佳木河组油藏（小拐油田）等。勘探成果表明，在大逆断裂带巨型油气聚集带前缘的盆地斜坡区，第三个油气聚集带已基本成为现实。

断裂带下盘斜坡区的突破，首先是1992～1994年发现的玛北油田，探明含油面积59km²，探明石油地质储量4378×10^4t；其次是1995年小拐断块油田的发现，探明含油面积49.9km²，探明石油地质储量6374×10^4t。证实了断裂带下盘地层－岩性或断块－岩性油藏的勘探潜力大。由于三维地震揭示了复杂的断裂带结构及冲积扇的展布，同时钻井工艺又可以避免储集层被污染，到20世纪90年代这些技术逐渐成熟，这可能是小拐油田发现较晚的一个原因。

1996～2002年，虽然在小拐油田夏子街、克拉玛依油田七区东克拉玛依上组等地区继续扩大了油气储量规模，但由于勘探重心主要集中于准噶尔盆地腹部，对西北缘投入减少，同时对西北缘经过40多年勘探后资源潜力和下一步勘探方向存在不同的看法，很多勘探家认为，西北缘认识清楚，勘探程度高，油气勘探已基本结束。对制约勘探的关键问题没有抓住，这期间对西北缘的油气勘探陷入了迷茫，探明储量的来源主要是油田探明区外的滚动，新发现少。

5. 2004年以来以成熟探区理论为指导的精细勘探发展阶段

这期间主要是明确了西北缘是被断裂复杂化的大型地层－岩性油气藏，利用油气互补共生有序聚集、岩性地层油气藏、前陆盆地等理论指导，提出了断裂对油气起富集控制作用的认识，找到了油气富集高产的主要控因和分布规律，发现了以前勘探中存在的制约油气勘探的关键问题，使得准噶尔盆地西北缘又迎来了一个油气储量增长新阶段。

2004年，中国石油根据准噶尔盆地整体勘探陷入困难的实际情况，提出对准噶尔盆地油气最富集的西北缘勘探潜力进行重新评价，在中国石油勘探开发研究院和新疆油田公司的共同努力下，发现了制约西北缘油气勘探的关键问题和下一步勘探的潜力依据，提出了围绕剩余油气井点开展勘探和评价的思路，进一步发展了针对准噶尔盆地的老井重新评价、产能预测、有效圈闭识别、油层保护、大型压裂等的油气勘探方法和技术。在成熟探区油气勘探理论指导下，2005～2014年，西北缘新增探明石油地质储量9.72×10^8t。如克百断裂带上盘石炭系油气勘探成效显著，过去50年西北缘石炭系探明石油地质储量1.02×10^8t，从1985年到2004年仅探明石油地质储量196×10^4t。在认为上盘石炭系油气勘探基本结束的情况下，按着成熟探区油气勘探理论进行精细勘探，提出了几个新认识：①断裂对油气起富集高产作用，改变了以前起封堵作用的观点，扩大了含油面积；②在断裂不发育处油藏主要发育于不整合面之下300m范围内，在断裂发育区域油气纵向分布范围可扩大到1000m以上，改变了以前油气纵向仅分布于不整合面之下300m以内的观点，扩大了纵向含油范围；③认为各种岩性（安山岩、凝灰岩、变质岩等）都能够发育良好储层并能够形成高产稳产油藏，改变了只有安山岩才能够成储、成藏和高产的认识，扩大了勘探对象；④新发现上盘石炭系油藏受上覆三叠系白碱滩组泥岩区域盖层控制。在这些新认识的指导下，2005年以来西北缘石炭系新增探明石油地质储量1.96×10^8t，是之前50年探明石油地质储量的近两倍。

西北缘上盘组合带、前缘断裂带、前缘斜坡带和掩伏构造带的地层－岩性油藏的勘探方兴未艾。目前地震勘探技术已可以基本展示断裂带的结构及砂砾岩体的分布，但对以不整合面和冲积扇体为基础形成的油气藏不能够清晰刻画。随着油气勘探技术（特别是地震勘探技术）的进步，及油气成藏控因、富集高产规律认识的不断深入，在西北缘成熟探区不断扩大油气发现的同时，成熟探区内的新区、新层系、新目标不断拓展，指导了西北缘不断发现更多的油气藏和储量。准噶尔盆地西北缘成熟探区油气勘探的成功，使油气勘探50多年的西北缘成熟探区重新焕发了油气发现新春，进入了一个新的勘探阶段。

三、准噶尔盆地西北缘油气勘探启示

准噶尔盆地西北缘油气地质条件复杂，油气勘探需要多个理论指导，才能不断发现油气，随着勘探理论的发展，西北缘探明石油地质储量增长具有多阶段、多峰值及正态分布的特点。在每一个勘探理论获得突破应用后，都带来一次储量增长高峰。通过剖析准噶尔盆地西北缘油气勘探发现的成功经验与过程，可以为类似西北缘的成熟探区油气精细勘探与评价提供借鉴和启示。

1. 探明储量构成特点

准噶尔盆地西北缘油气地质条件及成藏控因复杂，油气藏类型多样（表7－3），决定了西北缘成熟探区精细勘探的潜力较大。

表7－3　准噶尔盆地西北缘主要油气藏类型

油藏类型	构造为主型		地层为主型		岩性为主型	
	断层－岩性	断层－地层－岩性	潜伏剥蚀突起	地层超覆不整合	岩性上倾尖灭	砂岩透镜体
剖面示意图		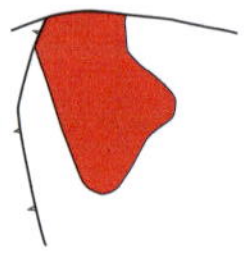	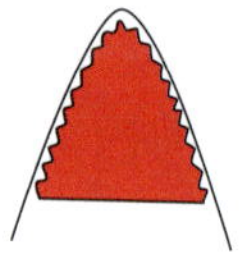	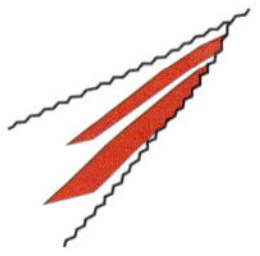	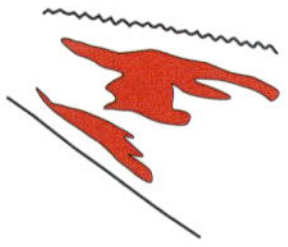	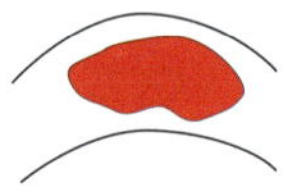
代表区块	百21井区	八区佳木河组	六中区	风城地区（K、J）	八区乌尔禾	风城地区风5井区
油藏类型	复杂断层－岩性	断层－地层	潜伏剥蚀构造	地层不整合遮挡	岩性体（白云岩）	岩性体（火山岩）
剖面示意图	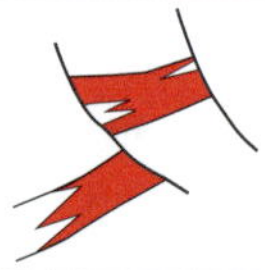	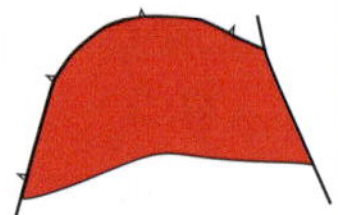	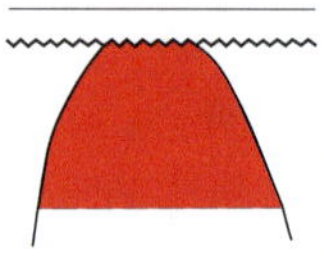	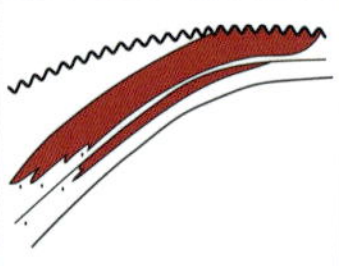	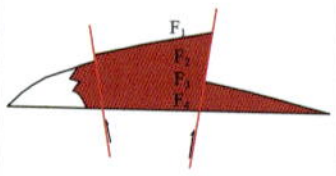	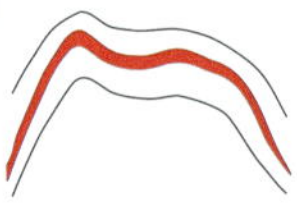
代表区块	检188井区	检105井区佳木河组	七区	夏9井区三叠系	凤4—凤13井区	夏子街夏72井区

西北缘油藏类型复杂，已探明储量油藏类型主要包括以构造为主型、地层为主型和岩性为主型三大类。从已探明油气藏的储量来看，单一控因的油气藏储量较少，仅占29.6%，其中断块及断鼻型油藏已探明石油地质储量最大，为14315.22×10^4t，背斜型油藏已探明石油地质储量最小，为5411×10^4t；已探明的复合型油藏地质储量较大，占70.4%，其中构造－岩性型油藏已探明石油地质储量最大，为51175.93×10^4t，地层－构造型油藏已探明石油地质储量最小，为1116×10^4t（表7－4）。

西北缘油藏储层岩性复杂，已探明储量油藏储层岩性主要包括砂岩、砂砾岩、砾岩、白云岩、火山岩等多种岩性。砂砾岩储层石油地质储量最大，为63895.91×10^4t；其次是砂岩储层，石油地质储量为31237.23×10^4t；砾岩储层石油地质储量为22191×10^4t，火山岩储层石油地质储量为10200×10^4t，白云岩储层石油地质储量为974×10^4t。

表 7－4　准噶尔盆地西北缘油气藏类型及储量（截至 2003 年）

油气藏类型		探明石油地质储量/10^4t	油藏数/个	油气藏类型		探明石油地质储量/10^4t	油藏数/个
单一油气藏	背斜	5411	9	复合油气藏	断块－岩性	14876	41
	断块（鼻）	14315.22	40		构造－岩性	51175.93	199
	地层	9179.99	5		地层－构造	1116	7
	岩性	8889	28		岩性－地层	22561	35
累计		37795.21	82	累计		89728.93	282

西北缘油藏储集层类型多样，已探明储量油藏储层类型主要包括孔隙型、裂缝－孔隙型、溶蚀孔隙型和裂缝型。储集层类型为孔隙型的石油地质储量 82815.23×10^4t；其次是裂缝－孔隙型，石油地质储量为 27233.78×10^4t；溶蚀孔隙型石油地质储量为 7798.14×10^4t；裂缝型石油地质储量为 9676.99×10^4t。

成熟探区油气精细勘探阶段，针对西北缘的不同类型的油气藏、储集层和岩性，均应加大勘探力度，挖掘勘探潜力，不断提高油气探明率。

2. 理论创新和方法技术进步是油气发现的关键

油气勘探理论的创新和方法技术的进步，对油气发现的指导作用体现在西北缘油气勘探的各个阶段。1952～1960 年，活动地台论理论的指导和大面积排式钻井技术的应用发现了大批油气藏，油气发现高峰出现在 1958 年，通过油气藏评价，第一个探明石油储量增长高峰出现在 1976 年左右。1961～1977 年，西北缘前陆逆冲断裂理论和扇控论的逐步形成，指导发现了乌尔禾油藏。1978～1985 年，勘探方法技术不断进步，如多道数字地震仪、综合录井仪、数字测井仪、地层测试器等先进仪器和设备的引进，地震多次覆盖施工技术、三维地震勘探技术、多震源施工技术、大型电子计算机应用技术、数值模拟技术、细分沉积相研究技术、储层孔隙结构研究技术及油层保护等先进技术的引进和应用；研究方法不断创新，地震、钻井、测井、试油、地质综合研究“五位一体”的综合勘探和整体解剖二级构造带方法的应用，在已经成熟的前陆逆冲断裂理论指导下，西北缘的油气发现达到了高峰。1986～2004 年，在扇控论指导下，通过三维地震在斜坡带迎来了又一个油气发现高峰。2004 年以后，在成熟探区油气勘探理论指导下，采用精细勘探方法技术，通过二次三维地震采集、油层保护、近平衡钻井、大型压裂等技术的采用，迎来了西北缘油气发现的又一个新起点。

从西北缘探明石油地质储量增长过程和勘探理论、方法、技术发展过程可见，每一个探明石油地质储量发现高峰都对应一个新勘探理论的指导，每一个探明石油地质储量发现的次高峰都对应一系列制约油气勘探的关键方法技术的突破。当新勘探理论和新勘探方法技术重叠时，就会出现探明石油地质储量发现的高峰期。因此，可以说新的适合西北缘勘探实际情况的勘探理论是油气发现的基础，起指导作用；新的适合于西北缘勘探的方法技术是油气发现的关键。也就是说，勘探理论、方法、技术的每一次创新，都会使得西北缘探明石油地质储量有一次大增长。

3. 勘探理论创新是推动油气发现的基础

准噶尔盆地西北缘从初期对槽－台过渡带构造环境的分析，以及与乌拉尔山前地区的类比分析，提出了“上地台找油”的观点，这是非常符合前陆冲断带聚油规律的。但仅仅认识冲断带结构在断裂带“广积粮”是不够的。这时产生了断裂活动与沉积作用之间相互制约的想法，提出了断裂带前缘扇体成藏的新认识。但勘探实践证明，无论是在断裂带还是在扇体分布区，油气的分布是不均一的，这虽然是一个基本常识，但其根本影响因素却是因地而异的。就西北缘而言，断裂演化的差异性与分段性是制约油气分布不均的内在原因。据此，只有对断裂活动、扇体沉积与油气生运聚过程进行有机匹配分析，才能进一步剖析油气分布规律，指出进一步的勘探方向。当油气发现到了一定程度后，在成熟探区油气藏勘探理论指导下，通过精细勘探，抓住以前勘探中制约油气发现的关键问题，并提出解决方法和相应技术，详细解剖，明确下一步勘探方向和目标，才能带来又一个油气发现和储量增长高峰。

由上所述，从初期逆掩断层的识别到大油田的发现，从油藏控制因素分析到逆冲断块细结构的认识，提出了逆掩断层控油论；从勘探突破前缘断块领域，到逆掩推覆体四大含油领域的认识，逆掩断层控油论不断被深化；从新层系（乌尔禾组）的突破，到逆掩断层对沉积作用制约的认识，扇控论适时被提出并逐渐深化，实现了对下盘斜坡区的重大突破；从勘探处于被动，无从下手，到从剩余油气井点出发，通过有效圈闭刻画，提出西北缘整体是被断裂复杂化了的岩性－地层油气藏，由此丰富了油气藏勘探理论及应用。由此可见，对准噶尔盆地西北缘逆掩断层带满带含油、互补共生有序聚集认识，经历了一个反复实践与不断深化的螺旋式上升过程。那么，新一轮的勘探将更加深化逆掩断层控制下的成熟探区油气勘探理论，深化精细勘探，同时指明了逆冲断裂控制的深层掩伏带是下一步找油气方向，这种认识将依赖于多种成藏模式的观点、成藏组合分析方法及现代构造地质学的解析手段。对西北缘上盘组合带、前缘断裂带、前缘斜坡带和掩伏带进行全面深入的勘探，西北缘的油气勘探将迎来又一个高潮。

第二节　存在的关键难题及对策

准噶尔盆地西北缘从克拉玛依油田发现到2003年，勘探开发历经近50年，探明石油地质储量 12.7×10^8t。但同时也存在不少制约西北缘成熟探区油气勘探的关键难题。西北缘早期勘探时，由于资料品质、方法技术和理论认识上存在盲区，丢失相当多标志不清、识别难度很大、常规方法不易发现的油气层，以及理论认识不到位未开展勘探的区域和层位，影响了油气勘探与发现，主要关键难题包括资料品质、理论及认识、方法技术等方面。

与中国陆上其他含油气盆地成熟探区相比，准噶尔盆地西北缘由于油气地质条件更复杂，制约成熟探区油气勘探的关键难题更多。这就需要精细评价每一个关键难题，并提出相应对策，指导西北缘成熟探区油气勘探进入油气储量增长新阶段。

一、资料品质关键难题及对策

资料品质存在的关键问题主要包括探井及地震资料分布、地震资料品质较差、老测井资料信息少、油气保护不好、试油不完善等方面。提出的主要对策是：在对资料进行品质评价的基础上，对探井的钻探及资料情况分层位进行整理评价，当某些层位的井资料不能有效识别油气层时，可看成无井区域；对地震资料进行评级优选，不能满足精细勘探的地震资料应进行重新处理或采集。

1. 探井及地震资料分布难题及对策

（1）探井分布不均匀

截至2003年，西北缘经过近50多年油气勘探开发，共钻探探井1759口，进尺 299.91×10^4m，847口井获工业油流，68口井获工业气流，探井成功率为48.3%。

A. 存在难题

探井平均密度为0.15口/km^2，探井平面分布不均匀，部分主力探区的探井密度超过75口/km^2，仍然有部分非主力探区探井密度较低，有些探区探井密度更低（图7－7）。部分主力探区的主力层位探井密度较大，非主力探区的非主力层位探井密度较低。

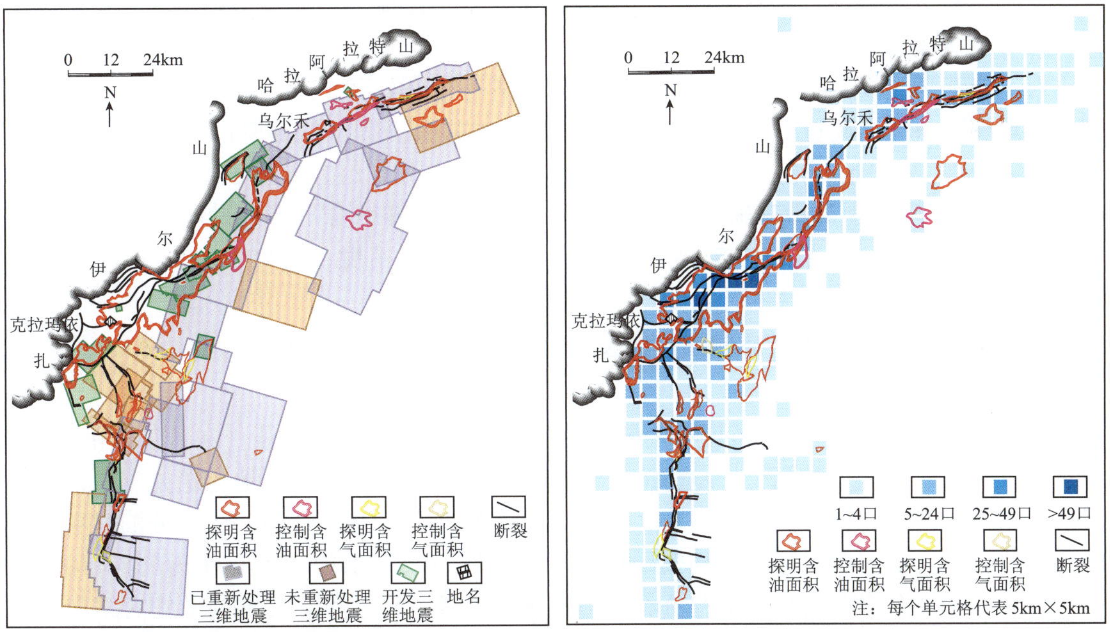

a. 西北缘三维地震资料分布　　b. 西北缘钻井密度分布

图7－7　准噶尔盆地西北缘三维地震及钻井密度分布

B. 主要对策

针对主力探区钻井密度较低区域或层位、非主力探区，优选有利区带及目标，实施钻探。

（2）地震资料分布局限、品质差别大

成熟探区精细勘探基于三维地震资料，西北缘三维地震勘探始于1985年的红29井区三维地震，已实施41块，累计面积7268.77km^2，其中开发三维地震11块，常规三维地震21块，宽方位角三维地震1块，大面元三维地震8块（图7－7）。

A. 存在难题

大部分三维地震资料品质不高，不能够满足精细勘探需要。三维地震覆盖率为58.1%，尚有41.9%的区域没有三维地震资料，油区附近的部分区域没有覆盖三维地震。

B. 主要对策

对地震资料进行品质分析，经过重新处理后能够满足精细勘探需要的进行重新处理，不能满足精细勘探需要的进行重新采集，同时，对没有三维地震覆盖的有利区进行采集。进行处理和采集时，要根据目的层特点，进行优化设计，在满足主力目的层油气勘探需求的情况下，尽量能兼顾上、下层系。

2. 地震资料品质不高难题及对策

（1）存在难题

西北缘由于地面条件和地下构造复杂，没有统一潜水面等条件，造成地震成像困难，使得西北缘的常规勘探地震资料品质较差，不能满足有效圈闭的识别和精细勘探要求。埋深2000m左右地层的地震主频一般为35Hz左右，3000m左右地层的主频为23Hz左右，满足不了对十几米储层的分辨要求和评价。这样品质的地震资料，只能完成对西北缘复合扇体、较大断裂的识别，而不能满足对复合扇体中单个扇体、小断裂的识别和评价。

（2）主要对策

对不能够满足成熟探区精细勘探的地震资料进行重新处理，经过重新处理后仍然不能满足的地震资料，重新进行三维地震资料的采集。同时，西北缘成熟探区内采集过11块开发地震资料，其分辨率和精度远远超过常规勘探地震资料，开发三维地震的面元小（12.5m×12.5m）。但油田勘探开发过程中勘探和开发地震结合不好，没有得到很好的利用，充分利用开发地震资料，提高储层预测和油气检测精度，有助于油气发现和储量增长。

3. 测录井资料不全漏失油气层难题及对策

（1）存在难题

1955～1986年，是西北缘油气规模勘探阶段，由于受当时技术条件和认识上的限制，测录井资料录取不全，忽视了低电阻率、低产油层。部分井无气测、地化录井资料，部分层系未作为目的层，没有测录井资料；多采用标准测井，没有综合测井，部分油气层无法得到有效识别。如在西北缘油气规模勘探阶段，侏罗系及以上地层没有作为勘探目的层，90%以上的井没有综合曲线和录井资料，只有很少一部分近几年钻探的新井中有综合测井和录井资料。研究发现这些地层中砂岩和砂砾岩并存，间互发育，已经发现的油气层主要发育在粗砂岩—细砂岩中，只有很少一部分油气层发育在粉砂岩中，少部分砂砾岩储层中有油气显示，但物性差，不能形成工业油流。在标准测井曲线上砂岩储层与砂砾岩储层特征基本一致，不能够在标准曲线上区分砂岩油气层和不含油的砂砾岩储层，同时也缺少录井资料。因此，这些地层中在缺少综合测井资料和录井资料的区域部分油气层被漏失了，这些区域的侏罗系及以上地层是成熟探区下一步油气勘探的重点区域之一。

从西北缘测井技术发展和应用阶段来看，1986年以前为模拟测井阶段，资料信息少，可靠性较差，西北缘1986年以前的测井资料占78.3%（图7－8），这部分资料对于三叠系、二叠系、石炭系中测井分辨率不高的油层可能会被漏失。统计西北缘测井时间的分布规律可见，1986年以后的测井资料主要集中在小拐和车排子地区，主力油区基本都是标准测井和模拟测井，录井资料较少，在这些地区会遗漏一些层位和区域的油气层，而这些层位和区域是精细勘探的主要对象之一。

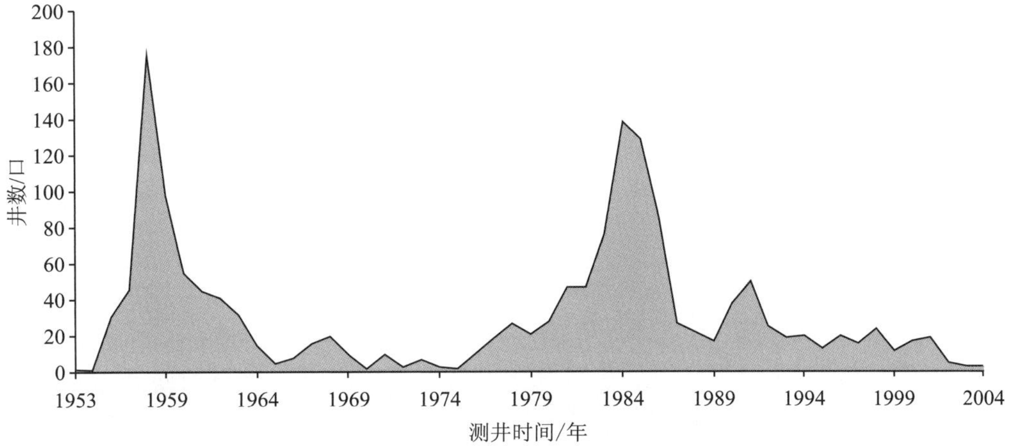

图 7－8　准噶尔盆地西北缘测井时间分布

（2） 主要对策

对可能漏失油气层区域和层位的测井资料进行评价，优选可能漏失油气层的区域和层位，通过部署预探和评价井，或在开发井钻探过程中，加测综合测井和综合录井，以便更好地发现油气层。在大范围内所有井都缺少综合测井和录井资料的非探明区，应部署针对这些层位的评价或过路探井间探。对存在疑难油层的区域和层位，应加测如核磁共振、成像测井等特殊测井系列，以有利于疑难油气层的发现。

4. 油层保护不好难题及对策

钻探证实，当泥浆柱压差与地层静压之间的压差超过 2MPa 时，造成油气层污染的概率会大大提高，且随着二者之间的压差越大，造成油气层污染的概率越大。在西北缘规模勘探阶段，受钻井条件限制，为了防止井喷，一般采用的泥浆密度较大。统计 6135 个试油层钻井液柱压力与地层静压关系发现，超过 60% 的井，目的层钻井泥浆与地层压力之间的压差超过 2MPa，造成油层污染；30% 井的钻井液与地层之间的压差超过 3MPa，12% 的井钻井液与地层之间的压差超过 6MPa（图 7－9），而这些井又是较早钻探的井。在 20 世纪 90 年代以前钻井时，很少考虑钻井液与储层黏土矿物的配伍情况，由于钻井泥浆滤液与地层矿物之间的不配伍，造成了钻井、完井、射孔等过程中的油层污染，这些因油层污染较严重造成勘探失败的井是重新评价的重点。

（1） 存在难题

规模勘探阶段，对油层保护重要性重视不够，油层保护问题考虑的很少，导致部分油层保护不好而造成污染，就污染来说没有补救办法，但随着时间的推移，一段时间之后油层污染会减轻。

（2） 主要对策

通过油层保护措施分析，发现试油产能与预测产能结论不相符的井，对其进行重新评价，重新预测产能，然后确定重新试油层位，可通过大型压裂等方法，解放一批油层和有利区。在新钻探井时，应根据储层特征、黏土矿物类型、地层水类型及矿化度、敏感性、地层静压等参数，选择与储层岩性、流体相配伍的泥浆类型和参数，采用近平衡或欠平衡方法钻井，实现油层保护，增加油气层发现概率。

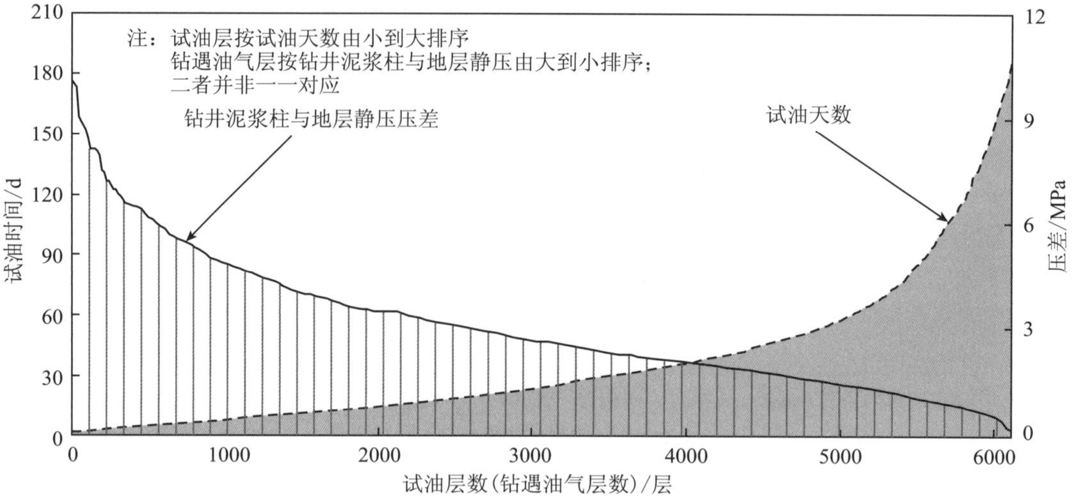

图7－9　准噶尔盆地西北缘试油天数及钻井液与地层静压压差分布

5. 试油不完善难题及对策

统计6135个试油层，发现超过68%的井试油时间少于60d，超过30%的井试油时间少于10d，甚至有的井试油只有1～2d。由于试油时间短，造成许多井的钻井滤液没有排完便停止了试油，致使部分井的试油结论不可靠（图7－9）。在对试油时间较短的井进行复查时发现，这部分井大部分属于早期勘探阶段，这部分井中对没有获得工业油流的井要结合测井录井、岩心等资料进行重新评价。

（1）*存在难题*

对试油资料分析发现，油气层试油时不出油气或达不到工业油流标准的原因，大部分是由于试油时间短造成试油不彻底。由于储层渗透率偏低，油层受到部分污染等情况，试油时间较短，部分井试油不彻底，造成试油结论不可靠。同时，由于试油措施不得当，漏失油气层，这些井是重点评价对象。

（2）*主要对策*

首先分析目标井周围的井，相同层位、相同条件井的试油、生产动态、油气探明等情况，结合目标井与邻井构造、岩性、距离等相关关系以及目标井的录井、测井、取心等资料情况，重新进行评价，优选井和层位进行重新试油，可解放一批油气层和有利区域。根据油气层情况，选用合适的油层改造措施，提高油气层发现成功率。对既缺少录井、测井、取心等资料，试油又没有获得工业油流的井所在区域进行分析，如果该区成藏条件好，应抛开一些不能提供有用信息且容易造成干扰井的约束，用新区的观点去重新勘探。

油层改造措施及过程重要参数的选取，是影响或决定试油结果和结论的重要因素，应根据储层情况，选取合适的射孔方式、压裂液、压裂压力的大小、加砂量等参数，做到最有效的油层改造，可提高试油获得正确结论的概率。如通过对准噶尔盆地西北缘乌尔禾八区油藏扩边的复查，发现805井解释油层厚度为30m，1988年4月试油仅1d，日产油0.21t，日产水2.95m^3，水样化验矿化度为18828mg/L，而相同层其他井的地层水矿化度为104193mg/L，可见，805井所产水与实际地层水的矿化度相差很大，推断为泥浆滤液，而非真正的地层水。通过复查发现钻井时所使用的该层的泥浆滤液和地层静压之差为

3.9MPa，由此分析，805 井油层保护不好造成油层污染，试油不彻底，而位于 805 井高部位的 8526 井初期日产油 6.9t，不含水，805 井低部位是已经开发的油藏。通过储层预测发现 805 井区特征与已开发油层区的特征一致，由此推断 805 井区控制范围内的储层应该为油层，恢复试油获油 15.6t/d。根据试油结果，在预测有利区内开展精细勘探，新增石油地质储量超过 500×10^4t。

二、方法技术难题及对策

成熟探区油气勘探关键的方法技术难题，包括复杂油气层识别与评价、目标识别与预测等方面，这些难题的解决将大大提高油气层评价和预测精度及勘探成功率。

1. 复杂油气层识别与评价难题及对策

（1）存在难题

1986～1992 年为数控测井阶段，测井质量虽然得到了较大提高，但仍然不能满足复杂储层、复杂油气层的识别和评价要求。1992 年以后发展到数字和成像测井阶段，测井质量基本能够满足复杂储层的评价和描述，但仍满足不了复杂油气层的识别和定量评价需要，需要结合其他资料进行识别和定量评价，存在复杂油气层的层位和区域是进行重新评价的重点地区之一。如车排子地区存在复杂油气层（图 7－10），从常规电性特征上看，对油层和水层的分辨率不高，二者的典型特征相似，容易漏失油气层，利用常规测井资料和常规方法识别此类油气层存在很大难度。因此，利用常规方法和常规测井资料得到的一些评价结论的可靠性应该重新评价，特别是只有模拟测井资料的某些评价结论更应该重新评价。

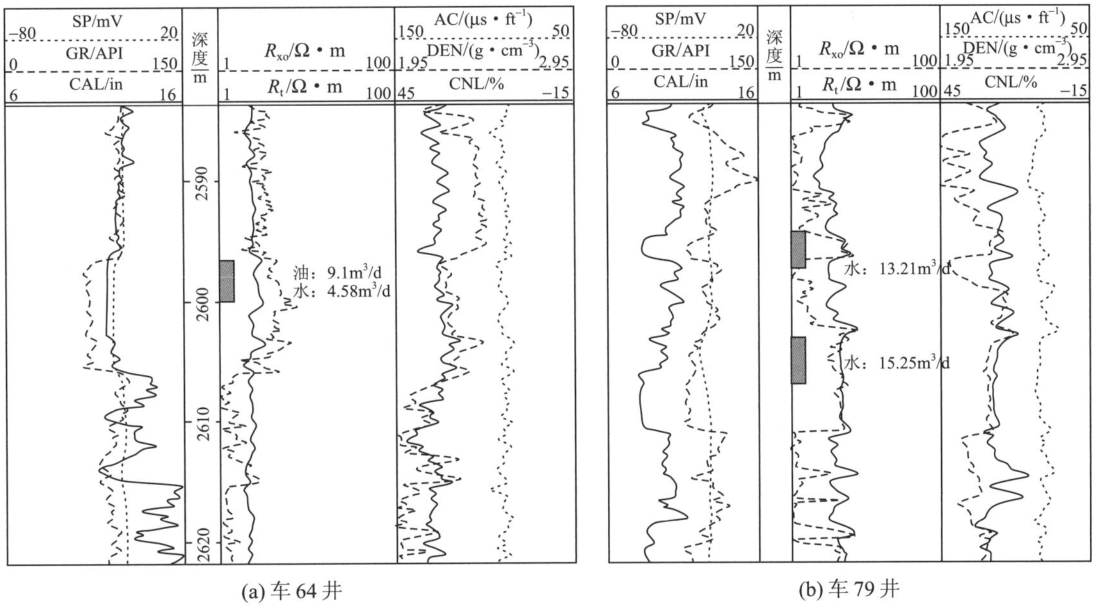

图 7－10　复杂油气层与水层常规测井响应特征

（2）主要对策

对包含地层信息较全的数控及数字测井资料，常规评价方法不能有效识别复杂油气层，应通过井发和建立新方法、新技术，对资料进行重新评价，对以前评价不可靠的一些评价结论应重新评价。

针对各种资料所包含油气信息的不同特点，采用综合各种资料信息手段进行油气层识别的方法。如车 56 井 1986 年 6 月开钻，1987 年 1 月完钻，白垩系底砾岩附近的 1 层砂岩，钻井泥浆密度为 1.2g/cm^3，地层压力系数为 0.901，试油 8d，平均日产水 0.59m^3，试油结论为水层。经过重新评价后发现，岩心含油饱满均匀，含油面积为 90% ~95%，滴水珠状不渗，气测全烃含量为 6514 × 10^{-6} ~ 11212 × 10^{-6}，组分出全，对测井资料重新评价发现，孔隙度为 20%，含油饱和度为 50%，解释结论为油层，2002 年 4 月对 2994 ~ 2999m 进行重新试油，日产油 6.4t，不含水，油层为 10m（图 7-11）。

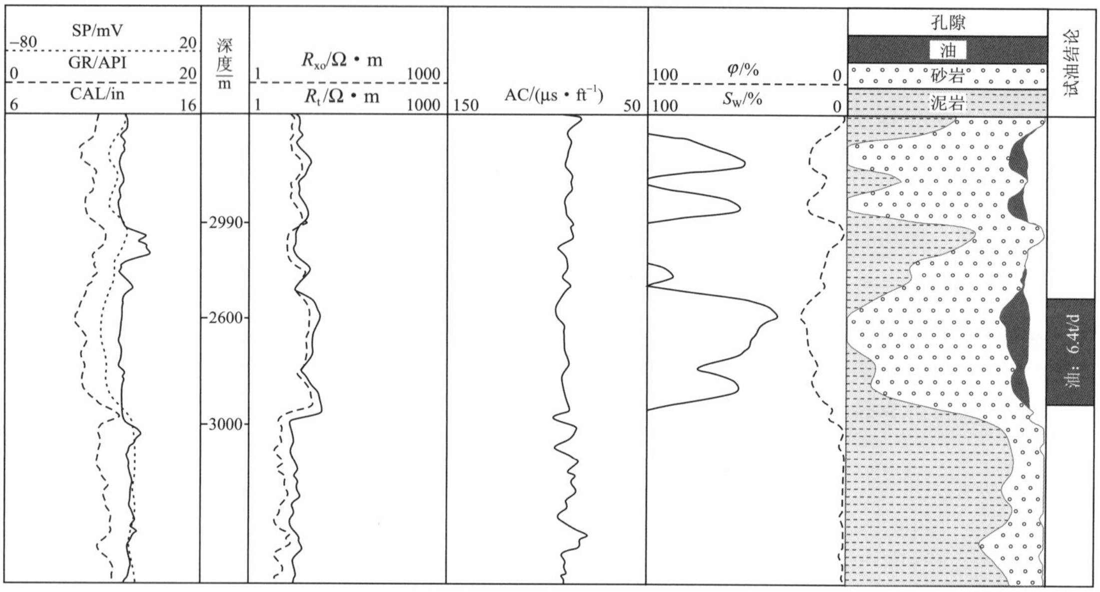

图 7-11　车 56 井重新评价成果

油气层识别在考虑油层保护和储层改造等工程问题的同时，主要从测井、气测录井、地化热解等方面开展油气层识别，同时要考虑钻井、射孔、试油过程及参数等因素。在复杂油气层评价过程中，现有方法对油气层识别率低，原始地层的有用信息没有恢复或恢复不全，不能满足油气层识别和评价需要，要想提高油气层识别精度，就必须开发能够反映原始地层信息、能够识别疑难油气层的新方法技术。

成熟探区在过去规模勘探阶段，对油层保护考虑较少，导致不同井之间气测录井等资料的差异很大，常规方法只将气测资料作为油气层识别的辅助资料，没有有效方法对气测资料进行校正，气测资料对油气层的识别率低。应通过恢复原始地层信息的方法，提高气测录井资料在油气层识别中的作用，将气测录井从辅助定性识别油气藏提高到定量评价油气藏。

对于地化热解资料，由于仪器类型、样品类型（岩心、岩屑、井壁取心）受到的影响因素较多，地化热解资料在油气层识别中起辅助作用，直接利用地化热解资料进行油气层识别精度低。需要建立恢复地层原始信息的模型和方法，通过恢复原始地层信息，提高地化热解资料识别油气层精度，将利用地化热解资料只能进行定性或半定量识别油气藏提高到能够定量评价油气藏，从而提高对复杂储层和疑难油气层的识别精度。

2. 目标识别与预测难题与对策

成熟探区油气勘探中，不同类型的目标勘探难点和对策不同，准噶尔盆地西北缘目标识别与预测主要存在以下几个难题。

（1）低幅度圈闭识别

A. 存在难题

低幅度圈闭在地震资料时间域幅度为5ms左右，深度域幅度为10～20m，极易受速度影响，不容易发现，且目标埋藏深度越深，越难识别。

B. 主要对策

开展精细地表结构调查与静校正处理攻关，进行精细速度分析和构造成图。

（2）小断距复杂断块圈闭识别

A. 存在难题

地震资料上小断距复杂断块的断距一般小于半个相位，断裂相交处断距变小，断裂组合复杂多解，识别难度大。

B. 主要对策

开展高分辨率地震攻关与正演模型研究，进行断裂封堵性研究。

（3）前陆冲断带复杂构造圈闭识别

A. 存在难题

地表结构复杂，静校正难度大，激发能量变化大，地下构造复杂，断裂多，倾角大，主要目的层反射能量弱，没有标志层，构造较陡，地震偏移成像难度大。

B. 主要对策

开展精细地表结构调查与偏移成像处理攻关，进行叠前深度偏移攻关，山前复杂构造建模研究。

（4）岩性圈闭识别

A. 存在难题

砂层薄，连续性差，难以追踪对比，尚未建立起有效的地震相识别模式、沉积相模式和砂体空间分布结构模型，含钙泥岩与砂岩的波阻抗差异小，影响了储层反演可信度，由于低渗储层在垂向和横向上非均质性很强，成岩作用对储集物性的影响很大，砂体的连通性很难预测，河流砂体等水道化沉积砂体的预测难度更大。

B. 主要对策

转变观念，突出岩性油气藏勘探，强化地震采集施工，提高地震分辨率，进行沉积体系研究，开展岩性油气藏成藏条件研究，加强地质对物探的指导，开展AVO烃类检测攻关研究。

（5）低孔渗及薄互层储层质量与规模

A. 存在难题

影响储层性质的主控因素和相对优质储层的发育规律认识不清，砂砾岩及薄砂体横向可对比性较差，砂体连续性差，分布不稳定，表现为“一砂一藏”特征，搞清储层发育规模和分布是勘探急需解决的重大地质问题。

B. 主要对策

开展沉积体系对储层控制因素、储层建模、储层成岩机理等研究，寻找优质储层。主要解决砂体的连续性和连通性，砂体的连续性着重解决单砂体的几何尺寸；砂体连通性着重解决砂体间叠置连通，关系到单井控制储量；连通砂体中间的垂向、横向上成岩演化序列及阻渗带发育情况。选择合适的储层改造技术，解放油气层，提高单井油气产能。

（6）油气藏规模以中小型为主

A. 存在难题

成熟探区油气勘探目标以中小型为主，控制因素越来越复杂，埋藏深度逐渐增大，油气成藏受个别因素控制明显。

B. 主要对策

紧密围绕成熟探区内富油气凹陷及其周缘，沿油气运聚主线和次要路线，以剩余油气井点和油气显示井点为基础，优选有利区带、层位和目标。

三、理论认识难题及对策

理论认识创新和应用是解决成熟探区油气勘探难题的基础，准噶尔盆地西北缘在地台、逆冲断裂、扇体等理论指导下发现了大量油气藏和储量，未发现的油气藏越来越少，在油气控因越来越复杂的情况下，需要新理论认识指导，才能突破勘探困局，实现油气发现和储量增长的新高峰。在西北缘开展成熟探区油气勘探之前，其理论认识主要存在以下难题，为这些难题找到解决对策，促使了成熟探区油气储量增长。

1. 成熟探区油气勘探理论认识

准噶尔盆地西北缘属于富油气盆地中的富油气凹陷，不同区带和层位勘探潜力不同，不同类型油气藏发育区域和层位存在很大差别，要用辩证思维分区、分层位开展评价。

（1）存在难题

把准噶尔盆地西北缘作为一个整体用同样的思维去评价，认识到油气分布的广泛性，对差异性认识不足，没有分区带、层位、不同类型油气藏开展系统评价；不同区域、层位勘探程度差别很大，在油气富集的主力勘探区和层位投入大，而当时认为为非主力的勘探区和层位投入少，甚至未作考虑，造成勘探程度和投入的不均衡。

（2）主要对策

按富油气凹陷油气有序互补共生聚集理论认识，分区带、层位和油气藏类型开展研究和勘探部署，既注重油气的有序共性分布特点，又要重视油气分布的互补共生聚集差异性，区别对待；将西北缘富油气凹陷作为一个整体开展研究，但要用差异认识指导勘探部署；在冲断带上盘、下盘、斜坡区、掩伏带，发育的油气藏类型存在很大差异，针对不同类型油气藏形成条件，开展差异性评价和部署。

2. 岩性地层油气成藏理论与认识

自西北缘规模勘探到2003年，大部分时间在用构造油气藏观点开展油气勘探，随着勘探进展发现扇体油气藏后，开始利用扇体成藏理论指导勘探，但不系统。

（1）存在难题

没有利用系统的岩性地层油气藏理论认识作指导开展油气勘探，对有效储层及下限认识不够清楚，对不同岩性形成有效储层的机制和分布规律尚待提高。如对石炭系有效储层岩性的认识，从基岩到只有安山岩能形成有效储层，没有考虑火山岩经过长期风化淋蚀和复杂断裂改造后，不同火山岩岩性均能形成有效储层，断层对油气起富集作用而非封堵作用等。如对扇体有效储层勘探，没有认识到扇根砾岩封堵性及形成条件，在埋藏较浅的扇根中发现油气藏，而埋藏较深的扇中或扇缘才是有效储层发育区。

（2）主要对策

用岩性地层油气藏理论认识作指导，围绕富油气凹陷开展系统的研究，搞清不同类型岩性、岩相的有效储层下限，搞清不同岩性、地层油气藏的形成机理、成藏控因和分布规律，针对不同类型岩性地层油气藏开展针对性的目标识别。

3. 油气藏类型及控因认识

西北缘发育多种类型的油气藏，成藏控因和分布规律复杂，大部分油气藏与断层相关，前陆冲断带中的走滑断裂和小断裂对油气成藏起关键作用。

（1）关键难题

对不同油气藏类型的控制因素认识尚待提高，如与断层相关的油气藏，断层封堵性是关键，岩性地层油气藏顶底板有效性是关键，岩性油气藏形成区的砂地比是关键。对不同类型油气藏的分布规律认识有待于进一步提高，如断裂带上下盘、掩伏带、斜坡带等油气分布规律存在很大差异性。

（2）主要对策

针对不同类型油气藏开展系统的控制因素研究，搞清油气藏关键控制因素。搞清不同类型油气藏分布规律，预测不同类型油气藏的分布区域和发育层位。对走滑断裂和小断层的油气成藏控制作用开展系统研究，搞清与油气成藏的关系。

4. 剩余油气井及资源潜力认识

含油气盆地油气资源量随着勘探及认识不断深入会逐渐增加，这一点在中国含油气盆地资源量评估过程中得到体现。油气资源潜力是成熟探区油气勘探的资源基础，成熟探区中剩余油气资源量越大，勘探潜力越大，当油气发现到一定程度后，利用已有油气发现和形成的新理论认识重新进行油气资源评价，可以更准确确定成熟探区油气勘探方向。

（1）存在难题

截至2003年，西北缘石油探明率为38.1%，处于油气勘探中期阶段，但大部分勘探家认为，西北缘油气勘探已基本结束，再出现油气储量高峰的可能性较小。剩余油气资源量是否存在，分布在什么区域和层位，是否还有新的油气资源量，西北缘剩余近400个油气井点尚未探明，是否是孤立油气井点，如何实现由点到面扩展，是否发育如非常规油气等新油气类型等难题，是西北缘成熟探区油气勘探需要解决的难题。

（2）主要对策

对西北缘成熟探区油气勘探必须坚定信心，西北缘油气地质条件和成藏控因复杂，决定了该区油气勘探必须经过多轮才能逐渐逼近油气发现极限，目前处于油气勘探中期阶段，勘探潜力很大。从剩余油气井点入手，逐个分析油气成藏控制因素和分布规律，实现从点到面的扩展。重新评估油气资源潜力，西北缘前陆掩伏带之下烃源岩对油气资源量的贡献，在3次资源评价中并未考虑，如果考虑此部分资源将大大增加油气资源量，使西北缘现有探明程度大大降低。

5. 非常规油气成藏理论与认识

随着油气勘探的进展，油气勘探由常规油气发展到非常规油气，二者在形成条件、控制因素和分布规律上差别很大，常规油气富集区，一般也是非常规油气富集区，西北缘富油气凹陷的非常规油气是否有潜力，下一步勘探方向如何确定，是非常规油气勘探的关键。

（1）存在问题

前期勘探中只重视常规油气勘探，并未对非常规油气进行研究和勘探，常规油气勘探注重区带和目标有效性评价，非常规油气注重“甜点”区评价和优选，而这方面工作未开展，其潜力多大，“甜点”区如何分布等问题亟需解决。

（2）主要对策

以非常规油气理论认识为指导，开展非常规油气形成条件、控制因素和“甜点”区分布规律研究，评价优选“甜点”区，对非常规油气资源潜力做出合理评估。

第三节 理论认识及勘探方法与技术

准噶尔盆地西北缘成熟探区精细勘探基于“富油气凹陷”油气富集规律，从剩余油气井点入手，在成熟探区理论认识指导下，开发适应性的方法技术，针对制约油气勘探的难题，提出解决对策，优选勘探方向，评价优选有利区和目标，开展勘探部署，由点到面，逐渐扩展，从成熟探区内部扩展到新区、新层系、新目标，实现油气勘探发现和储量增长。

西北缘成熟探区油气勘探强调勘探、评价、开发、工程的有机结合。从已探明区和生产动态入手，通过分析剩余油气井，确定有利目标评价区，强调对已知信息和资料的分析，从已知资料中判断以前评价结论的可靠程度，从中去伪存真，从整体评价入手，优选重点评价目标。对原有勘探不成功的结论应持怀疑态度，对资料进行重新评价，重新认识油气成藏控因。所需主要资料包括开发动态、测井、地质、地震、钻井、油藏工程、采油工艺等，即所用资料中包括勘探、开发、工程等所有蕴含对成熟探区精细勘探有利的信息，都将综合利用，并加以深入分析，要十分注重从探明区资料分析中获取未探明区资料评价的思路和信息。

西北缘成熟探区精细勘探应开展的主要工作包括资料可靠性重新评价、新资料采集，主要目的层层序地层学与沉积相研究，各层组精细构造研究，精细油气地质研究，油气成藏控因与油气分布规律研究，老井复查及剩余油气井分析，产能预测和圈闭有效性评价，目标评价优选，工程适用性技术应用等。

这里只就西北缘成熟探区精细勘探采用，且前面没有涉及的理论、认识及关键方法技术的相关方面进行阐述。

一、主要研究内容

西北缘成熟探区精细勘探范围包括成熟探区内和新区、新层系，不同层次的油气精细勘探研究内容存在很大差别。成熟探区内的油气勘探采用的主要技术路线是在沉积背景、油气地质条件综合研究基础上，从已探明区和剩余油气井入手，通过油气层识别与评价，有效识别漏失油气层，通过剩余油气井产能评价，预测单井纵向各油气层的产能是否达到工业油气流；通过圈闭有效性评价，实现有效圈闭内储层连通性及油气层分布评价；通过对沉积微相、成藏控因、油藏类型、储层参数、流体性质等研究，确定有利评价目标和规模、油气储量范围，提出钻探井位或重新试油方案，通过钻探或重新试油解放油层，扩展油气区，从而实现油气精细勘探的突破和储量增长。对于新区、新层系油气勘探，采用与常规新区勘探类似的思路和方法，但应从已发现油气藏的解剖和评价入手，在类比基础上开展，对已有资料的利用和借鉴很关键。

成熟探区精细勘探主要开展有利区带评价、油气层识别和评价、产能评价、剩余油气井评价、储层描述与预测、圈闭有效性评价、油气层保护和改造技术等方面的研究。

1. 油气地质基础研究

（1）优选研究层系和区域

应用构造地质学、沉积学、层序地层学、储层地质学、石油地质学等理论，对西北缘主要有利区域的构造、沉积、储层相互配置关系进行分析。应用含油气系统理论分析油气成藏控制因素及富集规律，指出油气成藏有利区带。从已知油气藏解剖入手，揭示不同类型油气藏的成藏控因、分布规律、储量规模，与构造、岩性、地层的关系，划分不同类型油气藏的有利分布区。

（2）沉积、构造研究

在前人研究基础上，通过利用关键井和新井的修正，开展沉积微相研究。通过研究区解释层位的构造解释与测井资料结合确定研究层位的断裂和构造，搞清断裂与沉积、储层关系，沉积构造结合预测有利储层发育区和油气运移指向区。

（3）有效储层下限及分布规律研究

从取心井岩心分析化验、试油试采资料入手，研究不同区域、层位的有效储层下限、控制因素和变化规律，与沉积体系、构造、不整合等条件相结合，确定有效储层发育的区域和层位。

2. 油气层识别预测研究

（1）油气层识别方法技术

西北缘储层、流体、岩性复杂，资料时间跨度大、类型多、品质不一、评价结论可靠程度差别大。根据不同资料品质，开展油气层识别评价，提高油气层识别评价符合率。

（2）产能评价及预测

从试油、测试资料入手，研究地层压力、流体性质、产能分布规律，研究产能与物性、地层压力、流体性质的关系，揭示油气产能控制因素及分布规律，对油气产能进行预测，评价出工业油气流发育区。

（3）剩余出油气井评价

对剩余出油气井（是指有油气发现，由于各种原因未扩展、未提交探明储量的出油气井）开展评价，通过有效储层、圈闭有效性、与钻井液性能、地层压力等关系，优选能达到工业油气流产能且能够扩展的剩余油气井，预测其控制的有效圈闭区域和潜力。

（4）圈闭有效性评价

在有利区带评价优选基础上，根据油气成藏控制因素、分布规律、有效储层、油气产能、剩余油气井的评价，优选需要进一步评价目标开展重点解剖。通过层位标定、精细构造解释、储层反演与预测、油气检测、圈闭有效性及规模预测，落实被评价圈闭的钻探井位。

3. 油气层保护与改造

西北缘成熟探区勘探开发时间长，针对前期勘探中油气层保护不好、试油不完善、导致试油结论不可靠的井，开展重新评价，优选出下一步重新试油和部署的新井区。根据储层和油气层条件，开展油气层保护和储层改造措施的适合性研究，优选出合适的对应方法技术，在新钻井中应用，以提高油气层发现率。如针对敏感性储层的油气层保护，针对中低渗储层的压裂改造，针对碳酸盐岩储层的酸压改造等技术，都是解放前期勘探中漏失油气层的有效技术。

二、油气资源潜力评价

西北缘发育大型逆冲断裂，不同层位的推覆距离不同，造成推覆体的“帽檐”宽度和控制范围存在较大差异，如二叠系由上向下乌尔禾组、夏子街组、风城组、上佳木河组、中佳木河组和下佳木河组的“帽檐”宽度和控制范围越来越大，“帽檐”宽度分别为0.2～0.5km、0.89～2.87km、1.54～3.12km、2.66～4.06km、4.09～5.31km、16.33～24.5km，控制范围分别约为50km^2、191km^2、202km^2、535km^2、671km^2、1628km^2（况军等，2008）。

据2000年第三次油气资源评价结果，准噶尔盆地西北缘石油总资源量为33.4×10^8t，这是没有考虑扎伊尔山和哈拉阿拉特山之下掩伏的烃源岩估算的石油资源量。2006年新采集的过老山地震资料明显显示（图7－12），西北缘石炭系推覆体沿二叠系佳木河组烃源岩顶部滑脱，佳木河组沉积和烃源岩中心位于老山掩伏带之下，即佳木河组的大部分有效烃源岩掩伏在老山之下（管树巍等，2008）。根据2006年新的解释方案，重新确定二叠系佳木河组烃源岩的分布（图7－13），与2000年第三次油气资源评价时佳木河组烃源岩分布相比（图7－14），新增加65%体积的佳木河组烃源岩掩伏在老山之下，与第三次油气资源评价数据类比，新增加的佳木河组烃源岩可为西北缘贡献约8×10^8t的石油资源量。

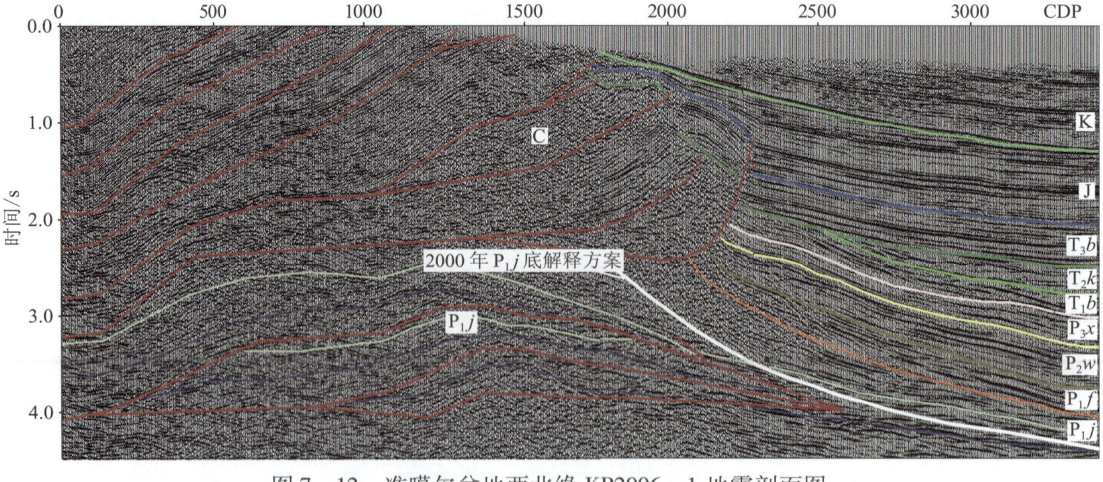

图7－12 准噶尔盆地西北缘KB2006－1地震剖面图

就佳木河组新增加的烃源岩来看，西北缘总的石油资源量可达41.4×10^8t，按此石油资源量计算，2003年底西北缘总的石油探明率仅为30.7%，处于油气勘探的中早期，勘探潜力很大。

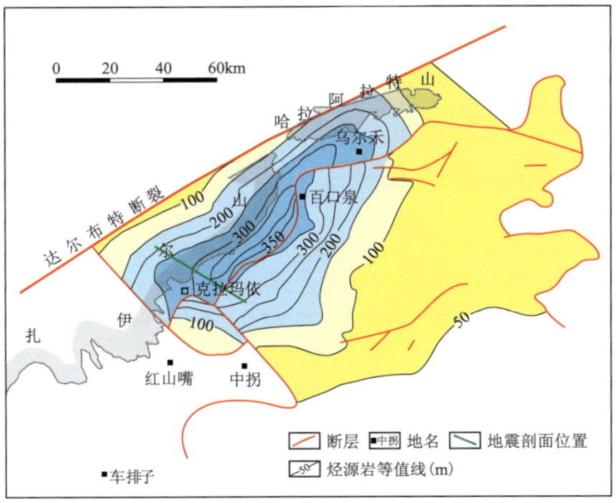

图 7－13　准噶尔盆地西北缘 P_1j 烃源岩分布（2006 年）

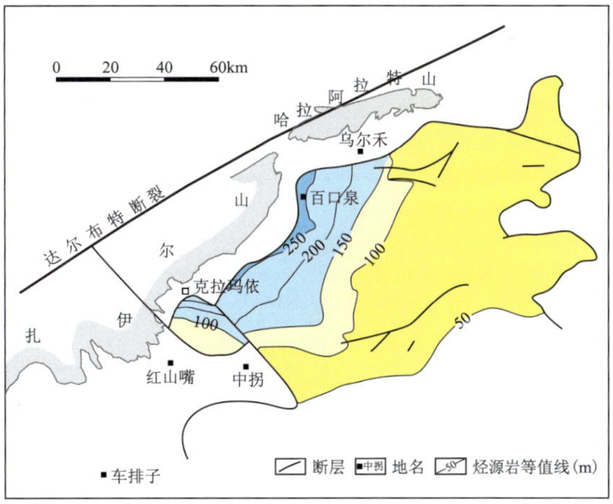

图 7－14　准噶尔盆地西北缘 P_1j 烃源岩分布（2000 年）

三、剩余油气井评价

由于准噶尔盆地西北缘油气地质和成藏条件复杂，油气藏类型多样，勘探时间长等因素，造成存在大量剩余油气井点，这些剩余油气井点是开展精细勘探的基础和现实目标区所在。

1. 剩余油气井情况

针对西北缘资料品质不一，可能导致一些评价结论不可靠的实际情况，提出采用新方法，重新制定评价标准对老井资料进行评价。老井复查时必须从探明区已知油区相应油层的评价标准出发，根据研究层位储层、流体性质等情况，结合试油情况和产能预测对评价剩余油气井进行综合评价。2004 年通过对 1606 口井的重新评价，发现剩余出油气井 385 口，461 层；剩余工业油气井 367 口，其中稀油井 208 口，日均产油 7.9t，稠油井 95 口，日均产油 1.91t，天然气井 64 口，日均产气 $7.8\times10^4m^3$（表 7－5）。通过老井复查还发现许多没有试油但符合油气层特征的井，这些井是下一步老井恢复试油的重点；同时发现多口油气层，但不具备重新试油条件，这些井是下一步对该区本层系勘探重点关注的井。如车 26 井，通过老井重新评价发现 695～710m 是油层，但由于技术套管与油管之间的水泥返高只到 1395m，不具备重新试油条件（图 7－15）。

表 7－5　准噶尔盆地西北缘不同层系剩余油气井分布

系	组	井点数/口	平均日产油量/t	平均日产水量/m^3	平均日产气量/10^3m^3
白垩系		14	3.80	3.74	34.28
侏罗系	齐古组	10	2.49	5.14	0.07
	头屯河组	2	3.27	0.00	36.13
	西山窑组	4	3.51	0.98	0.00
	三工河组	13	18.27	10.33	2.91
	八道湾组	57	2.58	6.97	5.77

续表

系	组	井点数/口	平均日产油量/t	平均日产水量/m^3	平均日产气量/10^3m^3
三叠系	白碱滩组	24	4.58	2.14	2.56
	克拉玛依上组	142	2.21	2.02	16.44
	克拉玛依下组	155	2.33	1.51	9.88
	百口泉组	35	2.18	0.83	0.40
二叠系	上乌尔禾组	21	2.97	11.03	9.47
	下乌尔禾组	23	2.23	1.23	9.94
	夏子街组	30	4.79	6.63	11.81
	风城组	10	2.77	14.32	0.00
	佳木河组	39	2.72	5.17	10.31
石炭系		34	7.82	3.01	9.16

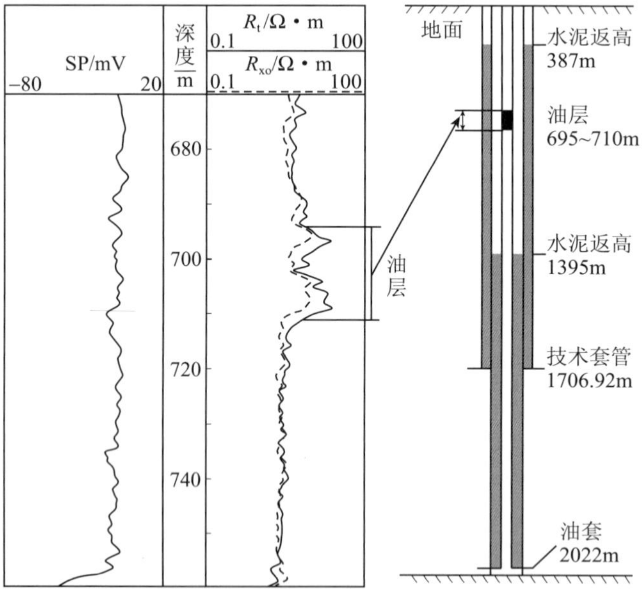

图 7 - 15　车 26 井测井曲线及井身结构示意图

2. 剩余油气井分布特点

西北缘剩余油气井分布在 5 个层系 16 个层组（图 7 - 16），所有已探明层系均存在剩余油气井，不同层系剩余油气井的单井原油产能存在差别，稀油产量高，且大部分层系的剩余油气井的平均产能都能达到工业油气流产能，这些井所在的圈闭区域是下一步重点勘探对象。对于剩余稠油井，有部分层系平均产能都能够达到工业油流，但大部分层剩余油井产能达不到工业油流，而这些井根据试油资料，大部分是采用的常规试油方法。根据西北缘稠油层常规试油见油、采用热采一般都能够获得工业油流的经验，这些井所在区域也是下一步精细勘探的有利目标，要注意的是现在西北缘的稠油和稀油产量各占 50%，稠油也很重要。对于剩余气井，并不是每个层系都存在剩余出气井，但也有 10 个层系存在剩余气井，有 9 个层系剩余气井能够达到工业气流，精细勘探对于剩余气井来说所控制范围是勘探关键。

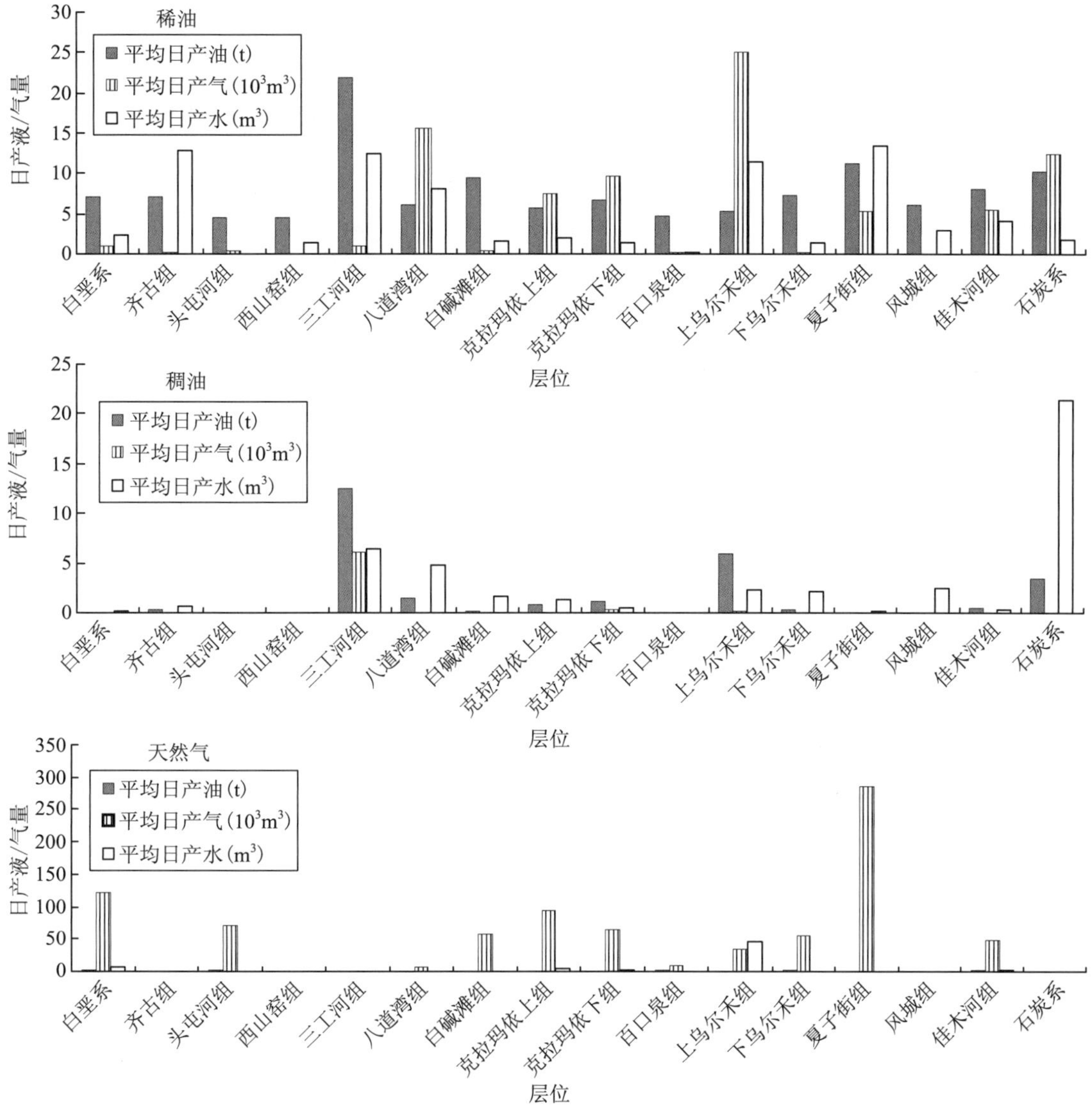

图 7－16　准噶尔盆地西北缘不同层位剩余油气井平均产量分布

由于西北缘剩余油气井多层分布，从平面叠加来看，在叠加探明油气面积内外呈满带分布（图 7－17）。西北缘剩余油气井在各层的数量、分布范围不同，已探明储量的主力层系和区域剩余油气井多，非主力油气层和区域剩余油气井相对少。主要集中于断裂带上盘及断裂带附近，即主要集中于目前探明油气藏附近。可见，现有探明油气田叠加面积内外、上下层系都是油气精细勘探及储量升级的潜力区，也是西北缘精细勘探的现实区域和主要依据。围绕剩余油气井开展精细勘探的同时，发现探明油气面积和剩余油气之间存在很多勘探程度低的区域，这些区域是西北缘新区、新层系进一步拓展勘探的主要区域，潜力大。

（1）白垩系

剩余油气井主要分布在红车－断裂带，特别是红－车断裂带南端的车排子附近，共有 15 井层，说明白垩系在车排子附近成藏条件较好，这些区域是下一步精细勘探的重点。

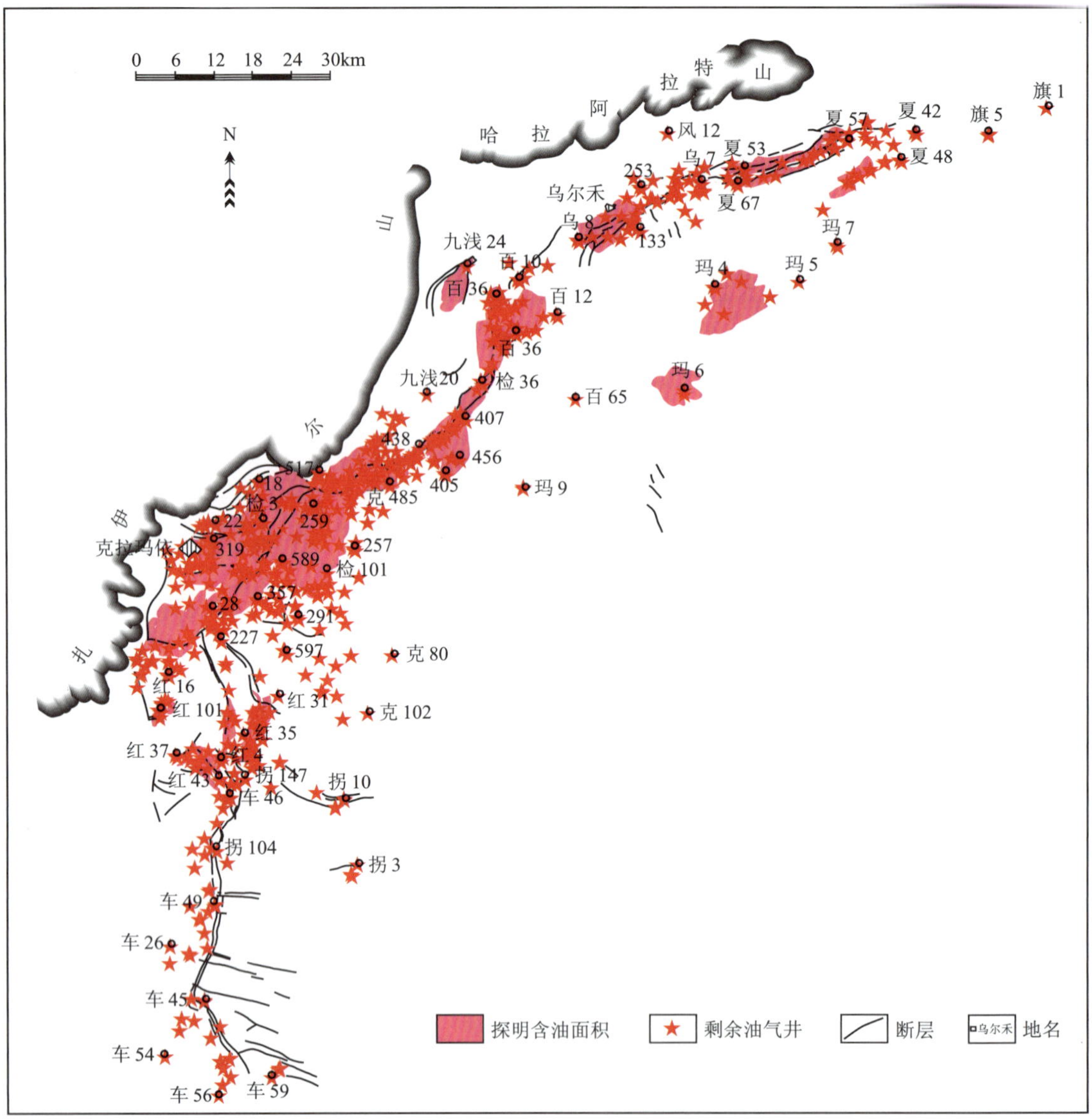

图 7－17 准噶尔盆地西北缘剩余油气井分布

在没有剩余油气井的克－百断裂带和乌－夏断裂带，白垩系已经发现有的井存在好的油气显示，但没有试油，这些区域是下一步勘探的新区域，应重点关注。在白垩系剩余油气井附近发育多条断层，这些断层与其上层系沟通成为油气运移通道，其上的古近－新近系圈闭发育区也是重点勘探领域。根据西北缘白垩系油藏特征，在西北缘白垩系及以上地层进行油气勘探时主要寻找的是砂岩、细砂岩储层，砂砾岩储层孔隙条件较差。

（2）侏罗系

剩余油气井在各主要区域均有分布，共有 86 井层，但分布较散。从侏罗系油气藏的主控因素可知，断裂是油气的运移通道，大部分深层断裂断没有断穿侏罗系，深层断裂发育的层位是油气聚集有利区。同时，侏罗系主要发育上倾尖灭或稠油封堵的岩性油藏，部分是断层遮挡的断块油藏。该层剩余油气井的上方是精细勘探的主要区域，而稠油剩余油气井分布区及下倾方向也是主要勘探区域，规模勘探时未作为目的层的区域和勘探程度低的区域是下一步勘探的主要区域，勘探潜力大。

（3）三叠系

剩余油气井共有256井层，西北缘大部分区域都有分布，但主要分布于已探明油区附近（图7－18），剩余油气井分布的已探明区附近区域和上下层系是现实勘探领域，主要包括克－百、乌－夏和红山嘴地区。三叠系油藏的油气主要是沿断裂由下向上运移至此，主要储集在砂砾岩储层中，埋藏较深的储层中裂缝是主要的渗流空间，因此，没有断裂存在、埋藏较深的区域的储层可能较差，应围绕剩余油气井在断裂带附近、断层附近及上倾方向开展精细勘探，勘探潜力大；同时，断裂带下盘三叠系具有良好的油气成藏条件和资源潜力，将是下一步油气勘探的新领域，应加强研究和勘探。

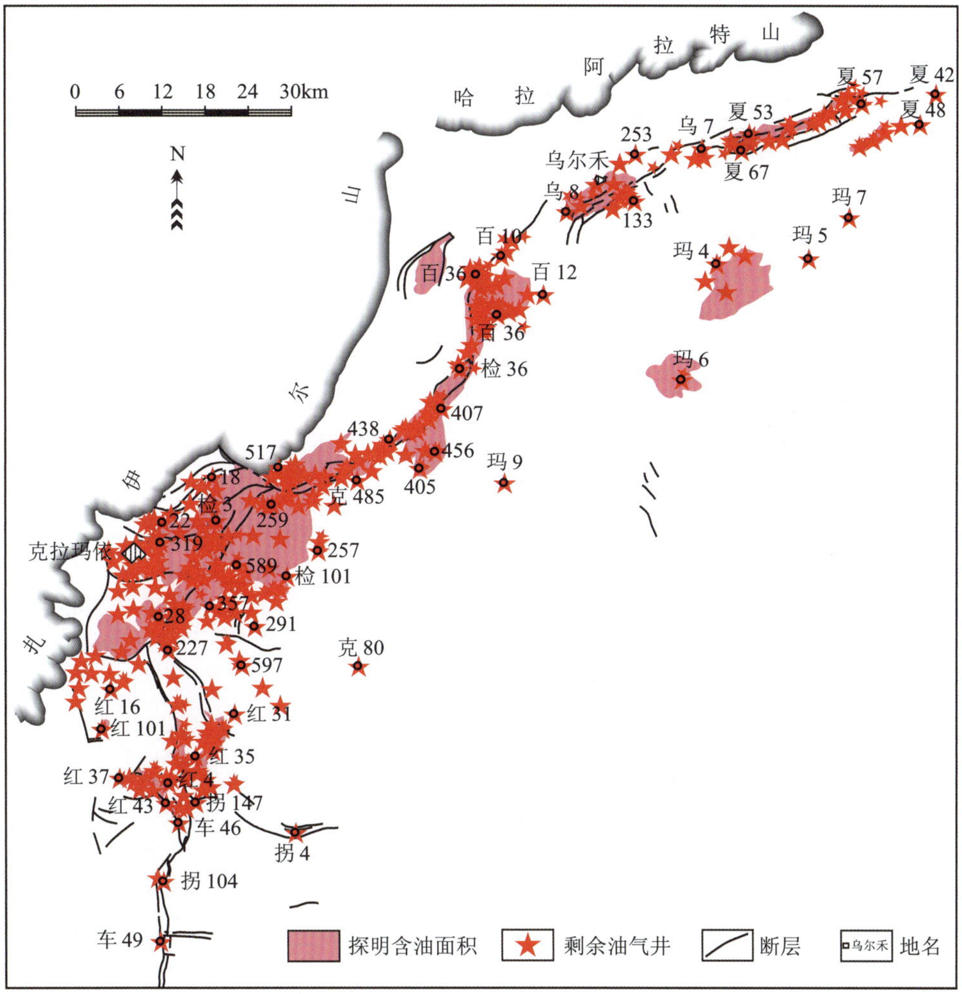

图7－18 准噶尔盆地西北缘三叠系剩余油气井分布

剩余油气井在层系单元地层中的分布与已探明油气面积存在重合（图7－18），但如果把剩余油气井统计的纵向单元划分得越小，剩余油气井与已探明油气分布重叠区就越小（图7－19），如果按单砂体单元统计，剩余油气井与已探明含油气面积就不存在重合。因此，越尽量细分层系统计剩余油气井分布，评估勘探潜力就越准确，勘探部署就越容易开展。

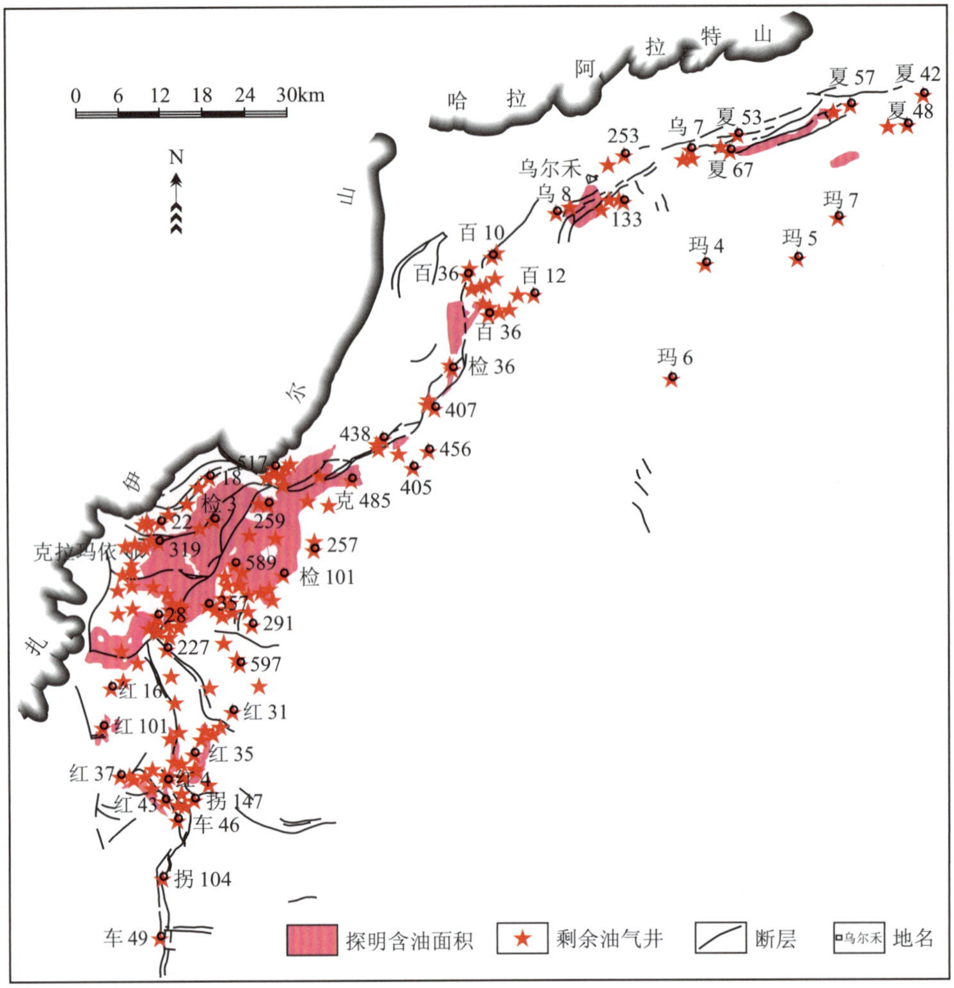

图 7－19 准噶尔盆地西北缘三叠系克拉玛依下组剩余油气井分布

（4）二叠系

剩余油气井共有 123 井层，主要分布在断裂带下盘已探明油气藏附近，红－车、克－百、乌－夏 3 个断裂带均有分布。能够形成工业产能的二叠系油藏主要分布于断裂带附近，储集层以砂砾岩为主，属于孔隙－裂缝双重介质类型，因此，应围绕剩余油气井区域的断裂带附近、断层附近的砂砾岩储层开展精细勘探。斜坡带油气成藏条件较好、面积大，且已有油田发现和剩余油气井，这些区域的油气勘探主要是围绕着早期成藏后保存条件较好的优质储层开展勘探。

（5）石炭系

剩余油气井共 34 井层，主要分布于断裂带上盘，只有两个分布于断裂带下盘，以前的勘探主要是围绕断裂带上盘开展的，以剩余油气井为线索和基础，断裂带上盘石炭系是精细勘探的现实领域。2005～2006 年通过围绕剩余油气井的精细勘探，在克－百断裂带上盘石炭系中新增石油地质探明储量超过 $8500 \times 10^4 t$，充分验证了 2004 年开展精细勘探时的评价结论是可靠的。克－百和红－车断裂带上盘是现实的勘探领域。由于石炭系以火山岩为主的储层物性受埋深影响较小，断裂带下盘勘探基本处于空白，因此，断裂带下盘也是潜在的有利勘探领域。

2004 年以来，西北缘成熟探区围绕剩余油气井勘探，使探井工业油流发现率提高到 83%，加快了油气探明速度，提高了勘探效益。通过剩余油气井新增加探明油气储量的同时，又会新增加新的剩余油气井，使得勘探潜力不断扩大。如 2005～2006 年，动用剩余油气井 52 个，新增探明石油地质储量 1.34×10^8t；动用剩余油气井 14 口，新增控制石油地质储量 1.24×10^8t；动用剩余油气井 5 口，新增预测石油地质储量 1.51×10^8t；同时新增剩余油气井 14 口。

四、构造变换带控藏

2006 年，侯连华在新疆油田公司召开的准噶尔盆地区带研讨会上，提出构造转换带及走滑断裂控储、控藏概念及模式、识别方法，预测了有利区。近年来，准噶尔盆地油气勘探在构造转换带和走滑断裂思想指导下有多口井取得发现，展现出良好的勘探前景。

构造变换带（调节带、传递带）调节并平衡着沿变形带走向分布的断层间的伸展量或缩短量。构造变换带概念由 Dahlstrom 于 1970 年在研究挤压变形带中逆冲断层几何形态时首次提出，即逆冲断层沿走向变化时，一条主逆冲断层传递到或者变换为另一条主逆冲断层时，首尾主逆冲断层之间的构造带称为构造变换带。构造变换带对含油气盆地内沉积物分布和油气成藏有重要控制作用（何登发等，2004）。

1. 西北缘逆冲转换带模式及特征

横向和纵向变换带是西北缘构造变换带的两种主要类型。横向变换带断裂延伸较远，一般规模和活动强度较大，是区域构造变形量突变区，通常以横断层或具走滑分量的压扭性逆冲断裂为标志，可形成复杂变形带。纵向变换带断裂规模和活动强度不及前者大，是局部构造变形量发生渐变传递的部位。西北缘横向变换带，由一至多条横断裂组成，对周边地形及沉积物供给有重要控制作用；而其内部则多为纵向变换带，由两条叠覆断裂组成，叠覆带具有明显的边界和范围。逆冲断裂构造变换带包括横向和纵向变换带，横向转换带断层间被横断层隔开，可形成明显的走向、变形量突变，纵向变换带根据断层倾向之间关系可细分为同向叠覆型、反向叠覆型和相向叠覆型 3 种类型，相应地在断层叠覆部位可形成走向斜坡、地堑和斜向向斜构造（图 7－20）。

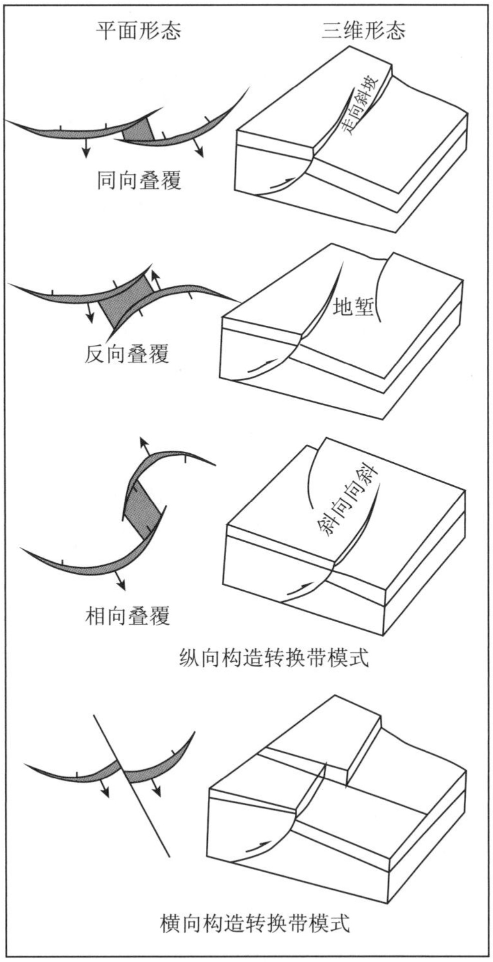

图 7－20　逆冲断裂构造变换带模式

依照断裂带内部横向断裂的分布和断裂带前锋弧形断裂展布范围，可将西北缘车（排子）－百（口泉）逆冲断裂带分为互相叠覆、切割的4个冲断席，自南向北分别为车排子冲断席、红山嘴冲断席、克拉玛依冲断席和百口泉冲断席。它们之间由3个横向变换带分开，分别由红山嘴横向转换带、南克拉玛依横向转换带和大侏罗沟横向转换带组成（图7－21）。各冲断席内部断裂平面组合和剖面构造样式等特征表现出一致性，而不同冲断席之间则存在明显差异。具体表现为冲断席内部断裂位移量、断裂走向等几何学、运动学要素、横剖面构造样式之间的差异性，如克拉玛依横向变换带和红山嘴横向变换带。

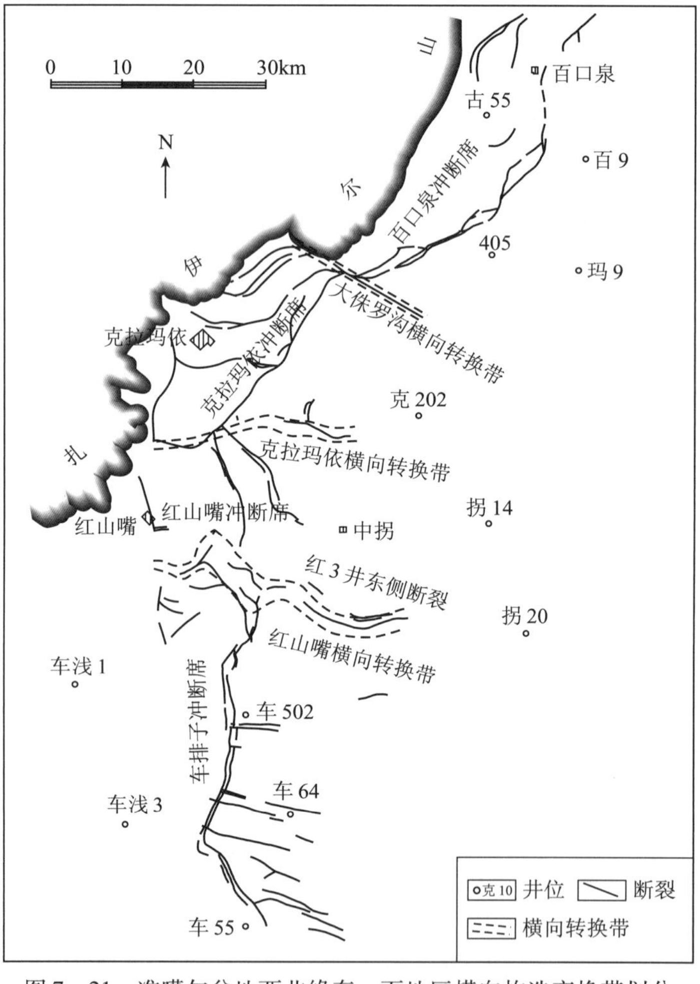

图7－21 准噶尔盆地西北缘车－百地区横向构造变换带划分

如克拉玛依横向变换带主体为克拉玛依断裂南段，其平面形态为一横断层，在与红山嘴冲断席接触处走向近EW向，而后急剧变化，在克拉玛依冲断席前锋转为NE向，与红山嘴和克拉玛依冲断席前缘断裂均呈近乎直交状态。平面上克拉玛依冲断席前锋断裂与其内部断裂呈一定角度相交，显示为扫帚状，这种几何形态可能是由于不同时期挤压主应力方向有略微改变而造成的。红山嘴冲断席的前缘断裂向西北方向延伸处都终止于此横断裂上。垂直该横断裂走向的剖面显示其向红山嘴地区大幅逆冲推覆，剖面上可见该断裂具有一定走滑特征，为一压扭性质逆冲断裂（刘磊等，2009）。由于这种逆冲推覆使该横向断裂带控制了两侧上下盘三叠系、侏罗系的沉积，并明显表现出同生活动的特征，说明该挤压作用的持续性。由红山嘴地区南部一系列近 EW 走向的断裂搭接、叠覆而成，主要是红3 井东侧断裂和红山嘴地区南部的近东西向复杂断裂带。平面上该横向构造带垂直区域构造走向并具有一定的宽度。与克拉玛依断裂类似，断裂均呈现出一定的压扭性质，三维地震水平切片上可见轻微地层拖曳现象。综上可见，在逆冲断裂带中，横断层具有压扭性质的比较普遍，由于其构造上一般位于两个冲断席的叠覆交错部位，各冲断席之间将在该部位产生压应力的斜向叠加，形成斜向挤压，因此容易在该部位形成同时具有走滑、压扭性质的横断裂带。

西北缘断裂间纵向变换带规模不及横向变换带，但其在各冲断带中广泛分布，平面上主要位于各冲断席内部，由两条或多条近乎平行或呈雁列状排列的断裂互相叠覆，传递变形量形成。在该过程中断裂叠覆部位可以形成褶皱或分支断层，以使沿同一构造带走向变形量守恒。西北缘逆冲断裂平面上互相叠覆程度非常高，变换带则主要位于同一变形带上雁列断层之间的叠覆交会部位，其叠覆范围大小因断层规模和叠覆程度而异。

2. 构造变换带与沉积体系关系

构造变换带处断层上、下盘明显的地势起伏，将显著影响盆地水系的发育、沉积物运移通道和沉积位置。在挤压变形区，不同级别的构造变换带对沉积物分配有不同程度的影响。大规模的横向变换带可以控制盆地级别的沉积物展布，而小规模纵向变换带则能使沉积物在局部得到富集。西北缘靠近老山的横断层将各冲断席分隔为特征各异的沉积洼地，山间河流常沿这些侧列控盆横断层附近的低地势处携带碎屑物质注入盆地，主水系通常以该低地形作为通道进入盆地，并沿陡坡发育冲积扇等扇体。各冲断席内部纵向变换带通常在两个断层的叠覆部位能形成有地形高差的走向斜坡，该构造可使局部砂体厚度产生差异。如红山嘴地区断裂活动自晚石炭世开始，大部分持续活动到早侏罗世，在构造格局定型后，断裂活动会使沉积物的分布一直受到不同规模变换带的控制，区内三叠纪三角洲及河流相沉积砂体的分布能体现出这种作用。

沉积体系及砂体厚度展布显示出了横向变换带在控制盆缘水系与沉积物分配中的重要作用（图 7－22）。构成变换带的横断层构造带低洼部位均为盆缘水系的入盆通道，从平面上来看，形成了一条横断层对应一个大型扇体沉积中心的区域沉积格局，沉积砂体厚度在沿着水系走向延伸入盆前缘处达到最大值，平面几何形态为长轴平行水流方向的朵体，砂体厚度从横断层中央向两边减小，沿着横断层或水系的走向砂体较厚，而垂直或远离横断层走向方向上变薄，该现象在各冲断席之间表现明显。

在由两条逆冲断裂组成的同向叠覆型纵向变换带中，其垂直断距、构造抬升幅度从两侧向中部逐渐减小，因此来自物源方向的水系将顺着中部走向斜坡向下盘运输碎屑物质。若水系有多个方向，则它们将逐渐汇聚成一条，经过走向斜坡向下盘扩散。与横向变换带相比，纵向变换带控制局部砂体沉积的分布，在两条逆冲断层接近或交会的地方将是沉积物较厚处。三叠系沉积物大部分为砂砾岩至砂岩，对油气成藏来说即为有利储层发育区。在叠覆区域很大的情况下，配合稳定期断裂封堵可形成具一定规模储量的构造岩性圈闭。纵向变换带的这种性质可为储层预测及圈闭评价提供一定的依据。

如红 4 井区三叠系克拉玛依下组砂岩厚度分布统计结果与上述分析相吻合。该纵向变换带紧邻车排子高地物源区，来自其他方向的沉积物对该区沉积物堆积影响较小，能反映沉积原貌。红4井区附近逆冲断层十分发育，其中红4井断裂与红15井断裂呈雁列状相搭接，其叠覆部位是地势低洼区，理论上为上盘剥蚀物的有利沉积区。如走向斜坡构造带即理论上的主水系流向处，红74井、红65井、红91井的砂岩厚度分别为60m、62m、61m，大于断层上盘远离该沉积有利区的红79井砂岩厚44m和红70井砂岩厚42m，说明纵向变换带砂体富集程度比周围要高。

3. 构造变换带与油气分布关系

准噶尔盆地西北缘长期勘探证实，断裂周围是油气成藏有利区。西北缘断裂系统复杂，配合横向、纵向构造变换带对储层的控制作用，成为断层、岩性、地层复合圈闭集中发育地区。

北西向横断层将各冲断席分成不同的油气富集区块，平面上现今已发现的油气藏大多富集在区内几个大的横断层周围（图7－23）。构造转换带中的走滑断裂横向走滑距离越大，对油气的控制作用越大，如大侏罗沟横向转换带横向走滑距离最大，其附近分布的已探明油气储量最多。同时，单井也容易形成高产和稳产，如位于大侏罗沟横向转换带附近的193井，1958年9月投产，到2006年4月已经累计生产原油56.4×10^4t。

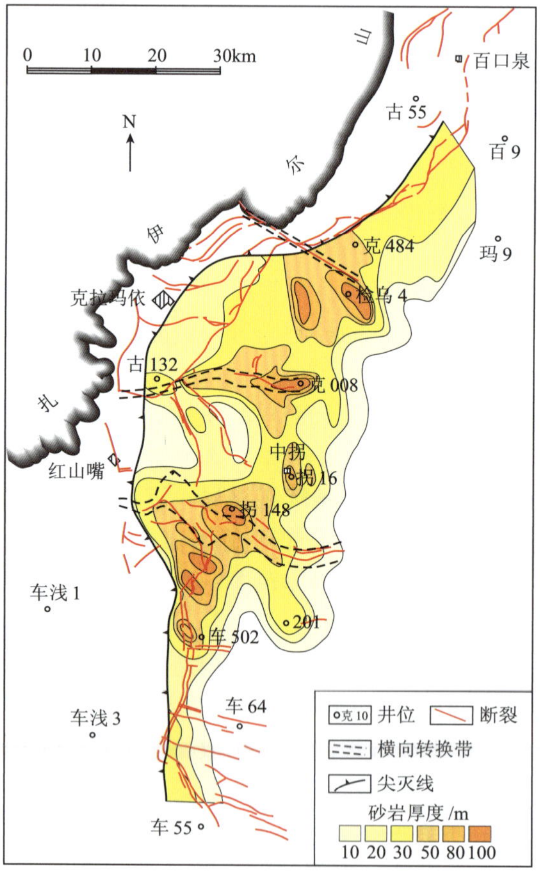

图7－22　横向构造变换带与沉积关系

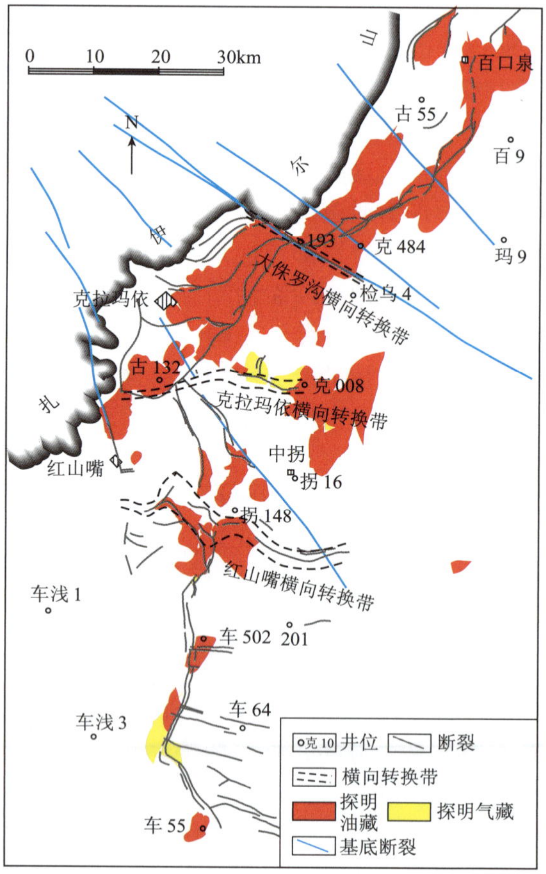

图7－23　横向转换带与油气分布关系

横向转换带附近是油气主要富集区，其主要原因之一是大部分盆地内部基底断裂呈北西方向延伸，与北东方向断裂组成断裂体系，共同沟通油源，油源断裂为油气运移提供了通道；纵向断裂和不整合面则能将油气在空间上运移较远。横向断裂运动方式与纵向断裂不同，主要为岩层之间的水平摩擦，其稳定期封堵条件较好，在复杂的断裂网间容易形成圈闭，纵向断裂的长期幕式活动，使从油源处通过横断裂运移出来的油气，逐渐以横断裂为中心扩散开来，向周围圈闭中聚集，从而形成现今的油气平面分布面貌。横断层附近储集条件好，不仅是因为其是水系入盆通道富集了砂体，而且还由于其周围有强烈的构造活动，储集层性能得到了改善，更加有利于油气聚集。

此外，纵向变换带在变形量传递过程中，既能形成富集砂体的谷地，又可使地层变形产生褶皱，因此其为冲断带内部寻找圈闭和油气聚集的有利地带。纵向构造变换带富集的较厚层沉积砂体，在后期构造翘倾下整体倾向盆地内部，将其从局部构造低洼部位变为区域高部位，配合断裂封堵，为油气的聚集提供了优越条件，纵向构造变换带在后期区域构造活动的背景下，其内部与断裂匹配的叠覆带是油气运移和聚集的有利地带。

五、油气层保护及改造技术

西北缘成熟探区精细勘探中，涉及的油气层保护和改造技术很多，这里就几个效果明显的适用性技术加以阐述。

1. 技术套管技术

西北缘成熟探区属于复式油气聚集带，纵向上发育多套油气层，一般各套油层之间相隔较远，在油田大规模勘探时期，当一套油层发现并投入开发后，一般很长时间不会去考虑其他层位的油层。当勘探开发到一定程度后，进行重新评价和勘探时，往往会对已探明开发区层位上、下的油层进行重新评价，当精细勘探对象位于已开发油层之上时，新钻目的层不存在穿过开发层位问题。当钻探目的层位于目前开发层位之下时，由于开发层采用注水开发，造成部分区域压力升高，使开发层位的压力高于其下新钻探井位目的层位的压力，若按常规方法对已开发层系和其下目的层系采用一套技术套管钻进，对目的层来说无法采用近平衡或欠平衡钻井，受井身结构限制，钻井液液柱压力往往比地层压力高很多，加大了钻井液的漏失，造成油气层污染。因此，在西北缘成熟探区精细勘探中，提出在钻完已开发层之后、打开目的层之前，将技术套管下到目的层顶部，保证目的层钻开时降低钻井泥浆密度，采用近平衡或欠平衡钻井，同时，加快钻井速度，减少浸泡时间，起到保护油气层的作用，该技术收到了很好的效果，提高了油气层发现率和单井产能。

2. 大型压裂技术

规模勘探阶段，油层改造过程中，存在部分井未改造或压裂规模小、压裂过程没有考虑油层保护等问题，不易解放油层，精细勘探阶段提出采用加大压裂规模、在压裂过程中注意油层保护等措施，提高了油层改造成功率。

对于中、低渗储层压裂，一般采用大型压裂效果较好，小型压裂效果一般不好，因此，提出对于中、低渗储层采用大型压裂方式求产。如乌 22 井夏子街组油层，采用原油压裂，加石英砂 7m^3，平均砂比 11%，压裂液总量为 106m^3，压后日产原油 0.151t，压裂规模过小是没有获得工业油气流的主要原因。2006 年重新钻探乌 35 井，采用总液量超过 300m^3 的油基大型压裂，压裂后 P_2x_1 在 2927～2938m 井段，4mm 油嘴试产，日产油 25.85t；P_2x_1 在 2778～2784m、2797～2803m 井段，4.5mm 油嘴试产，日产油 24.38t；P_2x_2 在

2507 ~ 2535m 井段，抽汲日产油 9.03m^3。由此，新增探明石油地质储量 3502 × 10^4t。

如检 351 井 435 ~ 476m 井段，石炭系火山岩取心油斑级段为 19.44m，富含油段为 22.48m，岩性以褐灰色凝灰岩为主，裂缝较为发育，岩心出筒时碎裂，断面普遍外渗黑褐色原油。1999 年采用总液量 20m^3 压裂，不出液，分析其原因是该井钻进时泥浆密度较大（1.47g/cm^3），造成油层污染，同时压裂规模小，造成试油为干层。2005 年 8 月重新补层，提高压裂液量至 120m^3，压裂后试油，日产油 12t。

对于中、低渗储层，经过小型压裂改造不出油气，不能将其看成是不存在油气层，如果气测录井、地化热解、取心、测井评价等证明有油气层存在，应该采取大型压裂后试油，一般会获得较好的油气产能，使油气层得到解放。

3. 原油压裂技术

针对敏感性储层，采用原油压裂技术，减少压裂液与地层接触液量，适合水敏地层，可提高液体返排率，采用更少的成胶剂能达到更好的流变性能，对裂缝导流能力伤害更小。这里以乌 33 井区储层强敏感性油层改造为例说明。

乌尔禾地区乌 5 井与乌 33 井同属于一个构造，但目的层三叠系克拉玛依组属于不同沉积物源，其储层黏土矿物含量相差很大，乌 5 井黏土矿物以高岭石为主，占 46.4%，容易形成水敏的伊/蒙混层含量较低，占 22.8%；乌 33 井黏土矿物以水敏性较强的伊/蒙混层为主，占 50%，容易形成水敏。由水敏实验可知，其水敏指数达到 87.69%，基本接近极强水敏指标（大于 90%）。

黏土矿物组成成分不同，意味着在勘探开发过程中应采用不同的油层保护措施，如果采用相同的油层保护措施，将会得到不同的结果。如乌 5 井区 2004 年采用常规水基压裂，压裂后比压裂前原油增产 3 倍以上，取得了很好的效果。2005 年借鉴了乌 5 井区的油层改造做法，采用 0.3% KCl 复配 1% JM－4 的防膨体系，用特级胍胶压裂液先后对乌 33 井、乌 002 井第 1 层进行了水基压裂，压后油井平均产油 2t/d，且产量下降很快。为了防止水敏出现，把水敏对储层的影响降到最低，提出在乌 33 井区克拉玛依组油层采用原油压裂改造方案。乌 33 井区探井三叠系克拉玛依组 6 个井层经过原油压裂改造后，平均产量 8.9t/d，比水基泥浆压裂增产 4 倍以上，增产效果明显。

4. 不同性质储层压裂改造技术

针对不同区域地质、储层等特点采用合适的压裂技术。从低混砂比、低加砂强度造窄缝，发展到高混砂比、高加砂强度造宽缝，压后快速返排使压裂液返排率达 70% 以上，减少压裂液对储层的伤害；从过顶替（替液量是井筒容积的 2 倍以上）发展到等量替置，降低储层伤害。从传统的加大前置液量，发展到降低前置液用量，增加低砂比扩充时间，达到改造复杂岩性气藏的目的，并保证在减少无效支撑的前提下，加大压裂设计规模，实现最大限度地提高产能，充分认识储层的目的；从小粒径石英砂到大粒径陶粒，考虑支撑剂的长期导流能力，选用抗破碎能力大的支撑剂。

（1）天然裂缝储层改造技术

对于天然裂缝较发育，同时储层物性差，压裂之后压裂液返排困难，易造成储层污染等难题，形成了细砂充填工艺技术、压后快速返排、强制闭合技术、优化破胶剂技术、低温低伤害压裂液为代表的配套压裂工艺技术。

细砂充填工艺技术是在前置液中加入一定浓度的细砂（100 目），这些细砂在天然裂缝与水力裂缝相交处形成桥塞，实现控制压裂液向天然裂缝的滤失。同时，细砂充填天然裂缝，使天然裂缝成为可渗流通道，增加了泄油面积，多余的细砂易被携带到缝尖处，提高了支撑裂缝的导流能力。根据储层实际滤失情况，合理调节粉砂加入量，提高粉砂充填有效性，提高砂比和压裂成功率。

快速返排工艺技术是压裂后快速放喷以提高压裂液的返排率，减少压裂液对储层的伤害，同时可避免支撑剂充分沉降，使支撑剖面更加合理。当裂缝闭合后，以排量 $0.5m^3/min$ 开始进行返排，当压力下降至闭合压力的75%时，改用 $1m^3/min$ 排液进行返排，直至压力下降到闭合压力的50%，然后加大排量直至停喷。

（2）中孔低渗储层改造技术

一般中孔低渗储层孔隙结构及孔隙度呈现多峰性，渗透率非均质性强，由于物性较差，油层自然产能低，均需压裂改造后才能获得较高产能。如果储层存在近垂直的天然裂缝，水力裂缝又垂向延伸严重，则提高该区产能的主要途径是造宽缝以提高水力裂缝的导流能力，工艺方面对隔层遮挡性好的层采取大排量、高砂比压裂技术；对隔层尤其是下隔层遮挡性差的层，采取变排量压裂以控制水力裂缝的垂向延伸；在提高压裂液的返排率方面采取欠顶替和快速返排技术。此外，在压裂现场监督时应根据实施压力变化情况调整施工砂比。

（3）油水关系复杂油层改造技术

受断块分割，纵向油水关系复杂，隔层遮挡差，部分砂体内没有明显的泥岩遮挡层，而且纵向上与水层相邻较近。由于受砂泥分布及油水纵向分布特征的影响，各断块间储层物性差异较大。水力裂缝纵向延伸严重，是油层压裂改造存在的主要问题。在对此类层实施压裂改造时，要达到一定规模，使水力裂缝最大限度地在产层内延伸，是解决问题的关键所在，尤其是对下部为水层或隔层为弱应力层的油层，应完善提高变排量压裂工艺，达到限制裂缝垂向延伸、最大限度提高探井产能的目的。应合理优化参数，加砂后期的较高排量和砂比可以增加缝口处的导流能力。

六、勘探潜力分析与有利区优选

西北缘成熟探区精细勘探有利区优选步骤，遵循制约油气成藏和分布的逐个参数进行叠加原则，逐步开展平面成图及有利区评价优选，同时，对有利区勘探潜力进行评价，综合确定精细勘探方向和有利区。

1. 成藏控因分析的有利区优选方法

以三叠系下克拉玛依组为例说明有利区的优选和潜力分析方法，采用烃源岩、沉积、断裂+构造、油田分布、剩余油气井、产能预测和分布、储层参数分布相结合的方法逐步分析预测有利区。

（1）烃源岩

现知的准噶尔盆地西北缘烃源岩有 3 套，分别是乌尔禾组烃源岩分布在红－车断裂带，佳木河组烃源岩分布于克－百断裂带，风城组烃源岩分布于乌－夏断裂带，从原型盆地恢复推测佳木河组烃源岩大面积分布于老山下面。烃源岩从三叠纪末开始成熟排烃直到现在，第三次油气资源评价显示准噶尔盆地西北缘石油资源量为33.4×10^8t，对二叠系佳木河组烃源岩分布进行重新评价，可增加石油资源量约8×10^8t，因此，油源和资源量没有问题。

（2）烃源岩+沉积相+断裂+构造

西北缘位于构造高部位，处于油气运移聚集指向区。深层断穿二叠系烃源岩的断裂为油气纵向运移提供了通道，断裂主活动时期为石炭纪后期到二叠纪，三叠纪到侏罗纪活动较弱，侏罗纪后期活动停止。断裂同时控制沉积发育，三叠系以扇三角洲沉积为主，储层以砂砾岩为主，主力储层相带主要分布于断裂带附近。三叠系白碱滩组泥岩和侏罗系三工河组泥岩覆盖到盆地边缘，为油气藏提供了良好的封堵条件。因此，有利的生－储－盖条件形成了西北缘巨型复式油气聚集带，具有“满带含油”特点，富集高产受储层物性和裂缝控制，进一步勘探潜力大。

（3）烃源岩+沉积相+断裂+构造+油气田

已探明油气田主要分布于断裂带附近的扇三角洲平原和前缘亚相储层中，油气田明显受断裂、构造和沉积的多重因素控制。从原油性质分析，越靠近盆地边缘原油密度越大，盆地边缘以稠油封堵为主；相同位置的原油密度浅层大于深层，证明原油由深层向浅层调整过程中轻质组分散失较多。从已探明油藏主要分布于克－百断裂带，乌－夏和红－车断裂带次之，并且克－百断裂带发育各种类型的油气藏，红－车和乌－夏油气藏类型主要以断块和构造为主，说明克－百断裂带成藏条件最好。在西北缘除了已探明区外，仍然有一部分区域勘探程度低，这些区域是下一步油气勘探的后备区。

（4）烃源岩+沉积相+断裂+构造+油气田+产能+剩余油气井

从已探明油气藏产能分布发现，高产稳产的井基本上都分布于断裂带附近，好的储集相带中，断裂对储层改善作用很重要，因此，断裂发育区和有利相带的相互配合是形成好产能的条件。围绕剩余油气井，通过对探明油气区分析，从断裂分布和沉积相带出发预测有利区，已探明油气藏附近和上、下层系仍然是下一步精细勘探的主要区域，其中克－百断裂带是重点。要重新研究和评价规模勘探时期漏失的油气层，通过产能的重新评价和预测可解放一批油气层，因此对其产能的预测和评估很重要。

2. 储层及流体分析的有利区优选

在成藏控因研究基础上，对储层及其流体性质开展评价非常重要，这里通过储层物性、流体性质、地层压力、油层保护等分析确定有利区。

（1）地层压力梯度

地层压力梯度是地层能量和保存条件的体现，西北缘地面起伏不大，压力梯度差别很大，压力梯度由大到小依次为克－百断裂带、红－车断裂带和乌－夏断裂带。克－百断裂带整体压力梯度最高，说明克－百断裂带的油气保存条件最好；红－车断裂带部分地区的压力梯度较低，说明这些区域的油气保存条件不好；乌－夏断裂带整体处于低压力梯度区，油气保存条件最差。这与3个断裂带已探明储量基本一致，克－百断裂带发育各种类型油气藏，已探明储量最多，平均单井产能最高；红－车断裂带次之；乌－夏断裂带主要发育断块和构造类型的油气藏。另外，斜坡带区域的地层压力梯度较高，说明油气保存条件较好，这也是下一步勘探的重要区域。盆地边缘为低压力梯度分布带，这与已探明油气藏的原油性质一致，高压力梯度分布区以稀油为主，中等压力分布区稀油、稠油都有分布，低压力梯度区主要以稠油为主。

（2）储层物性

孔隙度和渗透率是储层物性的宏观表现，其好坏决定着储层质量。西北缘油气充足，且具有“满带含油”的特点，但并不是所有区域都能够具备油气高产稳产的条件，还有不少区域只能够见到油气显示，但不具备工业油气流条件。从孔隙度和渗透率分布规律来看，由于断裂的改造作用，断裂发育区域物性较好，埋藏较浅储层物性较好。要寻找优质储层首先要考虑断裂对储层的改造作用，同时要考虑埋深对储层物性的影响。纵向上储层物性随着埋藏深度的增加而变差，对于早期成藏、后期保存较好的区域，埋藏较深处也会发育较好的储层物性。因此，围绕剩余油气井开展勘探，埋藏较浅、物性较好的区域是精细勘探的现实区，埋藏较深、勘探程度较低的早期成藏区是勘探进一步拓展区，潜力大。

西北缘二叠系和石炭系火山岩广泛分布，由于火山岩储层物性基本不受埋藏深度限制，主要受岩性、裂缝等影响，因此，埋藏较深的火山岩中的有利岩相带，被断裂改造后物性变好的区域具有良好的储集空间，是较深层的主要勘探对象之一。西北缘的火山岩油气勘探已经证明了火山岩具有很好的勘探前景，上盘石炭系已经累计探明石油超过 1.8×10^8t，下盘夏 72 井区也证明火山岩有好的产能，但要稳产高产必须有裂缝的存在，所以勘探中要特别关注被断裂改造后的火山岩。

（3）原油性质

原油性质分布受到断裂、封堵、保存条件、地层压力梯度等综合控制。如盆地边缘原油密度大，同一层位越靠近盆地边缘原油性质越差，这与盆地边缘保存条件不好，有些区域靠稠油封堵有关。压力梯度低的区域原油性质较差，原油密度大，这与这些区域的保存条件不好有关。靠近断裂附近原油性质较好，这与断裂纵向沟通有关，断裂沟通使深层和浅层油藏连通，使位于上部层位油层的原油性质变好。纵向上同一区域，埋藏较深油藏的原油物性好于埋藏较浅油藏的原油物性，这与原油由深层生成沿断裂向上运移有关。西北缘原油性质与成藏主控因素配合很好，储层物性好、压力梯度大、断裂发育的区域，一般油藏性质好，该区域井的产量一般较高。

（4）地层水矿化度

西北缘地层水矿化度分布与其保存条件、原油性质等有很好的对应关系。靠近盆地边缘区域的地层水矿化度较低，与该区域地层压力梯度小、保存条件不好、地表水与地层水之间有交换存在关系；在靠近盆地边缘压力梯度较高的区域地层水矿化度也较高。地层水矿化度由盆地边缘向斜坡区逐渐增高，这与地层压力梯度一致，保存条件好的区域的地层水矿化度相对较高，从这一点预测在斜坡区如果能够找到物性较好的储层，其勘探前景会很好。纵向上，同一区域浅层的地层水矿化度要低于较深层，说明深层的保存条件优于浅层，这与原油性质纵向分布规律、单井原油产能相一致。因此，通过研究不同层位、区域之间的地层水矿化度的变化规律可以预测保存条件，从而为有利区提供有利的证据。

（5）泥浆柱压力与地层静压差

通过分析泥浆柱与地层之间的压力，可以发现哪些井的地层受到了污染，油层保护不好；规模勘探时钻井所用泥浆密度过大的井将是老井重新评价的主要对象。从泥浆柱密度与地层静压的平面分布发现，基本上 90% 以上的井所用的泥浆密度都过大，造成了油层污染，说明规模勘探阶段所有井的泥浆密度过大，应围绕没有获得工业油流或剩余油气井井展工作。越靠近斜坡带二者之间的压差越大，斜坡带储层物性一般较差，由于钻井造成污染，会降低油层发现概率，因此，应对钻井过程中使用泥浆密度过大造成污染的井重点复查，重新试油，一定会收到不错的效果。

在以上综合研究基础上优选出有利区，在有利区带内开展精细勘探。

3. 基于剩余油气井的潜力评价

按照成熟探区油气资源及勘探潜力评价方法，针对西北缘剩余油气井，估算油气控制储量和预测储量，为精细勘探潜力评价提供可靠依据。

预测有利区内剩余储量多，评价潜力大，可通过与已经提交的相同区块、相同面积内的控制储量和预测储量进行比较，以及对资源量的探明率进行预测等方法来检验其可靠程度。

（1）控制油气地质储量预估

对剩余油气井密度达到控制地质储量评估范围时，进行控制油气地质储量预估。从类似地质和油气藏条件的已探明油气藏入手，开展剩余油气井控制区有效圈闭范围内的类比，估算与已探明油气藏相同层位、邻近区块的控制储量。一般控制储量中可升级为探明储量部分按50%计算，现分布在有利区内预估的控制石油地质储量为 7.4×10^8t，按控制储量为探明储量的50%计算，得到可升级探明石油地质储量为 3.7×10^8t，即在有利区内基于剩余油气井预估的控制地质储量，经过精细勘探后可升级探明地质储量约为 3.7×10^8t。

（2）预测油气地质储量

当剩余油气井密度达到预测地质储量评估范围但达不到控制储量评估范围时，进行预测油气地质储量预估。从类似地质和油气藏条件的已探明油气藏入手，开展剩余油气井预测区有效圈闭范围内的类比，估算与已探明油气藏相同层位、邻近区块的预测储量。一般预测石油储量升级为探明储量按25%计算，根据剩余油气井预估的预测石油地质储量 23.8×10^8t，按控制储量为探明储量的25%计算，得到可升级探明石油地质储量约为 5.95×10^8t。

（3）待升级探明石油储量

根据现有剩余油气井预估的控制和预测石油储量，可升级为探明石油储量约为 9.65×10^8t。按第三次资源评价结果，准噶尔盆地西北缘石油资源量为 33.4×10^8t，根据富油气凹陷油气资源探明率75%计算，截至2003年底，已探明石油地质储量为 12.7×10^8t，2004年以后还可探明石油地质储量约为 12.35×10^8t；如果考虑掩伏带下烃源岩对石油资源量的贡献约增加 8×10^8t，石油资源量为 41.4×10^8t，按75%探明率计，2004年以后还可探明资源量 18.4×10^8t。其中，9.65×10^8t 可以来自根据剩余油气井预估的储量，即通过围绕剩余油气井，通过精细勘探来实现；剩余的 8.75×10^8t 待探明石油地质储量将来源于现有剩余油气井控制之外的区域，特别是新区、新层系和新目标。随着西北缘油气勘探的深入，油气资源量会越来越大，勘探潜力也会增长，预计西北缘最终探明石油地质储量将超过 35×10^8t。

4. 精细勘探方向

2004年，在西北缘成熟探区开展精细勘探初期，确定分3个层次逐级展开，顺序为克－百断裂带、乌－夏断裂带、红－车断裂带，其中3个断裂带的上盘是现实勘探的重点区域。同时，指出精细勘探的后备领域及目标为断裂下盘掩伏带的二叠系、八区深层，以及玛湖斜坡带侏罗系、三叠系、二叠系。目前，已在玛湖斜坡带三叠系获得突破，预测石油地质储量超过3×10^8t。

在精细勘探初期提出2005～2010年的6年间，西北缘精细勘探新增石油地质储量目标为4.2×10^8t。其中，克－百断裂上盘石炭系、三叠系、侏罗系可新增探明石油储量为1.5×10^8t，中拐隆起周缘二叠系可新增探明石油储量为0.5×10^8t，乌尔禾断隆带三叠系、二叠系可新增探明石油储量为0.5×10^8t，夏子街地区侏罗系、三叠系、二叠系可新增探明石油储量为0.5×10^8t，红－车断裂带古近系、侏罗系、三叠系、二叠系可新增探明石油储量为1.2×10^8t。2005～2010年精细勘探实际是新增探明石油地质储量为4.25×10^8t，精细勘探结果与开展精细勘探初期评价结果基本一致。

第四节　典型勘探实例及成效

在成熟探区精细勘探过程中，逐渐形成了适用于中国陆上含油气盆地成熟探区精细勘探的思路、理论、认识、方法技术，并在应用中不断发展和完善，有效指导了成熟探区油气精细勘探。这里以准噶尔盆地西北缘成熟探区几个实例加以说明，这几实例都是在解决了1个或几个制约油气勘探发现和储量增长的关键难题后，得以实现油气储量的探明和有效开发。

一、复合扇体控藏再认识增加储量

以西北缘八区乌尔禾油藏为例。通过研究对乌尔禾油藏的认识发生了转变，指导了油气储量增长，主要是转变了由复合扇体“一扇一藏”到复合扇体“多扇多藏”、复合扇体有统一油水界面到单扇体控制油水界面的认识。

2003年以前，将八区乌尔禾油藏地层划分为5段（图7－24），油层分布受段控制，段内为块状油藏，每个段内有统一的油水界面（图7－25）。在原有成藏模式指导下，对

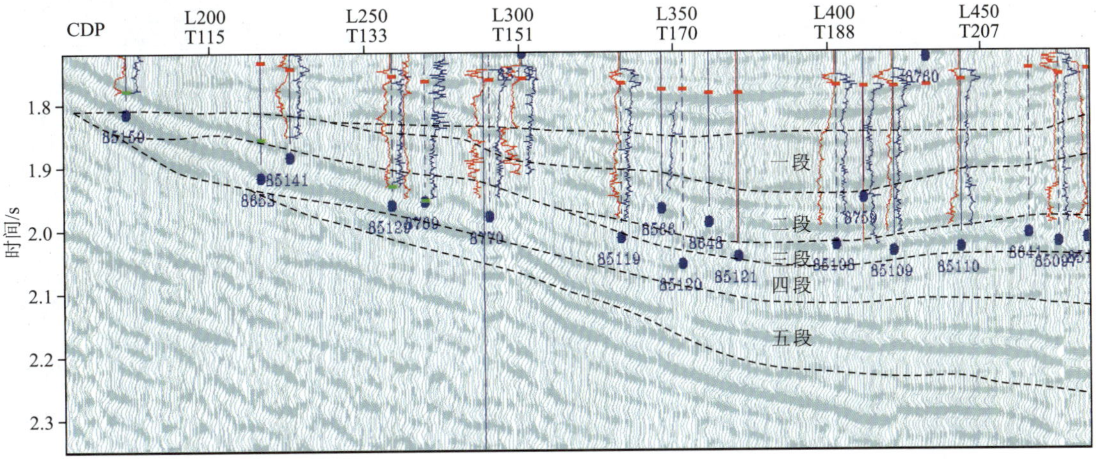

图7－24　准噶尔盆地西北缘八区乌尔禾组叠合扇体原解释方案（2003年前，据新疆油田公司）

五八区乌尔禾油藏只进行了整体刻画，而对扇体内储油砂体的部位及规模没有做深入研究，认识到该区油水过渡带埋藏深度在 2970m 至 3170m，高差约 200m。但对于这么大的油层高差的解释却有不同的看法，一部分人认为断裂将油藏分为东、西两个独立油藏，分别具有各自的油水界面；另一种观点认为全区具有统一的油水界面，海拔为 -3170m，油水过渡带变化大的原因是由于岩性变化大、致密不连通造成的。

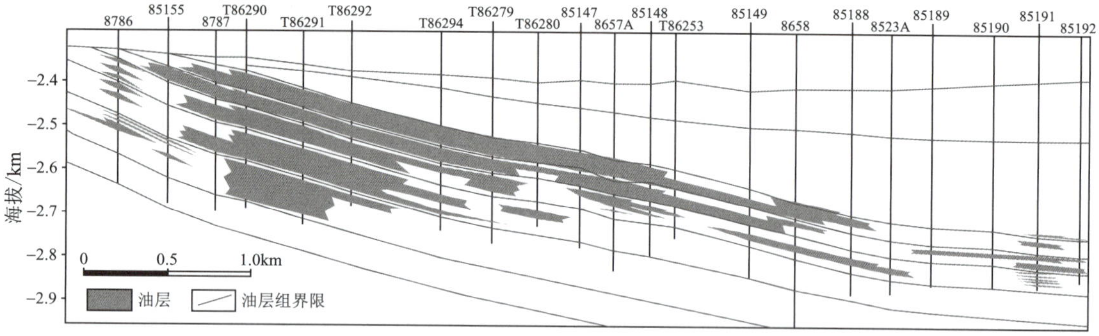

图 7-25　准噶尔盆地西北缘八区乌尔禾油藏原认识剖面图（2003 年前，据新疆油田公司）

研究并经精细勘探证实，八区乌尔禾组可划分为两个三级层序、22 个四级层序，发育多个沉积旋回，存在多期超覆、削蚀，复合扇体由多个次一级规模扇体组成，多期扇体纵向上相互叠置，平面叠合连片分布，扇体之间界限明显（图 7-26）。沉积旋回控制岩性组合，沉积旋回多、单个旋回厚度小，储层物性受岩性控制，岩性组合控制物性变化规律；油层分布主要受岩性和有利沉积相带控制，油层主要分布于旋回中部砂砾岩段，岩性边界控制油藏范围（图 7-27）。改变了原有“一扇一藏”模式的认识，“一扇多藏”的新认识和新模式指导了在油水界面以下寻找新扇体油藏，扇体控藏模式变化扩大了储量规模，探明石油地质储量从精细勘探前的 8457×10^4t 增加到 12308×10^4t，且油藏边界不断向外扩展。

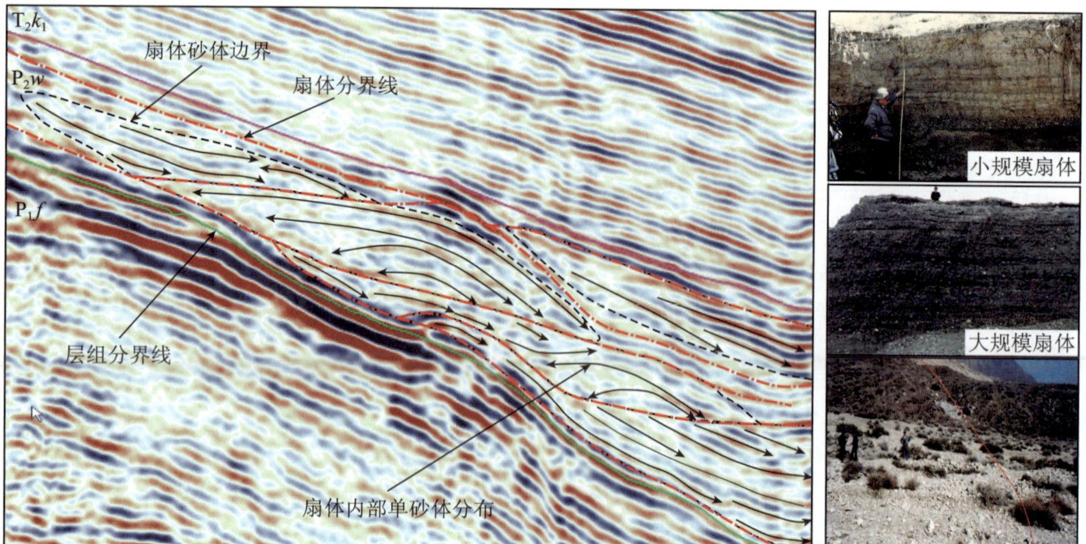

图 7-26　准噶尔盆地西北缘八区乌尔禾组叠合扇体分布图

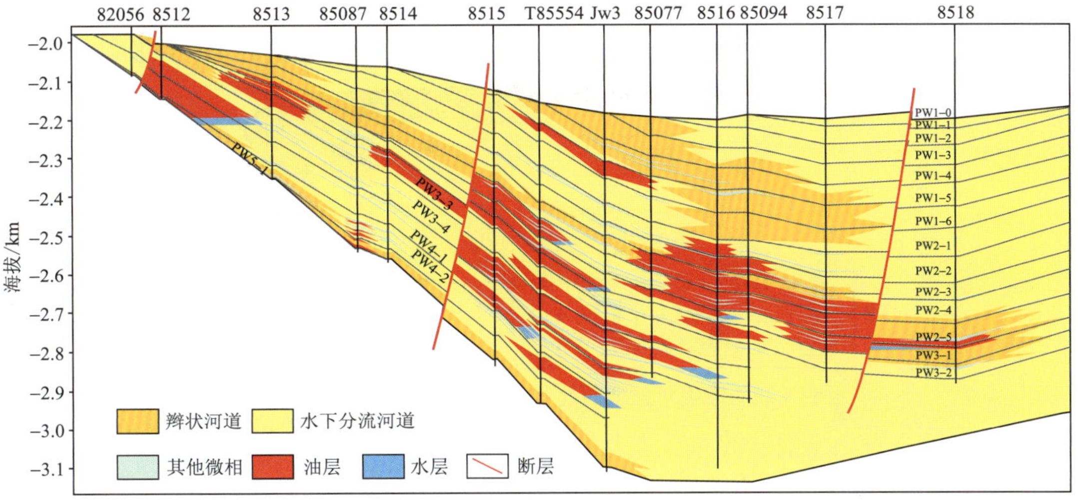

图 7-27　准噶尔盆地西北缘八区乌尔禾油藏剖面图（新方案）

二、大型火山岩风化壳地层型油气成藏控因再认识带来储量扩展

以准噶尔盆地西北缘克-百断裂带上盘石炭系火山岩风化壳大型地层油藏为例。1987年至2004年，克-百断裂带上盘石炭系新增探明石油地质储量不足 200×10^4t，并认为该区的油气勘探工作基本结束，不会再有大发现。通过深入剖析与研究，重建关键认识与油气成藏模式，改变了一些原有认识，通过在该区开展精细勘探，储量得到迅速增长。

2004年以前，原认识认为有效储层主要为安山岩，断层起封挡作用，发育断块岩性油藏，油藏呈台阶分布，主要分布于一台阶和二台阶，三台阶油藏不发育（图7-28）；主要围绕安山岩开展勘探，油层跨度小于300m，主要分布在不整合面之下300m范围之内，平均有效厚度为58m。现认识为发育4种岩石类型，不同岩性均发育孔隙和微裂缝，均能形成有效储层，具裂缝-孔隙双重介质特征，油藏不受岩性控制，各种岩性都能形成好的油层，孔缝受侵蚀面和断裂控制，越靠近断裂和侵蚀面孔缝越发育，发育大型火山岩风化壳地层油藏，断层起运移和富集作用，油层跨度200~1200m，平均有效厚度为136m（图7-29）（王京红等，2011；侯连华等，2009）。

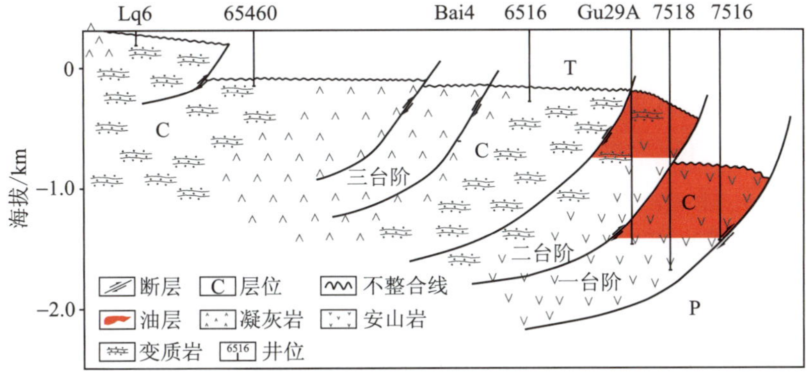

图 7-28　准噶尔盆地西北缘上盘石炭系原认识成藏模式

2005年开始，在该区开展精细勘探，通过老井重新评价，发现尚存分散剩余出油井

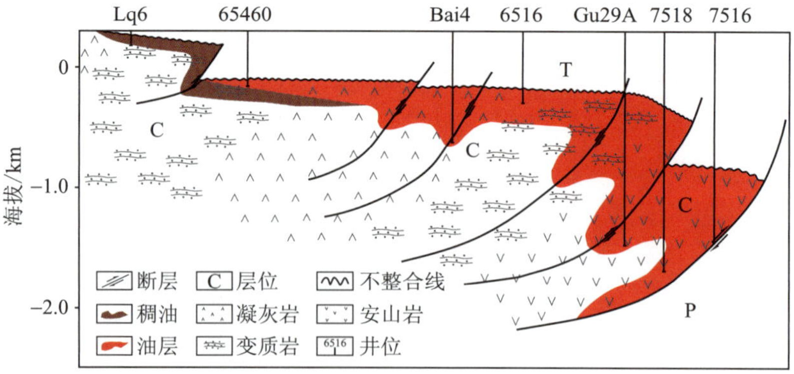

图 7-29　准噶尔盆地西北缘上盘石炭系现认识成藏模式

54 口。造成存在剩余出油井的原因主要有 3 种。一是油层保护不好，造成油层污染，没有获得工业油流。如检 351 井石炭系取心 45m，岩性为凝灰岩，其中油斑段 19.4m，富含油段 22.5m，裂缝发育，岩心出筒时碎裂，断面普遍外渗黑褐色原油。1999 年小型压裂，出微量油，复查发现当时所用的钻井泥浆密度较大（1.47g/cm^3，地层压力系数为 1.08），造成油层保护不好，压裂规模小，2005 年 8 月重新进行大型压裂，日产油 12t，从而解放了该井区油层。二是采用的油层识别图版不合适（借鉴碎屑岩油层识别图版），好油层段没有被有效识别，重新制定油层识别图版（图 7-30）后，好油层段被有效识别，并获得突破。如检 511 井石炭系好油层段没有被识别，2004 年 11 月射孔底部 724～729m，日产油 0.12t，重新制定油层识别图版后，2005 年 9 月重新射孔上部 520～633m 好油层段，获日产油 23.8t。三是试油方法不适当，没有获得工业油流。如古 22 井靠近老山，位于稠油分布区，在石炭系 244～226m 井段冷试获低产油流 0.218t/d，没有获得工业油流，采用注蒸汽热采后，获工业油流 5.9t/d。

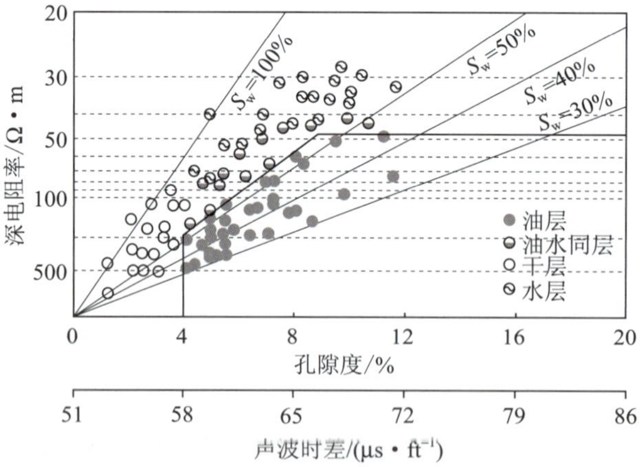

图 7-30　准噶尔盆地西北缘上盘石炭系火山岩油层识别图版

西北缘上盘石炭系火山岩油层保护不好，导致剩余出油井没有形成规模的主要原因是当时钻井过程中油层保护不好，油层改造措施不当，使剩余出油井未获得工业油流。如西北缘上盘石炭系平均地层压力系数为 1.08，统计规模勘探阶段所有钻井液泥浆密度，只有 3 口井小于平均地层压力系数（图 7-31），其余井泥浆密度均大于 1.08g/cm^3，造成油层保护不好。

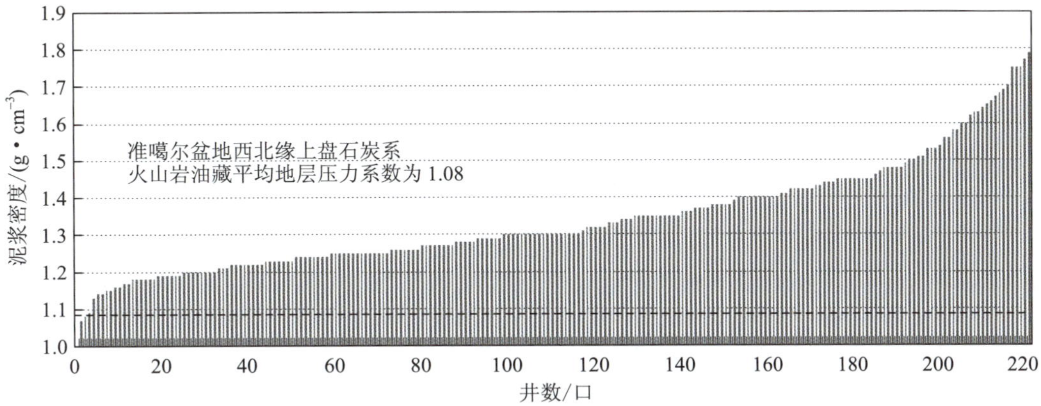

图7－31　准噶尔盆地西北缘上盘石炭系规模勘探阶段钻井泥浆密度与地层压力系数关系

同时，指出西北缘上盘石炭系油藏与三叠系油藏同属一个油气组合系统，稀油分布区受三叠系白碱滩盖层控制，在白碱滩盖层分布区范围之内的有利储层发育区均可成藏，白碱滩盖层之外和附近由于保存条件较差，主要发育稠油和油砂。在白碱滩泥岩盖层和稠油封堵作用下，西北缘上盘石炭系形成大型火山岩风化壳地层型油藏，呈楔状分布，已发现的高产工业油流井均分布于断裂带附近，预测断裂发育区附近的剩余出油井附近，存在有利勘探区，评价优选西北缘上盘石炭系探明面积之外有利区面积超过300km^2（图7－32）。

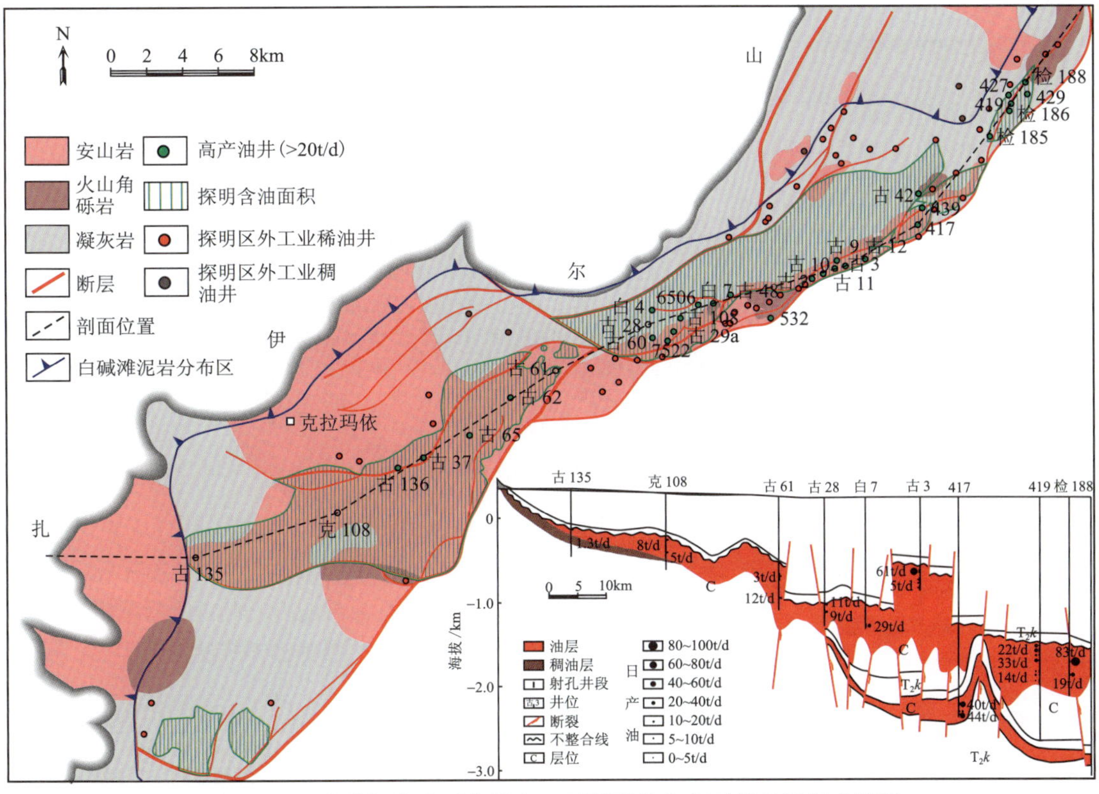

图7－32　准噶尔盆地西北缘克－百断裂带上盘石炭系勘探成果图

在新认识指导下，通过剩余出油井和新钻井，在优选出的有利区内，2005年到2014年，西北缘上盘石炭系新增探明石油地质储量超过 1×10^8t，且仍不断有新的发现和储量增长。

三、有利相带再认识带来含油范围扩展

以乌 33 井区三叠系克拉玛依下组为例，制约该区油气勘探和储量增长的关键问题是认为三角洲平原亚相不发育有效储层。通过重新评价认为三角洲平原亚相能形成有效储层，但储层敏感性较强。由于早期勘探中油层保护措施不到位，造成低产，通过采取合适的油层保护措施，该区油层得到解放。从剩余油气井出发，结合构造、沉积、储层、成藏控因等条件分析，预测有利区，通过可用的老井资料及新钻井重新评价有利区，对有利区开展精细勘探，扩展油层规模。

如乌 9 井区三叠系克拉玛依下组所属的乌尔禾油田，开展精细勘探之前，截至 2004 年底，累计探明石油地质储量 2667×10^4t，叠合探明含油面积 $37.2km^2$，探明油层分布于三角洲前缘相带内。而在乌 9 井区构造上倾方向上的乌 33 井区，有剩余出油井两口：乌 22 井 1983 年试油，日产油 0.21t，乌 40 井 1992 年试油，日产油 0.48t。这两口剩余出油井平均日产油 0.35t，达不到工业油流标准，分布于三角洲平原亚相中，当时认为该区三叠系克拉玛依下组三角洲平原不能形成有效储层（图 7－33），制约了该区油气扩展。

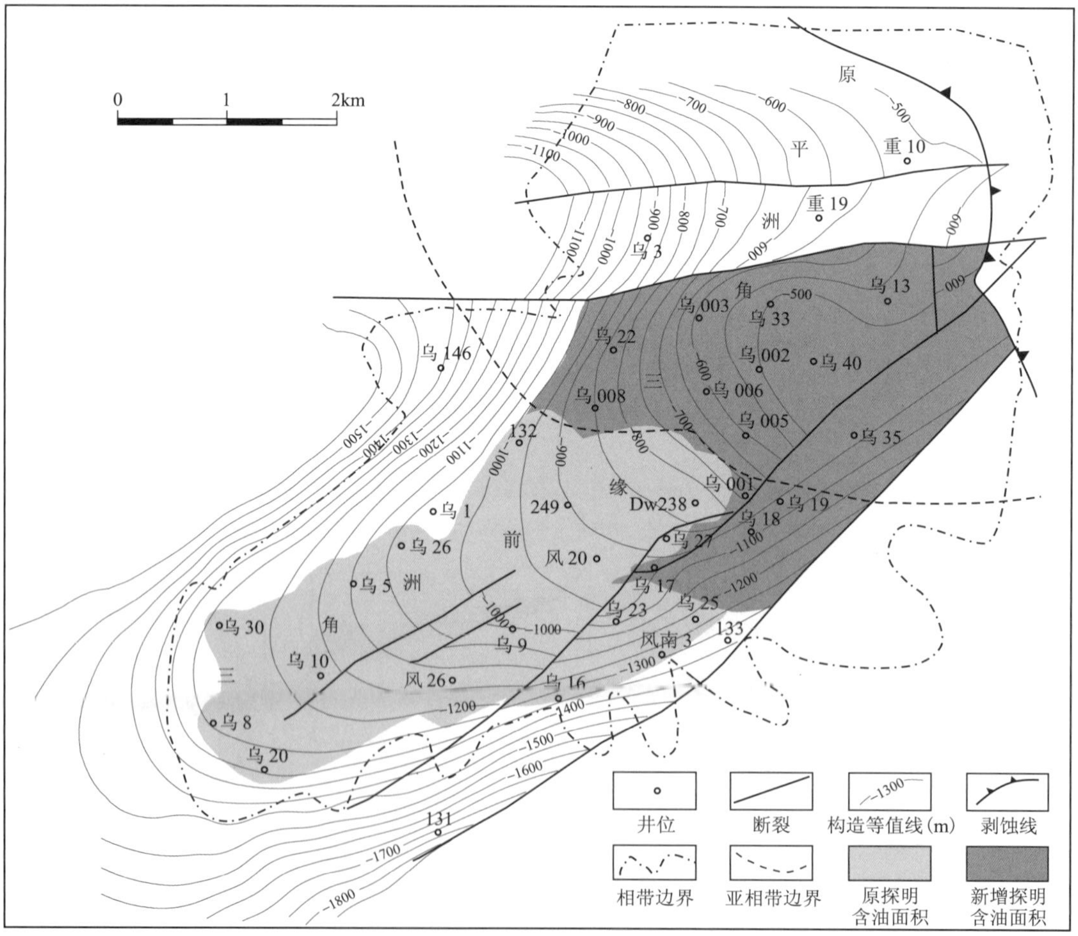

图 7－33　准噶尔盆地西北缘乌 33 井区三叠系克拉玛依下组勘探成果

经过重新评价发现，该区三角洲平原亚相与三角洲前缘亚相相比，储层敏感性更强，钻井过程中需要更好的油层保护措施，才能解放油层，这些剩余油气井在当时钻井和试油过程中都存在不完善的地方，通过采取合适油层保护措施，该区勘探潜力较大。

在评价优选有利区后，通过构造解释、储层预测、圈闭有效评价等工作，部署了乌33和乌35井，分别获油流2.68t/d、34.4t/d，通过油藏评价，该区三叠系克拉玛依下组新增探明石油地质储量2168×10^4t（图7－33）。

四、油藏控因再认识扩展勘探领域及规模储量增长

以西北缘中拐—五八区二叠系佳木河组火山岩油气藏为例，该区是成熟探区新区新领域扩展的典型实例。该区钻探始于1980年，1990年以前钻探目的层主要以古生界为主；1990年以后，钻探目的层逐步扩展到三叠系、侏罗系。对二叠系的大范围勘探始于20世纪90年代，先后发现了克79井区块二叠系乌尔禾组油藏、克82井区块二叠系佳木河组和乌尔禾组油藏。

1. 勘探面临的难题及对策

中拐二叠系具有良好的油气勘探前景。因二叠系构造复杂且研究认识程度低，尤其是长期以来缺少适用性的关键勘探技术，以致于地层对比认识、储层分布规律和空间配置关系不清，精细构造描述困难，有利火山岩性、岩相以及油气层的判别及预测均存在诸多难题，致使目前已探明的几个区块油藏规模普遍较小，在本区发现和探明规模整装油气储量难度大。

存在的主要难题包括：火山岩有效储层成因及分布规律不清楚，斜坡区油气成藏控因尚不清楚，圈闭有效性评价困难。针对制约该区勘探难题，搞清了火山岩火山口相、溢流相和爆发相均可发育有效储层，解决了火山岩有效储层分布难题；斜坡区油气成藏受火山沉积相、上覆盖层（佳木河组与上乌尔禾组乌一段之间发育稳定泥岩盖层）和断裂封堵多因素控制，解决了成藏控因难题；提出该区发育断层－岩性圈闭，多个圈闭可连片分布，解决了圈闭有效性难题。通过开展岩性、岩相、有利储集体和圈闭识别与描述，优选钻探目标，实现了该区油气规模整装储量的发现和探明。

2. 火山岩有效储层评价

古凸构造带控制了中拐二叠系佳木河组火山岩带展布形态和分布范围，通过单井和多井间横向对比确定该区佳木河组发育3期火山岩。第一期以爆发相为主，喷溢相局部发育，以火山碎屑岩、玄武岩、安山岩为主，局部发育流纹岩。第二期以喷溢相为主，局部发育爆发相，以流纹岩、英安岩为主，局部发育火山碎屑岩。第三期以爆发相为主，喷溢相局部发育，以火山碎屑岩、玄武岩、安山岩为主，局部发育流纹岩，该期火山活动后，该区处于长时期沉积间断，火山岩长期暴露地表经受风化淋蚀，后又经构造运动影响，形成次生孔、裂缝较发育火山碎屑岩、杏仁状安山岩等优质火山储集体，为油气的聚集提供了空间（图7－34a）。该区二叠系佳木河组储层主要为爆发相的火山碎屑岩类（安山质熔结角砾岩、玄武质熔结角砾岩），其次为溢流相的熔岩类（流纹岩、安山岩、玄武岩、英安岩），佳木河组储层为高孔、特低渗的裂缝－孔隙双重介质火山岩储层。

采用点—线—面（岩心、单井—连井—平面）研究思路，预测火山岩岩相、岩性展

布。利用成像和常规测井标定岩心，使之归位准确；用标定后的岩心资料确定成像测井岩性响应特征，建立火山岩常规测井岩性识别图版；综合利用地震、测井建立准确的井震关系，结合常规地震剖面和波阻抗反演刻画佳木河组有利火山岩体，同时利用伽马曲线在波阻抗反演基础上进行地质统计模拟岩性反演，划分火山岩喷发期次。

3. 构造特征

该区在区域构造背景控制下，石炭纪末期形成古凸起，经历多期构造运动，造成地层多次抬升、剥蚀、尖灭，二叠系各地层构造形态整体表现为东南倾的单斜，具有西高东低的特点。佳木河组顶面构造形态整体为向东倾的单斜，地层在西部构造高部位剥蚀尖灭。通过反复验证和构造精细解释，重构地质模型，打破了二叠系为简单斜坡的认识，认为金龙2井区由于受东西向挤压应力的影响，佳木河组沿SN向断裂推覆隆起，在该区形成SN向的古凸起，断裂样式也发生了根本性的改变，从原方案的传统西倾逆断裂变为东倾的逆冲断裂，正是这组断裂控制了佳木河组火山岩的分布和上乌尔禾组的沉积，后续的钻井结果证实了这组断裂的可靠性和真实性。断裂东侧为火山岩有效储层发育区（图7-34b），西侧为火山沉积岩形成的侧向封堵，并刻画出火山岩风化壳分布，以此为指导部署24口井，其中20口井获工业油气流。

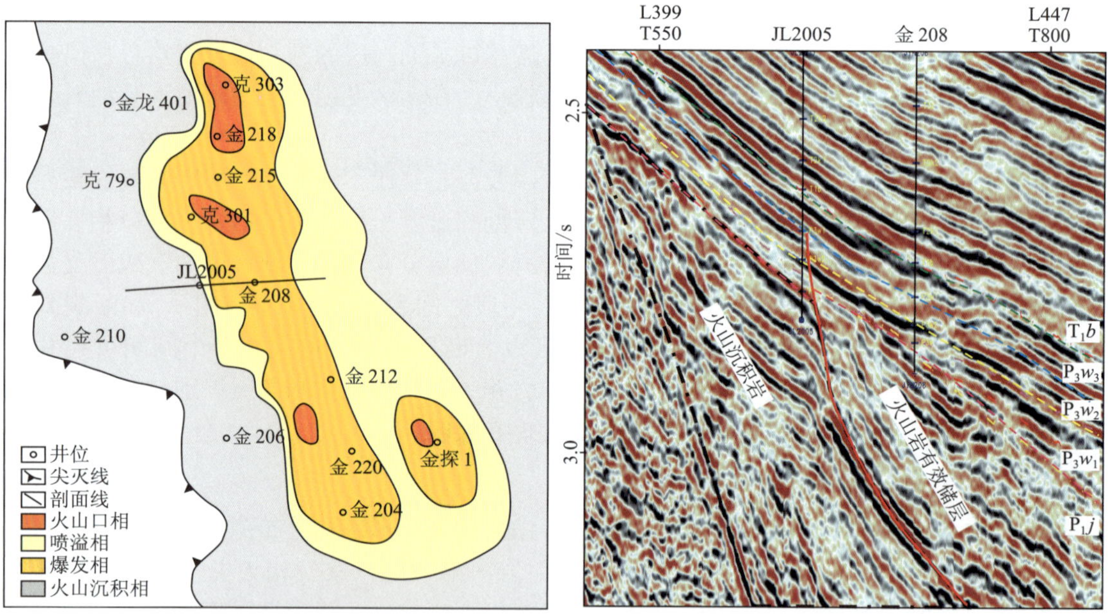

a. 第三期火山岩岩相分布　　　b. 火山岩地震特征

图7-34　准噶尔盆地西北缘中拐二叠系佳木河组火山岩分布及地震特征

古凸构造高点在金201井附近被东西向断裂切割，形成多个断块。金201井断块、金204井断块为断鼻构造，其余断块构造形态均为单斜（图7-35）。平面上近SN向为主断裂，近EW向为调节性断裂，工区南部佳木河组古凸隆起较高，两组断裂特征清晰，断距大，北部受佳木河组古凸隆起区影响较小，断裂欠发育，断距减小。纵向上二叠系断裂广泛发育，自下而上断裂发育程度逐渐降低，下部佳木河组断距较大，上部上乌尔禾组断距较小。

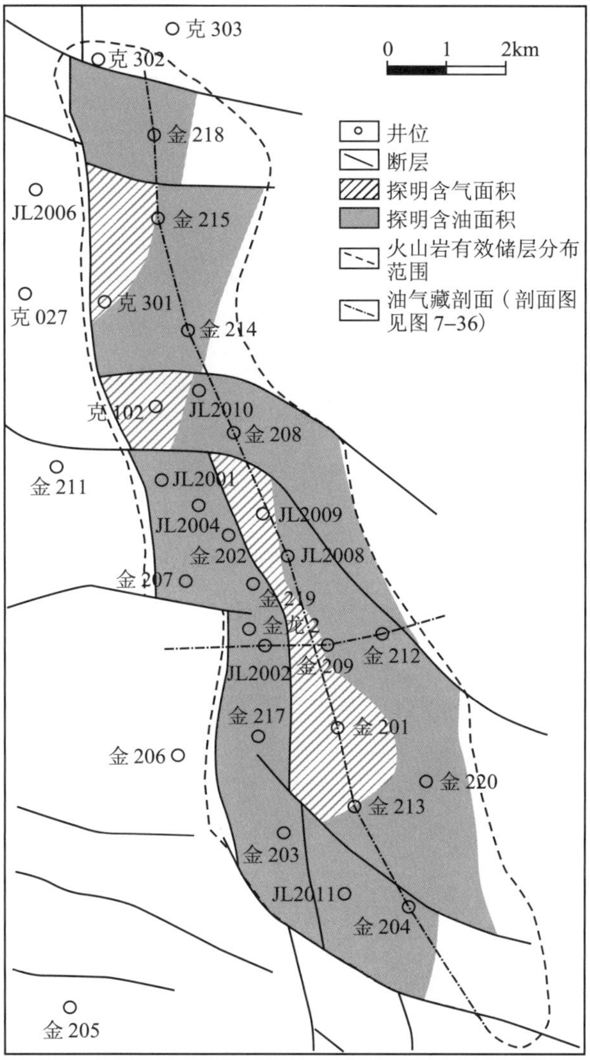

图7－35　中拐地区二叠系佳木河组火山岩油气藏平面分布

4. 油气藏特征

中拐地区二叠系佳木河组储层内部无稳定隔层，油气藏为主要受构造控制的块状岩性油气藏，油气层主要分布在佳木河组上部，厚度分布较稳定，断裂对油藏起到了分割和遮挡作用。受断块分割发育金204井区、金201井区、金202井区、克102井区、克301井区、金218井区6个油气藏，每个油气藏有各自的油水界面和压力系统（图7－36）。

通过勘探，新增二叠系佳木河组6个油藏平面叠合含油气面积为41.03km^2，探明石油地质储量3155.38×10^4t，溶解气地质储量81.19×10^8m^3，干气地质储量28.23×10^8m^3，凝析油地质储量86.20×10^4t。

五、多层系整体勘探成效显著

西北缘成熟探区精细勘探，从剩余油气井评价出发，立足富油区带，通过油藏综合研

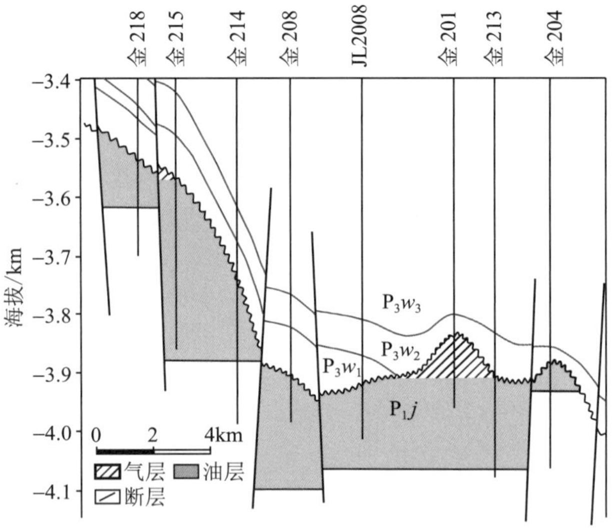

a. 中拐地区二叠系佳木河组火山岩油气藏剖面图(SN 向)

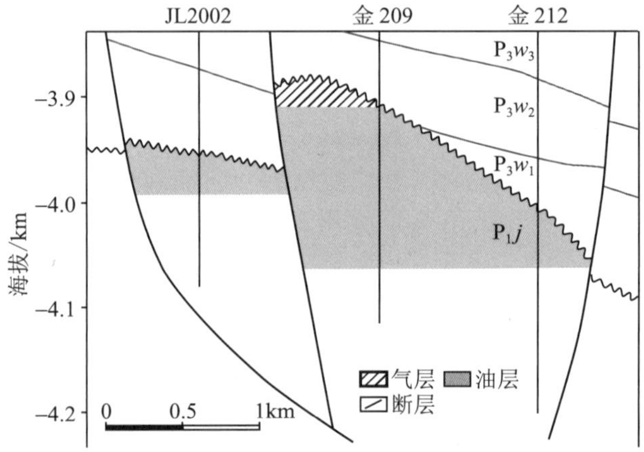

b. 中拐地区二叠系佳木河组火山岩油气藏剖面图(EW 向)

图 7－36　中拐地区二叠系佳木河组火山岩油气藏剖面

究，确定评价目标，开展整体评价，落实规模储量。以红山嘴地区和风城地区稠油储量扩展为例。2007 年，采用成熟探区精细勘探理论认识和方法技术，开展精细勘探，整装探明红山嘴浅层稠油 0.3×10^8t 储量规模，基本落实风城超稠油储量近 2×10^8t。

1. 红山嘴地区浅层稠油储量实现规模增长

2007 年，对红山嘴稠油区 4 个含油层系（T_2k_1、T_2k_2、J_1b、J_3q）开展基于精细勘探的整体评价和部署，分 7 轮实施评价井 10 口，开发控制井 26 口、水平井 3 口，完成热采试油 35 井 43 层，均获工业油流，新发现、落实和扩大了 5 个油藏含油范围和储量，新增含油面积 23.67km^2，新增探明石油地质储量 2649.52×10^4t，并发现白垩系新油藏。新增探明储量全部为近期可开发的优质储量，精细勘探成效显著。

红山嘴油田红浅 1 井区块位于准噶尔盆地西北缘，1989 年发现并探明齐古组、八道湾组油藏，并逐步开发。检 402 井于 2002 年钻探，当年冷采试油不出，通过重新评价，并提出热采重新试油方案，于 2006 年对该井重新试油，热采获日产油 9.5t，第一轮吞吐产油607t，获得了较好的效果；2006 年 9 月实施的评价井红 002 井也获得工业油流，进一步扩大了齐古组油藏含油范围。2006 年为进一步落实八道湾组产能和含油面积，部署 3 口开发控制井，其中 h8016 井钻至克拉玛依下组，射开 715.0 ~ 745.0m 井段，自喷获日产工业油流 5.7t，随后部署红 001、h8018 和 h8028 井也均获工业油流，从而发现了红浅 1 井区克拉玛依下组油藏，并扩大了八道湾组含油范围。

1）通过剩余出油井重新评价，侏罗系齐古组油藏扩边，共有 15 口井获工业油流，新增探明含油面积 3.45km^2，新增探明石油地质储量 408.92 × 10^{4}t。

2）通过剩余出油井重新评价，侏罗系八道湾组油藏扩边，共有 30 井层热采试油获工业油流，新增探明含油面积 6.12km^2，新增探明石油地质储量 577.83 × 10^{4}t（图 7 - 37a，c）。

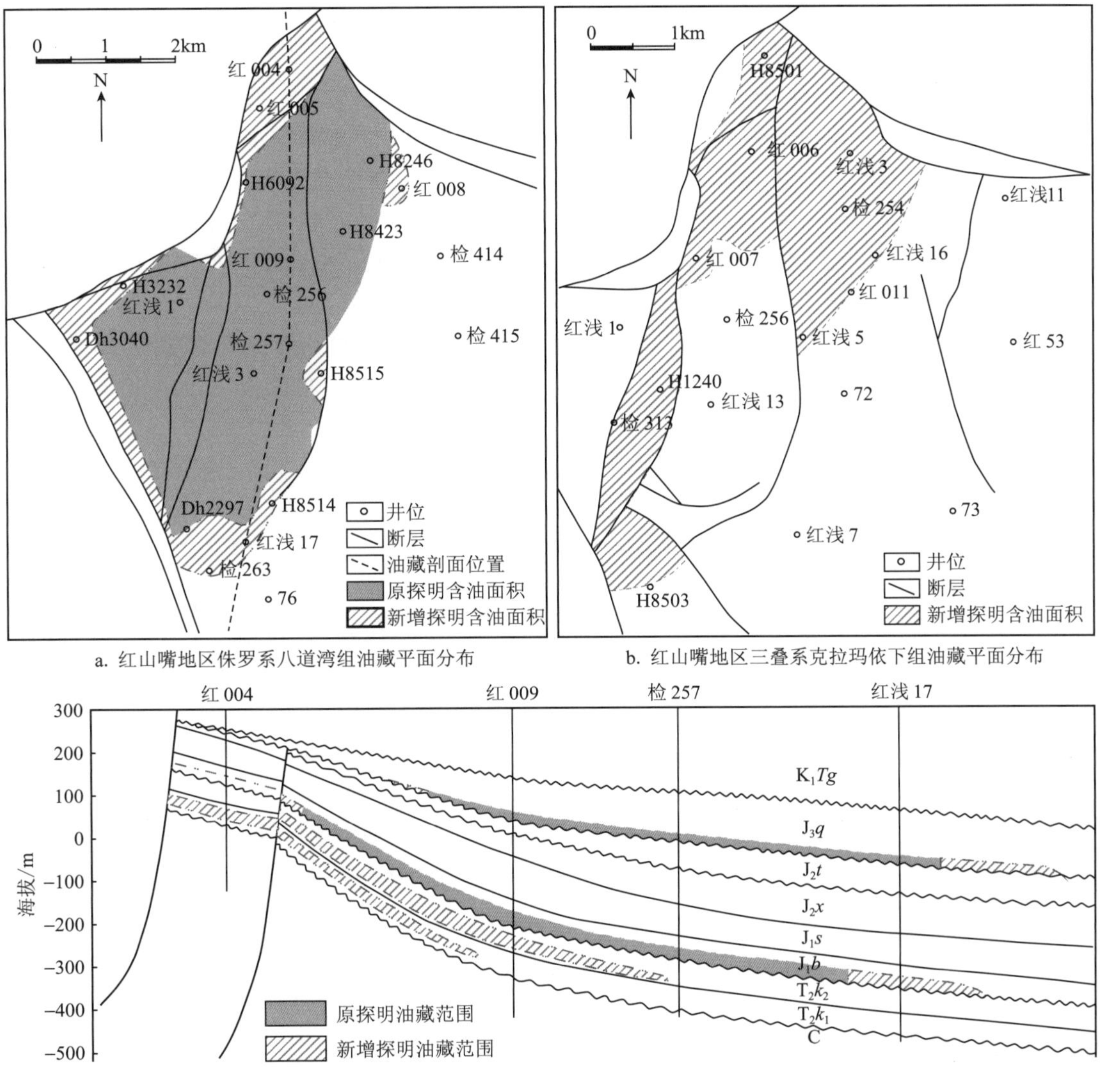

a. 红山嘴地区侏罗系八道湾组油藏平面分布

b. 红山嘴地区三叠系克拉玛依下组油藏平面分布

c. 红山嘴地区油藏剖面

图 7 - 37　准噶尔盆地西北缘红山嘴地区油藏分布

3）通过三叠系克拉玛依上组剩余出油井新增含油面积，共有 10 井层热采试油获工业油流，新增探明含油面积4.96km^2，新增探明石油地质储量797.96×10^4t。

4）通过三叠系克拉玛依下组剩余出油井新增含油面积，共有26井26层获工业油流（其中热采试油18井层，冷试8井层），新增探明含油面积9.14km^2，探明石油地质储量864.81×10^4t（图7－37b，c）。

该区开展精细勘探后，在白垩系吐谷鲁群新发现4口出油井，位于红浅1井区的红003井在吐谷鲁群376～393m井段，经热采试油，无油嘴自喷，获日产29.5m^{3}的高产油流，另有3井试油也获得工业油流，预计新增含油面积5.0km^2，新增探明石油地质储量规模近500×10^4t。

2. 整体评价风城超稠油资源，基本落实近2×10^8t储量规模

风城地区稠油资源丰富，截至2006年底，在5个层块的齐古组、八道湾组，累计探明含油面积17.25km^2，探明石油地质储量3941.87×10^4t。该区在已探明含油面积外存在多口剩余出油井，由于该区原油黏度高、流动性差，多年来一直未规模开发。随着技术进步和水平提高，2002～2006年分别在重检3井区、重32井区、重43井区部署3个试验区，累计注汽28.7×10^4t，累计产油5.47×10^4t，平均单井年生产时间166.4d，平均单井日产油2.7t，效果良好。现场试验成功，为风城超稠油的评价与开发带来了契机。

2007年，为了解决成熟探区油气勘探资料限制问题，新疆油田公司在该区整体部署三维地震340km^2，部署预探井4口、评价井24口、资料更新井3口、水平井4口，除重60井未钻遇油层外，其余各井均钻遇油层（油层厚5～45m）。通过试采，掌握了常规工艺条件下的油藏产能，4口井获工业油流（重57、重58、风重003、风重009）。如重58井在350～360m井段射孔，注汽量1908.9m^3，2007年8月2日焖开生产，至9月19日试油期间，累产原油247.38m^3。对24口井进行热采取样，24口井获油层28层原油分析资料。通过注汽取样，系统掌握了各层原油性质分布及变化规律，如齐古组50℃原油黏度为0.3385×10^4～718×10^4mPa·s，八道湾组50℃原油黏度为0.1858×10^4～5.63×10^4mPa·s。

在该区采用注蒸汽、蒸汽吞吐、蒸汽辅助重力泄油等开发配套技术，可实现经济技术有效开发。齐古组原有取心井43口，新钻取心井11口，利用54口取心井岩心资料、76口井测井资料，搞清了齐古组稠油油层分布范围和厚度（图7－38）。八道湾组原有取心井20口，新钻井取心7口，利用27口取心井资料、55口测井资料，搞清了八道湾组稠油油层分布范围和厚度（图7－39）。新增探明含油面积112.75km^2，新增探明石油地质储量17204.35×10^4t。

通过剩余出油井、新钻井、新热采工艺技术，西北缘成熟探区稠油探明储量不断增加，在克拉玛依白碱滩、黑油山，红山嘴3个地区，新增探明稠油面积127.13km^2，新增探明稠油地质储量24573.51×10^4t。其中，白碱滩、黑油山、红山嘴新增探明稠油含油面积分别为86.5km^2、7.64km^2、32.99km^2，新增探明稠油地质储量分别为16986.76×10^4t、610.69×10^4t、6976.06×10^4t。另外，在白碱滩、黑油山、红山嘴新增探明油砂含油面积105.2km^2，新增探明油砂地质储量9348×10^4t。

六、准噶尔盆地西北缘成熟探区精细勘探成效

在成熟探区油气勘探理论与认识指导下，采用适合于西北缘成熟探区精细勘探的思

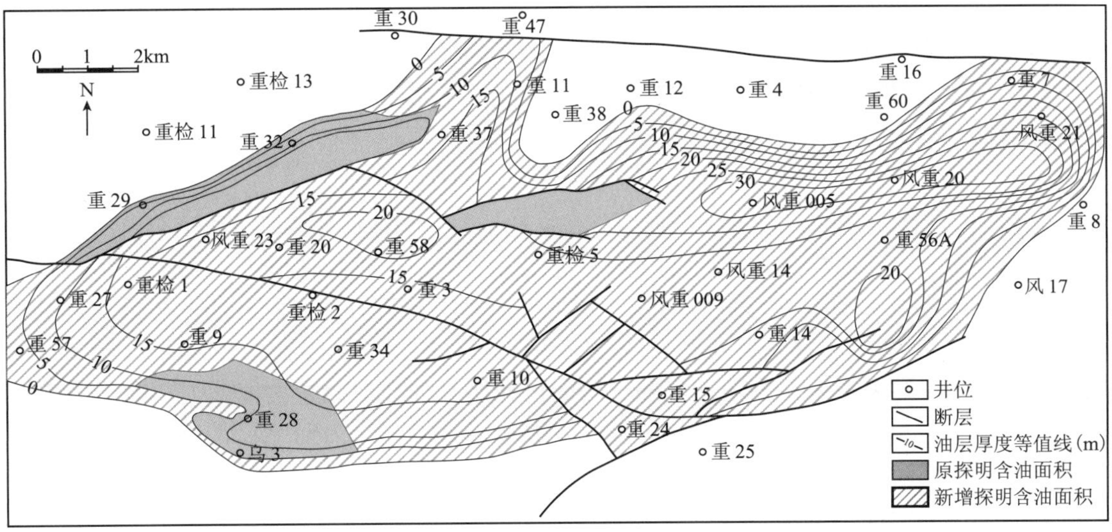

图 7-38　准噶尔盆地西北缘风城地区齐古组稠油探明面积分布

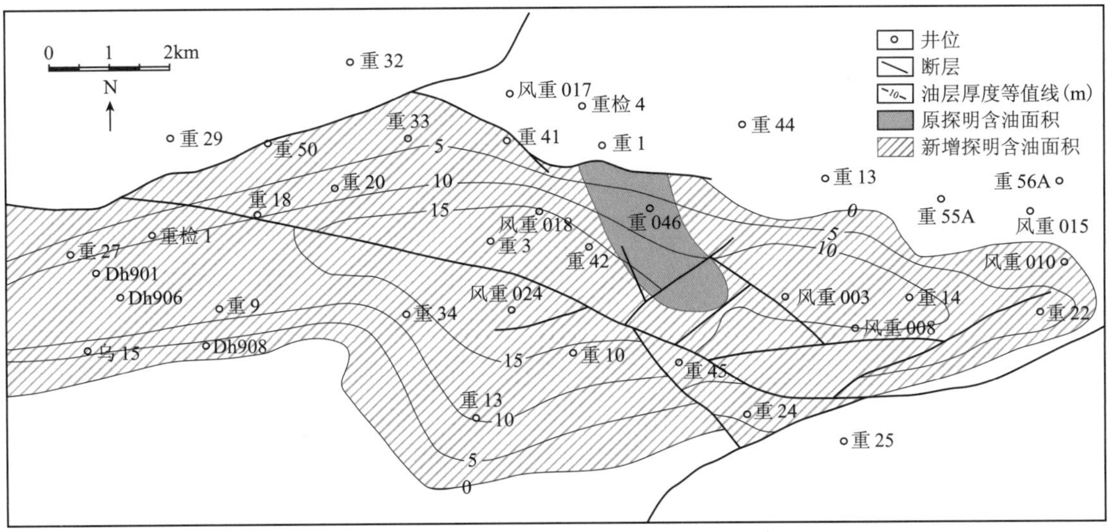

图 7-39　准噶尔盆地西北缘风城地区八道湾组稠油探明面积分布

路、理论、认识、流程和方法技术，针对已探明含油气附近及上下层系、“四新”领域（新领域、新区、新层系、新目标）等成熟探区内的多种勘探目标类型，开展精细勘探。改变了西北缘开展精细勘探前认为勘探潜力不大、不会再有大发现的原有认识，自 2004 年以来，西北缘成为准噶尔盆地持续 10 年储量增长的主要领域，仍有很大勘探潜力。

1. 准确把握关键难题，提出合适有效的对策

根据西北缘油气地质条件复杂、勘探时间长、资料品质不一等特点，在西北缘成熟探区精细勘探过程中，针对资料品质存在的关键难题，提出了相应解决对策和方案，筑牢了精细勘探基础；剖析了规模勘探时方法技术存在制约油气发现的关键难题，提出了相应解决对策和适合的配套方法技术，找到了提高油气发现和储量增长的钥匙；根据不同勘探阶段使用的指导理论和认识存在的关键难题，找到了以前指导勘探理论的不适应性，根据实际情况选用了合适的指导理论，完善和新建了认识和模式，选用合适的方法技术，解决了精细勘探指导思想和方向。

2. 找准切入点，准确估算精细勘探潜力

根据西北缘成熟探区的实际情况，现有剩余油气井是开展精细勘探的切入点，通过重新评价、改进方法技术，采用重新试油和新钻井等措施，围绕剩余出油气井附件开展勘探，含油范围得到迅速扩展。预估现有剩余油气井控制的范围内，可新增探明石油储量约为 9.65×10^8t，为西北缘成熟探区围绕剩余油气井开展精细勘探奠定了基础。

对西北缘油气资源量进行重新估算，如果考虑掩伏带下烃源岩对石油资源量的贡献约增加 8×10^8t，西北缘石油资源量达到 41.4×10^8t，按75%探明率计，2004年以后还可探明 18.4×10^8t。如果把根据剩余油气井推测的可探明石油地质储量去掉，则西北缘成熟探区内的“四新”领域可探明石油地质储量约为 8.75×10^8t，为西北缘成熟探区“四新”领域的勘探提供了可靠依据，预计西北缘最终探明石油地质储量将超过 35×10^8t。

3. 正确的研究方法和技术是精细勘探成功的基础

西北缘成熟探区内的精细勘探采用的技术路线是：从探明区和剩余油气井入手，通过油气层识别与评价，有效识别漏失油气层；通过剩余油气井产能评价，预测单井纵向各油气层的产能是否达到工业油气流；通过圈闭有效性评价，实现有效圈闭内储层连通性及油气层分布评价；通过对沉积微相、成藏控因、油藏类型、储层参数、流体性质等研究，确定有利评价目标和规模、油气储量范围，提出钻探井位或重新试油方案；通过钻探或重新试油解放油层，扩展油气区，从而实现油气精细勘探突破和储量增长。

对于成熟探区的新区、新层系油气勘探，可采用与常规新区勘探类似的思路和方法，但应从已发现油气藏的解剖和评价入手，在类比基础上开展勘探部署，其中对已有资料的利用和借鉴很关键。

4. 精细勘探方向和区域评价优选是成功的关键

2004年，在西北缘成熟探区开展精细勘探初期，本书第一作者侯连华带领的中国石油勘探开发研究院团队与新疆油田公司相关团队，组成了西北缘精细勘探联合团队。在充分剖析勘探潜力基础上，确定分别先后从克－百断裂带、乌－夏断裂带、红－车断裂带入手，逐个开展精细勘探的研究和部署思路。同时，确定了西北缘下一步进行精细勘探的“四新”领域，为西北缘精细勘探的全面拓展指明了方向。

西北缘成熟探区已探明油气范围附近，勘探重点领域包括克－百断裂上盘石炭系、三叠系、侏罗系，中拐隆起周缘二叠系，乌尔禾断隆带三叠系、二叠系，夏子街地区侏罗系、三叠系、二叠系，红车断裂带古近系、侏罗系、三叠系、二叠系。西北缘“四新”重点勘探领域包括断裂下盘掩伏带二叠系及八区深层和玛湖斜坡带侏罗系、三叠系、二叠系。

5. 西北缘成熟探区整体勘探成效

2005～2015年，西北缘成熟探区经过11年精细勘探，新增探明石油地质储量 10.63×10^8t，年均新增 0.9659×10^8t（图7－40）。开展精细勘探前的2001～2004年，累计探明石油地质储量 0.6605×10^8t，年均探明石油地质储量 0.1651×10^8t。2004年开展精细勘探以来，年均新增探明石油地质储量是开展精细勘探前4年年均新增探明石油地质储量的近

6倍，勘探成效显著。同时，本书提出的成熟探区精细勘探思路、理论、认识、方法技术的可靠性和实用性得到了验证。

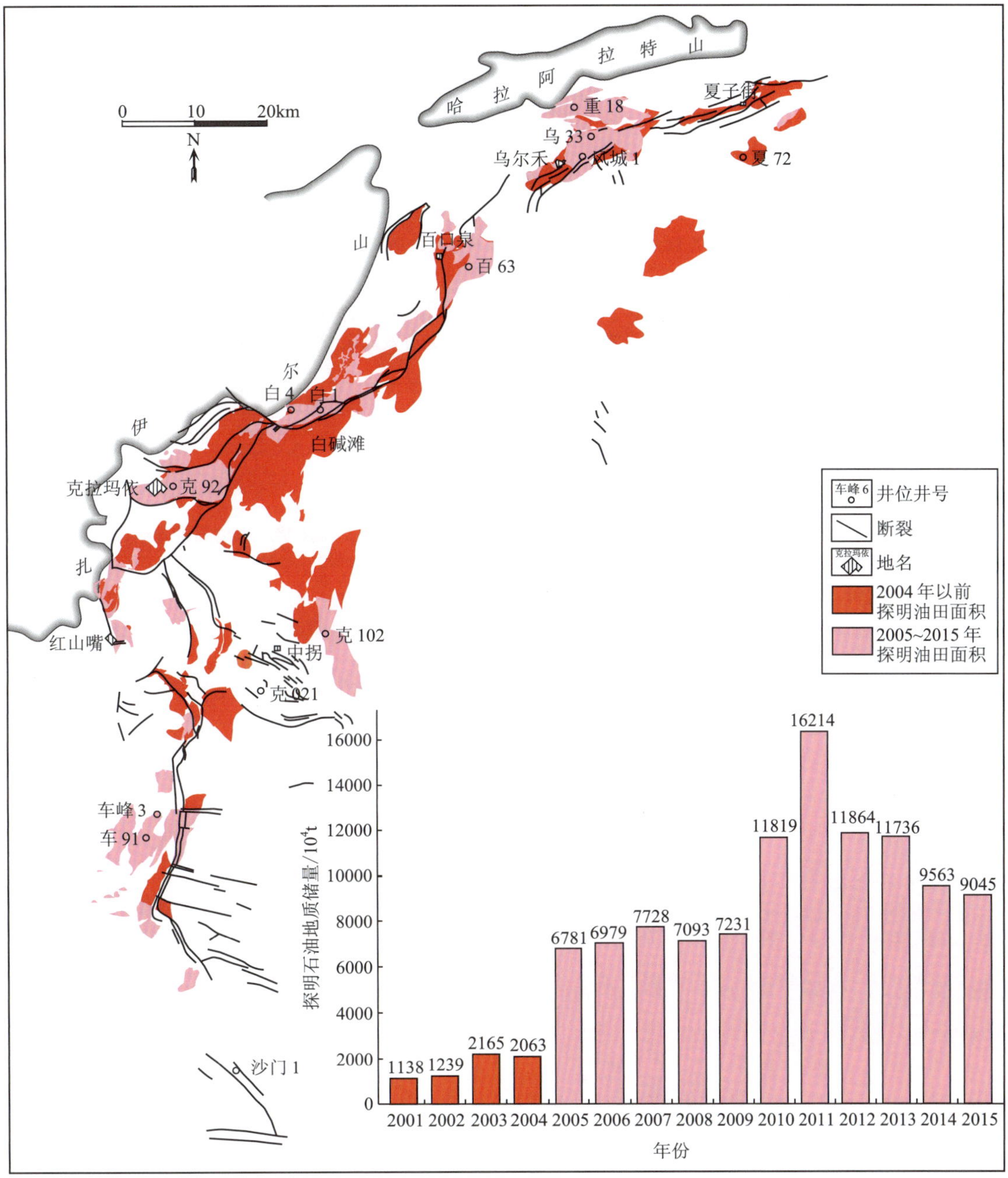

图7－40　准噶尔盆地西北缘成熟探区精细勘探成果

主要参考文献

陈发景，汪新文，汪新伟，等．2005．准噶尔盆地的原型与构造演化．地学前缘，12（3）：77～89．

陈建平，王绪龙，邓春萍，等．2016．准噶尔盆地油气源、油气分布与油气系统．地质学报，90（3）：421～450．

陈新发，杨学文，薛新克，等．2014. 准噶尔盆地西北缘复式油气成藏理论与精细勘探实践．北京：石油工业出版社：34～38.
管树巍，李本亮，侯连华，等．2008. 准噶尔盆地西北缘下盘掩伏构造油气勘探新领域．石油勘探与开发，35（1）：17～22.
何登发，尹成，杜社宽，等．2004. 前陆冲断带构造分段特征——以准噶尔盆地西北缘断裂构造带为例．地学前缘，11（3）：91～101.
侯连华，邹才能，匡立春，等．2009. 准噶尔盆地西北缘克－百断裂带石炭系油气成藏控制因素新认识．石油学报，30（4）：513～517.
况军，张越迁，侯连华．2008. 准噶尔盆地西北缘克百掩伏带勘探领域分析．新疆石油地质，29（4）：431～434.
林隆栋．2015. 20 世纪 50 年代准噶尔盆地油气勘探方向大争论的启示．新疆石油地质，36（2）：234～237.
刘磊，张光亚，侯连华，等．2009. 准噶尔盆地西北缘红山嘴及邻区构造变换带与油气成藏关系．现代地质，23（4）：607～615.
彭希龄．1994. 准噶尔盆地早古生代陆壳存在的证据．新疆石油地质，15（4）：289～297.
王京红，靳久强，朱如凯，等．2011. 新疆北部石炭系火山岩风化壳有效储层特征及分布规律．石油学报，32（5）：757～766.
谢宏，赵白，林隆栋，等．准噶尔盆地西北缘逆掩断裂区带的含油特点．新疆石油地质，5（3）：1～15.
新疆油气区石油地质志（上册）编写组编．1993. 中国石油地质志·新疆油气区（卷 15）．北京：石油工业出版社：111～150.
尤绮妹．1983. 准噶尔盆地西北缘推覆构造研究．新疆石油地质，4（1）：6～16.
尤绮妹，贺小苏．1985. 西、东准噶尔褶皱带的断裂格局对准噶尔盆地北缘的控制作用．新疆石油地质，6（2）：18～29.
张传绩．1982. 准噶尔盆地西北缘克乌断裂带地震勘探效果．新疆石油地质，3（3）：48～56.
张纪易．1980. 克拉玛依洪积扇粗碎屑储集体．新疆石油地质，1（1）：33～53.
张义杰．2003. 准噶尔盆地断裂控油的流体地球化学证据．新疆石油地质，24（2）：100～106.
张义杰，王惠民，何正怀．1999. 准噶尔盆地基地结构及形成初见．新疆石油地质，20（6）：568～572.